国外电子与通信教材系列

CMOS射频集成电路设计

（第二版）

The Design of CMOS Radio-Frequency Integrated Circuits

Second Edition

［美］ Thomas H. Lee 著

余志平 周润德 等译

電子工業出版社
Publishing House of Electronics Industry
北京 · BEIJING

内 容 简 介

这本被誉为射频集成电路设计指南的著作全面深入地介绍了设计吉赫兹(GHz)CMOS 射频集成电路的细节。本书首先简要介绍了无线电发展历史和无线通信原理；在回顾集成电路元件特性、MOS 器件物理和模型、RLC 串并联和其他振荡网络及分布系统特点的基础上，介绍了史密斯圆图、S 参数和带宽估计技术；着重说明了现代高频宽带放大器的设计方法，详细讨论了关键的射频电路模块，包括低噪声放大器（LNA）、基准电压源、混频器、射频功率放大器、振荡器和频率合成器。书中对于射频集成电路中存在的各类噪声及噪声特性（包括振荡电路中的相位噪声）进行了深入的探讨。本书最后考察了收发器的总体结构并展望了射频电路未来发展的前景。

书中给出了许多非常实用的电路图和其他插图，并附有许多具有启发性的习题。本书是高年级本科生和研究生学习射频电子学方面课程的理想教材，对于从事射频集成电路设计或其他领域的工程技术人员也是一本非常有益的参考书。

This is a Simplified-Chinese translation edition of the following title published by Cambridge University Press:
The Design of CMOS Radio-Frequency Integrated Circuits, Second Edition, 978-0-521-83539-8 (first published by Cambridge University Press © 2004).
This Simplified-Chinese translation edition for the People's Republic of China (excluding Hong Kong, Macau and Taiwan) is published by arrangement with the Press Syndicate of the University of Cambridge, Cambridge, United Kingdom.
© Cambridge University Press and Publishing House of Electronics Industry Co., Ltd. 2024.
This Simplified-Chinese translation edition is authorized for sale in the People's Republic of China (excluding Hong Kong, Macau and Taiwan) only. Unauthorized export of this Simplified-Chinese translation edition is a violation of the Copyright Act. No part of this publication may be reproduced or distributed by any means, or stored in a database or retrieval system, without the prior written permission of Cambridge University Press and Publishing House of Electronics Industry Co., Ltd.
Copies of this book sold without a Cambridge University Press sticker on the cover are unauthorized and illegal.
本书封面贴有 Cambridge University Press 防伪标签，无标签者不得销售。
本书中文简体翻译版的版权属于 Cambridge University Press 和电子工业出版社。
未经出版者书面同意，不得以任何方式复制或发行本书的任何部分。
此版本经授权仅限在中国大陆销售。
版权贸易合同登记号　图字：01-2004-2239

图书在版编目（CIP）数据

CMOS 射频集成电路设计：第二版 /（美）托马斯 · H. 李（Thomas H. Lee）著；余志平等译. — 北京：电子工业出版社，2024.3
（国外电子与通信教材系列）
书名原文：The Design of CMOS Radio-Frequency Integrated Circuits，Second Edition
ISBN 978-7-121-47453-8

Ⅰ. ①C…　Ⅱ. ①托…　②余…　Ⅲ. ①CMOS 电路—电路设计—高等学校—教材　Ⅳ. ①TN432

中国国家版本馆 CIP 数据核字(2024)第 052165 号

责任编辑：冯小贝
印　　刷：三河市良远印务有限公司
装　　订：三河市良远印务有限公司
出版发行：电子工业出版社
　　　　　北京市海淀区万寿路 173 信箱　　邮编：100036
开　　本：787×1092　1/16　印张：38.5　字数：1207 千字
版　　次：2004 年 7 月第 1 版（原著第 1 版）
　　　　　2024 年 3 月第 2 版（原著第 2 版）
印　　次：2024 年 3 月第 1 次印刷
定　　价：159.00 元

凡所购买电子工业出版社图书有缺损问题，请向购买书店调换。若书店售缺，请与本社发行部联系，联系及邮购电话：（010）88254888，88258888。
质量投诉请发邮件至 zlts@phei.com.cn，盗版侵权举报请发邮件至 dbqq@phei.com.cn。
本书咨询联系方式：fengxiaobei@phei.com.cn。

译　者　序[①]

在 Thomas H. Lee 的《CMOS 射频集成电路设计》一书于 1998 年由英国剑桥大学出版社首次出版至 2004 年第二版发行期间，CMOS 射频集成电路的设计技术已从开发实验室原型和单个电路模块，发展成为能设计商用化的实现单片无线通信与无线局域网（WLAN）的射频前端电路。例如，德国 Infineon（英飞凌）公司早在 2003 年就实现了以零中频变频接收器通路和直接调制发射器通路为特征的单片射频（RF）收发器。2006 年初发表在国际固态电路年会（ISSCC）的文章报道，已经进一步实现了片上接收滤波器的集成。可见 CMOS 射频集成电路的设计已经实现并正在继续完善从电路到系统的过渡。

本书第二版正是为顺应这一技术发展的趋势而增订的。相对于第一版来说，第二版的篇幅增加了三分之一（英文原版页数近 800 页）。第 2 章“无线通信原理概述”是全新的一章；第 19 章“系统结构”的内容除部分涵盖第一版第 18 章（相同章名）的内容外，又增加了大量系统级的描述及两个芯片设计的实例[即全球定位系统（GPS），以及 IEEE 802.11a 直接变频无线局域网收发器]。这一前一后的两章对帮助读者从无线通信的角度学习后续具体的射频电路分析方法及从系统的高度来总结、贯通已掌握的知识极为有益。这在很大程度上也弥补了第一版对无线通信的系统级描述不够充分的遗憾。

除保持第一版流畅的写作风格外，Thomas H. Lee 在第二版的新增部分中更加注重概念和直觉的描述，十分自然地介绍了抽象、烦琐的系统标准，并且容易理解或记忆，这也为进一步学习通信电路与系统知识打下了良好的基础。这本书的确是一本值得推荐的电子信息工程领域高年级本科生或研究生的优秀教材。

译者已在清华大学的研究生课程中多年使用该书（英文原版的第一版、第二版及第一版中译版）讲授 CMOS 射频集成电路的分析与设计，并另外开设一门专门面向流片的射频电路模块的设计课程。本书对电路的工作原理介绍得十分详尽与深入，虽有一些细节、公式上的错误，但已在中译版中尽可能地进行纠正。

第二版的翻译工作是在第一版中译版的基础上加以补充、修订，有多位研究生和教师参与了此项工作。虽经认真校对，但仍难免在最终的译稿中存在缺陷和错误，望读者指正谅解。译者感谢美国 UC Berkeley 分校的博士研究生周晔，清华大学微电子学研究所的博士研究生张雷、管曦萌、叶佐昌，以及参与第一版翻译的其他研究生。金申美女士在结稿过程中也给予了许多帮助，在此深表谢意。

余志平，周润德
于清华大学

① 中文翻译版的一些字体、正斜体、图示、参考文献等沿用英文原版的写作风格。

第二版前言

自 1998 年本书第一版出版以来，RF CMOS 已经迅速发展到民用领域。在 1998 年，唯一值得提及的 RF CMOS 电路例子是科研和工业样品。那时没有任何一家公司销售采用这种工艺技术的 RF 产品，而且会议的专题讨论（panel session）曾公开质疑 CMOS 是否适合于这样的应用——其结论常常是否定的。那时几乎没有什么大学开设任何一种 RF 集成电路设计课程，似乎只有一位大学教授开设了一门针对 RF CMOS 电路设计的课程。开发 RF CMOS 集成电路的障碍是缺少能正确考虑在吉赫兹（GHz）频率时的噪声和阻抗的器件模型。由于测量结果和模型之间相差太大，引起了人们的激烈争论，即深亚微米 CMOS 是否存在基本的尺寸缩小问题，以至于永远无法获得良好的噪声系数。

今天，情况已经发生了很大改变，许多公司现正利用 CMOS 工艺制造 RF 电路，世界各地的大学也在讲授一些关于将 CMOS 作为一种 RF 工艺的内容。在吉赫兹频率下，已在实际的电路中演示过低于 1 dB 的噪声系数，并且现在已有了极好的 RF 器件模型。这种发展趋势显然推动了本书第二版的出版计划。

根据许多读者的建议，本书第二版包括了有关无线通信原理的一章。在简述了无线传播的内容之后，有必要简短地讨论一下著名的香农调制方法，以引入用于讨论现代调制方法的相关内容。为了避免过度陷入信息论的奥秘之中，本书只涵盖了那些为理解无线系统为什么像它们表现的那样所必需的基本概念。用来说明这些概念的几个系统［如 IEEE 802.11 无线局域网（LAN）、第二代和第三代蜂窝电话技术及超宽带（UWB）技术］就是在这个意义上进行简略考察的。

有关无源 RLC 元件的一章现在直接放在已有许多扩充的有关无源 IC 元件的一章的前面，而不是像第一版那样放在其后。有关 MOS 器件物理特性的一章同样也进行了更新，以反映尺寸缩小趋势，并增加了相关内容以使读者能更好地理解适合于手工计算的模型；它同时还对尺寸缩小趋势如何影响将来的技术给出了一些合理的推测。与 LNA 设计相关的一章对 RF 频率下 MOS 噪声的机理进行了详细讨论。在此我衷心感谢 Philips 公司的 Andries Scholten 博士和他的同事们的帮助，就在交付本书手稿最后期限的前几天，他们为我提供了丰富的数据。他们的严谨工作为器件物理特性和 LNA 设计这两章提供了大量新材料。

第二版的另一重新安排是，有关反馈的一章现在放在了有关功率放大器的一章的前面，以提供理解几个线性化方法所必需的原理。熟悉第一版的读者也将注意到，第二版对功率放大器这一章进行了大量扩充，其中增加了很多内容来说明实现线性化和提高效率的技术。

有关收发器结构的一章现在包括了更多关于直接变换结构的详细内容。许多工程师通过坚持不懈的工作已克服了许多令人生畏的、在第一版中所描述的那些使人悲观的问题。这一章现在包括了许多用于说明的实例，以全面论述如何将前几章的知识综合成一个连贯的整体。本章简要讨论了几个主题，虽然这些主题对于实现实际的收发器是必不可少的，但它们已多少超出了一本有关 RF 电路的教材的范围。这里还是讨论了相关的细节，包括模拟、平面布局、封装及其他内容。

第二版几乎对所有各章都做了重要的改进、更新和修订，这要归功于正在进行的大量研究工作，也要感谢许多学生和工程师给出的非常有价值的建议，他们在过去的几年中一直非常友好地提出他们的意见。哥伦比亚大学的 Yannis Tsividis 教授和他的学生所提出的建议与修正无疑是特别有价值的。

正如在第一版前言中所提到的，学生们常常特别乐意指出教授的错误。由研究生们搜集到的一系列丰富的建议大大提高了本书的价值，这将使今后使用本书的学生受益。感谢所有曾为本书第一版指出错误和提出建议的人，他们使得第二版的错误大大减少。不过，经验表明，凡事不可能达到尽善尽美，我知道我还将继续从读者那里听到有关这本书的某些印刷错误、谬见或表述不清的问题。

最后，我要真诚地感谢我的妻子 Angelina 的爱、鼓励和理解。

Thomas H. Lee

第一版前言

射频（RF）电路设计领域的复兴在很大程度上源于无线通信领域当前意想不到的爆炸性增长。由于工业界和学术界对这个 RF 热点的再度涌现缺乏准备，一股培训新一代 RF 工程师的教育热潮正在兴起。然而在努力综合两种传统的领域［即“通常”的 RF 及低频集成电路（IC）］设计时会遇到一个问题：“传统”的 RF 工程师和模拟 IC 设计者常常发现他们之间的交流是很困难的，这是因为他们不同的背景基础及他们实现各自电路的不同方法所致。射频 IC 设计（特别是在 CMOS 中）是一个与分立 RF 设计完全不同的工作。本书力图起到一个承前启后的作用。

本书的内容取自斯坦福大学为研究生讲授的有关射频 IC 设计的一学期高级课程的一套讲义。本课程是低频模拟 IC 设计课程的延伸，因此本书假定读者已非常熟悉在一般教材中介绍的内容，如 P. R. Gray 和 R. G. Meyer 所著的 *Analysis and Design of Analog Integrated Circuits*。本书提供了一些复习资料，所以从事实际工作的工程师只要对大学本科教育还留有一些印象，就能够深入学习下去而不会不知所云。

本书的内容显然超出了学生在一学期里能够轻松消化的范围，所以希望任课教师能选取适合于他们授课、学时要求及学生专业水平的内容。在下面有关各章内容的介绍中包含了一些提示，即哪几章可以不讲或迟讲。

第 1 章介绍无线电的发展变化史。介绍这部分材料主要是出于文化上的考虑。作者注意到并不是每个人都对历史感兴趣，所以不感兴趣的读者可以跳过它而提前进入讲解技术的章节。

第 2 章（第二版中的第 4 章）考察标准 CMOS 工艺中通常都有的无源元件。本章的专业内容集中在电感上，因为它们在 RF 电路中起着突出的作用，此外还因为有关这一内容的材料在当前的文献中很分散（好在这种情形正在迅速改变）。

第 3 章（第二版中的第 5 章）快速回顾了 MOS 器件的物理特性和模型。由于深亚微米工艺已经很普遍了，因此重点放在考虑短沟道效应的近似解析模型上。本章自然是简短的，它只是作为对别处已有的细节讨论的一种补充。

第 4 章（第二版中的第 3 章）考察了集总的无源 RLC 网络的特性。对于专业程度较高的学生，这一章可以作为复习内容，也可以忽略。根据作者的经验，很长时间以来大多数本科课程就已基本上不详细讲解电感了，所以本章采用一定的篇幅来考察有关谐振、Q（品质）因子和阻抗匹配的问题。

第 5 章（第二版中的第 6 章）把在集总参数网络里引入的许多概念延伸到分布参数的领域。在本章，传输线是以一种不寻常的方式介绍的，即不再讲解推导电报方程及其相应的波动解。一条均匀线的特征阻抗和传播常数完全是从集总参数概念的简单延伸推导出来的。尽管分布参数网络在当代的硅 IC 工艺中只起很小的作用，但这一情况将是暂时的，因为器件的处理速度大约每三年翻一倍。

第 6 章（第二版中的第 7 章）在传统微波技术人员的思维及 IC 设计者的看法之间架起一座重要的桥梁，即通过简单推导史密斯圆图，解释了什么是 S 参数及为什么说它们很有用。尽管通常 IC 工程师几乎肯定不会用这些工具来设计电路，但许多仪器都是以史密斯圆图和 S 参数的形式来提供数据的，所以现代工程师仍然需要熟悉它们。

第 7 章（第二版中的第 8 章）介绍了许多种简单的带宽估计方法，从一系列一阶的计算或简单的测量出发来估计高阶系统的带宽。前一组技术称为开路（或零值）时间常数方法，它允许我们识别出电路中限制带宽的部分，同时又提供了一般偏保守的带宽估计。在带宽、延时和上升时间之间的关系允许我们折中考虑各种参数时识别出重要的自由度。特别是本章提出的观点与许多工程师的想法不同，即增益完全不是以任何基本的方式和带宽互相联系的，而是和延时更紧密地耦合的，这就打开了一个重要的入口，为放大器结构指出了可以运用这一折中原则而仍使带宽很大程度地保持不变的方法。

第 8 章（第二版中的第 9 章）详细介绍了设计极高频率放大器（宽带和窄带）的问题，其中许多技巧是通过有意违反开路时间常数方法所基于的假设而实现的。

第 9 章（第二版中的第 10 章）探讨了许多偏置方法。尽管主要意图是作为复习之用，但用标准 CMOS 实现可靠基准电压的问题非常重要，足以值得冒内容有些重复的风险。特别是本章重点讲述了 CMOS 兼容的能隙基准电压源及恒跨导偏置电路，也许这比大多数通常的模拟电路教材的内容更多一点。

第 10 章（第二版中的第 11 章）研究噪声的所有重要问题。只是在某个可接受的带宽上得到足够的增益常常是不够的。在许多无线应用中，接收的信号幅值处于微伏的范围内。需要放大这样微小的信号而又尽可能没有噪声显然是我们所希望的，因而这一章提供了在一定工艺下找出达到最佳可能噪声性能所需条件的基础。

第 11 章（第二版中的第 12 章）继前几章之后介绍低噪声放大器（LNA）结构，以及在对功耗有明确约束条件下所能达到的最佳噪声特性的具体条件。这种有功率约束的方法与标准的针对分立器件的方法有很大的差别，它利用了为 IC 设计者所享有的自由度来调整器件的尺寸以达到一个特定的最优状态。本章还讨论了动态范围这一重要问题，并介绍了用来估计大信号线性度限制的一个简单解析方法。

第 12 章（第二版中的第 13 章）介绍了第一个有意识设计的非线性元件，它也是所有现代收发器的心脏——混频器。在了解混频器的关键性能参数后，本章考察了许多混频器的拓扑结构。与 LNA 一样，有关动态范围的问题一直是讨论的重点。

第 13 章（第二版中的第 15 章）介绍了各种各样构建 RF 功率放大器（PA）的拓扑结构。在对于增益、效率、线性度及输出功率之间重要而又常常差强人意的折中考虑中，我们得到了一系列的拓扑结构，每一个都有其特定的应用领域。本章最后考察了实际功率放大器负载拉（load-pull）效应的实验特性。

第 14 章复习了经典的反馈概念，主要为讲解锁相环的第 15 章做准备。具有扎实的有关反馈基础的读者可以粗略地读一读这一章或者完全跳过。

第 15 章（第二版中的第 16 章）在介绍了一阶和二阶锁相环（PLL）的基本工作原理之后，分析了许多锁相环电路。本章详细地考察了锁相环的稳定性，并提供了一种简单的标准来评估 PLL 对电源和衬底噪声的灵敏度。

第 16 章（第二版中的第 17 章）仔细分析了振荡器和频率合成器的问题，同时考虑了阻塞（弛豫）振荡器和调谐振荡器，后一类振荡器可进一步划分成 LC 和晶振控制振荡器。本章同时介绍了固定和可控振荡器，并对振荡器幅值的预测、起振条件及器件尺寸的确定进行了研究。

第 17 章（第二版中的第 18 章）把前面对于噪声的研究延伸到振荡器。在说明了优化振荡器噪声性能的某些一般准则之后，介绍了很有用的基于线性时变模型的相位噪声理论。对于人们怎样减少像 MOSFET 这种一向被认为噪声严重的器件所构成的振荡器的相位噪声，这个模型做出了令人惊奇的“乐观”（但已被实验证实的）预测。

第 18 章（第二版中的第 19 章）把前面各章联系起来分析接收器和发射器的结构。本章推导了计算有关子系统级联的交调和噪声系数，考察了传统的超外差结构及低中频（IF）镜像抑制和直接变频接收器，详细研究了它们的相对优点和缺点。

最后，第 19 章（第二版中的第 20 章）以本书开始的方式来结束本书的讨论，即介绍某些历史。对于经典的（显然是非 CMOS）RF 电路不是泛泛地而是刻意举出了一些有代表性的例子，如讨论了 Armstrong 的早期发明，即“All American”五管超外差收音机，第一台晶体管收音机，以及第一个玩具对讲机。与第 1 章一样，这一章的介绍纯粹是为了扩展阅读，所以那些不认为历史课很有趣或值得学习的读者可以合上这本书并且庆祝自己已经读完了整本书。

如果不是我的同事和学生们的慷慨帮助，这样厚的一本书本来是不可能在给定的时间内完成的。我的行政助理 Ann Guerra 以她特有的兴致和效率处理每一件事而奇迹般地争取到了时间。同时，许多博士生阅读了本书的草稿并提出了建议，他们是 Tamara Ahrens、Rafael Betancourt-Zamora、David Colleran、Ramin Farjad-Rad、Mar Hershenson、Joe Ingino、Adrian Ong、Hamid Rategh、Hirad Samavati、Brian Setterberg、Arvin Shahani 及 Kevin Yu。此外还有 Ali Hajimiri、Sunderarajan S. Mohan 和 Derek Shaeffer，他们的突出贡献值得特别提及。没有他们在最后一刻的帮助，恐怕这本书至今还未完成。

作者也极为感谢这本教材的审阅者，无论是知名的还是不知名的，他们都给出了很有见地的极好建议。在此特别感谢 Howard Swain 先生（以前在 Hewlett-Packard 公司工作）、德州仪器（TI）公司的 Gitty Nasserbakht 博士、麻省理工学院的 James Roberge 教授及华盛顿州立大学的 Kartikeya Mayaram 教授，他们指出了文字和插图错误，并给出了很有价值的建议。Four-Hand Book Packaging 公司的 Matt 和 Vickie Darnell 在本书编辑和排版方面做出了很多贡献。他们对我的草稿所做的化腐朽为神奇的大胆努力表明他们具有超群的智慧。另外，哥伦比亚大学出版社的 Philip Meyler 博士则是首先催促我撰写这本书的人，没有他，也就没有本书的及时出版。

尽管学生们在发现教授讲义中的错误时异常欣喜，但有些错误还是逃过了仔细的检查，甚至在经过三年的使用之后也是如此。非常遗憾，这意味着更多的错误等待着读者去发现。我认为这正是第二版要做的事。

目　　录

第 1 章　无线电发展历史的间断回顾

1.1　引言

集成电路工程师毫不吝惜地把增加管子所需要的成本理所当然地认为基本上是零，这就导致了今天有大量器件的电路非常普遍。当然，这是近期的发展情形；在电子学的大部分历史中，电路设计在经济学方面的考虑恰好与它们今天的情况相反。其实在不久以前，工程师迫于有源器件相对较高的成本，还在像试图从石头中榨出油那样来获取廉价性能（或者至少对于整流也是如此）。而且确实令人惊奇的正是无线电的开创者们只用少量的元件就能“榨取”出如此多的性能。例如，我们将会看到美国无线电天才 Edwin Armstrong 在 20 世纪 20 年代初期设计了一些电路，可以用增益的对数来换取带宽，而不是像通常认为的那样增益和带宽多多少少应当直接互换。我们也将看到，就在 Armstrong 正在开发这些电路的时候，自学成才的苏联无线电工程师 Oleg Losev 正在进行蓝色 LED（发光二极管）的实验，并建造了可工作至 5 MHz 的全固态电路的无线电，而这发生在晶体管发明的 25 年之前。

很少有人会讲到这些奇妙的故事，因为它们往往处在历史课程和工程课程之间的“夹缝”中。然而，应当有人来讲述这些故事，因为这样可以回答许多人们经常问到的问题（“为什么他们不这样做？”，回答是“他们过去曾这样做过，但它使关键部件质量变差”）。下面介绍的这一极为曲折的无线电历史触及了这些主要故事中的一些，并为那些想要进一步探索的读者列出了参考文献。

1.2　麦克斯韦和赫兹

每一位电气工程师至少都知道一些有关麦克斯韦（James Clerk Maxwell，Clerk 读作“clark”）的故事：他写下的那些方程使得大学二三年级学生的生活变得极为忙碌。他不仅给出了以他的名字命名的电动力学方程①，而且也第一个发表了对反馈系统稳定性的数学论述（即“On Governors”，它解释了为什么蒸汽引擎的速度控制器有时可能不稳定②）。

麦克斯韦收集了那时人们所知道的所有关于电磁的现象，并且依靠不可思议③的才气发明了位移（电容性）电流的概念，这使他推导出一个方程。而这个方程导致了对电磁波传播的预测。

接着是赫兹（Heinrich Hertz），他第一个用实验证明了麦克斯韦的预测，即存在着电磁波，它以有限的速度传播。他设计的“发射器”就是按照这个简单的想法工作的：使一个线圈通过一个火花隙放电，并且连在某种天线上以发射一个谐波丰富（这是无意的）的波。

他的设备自然只提供对这一“不干净”信号最基本的滤波，所以需要非凡的细心和毅力来验证这一干扰信号零值和峰值的存在（并进行量化），这些信号是电磁波传播的印证。他也设法

---

① 实际上 Oliver Heaviside 第一个使用向量积分的符号表示形式把麦克斯韦方程转变为今天大多数工程师都熟悉的形式。

② *Proc. Roy. Soc.*, v. XVI, no. 100, pp. 270-83, Taylor & Francis, London, 1868。

③ 许多电磁学的教材提供了符合逻辑但在历史上却是错误的解释，即认为麦克斯韦发明位移电流的概念是在认识到已知的电磁定律与电流的连续性方程之间存在着不一致性之后。事实上麦克斯韦是一位天才，而天才的灵感常常具有不可捉摸的来源，这里就是这些情形中的一个。

演示如衍射和偏振这样的波的典型特性。你也许会感到奇怪，为什么他工作的基波频率是在 50 MHz 至 500 MHz 之间？实际上赫兹不得不采用这些频率，因为他的实验室确实太小了，所以无法容纳较低频率时信号的几个波长。

因为赫兹的探测器是另一个火花隙（与环路谐振器是一个整体），所以被接收的信号必须足够大才能感应出可见的火花。尽管这一设备对于验证麦克斯韦方程的合理性是合适的，但你可以体会到，试图用这一设备进行无线通信是很困难的。总之，如果所接收的信号必须强到足以产生可见的火花，那么将信号放大到适合全球的范围时，对于我们中间镶有金属假牙的人来说会有相当不愉快的感觉。

不久之后，赫兹就去世了，那时他还很年轻。接着是马可尼（Guglielmo Marconi）登场。

1.3 真空管发明前的电子学

马可尼的无线电实验采用了与赫兹完全相同的发射器，但进行了不遗余力的修改，其唯一的意图是采用这个系统进行无线通信（而不是碰巧在这个过程中赚到了很多钱）。他认识到赫兹的火花隙探测器的内在局限，所以改用了 Edouard Branly 在 1890 年提出的独特器件。从图 1.1 中可以看出，这一器件［Oliver Lodge 爵士称其为金属屑检波器（coherer）］由一个玻璃容器构成，里面充以松散的也许有些氧化的金属粉末，结果它的电阻具有有趣的滞回特性。这里必须强调，检波器工作所基于的细节原理一直没有得到满意的解释。[①] 然而我们肯定可以描述它的特性，即使我们并不完全理解其工作的全部细节。

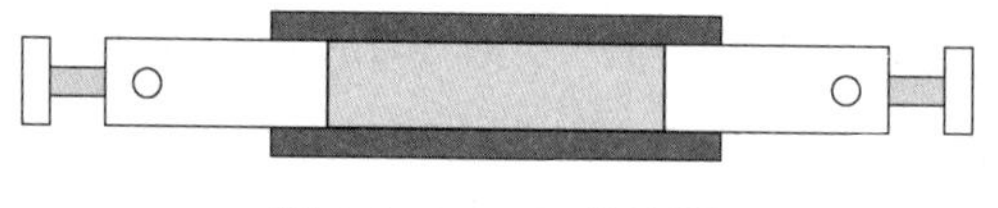

图 1.1 Branly 检波器

一个检波器的电阻在它没有被“激活”（静态）时具有很高的电阻值（在兆欧级），而在电磁（EM）波照射到它上面时，电阻值会下降好几个数量级（降为千欧级或更少）。电阻值的这一较大变化通常用来触发一个螺线管以产生一个听得见的咔哒声，并打印一条纸带作为被接收的信号的永久记录。为了使检波器准备好接收下一个电磁脉冲，必须对其进行摇晃或拍打以恢复成“不黏聚”的高阻状态。图 1.2 显示了一个检波器是如何实际用在接收器上的。

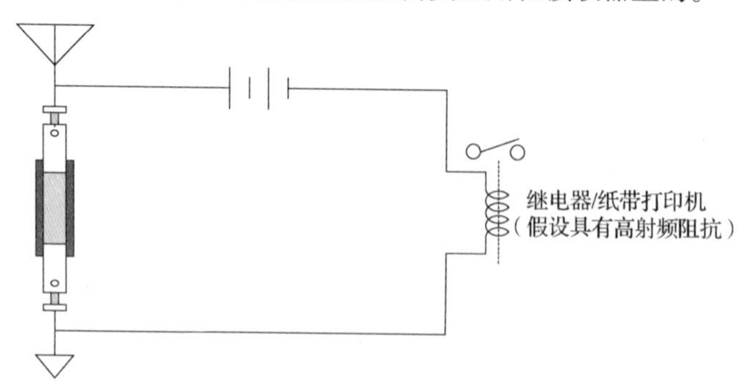

图 1.2 典型的带检波器的接收器

① 在大信号激励下，可以看到这些填充物黏聚在一起（因此得到“coherer”的名字）。在这一情形中，电阻值的降低是不难理解的。然而大多数作者显然不了解的是，这一检波器在输入能量很小以至于没有观察到这样的“黏聚”时也能工作，所以我断定它的细节工作原理仍然未知。

正如可以看到的那样，当一个被接收的信号触发检波器使它处于低阻状态时，检波器激励了一个继电器（产生听得见的咔哒声）或一个纸带打印机（作为永久的记录）。显然，检波器基本上是一个数字器件，因而不适合无线电报以外的应用。

马可尼花费了大量的时间来改善从本质上来讲性能极差的检波器，并且最终得到了如图 1.3 所示的结构。他大大减小了两端插塞之间的距离（最小为 2 mm），在中间的空间充以特殊的、经仔细选择颗粒大小的镍和银粉的混合物（比例为 19 : 1），并且把整个装置密封在部分抽真空的管子中。这一接收器的另外一个改进是，在每次接收到一个脉冲之后就自动拍打这个检波器，使它回到初始状态，在这一过程中，螺线管提供了一个可以听得见的信号作为指示。①

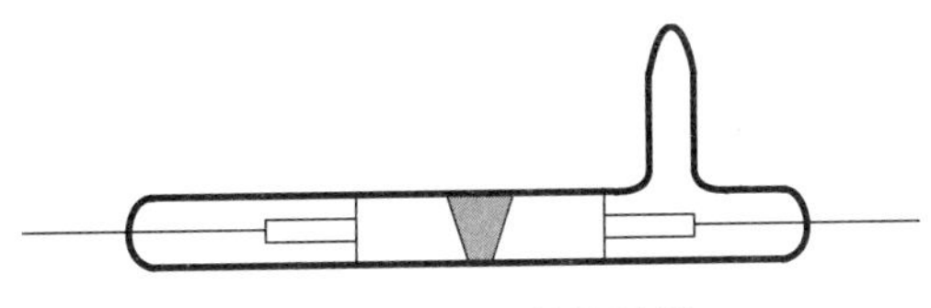

图 1.3　马可尼的检波器

正如你可以想象到的那样，除了所期望的信号，其他出现的许多电磁波也能触发一个检波器，从而使读取信息出现困难。即使这样，马可尼仍有能力改进他的设备，使得在 1901 年实现了横越大西洋的无线通信，这归因于其许多成功的努力，实现了功能更强的发射器、以大地为一个终端的巨大高架天线（他的发射器也是以大地为一个终端）及他改进的检波器。

然而你也许不会奇怪，检波器即便在最佳状态下其性能也是很差的。由于感觉到检波器的不稳定性且不易取得成功，因此大大推动了人们去寻找一种更好的检波器。但是，由于没有合适的理论基础作为指导，这一研究常常走入死胡同。甚至曾经有人拿刚去世的人的大脑作为检波器，实验者甚至声称他的设备具有显著的灵敏性。② 让我们一起庆幸这种奇特的检波器从来没有为人们所欣赏过。

大多数研究是在模糊的直觉概念指导下进行的，即检波器的工作取决于某种神秘的非理想接触，并且各种实验事实上都同时驻足在点接触晶体检波器上（见图 1.4）。这一器件的第一个专利（1901 年申请）于 1904 年授予了 J. C. Bose 发明的采用 galena（方铅矿）的检波器。③ 这似乎是对半导体检波器授予的第一个专利，尽管当时人们还没有认识到这一点（事实上，“半导体”这个词在当时还没有出现）。之后这些方面的工作继续进行，Henry Harrison Chase Dunwoody 将军在 1906 年下半年申请了采用金刚砂（碳化硅）的检波器的专利，之后不久，Greenleaf Whittier Pickard（一位 MIT 的研究生，他的叔父是诗人 John Greenleaf Whittier）又申请了他的硅检波器的专利。正如图中所示，与这类检波器一端相连的是一根细导线（称为“触须”），它与晶体表面之间形成一个点接触。另一端连接的是晶体周围的大面积接触，一般由低熔点的合金形成（通常是铅、锡、铋和镉的混合物，称之为“木头”金属，其熔点在 80℃以下）。我们可以把这样构成的器件称为点接触

① 距现在最近的检波器应用是 20 世纪 50 年代末无线电控制的玩具车。

② A. F. Collins, *Electrical World and Engineer*, v. 39, 1902；他从研究其他种类生物的大脑着手，一直研究到人脑。

③ J. C. Bose，美国专利号 # 755,840，1904 年 3 月 19 日获得批准，它所描述的检波器的工作原理是基于半导体有较高的电阻温度系数而不是基于整流的原理。其实 Ferdinand Braun 早于 1874 年就在“Ueber die Stromleitung durch Schwefelmetalle”（“论通过金属硫酸盐的电流”），*Poggendorff's Annalen der Physik und Chemie*, v. 153, pp. 556-63 讲到过在方铅矿和黄铜矿中的不对称导电。大面积接触是通过部分浸泡在水银中而实现的，而另一个接触则采用铜、白金和银导线。这些样品中没有一个显示超过 2 : 1 的正向/反向电流比。Braun 后来由于对无线电技术的贡献而与马可尼共享了 1909 年的诺贝尔物理学奖。

式肖特基（Schottky）二极管，尽管测量并不总是那么容易地与这一描述保持一致。不论怎样，我们可以看到现在的二极管符号是如何从这一实际装置的描述中进化而来的，二极管符号中的箭头代表触须的点接触，如图中所示的那样。

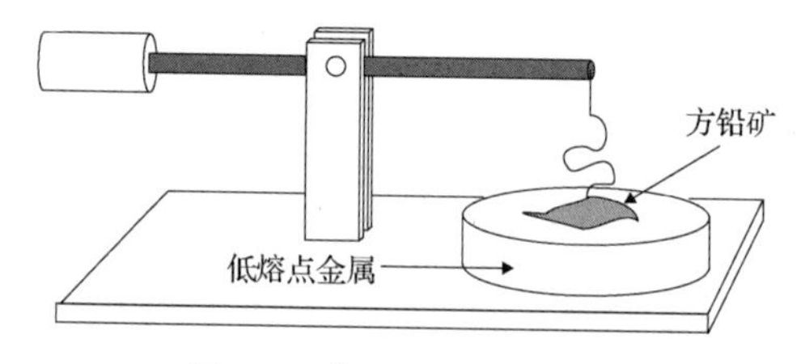

图 1.4　典型的晶体检波器

图 1.5 所示是用这些器件制作的简单的晶体[①]收音机。[②] LC 电路调谐到想要的信号，然后晶体进行整流，所得到的解调声波信号用来驱动耳机。某些检波器（如方铅矿检波器）不需要偏置源，所以有可能制作一个“不需要能量”的收音机。[③]

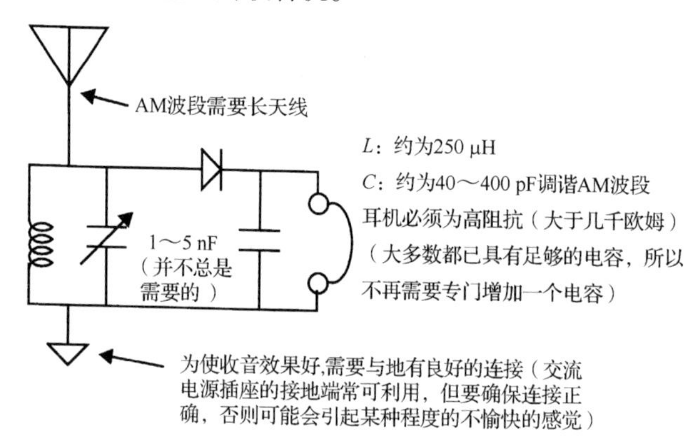

图 1.5　简单的晶体收音机

Pickard 在发明晶体检波器时比任何其他人工作得更努力，他最终实验了 30 000 种由导线和晶体构成的组合，其中除了硅，还有黄铁矿石（“假”金）和生锈的剪刀。方铅矿检波器曾非常普及，因为它们价格低廉且不需要任何偏置。遗憾的是，触须线接触的压力调节合适后很难维持，因为只要在方铅矿上的压力稍微大一点，就会破坏其整流性能，而且还应先在晶体表面搜寻一个灵敏点。另一方面，尽管金刚砂检波器需要有几伏的偏置，但它们在机械结构上比较稳定（较高的接触压力也毫无问题），因此被广泛地应用在船上。[④]

在与这些粗糙的半导体初次使用的同时，无线电工程师开始与当时看来越来越明显的一个问题做斗争，这个问题就是干扰。

火花信号的宽频谱使企图传送除莫尔斯（Morse）码类型外的信号变得不现实（尽管某些勇敢的工程师确实试过用火花隙设备进行 AM 传送，但几乎都没有成功）。这一宽带特性倒是很好地适合检波器技术，因为检波器变化的阻抗反正也很难对电路实现调谐。然而，随着发送者数目

① 在现代电子学中，“晶体”通常指石英谐振器，例如它可用在振荡器中作为确定频率的元件，这些与用在晶体收音机中的晶体没有任何关系。

② 1N34A 锗二极管能很好地工作且比较容易得到，但不如方铅矿、“木头”金属及触须那样“迷人和有趣”。

③ 也许我们应当感谢人类的听觉系统：人能听到的最小声音大约相当于耳膜的一个氢原子直径那么大的位移！

④ 金刚砂检测器一般封装在一个盒子里，并且它们的调节常常通过专门的步骤将其一下子放在一个硬表面上。

的成倍增长，不能提供更多的有效选择范围在当时已越来越成为一种麻烦。

马可尼在 1899 年与两家报刊（即 *New York Herald* 及 *Evening Telegram*）签约刊登了大字标题，表示要提供长达 1 分钟的有关美国杯赛艇比赛的无线电新闻报道，他非常成功地使另外两组人受到激励，也要在 1901 年尝试做同样的事情。这两组中的一组是由 Lee de Forest 领导的，我们将在以后谈及他；而另一组是由一个意想不到的闯入者领导的（他其实就是 Pickard），他来自美国无线电话电报公司（American Wireless Telephone and Telegraph）。遗憾的是，就在那一年三组人同时发报时，没有人能接收到可理解的信号，所以竞赛结果不得不用老办法即用信号机来报告。气恼之极的 de Forest 把他的发射器扔到船外，而在岸上急等着新闻的中继站则不得不设法弥补他们报告中的许多内容。

这一失败使马可尼、Lodge 及怪才 Nikola Tesla 更加感到沮丧，因为实际上他们已经拥有了调谐电路的专利，而马可尼的设备也已采用了带通滤波器来减少干扰。[①]

问题在于尽管把调谐电路加到火花发报的发射器和接收器中肯定有助于信号滤波，但从来没有一个具备实际可行次数的滤波，可以真正把一个电火花序列转变成正弦波。在认识了这一基本事实之后，许多工程师寻找产生连续的射频（RF）正弦波的方法。其中有一组人，他们中有丹麦工程师 Valdemar Poulsen[②]（他也发明过一个初步的磁记录装置，称为留声电话机）及美籍澳大利亚工程师（也是斯坦福大学的研究生）Cyril Elwell，他们采用了直流弧光的负阻特性来保持 LC 电路的不断振荡[③]，从而提供一个正弦波的射频载波。工程师迅速发现这一方法可以使功率加大到显著的水平：超过 1 MW 的弧光发射器在第一次世界大战后不久就开始使用了！

通用电气（GE）公司的 Ernst F. W. Alexanderson 则采用了略微不同的方法，他根据 Reginald Fessenden 的要求，设法用巨大的交流发电机（它实际上与开车时给汽车电池充电的发电机一样，只是体积很大，转速很高）来产生大功率的射频正弦波。这一走到头的技术最后构造了一个能在 100 kHz 的频率下产生 200 kW 功率的交流发电机！它在第一次世界大战结束时刚刚生产完成，但在它刚要开始工作时就已经被放弃了。[④]

连续的波比火花信号更有优势这一点很快就明朗了，它因此激励了人们开发更好的接收设备。令人高兴的是，检波器逐渐被许多改进的器件（包括前面提到的半导体器件）所代替，它到 1910 年时已慢慢消失（尽管迟至 20 世纪 50 年代，至少有一种无线电控制的玩具还在使用检波器）。

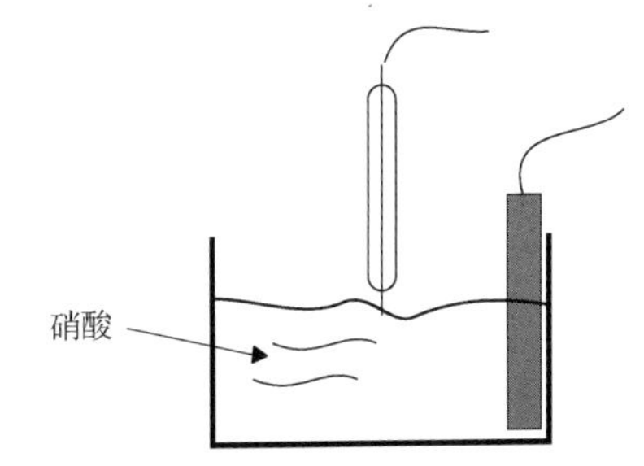

图 1.6　Fessenden 液体镇流器

其中一个改进是由 Fessenden 发明的“液体镇流器”（barretter），如图 1.6 所示。这种检波器包括封在玻璃

① 马可尼是唯一一个有很强财团（实质上是英国政府）支持的人，而他的英国专利[#7777，即著名的“4 个 7”（“four sevens”）专利是在 1900 年 4 月 26 日授予的] 是早期无线电时代主导的调谐专利。它也涉及在技术史上一些历时最长和强度最大的诉讼案件。美国最高法院在 1943 年最终裁定马可尼侵犯了 Lodge、Tesla 和其他人的专利。

② 英国专利 # 15,599，1903 年 7 月 14 日获得批准。有些资料总是不正确地把他的名字写成“Vladimir”，然而这是一个完全不像丹麦人的名字！

③ 用于工业照明的弧光技术在当时是一种成熟的工艺。在斯坦福大学 Leonard Fuller 的博士论文中，他在理论上推断出弧光功率可以发送超过 30 kW 的功率，这是别人从未逾越过的限度。由于 Fuller 的贡献，1000 kW 的弧光发射器于 1919 年出现。（1931 年，作为美国 U.C. Berkeley 大学电气工程系的首任系主任，Fuller 筹划请联邦政府捐赠了线圈绕线机和剩余的 80 吨磁铁，用来建立 Ernest O. Lawrence 实验室的第一个大型回旋加速器。）

④ 这一先进的旋转机器用到了当时所有最高水平的冶金技术。

杆中的一根很细的镀银白金线（称为“Wollaston 线”）。其中一小段线从杆中露出，并接触一个小的硝酸池。这一装置的 *V-I* 特性在接近原点处呈准平方关系，因而确实可以用来解调 RF 信号。这一镇流器曾广泛用于许多具体实例中，因为它是一个“自复原”的器件（不同于典型的检波器），并且不需要调节（不同于晶体检波器）。除了与酸有关的害处，这一镇流器显然是一种令人满意的检波器，这可以从对 Fessenden 专利的许多侵权中得到证实（包括声名狼藉的 de Forest 侵权在内）。

到 1906 年下半年，市面上有足够多的整流检波器已在使用。美国东海岸的船员们大为惊奇地听到由 Fessenden 本人在圣诞节前夜[①]发出的第一个 AM 广播（尽管三天前已通过无线电报进行了预告）。兴奋的收听者受到的“款待”是 Handel 的 *Largo* 音乐录音（来自 *Xerxes*），即 Fessenden 的小提琴演奏曲目“*O Holy Night*”，以及他给所有人的圣诞节的衷心问候[②]—— 一组包括诗歌、Fessenden 用小提琴演奏的圣诞赞歌及一些唱歌的表演节目。其中采用了一个水冷的碳精粉麦克风与一条天线相串联来调制一个 500 W（近似）、50 kHz（也是近似）的载波。这个载波是由放在美国 Brant Rock 的一个原型 Alexanderson 交流发电机产生的。不过，那些使用检波器的人却十分遗憾地错过了这一历史事件,因为一般使用的检波器完全不适合于 AM 解调。Fessenden 在一周之后，即在新年前夜又重复展示了他的“技艺”，以使更多的人有机会享受这一乐趣。

第二年（即 1907 年）对电子学来说是很有意义的一年。除了继续沿着第一个 AM 广播（它标志着从无线电报过渡到无线电话）发展，那一年还出现了半导体。除了硅探测器的专利，那一年还发明了 LED（发光二极管）。在 *Wireless World* 一篇题为“金刚砂简讯”（A Note on Carborundum）的短文中，英国人 Henry J. Round 报告了在一定条件下（通常是在触须的电势相对于晶体是非常负的情况下），金刚砂检波器能发射出令人迷惑的、冷的蓝光。[③] 但它的影响多半被忽略并最终被遗忘，因为当时在无线电方面还有太多更急需处理的问题。然而今天，金刚砂实际上用在了蓝光 LED[④]中，并且为制造出能在较高温度下工作的晶体管而被一些人研究过。至于硅，我们大家都知道它的应用领域。

1.4 真空管的诞生

1907 年还产生了 Lee de Forest 发明的第一个能放大的电子器件的专利，即真空三极管。可惜的是，de Forest 并不理解他的发明实际上是如何工作的，只是通过反复实验（有时甚至是没有什么道理的）的方式碰巧诞生了这一发明。

真空管实际上可以追溯到它的祖先，即爱迪生（Thomas Edison）的低度发光的白炽灯泡。爱迪生的灯泡有一个问题，由于烟垢（碳灯丝的蒸发所致）在灯泡内表面的积累，而使灯泡逐渐变黑。为了解决这个问题，爱迪生插入了一个金属电极，希望多少能把一些烟垢吸收到这个电极而不是玻璃上。他不愧是一位真正的实验家，爱迪生对这一电极同时应用了正电压和负电压（相对于灯丝的一个接头），并在 1883 年注意到当这个电极是正电压时，会有电流神秘地流过；但当这

① Aitken（见 1.9 节）错误地把这个日子当成了圣诞节。

② 见“An Unsung Hero: Reginald Fessenden, the Canadian Inventor of Radio Telephony”。

③ 他说他也看到了橙色和黄色的光，也许他一直在喝酒。

④ 应当提及，以 GaN（氮化镓）为基础的 LED 有高得多的效率，但直到 1992—1993 年，Shuji Nakamura（然后是 Nichia Chemical 公司）才找到了能够制造它们的实际方法。

个电极是负电压时则没有任何电流，而且流过的电流取决于灯丝有多热。爱迪生当时还没有得出任何理论可以解释这些观察到的现象（注意，“电子”这个词直到 1891 年才出现，并且直到 1897 年 J. J. Thomson 的实验之前，这一粒子本身还没有确切的定义），但他还是继续研究下去，并在 1884 年获取了第一个电子（而不是电气）器件的专利，这一器件利用板极电流与灯丝温度的关系来间接测量导线电压。这一“小题大做”的仪器从来没有正式生产过，因为它的性能要比标准的电压计差。爱迪生只是希望得到另一个专利而已，这也是他最终获取千百个专利的一种方式。

关于这一插曲，有意思的是就基本原理而言，爱迪生可以说是从来没有发明过什么东西，如他偶然碰上了电子整流器但却认识不到他所发现的东西的含义。认识不到这些含义的部分原因无疑是他对于直流电力传输在情感上（和财政上）的专一，而在直流电力传输中，整流器却没有任何作用。

大约就在此时，英国爱迪生公司的一个顾问 John Ambrose Fleming 碰巧去参加了一个在加拿大召开的会议。他在美国逗留期间拜访他在新泽西的兄弟时，也去了爱迪生的实验室。他对“爱迪生效应”产生了极大的兴趣（他比爱迪生对此的兴致更高，爱迪生很难理解为什么 Fleming 会对没有任何实际应用希望的某些东西如此兴奋不已），并最终在 1890 年至 1896 年发表了有关爱迪生效应的论文。尽管他的实验最初引起了轰动，但伦琴（Röntgen）在 1896 年声明发现了 X 射线 —— 以及在同一年的晚些时候发现了天然放射现象 —— 很快成为物理学界的主要关注点，而爱迪生效应则很快便销声匿迹了。

然而，几年后，Fleming 成为英国马可尼公司的顾问并参与探索改进的检波器。他想到了爱迪生效应，并测试了一些灯泡，发现它们完全能像射频整流器那样工作，于是在 1905 年申请了 Fleming 真空管（Fleming valve）（见图 1.7）的专利（真空管因此在英国仍称为 valve）。几乎完全耳聋的 Fleming 采用了一个镜像电流计（mirror galvanometer）来显示接收到的信号，并把这一特性作为他专利的一部分。

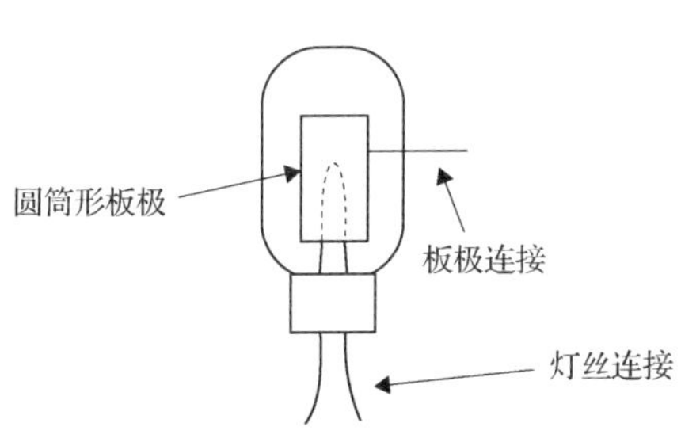

图 1.7　Fleming 真空管

尽管并不是特别灵敏，但 Fleming 真空管至少能连续做出响应而不需要任何机械上的调整。马可尼公司的许多种设备都采用了它（多半是由于契约义务的关系），但 Fleming 真空管从来没有普及过（这与某些肤浅的历史研究所做出的判断恰好相反）—— 它需要太大的功率，灯丝的寿命很短，而且这种东西又很贵。当与 Fessenden 的镇流器或制作良好的晶体检波器相比时，它显然是一个很不灵敏的检波器。

此时 de Forest 正忙于在美国建立一些“灰色”的无线电公司，他唯一的目的就是通过出售股票赚钱。他在 1902 年上半年出版的杂志上写道：“很快，我们相信，鱼儿就会上钩。”一个无线设施的股票一经售出，他和他的好朋友们就卷走“赌注”（而不管这个无线电站是否完成）并转移到下一个城市。另一个说明他敛财性格的是，他在访问 Fessenden 的实验室后公然窃取了

Fessenden 的检波器［只是把渥拉斯顿（Wollaston）线改成铲形］，并且甚至去申请这一发明的专利。然而在这个案例中公正占了上风，Fessenden 赢得了对 de Forest 的侵权诉讼。

de Forest 有点运气，因为 Dunwoody 恰好及时发明了金刚砂检波器，从而使 de Forest 免于破产。然而 de Forest 并不满足于开发这一合法的发明，[①] 他开始窃取 Fleming 的真空二极管技术，并且在 1906 年取得了一个专利。他只是用一个耳机代替镜像电流计，但因此加进了很大的正向偏置（于是降低了本来已经不太灵敏的检波器的灵敏度）。de Forest 一生都在不断地否认他知道 Fleming 先前的工作（尽管 de Forest 惯于并且“勤勉”地浏览 Fleming 发表在专业杂志上的文章）。为了支持自己的说法，de Forest 说明了他采用偏置的地方，并且指出 Fleming 一点也没有用过。[②] 证明 de Forest 完全是在撒谎的结论性证据最终出现了，一位历史学家 Gerald Tyne 得到了 H. W. McCandless 的工作记录，后者制造过 de Forest 的所有第一批真空管（de Forest 称它们为“声频管”）。[③] 这一记录清楚地表明，de Forest 在申请专利的几个月前曾要求 McCandless 复制过某些 Fleming 真空管，因此根本不可能有合理的解释说明 de Forest 独立发明了真空二极管。

然而之后不久，de Forest 获得了他的最高成就。他在灯丝和侧电极（后来称为板极）之间增加了一个曲折的导线电极，de Forest 把它称为栅，于是就诞生了三极真空管（见图 1.8）。这个三部件的三极真空管具有放大的能力，但 de Forest 直到若干年之后才认识到这一事实。事实上，他的专利申请描述的三极声频管只是作为一个检波器而不是一个放大器，[④] 所以增加栅的目的仍然是个谜。他增加这个栅肯定不是像某些史料所声称的那样是经过仔细考虑后的结果，事实是他到处加电极，他甚至想在板极外面加“控制电极”！因此我们必须把他增加栅仅仅看成他在寻找自己的检波器时所做的一种偶然但却持久的修修补补的结果。如果说他偶然发明了三极真空管的说法是确切的，那么必须要由别人来向他解释这个东西是如何工作的却是无可辩驳的事实。[⑤]

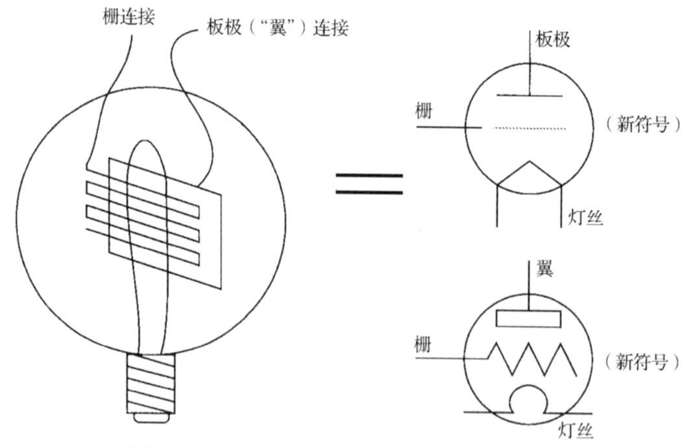

图 1.8　de Forest 的三极声频管及其符号

① Dunwoody 是作为 de Forest 的顾问完成这一工作的，但他没能使 de Forest 为此付给他应得的报酬。

② de Forest 力图说明他的工作与 Fleming 无关，他反复强调正是由于他对于光焰导电特性的研究才给他在真空管方面的工作增加了动力，他争辩说离子导电是真空管工作的关键。结果他把自己一拳打在了一个角落，在其他人发明了超高真空管之后，并且连他自己也发现了问题之后很难从这个角落中跳出，因为在超高真空管中基本上没有什么离子。

③ Gerald F. J. Tyne, *Saga of the Vacuum Tube*, Howard W. Sams & Co., Indianapolis, 1977。

④ 然而奇怪的是，他的两部件声频管专利确实提到过放大的情况。

⑤ Aitken（见1.9节）争辩说，de Forest 曾不公平地被谴责为不理解他自己的发明。然而一大堆证据都是与 Aitken 的天才看法相矛盾的。

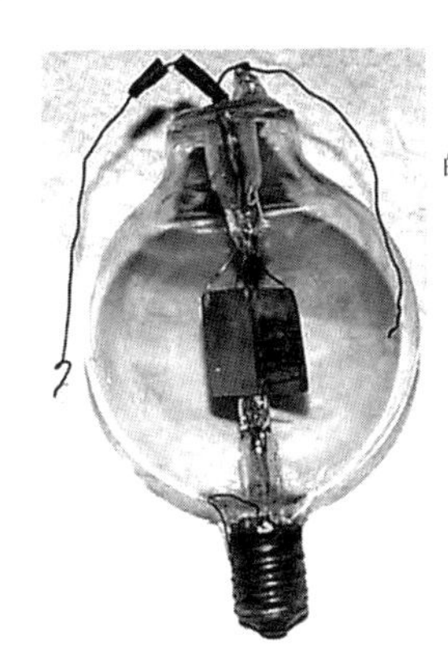

Armstrong在他1912年的再生接收器中使用的双板极三极管（引自Michael Katzdorn的*Houck Collection*）

图 1.8（续）　de Forest 的三极声频管及其符号

根据已有的证据，无论是 de Forest 还是其他任何人都没有对三极真空管太在意（1906—1909 年间，在三极真空管方面基本上没有什么进展）。事实上，当 de Forest 在他的一间公司倒闭之后好不容易避免了由于股票欺诈引起的罪责及牢狱之灾时，他不得不放弃他所有发明的利益，以作为将来重组公司的条件，但只有一个发明例外：律师们允许他保留三极真空管的专利，他们认为三极真空管没有任何价值。[①]

de Forest 断断续续地研究三极真空管，并且最终和其他人（包括火箭先驱 Robert Goddard）几乎同时发现了三极真空管潜在的放大作用。[②] 他设法把这一器件在 1912 年卖给了 AT&T 作为电话机的接续放大器。但最初一段时期困难重重，因为声频管特性很不规律，器件特性的再现性相当差，并且管子具有有限的动态范围。该器件在小信号时能工作得很好，但在过载时性能很差（在管子中的残留气体会电离，产生蓝光及输出信号中的尖杂噪声）。最后，声频管的灯丝（它是用钽制作的）寿命只有 100～200 小时，因此在真空管占领整个世界前还需要经历一段时间。

1.5　Armstrong 和再生放大器/检波器/振荡器

幸运的是，一些天才终于对三极真空管感兴趣了。位于 Schenectady 的通用电气公司（GE）实验室的 Irving Langmuir 成功地实现了高度真空，于是消除了由于存在（容易电离的）残留气体引起的不规则特性。de Forest 从来没有想到过这样做（而且事实上，他还警告不要这样做，他认为这会降低灵敏度），因为他从来没有真正相信电子的热发射（确实不清楚他在那时甚至是否“看好”电子），直接就断定三极真空管的工作基本上取决于电离的气体。

Langmuir 的成果的发表为一位聪明的工程师铺平了道路，使他设计出有用的电路来利用声频管的潜力。这位工程师就是 Edwin Howard Armstrong，他于 1912 年在 21 岁时发明了再生的放大器/检波器。[③] 这一电路（它现在的形态如图 1.9 所示）采用了正反馈（通过一个“屏极回授线圈”将输出能量中的一些以合适的相位耦合送回输入端）来同时提高系统的增益和 Q 值。于是高的增益（可产生高灵敏度）和窄的带宽（可得到好的选择性）就可以相当简单地用一个管子来实现。此外，这个管子的非线性特性解调了输入信号。而且，如果把输出和输入过度耦合，就可以使它变成一个极好的、小巧的 RF 振荡器。

① 于是刚失业的 de Forest 去了 Palo Alto 市的联邦电话电报公司，为 Elwell 工作。

② Goddard 的美国专利#1,159,209，1912 年 8 月申请，1915 年 11 月 2 日获得批准。该专利描述了一个三极真空管振荡器的“远亲”，因此实际上甚至比 Armstrong 的有文档证明的工作更早。

③ 其经公证的笔记本登记的日子实际为 1913 年 1 月 31 日。

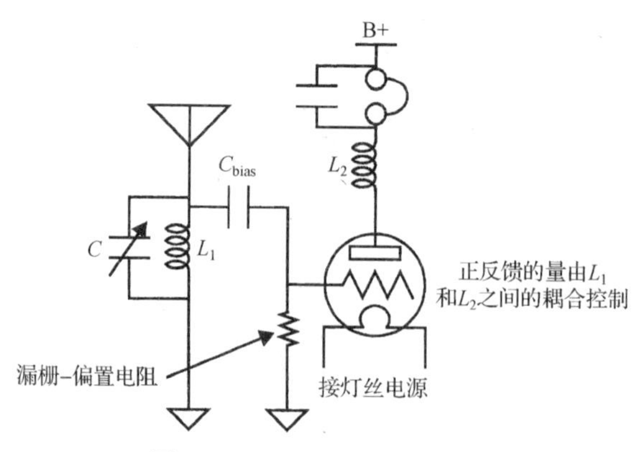

图 1.9 Armstrong 再生接收器

在 1914 年题为“三极真空管的工作特点”的论文[①]中，Armstrong 首次发表了关于三极真空管如何工作的正确解释，并提供了实验证据来支持他的论点。在这篇论文之后，他又发表了另一篇论文（“三极真空管接收器的当前进展”），[②]在这篇论文中他还附带解释了再生放大器/检波器的工作，并且说明了如何用它来构成一个振荡器。这篇论文是一个论述清晰的典范，并且对于当代的读者而言，其可读性也相当好。然而 de Forest 对于 Armstrong 的“冒昧”做法非常不舒服，在这篇论文之后公开的讨论活动中，de Forest 不断攻击 Armstrong。从公开的交流中可以清楚地看到，与 Armstrong 形成鲜明对比的是，de Forest 对某些基本概念（例如正弦波的平均值为零）还难以理解，并且甚至不能理解三极真空管即他自己的发明（事实上与其说是发明，还不如说是发现）实际上是如何工作的。两个人之间的严重对立从来也没有减弱过。

Armstrong 后来又开发了一些电路，这些电路直到今天仍然在电信系统中占据主导地位。作为第一次世界大战期间美国陆军通信部队（U.S. Army Signal Corps）的一名成员，Armstrong 开始研究远距离探测敌机的问题，并且一直按照一条思路工作，即试图自动捕捉由敌机的发火系统（也就是火花发射器）自然产生的信号。遗憾的是，在频率大约 1 MHz 以下并没有发现多少有用的辐射，而当时的管子又很难在高于这个频率的基础上再进行更多的放大。事实上，直到1917年 H. J. Round（因蓝光 LED 出名）经过异常的努力才取得了在 2 MHz 时有用的增益，所以 Armstrong 把他的工作留给了 Round。

Armstrong 运用了最先由 Poulsen 采用而后由 Fessenden 阐明的原理来解决这个问题。在解调一个连续波（CW）信号时，所产生的直流脉冲链很难被检测出来。Valdemar Poulsen 进行了改进，他插入了一个快速驱动的断续器与收话机（听筒）串联。通过这种方法，一个稳定的直流电平被斩波到一个音频波形中，结果“Poulsen 收报机”使得连续波信号很容易被复制。

Fessenden 对于旋转机器的爱好是出名的，他采用了类似的概念，只不过是从高频信号发生器中来获取他的信号。这种发生器能够把信号外差到任何所希望的音频范围内，使用户自己可以选择一种能克服干扰的音调。

Armstrong 决定以不同的方式运用 Fessenden 的外差原理。他不是用它来直接解调连续波信号，而是用外差方法把一个高频 RF 的输入信号转变成在较低频率下的信号，在这个频率下可以较为容易地得到高的增益和选择性。这个信号频率称为中频（IF），信号在 IF 上经过许多次滤波和放大之后再被解调。接收器可以很容易地达到足够高的灵敏度，所以限制因素实际上就只有大气噪声（它在

① *Electrical World*, 12 December 1914。

② *Proc. IRE*, v. 3, 1915, pp. 215-47。

AM 广播段非常大）。而且，有可能采用单个调谐控制，因为 IF 放大器在固定频率下工作。

Armstrong 称这个系统为“超外差机”并且在 1917 年获得了专利（见图 1.10）。尽管在 Armstrong 可以采用超外差机探测德国人的飞机之前战争就已经结束了，但他在几个天才工程师的帮助下继续开发它，最终把管子的数目从原来的 10 个减少到 5 个。RCA 公司的 David Sarnoff 最终协商购买了这一超外差机的专利权，这样到了 1930 年，RCA 开始主宰无线电市场。

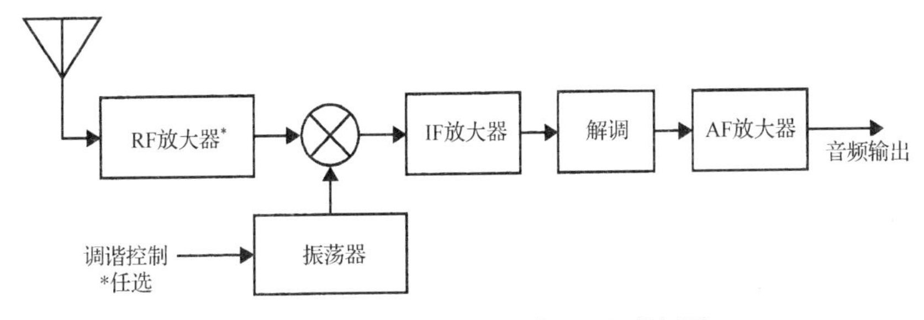

图 1.10　超外差接收器（超外差机）的框图

由于真空管的发明，得到了极高的灵敏度，因此使得发射器的功率减少了几个数量级，同时又加大了有用的通信距离。今天的 50 kW 被认为是很大数值的功率，然而就在第一次世界大战后不久，十倍于这一数值的功率还是属于正常的。

20 世纪 20 年代，无线电电子学获得了极为迅速的发展。战争刺激了真空管性能的改进并使其达到了惊人的程度，出现了改进的灯丝（更长的寿命，更高的发射率，较低的功率要求）、较低的电极间的电容、较高的跨导及较大的功率处理能力。这些发展为发明许多巧妙的电路提供了舞台，有些电路设计对 Armstrong 再生式接收器的主导地位提出了挑战。

1.6　其他无线电电路

1.6.1　调谐与中和式调谐射频接收器

在早年非常普及的一种无线电是调谐射频（tuned radio-frequency, TRF）接收器。基本的 TRF 电路一般具有三个射频带通级，其中每一个可独立地调谐，解调后是一个或两个音频级（解调常常用晶体二极管来实现），因此用户必须用三个或更多的旋钮来调准每个台。虽然这一系列的调谐控制也许对于机件摆动爱好者来说正是投其所好，但它对于一般用户来说是非常不合适的。

TRF 级的振荡也是一个大问题，这是由栅–板电极间的电容 C_{gp} 造成的寄生反馈路径引起的。[①] 尽管限制每一级的增益是一种降低可能发生的振荡的方法，但随之而来的灵敏度降低通常是不可接受的。

由 C_{gp} 引起的问题在很大程度上由 Harold Wheeler 发明[②]的平衡式电路消除（见图 1.11）。[③] Wheeler 弄清了这个问题，并插入了一个补偿电容（C_N），称为平衡电容[实际上，当时称为调相

① 我们将其作为“留给读者的一个练习”，请说明一个带电感负载的共阴极放大器输入阻抗的实数部分可以小于零是由于通过 C_{gp} 的反馈所致，并且这一负阻因此可能引起不稳定性。

② 他为 Louis Hazeltine 设计了这个电路，后者常被认为是这个电路的发明者。

③ 应当注意 Armstrong 的超外差技术通过在许多不同频率（即 RF，IF 和 AF）下得到增益而出色地解决了这个问题。这个方法也大大减小了由于输入–输出寄生耦合引起振荡的危险。

器(condenser)]。当调节合适时，该电容反馈一个电流，它在数值上完全与栅–板电容的电流相同而在相位上相反，所以不需要任何输入电流来对这些电容充电。最终结果是抑制了 C_{gp} 的影响，从而使每级增益有较大的增加而不会引起振荡。[①] 在第二次世界大战结束后，Westinghouse 公司获得了 Armstrong 再生电路的专利权，并与有限数目的无线电制造商签订了许可协议，然后就开始积极起诉那些侵权的人。被排斥在“外边”的人们为了保护他们自己，就组织了“独立无线电制造商协会”（Independent Radio Manufacturers Association，IRMA），并且购买了使用 Hazeltine 电路的权利。于是在 20 世纪 20 年代，IRMA 的成员销售了数万个平衡式组件和安装好的控制板，这些都是试图与 Armstrong 的再生电路抗衡的器件。

此时 de Forest 采用了他的老花招。他收购了一个有许可权制造 Armstrong 再生式无线电的公司。尽管他知道这个许可权是不可转让的，但他还是开始出售再生式无线电设备，直到他被抓住并被威胁要诉诸法律。de Forest 最终与法律打了个擦边球，即出售一种用户可以自己接线做成的再生式无线电设备，用户只要在 de Forest 为此目的而提供的接线端子之间重新连上几根线就可以了。[②]

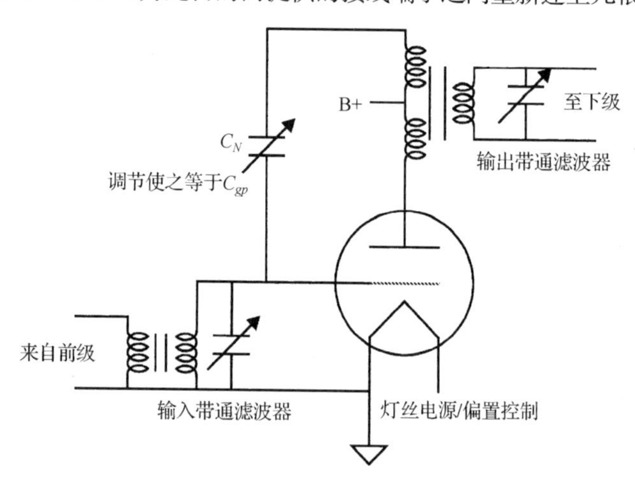

图 1.11 基本的中和式放大器

1.6.2 返回式电路

返回式电路（见图 1.12）在 20 世纪 20 年代早期就已经在业余爱好者中很流行了，之后在 20 世纪 30 年代中期又在商界恢复了它的活力。返回式原理非常精巧，甚至这个电路发明者本人（应该是法国工程师 Marius Latour[③]）也许都没有充分认识到它是那么不可思议。其基本概念是：让 RF 通过一定数目（例如一级）的放大级，再进行解调，然后让音频回过头来再通过同样的放大器，于是给定的这些真空管既放大了 RF 信号，又放大了 AF 信号。

这一想法成立的理由，只有在你考虑到这一连接如何能使整个系统具有超过有源器件本身增益带宽积时才变得令人信服。假设限定所考虑的真空管具有一定的常数增益带宽积，进一步假设输入 RF 信号在一个频带为 B 的矩形通带上被放大 G_{RF} 倍，而音频信号也在同一矩形带宽 B 上被

---

① 在有些接收器中只有中间的 TRF 级是平衡式的。

② 一个轶闻报告说，de Forest 销售的接收器带有一根从背板突出的导线，导线上有一个标签，上面写有类似于“不要剪断这根线，它可以把这台接收器转接成一个再生接收器”的话。我没有找到有关这一信息的原始来源，但这完全与我们已知的有关 de Forest 的人品相一致。

③ 应当注意 Armstrong 有关超外差技术的第二篇论文（发表在 1924 年）包含返回式电路的例子。

放大 G_{AF} 倍。因此整个增益带宽积就是$(G_{RF}G_{AF})B$，而由该放大器放大的 RF/AF 组合信号的增益带宽积只是$(G_{RF}+G_{AF})B$。为使返回式电路具有优势，我们只要求增益的积超过增益的和，而这个标准很容易得到满足。

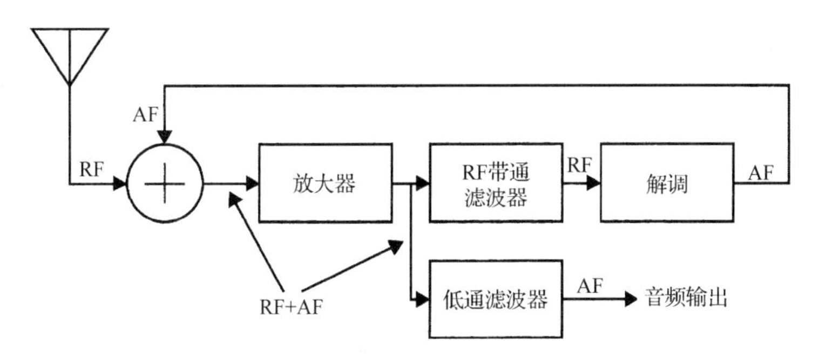

图 1.12　返回式接收器的框图

返回式电路表明了增益–带宽并没有什么有意义的含义，我们实际上被“愚弄”了，以至于相信增益和带宽必须线性地交换，只因为通常就是如此。返回式电路表明了我们的想法有错。单就这个理由，返回式电路也值得受到格外认真的对待。

1.7　Armstrong 和超再生电路

Armstrong 并没有打算休息，尽管在发明了再生接收器和超外差接收器之后，他似乎本来是可以有这样的权利的。

在对再生电路进行实验时，他注意到在一定条件下可以在瞬间得到比正常情况下大得多的放大作用。他进一步调查，并在1922 年开发了一个超再生电路，这个电路提供了非常大的单管增益，它可以把热噪声和散粒噪声放大到可以听得见的水平！

也许你已经感到返回式原理有点奇妙，但是你还没有任何发现。在超再生电路中，是有目的地使系统不稳定，但会周期性地停顿（阻塞）一下，以防止在达到某个极限的周期时被“黏住”。

这样一个奇怪的电路是如何能够提供增益（很大增益）的呢？我们看一下图 1.13，它把超再生电路分解为基本元件。① 现在，当这个电路起作用（也就是负阻连到这个电路）时，这个二阶带通系统的响应随时间按指数增长。那么是对什么做出响应呢？自然是对初始条件！在这样一个系统中，一个微小的初始电压在给定足够的时间时可以增长到能被检测的程度。甚至可以将这个初始电压想象成来自热噪声或散粒噪声过程。

因此，实际系统都存在的问题是最终会发生饱和，处于这样一种状态时，就不会有任何进一步的放大作用。超再生电路通过周期性地使系统停顿来避免这个问题，只要选择足够高的阻塞频率，这一周期性的“阻塞”就可以不被听见。

由于信号随时间呈指数增长，因此超再生电路以增益的对数换取带宽。作为一个额外的收益，真空管的不可避免的非线性恰好可以用来对放大的信号进行解调！正如你想到的那样，超再生电

① 经典的真空管超再生电路看上去非常像一个常见的再生放大器，只是使栅漏偏置网络的时间常数非常大，并且反馈（通过回授线圈）足够强以确保出现不稳定性。当幅值增大时，栅漏偏置也加大了，直到它使管子截止。管子将维持在截止区，直到偏置衰减到一定值，使管子恢复到放大区，因此完全没有必要有单独的阻塞振荡器。

路的作用是如此精巧和复杂，以至于在一定的时间内只为少数人所理解。超再生电路是一个准周期的时变非线性系统，允许间断地呈现不稳定性，Armstrong 于 1922 年发明了它。

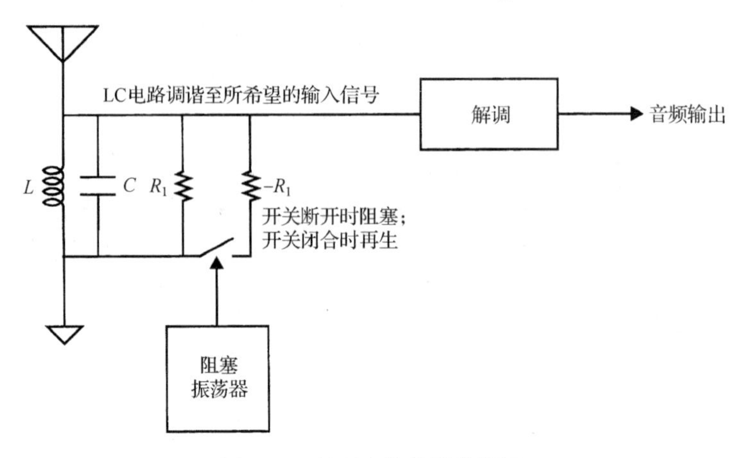

图 1.13　超再生接收器的框图

Armstrong 把这个专利权卖给了 RCA 公司（RCA 与 Armstrong 有相同的观点，即超再生电路将超过所有的电路），结果成为其最大的股票持有者。[①] 然而，超再生电路从来没有像 Armstrong 和 RCA 的 David Sarnoff 所想象的那样占据主要地位。其理由现在看起来很简单：每一个超再生放大器基本上也是一个振荡器。因此，每一个超再生接收器也是一个发射器，它能对附近的接收器产生干扰。此外，超再生接收器在不存在信号时会产生令人讨厌的很响的嘶嘶声（即放大的热噪声和散粒噪声），这不同于噪声较少的其他类型的接收器。由于这些原因，超再生电路从来没有在无线电界引起轰动。

然而，这种电路在玩具中得到了广泛的应用。当你必须用最小数目的有源器件来得到最大灵敏度的时候，超再生接收器是最好的选择。无线电控制的汽车、自动车库门的开门器及随身听几乎无一例外地采用只有一个晶体管工作的电路来作为超再生放大器/检波器，也许还会再用两个或三个晶体管作为解调后音频信号的放大器（如在随身听中）。整个灵敏度常常与一个典型的超外差机的灵敏度具有相同的数量级。在这些属性之上的是它也能通过一种称为斜率解调的过程来解调 FM 信号：如果我们把接收器调谐到偏离一点的频率，使接收器增益和频率的关系不是平坦的（也就是具有一定的斜率，斜率解调由此得名），那么进入的 FM 信号就会在接收器中产生一个信号，其幅值随频率的变化而变化，因此这一信号转变成一个 AM 信号，它可按通常的方式解调（“一举两得”）。所以，如果系统的大部分成本与有源器件的数目相关，那么超再生接收器提供了非常经济的解决办法。

1.8　Oleg Losev 和第一个固态电路放大器

的确，这个时代最奇妙（也是鲜为人知）的故事之一是自学成才的苏联工程师 Oleg Losev 和他 1922 年发明的固态电路接收器。[②] 那时候真空管是很贵的，所以人们自然很希望使无线电设备能够便宜些。

---

① 幸运的是，Armstrong 恰好在 1929 年股票市场大崩盘前卖掉了他的股票。

② 这里 Losev 的拼法是按英文最接近的音译拼法。常见的德文拼法是 Lossev，这里的双辅音是德语中为了加强单个的嘶音“s”。

Losev 的方法是探索晶体的秘密，那时这种研究已快被人们完全被遗忘了。他再次独立地发现了 Round 的金刚砂发光二极管（LED），并且实际上发表了大约 6 篇有关这一现象的文章。他正确得出这一现象是量子效应的结果，并把它描述成爱因斯坦光电效应的逆过程，他还把短波长的截止能量与所加的电压联系起来。他甚至注意到光是从特定的晶格界面上（我们将称它为“结”）发射出来的，并且对流行的来源于热的理论提出了质疑，即他显示了这一发射可以用电学方法进行调制，直至至少达到了 78 kHz 的频率（受限于他的旋光镜仪器）。

比起 Losev 对于 LED 特性观察更令人吃惊的是，他发现负阻可以从偏置的点接触红锌矿（ZnO）晶体二极管中得到。利用红锌矿，他在晶体管发明的整整 1/4 世纪之前实际制作了频率高达 5 MHz 的全固态 RF 放大器、检波器和振荡器。后来。他甚至继续用这些晶体制作了一个超外差接收器。确实，人们必须调节仪器上的几个偏置电压及触须，但它还是能够工作的（见图 1.14）。然而，Losev 在使用了大约 10 年之后，最终放弃了这个“晶体振荡”（crystadyne）设备，因为红锌矿是很难得到的（工业界只是在两个矿中发现了较多的矿石，这两个矿都在美国的新泽西州），这是因为自然晶体一般都具有内在的易变性，此外在采用二端器件获得增益时，还存在着固有的级间相互作用的问题。

在美国，几乎没有人听说过 Losev 的理由很简单。首先，几乎没有人听说过 Armstrong —— 人们似乎没有多大的兴趣把这些先驱者的名字放在心上。同时 Losev 的论文大多数是用德文和俄文撰写的，所以读者很有限。Losev 本人也没有去过美国，他于 1942 年 1 月去世。遗憾的是，有关 Losev 实验的所有记录都已经丢失了。

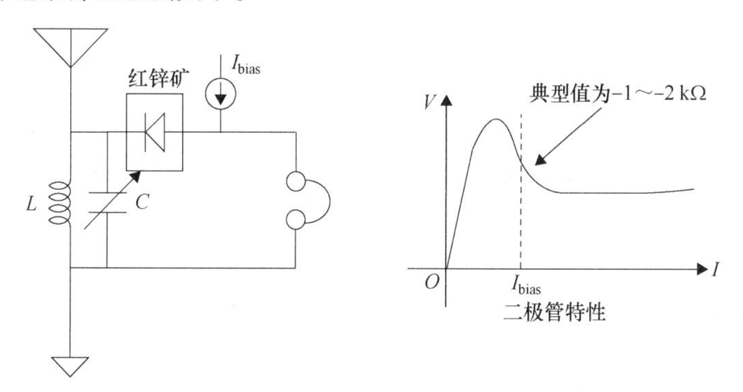

图 1.14　Losev 的超外差接收器（单级）

1.9　结束语

到了 20 世纪 30 年代初期，超外差设备已改进到全部只需要一个调谐控制。超外差接收器的超级性能和易于使用确保了它的主导地位（以及 RCA 公司的主导地位），而且事实上每一种现代接收器（其范围从便携式无线电设备到雷达设备）都采用了超外差的原理，这一情形似乎在不久的将来也不会有所改变。这要归功于 Armstrong 的天赋，他在第一次世界大战期间构想的系统在 21 世纪初仍然占据主导地位。

Armstrong 十分讨厌静电干扰对 AM 无线电带来的灾难，在那些认为 FM 无用的理论家的反对声中，Armstrong 继续开发了（宽带）FM。[①] 遗憾的是，Armstrong 的命运多舛。de Forest 向

① 贝尔实验室的数学家 John R. Carson（与演员 John Carson 没有任何关系）正确揭示了 FM 总是比 AM 需要更多的带宽，从而反驳了当时那种与之相反的普遍理念。但他在断言 FM 没有什么价值方面又走得太偏了。

Armstrong 的再生电路技术专利提出了挑战，并且最终在那些历史上最长的专利诉讼案件（持续了 20 年）中占了上风。在法院下达了他在这一案件中最后败诉的决定后不久，Armstrong 与他以前的朋友 Sarnoff 和 RCA 公司又开始在关于 FM 方面的痛苦争斗中打得不可开交，而且持续了 10 年以上。他为此耗尽了所有的精力和金钱。Armstrong 于 1954 年在他 63 岁时，也就是他向 Sarnoff 演示再生电路技术后的第 40 个年头自杀了。Armstrong 的遗孀 Marian 接替他继续“战斗”，直到最终赢得了所有的法律诉讼，这个过程又历经了 15 年。

de Forest 最终转行到娱乐界。他搬到好莱坞并开发有声和彩色电影。在他以 87 岁高龄去世之前的几年，de Forest 撰写了一本自夸式的自传，名为《无线电之父》（*The Father of Radio*），卖出了不到 1000 本。他又试图让他的夫人撰写一本名为《我嫁给了一个天才》（*I Married a Genius*）的书，但她最终没有做这件事。

补充读物

de Forest、Armstrong 和 Sarnoff 的故事由 Tom Lewis 在 *The Empire of the Air* 这本书中非常神奇地回顾了一遍，这本书后来被 Ken Burns 和美国公共广播公司（PBS）改编成了电影。尽管这本书在冒技术解释的风险时偶尔遇到了一些麻烦，但是人们对它的关注和 Lewis 所发掘出来的丰富的传记材料远超出了对这一点的“补偿”（Lewis 教授说，在该书的下一个简装版本中将做出许多修正）。

对于那些对技术细节感兴趣的人，可以读一下 Hugh Aitken 撰写的两本出色的书。《谐振与火花》（*Syntony and Spark*）重新回顾了无线电报的早期时代，从赫兹之前的实验谈起，以马可尼的贡献结束。《连续的电波》（*The Continuous Wave*）描写了直到 20 世纪 30 年代的事情，除真空管外还包括了弧光和交流发电机的故事。然而奇怪的是，Armstrong 在 Aitken 的描写中只是一个次要人物。

有关早期晶体检波器的故事由 A. Douglas 在“晶体检波器”（The Crystal Detector）（*IEEE Spectrum*, April 1981, pp. 64-7）一文和 D. Thackeray 在“真空管是什么时候击败晶体的：早期的无线电检波器”（When Tubes Beat Crystals: Early Radio Detectors）（*IEEE Spectrum*, March 1983, pp. 64-9）一文中进行了生动的描述。有关其他早期检波器的材料可以在 V. Phillips 的《早期无线电波检波器》（*Early Radio Wave Detectors*）（Peregrinus, Stevenage，UK, 1980）一书中找到。最后，有关 Losev 的故事由 E. Loebner 在“发光二极管的传说”（Subhistories of the Light-Emitting Diode）（*IEEE Trans. Electron Devices*，July 1976, pp. 675-99）一文中进行了回顾。

1.10 附录 A：真空管基础

1.10.1 引言

遗憾的是，几乎没有什么学工程的学生接触过真空管。确实，大多数工程课程的教师都把真空管看成是奇怪的遗迹。也许他们是正确的，但真空管在某些工程领域（如高功率 RF）中仍占有至高无上的地位。本附录力图提供必要的背景知识，使那些接受固态电路设计教学的工程师至少可以具备对这一历史性重要器件的浅显了解。

一旦学习了真空二极管的物理知识，我们就能很容易地理解所有真空管的工作原理。为了使这一讨论的展开变得简单，我们将追溯历史渊源并且考虑平行板结构而不是较为普遍的同轴结构，从而使结果易于推导但又不失其一般性。

1.10.2　阴极

考虑图 1.15 所示的二极管结构。最左边的电极是阴极，它的作用是发射电子。板极的作用是收集这些电子。

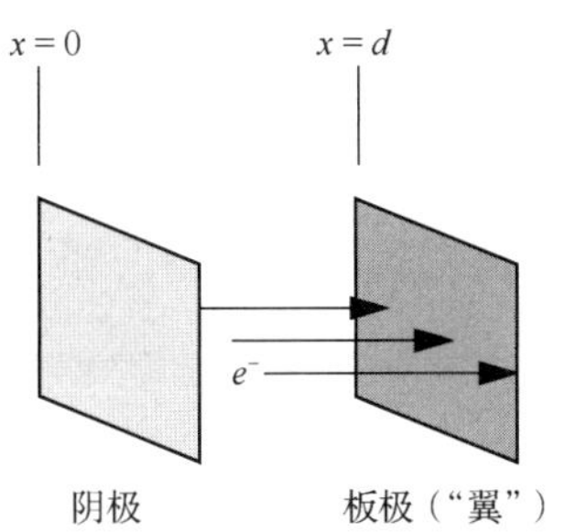

图 1.15　理想化的二极管结构

所有早期的管子（爱迪生和 Fleming 的二极管，以及 de Forest 的三极声频管）都采用直接加热的阴极，这意味着灯泡的灯丝确实可以完成电子的发射。物理上所发生的事情是：当温度足够高时，灯丝材料中的电子被给予了足够的动能使它们离开表面，可以将其理解为蒸发了。

显然，能在低于熔点温度下充分发射电子的材料用来制造阴极是最好不过的了。de Forest 的第一批灯丝是爱迪生灯泡中所采用的碳的另一个变种，不过后来具有高熔点（大约 3100 K）的钽很快代替了碳。然而，只有当钽材料被加热到发出白炽光时，才有电子有效地被发射出来，所以早期的三极真空管是非常耗电的。此外，钽在高温下有结晶的趋势，因而灯丝的寿命会由于随之增加的脆弱性而不能满足要求。一个典型声频管灯丝的寿命短至 100～200 小时。有些声频管还具有备用灯丝，以便在第一根灯丝烧尽后可以换上备用灯丝。

通用电气（GE）公司的 W. D. Coolidge（他也开发了高功率的 X 射线管）的研究使得采用钨（熔点 3600 K）作为灯丝材料成为可能。他发现了一种能用这类很难应用的材料来制造灯丝（钨不易拉长，因此它通常不能被拉成导线）的方法，因此开辟了一条大大提高真空管（及灯泡）寿命的途径，这是因为钨的熔点很高。①

遗憾的是，要维持大约 2400 K 的工作温度需要有很大的加热功率，因此便携式（或甚至包括行李式的）装备在这些加热要求被降低之前是不可能有任何发展的。一条改进的途径（偶然发现的）是在钨中加进一点钍。如果温度保持在一个相当窄的限度范围内（1900 K 左右），那么钍就从灯丝体中扩散到表面上，它在表面降低了功函数（电子的束缚能量），由此提高了发射率。这些掺钍的钨丝在高功率的发射管中仍然广泛运用，但它们的灯丝温度必须控制得相当严格。如果温度太高，钍会迅速蒸发（从而仍留下纯的钨丝），而如果温度太低，那么钍就不能足够快地扩散到表面以发挥所希望的作用。

虽然钍化的钨比纯钨更能有效地发射，但它会由于正离子的轰击而失效，这些正离子可以来源于任何残留的气体，或者来源于在高温工作下从管子部件中释放出的气体。因此在高压管中（如 X 射线管，它的阳极电位可以达 350 kV）采用纯钨，因为在这些管子中任何正离子的能量都能被加速到具有可以损坏钍化钨丝的程度。

为了进一步降低加热温度，有必要找到一种方法更进一步地减小功函数，这一点在发现了一系列钡和锶氧化物的混合物后得到了解决。它们可以在红光下而不用在全白炽光下产生充分的发

① 钨今天仍被用在灯泡中。

射。由于较低的温度（通常约为1000 K）大大提高了灯丝的寿命，因而也大大降低了对功率的要求。事实上在大多数采用氧化物涂层阴极的管子中，发射率的降低而不是灯丝的耗尽决定了管子的寿命。

氧化物涂层阴极带来的功率上的大大节省，使人们能够实际应用间接加热阴极的方法。在这些管子中，灯丝并不完成电子的发射，它的作用只是加热一个涂以氧化物混合物的圆筒形阴极。这样一种间接加热的阴极具有许多优点。整个阴极处于一个均匀的电位，所以它不像在直接加热的阴极中那样，发射随位置而有所不同。此外，对于电位均匀间接加热的阴极，可以采用交流电来提供管子灯丝的功率，而不必担心交流电用在直接加热阴极的管子中时可能发出的交流声。①

氧化物涂层阴极的缺点是它们对于正离子的轰击特别敏感。而且更糟的是，阴极本身往往会随时间而释放出气体，特别是当加热过度的时候，因此必须采用相当精细的步骤，使得在采用这种阴极的管子中保持高度真空。除了在温度高到足以使所有部件都白炽化的情形下抽空管子，在管子组装后还点燃（通过RF感应）一个镁或磷的“捕获器”来与所有杂散的气体分子反应，从而避免需要更彻底的抽真空过程，或者这也许还可以提高管子的寿命。捕获器很容易被看到，它是在管子内表面上淀积的一层像镜子一样的金属。氧化物阴极对于正离子轰击造成的破坏非常灵敏，这使得它们仅限于用在较低功率和较低电压的应用中。采用纯钨灯丝的管子没有“捕获器”，因为它们几乎对残存的少量气体不敏感。

1.10.3　真空管的 *V-I* 特性

既然我们已经研究了阴极的特性，现在就可以转到推导二极管的 *V-I* 特性上了。为了简化推导过程，假设阴极发射的电子的初速度为零，并且忽略在板极和阴极之间的接触电位差。这些假设引起的误差主要在较低的板极–阴极之间的电压下比较显著。我们将另外假设阴极每单位时间能够发射无限数量的电子，这一假设在较低的阴极温度和较大的电流时显然不成立。

进一步假设在器件中的电流受空间电荷的限制，也就是说，是阴极周围的电子云产生的静电斥力而不是阴极电子发射的不充分限制了电流。

阳极或板极（最初de Forest称它为“翼”）离开阴极的距离为 d，并且相对于均匀电位的阴极，它处于正电压 V。当我们假设电子初速度为零时，在阴极和板极之间某一点 x 处一个电子的动能来自这一电场的加速（本书全部采用国际单位制）：

$$\frac{1}{2}m_e v^2 = q\psi(x) \tag{1}$$

式中 $\psi(x)$ 是在点 x 处的电位。把速度作为 x 的函数，求解得到

$$v(x) = \sqrt{\frac{2q\psi(x)}{m_e}} \tag{2}$$

于是电流密度 J（单位为 A/m^2）就是体电荷密度 ρ 和速度的乘积，并且必然与 x 无关。因此有

$$J = \rho(x)v(x) = \rho(x)\sqrt{\frac{2q\psi(x)}{m_e}} \tag{3}$$

① 1924年，Edward S.（“Ted”）Rogers获得了对Frederick McCullough（读作Eimac中的“mac”）设计的早期间接加热阴极管的所有权。在做了相应的改进之后，Rogers自1925年起实现了这一技术的产品化。

所以

$$\rho(x) = J\sqrt{\frac{m_e}{2q\psi(x)}} \tag{4}$$

最后一个方程给出了在一定电流密度下电荷密度和电势之间的关系。为了求解电势（或电荷密度），我们求助于泊松方程，它的一维形式是

$$\frac{\mathrm{d}^2\psi(x)}{\mathrm{d}x^2} = -\frac{\rho(x)}{\varepsilon_0} \tag{5}$$

联立方程（4）和方程（5）可得到求电势的简单微分方程：

$$\frac{\mathrm{d}^2\psi(x)}{\mathrm{d}x^2} = -\frac{J}{\varepsilon_0}\sqrt{\frac{m_e}{2q\psi(x)}} \tag{6}$$

其中边界条件为

$$\psi(d) = V \tag{7}$$

及

$$E(0) = -\left.\frac{\mathrm{d}\psi}{\mathrm{d}x}\right|_{x=0} = 0 \tag{8}$$

最后一个边界条件是假设电流大小受空间电荷限制的结果。

上述方程解的形式为$\psi(x) = Cx^n$，代入并整理一下得到

$$\psi(x) = V(x/d)^{4/3} \tag{9}$$

现在，如果把最后一个表达式代回微分方程中，则在经过一段“漫长”的处理后，可以得到所希望的 V-I（或 V-J）关系：

$$I = JA = KV^{3/2} \tag{10}$$

式中（取决于几何尺寸的）常数 K 称为导流系数（perveance），由下式给出：

$$K = \frac{\varepsilon_0}{d^2}\sqrt{\frac{32q}{81m_e}} \tag{11}$$

在电压 V 和电流 I 之间 3/2 次方的关系（见图 1.16）是真空管（甚至较为常见的同轴结构）工作的基本关系。我们会经常遇到这种关系，正如很快就要讲到的那样。

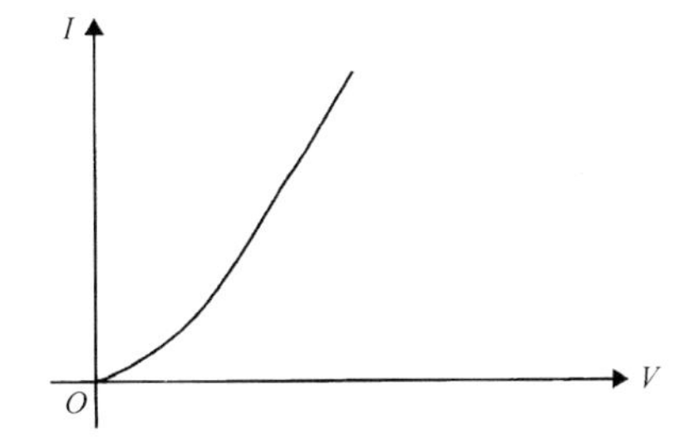

图 1.16　二极管的 V-I 特性（空间电荷限制）

正如前面提到的，刚才推导的 V-I 特性假设电流受空间电荷的限制。[①] 也就是说，我们假设阴极提供电子的能力不是一个限制因素。事实上，阴极能提供电子的流量并不是无限的，而是取决于阴极的温度。在所有实际的二极管中存在着某一板极电压，在这个电压之上电流将不再按 3/2 次方的规律流动，这是由于不能提供足够电子的缘故。这一区域称为受发射限制区域，通常与足以引起器件损坏的功耗有关。我们一般将忽略受发射限制区域内的工作，尽管也许在分析有用寿命快结束的管子时或工作在低于正常阴极温度的管子时会对此感兴趣。

我们刚刚分析的二极管结构通常不具有放大作用，然而，如果在阴极和板极之间插入一个多孔的控制电极（称之为栅极），就能调节电流的流动。如果满足一定的基本条件，就很容易得到功率增益。让我们看一看这是如何工作的。

图 1.17 所示为一个三极管，它非常类似于 de Forest 第一个三极声频管的结构，并且它的工作可以被理解为二极管工作的直接延伸。控制电流流动的电场现在将同时取决于板极至阴极的电压和栅极至阴极的电压。让我们假设可以用这两个电压的简单加权和来代替二极管定律中的电压，于是采用现在的符号约定可以写出

$$I_{\text{plate}} = K\left(E_C + \frac{E_B}{\mu}\right)^{3/2} \tag{12}$$

式中，K 是三极管的导流系数，E_C 是栅极至阴极的电压，E_B 是板极至阴极的电压，而 μ 大致为常数（当然它是由几何尺寸决定的）参数，称为放大系数。图 1.18 显示了一系列与这种理想关系一致的三极管特性。

物理上发生的事件是：电子离开阴极时受到了一个电场的影响，这个电场是两个电压的函数。电压与电压相比，比较接近阴极的栅极比起相对较远的板极能够产生更大的影响。如果栅电势为负，那么没有什么电子会被吸引到它那里，所以大量的电子将流到板极上。因此在栅极上几乎没有什么电流流动，结果就有可能使功率增益非常大。

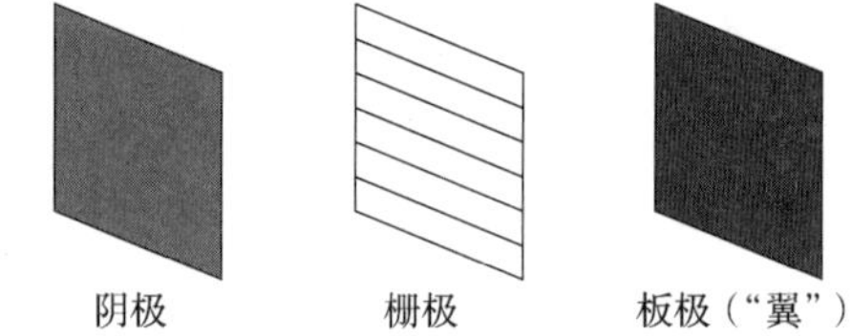

图 1.17 理想的平板三极管结构

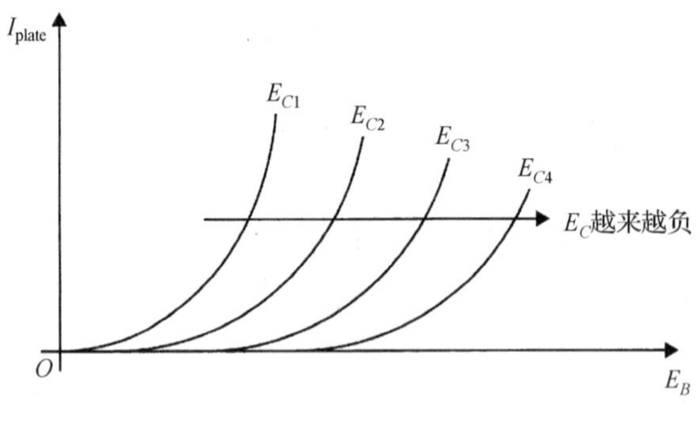

图 1.18 三极管特性

栅极至阴极间的负电压及很小的栅极电流是普通真空管的工作特点，它非常类似于耗尽型

① 而且正如前面提到的，它也假设了从阴极发射的电子的初速度为零，并且忽略在板极和阴极之间的接触电位差。这一影响总共加起来通常不超过 1 V，因此它只是对低板极电压才是重要的。

n 沟道 FET（场效应管）中的栅源负电压及很小的栅极电流，当然这种比较会让业界的前辈们感觉不是很恰当。

FET 和真空管太相似了，以至于它们的交流小信号模型也基本上是相同的（见图 1.19）。从已推导出的 *V-I* 关系中可以很容易地得到跨导 g_m（常常称为“互导”）和板极交流小信号电阻 r_p 的近似公式：

$$g_m \equiv \frac{\partial I}{\partial E_C} = \frac{3}{2}K^{2/3}I^{1/3} \tag{13}$$

及

$$r_p \equiv \frac{\partial E_B}{\partial I} = \frac{2}{3}\mu K^{-2/3}I^{-1/3} \tag{14}$$

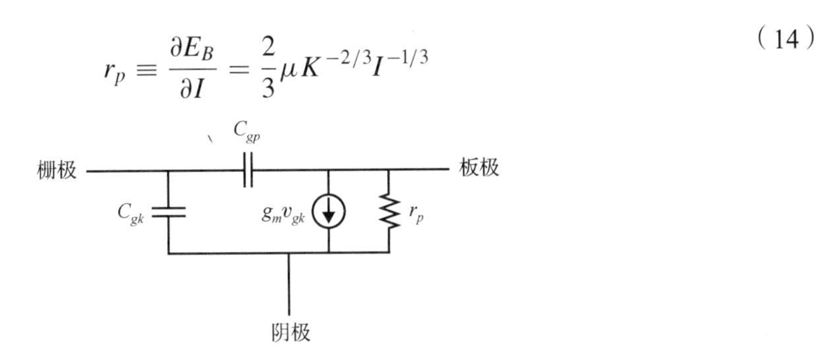

图 1.19　真空三极管的交流小信号模型

注意，g_m 和 r_p 的积就是μ，所以μ代表着开路放大系数。另外，还应注意跨导和板极电阻只是直流工作点的弱函数（立方根关系）。由于这一原因，当工作在一给定工作点附近的一个可比的区域时，真空管产生的谐波失真要比其他器件的少。回想一下双极晶体管 *V-I* 的指数关系导致了 g_m 对于 *I* 的线性关系，而在 FET 中漏极电流对于栅极电压的平方律关系导致了 g_m 对于 *I* 的平方根关系。真空管对于板极电流较弱的依赖关系，显然是真空管放大器比用其他类型有源器件构成的放大器更加“干净”的论据的核心。无疑，如果放大器被驱动至它们的线性范围之外，那么晶体管放大器多半会比真空管放大器产生较多（也许多得多）的失真。然而，我们认为在保持线性工作时仍然存在听觉上的差别却是没有什么意义的。

三极真空管引入了电子时代，并使得横跨北美大陆的电话和无线电话通信成为可能。随着无线电技术的发展，人们很快就发现三极管具有严重的高频局限性。主要的问题是板极至栅极的反馈电容，因为它像米勒效应那样被放大了。在晶体管中，我们可以采用共栅放大技术来解决这个问题，这种技术把输出节点与输入节点隔离开来，所以输入端不需要去给一个被放大的电容充放电。尽管这种技术也可以用在真空管中，但这里有一个更为简单的方法：在原来的栅极（称为控制栅）与板极之间再加进另一个栅（称为屏栅）。如果屏栅保持在一个固定的电位，那么它的作用就像是输出和输入之间的法拉第屏蔽，因此把电容反馈接到了交流接地端。实际上这个屏栅器件与真空管的其余部分是一个整体。

屏栅通常维持在一个较高的 DC 电位以避免阻挡电流流动。除了消除米勒效应的问题，增加一个屏栅使电流的流动同以前相比甚至更加不依赖于板极电压，因为控制栅看到的在板极上所发生变化的程度已被大大减小，另一种说法是放大系数μ被提高了。

四极管的所有这些效应都是人们所希望的，虽然它还有一个细小而又重要的缺陷。电子可以具有足够的能量闯入板极上并逐出其他电子。在三极管中，这些二次电子最终总会返回到唯一一个具有正电位的电极，即板极。[①] 然而在四极管中，只要板极电压低于屏栅电压，二次电子就有可能被吸引到屏栅上。在这些情况下，实际上就存在一个板极负阻，因为板极电位的增加会增加二次电子的产生，所以这些电子的电流就作为屏栅电流而从板极丢失了。因此板极电流的特性大致如图 1.20 所示。人们通常不希望产生负阻区（除非试图构成一个振荡器），所以板极上的电压摆幅必须加以限制以避免产生负阻区。这就限制了可以达到的信号功率输出，当用四极管构成功率输出器件时，其实效果并不好。

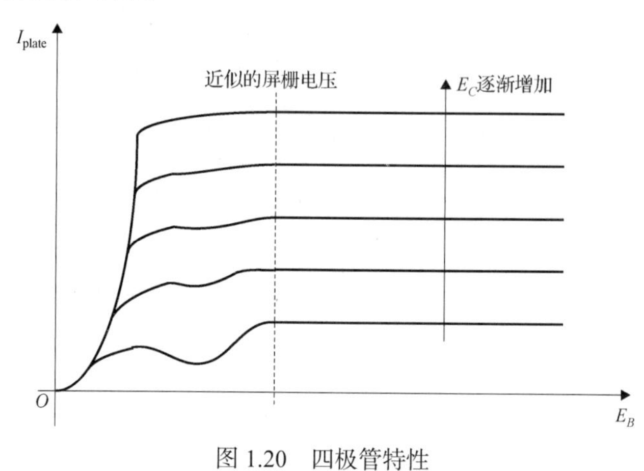

图 1.20　四极管特性

既然一个栅很好，两个栅更好，那么可以做何猜想呢？解决二次发射问题的一种方法是增加第三个栅（称为抑制栅）并把它置于板极附近。抑制栅通常维持在阴极电位上，其工作情形如下：离开已通过屏栅区域的电子具有足够高的速度，它们不会因抑制栅的低电位而再转回来，所以能很幸运地一路到达板极，它们中的一些会如上面所说的那样产生二次电子。但是现在由于放上了抑制栅，这些二次电子就被吸引回电势较正的板极，因此消除了负阻区。当存在由抑制栅提供的附加屏蔽时，输出电流对板极至阴极间电压的依赖关系就更弱了。因此，输出电阻增加了，这样五极管提供了很大的放大倍数（可达几千，而典型三极管的放大倍数约为 10 或 20）和很小的反馈电容（如 0.01 pF，不算外部导线电容）。于是在板极上允许有较大的电压摆幅，因为不再需要考虑有关负阻的问题（见图 1.21）。由于这些原因，五极管比起四极管是更为高效的功率输出器件。

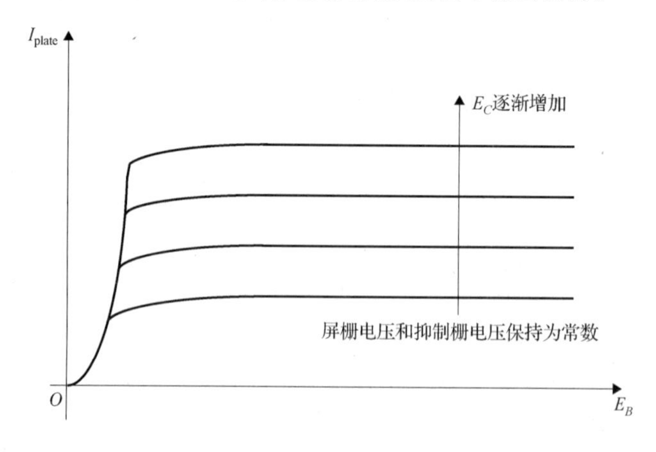

图 1.21　五极管特性

① 实际上在三极管中，只要栅极电位比板极电位高就有可能产生负阻特性。

后来，RCA 公司中一些非常聪明的人发现了一种方法，可以不增加明显的抑制栅而得到与五极管相同的效应。[①] 由于基本想法只不过是设计能排斥二次电子返回板极的条件，因此也许可以采用电子间自然的排斥力来实现同样的作用。例如，假设我们考虑在两个位置之间有一束电子流在流动，如果这两个位置之间的距离足够大，那么在某个中间点处有可能产生一个零（甚至是负）电场的区域。

如果我们把电子束缚在一起，那么相互排斥的效应可以被加强。电子束形成电极（见图 1.22）与控制栅和屏栅绕组协同工作，由于这两个绕组的节距相同且相互对齐，因此栅极线是互相重合的，这就迫使电子以薄片的形式流动（并偏离屏栅）。于是被集中在一起的电子束产生一个负场区（一个虚拟的抑制屏）而不需要有较大的电极间的间距。而且一个意想不到的好处是它在低电压时的某些特性（板极电流和输出电阻较大）实际上比真正的五极管还要好，因而实际上对于功率应用来说，它比“真正”的五极管更符合我们的要求。

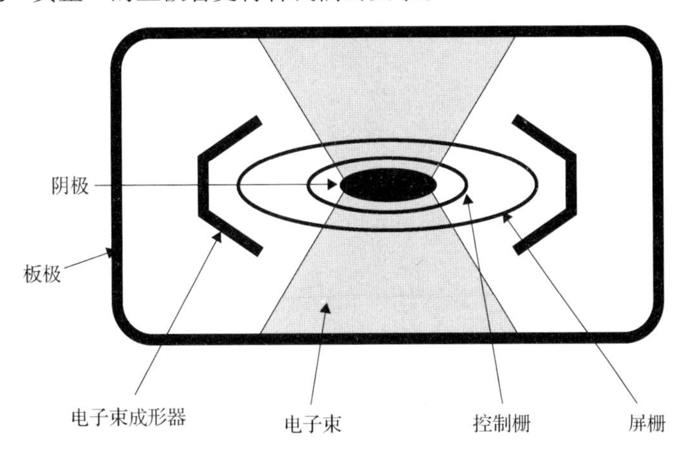

图 1.22　电子束–功率结构（顶视图）

这种增加栅极的狂热并不就此停止在五极管甚至六极管上，人们已制造出了具有七个栅极的真空管。事实上，几十年以来，基本的超外差 AM 无线电设备（即“All American”五管超外差收音机）有一个七极管，它的五个栅极可以使一个管子（通常是 12BE6）同时作为本地振荡器和混频器，从而减少了管子的数目。出于一些微不足道的理由，“All American”五管超外差收音机也采用一个35W4 的整流管作为电源，一个 12BA6 中频放大器和一个12AV6 三极管/双二极管作为解调器和音频放大器，以及一个 50C5 作为电子束音频功率管。

关于真空管还发生过其他一些小事件：对于 20 世纪 30 年代初以后在美国制造的管子，接收真空管型号中的前几个数字指明经过取整后的灯丝额定电压（只有一个例外：锁式管座“loktals”[②]的型号数字以 7 开头，但它们在大多数情况下与以数字 6 开头的其他型号的真空管一样，实际上都是 6.3 V 的管子）。在前面提及的典型超外差机中，管子灯丝电压的总和大约是 120 V，所以不需要任何灯丝变压器。型号中最后的数字给出部件的总数目，但什么才算是一个部件呢？人们对此看法不一（例如是否需要把灯丝也计算在内），所以最多也只是一个粗略的指示。在数字之间的字母只是告诉我们这种型号的管子是什么时候在 RETMA（它后来变成美国电子工业协会，即 EIA）

① 参见 Otto H. Schade, “Beam Power Tubes,” *Proc. IRE*, v. 26, February 1938, pp.320-64。集射功率管的第一个成果是著名的 6L6，在此后的 60 多年中，这种功率管经过适当的改进仍被采用。

② loktals 具有一个特殊的基座，它可以把管子机械地锁定在管座上，以防止它们在移动时松动。

注册的。并不是所有已注册型号的管子都有生产，所以在序列中会有许多空缺。

在CRT（阴极射线管）中，型号的前几个数字代表屏幕的对角线尺寸（在美国的CRT中对角线尺寸的单位为英寸[①]，而其他地方则为毫米）。最后部分包括一个字母P及随后的数字。P代表“黄磷”，而它后面的数字则表示黄磷的特性。例如，P4是用于黑白电视CRT标准的黄磷类型，而P22则是彩色电视管（显像管）的通常型号。

真空管的进化由于RCA公司开发了超小型抗振电子管（nuvistor）而达到了顶峰。该器件采用了高级的金属陶瓷结构，其体积大约是TO-5型晶体管的两倍。在20世纪70年代早期晶体管最终完全替代电子管之前，许多RCA彩色电视将其作为VHF射频放大器。1976年RCA公司的最后一个真空管Nuvistor告别了新泽西州Harrison公司的生产线，从而标志着大约历经60年的真空管制造业的结束，这确实也是一个时代的结束。

1.11 附录B：究竟是谁发明了无线电

这是一个富有挑战性的问题。事实上，与其说它是一个纯粹的历史问题（如果确有此事的话），还不如说它是一个Rorschach（20世纪中叶的瑞士心理学家）测试。坦率地说，这只不过是找一个理由来说明一些无线电开创者们的贡献，而不是实实在在地力图去明确（和最终）回答这个问题。

首先要弄明白的一件事是所谓的无线电（radio）或无线（wireless）这两个词的含义。如果我们对后一个词进行字面上和广义的解释，那么就必然会涉及像放烟火和开关信号灯这样的在有线通信之前就已发明很久的信息传送技术。你也许会争辩说，把这一定义说得如此广泛“显然”是可笑的。但如果我们因此就把这个定义局限为通过发射赫兹波进行通信，那么必然会把“将大气只看成一种导体的技术”排除在外。这类技术包括许多拥有热情支持者的发明家们的贡献。我们可以基于各种标准（如商品化、实用性、调制方式等）进行更精细的区分。由于对“无线电”和“发明”（invention）这两个词的含义没有一致的认同是争论的核心，因此我们也不想对这个问题一锤定音。

一位也许比他所应得到的热情支持者的赞赏更值得一提的开创者是牙科医生Mahlon Loomis，他于1872年申请到了一项无线电气通信方法的专利。[②] 在一个使人回想起Benjamin Franklin电学实验的装置中，Loomis提出了一个用风筝来高高挂起导线的系统。当足够高的电压加在这些导线上时，就会使电信号通过大气传导，在大气中的接收器就可以通过一个电流计检测到感应电流。据说Loomis在他家乡西弗吉尼亚州（West Virginia）进行的实验是成功的，但是却没有任何令人信服的证据来支持这一说法，而基于现代认知进行的计算总是对此抱有极大的怀疑。[③] Loomis的支持者们还面临着一个更为严重的困境，因为William Henry Ward恰恰早在三个月前就已经申请到了概念几乎相同的专利（但运用了比较复杂的装置）[④]，见图1.23。毋庸讳言，想可

---

① 1英寸＝2.54厘米。——编者注

② 美国专利#129,971，1872年6月30日获得批准。这个一页的专利没有配图。可以说，一个“技术水平一般”的人是不能根据这一专利中的信息使这一发明付诸实现的。

③ 关于实验成功的说法表面上看来似乎可信的报告很多（典型的报道称有几个州的参议员观看了这些实验，据说这些实验演示了相距22千米的两个山顶之间的通信，并独立地进行了验证）。但我从来也没能找到除Loomis自己提供的信息外的其他有关这些实验的信息。其他引证这些相同实验结果的材料也从未更成功地找到最初的来源，而只是不加核实地继续重复着列出这些内容。参见J. S. Belrose,“Reginald Aubrey Fessenden and the Birth of Wireless Telephony,” *IEEE Antennas and Propagation Magazine*, v.44, no.2, April 2002, pp.38-47。

④ 美国专利#126,536，1872年4月30日获得批准。

靠地通过大气传导足够的直流（DC）电流，从而在电流计中产生可测量到的且并不模棱两可的响应，基本上是无望的，因此无论是 Loomis 还是 Ward，都不可能描述一个可实现的无线电报系统。

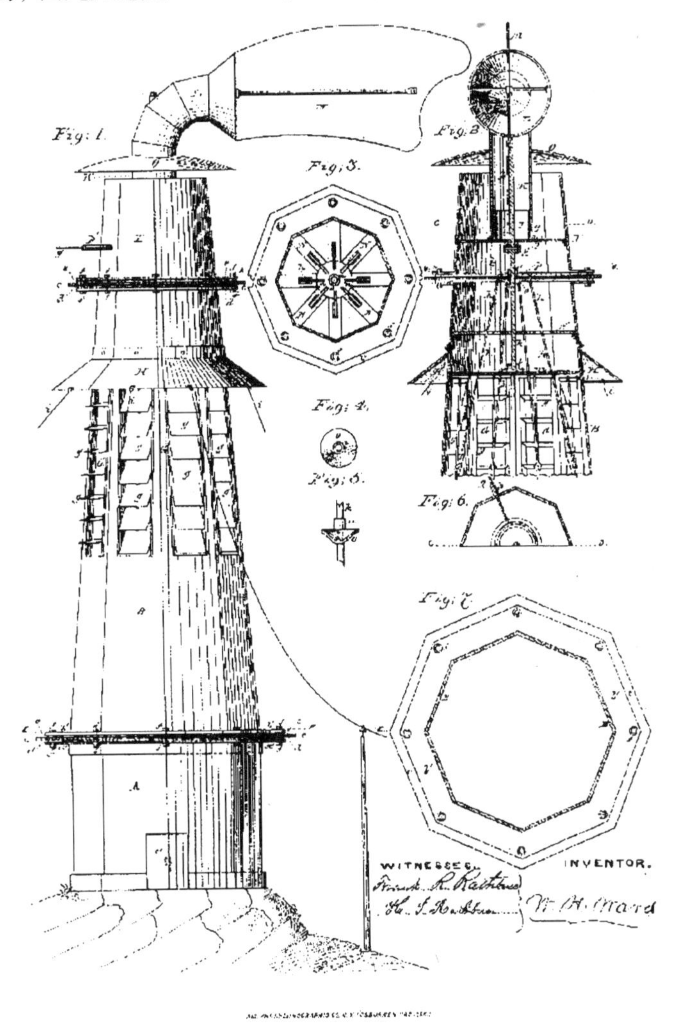

图 1.23　Ward 专利的首页

后来，由于一个接点的松动，使 David Edward Hughes 注意到他自制的电话会对相隔一段距离的其他设备所产生的电气干扰做出响应。在经过一些实验和改进之后，他于 1880 年 2 月 20 日向皇家学会（The Royal Society）会长 Spottiswoode 先生领导的一个小型委员会做了有关其发现的报告。他的演示包括一个手提的无线接收器，这是历史上第一个无线接收器。一位名为 Stokes 的教授声称，尽管这一现象很有趣，但它只不过是通常的磁感应在起作用，因而并不是对麦克斯韦预见的验证。这一来自受 Hughes 尊敬的同事如此明确的判断，使他放弃了他所追求的无线通信事业。[①]

同一年，Alexander Graham Bell 发明了光线电话机（photophone），[②]这是一个利用新发现的

① Hughes 完全失去了信心，他甚至没有公开自己的发现。这里提供的信息摘自 Ellison Hawks 所著的“*Pioneers of Wireless*”（Methuen, London, 1927），Ellison Hawks 引用了 Hughes 在 1899 年做出的一个公开报道。

② A. G. Bell 和 S.Tainter，美国专利＃235,496，1880 年 12 月 14 日获得批准。

硒的光敏性进行光无线通信的装置。① 由于受日光和直线工作的限制，光线电话机从来没有被商用，它主要是作为无线通信史上的一个记事。不过 Bell 本人认为它是非常重要的，因此他的 18 个专利中有 4 个是与光线电话机有关的。

然而，基于大气导电的无线电报继续吸引着人们的注意。Tufts 大学的教授 Amos Dolbear 于 1886 年申请到了另一个此类系统的专利，②见图 1.24。这一发明之所以比较有名，主要是其明确承认了大气是公用的介质。为了保证多个用户公平地使用这一资源，Dolbear 提议为每位用户分配一个专用的时间段。因此 Dolbear 的专利首次说明了无线通信中的时分多址（time-division multiple access，TDMA）方式。

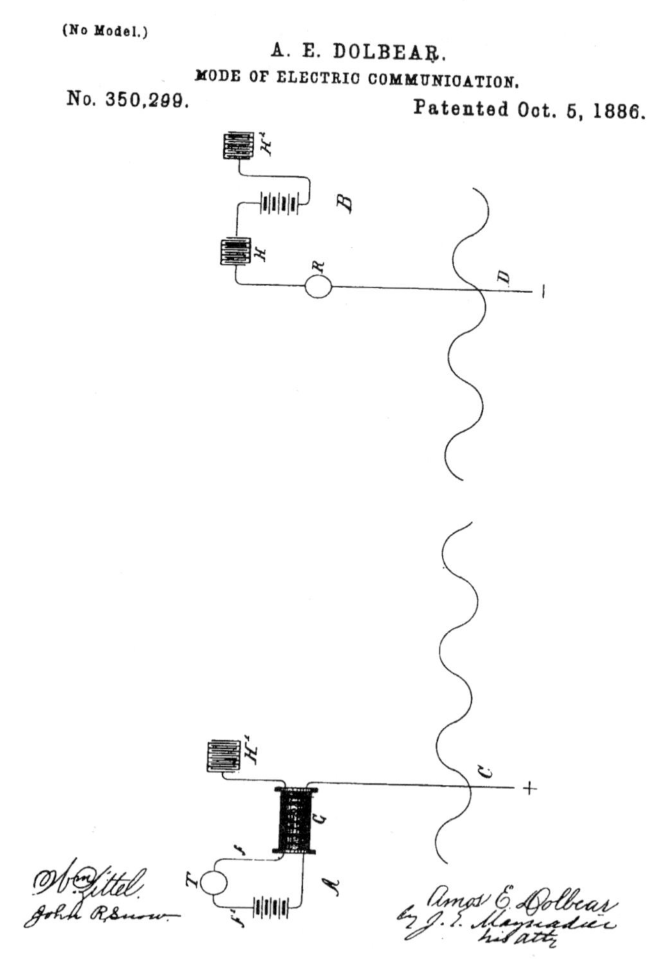

图 1.24　Dolbear 专利的首页

我们一定不要忘记了赫兹。他为他在 1887 年至 1888 年间的研究工作所建立的装置与后来的无线通信开创者所用的装置几乎没什么不同。由于他致力于研究基本的物理原理，以及由于他在

① 硒的这一特性同样也在那个时代激发了大量有关电视的专利。如 Electro Importing Company 公司的产品目录 "*The Wireless & Electrical Cyclopedia*"（第 20 期，New York，1918）就对硒的潜力给出了热情洋溢的评论："硒将在本世纪中解决许多问题。它是至今发现的最为奇妙的物质之一。" 我认为这是对的，只要你不去考虑它的毒性……

② 美国专利＃350,299，1886 年 10 月 5 日获得批准。

1894 年 36 岁时过早地去世，使得发明无线通信的功劳归于他人。

Sir Oliver Lodge 在是谁首先发表了麦克斯韦方程的实验验证方面输给了赫兹，因为他去度假而中断了他的写作（在度假期间他偶尔见到了赫兹的论文）。与赫兹一样，Lodge 最初并没有致力于研究无线通信技术的应用。例如，他于 1894 年在伦敦皇家学院（The Royal Institute in London）的会议上所做的演示（称为"The Work of Hertz"，也标志着金属检波器首次在无线通信技术中亮相）并没有涉及传送或接收有目的传输的信息。[①] Lodge 本人后来表示，他最初对无线通信不感兴趣有两个主要原因：其一是当时有线通信看来已经很成熟；其二也许是由于他对有些知识知道得太多而对有些又知道得太少的缘故。在证明了赫兹波和光的一致性之后，Lodge 错误地得出结论，认为无线通信只限于直线通信，因而限制了这一技术的商业潜力。当时出于这两个主要考虑的并不只是 Lodge 一个人，大部分"专家"都持有与他相同的观点。不过他仍然继续开发无线技术，并且在产生连续波的技术被开发出的前几年就申请到采用调谐天线和电路进行无线通信的专利（见图 1.25）。他创造了一个术语"syntony"（共振），用来描述同步调谐电路。读者也许已经注意到，这一术语并没有受到青睐。

Lodge 发表的论文涉及的内容很广，他的论文使得 Alexander Popov[②]开展了类似的研究。Popov 于 1895 年 5 月 7 日向他在俄罗斯物理与化学学会（The Russian Physical and Chemical Society）的同事们演示了他的装置，现在俄罗斯仍然把这一天作为无线电节（Radio Day）来庆祝，尽管他的演示（与 Lodge 早一年的演示一样）并没有涉及真正的通信。

根据此事发生的 30 年后所写的轶闻，Popov 后来在 1896 年 3 月 24 日演示了无线电报，发送和接收的信息是"Heinrich Hertz"，传送的距离大约为 250 米。接着他又在一年后演示了首次从船至海岸之间的通信。在对他的装置不断进行改进之后，Popov 于 1899 年至 1900 年间首次实现了无线辅助的海事救助。[③]

不同于赫兹、Dolbear、Hughes、Lodge 和 Popov（他们都是科学界的杰出人物），年轻的马可尼却是一位社会名流。他的父亲是一位富商，而他的母亲则是 Jameson Irish Whiskey 公司的继承人。马可尼是在他偶尔听到了 Bologna 大学 Augusto Righi 教授的课而开始知道麦克斯韦方程的，但真正激励他去研究无线通信，则是在 1894 年他看到了有关赫兹的传记文章。就在那年的 12 月他开始认真工作，并于 1895 年初具备了足够的知识和设备在他家的别墅及附近（Griffone）开始了实验。由于马可尼非常关注这种技术的市场前景，所以他很早就开始申请专利，并于 1896 年 6 月 2 日获得了他的第一个专利（英国专利 # 12,039）。

有记载表明，马可尼在 Popov 之前就演示了真正的无线通信，尽管这种演示最初只是对没有参加学术或行业协会的一小部分人做出的。然而，无论是马可尼还是 Popov 所采用的装置，比起一年前 Lodge 所制作的装置并没有表现出任何特殊的进步。主要的差别在于，过去只是简单地演示无线效应可以被传送，而现在则转变为自觉地选择这一无线效应进行通信。

① Hugh G. J. Aitken, *Syntony* and *Spark*, Princeton University Press, Princeton, NJ, 1985。

② 其他文献中也译成 *Aleksandr Popoff*（及其他类似的不同译名）。

③ 这里列出的年份范围反映了在确定有关 Popov 贡献的事实方面所存在的问题之一。看似具有相同可靠性的不同资料来源都把在芬兰湾救援 *General-Admiral Apraskin* 号战舰的事引证为发生在 1899 年至 1901 年。遗憾的是，像这样一个重要成就不加证实就称发生在 1896 年 3 月 24 日（还有其他资料来源列出了不同日期，前后范围相差两个星期），并且 30 年间没有任何文件可以佐证。参见 Charles Susskind, "Popov and the Beginnings of Radiotelegraphy," *Proc. IRE*, v.50, October 1962。

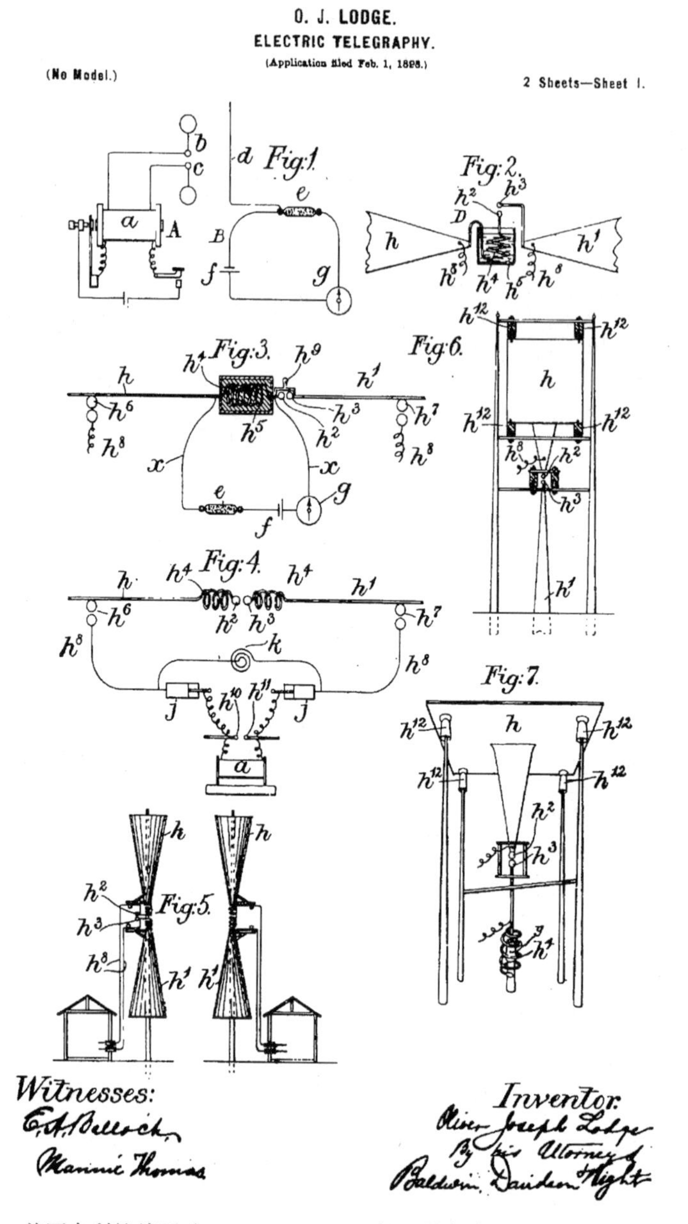

图 1.25　Lodge 美国专利的首页（＃609,154，1898 年 2 月申请，1898 年 8 月 10 日获得批准）

那么有关无线通信发明人的问题是不是可以简单地归结为在马可尼和 Popov 之间或在马可尼和 Lodge 之间进行选择呢？那 Tesla 呢？Tesla 的贡献是什么呢？

Tesla 所发明的同步马达使交流电源付诸实用，全球的电气化就此开始。然而 Tesla 并不就此满足，他很快就沉迷于用无线技术传送工业用电的想法。出于他对低气压气体的经验，他知道这样的气体很容易被电离而呈现出良好的导电性（这种特性是霓虹灯和荧光灯的基础）。与在他之前的 Loomis 和 Ward 一样，Tesla 决定利用大气作为导体。他推断高层大气（必然处于低气压）也一定具有良好的导电性，因而致力于开发具有非常高的电压的电源，以便能在地平面和导电良好的高层大气之间产生一条导电通路。Tesla 估计为达到他的这个目的可能需要几千万伏或更高的电压。[①] 通常的交流升压变压器实际上并不能产生这样的高压电。著名的 Tesla 绕组（这是 100 多年来中学实验室中常见的一项展示）就是他为构造百万伏的实用电源所做的努力。这一绕组以 Tesla 对谐振现象的深刻理解为依据，它利用了调谐电路能显著提升电压的能力。

Tesla 在该系列专利中的第一个专利（见图 1.26）是美国专利＃645,576，1897 年 9 月 9 日申请，1900 年 3 月 20 日获得批准。这个专利专门论述有关电能通过大气的传导——但没有涉及信息的传送。[②]

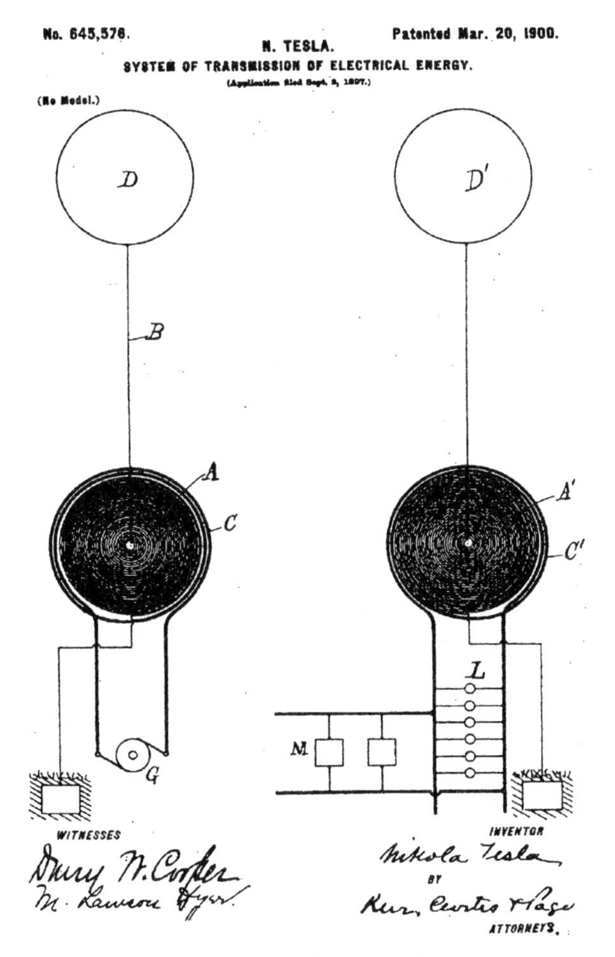

图 1.26　Tesla 的第一个无线专利

这个专利是著名的 1943 年美国最高法院裁决（*320 US 1*，于 4 月 9 日至 4 月 12 日进行辩论，6 月 21 日做出裁决）中所引证的几个专利之一，它常被用作"Tesla 是无线电发明者"的论据。这一案件的背景是美国马可尼无线电报公司（Marconi Wireless Telegraph Corporation of America）在第一次世界大战之后不久为它的某些无线专利向美国政府提起的诉讼，要求就侵权做出赔偿。这一

① 后来他就开始在纽约的长岛建造一座高塔，以便用无线技术传送电力。这个称为 Wardenclyffe 的高塔是由著名的 Gilded Age 公司的建筑师 Stanford White 设计的，其特点是有一系列冷色的紫外光灯，显然是考虑紫外光的电离作用有助于建立一条导电性能更好的通路。但由于缺少资金，这个高塔从未完成。其中的部件最终被当作废品卖掉，而其余的结构则被毁坏。

② 他后来的专利确实讨论了有关信息传送的内容，但他的主张明确排除了利用赫兹波。他完全沉迷于利用大地作为一个导体——而大气再作为另一个导体——来传输电力。

裁决非常明确地指出马可尼的四调谐系统专利是不合法的，因为之前已经有了这样的技术。在对美国政府提起诉讼的另外三项专利中，一项被裁定不容许侵权，另一项被判不合法，第三项被判合法并裁定已被侵权，结果判定美国政府大约总共赔偿微不足道的 43 000 美元。1943 年的判决通过引证 Lodge、Tesla 之前的发明及 John Stone 的发明来裁定四谐振槽电路的专利（它曾作为英国专利 # 7,777 在此之前生效）不合法，从而平息了这场风波。因此这一裁决明确说明马可尼不是这一电路的发明者，但它也不是完全认为马可尼没有发明无线电。它确实注意到了四谐振槽系统使基于电火花的无线通信的第一次实用化成为可能（这个四谐振槽系统与连续波系统基本无关），但美国最高法院并没有因此再进一步地裁定 Lodge、Tesla 还是 Stone 为无线电的发明者。[①]因此，这一经常引用的裁决实际上没有对有关发明权的问题做出任何肯定的回答，而只做出了否定的陈述。

在这些早期的开创者中，可以肯定的一点是，马可尼第一个认为研究无线通信不只是一项求知过程。他确实在电路领域没有多少发明（我们应当说，他常常是改造其他人的发明），但他使无线通信成为一项重大产业的眼光和决心确实取得了成功，因为他很快就做出了一项极为重要的发现，即无线通信不一定只限于直线通信，从而证明了此前专家们的判断是错误的。马可尼几乎独自通过使无线通信成为一项重要的产业而使之成为一项重要的技术。[②]

那么究竟是谁发明了无线电呢？正如我们之前就说过的那样，这取决于你如何定义发明者和无线电。如果你指的是第一个设想采用某种电气手段进行无线通信的人，那么 Ward 就是一个竞争者。如果你指的是第一个构造基本的技术设施并利用波进行无线通信的人，那么赫兹要比其他任何人都值得考虑（并且由于光是一种电磁波，因此我们也必须把 Bell 和他的光线电话机包括在内）。如果你指的是第一个利用赫兹波来有意识地发送信息的人，那么 Popov 或者马可尼是合理的发明者（当然也应包括 Bell，因为他直接用光线电话机进行通信）。而如果你指的是第一个认识到调谐对于无线通信的重要作用的人，那么 Lodge 也许还有 Tesla 就是发明者，并且可以证明 Lodge 是一位更具说服力的候选人。

由于有这一系列值得提议的选择，因此若将某一人或另一人作为发明者往往带有感情色彩而不单纯出于技术的考虑就毫不奇怪了。约翰 · 肯尼迪总统注意到了这样的情形并说了一句名言 ——“Success has many fathers”（“成功来自多个源泉”）。无线通信无疑是一个巨大的成功，所以无怪乎关于其奠基人有那么多的说法。

---

① 作者鼓励读者独立验证作者的判断。

② 我们一定不要低估了他出身于名门所起的作用。当意大利政府表示对此没有足够的兴趣之后，马可尼的母亲依靠她广泛的家族关系通过英国政府赢得了一位“听众”。英国邮政局的 William Preece 认识到马可尼提议的价值，确保他得到了所需的全部支持。

第 2 章　无线通信原理概述

无线电报的原理不难理解。最初的电报就像是“一只身子很长的猫”。你在纽约拉它的尾巴，它就在洛杉矶喵喵地叫。无线通信与此相同，只是没有“猫”而已。

—— 阿尔伯特 · 爱因斯坦，1938[①]

2.1　无线系统简史

尽管爱因斯坦有以上的说法，然而现代的无线通信还是不易用猫或没有猫来理解。为了说明这一点，我们只需分析一下图 2.1 中的蜂窝式电话与晶体收音机之间的差别即可。

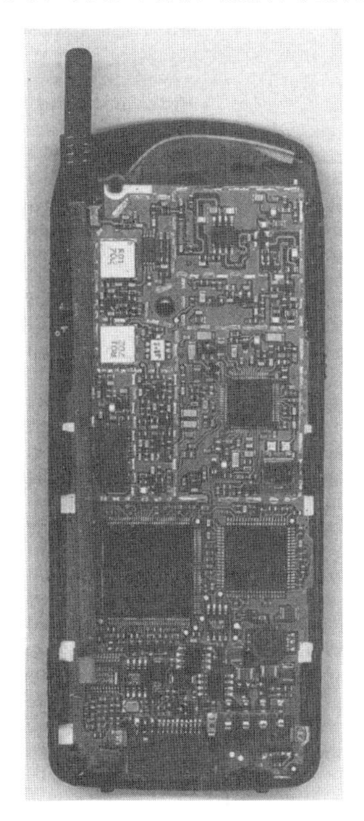

图 2.1　典型的第二代蜂窝式电话（C. P. Yue 提供）

现代无线系统基于信息与控制理论、信号处理、电磁场理论的发展及电路设计技术的提高 —— 这里只指出这几个相关的学科。这些学科中的每一个都值得用单独的一本甚至三本教材来详细说明，因此我们将不得不承担由于省略相关内容而引起的许多失误，我们只希望不会因此而造成严重失误。

与已往一样，我们先回顾一下历史，以使这些概念看起来前后有序。

---

① 引自《科学美国人》(*Scientific American*)2002 年 9 月刊出的一篇文章“抗重力”(Antigravity)，作者是 Steve Mirsky。

2.1.1 新生代时期

从火花式电报发展到载波无线电话经历了大约 10 年以上的时间。在第一次世界大战结束时，火花式电报的时代已基本结束。到 20 世纪初，少数几个剩余的火花式电报站也退役了（事实上，它们的使用已不合法）。载波无线通信的优越性确保了它们的主导地位并一直延续到今天。近代许多教材的书名反映了这一快速发展的步伐。例如 Elmer E. Bucher 在 1917 年所著的《实用无线电报》（*Practical Wireless Telegraphy*）就让位给了 Stuart Ballantine 1922 年所著的《业余爱好者无线电话》（*Radiotelephony for Amateurs*），这也反映了无线电（radio）作为一个比较时髦的名字的兴起（至少在美国是如此）。在无线电这个词用了几十年之后，我们又回到无线（wireless）这个词。

马可尼最初把无线通信看成是一个基本上对称的点到点通信系统，它被设计用来模拟有线电报。然而当无线电话技术成功之后，像 Fessenden 和"Doc" Herrold 这些人的开创性努力，就集中在开发无线通信以使其用于一点到多点的传媒项目，从而使无线通信的民用成为可能。[①] 由于在历史上还从未出现过这一革命性的概念，因此不得不借用 *broadcasting*（即播种）这一来自农业的词汇来描述它。

在那些早期的系统中，调制类型是根据哪个比较容易（或完全可以）实现来选择的。由于火花放电只限于莫尔斯电码，即通断键控（on-off keying，OOK），这必然使早期的无线通信主要应用于无线电报。[②] 一些早期的连续波（continuous-wave，CW）发射机也采用 OOK，而且至今发送的莫尔斯电码仍称为 CW 信号，尽管它们在本质上显然是不连续的。然而，利用电弧来实现 OOK 是有问题的，因为电弧一旦熄灭，则很难迅速地重新建立起来。为了解决这一问题，工程师发明了频移键控（frequency-shift keying，FSK），即电弧保持连续存在而用两个不同的频率（它们之间相差百分之几，通过有选择地使一个电感的某几匝短路来实现）来代表莫尔斯电码中的点和破折号。[③] Fessenden 在圣诞节前夜惊人的演示中又加入了幅值调制（AM），因此到 1910 年前后已有三种调制方式被采用，即OOK、AM 和 FSK。

在以后的 20 年间，无线通信一直在迅速发展（一个主要原因是第一次世界大战的需求），随之而来的是对不足的频谱资源日益增长的争夺，因为常用的频率范围大约就到 1 MHz 为止。通过把无线电业余爱好者的使用频率划到 1.5 MHz 以上这一当时认为比较没有希望使用的频谱段，使得在无线电业余爱好者、政府利益及民用服务这三方面的冲突得到了部分缓解。但坚持不懈致力于开发的业余爱好者却在以后证明了这部分频谱有巨大的价值，它对应于 200 m 和更短的波长范围。[④] 与此同时，传统的有线电话对容量方面也提出了越来越大的需求。这两方面的压力刺激了有关带宽、传输率及噪声之间关系的重要理论概念的发展。

---

① Charles "Doc" Herrold 与其他无线电开创者之间的不同之处是他坚持不断地为娱乐业开发无线电应用。1909 年他开始使用位于美国加利福尼亚州圣何塞（San Jose）的一系列发射器定时地广播音乐和新闻，直到 20 世纪 20 年代该电台被卖掉并搬到旧金山（在那里它成为 KCBS）时为止。见《被遗忘的无线电广播之父：Charles Herrold 的故事》（*Broadcasting's Forgotten Father：The Charles Herrold Story*），KTEH Productions 公司出品。

② keying（即"键控"）仍然是现代专业词汇的一部分，它甚至运用在根本不用电报键的调制技术中。

③ 一些电弧发射器仍然可以通过把振荡器的输出轮流接入天线和一个虚拟负载上来实现 OOK。采用这一方式可以保持频率不变，使电弧工作情况最佳。

④ 见 Clinton B. DeSoto, *Two Hundred Meters and Down*, The American Radio Relay League, 1936。这些业余爱好者的努力所得到的回报是从他们那里被划走了越来越多的频谱段。

尤其是 AT&T（美国电话电报）公司的 John R. Carson 对调制进行了详细的数学研究，到 1915 年他已充分了解了幅值调制的低效率缺点。他发现幅值调制包含一个不含任何信息但却消耗功率的载波及冗余的边带。基于这一研究产生了三个专利，它们描述了用来抑制载波并同时消除其中一个边带的电路。这使他同时成为双边带抑制载波（double-sideband, suppressed carrier，DSB-SC；常称为 SC-AM）及单边带（SSB）幅值调制方式的发明者。[①] 在此之后，他又发表了一篇重要的论文，正式确定了 SSB 频谱高效率的特点。在分析了更进一步减少传输带宽的一般概念之后，他得出结论："可以相信，所有这些技术都涉及一个根本的谬误。"[②] 这篇论文花费了很多篇幅来详细考察频率调制并得出结论："这一调制方法从本质上就会失真，而且不会带来任何其他的好处。"这样一个出自令人尊敬的权威之口的强烈反对之声，从根本上阻止了以后十多年中对频率调制的进一步研究。

Carson 发明的 SSB 很快就付诸应用了，最早于 1918 年用在巴尔的摩（Baltimore）和匹兹堡（Pittsburgh）之间连接的有线电话线上。1923 年首次完成了横跨大西洋的 SSB 无线通信实验[这要感谢 Western Electric（即西屋公司）的 Raymond A. Heising 的努力，我们将在有关功率放大器的一章中再次谈到他]，并于 1927 年首次开通了在纽约和伦敦之间的民用无线电服务。由于消除了功耗很大的载波，因此能够充分运用传输功率来发送信息，而消除冗余载波则能很好地适应当时最大带宽还很窄的情况。[③]

受所有这些事情的激励，Carson 在贝尔实验室的同事 Harry Nyquist 和 Ralph V. L. Hartley 发表了一篇论文，系统阐述了时间-频率（或时间-带宽）对偶性的重要概念，它把许多工程师直观理解中模糊不清的地方都做了比较严格的数学说明。[④] 因此，在建立了信息率与带宽之间的关系之后，就可以明确地把噪声包含在广义的信息论中了。然而这最后一步却花费了 20 年的时间，最终在香农（Claude Shannon）发表的著名论文中才出现了正式的表达式，当今闻名于世的信道容量理论（channel capacity theorem）就是在这篇论文中首次亮相的。[⑤] 我们将对这一理论做更多的说明，但现在只要注意到以下这一点就足够了：香农的这篇论文第一次承认并考虑了噪声的基本作用，由此推导出了一个给定带宽和信噪比的信道能够支持的无错信息率的上限。这篇论文另一个值得注意的方面是：它把"bit"（"比特"或"位"）这个词介绍给了大多数读者。[⑥]

不同于其他无线电工程师，Armstrong 热衷于开发频率调制（FM），并最终向人们表明了宽

① 他的美国专利 # 1,343,306（1916 年 9 月 5 日受理，1920 年 6 月 15 日获得批准）和 # 1,343,307（1916 年 3 月 26 日受理，1920 年 6 月 15 日获得批准）描述了 DSB-SC，而 # 1,449,382（1915 年 12 月 1 日受理，1923 年 3 月 27 日获得批准）则说明了 SSB。我们可以看到，SSB 的发明实际上先于 SC-AM 的发明。

② J. R. Carson，"Notes on the Theory of Modulation", *Proc. IRE*, v. 10, 1922, p.57。

③ 较低的载波频率与天线的带通特性一起形成了相对的窄带（与最大带宽相比）系统。有关 SSB 的出色论述及无线通信历史和基础数学的详细说明请见 Paul J. Nahin "*The Science of Radio*", 2nd ed., AIP Press, New York, 2001。

④ H. Nyquist, "Certain Factors Affecting Telegraph Speed," *Bell System Tech. J.*, v.3, April 1924, pp. 324-52，以及"Certain Topics in Telegraph Transmission Theory," *AIEE Trans.*, v.47，April 1928，pp.617-44。又见 R. V. L. Hartley, "Transmission of Information," *Bell System Tech. J.*, v.7, April 1928, pp. 535-63。

⑤ C. E. Shannon, "A Mathematical Theory of Communication, "*Bell System Tech. J.*, v.27, July and October 1948, pp. 370-423 and 623-56。

⑥ 香农把建议采用这一术语的功劳归于数学家 John W. Tukey（因 FFT 著名），在这篇论文发表之前，这个词只在一小部分研究者之间运用。Tukey 也是第一个在出版物中运用 *software* 这个词的人。同样要注意的是，香农在 MIT（麻省理工学院）的硕士论文"A Symbolic Analysis of Relay and Switching Circuits"（1936 年撰写，1937 年提交）通过运用原先不那么引人注目的布尔代数工具来解决分析二进制电路的问题，从而奠定了数字电子学的基础。他的这一研究被恰如其分地称为"也许是 20 世纪最重要的硕士论文"。

带（wideband）FM 具有降低噪声的优点。[①] 他的 FM 系统的每一次测试都因优质的声音使听众肃然起敬，因而明显地反驳了 Carson 的结论。通过有目的地使运用的带宽大大超过调制带宽来达到这样的效果，这不仅打破了传统，而且也标志着最原始的扩展频谱（spread spectrum）调试方式的成功，我们后面还将再次回到这一主题上。

在信息论正在形成的年代，广播无线电牢固地确立了它的支配地位，使无线通信看似前途无量。成百上千个无线电制造商的接收器充斥了 20 世纪 20 年代的市场，而到 20 世纪 20 年代末超外差式结构已成为最重要的收音机结构。RCA 的股票由 1924 年的每股 11 美元迅速攀升，到 1929 年大崩溃之前已高达股本转移调整的 114 美元（之后由于无线通信市场暴涨后的迅速衰落而跌到了 1932 年的每股 3 美元）。

尽管广播无线电在经济上占有优势，但对称的点到点的服务继续盛行，特别是在海船通信中。不对称（广播）移动服务于 1936 年开始被有限度地部署，并用 Motorola 制造的警用无线接收器来配备。[②] 双向警用无线电于 1940 年开始运行，同一年 Motorola 向 U.S Army Signal Corps（美国军用发信机公司）又提供了手持式 Handie-Talkie AM 接收器（这种接收器被该公司定名为 SCR-536）。[③] 第二次世界大战的需求促进了无线技术各方面的发展［无论是移动技术还是固定技术（并且我们一定不会忘记雷达）］。到 1941 年，民用双向移动 FM 通信系统出现了，再到 1943 年，与之相对应的军用双向移动 FM 通信系统也随之出现（即 15 千克重的 SCR-300 背负接收器，第一个称为 walkie-talkie 的随身听）。[④]

2.1.2 移动电话服务的首次出现

第一次世界大战之后不久，美国密苏里州的圣・路易斯市（St. Louis, Missouri）成为享受民用移动无线电话服务的第一个城市，这种服务（非常合适地）称为移动电话服务（Mobile Telephone Service，MTS）。[⑤] 这一接收器工作在 150 MHz 的波段上，共有相隔 60 kHz 的六个信道，采用频分双工（frequency-division duplexing，FDD）［也就是上行链路（uplink）和下行链路（downlink）各用一个频率］及频率调制。[⑥] 一个装备有 250 W 发射器的中心发射塔将信号发至移动单元。由于移动单元限制为 20 W，因此有 5 个接收器（包括在主发射塔中的那一个）分布在这个城市中，见图 2.2。这些接收器是被监控的，它们与移动单元的通信任务动态地从一个接收器转交给另一个接收器，因为当用户从一个街区漫游到另一个街区时必须仍旧与其保持联系。由此我们看到，出现了一个重要的网络概念，即“越区切换”（handoff）。由于不同的频率可以使多个用户同时通

① E.H. Armstrong, “A Method of Reducing Disturbances in Radio Signaling by a System of Frequency Modulation,” *Proc. IRE*, v.24, no.5, May 1936, pp.689-740。

② 严格地说，那时候公司的名字仍然是 Galvin Manufacturing Corporation。Motorola 是它的商标，到 1947 年才正式成为该公司的名字。

③ SCR 这个名称代表 Signal Corps Radio。这个 handie-talkie 接收器采用一套 5 个真空管，它工作在单晶体可选择的 3.5 MHz 至 6 MHz 之间的频率范围上。它很快成为一种标志，在有关第二次世界大战的无数个电影中都可以看到。

④ 怀着强烈的爱国心，在第一次世界大战期间服务于 Army Signal Corps 公司的 Armstrong 把他的 FM 专利权在战争期间无偿地提供给美国政府。

⑤ 确切地说是在 1946 年 6 月 17 日，见 “Telephone Service for St. Louis Vehicles,” *Bell Laboratories Record*, July 1946。

⑥ 然而这种服务只提供半双工操作。用户必须按下按钮说话，然后释放按钮才能听话。此外，所有的通话都需要通过话务员传递，没有提供任何直接拨号的方式。

信，所以这个系统也代表了频分多址（frequency-division multiple access，FDMA）在移动无线网络中的最初运用。[①]

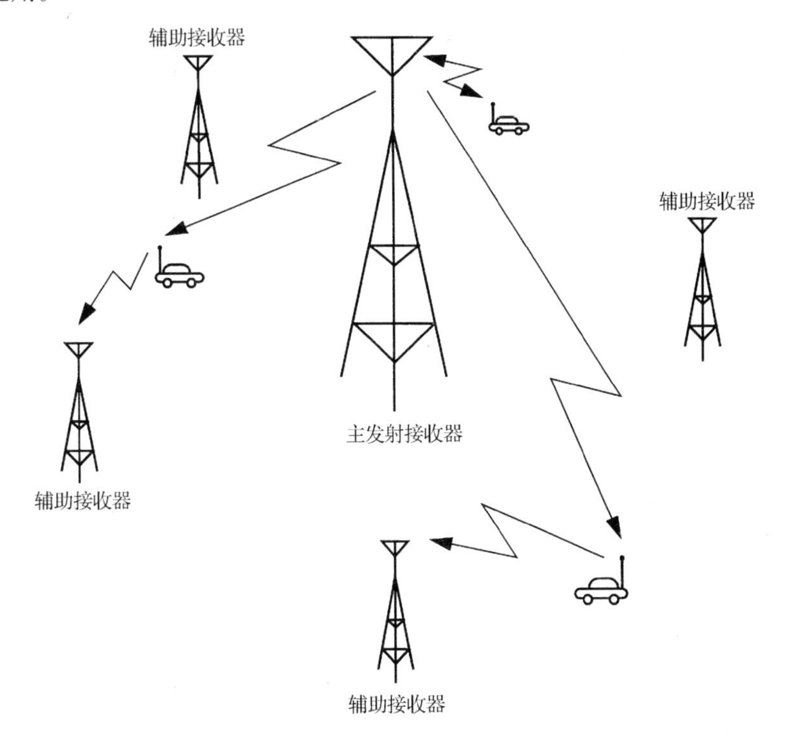

图 2.2　移动电话服务（MTS）

单个大功率发射器只能接入数量很少的信道（最终由于干扰问题减至三个信道）—— 这意味着这种无线网络只限于少数几个用户使用。尽管这一限制使它变得非常昂贵，但几乎在每个提供这一服务的城市中，很长的申请者排队的名单还在扩大。这一成功激励着人们探索如何能够继续推进移动无线电话（因而能把排队名单变为付费用户）。蜂窝电话（cellular）的概念就来源于这种实践，它起始于1950 年前不久。为了能容纳大量的用户，我们可以把一个地理区域划分成许多小区。我们不是采用单个大功率的发射器，而是每一个小区由一个小功率的基站（base station）来提供服务。由于这些基站能够影响的范围比较有限，因此同一频谱可以在一个远离一定距离的另一个小区中再次使用。频率的再利用及越区切换的操作方式合在一起，就构成了小区（蜂窝）概念的主体。从这一描述中可以清楚地看到，一个无线网络的总容量从原理上讲可以无限增大 —— 而且并不要求增加所分配的频谱 —— 只需把空间继续划分成更小的区域。把这个系统和其他与之相竞争的系统进行公平比较是一件麻烦的事情，因为这一额外的（扩容）自由度使容量（capacity）这一术语的含义变得不明确了。

图 2.3 中的小区被理想地认为是正六边形的。应当注意电磁场辐射并不遵循这种几何边界，因此不必太拘泥于采用图中的排布。然而我们可以看到按七个小区一组（包括中央小区）的排布在重复出现，其中的各个小区工作在不同的频率上。这样的一组七个频率可以在下一组七个小区上再次使用。显然，这样的七个小区重复使用的方式只是许多种选择中的一种可能方式。

---

① 为了强调这里实际上并无任何新的概念，Bell 自己发明了一种原始的 FDMA 方式用于他的“泛频电报”（harmonic telegraph），即一条公共的电报线可以为频率不同的多个用户所共享。各自调谐（在不同的频率上）的音叉（tuning fork）确保只有预期的接收者的电报才会做出响应。

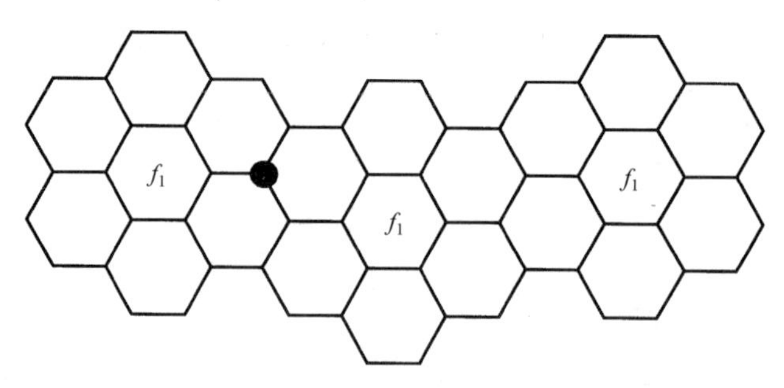

图 2.3 蜂窝电话概念示意图（图中所示为 1/7 频率复用）

此外，还应当注意，基站位于小区的顶点而不是中心，如图中的大黑点所示（为了避免显然凌乱，图中只显示了一个点）。一条三扇区（tri-sectored）天线（即三重天线，每段以不同的频率发送并针对不同的小区）与该基站所邻接的三个小区通信。由于能量只聚集在所希望的方向上，因此这种安排有助于减少在其他组中同类小区（即采用相同频率的小区）之间的干扰。

在我们今天所知的蜂窝电话服务方式问世之前，FCC（美国联邦通信委员会）为传统的移动电话分配了附加的频谱。1956 年，Bell System 开始在这一新分配的 450 MHz 处的频带上提供服务。然而即使新增了频谱，这个系统所能容纳的用户也远远少于人们期待的用户数。因此系统被不断地改进，但这些改进只表现在通信范围上而不是在用户容量上。1964 年出现了 IMTS（Improved Mobile Telephone Service），它提供了全双工的操作（不再有按下通话的按钮），因此电话用户可以直接拨号。

2.1.3 第一代蜂窝电话系统

蜂窝电话最终以有限的方式出现在 1969 年，当时在纽约和华盛顿特区之间运行的火车上安装了付费电话。[①] 这个 450 MHz 的系统虽然只局限于这条路线上，但却具有所定义的蜂窝电话的特征：频率复用和越区切换。几年后，Motorola 申请了一项专利，这项专利常常被引用作为蜂窝电话概念的首次表达，因为至今仍在采用这个概念。[②] 1975 年 Bell System 最终得到 FCC 的同意，可以提供试运营，但直到 1977 年它才获准具体实施。试运营最终于 1978 年在伊利诺伊州的芝加哥开始，并最终于 1983 年 10 月 12 日转为全面运营。这个以模拟 FM 为基础的系统称为 AMPS（Advanced Mobile Phone Service），它工作在新分配的 800 MHz 附近的频带上（这个频带从原先分配给超 UHF 的电视信道中重新划分出来），见表 2.1。与 MTS 和 IMTS 一样，AMPS 采用频分多址（FDMA），即多个用户被分配以不同的频率，因此可同时进行通信。此外，它还和 IMTS 一样采用频分双工（FDD），这使用户可以像普通电话那样在听话的同时也能够说话。注意，在 FDD 中发送和接收采用的是不同的频率。

---

① C. E. Paul, “Telephones Aboard the Metroliner,” *Bell Laboratories Record*, March 1969。

② Martin Cooper 等的美国专利#3,906,166，1973 年 10 月 17 日受理，1975 年 9 月 16 获得批准。Bell System 和 Motorola 公司竞争实现蜂窝电话的概念。尽管 Bell System 公司在理论方面一直研究了很长一段时间，但 Motorola 公司却第一个建立了系统规模的实际样板，并且也第一个用手持移动电话实现了小区通话（根据 Cooper, 这发生在 1973 年 4 月 3 日，见 Dan Gillmor 2003 年 3 月 29 日在 *San Jose Mercury News* 上发表的报告）。

表 2.1　AMPS 的部分特性

参数	值
移动设备到基站的频率	824～849 MHz
基站到移动设备的频率	869～894 MHz
信道间隔	30 kHz
多址方法	FDMA
双工方法	FDD
每信道用户数	1
调制方式	FM

与此相关的是，由于集成电路技术的发展，使得蜂窝电话最终付诸实现。这一网络的实施需要很好的频率复用及越区切换操作，因而计算负荷量很大。如果没有现代数字电路，硬件就会复杂得不切实际。事实上，蜂窝电话酝酿期较长的一个理由是：直到 20 世纪 70 年代之前，实现所需控制的代价实在是太高了。

确实，其他国家也一直在设计类似的系统。这些系统数目太多，不便一一列出，但其中特别值得一提的是 450 MHz 的 Nordic Mobile Telephone System （即 NMT-450，创建于 1981 年），它是第一个多国之间的蜂窝电话系统，为芬兰、瑞典、丹麦和挪威提供服务。除了频率范围不同，它的特性非常类似于 AMPS。在不到 10 年的时间里，第一代蜂窝电话的服务已变得非常盛行。[①]

2.1.4　第二代蜂窝电话系统

随着蜂窝电话系统的改进，它们也变得日益复杂。一个变得难以掌握的领域显然就是所采用的调制方式。为了不使这一对无线系统的概述与有关调制方式的细节内容相混淆，我们在下述的大部分内容中只是列出多种调制方式的参考资料，而把比较详细的讨论放到后面的章节中。

在追溯第二代（“2G”）蜂窝电话服务的发展进程时，应当注意美国和欧洲最初的情况有很大的不同。美国乐意采用单一的标准，以使一个用户的电话可以在任何服务区使用。而欧洲的政治格局则导致了各式各样、互不兼容的第一代蜂窝电话标准。1982 年一个称为 Groupe Spéciale Mobile 的组织成立，其目的是开发在 900 MHz 频带的泛欧洲蜂窝电话标准。到 1991 年中，GSM 系统已开始运行，现在这三个字母代表 Global System for Mobile Communication（全球移动通信系统）。不同于 AMPS，这个第二代系统采用数字调制，即把音频信号进行数字化处理之后再对其进行压缩。二进制码流采用 FSK 发送，就像在早期的电弧发射器中那样。一个必要的改进是在二进制码流调制之前必须先进行低通滤波。数字流的带宽仅由它的上升和下降时间确定，所以如果不进行滤波，较高的调制带宽就会产生一个无法接受的宽发送频谱。这里采用的是高斯低通滤波

① 这一服务的快速增长几乎使所有人感到惊讶。在一项由 AT&T 公司于 1982 年前后委托进行的著名研究中，曾预计整个美国蜂窝式电话市场在 2000 年将以 90 万的用户数而达到饱和。但事实上 2000 年的美国用户数已超过 1 亿，所以这一预见比实际情况相差了“40 dB”以上。在撰写本书时，全世界每天售出的蜂窝式电话超过 100 万台，而用户的总数已超过 10 亿（这相当于 PC 安装基数的两倍）。受这一研究的影响，AT&T 公司遗憾地过早卖掉了它的蜂窝电话业务，不过在 1993 年至 1994 年，它又花费了 115 亿美元重新进入这一市场。

器，因为与所有其他形状的滤波器相比，高斯形状的滤波器具有最小的时间带宽积（product of duration and bandwidth）。[①] GSM 所采用的调制称为高斯最小频移键控（Gaussian minimum-shift keying，GMSK），因为它实际上选择的频率差是为保证在两个调制状态之间的正交性所必需的最小值。与 AMPS 一样，这种调制是纯 FM，没有采用或期望有任何幅值的变化。这一恒包络的特性使人们能够采用简单高效的功率放大器，因为后者的设计并不需要对幅值的线性度进行特殊考虑，仅仅保持过零特性就可以了。

区分 GMS 和 AMPS 的另一个特点是前者采用时分多址（time-division multiple access，TDMA），这是一个世纪之前 Dolbear 所提出的方法的现代实现。但多址并不只是通过时分来实现的，它还将可用的频谱划分成许多 200 kHz 宽的部分，在每一个部分中采用 TDMA 与 8 个用户联系（每个用户被分配给 8 个时间段中的一个）。由此通过 TDMA 和频分的组合实现多址。

由于第一代欧洲系统彼此之间互不兼容，因此 Groupe 这个组织可以自由地设计 GSM 的标准而不必顾及与过去兼容的问题。然而在美国，IS-54/IS-136 数字标准（North American Digital Cellular，NADC）则设计为在保持与第一代 AMPS 兼容的情况下，在所分配的频谱范围内增加所支持的用户数。[②] IS-54 蜂窝式电话在得到支持的地方采用较新的标准，而在其他地方还采用原来的 AMPS。但欧洲在 GSM 上的成功对采用（1.9 GHz 频带的）北美标准（通常称为 PCS-1900，但并不总是如此称呼）也是一种激励。[③] GSM 在高频的类似应用是英国的 DCS-1800，见表 2.2。IS-54 标准（见表 2.3）采用 TDMA 及一种称为正交相移键控（quadrature phase-shift keying，QPSK）的方式，我们很快就会对后者进行较为详细的分析。[④] 这里，只需指出对于给定的带宽，这种调制方式可以使比特率（bit rate）翻倍就足够了。

表 2.2　GSM 的主要参数

参数	GSM-900	GSM-1800 (DCS-1800)	PCS-1900
移动设备到基站的频率	880～915 MHz	1710～1785 MHz	1850～1910 MHz
基站到移动设备的频率	925～960 MHz	1805～1880 MHz	1930～1990 MHz
信道间隔	200 kHz	200 kHz	200 kHz
多址方法	TDMA/FDM	TDMA/FDM	TDMA/FDM
双工方法	FDD	FDD	FDD
每信道用户数	8	8	8
调制方式	GMSK; BT = 0.3	GMSK; BT = 0.3	GMSK; BT = 0.3
信道比特率	270.833 kbps	270.833 kbps	270.833 kbps

① 由于高斯形状的傅里叶变换也是高斯形状的，因此高斯形状同样能够很好地应用于脉冲或频率响应。自然，高斯形状的这一因果关系（acausality）意味着实际的实现必然只是近似的。此外，我们必须适当地调整高斯形状的宽度。对于 GSM，滤波器–3 dB 带宽与比特周期的乘积是 0.3。具体 BT（带宽时间积）值的选择是综合考虑了既希望减小带宽又需要避免过多的码间干扰的结果（过多的低通滤波会导致结果模糊不清，使一位干扰下一位）。

② IS-136 和 IS-54 现在已合并成一个标准。

③ 事实上人们无法理解商人们的行为。

④ 具体来说，这种调制是 QPSK 的变形，称为 π/4-DQPSK。我们将在后面讨论。

表 2.3　IS-54/IS-136 的主要参数

参数	800 MHz 频段	1900 MHz 频段
移动设备到基站的频率	824～849 MHz	1850～1910 MHz
基站到移动设备的频率	869～894 MHz	1930～1990 MHz
信道间隔	30 kHz	30 kHz
信道数	832	1999
多址方法	TDMA/FDM	TDMA/FDM
双工方法	FDD	FDD
每信道用户数	3	3
调制方式	π/4-DQPSK	π/4-DQPSK
信道比特率	48.6 kbps	48.6 kbps

第三个第二代标准是由美国高通（Qualcomm）公司在 1994 年提出的。这个标准（即 IS-95）是以采用码分多址（code-division multiple access，CDMA）扩展频谱（spread-spectrum）技术为基础的，它在很多方面不同于此前的无线通信标准，见表 2.4。在这一技术中，数字调制的每一位都乘以一个较高比特率的数字序列（这一较高比特率称为斩波比特率，即 chip rate，因为它斩断了数据流），见图 2.4。如果分配给不同用户的序列来自一组正交（或接近正交）代码，那么它们就可以同时存在，此时一个用户的信号对于其他用户则多少表现为噪声，为了区分这种形式和其他形式的扩展频谱（如跳频），将这种形式称为直接序列扩频（direct-sequence spread spectrum，DSSS）。

表 2.4　IS-95 CDMA 的主要参数

参数	800 MHz	1900 MHz	亚洲
移动设备到基站的频率	824～849 MHz	1850～1910 MHz	1920～1980 MHz
基站到移动设备的频率	869～894 MHz	1930～1900 MHz	2110～2170 MHz
信道间隔	1250 kHz	1250 kHz	1250 kHz
信道数	20	48	48
多址方法	CDMA/FDM	CDMA/FDM	CDMA/FDM
双工方法	FDD	FDD	FDD
每信道用户数	15～?	15～?	15～?
调制方式	QPSK/OQPSK	QPSK/OQPSK	QPSK/OQPSK
信道比特率（斩波比特率）	1.2288 Mbps	1.2288 Mbps	1.2288 Mbps

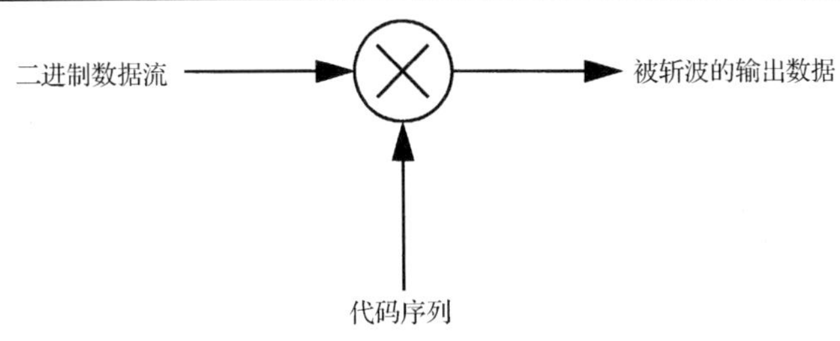

图 2.4　CDMA 调制器

被斩波的输出数据序列之后被调制到载波上[在这里采用的是一种称为偏移四相相移键控（offset quadrature phase-shift keying，OQPSK）的相位调制技术]。在 CDMA 系统中会发生称为远-近（near-far）问题的特殊的敏感性问题。由于其他信号表现为与噪声类似，因此它们累积起来的噪声功率可能使所需信号的信噪比降低，从而使解调失败。为了使每小区每信道的用户数达到最多，必须控制使每个用户信号（在被基站接收时）的功率几乎相等。[①] 也就是说，基站面对着以车辆速度移动的多个用户会产生快慢不同的衰减——它必须不断地与每个移动单元通信，并对发送的功率进行实时调节。这种对功率控制的要求是 CDMA 最困难的问题之一。哪怕是对一个移动单元的失控也可能导致整个小区的运行中断。

这种敏感性在越区切换过程中会导致特殊的困难。假设一个移动单元处在一个小区的边缘，控制将从一个基站转移到另一个基站。由于并不能保证这两个基站所接收到的功率相同，因此它们就会将两个不同的功率控制值发送到这个移动单元上。要想有效地解决这个冲突是很困难的。人们普遍认同的做法是放弃这次通话，而不是让这个移动单元影响整个小区。解决这样的问题需要极大量的计算，因此 CDMA 蜂窝式电话在信号处理方面是所有蜂窝式电话中最复杂的。

2.1.5 第三代（3G）蜂窝电话系统

无论是第一代还是第二代蜂窝电话系统，从本质上讲都是以语音为中心的。尽管两者多少都能支持一些数字数据（例如，运用一个合适的调制解调器），但它们的数据速率就现代标准而言是很慢的（最多为每秒千字节的量级）。与此相反，3G 系统的设计则从根本上支持高速的数字通信。3G 的目的是要支持 144 kbps 的车载数据速率及高达 384 kbps 的普通行人数据速率。

3G 系统中一个重要的进展就是分组交换（packet switching）技术的出现。[②] 许多无线通信系统采用分组交换出于一个简单的理由：信道（网络）是一个有价值的资源，它的利用应当最充分。通过把数据分成几个分组，然后动态地沿着任何可发送的路径分别发送这些分组，这样就能最大程度地利用可用的带宽。与采用传统的电路交换相比，它可以容纳多得多的用户，因为几乎没有用户会在 100%的时间里 100%地运用分配给他们的带宽，通信通常都是突发的事情。分组交换就利用了这一特点。显然，使分组交换成为有线通信系统的一种良计妙策的理由同样也适用于无线通信系统，而 3G 系统则是首次明确地认识到这一事实。

作为在全面实施 3G 服务前的一个中间步骤，载波提供了通用分组无线服务（general packet radio service，GPRS），其典型的数据速率类似于固定的拨号服务的值（理论峰值约为 170 kbps，但典型速率约为 50 kbps）。顾名思义，它是一个分组交换的协议。高数据速率是利用 GSM 框架中的所有 8 个时间段来实现的。它仍采用与 GSM 相同的 GMSK。

另一个“2.5G”的服务是 EDGE（enhanced data rate for global evolution——商人们曾不遗余力地去实现它），它采用了一种更为复杂的调制方式（它就是所谓的 8-PSK），把每个符号编码成 3 个比特，从而能提供两倍以上的 GPRS 数据速率。与 GPRS 一样，EDGE 也是一个分组交换的协议。从它的名字可以推测出，EDGE 是现有 GSM 网络的最高层协议。

2.2 非蜂窝无线通信的应用

2.2.1 IEEE 802.11（WiFi）

我们不应当有这样的印象，即蜂窝电话服务是无线通信的唯一方式，特别是随着无线局域网（WLAN）的迅速发展更是如此。WLAN 的普及说明了人们对无限范围通信有着不断的追求。

① 功率控制几乎对任何无线通信系统都有好处，但它对于 CDMA 却是绝对重要的。
② 分组交换替代了电路交换。在电路交换中，一个用户独自占用资源直至通信结束。

目前，人们已经提出了许多 WLAN 标准，但我们将只提及 IEEE 802.11（或“WiFi”[①]）。这个规范包括几种不同的标准。我们将只提及其中的三个 —— 分别以标识 a，b 和 g 来区分。在历史上这三个标准是以 b，a，g 的次序实施的（想一想“bag”这个词的字母顺序即可），见表 2.5。

表 2.5　IEEE 802.11b 和 802.11a 概况

参数	802.11b	802.11a
频率范围	2400～2483.5 MHz	5150～5350 MHz 5725～5825 MHz
信道间隔	FHSS: 1 MHz DSSS: 25 MHz	OFDM: 20 MHz
信道数	3 个不重叠	12 个不重叠
多址方法	CSMA/CA	CSMA/CA
双工方法	TDD	TDD
调制方式	FHSS: GFSK, BT = 0.5 （802.11g: OFDM）	OFDM: 64-QAM（针对 54 Mbps）
比特率或码率	1 Mbps, 2 Mbps 或 11 Mbps（对于 g 为 54 Mbps）	12 MS/s; 5.5～54 Mbps

不同于前面列举的蜂窝电话例子，这些 WLAN 系统采用时分双工（time-division duplexing，TDD）方式，因此发送和接收并不同时发生，但可以发生得足够快，就好像是同时发生的一样（至少给人的感觉是如此）。采用 TDD 可以简化接收器的设计，因为它可以用一个比较简单的开关来代替笨重昂贵的双工滤波器，[②] 见图 2.5。

如表 2.5 所示，802.11b 的峰值比特率的范围最大可达 11 Mbps，这是当前家庭用最快宽带数据速率的 7 倍。一个称为 802.11g 的扩展标准理论上可以在传播和共用信道允许的情况下把峰值数据速率提高到 54 Mbps，同时又可与以前的 802.11b 相兼容。

这个标准支持几种调制方式，其中之一就是跳频扩频（frequency-hopped spread-spectrum，FHSS）。[③] 跳频是一种减轻干扰和提高传播质量的方法。顾名思义，跳频就是在通信过程中载波频率从一个值跳到另一个值。若不把所有鸡蛋都放进一个篮子中（即并不是只采用一种载波频率），就可以降低通信失败的概率。

我们可以认为跳频的成功是由于扩展了频谱的缘故。正如我们已经注意到的，宽带 FM 是最早一个可以说明把频谱扩展到严格规定的最小值之外以改善某些通信特性的例子。另一个扩频技术（即 DSSS）用来支持 11 Mbps 的数据速率。

① WiFi（“无线保真度”）是一个市场术语，它比“801.11”更上口，它也是 11b 和 11a 的流行说法。

② 一个双工器必须提供充分的隔离，以免接收器被双工器泄漏回来的发送功率所“淹没”。以低成本来满足这种要求显然是很困难的，甚至对于像第一代和第二代蜂窝电话系统中上行链路（uplink）和下行链路（downlink）频率之间有很宽裕的 5%差别的情形也是如此。

③ 跳频是由 Hedy Lamarr 在第二次世界大战期间首次申请的专利，这个技术用来避免无线电控制鱼雷的干扰并能进行隐蔽通信。见 H. K. Markey（Markey 是当时 Lamarr 婚后的姓）等的美国专利#2, 292, 387，1941 年 6 月 10 日受理，1942 年 8 月 11 日获得批准。尽管这个系统在战争期间从未使用过，但理论上它仍代表了一项著名的成就。10 年后，这个概念被重新改进并最终付诸应用。如果想更多地了解这个故事，可参见 *Forbes*, 14 May 1990, pp.136-8。

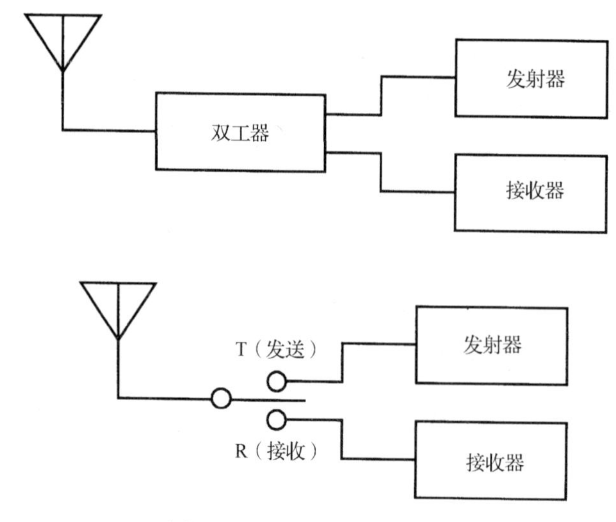

图 2.5　FDD 与 TDD 的对比

就更高的峰值数据速率而言，802.11a 可提供高达 54 Mbps 的数据速率——但其代价是与 802.11b 或 802.11g 不兼容。802.11a 采用一种称为正交频分复用（orthogonal frequency division multiplexing, OFDM）的技术，它把一个 20 MHz 的频谱段划分成一组经过调制的子载波。与 DSSS 一样，它采用正交性来确保在各子载波之间无干扰。而正交幅值调制（quadrature amplitude modulation, QAM；这是我们将要讨论的问题）提供了每码多个比特的编码。在最高比特率时，64-QAM 提供每码 6 个比特，因而在考虑附加开销后可达到 54 Mbps 的峰值数据速率。

2.2.2　蓝牙

历史的曲折进程表明，无线通信的应用在越来越小的地理区域中稳定发展。蓝牙标准就是无线应用朝着“非常局域”的网络过渡的一个例子。蓝牙技术最初作为替代电缆的低成本无线技术，它是以丹麦海盗王 Harald Bluetooth 的名字命名的，他“统一”了挪威和丹麦海域。蓝牙技术现在的目的是在短距离内（例如大致在 10 m 左右）以中等数据速率（例如 1 Mbps）提供基本的无线连接，见表 2.6。

表 2.6　蓝牙技术概况

参数	北美及欧洲大部分地区
频率范围	2402～2480 MHz
信道间隔	1 MHz
信道数	79
多址方法	跳频（1.6 千跳/秒）
双工方法	TDD
每信道用户数	200（7 个同时工作）
调制方式	GFSK
码率	1 MS/s

2.2.3　无线个人局域网（WPAN）

在越来越小区域上进行通信的趋势表现为出现了无线个人局域网（WPAN）。对蓝牙技术的期望有一部分是由于它具有人们想要达到的低功耗。而 WPAN 的目的是以更低的成本提供无线连接，使原先由于价格太贵而不予考虑的设备主机连接成为可能。

表 2.7 列出了当前已批准的 ZigBee 的 IEEE 802.15.4 规范的主要参数。可以看到，现今的数据速率比 802.11 的低很多，但仍然要比传统的拨号调制解调器连接的数据速率要高。这些带宽对于语音甚至对于高压缩比的视频信号是足够的。可以认为这样的性能将足以满足多种适合的应用且仍能实现低成本。只要传送情况允许，在 10～75 m 的距离上实现通信应当是可能的。它的另一个特点是支持极低的待机功耗［例如几微瓦（mW），即比蓝牙还低的量级］，这使 ZigBee 对于电池操作的远距离监控应用非常有吸引力。

表 2.7　IEEE 802.15.4（“ZigBee”）概况

参数	北美	北美	欧洲
频率范围	2402～2480 MHz	902～928 MHz	2412～2472 MHz
信道间隔	5 MHz	5 MHz	5 MHz
多址方法	CSMA/CA	CSMA/CS	TDMA
双工方法	FDD	FDD	FDD
每信道用户数	255	255	255
调制方式	OQPSK, BT = 0.5	OQPSK, BT = 0.5	GFSK, BT = 0.5
峰值比特率	250 kbps	40 kbps	250 kbps

2.2.4　超宽带（UWB）

无线时代起始于脉冲式的火花放电传送，然后发展成为以载波为基础的系统，以避免火花的宽带本质所引起的问题。近来人们对超宽带（ultrawideband，UWB）技术越来越感兴趣，其中许多都基于脉冲式的信号，这使我们回想起以前的火花信号。由于考虑到 UWB 这个术语多少有点含糊不清，因此在这种技术的许多支持者的认同下产生了一个适合于行业应用的定义：如果被发送信号的比例带宽（也就是归一至中心频率的带宽）即

$$B = \frac{f_h - f_l}{(f_h + f_l)/2} = \frac{2(f_h - f_l)}{f_h + f_l} \tag{1}$$

超过了 0.25，那么就认为它是超宽带。另外，如果平均频率超过了 6 GHz，那么任何占据 1.5 GHz 或以上的信号就被认为是 UWB 信号，这甚至在比例带宽小于 0.25 时也是如此。这个带宽是在 10% 的功率处而不是在较为传统的半功率处定义的。同时，它指的是在天线之后的带宽，因为所有实际的天线都是限制频带的设备，它们的滤波作用必须予以适当的考虑。

许多流行的提议都用冲激脉冲（impulse）或类似对称脉冲（doublet-like pulse）的位置来对数据进行编码。与 CDMA 一样，UWB 选择调制来产生类似于噪声的信号。由于它们的宽带特性，关于发射的法定限制要求功率被限制在一个较低的数值，以免干扰同时存在的窄带服务。人们很担心这些要求也会严重地限制 UWB 的整体性能，使得这种技术的应用受到限制。由于这种技术较新，因此还不能通过丰富的经验数据得出有关该技术的确切结论。

2.3　香农定理、调制及其他主题

在研究调制方式时，一组令人眼花缭乱的缩略语或简称很快就会使人们（甚至专家）不知所

措。但正如我们已看到的那样，我们不可避免地会遇到它们。为了理解为什么在历史上会从比较简单的调制方式发展到比较复杂的调制方式，我们需要花一点时间来概括一下香农所说的一小部分内容：在一个有限频带信道受平稳[①]叠加的高斯白噪声（AWGN）干扰的特殊情形中，我们能以每秒比特数（bps）为单位定义信道容量（channel capacity）：

$$C = B[\log_2(\text{SNR}+1)] \tag{2}$$

式中，B 是信道带宽（单位为 Hz），SNR 是在该带宽上的信噪比。香农的论述要比这些内容多得多（见第 33 页脚注⑤），但式（2）足以说明我们的观点。

关于信道容量，香农指出存在一种方式，能以数据速率 C 和任意低的误差概率将数据通过含噪声的有限频带信道传送。香农并没有说明如何去做，他只是证明可以这样做。在他的论文发表之前，大多数工程师想当然地认为噪声的存在必然意味着误比特率无法降低，而香农则指明这个概念是错误的。

香农公式告诉我们，带宽和信噪比是人们可以利用的两个自由度，以提高通过一个信道发送信息的数据速率。力图找出利用这一远见卓识的实际方法，使得通信工程师自香农堪称里程碑的论文发表以来一直专心致志地工作了 50 年左右。几十年的不懈努力，已使人们广泛采用了如图 2.6 所示的数字发射器的一般结构。

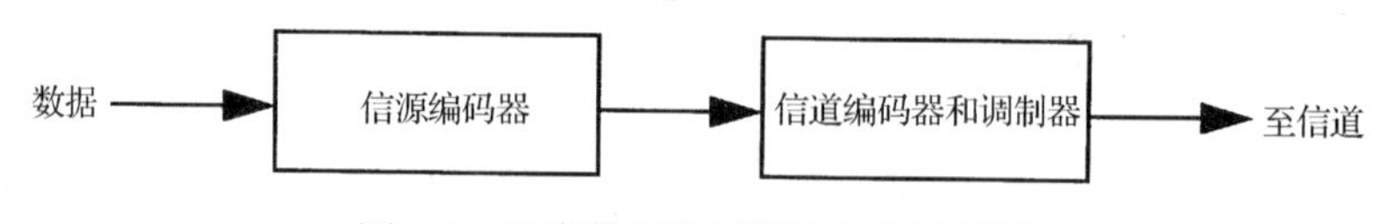

图 2.6 现代数字发射器的概念性框图

图 2.6 中，信源编码器压缩原始的数据流。通过有效地消除冗余，它降低了发送信息所需要的平均比特率。压缩算法的例子包括通常用于蜂窝式电话语音信号的各种线性预测编码器，以及用于 JPEG，MPEG（包括 MP-3），AAC 等的算法。[②] 信道编码器和调制器则被嵌入纠错功能以适应非理想信道，并把这些比特转变成适合于在该信道上发送的形式，其作用包括均衡功能（例如纠正频率响应）。

注意，从原理上讲，我们可以把这些功能合并成一个操作 —— 特别是如果注意到信源编码消除冗余而信道编码又返回一些冗余的事实。[③] 然而，任何可能的改善都被大大增加的复杂性所抵消，为了识别并达到这些最优状况，在数据每次向下发送至不同的信道时必须重新设计编码。而使这些操作分开进行，则可以大大简化系统的设计和运行。这种技术获得广泛成功的事实表明，这种简化对于许多实际情形来说，都能以一个可接受的性能代价来实现。

人们熟知的这个成功的例子显然是普通的电话线数据调制调解器，（据说）它能在一条 3.2 kHz 的电话线上以 56 kbps 的数据速率进行通信。[④] 由式（2）可以计算出对最小信噪比的要求超过 50 dB。这样大的 SNR 实际上几乎不可能达到，这也就解释了为什么通常的数据速率都低于这个最大值。[⑤]

① 平稳的含义是噪声的统计值（例如它的标准方差）是时不变的。

② 压缩算法可划分为无损（lossless）和有损（lossy）两种类型。无损算法可以完全重建原先的数据序列，而有损算法会丢掉一些信息。后者无疑可以提供更大的压缩系数，但有可能在某种情况下无法运用。

③ Andrew J. Viterbi, "Wireless Digital Communication: A View Based on Three Lessons Learned," *IEEE Communications Magazine*, September 1991, pp. 33-6。

④ 这个值适合于下载；对于上载，数据速率最高为 33.6 kbps。

⑤ 另一个微妙的理由是：电话公司传来的信号功率现在（也许永远）受 FCC 规定的限制。因此，甚至在最佳状况下的 SNR 也不足以支持 56 kbps。

然而，用户通常对明显超出电话线 3.2 kHz 带宽的数据速率（这无疑已大大超过最早期的调制解调器所支持的数据速率）感到满意。这个成就突出说明了在使实际系统逼近香农极限时所取得的巨大进步。

正如我们已经谈到的，香农并没有解释如何达到这些目的，显然也没有指明如果偏离了原先构想的任何解决方法时所采用的假设，那么这种解决方法究竟有多可靠呢？由于这种设计问题的多元性，因此出现了一系列的解决办法，每一种都有各自的优点和缺点。现在对于各种不同调制方式的杂乱无章的简称就反映了这种“各自为政”的局面。

尽管这些细节本身是非常复杂的，但它们所基于的概念却很简单：香农说，如果信道的带宽是固定的，那么我们仍然可以利用 SNR 来提高比特率。但如何实现呢？一种可能是采用多个幅值等级。例如，假设我们有足够的 SNR 可以分辨 2^N 个不同的幅值等级，那么我们就可以利用这些等级来产生代表 N 位的码（symbol）。对于每码两个比特的情况，我们要能够区分 4 个幅值等级，而对每码 3 个比特的情况就需要能够区分 8 个等级，等等。幅值等级数按指数增长意味着当我们力图使每个码包含更多的比特数时，可靠的解调将变得越来越困难。按照香农的对数关系，每码比特数的线性增加意味着所要求的 SNR 呈指数增长。更确切地说，就是信道带宽主要限制码率，而 SNR 则主要限制每个码包含的比特数。

图 2.7 所示的例子表示一个码值序列。例如，对应于所显示的码值，载波幅值可以根据逐个码而改变。

正如我们从利用幅值和相位的历史（如 FM 和 AM）中所看到的那样，它们代表了两个不同的自由度。[①] 因此，一旦考虑幅值调制，我们也应当考虑相位调制。这两个自由度事实上代表了一个二维空间的正交基，两个坐标足以说明平面上的任何点。在这个特殊情形中，这两个坐标就是幅值和相位。因此，我们可以想象一系列的极坐标调制（polar modulation），在这些调制中幅值和相位的组合允许我们每码可以编码几个比特。只要 SNR 超过某个最小值，就能够可靠地将一个码与另一个码区分开。

图 2.8 给出了极坐标调制的大致说明。这里每个点代表在（r, θ）空间上一个可能的码值。水平和垂直轴标记为 I 和 Q，分别代表（与载波）同相位（in-phase）和正交相位（quadrature，即相对于载波相移 90°）。对于图中的 8 个码，我们可以每码编码 3 个比特。这 8 个码一起构成了一个星座图（constellation）。图中的安排只不过是许多种在平面上组织 8 个码的可能方式之一。在这种假设的例子中，有 4 种可能的幅值（基于绝对值时为两个）与 4 种可能的相位组合。

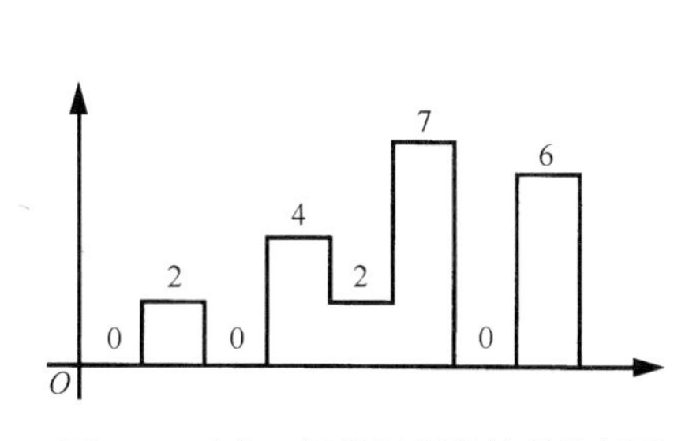

图 2.7　对应于幅值调制的符号的例子

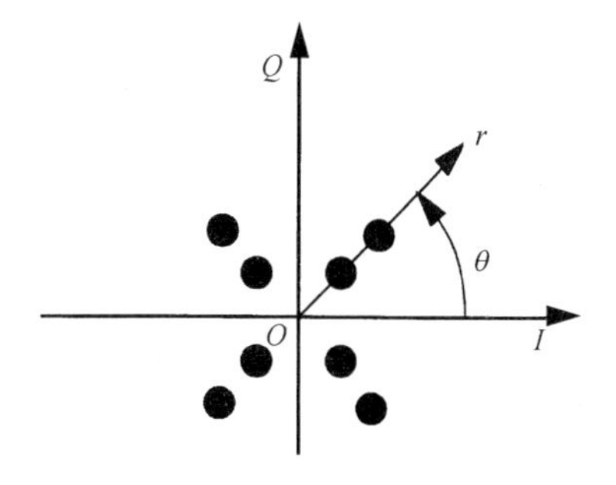

图 2.8　一个假设的极坐标调制例子（每码 3 个比特）的码星座图

① 记住，相位是频率的积分，所以当我们在这里说“FM”时，实际上是在讲一般的角度调制。

极坐标调制可被看成 AM 和 FM 的超集（superset），无论是 AM 还是 FM，都可以通过相应地抑制幅值或相位的变化来实现。因此，以上例子是比最初提到的应用更为一般的应用。为了着重说明这一点，考虑图 2.9 所示的一个极坐标调制器的概念性框图。从这个框图中可以看到，移相器能提供任何必要的旋转，而乘法器可以对幅值进行任何按比例的缩放。因此，去掉移相器或乘法器，可以分别得到单纯的幅值调制器或相位调制器。

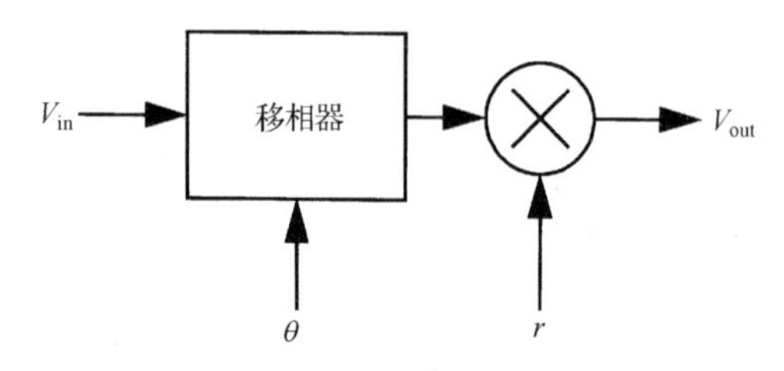

图 2.9　极坐标调制器

当然，极坐标并不是唯一的选择。直角（笛卡儿）坐标的表示方法也能通过适当地选择 I 值和 Q 值来说明二维平面中的任何位置。尽管这两个坐标系统在数学上是等效的（即就它们都能以一对坐标来代表任何可能的码值而言），但选择其中一个而不是另一个将意味着具有不同的电路设计和系统性能。正如极坐标至直角坐标的变换（或反变换）在数学上有一定的麻烦那样，一个星座图如果在极坐标中很容易产生，那么它在笛卡儿坐标中的表示也许会很复杂。

比较适合于笛卡儿坐标表示的星座图的一个例子是如图 2.10 中排列的一组码。这个例子中的星座图由 16 个码组成，因此我们可以对每个码编码 4 个比特。这里作为练习留给读者去证明：用极坐标来表示图 2.10 中的星座图确实不如用笛卡儿坐标表示更简洁。通常，这种类型的调制称为正交幅值调制（quadrature amplitude modulation，QAM），尽管这种调制显然同时涉及幅值和相位的变化。如果在码集中只有两个码，就称为二进制调制；如果有 4 个码，则称为四进制（quaternary）调制。为了不必采用和记住甚至比这些称谓更麻烦的多进制形容词，我们更常采用一个总称——“*m*-ary QAM”（*m* 进制 QAM）或简称“*m*-QAM”，其中 *m* 表示在整个星座图中码的数目。[①]

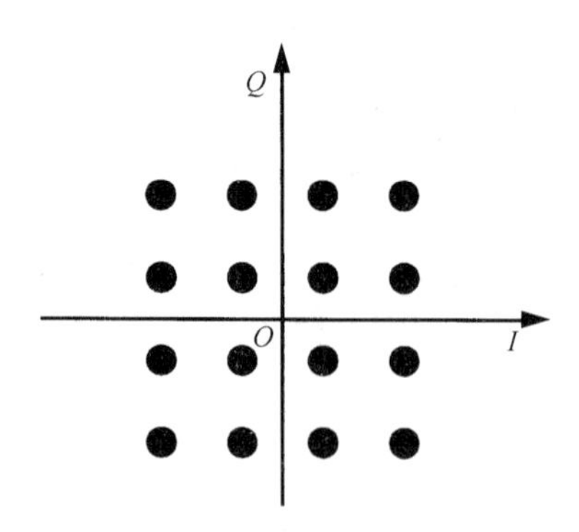

图 2.10　假设的笛卡儿调制（所示为每码 4 个比特）的星座图

我们可以想象一下采用图 2.11 所示的调制方式来产生这样的星座图。对于 *m* 进制 QAM，I 和 Q 将分别取 $\sqrt{m}$ 个不同的值。

① 一般来说，QAM 按 quam 的拼法来读，例如“I have qualms about 16384-QAM”。

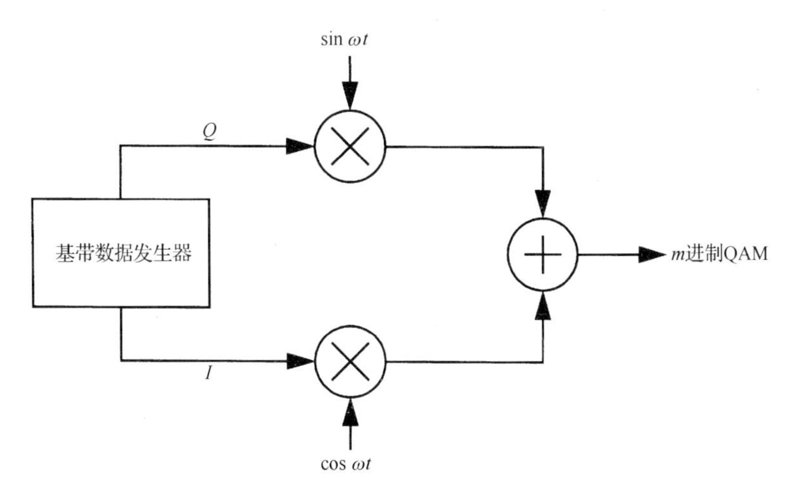

图 2.11　正交调制器的框图

与极坐标调制相比，QAM 的特点是基带数据通过相同的路径（因而简化了设计），以及所生成的码均匀地分布在星座图上。如果噪声也均匀地分布在整个码空间，那么误码的概率将仍然与 QAM 的码值无关。

与前面的理论分析相关的是一大堆实际问题。例如，即便对于一个给定的星座图，码值的分配也不是唯一的。就实用的观点而言，并不是所有可能的分配都同等程度地合乎要求。有些安排可能要求复杂的硬件，或者会加剧系统的某些敏感性。为了理解影响系统设计者选择的某些约束，我们现在来简略考察一下在无线通信史上采用过的一些具体的调制方式。

2.3.1　幅值调制（AM）

我们从经典的幅值调制（简称调幅）开始。在 AM 的几种可能的数学表达式中，我们将选择下式：

$$v(t) = [1 + mf(t)]\cos\omega_c t \tag{3}$$

式中，m 为调制指数（modulation index），$f(t)$是在频率为ω_c的载波上将被调制的基带函数。同时为了减少混乱，我们已把 $v(t)$归一至单位载波幅值。

与式（3）对应的频域图表示在图 2.12 中。我们可以看到 Carson 在他的分析中所发现的结构：（无信息的）残余载波及两个冗余的边带（在图中用 LSB 和 USB 分别表示高端和低端的边带）。如果基带调制直接乘以载波［也就是如果在式（3）中没有附加的 1 这一项］，那么载波将不存在。但载波的存在不是完全没有价值的，因为它使我们可以采用非常简单的解调器。正如已经看到的那样，晶体收音机实际上只不过是一个有泄漏的峰值检波器。事实上，每一个用于 AM 广播接收的无线电都采用了图 2.13 所示的电路。该电路只有在$[1 + mf(t)]$从不变为负值时才有可能正确工作。而且 RC 积必须足够大，从而能给载波的“锯齿形”提供合适的滤波，而它又要足够小，以便于跟踪包络的最陡峭部分。一般来说，后一种考虑必须满足以下的不等式：

$$\frac{1}{f(t)}\left|\frac{\mathrm{d}}{\mathrm{d}t}f(t)\right| < \frac{1}{RC} \tag{4}$$

在纯正弦调制的特殊情形中，满足上述不等式相当于要求 $1/RC$ 大大高于调制频率。

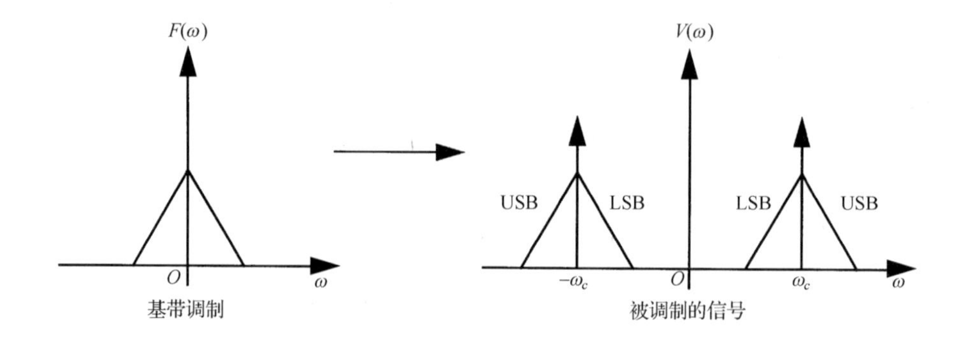

图 2.12　幅值调制（仅考虑实数部分）

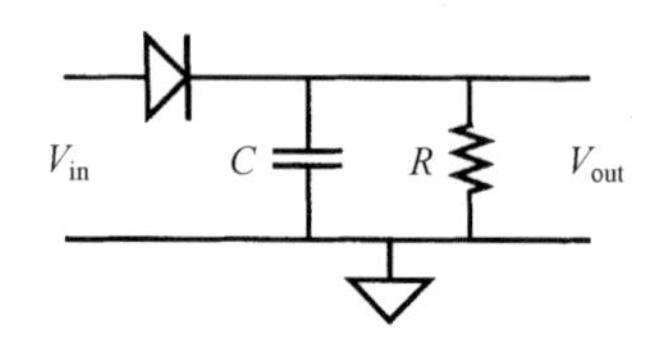

图 2.13　用于 AM 解调的有泄漏的峰值检波器（包络检波器）

通常的广播电视对视频信号也采用 AM。但为了节省频谱，滤掉了其中一个边带。为了能够采用低成本的解调器，往往不得不保留足够的边带，以便能够采用二极管包络检波器。然后这个残留边带（vestigial sideband，VSB）AM 信号的调制通过一个频率均衡器，以补偿这两个边带不均等的影响。[①]

一个比较高级的不受这种峰值检波器限制的解调器就是在一个常规乘法器之后接一个低通滤波器，如图 2.14 所示。正如可以从该图中看到的那样，低通滤波器的符号中有三条波纹线，每一条代表一个频带（最上面的代表高频，中间的为中频，而最下面的为低频）。通过这三条波纹线中任意一条上的斜杠表示该滤波器抑制了那个频带。

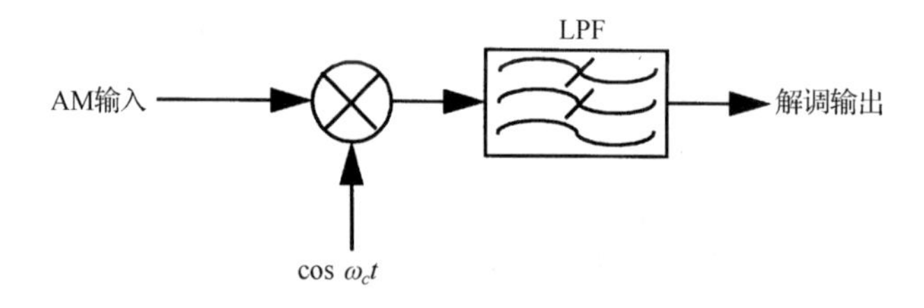

图 2.14　通常的 AM 解调器

通过分析 AM 的相量（phasor）图可以对它有更深刻的理解。对于正（余）弦调制的特殊情形，可以写出：

$$v(t) = (1 + m\cos\omega_m t)\cos\omega_c t = \cos\omega_c t + (m\cos\omega_m t)(\cos\omega_c t) \tag{5}$$

将乘积项展开后输出变为

$$v(t) = \cos\omega_c t + \frac{m}{2}[\cos(\omega_c + \omega_m)t + \cos(\omega_c - \omega_m)t] \tag{6}$$

构成输出的 3 个分量可被看成 3 个向量（vector）围绕着原点旋转，其角速度等于频率幅值（见

① 某些低成本的电视省略了这个滤波器，其结果是损失了高频的细节部分。

图 2.15）。载波相量具有单位幅值，而每个边带相量具有 $m/2$ 的幅值。我们看到，两个调制边带的相量以调制速率围绕载波相量的末端以相反方向旋转。这两个边带相量的和处于与载波一致的相位上，所以该调制并不影响被调制后的波形相位。这三个相量的向量和的幅值随时间而变化，因此是幅值调制。

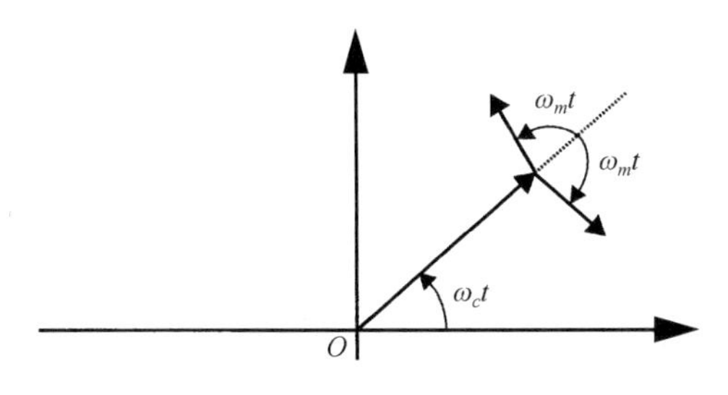

图 2.15　正弦调制的 AM 相量图

如果基带信号是二进制的，那么其结果常称为幅移键控（amplitude-shift keying，ASK）。通断键控（on-off keying，OOK）的特殊情形是 ASK 的一个子集，因为后者可以在两个（或更多个）非零幅值之间跳动。

2.3.2　DSB-SC（SC-AM）与 SSB

我们看到，正如 Carson 指出的那样，AM 的资源浪费通常是很大的。被调制后信号的能量实际上大部分存在于不含信息的载波中，因此大部分宝贵的发射器功率被浪费掉了。造成这个缺点的原因是两个边带所表现出的冗余，它使 AM 占用了两倍于所需带宽的量。

Carson 对这一缺点的认识激励了他发明双边带抑制载波（double-sideband suppressed-carrier）AM 及单边带（single-sideband）AM。现在说明如何产生和解调这两种信号。

我们可以想象出任意多的方式来产生 SC-AM。例如，也许只采用某种滤波器来消除载波分量。在某些情形中，这也许更实际，但一个较好的方法是干脆在最初就不产生任何载波分量。可以采用以下方法来达到这个目的，即保证在调制中没有直流（DC）项，然后把这个没有 DC 的调制信号乘以滤波项：

$$v(t) = [mf(t)]\cos\omega_c t \tag{7}$$

由于在 $f(t)$ 中没有 DC，因此在调制后的输出 $v(t)$ 中就不包含任何载波分量。[①]

SC-AM 的解调原理很简单，所需要的只是一个频率为 ω_c 的振荡器，然后把它的输出信号乘以 SC-AM 信号。其结果是重新插入了载波分量，从而把这个问题转变成很容易解决的解调一个标准 AM 信号的问题。例如，一个二极管包络检波器就可以出色地完成这个任务。

具体实现时的问题是，如果本地产生的 ω_c 频率有一点偏离，那么 DSB 就会出现一些严重的问题，因为包络会以频率等于频率差的幅值波动。例如，如果这里有 10 Hz 的偏差（即 1 MHz 载波的 10 ppm），那么包络将会以 10 Hz 的速率变化。例如，对于一个语音信号，我们就会感受到这一频率的抖动。毫无疑问，这样的影响是无法接受的。

解决的办法是有目的且不完全地抑制载波。提取这个小的载波分量（例如通过窄带滤波器）就可以得到一个频率完全正确的本地振荡器。另一种选择是采用称为锁相环的电路，它可以通过

① 这里我们假设基带信号的能量集中在远离载波频率之下的位置。

有效地计算对称边带的平均频率来推导出正确的载波频率。我们在本书中将用单独一章来讨论锁相环，这里只是先接受图 2.16 中称为 Costas 环路的结构能够从一个无载波的 DSB 中“奇妙”地提取一个载波，然后利用这个被提取的载波实现解调。①

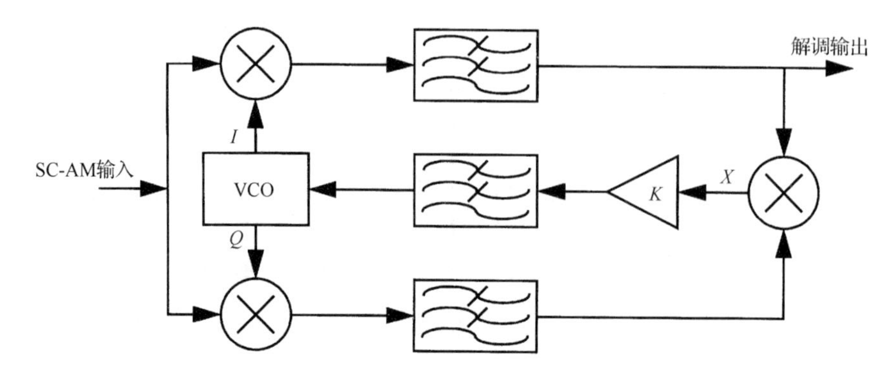

图 2.16 用于 SC-AM 解调的 Costas 环路

作为一种简单且不完全的分析，我们首先假设放大器的增益 K 非常大，因此在 X 处的电压不必很大就能够产生压控振荡器（voltage-controlled oscillator，VCO）所需的适当的控制电压。事实上，让我们把在 X 处的电压理想地假设为接近零。如果乘法器的两个输入中有一个为零，那么相应的乘法器输出就为零。这种情况发生在当一条路径锁定在同相位而另一条路径锁定在正交相位上时。通过正确选择环路符号，我们可以使 VCO 的锁定条件为同相位（也就是说，它的 I 输出与原先被调制的 SC-AM 信号的载波同相位），于是就可以从图中最上面的一条路径中恢复调制信号。

暂时把这个简略的解释搁置一旁，我们的 DSB 仍然有两个边带，只要再次考虑 $f(t)$是一个正弦函数，就可以很容易地看出：

$$v(t) = \frac{m}{2}[\cos(\omega_c + \omega_m)t + \cos(\omega_c - \omega_m)t] \tag{8}$$

为了消除上边带或下边带，我们可以如 Carson 原先提议的那样，再次考虑采用一个滤波器。然而在调制频率大大低于载波频率的通常情形中，需要有相当大的滤波器，因为此时上边带和下边带只相差一个很小的数量。要设计一个滤波器使之既能大大削弱一些频率又能在离这些频率不远处完全不具削弱能力，显然不是一件容易的事情。

图 2.17 所示的框图说明了 Carson 的滤波器方法是如何产生 SSB 的（在这种情形中，上边带是由该滤波器选择的）。在系统的各个不同点处，理想的频谱示意图可以帮助我们说明该滤波器方法是如何工作的。

除了滤波器设计，值得注意的是实际的混频器并不是理想的。输入端的任何 DC 偏差都将产生载波馈通。如果要求具有高度的载波抑制，那么就必须采用某些方法来削弱混频器的偏差。但人们常常会有意引入一个小的 DC 偏差，其目的是产生一些载波馈通。这种泄漏可以使人们在接收器处比较容易解调，这是因为正确解调需要一个精确复制的载波。我们现在虽然在讨论有关载波馈通的问题，但应当注意，有可能存在取决于信号的瞬态 DC 偏差（尤其是许多 AC 耦合的系统会出现这一现象），这会在输出端引起随调制变化的载波分量。

① John P. Costas, “Synchronous Communications,” *Proc. IRE*, v.44, no.12, December 1956，pp.1713-18。又见美国专利 #3,047,660, 1960 年 1 月 6 日受理，1962 年 7 月 31 日获得批准。

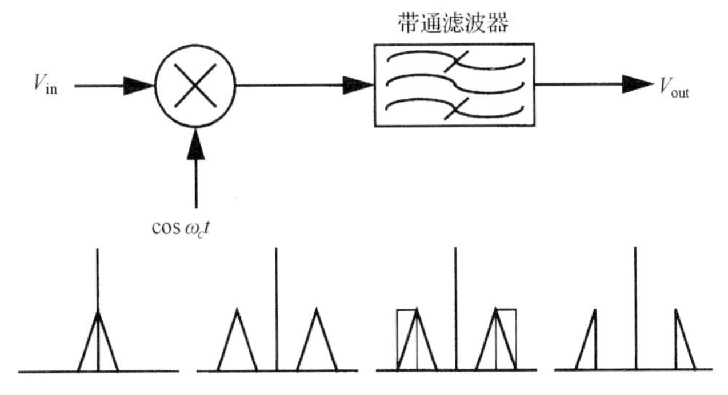

图 2.17　Carson 产生 SSB 的滤波器方法（所示为 USB 的例子）

1924 年，Carson 的同事 Hartley 设计出产生 SSB 的第二种方法，它不再需要采用锐截止带通滤波器。[①] 就像在 SC-AM 中实现载波抑制的最好方法是利用抵消一样，Hartley 产生 SSB 的方法同样抵消了不想要的边带。为了理解 Hartley 方法的工作原理，可以回想一下极坐标调制和 QAM，即一个基带信号的二维表示提供了一个完整的描述。另一种等效的说法是：一个基带信号可以被分解成一个实部和一个虚部。[②]

如果我们把这样一个信号输入一个正交移相器，那么实部就会变成虚部，反之亦然（因为我们只是把整个空间旋转了一个象限）。由于虚部是频率的奇函数，因此一个正交移相器把偶对称的实部转变成一个奇对称的虚部。[③] 这个奇对称是 Hartley 方法的关键，因为它现在可以提供一种方法，即通过符号使上边带和下边带相互区分开。下一步是把这个奇对称分量转换回实部（同时也实现上外差）。通过与一个正弦函数进行外差运算，很容易实现这种变换。这里正弦函数自身的奇对称性产生了如图 2.18 所示的频谱。该上变换保留了在上边带和下边带之间的符号差别。因此通过简单的相加就抵消了一个分量（USB）而留下一个单独的 LSB 输出。最上面的一条路径与最下面的一条路径的分量相减后，可以得到一个单独的 USB 输出。

要使Hartley 调制器正确工作，需要在最上面一条路径和最下面一条路径的增益之间进行精确的匹配，否则抵消将不完全。而且移相器必须在所关注的带宽上提供精确的相移，否则移相器的输出将包含实分量和虚分量的叠加。如果这还不够，我们还可以要求两个乘法器由相位完全精确正交而幅值完全相同的正弦和余弦信号来驱动。任何不理想的情形将再次导致不想要的边带不能完全被抵消(并有可能使想要的边带产生某些失真)。正如许多取决于匹配好坏的方法一样，我们可以期望经过适当的努力，能够使抑制达到 30 dB 左右，而若采用更为精细的步骤（例如自动校准等），也许还能再增加 10～20 dB。与滤波器方法一样，混频器中的 DC 偏差将产生载波馈通。

---

① Ralph V. L. Hartley, 美国专利#1,666,206，1925 年 1 月 15 日受理，1928 年 4 月 17 日获得批准。

② Hartley 在他的专利（这是他有关这一结构的唯一“出版物”）中用这种方式来解释他的方法。Raymond Heising 在“Production of Single Sideband for Trans-Atlantic Radio Telephony”（*Proc. IRE*，June 1925，pp. 291-312）一文中提供了 SSB 的一种分析，这种分析对三角恒等式进行了变换。大多数教材仍然采用 Heising 的方法来分析 SSB，这留下了一个值得探讨的问题，即 Hartley 和其他人最初是如何发明他们的结构的。这些人一定非常聪明！

③ 这种移相器也称为 Hilbert 变换器。它的传递函数是$-j\,\mathrm{sgn}(\omega)$，所以它对所有的频率都具有单位幅值，对于正频率有一个恒定的 90°的相位滞后，而对于负频率有一个恒定的相位领先。一个真正的 Hilbert 变换器不能用一个有限的电路网络来实现，但是在任何有限的频率范围内可以实现非常有用的近似结果，以获得所希望的性能。

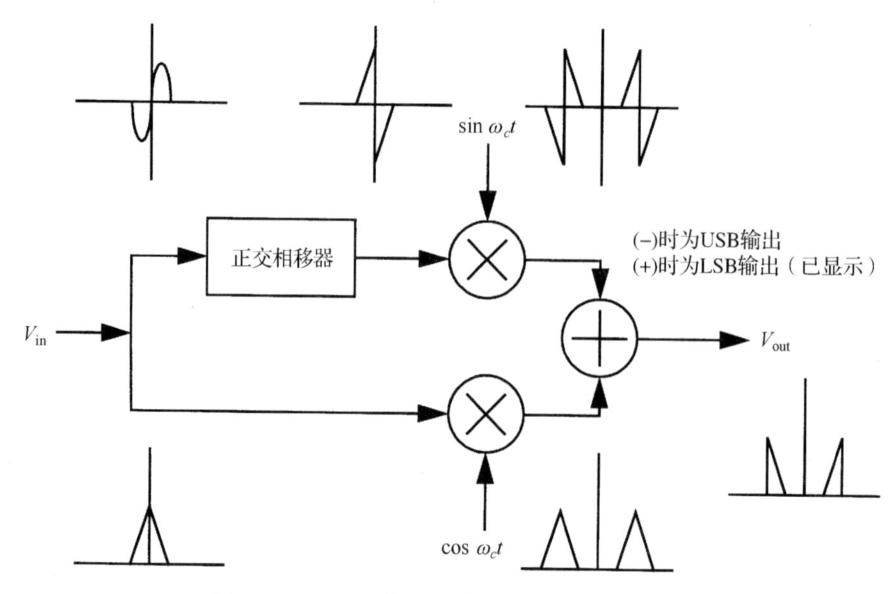

图 2.18 Hartley 的 SSB 方法（“相位方法”）

Hartley 的“相位方法”被认为优于 Carson 的滤波方法，但它仍然依赖于一种并不容易实现的滤波器。然而这种相位方法一直到 20 世纪 50 年代后期都占据着主导地位（并且与 Carson 的滤波器方法一起仍存在于业余爱好者的无线电设备中）。一个名为 Donald K. Weaver 的工程师曾付出了极大努力，试图设计适合于 Hartley 的 SSB 方法的滤波器。[①] 也许他受挫于这种努力所带来的复杂的设计步骤，但却聪明地发现了另一种方法。他认识到，正交外差操作可以代替正交移相器，因而不再需要任何种类的复杂滤波器。[②]

在 Weaver 的方法中（见图 2.19），首先对基带信号进行下变换（downconverted），从而使所希望的通带中心处在 DC 位置上。我们很快就会明白，为什么此时基带信号必定不包含 DC 部分，其原因与载波抑制毫无关系。

如果基带信号频带较低的一边是ω_1，那么一对下变换混频器必须由频率也是ω_1的振荡器来驱动。然后，混频器的输出通过低通滤波使其带宽变为B（即基带信号的带宽）。接下来采用频率为$(\omega_c+\omega_1)$的振荡器驱动最终的一对混频器，使滤波后的输出相对于所希望的载波频率ω_c进行上变换。

如果在最初的基带信号中存在任何 DC 分量（或者换一种说法：如果存在任何混频器的偏差），那么它最终会转变成最后调制输出的通带中心处在一个音调而不产生载波馈通。从这方面来说，Weaver 结构对于混频器 DC 偏差的敏感性是独有的。其他不良影响包括在振荡器之间不完全的正交、振荡器的幅值不等及增益失配等。我们将在第 19 章分析这些不理想状况的影响。

在第 19 章中，我们会讲到 Weaver 调制器的功能是非常多的，因为它实际上就是一个通用的复数信号处理器。通过选择合适的上变换和下变换频率及与它们对应的滤波器的截止频率，可以使这种结构实现很多有用的功能。其中一个例子就是利用这种结构去解调 SSB 信号，即只需颠倒在 Weaver 调制器中进行变换的次序。选取上边带还是下边带，只需在输出求和节点上选择合适的符号就可以实现。

---

① D. K. Weaver, Jr., “Design of RC Wide-band 90-degree Phase-Difference Network,” *Proc. IRE*, v.42, no.4, April 1954, pp. 671-6。

② D.K. Weaver, Jr., “A Third Method of Generation and Detection of Single-Sideband Signals,” *Proc IRE*, v.44, no.12, December 1956, pp.1703-5。

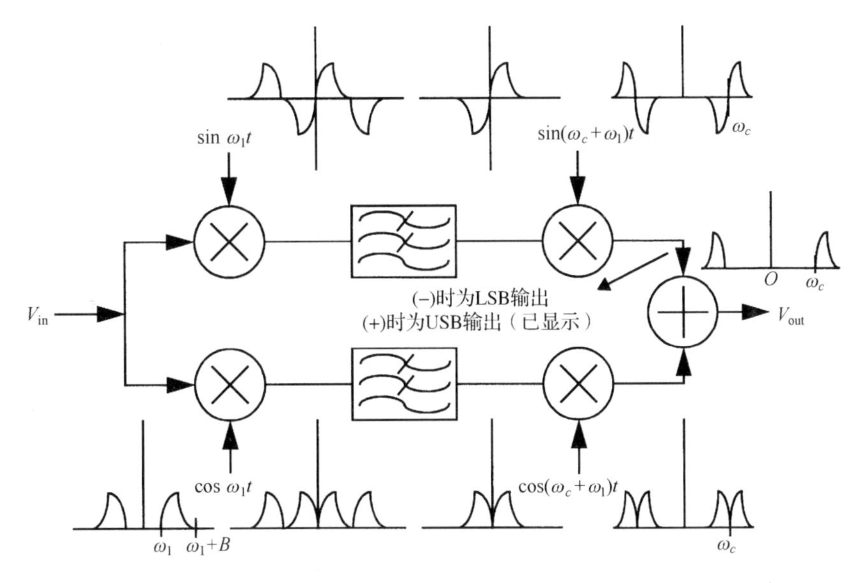

图 2.19　Weaver 的 SSB 结构（“第三种方法”）

另一个较古老的解调技术就是直接（并且盲目地）重新注入（re-inject）载波。这些步骤中的任何一个都没有采用类似在 SC-AM 中采用的 Costas 环路方法，即从输入信号本身重新生成一个频率完全相同的本地载波。由于 SSB 信号缺少这种只从调制中就可以推导出载波频率所需的对称性，因此为了解调，SSB 调制后的信号需要与频率等于原先载波频率（希望如此）的本地振荡器相乘。这一重新注入的载波分量使我们得到了其包络就是调制的信号。然后，若不采用 Weaver 结构，则可以采用一个标准的包络检波器来完成这个过程。

好在频率偏差对 SSB 的影响并不像对 SC-AM 那样严重（至少，它们以不同的方式来表现自己）。在 SSB 的情形中，频率偏差会使调制的所有频谱分量都偏移一个与偏差相同的量。因此，这种调制的所有分量之间的任何谐波关系都被破坏了，但对于像语音这样的信号，这个偏移并不会严重损害清晰度。对于大多数人来说，向上偏移的语音听起来像是唐老鸭说话的声音（确实如此，这不是开玩笑）。[①] 如果认为唐老鸭说话的声音是清晰的（人们对此各持不同的观点），那么在 SSB 中存在的中等大小的频率偏差（例如小于 50 Hz）就是可接受的。

最后，SSB 还有一些不同的形式，在这些形式中允许保留某些（或许多）载波能量以易于解调。如果这个载波分量很小，那么它对 SSB 功率效率的影响可以忽略，但这个很小的载波分量却可以被提取出来（例如运用锁相环），以实现理想的解调而不会产生任何唐老鸭效应。在载波分量很大的情形中，功率效率的优点会消失，但解调则变得非常容易（例如，可以采用标准的二极管包络检波器来解调）。后一种形式的 SSB 常称为 SSB-LC，它是“SSB, large carrier”（大载波 SSB）的缩写。

2.3.3　角度调制：FM 和 PM

尽管作为一个工程术语，频率调制先于相位调制出现，但我们将很快看到它们是密切相关的。因此我们常常把它们统称为角度调制。不管采用何种称谓，很快将会看到，如果在整个过程中坚

① 这种现象不同于录音磁带播放太快的情况［后者发出的声音如 Alvin and the Chipmunks（金花鼠）发出的声音］。此时的谐波关系是保留的，所有的频率都乘以同一个系数。而在 SSB 中，所有的频率都偏移了同一个数量。

持严格的推导而不做任何近似，那么分析将很快变得非常复杂，所以我们不会这样做。为了便于对其有一个比较实用的了解，我们从窄带（即小调制指数）FM 开始。我们很快会定量地说明什么是窄带，但这里所说的窄带是指调制后信号的带宽并不比最初调制信号本身的带宽大很多。

我们从考虑角度调制信号的一般表达式开始：

$$v(t) = \cos[\omega_c t + \phi(t)] \tag{9}$$

其次，把相位函数表示成

$$\phi(t) = mf(t) \tag{10}$$

式中，m 仍然称为调制指数。对于正弦调制的特殊情形，有

$$v(t) = \cos[\omega_c t + \phi(t)] = \cos(\omega_c t + m\cos\omega_m t) \tag{11}$$

上式中由于余弦函数本身又作为一个余弦的自变量，因此它是一个贝塞尔（Bessel）函数。①但对于小调制指数，可以得到一个简单的近似解答。我们可以从利用标准的三角恒等式开始，对余弦项不做任何近似地展开：

$$\begin{aligned} v(t) &= \cos(\omega_c t + m\cos\omega_m t) \\ &= \cos\omega_c t\cos(m\cos\omega_m t) - \sin\omega_c t\sin(m\cos\omega_m t) \end{aligned} \tag{12}$$

接下来可以利用在 $m \ll 1$ 的条件下成立的近似关系，得到

$$\begin{aligned} v(t) &= \cos\omega_c t\cos(m\cos\omega_m t) - \sin\omega_c t\sin(m\cos\omega_m t) \\ &\approx \cos\omega_c t - \sin\omega_c t(m\cos\omega_m t) \end{aligned} \tag{13}$$

因此，

$$\begin{aligned} v(t) &\approx \cos\omega_c t - \sin\omega_c t(m\cos\omega_m t) \\ &= \cos\omega_c t - \frac{m}{2}\sin(\omega_c + \omega_m)t - \frac{m}{2}\sin(\omega_c - \omega_m)t \end{aligned} \tag{14}$$

通过分析最后一个公式，可以看到其中有三个分量，它们具有与 AM 情形中相同的频率和幅值。但这里有一个重要差别：在两种情形中，这三个分量之间的相位关系是不同的，可以从分析这三个分量的相量图中明显看出，见图 2.20。

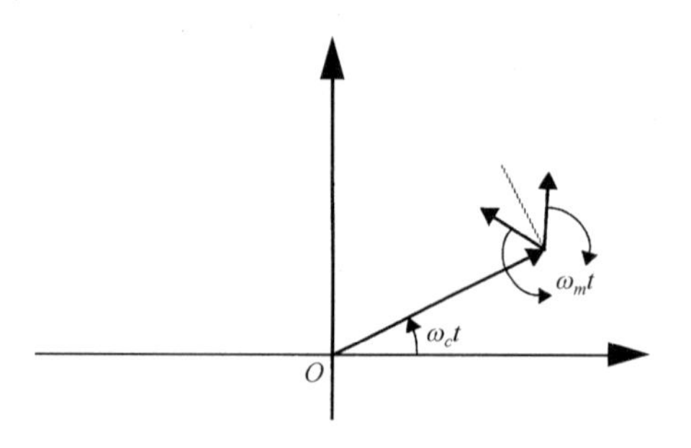

图 2.20 正弦调制窄带 PM 的相量图

① 有关贝塞尔函数的详细讨论，可参见 M.Schwartz, *Information Transmission, Modulation and Noise*, 3rd ed., McGraw-Hill, New York, 1980。

我们看到，两个边带相量就像 AM 中的一样，相互之间仍然以调制速率呈反方向旋转。然而需要注意的是，相对于 AM 的情形，在边带的表达式中用正弦代替了余弦，因此边带向量被旋转了 90°。这样，不同于 AM，这两个边带向量的向量和与载波成直角而不是同相位。结果，所有这三个相量的向量和几乎具有不变的幅值。（如果我们不做任何近似，本来就可以发现这一向量和的幅值完全不变。）无论近似还是不近似，我们都可以看到，这个向量和的相位角会交替地移动到载波标称相位的前面或后面。调制则体现为这些相位的变化。

不需要太多其他说明就可以理解频率调制，因为相位调制实际上包括了它。相位是频率的积分，所以频率调制和相位调制是通过积分（也许还有比例系数）联系在一起的。我们可以从下式开始：

$$v(t) = \cos[\omega_c t + \phi(t)] \tag{15}$$

因此对于频率调制，即为

$$\frac{\mathrm{d}\phi}{\mathrm{d}t} = -k\sin\omega_m t \tag{16}$$

式中引入了一个负号以简化以下的结果。式中还包括一个比例系数 k（其量纲是时间的倒数，即频率），以使分析更具一般性。

如果现在对式（16）进行积分，则可以得到

$$\phi(t) = \int_{-\infty}^{t} -k\sin\omega_m t\,\mathrm{d}t = \frac{k}{\omega_m}\cos\omega_m t \tag{17}$$

细心的读者会注意到，严格来说这个积分是广义积分。但我们不必为这样的微小细节担心，因为我们是工程师，不是数学家。因此正弦的积分就是余弦，就是这么简单。[①]

将式（17）与相应的相位调制公式［见式（11）］进行比较，我们可以看到函数并没有任何不同。如果把调制指数看成

$$|m| = \frac{k}{\omega_m} \tag{18}$$

那么甚至从定量上讲也没有任何差别。

由于频率是相位的导数，我们可以从式（17）中看出，k 是相对于载波的频率偏移峰值。从这个意义上讲，调制指数 m 也称为偏移率（deviation ratio），因为它是频率偏移峰值与调制频率的比率。人们通常认为选择小的 k 值可以使我们随意压缩频谱，而这一点是 Carson 极力反对的。正如我们从分析等同的相位调制情形中已看到的那样，当限于小调制指数时，所能达到的最好程度是接近 AM 的 $2\omega_m$ 带宽。更为详细的分析表明，一般来说这个频谱实际上是无限宽的。好在各种边带的幅值一般都随着离载波频率越来越远而减小（尽管不是单调地减小）。这里有一个非常有用的称为 Carson 规则的近似方法，它使我们可以计算 98%～99%的边带功率都在其中的带宽：

$$B \approx 2(\omega_m + \Delta\omega) = 2(\omega_m + m\omega_m) = 2\omega_m(1+m) \tag{19}$$

从这个公式中可以看到两种极端情形。我们已经分析过小调制指数的情形，对于非常大的调制指

① 尽管看似不太严格，但实际上并没有引入任何根本性的错误。如果你想感觉好些，可以把这个积分看成是在描述冲激响应为阶跃的 LTI 系统的响应。我们将在第 18 章中采用同样的策略。

数，可以看到带宽近似等于总的峰-峰频率偏移。因此 Carson 规则表明，这两个过程直接相加的结果可以很好地近似实际的带宽。

作为一个例子，我们来看通常的广播 FM 无线电。这里调制的频带被限制在 15 kHz。相对于载波的偏移峰值$\Delta\omega$，其最大值被限制在 75 kHz，这与偏移率为 5 的情形相对应。由 Carson 规则可以估计出最大的带宽大约为 180 kHz，从而解释了为什么 FCC 在为这一服务分配频谱时选择的信道间隔为 200 kHz。

最后要说明的是，调制指数 m 在其他教材中也用符号 β 来表示。

与在 AM 系统中的 ASK 类似，我们在 PM/FM 系统中也可以有相移键控（PSK）和频移键控（FSK），其中的比特被编码成相对于载波的相位或频率的离散值。我们将很快讨论这些数字调制方法（及其相关的各种形式）。

解调可以用许多种方式实现。在最早的系统中，有几个曾经很流行而现在已过时不用的解调器类型，它们是鉴频器（discriminator）、比率检波器及 Foster-Seeley 检波器。我们将用最简单的语言来描述它们，因为它们对于集成电路时代来说已经不是特别合适的术语了。[①]

最简单的鉴频器采用一个调谐到偏离中心处的带通滤波器，所以 FM 通过它时就转变成 AM，然后可以采用标准的 AM 解调技术。除了在一个非常窄的频率间隔上，一个滤波器响应的斜率并不能很好地近似为线性，因此失真可能会大得令人无法接受。鉴频器的另一种形式即 Travis discriminator（也称为双调谐检波器），采用两个调谐电路（分别调谐在标称中心频率之上和之下）以扩展鉴频器的线性范围。当调节合适时（这并不容易）就有可能实现线性度非常好的解调特性。

Foster-Seeley 检波器也采用调谐电路，但它利用的是滤波器的相位随频率变化的特性，而不是直接利用幅值特性。与鉴频器一样，这种变化被转变成幅值调制，然后对它进行通常的解调。遗憾的是，这两种技术的共同点是输出不只与输入频率有关，它对于输入幅值也很敏感。为了免受幅值变化的影响（它会使宽带 FM 的主要优点化为乌有），这些解调器的前面必须有限幅器（本质上就是比较器），后者的作用是把幅值恒定的信号送到检波器中。

比率检波器（ratio detector）是对 Travis 双调谐电路的一种非常聪明的改进，它依靠自己固有的对幅值变化不敏感的特性而有效地嵌入了类似限幅器的功能。在集成电路之前的时代有多种 FM 接收器采用比率检波器，这是由于取消限幅器可以降低成本的缘故。

今天，锁相环对 PM 和 FM 调制与解调都是绝对重要的，我们将专门用一章的篇幅讨论有关内容。这里，只要了解有可能利用反馈来控制一个振荡器，使它产生一个等于 FM 或 PM 输入信号的平均频率即可。然后，把这个重新生成的载波及 FM 或 PM 的输入信号送到一个鉴相器中，后者的输出就是已恢复的调制信号。[②] 同样的基本结构也可以用来作为调制器。

2.3.4　数字调制

既然我们已详细考察了经典的模拟调制过程，那么现在就可以理解为什么在考虑数字调制的某个小子集时也会采用大量的缩略语和简称。

我们已经提到过相移键控（PSK）。在二进制 PSK（BPSK）中，载波相位按照二进制数据在两个离散值之间切换。至今，最常见的选择就是改变极性，使两个状态之间的相位差最大（从而

---

① 有兴趣的读者可以参阅相关的历史参考书。例如 F. E. Terman, *Electronic and Radio Engineering*, 4th ed., McGraw-Hill, New York, 1955。

② 这种简单的解释肯定是不全面的，但我们在这里别无选择。

可以在存在各种不利因素的情况下最方便地进行解调)。这种选择也随之产生了非常简单的调制产生方法，即只要把二进制数据（在–1 和+1 之间切换的两个不同的值）乘以载波，就可以产生所希望的结果，见图 2.21。

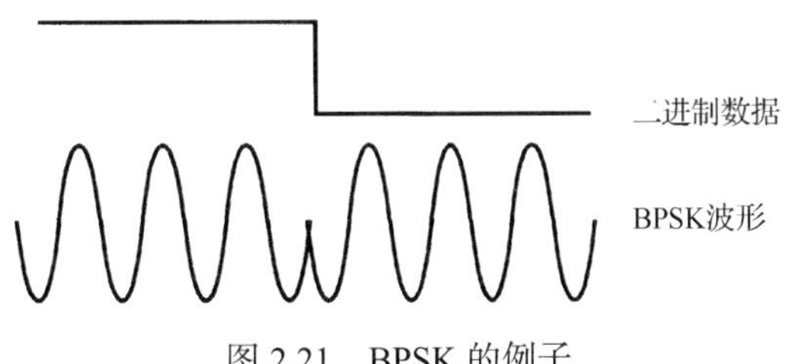

图 2.21　BPSK 的例子

就像 PM 和 FM 是密切相关的调制方式一样，与 PSK 密切相关的是频移键控（FSK）。读者也许已经猜出，FSK 只不过是在一组离散的频率之间切换。二进制 FSK（BFSK）是只在两个频率之间切换的特殊情形。根据所采用的具体调制产生方法，它的相位既可以连续也可以不连续地通过比特位边界 —— 这不同于 BPSK，后者没有这样的选择。

一种不完善的且有些不切实际的产生 BFSK 的方法是直接对 VCO 进行调制。这种开环方法的缺点是其结果会随时间、温度、电源电压及互补（复合向心）力（Coriolis force）而漂移。另一种方法是在两个独立的振荡器输出之间进行切换（在这种情形中并不保证相位能连续地通过比特位边界）。同样，可以采用一个锁相环来产生稳定的载波，然后用数字数据进行调制。不论采用何种方法，BFSK 波形都可能如图 2.22 所示。

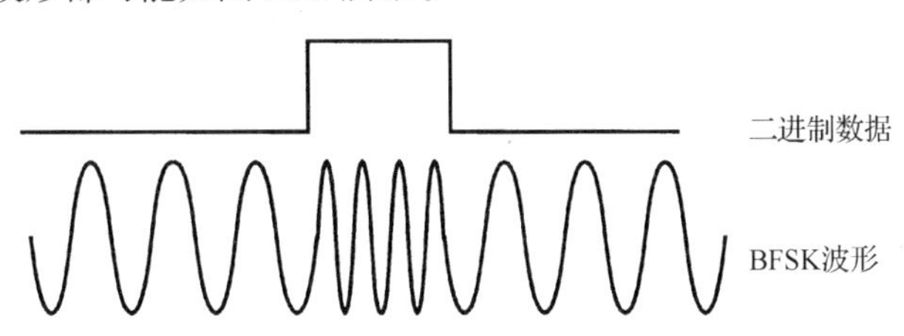

图 2.22　BFSK 的例子（所示为连续相位）

BPSK 和 BFSK 都是一维调制，它们都有着很长的“光荣”历史。它们很容易产生也很容易检测（例如 BFSK 可用于寻呼机中，它曾经存在于最早的调制解调器中，包括那些用于无线电传打字机的调制解调器中）。然而正如我们已经看到的那样，它们并没有非常有效地利用频谱（但其有一个优点可以弥补这个不足，即它们可以在 SNR 非常低的情况下被检测到。虽然 BPSK 在理论上比 BFSK 有 3 dB 的优势，但由于 BFSK 比较容易产生，因而采用得更为普遍）。

我们已经提到过一种最小平移键控方式，但没有做太多的解释。但如果在 FSK 中选择的调制指数为（$n + 0.5$），而 n 是一个非负数，那么两个码状态（频率）将是正交的（即完全不相关）。选择 n 等于零是使这种正交性成立的最小值。因此调制指数为 0.5 与 MSK 相对应。进一步讲，如果二进制数据先通过一个高斯低通滤波器进行滤波以减少带宽，那么就得到了在讨论 GSM 时所提到的高斯最小平移键控（GMSK）。GFSK 这个术语是指将二进制调制信号经过高斯滤波后所生成的任何 FSK，而不管调制指数的具体数值是什么。因此 GMSK 是 GFSK 的子集，GFSK 是 BFSK 的子集，而 BFSK 是 FSK 的子集。

我们现在考虑正交相位调制，在这种调制中只有相位发生变化，暂时保持幅值不变。首先有一点要注意：多年来工程师们（而且很遗憾，其中还有许多教材的作者）在有关 QPSK 含义的问题上已被搅得一头雾水。它可以代表正交相移键控（quadrature phase-shift keying，它不可能产生方格阵列码星座图的任何数字相位调制）或四值相移键控（quaternary phase-shift keying，这是正交 PSK 的特殊情形，即由四个码构成星座图）。所以在阅读文献时要记住这一点。在本书中我们将用 QPSK 表示正交 PSK。

最基本的 QPSK 是四值的，它的码分布在一个正方形的四个角上。同样，这里有许多种选择该正方形的具体方位的可能，然而我们只讨论如图 2.23 所示的最常用的一种。这个星座图看起来与 4-QAM 的相同。在这个具体例子中，就星座图而言这两者实际上是相同的，但在所生成的输出波形的细节方面有可能存在差别。我们已经看到，通常在调制之前，要对二进制数据预先进行滤波以减少频谱宽度。在 4-PSK 的情形中，所生成的波形一般都是恒包络的，或非常接近恒包络。但在 4-QAM 中，滤波后的波形对两个象限的信号进行幅值调制，从而产生一个非恒包络的输出。

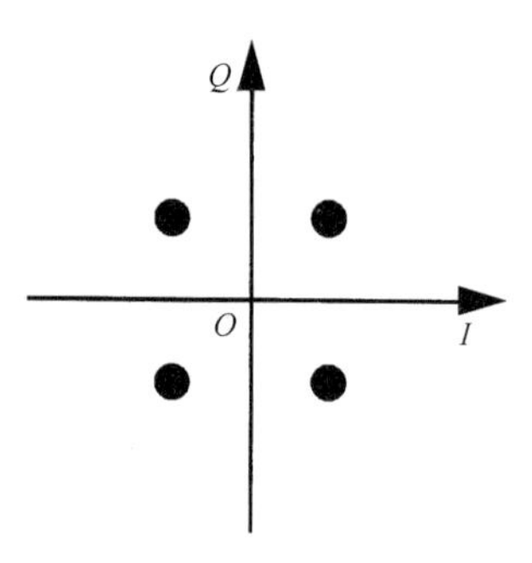

图 2.23　QPSK（4-PSK）的星座图

这种调制是很容易实现的，即将二进制数据送入一个具有两个输出的串行至并行的变换器，然后在对这两个二进制数据流进行滤波后把它们分别送至调制器 I 和 Q。

如果硬件是理想的，那么就不会有很多种可供选择的调制方式。为了理解这一点，可以想一想二进制数据要求在码空间完成一个对角线的过渡时将会发生什么情况。在这种情况下，相位就会像 BPSK 那样有 180°的突变。遗憾的是许多放大器将不能如实地重新产生这种过渡。特别是对于发射器的功率放大器（PA），在设计时需要在线性度和功率之间进行仔细的综合考虑，如果要求许多 PA 产生瞬间为零的输出，那么就有可能产生有害的失真。考虑到这种实际情况，许多系统对 QPSK 做了少量的改动以减轻硬件负担。最为常见的改动称为参差正交相移键控（offset QPSK，OQPSK）或 OQAM。在 OQPSK 中，插入了时延（即偏差）并与 I 或 Q 的路径相串联，因而阻止了在沿对角线排布的两个码之间出现直接的过渡，所以最大的相移值被限制在 90°。

由于有多种方式可在平面上定位一个正方形，因此可以有多种方式安排 QPSK 的 4 个码的位置。例如，假设我们想把整个星座图旋转π/4，于是码就会处于 I 轴和 Q 轴上。在 QPSK 的一种变化的形式（即所谓的π/4-QPSK）中，旋转后的星座图将与图 2.23 中原有的星座图合在一起。这两个星座图交替使用，因而最坏情形下的相位突变被限制在 135°。这个值不比用 OQPSK 实现时小，然而π/4-QPSK 有一个优点，即可以采用差分编码（differential encoding）和检测。这里只需注意差分检测是一种接近最优的方法（就误比特率性能与 SNR 之比而言），不过可以由中等复杂的硬件来实现。因此，π/4-QPSK 也称为π/4-DQPSK。这种调制方式用在 IS-54 TDMA 的蜂窝电话系统中。

我们将以简单讲解从一处到另一处获取比特位的其余两种方法来结束对这些初步内容的讨论。我们曾在前面提到过，码分多址（CDMA）采用来自一个（接近）正交代码组的代码，每一个数据位通过与这个代码相乘而被切普（chipped），每一个用户从这一代码组中分配一个唯一的代码，所以生成的切普后的信号也是接近正交的。解调是通过与同一代码组相乘来实现的，因此只有当一个具体的代码与在原先调制中采用的代码匹配时才产生一个信号。通过与其他代码相乘产生的数据流只产生类似于噪声的输出，这是由于它们近似正交的缘故。

为了使每赫兹每秒有更多的比特通过一个信道，无线通信工程师努力实现了正交频分复用

（orthogonal frequency-division multiplexing，OFDM）。该方法采用一组正交载波而不是通常的单个载波。这些载波中的每一个都被单独调制，并且这一组调制后的载波作为整体一起被发射。除了每单位时间可以传送大量比特，采用 OFDM 还易于对变化的信道状况做出相应的响应。例如，如果一部分频谱丢失（如由于衰减），那么可以用其余载波补偿。如果载波分布在一个足够宽的频谱上（这里的“足够宽”可能与许多因素有关，如延时传播等），那么就可以使通信失败的概率非常小。事实上，OFDM 嵌入了频率色散（frequency diversity，即散频）的方法。现今最高速度的 WLAN 标准（即 802.11a 和 802.11g）都采用 OFDM 来提供高达 54 Mbps 的峰值数据速率。

最后，我们简单评论一下检波方法。[①] 对于各种形式的 FSK/PSK，可以划分出三类检波技术。一类称为相干检测（coherent detection），在这种检波技术中，载波频率和相位被首先恢复或提取出来（例如通过一个 PLL），然后利用这个恢复的载波乘以接收的信号，其结果经过低通滤波后就完成了解调。由于载波提取常常用带宽非常小（因而比较能抗噪声干扰）的电路来实现，所以相干检测的性能几乎总是最好的 —— 至少在存在高斯噪声的情况下如此。所谓“最好”是指对于给定的 SNR，相干检测通常可以得到最低的误比特率（bit-error rate，BER）。

另一种性能几乎同样好的方法是差分检波，这曾在前面谈到π/4-DQPSK 时简单提起过。在差分检波中并不直接提取载波，而是利用载波产生的从一个比特周期至另一个比特周期的相关性来隐含地实现。这里，接收的信号乘以延时了一定比特周期数的同一个信号，也就是采用延时的信号而不是采用直接恢复的载波。由于这里不像在真正的相干检测中那样具有对“载波”的滤波作用，因此差分检波的性能并不像相干检测那样好。然而它实现起来简单，并具有较高的性能-复杂度之比。

性能最差的检波方法是使用我们已谈到的鉴频器，它们属于非相干检波器类型。对于给定的 SNR，这些检波器具有最差的 BER 性能。也许由于它们在这方面很差，因此在无线信道中面对随机相位变化所表现出来的性能降低也最小。

2.4　传播

正如我们已看到的那样，香农信道容量理论表明，对于固定的信道带宽，大的 SNR 可以用来提高数据速率。但要在无线系统中充分利用这一点，却由于信号传播的千变万化而变得极端困难。许多在有线通信中微不足道的有害影响，在无线系统中却成为首先要考虑的因素。这里只列出这些有害影响中的几个例子，其中包括多径传播、延时传播及多普勒相移（Doppler shift）。它们之间并不都是独立的，但它们全都会引起“灾难”。

为了对这些影响有一点肤浅的认识，我们可以从介绍 Harald Friis 的著名公式开始，这个公式称为真空发射公式。[②] 从考虑与一个总功率为 P_t 的各向同性的发射器相距 r 处的功率密度 p 开始，可以很快推导出如下结果：

$$p(r) = \frac{P_t}{4\pi r^2} \tag{20}$$

然而所有实际的发射器都不是各向同性的，这个事实可以通过引入一个发射天线的增益系数 G_t

① 对于这个内容（及其他许多内容）的很好的概述，可参见 Donald C. Cox，“Universal Digital Portable Radio Communications，” *Proc. IEEE*, v.75, no.4, April 1987，pp. 436-77。

② Harald T. Friis，“A Note on a Simple Transmission Formula，” *Proc. IRE*，v.41，May 1946，pp.254-6。

加以考虑：

$$p(r) = G_t \frac{P_t}{4\pi r^2} \tag{21}$$

接收功率就是接收到的功率密度乘以接收天线的有效面积：

$$P_r = G_t \frac{P_t}{4\pi r^2} A_r \tag{22}$$

这个公式精确地预测了真空（例如卫星）通信链路的性能，但它需要做较大的修改才能描述陆上通信链路。然而这个公式表明了与天线有效面积之间的一个重要关系。对于如抛物面这样的天线，至少在计算面积参数较好的估计值（如抛物面的实际面积）时不会有太大的困难。然而有效面积的概念对于通常采用的偶极天线来说有点模糊不清。[①] 即便如此，我们单从量纲上分析也可以预见任何天线（包括偶极天线）的有效面积应当正比于某一长度参数的平方，因此可以写出

$$P_r = G_x G_t \frac{P_t}{4\pi r^2} l^2 \tag{23}$$

式中，G_x是使该等式成立的比例系数。

实际上这个长度参数就是波长，因此，

$$P_r = G_y G_t \frac{P_t}{4\pi r^2} \lambda^2 \tag{24}$$

从这个表达式中可以看到，接收功率与λ/r的平方成正比。因此频率加倍将使得在一定距离上接收到的功率缩小到原来的 1/4。所以当载波频率提高时，通信链路的质量就会迅速下降。这个结论对于真空传播同样成立。因此通过式（24）可以有效地预见卫星系统通信链路的质量。

遗憾的是，真空传播的假设条件并不总能在陆上无线系统中得到很好的满足。在陆上无线系统中，信号可能被介质吸收，在传播时被耦合到有损材料，以及经受传播路径上的反射、折射和衍射。想要简单而又精确地考虑所有这些因素是不可能的，但大量的传播测量表明，路径损耗几乎从来不按 $1/r^2$ 的关系变化。事实上，尤其对于室内传播，典型的路径损耗关系是 $1/r^4$，并且在某些情况下这一指数可能高至 6。[②] 因而真空传播的假设几乎是一种毫无用处的乐观假设，在计算实际通信链路时需要考虑这一事实。

在干燥空气中，由大气吸收作用引起的信号衰减在频率为几十吉赫兹（GHz）时开始变得显著。当频率约低于 40 GHz 时，在海平面上大气的吸收一般低于 1 dB/km（见图 2.24[③]），但大雨会使这一损耗明显加大。[④] 在约 22 GHz 和 63 GHz 的中心处会出现很强的吸收峰值（且都有 1 GHz 的误差）。较低频率时的吸收峰值是由于水，而较高频率时的吸收峰值则是由于氧气。由氧气吸收峰值所造成的路径损耗超过了 20 dB/km，所以很值得注意。但如果希望能在短距离上再利用频谱，那么该衰减可以转变为一个优点。这个特点已在配备 60 GHz 的皮蜂窝（picocell，也称微微

① 我们仍然可以推导出偶极电线的明确定义的有效面积，然而却不能通过观察明显看出（其实它就是 $\lambda^2/4\pi$）。

② Henry L. Bertoni，*Radio Propagation for Modern Wireless Systems*，Prentice-Hall, Englewood Cliffs, NJ, 2000。

③ *Millimeter Wave Propagation: Spectrum Management Implications*，Federal Communications Commission，Bulletin no.70，July 1997。

④ 这些值不包括 Friis 路径损耗。

蜂窝）及其他短距离服务的各种提议中被利用。频谱宽可以提供高数据速率，而传播性能差可以转变为优点的特点就可以使高频率能够被再利用（因此“这不是一个缺点而是一个特点”）。

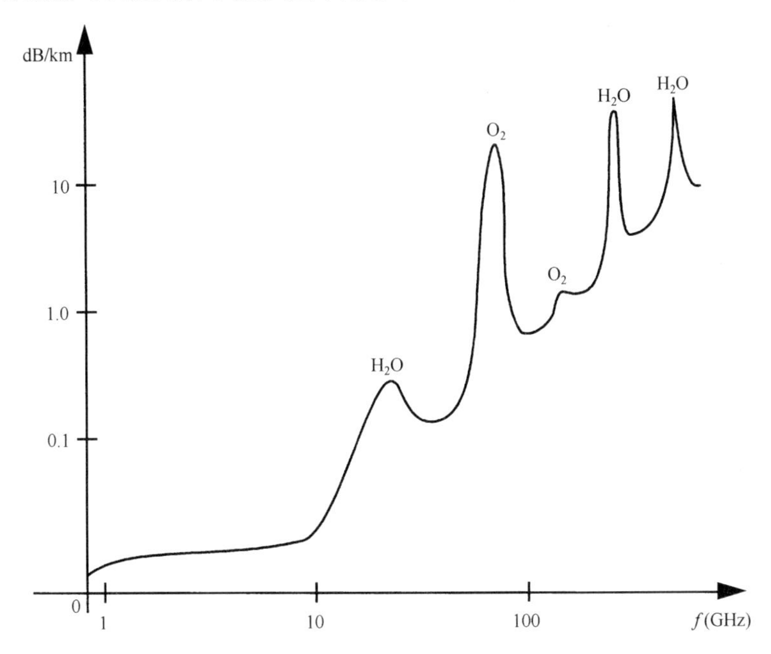

图 2.24　在海平面和干燥空气中大气衰减与频率的近似关系

当然，大气并不是衰减的唯一来源。记住，工作在 2.45 GHz 左右的普通微波炉一般都是利用许多物质在该频率范围上有较大损耗的特点。[①] 室内传播无疑会由于这个原因而不可避免地经受额外的衰减。例如，家中一面普通的干燥墙会沿轴线方向使一个 2.6 GHz 的信号衰减约 2 dB，沿 45°角时衰减将高达 10 dB，而信号投向普通的地板时可能衰减 10～20 dB。[②] 反射、吸收和衍射会共同产生这些结果。

多径传播是另一个重要影响。信号几乎永远不会从发射器沿着一条直线直接传送到接收器。从同一个源辐射出的信号可能经过不同的路径到达同一个接收器。当这些信号叠加在一起时，它们可能互相加强，也可能互相抵消，这与它们所经过的路径有关。根据所做的假设，我们可以得到 $1/r^4$ 的关系，这在前面已提到过。特别是在移动通信应用中，多径更是变化无常，因此旨在削弱多径影响的策略不能随便假设信道是平稳的，因为发射器和接收器之间的相对运动或干扰体的运动都会引起快速衰减。另外，虽然缓慢衰减比快速衰减更容易被接受，但也是不受欢迎的。

对于时变多径产生的多个信号，我们将把它们看成具有几乎随机分布的幅值和相位。正如与实际中涉及“随机”（random）这个词的其他工程近似方法一样，我们将假设时变多径可用高斯

① 但它并不像通常所说的那样依靠任何与水有关的谐振效应。微波炉主要依靠简单的介质损耗。采用 2.45 GHz 频率的部分原因是为了兼顾加热速度（即希望采用较高的频率以增加损耗）和使功率差不多均匀地传递到食品各处（即希望采用较低的频率以增加趋肤深度）。第一个微波炉 —— Raytheon 公司的 Radarange —— 工作在 915 MHz 左右，而许多工业用微波炉仍然采用这一频率。不需要特许证的 ISM（industrial- scientific-medical，工业–研究–医学）频带之一以 915 MHz 左右的频率为中心，这一点并不是巧合。同样，另一个 ISM 频带以 2.45 GHz 左右的频率为中心也绝非偶然。

② 见第 60 页脚注②。

过程很好地近似，而且高斯过程的包络为 Rayleigh 分布。[①] 与所有近似方法一样，应当注意不要指望通过这种方法得到完全满意的结果，但它确实能使我们得到一种有价值的定性结果。

Rayleigh 分布（见图 2.25）可以用下式描述：

$$p(r) = \frac{\pi r \exp[-\pi r^2/4m^2]}{2m} \tag{25}$$

式中，m 是平均值。根据这一分布（及其相应的累加函数），我们可以估计出大约有 6%的时间衰减将超过 10 dB（相对于平均值）。

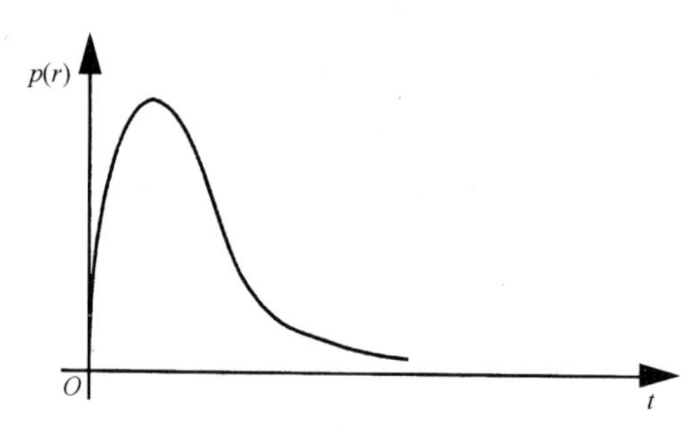

图 2.25 Rayleigh 分布

表示多径传播特性的另一种方法是延时传播（delay spread），它可以正式定义为信道冲激响应二次矩的平方根。[②] 假设使信道"发出声音"并画出返回信号的功率与时间的关系图（见图 2.26）。作为一个非常粗略的估计方法，你可以通过观察所画的功率–时间图来估计延时传播，即只要把一个随意选取的时间总宽度除以 3～4 作为延时传播值。这种做法与在估计一个高斯分布的标准差时是相同的。需要再次说明的是，这是一个非常粗略的估计方法，只可用在进行零阶的工程估算中。

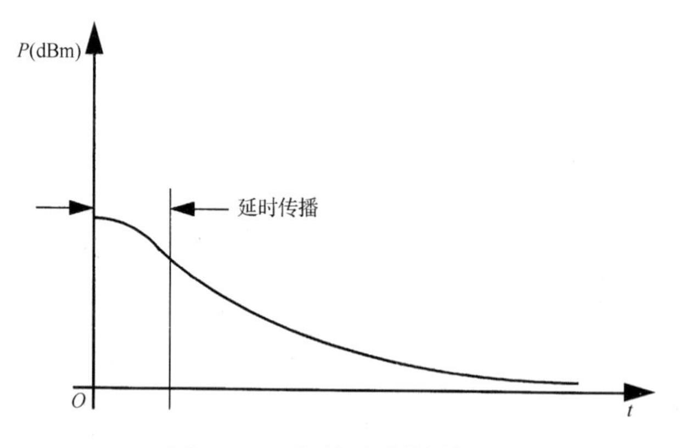

图 2.26 理想的延时传播例子

延时传播是很重要的，因为两个本来完全相同的信号在到达时间上会相差很大，这将使数字信号调制失败。因此看起来合理的是：只要延时传播能够适当地保持在一个符号时间的一小部分以内，就有可能实现可靠的解调。同样，对于每一种粗略的估计，"适当小"可被认为是"约 1/10 或 1/20"。例如，延时传播为 30 ns 的信道可以支持每秒 100 万～300 万个码的数据速率 —— 这将

① 见第 59 页脚注①。

② 见第 59 页脚注①。

根据是否满足许多假设而定，而且会受到许多细节情况的影响。[①] 然而这类估计方法确实能使我们获得深入理解。

考虑延时传播的另一种方式是在频率域中实现的，就零阶近似而言，信道将在与延时传播的倒数成正比的带宽内保持近似平坦。延时传播小意味着信道特性保持不变时的带宽比较宽。在这些情形中，与延时传播相关的衰减称为是平坦的。如果延时传播过大，以至于使得衰减在信道带宽上有明显的变化，那么就称这个衰减是频率选择（frequency-selective）的。同样，不论称为什么，它都是不受欢迎的。

在存在这些有害影响的情况下改进通信链路质量的方法包括：大幅度地提高功率；自适应均衡（通过使信道的频率响应变得平坦来消除频率选择衰减）；采用定向和自适应天线，使得在所希望的方向上发送的功率最大；散频（diversity）；纠错。我们将依次简要地说明这些方法。

提高功率并不像人们希望的那样容易，因为衰减深度超过 10 dB（甚至 20 dB）的可能性不能忽略不计。将功率大幅度地提高 10 倍或 100 倍以克服严重衰减在各方面所付出的代价都很大，甚至还可能违反对功率的法定限制。在了解了微波炉的工作原理之后，我们还应适当考虑对人体组织的影响。

除了不加考虑地把功率提高 10～20 dB，还可以利用（自适应的）定向天线使功率集中在最有效的方向上。尽管该方法就总的功率而言比大幅度地提高功率要好，但它的峰值功率密度仍然可能非常高，所以仍需要考虑引起干扰或损害健康的生物效应，只是这些效应发生在更加有限的空间区域内。

减轻衰减的一种常用方法是利用散频。散频可以有多种形式，而且所有这些形式都很有效。天线的散频包括采用一条或多条附加的天线，最好在每条天线之间适当相隔几分之一的波长（例如 1/4 波长）。以确保各条天线之间的相关性足够小。如果严重衰减是由于到达一条天线的两个相位相反的强信号相互抵消所引起的，那么在离 1/4 波长处的一条天线多半不会再次遇到这种情况。如果一条天线被检测到存在严重衰减，那么我们可以互换一下天线，或者以某种方式把来自这两条天线的信号组合起来。这两种方法都在使用，并且它们的效果都很好。只要存在多条天线，那么提供自适应的方向性的“波束形成”（“beam forming”）技术就可以作为一种选择，当然这是以采用比较复杂的电路为代价的。

散频的效率也很高。同样，如果一个严重衰减是由在某个特定频率处相对相移为 180°的两条无线电波所引起，那么切换到（明显）不同的频率可以使产生的相移较小且不易发生问题。采用除切换外的另一种方法是占据很宽的带宽，并且根据需要动态地改变所占据的频谱，从而使在衰减明显处不发射能量。散频可以作为一种补充策略或者作为一种固有的调制特性来实现。

极化（polarization）散频也很有效。例如在卫星通信中常采用圆极化辐射，因为接收到的极性在经受反射时就会反向（例如从顺时针变为逆时针）。具有适当极化天线的接收器将接收主要信号而基本上忽略掉反射信号。经受偶数次反射的信号将具有与直接到达信号相同的极化灵敏度——但每经一次反射都会衰减，因而干扰的幅度可以足够小，从而不会出现严重问题。

适当提高功率且同时采用冗余，可以减弱中等程度偶然衰减的影响。采用冗余常称为前向纠错（forward error correction，FEC）。如果暂时的衰减使部分信息丢失，那么采用冗余可以重新构造这些信息。在采用较多的冗余（这甚至在通信链路质量很高的情况下也会降低数据速率）还是

① 例如这个值对于室内的 WLAN 就不是典型值。

较少的冗余（当通信链路质量只是稍微不理想时就会使数据速率为零）之间需要进行综合考虑。正如我们可以预想到的，最优选择取决于具体的传播方式、数据速率、调制类型及许多其他因素。

2.5 结论

从考察移动和便携式无线通信的历史看来，主张采用 500 MHz 左右至 5 GHz 左右的频带看似有些过头，但这并不是人为的。这段频谱之所以流行是出于几个重要的原因。

首先让我们考察一下是什么因素限制了在低载波频率时的工作。一个理由就是此时的频谱较少。然而更重要的是，如果天线要有效工作，那么就不能太小（相对于波长来说），所以高效率的低频天线很长。但对于移动或便携式应用，我们必须选择足够高的频率，这样高效率的天线就不会太长。频率为 500 MHz 且真空波长为 60 cm 时，一条 1/4 波长的天线的长度大约为 15 cm，因此很容易放在一个手持设备中。

当频率提高时，我们会遇到越来越大的路径损耗。一个随机的因素是越来越可能出现反射、折射和衍射，而另一个因素则可以通过 Friis 的公式来预见。将频率提高 10 倍（即至 5 GHz）就会使 Friis 路径损耗增加 20 dB。处在这些频率时，与生物组织之间的相互作用将不可忽略，因此不能只是把功率提高 100 倍来进行补偿。另外，在较高频率工作时将导致通信的实际半径越来越小。

因此我们看到，一个大约相差 10 倍的频程（其范围从 500 MHz 至 5 GHz）永远是大部分移动无线通信愿意使用的范围。这不同于摩尔定律，因为有用的频谱并不随时间呈指数规律扩大。事实上，它基本上是固定不变的。这个事实解释了为什么在 20 世纪 90 年代末载波市场继续疯狂地肯为 3G 频谱支付成千上万亿美元（不过，只是由于不堪重负的债务，因而许多载波已不得不“另作安排”）。毫无疑问，人们将会为最大程度地利用这一有限的频谱而继续努力，同时也会重新考虑频谱利用率较低的其他服务，并从中开拓出新的移动无线通信频谱。

我们在完成了高层面的概述之后，现在将向下降低一个或两个层次。下一章将从调谐电路开始讨论。

2.6 附录：其他无线系统的特性

列出所有使用的服务和系统非常重要，但这里我们只是简单地列出几个值得关注的其他服务和系统。这个频谱中的第一个是不需要特许证的 ISM 频带，见表 2.8。微波炉、无线电应答机、射频标签、一些无绳电话、WLAN 及许多其他应用和服务都使用这些频带。注意，这些频带也处在前面指出的移动和便携式无线通信所希望的使用范围之内。

表 2.8 ISM 频带分配与概况

参数	900 MHz	2.4 GHz	5.8 GHz
频率范围	902～928 MHz	2400～2483.5 MHz	5725～5850 MHz
分配总数	26 MHz	83.5 MHz	125 MHz
最大功率	1 W	1 W	1 W
最大 EIRP*	4 W	4 W（点到点为 200 W）	200 W

*EIRP 是“effective isotropically radiated power”的缩写，即“等效各向同性辐射功率”，它等于发射功率与无线增益的乘积。

另一个不需要特许证的频带已在美国被分配。不需要特许证的美国国家信息基础（unlicensed national information infrastructure，UNII）频带将在现有 5 GHz ISM 频带的基础上再增加 200 MHz，并且这些频带之一还允许相当高的 EIRP，见表 2.9。

表 2.9　UNII 频带分配与概况

参数	室内	低功率	UNII/ISM
频率范围	5150～5250 MHz	5250～5350 MHz	5725～5825 MHz
分配总数	100 MHz	100 MHz	100 MHz
最大功率	50 mW	250 mW	1 W
最大 EIRP	200 mW；单元必须具有整体天线	1 W	200 W

必须注意，我们不要留下这样的印象，即本章讨论的移动和蜂窝电话系统是无线通信的唯一应用，表 2.10 简要列出了其他几个（广播）无线系统。表 2.11 也很实用，其中列出了频带及其通常的（但不是唯一的）表示方式。并不是所有资料中有关这些频带的精确频率范围都是一致的（特别是低于 VLF 时的频带），因此在可能遇到问题时最好以实际的频率值来补充或代替这些频带的表示方式。

表 2.10　随机列出的几个（广播）无线系统

服务/系统	频率间隔	信道间隔
AM radio	535～1605 kHz	10 kHz
TV (ch.2～4)	54～72 MHz	6 MHz
TV (ch.5～6)	76～88 MHz	6 MHz
FM 广播	88.1～108.1 MHz	200 kHz
TV (ch.7～13)	174～216 MHz	6 MHz
TV (ch.14～69)	470～806 MHz	6 MHz

表 2.11　无线电频带表示方式

频带	频率范围	波长范围
极低频（ELF）	<30 Hz	>10 000 km
特低频（SLF）	30 Hz～300 Hz	10 000 km～1000 km
超低频（ULF）	300 Hz～3 kHz	1000 km～100 km
甚低频（VLF）	3 kHz～30 kHz	100 km～10 km
低频（LF）	30 kHz～300 kHz	10 km～1 km
中频（MF）	300 kHz～3 MHz	1 km～100 m
高频（HF）	3 MHz～30 MHz	100 m～10 m
甚高频（VHF）	30 MHz～300 MHz	10 m～1 m
超高频（UHF）	300 MHz～3 GHz	1 m～10 cm
特高频（SHF）	3 GHz～30 GHz	10 cm～1 cm
极高频（EHF）	>30 GHz	<1 cm

就波长与频率的关系而言，只要记住频率（单位为 Hz）和波长（单位为 m）的乘积是光速（非常接近 3×10^8 m/s）就可以了。因此，1 MHz 信号的真空波长几乎就是 300 m；而 1 GHz 信号的波长为 300 mm。记住，频率（单位为 GHz）乘以波长（单位为 mm）大约为 300。

另一类系统来源于第二次世界大战期间雷达的应用。这种方法依靠随机地选择字母来迷惑敌人，由于没有统一的标准，因此成功地迷惑了几乎每一个人。[①] 与这些字母对应的频率范围随时间多少有些改变，而且在不同国家各不相同（甚至在同一个国家内也各不相同）。不同的公司也采用各自的设计约定。由于这些原因，以字母为基础的表示方式最好不用（或至少与前面的表示方式一样，用实际的频率值来补充）。但它们实际上仍然被采用，所以我们在这里提供了由 IEEE 标准化的一个频带表（见表 2.12），这是作者能够找到的唯一的国际标准。Ku 和 Ka 分别表示“under K”（即 K 以下）和“above K”（即 K 以上）。

表 2.12 微波频带表示方式（IEEE 521-1984）

频带	频率范围
L	1.0 GHz～2.0 GHz
S	2.0 GHz～4.0 GHz
C	4.0 GHz～8.0 GHz
X	8 GHz～12 GHz
Ku	12 GHz～18 GHz
K	18 GHz～27 GHz
Ka	27 GHz～40 GHz
V	40 GHz～75 GHz
W	75 GHz～110 GHz

读者可能遇到的其他字母表示的系统包括波导频带，以及那些不同组织和公司（如 NASA，Hewlett-Packard，Sperry，Motorola，Narda，Raytheon 及其他公司）的频带。这些表示方式（或给定频带相应的频率范围）都会有一点差别，并且也许还包括用额外字母或省略字母来表示的频带。读者在查阅文献时应记住这一点。

① 战争期间的保密性非常重要，因此雷达设计团队甚至连术语都没有与从事其他通信研究的工程师统一。这样，我们仍然免不了要与这些遗留下来的混乱情况打交道。

第 3 章　无源 RLC 网络

3.1　引言

RF 电路的一个特点是无源元件和有源器件的数量之比相对较大。与数字 VLSI 电路（或甚至与其他模拟电路，例如运算放大器）完全不同，这些无源元件中很大一部分是电感甚至是变压器。本章希望能提供对 RLC 网络设计有用的直觉性的基础知识。当我们建立起这些直觉时，我们将开始理解 RLC 网络在 RF 电路中为什么具有重要作用。这些具有说服力的例子包括：它们能用来匹配阻抗或者改变阻抗（这对于有效的功率传输等问题来说是很重要的），抵消晶体管的寄生参数以在高频时提供较高的增益，以及滤去不想要的信号。

为了理解 RLC 网络是如何提供上面及其他一些好处的，让我们回顾初级网络理论中一些简单的二阶系统的例子。通过从几个不同的观点来理解这些网络的特性，我们将建立起一些直觉，这些直觉在理解更高阶网络时将被证明是非常有用的。

3.2　并联 RLC 谐振回路

让我们直接进入并联 RLC 电路的分析。正如读者已知的那样，这个电路显示了谐振特性，我们将很快看到谐振的含义。该电路也常常称为谐振槽路[①]（或简称为 tank —— 槽）。

我们从分析它的复数阻抗［或更直接地从分析它的导纳（这对于并联网络更为方便）］开始本章的讨论，见图 3.1。

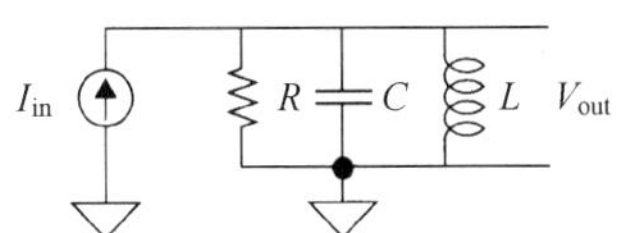

图 3.1　并联 RLC 谐振槽路

对于这个网络，我们知道它的导纳就是

$$Y = G + j\omega C + \frac{1}{j\omega L} = G + j\left(\omega C - \frac{1}{\omega L}\right) \tag{1}$$

考察一下这个网络（或以上公式），很容易看到无论在 DC（由于此时电感的作用相当于短路）还是在无穷高的频率（由于此时电容的作用像是短路）时，它的导纳都变为无穷大。因此，在非常低的频率时，网络的导纳本质上就是电感的导纳（因为电感的导纳支配了这个组合的导纳），而在非常高的频率时它就是电容的导纳。区分“低”和“高”频率的界限是感性导纳和容性导纳相互抵消时的频率，称之为谐振频率[②]，由下式给出：

---

① 之所以有此名，或者是由于类比于声学谐振器，或者是由于它可以存储能量，就像一个水槽存水那样存储能量。

② 有些作者把并联谐振称为“反谐振”，而把“谐振”这个名词用于串联谐振电路。我们将用“谐振”这个词来表示任何形式的感抗和容抗的抵消，而不管是串联还是并联电路。在那些需要做某些区分的情形中，我们将直接称其为“串联谐振”或“并联谐振”。

$$\left(\omega_0 C - \frac{1}{\omega_0 L}\right) = 0 \implies \omega_0 = \frac{1}{\sqrt{LC}} \tag{2}$$

一个常用的匡算规则（handy rule of thumb）是：一个 1 nH 的电感和一个 1 pF 的电容在 5 GHz 时发生谐振，这个估计是一个非常好（优于 1%）的近似。知道这个数据可以使我们迅速地计算任何其他 LC 组合的谐振频率。[①] 在任何情况下，谐振时的导纳都是纯实数并且等于 G，这是由于电抗项互相抵消的原因所致。

电抗项在谐振时互相抵消的说法肯定是正确的，只是有点不严格。正如我们很快将讲到的那样，在电感和电容分支中的电流大得惊人，尽管从外部看它们是互相抵消了。这个放大的电流表明已产生了向下的阻抗变换，我们将经常利用这个现象。为了更充分地揭示这些特性并用最普遍和实用的方式来描述它们，我们需要引进另一个参数 —— Q 值。

3.2.1 Q 值

除了谐振频率本身，另一个重要的描述性参数是品质因子或简单地称为 Q 值。Q 的定义非常多（这些定义都是等效的），但对于一个在频率为 ω 的正弦信号激励下的系统，也许最基本的定义如下：

$$Q \equiv \omega \frac{\text{存储的能量}}{\text{平均功耗}} \tag{3}$$

注意，Q 值是无量纲的，它正比于所存储的能量和单位时间所损失的能量之比。这个定义是最基本的，因为它完全不涉及存储能量或消耗能量的具体对象。因此，正如我们将在以后讲到的那样，它甚至完全适用于分布系统（如微波谐振腔）。在这些分布系统中，不可能识别出具体的电感、电容和电阻。同样应当清楚的是，Q 值的概念既适用于谐振系统，也适用于非谐振系统，所以我们也可以讨论一个 RC 电路的 Q 值。一个高阶系统可以有多个谐振点，每一个都有自己的 Q 峰值。由基本定义可以看到，我们所计算的值取决于是否包括外部负载，也许还取决于该负载与网络的连接方式。如果忽略负载，那么把所计算的值称为无负载 Q 值；而如果把负载包括在内，就称它为带负载 Q 值。只要上下文有些模棱两可且区分这两个 Q 值又很重要时，就应当明确地指出所讨论的是哪一个 Q 值。

现在，让我们利用这个定义来推导并联 RLC 电路在谐振时的 Q 值表达式。

在谐振频率时（将它记为 ω_0），该网络两端的电压就是 $I_{in}R$。我们曾讲过，这样一个网络中的能量在电感和电容之间来回转换，而且在谐振时它们的和为一个常数。结果，无论存储在电容还是电感中的峰值能量都等于在任何给定时间存储在该网络中的总能量。因为谐振时的峰值电容电压已知（它就是 $I_{pk}R$），所以最方便的方法是利用它来计算网络的能量：

$$E_{tot} = \tfrac{1}{2} C (I_{pk} R)^2 \tag{4}$$

现在需要计算平均功耗。同样，这个功耗在谐振时很容易计算，因为此时该网络已退化为一个简单的电阻，这样谐振时在这个电阻中的平均功耗为

$$P_{avg} = \tfrac{1}{2} I_{pk}^2 R \tag{5}$$

所以该网络在谐振时的 Q 值为

① 在较低的频率时，比较容易的方法是记住一个 1 μH 的电感和一个 1 nF 的电容在 5 MHz 时谐振。

$$Q = \omega_0 \frac{E_{\text{tot}}}{P_{\text{avg}}} = \frac{1}{\sqrt{LC}} \frac{\frac{1}{2}C(I_{\text{pk}}R)^2}{\frac{1}{2}I_{\text{pk}}^2 R} = \frac{R}{\sqrt{L/C}} \tag{6}$$

$\sqrt{L/C}$ 的量纲是电阻，因而常称为网络的特征阻抗。[①] 这个量很有意义，因为它等于谐振时容抗和感抗的数值，正如下式明确表示的那样：

$$|Z_C| = |Z_L| = \omega_0 L = \frac{L}{\sqrt{LC}} = \sqrt{\frac{L}{C}} \tag{7}$$

我们将发现，这个量常常会再次出现，[②] 所以要记住它。

在继续讲解下面的内容之前，让我们定性地看一下关于 Q 值的公式是否正确。当并联电阻趋于无穷时，Q 值也趋于无穷。这个特性似乎是合理的，因为电阻趋向无穷大的极限时，该网络就简化为纯 LC 系统。当在网络中只有纯电抗的元件时，能量决不会消耗掉，因而 Q 值应当趋于无穷大，这正如该公式所表示的那样。再者，随着电抗元件阻抗的减小（通过减小 L/C），Q 值也会增加，因为这时纯电阻与电抗的阻抗相比时变得不太重要。

为了完整起见，我们可以推导出并联 RLC 网络在谐振时另外的 Q 值表达式：

$$Q = \frac{R}{|Z_{L,C}|} = \frac{R}{\omega_0 L} = \omega_0 RC \tag{8}$$

3.2.2　谐振时的支路电流

正如前面提及的那样，谐振时电感和电容支路的电流与整个网络的电流有明显的不同（整个网络的电流只是来源于并联电阻上的电流）。现在让我们计算这些电流的数值。

这里需要再次说明，在谐振时网络两端的电压是 $I_{\text{in}}R$。因为在谐振时电感和电容的阻抗是相等的，所以电感和电容支路的电流在数值上将相等：

$$|I_L| = |I_C| = \frac{|V|}{Z} = \frac{|I_{\text{in}}|R}{\omega_0 L} = \frac{|I_{\text{in}}|R\sqrt{LC}}{L} = |I_{\text{in}}|\frac{R}{\sqrt{L/C}} = Q|I_{\text{in}}| \tag{9}$$

也就是说，电感和电容支路中流过的电流是网络总电流的 Q 倍。因此，如 $Q = 1000$，而我们又以 1 A 的电流源在谐振时驱动这个网络，那么这个 1 A 的电流将流过电阻，但 1000 A 的电流将流过电感和电容（直到电感和电容被烧得蒸发掉为止）。从这个简单的例子可以清楚地了解到，简单地说电感和电容在谐振时相互抵消的说法是不严谨的。

3.2.3　带宽与 Q 值

我们已经推断出在远离谐振频率时网络的特性，而且已详细分析了在谐振时的网络特性。现在让我们来考察一下振荡回路在频率稍微偏离谐振时的特性。

首先，令 $\omega = \omega_0 + \Delta\omega$ 。然后可以把导纳表达式重写如下：

$$Y = G + \frac{\text{j}}{\omega L}(\omega^2 LC - 1) = G + \frac{\text{j}}{\omega L}[2\Delta\omega\omega_0 + (\Delta\omega)^2]LC \tag{10}$$

---

① 这一项通常用于传输线，但它在集总网络中也有一定的重要性。

② 可以回想一下，一条传输线的特征阻抗也是由同一表达式给出的，此时 L 和 C 解释为单位长度的电感和电容。我们将在第 6 章中更充分地说明在有限的集总 LC 网络和无限的分布系统之间的联系。

对于ω_0的适度小的偏移（也就是$\Delta\omega$的这个值相对于ω_0较小时），这个表达式可简化为

$$Y \approx G + \mathrm{j}2C\Delta\omega \tag{11}$$

这个导纳的特性完全与一个数值为 R 的电阻和一个数值为 $2C$ 的电容并联时的特性相同，只是$\Delta\omega$代替了ω。因此对于谐振频率的（小的）正偏移，导纳曲线的形状与并联 RC 网络导纳曲线的形状相同，由此我们可以用 RC 情形中的类似方式，简单地把 $1/2RC$ 定义为半带宽。为什么是“半带宽”呢？原来，从前面推导出的近似的导纳函数的对称性可以看出，相对于谐振频率来说，负偏移时导纳曲线的形状是正偏移时的镜像，所以总的−3 dB 带宽就是 $1/RC$。

当我们把这个带宽归一到谐振频率时，可以看到一个有趣的结果：

$$\frac{\mathrm{BW}}{\omega_0} = \frac{1}{RC\omega_0} = \frac{\sqrt{LC}}{RC} = \frac{\sqrt{L/C}}{R} = \frac{1}{Q} \tag{12}$$

这里，我们再次遇到了 Q 值：相对带宽刚好等于 $1/Q$。因此对于一定的谐振频率，较大的 Q 值意味着较窄的带宽。

从前面的描述中可以看到，Q 值是一个重要的参数，并且在以后的许多例子中将会发现，如果比较注意 Q 值，那么对分析（及综合）问题会大有裨益。

3.2.4 铃振与 Q 值

虽然我们已经集中讨论了 RLC 网络的频域特性，但至少还有一个重要的时域特性值得一提。谐振时在电感和电容之间的能量交换导致了一个具有类似阻尼振荡特征的脉冲响应过程。因为 Q 值是能量损失率的度量，我们可以想象一个较高的 Q 值比起一个较低的 Q 值会与更持久的铃振联系在一起。为了使这种直觉具有更为定量的基础，回想一下脉冲响应是一个具有指数包络的衰减正弦波。很容易得到这一包络的时间常数为 $2RC$，所以，

$$V(t) \propto V_0 \mathrm{e}^{-t/(2RC)} \tag{13}$$

这个时间常数可以重写［利用式（12）］，得到下式：

$$V(t) \propto V_0 \mathrm{e}^{-(t/T)(\pi/Q)} \tag{14}$$

因此幅值在 Q/π 个周期后衰减至其初始值的 1/e。由于指数函数在π个时间常数时大约衰减至其初始值的 4%，因此 Q 值粗略等于振荡的周期数。这种方便的匡算规则对于从实验脉冲（或阶跃）响应数据中快速估计出 Q 值是极为有用的。

3.3 串联 RLC 网络

我们可以按照完全类似的对等方法来推导出串联 RLC 电路的性质。推导的细节并不重要，所以这里只介绍相关的解释和公式。

谐振条件同样对应于电容和电感的作用互相抵消时的频率，然而在这里谐振并不产生导纳的最小值，而是产生阻抗的最小值，即 R 值。Q 值的公式涉及与并联时相同的项，但以倒数的形式出现：

$$Q = \frac{\sqrt{L/C}}{R} \tag{15}$$

在谐振时，电感两端或电容两端的电压是电阻两端电压的 Q 倍。因此，如果一个 Q 值为 1000 的串联 RLC 网络用 1 V 的电源在谐振情况下驱动，那么电阻两端的电压就是 1 V，但令人震惊的 1000 V 电压将出现在电感的两端和电容的两端。[①]

我们鼓励读者独力地对串联和并联谐振电路之间的对偶性进行比较详细的分析。

3.4 其他谐振 RLC 网络

单纯的并联或串联 RLC 网络很少在实际中存在，所以考察一下更为实际的典型结构是很重要的。例如考虑图 3.2 的电路。由于电感往往比电容有明显的损耗，因此图中所显示的模型常常是对典型 RLC 电路一个较为实际的近似。

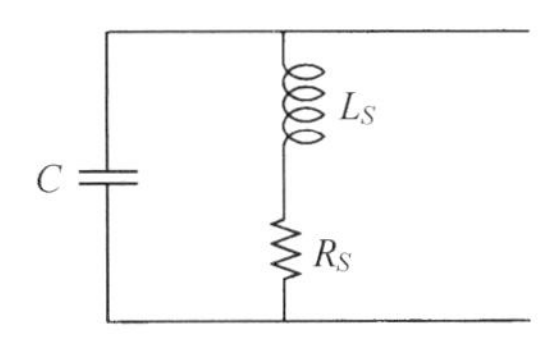

图 3.2　不是完全并联的 RLC 振荡槽路（tank circuit）

由于我们已经详细分析了纯并联的 RLC 网络，因此最好能尽可能多地利用已有成果。为此让我们把图 3.2 所示的电路转变成一个纯并联的 RLC 网络，即用一个并联结构来代替串联的 LR 部分。显然，这样的替代一般不能成立，但在一个适当的限制频率范围内（例如接近谐振），这种等同性是非常合理的。为了说明这一点，让我们使串联和并联的 LR 部分的阻抗相等：

$$\mathrm{j}\omega_0 L_S + R_S = [(\mathrm{j}\omega_0 L_P) \parallel R_P] = \frac{(\omega_0 L_P)^2 R_P + \mathrm{j}\omega_0 L_P R_P^2}{R_P^2 + (\omega_0 L_P)^2} \tag{16}$$

如果我们使实数部分相等，并且注意到 $Q = R_P / \omega_0 L_P = \omega_0 L_S / R_S$，[②] 则可得到

$$R_P = R_S(Q^2 + 1) \tag{17}$$

同样，使虚数部分相等可得

$$L_P = L_S\left(\frac{Q^2+1}{Q^2}\right) \tag{18}$$

我们也可以推导出类似的一组公式来计算串联和并联 RC 间的等效关系：

$$R_P = R_S(Q^2 + 1) \tag{19}$$

$$C_P = C_S\left(\frac{Q^2}{Q^2+1}\right) \tag{20}$$

让我们先来看看这些变换公式。经过仔细考察，显然，我们可以用一个同时适用于 RC 和 LR 网络的通用形式来表示它们：

$$R_P = R_S(Q^2 + 1) \tag{21}$$

① 顺便提一下，这个谐振电压放大作用是特斯拉（Tesla）空心变压器工作的基础。采用这种技术，特斯拉在 1899 年实现了 5～10 MV 的电压。

② 如果串联和并联部分是等效的，那么它们的 Q 值也必定相等。

及

$$X_P = X_S\left(\frac{Q^2+1}{Q^2}\right) \tag{22}$$

式中，X 是阻抗的虚数部分。采用这一方式，我们只需要记住一对"通用"公式就可以把任何"不纯"的 RLC 网络转变成易于分析的纯并联（或串联）网络。然而，必须记住"等效"只是在以 ω_0 为中心的一个很窄的频率范围内成立。

3.5 作为阻抗变换器的 RLC 网络

对电路设计者来说，在低频时比较富裕的功率增益资源基本上可以被当作无穷尽的，因此电路设计指标常常用诸如电压增益等参数来表示，而并没有明确地考虑功率增益。因此，低频电路的设计者常常不理会这个最大功率传输理论，但这个理论是在每一门本科生的网络理论课程中都被推导过的。与这种满不在乎的态度形成鲜明对照的是：RF 电路设计者常常优先考虑功率增益，因为功率增益资源相对来说比较缺乏，所以阻抗变换网络在射频领域中起着非常重要的作用。

3.5.1 最大功率传输理论

为了比较明确地说明阻抗变换器的价值，让我们回顾一下最大功率传输理论（见图 3.3）。这个问题就是：给定一个恒压源的阻抗 Z_S，什么样的负载阻抗 Z_L 能得到最大的负载功率呢？传给负载阻抗上的功率完全取决于 R_L，因为电抗元件并不消耗功率，因此传递过去的功率就是

$$\frac{|V_R|^2}{R_L} = \frac{R_L|V_S|^2}{(R_L+R_S)^2+(X_L+X_S)^2} \tag{23}$$

式中，V_R 和 V_S 分别为负载电阻和电源两端电压的有效值（rms）。

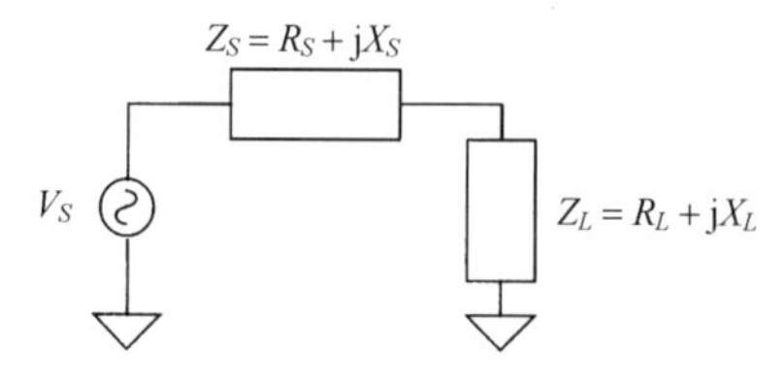

图 3.3 说明最大功率传输理论的网络示意图

为了使传递给 R_L 的功率最大，显然应使 X_L 和 X_S 相反，所以它们的和为零。此外，若要在这个条件下使式（23）的值最大，则应使 R_L 等于 R_S。因此，当一个恒压源阻抗和负载成复数共轭时，从这个电源传输到负载的功率达到最大。

在数学上建立了最大功率传输的条件后，我们现在考虑实现这个条件的实际方法。

3.5.2 L 形匹配

在谐振 RLC 网络中（支路），电压或电流会增大 Q 倍，从而提示我们有可能利用它们进行阻抗变换。确实，在前面推导的串–并联 RC/LR 网络的变换公式实际上已明确显示了这种特性。为了把这个问题说得更清楚，我们再次考虑图 3.2 所示的电路，但需要对它稍做改动，重画成如图 3.4 所示的电路。这里我们把 R_S 看成这个网络的负载电阻。当把这个电阻看成并接在电容上时，

它可以根据前面推导的公式转换成一个等效的 R_P。从对这些“通用”公式的观察中可以明显看出，R_P 总是比 R_S 大，所以图 3.4 所示的网络向上（向增大的方向）变换电阻。为了得到向下（向减小的方向）的阻抗变换，只需要互换一下端口（见图 3.5）。

有一个很好的直觉方式可跟踪阻抗变换的方向。例如，如果图 3.5 所示的电路由一个测试电压源驱动，那么这个网络就是一个并联的 RLC 网络，因为测试电源的戴维南电阻等于零。现在，这个并联 RLC 网络在谐振时流过电感的电流是流过 R_P 电流的 Q 倍。而测试电源所看到的正好是这个增加了的电流，因此等效来说，可以解释成电阻变小了。

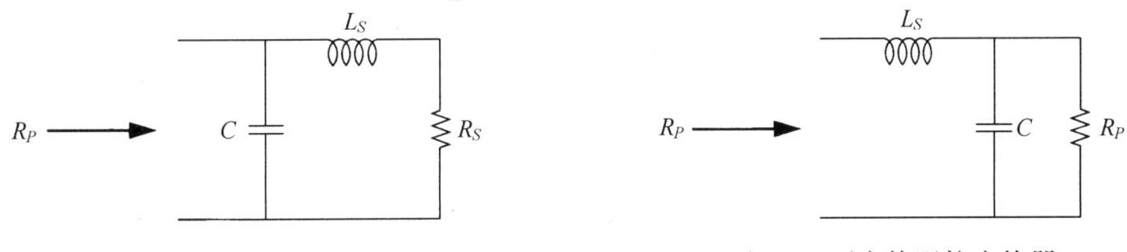

图 3.4　上变换阻抗变换器　　图 3.5　下变换阻抗变换器

同样应当清楚的是，把电感和电容互换并不改变变换比率，虽然出于其他考虑，我们会决定是选择高通还是低通电路。

根据形状，这个电路称为L 形匹配（也许你需要躺下倒过来看它），它的特性很简单。然而这里只有两个自由度（我们只能选择 L 和 C），因此一旦确定了阻抗变换比率及谐振频率，网络的 Q 值就自动确定了。如果希望得到不同的 Q 值，那么必须采用能提供额外自由度的网络形式，下面我们就要介绍这样的一些网络。

对 L 形匹配的最后一点说明是：如果 $Q^2 \gg 1$，那么这个“通用”公式可以被简化。如果满足以上这个不等式，那么以下的近似公式将成立：

$$R_P \approx R_S Q^2 = R_S\left(\frac{1}{\omega_0 R_S C}\right)^2 = \frac{1}{R_S}\frac{L_S}{C} \tag{24}$$

它可以重写为

$$R_P R_S \approx \frac{L_S}{C} = Z_0^2 \tag{25}$$

式中，Z_0 是网络的特征阻抗，如在 3.2.1 节中讨论过的那样。

我们也可以推导出 Q 近似等于变换比率的平方根：

$$Q \approx \sqrt{\frac{R_P}{R_S}} \tag{26}$$

最后，在这个变换过程中，电抗没有太多的变化，即

$$X_P \approx X_S \tag{27}$$

只要 Q 约大于 3 或 4，那么所引起的误差大约在 10%以下。如果 Q 大于 10，那么最大误差将在 1%左右。因此，对于快速的手工草算（用信封的背面这样一小块纸就可算出）来说，这些简化的公式是很合适的。最终的设计值可以采用完整的“通用”公式来计算。

3.5.3　π形匹配

正如已经讨论的那样，L 形匹配的一个限制是只能指定中心频率、阻抗匹配比率及 Q 值这三个量中的两个。为了得到第三个自由度，我们可以采用图 3.6 所示的网络。

这类电路称为π 形匹配，它同样也是根据形状而得名。理解这个匹配网络的最简便方法是把它看成两个 L 形匹配串联在一起，其中一个向下变换，另一个向上变换，见图 3.7。这里，负载电阻 R_P 先变换成在两个电感连接处的一个较低的电阻（称之为镜像电阻或中间电阻，此处表示为 R_I），然后这个镜像电阻通过第二个 L 形匹配向上转换为 R_{in} 值。

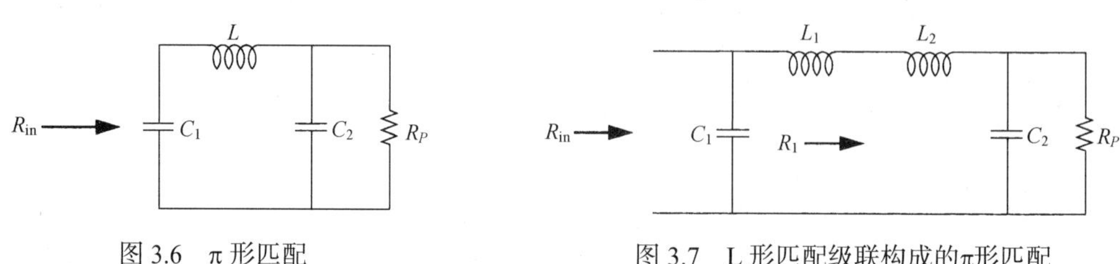

图 3.6　π 形匹配　　　　图 3.7　L 形匹配级联构成的π形匹配

现在看来也许有点“可笑”，即采用一个 L 形部分向下变换，然后又采用另一个 L 形部分再返回去进行向上变换，然而这样却得到了我们曾寻找的额外的自由度。回想一下，对于一个 L 形匹配，Q 值固定在一个大致等于变换比率平方根的值上。一般来说，一个 L 形匹配的 Q 值不会特别高，因为并不经常需要很大的变换比率。π 形匹配通过引入一个变换得到的中间电阻值，使 Q 值与变换比率分离开来，这使我们即使在整个变换比率不是特别大的情况下，也能得到比一般在 L 形匹配中得到的高得多的 Q 值。

现在由于我们有了三个自由度（两个电容，以及两个电感的和），因此可以独立地指定中心频率、Q 值（或宽带）及整个阻抗变换比率。然而，与 L 形匹配（或任何其他种匹配）一样，有可能出现不切实际或不很方便的元件数值，因此也许需要有某些创造性或折中的考虑来实现一个合理的设计。在许多情形中，把几个匹配网络串接起来也许是很有帮助的。

为了推导出设计公式，首先把右边 L 形部分的并联 RC 子网络变换成它的串联等效电路，如图 3.8 所示。当我们把输出并联 RC 网络用它的串联等效电路代替时，串联电阻自然为 R_I。因此右边 L 形部分的 Q 值可以写为

$$\frac{\omega_0 L_2}{R_I}=\sqrt{\frac{R_P}{R_I}-1}=Q_{\text{right}} \tag{28}$$

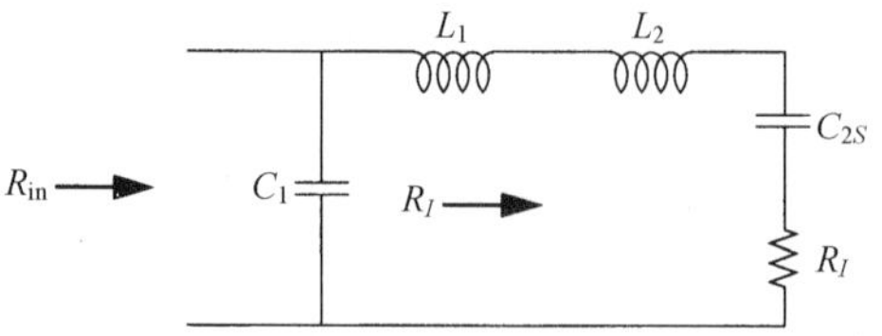

图 3.8　对右边 L 形部分进行变换后的π形匹配

同时，我们注意到对于左边 L 形部分，在中心频率也看到一个电阻 R_I，因此 Q 由下式给出：

$$\frac{\omega_0 L_1}{R_I}=\sqrt{\frac{R_{\text{in}}}{R_I}-1}=Q_{\text{left}} \tag{29}$$

整个网络的 Q 为

$$Q=\frac{\omega_0(L_1+L_2)}{R_I}=\sqrt{\frac{R_{\text{in}}}{R_I}-1}+\sqrt{\frac{R_P}{R_I}-1} \tag{30}$$

当给定 Q 和变换电阻时，可利用式（30）求出镜像电阻 R_I。一旦计算出 R_I，总的电感可以很快求出：

$$L_1+L_2=\frac{QR_I}{\omega_0} \tag{31}$$

电容的值也很容易求出：

$$C_1=\frac{Q_{\text{left}}}{\omega_0 R_{\text{in}}} \tag{32}$$

$$C_2=\frac{Q_{\text{right}}}{\omega_0 R_P} \tag{33}$$

实际计算时，我们注意到从式（30）中求 R_I 一般要求迭代。一个好的起始值可以通过假设 Q 很大而得到（即使它并不是很大）。在这种情形下，R_I 近似地由下式给出：

$$R_I\approx\frac{\left(\sqrt{R_{\text{in}}}+\sqrt{R_P}\right)^2}{Q^2} \tag{34}$$

如果 Q 非常大，或如果你只是在进行某些初步的“草”算，那么甚至根本不需要迭代。

这就是关于π形匹配的全部内容。

作为这部分的结束语，最后还有一点值得提及。π形匹配之所以用得很普遍，还有一个理由就是不管连接到它上面的是什么寄生电容，都可以用于这个网络的设计中。这个特性特别有价值，因为在许多实际情形中，占支配地位的寄生元件是电容。

3.5.4　T 形匹配

π形匹配是以一种特定方式通过串联两个 L 形部分得到的。把 L 形部分连成另一种形式就得到了π形匹配的对偶电路，如图3.9所示。这里本来在实现时是单个的电容，现在已被明确地分解成两个电容。（并联的）镜像电阻是从这两个电容的两端看进去的，即像在π形匹配中那样，向右看或向左看。

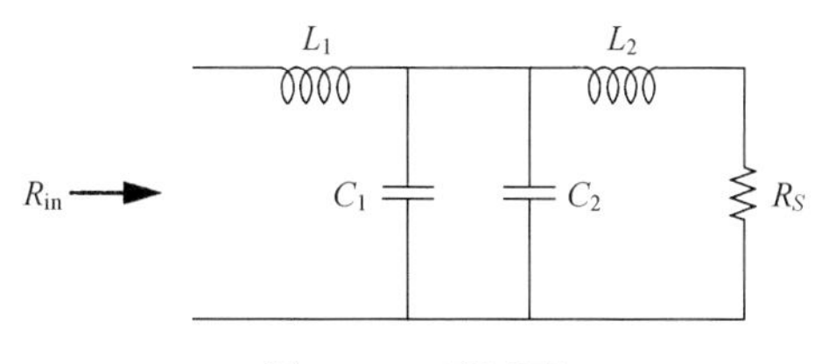

图 3.9　T 形匹配

采用与π形匹配中所用的类似方法，很容易推导出设计公式。整个网络的 Q 即为

$$Q=\omega_0 R_I(C_1+C_2)=\sqrt{\frac{R_I}{R_{\text{in}}}-1}+\sqrt{\frac{R_I}{R_S}-1} \tag{35}$$

由上式可以求出镜像电阻，因此，

$$C_1 + C_2 = \frac{Q}{\omega_0 R_I} \tag{36}$$

$$L_1 = \frac{Q_{\text{left}} R_{\text{in}}}{\omega_0} \tag{37}$$

$$L_2 = \frac{Q_{\text{right}} R_S}{\omega_0} \tag{38}$$

当电源端和负载端的寄生参数主要呈电感性质时，T 形匹配特别有用，它可以把这些寄生参数吸收到网络中。

3.5.5 作为阻抗匹配网络的抽头电容谐振器

抽头谐振器与π形及 T 形匹配一样具有设定中心频率、Q 值和变换比率的能力，因此它们在 RF 设计中也是普遍采用的。

这个电路的一个例子是抽头电容回路，它常用在振荡器中，因为它联合了谐振器和阻抗变换器，所以可以从回路中把能量耦合出来而不会过多地降低 Q 值，见图 3.10。

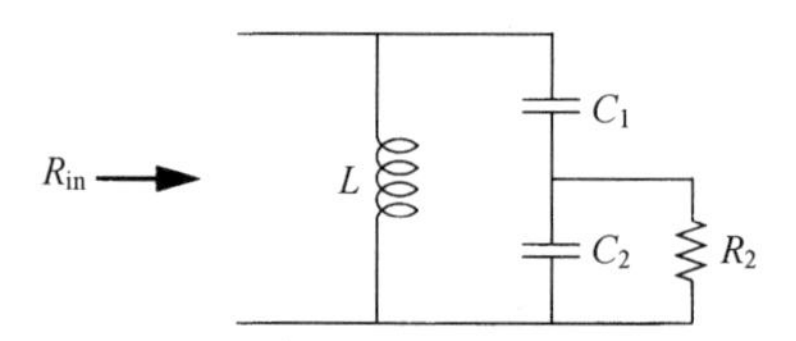

图 3.10 作为匹配网络的抽头电容谐振器

这个阻抗变换器的工作可以理解为一个电容分压器的操作。在一个完全无损耗的网络中，如果要保持功率不变，那么减小电压必须同时使阻抗按照电压减小的平方成正比地减小。虽然这个网络并不是完全无损耗的，但我们仍希望阻抗变换比率大致为

$$\frac{R_2}{R_{\text{in}}} \approx \left(\frac{1/sC_2}{1/sC_1 + 1/sC_2}\right)^2 = \left(\frac{C_1}{C_1 + C_2}\right)^2 \tag{39}$$

所以这个网络把电阻 R_{in} 向下变换成 R_2 值，或者说把电阻 R_2 向上变换成 R_{in} 值。

为了确认这一点，让我们单独分析一下这个电阻负载的电容分压器。稍加推导就可以很容易地求出这一组合的导纳

$$Y_{\text{in}} = \frac{\text{j}\omega C_1 - \omega^2 R_2 C_1 C_2}{\text{j}\omega R_2 (C_1 + C_2) + 1} \tag{40}$$

它的实数部分为

$$G_{\text{in}} = \frac{\omega^2 R_2 C_1^2}{\omega^2 R_2^2 (C_1 + C_2)^2 + 1} \tag{41}$$

在足够高的频率时，等效的并联电导可简化为

$$G_{\text{in}} \approx \frac{\omega^2 R_2 C_1^2}{\omega^2 R_2^2 (C_1 + C_2)^2} = G_2 \cdot \left[\frac{C_1}{C_1 + C_2}\right]^2 = \frac{G_2}{n^2} \tag{42}$$

这正如我们预期的那样。式(42)也定义了一个系数 n，它是一个能产生与电容分压器具有相同变换比率的理想变压器的匝数比。在统一各种振荡器的分析方法时，这个等效匝数比的概念将被证明特别有用。

为完整起见，我们还可以计算出导纳的虚数部分：

$$B_{\text{in}} = \frac{\omega C_1 + \omega^3 R_2^2 C_1 C_2 (C_1 + C_2)}{\omega^2 R_2^2 (C_1 + C_2)^2 + 1} \tag{43}$$

上式在足够高的频率时接近如下的极限值：

$$B_{\text{in}} \approx \omega \cdot \frac{C_1 C_2}{C_1 + C_2} = \omega \cdot C_{\text{eq}} \tag{44}$$

毫不奇怪，这个电阻负载抽头电容网络的电纳等于两个电容串联的电纳。

前面一系列公式能很好地用于分析，尤其是用来建立设计直觉。式(42)和式(44)对于初次粗略的设计也是极为有用的。然而，为了进行详细的设计还要再做些事情。为了推导出比较适合于设计的一系列公式，我们现在应用并联-串联变换，直到把这个网络逐步变成一个已知的结构。就大轮廓而言，我们将要做的工作大致如下：把并联 R_2C_2 组合转换成等效的串联形式；然后把 C_1 和被转换成的电容合并，以形成单个串联的RC 部分与电感并联；接下来把串联的 RC 部分转换成它的并联等效电路；使由此求出的并联电阻 R 等于 R_{in}。

在按这个策略进行设计时，首先确定所要求的网络 Q 值：

$$Q \approx \frac{\omega_0}{\omega_{-3\,\text{dB}}} \tag{45}$$

式中，我们把带宽解释为阻抗变换比率大致保持常数时的频率范围。然后我们注意到网络 Q 值的一个表达式为

$$Q = \frac{R_{\text{in}}}{\omega_0 L} \tag{46}$$

所以，

$$L = \frac{R_{\text{in}}}{\omega_0 Q} \tag{47}$$

接下来把并联 RC 部分变换成它的串联等效电路。串联电阻的值由下式给出：

$$R_{2S} = \frac{R_2}{Q_2^2 + 1} \tag{48}$$

及

$$C_{2S} = C_2 \left[\frac{Q_2^2 + 1}{Q_2^2} \right] \tag{49}$$

式中，Q_2 是并联 RC 部分的 Q 值。于是也可以将串联电阻看成变换 R_{in} 的结果：

$$R_S = \frac{R_{\text{in}}}{Q^2 + 1} \tag{50}$$

使 R_S 的这两个表达式相等并求解 Q_2，得到

$$Q_2 = \sqrt{\frac{R_2}{R_{\text{in}}}(Q^2+1)-1} \tag{51}$$

由于最初的并联 RC 部分具有以下 Q 值：

$$Q_2 = \omega_0 R_2 C_2 \tag{52}$$

因此可以写出

$$C_2 = \frac{Q_2}{\omega_0 R_2} = \frac{\sqrt{\frac{R_2}{R_{\text{in}}}(Q^2+1)-1}}{\omega_0 R_2} \tag{53}$$

唯一还没有确定的元件是 C_1。为了推导出其值的计算公式，首先把 C_1 和 C_{2S} 的串联组合表示成单个的电容：

$$C_{\text{eq}} = \frac{C_1 C_{2S}}{C_1 + C_{2S}} \tag{54}$$

于是网络的 Q 值可以表示为

$$Q = \frac{1}{\omega_0 R_{2S} C_{\text{eq}}} = \frac{C_1 + C_{2S}}{\omega_0 R_{2S} C_1 C_{2S}} \tag{55}$$

求解 C_1，得到最后一个未知电容的公式：

$$C_1 = \frac{C_2(Q_2^2+1)}{QQ_2 - Q_2^2} \tag{56}$$

这些推导有点复杂，但所基于的概念是非常简单的。一旦熟悉这个并联–串联变换过程，那么就会发现回路阻抗变换在概念上非常简单，只是在进行变换时有点烦琐。

3.5.6 抽头电感匹配

为了完整起见，我们现在简略考虑一下作为一个匹配网络的抽头电感谐振器（见图 3.11）。正如你可以想到的，它的特性非常类似于对应的抽头电容谐振器。

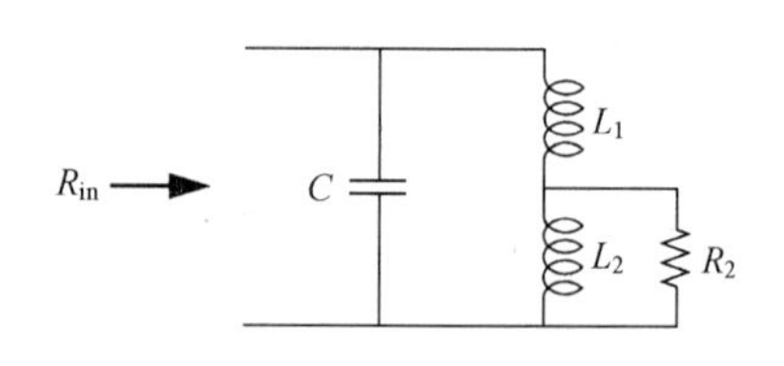

图 3.11　抽头电感谐振器

我们不进行设计公式的详细推导，因为它们在本质上与抽头电容的情形相同，但我们可以立即发现：R_2 必定小于 R_{in}，因为这里仍然有一个分压器。

同 3.5.5 节中一样，我们可以着手进行如下的推导。首先确定网络的 Q 值。因为

$$Q = \omega_0 R_{\text{in}} C \tag{57}$$

所以，

$$C = \frac{Q}{\omega_0 R_{\text{in}}} \tag{58}$$

接下来，把并联的 RL 部分变换为它的串联等效电路。串联电阻的值由下式给出：

$$R_S = \frac{R_2}{Q_2^2 + 1} \tag{59}$$

而电感变换成如下的值：

$$L_{2S} = L_2\left[\frac{Q_2^2}{Q_2^2 + 1}\right] \tag{60}$$

也可以把 R_S 看成变换 R_{in} 的结果：

$$R_S = \frac{R_{\text{in}}}{Q^2 + 1} \tag{61}$$

使 R_S 的这两个表达式相等并求解 Q_2 得到

$$Q_2 = \sqrt{\frac{R_2}{R_{\text{in}}}(Q^2 + 1) - 1} \tag{62}$$

上式与抽头电容网络的表达式相同。

在求出 Q_2 后，可以写出

$$Q_2 = \frac{R_2}{\omega_0 L_2} \tag{63}$$

所以，

$$L_2 = \frac{R_2}{\omega_0 Q_2} = \frac{R_2}{\omega_0\sqrt{\frac{R_2}{R_{\text{in}}}(Q^2 + 1) - 1}} \tag{64}$$

注意，为求解最后一个未知项，可以把 Q 值表示为

$$Q = \frac{\omega_0[L_1 + L_{2S}]}{R_{2S}} \tag{65}$$

最终求出 L_1，即

$$L_1 = L_2\frac{[QQ_2 - Q_2^2]}{Q_2^2 + 1} \tag{66}$$

设计至此完成。

3.5.7　双抽头谐振器

在某些例子中，前面所介绍的各种变换网络中也许会出现不切实际的或很不方便的元件数值，这个问题常常表现为需要大数值的电容。为了缓解这个问题，我们需要采用具有附加元件的网络，以获得额外的自由度。

一个符合这种要求的网络是双抽头谐振器，如图3.12 所示。这个电路增加了 R_2 值，使横跨在整个回路上的等效并联电阻比在标准抽头电容网络中的更大，然后它通过抽头电感把这个并联电

阻减小到所希望的R_{in}值。因此该技术对电感的要求增加了，但同时对电容的要求减少了，它有可能使电感和电容都可以采用接近合理的、易于实现的数值。

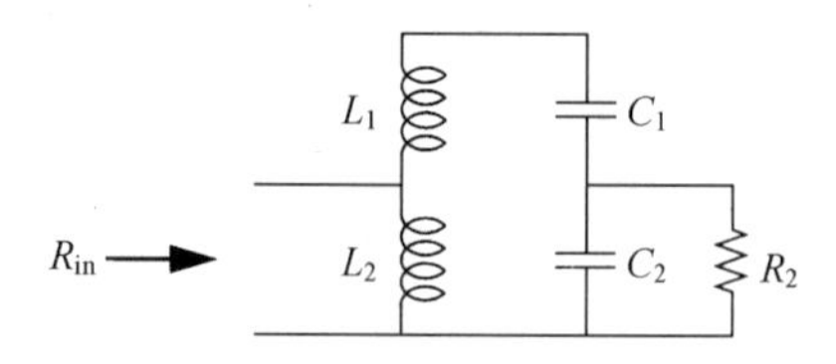

图 3.12 双抽头谐振器

双抽头谐振匹配网络具有 4 个元件，因此能提供 4 个自由度。我们现在可以指定中心频率、阻抗变换比率、Q值（带宽）及总的电感（或电容）。

我们把推导设计公式的步骤留给读者作为一个练习。也许你已经想到了，保持Q值不变及串联–并联变换是推导过程的关键。

作为对这种特殊匹配网络的最后一点说明，应当指出，尽管它在原理上解决了一个实际难题 —— 但实际可实现电感（在一个很小的程度上也包括电容）的有限 Q 值界定了我们实际上能得到的改善程度。

至今，我们所考虑的所有例子都是窄带匹配网络。如果遵照所给出的规定，那么就可以在设计频率处达到精确的匹配，但在其他频率处的失匹却无法控制，这就是你所得到的结果。如果必须在一个很广的频率范围上有良好的匹配，那么可以采用许多个网络，它们可以在一个随意大的频带上近似地达到任意精度的精确匹配。[①] 其基本原理类似于在滤波器理论中的原理，即如 Chebyshev 多项式这样的近似函数可以用来进行滤波器的综合，从而能够以任何所希望的精度来近似理想的幅值特性。频带越宽，近似就越好，但我们必须付出更多的努力，并且设计也越复杂。因此，工程师已设计出许多常常能够得到可接受结果的简化方法。一种常用的简化方法如下：首先注意对应于最高、最低和中心频率这三个频率处未调整的阻抗（或导纳）。加入一个无损网络，把在频带高低两端处的电导值变换成等于频带中心处电导的倒数值。该策略是为了使误差能以某种合理均衡的方式分布，以确保（例如）两边的电导不太高且中心处的电导不太低。然后加入任意一种电抗，使在频带两端处的虚数部分相等，至此就完成了设计。通常（但并非总是如此）这一简单的方法可以在指定的带宽上达到合理范围内的匹配。如果要求更好一些的性能，那么利用第三个（或另外的）设计自由度就可以达到此目的。[②]

3.6 实例

让我们举出几个例子来清晰地说明上述设计过程。我们将考虑 L 形匹配、π形匹配、抽头电容网络及抽头电感网络，使它们满足如下指标：中心频率为 1 GHz，$R_1 = 50\ \Omega$，$R_2 = 5\ \Omega$，带宽为 25 MHz。注意，带宽取决于该网络是单端的还是双端的。在下面的例子中，默认为单端网络。

---

① 例如 G. Matthaei, L. Young 和 E. M. T. Jones 的经典研究，参见 *Microwave Filters, Impedance-Matching Networks and Coupling Structures*，McGraw-Hill, New York, 1965。

② 见 Matthaei 等人的研究，出处同上。还可参见 “Impedance Matching Techniques for Mixers and Detectors,” Agilent Applications Note 963。

3.6.1　L 形匹配求解

在这个设计中规定了比 L 形匹配所能设定的更多数目的参数,我们将着手按如下方式试一下。这个网络画在图 3.13 中。

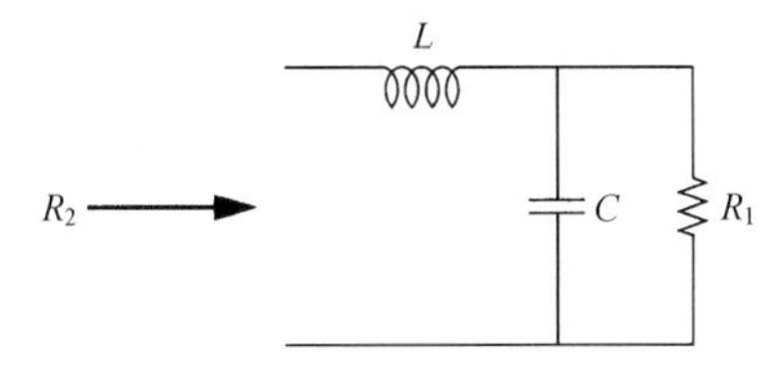

图 3.13　L 形匹配求解

（1）变换比率使 Q 值确定为

$$Q = \sqrt{\frac{R_1}{R_2} - 1} = 3 \tag{67}$$

这里，我们基于 Q 值来估计带宽是相当粗略的，但确实足以说明不能满足 25 MHz 带宽的要求。我们需要的 Q 值在 40 左右，因此与这个要求差了一个数量级。

（2）我们已从阻抗比率计算出 Q 值，使它等于用电感阻抗计算出的 Q 值，以便能计算所要求的电感：

$$Q = \frac{\omega_0 L}{R_2} \implies L = \frac{QR_2}{\omega_0} \approx 2.39 \text{ nH} \tag{68}$$

（3）再利用另一个但仍然是等效的 Q 值表达式来求出所要求的电容值：

$$Q = \omega_0 R_1 C \implies C = \frac{Q}{\omega_0 R_1} = 9.55 \text{ pF} \tag{69}$$

这些值在 IC 中很容易实现（以后还要更多地讨论这个问题），但这一设计结果具有过多的带宽。以上就是对 L 形匹配的讨论。

3.6.2　π形匹配求解

这里，我们遵循 3.5.3 节描述的步骤。

（1）所要求的 Q 值仍然是 40。

（2）由于 $Q = 40$ 的值足够大，因此可以用以下近似公式计算镜像电阻：

$$R_I \approx \frac{\left(\sqrt{R_{\text{in}}} + \sqrt{R_P}\right)^2}{Q^2} \approx 0.054\ \Omega \tag{70}$$

（3）电容的计算如下：

$$C_1 = \frac{Q_{\text{left}}}{\omega_0 R_{\text{in}}} \approx 305 \text{ pF} \tag{71}$$

$$C_2 = \frac{Q_{\text{right}}}{\omega_0 R_P} \approx 96.8 \text{ pF} \tag{72}$$

（4）最后，所要求的电感为

$$L = \frac{QR_I}{\omega_0} \approx 0.344\ \text{nH} \tag{73}$$

在任何 IC 工艺中，这些值都是极为不方便的，特别是总的电容很大会占据过多的芯片面积。此外，由于电感太小，因此要精确地实现并且使损耗较低也是很困难的。尽管我们在原理上已能满足设计要求，但如果这个网络需要完全集成在芯片上，那么仍然没有得到一个实际可行的设计。

3.6.3 抽头电容匹配求解

这里我们仿照 3.5.5 节那样进行分析。

（1）所要求的 Q 值仍然为 40。

（2）首先，我们计算 L：

$$L = \frac{R_{\text{in}}}{\omega_0 Q} \approx 0.199\ \text{nH} \tag{74}$$

（3）其次我们求出位置在下面的那个电容 C_2：

$$C_2 = \frac{Q_2}{\omega_0 R_2} = \frac{\sqrt{\frac{R_2}{R_{\text{in}}}(Q^2+1)-1}}{\omega_0 R_2} \approx 401\ \text{pF} \tag{75}$$

（4）最后求出另一个电容值：

$$C_1 = \frac{C_2(Q_2^2+1)}{QQ_2 - Q_2^2} \approx 186\ \text{pF} \tag{76}$$

很遗憾，正如可以看到的那样，抽头电容谐振器没能产生一组比较可行的值。

3.6.4 抽头电感匹配求解

如果采用与 3.6.3 节设计过程类似的步骤，则会得到 $C \approx 127$ pF，$L_1 \approx 136$ pH，$L_2 \approx 63$ pH，尽管总的电容已减小许多，可以认为其值只是稍大一些，但各个电感却小得不切实际。同样，即使它们可以被精确地实现（例如采用适当短的金属线），但芯片上互连线的典型损耗多半也会阻止得到 $Q = 40$ 的值。

有几个补救的办法可以用来改善这种情形。我们注意到这个问题基本上来自寻求高的 Q 值，因此最容易的方法是考虑把 R_2 反射到电容的两端而变成 R_{in}。使这个并联回路有较高的 Q 值意味着这个网络相对于 R_2 有一个较小的特征阻抗（较小的 L/C 比率），而较小的 Z_0/R_2 比率又意味着较小的 L 和较大的 C。

如果对于给定的变换比率可以加大等效的并联电阻，那么我们就能采用较大的 L/C 比率达到相同的 Q 值，并且可以使所要求的电感加大到实际可行的值。为此需要在变换器内部具有一个向上的阻抗变换，因此采用双抽头谐振器是解决这一困难的一种可能的办法。另一种可能性是把一个或多个其他的阻抗变换器串接起来。这里再次请读者独立地探究相关选择。

习题

[第 1 题] 有一个重要的定理指出：负载阻抗应当等于电源阻抗的复数共轭，以使功率传输最大。这看起来很简单，但对于如何满足这一条件，工程师却常常得出不正确的推断。具体来说，考虑两种方法使一个 75 Ω的纯电阻负载与一个阻抗在某一频率恰为 50 + j10 的电源相匹配。落伍的工程师A在阅读了有关最大功率传输的理论后，非常尽职地把一个 25 Ω的电阻和一个– j10 Ω的电容与电源相串联，而工程师 B 则提供了一个类似的解决办法但使用一个合理设计的 L 形匹配来代替 25 Ω的电阻。

通过直接计算这两种解决办法中传输到 75 Ω负载上的功率比来定量地比较这两种方法，假设它们的戴维南电源电压相同。定性地解释这种差别的原因，并解释为什么工程师A可以在一个“次优产品公司”（SubOptimal Products, Inc.）度过了较长的工作生涯。

[第 2 题] 除了使传输功率最大，阻抗变换网络也广泛用于把一定数量的功率传输给负载。在发射器输出级中可以找到一个重要的例子，这就是由于电源电压的限制，需要有一个使天线电阻减小的阻抗变换。

通常的负载阻抗为 50Ω。假设我们希望在 1GHz 时把 1W 的功率传送到这样一个负载，但由于各种损耗及晶体管的击穿问题，功率放大器的最大峰–峰值正弦电压摆幅只有 6.33V。设计以下匹配网络以允许传送 1W 的功率。在所有的情形下采用低通形式，并假设所有的电抗元件都是理想的（倘若如此该多好……）。

（a）L 形匹配

（b）π 形匹配（$Q = 10$）

（c）T 形匹配（$Q = 10$）

（d）抽头电容（$Q = 10$）

（e）如果允许的最大片上电容为 200 pF，最大片上电感为 20 nH，以上几个设计方案中是否有能用集成电路完全实现的？如果有，是哪个（哪些）？

[第 3 题] 正如我们将要看到的那样，要使放大器工作在高频下，谐振电路也是必不可少的。为了粗略了解一下这种特性，考虑一个通常的共源放大器，它的晶体管采用一个混合的π 模型，忽略其中的 C_{gd} 和 r_o，但包括 r_g，C_{gs} 和 C_{db}（从漏极到衬底的结电容，这里衬底处于源极电位）。

（a）假设电源电阻等于 r_g，负载电阻为 R_L。推导这个放大器电压增益的表达式。在频率ω_1 为何值时电压增益的幅值为 1?

（b）现在假设把一个电感与电源串联，以使在频率ω_1 时 C_{gs} 两端产生的电压最大。这个电感 L_S 的表达式是什么？在ω_1 时新的电压增益是多少?

（c）除了输入串联电感，假设我们把一个电感放在漏极与地之间，以便通过谐振在ω_1 时抵消漏极电容的作用。电感 L_{out} 的表达式是什么？在ω_1 时的电压增益现在是多少?

[第 4 题] 一个理想的偶极子接收天线比波长要短很多，它可以被模拟成一个电压驱动的串联 RC 网络，其中由于辐射引起的 R 部分可以近似为下式：

$$R_{\mathrm{rad}} \approx 395(l/\lambda)^2 \tag{P3.1}$$

式中，l 是天线的长度，λ是波长。这个公式直到 l/λ比率约为 1/4 时仍能近似得很合理。

（a）首先假设这个辐射电阻就是天线模型中唯一的电阻，然后进一步假设等效电压发生器的值就是接收到的电场强度 E（可以假设它为常数）和天线长度 l 的乘积。假定在天线和某个固定的电阻负载 R_L 之间插入一个“最优”的无源阻抗匹配网络，该网络最大的功率传输效率（功率传输效率定义为传输到 R_L 上的功率与在系统中消耗的总功率之比）与（归一化的）天线长度之间的函数关系是什么？回答这个问题并不需要知道 R_L 的数值。

（b）现在假设天线有另外一些损耗，这是由与辐射电阻相串联的电阻 R_d 来表示的。你的答案是否有变？

[第 5 题] 设计一个 L 形匹配，使一个 10 Ω的电源与 75 Ω的负载相匹配。假设中心频率为 150 MHz。

[第 6 题] 前面曾经提到一个 L 形匹配只有两个自由度。因此一旦选择了中心频率和阻抗变换比率，那么 Q 值（因此带宽）就固定了。π 形匹配增加了一个自由度，以使这三个参数能够被独立选择。假设另外再加一个约束，即这一匹配的总带宽为 15 MHz 时，重做第 5 题。

[第 7 题] 由于对自己的产品（低带宽、高偏差的运算放大器）不景气的销售状况感到失望，FromageTech 公司（它现在是“次优产品公司”的一个值得骄傲的子公司）已决定跃入无线产品市场的潮流中。该公司精明的市场研究部得出结论，声称他们应当进入 AM 无线电市场。

他们的电路设计中存在的一个问题涉及一个具有可调谐负载的共源放大器，该负载谐振在传统的（当然不是最好的）中频（IF）455 kHz 处工作。由于一个你从来都不清楚的理由，在谐振时漏极要求负载电阻必须是 5 kΩ。同时这一级的输出最终要驱动一个 5 Ω的负载。

（a）假设晶体管的输出电阻为无穷大，并且开始时所有电抗元件的 Q 值也为无穷大，再进一步假设晶体管的漏–栅电容为零。设计一个满足该设计要求的 L 形匹配。提示：可以进行合理的近似。

（b）这个电路总的–3 dB 带宽是多少？

（c）现在假设在（a）中求得的电感在所希望的中心频率处具有一个等于 100 的 Q 值。求电感的等效串联电阻，然后重新设计这个匹配网络。假设这个电感的串联电阻保持不变。

（d）新的带宽是多少？

（e）假若晶体管用极差的工艺技术制造，且实际上 C_{gd} 为 5 pF，此时情况会怎样？这是否会大大影响这一级的性能？假设晶体管的栅极由一个阻抗基本上为零的电源驱动，且 r_g 为零。

[第 8 题] L 形匹配只提供两个自由度，因此一旦阻抗变换比率和谐振频率已经选定，Q 值就会自动确定，该 Q 值是你得到的这个 Q 值，而且该值通常相当低，所以变成了一个宽带的匹配倒是合理的。尽管这一特性常常是所希望的，但通常最好能独立控制所有这三个参数。

（a）设计一个π形匹配以满足第 7 题的设计要求。最初可以假设相同的理想条件并且希望总的–3 dB 带宽为 10 kHz。

（b）不可避免的是，设在（a）中求出的电感的实际 Q 值刚好等于 100（而不是无穷）。首先求出该电感的等效串联电阻，然后在包括这个附加损耗的情况下重新设计匹配网络。是否所有得到的值都是正实数呢？

[第 9 题] 还有另一个匹配网络，即抽头电抗网络。它与π形网络一样能够独立地设定变换比率、Q 值和中心频率。现在采用抽头电容匹配网络重做第 8 题（a）。为了保持设计过程尽可能地简单，你可以一开始假设较大的 Q 值，并且采用适合于那种工作情况下的近似公式。

[第 10 题]　正如在第 4 题中提到的，一个比波长短很多的偶极子天线阻抗可以模拟为一个电压驱动的串联 RC 网络，这里由于辐射引起的 R 部分可以由下式近似：

$$R_{\text{rad}} \approx 395(l/\lambda)^2 \tag{P3.2}$$

式中，l 为天线的长度，λ是波长。假设天线的电容为 15 pF，并假设 l/λ比率为 0.1。

（a）在频率为 30 MHz 时，需要多大的电感可以通过谐振抵消掉天线电容？如果有效的串联电阻不超过天线电阻的 10%，要求电感的 Q 值是多少？

（b）现在假设希望把这个天线连到一个输入阻抗为 50 Ω的接收器。设计一个合适的 L 形匹配。你可以不切实际地假设电感的 Q 值为无穷大，那么在这些假设下带宽是多少？

[第 11 题]　设计一个π 形网络使一个 5 – j30 Ω的电源阻抗与一个 50 Ω电阻负载相匹配。如果网络的 Q 值是 100，当把 1 W 的功率传送到负载时匹配网络中每个元件的电流是多少？

[第 12 题]　考虑图 3.14 所示的网络。采用串–并联变换的方法简化这个网络，以求在 $C = 1$ pF，$L = 10$ nH，$R_S = 15$ Ω，$R_P = 1$ kΩ，频率为 100 MHz 时的阻抗。

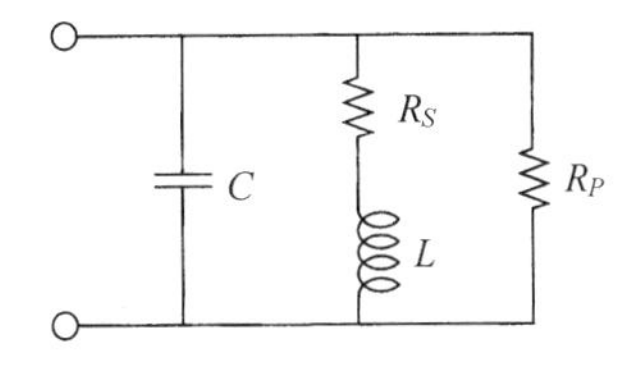

图 3.14　有损耗的 RLC 网络

[第 13 题]　考虑图 3.15 所示的电路，计算 Q 值，并对 $R = 1$ Ω，10 Ω和 100 Ω画出幅值和相位响应曲线，同时画出这三种情形中每一种情形的阶跃响应。

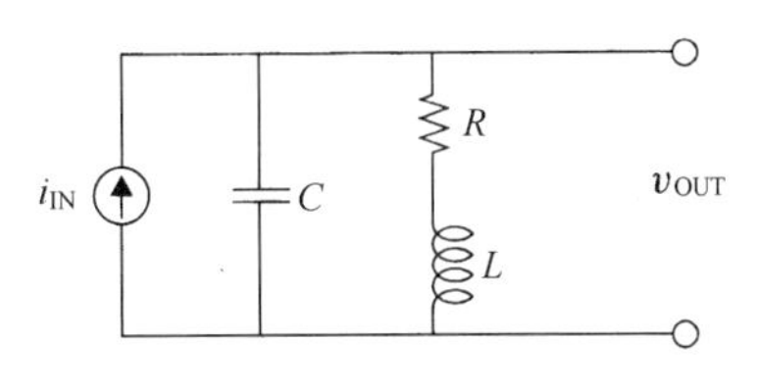

图 3.15　RLC 网络

[第 14 题]　典型石英晶体的电学模型是一个串联的 RLC 电路与一个并接电容 C_0 并联。尽管 C_0 确实模拟了一个实际的电容，但 RLC 部分却是模拟电–机械特性的，因此它所取的值也许不能用通常的电感和电容来实现。

一个典型的 10 MHz 晶体具有一个 30 Ω的串联电阻，Q 值为 100 000，C_0 为 2 pF。

（a）若忽略 C_0，意味着串联电容和电感为何值？

（b）假设晶体的主要端口开路，当把 C_0 考虑在内时，谐振频率改变了百分之几？假设主要端口被一个附加的 10 pF 寄生电容并接，情况如何？

（c）画出 1 MHz 至 100 MHz 时该晶体模型的阻抗（幅值和相位），假设不包括 10 pF 的寄生电容但包括 C_0；同时画出 9 MHz 至 11 MHz 范围内的细节。

[第 15 题]

（a）采用 Q 值的能量定义，证明对于一个单端口来说，Q 值的另一个公式为

$$Q = \frac{|\text{Im}[Z]|}{\text{Re}[Z]} \tag{P3.3}$$

式中，Z 为该网络的阻抗。

（b）推导出采用导纳表示的类似公式。

（c）可以想一下本题（a）中的定义有什么缺点。特别是该定义对于（例如）串联 RLC 网络是否有意义？在接近谐振点处呢？请解释。

[第 16 题]　本题考虑了与一个非线性负载匹配的问题。

正如从许多例子中（特别是在前面介绍的有关历史的章节中）可以看到但又没有详细讨论的那样，一个普通的 AM 解调器本身就是一个包络检波器。这个电路显然是非线性的，因为存在着二极管，见图 3.16。

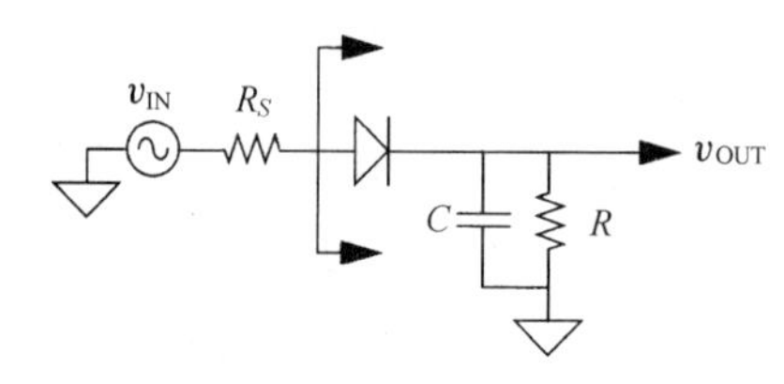

图 3.16　包络检波器

问题是确定这个包络检波器（也就是图中所画的边界右侧的电路）的等效电阻。确切求解这个问题有些困难，但可以通过采用几个简化的假设来得到有用的近似。由于不同的假设产生的答案略有不同，因此请仅用下面给定的假设，尽管这些假设中有些似乎是有疑问的。你只需信任我们，通过数字学（numerology）的某种“奇迹”，可以使引起的误差被消除，所以最终的答案是大致正确的。

（a）令输入电压v_{in}为 $A\cos\omega t$，且一开始假设 R_S 为零。再进一步假设：只要二极管正向偏置，在二极管两端的压降小得可以忽略。注意，这个假设不同于我们通常在大信号分析中应用的“0.6 V”规则。实际上，我们假设 R 足够大，所以通过二极管的电流非常小。这种情形下在二极管上几乎没有什么压降。最后假设 RC 乘积比正弦驱动的周期要大许多。

在这些假设条件下，近似画出在稳态时的输出电压v_{out}及二极管的电流波形。就这一点而言，不必定量标出特征值，采用近似的形状就足够了。为方便起见，图 3.17 以虚线形式画出了输入波形。

（b）推导出二极管导通时的表达式（按照惯例，峰值输入发生在 $t = 0$ 时）。为了简化推导，可以自由地假设对于小的 x 有 $e^{-x} \approx 1 - x$，以及对于小的 x 有 $\cos x \approx 1 - x^2/2$。这足以告诉我们在 $t = 0$ 后的第一个周期中二极管何时导通。记住 $\cos x = \cos(-x)$ 也许会有帮助。

（c）假设二极管在输入达到峰值的瞬间时截止（这有些不正确）。当完全用电容电压来度量时，驱动电源每周期提供的总能量（单位为 J）是多少？

（d）采用能量等效是定义一个非线性负载等效电阻的一种方法。这里的含义是：直接以电阻 R_L 作为负载的一个正弦电压源，每周期把一定数量的能量传递到那个电阻负载。直接连接到这个电源的 R_L 的等效值应当为多少时才会使每周期消耗的能量与（c）中计算出的能量相同？用 R 来表示你的答案。

因此，如果功率增益最大是重要的考虑因素，那么这就是我们在设计用以驱动一个包络检波器的匹配网络时应当采用的值。最后要说明的是：这一考虑在设计“零功率”接收器（例如晶体无线电）时具有很重要的意义，因为唯一的能量来源是传来的波本身，因此使功率传输最大是至关重要的。

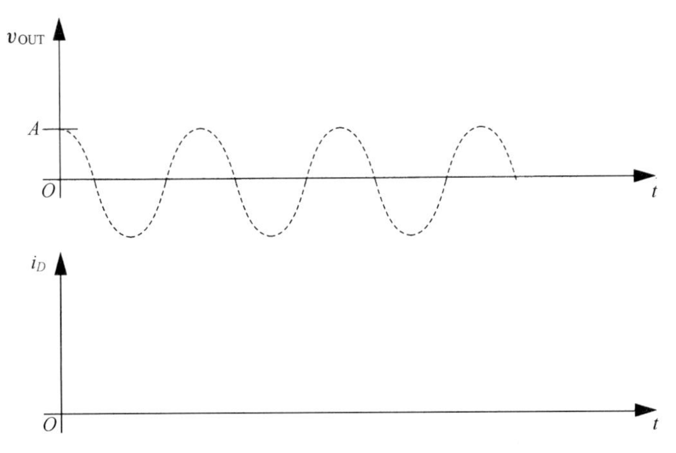

图 3.17　包络检波器的近似输出电压和二极管电流

第 4 章　无源集成电路元件的特性

4.1　引言

我们已经看到射频电路通常有许多无源元件，因此，详细了解它们的特性是成功设计的关键。由于主流集成电路（IC）工艺主要是围绕着满足数字电路的要求而发展的，因此留给射频 IC 设计者的只是有数的一些无源元件可供选择。例如，大于 10 nH 左右的电感占据较大的芯片面积且具有很差的 Q 值（通常低于 10）及很低的自谐振频率。具有高 Q 值和低温度系数的电容是可以实现的，但它们的精度相对较差（例如，大约为20%或更差）。此外，最节省面积的电容往往具有很高的损耗和很差的电压系数，而具有较低的自电容和低温度系数的电阻是很难制造的，因此我们有时必须要应对较大的电压系数、较差的精度及有限的取值范围。

本章将讨论 IC 电阻、电容及电感（包括键合线电感，因为它们常常是可以得到的最好的电感）。此外，由于互连线到处存在，我们将详细分析它的性质，因为其寄生参数在高频时可能是很重要的。

4.2　射频情况下的互连线：趋肤效应

低频时所关心的互连线特性主要是它的电阻和载流能力，也许还有电容。随着频率的提高，我们发现它的电感可能会变得非常重要。而且我们总是发现电阻会由于所谓的趋肤效应而加大。

趋肤效应通常是指随着频率的提高，电流趋向于主要在一个导体的表面（表肤）流动。由于此时该导体内部区域的载流效率比低频时的低，因此导体有用的横截面积减小了，从而使电阻相应加大。

这个既粗略而又有些难以理解的描述有可能给读者留下一个错误的印象，即一个导体的所有表面都能同等地载流。为了更深刻地理解这个现象，我们需要明确磁场在产生趋肤效应中的作用。为了定性地说明这一点，让我们考虑一个载有时变电流的实心圆柱导体，如图 4.1 所示。我们暂且假设返回电流（它在任何实际系统中总是存在）离得很远，以至于可以忽略它的影响。时变电流 I 产生了一个时变磁场 H。根据法拉第电磁感应定律，这个时变磁场会在所示的矩形路径上感应出一个电压。而欧姆定律告诉我们，这个感应电压又会在同一条矩形路径上产生一个电流，如图中箭头所示。现在我们可以注意到关键的一点：沿路径 A 的感应电流的方向与沿路径 B 的感应电流的方向相反，因此感应电流要与沿矩形一边的电流相加，却要从沿矩形另一边的电流中减去。如果注意代数式中的正负号，那么可以看到沿表面的电流加大了，而在表面下的电流减小了。换言之，电流在接近表面处最大，这就是趋肤效应。

为了更定量地说明这个概念，我们沿这条矩形路径应用基尔霍夫电压定律（KVL）（需要同时正确考虑感应电压的数值和符号），由此得到

$$J_B\rho l - J_A\rho l + \frac{\mathrm{d}\phi}{\mathrm{d}t} = 0 \tag{1}$$

式中，J 为电流密度，ρ 为电阻率，而 ϕ 为垂直于所示矩形的磁通量。

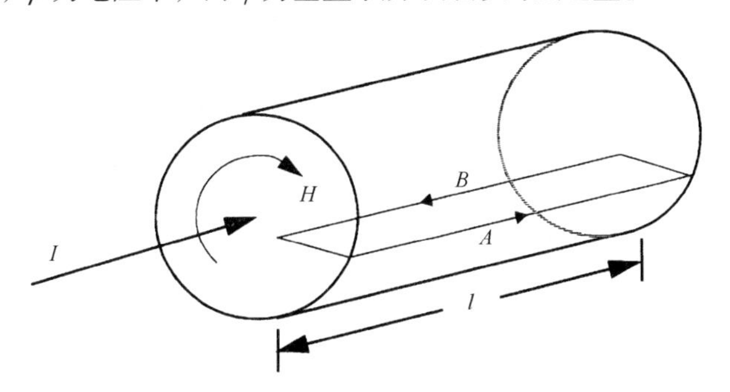

图 4.1　解释趋肤效应的绝缘圆柱导体

正如前面推导的那样，我们可以看到沿路径 A 的电流密度确实要比沿路径 B 的电流密度大一个数值。这个值会随深度、频率或磁场强度的增加及电阻率的减小而加大，这些因素都会加大趋肤效应。此外，式中出现的导数告诉我们，电流的变化不只是简单地随深度的增加而减小，而且还会有一个相位的变化。

如果现在使圆柱导体的曲率半径增加到无穷大，我们就把这个圆柱导体转变成了常用来分析说明趋肤效应的矩形结构，如图 4.2 所示。我们只是概括性地说明一下这个问题是怎样提出的，然后直接给出相应的解决方案。[①]

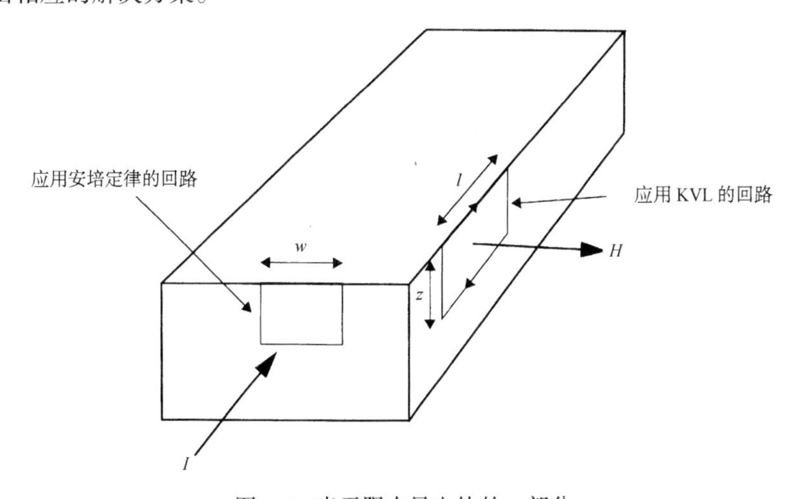

图 4.2　半无限大导电块的一部分

计算出由 H 感应出的沿矩形回路线的电压，并像前面那样继续应用基尔霍夫电压定律，得到

$$J\rho l - J_0\rho l = \frac{\mathrm{d}\phi}{\mathrm{d}t} = -\frac{\mathrm{d}}{\mathrm{d}t}\int_0^z Bl\,\mathrm{d}z \tag{2}$$

式中，下标 0 表示在导电块表面处的值。

① 对于细节推导，可参照有关电磁理论的优秀教材。例如 S. Ramo, T. van Duzer, and J. R. Whinnery, *Fields and Waves in Communications Electronics*，3rd ed., Wiley, New York, 1994。也可参照 U.S. Inan and A.S. Inan, *Electromagnetic Waves*，Prentice-Hall，Englewood Cliffs，NJ，2000。

现在我们把 J 和 H（因而还有 B）直接表示成正弦时变量。例如，令

$$J_0 = J_{s0}\mathrm{e}^{\mathrm{j}\omega t} \tag{3}$$

式中，下标 s 表示这些趋肤效应变量的幅值。

当代入这些公式时，我们可以把 KVL 方程写为

$$\rho\frac{\mathrm{d}J_s}{\mathrm{d}z} = -\mathrm{j}\omega B_s = -\mathrm{j}\omega\mu H_s \tag{4}$$

在这里利用了磁通密度 B 和磁场强度 H 之间的关系：

$$B = \mu H \tag{5}$$

式中，μ 为磁导率（在几乎所有的集成电路中它等于真空的磁导率）。

我们还需要一个公式才能列出微分方程。这就是安培定律：①

$$I_{\mathrm{encl}} = w\int_0^z J\,\mathrm{d}z = wH_0 - wH \tag{6}$$

我们像前面那样进行替换，从而得到

$$\frac{\mathrm{d}H_s}{\mathrm{d}z} = J_s \tag{7}$$

联立式（4）和式（7）可得到关于电流密度的一个简单的二阶微分方程：

$$\frac{\mathrm{d}^2J_s}{\mathrm{d}z^2} = \frac{\mathrm{j}\omega\mu}{\rho}J_s \tag{8}$$

它的解为

$$J_s = J_{s0}\exp\left(-\frac{z}{\delta}\right)\exp\left(\frac{-\mathrm{j}z}{\delta}\right) \tag{9}$$

式中，

$$\delta = \sqrt{\frac{2\rho}{\omega\mu}} = \sqrt{\frac{2}{\omega\mu\sigma}} \tag{10}$$

称为趋肤深度。可以看到，电流密度从它在表面的值起按指数规律衰减。同样（由第二个指数因子）可以看到，如前所述，这里确实存在一个相移，在深度为 δ 处的相位滞后了一个弧度。

对于这个无限宽、无限长和无限深的导电块来说，趋肤深度就是电流密度减小 e 倍时在导体表面下的距离。铜在 1 GHz 时的趋肤深度大约为 2 μm。铝的趋肤深度略大一些，约为 2.5 μm。这种指数衰减表明，使一个导体的厚度超过趋肤深度很多时所能减少的电阻可以忽略不计，这是因为所增加的材料几乎不载流。而且我们可以把它的等效电阻确定为一个厚度为 δ 、电流密度均匀分布的导体的电阻。这个事实常常用来简化一个导体交流（AC）电阻的计算。但为了确保计算结果的合理性，边界条件必须符合用来推导方程组时的那些条件：即返回电流必须在无限远处，并且该导体必须类似于一个半无限大的导电块。只要所有的曲率半径及各向厚度至少是趋肤深度

① 回想一下安培定律的文字表述：磁场沿一条封闭路径的积分等于这条路径所包围的总电流。

的 3～4 倍，那么后一个条件就可以很好地得到满足。

作为一个具体例子，让我们来估算一下一条绝缘导线的交流电阻。假设该导线的直径要比趋肤深度大很多。在这种情况下我们可以假设所有的电流都在一个深度为δ 的环形区域内流动，由此可以估算出这个电阻值，如图 4.3 所示。这个电阻值很容易计算：

$$R=\frac{\rho l}{A}\approx\frac{\rho l}{2\pi r\delta} \tag{11}$$

式中，l 是导线的长度，由于我们已假设半径 $r\gg\delta$，因而得到了最终的近似表达式。

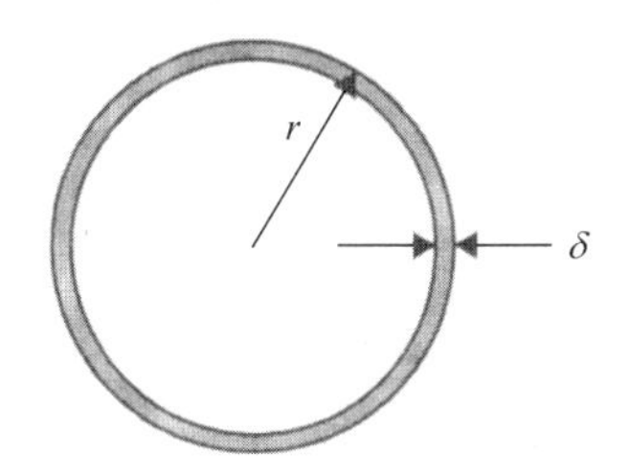

图 4.3　应用趋肤深度的概念计算电阻（所示为横截面）

在这个情形中，由简单的趋肤深度假设可以得到非常好的结果。但在其他一些情形中，这样的结果可能会引起很大的误差。为了估计一下这样的误差会有多大，我们定性地想象一下电流在何处流动比较好。为了做到这一点，我们回想一下，在说明趋肤效应时，我们曾基于一些定性的理由，这些理由使我们对几个重要的问题有了深刻的理解。这些理由之一就是趋肤效应在磁场最强处也最强。所以，在确定哪些表面可能流过大部分电流时，我们需要识别出什么地方的磁场最强。

考虑一个同轴的导体系统，如电缆。这里有三个表面，但并不是所有表面都表现出趋肤效应。外层圆柱导体流过的是中心导体电流的返回电流。同轴结构是自屏蔽的，即电缆外的电场和磁场完全为零，这是由于这两个导体的影响被相互抵消了（这个特性就是为什么同轴结构非常重要的首要理由）。所以，磁场在这两个导体之间的空间上最强，因而在内层导体的外表面和外层导体的内表面上趋肤效应最为明显。在图 4.4 中，电流密度大的区域用黑色来表示。

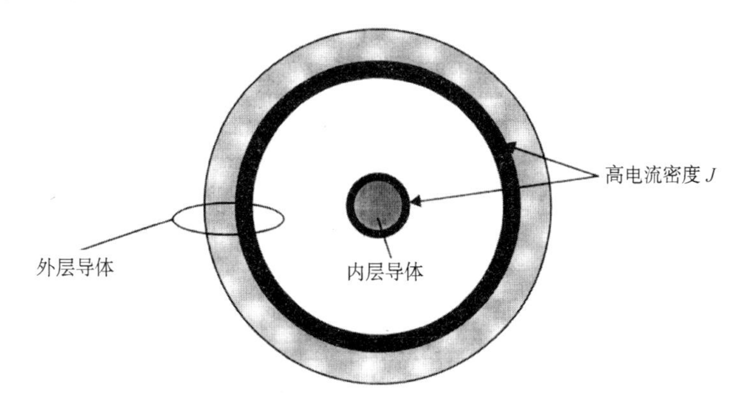

图 4.4　同轴电缆的横截面

外层导体的外表面几乎没有什么电流流过（这里我们再次假设导体的厚度大大超过趋肤深度），因此计算外层导体的电阻时只需要考虑它的黑色环形区。注意，并不是所有表面都表现出趋肤效应。

为了强调“并不是所有表面都表现出趋肤效应”，我们再举一个例子加以定性说明。具体来说就是考虑两个距离很近的并行圆柱导体，当其中一个导体中的电流是另一个导体中电流的返回电流时将发生什么情形。与同轴结构中的情形一样，磁场在这两个导体之间的区域上最强，因此最大的电流密度出现在这两条导线互相面对的地方，见图4.5。不言自明，这就是为什么把电流因邻近导体中有电流流过而出现表面挤塞的现象称为邻近效应（proximity effect）的原因。

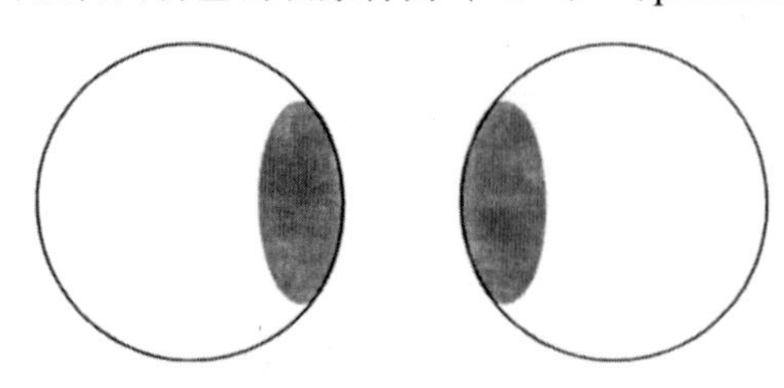

图 4.5 两条导线的横截面

作为最后一个例子，我们考虑一个薄而宽的导体（同样假设所有其他的导体离得非常远）。电流大致分布如图 4.6 所示。电流向着两端挤塞（为了便于记住这一点，可以把这种结构想象为一个圆柱导体中心处的一条薄片，这条薄片的两端对应于圆柱导体载流的外表面）。由于沿着这条薄片两条长边的电流密度较低，因此进一步加宽导体只会使电阻有适度的减小，而加厚导体却会产生很大的影响。如果我们使一个导体靠近它，那么电流的分布情况就会改变。

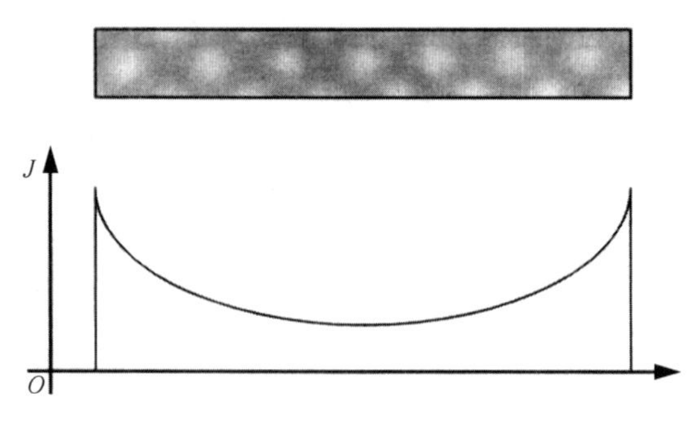

图 4.6 薄而宽导体的横截面和电流密度（近似）

计算后两种结构的等效电阻显然不像计算绝缘导体时那样简单。确实，把这样一个看似简单的结构当成一个单层绕组来精确计算其等效电阻实际上是不可能的，因为在线匝之间存在着相互作用。计算上的困难更进一步说明了随意假设所有表面的载流情况同样是有风险的。

最后，为得到一系列有关趋肤效应的有用公式，可参见 Harold A. Wheeler 发表的“Formulas for the Skin Effect”（*Proc. IRE*, v.30, September 1942, pp.412-24）一文。

4.3 电阻

在标准 CMOS（互补金属-二氧化硅）工艺中选择合适电阻的余地不大。一种可能是采用多晶硅（简称“多晶”）互连材料，因为它比金属的电阻率更大。然而，现在大多数多晶都采用专门的金属硅化（silicided）工艺来降低电阻值。电阻率大约在每方块 5～10 Ω（即方块电阻）左右（通常在这个值的2～4 倍的范围内），因此多晶主要适用于中等程度的小电阻。它的精度往往很差（比如 35%），而它的温度系数（TC）定义为

$$\mathrm{TC} \equiv \frac{1}{R}\frac{\partial R}{\partial T} \tag{12}$$

该温度系数取决于掺杂和组成成分，并且通常在 1000 ppm/℃（每摄氏度百万分之一）附近。未硅化的多晶具有较高的电阻率（根据掺杂的情况大约可以有好几个数量级的差别），并且它的 TC 与具体工艺有关，可以在很宽的范围内变化（在某些情况下甚至可以为零）。由于通常很难严格控制，因此如果最终将未硅化的多晶作为一种选择，那么通常具有很差的精度（例如 50%）。先进的双极工艺采用自对准多晶发射极，因此在该工艺中多晶电阻也是一种选择。

多晶电阻除其较低的 TC 外，还具有单位面积相对较低的寄生电容，以及标准 CMOS 工艺中所能采用的电阻材料中最小的电压系数。

用源漏扩散区做成电阻也是一种选择。它的电阻率和温度系数通常类似于硅化多晶硅（一般在两倍的范围内），重掺杂时可以得到更低的 TC，但同时也存在较大的寄生（结）电容和显著的电压系数。前者限制了电阻可以应用的频率范围，而后者限制了可以外加的不造成显著失真的电压的动态范围。此外，必须注意避免在电阻的任何一端形成正向偏置。这些特点往往限制了扩散电阻只能用在非关键电路中。

在现代 VLSI（超大规模集成电路）工艺中，源漏“扩散”是由离子注入确定的。通过这种方式形成的源漏区域很浅（通常深度大约不超过 200～300 nm，大致随沟道长度按比例伸缩），掺杂较重，几乎完全被硅化，因此具有中等程度的低温度系数（在 500～1000 ppm/℃的数量级）。

阱可以用来作为高值电阻，因为它的电阻率通常在每方块 1～10 kΩ的范围内。遗憾的是，由于在阱和衬底之间形成的大面积“pn 结”使寄生电容很大，所形成的电阻具有很差的初始精度（±50%～80%）、较高的温度系数（由于轻掺杂的缘故，通常为 3000～5000 ppm/℃）以及较大的电压系数。因此，阱电阻的使用必须谨慎。

有时，一个 MOS 晶体管被用作一个电阻，甚至是一个可变电阻。当提供一个合适的栅–源电压时，就可以形成一个尺寸紧凑的电阻。由一阶理论可知，一个长沟道 MOS 晶体管在线性区（三极管区）的交流小信号电阻是

$$r_{ds} \approx \left[\mu C_{\mathrm{ox}}\frac{W}{L}[(V_{GS}-V_T)-V_{DS}]\right]^{-1} \tag{13}$$

遗憾的是，这个公式本身就意味着 MOS 晶体管电阻具有很差的精度（因为它取决于迁移率和阈值电压）和很高的温度系数（由于迁移率和阈值电压随温度变化），并且它表现出很大的非线性（因为它与 V_{DS} 有关）。这些特点常常限制它只能用在信号路径以外的非关键电路中。一个例外是这种电阻可以用于某些增益控制的应用中。在这些应用中，栅极驱动是由一个反馈环引入的，因此器件特性的变化将被自动补偿。

另一种选择有时会很有用，尤其是在防止采用并联的双极型晶体管的功放级的热失控上，这就是将金属互连线用作一个小电阻。在大多数互连线工艺中，金属的电阻率通常在 50 mΩ/□的数量级上，因此得到 10 Ω左右的电阻是可行的。

铝在互连线中最常用，它的温度系数大约为 3900 ppm/℃。铝的 TC 值随温度不同稍有变化，可以认为它的电阻值在军用温度范围内（−55℃～125℃）近似地与热力学温度成正比（proportional to absolute temperature，PTAT）：

$$R(T) \approx R_0\frac{T}{T_0} \tag{14}$$

其中某个数据点（即在温度 T_0 时的阻值 R_0）是已知的。

有些工艺提供一层或几层由某种硅化物形成的互连线（主要是因为它有极好的电迁移性质），其电阻率大约比纯铝或铜高出一个数量级，而 TC 值则大致相同。

一些专门制作模拟电路的公司已经改进了它们的工艺来提供高质量的电阻，比如那些用 NiCr（镍铬合金）或 SiCr（硅铬合金）做成的电阻。这些电阻具有很低的 TC 值（为 100 ppm/℃数量级或更低），并且这类薄膜型的电阻可以用激光很容易地修整到小于 1%的绝对精度。可惜的是，这些工艺不是随处都有的，额外的工艺步骤会使芯片的成本增加很多。

方块数目的计算

由于实际原因，电阻在版图上不是一个细直的小长方形。此外，为了最有效地利用所分配的芯片面积，电阻形状通常都会有弯曲，这就提出了如何计算方块数目的问题，见图 4.7。

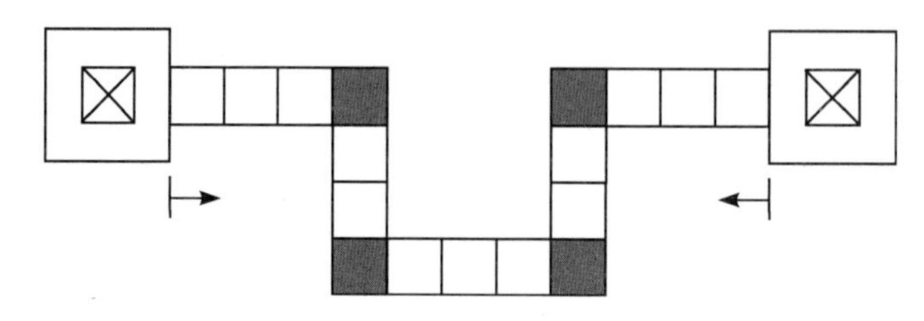

图 4.7　计算方块数目的例子

通过观察可见，拐角处的方格（图中阴影部分）并不能算作一个完整的方块。作为粗略的近似，可以把阴影部分算为半个方块。更严格的分析表明，一个拐角其实相当于 0.56 个方块。[①] 因此，由两个箭头所界定的电阻大约是 15.24 个方块。

一般来说，接触单元那部分的电阻（两端的“哑铃”部分）也必须考虑。尽管实际的电阻值取决于接触单元版图的具体细节，但典型的阻值大约是半个方块。

4.4　电容

所有的互连层都可以用作通常的平板电容（见图 4.8）。然而，普通的层间电介质比较厚（大约为 0.5 ～1 μm），这恰恰减少了层间电容，因此单位面积的电容很小（典型值为 5×10^{-5} pF/μm^2 左右）。此外，还必须注意它的下极板与其下方的任何导体（特别是衬底）所形成的电容。这个寄生的下极板电容往往高达主要电容的 10%～30%（甚至更多），因此会严重限制电路的性能。

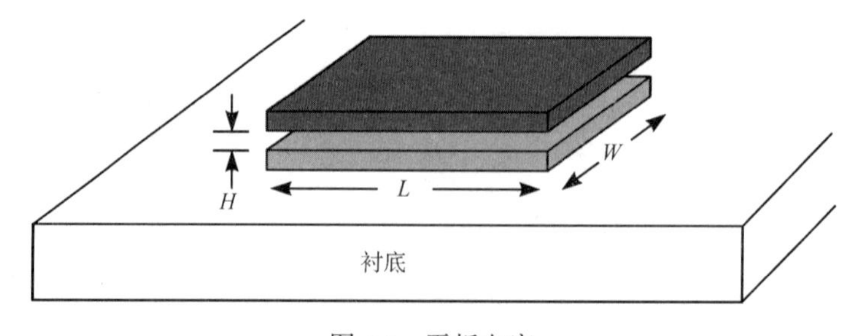

图 4.8　平板电容

① Richard C. Jaeger, *Introduction to Microelectronic Fabrication*, 2nd ed., Prentice-Hall, Englewood Cliffs, NJ, 2001。

标准电容的公式为

$$C \approx \varepsilon\frac{A}{H} = \varepsilon\frac{W \cdot L}{H} \tag{15}$$

上式有些低估了电容，因为它没有考虑边缘效应，但是只要平板尺寸比平板间距 H 大得多，这个公式还是很精确的。如果以上条件不能很好地满足，那么可以在计算平板面积时把 W 和 L 都加上 $2H$，作为对边缘效应的一个粗略的一阶校正：

$$C \approx \varepsilon\frac{(W+2H)\cdot(L+2H)}{H} \approx \varepsilon\left[\frac{WL}{H} + 2W + 2L\right] \tag{16}$$

在 IC 无源元件中少有的好消息之一是：金属–金属电容的 TC 值很低，通常大约在 30～50 ppm/℃ 的范围内，并且它主要取决于氧化物电介质常数本身的 TC 值，因为尺寸随温度的变化可以忽略。①

单位面积的总电容可以通过采用两个以上的互连层来加大。在撰写这本书的时候，有些工艺技术已能提供 5 层金属层，因此通过使用三明治结构，有可能获得 4 倍的电容。我们甚至还可以利用在某个给定互连层上相邻金属线之间的横向电通量来进一步增加电容。由于相邻金属线之间允许的间距已经缩小到了小于层间的距离，因此这种横向耦合是很重要的。

一种表明这一基本思想的简单结构如图 4.9 所示，其中电容的两个极板被标为深浅不同的阴影区域。可以看出，由同一金属层构成的“顶”和“底”极板交替地利用横向电通量。通常的垂直电通量也可以通过将另一金属层的各部分放置为互补的图形来加以利用，如图 4.10 所示。

图 4.9　横向电通量电容的例子（顶视图）

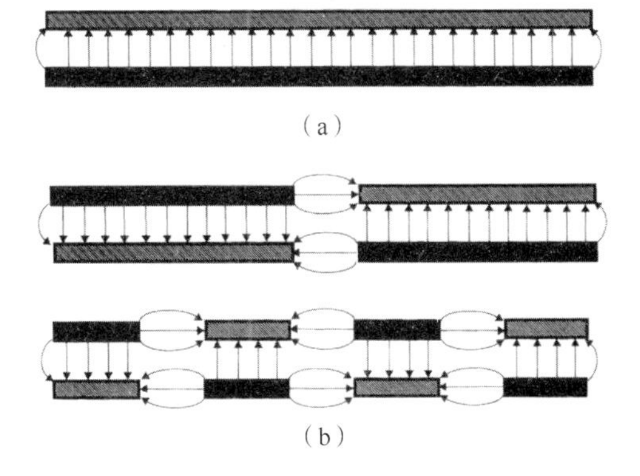

（a）

（b）

图 4.10　横向电通量电容的改进（侧视图）

① J. L. McCreary, “Matching Properties, and Voltage and Temperature Dependence of MOS Capacitors,” *IEEE J. Solid-State Circuits*, v. 16, no.6, December 1981, pp. 608-16。

横向电通量电容的一个重要性质是寄生的底极板电容比普通平行板结构的要小得多，因为对于要求的总电容来说，它所占据的面积较少。此外，相邻的两个极板也有助于使电通量远离衬底，从而进一步减小了底极板的寄生电容，如图 4.11 所示。

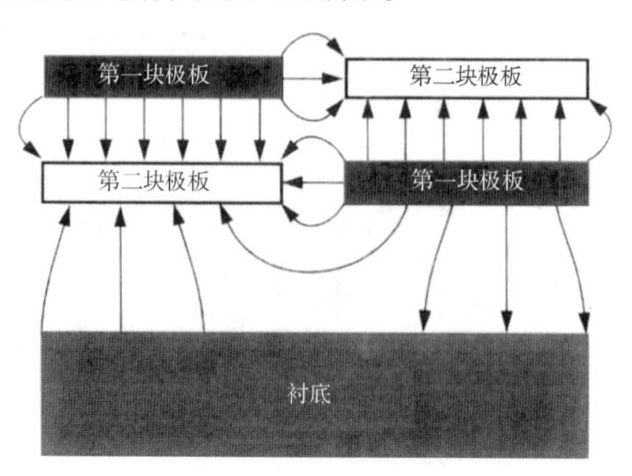

图 4.11　使电通量远离衬底的示意图

由于横向电通量电容取决于总周长，因此通过使版图几何形状的周长最大，可以获得最大的电容。在有关不规则碎片（fractal）的文献中可以找到大量有用的几何形状，因为它们是那些可能包围有限面积而又具有无限周长的结构。[①] 由于光刻技术的限制，无限周长是不可能实现的，但是使周长大幅增长却是有可能的。在一些例子中，电容可以获得 10 倍或更多的增长。

某些理想的“碎片”具有有限的面积和无限的周长。这个概念也许用例子来说明最清楚。Koch 岛（Koch islands）是其中的一类碎片，它最初被用作海岸线形状的粗略模型。构造 Koch 曲线从一条原始曲线（initiator）开始，如图 4.12 的例子所示。这里，原始曲线就是一个正方形，所以 $M = 4$（即 4 条边）。构造 Koch 曲线是通过把原始曲线的每条边都替换为一条所谓的生成曲线（generator）来实现的。在图中所示的例子中，生成曲线有 8 条边，即 $N = 8$。生成曲线各边的长度 r 为原始曲线各边长度的 1/4。通过迭代方式把已形成曲线的每条边用生成曲线来代替，就形成了一个碎片的边界。这个过程的第一步表示在图 4.12（c）中。在这个情形中，由于这条生成曲线的特殊形状，因此每一阶段中形成的碎片所占据的总面积总是保持不变的。

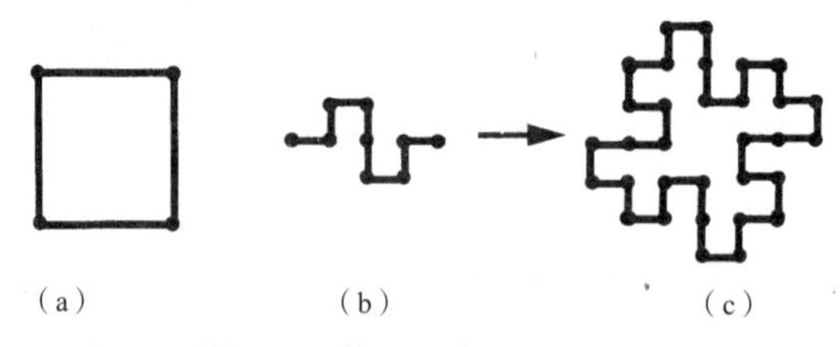

图 4.12　构造一条 Koch 曲线

图 4.13 所示为一个更为复杂的 Koch 岛（该 Koch 岛的 $M = 4$，$N = 32$，$r = 1/8$）。与这一碎片相关的原始曲线有 4 条边，而它的生成曲线有 32 条边。可以看到，这条曲线是自相似的，即它的每一部分看上去都很像整个碎片。当我们把它放大来看时，就可以看到更多的细节。这种在不同比例时的自相似性是碎片的特性。

① A. Shahani et al., “A 12mW, Wide Dynamic Range CMOS Front-End Circuit for a Portable GPS Receiver,” *ISSCC Digest of Technical Papers,* Slide Supplement, February 1997。

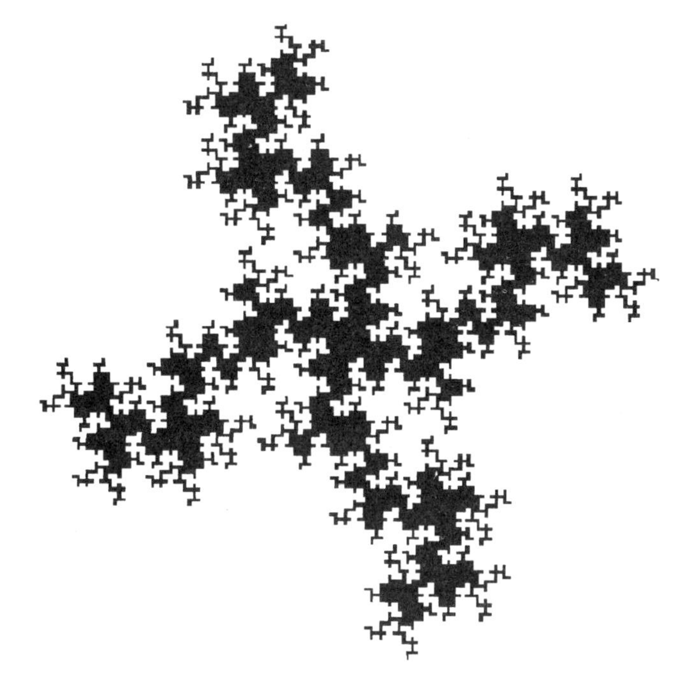

图 4.13　基于 Koch 岛形成的碎片

通过适当地选择原始曲线和生成曲线，可以使一个碎片所形成的最终形状的范围很广。同样，在前后连续的步骤中，可以采用不同的生成曲线。但在实际中，由于希望电容是矩形形状，因此选择的余地将受到限制。图 4.14 所示为另一种基于碎片构造电容的方式，该电容的特点就是能很方便地全部填满矩形空间。所示的电容只用一层具有碎片边界形状的金属层，但它可以通过在其上加一层互补金属层来加大电容（如果允许有另外的金属层）。为了更好地理解整体情况，这个方块形电容的两个电极用两种不同的明暗效果来表示。同样，增加的金属层也可以交叉连接，以进一步提高电容量密度。

图 4.14　基于 Minkowski 香肠形状的碎片电容

除了电容量密度，品质因子 Q 在射频应用中也很重要。在碎片结构中，品质因子的降低最少，因为碎片结构自动地把薄层金属部分的长度限制在几个微米以内，从而使串联电阻很小。对于需要很小的串联电阻的应用，可以采用较低度的碎片结构。由此可见，碎片方式使电容设计增加了一个自由度，使我们可以用电容量密度来换取较小的串联电阻。

在现今的集成电路工艺中，无论在各个圆片之间还是在同一圆片的不同位置，对于金属层横向间隔的控制通常要比氧化层垂直厚度的控制更加精确。横向电通量电容把匹配的重任从控制氧化层厚度转移到了光刻工艺。因此采用横向电通量电容可以改善匹配性能，而且这种结构的伪随机特性可以在一定程度上补偿刻蚀工艺不均匀的影响。然而，为了达到精确的比率匹配，仍然应该采用多次复制一个单元的方法，这是在高精度模拟电路设计中常用的一种方法。

碎片电容和通常的叉指状电容相比，后者的缺点是具有本征寄生电感。大多数碎片形状都能使电流方向随机化，从而减小了等效的串联电感；而对于叉指状电容来说，所有平行薄片的电流方向相同。此外，碎片形状通常有许多锐边，这些锐边处的电场比较集中，有助于提高一小部分电容量（一般提高 15%左右）。同时，叉指状结构易受刻蚀工艺不均匀的影响。不过叉指状电容的简单特性使人们在许多情形中仍乐于采用它。

图 4.15 所示的交织结构也可以用来实现高电容量密度。垂直条是金属层 2，水平条是金属层 1。这个电容的两个极板用两种不同的阴影来表示。与叉指状电容相比，交织结构的本征串联电感要小得多，这是由于电流沿不同方向流动的缘故。由此达到的较高的自谐振频率是这种结构所希望具有的特性。此外，由通孔（via）引起的串联电阻也比叉指状电容的串联电阻小，因为在金属层之间进行交叉连接要容易得多。但是当金属节矩相同时，交织结构的电容量密度要比叉指状电容的小，这是由于垂直场产生的电容较小。

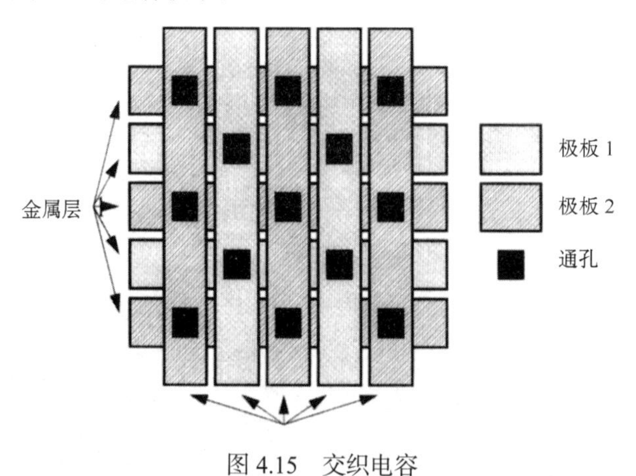

图 4.15　交织电容

在现代 CMOS 工艺中可以充分利用多层金属层的最后一种方法是利用金属互连层，用通孔来构造垂直的导电板。这一垂直的平行板（VPP）结构比起上述的碎片结构，更能充分符合横向间距日益缩小的趋势。[①]

另一种通常的选择是采用 MOS 电容，即 CMOS 工艺中的一个普通晶体管的栅电容。甚至在某些双极型工艺中，MOS 电容也可以作为一种特殊的选择。通常，其底极板由发射极扩散区构成，

① R. Aparicio and A. Hajimiri, “Capacity Limits and Matching Properties of Lateral Flux Integrated Capacitors,” *Custom Integrated Circuits Digest of Technical Papers*, 2001。

电介质为一层薄氧化层，顶极板为金属或多晶硅。单位面积的电容取决于电介质的厚度，但通常在 1～5 fF/μm^2 的范围内，即比普通互连电容大 20～100 倍。一般来说，MOS 电容具有比较小的正温度系数（约为 30 ppm/℃），不过这只适用于将半导体掺杂成简并半导体的情况，因此栅电容多少显示出更大的 TC 值。

当在 CMOS 工艺中采用栅电容时，保持晶体管处于强反型（即保持栅-源电压远高于阈值）状态是很重要的；否则，电容将很小，有损耗，并且具有高度的非线性。人们偶尔也采用在 n 阱中的 n+ 源漏扩散区形成的积累模式 MOSFET 作为电容（见图 4.16）来缓解这一问题。这种电容所要求的无外乎是已有的标准 CMOS 工艺，但是它的特性可能很难由生产过程所控制（甚至不能跟踪）。

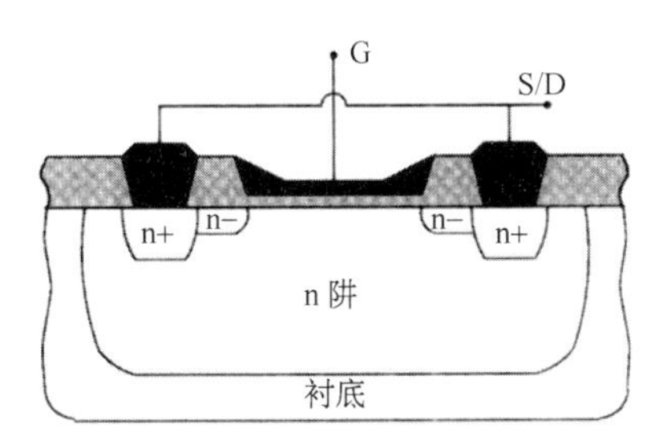

图 4.16　积累模式变容管

这两种栅电容的 Q 值都取决于由式（13）所定义的沟道电阻。为了推导出该电容的一个粗略的一阶模型，可以考虑图 4.17。这种近似总体上高估了有效的串联电阻，因为在实际结构中，靠近源和漏的那部分栅电容与这两个终端之间连接的电阻，要比靠近沟道中心的那部分栅电容的电阻小。[①] 这个模型确定了最大电阻（即从沟道中心到源漏连接之间的电阻），并将这种最坏情况下的电阻值同所有的电容串联。然而，这个模型正确地预计了为获得最大的 Q 值，应当采用最小的器件尺寸（对给定偏置，使 r_{ds} 最小）。此外，我们还必须谨慎地连接器件，以便使附加的电阻损耗降到最低。

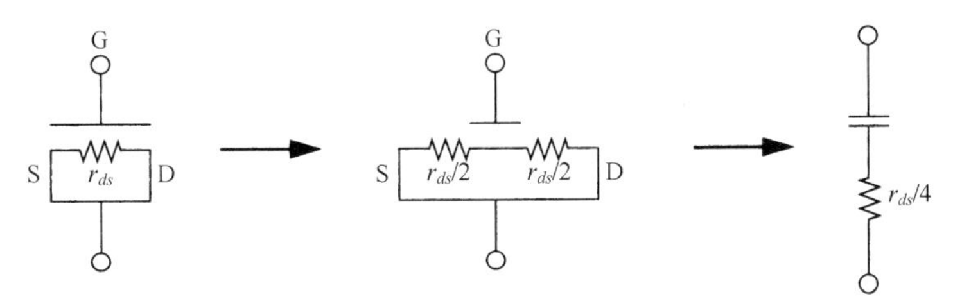

图 4.17　粗略的栅电容模型演变

另一种选择是采用 pn 结电容，例如由 n 阱中的 p+ 区域形成的结电容。由于结电容取决于所加的偏置，因此这种电容常用于电子调谐电路。用于这种目的的二极管称为变容管（这个名字来源于可变电抗器）。回想一下结电容与偏置电压的关系是

$$C_j \approx \frac{C_{j0}}{(1 - V_F/\phi)^n} \tag{17}$$

式中，C_{j0} 是在零偏置时的交流小信号电容，V_F 是加在 pn 结两端的正向偏置，ϕ 是内建电势[通常是几百毫伏（mV）]，n 是一个取决于掺杂形态的参数。对于突变掺杂，n 的值是 1/2；而对

① 事实上，可以证明对于等效电阻，更好的估计实际上是图 4.17 所示值的 1/3。

于线性渐变结，n 是 1/3。[①] 正如读者可以想到的那样，如果不希望有变容作用，那么结电容是一个很差的选择。

上述电容公式能够很好地适用于反向或弱正向偏置，但是随着正向偏置的增大，它将高估电容的实际值。一个粗略的估计是正向偏置时的结电容为零偏置时的 2～3 倍。此外，参数ϕ和 n 应主要作为拟合曲线的参数来处理 —— 它们并不总能取到在物理上合理的值。

结电容同样具有比较大的温度系数，在深度反向偏置时的约 200 ppm/℃到零偏置时的约 1000 ppm/℃之间变化。可以证明，[②] 结电容的温度系数可以近似表示为

$$\mathrm{TC} \approx (1-n)\mathrm{TC}_{\mathrm{Si}} - n\left[\frac{1}{1-V_F/\phi}\right]\mathrm{TC}_{\phi} \tag{18}$$

式中，n，ϕ和 V_F同式（17）。$\mathrm{TC}_{\mathrm{Si}}$（$\varepsilon_{\mathrm{Si}}$的 TC 值）大约为 250 ppm/℃，$\mathrm{TC}_{\phi}$（内建结电势的 TC 值）取决于掺杂，通常在−1000 ppm/℃到−1500 ppm/℃的范围内。

遗憾的是，IC变容管的 Q 值随调谐范围呈相反的变化。不对称的掺杂可以使电容在单位电压下具有更大的可变范围，但同时也造成了相对来说比较大的串联电阻。当耗尽层最窄从而电容最大时，串联电阻也最大。也就是说，电容最大时Q 值最小。因此，必须谨慎使用 IC 变容管（例如，它们不应构成一个振荡槽路的全部电容）。

互连线电容

在射频时得到互连线寄生电容的精确值已变得特别重要。大学物理中的平行板（电容）公式常常低估了相应的电容，因为一个导体方向上的尺寸通常并不比到另一个导电层的距离大许多，这样边缘电容是很显著的，所以简单的公式常常因其精度差而不能被接受。

我们将考虑三种形式的电容：第一种情形是单条导线在无穷大的导电平面之上；第二种情形是单条导线夹在两个无穷大的导电平面之间；第三种情形是一条导线处于两条相邻的导线之间，而所有这三条导线均在一个无穷大的导电平面之上。对烦琐推导不太感兴趣的读者可以忽略这些内容，直接阅读公式的总结。最后要记住的是，在这里考虑的所有情形中都假设具有一种均匀的电介质。由于钝化层和/或塑料封装的存在，一般都会使电容增加一定的数量，其范围为从最顶层的互连线增加约 10%到最内层的互连线只增加 1%～2%。

第一种情形：单条导线在导电平面之上

单条导线在单个导电平面之上的情形也许是首先考虑的最简单的情形。由 Yuan[③]提供的适用于这种情形的公式具有直觉上的好处，因为它是从物理概念出发的：它通过逐步建模把电容明确地分解成平面和边缘两部分，如图 4.18 所示（我们假设导线在与页面垂直的方向上为无限长）。

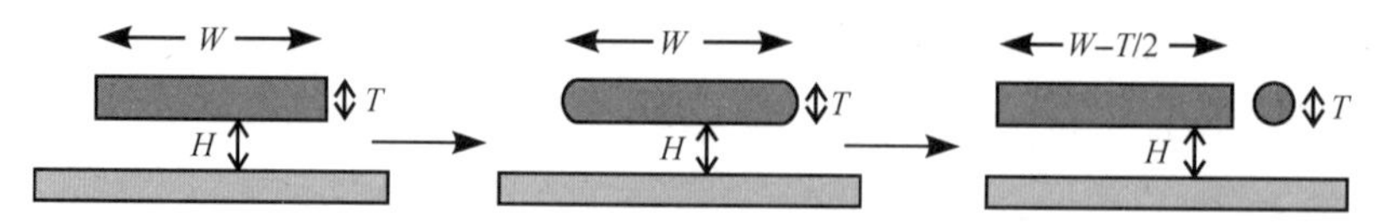

图 4.18　Yuan 把平行板电容分解成平面和边缘两部分

① 超过 1 的 n 值可以通过“超突变”结来获得，但这需要标准 IC 工艺所不具备的特殊工艺。

② 参考 McCreary 的资料（见第 95 页脚注①）。

③ C. P. Yuan and T. N. Trick, “A Simple Formula for the Estimation of the Capacitance of Two-Dimensional Interconnects in VLSI Circuits,” *IEEE Electron Device Lett.*, v. 3, 1982, pp. 391-3。

从图中可以看出，基本的概念是把这两部分相加得到总的电容。其中一个组成部分是我们熟悉的平面（无边缘效应）部分，它正比于 W/H，而另一个（边缘效应）部分是直径为 T 的导线电容减去与 $T/2H$ 成正比的项，因此 Yuan 的每单位长度的电容公式为

$$C_{\text{Yuan}} \approx \varepsilon\left[\frac{W}{H}+\frac{2\pi}{\ln\left\{1+(2H/T)\left(1+\sqrt{1+T/H}\right)\right\}}-\frac{T}{2H}\right] \tag{19}$$

只要 W/H 的比不是太小，那么采用 Yuan 的方法可以估计得很好，典型的误差范围在 5%左右。[①] 然而，在 W/H 值低于 3 时，误差会迅速增加。遗憾的是，这个范围常常可能就是人们感兴趣的范围，特别是当考虑未来的工艺水平时。另外，边缘电容部分的表达式仍然有些复杂。

另一种策略是放弃任何从物理原理的推导而直接对二维（2D）电场模拟求解的结果应用函数拟合技术。Sakurai 利用这种方法给出了一个公式：[②]

$$C_{\text{Sakurai}} \approx \varepsilon\left[\frac{W}{H}+\frac{0.15W}{H}+2.8\left(\frac{T}{H}\right)^{0.222}\right] \tag{20}$$

式中和前面一样分别列出了电容的平面部分（第一项）和边缘效应部分（其他两项）。

与 Yuan 公式相比，Sakurai 公式在 W/H 值比较大时其精度会逐渐变差，但在 W/H 值比较小时其精度比 Yuan 公式的好。这个公式的精度在 W/H 值为 2～3 附近时发生转折，至少对于 Barke 论文中考虑的导体和电介质厚度的特定值（即 $T = 1.3\ \mu\text{m}, H = 0.75\ \mu\text{m}$）是成立的。

有一个比 Sakurai 公式稍微复杂（虽然也许在计算上效率更高）的公式可以得到较高的精度。v. d. Meijs 和 Fokkema（由此称为 MF）通过函数拟合得到一个这样的公式：[③]

$$C_{\text{MF}} \approx \varepsilon\left[\frac{W}{H}+0.77+1.06\left[\left(\frac{W}{H}\right)^{0.25}+\left(\frac{T}{H}\right)^{0.5}\right]\right] \tag{21}$$

Barke 认为对适合于集成电路的尺寸，MF 公式一般产生比 1%更好的精度。MF 公式的简单性和精确性是非常吸引人的（除了通常的算术运算，只要求开方运算）。此外，正如我们将要看到的，MF 公式是一个很有用的基本公式，由它可以推导出其他情形下的公式。

这里让我们看一下某些数值计算的结果（见表 4.1）。为了对边缘影响的大小有一个直观的感觉，表中同时列出了平面电容项（也就是由大学物理的简单公式给出的那一项）。表中所有尺寸的单位为μm，所有电容的单位为 fF/μm。对于较小的 W/H 值，所有这三种方法产生的结果基本相同。然而对于较大的 W/H 值，这三个值具有很大的差别。假如我们相信 Barke，并认为 MF 公式的值是最精确的，可以看到 Yuan 公式的误差也许在 10%左右，尽管这可能比大多数手工计算要好得多。

---

① E. Barke, “Line-to-Ground Capacitance Calculation for VLSI: A Comparison,” *IEEE Trans. Computer-Aided Design*, v. 7, no. 2, February 1988, pp. 295-8。

② T. Sakurai and K. Tamaru, “Simple Formulas for Two- and Three-Dimensional Capacitances,” *IEEE Trans. Electron Devices,* v. 30, no. 2, February 1983, pp. 183-5。

③ N. v. d. Meijs and J. T. Fokkema, “VLSI Circuit Reconstruction from Mask Topology,” *Integration* v. 2, no. 2, 1984. pp. 85-119。

表 4.1 在单个导电平面之上单条导线的电容（单位：fF/μm）

方法	$W=1.36$，$H=1.65$，$T=0.8$ 时的电容	$W=2.38$，$H=0.87$，$T=0.3$ 时的电容
MF	0.115	0.190
Sakurai	0.115	0.185
Yuan	0.114	0.172
平面（电容）项	0.028	0.094

记住，同样重要的是当 W 和 H 的尺寸可比拟时，平面部分的电容只占总电容的很小一部分。例如对于较小的 W/H 值，平面项大约不足总电容的 1/4，而对于较大的 W/H 值，平面项也仍然只是总电容的一半左右。这些观察揭示出单位长度 RC 乘积与导线宽度之间的依赖关系具有某些令人感兴趣的含义：在边缘效应显著的情况下，通过增加导线宽度，有可能使导线的总 RC 有本质的减小，因为边缘电容随线宽增加得很慢，而 R 则按比例减小。

第二种情形：单条导线夹在两个导电平面之间

夹在两个导电平面之间的单条导线的电容（见图 4.19）可以用第一种情形的公式作为起点来计算。如果我们把这条导线的电容分别与每个平面的电容简单地相加，就会发现其结果总体上被高估了，因为边缘效应的电容部分被高估了。

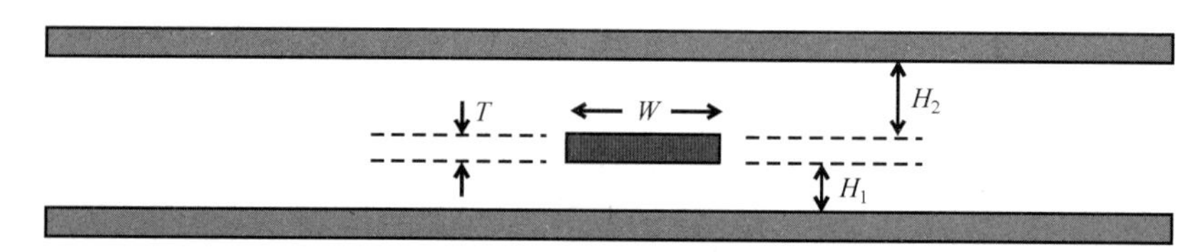

图 4.19 第二种情形的导体排布

一个重要的发现是，增加第二个导电平面主要会引起边缘电场的重新分布而不影响它的数值。因此这一发现意味着我们应当只对两个平面项进行相加，然后再加上对每个平面计算出的边缘项的加权平均值。

我们希望有这样一个理想的公式来表示总的边缘项：当导线的两个边缘效应可比拟时，该公式可以给出这两个边缘电容的合适的加权平均值，而当导线到一个平面的距离趋向于无穷时，这个公式收敛至这两个边缘项中的一个。一个多少具有这种特性（当 n 趋于无穷时）的比较简单的通用“平均”函数为

$$f(x_1, x_2) = \left[\frac{x_1^n + x_2^n}{2}\right]^{1/n} \tag{22}$$

注意，n 等于 1 时，该式相当于通常的计算平均值的公式。

作为一种预先设定的方法，假设我们分别计算边缘项，然后应用以上的平均函数，再把这个结果加上平面项之和。如果随意选择 $n=4$（从而使指数比较合理），那么在两个平面之间的单条导线的电容就是

$$C \approx \varepsilon\left[W\left(\frac{1}{H_1}+\frac{1}{H_2}\right)+0.77 + 0.891\left\{\left(\frac{W}{H_1}+\frac{W}{H_2}\right)^{0.25}+\left[\left(\frac{T}{H_1}\right)^2+\left(\frac{T}{H_2}\right)^2\right]^{0.25}\right\}\right] \tag{23}$$

上式可以重写为

$$C \approx \varepsilon\left[W\left(\frac{1}{H_1}+\frac{1}{H_2}\right)+0.77\right.$$
$$\left.+0.891\left\{\left[W\left(\frac{1}{H_1}+\frac{1}{H_2}\right)\right]^{0.25}+T^{0.5}\left(\frac{1}{H_1^2}+\frac{1}{H_2^2}\right)^{0.25}\right\}\right] \tag{24}$$

现在让我们把用这个公式得到的结果与用其他方法计算的结果进行比较。表 4.2 中的值对应于以下情况：$W = 2.38\ \mu m$，$H_1 = 0.87\ \mu m$，$H_2 = 0.48\ \mu m$，$T = 0.3\ \mu m$。

表 4.2　夹在两个导电平面之间单条导线的电容

方法	电容
Sakurai 电容之和	0.468 fF/μm
Yuan 电容之和	0.434 fF/μm
Yuan（用最大的边缘电容）	0.343 fF/μm
MF（用最大的边缘电容）	0.375 fF/μm
MF（用加权的边缘电容）	0.370 fF/μm
二维电磁场方程求解方法得到的结果	0.361 fF/μm

从表中可以看到，采用简单的对电容求和的方法，使真正的电容值被过高地估计了30%之多。Yuan 公式对于这种特定的几何形状得到的结果相当好，即如果我们随意地只把其中较大的边缘项加到平面项的和中，那么得到的值比二维的值约低 5%。MF 公式（具有加权的边缘项）只比用电磁场方程求解方法计算的值约高 2.5%，而且还具有不必跟踪哪个边缘项更大的优点。

第三种情形：三条相邻的导线均在单个导电平面之上

对于多条导线夹在两个平面之间的一般情形（见图 4.20），我们既希望得到相邻一对导线之间的电容表达式，也希望获得每一条导线所看到的总电容的表达式。遗憾的是，对于相邻一对电容来说，似乎还没有简单的公式。我们能提供的最多也只是 Sakurai 的另一个公式，它计算单个导电平面之上三条相邻导线中间那条的总电容。

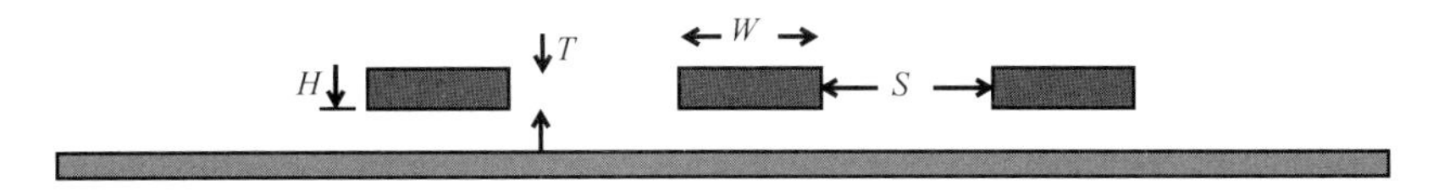

图 4.20　第三种情形的导体排布

在这个公式中，总电容被表达成两个部分的和。第一部分只是上面第一种情形中接地平面之上单条导线的平面项，第二部分是中间那条导线和其相邻两边导线之间的电容，所以它表示为

$$C_{\text{total}} = C_{\text{single}} + 2C_{\text{mutual}} \tag{25}$$

式中，

$$C_{\text{single}} \approx \varepsilon\left[\frac{1.15W}{H} + 2.8\left(\frac{T}{H}\right)^{0.222}\right] \tag{26}$$

及

$$C_{\text{mutual}} \approx \varepsilon\left[0.03\frac{W}{H}+0.83\frac{T}{H}-0.07\left(\frac{T}{H}\right)^{0.222}\right]\left[\frac{S}{H}\right]^{-1.34} \quad (27)$$

注意，随着间距的增加，耦合电容（C_{mutual}）逐渐减小，其减小的速度比间距一次方的增加稍快一些。此外，也可以采用 MF 的公式求 C_{single}，不过 Sakurai 肯定用心调整了计算 C_{mutual} 的系数，使 C_{total} 差不多是正确的。

如果我们让 $W = 1.36\ \mu m$，$H = 1.65\ \mu m$，$T = 0.8\ \mu m$ 及 $S = 1.19\ \mu m$，则 Sakurai 公式给出的中间那条导线的总负载电容非常接近“Maxwell”（一个求解二维电场的程序）给出的值，见表4.3。这种一致性的程度相当好，至少说明了对于计算三条导线的中间那一条的总负载电容而言，Sakurai 公式是非常精确和实用的。

表 4.3 在接地平面之上的三条相邻的导线

方法	中间那条导线的电容
Sakurai	0.154 fF/μm
二维值	0.155 fF/μm

人们可能出错的地方是其公式中每一项的物理解释。Sakurai 所指的 C_{single} 项实际上就是中间那条导线对地的电容，然而实际上邻近的两个附加导体会较大程度地改变这个电容，因此称为耦合电容的项（C_{mutual}）并不是像人们想象的那样（Sakurai 似乎也是这样声称的）是相邻一对导体相互之间的电容，只是这两项的和恰好等于中间那条导线的总负载电容，而把这个总电容划分成接地电容和相互之间的耦合电容则完全是另一回事。

作为一个具体例子，我们还是考虑产生表 4.3 的那种导体排布情况，并且将 Maxwell 程序的计算结果与 Sakurai 公式的结果进行比较，如表 4.4 所示。正如读者可以看到的那样，Sakurai 公式各部分的和基本等于二维模拟的结果，但单项并不完全一致。

表 4.4 第三种情形下各项电容的比较

方法	中间导线对地的电容（fF/μm）	中间导线与两条外侧导线之间的电容（fF/μm）	中间导线的总电容（fF/μm）
Sakurai	0.115	0.039	0.154
二维值	0.056	0.100	0.156

4.5 电感

从 RF 电路的角度来看，不能制造质量好的电感是标准 IC 工艺最明显的缺陷。尽管采用有源电路常常可以综合地得到等效的电感，但它们比起“真正”用几匝导线制成的电感来说总是具有较高的噪声、失真及功耗。

4.5.1 螺旋电感

最广泛使用的片上电感是平面螺旋（spiral）电感，它可以有多种形状，见图 4.21。电感形状的选择主要取决于方便性［例如版图工具是否能接受非曼哈顿（即横平竖直的）几何形状］或习惯性而不是其他因素。虽然与通常的认识相反，但所能得到的电感和 Q 值在选择形状时几乎仍是第二位要考虑的因素，因此工程师应当随意采用自己喜欢的形状而不会有太多的损失。八角形或圆形的螺旋电感比方形的要好一些（性能一般要好 10%左右），因此当版图工具允许采用这两种形状时，或者当这种简单的改善就决定了成功还是失败时，就会首先考虑形状因素。

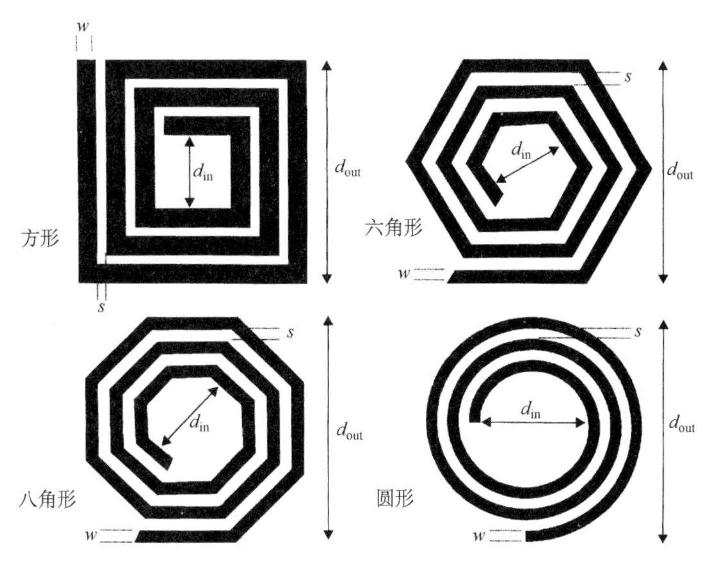

图 4.21　平面螺旋电感

最常见的实现方式是以最顶层金属层作为电感的主要部分（有时用两层或更多层金属并联在一起以降低电阻），并用某一较低的金属层作为在底下的穿接线连到螺旋电感的中心。这些惯常的做法出自非常实际的考虑：因为在集成电路中，最顶层的金属层通常最厚，因此一般具有较低的电阻，而且它离衬底的距离最远，从而也使这个电感与衬底之间的寄生电容最小。

任何一种螺旋电感的电感值与它的几何形状之间有着复杂的函数关系，因此精确的计算需要求解电磁场方程或运用 Greenhouse 方法。[①] 然而一个（非常）粗略的适合于快速手工计算的零阶估计为

$$L \approx \mu_0 n^2 r = 4\pi \times 10^{-7} n^2 r \approx 1.2 \times 10^{-6} n^2 r \tag{28}$$

式中，L 的单位为 H，n 是匝数；r 是螺旋的半径，单位为 m。这个公式通常会产生偏高的数值，但一般在偏离正确值的 30%以内（且常常优于此值）。

对于不同于方形螺旋电感的形状，可以把由方形螺旋电感公式得到的值乘以面积比的平方根来得到对正确值的一个粗略估计［见式（50）］。因此，对于圆形螺旋电感，可将方形螺旋电感的值乘以 $(\pi/4)^{0.5} \approx 0.89$；而对于八角形螺旋电感，则应乘以 0.91。

对于方形螺旋电感近似设计的一个比较有用的公式也许是下式：

$$n \approx \left[\frac{PL}{\mu_0}\right]^{1/3} \approx \left[\frac{PL}{1.2 \times 10^{-6}}\right]^{1/3} \tag{29}$$

式中，P 是绕组的节距，单位为匝数/米。我们这里假定磁导率为真空磁导率。

① H. M. Greenhouse, "Design of Planar Rectangular Microelectronic Inductors," *IEEE Trans. Parts, Hybrids, and Packaging*, v. 10, no. 2, June 1974, pp. 101-9。这一经典的论文描述了用来精确计算电感的易于实现的算法。

让我们举一个例子来说明该结构在面积方面很低效。考虑一个 120 nH 的电感（就分立元件电路而言，这个电感是相当小的），设它的螺旋节距 P 为 5 微米/匝。把这些值代入设计公式中，我们发现所要求的匝数大约为 27，这对应于所要求的电感半径为 140 μm。这个电感占据的面积非常大，大约相当于 8 个压焊块。很显然，这类电感的数目必须保持最少，实际上在许多情形下采用外部电感也许更具经济意义。一般来讲，实际的片上电感约在 10 nH 左右，或者更小。

在相关文献中可以找到许多计算平面螺旋电感的解析式。这些解析式在适当限定某一部分参数时，可以得到相当精确的结果。遗憾的是，几乎没有一个文献对这些限定或对任何误差范围做出明确的说明。这里我们提供几个简单的公式，它们在几乎所有的实际情形中都很精确，从而不必求解电磁场。

第一个公式适用于中空的方形螺旋电感（见图 4.22）：[①]

$$L \approx \frac{9.375\mu_0 n^2 (d_{\text{avg}})^2}{11d_{\text{out}} - 7d_{\text{avg}}} \tag{30}$$

式中，d_{out} 为外直径，d_{avg} 是内外直径的算术平均数。与求解电磁场得到的结果相比，可以看到这个改进的 Wheeler 公式对于典型的集成电路电感的误差在 5%以下。

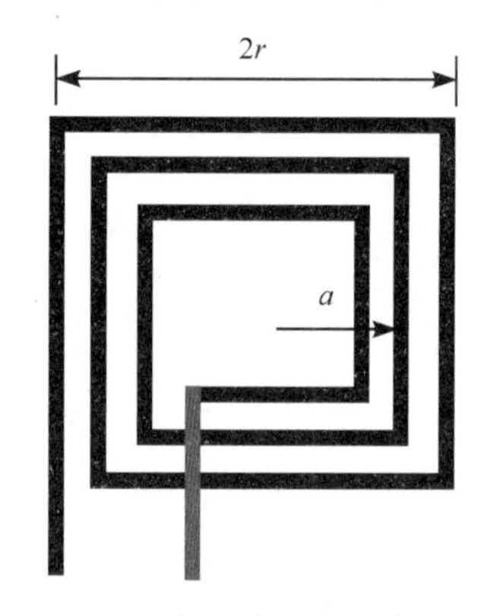

图 4.22　中空的方形螺旋电感

如果我们按照均匀电流薄层的性质进行推导，那么所有规则形状的平面螺旋电感值都可以用一个统一的简单公式来表示：

$$L \approx \frac{\mu_0 n^2 d_{\text{avg}} c_1}{2}\left[\ln\left(\frac{c_2}{\rho}\right) + c_3\rho + c_4\rho^2\right] \tag{31}$$

式中，ρ 是占空系数，定义为

$$\rho \equiv \frac{d_{\text{out}} - d_{\text{in}}}{d_{\text{out}} + d_{\text{in}}} \tag{32}$$

由最后一个公式可以看到，将 ρ 称为占空系数是很贴切的，因为 ρ 在电感绕组充满整个空间时趋近于 1，而在电感变得越来越空时趋近于零。

---

① H. A. Wheeler, "Simple Inductance Formulas for Radio Coils," *Proc. IRE*, v. 16, no. 10, October 1982, pp. 1398-1400。最初的公式适用于圆形螺旋电感，得出的结果的单位为μH，尺寸单位是 in。

不同的系数 c_n 与几何形状有关。表 4.5 列出了四种典型形状的系数值。①系数 c_1 就是将给定的最外圈尺寸的电感图形面积归一至该图形最大内切圆的面积；系数 c_2 是主要的系数；而 c_3 和 c_4 可分别看成一次和二次的修正系数。当所有这四个系数都用到时，这些公式的求解结果通常都能精确到几个百分点（误差几乎从不超过 5%），因此一般都不需要完整地求解电磁场以估计这些结构的电感值。这个非常小的最大误差与文献中其他公式的最大误差形成了鲜明的对比，因为在某些情形中，后者的最大误差可达 50%以上。

表 4.5　电流薄层电感公式的系数

形状	c_1	c_2	c_3	c_4
方形	1.27	2.07	0.18	0.13
六角形	1.09	2.23	0.00	0.17
八角形	1.07	2.29	0.00	0.19
圆形	1.00	2.46	0.00	0.20

图 4.23 比较了电流薄层电感公式与改进的 Wheeler 公式（图中单项式公式的数学形式特别适合于进行优化，在所引用的参考文献中有相关的说明）。这些曲线是通过模拟 19 000 种电感，然后将这些模拟结果与公式计算进行对比所产生的结果。所模拟电感的电感值从 100 pH 至 70 nH，d_{out} 从 100 μm 至 400 μm，n 从 1 至 20，间距与宽度比 s/w 从 0.02 至 3，占空系数从 0.03 至 0.95。实际电感的范围并没有如此之宽。

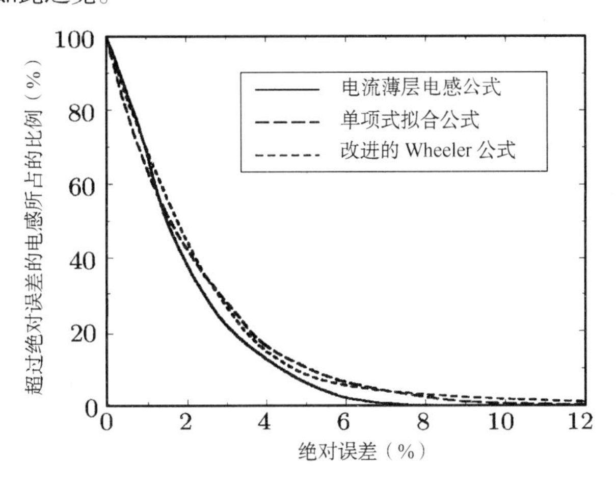

图 4.23　电感公式的比较

偶尔需要其他规则形状的多边形时，可以采用如下的解析式：

$$L \approx \frac{\mu n^2 d_{avg} A_{out}}{\pi d_{out}^2}\left[\ln\left(\frac{2.46-1.56/N}{\rho}\right)+\left(0.20-\frac{1.12}{N^2}\right)\rho^2\right] \tag{33}$$

式中，A_{out} 是用最外圈尺寸计算的面积，N 是该多边形的边数。这个公式只是式（31）的另一种表达，即采用解析式来近似系数 c_1，c_2 和 c_4，系数 c_3 置为 0。这对于四边以上的所有规则多边形都是一个很好的近似。这个解析式比起表中所列的公式，其精度只差 1%或 2%。

除了可能占据较大的面积，螺旋电感的另一个严重的问题是具有较大的损耗。直流电阻性损

① S. S. Mohan et al., "Simple, Accurate Inductance Formulas, " *IEEE J. Solid-State Circuits*, October 1999, pp. 1419-24。

耗因趋肤效应而更加突出，趋肤效应在射频情况下会引起导体中不均匀的电流分布。其结果减小了有效的横截面积，增加了串联电阻。

除了串联电阻的损耗，与衬底之间的电容则是片上螺旋电感的另一个明显的问题。在硅工艺中，衬底靠得很近（一般不会超过约 2～5 μm），并且有一定的导电性，从而造成了平行板电容与电感一起谐振。这个 LC 组合的谐振频率限制了该电感的最高可用频率，而且这个频率常常很低，因而使电感失去了可用性。衬底靠得近也降低了 Q 值，因为能量被耦合到了有损耗的衬底中。

另一个寄生元件是在电感两端的并联电容，这是由于在电感底下穿越的引线与螺旋的环绕线圈之间存在上下重叠而造成的。而匝与匝之间横向电容的影响通常可以忽略，因为这些电容最后是以串联的结果出现在电感两端的。

图 4.24 所示为一个比较完整的片上螺旋电感的模型。① 该模型是对称的，尽管实际的螺旋电感并不对称。幸运的是，在大多数情形中，由此引起的误差可以忽略。

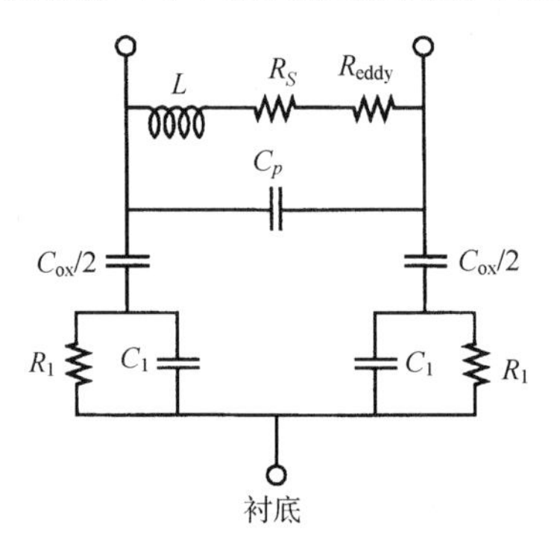

图 4.24 片上螺旋电感的模型

对串联电阻的估计可以从下面的公式中得出：

$$R_S \approx \frac{l}{w \cdot \sigma \cdot \delta(1 - \mathrm{e}^{-t/\delta})} \quad (34)$$

式中，σ 是连线材料的电导率，l 是绕组的总长度，w 和 t 是互连线的宽度和厚度，而趋肤深度 δ 为

$$\delta = \sqrt{\frac{2}{\omega \mu_0 \sigma}} \quad (35)$$

根据这个经过修改的趋肤深度公式计算电阻时，可能会得到比较乐观的估计，因为该公式只考虑了面向衬底的导体表面的趋肤损耗而忽略了其他表面的趋肤损耗（包括邻近效应），它也忽略了衬底损耗。一般来说忽略后一种损耗在衬底为轻掺杂的情况下是合理的，但许多 CMOS 工艺采用重掺杂圆片（例如 10 mΩ · cm），因此在某些情况下，由衬底感应电流（涡流）引起的损耗也会变得非常重要（甚至占主要地位）。为此在采用这样的工艺时应当预料到，仅根据趋肤损耗进行的估计不仅是粗略的，也是过于乐观的。幸运的是，几乎在所有实际情况下，衬底感应电流对电感值的影响都很小，以至于可以忽略不计。

虽然分析过程相当复杂，而且为了便于分析进行了一系列的近似，但最终得到的涡流电阻的

① P. Yue et al., “A Physical Model for Planar Spiral Inductors on Silicon,” *IEDM Proceedings,* December 1996。

粗略计算公式并不复杂，并且还有助于我们深刻地理解设计原理：[①]

$$R_{\text{eddy}} \approx \frac{\sigma_{\text{sub}}}{4\text{e}}(\mu n f)^2 d_{\text{avg}}^3 \rho^{0.7} z_{n,\text{ins}}^{-0.55} z_{n,\text{sub}}^{0.1} \tag{36}$$

式中，σ_{sub}是衬底的电导，d_{avg}是内外直径的平均值，ρ 仍然是占空系数，e 是我们所熟知的常数（2.718 281 8⋯），$z_{n,\text{ins}}$ 是螺旋电感本身和重掺杂衬底之间绝缘层的总厚度归一至平均的电感直径，这个绝缘层一般是氧化物和轻掺杂半导体的组合，但在这里被看成一种均匀的透磁性材料。同样，$z_{n,\text{sub}}$ 也是归一至平均电感直径的衬底趋肤深度。总的串联电阻是 R_S 与 R_{eddy} 的和。其电感模型参数依旧不变。

我们有必要分析一下式（36）并从中得到某些直觉的概念。首先，我们注意到损耗与 $z_{n,\text{ins}}$ 的关系较弱，而几乎与 $z_{n,\text{sub}}$ 无关。另外，对应于衬底涡流损耗的电阻正比于频率的平方和绕组匝数的平方，也许更为重要的是它正比于（平均）直径的立方。[②]人们很自然地倾向于采用较宽的导体来减小趋肤和直流（DC）损耗，但我们可以看到 —— 越过某一点之后涡流损耗将占主要地位，并且 Q 值实际上将随尺寸的进一步加大而迅速降低。因此，对于重掺杂的 CMOS 衬底，常常必须采用外直径较小的电感（因而导体较窄），这不同于半绝缘衬底工艺（如 GaAs）中的通常做法。由于认识不到存在这些综合因素，导致得到的结果因电感版图的差别太大而有很大的不同。

一般来说，有一些中空的电感是最好的，因为最靠内的线匝往往不能提供太多的磁通量，但却明显加大了电阻。因此去掉这些线匝总体来说是一个好主意。虽然我们不能明确指出绝对的最优方案，但一个合理的估计是内外直径的比为 1∶3（对应于占空系数为 0.5）。幸运的是，这种最优条件通常比较一致，因此这种估计能够符合大多数实际情形。

并联的电容 C_P 为

$$C_P = n \cdot w^2 \cdot \frac{\varepsilon_{\text{ox}}}{t_{\text{ox}}} \tag{37}$$

式中，t_{ox} 是在电感底下的穿越线与主螺旋绕组之间的氧化层厚度。

螺旋电感和衬底之间的电容为 C_{ox}，这里采用一个简单的平行板公式对其进行近似。式中的面积是绕组的总面积：

$$C_{\text{ox}} = w \cdot l \cdot \frac{\varepsilon_{\text{ox}}}{t_{\text{ox}}} \tag{38}$$

衬底的介质损耗用电阻 R_1 来模拟。这一损耗直接与通过电容 C_{ox} 耦合至衬底的电流有关。R_1 的数值为

$$R_1 \approx \frac{2}{w \cdot l \cdot G_{\text{sub}}} \tag{39}$$

式中，G_{sub} 是一个拟合参数，其单位为每单位面积的电导。对于一个给定的衬底材料及螺旋电感至衬底的距离，它是一个常数，其典型值约为 10^{-7} S/μm^2。

除了产生损耗，镜像电流的流向也与主电感中的电流相反，因此镜像电流的影响会削弱这个电感。这种不希望有的效应也与另一个因素有关：当温度上升时，衬底的电阻也加大，从而削弱了以

① S. S. Mohan, “Modeling, Design, and Optimization of On-Chip Inductors and Transformers,” Ph.D. thesis, Stanford University, 1999。

② 可以利用式（36）推出，当电感值固定时，涡流电阻近似地随平均直径的平方增长。

上抵消的实际影响。结果导致电感倾向于随温度增加而有所加大。温度系数可以大到 200 ppm/℃左右，并且当螺旋远离衬底时将得到改善。

电容 C_1 反映了衬底电容及其他与镜像电感相关的电抗效应，它由下式给出：

$$C_1 \approx \frac{w \cdot l \cdot C_{\text{sub}}}{2} \tag{40}$$

与 G_{sub} 一样，C_{sub} 也是一个拟合参数，对于给定的衬底及螺旋至衬底的距离，它是一个常数。C_{sub} 的典型值在 10^{-3}～10^{-2} fF/μm² 之间。

利用以上这组公式，有可能优化一个螺旋电感的 Q 值及自谐振特性。在优化过程中有一个发现，即可以移去最内部的匝数以提高 Q 值，因为它们对于总的磁通量几乎没有影响，然而却明显增加了总的损耗。甚至当进行这一优化或其他优化时，人们也几乎总能发现最大的 Q 值小于 10（并且常常小于 5），所以这种螺旋电感在许多情形中并不适合。

对于一个给定的工艺，某些细小的改进可以有助于“挤出”更多一点的 Q 值。一个图案化的接地屏蔽①（PGS；见图 4.25）可以阻止与有损衬底之间的容性耦合。屏蔽中的窄槽阻止了感应电流沿图中所示的路径流动，避免了磁通量的短路。因此它的存在大大减小了与介质有关的项（C_1 和 R_1）的影响。同时，这种屏蔽也大大减小了从衬底到电感和从电感到衬底的噪声耦合。对此付出的代价是，由于增加了电容而致使自谐振频率降低。若电感是用远离屏蔽层的金属层制成的，则这一代价在大多数情形下是可以接受的。

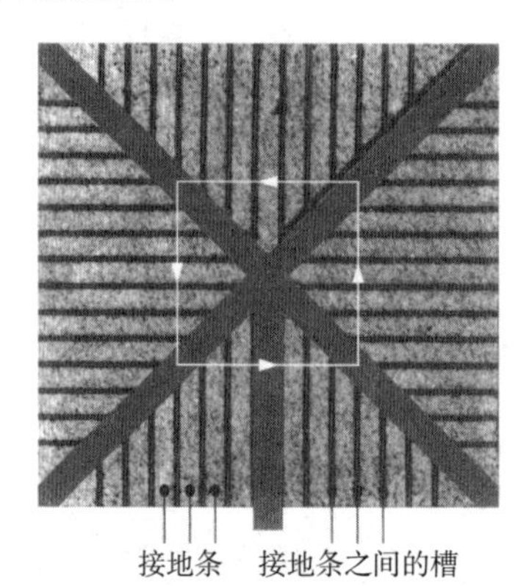

图 4.25 图案化的接地屏蔽

一个有效的接地屏蔽甚至还可以用重掺杂多晶硅来形成，这使我们可以省下宝贵的金属层以用于电感本身。我们还可以把 n 阱和衬底交替的楔子放在电感下面，从而把镜像电流推向衬底深处。最后，我们可以采用上面讨论过的中空螺旋版图。当综合采用这些技术时，常常可以使 Q 值提高 50%或更多。

最后关于 PGS（图案化的接地屏蔽）需要说明的是，我们应当注意并不是将 PGS 接地的所有方法都具有同样好的效果。尤其重要的是，应当减小与接地连接相串联的电阻。如从图 4.25 中可见，X 形状的互连布置可以减小 PGS 窄条至地的平均路径长度。从图中还可以看到，接地连接至 X 形状的中心。

① P. Yue and S. Wong, “On-Chip Spiral Inductors with Patterned Ground Shields for Si-Based RFIC's,” *VLSI Circuits Symposium Digest of Technical Papers*, June 1997。

4.5.2　键合线电感

除了平面螺旋电感，键合线也常用来制作电感。由于标准的键合线直径为 1 密耳（即 0.001 in，或约 25 μm），它们比平面螺旋电感每单位长度具有更多的表面积，而电阻损耗则较小，从而具有较高的 Q 值。同时，它们也可以被相距较远地放在任何导电平面之上以减小电容（由此提高谐振频率）和减小由镜像感应电流引起的损耗。如果可以忽略邻近导体的影响（也就是假设返回电流在无穷远处），那么键合线的 DC 电感由下式给出：[①]

$$L \approx \left[\frac{\mu_0 l}{2\pi}\right]\left[\ln\left(\frac{2l}{r}\right) - 0.75\right] \approx 2 \times 10^{-7} l\left[\ln\left(\frac{2l}{r}\right) - 0.75\right] \tag{41}$$

对于一个 2 mm 长的标准键合线，这个公式的值为 2.00 nH，由此得到一个方便的估计方法，即键合线电感大约为 1 nH/ mm。注意，电感随长度的增长比线性增长还要快，这是因为在键合线的各部分之间存在互相耦合（即一个很弱的变压器效应），其极性是使最后的电感增加。然而从对数项中我们可以看出这种影响是很小的。例如，从 5 mm 到 10 mm 使每毫米的 DC 电感从 1.19 nH 变化到 1.33 nH［至少根据式（41）可得出这种结论］。同样，这一电感对于导线直径也不太敏感，所以即使比较大的导线所具有的电感也在 1 nH/ mm 的数量级上。

键合线电感的值不一定能得到很好的控制（除了与几何形状有明显的依赖关系，部分是由于它与频率的依赖关系很弱），[②] 所以采用键合线电感的电路必须能容忍电感值的变化。然而，尽管有这种限制，键合线电感已在许多成功的放大器产品中使用了多年，并且近期的一个设计（尽管有些不实用）采用了几条键合线穿过一个芯片，作为一个高 Q 值谐振器用在一个片上压控振荡器（VCO）中。[③]

键合线电感的 Q 值比较容易估计。铝的电导率大约为 4×10^7 S/m，而真空的磁导率为 $4\pi \times 10^{-7}$ H/m。根据这些数值，可知 1 GHz 时的趋肤深度大约为 2.5 μm，这是一个很容易记住的数。由于趋肤深度相比一条典型的键合线的直径（即 25 μm）而言是很小的，因此我们可以很容易计算出单位长度的等效电阻：

$$\frac{R}{l} \approx \frac{1}{2\pi r \delta \sigma} \tag{42}$$

根据以上数值可以得到：1 GHz 时的电阻约为 125 mΩ/mm，从而有可能在那个频率下综合出 Q 值为 50 的电感。由于感抗随频率线性增加，而趋肤效应的损耗只随频率的平方根增加，因此在 5 GHz 时 Q 值也许有可能接近 100，尽管实际上为了真正达到这个值需要极其仔细地把所有的损耗都减到最小，特别是电感触点处的接触电阻。

键合线电感的温度系数是两种影响的组合结果。一种只是由于导线随温度升高而线性地膨胀，这部分对应的温度系数大约为 25 ppm/℃。另一种是内部的磁通量对总的电感大小的影响发生变化。电阻随温度上升而加大，引起趋肤深度增加，从而增加了内部磁通量（因而电感也增加）。一段导线在 DC 时每单位长度的内电感受内部磁通量的影响可以由以下公式确定：

---

① *The ARRL Handbook*，American Radio Relay League, Newington, CT, 1992, pp. 2-18。

② 然而，当有自动的芯片吸片设备和键合设备时，重复性可以非常好，差别可以保持在大约 1%以内。

③ J. Craninckx and M. Steyaert, "A CMOS 1. 8GHz Low-Phase-Noise Voltage-Controlled Oscillator with Prescaler," *ISSCC Digest of Technical Papers*, February 1995, pp. 266-7。

$$L_{\text{int}} = \frac{\mu_0}{8\pi} \tag{43}$$

由式（43）可得到 0.05 nH/mm 的结果，所以在 DC 时一条典型导线的内电感显然占到了其总电感的 5%。在 1 GHz 时，趋肤深度只是键合线直径的 1/10，所以内电感大大减小（在这种情况下减小到原有的 1/5 至 1/10）。内电感随温度的变化通常使温度系数大约为 20～50 ppm/℃，所以我们可以认为一条键合线总电感的温度系数大致为 50～70 ppm/℃。

内电感的变化也影响螺旋电感的温度系数，由于减少了镜像电流抵消的影响，因此加大了它的正温度系数。

耦合的键合线

围绕键合线的磁场随距离的加大下降较慢，因此在相邻的（即使较远的）键合线（以及其他导体）之间可以有显著的磁耦合。这种耦合可采用它们之间的*互感*进行度量。对于两条长度相同的键合线，这个互感可以近似地表示为

$$M \approx \frac{\mu_0 l}{2\pi}\left[\ln\left(\frac{2l}{D}\right) - 1 + \frac{D}{l}\right] \tag{44}$$

式中，l 为键合线的长度，而 D 是它们之间的距离。[①] 在长度为 10 mm、间距为 1 mm 时，由上式得出的互感值约为 4 nH。因为当每条键合线孤立时的电感约为 10 nH，所以 4 nH 的互感代表互感系数为 40%。M 与距离的对数关系意味着耦合随距离的加大减小得相当慢，所以甚至相隔一条引线的两条引线之间也可能具有明显的相互作用。

4.5.3 其他电感公式

还有其他几个电感公式值得了解，尽管它们并不是个个都与 IC 电感有直接的关系。第一个公式非常古老，它适用于单层螺线管（见图 4.26）。[②] 对于这种结构，电感（单位为μH）由下式给出：

$$L \approx \frac{n^2 r^2}{9r + 10l} \tag{45}$$

式中，r 和 l 的单位为 in。当采用 SI（国际制）单位时，公式为

$$L \approx \frac{10\pi\mu_0 n^2 r^2}{9r + 10l} \tag{46}$$

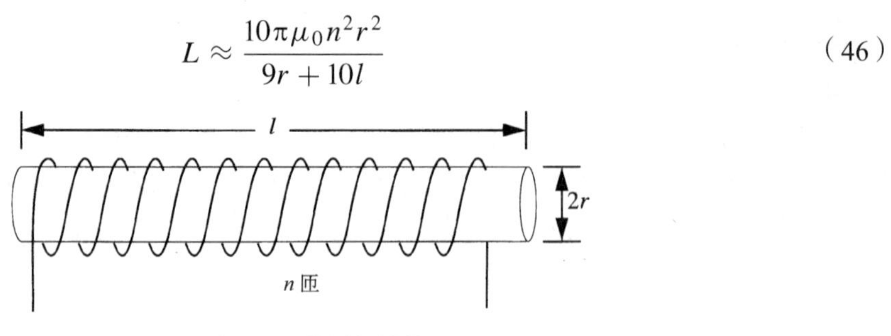

图 4.26　单层螺线管

① 这个公式引自 F. Terman, *Radio Engineer's Handbook*, McGraw-Hill, New York, 1943。

② H. A. Wheeler, "Simple Inductance Formulas for Radio Coils," *Proc. IRE,* v. 16, no. 10, October 1928, pp. 1398-1400。

式中假定采用真空磁导率。对于单层线圈，只要长度大于半径，则这些公式提供了非常好的精度（一般要好于 1%）。[①]

单层空心线圈两个端点之间的等效并联电容可由下式近似获得：

$$C = 1\times10^{-12}\left[11.25[D+l]+\frac{D}{4\sqrt{l/D}}\right] \tag{47}$$

式中，C 的单位为 F，直径 D 和长度 l 的单位为 m。这个公式根据 R. G. Medhurst 发表的数据推导得出。[②] 遗憾的是，Medhurst 令人信服地说明了没有任何简单的公式可以计算等效串联电阻。一匝线圈所产生的磁场对在相邻线圈中电流的分布影响很大，因此简单的趋肤效应公式几乎不能得到有用的近似值。

另一个令人感兴趣的情况是单匝导线的电感。尽管该结构比较简单，但却不存在这一电感确切的闭式解（即解析解）形式的表达式（在计算总的磁通量时出现了椭圆函数）。然而一个有用的近似式为

$$L \approx \mu_0 \pi r \tag{48}$$

这个公式告诉我们半径为 1 mm 的线圈，其电感大约为 4 nH。求解电场后对几个点的检查表明，这个公式往往低估了在 IC 尺寸时的相应电感，但其值的准确性仍然约在 25%～30%之内。

在推导这一近似公式时，圆圈中心的磁通密度（很容易计算）被随意假设为在该圆圈平面上的磁通密度平均值的一半，于是电感就可以简单地计算为总的磁通量与电流之比。看起来这是相当粗略的近似，但令人惊奇的是，这个公式在一般情况下得到的结果却很好。

注意，在单匝及长度为零的极限情况下，Wheeler 公式［见式（45）和式（46）］收敛至非常接近 $\mu_0\pi r$（在 11%以内）。当要求更高的精度时，可以由下式提供一个更好的近似：[③]

$$L \approx \mu_0 r\left[\ln\left(\frac{8r}{a}\right)-2\right] \tag{49}$$

式中，a 是导线的半径。由该式可以看出式（48）只在 r/a 之比约为 20 时才严格成立。

作为进一步的粗略近似，式（48）可以延伸到非圆形的情形，即认为所有具有相同面积的环都具有大致相同的电感，而不管它们的形状如何。于是可以写出

$$L \approx \mu_0\sqrt{\pi A} \tag{50}$$

式中，A 是环的面积。根据这个公式，1 mm^2 面积的闭合轮廓线具有大约为 2.2 nH 的电感。

我们可以检查一下这些公式的合理性，即考虑具有极大半径的一个环的电感。由于我们可以把这样一个环的任何适度短的一部分看作直线，因此可以采用一个环的电感公式来估计一段直导线的电感。

我们已经计算了一个半径为 1 mm 的圆环具有 4 nH 的电感，也就是每 6.3 mm 长度（周边长）大约有 4 nH，这与由比较精确的公式得出的值相近。

---

① 当绕组间距约为导线直径本身时，将得到最好的 Q 值。

② “H. F. Resistance and Self-Capacitance of Single-Layer Solenoids,” *Wireless Engineer*, February 1947, pp.35-43, and March 1947, pp.80-92。

③ S. Ramo, J. R. Whinnery, and T. Van Duzer，*Fields and Waves in Modern Radio*, Wiley, New York, 1965, p. 311。

4.6　变压器

过去，电气工程专业的研究生至少都熟悉理想变压器的特性，但近年来的课堂教学表明，现在许多学校都略去了有关变压器的教学内容，因此本节正好补上这一空缺（不需要复习这部分内容的读者可以跳过这一节）。我们将首先建立一个理想变压器的模型，然后对它进行修改以模拟实际的变压器。

通常的变压器是一组磁耦合的电感，变压器的名字来源于它们能够在一个相当广的频率范围上变换电压、电流和阻抗值。在最简单的情形中只有两个电感 —— 一个初级电感和一个次级电感。就像一个绝缘电感的端电压是由磁通量变化引起的一样，一个在变压器初级产生的磁通量变化可以在它的次级感应出一个电压；反之亦然。

在图 4.27 所示理想的 1∶n 变压器中，n 是次级绕组与初级绕组的匝数比。因此，这两个电感共同的磁通量的变化在次级产生的电压是在初级产生的电压的 n 倍（符号中的两个极性标志说明哪两个端点是同相位的）。能量守恒告诉我们，对于这一电压的升高，电流将相应地减少完全相同的倍数。例如，匝数比为 3 时对应于阻抗变换比为 9。难以理解的是：理想变压器能够在一个无限宽的频率范围上（包括直流）实现这一功能却没有任何损耗。尽管这样的元件实际上是不可能实现的，但正如我们很快就会讲到的那样，它对于建立实际的变压器模型却是一个非常有益的起点。

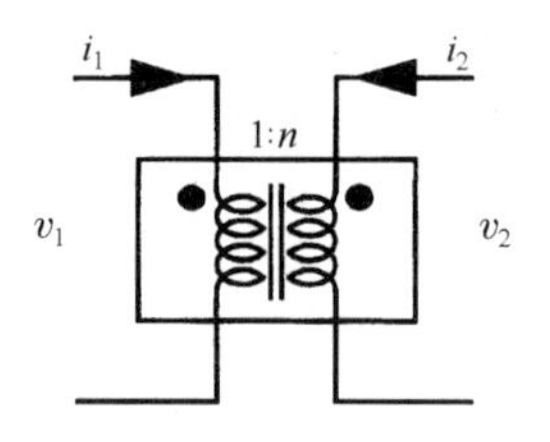

图 4.27　理想的 1∶n 变压器

在前面的例子中，我们隐含地假设由初级绕组产生的磁通量全部都耦合到次级绕组上。大多数（但不是所有）变压器设计的目标是尽可能地接近这种理想情况。但这个目标在实际中是不可能圆满实现的，所以我们的模型必须接受不存在完全耦合的事实，或者说必须接受除完全耦合外的其他经过调整的值。

令 L_1 为初级绕组自身（也就是次级绕组开路时）的电感，而 L_2 为次级绕组自身的电感。由这一电路形态的物理原理可以预见，在任何端口上的电压应当是自感和互感部分的叠加，因此（仍为）无损但非全耦合变压器的 V-I 方程可以表示如下：

$$v_1 = L_1\frac{\mathrm{d}i_1}{\mathrm{d}t} + M\frac{\mathrm{d}i_2}{\mathrm{d}t} \tag{51}$$

及

$$v_2 = M\frac{\mathrm{d}i_1}{\mathrm{d}t} + L_2\frac{\mathrm{d}i_2}{\mathrm{d}t} \tag{52}$$

式中，M 为两个绕组之间的互感，它使我们能够模拟初级和次级之间的耦合程度。互易原理（这是近年来很少提及的另一个概念）告诉我们，可以在初级和次级的电压公式中采用相同的 M 值，这甚至对于不对称变压器也同样适用。根据电路的实际形态，互感既可以取正值也可以取负值——这与绝缘的无源电感不同。如果耦合磁通量与自感磁通量相加，那么互感就是正值；如果它与自感磁通量相对抗，那么互感就是负值。

虽然初级或次级两端的总电压是初级和次级共同作用与叠加的结果，但在以上两个方程中，每一项与一个常见电感的电压项却属于同一类型。因此，一个变压器相应的电路模型只含有电感元件，见图 4.28。图中我们隐含地假设在两个端口之间有一个公共的连接。

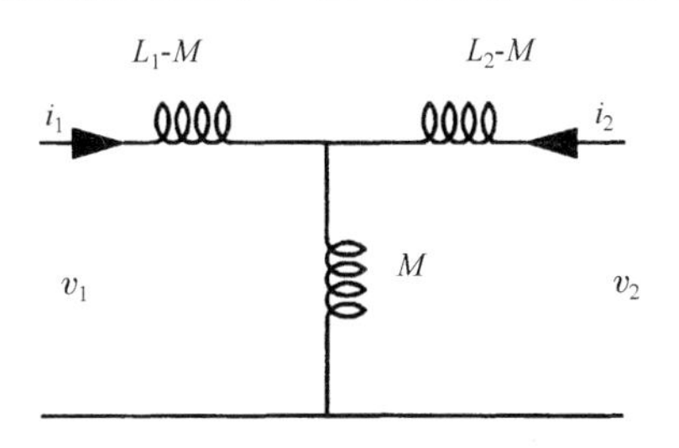

图 4.28　初步的无损变压器模型（T 形）

如果初级和次级相互之间非常接近，那么来自一个电感的磁通量将几乎全部耦合到另一个电感；如果初级和次级离得很远，或者它们的磁场方向呈正交，那么它们之间的耦合可以忽略不计，因而 M 值将非常小。为此，用对耦合的定量度量来描述耦合可能发生的连续变化是很有用的，这种定量度量可以非常合理地称为耦合系数，定义为

$$k \equiv \frac{M}{\sqrt{L_1 L_2}} \tag{53}$$

因此，耦合系数是互感与两个自感几何平均值的比。对于无源元件，耦合系数的绝对值不会超过 1。

我们的变压器初级模型是相当好的，但也存在着一些缺点，这常常促使人们去建立其他模型。图 4.28 所示模型的一个突出缺点是没有明确地包含初级和次级绕组之间匝数比的信息，这一信息隐含在各种电感参数内。另一个不太重要的缺点是初级和次级共享一个公共端口，但这个缺点很容易克服，只要把这个模型和一个理想的 1 : 1 变压器串联在一起就可以解决。

另一个既可以完全分开两个端口又可以明确包含任意匝数比信息的模型见图 4.29，其中：

$$L_{pe} = L_1(1 - k^2) \tag{54}$$

$$L_{pm} = k^2 L_1 \tag{55}$$

以及

$$n = \frac{L_2}{M} \tag{56}$$

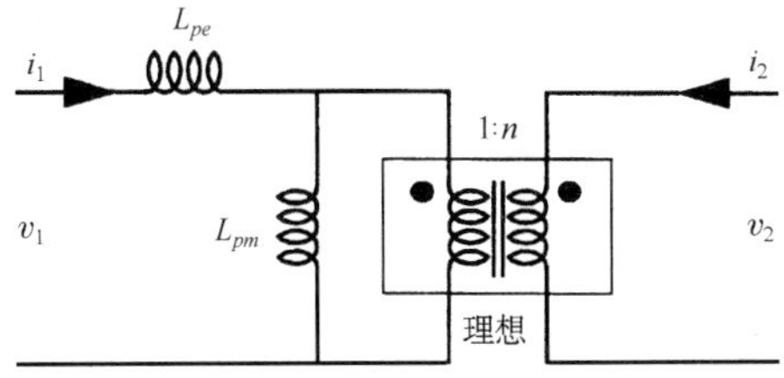

图 4.29　另一个无损变压器模型

这个模型在它的中心处有一个理想变压器，利用一个绝缘（即不相耦合）的漏感（leakage inductance）L_{pe} 来考虑不参与初级–次级耦合的磁通量。激励电感（magnetizing inductance）L_{pm} 模

拟了参与耦合的初级电感部分，因此它等于总的初级电感值减去漏感值。激励电感还非常贴切地说明了实际变压器是不能工作在直流情况下的，并解释了为什么低频变压器一般要比高频变压器笨重的原因。

在耦合系数接近 1 的情形中，激励电感的数值一般非常接近初级电感。为了快速计算紧耦合的变压器电路，它们在大多数情形中都被看成是相等的。

在建立了非完全耦合和任意匝数比的无损模型后，现在需要考虑永远存在的各种寄生参数。重要寄生参数的一个可能来源是电感周围或电感缠绕的材料。虽然集成电路变压器几乎从来不采用磁芯材料（所以变压器的特性基本上如同是空芯的），但为了完整起见，我们仍将简略讨论一下变压器的磁芯材料。所有的磁芯材料都至少表现为有两种损耗。磁滞损耗（hysteresis loss）来源于磁畴界面的非弹性。为了支持磁状态的改变，这些界面必须移动。我们可以想象有一种伴随并阻止这一界面移动的摩擦力。对于固定幅值的激励，每次磁状态改变时的能量损失通常可以很好地模拟成一个常数，所以因这一机理所消耗的总功耗近似地正比于频率。我们可以把一个与频率有关的电阻并联在模型的初级绕组上来表示这种损耗。

涡流损耗（eddy current loss）就像它使通常电感的品质下降那样也影响变压器的性能。这个电流可以由任何邻近的导体感应而生，这些导体包括导电的芯体材料、邻近的绕组及导电衬底等。由于感应电压正比于频率，因此涡流损耗正比于频率的平方，这与我们在电感中所看到的情形一样。于是除绕组电阻引起的损耗外又加上了芯体损耗，而绕组电阻本身还应考虑趋肤效应。

除了损耗，能量还同时存储在绕组周围和绕组的电场中，因此一个高频模型还必须同时包括电容以考虑这一附加的能量存储机理。更复杂的情形发生在当我们试图模拟高频特性且变压器的尺寸相对于这一高频波长而言不是太小的时候。在这些情形中，只对变压器进行简单而概括的描述是不够的。

最后，使事情变得更为复杂的是：所有的芯体材料在足够高的磁通密度下将出现显著的非线性，而且所有的参数一般都与温度有关。这些因素加上大多数磁性材料与通常集成电路工艺不兼容的情况解释了为什么射频集成电路产品缺少此类材料的原因。

其他非理想因素最重要的影响是各种寄生参数同时限制了频率响应和效率。激励电感在直流时将使理想变压器的初级短路，使变压器不能工作，而绕组的电容在高频时也会产生类似的问题。这些寄生参数究竟应出现在模型的什么地方及它们的数值应该是多大与实际结构有关，因此我们现在就来介绍集成电路工艺中几种常用的变压器实现方法。

4.6.1 单片变压器的实现方法

现在我们就来分析实现实际单片变压器的几种方法，以及如何建立相应的电路模型。图 4.30 至图 4.33 显示了几种常见的单片变压器形式。不同的实现有不同的综合考虑，包括每个端口的自感和串联电阻、互感耦合系数、端口至端口与端口至衬底的电容、谐振频率、对称性及所占据的芯片面积。利用模型和耦合表达式可以系统地揭示这些综合考虑的因素，从而可以针对各种不同的电路设计要求来定制地设计变压器。

对一个变压器所期望的特性与应用有关。正如我们已经提到的，变压器可以设计成有 3 个或 4 个（甚至更多个）端口的器件。它们可以用于窄带或宽带应用中。例如，当从单端转换成差分时，变压器可以用作一个四端口窄带器件。在这种情形中，希望具有大的互感耦合系数、大的自感及低的串联电阻。反之，对于扩展带宽的应用，变压器可以用作一个宽带三端口器件。

在这种情形中，可以允许小的互感耦合系数和大的串联电阻，但使所有的电容最小却至关重要。

抽头变压器（见图 4.30）最适合于三端口的应用，它可以实现各种抽头比。这种变压器只依靠横向的磁耦合。所有的绕组可以用顶层金属层来实现，因此它使端口至衬底的电容最小。由于两个电感占据各自的区域，因此自感最大且端口至端口之间的电容最小。遗憾的是，这种空间上的远离也意味着它只有较低至中等程度的耦合（$k = 0.3 \sim 0.5$），同时它还占据较大的芯片面积。

交叉变压器（见图 4.31）最适合于有对称要求的四端口应用。同样，它也可以用顶层金属层来实现螺旋线，从而使电容最小以达到最大的谐振频率。使两个电感交叉可以达到中等程度的耦合（$k = 0.7$），其代价是减小了自感。通过减小线匝的宽度 w 和间距 s，可以提高它们之间的耦合，但同时也会使串联电阻增大。

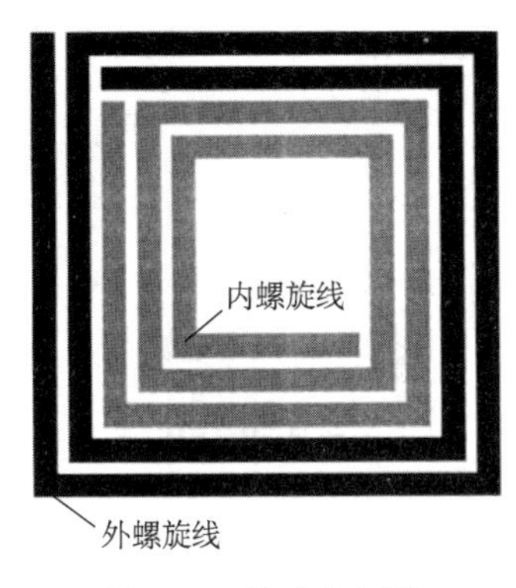

图 4.30　抽头变压器

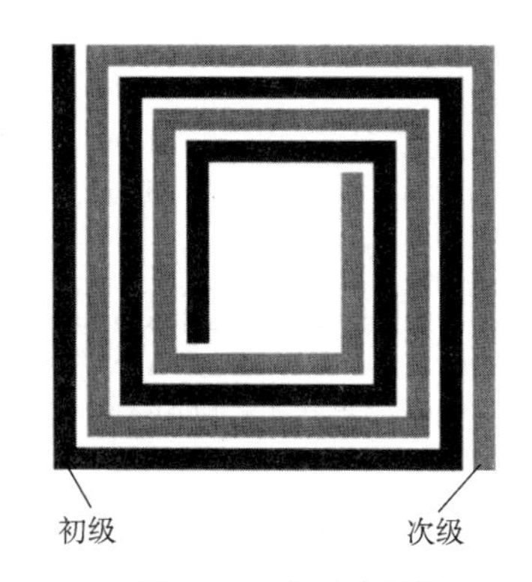

图 4.31　交叉变压器

堆叠变压器（见图 4.32）利用多层金属层，并同时依靠垂直和水平的磁耦合来达到最佳的面积效率、最大的自感和最大程度的耦合（$k = 0.9$）。这种结构同时适合于三端口和四端口应用。其主要缺点是端口至端口的电容较大，这意味着自谐振的频率较低。在某些情形中，例如在窄带阻抗变压器中，这个电容可以作为谐振电路的一部分。同时，在多层金属层工艺中，对于这个电容，可以通过加大在螺旋线之间的氧化层厚度而使之减小。例如，在五层金属层工艺中，可以在第五层和第三层上而不是在第五层和第四层上形成螺旋线，这可以使端口至端口的电容减小 50%～70%。此时，因垂直方向间距加大而使 k 值的降低小于 5%。我们还可以使两个堆叠电感的位置错开，以它们之间耦合的减小为代价来换取较小的电容（见图 4.33）。对于由两个完全相同的螺旋线构成的一个错位的堆叠电感，其耦合系数可以由下式很好地近似：

$$k \approx 0.9 - \frac{\sqrt{x_s^2 + y_s^2}}{d_{\text{avg}}} = 0.9 - \frac{d_s}{d_{\text{avg}}} \tag{57}$$

由上式可以看到，当两个螺旋线错位的距离大约等于平均直径的时候，耦合系数减小至零；当两个螺旋线之间的错位增大时，耦合系数将变为负值并最终将渐近地趋于零。

最后，为了再次对这些概念进行拓展，我们可以利用多个上下堆叠的螺旋线之间的相互耦合（它们的中心可以是错位的也可以是不错位的），在给定芯片面积内得到比通常能得到的更大的电感值。但必须仔细估算这个电感的寄生电容及相应的自谐振频率，以保证所得到的器件能够满足工作要求。

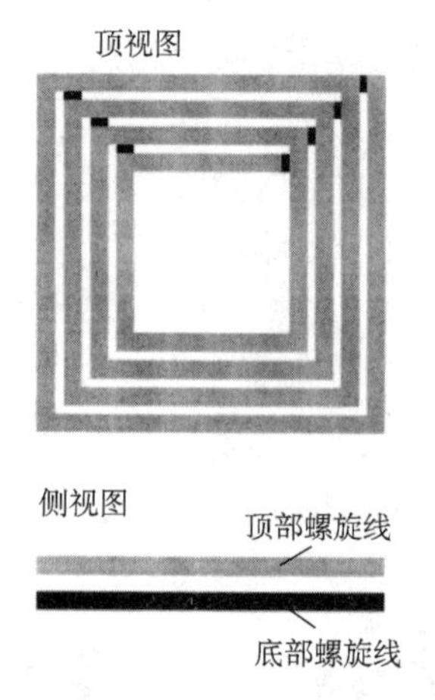

图 4.32 螺旋线完全重叠的堆叠变压器

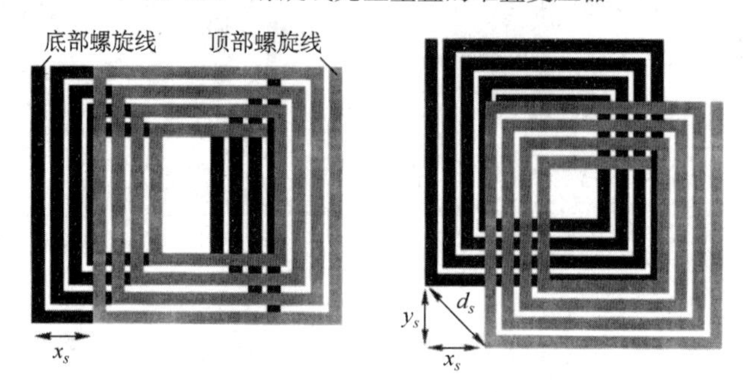

图 4.33 顶部和底部螺旋线错位的堆叠变压器

4.6.2 平面变压器的解析模型

图 4.34 和图 4.35 所示为抽头和堆叠变压器的电路模型。与抽头变压器模型对应的元件值由以下公式给出（下标 o 表示外螺旋线，i 表示内螺旋线，T 表示整个螺旋线）。首先，

$$L_{\mathrm{T}}=\frac{9.375\mu_0 n_{\mathrm{T}}^2 d_{\mathrm{avg,T}}^2}{11d_{\mathrm{out,T}}-7d_{\mathrm{avg,T}}} \tag{58}$$

$$L_{\mathrm{o}}=\frac{9.375\mu_0 n_{\mathrm{o}}^2 d_{\mathrm{avg,o}}^2}{11d_{\mathrm{out,o}}-7d_{\mathrm{avg,o}}} \tag{59}$$

以及

$$L_{\mathrm{i}}=\frac{9.375\mu_0 n_{\mathrm{i}}^2 d_{\mathrm{avg,i}}^2}{11d_{\mathrm{out,i}}-7d_{\mathrm{avg,i}}} \tag{60}$$

式中采用了计算方形平面螺旋电感值的改进的 Wheeler 公式。这里，d_{out} 和 d_{avg} 分别表示外直径和平均直径。

接下来，我们有

$$M=\frac{L_{\mathrm{T}}-L_{\mathrm{o}}-L_{\mathrm{i}}}{2\sqrt{L_{\mathrm{o}}L_{\mathrm{i}}}} \tag{61}$$

$$R_{\mathrm{s,o}}=\frac{\rho l_{\mathrm{o}}}{\delta w(1-\mathrm{e}^{-t/\delta})} \tag{62}$$

$$R_{\mathrm{s,i}} = \frac{\rho l_{\mathrm{i}}}{\delta w(1-\mathrm{e}^{-t/\delta})} \tag{63}$$

$$C_{\mathrm{ov,o}} = \frac{\varepsilon_{\mathrm{ox}}}{t_{\mathrm{ox,t\text{-}b}}} \cdot (n_{\mathrm{o}}-1)w^2 \tag{64}$$

$$C_{\mathrm{ox,o}} = \frac{\varepsilon_{\mathrm{ox}}}{2t_{\mathrm{ox}}} \cdot l_{\mathrm{o}} w \tag{65}$$

以及

$$C_{\mathrm{ox,i}} = \frac{\varepsilon_{\mathrm{ox}}}{2t_{\mathrm{ox}}} \cdot (l_{\mathrm{o}}+l_{\mathrm{i}})w \tag{66}$$

式中，L 表示电感值；R 表示电阻值；ρ 是金属的直流电阻率；δ 是趋肤深度；C 表示电容值；$t_{\mathrm{ox,t\text{-}b}}$ 是从顶层金属层至底层金属层的氧化层厚度；n 是匝数；l 是螺旋线长度；w 是线匝的宽度；t 为金属层厚度。下标 ov 表示“交叉”（crossover）。

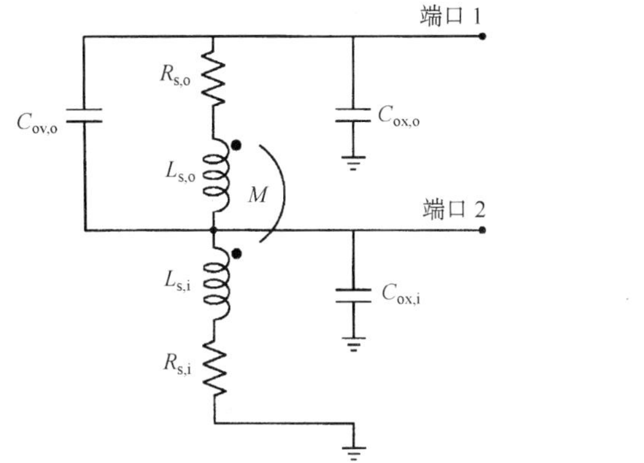

图 4.34　抽头变压器模型

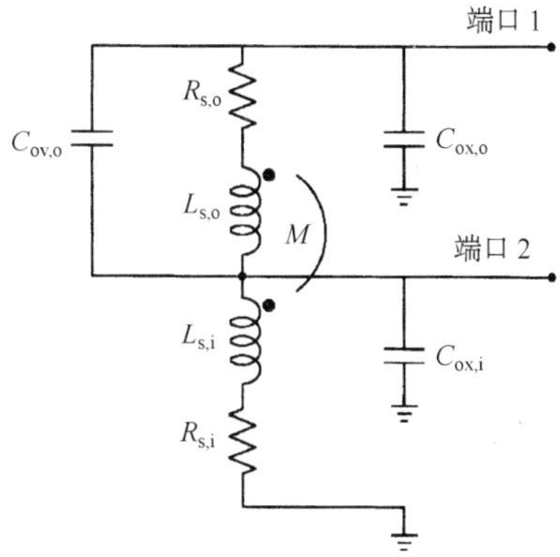

图 4.35　堆叠变压器模型

堆叠变压器模型的公式如下（下标 t 表示顶层螺旋线，b 表示底层螺旋线）：

$$L_{\mathrm{t}} = L_{\mathrm{b}} = \frac{9.375\mu_0 n^2 d_{\mathrm{avg}}^2}{11d_{\mathrm{out}} - 7d_{\mathrm{avg}}} \tag{67}$$

$$k = 0.9 - \frac{d_s}{d_{\mathrm{avg}}} \tag{68}$$

$$M = k\sqrt{L_{\mathrm{t}} L_{\mathrm{b}}} \tag{69}$$

$$R_{\mathrm{s,t}} = \frac{\rho_{\mathrm{t}} l}{\delta_{\mathrm{t}} w(1-\mathrm{e}^{-t_{\mathrm{t}}/\delta_{\mathrm{t}}})} \tag{70}$$

$$R_{\mathrm{s,b}} = \frac{\rho_{\mathrm{b}} l}{\delta_{\mathrm{b}} w(1-\mathrm{e}^{-t_{\mathrm{b}}/\delta_{\mathrm{b}}})} \tag{71}$$

$$C_{\mathrm{ov}} = \frac{\varepsilon_{\mathrm{ox}}}{2t_{\mathrm{ox,t\text{-}b}}} \cdot l \cdot w \cdot \frac{A_{\mathrm{ov}}}{A} \tag{72}$$

$$C_{\mathrm{ox,t}} = \frac{\varepsilon_{\mathrm{ox}}}{2t_{\mathrm{ox,t}}} \cdot l \cdot w \cdot \frac{A - A_{\mathrm{ov}}}{A} \tag{73}$$

$$C_{\mathrm{ox,b}} = \frac{\varepsilon_{\mathrm{ox}}}{2t_{\mathrm{ox}}} \cdot l \cdot w \tag{74}$$

$$C_{\mathrm{ox,m}} = C_{\mathrm{ox,t}} + C_{\mathrm{ox,b}} \tag{75}$$

式中，k 为耦合系数；d_s 为螺旋线间中心至中心的距离；$t_{ox,t}$ 为从顶层金属层至衬底之间的氧化层厚度；$t_{ox,b}$ 为从底层金属层至衬底之间的氧化层厚度；A_{ov} 为两条螺旋线之间互相重叠的面积。

串联电阻（$R_{s,o}$，$R_{s,i}$，$R_{s,t}$ 和 $R_{s,b}$）、端口至衬底电容（$C_{ox,o}$，$C_{ox,i}$，$C_{ox,t}$，$C_{ox,b}$ 和 $C_{ox,m}$）及交叉电容（$C_{ov,o}$，$C_{ov,i}$ 和 C_{ov}）的公式取自 C. P. Yue、C. Ryu、J. Lau、T. H. Lee 及 S. S. Wong 发表的 "A Physical Model for Planar Spiral Inductors on Silicon"（*International Electron Devices Meeting Technical Digest*, December 1996, pp.155-8）一文。这里需要再次说明：这个模型只是粗略地考虑了由于趋肤效应导致的串联电阻随频率增加的情况。图案化的接地屏蔽置于变压器的下面，可以避免它们与衬底之间产生电阻和电容耦合。[①] 因此，对于轻度和中度掺杂的衬底，衬底的寄生参数可以忽略不计。对采用重度掺杂衬底的情形，还需要把涡流损耗部分也包括在内。

上述电感公式仍然基于改进的 Wheeler 公式。这个公式并没有考虑电感随导体厚度和频率的变化，然而在实际电感和变压器的实现中，厚度在与线圈的横向尺寸相比时是很小的，因而它对电感值只有很小的影响，所以通常可以忽略不计。对于通常的导体厚度范围（0.5～2.0 μm），就实际的电感尺寸而言，电感值的变化在百分之几以内。电感也会随频率而变化，因为电流在导体内的分布会发生变化。但是在一个螺旋电感的应用频率范围内，这种变化一般也可以忽略不计（见 Yue 等人的研究[①]）。当与求解电磁场的模拟结果相比时，这个电感公式在一个相当宽的设计空间上（外直径 d_{out} 从 100 μm 变化至 480 μm，L 从 0.5 nH 变化至 100 nH，w 从 2 μm 变化至 $0.3d_{out}$，s 从 2 μm 变化至 w，内直径 d_{in} 从 $0.2d_{out}$ 变化至 $0.8d_{out}$）的最大误差为 8%。

对于抽头变压器，其互感的确定方法为：首先计算整个螺旋线的电感（L_T）、外螺旋线的电感（L_o）和内螺旋线的电感（L_i），然后运用公式 $M = (L_T - L_o - L_i)/2$。对于堆叠变压器，由于两条螺旋线具有完全相同的几何尺寸，因而它们具有完全相同的电感值。在这种情形中，互感的确定方法是计算一条螺旋线（L_t 或 L_b）的电感值，然后利用公式 $M = kL_t$ 中的耦合系数（k）。在最后一种情形中，当 $d_s < 0.7d_{avg}$ 时，耦合系数由 $k = 0.9 - d_s/d_{avg}$ 计算，这里 d_s 为两个螺旋线间中心至中心的距离，而 d_{avg} 是两个螺旋线的平均直径。当 d_s 增加到 $0.7d_{avg}$ 以上时，互感耦合系数变得很难模拟出来。最终，k 值将越过零值，并在 $d_s = d_{avg}$ 时接近于−0.1 的最小值。当 d_s 进一步增加时，k 渐近地趋于零。当 $d_s = 2d_{avg}$ 时有 $k = -0.02$，表明在这两条邻近的螺旋线之间的磁耦合可以忽略不计。

使用这种方法计算自感、串联电阻和互感时，与这个变压器用作三端口还是四端口器件无关。唯一需要重新计算的参数是端口至端口及端口至衬底的电容。这个情形与一个螺旋电感用作单端口还是双端口器件时的情形类似。与电感公式一样，除了其他极个别的情形，这些变压器模型都避免了求解整个电磁场的过程，因而能够进行快速的设计和优化。

4.7 高频时的互连选择

毫无疑问，硅衬底损耗提出了许多挑战，其中之一就是互连线在高频时的信号衰减。然而近年来的研究表明，只要选择合适的互连结构，我们仍有可能得到能充分在毫米波频带上有效工作的互连线。就此而言，共面波导（coplanar waveguide）或共面传输线（coplanar transmission line）具有特殊的价值，因为它的边缘耦合（edge-coupled）特性有助于减少到易出故障的衬底的能量耦合。

正如从图 4.36 中看到的那样，间距大的宽导线（如为了用来降低导体的损耗）将加剧衬底耦

① C. P. Yue et al., "On-Chip Spiral Inductors with Patterned Ground Shields for Si-Based RF ICs," *IEEE J.Solid-State Circuits*, v.33, May 1998, pp.743-52。

合及由此引发的损耗。因此，对于具有高损耗衬底的工艺，采用比通常低损耗衬底工艺宽度更窄和间距更小的导线是一个很好的选择。

正如我们已经注意到的那样，一个重要的设计自由度是：随着 CMOS 工艺一代代地发展，已经可以实现越来越多的金属层数目。与这些金属层相关的是新增加的金属层间的电介质层。因此有可能利用最顶层的金属层在远离衬底的地方形成共面导线，这实际上使得在二氧化硅的衬底上能够形成共面导线。总之，二氧化硅是损耗很低的材料，因此在它上面或在它里面形成互连线时，即使是极高的频率都表现出很低的损耗。

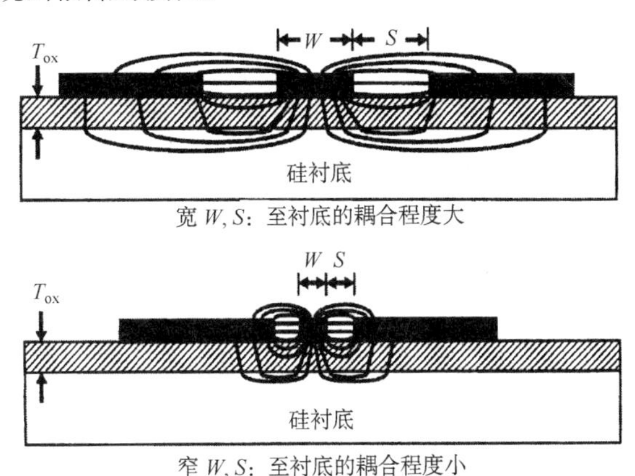

图 4.36　共面传输线（摘自 Kleveland 等人的著作）

同时运用这些方法，可以达到其他工艺所能达到的最佳衰减，如表 4.6 所示。应当注意，50 GHz 绝不是一个根本的极限。因此，CMOS 在毫米波频带上工作的问题基本上是一个期待工艺尺寸继续缩小以产生更快的晶体管从而能够充分利用互连线优势的问题。

表 4.6　50 GHz 时每毫米共面线的损耗

$W = S$（μm）	t_{ox}（μm）	损耗（dB）
16	40	0.3
8	40	0.55
4	20	0.85

资料来源：B. Kleveland et al., "50-GHz Interconnect Design in Standard Silicon Technology," *IEEE MTT-S International Microwave Symposium*, 1988。

MOSFET 开关

MOSFET 的一个引人注目的特点是可以作为非常好的开关。我们在这里将着重说明 MOSFET 作为 RF 开关的某些应用和局限，以及一些提高性能的方法。

在许多收发器中，发射器和接收器并不是同时工作的，因此这样的系统会采用开关来共享公共的天线。在这种应用中，发送/接收开关在导通（"on"）状态时需要有很低的开关损耗和很高的线性度，而在关断（"off"）状态时应具有很高的阻抗。

通常的做法都是驱动具有较高阻抗的 MOSFET 开关的栅极来提高导通状态的线性度。这种方法利用器件自身的电容使得在一个射频（RF）周期上保持端口电压大致不变，从而使器件特性的变化减到最小。由于所要求的导通/关断时间一般要比 RF 周期慢几个数量级，因此通过一个较高的阻抗来驱动栅极不会有根本的问题。

因此，剩下的非线性的来源就是漏和源至衬底的非线性电容及端口电压相对于背栅（衬底）电压的变化。在比较合理的工艺中（如果采用 PMOS 开关，则对于同样的器件宽度，“导通”电阻将加大至两倍），每个晶体管的衬底端口都可以作为单独的端口使用。这时，如果将某个高阻抗（例如一个合适的电感）连在衬底通常连接的额定直流电压上，那么就可以使 MOSFET 的所有 4 个端口一起发生变化。这样的高衬底阻抗也可以减轻由漏和源二极管引起的非线性。

直接采用片上可实现的元件来提供必要的高阻抗也许是不切实际的。在这些情形中，利用谐振得到高阻抗比较有利（见第 5 章），此时的开关电路如图 4.37 所示。[①] 采用这些技术时，一个用标准 0.18 μm 数字 CMOS 工艺实现、工作频率为 5.2 GHz 的实验开关可以达到 1.5 dB 的开关损耗、30 dB 的绝缘及 28 dBm 的 1 dB 压缩点。[②] 三阱工艺使我们能够利用相应的衬底端口有选择地插入谐振电路，得到的结果比分立 RF 开关好得多。

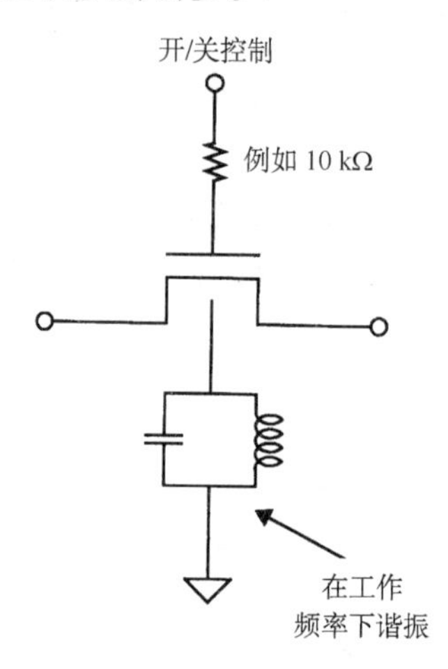

图 4.37　高线性度 RF 开关（摘自 Talwalkar 的著作）

静电放电（ESD）

人们经常关注的一个问题是与 RF 兼容的静电保护问题。如果不能提供合适的且不会使 RF 特性有不可接受的损失的耐静电特性，那么 RF CMOS 将永远只是毫无用处的纯学术研究。

最容易的方法就是在 RF 电路的前期设计中完全不考虑 ESD 问题，然后在正确完成 RF 电路的设计之后，加上尽可能多的 ESD 保护但同时要保持所期望的 RF 性能。此时所得到的耐 ESD 特性就是可接受的指标。在低频时，这个方法的成功不只是花费的时间适当。然而在吉赫兹的范围时，就要求有更完善的方法。

问题在于增加了与 ESD 保护器件（例如钳位二极管或类似的器件）相关的电容。为了比较定量地说明这个问题，可以指出该相关电容一般为几个皮法（也许大至 10 pF）。毋庸赘言，这样大的电容在高频时几乎是不能接受的（可以设想一下，一个 5 pF 的电容在 1 GHz 时的电抗只有 32 Ω）。但降低电容意味着必会使得在耐 ESD 特性与带宽（或最高工作频率）之间的全面考虑和选择变得很困难。不过正如我们在第 6 章中将要详细说明的那样，有可能将这些附加电容安排为一条纯延迟线（delay line）的一部分。一条延迟线仍然可以具有很大的带宽，但却具有在延迟和

① N. Talwalkar, “Integrated CMOS Transmit-Receive Switch Using On-Chip Spiral Inductors,” Ph.D. dissertation, Stanford University, 2003。

② 我们将在以后进一步说明“压缩点”的含义，在此只需了解它是线性度的度量并且其值越大越好即可。

带宽之间互不影响的非常重要的特点。这样的结构称为分布式 ESD 保护（distributed ESD protection）器件，如图 4.38 所示。

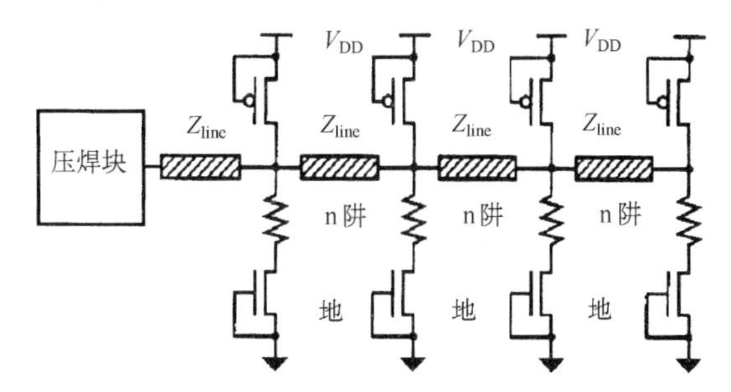

图 4.38　宽带分布式 ESD 保护电路（摘自 Kleveland 等人的著作）

正如从图中可以看到的那样，互连线（作为延迟线）的各个小段都依次接有作为负载的 ESD 二极管，这些 ESD 二极管的电容与延迟线的电容相加增大了延迟。① ESD 保护的效果与总电容（延迟线小段的数目）有关，因而可以非常大。采用这种技术对于人体模型（human-body model，HBM）来说已达到了 12 kV 的耐静电能力，而对于充电器件模型（charged-device model，CDM）来说也已达到了 800 V 的耐静电能力。②

这些 HBM 和 CDM 耐静电的能力已远远超出了许多低频产品设计中的情形。它唯一的缺点是电路所占据的芯片面积较大。但一般来说，一个具体的集成电路需要工作在最高速度下的引线（pin）总是只占全部引线的很小一部分，因而大部分引线仍可以采用通常的尺寸较小的 ESD 结构。

4.8　小结

本章介绍了许多片上（及片外）无源元件的模型和公式。具有简单性与精度乘积大致相同的适用于不同层次的公式，使得我们能够在任何设计层次上进行计算——其范围从最初的探索到最终的验证，这在许多情形下大大减少了通过求解电磁场进行分析的需要。

4.9　附录：电容方程总结

图 4.39 显示了各种导体排布情况。

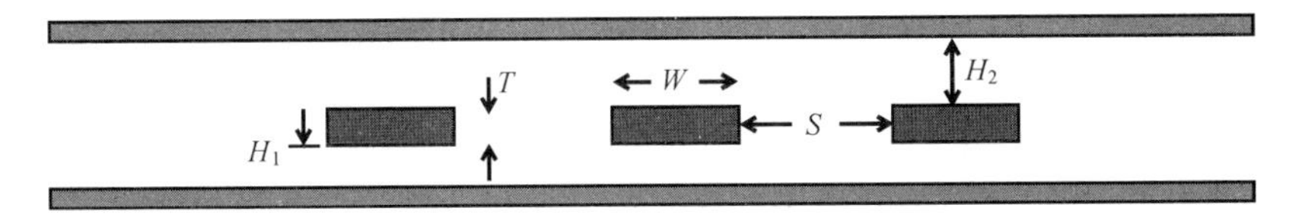

图 4.39　各种导体排布情况

第一种情形：单条导线在导电平面之上

$$C \approx \varepsilon\left[\frac{W}{H}+0.77+1.06\left\{\left(\frac{W}{H}\right)^{0.25}+\left(\frac{T}{H}\right)^{0.5}\right\}\right] \tag{76}$$

① 在其他不同的结构中，延迟线的各个小段可以用集总的电感（如平面螺旋线）来代替。

② B. Kleveland et al., "Distributed ESD Protection for High-Speed Integrated Circuits," *IEEE Electron Device Lett.*, v.21, no.8, August 2000, pp.390-2。

第二种情形：单条导线夹在两个导电平面之间

$$C \approx \varepsilon\left[W\left(\frac{1}{H_1}+\frac{1}{H_2}\right)+0.77 + 0.891\left\{\left[W\left(\frac{1}{H_1}+\frac{1}{H_2}\right)\right]^{0.25}+T^{0.5}\left(\frac{1}{H_1^2}+\frac{1}{H_2^2}\right)^{0.25}\right\}\right] \tag{77}$$

第三种情形：三条相邻的导线均在单个导电平面之上

$$C_{\text{total}} = C_{\text{single}} + 2C_{\text{mutual}} \tag{78}$$

$$C_{\text{single}} \approx \varepsilon\left[1.15\frac{W}{H}+2.8\left(\frac{T}{H}\right)^{0.222}-1.31\left(\frac{T}{H}\right)^{0.222}\left(\frac{S}{H}\right)^{-1.34}\right] \tag{79}$$

$$C_{\text{mutual}} \approx \varepsilon\left[0.03\frac{W}{H}+0.83\frac{T}{H}+0.585\left(\frac{T}{H}\right)^{0.222}\right]\left[\left(\frac{S}{H}\right)^{-1.34}\right] \tag{80}$$

式中，C_{single}是中间那条导线对地的电容；C_{mutual}是相邻一对导线之间的电容；最外面的那对导线之间的电容一般可以忽略，这是由于中间导体提供了法拉第屏蔽的缘故。

同样，在接地平面之上的两条导线的公式也是类似的。耦合电容也一样（并且很自然，当计算任何一条导线的总负载电容时，只能计算一次）；C_{single}这一项（它表示每条导线至地的电容）的不同之处是系数由 1.31 变成了 0.655。

习题

[第 1 题] 把方形电容采用的简单边缘效应修正方法延伸到用于圆形电容。就以下平板间距离与平板直径的比，计算你修正过的电容值与没有修正过的值的比：0.005, 0.01, 0.025, 0.05, 0.1。将你的结果与表 4.7 所示的实际修正系数进行比较。

表 4.7　考虑圆形电容中的边缘效应时的修正系数

s/D	$C_{\text{corr}}/C_{\text{uncorr}}$（经修正后的 C/未经修正的 C）
0.005	1.023
0.01	1.042
0.025	1.094
0.05	1.167
0.10	1.286

[第 2 题]

（a）设计一个 10 nH 的方形螺旋电感，其连线的总长度为 3500 μm，各匝之间的间距是 2 μm，金属和氧化层都是 1 μm 厚，金属的电导率为 4×10^7 S/m，氧化层的相对介电常数为 3.9。

（b）对于你的设计，假设电感的一个终端接地，计算在 1.5 GHz 时各个模型元件的值。可以先假设衬底是超导体。

（c）如果这个电感用作（并联）振荡回路的一部分，回路的外部电容和电阻分别是 500 fF 和 10 kΩ，那么在谐振时这个组合的阻抗是多少？对于新的谐振频率不必重新计算模型参数。

（d）改变你的模型使 G_{sub} 和 C_{sub} 采用默认值。运用 SPICE 来决定在振谐时新的阻抗幅值。同样不必重新计算其他模型参数值。与前面的结果进行比较。

[第 3 题]　一个并联谐振回路由一个 4 匝、80 μm × 80 μm 的方形螺旋电感及一个 5 μm × 5 μm 的电容组成，电容由两层金属层构成，假设中间由一层厚度非典型的、薄的 0.2 μm 氧化层电介质（$\varepsilon = 3.9\varepsilon_0$）隔离。

（a）先忽略边缘效应和所有其他的寄生参数，这个谐振网络的额定谐振频率是多少？

（b）现在我们不切实际地假设衬底是超导体，电感本身由在衬底以上 3 μm 处的金属层构成。忽略该电感底下穿越线的并联电容，但要考虑该电感对衬底的电容，如果衬底和这个振荡回路的一个终端接在一起，那么现在这个网络的近似并联谐振频率是多少？假设电感绕组的金属为 8 μm 宽、1 μm 厚。可以假设电感模型是对称的。

（c）如果互连线的电导率为 5×10^7 S/m，在这一新的谐振频率时电感的等效串联电阻是多少？已知真空磁导率大约为 1.26×10^{-6} H/m，这也许对你有帮助。

（d）Q 值（即品质因子）是对一个电抗网络具有的损耗程度的度量。如果这个谐振电路的 Q 值在这里定义为 $\omega L/R$，那么在谐振频率时的 Q 值是多少？

[第 4 题]　一个常见的（特别是在数字系统中）问题是如何才能确定互连线的最佳尺寸？一条较宽的线具有较大的电容，但却具有较小的电阻，所以多么宽才足够宽呢？为了定量地回答这个问题，使用一个接地平面之上的单条导线的 Sakurai 公式，推导出关于这样一条线的 RC 乘积的公式。这里 R 和 C 分别是总的电阻和电容。我们将采用简化的方法，并且忽略驱动这条互连线的电路的负载影响，从而完全集中在互连线本身的问题上。

（a）如果信号的传播延时正比于 RC，若长度加倍，这一延时如何增加？

（b）你的公式应当显示当宽度变为无穷大时 RC 乘积将渐近地接近最小值。什么样的宽度会使延时恰好比这个最小值大 25%？用厚度 T 及离衬底的距离 H 来表示你的答案。

[第 5 题]　结电容通常在反向偏置状态下作为变容管使用。为了说明为什么它们几乎从不在（大的）正偏置的情况下使用，我们假设二极管的正向特性如下：

$$i_D \approx I_S e^{v_j/V_T} \tag{P4.1}$$

假设在工作温度时的热电势 V_T 为 25 mV，并且假设当电压为 0.5 V 时二极管的正向电流为 1 mA：

（a）计算在 1 mA 时的交流小信号电阻。

（b）如果零偏置电容 C_{j0} 是 2 pF，在正向偏置为 0.5 V 时的电容为多少？假设是突变掺杂（阶跃）结，$\phi = 0.8$ V。

（c）计算 1 GHz 时在（b）中求出的电容的电抗值。在这个频率时变容管主要显示为阻性还是容性？

[第 6 题]　设计一个 7.3 nH 的电感。所有的资源是总长为 6 mm 的键合线及 900 μm² 的芯片面积。假设键合线长度的控制精度不优于10%，在满足最终的电感值处于目标值的 5%误差以内的约束条件下，使你所设计电感的 Q 值最大。为了简单起见，可以假设以下平面螺旋电感的公式是正确的：

$$L \approx \mu_0 n^2 R \tag{P4.2}$$

[第 7 题]　对于以下两种情形，推导出作为温度的函数的互连线电阻表达式：

（a）当与导体的尺寸相比时，趋肤深度非常小。

（b）当与导体的尺寸相比时，趋肤深度非常大。

你可以假设互连线材料电阻率本身是 PTAT。

（c）利用（a）的结果回答：你认为在−55°C 到+125°C 之间一个方形螺旋电感的 Q 值会有多大变化?

[第 8 题]

（a）推导两条耦合键合线的电路模型，每条线的长度为 7 mm，相距 4 mm。可以忽略寄生电阻和电容。

（b）假设一条键合线由一个电压源串联一个 50 Ω的电阻驱动。同时假设另一条键合线与一个 200 Ω的负载电阻并联。如果电压源提供 1 V 的单位阶跃，利用 SPICE 得出这个负载电阻两端电压的波形图。

（c）现在把间距加倍至 8 mm 并重复计算。就加大间隔来减少寄生耦合的效率来说，你能得出什么结论?

[第 9 题] 一个 10 kΩ的多晶电阻采用每方块 100 Ω的薄层电阻材料制成。

（a）如果这个电阻宽度的不确定性不超过 0.2 μm，并且由于宽度变化引起电阻的变化必须保持在 5%以下，试确定这个电阻的最小尺寸。为简单起见，假设版图为简单的长条形。

（b）如果氧化物电介层（相对的介电常数为 3.9）为 1 μm 厚，试确定这个电阻对衬底的寄生电容。对于这个结构采用单个 RC 模型，试问超过多少频率以后这个电阻将不再是阻性占主要地位?

[第 10 题] 对于导体尺寸的另一个约束是电迁移影响。当电流密度足够高时，在电子和金属原子之间的动量传送可能引起互连线各部分在物理上的位移。互连线变窄会引起电流密度的增加，从而会加快互连线变窄的速度，如此下去，互连线的电阻或者会变大到不可接受的程度，或者实际上变为开路。

对于最常用的互连线金属，电迁移规则的上界大约在直流 10^9 A/m^2 的两倍以内（对于高频正弦电流允许大得多的电流密度，因为在这种情形下几乎不会有净的电迁移发生）。

（a）假设最大允许的电流密度为 2×10^9 A/m^2，如果导体的厚度为 0.5 μm，试确定能够支持 100 mA 电流的互连线的最小可接受宽度。

（b）如果电导率为 4×10^7 S/m，计算你设计的互连线每毫米的电阻。

（c）如果氧化层为 1 μm 厚，估计每毫米的寄生电容。

第 5 章　MOS 器件物理特性回顾

5.1　引言

本章的内容集中在 RF 电路设计者重点关注的管子特性上，强调了一阶和高阶现象的差别。为了深入揭示一些问题而进行粗略近似时会举出许多例子来说明，所以本章的回顾是试图作为对这一内容的传统叙述的补充，而不是去替代它。特别是我们必须承认，当今的深亚微米 MOSFET 是非常复杂的器件，因此简单的公式事实上不可能提供任何其他比一阶（甚至可能是零阶）更精确的近似。本章的基本理念在于提供一种可以进行初步设计的简单情形，然后通过复杂得多的模型来验证它。借助零阶模型建立起来的定性观察可以使设计者对从模拟器得到的不好结果做出正确的判断。因此，我们用一组比较简单的模型而不是用于验证的模型进行设计。

基于这个目的，我们现在先回顾一段历史，然后再进行一系列的推导。

5.2　MOS 简史

人们制作场效应管（FET）的想法实际上要比双极型器件的开发早 20 年。事实上，Julius Lilienfeld 在 1926 年就获得了第一个类似于场效应管的专利，但他从来也没有成功研制出一个能够工作的器件。[①] William Shockley 在与别人合作发明双极型晶体管之前，也曾试图通过调制半导体的电导率来构成场效应管。与 Lilienfeld 一样，由于他使用的材料系统的问题（采用了铜化合物[②]），因此没有获得成功。甚至在把目标转向锗（一种比氧化铜更简单因而更易于分析的半导体）之后，Shockley 也仍然不能研制出一个能够工作的场效应管。在试图分析不成功的原因的过程中，Shockley 的贝尔实验室的同事 John Bardeen 及 Walter Brattain 偶然发现了点接触双极型晶体管，即第一个实际的半导体放大器。这个器件的一些没有解决的秘密问题（例如其中的负β）促使 Shockley 发明了结型场效应管（JFET），这三个人由于他们的工作成果而最终获得了诺贝尔物理学奖。

到 1950 年，一个基于改变半导体有效横截面积的晶体管（即结型场效应管）演示成功，它是一个很有用的器件，但却不是 Shockley 最初打算构造的器件。

10 年后，贝尔实验室的 Kahng 和 Atalla 最终成功研制了一个硅 MOSFET，他们利用了一个偶然的发现，即硅自己的氧化物能够极好地控制难以解决的表面状态问题，而这些问题曾经使早期采用其他材料时所做的种种努力屡屡受挫。但是直到发现钠离子的污染是主要的罪魁祸首且在

---

① 美国专利号 # 1,745,175，1926 年 10 月 8 日申请，1930 年 1 月 28 日获得批准。它并不像常见的报道那样是一个 MOSFET，因为它采用的是布置在密实衬底内部垂直方向上类似栅格的控制电极。

② 采用氧化铜制作的整流器自 20 世纪 20 年代起就开始应用，可是当时人们对其工作原理的细节并不了解。1976 年前后，在几十年半导体研究的基础上，Shockley 对制作氧化铜场效应管做了最后一次努力，但仍然没有成功。因此他对何时才能了解这其中的原因丧失了信心。（有关 Shockley 的回忆及其他许多开创者的动人故事可参见 1976 年 7 月出版的一期 *Transactions on Electron Devices*。）

相应的补救办法出现之前，器件特性的神秘（而且严重）漂移一直阻止了 MOS 工艺的商业化。然而 MOSFET 工艺很快就成为优先考虑的集成电路制造方法，这是因为它的制造过程比较简单且有可能获得很高的电路密度。

5.3 场效应管：一个小故事

尽管定量的细节描述有点复杂，但场效应管工作所基于的基本概念却很简单，即从一个夹在两个引出端（源和漏）之间的电阻出发，增加第三个引出端（栅），它可以按照某种方式对其他两个端口（源和漏）之间的这个电阻进行调制。如果驱动控制端所消耗的功率小于传送给负载的功率，那么就可以得到功率增益。

在一个结型场效应管（JFET）（见图 5.1）中，反向偏置的 pn 结控制那个夹在源和漏端之间的电阻。由于耗尽层的宽度取决于偏置，因此栅极电压的变化可以改变这个器件的有效横截面积，从而调节漏-源电阻。由于栅是反向偏置二极管的一端，影响控制端所消耗的功率几乎为零，因此 JFET 的功率增益也就非常大。

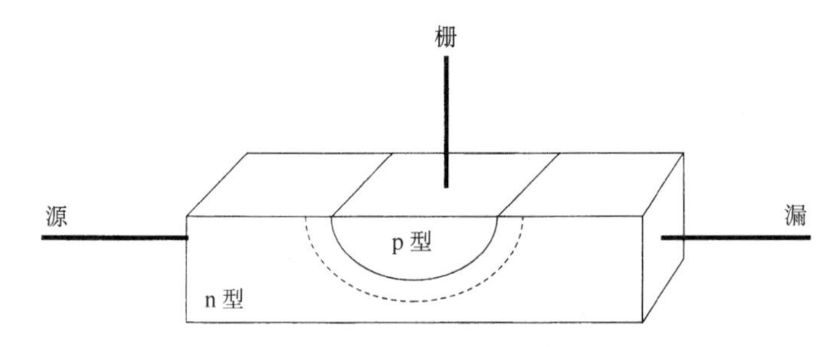

图 5.1 n 沟道结型场效应管（这是简化的情形，大多数实际器件都有两个栅扩散区）

一个 JFET 在正常情况下是导通的，需要在栅上加一个足够大的反向偏置电压使它截止。因为控制是通过改变耗尽层的范围起作用的，所以这样的场效应管称为耗尽型器件。

虽然 JFET 不是用在主流 IC 技术中的场效应管类型，但电导率调制的基本概念则确定了另一类场效应管工作的基础，这就是 MOS 场效应管（MOSFET）。

对于最常用的 MOSFET 类型来说，栅是电容的一块极板，这块极板通过很薄的一层电介质与几乎绝缘的半导体衬底隔开。当没有电压施加到栅极时，晶体管在源和漏端之间本质上是不导通的；当足够大的电压施加到栅极上时，就会有相反极性的电荷在半导体中被感应出来，从而可以提高电导率。这类器件因此称为增强型晶体管。

与 JFET 一样，MOSFET 的功率增益非常大（至少在直流情况下如此），几乎不需要任何功率来驱动栅，因为它基本上是一个电容。我们在讨论 MOSFET 高频特性时将再次说明这个问题，因为在高频时栅的阻抗呈现出一个电阻成分，从而限制了功率增益。

5.4 MOSFET 物理特性：长沟道近似

前面的回顾留下了许多细节没有说明，例如，根据上述内容我们确实无法写出任何器件方程。我们现在着手把这个问题放在更定量一些的基础上来考虑。在本节中，我们将假设器件具有“长”沟道。我们在以后将会看到“长沟道”的意思实际上就是“低电场”。如果所加的电压足够低以至于能够保证具有较小的电场，那么短沟道器件的特性仍然可与本节中推导出的方程契合得很好。

正如我们已经熟知的那样，一个基本的 n 沟道 MOSFET（见图 5.2）包含两个重掺杂的 n 型区，即源和漏，它们构成了这个器件的主要引出端。栅在早期实现中曾经用金属构成，而现在则用重掺杂的多晶硅构成，器件的衬底是 p 型的，并且一般都是很轻的掺杂。在后面许多内容的讲述中，我们将假定衬底（体）端与源端处于相同的电位。但极为重要的是，要记住衬底构成了第四个端，它的影响并不总是可以忽略不计的。

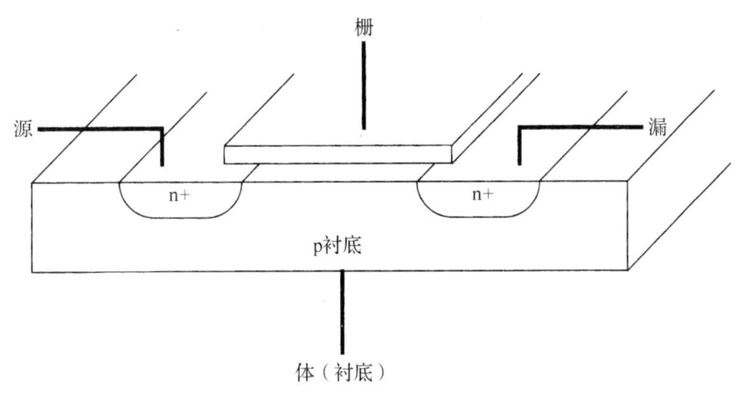

图 5.2　n 沟道 MOSFET

当加在栅极上的正电压增加时，空穴会逐渐从衬底的表面被排斥走。当栅极电压达到某个特定值（即阈值电压 V_t）时，表面（移动）电荷就会被完全耗尽。进一步增加栅极电压会感应出反型层，它是由源（或漏）提供的电子构成的，这一层形成了一条源漏之间的导电通路（沟道）。当栅-源电压超过 V_t 几个 kT/q 时，该器件就被称为处于强反型状态。

前面的讨论隐含着假设在半导体表面各处的电势是一个常数（也就是漏-源电压为零）。在这个前提下，感应出的反型层电荷正比于栅极电压超出阈值电压的那部分，并且感应电荷的密度沿沟道是一个常数。然而，如果我们在漏端施加一个正的电压 V，那么沟道电势必定从源端的零以某种方式变成增加到漏端的 V。因此随着漏端接近沟道，能够引起反型层的净电压就会减小。由此可以想象感应的沟道电荷密度是变化的，从沟道源端的最大值（在这里 V_{gs} 减去沟道电位得到的值最大）到沟道漏端的最小值（在这里 V_{gs} 减去沟道电位得到的值最小），如图 5.3 中代表电荷密度的阴影区域所示。

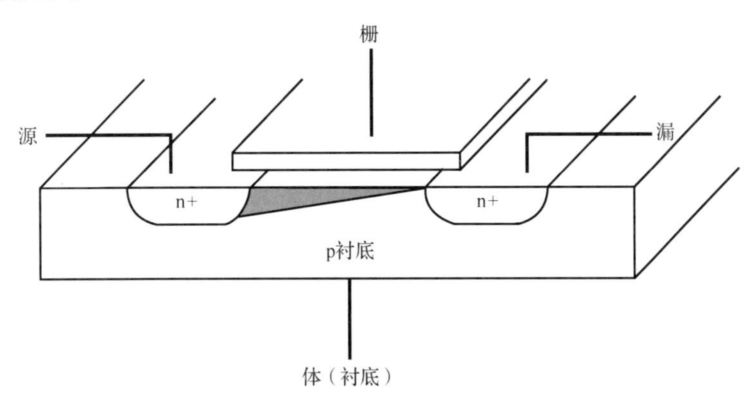

图 5.3　n 沟道 MOSFET（所示的是处在线性区与饱和区边界时的情形）

具体地说，沟道电荷密度具有如下形式：

$$Q_n(y) = -C_{\text{ox}}\{[V_{gs} - V(y)] - V_t\} \tag{1}$$

式中，$Q_n(y)$ 是在位置 y 处的电荷密度，C_{ox} 为 $\varepsilon_{\text{ox}} / t_{\text{ox}}$，而 $V(y)$ 是在位置 y 处的沟道电位。注意，我们按照惯例，将 y 方向定义为沿沟道方向。同时注意 C_{ox} 是每单位面积的电容。负号只是反映了在这一 NMOS 例子中电荷是由电子构成的。

式（1）足以使我们继续推导出端口特性的重要方程。

5.4.1　线性区（三极管区）的漏极电流

线性区或三极管区的定义是 V_{gs} 足够大（或 V_{ds} 足够小）以保证反型层在从源至漏的全部位置上都能够形成。从我们给出的沟道电荷密度的表达式中可以看到，当以下条件成立时，电荷密度为零：

$$[V_{gs} - V(y)] - V_t = 0 \tag{2}$$

所以电荷密度第一次变成零时是在漏端达到某一特定电压时，因此三极管区的边界由下式定义：

$$[V_{gs} - V_{ds}] - V_t = 0 \implies V_{ds} = V_{gs} - V_t \equiv V_{d\text{sat}} \tag{3}$$

只要 $V_{ds}<V_{d\text{sat}}$，这个器件将工作在线性区。

在推导出沟道电荷的表达式及定义了线性区之后，现在就可以推导用端口变量表示的器件电流的表达式。因为电流正比于电荷与（迁移）速度的乘积，所以，

$$I_D = -WQ_n(y)v(y) \tag{4}$$

迁移速度在弱电场时（记住这是“长沟道”的近似）只是迁移率与电场强度的乘积，因此，

$$I_D = -WQ_n(y)\mu_n E \tag{5}$$

式中，W 是器件宽度。

代入沟道电荷密度，可以得到

$$I_D = -WC_{\text{ox}}[V_{gs} - V(y) - V_t]\mu_n E \tag{6}$$

接下来，我们注意到（y 方向的）电场 E 只不过是电压沿沟道的（负的）梯度，因此，

$$I_D = \mu_n C_{\text{ox}} W[V_{gs} - V(y) - V_t]\frac{\mathrm{d}V}{\mathrm{d}y} \tag{7}$$

所以，

$$I_D\,\mathrm{d}y = \mu_n C_{\text{ox}} W[V_{gs} - V(y) - V_t]\,\mathrm{d}V \tag{8}$$

现在沿沟道进行积分并求解 I_D：

$$\int_0^L I_D\,\mathrm{d}y = I_D L = \int_0^{V_{ds}} \mu_n C_{\text{ox}} W[V_{gs} - V(y) - V_t]\,\mathrm{d}V \tag{9}$$

最后可以得到以下线性区漏极电流的表达式：

$$I_D = \mu_n C_{\text{ox}} \frac{W}{L}\left[(V_{gs} - V_t)V_{ds} - \frac{V_{ds}^2}{2}\right] \tag{10}$$

注意，漏极电流与漏-源电压之间的关系在 V_{ds} 很小时几乎是线性的，因此在三极管区 MOSFET 的特性如同一个电压控制的电阻。

定性地说，漏极电流对漏极电压的高度敏感性非常类似于真空三极管的特性，这个工作区也由此得名。

5.4.2　饱和区的漏极电流

当 V_{ds} 足够高从而使反型层并不能从源端一直延伸到漏端时，沟道就被称为处于“夹断”状态。在这种情形下，影响沟道电荷的电场停止增加，使总的电流保持不变而与 V_{ds} 的增加无关。

要计算这个电流的值很容易，只需用 $V_{d\text{sat}}$ 代替上面电流表达式中的 V_{ds} 即可：

$$I_D = \mu_n C_{\text{ox}} \frac{W}{L}\left[(V_{gs} - V_t)V_{d\text{sat}} - \frac{V_{d\text{sat}}^2}{2}\right] \tag{11}$$

上式可简化为

$$I_D = \frac{\mu_n C_{\text{ox}}}{2} \frac{W}{L}(V_{gs} - V_t)^2 \tag{12}$$

因此在饱和区，漏极电流与栅-源电压之间存在平方律关系，并且在理想情况下与漏极电压无关。由于真空五极管也有类似的板极电流对板极电压的弱依赖特性，因此这种工作方式有时也称为五极管工作区。

对我们的漏极电流表达式进行微分运算，可以很容易求出这样一个器件在饱和区的跨导：

$$g_m = \mu_n C_{\text{ox}} \frac{W}{L}(V_{gs} - V_t) \tag{13}$$

上式也可以表示为

$$g_m = \sqrt{2\mu_n C_{\text{ox}} \frac{W}{L} I_D} \tag{14}$$

因此不同于双极型器件，一个长沟道 MOSFET 的跨导只取决于偏置电流的平方根。

5.4.3　沟道长度调制

至今我们一直假设饱和时漏极电流与漏-源电压无关，然而令人失望的是：对实际器件的测量一再表明这样的无关性总是不存在的。在长沟道器件中，造成非零输出电导的主要原因是沟道长度调制（channel-length modulation，CLM）。由于漏极区与衬底之间形成一个 pn 结，因此在漏极周围存在一个耗尽区，其范围取决于漏极电压。当漏极电压升高时，耗尽区的宽度也增加，从而在事实上缩短了沟道长度。于是，因有效沟道长度的减小致使漏极电流增加。

为了考虑这种影响，对线性区和饱和区的漏极电流公式应做如下修改：

$$I_D = (1 + \lambda V_{ds})I_{D0} \tag{15}$$

式中，I_{D0} 是忽略沟道长度调制时的漏极电流；λ 是半经验常数，其单位为电压的倒数。λ 的倒数也常用符号 V_A 来表示并称为厄尔利（Early）电压，这是因为厄尔利首先解释了双极型晶体管中输出电导不为零的情况（此时它由类似的基极宽度受集电极电压的调制所引起）。厄尔利电压在器件特性图上表现为把所有的器件曲线（V_{ds}-I_D）外推至电流为零时的公共交点。但对实际器件的测量结果表明，几乎从来也不能将这些曲线外推至同一点上，不过工程师几乎不关心这样微小的细节。

5.4.4 动态元件

到目前为止，我们只考虑了 DC 参数。现在我们来看一下与 MOSFET 相关的各种电容。这些电容限制了电路的高频性能，因此我们需要了解它们来自何处及它们的数值有多大。

首先，由于源区和漏区与衬底形成了一个反向偏置结，因此我们可以想到这两个区域中的任何一个与衬底之间都会有一个通常的结电容。这些电容表示为 C_{jsb} 和 C_{jdb}，如图 5.4 所示，图中耗尽区的范围被大大地放大了。

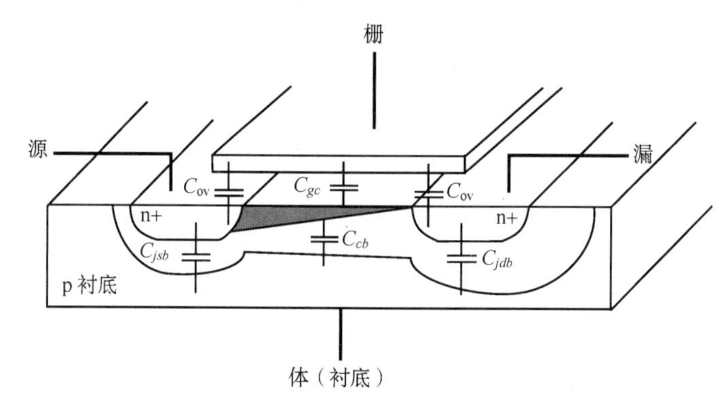

图 5.4　MOSFET 的各种电容

除了结电容，还存在其他各种平行板电容。图 5.4 中的电容 C_{ov} 代表栅-源和栅-漏间的交叠电容，这些电容是我们非常不想要但却是不可避免的。在制造过程中源区和漏区的横向扩散长度与它们的扩散深度很接近，因此它们在制造过程中会向外扩展并向栅下有一定程度的延伸。作为一个粗略的近似，我们可以认为交叠量 L_D 为源-漏扩散深度的 2/3 至 3/4，因此，

$$C_{ov} \approx \frac{\varepsilon_{ox}}{t_{ox}} W L_D = 0.7 C_{ox} W x_j \tag{16}$$

式中，x_j 是源-漏扩散的深度，ε_{ox} 是氧化层的介电常数（大约为 $3.9\varepsilon_0$），t_{ox} 是氧化层厚度。

由于平行板交叠电容还因边缘效应而增大，因此即使不存在实际的交叠情况，“交叠”电容这一项也不会为零。从这个意义上讲，我们应当记住（在现代器件中）栅极厚度实际上比沟道长度还大，所以图 5.4 所画的相对尺寸是一种误导。我们可以把实际的栅极看成一棵高大的橡树而不是一块薄板。此外，连接源极和漏极的连线尺寸也不能忽略，见图 5.5。由于栅极的厚度几乎没有随工艺的进步而缩小多少（如果不是完全没有缩小的话），因此现在工艺虽然从一代发展到下一代，然而交叠电容的改变却不大。

另一个平行板电容是栅-沟道间的电容 C_{gc}。由于源区和漏区都延伸到了栅下的区域，有效的沟道长度减少了两倍的横向扩散距离 L_D，因此 C_{gc} 的总值为

$$C_{gc} = C_{ox} W (L - 2L_D) \tag{17}$$

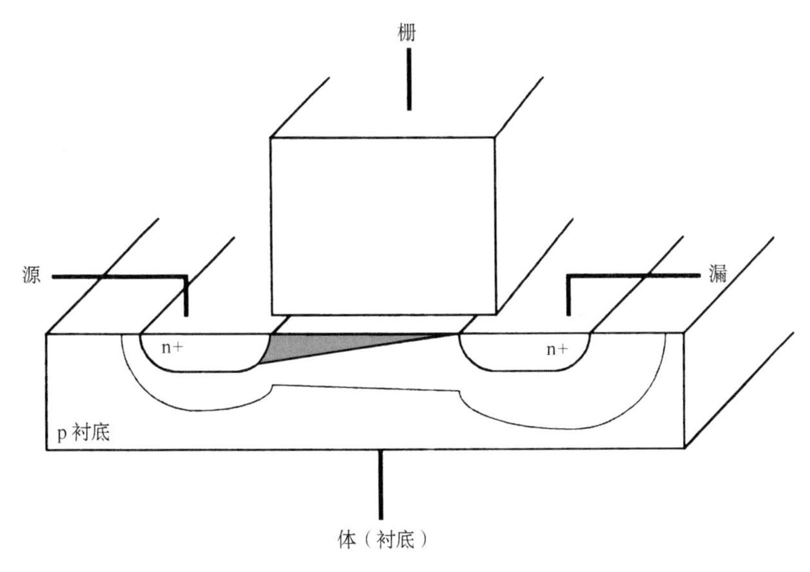

图 5.5　更确切地显示栅极的相对尺寸

强反型情况下，表面处的电荷和衬底中的电荷类型相反，它们之间是耗尽区。因此，在沟道与衬底（体）之间还存在一个电容 C_{cb}，它的特性也像是一个结电容，其值近似为

$$C_{cb} \approx \frac{\varepsilon_{\mathrm{Si}}}{x_d} W(L-2L_D) \tag{18}$$

式中，x_d 是耗尽层的深度，它的值为

$$x_d = \sqrt{\frac{2\varepsilon_{\mathrm{Si}}}{qN_{\mathrm{sub}}}\left|\phi_s - \phi_F\right|} \tag{19}$$

在绝对值符号中的量是衬底中的表面势和费米势之间的差。在强反型情况下（在三极管区和饱和区），它的大小为费米势[①]的两倍。

沟道不是器件的一个直接引出端，所以如果要了解以上各项电容如何影响各引出端电容，就要考虑沟道电荷如何在源和漏之间进行划分的问题。一般来说，引出端电容值取决于工作状态，因为偏置状况影响这种电荷的划分。例如，当没有任何反型电荷（器件截止）时，栅-源和栅-漏电容就可以很好地近似为只有交叠电容这一项。

当器件处在线性区时存在反型层，我们可以假设源和漏同等地分享沟道电荷。因此 C_{gc} 的一半计入交叠电容这一项中。同样，在线性区，C_{jsb} 和 C_{jdb} 结电容这两项中的每一项都要加入 C_{cb} 的一半。

在饱和区，漏区的电势变化并不会影响沟道电荷，因此 C_{gc} 对 C_{gd} 的构成没有影响，C_{gc} 的全部就是交叠电容这一项。栅-源电容受 C_{gc} 的影响，但细节分析表明，只是大约 2/3[②]的 C_{gc} 应当加入交叠电容这一项中。同样，在饱和时，C_{cb} 对 C_{db} 的构成也没有任何影响，但确实会使其值的 2/3 加到 C_{sb} 上。

栅-衬底电容在强反型情况下可以认为是零（无论是在三极管区还是在饱和区都是如此，因

① 此处费米势定义为衬底体内本征能级和费米能级之间的差值。——译者注

② 2/3 的因子来自对沟道电荷的计算，本质上来自在平方律工作区下对图 5.3 所假定的三角形分布进行积分的结果。

为沟道电荷本质上屏蔽了衬底免受栅极上发生的变化的影响）。然而当器件处于截止时，则存在一个与栅极电压有关的电容，它的值大致以线性方式在 C_{gc} 及 C_{gc} 与 C_{cb} 的串联值之间变化。在阈值电压之下（但接近）时，它的值比较接近串联值，而在深度积累时，由于很大的负栅压感应的正电荷使表面多数载流子的浓度增加到衬底浓度之上，因此使它的值接近极限值 C_{gc}。在深度积累的情况下，（衬底）表面处于很强的导电状态且因此可以被看作基本上是一层金属，从而使栅-衬底电容完全是一个平行板电容。

电容值随偏置的变化也提供了实现变容管的另一种选择。为了避免采用负的电源电压，可以把电容制造在 n 阱内并利用 n+源区和漏区形成积累型的 MOSFET 电容，如第 3 章中所描述的那样。MOSFET 的各端电容总结在表 5.1 中。

表 5.1 MOSFET 的各端电容的近似值

	关态	三极管区	饱和区
C_{gs}	C_{ov}	$C_{gc}/2 + C_{ov}$	$2C_{gc}/3 + C_{ov}$
C_{gd}	C_{ov}	$C_{gc}/2 + C_{ov}$	C_{ov}
C_{gb}	$C_{gc}C_{cb}/(C_{gc}+C_{cb})$ $<C_{gb}<C_{gc}$	0	0
C_{sb}	C_{jsb}	$C_{jsb} + C_{cb}/2$	$C_{jsb} + 2C_{cb}/3$
C_{db}	C_{jdb}	$C_{jdb} + C_{cb}/2$	C_{jdb}

5.4.5 高频品质因子

也许人们很自然地希望能够用一个数来表示多维量的特性，毕竟，想省事是人的天性。在用来描述有关高频性能时有两个特征值被人们使用得非常普遍，它们是ω_T和$\omega_{\max}$，分别为电流增益和功率增益外推下降至 1 时的频率。简短回顾一下它们的推导过程是很有必要的，因为许多工程师忘记这两个量的来源及其精确的含义，结果往往会得出一些不正确的推论。

假设漏端为交流短路而栅由一个理想的电流源驱动，可以得到关于ω_T最为通用的表达式。由于漏端短路的结果，ω_T 中并不包含关于漏-衬底电容的信息。由电流源驱动意味着串联的栅电阻对ω_T同样没有影响。显然，无论是 r_g 还是 C_{jgd}，对高频特性都会有很大的影响，只是在这里推导ω_T时，我们忽略了这个实际情况。

更进一步说，栅-漏电容只是在计算输入阻抗时被考虑，它对于输出电流的前馈影响可以忽略。基于这些假设，漏极电流与栅极电流的比为

$$\left|\frac{i_d}{i_{\text{in}}}\right| \approx \frac{g_m}{\omega(C_{gs}+C_{gd})} \tag{20}$$

上式在以下频率时等于 1：

$$\omega_T = \frac{g_m}{C_{gs}+C_{gd}} \tag{21}$$

外推的电流增益变为 1 时的频率确实没有什么特别的重要性，只是计算起来比较容易。也许比较有用的是最大功率增益外推下降至 1 时的频率。然而一般来说，计算$\omega_{\max}$是非常困难的，所以我们将采用几个简化的假设，以便有可能进行近似的推导。具体地说，我们在计算输入阻抗时认为漏端为交流短路，并且忽略通过 C_{gd} 的前馈电流，就像在计算ω_T时那样。然而，我们在计算

输出阻抗时确实考虑了从漏通过 C_{gd} 至栅的反馈，这一点是很重要的，因为计算最大的功率增益要求输出端共轭匹配。

在这些假设下，我们就可以计算出由驱动电流源传送到输入端的功率为

$$P_{\text{in}} = \frac{i_{\text{in}}^2 r_g}{2} \tag{22}$$

式中，r_g 即栅串联电阻，是输入电路中唯一消耗功率的元件。

在高频时短路电流增益的数值可以用与计算 ω_T 时所采用的相同表达式来近似：

$$\left|\frac{i_D}{i_{\text{in}}}\right| \approx \frac{\omega_T}{\omega} \tag{23}$$

同样，我们很容易得出输出阻抗的电阻部分大约为

$$g_{\text{out}} \approx g_m \cdot \frac{C_{gd}}{C_{gd}+C_{gs}} = \omega_T \cdot C_{gd} \tag{24}$$

如果共轭匹配的输出端电导具有这个值，那么功率增益将达到最大，其中电流源 g_m 的一半电流会流入这个输出端的电导中，而另一半则流入元件本身，因此总的最大功率增益为

$$\frac{P_L}{P_{\text{in}}} \approx \frac{\dfrac{1}{2}\left(\dfrac{\omega_T}{\omega}\cdot i_{\text{in}}\cdot\dfrac{1}{2}\right)^2 \dfrac{1}{(\omega_T\cdot C_{gd})}}{\dfrac{i_{\text{in}}^2 r_g}{2}} \approx \frac{\omega_T}{\omega^2 4 r_g C_{gd}} \tag{25}$$

上式在如下频率时的值为 1：

$$\omega_{\max} \approx \frac{1}{2}\sqrt{\frac{\omega_T}{r_g C_{gd}}} \tag{26}$$

显然，$\omega_{\max}$ 与栅电阻有关，所以就这一点来说它比 ω_T 更全面。由于考虑周到的版图可以把栅电阻减到较小的值，因此对许多 MOSFET 来说，$\omega_{\max}$ 会比 ω_T 大很多。输出电容对 $\omega_{\max}$ 没有任何影响，因为它可以通过一个纯电感调谐被消除，这样就不会限制可以传送给负载的功率。

对 $\omega_{\max}$ 和 ω_T 的测量都可以通过提高频率直到最大功率增益或电流增益出现显著的下降来实现。然后简单地外推到它们的值等于 1 时，就可以得到 $\omega_{\max}$ 和 ω_T 的值。由于它们都是外推出的值，因此不一定可以真正制作出工作在 $\omega_{\max}$（例如）的实际电路，而是应当把这些特征值作为所能达到的高频特性的一种粗略指示。

过渡时间的影响（非准静态特性）

本章的集总模型显然不能应用到一个任意大的频率范围上。作为一个粗略的估计，我们通常在大约达到 ω_T 的 1/10 或 1/5 的频率时仍可以忽略晶体管实际的分布特性而不会有什么问题。但是随着频率的提高，粗略的集总模型会越来越不适宜。可以认为，它最明显的缺点是忽略了过渡时间［非准静态（nonquasistatic，NQS）］的影响。

为了定性地了解过渡时间影响的最重要的含义，考虑在栅-源之间加上一个阶跃电压，从而在沟道中感应出电荷并随之向漏极漂移。由于载流子的速度有限，因此在经过一段时间后它们才能到达漏极，这样跨导有一个与此对应的相位延迟。

延迟跨导的副作用是输入阻抗的变化：这个从沟道通过栅电容返回的延迟反馈必然会破坏在栅极电压和栅电流之间完全正交的关系。结果，所加的栅极电压将对沟道电荷作功。这个能耗在任何正确的电路模型中都必须加以考虑。Van der Ziel 证明了①至少对于长沟道器件，过渡延迟将使栅导纳有一个实数部分，它随频率的平方增加：

$$g_g = \frac{\omega^2 C_{gs}^2}{5 g_{d0}} \tag{27}$$

为了大致确定式（27）所体现的数值，假设 g_{d0} 近似等于 g_m。于是，作为一个粗略的近似，可以得到

$$g_g \approx \frac{g_m}{5}\left(\frac{\omega}{\omega_T}\right)^2 \tag{28}$$

因此，只要保持工作在 ω_T 以下，这个并联电导可以忽略不计。但在设计低噪声电路时，与这个电导相关的热噪声却不可以忽略（物理学中的波动-损耗理论②告诉我们“损耗意即噪声”）。我们在以后将会讲到，正确计算噪声系数时必须把这个噪声源考虑在内。最后，由于前面在推导最大单位功率增益频率时忽略了非准静态的影响，因此它过高地估计了 $\omega_{\max}$ 的实际数值。

5.4.6 长沟道限制内的工艺尺寸等比例缩小规律

既然我们已经分析了 MOSFET 的静态和动态特性，那么就可以推导出用工作点、工艺参数及器件几何尺寸来表示的 ω_T 的近似表达式。由于我们已推导了 g_m 的表达式，因此只需相应电容的表达式就可以了。为了简化推导过程，我们假设 C_{gs} 是输入电容的主要部分并且它本身又主要由平行板电容构成，于是在饱和区：

$$\omega_T \approx \frac{g_m}{C_{gs}} \approx \frac{\mu_n C_{\text{ox}}(W/L)(V_{gs} - V_t)}{\frac{2}{3}WLC_{\text{ox}}} = \frac{3}{2}\frac{\mu_n(V_{gs} - V_t)}{L^2} \tag{29}$$

因此，ω_T 取决于沟道长度平方的倒数，并且随栅-源电压的增加而增加。但要记住，这个公式只在长沟道范围时才成立。

5.5 弱反型区（亚阈值区）的工作情况

在简单的 MOSFET 模型中（如我们上面所介绍的模型），器件在形成反型层前是不导通任何电流的。然而运动载流子并不是在栅极电压下降到 V_t 以下的瞬间就突然消失的。事实上，当这个器件处在亚阈值工作方式时，只要发挥一点想象力就可以看到这样一个结构，它使我们想起了一个 n–p–n 双极型晶体管，其中源区和漏区的作用分别如同发射极和集电极，而（非反向的）衬底的特性有点像基极。

当 V_{gs} 下降到阈值电压以下时，电流是以指数形式下降的，这很像双极型晶体管的情形。然

① *Noise in Solid State Devices and Circuits*，Wiley, New York, 1986。

② 严格地说，这个理论只适用于处于热平衡的系统。尽管晶体管电路不符合这个条件，但对于一般定性地理解损耗与噪声之间的关系仍然是很有价值的。

而与这样的双极型晶体管以 60 mV/十倍电流下降（60 mV/decade）的比率下降不同，在所有实际的 MOSFET 中，电流下降得比较慢（例如 100 mV/十倍电流下降）。这是由于在栅源之间和在源与衬底之间组成的电容分压器分压的缘故。

5.5.1　基础知识

我们可以回想一下，强反型情况下在表面上感应的载流子密度至少等于在衬底中（带有相反电荷）的可动载流子密度。然后这一反型电荷在横向电场的作用下从源极漂移到漏极。事实上我们至今已隐含地假设载流子是完全靠漂移来输运的，而且我们也曾指出（但未解释）与强反型对应的栅极过驱动电压值至少是“几个” kT/q。我们现在来考虑一下器件在弱反型（该术语将与“亚阈值”一起混用）时的特性，此时栅极的过驱动电压并不满足这个要求。同时我们还将定量地说明“几个” kT/q 是什么含义。

为了把我们的分析延伸到弱反型区，首先要了解当栅极电压减小时在表面处的可动载流子数目并不立即下降至零。但由于载流子的密度将会很低，因此由漂移引起的漏极电流部分将会很小。我们需要考虑一下一种实际的可能性，即在这个工作区上由扩散引起的电流输运同样也很重要。认识到这一点是理解弱反型区工作的关键。

在列出公式之前，需要先考察几条 V-I 曲线，这有助于了解我们将试图用数学方法描述的现象。例如，如果我们相信最简单的长沟道公式，那么漏极电流的平方根与栅-源电压的关系曲线应是一条直线。但实际器件的特性与此不同，如图 5.6 所示。

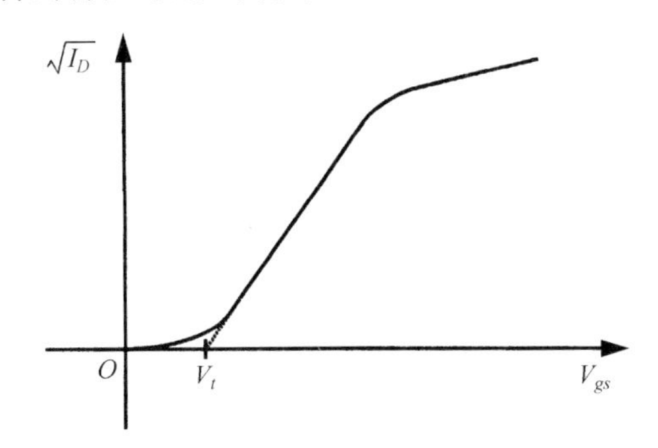

图 5.6　一个“比较实际”的 MOSFET 的 V-I 曲线（$V_{ds} > V_{dsat}$）

这条曲线有一个值得注意的特点，即在阈值以下时电流并不直降至零，而是以某种方式下降，发生这个现象的工作区就是所谓的弱反型区[①]。在高于阈值某一数量之后，电流将正比于栅极过驱动电压的平方，我们称这一区域为平方律（square-law）工作区。当过驱动电压非常大时，漏极电流与过驱动电压的关系会因各种强电场效应（横向的和纵向的）而变成亚平方关系。

由图 5.6 所示的曲线可以看到，阈值电压也许可以自然地定义为在阈值以上时曲线的直线部分外推至电流为零时的交点。如果我们在半对数图上表示出同样的数据，那么还可以看到进一步的结果，见图 5.7。在阈值以下时，我们可以看到电流与栅-源电压之间呈指数关系，而不是平方关系（或亚平方关系）。

在我们列出以下公式时请记住这些曲线。

① 顺便说一下，这也就意味着绝不会要求在 V_{gs} 等于零时漏极电流为零。

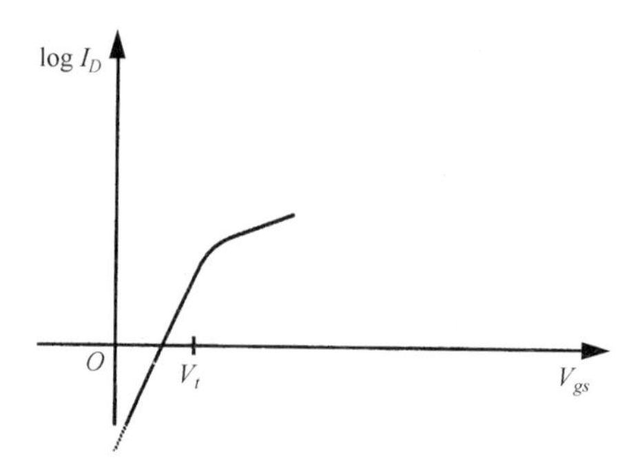

图 5.7 一个“比较实际”的 MOSFET 的半对数 V-I 曲线（$V_{ds} > V_{dsat}$）

5.5.2 亚阈值模型公式

我们这里列出的公式首次出现在 Level-2 SPICE 模型中，这个模型第一次包含了弱反型区的工作情形。尽管 Level-3 SPICE 模型用另外的公式来表示强反型区，但它不需修改就已包含了弱反型区的这些公式。

弱反型区模型首先定义一个如下的亚阈值斜率参数 n：

$$n = 1 + \frac{qN_{\mathrm{FS}}}{C_{\mathrm{ox}}} + \frac{C_B}{C_{\mathrm{ox}}} \tag{30}$$

式中，N_{FS} 是（与电压有关的）表面快态密度（fast surface state density），C_{ox} 是单位面积的栅电容，C_B 是单位面积的耗尽电容（又可定义为 $\mathrm{d}Q_B/\mathrm{d}V_{BS}$），参数 N_{FS} 是主要的亚阈值模型参数，我们可以通过调整它的数值使模拟的亚阈值特性符合实验数据（如果真那么容易的话……）。此外我们还注意到 n 的值总是超过 1。典型的 n 值的范围为 3～4，但依情况不同可以有所不同。

亚阈值斜率参数与热电势 kT/q（室温时约为 26 mV）一起定义了一个 V_{gs} 值，它确定了在强反型区和弱反型区之间的一条合适的界线。这个界线通常称为 V_{ON}，定义为

$$V_{\mathrm{ON}} = V_t + n\frac{kT}{q} \tag{31}$$

因此与强反型起始点对应的栅极过驱动电压就是 nkT/q。所以无论何时，当我们说工作在强反型区要求比阈值高出“几个” kT/q 时，我们是指“至少 n 个” kT/q。对于 n 的典型值，这个要求对应于（在室温时）为保证工作在强反型区所需要的约为 100 mV 的最小栅极过驱动电压。

V_{ON} 处的漏极电流通常称为 I_{ON}。为了保证电流公式在这个边界上连续，要求强反型公式和弱反型公式在 V_{ON} 处有相同的漏极电流 I_{ON}。实际上，I_{ON} 是通过强反型公式在栅极过驱动电压为 nkT/q 时求得的。虽然这样做能够保证电流在边界处相等，但遗憾的是电流的导数却几乎从来不会在该处连续，因而对导数敏感的量（例如电导）在强反型区和弱反型区边界上或接近边界处的值一般都没有什么意义。很可惜，Level-2 模型或 Level-3 模型的这种局限性是很基本的，因此用户除对工作在接近阈值处的模拟结果表示怀疑外毫无办法，也就是说“应当了解什么时候需要对你的模型提出疑问。”

弱反型区的指数关系是由以下理想二极管的定律来定量描述的：

$$I_D = I_{\mathrm{ON}}\left[\exp\left(\frac{qV_{\mathrm{od}}}{nkT} - 1\right)\right] \tag{32}$$

式中，V_{od} 是栅极过驱动电压，它可以取负值。注意，过驱动电压为零时，漏极电流是 V_{ON} 处电流的 1/e。

由式（32）很容易看出为什么 n 被称为亚阈值斜率参数。如果我们考虑用半对数图来表示漏极电流与栅极电压之间的关系，那么所得到曲线的斜率就正比于 $1/n$。这个斜率值就是为使漏极电流改变某一规定的倍数所需要的电压变化。室温时，栅极电压每改变 $60n$ mV 就会使漏极电流改变 10 倍。因此 n 值较小就意味着对于给定的栅极电压变化，电流有比较急剧的变化。一般来说，我们希望 n 值比较小，因为这意味着在“关断”（off）和“开启”（on）两个状态之间有较大的差别。这种考虑在吉比特规模的时代特别重要，因为在名义上“关断”的器件中很小的漏电流也会产生很大的芯片总电流。例如，每个晶体管的 100 pA 的亚阈值电流也许看起来很小，但 100 亿个晶体管都泄漏时意味着总的“关断”电流可达 1 A！

5.5.3　亚阈值模型小结

由上述公式可以体会到 N_{FS} 是可以用来调节从而使模拟和实验结果保持一致的主要参数。虽然要达到完全一致是不可能的，但通过选择合适的 N_{FS}，可以得到很大改进。也就是说，Level-2 模型和 Level-3 模型提供了另一种模拟弱反型的方法。这个方法就是：分别计算漏极电流中的漂移部分和扩散部分，然后把它们相加，从而可以避免人为地区分强反型区和弱反型区。有兴趣进一步了解这个方法的读者可参见 Antognetti 等人提出的例子，这些例子发表在“CAD Model for Threshold and Subthreshold Conduction in MOSFETs”（*IEEE J. Solid-State Circuits*, v.17, 1982）上。简单的概要可参见 Massobrio 和 Antognetti 所著的 *Semiconductor Device Modeling with SPICE*（McGraw-Hill, New York, 1993, p.186）一书。

最后，使 MOS 器件工作在这一区域常常可以用它们代替许多双极型模拟电路，但这样的电路表现出的频率响应一般都很差，因为 MOSFET 使该工作区的 g_m 很小（但 g_m/I 很大）。而随着器件尺寸不断缩小，频率响应一般都能很好地满足许多应用，当然，仔细的验证是必不可少的。

5.6　短沟道情况下的 MOS 器件物理特性

由于器件几何尺寸的不断缩小，因此器件小到即使在中等电压下也会显著地表现出各种各样的强场效应。主要的强场效应是速度饱和效应。

由于高能（“光学”）声子的散射，载流子的速度最终将不再随电场的增加而增加。当在硅中的电场接近 10^6 V/m 时，电子的漂移速度与电场强度的关系表现为逐渐变弱并且最终大约饱和在 10^5 m/s 的数值上。

在推导长沟道器件方程时，饱和漏极电流假设为对应于沟道夹断时的电流值。而在短沟道器件中，当载流子速度饱和时，电流就饱和。

为了考虑速度饱和，我们从长沟道器件在饱和时的漏极电流方程开始分析，

$$I_D = \frac{\mu_n C_{\text{ox}}}{2}\frac{W}{L}(V_{gs} - V_t)^2 \tag{33}$$

该式可以被改写成

$$I_D = \frac{\mu_n C_{\text{ox}}}{2}\frac{W}{L}(V_{gs} - V_t)V_{d\text{sat},l} \tag{34}$$

式中，长沟道的 $V_{d\text{sat}}$ 表示为 $V_{d\text{sat},l}$ 并等于 $(V_{gs} - V_t)$。

正如前面提到的那样，当速度饱和时电流就达到饱和，并且当器件变得更短时，速度会在更小的电压下饱和。因此，我们可以想象 V_{dsat} 会随着沟道长度的缩小而逐渐减小。

可以看到，V_{dsat} 可以更为普遍地由下面的近似式表示：①

$$V_{dsat} \approx (V_{gs} - V_t) \parallel (LE_{sat}) = \frac{(V_{gs} - V_t)(LE_{sat})}{(V_{gs} - V_t) + (LE_{sat})} \tag{35}$$

所以，

$$I_D = \frac{\mu_n C_{ox}}{2}\frac{W}{L}(V_{gs} - V_t)[(V_{gs} - V_t) \parallel (LE_{sat})] \tag{36}$$

式中，E_{sat} 为载流子速度下降到根据弱场迁移率外推出的值的一半时的电场强度。

从前面的方程中可以十分清楚地看到，短沟道效应的显著性取决于 $(V_{gs} - V_t)/L$ 与 E_{sat} 之比。如果这个比率较小，那么器件的特性仍然像一个长沟道器件，与实际的沟道长度没有关系。在器件缩短时所发生的事情不过是使上述这些效应开始出现必需的比较小的 $(V_{gs} - V_t)$ 而已。

根据 E_{sat} 的定义，漏极电流可以重新写成

$$I_D = WC_{ox}(V_{gs} - V_t)v_{sat}\left[1 + \frac{LE_{sat}}{V_{gs} - V_t}\right]^{-1} \tag{37}$$

E_{sat} 的典型值大约为 4×10^6 V/m。尽管 E_{sat} 与工艺有一定的关系，但我们在下面的分析中认为它是一个常数。

当 $(V_{gs} - V_t)/L$ 的值与 E_{sat} 相比较大时，漏极电流接近以下的极限：

$$I_D = \frac{\mu_n C_{ox}}{2} W(V_{gs} - V_t)E_{sat} \tag{38}$$

也就是说，漏极电流最终不再与沟道长度有依赖关系。而且，漏极电流与栅–源电压之间的关系也变成线性增加而不是平方律增加。

让我们进行一个快速计算以得到在短沟道限制下饱和电流的粗略估计。在现代工艺中，t_{ox} 小于 2.5 nm（并且一直在减小），所以 C_{ox} 大约为 0.015 F/m^2。假设迁移率为 0.04 m^2/(V · s)，E_{sat} 为 4×10^6 V/m，栅极过驱动电压为 1 V，那么在这些条件和假设下的漏极电流超过了 1 mA 每微米栅宽。尽管这种计算很粗略，但与实际的器件特性很相似。我们应当记住，沟道长度必须比 0.5 μm 短很多才能使这种估计对于这个过驱动电压成立。

由于在模拟电路的应用中栅极过驱动电压通常是几百毫伏，因此对于工作在短沟道限度内的器件来说，每毫米栅宽的饱和电流的数量级为 200 mA 左右。这是一个可以用来粗略地进行数量级计算的数字，值得我们记住。要注意，这个值取决于栅极电压和 C_{ox} 及其他因素，因此与工艺尺寸的缩小有关。

在所有现代工艺中，最小可允许的沟道长度已短到使上述效应以一阶效应的方式来影响器件的工作。然而应当注意，并不要求电路的设计者在所有情况下都采用最小沟道长度的器件，我们无疑留有采用沟道长度比最小值大的器件的选择权利。这个选择在构造电流源以提高输出电阻时常常被采用。同时，许多工艺技术都可提供具有不同栅氧厚度的器件，以易于与传统的电压较高的 I/O 电路相接，这进一步加大了选择的余地。

---

① Ping K. Ko, "Approaches to Scaling," *VLSI Electronics*: *Microstructure Science*, v.18, Academic Press, New York, 1989。

5.6.1 速度饱和对晶体管动态特性的影响

在观察速度饱和对漏极电流的一阶影响时，我们应当回顾一下ω_T的表达式，看一看器件尺寸的缩小在短沟道情况下是如何影响高频特性的。

首先，让我们计算一下短沟道 MOS 器件在饱和区跨导的极限值：

$$g_m \equiv \frac{\partial I_D}{\partial V_{gs}} = \frac{\mu_n C_{\text{ox}}}{2} W E_{\text{sat}} \tag{39}$$

上式采用了与饱和电流极限值相同的数值，我们发现，跨导应大约为 1 mS 每毫米栅宽（这些都是很容易记住的数值：每个数值都是 1 每微米左右的某个量）。注意，就器件设计者而言，控制这个数值的唯一可行的办法是通过选择 t_{ox} 来调整 C_{ox}（除非采用不同的电介质材料）。

为了简化ω_T 的计算，假设（同前面一样）C_{gs} 为输入电容的主要部分。进一步假设短沟道效应并不显著影响电荷共享情况，所以 C_{gs} 的特性仍然近似地与长沟道限制时一样：

$$C_{gs} \approx \tfrac{2}{3} W L C_{\text{ox}} \tag{40}$$

求 g_m 对 C_{gs} 的比得到

$$\omega_T \approx \frac{g_m}{C_{gs}} \approx \frac{(\mu_n C_{\text{ox}}/2) W E_{\text{sat}}}{\frac{2}{3} W L C_{\text{ox}}} = \frac{3}{4}\frac{\mu_n E_{\text{sat}}}{L} \tag{41}$$

我们看到短沟道器件的ω_T取决于 $1/L$ 而不是 $1/L^2$。此外还注意到它既不取决于偏置状况(但记住，这种无关性只在饱和状况下成立)，也不取决于氧化物的厚度或组成。

为了对这些数值有一些粗略的感觉，假设 μ 为 0.04 $\text{m}^2/(\text{V}\cdot\text{s})$，$E_{\text{sat}}$为 4×10^6 V/m，有效沟道长度为 0.18 μm。就这些值而言，f_T可以达到接近 100 GHz（这里再一次说明，这个值是近似的，但与测量的典型峰值 70 GHz 相比还是相当好的，特别是如果对 C_{gd} 做些修正的话）。实际上，测量到的是比较小的值，这是因为在实际电路中采用了较小的栅极过驱动电压（所以器件没有工作在很深的短沟道方式），同时也因为实际的交叠电容不能被忽略（事实上，它们常常在 C_{gs}的 2 倍或 3 倍之内）。结果，f_T的实际值一般为经常公布的峰值的 1/3 左右。

当然，最小的有效沟道长度还在继续缩小，从实验室过渡到生产线的工艺技术现在已具备的实际 f_T值已超过了 100 GHz。MOS 尺寸缩小到最终极限时（可以认为当栅宽约为 10 nm 时将达到这一极限），相应的f_T值应在 1.5 THz 左右。这一范围的值已经接近于许多高性能双极型工艺所能提供的值，这也是为什么 MOS 器件正在不断地出现在原先只能用双极型或 GaAs 工艺才能实现的应用中的原因之一。

5.6.2 阈值电压的降低

我们已经看到，较高的漏极电压会引起沟道缩短，使得输出电导不等于零。当沟道长度较小时，与漏极电压对应的电场可以向源端延伸得足够远，使有效的阈值逐渐降低。这一漏极感应势垒下降（DIBL，读作“dibble”）可以引起亚阈值电流的大大增加（记住，亚阈值电流具有指数的依赖关系）。此外它还导致输出电导变差，而且超过了简单沟道长度调制效应引起输出电导变差的程度。

阈值电压与沟道长度的关系图表明阈值电压随沟道长度的减小而单调减小。在 0.5 μm 时，阈值电压可以比长沟道范围时减小 100～200 mV，这相当于亚阈值电流可能增加 10 倍至 1000 倍。

为了减小沟道峰值场强，并因此减轻强电场效应，在现代器件中几乎都采用了一种轻掺杂漏区（LDD）结构。在这样的一个晶体管中，漏区的掺杂在空间上是变化的，它在漏区电极接触附近的掺杂较重，然后逐渐过渡到在沟道中某处的较轻的掺杂。在某些情形中，这种掺杂形态会导致过补偿，即较高的漏极电压一开始在一定范围内先使得阈值电压增加，然后才最终使阈值电压减小。并不是所有器件都显示出这种*逆转的短沟道效应*，因为它的存在取决于掺杂分布的细节特性。此外，PMOS 器件不像 NMOS 器件那样容易显示出强场效应，因为引起空穴速度饱和的电场强度要比引起电子速度饱和的电场强度明显高许多。

5.6.3 衬底电流

在短沟道器件中，中等的电压也会使接近漏端的电场达到异乎寻常大的值。结果，载流子可以在两次散射之间获得足够的能量，从而在它们下一次碰撞时引起碰撞电离。由这些“热”载流子引起的碰撞电离会产生空穴-电子对，并且在 NMOS 器件中，空穴为衬底所收集而电子则流向漏极（如通常那样）。所生成的衬底电流是漏极电压的敏感函数，并且这个电流代表了一个并联在漏极与地之间的附加电导。当我们在较高的漏-源电压下希望得到最小的输出电导时，这个效应需要引起特别关注。

5.6.4 栅极电流

事实上，引起衬底电流的上述热电子同样也能引起*栅极电流*。构成这个栅极电流的电荷会在氧化层中被捕获，从而引起阈值电压在 NMOS 器件中变大，而在 PMOS 器件中阈值电压变小。尽管在人们试图制作非挥发存储器时这个效应是有用的，但它在普通电路中常常是最不希望产生的，因为它降低了器件长期的可靠性。

随着器件尺寸继续按照著名的指数规律缩小，栅氧已变得很薄而使隧穿电流成为问题。在 0.13 μm 的工艺代，实际的栅氧约为 1 nm 厚 —— 这相当于只有几个原子厚度左右的氧化层 —— 并且一般都控制到一个原子的精度。想进一步缩小工艺尺寸已不太可能，因此工业界现在正积极寻找二氧化硅的替代物。

5.7 其他效应

5.7.1 背栅偏置

另一个重要的效应是*背栅偏置*（常称为“体效应”）。每一个 MOSFET 实际上是一个四端口器件，并且我们必须注意到体（衬底）相对于器件其他各端的电势变化将影响器件的特性。尽管源和衬底端常常是连在一起的，但仍然在许多重要的情形中并非如此。可以很快想到的一个例子是电流源偏置的差分对：在这个情形中，共源连接点处在比衬底更高的电位上，并且它的电位会随输入共模电压的变化而变化。

随着 NMOS 器件的衬底电位相对于源端变得越来越负，在沟道和衬底之间形成的耗尽区的范围也在增加，从而增加了沟道中固定的负电荷的数量。增加的负电荷将排斥来自源端的负电荷，因而使形成和维持反型层所需要的 V_{gs} 值变大。于是阈值电压升高。因而这种背栅偏置效应（之所以如此称呼，是因为也可以将体看成另一个栅极）同时具有大信号和小信号意义上的影响。这一变化的影响在 Level-1 SPICE 模型中由以下公式说明：

$$V_t = V_{t0} + \gamma\left(\sqrt{2\phi_F - V_{BS}} - \sqrt{2\phi_F}\right) \tag{42}$$

式中，V_{t0}是体-源电压为零时的阈值电压，ϕ_F是体内部的费米势，V_{BS}是体-源电压。[一个常见的错误是忘掉了 SPICE 模型参数 PHI 已包括了式（42）中的因子 2。]

小信号模型是通过另外再增加一个非独立的相关电流源来考虑这种背栅偏置效应的，此时这个相关电流源由体-源电压控制，见图 5.8。用公式表示时，体-栅跨导就是漏极电流关于体-源电压的导数。在饱和区，这个跨导为

$$g_{mb} \equiv \frac{i_d}{v_{bs}} = \left[\mu C_{\text{ox}}\frac{W}{L}(V_{gs} - V_t)\right] \cdot \frac{\partial V_t}{\partial V_{bs}} = g_m \frac{\gamma}{2\sqrt{2\phi_F + V_{sb}}} \tag{43}$$

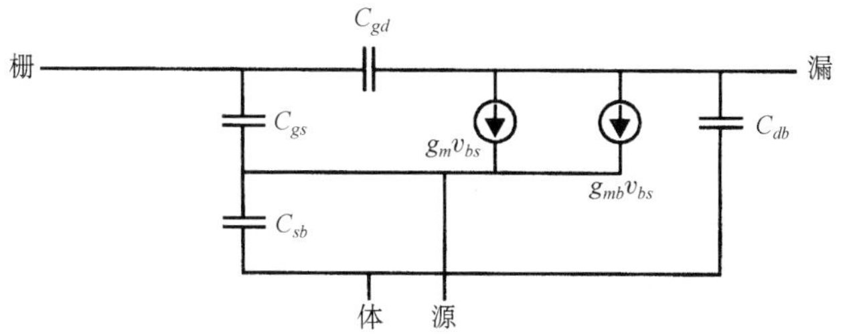

图 5.8　包括背栅效应的 MOSFET 增量模型（未显示电阻元件）

参数γ在 Level-1 SPICE 模型中被称为 GAMMA。背栅跨导 g_{mb} 一般不超过主跨导的 30%，并且常常约为 g_m 的 10%，然而这些几乎不是普遍的或永远不变的，所以我们在做这样的假设前应当检查一下模型和偏置情况的细节。

当衬底中有静态或动态电流流过时，源-体电势的调制效应也会出现，这个现象不是有意设置的，更不是我们所期望的。这种耦合将会在混合信号电路中引起严重问题，因此在设计版图时要非常仔细，以减少由于这个原因引起的噪声问题。

5.7.2　温度的变化

MOS 器件中有两个最基本的与温度相关的效应。第一个是阈值电压的变化，尽管它的精确性取决于器件设计时的各个细节，但阈值多半具有与基极-发射极电压 V_{BE}类似的 TC（温度系数），即约为−2 mV/℃（一般在两倍的范围之内）。

另一个效应（即随温度升高，迁移率降低的效应）往往占据主要地位，这是由于它具有以下的指数特性：

$$\mu(T) \approx \mu(T_0)\left[\frac{T}{T_0}\right]^{-3/2} \tag{44}$$

式中，T_0是某个参考温度（例如 300 K）。当偏置一定时，漏极电流随温度的升高而减小。

5.7.3 垂直电场方向上的迁移率降低

随着栅电势的增加，沟道中的电子将向靠近硅–氧化层界面流动。记住，在界面上充满了不稳定的键、各种杂质离子及损坏的载体，因此会发生较多的载流子散射，从而减小了迁移率，所以实际得到的漏极电流比假设迁移率固定不变时应有的值要小。由于法向电场正比于栅的过驱动电压，因此也许并不奇怪，实际的漏极电流是前面公式给出的值乘以如下的因子：

$$\frac{1}{1+\theta(V_{gs}-V_t)} \tag{45}$$

式中，θ即法向电场迁移率减小因子，其典型值在 0.1/V～1/V 的范围内。它取决于工艺，随 t_{ox} 减小而增加。在没有测量数据时，θ的一个极粗略的估计可以由下式得到：

$$\theta \approx \frac{2\times 10^{-9}\ \mathrm{m/V}}{t_{\mathrm{ox}}} \tag{46}$$

虽然还有另外的效应会影响器件的实际性能（例如沿沟道阈值电压的变化），但上述现象是模拟和 RF 电路的设计者最应密切关注的。

5.8 小结

我们已经看到了长沟道和短沟道器件表现出不同的特性，并且这些差别是由于迁移率随电场变化而引起的。怎样区分“长”和“短”实际上与电场强度有关，因为电场取决于沟道长度，所以较长的器件并不像较短的器件那样容易显示出这些强场效应。

5.9 附录 A：0.5 μm Level-3 SPICE 模型

下面一组模型对于 0.5 μm（版图上画出的栅长）的工艺技术是相当典型的。由于 Level-3 SPICE 模型是半经验型的，因此并不是所有的参数都可以取实际的合理值。这些参数值在这里已做了调整，以便较为合理地符合所测量器件的 *V-I* 特性及主要由测量环振频率推算出的有限的动态数据。

应当指出，还存在许多其他的 SPICE MOSFET 模型，其中 BSIM4 是当前最为普遍和被广泛支持的模型。这些较新的模型提供了较高的精度，但却是以大大增加参数数目作为代价的，而且这些参数并不都是以物理含义为基础的。由于我们感兴趣的是以最简单的模型得到合理的精度，因此我们将广泛采用这里介绍的比较基本的 Level-3 模型。

```
*SPICE LEVEL3 PARAMETERS
.MODEL NMOS NMOS LEVEL = 3 PHI = 0.7 TOX = 9.5E–09 XJ = 0.2U TPG = 1
+VTO = 0.7 DELTA = 8.8E–01 LD = 5E–08 KP = 1.56E–04
+UO = 420 THETA = 2.3E–01 RSH = 2.0E+00 GAMMA = 0.62
+NSUB = 1.40E+17 NFS = 7.20E+11 VMAX = 1.8E+05 ETA = 2.125E–02
+KAPPA = 1E–01 CGDO = 3.0E–10 CGSO = 3.0E–10
+CGBO = 4.5E–10 CJ = 5.50E–04 MJ = 0.6 CJSW = 3E–10
+MJSW = 0.35 PB = 1.1
```

*Weff = Wdrawn–Delta_W，建议 Delta_W 取 3.80E–07

.MODEL PMOS PMOS LEVEL = 3 PHI = 0.7 TOX = 9.5E–09 XJ = 0.2U TPG = –1
+VTO = –0.950 DELTA = 2.5E–01 LD = 7E–08 KP = 4.8E–05
+UO = 130 THETA = 2.0E–01 RSH = 2.5E+00 GAMMA = 0.52
+NSUB = 1.0E+17 NFS = 6.50E+11 VMAX = 3.0E+05 ETA = 2.5E–02
+KAPPA = 8.0E+00 CGDO = 3.5E–10 CGSO = 3.5E–10
+CGBO = 4.5E–10 CJ = 9.5E–04 MJ = 0.5 CJSW = 2E–10
+MJSW = 0.25 PB = 1
*Weff = Wdrawn–Delta_W，建议 Delta_W 取 3.66E–07

5.10　附录 B：Level-3 SPICE 模型

这个简要的附录概括了对应于 Level-3 SPICE 模型的稳态器件公式。毫无疑问，由于 Level-1 SPICE 模型存在明显的局限性，因此推动了 Level-2 SPICE 模型的开发。后者改进了 Level-1 模型，它包括了亚阈值情况。遗憾的是，Level-2 模型也有一些严重的问题（大部分与数值收敛有关），因而基本上已被放弃。Level-3 模型是一个半经验模型，它不仅包括亚阈值情况，而且还试图说明窄沟道和短沟道效应。虽然它仍未完全消除数值收敛问题（这主要是由采用 KAPPA 参数的公式不连续所造成的），但却具有足够多的附加参数，从而可以适用于拟合实际应用范围的器件在实际应用中的数据。这样的拟合一般都要求对有可能与实际情况发生冲突的参数值进行调整。即使如此，我们仍可以说，Level-3 模型是参数至少在一定程度上可以追溯其物理含义且公式数目很小以至于可以用手工或纸笔进行计算的最后一个模型（不过你一旦看见全部公式，也许会不同意这种说法）。由于这个原因，许多工程师在设计的早期阶段都采用 Level-3 模型进行手工计算（以便深刻理解电路的工作原理）和初步模拟（以便在模拟规模很大的电路且参数很多的情况下能比较快地得到结果）。然后，当认为设计已接近完成时，就可以采用比较复杂的模型（如 BSIM4），它主要作为验证工具，也许可以用来进行最终的优化。

在以下的公式中，读者常常可能会问："为什么公式具有这样的形式？"回答往往是："因为它不需要大量的计算就能得到很好的结果。"读者还会注意到，Level-3 模型的公式在某些方面不同于在本章正文部分所列出的公式。我们鼓励读者了解半经验的拟合方法，利用这种方法时，工程师可以选择乐于采用的不同的近似方式。

我们现在就列出这些公式。在三极管（线性）区，漏极电流公式为

$$I_D = \mu_{\text{eff}} C_{\text{ox}} \frac{W}{L - 2L_D}\left[(V_{gs} - V_t)V_{ds} - \frac{(1 + F_B)V_{ds}^2}{2}\right] \tag{47}$$

式中，有效迁移率是一个数值且是与横向电场和纵向电场有关的参数。与横向电场的关系采用与前面概述中略有不同的公式：

$$\mu_{\text{eff}} = \frac{\mu_{\text{s}}}{1 + \dfrac{\mu_{\text{s}}}{v_{\max} L_{\text{eff}}} V_{ds}} \tag{48}$$

式中，μ_s 是表面处的载流子迁移率。但这个表面迁移率与纵向电场的关系采用与本章正文完全相

同的公式：

$$\mu_s = \frac{\mu_0}{1+\theta(V_{gs}-V_t)} \tag{49}$$

式中，μ_0是低场强时的迁移率。

F_B的作用是为了体现沟道电荷的变化与晶体管三维几何形状之间的关系。F_B由下式决定：

$$F_B = \gamma \frac{F_S}{4\sqrt{2\phi - V_{bs}}} + F_N \tag{50}$$

注意，F_B为零对应于通常的长沟道三极管（线性）区特性。遗憾的是，想用一个公式完全表示出F_B会使公式显得十分凌乱，因为它涉及各种子表达式并包含若干个经验数据。读者自然会问许多问题，特别是有关这些公式的问题，但多半将得不到任何答案。

第一个子表达式还比较简单：

$$F_N = \Delta \frac{\pi \varepsilon_{\mathrm{Si}}}{2C_{\mathrm{ox}}W} \tag{51}$$

这个公式考虑了阈值电压随沟道宽度变窄的变化，它基本上来源于对栅极两边的边缘电场的考虑。这个边缘电场被模拟成两个四分之一的圆柱体，这就是公式中出现π/2 这个系数的原因。当沟道宽度增大到无穷大时，这个修正系数趋近于零。

但另一方面，我们却不能从 F_S的第二个子表达式中提取太多的直观含义：

$$F_S = 1 - \frac{x_j}{L_{\mathrm{eff}}}\left[\frac{L_D + W_C}{x_j}\sqrt{1-\left(\frac{W_P/x_j}{1+W_P/x_j}\right)^2} - \frac{L_D}{x_j}\right] \tag{52}$$

式中，

$$W_P = \sqrt{\frac{2\varepsilon_{\mathrm{Si}}(2\phi_F - V_{bs})}{qN_{\mathrm{sub}}}} \tag{53}$$

及

$$\frac{W_C}{x_j} = d_0 + d_1\frac{W_P}{x_j} + d_2\left(\frac{W_P}{x_j}\right)^2 \tag{54}$$

拟合常数 d_n具有以下很直观的数值：

$$d_0 = 0.063\ 135\ 3 \tag{55}$$

$$d_1 = 0.801\ 329\ 2 \tag{56}$$

$$d_2 = -\ 0.011\ 107\ 77 \tag{57}$$

我们最多能体会到的是，F_S 公式考虑了阈值电压因背栅偏置变化及窄沟道宽度效应所引起的变化。

因 DIBL 效应引起的漏极电流变化也被看作由于阈值的变化所致：

$$V_t = V_{FB} + 2\phi_F - \sigma V_{ds} + \gamma F_S\sqrt{2\phi_F - V_{bs}} + F_N(2\phi_F - V_{bs}) \tag{58}$$

式中，

$$\sigma = \eta \frac{8.15 \times 10^{-22}}{C_{\text{ox}} L_{\text{eff}}^3} \tag{59}$$

截至目前所考虑的漏极电流公式只适用于三极管（线性）区。为了推导出适用于饱和区的公式，我们“只”用 $V_{d\text{sat}}$ 代替线性区电流公式中的漏-源电压即可。然而短沟道效应会使 $V_{d\text{sat}}$ 的公式变得相当复杂：

$$V_{d\text{sat}} = \frac{V_{gs} - V_t}{1 + F_B} + \frac{v_{\max} L_{\text{eff}}}{\mu_{\text{s}}} - \sqrt{\left(\frac{V_{gs} - V_t}{1 + F_B}\right)^2 + \left(\frac{v_{\max} L_{\text{eff}}}{\mu_{\text{s}}}\right)^2} \tag{60}$$

有效沟道长度是设计长度减去两倍的横向扩散再减去一个与漏极电压有关的项：

$$L_{\text{eff}} = L_{\text{drawn}} - 2L_D - \Delta L \tag{61}$$

式中，

$$\Delta L = x_d \left[\sqrt{\left(\frac{E_P x_d}{2}\right)^2 + K(V_{ds} - V_{d\text{sat}})} - \frac{E_P x_d}{2} \right] \tag{62}$$

于是可得

$$x_d = \sqrt{\frac{2\varepsilon_{\text{Si}}}{q N_{\text{sub}}}} \tag{63}$$

最后，在名义夹断点处的横向电场为

$$E_P = \frac{\dfrac{v_{\max} L_{\text{eff}}}{\mu_{\text{s}}} \left(\dfrac{v_{\max} L_{\text{eff}}}{\mu_{\text{s}}} + v_{d\text{sat}} \right)}{L_{\text{eff}} v_{d\text{sat}}} \tag{64}$$

当 Level-3 模型与数据相拟合时，可以调整 η 和 K 的值使之与观察到的输出电导相匹配，并通过选择合适的 η 来拟合亚阈值导电特性。注意，λ 并没有作为一个明确的参数出现在任何地方（这不同于 Level-1 模型），虽然从原理上讲我们可以由所列出的这组公式推导出相应的表达式。

在经过这一“艰辛”的引证之后，我们通过列出表 5.2 中各种模型参数的简要说明作为总结。

表 5.2　Level-3 SPICE 模型参数

参数名	惯用符号	说明
PHI	$\lvert 2\phi_F \rvert$	强反型时的表面势
TOX	t_{ox}	栅氧厚度
XJ	x_j	源–漏结深
TPG		栅材料类型：0 为铝；–1 为与衬底相同；+1 为与衬底相反；已指定 VTO 时应忽略这个参数
VTO	V_{T0}	$V_{bs} = 0$ 时的阈值电压
DELTA	Δ	窄沟道效应系数
LD	L_D	源–漏横向扩散深度，用于计算 L_{eff}；不用于计算覆盖电容

（续表）

参数名	惯用符号	说明
KP	$k'=\mu_0 C_{ox}$	工艺跨导系数
UO	μ_0	低场强时表面载流子迁移率
THETA	θ	垂直电场迁移率减小因子
RSH	$R_\square$	源或漏扩散薄层电阻；乘以 NRS 或 NRD 分别得到源或漏端的欧姆电阻
GAMMA	γ	体效应系数
NSUB	N_A 或 N_D	等效的衬底掺杂浓度
NFS		表面快态密度（用于正确计算亚阈值）
VMAX	v_{max} 或 v_{sat}	载流子最大漂移速度
ETA	η	阈值电压随 V_{ds} 变化的模型参数（如 DIBL）
KAPPA	K	沟道长度调制效应模型参数
CGDO	C_{gd0}	单位沟道宽度栅–漏覆盖电容
CGSO	C_{gs0}	单位沟道宽度栅–源覆盖电容
CGBO	C_{gb0}	单位沟道宽度栅–衬底覆盖电容
CJ	C_{j0}	单位源–漏面积零偏压衬底底部结电容；乘以 AS 或 AD 可得到在 $V_{sb}=V_{db}=0$ 时源或漏的总底部电容
MJ	m_j	衬底结梯度因子
CJSW	C_{jSW}	与场氧相邻处单位源–漏周长零偏压侧壁结电容；乘以 PS 或 PD 得到源或漏的总侧壁电容
MJSW	M_{jSW}	侧壁结梯度因子
PB	ϕ_j	用于计算非零偏置时结电容的衬底结势垒

与 Level-1 模型一样，参数 NRS、NRD、AS、AD、PS 和 PD 都在器件描述行中说明而不是在模型本身说明，因为它们取决于器件的尺寸。

Level-3 模型的缺陷

虽然能达到的拟合往往很好，但采用像 Level-3 这样简单的模型来模拟诸如现代短沟道 MOSFET 这样复杂的器件时会不可避免地出现各种各样的问题。

所有模型在工作区的边界上常常表现出奇怪的特性，遗憾的是，Level-3 模型也不例外。如果 NFS 参数不包括在内，那么亚阈值电流的计算就会不正确。但即使包括它在内，由于在接近阈值电压处导数不连续，仍然也可以看到漏极电流和跨导出现不正常的情况。同样，在接近 V_{dsat} 处，该模型的输出电导也往往会发生“奇怪的事情”。

尽管窄沟道宽度效应已包括在 Level-3 模型中，但在器件公式中采用调整后的沟道宽度（而不是设计宽度）可以达到最佳的拟合。沟宽的有效值一般小于设计宽度。在没有实际数据的情况下，对沟道宽度缩小的一个合理估计是大约为最小设计沟道长度的 10%～20%。例如，对于 0.18 μm 工艺，也许应从设计宽度中减去 0.02～0.04 μm，并在所有后续器件公式中都采用得到的这个值。

人们普遍认为 Level-3 模型在 1 μm 工艺之后已变得越来越不精确。除了其他因素，漏极技术（例如采用轻掺杂漏极，即 LDD）在现代工艺中的盛行是其中的几个原因之一。对于 0.13 μm 工艺代，采用 Level-3 模型在超出非常严格的工作范围之外想达到良好的拟合是非常困难的，因此制造商并没有费心地为下几代工艺去开发 Level-3 模型。

5.11　附录 C：Level-1 MOS 模型

MOS 器件物理的复杂性也反映在模拟器产品所采用模型的复杂性上。正如我们多次强调的那样，所有的模型都是"不健全"的，电路设计者最多只是在这些模型足够准确的地方才使用它们。遗憾的是，这种认识只是随着经验的积累逐渐获得的，但在这里只需对它有所认识就足够了，这样，你就能够防止因模型使用不当而引起模拟出错的可能性。

这个简要的附录概括了对应于 Level-1 SPICE 模型的静态器件公式。通过考察这些公式，你也许可以开始领悟到在推导这些公式时所做的假设的必要性，并且因此可以认识到它们存在不足之处的原因。

Level-1 静态模型

Level-1 模型完全忽略了像亚阈值导电、窄沟道宽度效应、迁移率与横向电场的关系（包括速度饱和）、DIBL 及迁移率随纵向电场的衰减等现象。背栅偏置效应（体效应）已包括在内，但它的计算依据的是非常简单的物理原理。这个模型也包括了沟道长度调制效应，其方法很原始：用户必须针对每一个不同的沟道长度提供一个不同的λ值。再强调一遍：采用 Level-1 模型时，SPICE 并不、不能、也将不会针对不同的沟道长度自动计算出λ值。这种局限性需要认真对待，为此建议读者只将其应用到沟道长度已有实际经验数据并已获得各个λ值的器件上。因此，Level-1 模型的静态特性公式是极简单的，它非常符合本章正文部分的描述。

回想一下，在三极管（线性）区，一个设计尺寸为 W/L 的 NMOS 晶体管的漏极电流为

$$I_D = \mu_n C_{\text{ox}} \frac{W}{L-2L_D}\left[(V_{gs}-V_t)V_{ds} - \frac{V_{ds}^2}{2}\right](1+\lambda V_{ds}) \tag{65}$$

而饱和漏极电流为

$$I_D = \mu_n C_{\text{ox}} \frac{W}{2(L-2L_D)}(V_{gs}-V_t)^2(1+\lambda V_{ds}) \tag{66}$$

该模型包括了表 5.3 中的参数，该表（与表 5.2 一样）也列出了相应的数学符号。采用 Level-1 模型时，SPICE 根据下式计算阈值电压：

$$V_t = V_{t0} + \gamma\left(\sqrt{2\phi_F - V_{bs}} - \sqrt{2\phi_F}\right) \tag{67}$$

正如在 5.1.7 节中特别指出的和在以上两个表格中所显示的那样，模型参数 PHI 已包括了式（67）中的系数 2。

Level-1 模型在γ和 VTO 没有说明时也允许 SPICE 从工艺参数中计算体效应系数和零偏置阈值电压，但更为简单且更好的办法是从实际数据中获取这些值，因此表 5.3 中所列的内容略去了几个只用来从头开始计算这些值的参数。此外，该表也略去了与器件终端相串联的一些电阻并忽略了与器件噪声相关的参数，后者将在第 11 章详细讨论。

由 G. Massobrio 和 P. Antognetti 所著的 *Semiconductor Device Modeling with SPICE*（2nd ed., McGraw-Hill, New York, 1993）对各种 SPICE 模型的说明做了大量扩充（虽然书中缺少了某些推导使读者感到有些不便）。

表 5.3 Level-1 SPICE 模型参数

参数名	惯用符号	说明
PHI	$\lvert 2\phi_F \rvert$	强反型时的表面势
TOX	t_{ox}	栅氧厚度
TPG		栅极材料极性：0 表示铝，−1 表示与衬底材料相同，+1 表示与衬底材料相反；当已说明 VTO 时忽略这一参数
VTO	V_{T0}	$V_{bs}=0$ 时的阈值电压
LD	L_D	源-漏横向扩散深度，用于计算 L_{eff}；不用于计算覆盖电容
KP	$k'=\mu_0 C_{ox}$	工艺跨导系数
UO	μ_0	低场强时表面载流子迁移率
RSH	$R_\square$	源或漏扩散薄层电阻；乘以 NRS 或 NRD 分别得到源或漏端欧姆电阻
LAMBDA	λ	沟道长度调制系数
GAMMA	γ	体效应系数
NSUB	N_A 或 N_D	等效的衬底掺杂浓度
CGDO	C_{gd0}	单位沟道宽度栅-漏覆盖电容
CGSO	C_{gs0}	单位沟道宽度栅-源覆盖电容
CGBO	C_{gb0}	单位沟道宽度栅-衬底覆盖电容
CJ	C_{j0}	单位源-漏面积零偏压衬底底部结电容；乘以 AS 或 AD 得到在 $V_{sb}=V_{db}=0$ 时源或漏的总底部电容
MJ	m_j	衬底结梯度因子
CJSW	C_{jSW}	与场氧相邻处单位源-漏周长零偏压侧壁结电容；乘以 PS 或 PD 得到源或漏的总侧壁电容
MJSW	M_{jSW}	侧壁结梯度因子
PB	ϕ_j	衬底结势垒用于计算非零偏置时的结电容

5.12 附录 D：一些非常粗略的尺寸缩小规律

有时，你并没有关于工艺的确切信息 —— 或者你只有部分信息而必须去猜测其余信息，下面将给出一个进行猜测时的粗略指导。

对于许多 CMOS 工艺代，最小栅宽与有效栅氧厚度的比值一直大致保持不变，其值为 45～50，因此 0.5 μm 工艺的栅氧厚度一般为 10 nm 左右，而对当前大批量生产所采用的 0.13 μm 工艺，有效栅氧厚度大约为 2.5 nm。这里的形容词“有效”是必要的，因为在多晶栅中表面耗尽层的厚度与实际栅氧厚度相比时已不再可以忽略不计。然而在今天，栅氧厚度几乎已达到了它的实际极限，因此上述比值因子为 50 的粗略估计规则肯定会随着新的栅介质的出现而发生变化。

额定电源电压的极限通常大约是最小栅极宽度乘以 10 V/μm。从 1.2 V、0.13 μm 的工艺代开始，规定电源电压大致随沟道长度的平方根降低。

最后，对器件阈值均方根（rms）失配的粗略估计为

$$\Delta V_t \approx \frac{P \cdot t_{ox}}{\sqrt{WL}} \tag{68}$$

式中，W 和 L 的单位为μm；栅氧厚度的单位为 nm；P 是 Pelgrom 系数，它的典型值（在两倍的范围以内）为 2 mV · μm/nm。[①]

习题

[第 1 题]　在长沟道器件中，C_{gs} 一般要比 C_{gd} 大，本题将分析对于短沟道器件来说是否亦如此。

（a）利用近似式 $L_D \approx \dfrac{2}{3}x_j$，推导出用沟道长度 L 和 x_j 表示的 C_{gd}/C_{gs} 的表达式。

（b）对 x_j = 50 nm，150 nm 和 250 nm，以及 L 从 0.5 μm 到 5 μm 的范围，画出 C_{gd}/C_{gs} 与 L 的关系曲线。关于这些电容随沟道长度的变化可得出什么结论？

[第 2 题]　电流镜是一个普遍使用的子电路，然而如果要对我们的设计进行约束以使得每一个器件的尺寸都能唯一被确定，仅仅说明电流比是不够的，还必须考虑其他指标要求。在一个要求高度隔离的电路中这样一个指标是：要求电路对于衬底电压波动的敏感程度最小。为了说明这个问题的本质，我们来比较两个简单的 1 : 1 NMOS 电流镜。两个电流镜的参考电流均为 100 μA，而它们的器件宽度分别为 10 μm 和 100 μm。

（a）假设从邻近电路耦合而来的噪声可以用一个 1 MHz、幅值为 100 mV 的正弦电压发生器来模拟，它连接地和 NMOS 管的体（衬底）。我们让输出电流流入一个 2 V 的 DC 电源来测量它。问：哪个电流镜对衬底电压波动更敏感？用四端交流小信号模型的参数来解释你的回答。

（b）用本章介绍的 Level-3 SPICE 模型来验证你的回答，并且通过模拟找出这两个电流镜实际的输出电流交流分量。

[第 3 题]　推导出一个能同时适用于短沟道和长沟道情况的关于 ω_T 的更一般的表达式，而不只是局限于其中一种情况。在推导过程中，可以先推导出跨导的一般表达式，背栅偏置效应可以忽略。

[第 4 题]　这道题分析 MOSFET 的 V-I 特性的各项校正因子的重要性。

（a）首先假设在长沟道情况下工作，当栅极电压按 200 mV 的步长从 0 V 变化到 3 V 时，画出漏极电流与漏-源电压的关系。假设迁移率为 0.05 m^2/（V · s）及 t_{ox} = 10 nm，并且使 V_{ds} 从 0 V 到 5 V 变化。假设 W/L = 10。

（b）现在考虑速度饱和。假设 LE_{sat} 为 1.75 V，重画（a）中要求画的图。问：最大的漏极电流以什么倍数逐渐减小？

（c）现在考虑法向电场迁移率的减小。假设 θ 为 0.2/V，重画上面的图。现在，相对于长沟道情形来说明最大的漏极电流以什么倍数逐渐减小？

[第 5 题]　如果一个 NMOS 管栅至源的过驱动电压维持在 1 V 不变，那么当温度从 300 K 升至 400 K 时，器件跨导改变了百分之多少？

[第 6 题]　栅电容与电压的相关性可以导致模拟电路中的失真和其他错误。为了进一步揭示这个概念，考虑图 5.9 所示的放大器电路。这里，电容 C_3 代表在运算放大器内部一个晶体管的栅电容，这个运算放大器的开环增益为 G。假设我们希望将这个电路用作一个反相缓冲器，所以我们最初选择 $C_1 = C_2 = C$。

---

① M. J. M. Pelgrom et al., “Matching Properties of MOS Transistors,” *IEEE J. Solid-State Circuits,* v.24, no.5, October 1989，pp.1433-40, and “Transistor Matching in Analog CMOS Applications,” *Proc. International Electron Devices Meeting*，December 1998, pp.915-18。

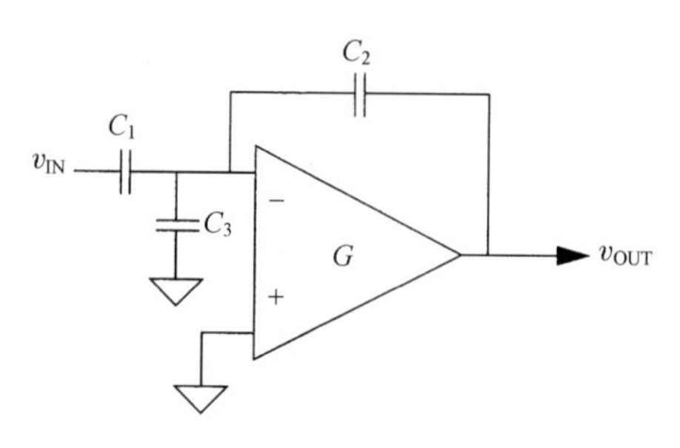

图 5.9 带有压控电容的放大器

（a）推导出增益误差的表达式，增益误差定义为输入和输出幅值的差。设输入电压为 1 V。

（b）显然，增益误差的额定值在原理上可以被减小至零，例如可以通过对反馈电容进行适当的调节来实现，然而这样的调节并不能补偿电容值依赖于电压的电容（压控电容）C_3 的变化。具体来说，假设 C_3 对电压的依赖关系如下：

$$C_3 = C_{3,0}(1 + \alpha V) \tag{P5.1}$$

式中，$C_{3,0}$ 是在零偏置时的电容值，α 是对电压的一阶敏感系数。如果要求输入电压从 0 V 摆动到 5 V 时增益误差的变化保持在 $1/10^5$ 以下，推导出最小可接受的增益 G 的表达式。

[第 7 题] 沟道长度调制（CLM）是在饱和状况下引起输出电流随漏极电压变化的效应。为了以一种非常近似的方式分析 CLM，假设漏端附近的区域是耗尽的，因此沟道的有效长度（即反型的部分）比物理长度小一个值，这个值等于这个耗尽区的范围，而耗尽区的范围又取决于漏极电压，所以在饱和时的输出电导不为零。

为了简化推导过程，假设平方律特性如下：

$$i_D = \frac{\mu C_{\text{ox}}}{2}\frac{W}{L_{\text{eff}}}(V_{gs} - V_t)^2 \tag{P5.2}$$

式中，$L_{\text{eff}} = L - \delta$。然后采用一个简单的公式表示耗尽层的范围：

$$\delta = \sqrt{\frac{2\varepsilon_{\text{Si}}}{qN_{\text{sub}}}(V_{ds} - V_{d\text{sat}})} \tag{P5.3}$$

从这些公式中推导出输出电导的表达式。

[第 8 题] 电流镜常被设计用来提供一个不等于 1 的电流比。从原理上讲，这个比率可以通过调整（沟道）宽度或长度来确定，但在实际中，人们几乎不会通过改变（沟道）长度来提供所希望的电流比。试解释之。

[第 9 题] 正如书中讨论过的那样，如果源-衬底结的反向偏置逐渐加大，那么阈值电压的数值就会增加。这种影响可以用如下公式来表示：

$$\Delta V_t = \gamma\left(\sqrt{2|\phi_S| + |V_{sb}|} - \sqrt{2|\phi_S|}\right) \tag{P5.4}$$

式中，参数 γ 即为体效应系数。

（a）在图 5.10 所示的反相放大器电路中，如果输入接地，输出电压是什么？假设衬底接地并考虑体效应。

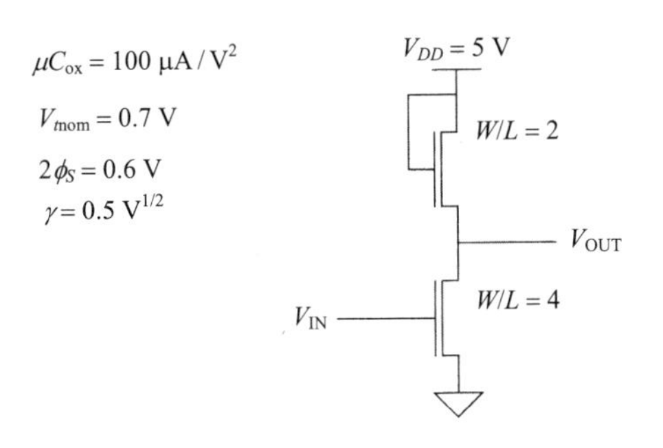

图 5.10　反相放大器

（b）当输入连至 5 V 的电源时，计算输出电压。

[第 10 题]　一种模拟 DIBL 和沟道长度调制的共同作用的方法是将标准方程乘以如下的修正因子：

$$1+\lambda V_{ds} \tag{P5.5}$$

参数 λ（它的倒数即为厄尔利电压）考虑了在饱和区当漏极电压增加时所观察到的漏极电流的增加。由此可见，MOSFET 在饱和区不是一个完美的电流源，所以我们在选择器件尺寸和偏置条件时必须十分小心。

对于一个简单的平方律器件，试确定合适的长度和宽度，使当漏极电压在 3 V 至 5 V 之间变化时所提供的漏极电流在 1 mA 的 1%以内变化。假设迁移率为 0.05 m²/（V · s），C_{ox}= 3.5 mF/ m²，栅过驱动电压为 1.5 V，λ = 0.1/V。

第 6 章　分布参数系统

6.1　引言

根据是否可以把电路元件看成“集总”的还是“分布”的，我们可以把工作频率分成两个重要范畴。这两个范畴之间模糊的边界是根据电路的实际尺寸及我们感兴趣的最短波长之间的比率来确定的。在足够高的频率下，电路元件的尺寸变成可与波长相比拟，因此我们不能想当然地应用从集总参数电路理论中推导出来的直觉知识。所以导线必须被看作传输线（其本质即如此），基尔霍夫“定律”一般不再适用，并且 R、L 和 C 的含义也不再那么明显。

然而由于在 IC 中涉及的尺寸很小，因而我们至少在芯片上可以很大程度地忽略传输线效应，并且直到 GHz 的范围不会有什么问题。所以本书将主要集中在对电路的集总参数形式的描述上。然而为了完整起见，我们应当少一点自信（我们仍然是自信的，只是少一点而已），而是花费一定的时间来讨论如何及在何处可以在集总和分布领域之间划一条界线。为此，我们需要（简短地）回顾一下麦克斯韦方程。

麦克斯韦方程和基尔霍夫定律

许多学生（遗憾的是也包括许多工程师）忘记了基尔霍夫电压和电流“定律”是近似的，它们只是在集总参数的范畴（我们尚未定义）内成立。如果假设为准静态运行，那么忽略会引起波动方程的耦合项，因此基尔霍夫定律可以从麦克斯韦方程中推导出来。为了理解这里所指的全部含义，让我们回顾一下微分形式的麦克斯韦方程（适用于真空）:

$$\nabla \cdot \mu_0 \mathbf{H} = 0 \tag{1}$$

$$\nabla \cdot \varepsilon_0 \mathbf{E} = \rho \tag{2}$$

$$\nabla \times \mathbf{H} = \mathbf{J} + \varepsilon_0 \frac{\partial \mathbf{E}}{\partial t} \tag{3}$$

$$\nabla \times \mathbf{E} = -\mu_0 \frac{\partial \mathbf{H}}{\partial t} \tag{4}$$

第一个方程说明不存在纯粹的磁荷（也就是不存在任何磁单极）。如果真有纯粹的磁荷，那么它就会引起磁场的散度。我们不采用这个方程。

第二个方程（高斯定律）说明存在纯粹的电荷，而且电荷是电场的散度的来源。我们也不会真正采用这个方程。

第三个方程（安培定律，麦克斯韦对它做了著名的修改）说明无论是“通常”的电流还是电场的时间变化率都会对磁场产生相同的影响。涉及电场导数的那一项是著名的位移（电容性）电流项，是麦克斯韦“无中生有”地列出来以产生波动方程的。

最后，第四个方程（法拉第定律）说明一个变化的磁场会引起电场的旋度。

波动行为的来源基本上是后两个方程中的耦合项：**E** 的变化引起了 **H** 的变化，**H** 的变化又引起了 **E** 的变化，如此往复。如果我们可以使μ_0或ε_0为零，那么耦合项就会消失，从而也就得不到任何波动方程，于是电路就可以基于一种准静态（或甚至是静态）来分析。

作为一个具体例子，使μ_0为零就会使电场的旋度为零，这使 **E** 可以表示成电位梯度（带上一个负号）。于是这相当于以下的结论，即电场 **E** 沿任何封闭路径的线积分（这里是电压）为零：

$$V = \oint \mathbf{E} \cdot \mathrm{d}l = \oint (-\nabla\phi) \cdot \mathrm{d}l = 0 \tag{5}$$

这只不过是基尔霍夫电压定律（KVL）场论形式的表达式。

为了推导基尔霍夫电流定律（KCL），我们采用相同的方式，但现在使$\varepsilon_0 = 0$。于是 **H** 的旋度只取决于电流密度 **J**。这使我们可以写出：

$$\nabla \cdot \mathbf{J} = \nabla \cdot (\nabla \times \mathbf{H}) = 0 \tag{6}$$

也就是说，**J** 的散度同样为零。没有散度意味着在节点上没有任何净电流产生（或丢失）。

自然，μ_0和ε_0实际上都不会为零。为了说明前面的结果并不是绝对无关的，回想一下光的速度可以表示成[①]

$$c = 1/\sqrt{\mu_0 \varepsilon_0} \tag{7}$$

因此，使μ_0或ε_0为零相当于使光的速度为无穷大，因而 KCL 和 KVL 是在假设无穷快传播的前提下得到的结果。只要电路元件的物理尺寸与波长相比较小因而光速的有限性不十分明显，那么就可以认为它们（KCL 和 KVL）非常合理，即

$$l \ll \lambda \tag{8}$$

式中，l是电路元件的长度，λ是我们感兴趣的最短波长。

为了对这个约束条件在数值上意味着什么有一个实际的感觉，我们考虑一个 IC 子电路，它的最长尺寸为 1 mm。如果我们随意地说“比什么小很多”是意味着“至少比它的 1/10 还小”，那么当片上最高频率信号的波长约大于 1 cm 时，这样一个子电路可以被看成是集总的。在真空中这个波长对应于约 30 GHz 的频率。不过在芯片上这个频率极限值要减小一点，这是因为硅和二氧化硅的相对介电常数要比 1 大很多（分别为 11.7 和 3.9），但应当清楚的是，除非达到相当高的频率，否则在进行片上设计和分析时把电路全部当作传输线来处理一般是没有必要的。

总体来说，在集总电路理论（这里 KVL 和 KCL 成立，并且我们可以识别出单个的 R、L、C）及分布系统（这里 KVL/KCL 不成立，并且 R、L 和 C 并不总能明确定位）之间的界限取决于电路元件尺寸和感兴趣的最短波长之间的相对大小。如果电路元件（这里互连线肯定是一个电路元件）与波长相比时非常短，那么我们可以采用传统的集总概念而不会有什么误差。如果不是这样，那么采用集总概念是不合适的。由于 CMOS 电路块的尺寸一般比波长短得多，因此我们在本书的大多数论述中都可以随意忽略传输线效应。

① 应用中世纪哲学家 Occam 的“刀片”逻辑推理法（即尽量用最少数目的假设进行推理）的“鸭子确认”版本（“如果它走起来像鸭子而且叫起来也像鸭子，那么它必定就是鸭子”），麦克斯韦证明了光和电磁波是一回事。总之，如果它以光的速度传播并且像光一样反射，那么它必定就是光。大多数人都同意麦克斯韦方程的推导代表着 19 世纪知识上的至高无上的成就。

6.2 集总和分布参数范畴之间的联系

我们现在来考虑把在集总范畴中建立的设计直觉延伸到分布范畴中的问题。这样做的目的不只是为了教学上的考虑，而是正如我们将要讲到的，对设计极为有价值的深入理解将在这个过程中产生。一个重要的例子就是：延时而不是增益可以用来换取带宽。

互连线是在较低频率时可以被成功地处理成一个系统（例如一个简单的 RC 线）的例子。基于这一想法，减小 RC“寄生”参数以提高带宽已变成电路和系统设计者（特别是 IC 设计者）主要的迫切任务。遗憾的是，把寄生参数减小到某个最小数量之下实际上是不可能的，因此从集总电路设计中得来的直觉会错误地使我们认为带宽是被这些不可能减小的寄生参数限制的。幸运的是，把互连线适当地处理为传输线而不是有限的集总 RC 网络表明并不是这么回事，我们发现仍然能够以极宽的带宽来传送信号，只要我们了解（并且确实利用）互连线的这一确实存在的分布性质。通过利用而不是去克服分布电容（和电感）可以做到延时和带宽之间的分离。这一新的观察结果是极有价值的，并且它同时适用于无源网络和有源网络。除了使我们能深入体会传输线现象，这种认识也将使我们得到某些放大器的拓扑形式，它们可以大大缓解低阶集总系统中的一个特征性约束：增益-带宽间的互换（tradeoff）。

由于这些重要原因，我们现在通过延伸集总电路的分析来分析分布系统。

6.3 重复结构的策动点阻抗

我们从分析均匀的、重复结构的策动点阻抗开始。虽然要注意的是某些非均匀结构（例如按指数逐级变细的传输线[1]）具有很有用的特性，但这里我们把讨论仅局限在均匀的结构中。

具体来说，我们考虑如图 6.1 所示的无穷梯形网络。尽管图中采用了电阻符号，但它们代表任意的阻抗。

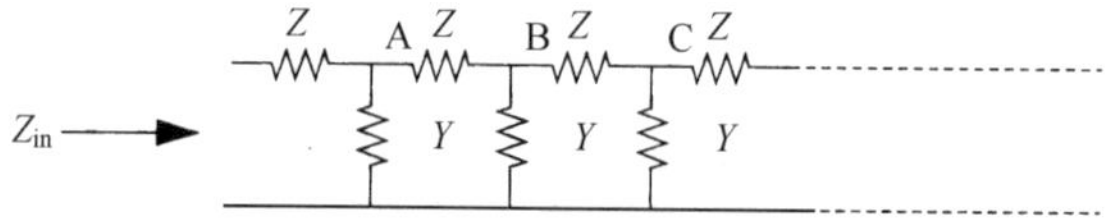

图 6.1　梯形网络

为了不用求解一个无穷级数的和就能得出这个网络的策动点阻抗，我们注意到节点 C 右边的阻抗与节点 B 右边的阻抗是相同的，也与节点 A 右边的阻抗相同。[2] 因此可以写出

$$Z_{\text{in}} = Z + [(1/Y) \parallel Z_{\text{in}}] \tag{9}$$

上式可展开为

$$Z_{\text{in}} = Z + \frac{Z_{\text{in}}/Y}{1/Y + Z_{\text{in}}} \implies (Z_{\text{in}} - Z)\left(\frac{1}{Y} + Z_{\text{in}}\right) = \frac{Z_{\text{in}}}{Y} \tag{10}$$

① 对于不了解这一点的读者，我们可以指出，按指数逐级变细的传输线使我们可以得到宽带阻抗匹配而不是由 1/4 波长变换器得到的窄带匹配。变换比率可以通过选择逐级变小的比例常数来控制。

② 这是分析这种结构的极为有用的技术，但令人奇怪的是，有很大一部分工程师从来没有听说过，或也许没能记住。在任何情况下，它无疑比用直接的方法能够节省大量的工作，而直接的方法则要求出各种无穷级数的和。

求解 Z_{in} 得到

$$Z_{in} = \frac{Z \pm \sqrt{Z^2 + 4(Z/Y)}}{2} = \frac{Z}{2}\left[1 \pm \sqrt{1 + \frac{4}{ZY}}\right] \tag{11}$$

在特定情况下（即 $Z = 1/Y = R$ 时），

$$Z_{in} = \left(\frac{1+\sqrt{5}}{2}\right) R \approx 1.618R \tag{12}$$

这个 Z_{in} 与 R 的比率称为黄金比率（或黄金分割），它出现在各种情形中，包括希腊几何学家的美学、文艺复兴艺术与建筑及对几个有趣的（但大部分是无用的）网络问题的解答。

作为无穷长的梯形网络的理想传输线

现在分析在极限情况下输入阻抗的一般情形，即 $|ZY| \ll 1$，并且我们仍然不允许 Z_{in} 取负值。在这种情况下，我们可以把结果简化为

$$Z_{in} \approx \sqrt{Z/Y} \tag{13}$$

可以看到，如果碰巧 Z/Y 与频率无关，那么输入阻抗也将与频率无关。[①] 这类网络的一个重要例子是一条理想传输线的模型。在一条无损传输线的情形中，$Z = sL$ 及 $Y = sC$，式中，L 和 C 代表微分（在数学意义上的）电路元件。因此一条理想的、无损的、无穷长传输线的输入阻抗（称为特征阻抗 Z_0）为

$$Z_{in} \approx \sqrt{Z/Y} = \sqrt{sL/sC} = \sqrt{L/C} \tag{14}$$

由于 Y（即一个无穷小电容的导纳）在微分元件的长度趋于零时接近零，而微分电感元件的电抗也同时趋于零，因此比例 $1/YZ$ 接近无穷大，因而满足为使我们上面的推导成立所必需的不等式。这个结果（即我们得到了一条无穷长传输线的纯实数输入阻抗）应当是我们熟悉的，但我们也许并不熟悉得到该结果的特殊方法。

一个经常会问的问题是，我们输入到一条传输线上的能量到哪里去了？如果阻抗是纯实数，那么这条传输线的特性应该像一个电阻，因此它应该像一个电阻那样消耗能量。但是这条传输线是由纯电抗（因而是无损的）元件构成的，所以在这里似乎出现了自相矛盾的情况。

这个问题的解答是，如果这条传输线真是无穷长的，那么能量最终并没有变为热。能量只是沿传输线永远地传下去，所以它损失给了外部世界，就仿佛它把一个电阻和其周围加热一样，这条传输线的行为像是一个能量的黑洞。

6.4　关于传输线的更详细讨论

前面一节分析了一条无损且无穷长的传输线的阻抗特性。我们现在把对于特征阻抗 Z_0 的推导扩展到包含有损的情形。我们同时引入另外一个描述参数，即传播常数 γ。

① 具有这个特性的梯形网络称为“常数 k”传输线，因为对于常数 k，$Z/Y = k^2$。

6.4.1 有损传输线的集总参数模型

为了推导一条有损传输线的相关参数，考虑一段长度为 dz 的无穷短的传输线，如图 6.2 所示。这里，元件 L、R、C 及 G 全都是每单位长度的量，并且只是前面所分析过的一般情形中的一个特例而已。

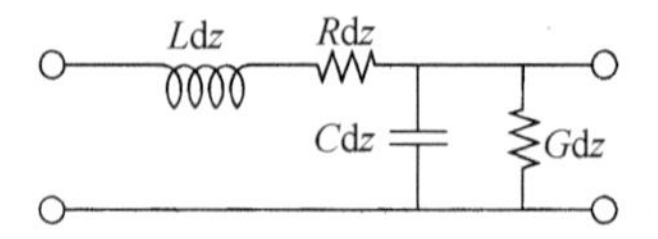

图 6.2 一段无穷短传输线部分的集总参数 RLC 模型

电感代表这条线周围磁场中存储的能量，而串联电阻代表所有通常导体中都存在的不可避免的能量损失（如由于趋肤效应所致）。并联电容模拟这条线周围电场中存储的能量，而并联电导则代表了由于诸如通常的欧姆漏电造成的损失及在传输线电介质材料中的损耗。

6.4.2 有损传输线的特征阻抗

为了计算一条有损传输线的特征阻抗，我们按照以下与 6.3 节介绍的完全类似的方法：

$$Z_0 = Z\,dz + [(1/Y\,dz) \parallel Z_0] = Z\,dz + \frac{Z_0}{1 + (Y\,dz)Z_0} \tag{15}$$

我们将考虑当 dz 趋近于零时这个表达式的极限情形，所以可以利用 $1/(1+x)$的一阶二项式展开式：

$$\begin{aligned} Z_0 &= Z\,dz + \frac{Z_0}{1 + (Y\,dz)Z_0} \\ &\approx Z\,dz + Z_0[1 - (Y\,dz)Z_0] = Z_0 + dz(Z - YZ_0^2) \end{aligned} \tag{16}$$

从上式两边消去 Z_0，我们可以看到在括号中的最后一项必定等于零，因此特征阻抗为

$$Z_0 = \sqrt{\frac{Z}{Y}} = \sqrt{\frac{R + j\omega L}{G + j\omega C}} \tag{17}$$

如果电阻项可以忽略（或者如果 RC 恰好等于 GL），那么 Z_0 的公式就简化为前面推导的结果：

$$Z_0 = \sqrt{L/C} \tag{18}$$

因为在足够高的频率时，阻抗趋近于 $\sqrt{L/C}$ 且与 R 或 G 无关，所以它常常称为瞬态阻抗或脉冲阻抗。

6.4.3 传播常数

除了特征阻抗，另一个重要的描述参数是传播常数，通常用 γ 来表示。虽然特征阻抗告诉我们在一条无穷长传输线上任何一点处的电压与电流的比，但是传播常数却能使我们了解在这样一条传输线上任何两点之间的电压（或电流）的比。也就是说，γ 定量地描述了这条线的衰减特性。

考虑在一给定子段的两个端口上的电压。这两个电压的比很容易从通常的电压分压关系中计算出来：

$$V_{n+1}=V_n\left\{\frac{Z_0\parallel(1/Y\,\mathrm{d}z)}{Z\,\mathrm{d}z+[Z_0\parallel(1/Y\,\mathrm{d}z)]}\right\} \tag{19}$$

于是，

$$\frac{V_{n+1}}{V_n}=\frac{Z_0\parallel(1/Y\,\mathrm{d}z)}{Z\,\mathrm{d}z+[Z_0\parallel(1/Y\,\mathrm{d}z)]}=\frac{Z_0}{Z_0ZY(\mathrm{d}z)^2+Z_0+Z\,\mathrm{d}z} \tag{20}$$

由于我们将在 $\mathrm{d}z$ 非常小的极限情况下运用这个表达式，因此可以忽略与$(\mathrm{d}z)^2$成正比的项，并且再次利用 $1/(1+x)$的二项展开式，但仅保留 $\mathrm{d}z$ 的一阶关系（记住，我们是工程师——整个世界对我们来说只是一阶的！）。由此得到

$$\frac{V_{n+1}}{V_n}\approx\frac{Z_0}{Z_0+Z\,\mathrm{d}z}=\frac{1}{1+(Z/Z_0)\,\mathrm{d}z}\approx 1-\frac{Z}{Z_0}\,\mathrm{d}z=1-\sqrt{ZY}\,\mathrm{d}z \tag{21}$$

尽管推导过程具有不严密性，但这些近似表达式的净误差在 $\mathrm{d}z$ 为零的极限情况下确实能够收敛至零。

让我们把上面的方程重写为差分方程：

$$V_{n+1}=V_n\left(1-\sqrt{ZY}\,\mathrm{d}z\right)\implies\frac{V_{n+1}-V_n}{\mathrm{d}z}=-\sqrt{ZY}V_n \tag{22}$$

在 $\mathrm{d}z$ 趋于零的极限情况下，这个差分方程将变成微分方程：

$$\frac{\mathrm{d}V}{\mathrm{d}z}=-\sqrt{ZY}V \tag{23}$$

我们应当对这个一阶微分方程的解很熟悉：

$$V(z)=V_0\mathrm{e}^{-\sqrt{ZY}z} \tag{24}$$

也就是说，在任何位置 z 处的电压只是电压 V_0（在 $z=0$ 处的电压）和一个指数因子的乘积。这个指数因子通常写成 $-\gamma z$ 的形式，所以最终有

$$\gamma=\sqrt{ZY}=\sqrt{(R+\mathrm{j}\omega L)(G+\mathrm{j}\omega C)} \tag{25}$$

为了更好地理解传播常数的意义，首先要注意，一般来讲 γ 是个复数，因此我们可以把 γ 明确表示成实数和虚数两部分的和：

$$\gamma=\sqrt{(R+\mathrm{j}\omega L)(G+\mathrm{j}\omega C)}=\alpha+\mathrm{j}\beta \tag{26}$$

于是，

$$V(z)=V_0\mathrm{e}^{-\gamma z}=V_0\mathrm{e}^{-(\alpha+\mathrm{j}\beta)z}=V_0\mathrm{e}^{-\alpha z}\mathrm{e}^{-\mathrm{j}\beta z} \tag{27}$$

当距离增加时，第一个指数项变小，它代表这条传输线的净衰减。第二个指数项的大小为 1，它只影响相位。

6.4.4 γ 与传输线参数的关系

为了求出常数 α 和 β 与传输线参数的明确关系，我们要应用几个恒等式。首先回想一下我们可以把一个复数同时表示成指数（极坐标）形式和直角坐标形式：

$$Me^{j\phi} = M\cos\phi + jM\sin\phi \tag{28}$$

这里，M 是复数的大小（模），ϕ 是它的相位。极坐标形式使我们能够很容易地计算一个复数的平方根（利用欧拉公式）：

$$\sqrt{Me^{j\phi}} = \sqrt{M}e^{j\phi/2} = \sqrt{M}\cos(\phi/2) + j\sqrt{M}\sin(\phi/2) \tag{29}$$

最后一个需要我们回忆大学数学课程中学到的内容是一对半角公式：

$$\cos(\phi/2) = \sqrt{\tfrac{1}{2}(1+\cos\phi)} \tag{30}$$

及

$$\sin(\phi/2) = \sqrt{\tfrac{1}{2}(1-\cos\phi)} \tag{31}$$

现在，γ 是一个复数的平方根：

$$\begin{aligned}\gamma &= \sqrt{ZY} = \sqrt{(R+j\omega L)(G+j\omega C)} \\ &= \sqrt{(RG-\omega^2 LC) + j\omega(LG+RC)}\end{aligned} \tag{32}$$

利用我们的恒等式并做几次变换，可以得到

$$\alpha = \sqrt{\tfrac{1}{2}\left[\sqrt{\omega^4(LC)^2 + \omega^2[(LG)^2+(RC)^2] + (RG)^2} + (RG-\omega^2 LC)\right]} \tag{33}$$

及

$$\beta = \sqrt{\tfrac{1}{2}\left[\sqrt{\omega^4(LC)^2 + \omega^2[(LG)^2+(RC)^2] + (RG)^2} - (RG-\omega^2 LC)\right]} \tag{34}$$

最后两个表达式显得很复杂，但它们就是这样。如果 RG 乘积比其他项小，那么我们可以进行许多简化。在这种情形下，衰减常数可以写成

$$\alpha \approx \sqrt{\tfrac{1}{2}\left[\sqrt{\omega^4(LC)^2 + \omega^2[(LG)^2+(RC)^2]} - \omega^2 LC\right]} \tag{35}$$

上式经过一系列省略之后可进一步简化成

$$\alpha \approx \frac{R}{2}\sqrt{\frac{C}{L}} + \frac{G}{2}\sqrt{\frac{L}{C}} \tag{36}$$

我们可以再做进一步近似：

$$\alpha \approx \frac{R}{2}\sqrt{\frac{C}{L}} + \frac{G}{2}\sqrt{\frac{L}{C}} \approx \frac{R}{2Z_0} + \frac{GZ_0}{2} \tag{37}$$

因此，只要单位长度的电阻与 Z_0 相比很小且单位长度的电导与 Y_0 相比很小，那么单位长度的衰减将会很小。

现在把注意力转到β 的计算公式，我们有

$$\beta = \mathrm{Im}[\gamma] \approx \omega\sqrt{LC} \tag{38}$$

在损耗为零（G 和 R 均为零）的极限情况下，这些表达式简化为

$$\alpha = \mathrm{Re}[\gamma] = 0 \tag{39}$$

及

$$\beta = \mathrm{Im}[\gamma] = \omega\sqrt{LC} \tag{40}$$

所以，一条无损线并不衰减（这毫不奇怪）。由于衰减在所有频率下是相同的（即为零），因此一条无损线没有任何带宽的限制。此外，传播常数具有的虚数部分完全与频率成正比。因为一个系统的延时等于相位对频率的（负）导数，所以一条无损线的延时是一个常数，与频率无关：

$$T_{\text{delay}} = -\frac{\partial}{\partial\omega}\Phi(\omega) = -\frac{\partial}{\partial\omega}(-\beta z) = \sqrt{LC}z \tag{41}$$

现在，我们可以理解在引言中曾提到的分布系统的显著特性了，即电容和电感并不会直接引起带宽的减少，它们只影响传播延时。设想如果我们增加单位长度的电感或电容，那么延时就会增加，而带宽（理想上）却不会改变。这个特性与我们观察到的低阶集总网络的特性完全不同。

另外，与低阶集总网络完全不同，一条传输线可以像这里看到的那样显示出与频率无关的延时。这个特性是极希望得到的，因为它意味着一个信号的所有傅里叶分量将被延迟完全相同的时间，因而脉冲的形状将会保持。我们刚才已经看到了一条无损传输线具有这种零色散的特性，然而因为所有实际的传输线都会有非零的损耗，我们是否必须接受这一色散（非均匀延时）呢？幸运的是，正如 Heaviside[①]首先指出的那样，回答是“不”。如果我们对传输线的常数进行某些控制，那么即使是一条有损传输线，我们仍然可以得到均匀的群延时（至少在原理上如此）。特别是 Heaviside 发现选择 RC 等于 GL（或同等地选择串联阻抗 Z 的时间常数 L/R 等于并联导纳 Y 的时间常数 C/G）可以得到常数的群延时。此时的衰减自然是不为零的（遗憾的是，不可能消除这一点），但常数的群延时意味着脉冲在沿线向前传播时只是幅值变小而并不变形（并不发生色散）。

要说明 Heaviside 是正确的并不太难。在 α 和 β 的确切表达式中令 RC 和 GL 相等可得到

$$\alpha = \mathrm{Re}[\gamma] = \sqrt{RG} \tag{42}$$

及

$$\beta = \mathrm{Im}[\gamma] = \omega\sqrt{LC} \tag{43}$$

注意，β 的表达式与无损传输线一样，因此同样可得到与频率无关的相同延时。

尽管衰减不再是零，但它仍然与频率无关，只要我们选择 $L/R = C/R$，带宽仍然是无穷大的。而且特征阻抗在所有的频率下确实都为 $\sqrt{L/C}$，而不只是在高频时才渐近地逼近这个值。

使 $LG = RC$ 最好通过增加 L 或 C 而不是增加 R 或 G 来实现，这是因为后一种策略会增加衰减（假设这是我们不希望的结果）。哥伦比亚大学的 Michael Pupin 按照 Heaviside 研究的思路，建

① 此外，他还首次采用向量微积分把麦克斯韦方程写成现代形式，他也曾引入拉普拉斯变换来求解电路问题。

议沿电话传输线周期性地增加集总电感以减少信号色散。这样一种“Pupin 线圈”在20世纪20及30年代显著改善了电话质量。①

6.5 有限长传输线的特性

既然我们已推导了无线长传输线的许多重要特性，现在就可以考虑当有限长传输线终端为任意阻抗时将会怎样。

6.5.1 终端匹配的传输线

一条无限长传输线的策动点阻抗就是 Z_0。假设我们把这条线在某处切断，丢弃掉无穷长的其余部分，并且用单个的集总阻抗值 Z_0 来代替它，那么策动点阻抗也必定是 Z_0，对测量设备而言没有任何办法可以区分它是集总参数阻抗还是它所替代的那部分线的阻抗，因此应用到这条线的信号仅沿这条线的有限部分向下传播，最终到达这个电阻，使它变热，并使整个地球变暖。

6.5.2 终端接上任意负载阻抗的传输线

一般来说，一条传输线终端处的阻抗不会精确地等于它的特征阻抗。沿线向下传播的信号（自然地）一直保持着电压与电流的比等于 Z_0，直到它遇到负载阻抗。然而终端负载阻抗强迫电压与电流的比变成它自己特定的比，因此唯一能使这个矛盾化解的是使信号的一部分反射回信号源。

为了区分向前（入射）量和反射量，我们将分别使用下标 i 和 r。如果 E_i 和 I_i 是入射电压和电流，那么很明显，

$$Z_0 = \frac{E_i}{I_i} \tag{44}$$

在这条线的负载端，阻抗的不匹配引起了反射电压和电流。由于仍然是一个线性系统，因此系统中任何点处的总电压是入射电压和反射电压的叠加。与此类似，净电流也是入射电流和反射电流的叠加。因为电流的这两个分量是沿相反的方向传播的，所以这里的叠加实际上就是相减，因此，

$$Z_L = \frac{E_i + E_r}{I_i - I_r} \tag{45}$$

我们可以重写最后一个方程以明确显示它与 Z_0 的比例关系：

$$Z_L = \frac{E_i + E_r}{I_i - I_r} = \frac{E_i}{I_i}\left[\frac{1 + E_r/E_i}{1 - I_r/I_i}\right] = Z_0\left[\frac{1 + E_r/E_i}{1 - I_r/I_i}\right] \tag{46}$$

在传输线负载端，反射量与入射量的比称为Γ_L，它一般为一个复数。运用Γ_L，Z_L 的表达式变为

① 采用集总电感会引入对带宽的限制，而这种限制对于真正的分布传输线是不存在的。因为带宽和信道容量是密切相关的，所以所有的 Pupin 线圈（曾花巨资将其安装上去）最终都不得不被移去（同样耗资很大），以增加每条线所能承载的通话数量。

$$Z_L = Z_0\left[\frac{1+E_r/E_i}{1-I_r/I_i}\right] = Z_0\left[\frac{1+\Gamma_L}{1-\Gamma_L}\right] \tag{47}$$

求解Γ_L得到

$$\Gamma_L = \frac{Z_L - Z_0}{Z_L + Z_0} \tag{48}$$

如果负载阻抗等于传输线的特征阻抗，那么反射系数将为零。如果一条线的终端为短路或开路，那么反射系数将为 1，这是反射系数能达到的最大值（对于纯无源系统而言，例如我们现在所讨论的这一个系统）。

我们可以把反射系数的概念一般化，即认为它是沿传输线在任意点处反射量与入射量的比：

$$\Gamma(z) = \frac{E_r e^{\gamma z}}{E_i e^{-\gamma z}} = \frac{E_r}{E_i} e^{2\gamma z} = \Gamma_L e^{2\gamma z} \tag{49}$$

式中，我们按惯例定义传输线负载端处的位置为 $z=0$，而把驱动源设在 $z=-l$ 的位置。根据这一惯例，沿传输线在任何点 z 处的电压和电流可以表示为

$$V(z) = V_i e^{-\gamma z} + V_r e^{\gamma z} \tag{50}$$

$$I(z) = I_i e^{-\gamma z} - I_r e^{\gamma z} \tag{51}$$

与通常一样，在任何点 z 处的阻抗只不过是电压与电流的比：

$$Z(z) = \frac{V_i e^{-\gamma z} + V_r e^{\gamma z}}{I_i e^{-\gamma z} - I_r e^{\gamma z}} = Z_0\left[\frac{1+\Gamma_L e^{2\gamma z}}{1-\Gamma_L e^{2\gamma z}}\right] \tag{52}$$

替换掉Γ_L并且经过一系列的变换得到

$$\frac{Z(z)}{Z_0} = \frac{\dfrac{Z_L}{Z_0}(e^{-\gamma z}+e^{\gamma z}) + (e^{-\gamma z}-e^{\gamma z})}{\dfrac{Z_L}{Z_0}(e^{-\gamma z}-e^{\gamma z}) + (e^{-\gamma z}+e^{\gamma z})} \tag{53}$$

我们可以把上式写成更紧凑的形式：

$$\frac{Z(z)}{Z_0} = \frac{\dfrac{Z_L}{Z_0} - \tanh\gamma z}{1 - \dfrac{Z_L}{Z_0}\tanh\gamma z} \tag{54}$$

在衰减可以忽略的特殊情形下（正如通常假设的那样为了易于分析），可以简化为

$$\frac{Z(z)}{Z_0} = \frac{\dfrac{Z_L}{Z_0} - j\tan\beta z}{1 - j\dfrac{Z_L}{Z_0}\tan\beta z} = \frac{Z_L\cos\beta z - jZ_0\sin\beta z}{Z_0\cos\beta z - jZ_L\sin\beta z} \tag{55}$$

式中，z 是实际的坐标值，它永远是零或负值。

作为最后一点说明，应注意这个表达式是周期性的。自然，这样的特性只在无损传输线中才能严格地观察到，但只要损耗可以忽略，那么实际的传输线也有类似的特性。周期性意味着我们

只需考虑传输线某个有限部分（具体说可以是半波长）的阻抗特性。这个特性可以在建立史密斯圆图时加以利用，后者将在第 7 章中简略地介绍。

6.6 传输线公式小结

我们已经看到特征阻抗和传播常数是每单位长度串联阻抗和并联导纳的简单函数：

$$Z_0 = \sqrt{\frac{Z}{Y}} = \sqrt{\frac{R + \mathrm{j}\omega L}{G + \mathrm{j}\omega C}} \tag{56}$$

$$\gamma = \sqrt{ZY} = \sqrt{(R + \mathrm{j}\omega L)(G + \mathrm{j}\omega C)} \tag{57}$$

利用这些参数（连同反射系数的定义）可以推导出终端为任意阻抗的有损传输线的策动点阻抗公式。在无损（或可忽略损耗）传输线的情况下，这个阻抗表达式具有相当简单和周期性的形式，这就为讨论史密斯圆图奠定了基础。

6.7 人工传输线

我们刚才已经讲到由无穷小电感和电容构成的一个无限长梯形网络在无穷大的带宽上具有纯实数的输入阻抗。尽管无限长的结构实现起来总是有些不方便，但我们总可以在有限长传输线的终端接上一个等于其特征阻抗的负载。相对来说比较容易令人迷惑的是能量，因为不能区分到底是真正的传输线还是一个等于特征阻抗的电阻，所以适合终端负载阻抗的有限长传输线的策动点阻抗仍然与无限长传输线的相同，并且仍然在无限的带宽上保持不变。

在有些情形中，我们也许希望用一个有限集总网络来近似一个连续的传输线，这样做的目的是实现起来比较方便，或者能够有效地控制传输线常数。然而，采用有限集总近似肯定不能使这样一条人工传输线的特性在无限大的带宽上与一条理想传输线相匹配，[①] 因此采用集总传输线的电路设计必须考虑这种带宽的限制。

人工传输线的一个重要应用是对延迟线进行综合，见图 6.3。图中采用 LC 电路的 L 形段来综合我们的延迟线。正如在连续的情形中那样，策动点阻抗是

$$Z_{\text{in}} = \sqrt{L/C} \tag{58}$$

而每一段的延时为

$$T_D = \sqrt{LC} \tag{59}$$

集总延迟线的价值在于可以得到较大的延时而不必采用如 1 km 长的同轴电缆。

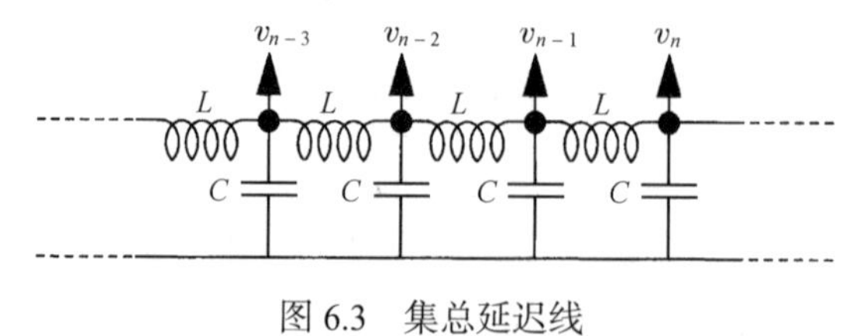

图 6.3 集总延迟线

① 理解这一点的一个容易的办法是注意到在将一条真正的传输线用作一个延时元件时，随着频率接近无穷大将提供无限制的相移。一条集总传输线只可以提供有限的相移，因为它只有有限数目的储能元件，因而只有有限数目的极点。

6.7.1　集总参数传输线的截止频率

与分布传输线不同，集总传输线只在一段有限的带宽内显示出常数的实数阻抗。当频率提高时，最终输入阻抗会变成纯电抗，[①] 这意味着实际的功率既不会送入这条线，也不会送到与该线另一端相连的任何负载中。这种情况发生的频率称为这条传输线的截止频率，它可以很容易地利用一条无限的（但是集中的）LC 线的输入阻抗公式求得。这里为方便起见，再次列出 6.3 节中的对应公式：

$$Z_{\text{in}} = \frac{Z}{2}\left[1 \pm \sqrt{1 + \frac{4}{ZY}}\right] \tag{60}$$

式中，令 $Y = \text{j}\omega C$ 及 $Z = \text{j}\omega C$，于是输入阻抗为

$$Z_{\text{in}} = \frac{\text{j}\omega L}{2}\left[1 \pm \sqrt{1 - \frac{4}{\omega^2 LC}}\right] \tag{61}$$

在足够低的频率时，根号内的项具有纯负值。开方所得到的虚数项乘以 $\text{j}\omega L/2$ 因子就可以得到输出阻抗的实数部分。

然而随着频率的提高，根号内的项最终会变为零。在这个频率或超过该频率时，输入阻抗是纯虚数，所以没有任何功率可以传递到这条线上，因此截止频率由下式给出：

$$\omega_h = \frac{2}{\sqrt{LC}} \tag{62}$$

由于集总传输线的特性在离截止频率以下较远时就已经开始变差，因此我们选择时通常必须使截止频率比感兴趣的最高频率要高出一定的量。如果需要好的脉冲保真度，那么满足这一要求特别重要。

在设计人工传输线时，选择 L/C 的比率可以提供所要求的传输线阻抗，而选择足够小的 LC 乘积可以提供足够高的截止频率，使传输线在所期望的带宽内具有近似理想的特性。如果要求一个规定的总延时，那么前两个要求就决定了必须采用的 L 形段的最少数目。

6.7.2　终止集总参数传输线

有关如何确定图 6.4 所示电路终端负载阻抗的问题总是存在。例如，一种选择是以电容作为结束，并且并接在线的两端。另一种选择（见图 6.5）是以电感作为结束。尽管这两种选择都能工作，但另一个较好的选择则是采用折中的办法，即在传输线的两端均采用一个半段，如图 6.6 所示。

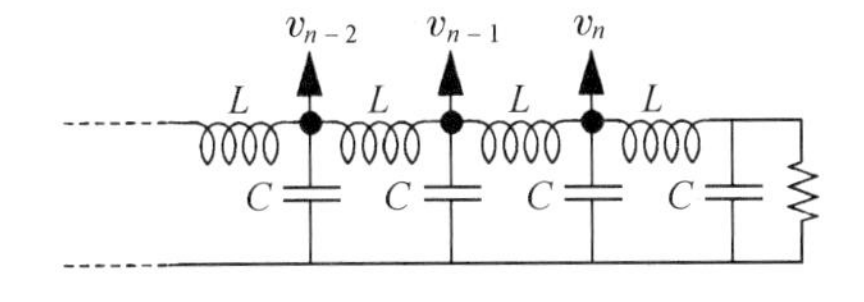

图 6.4　集总参数传输线终止的一种选择

① 从对该网络的观察中应当很清楚，策动点阻抗最终变为输入电感的阻抗，因为电容的作用最终像是短路。

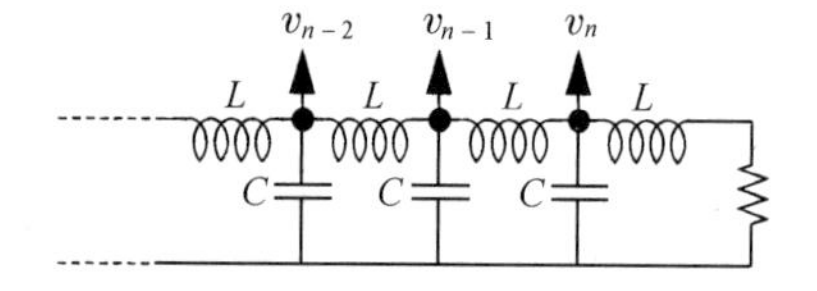

图 6.5 集总参数传输线终止的另一种选择

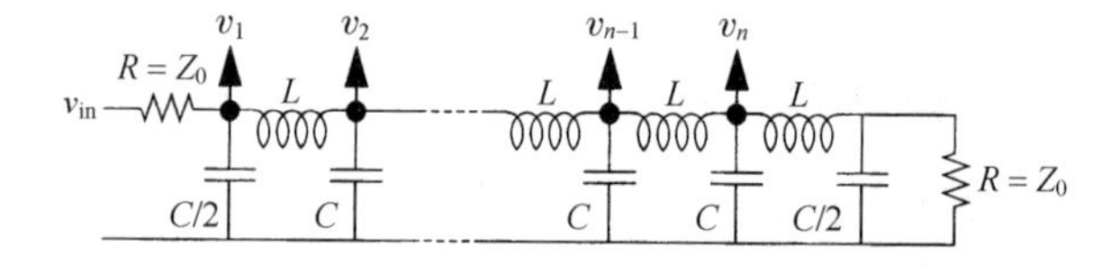

图 6.6 采用半段实现的传输线终止

这样一种折中选择可以使带宽超过图6.4 和图6.5 所示的选择。每个半段产生整段延时的一半，所以在每一端各加半段则增加了一个整段的延时。更为重要的是：一个半段的截止频率是一个整段的两倍，这就是为什么能得到较宽带宽的真正原因。

6.7.3 *m* 参数半段网络

LC 半段的端口的阻抗在截止频率的 30%～40%时开始明显增加，这是由于输出电容及它所看到的其余电抗构成的并联谐振所致。这种情况可以利用只是比单独一对 LC 电路稍微复杂一些的半段来调整。具体地说，如果电容用串联的 LC 分支来代替，那么阻抗大致保持不变的频率范围可以进一步增加，因为减少串联谐振分支的阻抗可以帮助抵消增加的阻抗。

可以得到这个结果的简单网络显示在图 6.7 中。

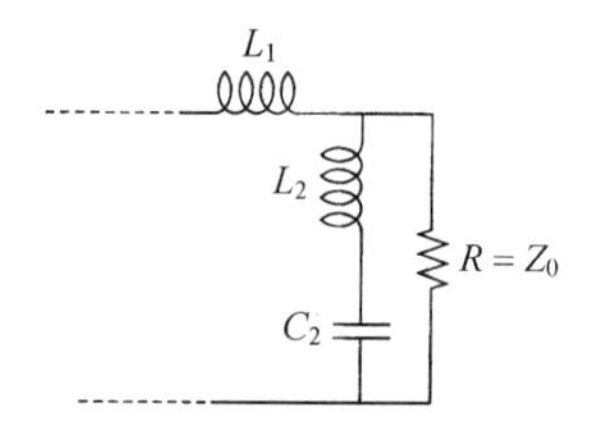

图 6.7 用 *m* 参数推导的用于终端阻抗的半段网络

元件值由以下公式给出：

$$L_1 = \frac{mL}{2} \tag{63}$$

$$L_2 = \frac{1 - m^2}{2m} L \tag{64}$$

$$C_1 = \frac{mC}{2} \tag{65}$$

使用这个方法改进的网络称为 *m* 参数半段网络，这是因为对于参数 *m* 的任何值，额定特征阻抗保持与简单的 LC 半段网络相同。这可以通过直接代入式（60）来验证。当 *m* 值大约为 0.6 时，在截止频率约 85%的范围内阻抗都基本保持不变，因此这种选择被普遍采用。

6.8 小结

我们已经确定了在集总和分布领域之间的模糊界线，并且发现集总的概念可以延伸到分布领域。在进行这样的延伸时，我们已经发现存在几种（也许还有更多）方法可以用增益来换取延时而不是带宽。作为对这个问题的最后观察，值得再次重申的是，为避免直接进行增益-带宽之间的互换要求，我们总体上放弃单极点的动态特性。因此我们已看到的所有用增益换取延时的结构都包含了多个储能元件。观察这个问题的另一种方式是，认识到如果打算用延时来换取任何量，那么我们必须有能力提供大的延时。但是大的延时意味着每单位频率有较大数量的相位变化，而且如果想在一个大的带宽上工作，那么所要求的总的相位变化就会非常大。同样，对大量相移的要求必然意味着要求有许多极点（并且因此有许多电感和电容），这就会导致出现我们已经讲过的非常复杂的网络。[①] 然而，如果我们追求最大可能的工作带宽，那么必须要采用这些分布的概念。分布的概念也可以应用到有源电路中，以实现具有特别大带宽的放大器，这是通过牺牲延时来换取更多带宽而实现的。

习题

[第 1 题]

（a）如果一个长度为 1/4 波长（$\lambda/4$）的无损传输线的终端负载为电阻性，那么它看进去的阻抗是多少？假设 Z_0 是该传输线的特征阻抗，而 R_L 是负载电阻。

（b）根据你对（a）的答案请提出一种方法使得 500 MHz 时一个 80 Ω的负载与一个 20 Ω的电源相匹配。

[第 2 题]

（a）计算一个长度为 0.6 波长、特征阻抗为 50 Ω的无损传输线的输入阻抗，假设负载阻抗是 60.3 + j41.5 Ω。

（b）对一个衰减为每单位波长 3.1 dB 的有损传输线，重复（a）的计算。

[第 3 题] 此题考虑了长度为$\lambda/8$ 的传输线的一个极为有用的特性。推导一条特征阻抗为 Z_0、终端负载阻抗为一任意阻抗 $R + jX$ 的$\lambda/8$ 无损传输线的输入阻抗的表达式，就你所发现的结果评价一下它可能的应用。

[第 4 题] 在许多离散 RF 的研究中，人们使用驻波比率（SWR）的概念，因为它比反射系数更容易测量。然而这两个量存在如下关系：

$$|\Gamma_L| = \frac{\mathrm{SWR}-1}{\mathrm{SWR}+1} \tag{P6.1}$$

（a）说明 SWR 是沿一条无损传输线上的峰值电压幅值与最小电压幅值的比。

（b）一条终端匹配合适的传输线的 SWR 是什么？一条短路传输线的 SWR 是什么？一条开路传输线的 SWR 是什么？

（c）一条终端负载为 45 Ω的 50 Ω传输线的反射系数及 SWR 是多少？

[第 5 题] 设计一条人工传输线，其特征阻抗为 75 Ω，截止频率为 1 GHz。利用 SPICE 画出这条线的终端为 75 Ω 时从 DC 至 2 GHz 范围内的增益、相位及输入阻抗（幅值和相位）。你的设计是否适合于片上实现？请解释。

[第 6 题] 考虑一条 RC 扩散线，即一条没有任何电感的传输线。

（a）推导α、β和特征阻抗的表达式。

（b）当这样一条线的终端开路时，推导出其输入阻抗的表达式。

（c）利用（b）的答案，证明在低频时输入阻抗的实数部分等于总电阻的1/3。这个等式使我们可以推导出一个单极点的集总 RC 模型来（粗略）近似完全是分布参数的情况，即只要把总的电容和 1/3 的总电阻代入该模型中即可。

---

① 一个例外是超再生放大器。在这种放大器中，系统的采样特点有效地引起了单级的混叠，结果其特性类似于这样一个单级的串联。

[第 7 题] 一条理想无损传输线的单位长度电感为 3 nH/mm，长度为 l，其终端为一个 60 Ω的电阻。当时间 $t = 0$ 时在输入端加上一个电压阶跃。线长和特征阻抗是多少时才能提供 5 ns 的延时并在负载电阻两端得到最大的幅值？这条传输线的单位长度电容是多少？

[第 8 题]

（a）假设我们采用 10 段完全相同的低通 L 形段来构造一条简单的 3.2 ns 的集总延迟线，其中每个电感是5π nH，每个电容是 20/π pF，对于这两个有意义的数字，这条传输线的特征阻抗是多少？

（b）截止频率（用 Hz 表示）是多少？

（c）从 DC 到（b）中求出的频率的两倍，利用 SPICE 画出这条传输线的频率响应（大小和相位）。假设用一个内阻为（a）中求出的值的电源来驱动这条线，并且这条线的终端是另一个大小相同的电阻。

（d）画出单位阶跃响应。

（e）现在，在这条线的两端采用简单的半段网络。重复（c）（范围直至与上面相同的频率）和（d）。

（f）用 m 参数半段网络代替简单的半段网络，其中 $m = 0.6$。重画（c）和（d）中的图。带宽有无改进？对比（e）中得到的阶跃响应，评价一下现在得到的阶跃响应。

[第 9 题] 采用 5 个简单的 LC 段来构造一条离散的人工传输线。你可以采用的 100 pF 的电容碰巧具有一个 2 nH 的串联寄生电感，而你手头的 100 μH 的电感则具有一个 5 pF 的并联寄生电容。当这条线的终端连接的是其特征阻抗时，画出这条线的频率响应。这条线的特性是否是你所期望的？请解释。在没有寄生元件时重新进行模拟和比较。

[第 10 题] 对于芯片上的传输线，处于较低 GHz 范围时电介质的损耗一般可以忽略。然而衬底和导体的损耗可能相当大。为了减少前一种损耗，常采用微带线。这样一条传输线采用在接地平面以上的导体。有时甚至采用屏蔽结构的微带线，即导体夹在两个接地平面之间。对于这样一条线的电容可采用第 4 章的公式。假设相对介电常数为 3.9，估算这两种情形时的单位长度电感。由这些值推导出这两类线的特征阻抗的表达式。根据你的公式，我们对芯片上的线的近似特征阻抗范围有什么样的预估？

第 7 章　史密斯圆图和 S 参数

7.1　引言

CMOS 射频（RF）集成电路设计的问题处在两个非常不同的传统工程的交点上。微波电路及系统的设计开始的那个时代，器件和互连线通常都很大，所以能够以集总方式进行描述。而且由于缺乏详细的模型及合适的计算工具，迫使工程师采用频域作图的方法，把系统当作双端口的“黑匣子”来处理。与之不同的是，集成电路设计者则有不断被开发出来的详细的器件模型可以依靠，又有同时可以进行频域和时域分析的模拟工具。结果，从事传统 RF 设计技术的工程师与那些受过 IC 设计训练的工程师之间常常发现很难交流。显然，我们在这里需要综合一下这两方面的传统。

习惯于设计低频电路的模拟集成电路设计者对于传统 RF 的设计来说，最多也只是对其中的两个主要部分有一点点了解，这两个部分是史密斯圆图和 S 参数（“散射”参数）。尽管与过去相比，史密斯圆图作为一种辅助计算工具已经不再那么合适了，但 RF 仪器仍然在以史密斯圆图的形式给出数据，而且这些数据常常具有双端口 S 参数的特征，所以即使是在今天，了解一些有关史密斯圆图及 S 参数的知识也是很重要的。本章将简略说明史密斯圆图的来源，并解释为什么 S 参数在描述双端口微波电路时要优于其他参数（例如阻抗或导纳）。

7.2　史密斯圆图

我们在第 6 章中曾用归一化的负载阻抗来表示反射系数：

$$\Gamma = \frac{\dfrac{Z_L}{Z_0} - 1}{\dfrac{Z_L}{Z_0} + 1} = \frac{Z_{nL} - 1}{Z_{nL} + 1} \tag{1}$$

归一化的负载阻抗和Γ之间的关系是一一对应的 —— 知道一个相当于知道另一个。这个特点是很重要的，因为我们所熟悉的、画在史密斯圆图上的曲线只不过是在Γ平面上画出的常数电阻和电抗的等值线。

读者很自然要问的一个问题是：既然把阻抗的实数和虚数部分直接画在标准的笛卡儿坐标中更容易，为什么还要如此麻烦地把阻抗画在一个非直线正交（nonrectilinear）的坐标系统中呢?

这种并非显而易见的选择至少有两个很好的理由。一个理由是若试图画一个无穷大的阻抗，则会直接引起许多实际问题。相反，如果画Γ则能很好地处理随意数值的阻抗，因为对于无源负载，$|\Gamma|$不可能超过 1。另一个理由是如第 6 章所述，当一条无损传输线的终端是一个固定阻抗时，则Γ 每半个波长重复一次，因此画Γ是表示这个周期性特性的一种自然而又简洁的方法。采用史密斯圆图进行计算的优越性主要来自这种表示方法，例如它可以使工程师迅速确定把一个阻抗转换成一个特定值所需要的传输线长度。

在式（1）中阻抗和Γ之间的关系可以看成把一个复数映射成另一个复数。这是一种称为双线性（bilinear）变换的特殊映射，因为它是两个线性函数的比。在双线性变换的许多性质中，一个特别有用的性质是一个圆在映射后仍然是圆。从这个意义上说，一条直线可以看成具有无穷大半径的圆。因此，圆和直线或者被映射成圆，或者被映射成直线。

借助于式（1），可以很容易地显示 Z 平面的虚轴被映射成Γ平面上的单位圆，而在 Z 平面上电阻为常数的其他直线被映射成不同直径的圆，这些圆都在点 $\Gamma = 1$ 处相切，见图7.1。

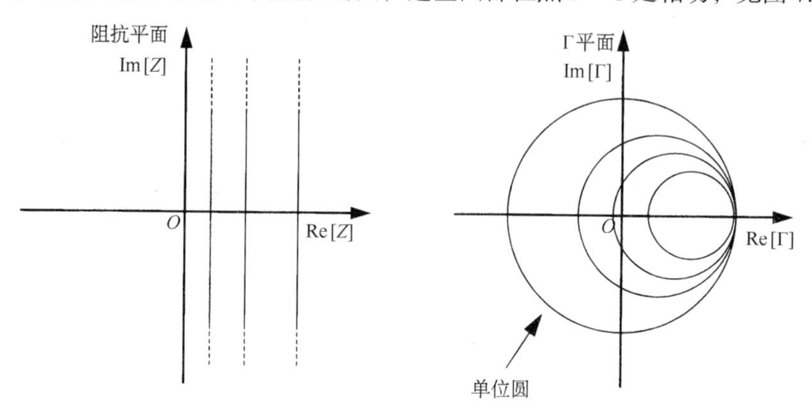

图7.1　Z 平面上的等电阻的直线映射成Γ平面上的圆

在 Z 平面上，等电抗的直线与等电阻的直线正交，而且这种正交性在映射以后仍然被保持。由于直线映射成直线或圆，我们可以想到等电抗直线将被转换成如图7.2所示的圆弧。史密斯圆图只不过是在Γ平面上画出了电阻和电抗的等值线，但没有明确画出Γ平面的坐标轴而已。

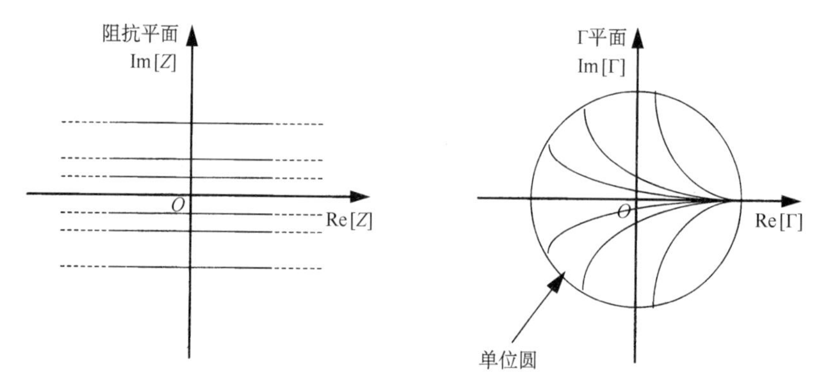

图7.2　Z 平面上的等电抗的直线映射成Γ平面上相应的等值线

正如前面提到的那样，由于现在史密斯圆图的主要作用是作为一种标准方法来表示阻抗（或反射系数）的数据，因此值得花一点时间来熟悉一下。史密斯圆图的中心对应于零反射系数，因此它表示一个等于归一化阻抗的电阻。

Z 平面的下半平面被映射成在Γ平面上单位圆的下半圆，因此电容性阻抗总是处在那个位置。与此类似，Z 平面的上半部对应于单位圆的上半圆，那里是电感性阻抗的位置。逐渐变小的等电阻圆对应于逐渐增大的电阻值。$\Gamma = -1$ 的点对应于零电阻（或电抗），而 $\Gamma = 1$ 的点对应于无穷大的电阻（或电抗）。

作为一个简单而具体的例子，让我们画出一个串联RC网络的阻抗图，其电阻为100 Ω，电容为 25 pF，它们都归一到 50 Ω的系统。因为阻抗是实数部分（等于电阻）和虚数部分（等于容抗）的和，所以在 Γ 平面上相应的轨迹必定是沿 $R = 2$ 的等电阻的圆。电抗部分从 DC 时的负无穷大变化到在无穷大频率时的零。由于它的符号总是负的，因此轨迹必然就是那个等电阻圆的下半圆，且随着频率的增加，它从 Γ = 1 沿顺时针方向变化，如图 7.3 所示。

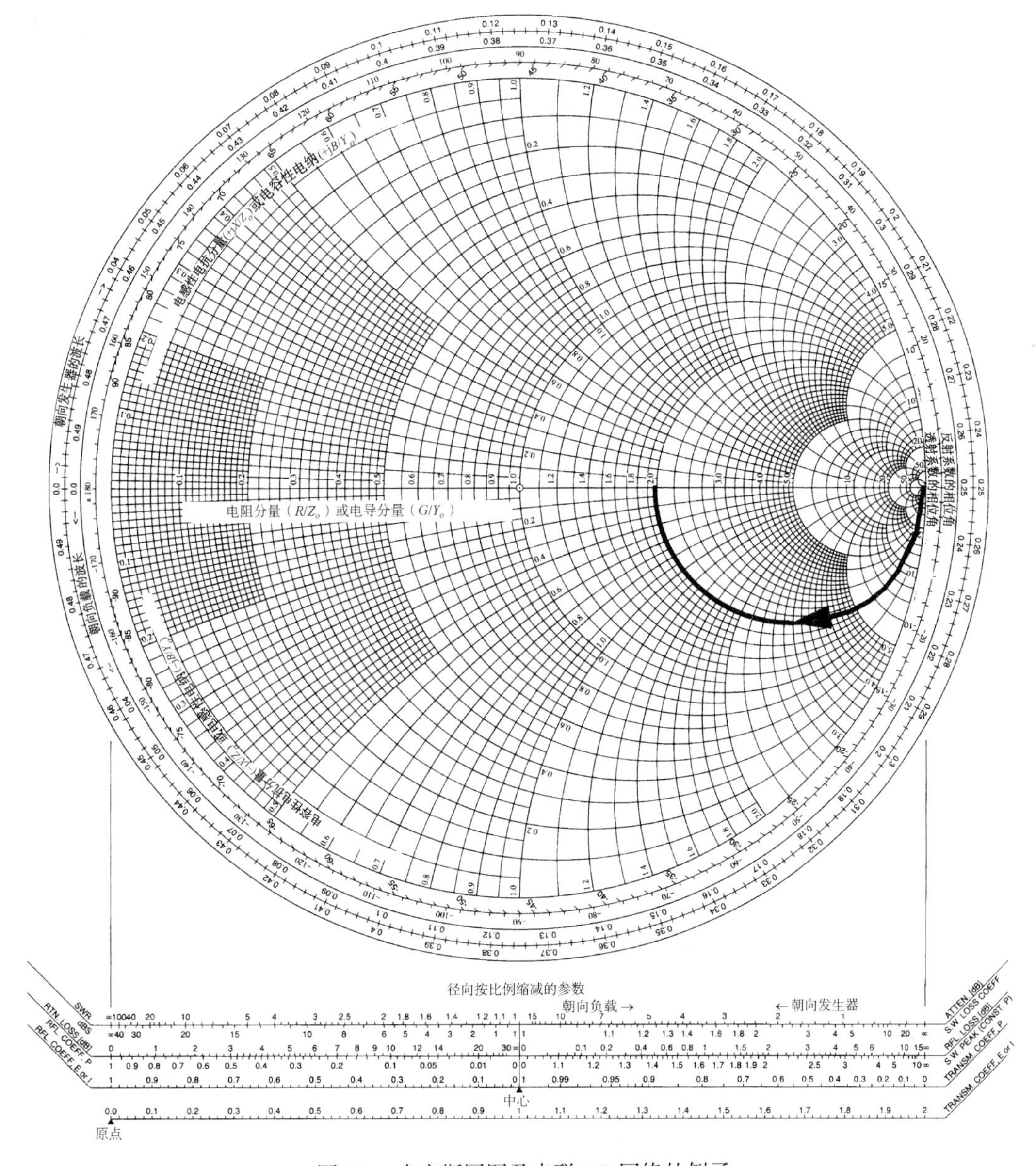

图 7.3　史密斯圆图及串联 RC 网络的例子

史密斯圆图还有许多其他性质，利用史密斯圆图进行迅速的图解计算的类型确实非常多，然而由于机器计算已经在很大程度上替代了史密斯圆图的作用，因此我们建议有兴趣的读者参照有关史密斯圆图的论文以了解其更多的应用。①

① P. H. Smith, "An Improved Transmission Line Calculator," *Electronics*, v.17, January 1944, p. 130。

7.3 S 参数

一个系统可以用许多方式来表征，但为了简化分析或者是为了阐明重要的设计准则，宏观描述通常很有价值，它保留了系统的输入–输出特性并且不涉及系统内部结构的细节。在较低频率时，最常用的表示方法是采用阻抗或导纳参数，或者这两者的混合（更明确地称为混合参数）。阻抗参数使我们可以用端口电流表示端口电压。对于图 7.4 所示的二端口网络，相关的方程为

$$V_1 = Z_{11}I_1 + Z_{12}I_2 \tag{2}$$

$$V_2 = Z_{21}I_1 + Z_{22}I_2 \tag{3}$$

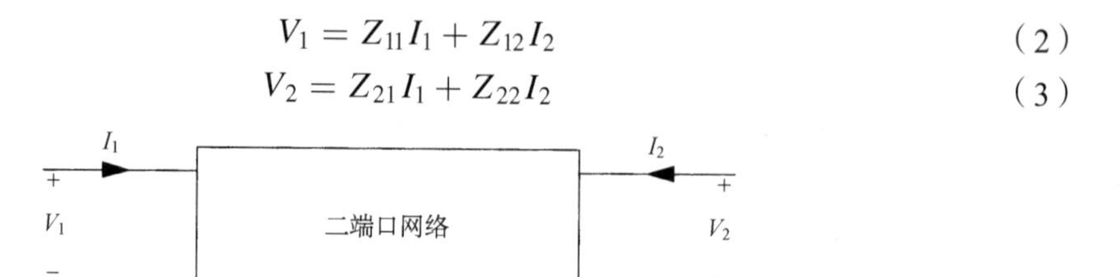

图 7.4　端口变量的定义

最方便的方法是使端口开路并逐次通过实验来确定各种 Z 参数，因为此时许多项变成了零。例如，当输出端口开路时确定 Z_{11} 是最简单的，因为在这个条件下式（2）中的第 2 项为零，此时用一个电流源驱动输入端口并测量在输入端口所产生的电压就可以直接计算出 Z_{11}。与此类似，使输入端口开路，用一个电流源驱动输出端口，此时测量 V_1 就可以确定 Z_{12}。

短路条件可用来确定导纳参数，而联合开路和短路条件可以确定混合参数。由于用来表示低频系统特征的这些表达式是非常普遍的，这也就是为什么用实验来确定这些参数非常容易的直接原因。

然而在高频时，提供正确的短路或开路是相当困难的，特别是在一个很广的频率范围内。而且，有源高频电路工作时的阻抗常常是相当模糊的，它们在端口开路或短路时可能发生振荡甚至停止工作，因此需要不同的一组二端口网络参数来避开这些实验问题。这组参数称为散射参数（或简称为 S 参数），它们利用了这样一个事实，即当一条传输线的终端负载是它的特征阻抗时不会引起任何反射。[①] 因此在仪器和被测系统之间的互连线可以采用我们认为方便的长度值，因为不必提供任何短路或开路，这就使设备大大得到了简化。

正如上面所述，终端开路或短路对于低频二端口网络的描述是很方便的，因为许多项变成了零，从而简化了数学运算。S 参数保留了这个所期望的性质，它用入射和反射（散射）电压波而不是用端口电压或电流（在高频时它们总是很难唯一地被定义）来定义输入和输出变量。

正如在图 7.5 中可以看到的那样，源端口和负载端口都是 Z_0。当输入和输出变量如图所示那样定义时，两个端口的关系可以写成

$$b_1 = s_{11}a_1 + s_{12}a_2 \tag{4}$$

$$b_2 = s_{21}a_1 + s_{22}a_2 \tag{5}$$

① K. Kurokawa, "Power Waves and the Scattering Matrix," *IEEE Trans. Microwave Theory and Tech.*, v.13, March 1965, pp.194-202。

式中，

$$a_1 = E_{i1}/\sqrt{Z_0} \tag{6}$$

$$a_2 = E_{i2}/\sqrt{Z_0} \tag{7}$$

$$b_1 = E_{r1}/\sqrt{Z_0} \tag{8}$$

$$b_2 = E_{r2}/\sqrt{Z_0} \tag{9}$$

用 Z_0 的平方根来进行归一是很方便的，因为它使各个 a_n 和 b_n 值的平方等于对应的入射波或反射波的功率。

图 7.5　采用 S 参数时端口变量的定义

当输出端口的终端负载为 Z_0 时，驱动输入端口便使 a_2 置于零，这使我们可以确定以下参数：

$$s_{11} = \frac{b_1}{a_1} = \frac{E_{r1}}{E_{i1}} = \Gamma_1 \tag{10}$$

$$s_{21} = \frac{b_2}{a_1} = \frac{E_{r2}}{E_{i1}} \tag{11}$$

因此，此时 s_{11} 就是输入反射系数，而 s_{21} 是一种增益，因为它将输出波与输入波联系起来，特别是它的平方值称为源端口和负载端口阻抗均为 Z_0 时变送器的正向功率增益。

与此类似，如果把输入端口作为终端而驱动输出端口则得到

$$s_{22} = \frac{b_2}{a_2} = \frac{E_{r2}}{E_{i2}} = \Gamma_2 \tag{12}$$

$$s_{12} = \frac{b_1}{a_2} = \frac{E_{r1}}{E_{i2}} \tag{13}$$

式中，我们注意到 s_{22} 是输出反射系数；s_{12} 为反向传输系数，其数值的平方就是源端口和负载端口阻抗均为 Z_0 时变送器的反向功率增益。

一旦一个二端口网络的特性用 S 参数来表征，那么原则上不必知道这个二端口网络的任何内部工作情形就可以直接设计系统。例如，增益公式和稳定性判据就可以重新用 S 参数来表示。[①] 然而应当记住，一种宏观方法必然会丢弃一些可能是很重要的信息，如对参数或工艺变化的灵敏度。由于这个原因，S 参数测量常用来计算已知拓扑中的元件值，这个拓扑是根据第一原理或物理考虑而确定的。

总之，S 参数之所以几乎成为高频研究中的“万能”工具，是因为连接设备的信号电缆的长

① 有关这一内容的有代表性的参考书是 G. Gonzalez 所著的 *Microwave Transistor Amplifiers*，2nd ed., Prentice-Hall, Englewood Cliffs, NJ, 1997。

度不一定非得是“零”、也不需要实现一个短路或开路的缘故。在二端口网络的两边接上 Z_0 的端口阻抗，可以大大减少振荡的可能性。

7.4 附录 A：关于单位的一些说明

由于在分布系统中很难唯一地确定电压和电流，还由于 RF 工程师比较偏爱考虑功率增益，这使得功率很自然地成为一个在 RF 电路与系统中特别受关注的量。自然，功率的大小用瓦特（W）来表示，但容易使行外人士混淆和出错的是各种各样的分贝表示法。例如“dBm”使用得很普遍，这里的“m”是指 0 dB 的参照功率是 1 mW，而“dBW”则表示参照功率为 1 W。如果参照阻抗值为 50 Ω，那么 0 dBm 就相当于电压有效值（rms）约为 223 mV。

虽然这些定义已非常清楚，但还是有些人热衷于坚持混用“V”和“W”，他们将 0 dBm 的含义重新定义为 223 mV 而不管阻抗有多大。这一重新定义不仅没有必要（因为我们总可以定义一个 dBV）而且也是非常容易出错的。正如我们将要讲到的那样，关键的性能测量（如线性度和噪声系数）是与确切的功率比紧密相关的，特别是在分析级联系统的情况下。混淆功率比与电压比将导致整体出错。因此在全书中，0 dBm 总是确切地指 1 mW，而 0 dBV 则指 1 V。

我们从这点出发再回来说明其他一些定义。在讨论振荡器或功率放大器中的噪声或失真结果时常用到“dBc”，这里“c”指 0 dB 的参照量是载波功率。

大多数工程师都熟悉表示范围从 10^{-12}［pico，即皮（可）］至 10^{12}［tera，即太（拉）］时所用的工程词冠。在 10^{-12} 以下还可列出的词冠有 10^{-15}［femto，即飞（母托），简写为 f］、10^{-18}［atto，即阿（托），简写为 a］、10^{-21}［zepto，即仄（普托），简写为 z］和 10^{-24}［yocto，即幺（科托），简写为 y］，其中有些听起来像是 Marx[①]的不太知名的兄弟们的名字。在太（拉）以上有 10^{15}［peta，即拍（它），简写为 P］、10^{18}［exa，即艾（可萨），简写为 E］、10^{21}［zetta，即泽（它），简写为 Z］和 10^{24}［yotta，即尧（它），简写为 Y］。可以看到，正指数的词冠简写用大写［除了 kilo（即 10^3）］，这是为了避免与热力学温度的单位 K 相混淆］，而负指数的词冠简写用小写［但用 μ 来表示 micro（即 10^{-6}），以避免与 milli（即 10^{-3}）的简写相混淆］。利用这些附加的词冠，可以将表示的数值扩大到另一个 24 个数量级（10^{24}）的范围上。这大概应当可以满足大部分用途的需要了。

根据国际惯例，如果一个单位是按人名来命名的，那么只是在简写时用大写（用 W 和 watt，而不是 Watt；用 V 和 volt，而不是 Volt，等等），[②] 因此，这一惯例保证了例如“two watts”仅仅是指每秒两个焦耳（J），而不是 Watt 家庭的两个成员。热力学温度以 kelvin 为单位（而不是赘述成 kelvin 度）并简写为 K。体积单位“升”（liter 或 litre）则是个例外，它的简写可以是 l 或 L，用大写 L 是为了避免与数字 1 相混淆。

最后，在微波工程师之间可以引起争论的一个很好的话题是关于词头“giga”的发音。这个词头起源于希腊语，两个“g”均应像“giggle”一词中的“g”那样发音，这种选择是由 ANSI（美国国家标准协会）和 IEEE（国际电气与电子工程师协会）同时主张的。但仍然有相当多的一部分人把第一个“g”发音成像“giant”一词中的“g”那样。而主张发这种音或那种音的一些提倡者所投入的情感完全与这个问题本身的重要性不相称。你可以在参加微波工程师的下一次聚会时随

① Marx 兄弟是 20 世纪美国喜剧演员家族。——译者注

② 分贝是按 Alexander Graham Bell 的名字命名的，因此 dB 是正确的简写方式，而不是 db。

便检验一下这个推断：问一下他们是如何发这个音的，并对他们说他们的发音是错的（即便他们没有错），你可以看看他们的反应如何。

7.4.1　功率增益的定义

既然是谈论定义，那么就应当讨论一下“功率增益”。你也许认为“功率增益”这个词具有明确的含义，这可以理解，但这也许是错的。在微波领域人们经常遇到的有四种功率增益，因此记住各自的含义很重要。

通常熟悉的*功率增益*就如读者所想到的那样：它是实际传送到某个负载的功率除以由信号源实际传送的功率。但由于信号源的负载阻抗可能是未知的（特别在高频时），所以测量这个量实际上可能非常困难，因此其他的功率增益定义应运而生。

转换器功率增益（transducer power gain）（本章已使用过这个术语）是实际传送到负载的功率除以可从信号源获得的功率。如果信号源和负载的阻抗是某个标准值，那么计算被传送的功率及可获得的信号源功率是很容易的，从而避免了上面提到的测量困难问题。从这个定义还可以看到，如果所考虑系统的输入阻抗恰好等于信号源阻抗的共轭复数，那么转换器功率增益就与功率增益相等。

可获得功率增益（available power gain）是一个系统输出端可获得的功率除以在信号源可获得的功率。*插入功率增益*（insertion power gain）是当负载插入到所考虑的系统时实际传送到负载的功率除以当信号源直接连至负载时传送到负载的功率。根据前后关系，这些功率增益定义中的任何一个都可以被认为是合适的定义。

最后要注意的是：如果输入口和输出口完全匹配，那么这四种功率增益的定义就合而为一了。只有在这种情形下说“功率增益”（而不做更具体的说明）才不会有问题。

7.5　附录 B：为什么采用 50 Ω（或 75 Ω）

大多数射频仪器和同轴电缆都具有 50 Ω或 75 Ω的标准阻抗。由于这两个阻抗值到处都能遇到，所以很容易认为这两个值大概是“不可更改的”，并且因此在所有的设计中都应当采用它们。在这个附录中我们首先解释一下这两个数值的出处以了解采用这两个阻抗值是否有意义。

7.5.1　功率处理能力

考虑一根以空气作为电介质的同轴电缆，自然存在着某个电压会使电介质击穿。当内导体直径固定时，加大外导体直径将提高这个击穿电压。但特征阻抗因此就会加大，这本身又会减少传送到负载上的功率。由于这两个相互抵消的因素，所以存在一个合适定义的导体直径之比，可使一根同轴电缆的功率传输能力最大。

在确定有可能存在这个最大值之后，我们需要推导出几个公式来计算达到这个最大值所要求的实际尺寸。具体来说，我们需要用一个公式计算两个导体之间最大的电场强度，用另一个公式计算一根同轴电缆的特征阻抗：

$$E_{\max} = \frac{V}{a \ln(b/a)} \tag{14}$$

$$Z_0 = \sqrt{\frac{\mu}{\varepsilon}} \cdot \frac{\ln(b/a)}{2\pi} \approx \frac{60}{\sqrt{\varepsilon_r}} \cdot \ln\left(\frac{b}{a}\right) \tag{15}$$

式中，a 和 b（分别）是内外半径；ε_r 是相对介电常数，对于这里的电介质为空气导线，它实际上就是 1。

接下来我们注意到传送到负载的最大功率正比于 V^2/Z_0。利用我们的公式，即为

$$P \propto \frac{V^2}{Z_0} = \frac{[E_{\max} \cdot a^2 \ln(b/a)^2]}{(60/\sqrt{\varepsilon_r}) \cdot \ln(b/a)} = \frac{\sqrt{\varepsilon_r}[E_{\max}^2 \cdot a^2 \ln(b/a)]}{60} \tag{16}$$

现在对其求导并令其为零，我们希望由此求出的是最大值而不是最小值：

$$\frac{\mathrm{d}P}{\mathrm{d}a} = \frac{\mathrm{d}}{\mathrm{d}a}\left[a^2 \ln\left(\frac{b}{a}\right)\right] = 0 \implies \frac{b}{a} = \sqrt{e} \tag{17}$$

将上式求出的比率代回到我们的公式中求解特征阻抗，即可得到它的值为 30 Ω。这就是说，为了使一根外径一定的空气介质的传输线具有最大的功率传输能力，我们希望选择使 Z_0 等于 30 Ω的尺寸。

但等一下，甚至对 30 Ω这个较大的值，也不能说它就是等于 50 Ω，显然我们还没有回答原先的问题。我们需要再考虑一个因素：电缆的（信号）衰减。

7.5.2 衰减

我们在第 6 章推导出了同时考虑电介质和导体损耗的一条传输线衰减常数的一般表达式。可以证明（但我们在这里不予证明），由于电介质损耗引起的每单位长度的衰减实际上与导体尺寸无关。如果对我们的公式进行简化，即只考虑由电阻损耗引起的衰减，则可以得到

$$\alpha \approx \frac{R}{2Z_0} \tag{18}$$

式中，R 是每单位长度的串联电阻。在足够高的频率时（我们将很快考虑这种情形），R 主要是由趋肤效应引起的。为了减小 R，我们希望加大内部导体的直径（以得到更多的“皮肤”面积），但这往往又会减小 Z_0，因此我们不清楚如何才能达到目的。我们再次看到了在两种相反影响之间的竞争，并且我们可以再次指望最优值会是 b/a 的某一个特定值，也就是在某一特定的 Z_0 处。

正如上面所述，我们将通过几个公式来求得实际的数值结果。这里需要的唯一一个新公式是电阻 R 的表达式。如果我们做出一个通常的假设，即电流均匀地流过一个厚度等于趋肤深度δ的薄圆筒，则可以写出

$$R \approx \frac{1}{2\pi\delta\sigma}\left[\frac{1}{a} + \frac{1}{b}\right] \tag{19}$$

式中，σ是导线的电导率，而δ总是为

$$\delta = \sqrt{\frac{2}{\omega\mu\sigma}} \tag{20}$$

利用这些公式，衰减常数可以表示为

$$\alpha=\frac{R}{2Z_0}\approx\frac{\dfrac{1}{2\pi\delta\sigma}\left[\dfrac{1}{a}+\dfrac{1}{b}\right]\sqrt{\varepsilon_r}}{2\left[60\ln\left(\dfrac{b}{a}\right)\right]} \tag{21}$$

对上式求导并令其为零，但现在我们希望求出的是最小值而不是最大值，因此得到

$$\frac{\mathrm{d}\alpha}{\mathrm{d}a}=0\Longrightarrow\frac{\mathrm{d}}{\mathrm{d}a}\frac{\dfrac{1}{a}+\dfrac{1}{b}}{\ln\left(\dfrac{b}{a}\right)}=0\Longrightarrow\ln\left(\frac{b}{a}\right)=1+\frac{a}{b} \tag{22}$$

通过迭代得到 b/a 的值约为 3.6，该值相当于 Z_0 约为 77 Ω。现在我们得到了所需要的全部信息。

有线电视设备都是以 75 Ω阻抗为基础的，这是因为它对应于（几乎是）最小的损耗。这里由于功率较低，因此功率传输能力不成问题。那么为什么这里的标准是 75 Ω而不是 77 Ω呢？那是因为工程师喜欢相对较整的数字。与此类似，这也是（最终）采用 50 Ω的理由。由于 77 Ω时损耗最小而 30 Ω时可得到最大的功率传输能力，所以一个合理的折中就是取某种平均值 —— 无论采用算术平均还是几何平均，这个值经过取整后都为 50 Ω。情况就是如此。

7.5.3　小结

既然我们已经理解了为什么宏观世界选择了 50 Ω，那么有一点应当很清楚，如果性能既不是由功率传输也不是由互连线的衰减特性来限制，那么我们在集成电路中就可以自由地选择非常不同的阻抗值，因此集成电路工程师比起分立元件设计中采用标准元件的限制，可以比较随意地选择范围很大的阻抗值。即便在某些分立元件的设计中也值得综合考虑一下采用 50 Ω（或另一个标准值）而不是像通常那样直接用标准元件时可能带来的利弊。

习题

[第 1 题]　正如在文中讨论的那样，史密斯圆图只不过是把电阻和电抗的等值线从阻抗平面映射到反射系数平面上。

（a）明确地推导出这些映射的表达式。

（b）证明圆仍然映射成圆。

[第 2 题]　是否可以画一条有损传输线的史密斯圆图？请解释理由。如果能，画出一个例子。

[第 3 题]　史密斯圆图的双线性映射可以把一个无穷大域映射成一个有限的、周期性的范围。证明它的周期为半波长。

[第 4 题]　由于史密斯圆图的周期为半波长，因此很容易看到 1/4 波长的线具有阻抗互为倒数的特性。说明利用这个特性如何可以很容易地在史密斯圆图上把阻抗转换成导纳；反之亦然。

[第 5 题]　二端口网络的各种表示方法自然是彼此等同的，因为它们最终描述的是同一个系统。通过把阻抗参数变换为 S 参数及它的反变换来明确说明这一点。

[第 6 题]　把混合参数变换为 S 参数并进行反变换。

[第 7 题]　把导纳参数变换为 S 参数并进行反变换。

[第 8 题]　在史密斯圆图上画出一个串联 RLC 网络的阻抗，使归一化的电阻为 1。选择电感和电容，使画出的图比较合适，即所画出的等值线既不太大也不太小。

[第 9 题]　大致可以看出，随频率增加，在史密斯圆图上的轨迹总是沿顺时针走向。如有可能，请说明这条规则的理由，是否有例外?

[第 10 题] 观察得到：史密斯轨迹线远离（ Γ 平面）原点的网络是窄频带的网络，请解释之。

第 8 章　带宽估算方法

8.1　引言

一般来说，计算一个任意线性网络的-3 dB 带宽可能是一个很困难的问题。例如，计算带宽的标准做法如下：

（1）推导出输入–输出传递函数（例如采用节点方程）；

（2）令 $s = j\omega$；

（3）求所得到的表达式的幅值；

（4）令幅值等于"中频带"值的 $1/\sqrt{2}$；

（5）求出 ω。

不需要太仔细的考察就可以认识到除了对于最简单的系统，采用这种方法（手工）直接计算-3 dB 带宽一般来说是不切实际的。特别是在上述步骤（1）中得到的分母多项式的次数等于极点（自然频率）的数目，也等于自由度的数目（例如，自由度可以用独立说明的初始条件的数目来衡量），它也等于独立的储能元件（如 L 或 C）的数目。因此，对于一个具有 n 个电容的网络，也许需要求解一个 n 次多项式的根。只要 n 等于或超过 4，就不存在代数解析解。即使对于 $n = 2$，求出最终的数值结果也是很麻烦的。

计算机的计算成本较低且越来越低，所以网络分析也许不会有那么多的问题。然而我们感兴趣的是培养一种设计洞察力，即如果模拟器告诉我们存在问题，那么我们就能提出几种解决这一问题的想法，因此我们在寻找比较简单而又能提供所希望的深刻理解的一些方法，即便这些方法所得到的结果也许是近似的。然后我们就可以用模拟器来进行最终的定量验证了。

这样的两种近似方法就是开路和短路时间常数方法。前一种方法可以估计高频滚降（rolloff）点，而后者则可以估计低频滚降点。这两种方法是很有用的，因为它们能够指出是什么元件限制了带宽。单单这个信息就足以提示我们下一步应当尝试做什么样的修改。

8.2　开路时间常数方法

开路时间常数（OCτs）也称为"零值"时间常数，这种方法是 20 世纪 60 年代中期由 MIT（美国麻省理工学院）提出的。正如我们将要讲到的那样，这个功能很强的技术使我们几乎通过观察就可以估计一个系统的带宽，而且常常能达到令人惊奇的高精度。更重要的是开路时间常数方法不同于通常的电路模拟程序，它可以指出是什么元件限制了带宽。这个特点在设计放大器时非常有价值。

为了说明这种方法，让我们首先只考虑全部都是极点的传递函数。这样一个系统的传递函数可以写成

$$\frac{V_o(s)}{V_i(s)} = \frac{a_0}{(\tau_1 s+1)(\tau_2 s+1)\cdots(\tau_n s+1)} \tag{1}$$

式中，各个时间常数既可以是也可以不是实数。

将分母中的各项相乘得到一个多项式，我们将把它表示成

$$b_n s^n + b_{n-1}s^{n-1} + \cdots + b_1 s + 1 \tag{2}$$

式中，b_n 即为所有时间常数的积，b_1 是所有时间常数的和［一般来说，s^j 项系数的计算首先从这 n 个时间常数中每次选取 j 个时间常数形成所有各不相同的时间常数的积，然后把所有 $n!/j!(n-j)!$个这样的积相加］。

现在可以断定，在接近-3 dB 频率处，一次项相对于其他高次项要占更主要的地位，所以（也许）作为一个合理的近似，我们有

$$\frac{V_o(s)}{V_i(s)} \approx \frac{a_0}{b_1 s+1} = \frac{a_0}{\left(\sum_{i=1}^{n}\tau_i\right)s+1} \tag{3}$$

运用这个一阶近似式来估算，原先我们这个系统的带宽用角频率表示就是这个有效时间常数的倒数，即

$$\omega_h \approx \frac{1}{b_1} = \frac{1}{\sum_{i=1}^{n}\tau_i} = \omega_{h,\text{est}} \tag{4}$$

在继续分析之前，我们应当考虑判断忽略高次项是否合理的条件。让我们考察一下在接近估计值ω_h处传递函数的分母。为了简单起见，我们从全部根都是实根的二次多项式开始。

现在，在我们估计的-3 dB 频率处，最初的分母多项式为

$$-\tau_1\tau_2\omega_{h,\text{est}}^2 + \mathrm{j}(\tau_1+\tau_2)\omega_{h,\text{est}} + 1 \tag{5}$$

我们注意到第 2 项的模为 1（考虑一下为什么），因此，

$$\tau_1\omega_{h,\text{est}} \tag{6}$$

与

$$\tau_2\omega_{h,\text{est}} \tag{7}$$

这两项中每一项的模都不会超过 1，于是这两项的积（它等于这个多项式第一项的数值）必定比第二项（一次项）的数值小。最坏情形发生在这两个时间常数相等时，但即使如此，二次项也只是一次项的四分之一。把这些理由延伸到更高次的多项式可知，一般来说只根据系数 b_1 来估计带宽也是合理的，因为一次项通常控制着分母。而且，这一带宽的估计通常都是保守的，即实际的带宽几乎总是至少与这种方法的估计值一样大。

至此，我们所做的一切就是要说明对频带的一阶估计是可能的，只要我们已知极点时间常数和（等于 b_1）即可。遗憾的是，这样的信息几乎总是不能得到的，这显然会使我们对整个估计方法的价值产生怀疑，因为这种估计方法的出发点是首先想避免直接计算像极点位置这样的值。

幸运的是，有可能把所希望得到的时间常数和（即 b_1）（在一定程度上）与那些比较容易计算的电路参量联系起来。这种新的方法就是考虑一个只包含电阻、电源（相关电源或独立电源）和 m 个电容的任意的线性网络，那么，

（1）计算面向每一个第 j 个电容的等效电阻 R_{jo}，计算时去掉所有其他的电容（由此得到开路方法这个名字）；

（2）对每个电容求出积 $\tau_{jo}=R_{jo}C_j$（下标 o 指开路情形）；

（3）求所有 m 个这样的“开路”时间常数和。

显然，在步骤（3）中得到的开路时间常数和事实上精确地等于极点时间常数和b_1，这个结果已由 R. B. Adler 证明（也可以见 8.4 节）。于是我们最终得到

$$\omega_{h,\mathrm{est}}=\frac{1}{\sum_{j=1}^{m}R_{jo}C_j} \tag{8}$$

8.2.1　观察与解释

开路时间常数方法的使用比较简单，因为每个时间常数的计算只涉及单个电阻，尽管我们必须注意受控电源改变阻抗的能力（如晶体管模型中的跨导），但所需要的计算量一般都大大（事实上常常是令人惊讶地）小于求解确切解所需要的计算量。

这种方法最大的价值在于能够指出限制带宽的是哪些元件 —— 即那些开路时间常数支配整个时间常数和的元件。这个信息可以指导设计者有效地修改电路参数值或甚至完全改变拓扑连接。相反，SPICE 和其他典型模拟器只能提供带宽的数值而几乎不能或完全不能指导设计者如何才能按照所希望的那样改变性能。

开路时间常数方法这一特点的来源可以按以下所述直观地看出：*第 j 个开路时间常数的倒数是假定该第 j 个电容是系统中唯一的电容时该电路所显示的带宽*。因此，每个时间常数都代表一*个局部带宽减少的项*。因此开路时间常数方法就是指各个局部带宽限制的线性组合代表了对整个带宽的估计，开路时间常数值就是直接从对局部带宽瓶颈的识别与近似量化中得来的。

8.2.2　开路时间常数的精度

我们必须小心，不要过于相信开路时间常数能在所有情形中都可提供对带宽的精确估计。只要看一下这个方法非常粗略地截取到分母多项式的一次项，就不应当对上面的说法感到奇怪。然而，正如我们讲到的那样，在许多情形中开路时间常数方法的估计是相当合理的。

很显然，开路时间常数对于一次网络的带宽估计事实上是完全正确的，因为此时没有舍去任何项。因此毫不奇怪，如果一个较高次的网络恰为一个极点所支配（即如果一个极点的频率比所有其他极点的频率要低得多），那么开路时间常数的估计将会非常精确。有许多实际的系统（例如运算放大器）都被设计成具有单个主极点，因而对于这样的系统，开路时间常数的估计是相当精确的。

遗憾的是，在许多其他情形中利用开路时间常数方法得到的精度很差，因而有必要在这里提醒读者。例如，在设计宽带多级放大器时常常会出现复数极点（有意这样或出于其他原因）。出现这些复数极点的物理原因常常是由于某一级电路（如共源电路）中以容性为主的输入阻抗与源极跟随器输出阻抗的电感部分相互作用的结果。

存在复数极点使开路时间常数的估计方法不那么有效的原因如下：由于系数 b_1 是极点时间常数和，它体现不出复数极点的虚数部分，这是因为这些复数必定以共轭对的形式出现。然而，以一个双极点系统为例，其实际带宽同时取决于实数部分和虚数部分。结果，若复数极点很多，那么采用开路时间常数方法产生总的误差是很常见的。

这个问题的本质与影响用一个例子最能清楚地说明。考虑下面可能的最简单情形，即一个两极点的传递函数：

$$H(s)=\left[\frac{s^2}{\omega_n^2}+\frac{2\zeta s}{\omega_n}+1\right]^{-1} \tag{9}$$

从 s 项的系数可以得到开路时间常数的带宽估计：

$$\omega_h \approx \frac{\omega_n}{2\zeta} \tag{10}$$

可以证明，确切的带宽可以表示为

$$\omega_h=\omega_n\left[1-2\zeta^2+\sqrt{2-4\zeta^2+4\zeta^4}\right]^{1/2} \tag{11}$$

在这个特定情形中我们看到，开路时间常数的估计预见到当衰减系数 ζ 接近零时带宽将单调地增大，而实际的带宽却大约渐近地趋向 $1.55\omega_n$。因此开路时间常数的估计有可能是比较乐观的 —— 在这种情形中更加不切实际。在 ζ 约为 0.35 时，开路时间常数的估计是正确的；但对于任何较大的衰减系数来说，开路时间常数方法则是偏保守的。幸运的是，放大器的极点通常设计成具有较大的衰减系数（以便控制阶跃响应中的过冲和振荡，以及使频率响应中的峰值最小），所以对于大多数实际情形，开路时间常数的估计是偏保守的。

由于一般不可能通过观察一个网络就能够知道复数极点会不会引起问题，因此我们必须记住开路时间常数的主要价值在于能识别出控制带宽的是电路的哪些部分，而不在于提供精确的带宽估计。后者的任务将由电路模拟器去完成。

8.2.3　其他重要考虑

尽管开路时间常数的应用是相当简单的，但这里最后还有一两个问题值得考虑。一个极为重要的概念是：并不是一个网络中所有的电容都应归入开路时间常数的计算中。例如，在分立元件设计中常常采用相当大的耦合电容把某一级电路的输出连到下一级的输入，从而使某一级的偏置点不会影响另一级的偏置。如果盲目应用开路时间常数方法，可能会使我们得出错误的结论，即认为这个电容越大则带宽越窄（因为这个时间常数常常对应于音频范围，这意味着不可能有较宽的频带）。幸运的是，实际电路的特性并不像这样。

问题的关键在于存在与耦合电容相关的零点。回想一下我们所假定的系统传递函数的形式只包含极点。由于所有的零点都假设处于无穷大的频率处，因此毫不奇怪，实际存在的低频零点将使我们得出不正确的带宽估计结论。

解决的办法是在应用开路时间常数方法之前对网络进行预处理。也就是要注意，在接近带宽上限的频率处，耦合电容相对于它周围的阻抗来说其作用相当于短路，因此只可以把开路时间常数方法应用到适合于高频范围的模型上。

我们通常很清楚哪些电容要被忽略（考虑成短路），但在有些情形下我们并不能十分确定。在这些情形中，利用一个简单的实验通常足以确定这个问题。既然开路时间常数方法只与那些限制高频增益的电容有关，那么移去（也就是开路）那些属于开路时间常数计算的电容将会增大高频增益。因此这个实验就是考虑在某个高频下激励这个网络并想一下如果使所考虑的电容开路增益将会发生什么变化。如果增益会提高，那么这个电容就应归入开路时间常数的计算，因为我们可以从所设想的实验中得出该电容确实限制高频增益的结论。如果在移去电容后增益没有变化（或甚至减小，如在耦合电容的情形中那样），那么这个电容应当可以被短路掉。我们常常不费笔墨就可以得出这个必要的结论。

最后一个值得引起注意的问题是，考虑各个开路时间常数与极点时间常数之间的关系。我们已经确定（没有正式证明）的只是这两类时间常数各自的和彼此相等，因此一定不要试图使一个开路时间常数等于一个相应的极点位置。事实上，极点的数目甚至可以不同于电容的数目（例如考虑两个电容并联的极简单的情形）。由于开路时间常数的数目与极点的数目可以不相等，因此很清楚，一般来说不能指望每个开路时间常数等于一个极点的时间常数。

8.2.4　一些有用的公式

在计算晶体管放大器的开路时间常数时必须十分小心，因为 g_m 相关电源的反馈作用会修改电阻，因此必须直接应用一个测试电源（选择那种能直接计算 v_{gs} 的类型）来推导出等效电阻的表达式。为了说明一般的方法，我们将推导求解面向 C_{gs} 和 C_{gd} 的电阻的公式。为了简化推导过程，我们将忽略衬偏效应（体效应）和输出电阻，但同时将包括这两种效应的完整公式附在本章末尾以供参考。推导过程留给读者作为练习。

考虑一个完全的 MOSFET 模型，其中外部电阻与每个端口相串联（除了衬底，衬底是我们的接地参考点），如图 8.1 所示。虽然这个模型明确地包括背栅跨导 g_{mb} 及输出电阻 r_o，但我们在最初一组的推导中将不考虑它们，然而在以下所有 SPICE 的运行中将采用完整的模型。

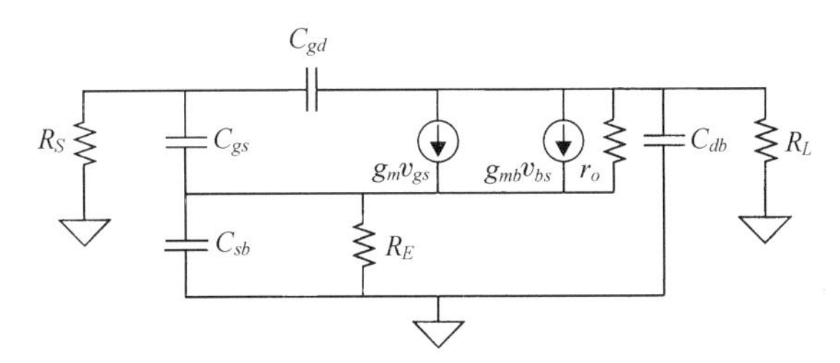

图 8.1　计算开路电阻的小信号模型

我们首先计算面向 C_{gs} 的电阻。应用一个测试电压源 v_t（因为这一选择直接确定了 v_{gs} 的值），在完成上述步骤之后，就可以利用叠加原理（一旦 v_{gs} 已知，就可以把跨导相关电源看成大小为 $g_m v_t$ 的独立电流源）得到

$$i_t = \frac{v_t}{R_S + R_E} + \frac{g_m R_E v_t}{R_S + R_E} \tag{12}$$

所以面向 C_{gs} 的等效电阻为

$$r_{1o} = \frac{R_S + R_E}{1 + g_m R_E} \tag{13}$$

因此，r_{1o} 是电阻的和除以 $(1+g_m R_E)$。

现在运用一个测试电流源（也可以尝试用一个测试电压源，但你将会感到很不方便）来计算面向 C_{gd} 的电阻。其中的代数运算有点复杂，但这个电阻可以用以下易记的形式表示：

$$r_{2o} = r_{\text{left}} + r_{\text{right}} + g_{m,\text{eff}} r_{\text{left}} r_{\text{right}} \tag{14}$$

式中，r_{left}是左端与地之间的电阻，r_{right}是右端与地之间的电阻，$g_{m,\text{eff}}$是有效跨导（它定义为这个相关电流源的电流与在左端和地之间电压的比率）。对于我们的模型有

$$r_{\text{right}} = R_L \tag{15}$$

$$r_{\text{left}} = R_S \tag{16}$$

$$g_{m,\text{eff}} = g_m \cdot \frac{1}{1+g_m R_E} \tag{17}$$

8.2.5 其他公式

在计算带宽时也许要用到（或推导）一些公式。为了免去这种麻烦，我们在这里列出了许多相关的公式。由于本书不是一本有关电路理论的教材，因此在这里只提供最基本的简要推导，但仍足以使读者在需要的时候重新推导出中间的步骤。

一个有经验的模拟电路设计者的独到之处，部分是由于能够运用最简单的近似来描述所关注的现象。本节中要注意的是，如果你忽略各种因素（例如体效应、沟道长度调制、DIBL 等），那么这里所列出的许多公式就会变得相当简单。我们在某些情况下列出了这些简化过程，而在另一些情况下则把简化过程留给读者去完成。然而在任何情况下都要思考一下：何时忽略这些现象中的某些现象是可以接受的，以及有选择和有意识的忽略会怎样简化这些公式。

共源输入电阻

在可以忽略准静态效应的频率处，输入电阻相当于无穷大（即与 g_{mb} 或 CLM/DIBL 无关）。在超薄栅氧的时代，可测量到的漏电已经很显著，因此输入电阻已不再是真正的无穷大。但对于大多数应用来说，我们仍将其假设为足够大，因此无穷大是一个非常有用的近似。

共源输出电阻

我们可以利用一个测试电流源 i_t。由于 $v_{gs} = v_{bs}$，因此可以直接把这两个跨导合并成一个跨导（假设称它为 $g_{m,\text{tot}}$）。计算从漏极看进去的电阻并称它为 r_{out}。因此在漏端的总电阻为 r_{out} 与任何外接电阻 R_L 的并联电阻，于是有

$$v_{gs} = -i_t R_S \tag{18}$$

$$v_{r0} = (i_t - g_{m,\text{tot}} v_{gs}) r_0 = i_t (1 + g_{m,\text{tot}} R_S) r_0 \tag{19}$$

$$V_{\text{test}} = i_t R_S + i_t (1 + g_{m,\text{tot}} R_S) r_0 = i_t [R_S + r_0 + g_{m,\text{tot}} r_0 R_S] \tag{20}$$

所以最终从漏极看进去的电阻（这里不包括 R_L）为

$$r_{\text{out}} = R_S + r_0 + g_{m,\text{tot}} r_0 R_S = R_S + r_0 + (g_m + g_{mb}) r_0 R_S \tag{21}$$

共源电压增益

将漏端总电阻乘以等效跨导就可得到增益。为了得到等效跨导，将漏极与地短路（对交流增量而言），然后计算短路输出电流与输入电压的比：

$$v_{gs} = v_{\text{in}} - i_{\text{out}} R_S \tag{22}$$

$$v_{bs} = -i_{\text{out}} R_S \tag{23}$$

$$\begin{aligned} i_{\text{out}} &= g_m v_{gx} + g_{mb} v_{bs} - i_{\text{out}} \frac{R_S}{r_0} \\ &= g_m (v_{\text{in}} - i_{\text{out}} R_S) + g_{mb}(-i_{\text{out}} R_S) - i_{\text{out}} \frac{R_S}{r_0} \end{aligned} \tag{24}$$

$$g_{m,\text{eff}} = \frac{i_{\text{out}}}{v_{\text{in}}} = \frac{g_m}{1+(g_m+g_{mb})R_S+R_S/r_0} = \frac{g_m}{1+(g_m+g_{mb}+g_0)R_S} \tag{25}$$

式中利用了 $g_0 = 1/r_0$。

因此，电压增益为

$$\begin{aligned} A_v &= -g_{m,\text{eff}}(r_{\text{out}} \parallel R_L) \\ &= -\frac{g_m}{1+(g_m+g_{mb}+g_0)R_S}([R_S+r_0+(g_m+g_{mb})r_0R_S] \parallel R_L) \end{aligned} \tag{26}$$

上式可以初步简化为

$$A_v = -\frac{g_mR_L}{1+(g_m+g_{mb}+g_0)R_S} \cdot \frac{R_S+r_0+(g_m+g_{mb})r_0R_S}{R_S+r_0+(g_m+g_{mb})r_0R_S+R_L} \tag{27}$$

再进行一些简化后，该公式的复杂性可进一步降低，并由此得到一个非常合理的表达式：

$$A_v = \frac{g_mR_L}{1+(g_m+g_{mb})R_S+g_0(R_L+R_S)} \tag{28}$$

读者可以证明，当体效应可以忽略且源极负反馈不存在时，上述表达式将简化为可预见的近似式。

共栅输入电阻

我们可以利用一个测试电压源。再次要注意的是 $v_{gs} = v_{bs}$，因此我们可以把两个跨导合并成一个 $g_{m,\text{tot}}$。首先计算从源端看进去的电阻；然后，如果希望或者有必要，则最终把 R_S 也包括进去。可以利用叠加原理来简化推导（在这个计算过程中可以把两个跨导看成独立的电流源，因为在整个实验中控制电压固定不变）。

我们从下式开始：

$$v_{gs} = -v_{\text{test}} \tag{29}$$

先使跨导 $g_{m,\text{tot}}$ 不起作用，计算构成测试电流的一个分量：

$$i_{t1} = \frac{v_{\text{test}}}{r_0+R_L} \tag{30}$$

接下来使测试电压源（短路）不起作用，计算测试电流的另一个分量，注意不要使 $g_{m,\text{tot}}$ 为零。此时从跨导来的电流与流过 r_0 的电流相加，因此，

$$\begin{aligned} i_{t2} &= -g_{m,\text{tot}}v_{gs} + \left(-i_{t2}\frac{R_L}{r_0}\right) = g_{m,\text{tot}}v_{\text{test}} - i_{t2}\frac{R_L}{r_0} \\ &\Longrightarrow i_{t2} = \frac{g_{m,\text{tot}}v_{\text{test}}}{1+R_L/r_0} = \frac{g_{m,\text{tot}}r_0v_{\text{test}}}{r_0+R_L} \end{aligned} \tag{31}$$

$$i_t = i_{t1}+i_{t2} = \frac{v_{\text{test}}}{r_0+R_L} + \frac{g_{m,\text{tot}}r_0v_{\text{test}}}{r_0+R_L} = \frac{v_{\text{test}}}{r_0+R_L}(1+g_{m,\text{tot}}r_0) \tag{32}$$

所以，从源端看进去的电阻为

$$r_{\text{in}} = \frac{v_{\text{test}}}{i_t} = \frac{r_0+R_L}{1+g_{m,\text{tot}}r_0} = \frac{r_0+R_L}{1+(g_m+g_{mb})r_0} \tag{33}$$

注意，如果 $R_L << r_0$ 并且晶体管的“本征电压增益” $g_m r_0 >> 1$，那么从源端看进去的电阻可近似为

$$r_{\text{in}} \approx \frac{1}{g_m + g_{mb}} \tag{34}$$

如果希望得到源端与接地之间的总电阻，则只需计算 r_{in} 和 R_S 的并联电阻即可。

共栅输出电阻

这个电阻完全与负反馈共源放大器的输出电阻相同：

$$r_{\text{out}} = R_S + r_0 + g_{m,\text{tot}} r_0 R_S = R_S + r_0 + (g_m + g_{mb}) r_0 R_S \tag{35}$$

如果我们用电压源驱动源端，那么 R_S=0，于是从漏端看进去的电阻的公式就简化为只有 r_0。在 R_S 与 r_0 相比很小并且（g_m+g_{mb}）R_S 与 1 相比很小时，这个简化结果仍然是一个相当好的近似。

共栅电压增益

如前所述，我们首先计算放大器的等效跨导，它在这里定义为漏极短路电流与源端电压之比：

$$v_{gs} = -v_{\text{in}} \tag{36}$$

$$v_{bs} = v_{gs} \tag{37}$$

$$\begin{aligned} i_{\text{out}} = -g_{m,\text{tot}} v_{gx} + \frac{V_{\text{in}}}{r_0} &= v_{\text{in}}(g_{m,\text{tot}} + g_0) \\ \Longrightarrow g_{m,\text{eff}} = g_{m,\text{tot}} + g_0 &= (g_m + g_{mb} + g_0) \end{aligned} \tag{38}$$

因此，从源至漏的电压增益为

$$A_{v0} = g_{m,\text{eff}}(r_{\text{out}} \parallel R_L) = (g_m + g_{mb} + g_0)(r_0 \parallel R_L) \tag{39}$$

式中利用了一个事实，即在第一步计算中，我们用电压源直接驱动源端，因此总的漏端电阻就是 $r_0 \parallel R_L$，所以式（39）中的增益就像所说的那样，是从源至漏的增益。

我们还必须考虑输入端形成的分压器以完成对总增益的计算：

$$A_v = A_{v0} \cdot \frac{r_{\text{in}}}{r_{\text{in}} + R_S} \tag{40}$$

于是，

$$A_v = (g_m + g_{mb} + g_0)(r_0 \parallel R_L) \cdot \frac{\dfrac{r_0 + R_L}{1 + (g_m + g_{mb}) r_0}}{\dfrac{r_0 + R_L}{1 + (g_m + g_{mb}) r_0} + R_S} \tag{41}$$

我们可以对上式做一点简化：

$$A_v = (g_m + g_{mb} + g_0)(r_0 \parallel R_L) \cdot \frac{r_0 + R_L}{r_0 + R_L + R_S + (g_m + g_{mb}) r_0 R_S} \tag{42}$$

上式可再进一步简化成

$$A_v = \frac{(g_m + g_{mb} + g_0)R_L}{1 + g_0(R_L + R_S) + (g_m + g_{mb})R_S} \tag{43}$$

正如所预见的那样，若忽略体效应并认为源极电阻 R_S 为零、晶体管输出电导为零……那么上述增益表达式就可简化为我们比较熟悉的形式。建议读者独立地验证这些结果。

源极跟随器电阻

同样，如果忽略栅极漏电和非准静态效应，则可以把源极跟随器的输入电阻看成无穷大。这个结果与体效应及 CLM/DIBL 无关。

源极跟随器的输出电阻与一个共栅极的输入电阻相等：

$$r_{\text{out}} = \frac{r_0 + R_L}{1 + g_{m,\text{tot}} r_0} = \frac{r_0 + R_L}{1 + (g_m + g_{mb})r_0} \tag{44}$$

在大多数源极跟随器中，R_L 选择为比 r_0 小很多。在这些情形中，输出电阻可以简化为

$$r_{\text{out}} \approx \frac{r_0}{1 + (g_m + g_{mb})r_0} \tag{45}$$

此外，如果晶体管的本征电压增益很高，那么在分母中为 1 的因子可以忽略，于是甚至可以对输出电阻表达式做更进一步的简化：

$$r_{\text{out}} \approx \frac{1}{g_m + g_{mb}} \tag{46}$$

源极跟随器的电压增益

我们同样先计算等效跨导，然后乘以输出电阻。这个输出电阻应当包括任何有可能与从晶体管源端看进去的电阻相并联的外部负载。由

$$v_{gs} = v_{\text{in}} \tag{47}$$

$$v_{bs} = v_{gs} \tag{48}$$

（仅对输出电阻；当计算等效跨导时，$v_{bs} = 0$）得到

$$i_{\text{out}} = g_m v_{\text{in}} - i_{\text{out}} \frac{R_L}{r_0} \tag{49}$$

$$g_{m,\text{eff}} = \frac{i_{\text{out}}}{v_{\text{in}}} = \frac{g_m}{1 + R_L/r_0} \tag{50}$$

因此总的电压增益为

$$A_{v0} = g_{m,\text{eff}}(r_{\text{out}} \parallel R_S) = \frac{g_m}{1 + R_L/r_0} \cdot \left[\left(\frac{r_0 + R_L}{1 + (g_m + g_{mb})r_0} \right) \parallel R_S \right] \tag{51}$$

上式经过化简得到

$$A_{v0} = \frac{g_m r_0 R_S}{(g_m + g_{mb})r_0 R_S + (r_0 + R_L + R_S)} \tag{52}$$

此外，我们还可以写成

$$A_{v0} = \frac{g_m R_S}{(g_m + g_{mb})R_S + 1 + g_0(R_L + R_S)} = \frac{1}{1 + \dfrac{g_{mb} + g_0}{g_m} + \dfrac{1 + g_0 R_L}{g_m R_S}} \tag{53}$$

由上式也许更容易看出电压增益只能接近 1，正如我们由源极跟随器可以预见到的那样。

与通常一样，读者应当验证一下，在体效应为零、晶体管的 g_0 可以被忽略及 R_L 为零等情况下，这个公式可简化成许多已知的近似公式。

计算开路时间常数中的电阻

有必要回想一下，一个二端口模型可以在总体上完整地描述任何单输入和单输出放大器的终端特性。因此如果相应的参数已知，那么面向任何电容的等效电阻都可以直接从这个二端口模型中估算出来。假设可以忽略反向传输而不会出现任何问题，则可以进一步简化这个情形。这一单向特性的假设条件在许多（但不是所有）实际放大器中都可以得到很好的满足。记住，在任何有可能出现问题的情形中都要检查所做的假设！

利用混合模型中的电流源，我们发现等效电阻可以用一种前面已经引用过的简单、通用和易记的形式来表示：

$$r_{\text{eq}} = r_{\text{left}} + r_{\text{right}} + g_{m,\text{eff}} r_{\text{left}} r_{\text{right}} \tag{54}$$

式中，r_{left} 是从电容左端和地之间看到的电阻，r_{right} 是从电容右端和地之间看到的电阻，$g_{m,\text{eff}}$ 是等效跨导 —— 它定义为短路输出电流与输入电压之比。

这个公式也可以表示为

$$r_{\text{eq}} = r_{\text{left}} + r_{\text{right}} - A_{vf} r_{\text{left}} \tag{55}$$

这是因为由式（54）可以看到，等效跨导和 r_{right} 的积就是电容两端之间的电压增益（的负值）。从这个公式中可以直接看出在电容两端之间电压增益的影响，这个现象于 1919 年首先由美国国家标准局的 John M. Miller（在真空管的情形中）发现。[①]

面向 C_{gd} 的电阻：对于漏-栅电容，等效电阻为

$$R_G + (r_{\text{out}} \parallel R_L) + \frac{g_m}{1 + (g_m + g_{mb} + g_0)R_S}(r_{\text{out}} \parallel R_L)R_G \tag{56}$$

式中，

$$r_{\text{out}} \parallel R_L = [R_S + r_0 + (g_m + g_{mb})r_0 R_S] \parallel R_L \tag{57}$$

在共栅连接的情形中等效电阻的表达式可以相当简单，因为此时 R_G 常常为零（或非常小）。在这种情形中，只需要采用式（56）。

在源极跟随器连接时，R_L 一般为零（或非常小），由此可以得到更为简化的结果。在这种情形中，R_G 也许能很好地近似面向 C_{gd} 的电阻。换言之，上述的这个电阻公式只是在共源放大器的情况下才有些复杂。

面向 C_{gs} 的电阻：这里可以应用同样的二端口模型，但此时模型参数的选择应使它能反映出

① John M. Miller, “Dependence of the Input Impedance of a Three-Electrode Vacuum upon the Load in the Plate Circuit,” *Scientific Papers of the Bureau of Standards*, v.15, 1919-1920, pp.367-85。

所涉及的电容被连接在栅和源端之间，也就是所考虑的放大器输入在栅端而所提供的输出在源端。如果我们用 R_G 表示左边的电阻，那么右边的电阻就是源极跟随器的总输出电阻（也就是从源端看进去的电阻与任何外部 R_S 相并联的电阻）。同样，等效跨导也就是源极跟随器的跨导。因此实际上我们已经推导出了所有部分，现在只是需要把它们合在一起：

$$r_{\text{eq}} = R_G + \left[\left(\frac{r_0 + R_L}{1 + (g_m + g_{mb})r_0}\right) \| R_S\right] - \left[\frac{g_m}{1 + R_L/r_0}\right] R_G \left[\left(\frac{r_0 + r_L}{1 + (g_m + g_{mb})r_0}\right) \| R_S\right] \tag{58}$$

上式可以简化成

$$R_{\text{eq}} = R_G + \left[\frac{R_S}{r_0 + R_L + R_S + (g_m + g_{mb})r_0 R_S}\right][(r_0 + R_L) - g_m r_0 R_G] \tag{59}$$

在经过一些变换后，最终可以得到看上去比较简单的公式：

$$r_{\text{eq}} = \frac{R_G(r_0 + R_L + R_S + g_{mb} r_0 R_S) + R_S(r_0 + R_L)}{r_0 + R_L + R_S + (g_m + g_{mb})r_0 R_S} \tag{60}$$

按照略微不同的方式整理后的公式同样很有用：

$$r_{\text{eq}} = \frac{R_G + R_S + g_{mb} R_G R_S + g_0(R_G R_L + R_G R_S + R_S R_L)}{1 + (g_m + g_{mb})R_S + g_0(R_L + R_S)} \tag{61}$$

注意，在没有体效应和 r_0 为无穷大的极限情况下，面向 C_{gs} 的等效电阻确实可以简化为前面已经得到的结果：

$$r_{\text{eq}} \approx \frac{R_G + R_S}{1 + g_m R_S} \tag{62}$$

面向 C_{db} 的电阻：一般情况下该电阻就是从晶体管漏端看进去的电阻并联上连至该漏端的任何其他电阻（称其他电阻为 R_L，以便与我们所用的符号相一致）。我们已经求出了从漏端看进去的电阻：

$$r_{\text{out}} = R_S + r_0 + g_{m,\text{tot}} r_0 R_S = R_S + r_0 + (g_m + g_{mb}) r_0 R_S \tag{63}$$

因此只需要把这个值与任何可能存在的 R_L 相并联即可。

面向 C_{sb} 的电阻：同样，这个电阻只是从晶体管源端看进去的电阻并联上连至该源端的任何其他电阻（我们一直称其为 R_S）。于是，源极跟随器输出电阻的公式就是我们在这里所需要的公式：

$$r_{\text{out}} = \frac{r_0 + R_L}{1 + (g_m + g_{mb})r_0} \tag{64}$$

只需要计算 r_{out} 和 R_S 的并联电阻就可以得到最终的结果。

在经过一些练习之后，这些公式将有助于你加快带宽的计算。

8.2.6　设计实例

我们已经看到了开路时间常数方法有可能简化设计并提供有助于深入理解的重要信息，现在进行一个实际的设计来看看它是否确实能达到这一目的。

假设我们希望设计一个具有以下指标的放大器：

电压增益值：大于 18 dB（或大约为 8 倍）；
−3 dB 带宽：大于 450 MHz（意味着开路时间常数和的最大值约为 350 ps）。

我们进一步假设在驱动输入的电源内阻为 2 kΩ且输出端的负载电容为 1 pF 时应当满足上述指标。在一个实际的设计中，通常还会有另外的指标（如允许的最大功耗及动态范围等），但我们现在将使设计指标仅限于此。

我们再进一步假设采用第 5 章描述的 0.5 μm（设计尺寸）工艺的晶体管来满足上述要求。为了简化这一过程，我们对所有的晶体管只采用一种尺寸及一种偏置电流。自然，在一个较好的设计中，我们一般采用不同的偏置和不同的器件尺寸，但如果想用有限的“篇幅”来完成我们的任务，就必须采用某些自定的约束！

假设随意选择每个晶体管的偏置电流为 3 mA，在这个工艺技术下，一个 150 μm 宽的 NMOS 晶体管工作在饱和状态时具有如下近似的元件参数值：

$$C_{gs} = 220\ \text{fF}, \quad C_{sb} = 130\ \text{fF}, \quad C_{gd} = 45\ \text{fF}, \quad C_{db} = 90\ \text{fF};$$

$$r_o = 2\ \text{k}\Omega, \quad g_m = 12\ \text{mS}, \quad g_{mb} = 1.8\ \text{mS}$$

尽管某些电容的数值与偏置电压有关，但我们仍将假定它们的值如上所示为一个常数。

现在我们开始设计。先给出某些已知条件（几乎所有的已知条件）。由于修改总比新设置容易，因此事实上任何合理的初始条件都可以接受。几个简单的计算将使你很快知道你的设计是否正确，而且你以后总会涉及相关细节。所以，让我们从共源（CS）电路开始（毕竟它能够提供电压增益，而且具有较高的输入阻抗）。下面我们将忽略如何实现偏置的细节（因为我们把重点放在动态性能问题上），但要记住任何实际的设计都必须仔细考虑偏置问题。

回想一下（忽略体效应），一个基本的共源（CS）放大器从栅至漏的电压增益是$-g_mR_L$，并记住我们必须考虑由于晶体管自身输出电阻造成的附加负载所引起的增益损失，因此让我们设计 g_mR_L 的积使它比所要求的增益指标大 50%。对于选定的 g_mR_L（等于 12），我们发现必须选择 R_L =1 kΩ，因此我们的电路如图 8.2 所示。

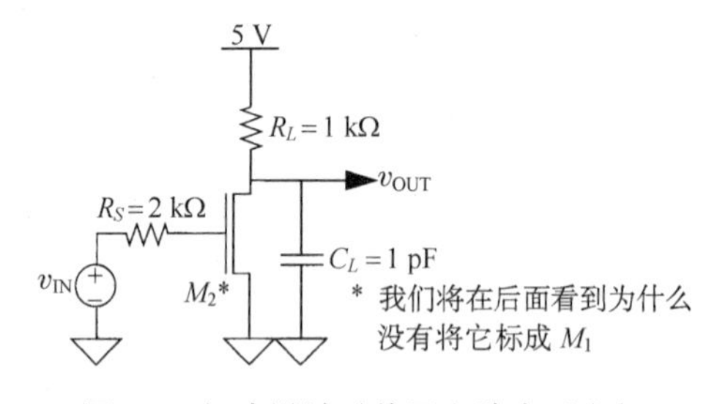

图 8.2 初步设计（偏置电路未画出）

相应的小信号模型见图 8.3。注意，由于源-体之间的电压为零，因此背栅跨导没有引起任何电流，这样源-体之间的电容短路。

由这个模型很容易看到低频电压增益恰好刚能满足要求：

$$A_V = -g_{m2}(R_L \parallel r_o) = -8 \tag{65}$$

现在让我们来估计一下带宽，看看结果有多差：

$$\tau_{gs2} = C_{gs2} r_{gs2} = (220\text{ fF})(R_S) = 440\text{ ps} \tag{66}$$

$$\tau_{gd2} = C_{gd2} r_{gd2} = (45\text{ fF})(r_{\text{left}} + r_{\text{right}} + g_{m2} r_{\text{left}} r_{\text{right}}) \approx 840\text{ ps} \tag{67}$$

$$\tau_{db2} = C_{db2} r_{db2} = C_{db2}(R_L \parallel r_o) = 60\text{ ps} \tag{68}$$

$$\tau_L = C_L(R_L \parallel r_o) = 670\text{ ps} \tag{69}$$

$$\text{BW} \approx \frac{1}{(440\text{ ps} + 840\text{ ps} + 60\text{ ps} + 670\text{ ps})} \approx 500\text{ Mrps} \tag{70}$$

可以看到，我们的带宽大约为 79 MHz（SPICE 的结果是 86 MHz），所以显然离我们的 450 MHz 目标差得太远。

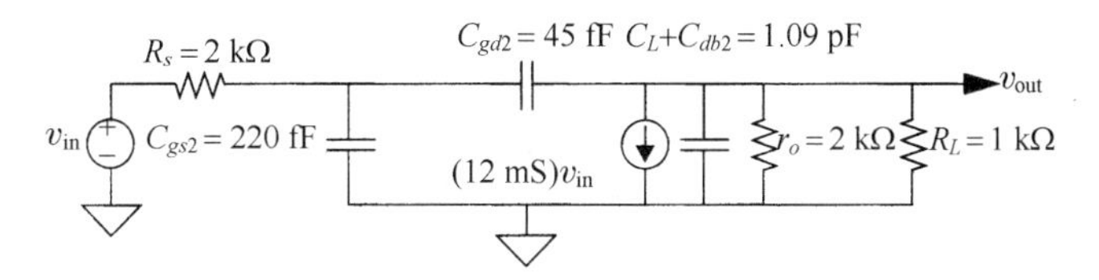

图 8.3　第一轮设计的小信号模型

那么什么是造成这一情形的主要原因呢？从 4 个已计算的时间常数中可以看到，有两个时间常数的大小相近，其中较大的一个与漏-栅电容 C_{gd2} 有关，虽然这个电容在数值上最小，但它的影响由于米勒效应增益而被放大。因此，如果想改善带宽，就必须设法消除米勒效应。

回想一下米勒效应的起因是把一个电容连接在具有反相位电压增益的两个节点之间，因此一种可能的解决办法就是把该增益分布在 N 级中而不是试图从一级中得到全部的增益。我们鼓励读者独立地探索这个很有希望的解决办法。

另一种可能性是把产生问题的电容在一定程度上隔离起来，使它不再出现在一个放大级的两端。我们将分析这种方法，因为我们的意图是在一级中得到全部增益。共源-共栅放大器就是通过这种隔离来消除米勒效应的。让我们考虑图 8.4 所示的电路。

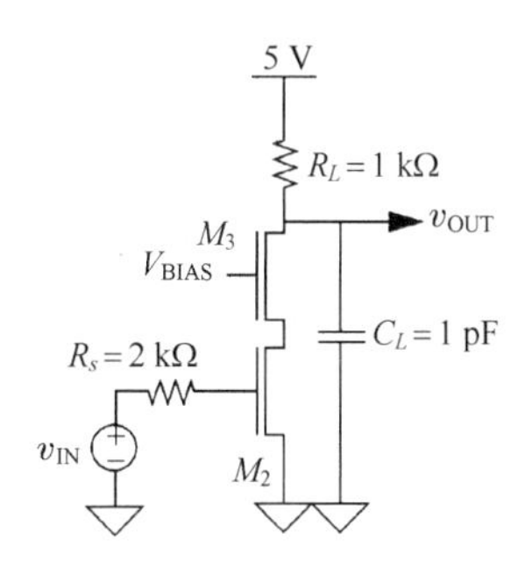

图 8.4　第二轮设计：共源-共栅放大器

通常，V_{BIAS} 的值并不是特别关键的，它只需足够高以保证 M_2 处于饱和状态，同时还要保证足够低以使 M_3 也处于饱和状态。在这个特定情形下，2.3 V 的值可以很好地满足这两个条件，这个值也用在 SPICE 模拟中。

在我们没头没脑地钻进一大堆计算中之前，让我们想一下这个电路是如何工作的。输入电压由晶体管 M_2 转换成输出电流（即 M_2 是一个跨导器）。晶体管 M_3 只是把这个电流传送到输出负载电阻上。现在，输出是在 M_3 的漏极而输入是在 M_2 的栅极，因而没有电容直接跨接在这两个节点之间。这里只有非常小的米勒放大作用，所以我们可以期望带宽能得到很大程度的改善。[①]

通过共源-共栅达到隔离也能对增益产生有利的影响。在 M_3 漏端上的电压变化对 M_2 的漏极电流几乎没有任何影响，因此输出电流没有什么变化。另一种等同的说法就是输出电阻提高了。对于这个具体情形，就所有实际目的而言，电阻增加足以消除 r_o 的影响，因此我们可以期望增益会非常接近−12，而 SPICE 模拟表明它大约为−11。如果这个有富裕的增益在进一步改善设计时仍能保持住，那么它就可以按照需要或被期待用来换取带宽的改善。

现在回到带宽的开路时间常数估计，画出对应于这个共源-共栅连接的模型并计算面向每一个电容的电阻。从现在起我们不再给出小信号模型，读者可以自己给出：

$$\tau_{gs2} = C_{gs2} r_{gs2} = (220\ \text{fF})(R_S) = 440\ \text{ps} \quad (\text{无变化}) \tag{71}$$

$$\begin{aligned}\tau_{gd2} = C_{gd2} r_{gd2} &\approx (45\ \text{fF})\left(R_S + \frac{1}{g_{m3}} + g_{m2} R_S \frac{1}{g_{m3}}\right)\\ &\approx 184\ \text{ps}\ (\text{更好})\end{aligned} \tag{72}$$

式（72）的值是一个近似值，因为在计算中（以及在以下的几项计算中）我们忽略了 g_{mb3} 和 r_o 的影响。由于体效应会使跨导变差，因此我们多少会低估实际的等效电阻（具体来说就是“r_{right}”)。比较精确的计算表明这个时间常数为 200 ps，因此这一近似的误差可以忽略。在任何情形中，由于忽略这些影响而引起的误差往往抵消了开路时间常数通常过于保守的估计，因此，

$$\tau_{gs3} = C_{gs3} r_{gs3} \approx (220\ \text{fF})(1/g_{m3}) \approx 18\ \text{ps} \quad (\text{新}) \tag{73}$$

$$\tau_{gd3} = C_{gd3} r_{gd3} \approx (45\ \text{fF})(R_L) \approx 45\ \text{ps} \quad (\text{新}) \tag{74}$$

$$\tau_{sb3} = C_{sb3} r_{sb3} \approx (130\ \text{fF})(1/g_{m3}) \approx 11\ \text{ps} \quad (\text{新}) \tag{75}$$

$$\tau_{db3} = C_{db3} r_{db3} \approx (90\ \text{fF})(R_L) \approx 90\ \text{ps} \quad (\text{新}) \tag{76}$$

$$\tau_{db2} = C_{db2} r_{db2} \approx (90\ \text{fF})(1/g_{m3}) \approx 8\ \text{ps} \quad (\text{更好}) \tag{77}$$

$$\tau_L = C_L r_L = C_L R_L = 1000\ \text{ps} \quad (\text{更差}) \tag{78}$$

$$\text{BW} \approx \frac{1}{(1750\ \text{ps})} \approx 570\ \text{Mrps} \tag{79}$$

重新估计的带宽约为 90 MHz（SPICE 模拟得到的结果是 109 MHz)，可以看到采用共源-共栅连接已在带宽方面有了显著的改进，但我们仍然有一段很长的路要走。

考察一下现在这种情形下引起问题的元件，我们可以看到它涉及负载电容 C_L。用一个高阻（1 kΩ）的电源来驱动它显然是一个问题，所以我们可以用一个源极跟随器把那个时间常数减小到一个较小的值，见图 8.5。

我们再一次忽略偏置的细节，只是假设在 M_4 的源端放上一个电流源（或一个普通的老式电阻）使它偏置在 3 mA。就计算时间常数而言，我们将看到可以很容易地使偏置电路中的电阻被忽略不计，所以我们这里假设它取何值其实没有什么关系。

---

① 为使这一理由更加充分，注意在 M_2 的栅和漏之间的增益为−1，所以 C_{gd2} 没有被放大很多。

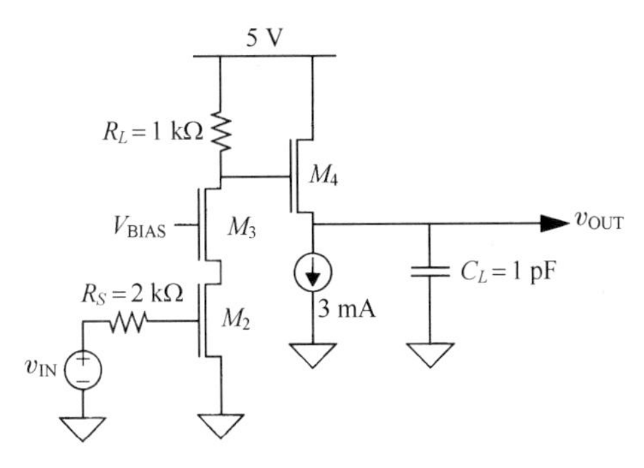

图 8.5　第三轮设计：输出端带有源极跟随器的共源–共栅放大器

源极跟随器并不完全具有单位增益，因为在 C_{gs4} 和 C_{sb4} 之间存在电容分压。仔细的计算并经 SPICE 验证，表明此时增益已从–11 下降至–9.5，幸运的是这个值仍然超过了我们期望的值。

通过这一轮时间常数的计算，可得到如下一组结果：

$$\tau_{gs2} = 440 \text{ ps} \quad (\text{不变}) \tag{80}$$

$$\tau_{gd2} = 184 \text{ ps} \quad (\text{不变}) \tag{81}$$

$$\tau_{db2} = 8 \text{ ps} \quad (\text{不变}) \tag{82}$$

$$\tau_{sb3} = 11 \text{ ps} \quad (\text{不变}) \tag{83}$$

$$\tau_{gs3} = 18 \text{ ps} \quad (\text{不变}) \tag{84}$$

$$\tau_{gd3} = 45 \text{ ps} \quad (\text{不变}) \tag{85}$$

$$\tau_{db3} = 90 \text{ ps} \quad (\text{不变}) \tag{86}$$

$$\tau_{gd4} = C_{gd4} r_{gd4} \approx (45 \text{ fF})(R_L) \approx 45 \text{ ps} \quad (\text{不变}) \tag{87}$$

$$\tau_{gs4} = C_{gs4} r_{gs4} \approx (220 \text{ fF})(1/g_{m4}) \approx 18 \text{ ps} \quad (\text{不变}) \tag{88}$$

最后一个公式比通常公式的近似要差一些，这是因为忽略了驱动电阻为1 kΩ 时的 g_{mb4} 的缘故（正确的值约为 45 ps）。更仔细的推导表明式（88）中的电阻应当乘以约为（$1 + g_{mb4}R_L$）的因子，所以只有在 $g_{mb}R_L$ 比 1 小很多的情况下才可以忽略这个因子。幸运的是，这个具体的时间常数在这种情形中不占支配地位，所以 τ_{gs4} 较大的百分比误差不会对总的时间常数和产生显著的影响。

继续我们的计算：

$$\tau_{sb4} = C_{sb4} r_{sb4} \approx (130 \text{ fF})(1/g_{m4}) \approx 11 \text{ ps}（\text{新}） \tag{89}$$

$$\tau_L = C_L r_L \approx (1 \text{ pF})(1/g_{m4}) \approx 80 \text{ ps}（\text{更好}） \tag{90}$$

$$\text{BW} \approx \frac{1}{(906 \text{ ps})} \approx 1.1 \text{ Grps} \tag{91}$$

现在已达到了约 175 MHz（SPICE 模拟的结果为 222 MHz），我们“只”需找出如何使带宽加倍的另一个为 2 的因子。

仔细考察一下我们最后列出的一组时间常数，可以看到由于电源内阻为 2 kΩ，因此 τ_{gs2} 远远超过其他因素而占支配地位。一个明显的补救办法是增加一个输入缓冲器来减少驱动 M_2 栅–源电容的内阻，见图8.6。重新计算增益表明，所增加的源极跟随器引起的一些衰减使增益又下降到–8，所以不再有增益裕量。

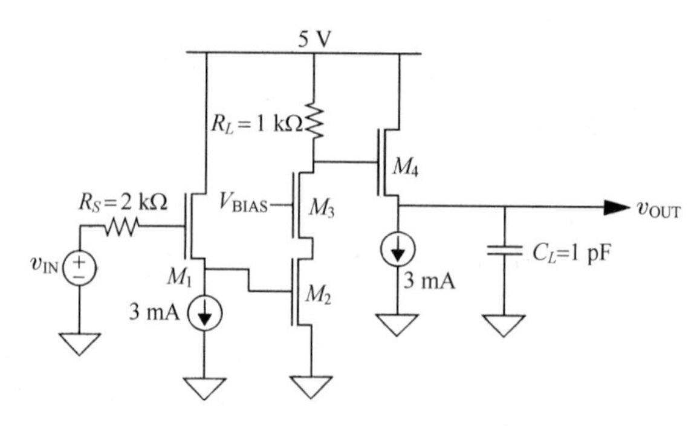

图 8.6 第四轮设计：具有两个源极跟随器的共源–共栅放大器

在进行了以上这些改进之后，我们可以期待非常接近所希望的带宽了，因为 τ_{gs2} 大约为时间常数和的一半左右，而我们有可能使它下降为接近零。重新计算时间常数，可以得到

$$\tau_{db2} = 8 \text{ ps} \quad \text{（不变）} \tag{92}$$

$$\tau_{sb3} = 11 \text{ ps} \quad \text{（不变）} \tag{93}$$

$$\tau_{gs3} = 18 \text{ ps} \quad \text{（不变）} \tag{94}$$

$$\tau_{gd3} = 45 \text{ ps} \quad \text{（不变）} \tag{95}$$

$$\tau_{db3} = 90 \text{ ps} \quad \text{（不变）} \tag{96}$$

$$\tau_{gd4} = 45 \text{ ps} \quad \text{（不变）} \tag{97}$$

$$\tau_{gs4} = 18 \text{ ps} \quad \text{（不变）} \tag{98}$$

$$\tau_{sb4} = 11 \text{ ps} \quad \text{（不变）} \tag{99}$$

$$\tau_L = 80 \text{ ps} \quad \text{（不变）} \tag{100}$$

$$\tau_{gs1} = C_{gs1} r_{gs1} \approx (220 \text{ fF})(1/g_{m1}) \approx 18 \text{ ps} \quad \text{（新）} \tag{101}$$

同样，上面最后一步的计算是有误差的，因为 $g_{mb1} R_S = 3.6$，所以时间常数的确应当乘以（1+3.6）= 4.6，得到的值大约为 83 ps。同时考虑 r_{o1} 的比较仔细的计算表明这个时间常数事实上大约为 86 ps。我们现在有

$$\tau_{gd1} = C_{gd1} r_{gd1} \approx (45 \text{ fF})(R_S) \approx 90 \text{ ps（新）} \tag{102}$$

$$\tau_{sb1} = C_{sb1} r_{sb1} \approx (130 \text{ fF})(1/g_{m1}) \approx 11 \text{ ps（新）} \tag{103}$$

$$\tau_{gs2} = C_{gs2} r_{gs2} \approx (220 \text{ fF})(1/g_{m1}) \approx 18 \text{ ps（更好）} \tag{104}$$

$$\tau_{gd2} = C_{gd2} r_{gd2} \approx (45 \text{ fF})\left[\frac{1}{g_{m1}} + \frac{1}{g_{m3}} + g_{m2}\left(\frac{1}{g_{m1}}\right)\left(\frac{1}{g_{m3}}\right)\right] \approx 11 \text{ ps} \quad \text{（更好）} \tag{105}$$

$$\text{BW} \approx \frac{1}{(474 \text{ ps})} \approx 2.1 \text{ Grps} \tag{106}$$

估计的带宽现在已大约增加到 340 MHz。由于估计往往偏于保守，因此有理由期望实际的带宽非常接近我们的目标。事实上，SPICE 模拟表明带宽约为 540 MHz，它比所希望的值超出了很多。如果愿意，那么这个额外的带宽可以有一部分用来换取增益的提高。

然而，假设 SPICE 模拟的结果证实出现了最坏情形，并且你发现这个放大器确实离满足要求还差得很远，那么是否还有其他方面的改进可以试一试呢？自然，回答是肯定的。一种选择就是

前面已提到过的：即把增益分配在几个放大级上。采用两级或更多级时，很容易有足够的裕量达到带宽要求。

这些技巧绝不仅限于此，我们将在第 9 章中用较多的篇幅来分析另外一些重要的方法。然而，为了吸引你并激励你去想一些问题，这里对其他的可能性也给出一些粗略的提示。

开路时间常数方法假设采用一个全部都是极点的传递函数，并且如果极点都是实数，则将得到较为精确的结果。现在考虑一下：如果允许有零点和复数极点从而有目的地违反这些假设时会产生什么影响。仔细地放置零点（反极点）或复数极点将提高带宽，尽管频率响应也许不再是单调的。形成复数极点的一种方法是通过反馈（例如，考虑两个极点的根轨迹）或通过电感（实际的或综合的）与电容的谐振。在以上一系列反复设计的过程中，最后一个电路出人意料地得到了较宽的频带，这主要是由于形成了复数极点，它们的形成是由于 M_2 的栅-源电容与源跟随器 M_1 的感性输出阻抗相互作用的结果。

零点可以通过把电容与源端旁路电阻相并联来形成。正如我们将要讲到的，一个恰当选择的电容值可以使这个零点抵消限制带宽的极点。

另一种可能性是差分系统中最实用的方法，即利用正反馈来产生负电容。这些负电容可以抵消正电容以提高带宽。自然，这里有可能出现不稳定的情况，我们必须密切关注，但这种称为“中和法”的方法能够使带宽得到有效的改善。我们很快就会详细分析相关内容。

8.2.7　开路时间常数方法小结

我们已经看到开路时间常数方法在设计动态性能良好的放大器时是一个极有价值的工具，这主要是由于它可以指出电路中发生问题的地方。由于只通过适度的努力就可以得到非常深刻的见解，因此我们一般都宁愿不去关注它在定量估计上的局限，例如不去关注它所估计的带宽常常是非常保守的。只要只针对适合于高频情形的模型运用这种方法，就能确保得到合理的结果。

最后，还应当注意电感的影响也可以很好地融入该方法中，尽管所得到的结果一般都不令人满意，其原因将在下面予以解释。

理解如何考虑电感对带宽影响的最直观方法是回想一下每个时间常数项都代表其对带宽限制产生的局部影响。我们在计算的每一步中都把系统看成似乎只有第 j 个电抗元件单独存在。所以很明显，在计算相应的有效电阻时，我们把所有的电感都看成短路，然后把 L/R 时间常数加入各个 RC 项中得到总和来估计带宽。

由上所述，明显存在的电感和电容几乎肯定会形成引起问题的复数极点对，这常常会使该方法在总体上低估了带宽。这个困难会由于通常出现的有限零点而加大。而且精确估计一个电路中的寄生电感常常要比估计电容困难得多，因此我们很少去考虑电感。然而我们必须明白，虽然等效电阻较小会使由电容引起的时间常数较小，但它们往往会使由电感引起的时间常数达到最大。因此，如果为了得到越来越大的带宽而极度地减小相关的各个电阻 R，那么常常会出现某种情况，使得不仅会失去得到的所有好处，而且还可能适得其反。例如，在分立元件设计中，当我们希望带宽超过 20～50 MHz 时，这样的考虑就会变得十分重要，因为此时几乎不可能使寄生电感低于几个纳亨（nH）。

我们可以得出这样的结论，开路时间常数方法在设计放大器中是不可缺少的，我们可以利用它比较聪明且有信心地进行设计以满足所要求的带宽。确实，这种方法在定量方面有它的缺点，但它所提供的有价值的定性估计则足以补偿这一点。

8.3 短路时间常数方法

8.3.1 引言

我们已经看到开路时间常数方法如何使我们可以把带宽的计算分解成一系列一阶的计算来估计一个任意复杂系统的高频–3 dB 点。每个时间常数代表一个局部的带宽衰减项，而所有这些衰减项之和就等于这个总带宽的倒数。正如我们已讲到的那样，开路时间常数方法是很有价值的，因为它们指出了哪个元件限制了带宽。

假设我们不是想要估计一个交流（AC）耦合系统的高频–3 dB 点，而是希望找到它的低频–3 dB 点，那么应该如何计算这个耦合电容必须多大才能满足所要求的低频转折点呢？幸运的是，我们可以利用一种类似于开路时间常数方法的方法，这个对偶的方法称为短路时间常数（SCτs）方法。

8.3.2 背景材料

在开路时间常数方法中，我们假设网络的零点都在无穷大的频率处，所以传递函数只包含极点。在短路时间常数的情形中，我们反过来假设所有的零点都在原点处，并且假设极点数目与零点数目相同，因此相应的系统传递函数可以写成

$$\frac{V_o(s)}{V_i(s)}=\frac{ks^n}{(s+s_1)(s+s_2)\cdots(s+s_n)} \tag{107}$$

式中，各个极点频率可以是实数也可以不是，而 k 只是一个确定比例系数的常数。

把分母中的各项相乘可以得到一个多项式，我们将它表示为

$$s^n+b_1s^{n-1}+\cdots+b_{n-1}s+b_n \tag{108}$$

式中，系数 b_1 为所有极点频率的和，b_n 是所有极点频率的积［一般来说，s^j 项系数的计算在 n 个频率中每次取出 j 个形成所有不同的积，然后再把所有 $n!/ j!(n-j)!$ 个这样的积相加］。

现在可以断定，在接近低频–3 dB 点处，高次项在分母中占支配地位，因此可以得到

$$\frac{V_o(s)}{V_i(s)}\approx\frac{ks^n}{s^n+b_is^{n-1}}=\frac{ks}{s+\sum_{i=1}^{n}s_i} \tag{109}$$

于是用角频率表示的对我们原先系统低频–3 dB 点的一阶近似估计就是极点频率的和：

$$\omega_l\approx b_1=\sum_{i=1}^{n}s_i=\omega_{l,\mathrm{est}} \tag{110}$$

在进一步分析之前，我们应当考虑判断忽略较低次项是否是合理的条件。现在考察一下这个传递函数的分母在接近我们所估计的 ω_l 处的情形。为简单起见，我们考虑一个只存在实根 s_1 和 s_2 的二次多项式。

现在，在我们估计的–3 dB 频率处，最初的分母多项式为

$$-\omega_{l,\mathrm{est}}^2+\mathrm{j}\omega_{l,\mathrm{est}}(s_1+s_2)+s_1s_2 \tag{111}$$

用所估计的–3 dB 点代入我们的表达式，得到

$$-[s_1^2+s_2^2+2s_1s_2]+\mathrm{j}[s_1^2+s_2^2+2s_1s_2]+s_1s_2 \tag{112}$$

显然，最后一项比其他各项的数值都小，因此忽略所有的项而只保留两个最高次的项几乎不会引起什么误差。最坏情形发生在这两个极点频率相等时，但即使在那种情形下误差也不是非常大。把这些理由延伸到较高次的多项式时，可以看到仅基于系数 b_1 来估计低频截止频率一般都是合理的，因为较高次项事实上在分母中居于主要地位。而且，对低频截止频率的估计是偏保守的，即实际的截止频率将几乎总是等于或低于用这种方法估计的值。

至此所做的一切表明：只要我们已知所有极点频率的和（等于 b_1），就能对带宽进行一阶估计。自然，如果我们已知极点频率，那么就能直接计算这个和。幸运的是，与在开路时间常数中的情形一样，有可能把所希望的极点频率之和 b_1 与所计算的网络参量很容易地联系起来。

因此这种方法是：考虑一个任意的线性网络，它只包含电阻、电源（相关的或独立的）及 m 个电容，然后，

（1）计算面向第 j 个电容的等效电阻 R_{js}，计算时使其余所有的电路短路（对每个电容来说，下标 s 指短路状况）；

（2）计算“短路频率” $1/(R_{js}C_j)$；

（3）把所有 m 个这样的短路频率相加。

在上述步骤（3）中得到的短路时间常数倒数之和确实等于极点频率之和 b_1，因此最终得到

$$\omega_{l,\mathrm{est}}=\sum_{j=1}^{m}\frac{1}{R_{js}C_j} \tag{113}$$

8.3.3　观察与解释

与开路时间常数方法很容易应用的理由完全相同，短路时间常数方法的应用也相当简单，即每个时间常数的计算只涉及单个电阻的计算，尽管我们同样必须注意阻抗可能会修改相关电源的电势。在任何情形下，所需要的计算量一般仍要比计算确切结果所需要的计算量小得多。

同样，这种方法最大的价值在于它能指出哪些元件限制了带宽。每一个第 j 个短路时间常数的倒数就是假定该第 j 个电容是系统中唯一的电容时该电路所具有的低频–3 dB 点。因此，短路时间常数方法即指这些具有各自局部限制的线性组合产生了对总的–3 dB 点的估计。短路时间常数的价值直接来自它能指明并近似量化局部的衰减项。

尽管前面的推导只考虑了电容，但电感也可以被融入这个方法中。然而它们的存在常常使确定哪些电抗元件确实应包括在计算中的问题变得十分复杂。

理解如何考虑电感对带宽影响的最直观方法是回想一下每个时间常数的倒数项都代表它对低频截止频率产生的局部影响，我们在每一步的计算中都把系统看成似乎第 j 个电抗元件是唯一的一个限制截止频率的元件。因此很明显，在计算相应的等效电阻时，我们把所有的电感都看成开路，然后把 R/L 频率加到各个 $1/RC$ 频率中，得到总的低频截止点的估计值。

8.3.4　短路时间常数的精度

与开路时间常数一样，截取分母多项式意味着我们必须小心，不要过分相信短路时间常数能

在所有的情形下提供对ω_l的精确估计。虽然如此，但应当很清楚短路时间常数的估计事实上对于一阶网络是完全正确的，因为这里没有舍去任何项。因此毫不奇怪，如果发现一个较高次的网络由一个极点所支配，那么短路时间常数的估计就是非常精确的（这里所指的是一个极点的频率要比所有其他极点的频率高很多）。

8.3.5 其他重要考虑

尽管短路时间常数的应用非常简单，但这里还有一两个细节值得讨论。与开路时间常数一样，一个网络中并不是所有的电容都应归入短路时间常数的计算。例如，在晶体管模型中的电容几乎从不归入这种计算。如果盲目地应用短路时间常数方法会得到莫名其妙（错误）的结果（以及一大堆多余的计算）。

这个问题很容易理解，只要回想一下我们曾假设所有的零点都在原点，并且极点的数目等于零点的数目，所以在无穷大频率处增益的极限是一条平坦线，而不是零。如果我们包含了引起高频滚降（rolloff）的所有因素（也就是开环时间常数所关心的所有问题），那么就会严重地违反这些假设。解决的办法是在应用短路时间常数方法之前对该网络进行预处理，即注意到所有限制高频增益的电容在接近 ω_l 的频率处相对于它们周围的阻抗来说都相当于开路。因此，我们只可以对低频范围合适的模型应用短路时间常数方法。

通常，哪个电容应当被忽略（考虑成开路）是很明显的，但也有些情形并不能十分确定。在这些情形中，通过一个简单的实验通常足以确定这个问题。既然短路时间常数只与那些限制低频增益的电容有关，那么移去（也就是开路）一个属于短路时间常数计算的电容将会减少低频增益。因此这个实验就是考虑在某个低频下激励这个网络，并想一下如果从该电路中去除（即开路）所考虑的电容，增益将会发生什么变化。如果增益会降低，那么这个电容就应归入短路时间常数的计算，因为我们可以从这个实验中得出该电容确实会限制低频增益的结论。如果在电容移去后增益没有变化（或甚至增加），那么这个电容就应当被开路并且不参与计算。还是与开路时间常数一样，我们常常不费笔墨就可以得出这个必要的结论。

为了强调这些问题，让我们考虑一个具体例子，即共源-共栅放大器。正如从图 8.7 中可以看到的那样，这里有三个电容。输入耦合电容 C_{in} 去除了输入信号中的任何直流（DC）成分以免影响放大器的偏置；源端旁路电容 C_E 用来在所有信号频率下使 M_1 的源端短接至地，以恢复由于源端负反馈电阻引起的增益损失；偏置旁路电容 C_b 保证了在高频下 M_2 的栅为交流接地，以保持开路时间常数和比较小。

让我们利用所设想的实验方法来推断出这三个电容中哪一个应归入短路时间常数的计算。从 C_{in} 开始，我们注意到如果把它从电路中去除，那么低频增益确实会降低（事实上变为零），因此它应归入计算中。同样，C_E 也应归入计算中，因为移去它也会降低低频增益。

那么 C_b 又如何呢？如果把它从电路中去除，低频增益会发生什么变化呢？回答可以极其简单，也可以高深莫测，这取决于你如何回答这个问题。回答这个问题最简单的方法是注意到 M_1 是把输入电压转变成交流漏极电流的器件；M_2 所做的一切就是接受这个电流并把它传送到输出负载电阻中，因此 M_2 的栅是否交流接地是没有关系的。由于把 C_b 移去从根本上不会对低频增益产生任何影响，因此 C_b 将不归入这个计算中。

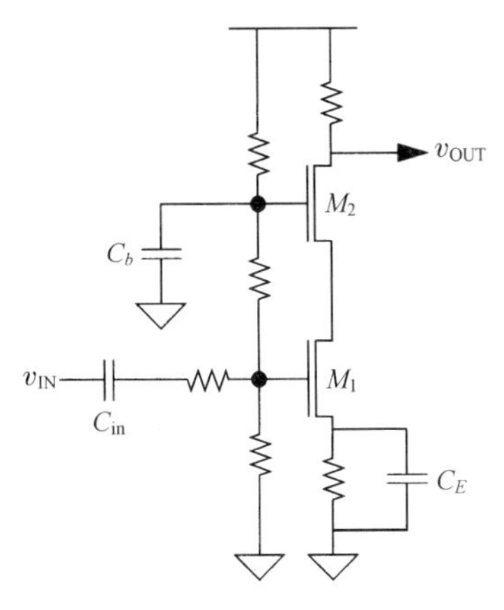

图 8.7　共源-共栅放大器

必须强调的是：不能太盲目地应用这种方法。事实上，最早对这种方法的一个说明就错误地包含了 C_b。[①]

值得注意的最后一个问题是，各个短路时间常数的倒数与极点频率之间的关系。我们已经确定（再次说明，没有正式证明）这两类频率各自的和彼此相等。因此正如开路时间常数一样，我们一定不要试图使每个短路时间常数的倒数等于一个相应的极点频率。由于短路时间常数的数目与极点的数目可以不相等，因此我们一般不能指望每个短路时间常数等于一个极点的时间常数。

8.3.6　小结与结论

我们已经看到短路时间常数方法与它的对偶（即开路时间常数方法）有许多共同的优点和缺点。它是一个非常有价值的设计放大器的工具，因为它能指出电路中发生问题的地方。由于通过适度的努力就可以得到很多的深刻见解，因此我们一般都不在乎它在定量估计方面的局限，如在估计低频截止点时非常保守的特点。只要针对适合于低频情形的模型仔细运用这个方法，就能确保得到合理的结果。

我们可以得出这样的结论：短路时间常数方法可以帮助我们设计电路，从而满足给定的对低频截止频率的要求。尽管这种方法有定量方面的缺点，但它所提供的有价值的直觉知识及节省的人工成本则足以弥补这一点。

8.4　补充读物

关于开路时间常数和与极点时间常数和相等的证明，见 P. E. Gray and C. L. Searle, *Electronic Principles*, Wiley, New York, 1969, pp.531-5。

此外，这部分工作已扩展到可以确切计算一个网络的所有极点。它涉及计算开路和短路时间常数的所有交叉乘积，从而可以求出传递函数中分母 s 所有幂的系数。这个方法最初由 B. L. Cochrun 及 A. Grabel 提出，然后经 S. Rosenstark 简化，但它很费时，所以大多数工程师往往不用它而采用某种模拟的方法。然而，它有时也被证明是很有用的（特别是如果你选择编写自己的程序以使这一过程自动化时）。若想了解更多的信息，可以参考 Cochrun 及 Grabel 的论文，即“A

① P. E. Gray and C. L. Searle, *Electronic Principles*, Wiley, New York, 1969, pp.542-6。

Method for the Determination of the Transfer Function of Electronic Circuits”（*IEEE Trans. Circuit Theory*, v.20, no. 1, January 1973, pp. 16-20），以及 Rosenstark 的著作，即 *Feedback Amplifier Principles*（Macmillan, New York, 1986, pp. 67-77）。

8.5 上升时间、延时及带宽

8.5.1 引言

开路时间常数方法使我们可以根据局部的 RC 乘积估计总的带宽。在本节中，我们将介绍几种根据时域参数估计带宽的方法。在这一方面，我们时常会遇到各种估计规则，如“带宽与上升时间相乘等于 2.2”“上升时间按平方相加”或者“低买高卖”。然而通常情况下，这些规则并不完全可靠。为了确定这些估计方法何时成立，我们现在来看看它们的正式推导。

下面开始推导的一个规则看起来是微不足道、显而易见和没有关系的，即一个级联系统的总延时是各个延时的和。从这里开始的理由是为了引入一些应用面很广的解析方法和见解。

我们还是像以往那样不必担心太多的数学细节，这里提供的推导只是为了完整起见。主要对这些关系的应用感兴趣的读者可以跳过中间的数学推导而只关注所得的结果。

8.5.2 级联系统的延时

我们将看到许多分析上的优点来自用脉冲响应矩定义延时（以及后面要说明的上升时间）。如从图 8.8 中看到的那样，一种延时的度量是脉冲响应达到它的“质心”所需要的时间，也就是它的一次矩的归一化值：

$$T_D \equiv \frac{\int_{-\infty}^{\infty} th(t)\,\mathrm{d}t}{\int_{-\infty}^{\infty} h(t)\,\mathrm{d}t} \tag{114}$$

这个量在某些文献中也称为 Elmore 延时，这是因为 Elmore 首先运用了这个以“矩”为基础的方法。[①]

这一度量延时的特殊方法得到了许多应用，这是因为它很容易与许多傅里叶变换的恒等式联系起来，这使我们可以利用线性系统理论的全部特性。具体来说，一阶矩为

$$\int_{-\infty}^{\infty} th(t)\,\mathrm{d}t = -\frac{1}{\mathrm{j}2\pi}\frac{\mathrm{d}}{\mathrm{d}f}H(f)\bigg|_{f=0} \tag{115}$$

归一化的因子就是 DC 增益：

$$\int_{-\infty}^{\infty} h(t)\,\mathrm{d}t = H(0) \tag{116}$$

所以，

$$T_D \equiv \frac{\int_{-\infty}^{\infty} th(t)\,\mathrm{d}t}{\int_{-\infty}^{\infty} h(t)\,\mathrm{d}t} = -\frac{1}{\mathrm{j}2\pi H(0)}\frac{\mathrm{d}}{\mathrm{d}f}H(f)\bigg|_{f=0} \tag{117}$$

利用这个定义，我们发现单极点低通系统的 Elmore 延时就是极点时间常数 τ。

① W. C. Elmore, “The Transient Response of Damped Linear Networks with Particular Regard to Wideband Amplifiers,” *J. Appl. Phys.*, v. 19, January 1948, pp. 55-63。

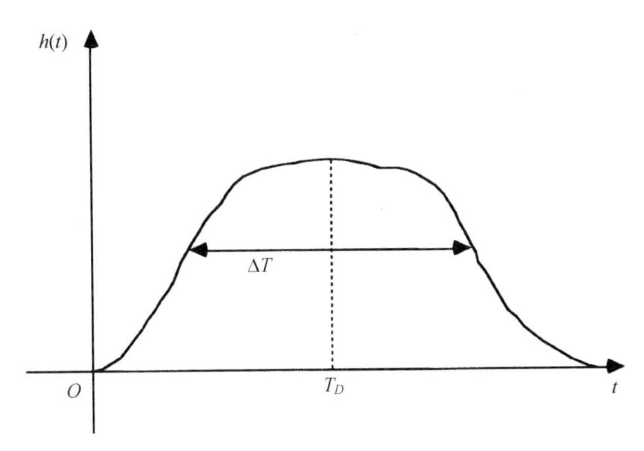

图 8.8　示意性的脉冲响应

既然 Monsieur Fourier 帮助了我们，为我们提供了完全用傅里叶变换表示的延时的定义，那么这一推导就变得十分容易了。具体来说，考虑两个系统，它们的脉冲响应为 $h_1(t)$ 和 $h_2(t)$，相应的傅里叶变换为 $H_1(f)$和 $H_2(f)$。由基本的线性系统理论，我们得知这两个系统串接起来的傅里叶变换就是它们各自变换的乘积，所以 $H_{tot}=H_1 H_2$。因此总的延时为

$$T_{D,\text{tot}} = -\frac{1}{\text{j}2\pi H_1(0)H_2(0)}\frac{\text{d}}{\text{d}f}H_1H_2\bigg|_{f=0} \tag{118}$$

它可以展开为

$$T_{D,\text{tot}} = -\frac{1}{\text{j}2\pi H_1(0)H_2(0)}\left[H_2(0)\frac{\text{d}H_1}{\text{d}f}\bigg|_{f=0} + H_1(0)\frac{\text{d}H_2}{\text{d}f}\bigg|_{f=0}\right] \tag{119}$$

由此我们立即注意到

$$T_{D,\text{tot}} = T_{D1} + T_{D2} \tag{120}$$

这就是我们要证明的。

可以看到，采用这一特殊的延时定义，使我们得到了直观上满意的结果，即一个级联系统的总延时就是各个延时的和。

8.5.3　级联系统的上升时间

推导上升时间相加的规则有些难度。特别是基于传统的 10%～90%的上升时间定义来推导几乎肯定是要失败的，因为这样的分析会遇到要把不同时间常数的指数组合起来的困难。由于如何度量上升时间总是可以人为确定的，因此我们也可以寻找另一种（但仍然是人为的）上升时间的定义，使分析易于进行。

正如采用脉冲响应的一次矩来定义延时那样，我们发现二次矩在定义上升时间时也是很有用的。再次参照图 8.8，我们注意到ΔT 这个量是脉冲响应时间间隔的度量，并且因此也是阶跃响应上升时间的度量（因为阶跃响应是脉冲响应的积分）。特别是ΔT 是关于 $h(t)$ “质心”（T_D）的 “回转半径” 的两倍。回想一下在大学一年级微积分课程中了解的一些关系，可以得到

$$\left(\frac{\Delta T}{2}\right)^2 \equiv \left[\frac{\int_{-\infty}^{\infty} t^2 h(t)\,\mathrm{d}t}{\int_{-\infty}^{\infty} h(t)\,\mathrm{d}t} - (T_D)^2\right] \tag{121}$$

这个定义再次可以利用傅里叶变换恒等式，特别是

$$\int_{-\infty}^{\infty} t^2 h(t)\,\mathrm{d}t = -\frac{1}{(2\pi)^2}\frac{\mathrm{d}^2}{\mathrm{d}f^2}H(f)\bigg|_{f=0} \tag{122}$$

所以，

$$\begin{aligned} t_{\text{rise}}^2 &= (\Delta T)^2 \\ &= 4\left[\frac{-\dfrac{1}{(2\pi)^2}\dfrac{\mathrm{d}^2}{\mathrm{d}f^2}H(f)\bigg|_{f=0}}{H(0)} - \left(-\frac{1}{\mathrm{j}\,2\pi H(0)}\frac{\mathrm{d}}{\mathrm{d}f}H(f)\bigg|_{f=0}\right)^2\right] \end{aligned} \tag{123}$$

我们在这里利用了 8.5.2 节中推导的延时公式。

经简化，可以得到

$$t_{\text{rise}}^2 = \frac{4}{(2\pi)^2 H(0)}\left[-\frac{\mathrm{d}^2}{\mathrm{d}f^2}H(f)\bigg|_{f=0} - \frac{1}{H(0)}\left(\frac{\mathrm{d}}{\mathrm{d}f}H(f)\bigg|_{f=0}\right)^2\right] \tag{124}$$

而单极点低通系统的 Elmore 上升时间为 2τ。

与在 8.5.2 节中一样，我们现在考虑两个系统，每个系统都有自己的上升时间，因此，

$$\begin{aligned} t_{\text{rise, tot}}^2 = \frac{4}{(2\pi)^2 H_1(0)H_2(0)}\Bigg[&-\frac{\mathrm{d}^2}{\mathrm{d}f^2}H_1H_2\bigg|_{f=0} \\ &- \frac{1}{H_1(0)H_2(0)}\left(\frac{\mathrm{d}}{\mathrm{d}f}H_1H_2\bigg|_{f=0}\right)^2\Bigg] \end{aligned} \tag{125}$$

在经过一些代数运算之后，上式最终得到了所期望的结果：

$$t_{\text{rise, tot}}^2 = t_{\text{rise1}}^2 + t_{\text{rise2}}^2 \tag{126}$$

于是我们看到把各个上升时间的平方线性相加就得到了总的上升时间的平方。换一种说法就是，各个上升时间是以“平方-相加-开方”的方式相加在一起得到总的上升时间的：

$$t_{\text{rise, tot}} = \sqrt{t_{\text{rise1}}^2 + t_{\text{rise2}}^2} \tag{127}$$

既然我们已推导出了这些结果，因此应当花些时间讨论一下在什么情况下以上这些公式对延时或上升时间的估计可能会得到不令人满意的结果。特别是如果 $h(t)$的积分接近零时所计算的延时和上升时间会是什么。这种情形是有可能发生的，例如 $h(t)$在零附近多多少少均匀振荡的时候。由于 $h(t)$的积分是作为延时和上升时间表达式分母中的归一化因子，因此有可能导致这些量的值不合适。

为了解决这个困难，建议可以修改一下上述的定义，使延时和上升时间取决于$h(t)$平方（或绝对值）的矩。证明这样的修改会导致极不合意的表达式，其使用和解释起来都很麻烦。因此在这里介绍的简单表达式应理解为最好应用在脉冲响应是单极性的（或者等同的说法是当响应是单调

的）时候。如果各个系统都满足这个要求，那么这里推导出的关系能成立。离开阶跃响应单调的情况越远，运用这些公式就越不合适。

8.5.4　上升时间相加规则的一个（简单）应用

除了使我们可以预测一个串级系统的上升时间，上升时间相加的规则还可以用来扩展测量仪器的使用极限。例如，考虑测量一个带宽与测量仪器大致相同的系统的上升时间。具体来说，假设一个示波器的上升时间为 5 ns，它显示出被测系统的上升时间为 6 ns。利用上升时间相加的规则，我们可以得出这个系统真正的上升时间约为3.3　ns，从而避免了我们要用更快的仪器进行这一测量所引起的麻烦和花费。

8.5.5　带宽–上升时间之间的关系

首先考虑一下导致这个关系的近似估计规则：

$$\omega_{-3\,\mathrm{dB}} t_{\mathrm{rise}} \approx 2.2 \tag{128}$$

式中，$\omega_{-3\,\mathrm{dB}}$是–3 dB 带宽，单位为 rad/s，t_{rise}是阶跃响应 10%～90%的上升时间。

上式的规则来自何处？考虑一下我们已非常熟悉的图 8.9 所示的低通滤波器。给定单位电压阶跃响应的公式，可以很容易地计算 10%～90%的上升时间：

$$t_{\mathrm{rise}} = RC \ln\left(\frac{0.9}{0.1}\right) \approx 2.2RC \tag{129}$$

注意，这个值比前面计算的 Elmore 上升时间约大 10%。

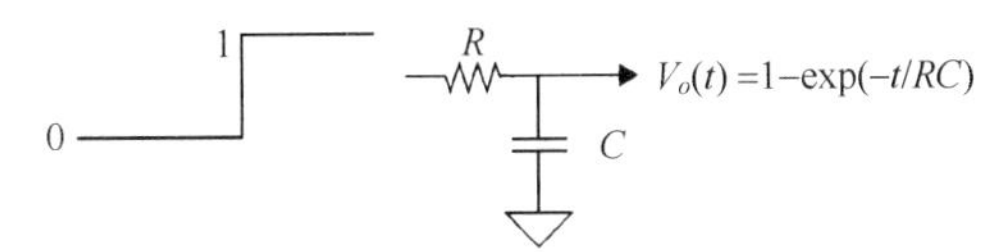

图 8.9　RC 低通滤波器及阶跃响应

除了上升时间，我们已知–3 dB 带宽（rad/s）就是 1/*RC*。因此，带宽–上升时间乘积事实上大约为 2.2，正如以上规则所说。

由于这是从一阶系统的情形中推导出来的，那么我们是否应当期望该规则一般也可以适用于任意阶的系统呢？让我们来看几个其他的情形。例如考虑一个两个极点系统的阶跃响应：

$$V_o(t) = 1 - \frac{1}{\sqrt{1-\zeta^2}} \mathrm{e}^{-\zeta\omega_n t} \sin\left(\sqrt{1-\zeta^2}\,\omega_n t + \Phi\right) \tag{130}$$

式中，

$$\Phi = \arctan\left[\frac{\sqrt{1-\zeta^2}}{\zeta}\right] \tag{131}$$

这个系统的–3 dB 带宽由下式给出：

$$\omega_h = \omega_n\left(1 - 2\zeta^2 + \sqrt{2 - 4\zeta^2 + 4\zeta^4}\right)^{1/2} \tag{132}$$

让我们利用这些公式来说明改变 ζ 时会发生什么。对于衰减系数为零的极端情况，上升时间

和带宽为

$$t_r\big|_{\zeta=0} = \frac{1}{\omega_n}[\arcsin 0.9 - \arcsin 0.1] \approx \frac{1.02}{\omega_n} \tag{133}$$

$$\omega_h\big|_{\zeta=0} \approx 1.55\omega_n \tag{134}$$

所以相应的带宽-上升时间乘积为

$$\omega_h t_r\big|_{\zeta=0} \approx 1.6 \tag{135}$$

或大约是一阶系统情形中得到的值的 72%。

对于一个衰减足够充分的系统，我们可以期望它与一阶系统的结果非常接近。作为一个具体例子，如果假设$\zeta = 1/\sqrt{2}$，那么上升时间和带宽为

$$t_r\big|_{\zeta=1/\sqrt{2}} \approx \frac{2.14}{\omega_n} \tag{136}$$

及

$$\omega_h\big|_{\zeta=1/\sqrt{2}} = \omega_n \tag{137}$$

所以，

$$\omega_h t_r\big|_{\zeta=1/\sqrt{2}} \approx 2.14 \tag{138}$$

或者说这个值在一阶系统结果的很小的百分比误差范围内。注意，单极点系统带宽和 Elmore 上升时间的乘积为 2.0。

一般来说，如果系统衰减得很充分（或者更为确切地说，如果脉冲响应是单极点的因而阶跃响应是单调的，其理由与以矩为基础的上升时间和延时表达式中的理由相同），那么带宽-上升时间乘积的范围将在 2 和 2.2 之间；如果系统衰减得不充分，那么这个乘积就会减小。然而甚至在完全不衰减的情形中，我们也已经看到带宽-上升时间乘积仍然没有偏离太多。

由于具有实际意义的大多数系统一般都衰减得比较充分，因此我们可以期望它们的带宽-上升时间乘积大约为 2.2。这样，对于阶跃响应上升时间的度量，常常是一种可以得到带宽的合理精确估计的方便方法：即只需要进行一个实验，而阶跃输入常常比正弦波更容易产生。[①]

8.5.6 开路时间常数、上升时间相加及带宽缩小

正如我们已经讲到的那样，带宽-上升时间乘积大致是一个常数（至少对于“特性较好”的系统是如此）。此外，级联系统的上升时间是以平方-相加-开方的方式增加的。由这两个关系可以推导出带宽缩小定律。我们建议把这里推导的结果与第 9 章推导的带宽缩小定律进行比较。

考虑 N 个相同的放大器串联，每个放大器为单极点且时间常数为 τ。把上升时间相加的规则与带宽-上升时间的关系联合在一起得到

$$\mathrm{BW} \approx \frac{1}{\sqrt{\sum_1^N \tau^2}} = \frac{1}{\tau\sqrt{N}} \tag{139}$$

① 总之在低频时是这样。

将这一近似结果与以下比较确切（但仍然是近似）的关系（见第 9 章）进行比较：

$$\mathrm{BW} \approx \frac{\sqrt{\ln 2}}{\tau\sqrt{N}} \approx \frac{0.833}{\tau\sqrt{N}} \tag{140}$$

正如可以看到的那样，它们与 N 的函数关系是相同的，这两个公式的差别仅在于二者差一个比较小的乘数因子。[①]

注意，利用开路时间常数方法可能会预估到非常不同的结果。由于在这一方法中等效的时间常数是通过把各个时间常数相加求得的，因此开路时间常数估计的带宽为

$$\mathrm{BW} \approx \frac{1}{\tau N} \tag{141}$$

可见其中的差别还是很大的，而且也再次强调了如果不是单个极点支配传递函数，那么采用开路时间常数可能会得到极为保守的带宽估计。

8.6　小结

开路和短路时间常数的方法使我们几乎通过对网络进行观察就能够很快地估计出高端和低端的-3 dB 频率。只要电路能很好地满足假设条件，这两个方法可以产生合理精确的结果。然而，更为重要的是它们提供了有关设计的有价值的见解。

估计带宽的另一种方法是测量上升时间。我们已经看到脉冲响应的各次矩使我们可以利用线性系统理论的功能来显示延时为线性相加，而上升时间则以平方-相加-开方的方式相加，而且我们也已经看到带宽-上升时间乘积大致是一个常数且近似地等于 2.2。对于所有这些关系，当阶跃响应是单调的时候精度最高。也就是说，只要阶跃响应的过冲和/或振荡可以忽略，那么这里推导的结果就能成立。如果这些条件不能很好地满足，那么所有这些结果就不适用了。因此，千万不要误以为这些近似估计的规则是确切的和到处可以应用的。

只要我们注意，那么当这些必要条件能很好地满足时（常常是这样，但并不总是这样），我们就可以利用这些关系显著地扩展仪器的测量范围，或者根据时域测量的结果来定量地推断出有关频域的特性（反之亦然）。

习题

[第 1 题]　考虑一个实际的差分放大器，已知它的所有极点均为纯实数。测量的差分增益带宽为 ω_h，并且放大器的响应非常像是一个单极点系统，但直接应用开路时间常数方法得到的估计在低频端大约差两倍。指出出现问题的可能原因并说明如何解决。

[第 2 题]　本章曾断言对于一个全部是极点且所有极点都是实数的系统，其开路时间常数总是偏保守的。试证明之。

[第 3 题]　人们也许会感到奇怪：一个单极点的 RC 模型怎样可以甚至非常恰当地描述了任何实际的高阶系统。为了回答这个问题的一个方面，对于任意的 n，运用开路时间常数推导图 8.10 所示 RC 网络的估计带宽。

① 应当指出，在 Elmore 及 10%～90%的上升时间之间存在的差别是 Elmore 有些低估了 10%～90%的上升时间的增加。对于完全相同的各级的串联，一个较好的估计为 $1.1\sqrt{n}$ 。

（a）当 n 趋于无穷时，这个网络的估计带宽是多少？提示：知道前 n 个整数的和为 $n(n+1)/2$ 也许对你会有所帮助。

（b）对于 $n=4$ 的特定情形，比较开路时间常数的带宽估计及 SPICE 模拟的结果。

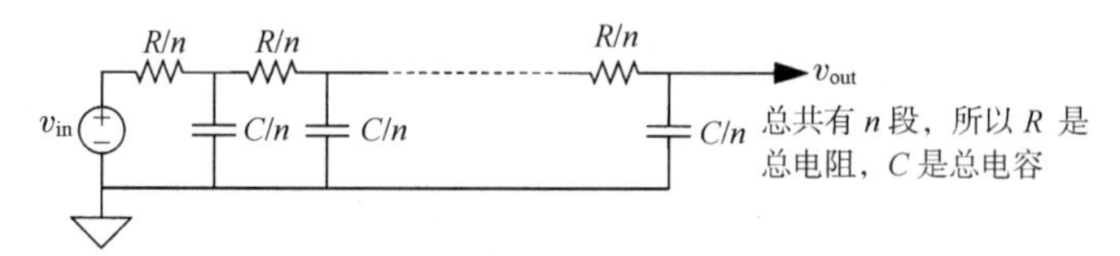

图 8.10　RC 网络

[第 4 题]　运用开路时间常数估计一个高通单极点 RC 网络的带宽，并将它与观察实际传递函数所得到的解析值进行比较。当然，这个估计总体上是有误差的，解释为什么。

[第 5 题]　推导下述规则：漏-栅电容的等效开路电阻可以用易于记忆的公式表示为“$r_{\text{left}}+r_{\text{right}}+g_{m,\text{eff}}\,r_{\text{left}}\,r_{\text{right}}$”，这里，$g_{m,\text{eff}}$ 是短路漏极电流与栅极电压（不是栅-源电压）的比。在这种情形下，无论采用测试电压还是采用测试电流，都不是最好的选择。然而，采用测试电流不要求有太多的代数运算。

[第 6 题]　推导面向 C_{gs} 的开路电阻的表达式。假设在栅和源的支路中都存在电阻，但是可以忽略连接漏至栅的任何电阻。

[第 7 题]　由于在带宽和上升时间之间存在关联，因此开路时间常数方法似乎提供了一种方法来估计上升时间。反过来，如果已知上升时间，我们也可以估计带宽。

具体来说，考虑 n 个放大器串联，每个放大器只有一个极点，它的时间常数为 τ。假设每个放大器具有无穷大的输入阻抗和零输出阻抗。

（a）运用开路时间常数估计总的带宽，然后通过带宽估计 10 %～90%的上升时间。

（b）利用上升时间相加规则估计总的上升时间，然后利用这个估计来估计带宽。将你的答案与（a）的结果进行比较并给出评论。

（c）对于 $n=5$ 和 $\tau=1$ s 的具体情形，利用 SPICE 求出确切的上升时间和带宽。将模拟结果与前面的答案进行比较。对于开路时间常数估计上升时间的精度，你的结论是什么？如果时间常数各不相同，那么这个问题的答案会怎样变化？特别是如果其中一个时间常数占支配地位（即比其他时间常数大许多）时会怎样？

[第 8 题]　本章中曾提到在计算一个共源-共栅器件的短路时间常数时包括栅极旁路电容是不正确的。通过正式推导图 8.11 中共栅放大器的电流传递函数来明确说明原因。在推导中可以忽略所有的寄生电抗。

（a）实际的传递函数是什么？画出数值和相位的波特图。

（b）根据传递函数，解释为什么栅极旁路电容的值对于决定低频转折点来说本质上没有什么关系。

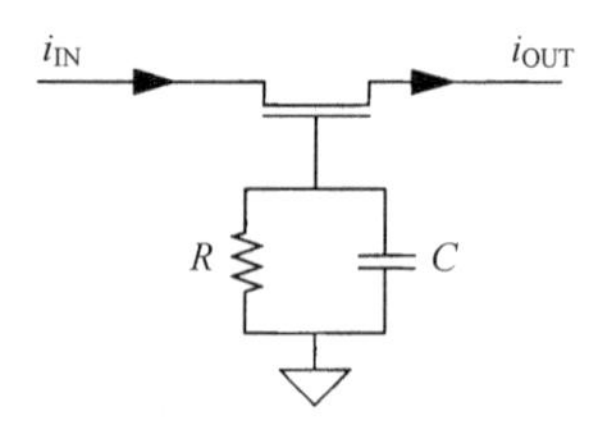

图 8.11　用于计算短路时间常数的共栅放大器

[第 9 题]　我们已经看到反馈可以在很大程度上改变电阻（例如米勒效应），特别是在一个器件的内部。自然，这个性质几乎不是一个局部的现象。为了强调这一点，计算图 8.12 所示电路中面向电容的电阻。这里输入信号 v_{IN} 包括一个直流（DC）偏置及一个增量（交流）信号。

（a）推导面向这个电容的电阻表达式。

（b）如果电容太小，电路会怎样？

（c）如果所有的电阻都是 10 kΩ而 G 为 10^4，要求电容为何值时才能使低频转折点为 20 Hz？这个电容值是否与集成电路实现时的值相一致？

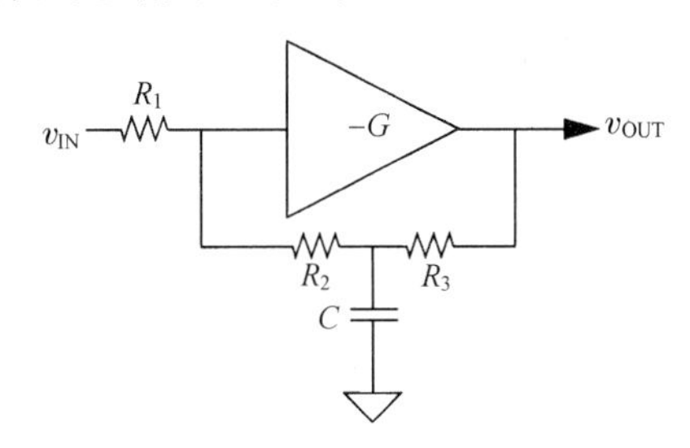

图 8.12　用于计算电阻的反馈偏置放大器

[第 10 题]　“超级缓冲器”已被建议用来提升一个跟随器的栅-漏电容以提高带宽。为了明确地显示这个作用，推导图 8.13 所示电路的开路时间常数的表达式。你可以忽略体效应及所有的寄生电阻。

将你的推导与把 M_2 和 I_2 移去后得到的时间常数和进行比较。讨论什么情形下使用超级缓冲器是有好处的。

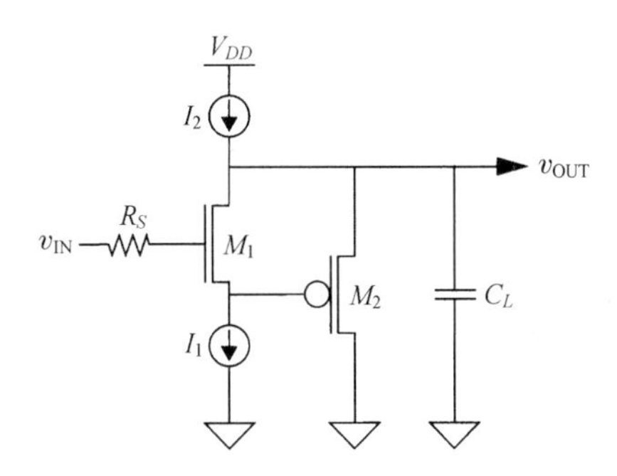

图 8.13　用于计算开路时间常数的超级缓冲器

第 9 章　高频放大器设计

9.1　引言

高频放大器设计比低频设计需要更细致的考虑。当接近器件本身固有的极限时，我们只有更努力才能达到所要求的性能。同时，总是存在的寄生电容和电感的影响也会严重限制所能达到的性能。

在低频区域，开路时间常数方法在设计高带宽的放大器时提供了功能很强的直观帮助。可惜的是，由于把注意力集中在使各个 *RC* 乘积最小上，因此我们只能在较窄的一组选择范围内改善带宽。例如，我们可以选择使增益分配在各级之间或改变偏置点，所有这些都是为了试图减小等效电阻。这些办法通常会增加功耗或复杂性，并且在接近带宽极限时，这样的增加会提高成本。在另外一些情形中，开路时间常数方法也许会错误地预见所希望的目标根本不可能达到。

重新考察一下开路时间常数方法所基于的假设，使我们可以找到存在其他选择的线索。正如我们已经讲到的，这种方法只是在系统仅由一个极点占支配地位时才能很好地估计带宽。在其他情形中，随着极点数目的增加或者衰减系数的增大，这种方法会产生越来越保守的估计。此外，如果在通带中存在零点，那么开路时间常数方法可能在总体上低估带宽。这些观察意味着增加带宽的其他方法也许就是要小心地突破开路时间常数方法所依赖的那些条件。

按照这一设想，我们可以得到许多极为有用的扩展带宽的方法。我们将考虑如果有目的地把零点或复数极点对引入传递函数中，或者小心地构造一个高阶系统将会发生什么情况。我们也将考虑设计窄带放大器。正如我们将要讲到的那样，如果只是限制在以某个额定工作频率为中心的窄带范围内，那么就可以相当容易地获取增益。

我们将就设计具有大的增益-带宽积的放大器的一般考虑得出结论。我们将发现通常相信增益和带宽必须线性交换的想法是错误的。相反，有可能构造能够更有效地用增益换取延时的网络，这使我们可以很灵活地设计具有大的增益-带宽积的放大器。

我们将从分析简单的例子（即并联补偿放大器）开始，这个放大器的特性很难用开路时间常数方法很好地预测。

9.2　利用零点增大带宽

9.2.1　并联补偿放大器

追溯到 20 世纪 30 年代开发电视的时候，一个关键的问题是设计在 4 MHz 视频带宽上具有比较平坦响应的放大器。尽管在今天得到这种带宽似乎是不值一提的，但就当时所能提供的器件而言，这确实是一个挑战。使事情变得更困难的是：这个放大器还必须足够便宜，从而可以用在大众消费市场的产品中，所以真空管的数目必须绝对地少。

满足这种高带宽、低成本要求的一种技术就是所谓的并联补偿，它直到 20 世纪 70 年代还曾用在无数的电视机中。一个并联补偿放大器的基本电路画在图 9.1 中。这个放大器是一个标准的共源放大器，但增加了电感。

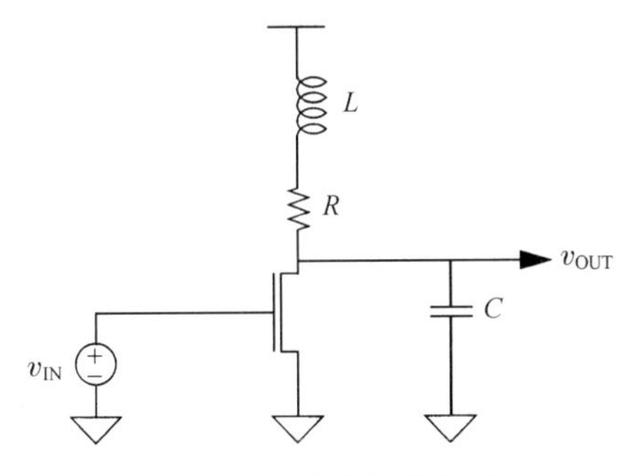

图 9.1　并联补偿放大器

如果假设晶体管是理想的，那么控制带宽的几个因素就是 R、L 和 C。电容 C 可以看成代表输出节点上的所有负载，包括后续一级的负载效应（例如来源于另一个晶体管的输入电容）；电阻 R 是该节点上的等效负载电阻；电感则用来提高带宽，这正是我们现在就要说明的。

按照我们的假设，可以把这个放大器建模成如图 9.2 所示的小信号模型。由这个模型可以清楚地看到它的传递函数 v_{out}/i_{in} 就是 RLC 网络的阻抗，所以它应当很容易分析。然而在开始细节推导之前，让我们先想一下为什么以这种方式增加一个电感就可以扩展带宽。

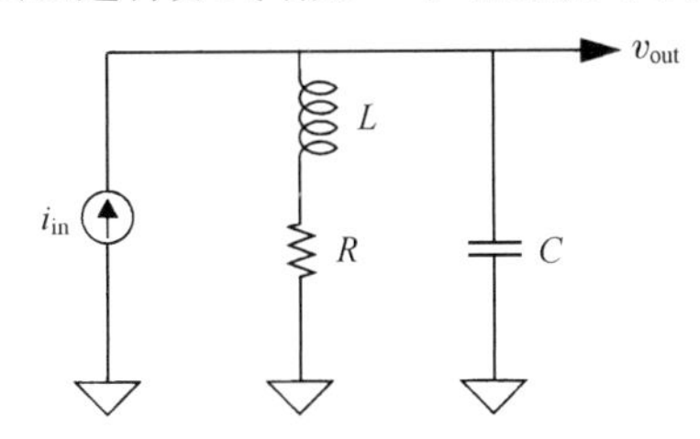

图 9.2　并联补偿放大器的模型

首先我们知道，纯电阻性负载共源放大器的增益正比于 $g_m R_L$，我们也知道当加入一个电容负载时，随着频率的增加，增益最终会下降，这是因为电容阻抗会减小的缘故。加入一个电感与负载电阻串联提供了一个阻抗随频率增加的元件（也就是说，它引入了一个零点），这有助于补偿电容阻抗的减小，从而比起原先的 RC 网络来说，可以使总的阻抗在一个较宽的频率范围内大致保持不变。

通过考虑阶跃响应可以对此进行等同的时域解释。电感延迟了通过含有电阻的分支的电流，使更多的电流可以用来对电容充电，从而减少了上升时间。因此对于较快的上升时间意味着较大带宽而言，合适地选择电感可以增加带宽。

RLC 网络的阻抗可以写成如下的公式：

$$Z(s) = (sL + R) \parallel \frac{1}{sC} = \frac{R[s(L/R) + 1]}{s^2 LC + sRC + 1} \tag{1}$$

除了一个零点，上式还有两个极点（有可能是复数），这显然不符合开路时间常数方法的条件。

由于该放大器的增益是 g_m 和 $Z(s)$数值的积，现在让我们来计算后者与频率之间的函数关系：

$$|Z(\mathrm{j}\omega)| = R\sqrt{\frac{(\omega L/R)^2+1}{(1-\omega^2 LC)^2+(\omega RC)^2}} \tag{2}$$

我们注意到，不同于简单 RC 电路的情形，上式的分子中有一项（来源于零点）是随频率的增加而增加的。而且在分母中$1-\omega^2 LC$这一项对于低于 LC 谐振的频率也会使$|Z|$增加。这两项同时扩展了频宽。

可惜的是，上面最后一个公式对设计几乎并不像对分析那样有用，例如并没有明确的指南告诉我们如何根据给定的 R 和 C 来选择 L。正如将要说明的那样，这里并没有一个“最优”的电感值，但我们可以附加一两个人为的（但仍然是合理的）要求，使可能的电感值范围减小。

为了便于以下的推导，我们引入一个因子 m，它定义为两个时间常数 RC 和 L/R 之比：

$$m = \frac{RC}{L/R} \tag{3}$$

于是传递函数变为

$$Z(s) = (sL+R) \parallel \frac{1}{sC} = \frac{R(\tau s+1)}{s^2\tau^2 m + s\tau m + 1} \tag{4}$$

式中，$\tau = L/R$。

因此归一至 DC 值（等于 R）的与频率有关的阻抗数值为

$$\frac{|Z(\mathrm{j}\omega)|}{R} = \sqrt{\frac{(\omega\tau)^2+1}{(1-\omega^2\tau^2 m)^2+(\omega\tau m)^2}} \tag{5}$$

所以，

$$\frac{\omega}{\omega_1} = \sqrt{\left(-\frac{m^2}{2}+m+1\right)+\sqrt{\left(-\frac{m^2}{2}+m+1\right)^2+m^2}} \tag{6}$$

式中，ω_1是未经补偿的–3 dB 频率（等于 $1/RC$）。

于是问题就变为选择一个 m 值，使我们能够得到某些所希望的特性。使带宽最大显然是一种可能性。经过一定程度的努力，我们发现这个最大值发生在如下的 m 值处：

$$m = \sqrt{2} \approx 1.41 \tag{7}$$

上式使带宽扩展为没有补偿时带宽的 1.85 倍。任何曾努力去满足难以实现的带宽要求的人都会体会到，通过只增加一个电感使带宽几乎翻倍而不增加任何功耗是一件很成功的事。

然而，遗憾的是，m 的这一选择几乎使频率响应具有 20%的峰值，人们常常不希望这个值有那么高。为了使峰值适中，我们可以通过增加 m 去寻找带宽，但不是去寻找带宽的绝对最大值。一个特定的选择就是使在频率等于未补偿带宽时阻抗的值等于R。求解这个条件得到 m 值等于 2，此时相应的带宽为

$$\omega = \omega_1\sqrt{1+\sqrt{5}} \approx 1.8\omega_1 \tag{8}$$

因此，在这种情形下带宽仍然非常接近最大值。进一步的计算表明频率响应峰值被显著地减小到大约 3%。

得到这个结果的这种人为选择常被采用，因为它显著地提高了带宽而不产生过多的频率响应峰值。然而，在许多其他情形中人们希望频率响应完全不出现峰值，因此也许可以寻找一个 m 值使带宽最大且满足没有任何峰值的限制。

得到这样最大平坦响应的条件可以通过以下的一般方法来发现：先建立频率响应数值（或常常更为方便的是数值平方）的表达式，然后使在 DC 时数值为零的导数数目最多。

手工地采用这种方法常常是非常费工的（iabor-intensive），但在这个具体例子中，直接计算表明 m 的数值为

$$m = 1 + \sqrt{2} \approx 2.41 \tag{9}$$

上式使带宽大约为没有峰值时的 1.72 倍。因此，至少对于并联补偿放大器，可以同时得到最大平坦响应及显著扩展的带宽。

在其他情形中，也许是对放大器的时域响应而不是它的频域响应提出要求。具有实际意义的一个例子是示波器的偏转放大器，它的时域响应（例如是用阶跃或脉冲响应来表示的）必须“有很好的特性”。也就是说，我们不仅要求在一个实际尽可能大的带宽上均匀地放大信号的各个频谱成分，而且其傅里叶分量之间的相位关系也必须保持不变。如果各个频谱成分并不经历相同的延时（用绝对时间而不是用角度来度量），那么可能的严重波形失真就会发生。这样的“相位失真”是有害的，因为它能在数字系统中引起误码或者对像示波器这样的模拟信号仪器的失真度产生明显的负面影响。

为了使这一类失真定量化，首先考虑一个纯延时的相位特性。如果所有的频率都延迟一个相同数量的时间，那么当频率增加时这一固定数量的延时必然代表线性增加的相移量。如果与这个理想线性相移的偏差最小，那么相位失真也将最小。

因此很明显，我们希望考察延时与频率的关系。如果这个延时对于所有的频率都相同，那么将不会有任何相位失真（相位失真不同于任何有限频带放大器提供的常见滤波使波形发生的变化）。这个延时可以用公式表示如下：

$$T_D(\omega) \equiv -\frac{\mathrm{d}\phi}{\mathrm{d}\omega} \tag{10}$$

式中，ϕ 是频率为 ω 时放大器的相移。

遗憾的是，一个有限阶次的网络不可能在一个无限大的带宽上提供常数的延时，这是因为最终要求有无限的相移而极点和零点只能产生有限的相移。因此我们实际上所能做的就是在某个有限的带宽上提供近似的常数延时。

与频率响应的情形类似，可以看到如果我们使在 DC 时为零的导数 $T_D(\omega)$ 的数目最多，那么就可以得到最大平坦延时。这里需要再次说明这个方法是具有一般性的。

由于极点和零点的相移表达式中涉及反正切函数，因此计算相关的导数比起计算复数模的情形一般要更麻烦些。即便对于仅仅是二阶的并联补偿放大器，计算的工作量也是极大的。然而最终可以推导出以下有关 m 的三次方程（采用计算工具有很大的帮助）：

$$m^3 - 3m^2 - 1 = 0 \tag{11}$$

其相关的根为

$$m = 1 + \left[\frac{3+\sqrt{5}}{2}\right]^{1/3} + \left[\frac{3-\sqrt{5}}{2}\right]^{1/3} \approx 3.10 \tag{12}$$

这对应于带宽改善的倍数比 1.6 略低一点。

由于达到最大平坦响应的条件与达到最大平坦延时的条件并不一致，必须进行综合考虑（自然，这种情形并不局限于并联补偿放大器），因此我们看到根据不同的要求，存在着一个电感有用值的范围，见表 9.1。较大的 L（较小的 m）得到较大的带宽扩展，但脉冲响应的保真度较差；而较小的 L 对带宽的改善较少，但却具有较好的脉冲响应。

表 9.1 并联补偿小结

条件	$m = R^2C/L$	归一化后的带宽	归一化后的峰值频率响应
最大带宽	~1.41	~1.85	1.19
$\lvert Z\rvert = R$ @ $\omega = 1/RC$	2	~1.8	1.03
最大平坦度的频率响应	~2.41	~1.72	1
最优群延时	~3.1	~1.6	1
无并联顶峰	∞	1	1

9.2.2 并联补偿：设计实例

尽管并联补偿起源于 20 世纪 30 年代 4 MHz 的视频放大器，但与其最初所具价值的原因相同，它甚至在现今也是一种有用的技术 —— 使我们可以从给定的工艺中最大程度地挖掘出它的性能。由于人们都认为 CMOS 是一种“较差”的工艺，因此这一发现就特别有用。而且特别重要的是：我们注意到这种技术并不要求高 Q 值的成峰电感，因此它非常适合于集成电路（IC）的实现。为了进一步说明这一点，考虑设计一个 1.5 GHz 的共源宽带放大器为一个相位调制信道模块提供增益。然而，由于在这个应用中相位的线性关系是很重要的，因此我们将选择 $m = 3.1$ 来得到群延时最优的一致性。

设漏端的总电容负载为 1.5 pF（包括晶体管本身的及互连线与下一级的负载效应），并假设负载电阻不能比 100 Ω更小，否则为使增益保持为常数，会使功耗增加一个不可接受的数量。如果带宽完全是由输出节点支配的，那么这个放大器的带宽就只比 1 GHz 稍大一点，可见对于 1.5 GHz 的目标还差很远。

如果假设采用最小可接受的电阻，那么可以很容易地计算出所要求的并联补偿电感如下：

$$L = \frac{R^2C}{3.1} = 4.8\ \text{nH} \tag{13}$$

一个 4.8 nH 的平面螺旋电感可以很容易地用标准 CMOS 工艺来实现，这个放大器显示在图 9.3 中。采用这个电感时，估计的带宽将大约增加到 1.7 GHz，这很容易地超过了所要求的 1.5 GHz。同样，这一带宽的改善并没有使这一级的功耗增加。最后，我们注意到漏端网络的 Q 值在 1.7 GHz 时约为 0.5，所以采用中等大小的 Q 值（如 IC 中的螺旋线感）就能满足要求。

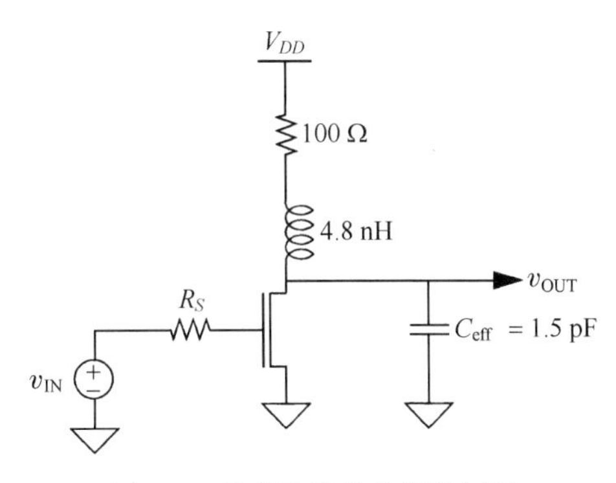

图 9.3 并联补偿放大器的例子

9.2.3 更多的有关利用零点增大带宽的方法

从并联补偿放大器的例子中我们已经看到零点是非常有用的，尽管它们为开路时间常数方法所忽视。为了用另一个简单（但是贴切）的例子来说明它们的用途，考虑一个示波器的探针。也许不同于人们想象的那样，我们特别要强调的是，它不仅是一条“精致”的导线 —— 其一端为探针、另一端为接头。考虑一下这样的事实：大多数“10：1”的探针（之所以这样表示是因为它们提供了 10 倍的衰减）对于被测电路表现为一个 10 MΩ的阻抗，但仍可以提供 200 MHz 的带宽。但凭直觉这意味着对应于这一带宽的最大允许电容大约为 80 aF（0.08 fF）。所以，探针怎么能提供如此宽的带宽而又表现为一个 10 MΩ的阻抗呢？回答是探针和示波器的组合并不是一个“通常”的 RC 网络。

示波器/探针组合的简化模型如图 9.4 所示。1 MΩ电阻代表示波器的输入电阻；C_{scope} 代表示波器的输入电容。

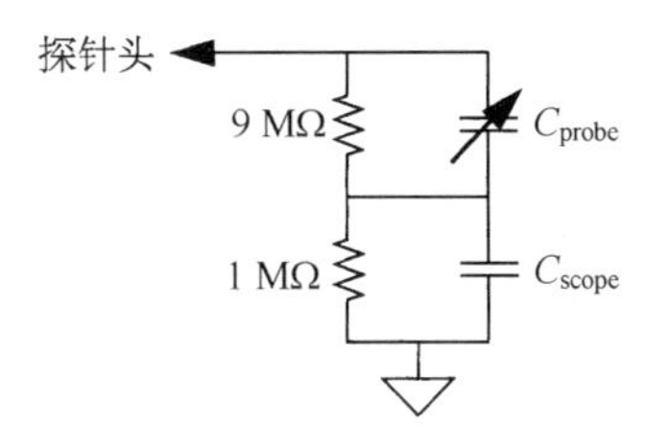

图 9.4 示波器/探针组合的简化模型

在探针内部有一个 9 MΩ的电阻提供低频时所需的 10：1 的衰减。然而为了避免由于只用单个 9 MΩ电阻时带来的带宽的极大损失，探针同时有一个电容与这个 9 MΩ的电阻并联。在高频时，10：1 的衰减实际上是由这个电容分压器提供的。可以证明，当上端的 *RC* 等于下端的 *RC* 时，衰减确实为 10 倍而与频率无关。因为这里有一个零点精确地抵消了“慢”的极点，从而使传递函数没有任何带宽的限制，因此这种情形代表了最大的带宽“改善”。

由于采用固定元件不可能保证极-零点的完全抵消，因此所有的 10：1 探针都具有可调电容。为了更全面地理解这种调节的重要性，让我们用以下的传递函数来评估不完全的极-零点抵消会产生什么影响：

$$H(s)=\frac{\alpha\tau s+1}{\tau s+1} \tag{14}$$

为简化起见，注意在该表达式中没有包含任何衰减因子。因此常数α的理想值为 1，即 $H(s)$ 在所有频率下都为理想值 1。

现在让我们考虑这个系统（常称为极点-零点偶极对）的阶跃响应。初值和终值定理告诉我们初值为α而终值为 1。由于系统的状态是以极点的时间常数按指数关系变化的，[①] 因此我们很快就可以画出一对可能的阶跃响应，一个是$\alpha_1 < 1$，另一个是$\alpha_2 > 1$，见图 9.5。

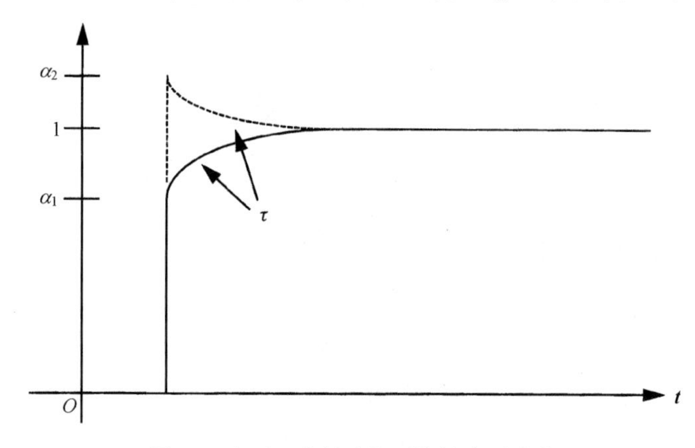

图 9.5 极点-零点对的可能的阶跃响应

我们看到响应立即跳至α，但以极点的时间常数下降（也许是上升）至最终值。如果α恰为 1，那么响应就会在零时间内达到最终值。当然，在所有实际的电路中其他极点将使上升时间为一个非零值，但在这个例子中这种一般的概念体现得很清楚。

由图 9.5 很容易看到调节电容以避免总的测量误差的重要性。这一校准可按以下最容易的方式实现：即慢慢地观察对方波的响应，从而能看到由于极点-零点偶极对中的极点使稳定下来的过程变慢，然后调整电容得到最平坦的时间响应。

当然，这种用零点来抵消极点的做法也可以用来扩展有源电路的带宽。这类抵消可以在如图 9.6 所示的负反馈共源放大器中实现。这里，C 并不是选择大到足以在所有感兴趣的频率上均为短路。相反，它只是选择大到足以在 C_L 开始短路 R_L 时才开始短路 R。因此，很容易理解当 $RC \approx R_L C_L$ 时应得到理想的补偿。正如示波器探针的例子所示，适当的调节对于得到最好的响应是必要的。

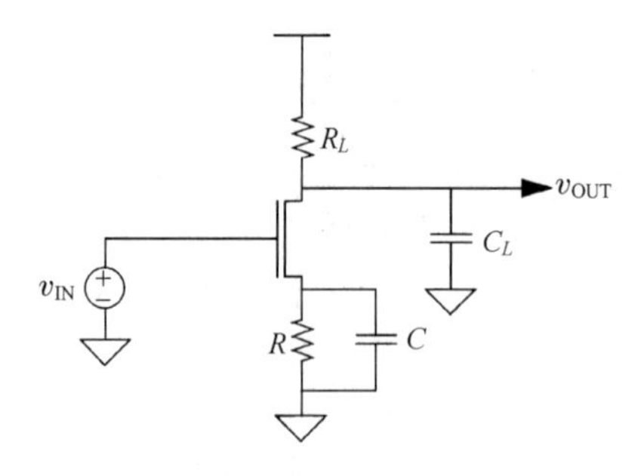

图 9.6 零点成峰共源放大器

① 由于某些难以明确解释的原因，这一点似乎存在很多的混淆。零点的存在只是改变初始值的误差，但这个误差总是以这个极点的时间常数稳定到最终值。

9.2.4　二端口网络带宽增大电路

并联补偿是提高带宽的一种形式，这种形式中，附加的元件和原有的负载一起形成一个端口。尽管它能提供几乎双倍的带宽给我们留下很深的印象，但在放大器和负载之间采用一个二端口网络可能会更好。

我们可以通过进一步隔离负载电容与放大器输出电容来改进并联补偿。如果采用一个串联电感来实现这种隔离，那么整体结果就是并联和串联补偿的组合，见图 9.7。

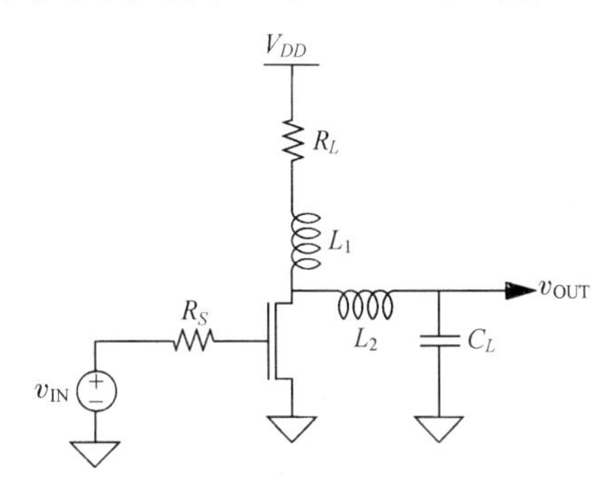

图 9.7　带有并联和串联补偿的放大器

可以证明，当 L_1 不存在时，最大的带宽是未补偿情形时的 $\sqrt{2}$ 倍。串联峰值实际上发生在并联峰值之前，但其带宽的提高完全来自复数极点提供的峰值，零点并没有参与帮助提高带宽。由于串联补偿对带宽改善较少，因此决定了它在并联补偿发明之后就相形见绌。但为了完整起见，当只采用串联补偿时所希望的电感值也列出如下：

$$L_2 = \frac{R^2 C}{m} \tag{15}$$

式中，$m = 2$ 对应于最大带宽和最大平坦幅值的情形。选择 $m = 3$ 可得到最大平坦的群延时且带宽提高的倍数约为 1.36。

我们不打算用更多的时间来分析这种组合，因为它只是得到使带宽有更大提高的方法的中间一步。更有进取性的下一步是把一个电感加在晶体管与网络其余部分之间，如图9.8 所示。

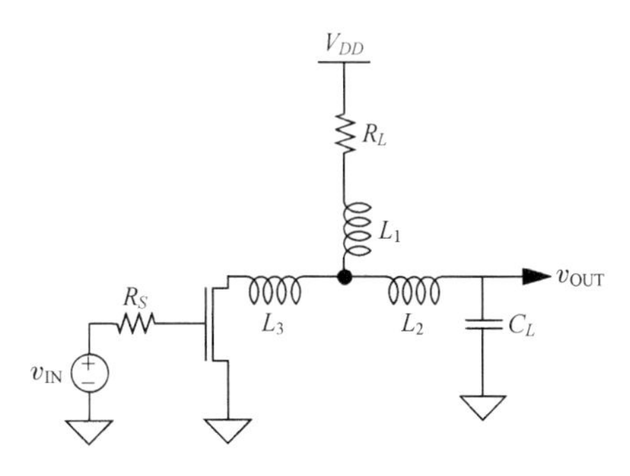

图 9.8　并联与双串联补偿电路

这种并联和串联补偿组合的工作原理如下：正如与一个通常的并联补偿放大器的阶跃响应一样，流入负载电阻的电流由于 L_1 的作用而被继续延长。单就这个作用来说就可以加速负载电容的充电。除了这个机理，晶体管最初一段时间只需要驱动它自己的输出电容，这是因为 L_3 使电流推迟转入网络的其余部分。因此，在漏端的上升时间得到了改善，这一点也可以解释为带宽得到了改善。在漏极电压已经显著上升后的某一时间，随着电流最终开始流过 L_2，负载电容两端的电压开始上升。因此，这个网络对电容的充电在时间上是串行而不是并行进行的。这里以增加延时换取带宽的提高。我们将会看到这种带宽–延时之间的交换是很常见的。

为了节省芯片面积，三个电感的组合可以用一对磁耦合电感（也就是变压器）很方便地实现，因为这样连接的等效电路模型与我们所要求的电路完全相同。这两个电感可以实现为一对螺旋电感，其中一个电感在另一个的上面，而且彼此之间偏离一段合适的距离以得到所希望的耦合程度。如果把一个小的搭接电容连在这两个电感的两端以产生并联谐振，则可以得到进一步的改善，这是由于与这一谐振相关的环电流增加了，从而使频带扩展得更宽。

在经过了甚至比推导并联补偿时更为复杂的过程后，我们可以证明每个耦合电感应当具有以下的值：

$$L = \frac{R^2 C_L}{2(1+k)} \tag{16}$$

式中，L 为主电感或副电感，但其中另一个电感开路。因此，可以运用这个电感值来设计和布置每条螺旋线的版图。

搭接电容的值应当为

$$C_c = \frac{C_L}{4}\left[\frac{1-k}{1+k}\right] \tag{17}$$

我们还可以证明耦合系数为 1/3 时将产生 Butterworth 型（最平坦幅值）响应，而 k 为 1/2 时可以得到最大平坦的群延时。这些耦合系数并不特别大，所以很容易在实际中实现。例如，两条邻近的键合线间的耦合系数一般就在这个范围内。

运用这些条件可以得到图 9.9 所示的放大器，所形成的网络称为“T 形线圈”（因电路所画的方式所致），并在示波器电路中已运用了 40 多年。如果晶体管的输出电容与负载电容相比时小到可以忽略，那么 T 形线圈几乎可以使带宽提高到 3 倍（利用 Butterworth 条件，可以得到的最大理论改进值是 $2\sqrt{2}$，即大约 2.83 倍）。

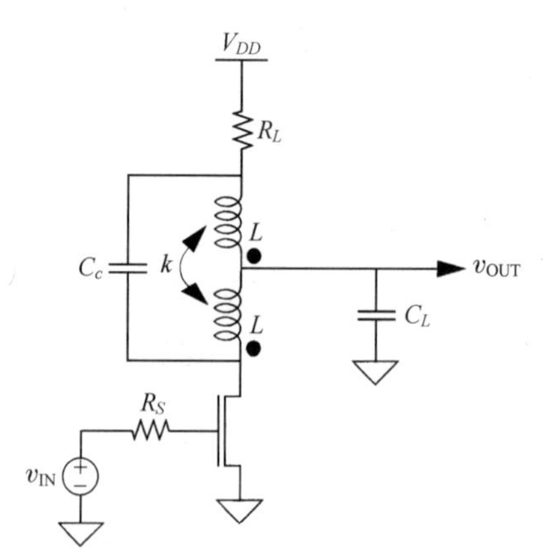

图 9.9　采用 T 形线圈改善带宽的放大器

可以证明这两个电感的连接处驱动较大的电容节点时可以使带宽最大。在图 9.9 中，我们曾假设负载电容比晶体管的输出电容大。如果发生输出电容超过负载电容的情况，那么可以把漏端和负载电容与电感的连接关系互换一下。

作为最后的改进，可以通过增加更多的电感与晶体管的输出电容相串联来提供对输出电容的某些额外补偿，这可以有效地提供更多的串联补偿。事实上，只要在电感不同于中点的其他地方（这里是在接近负载电阻端处），抽头就可以得到与上述几乎相同的结果。

对我们原先并联补偿的设计例子进行修改，就以可得到图 9.10 所示的放大器，这里为了做到比较公平，仍然假设我们希望得到最大平坦的群延时。可以看到，总的电感加倍了。然而，由于这两个电感的一个在另一个的上面，它们相互之间只有很小的偏离，因此所增加的面积是适度的（在 50%的数量级上）。此外，由于电感布局之间重叠而形成的内在“副产品”也提供了一个 125 fF 的搭接电容。这个电路提供的理论上的带宽扩展倍数大约为 2.7，[①] 因此可以期望大致有 2.7 GHz 的带宽，这比并联补偿情形的 1.7 GHz 带宽明显要好。应当强调的是，这种改善并没有增加功耗。

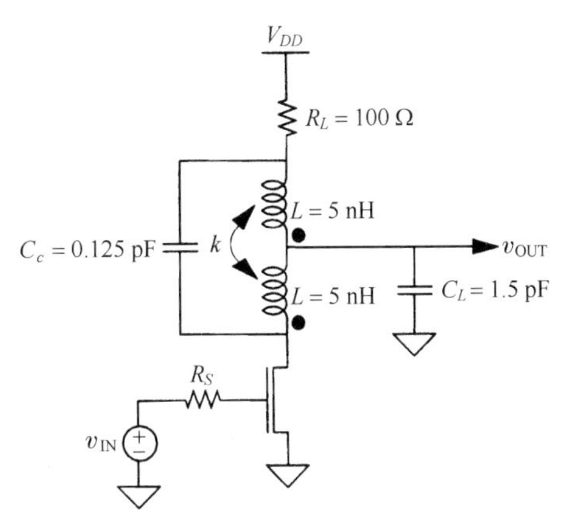

图 9.10　采用 T 形线圈改善带宽的例子

我们后面还会讨论这个结构，因为它本身就是向着实现一个完全“分布式放大器”（将很快讨论）的目标迈进的中间一步。在这个分布式放大器中，寄生电容被吸收到以增益换取延时而不是换取带宽的结构中（例如，考虑一条传输线 —— 它包括电感和电容，但这些元件并没有限制带宽，因为这些电容的充电在时间上是串行进行的）。同时也可以认为它是一种比较巧妙的方法，可以把电流从负载电阻转向负载电容。

9.3　并联-串联放大器

不同于我们已经介绍的开环结构，设计宽带放大器的另一种方法是采用负反馈。一种特别有用的采用负反馈的宽带电路就是并联-串联放大器。其名字来自它采用了并联和串联反馈的组合，它的作用在于其输入和输出阻抗在一个很宽的频率范围内比较恒定（这可以使级联大大简化），以及使设计比较容易。此外，双反馈环路也提供了通常负反馈能提供的益处，也就是降低了对于器件参数的依赖性、改善了失真、扩展了带宽及具有适中的复杂度。

去掉偏置电路的并联-串联放大器显示在图 9.11 中，图中，R_S现在表示输入电源的电阻，R_L是负载电阻。因此该放大器的核心只包括 R_F、R_1 及晶体管。为了理解这个放大器是如何工作的，我们最初假设 R_1 足够大（相对于晶体管 g_m 的倒数），所以它使总的跨导减小到接近 $1/R_1$。

① 同样，这个值假设晶体管的输出电容比起负载电容小到可以忽略。如果这个关系不能很好地满足，那么就需要有附加的串联补偿使带宽提高到这个数量级。

由于 R_1 与输入和输出回路相串联，因此由 R_1 引起负反馈是这个放大器名字中“串联”这部分的由来。

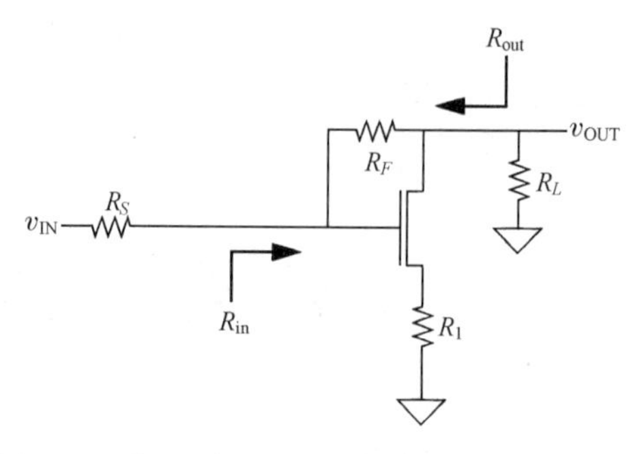

图 9.11 并联-串联放大器（偏置电路未画出）

为了进行进一步分析，同样也假设 R_F 足够大，以至于它对于输出节点的负载效应可以忽略。在这些假设条件下，这个放大器从栅至漏的电压增益近似为$-R_L/R_1$。

尽管我们已经假设 R_F 对增益只有很小的影响，但它对输入和输出电阻具有控制作用。特别是通过它所提供的（并联）反馈使这两个电阻同时减小。此外，由于输入和输出电阻的减小也减小了开路时间常数和，从而有助于带宽的进一步提高。

为了计算输入电阻 R_{in}，我们利用了从栅至漏的增益接近$-R_L/R_1$ 这个事实。如果正如看上去比较合理的那样，我们可以忽略栅极电流，那么输入电阻完全来自流过 R_F 的电流。当在栅极加上一个测试电压源时，就可以用通常的方法来计算等效电阻。正如在经典的米勒效应中那样，把一个阻抗连在存在反相位增益的两个节点之间将使阻抗减小。写成公式时，R_{in} 可以表示为

$$R_{in}=\frac{R_F}{1-A_V}\approx\frac{R_F}{1+R_L/R_1}\tag{18}$$

式中，A_V 是从栅至漏的电压增益。

现在，为了计算输出电阻，在漏极节点加上一个测试电压源并再次取 v_{test} 与 i_{test} 的比：

$$R_{out}=\frac{R_F+R_S}{1+R_S/R_1}\approx\frac{R_F}{1+R_S/R_1}\tag{19}$$

如果电源电阻和负载电阻相等（这在分立元件实现中是一种特别普通的情形），那么式（18）和式（19）的分母就大致相等。由于分子也大致相等，因此可以得出 R_{in} 和 R_{out} 本身也几乎相等。如果 $R_S=R_L=R$，则可以写出

$$R_{out}\approx R_{in}\approx\frac{R_F}{1+R/R_1}\approx\frac{R_F}{1-A_V}\tag{20}$$

这个放大器能够很容易地同时在输入口和输出口处实现阻抗匹配是它被普遍采用的部分原因。一旦选定阻抗大小和增益，就能很容易确定所要求的反馈电阻值。根据已知的负载电阻与所要求的增益，可以很快求出所需要的 R_1 值。为了完成这个设计，还必须选择合适的器件宽度及偏置点。一般来说，这些选择需要保证有足够的 g_m，以使推导上面一组公式时所做的假设成立。

并联-串联放大器的详细设计

前面的介绍概述了并联-串联放大器的一阶特性以帮助建立设计的直觉知识。然而为了进行细节的设计，我们现在考虑在前面一节中忽略的二阶效应。

低频增益和输入-输出电阻

我们首先计算从栅至漏的增益，因为它使我们可以很容易地发现输入和输出电阻。一旦已知栅至漏的增益及输入电阻，总的增益就可以非常容易地从分压器的关系中求出。

首先回想一下一个源端负反馈的共源放大器的等效跨导为

$$g_{m,\mathrm{eff}} = \frac{g_m}{1 + g_m R_1} \tag{21}$$

注意，由式（21）可知，只要 $g_m R_1$ 比 1 大许多，等效的跨导就可以近似为 $1/R_1$。

在栅和地之间加上一个测试电压时，漏极电流将同时流过负载和反馈电阻。一部分测试电压也会直接前馈至输出端。叠加原理使我们可以分别处理构成输出电压的每一部分电压：

$$v_{\mathrm{out}} = -g_{m,\mathrm{eff}} v_{\mathrm{test}} \frac{R_F R_L}{R_F + R_L} + v_{\mathrm{test}} \frac{R_L}{R_F + R_L} \tag{22}$$

求解增益得到

$$A_V = \frac{v_{\mathrm{out}}}{v_{\mathrm{test}}} = -\frac{R_L}{R_1} \cdot \left[\frac{1}{1 + 1/g_m R_1}\right] \cdot \left[\frac{1}{1 + R_L/R_F}\right] \cdot \left[1 - \frac{1}{g_{m,\mathrm{eff}} R_F}\right] \tag{23}$$

式（23）虽然不是最简洁的，但它表明从前面一阶原理推导出的增益要乘以 3 个因子（在方括号内），每个因子在理想情况下为 1。

第一个“非理想”因子反映了有限大的 g_m 对于等效跨导的影响。虽然在 $g_m R_1$ 很大的极限情况下 $g_{m,\mathrm{eff}}$ 接近 $1/R_1$，但这第一个因子从定量上表现了 $g_m R_1$ 值为非无穷大时的影响。第二项来自 R_F 对输出节点的负载效应。只要 R_F 比负载电阻 R_L 大很多，那么增益的降低是很少的。

最后一项降低增益的因子是由于输入信号前馈至输出端。这个前馈之所以降低增益，是因为原先的增益路径是反相位的，而前馈路径却不是反相位的。因此，前馈路径部分抵消了所希望的输出。前馈部分的跨导为 $1/R_F$，因此只要这个寄生跨导与所希望的跨导 $g_{m,\mathrm{eff}}$ 相比很小，那么这个增益损失就可以忽略。

在逐项考察了这个完整的增益公式后，我们现在提出一个简洁得多的（但仍然是确切的）表达式，它对于后面的计算是很有用的：

$$A_V = -\frac{R_L}{R_E} \cdot \left[\frac{R_F - R_E}{R_F + R_L}\right] \tag{24}$$

式中，R_E 就是等效跨导的倒数。结果非常简单：为了得到所希望的增益，必须选择 R_1 或 R_E 的值，使它比根据一阶公式所考虑的值小一些。

既然我们有了一个（甚至两个）低频增益的完整表达式，那么就可以得到在栅与地之间电阻的比较精确的值：

$$R_{\mathrm{in}} = \frac{R_F}{1 - A_V} \tag{25}$$

利用式（24），上式变为

$$R_{\text{in}} = \frac{R_F}{1+\dfrac{R_L}{R_E}\left(\dfrac{R_F-R_E}{R_F+R_L}\right)} = \frac{R_E(R_F+R_L)}{R_E+R_L} \tag{26}$$

一般来说，我们的设计都是想具体得到一个特定的增益值。假设能够成功地达到这个目的，那么为得到所希望的输入电阻所需的反馈电阻的值就可以很容易地用式（25）求出。

输出电阻（也就是从 R_L 看到的电阻）也很容易求出。同样，我们把一个测试电压源加到漏极节点上，并且计算测试电压与测试电流的比。这一步完成后可得到

$$R_{\text{out}} = \frac{v_{\text{test}}}{i_{\text{test}}} = \frac{R_F+R_S}{1+g_{m,\text{eff}}R_S} = \frac{R_F+R_S}{1+R_S/R_E} = \frac{R_E(R_F+R_S)}{R_E+R_S} \tag{27}$$

比较这些输入和输出电阻的表达式可以看到，如果 R_S 和 R_L 相等（如通常情形中那样），那么 R_{in} 和 R_{out} 也将精确地相等。这一令人高兴的一致性是这种形式的放大器被普遍采用的一个原因。[①]

应当强调的是，当进行设计时（与分析相反），所希望的增益是已知的。因此如果打算使输入和输出电阻相等，那么由式（25）来选择反馈电阻是非常容易的。然后就可以选择 R_1 的值来得到正确的增益，从而完成设计。

带宽与输入-输出阻抗

在介绍了各种低频参量（增益与输入-输出电阻）的确切表达式后，我们现在来推导这个放大器的带宽及输入-输出阻抗的近似表达式。

在埋头钻进许多公式之前，让我们看一下是否能预见这些量的定性特性。由于这个放大器是一个低阶系统，因此我们同样可以想象在增益和带宽之间的互换或多或少是线性的。而且正是由于它是一个低阶系统，因此采用开路时间常数估计带宽应当得到合理的精确值。

我们也可以预见输入阻抗中包含一个电容成分，这部分既是由于 C_{gs} 的存在，也是由于米勒效应使 C_{gd} 放大的缘故。反之，输出阻抗的特性有所不同，这是因为使输出电阻降低的并联反馈将随频率的提高而变得不是很有效。结果，输出阻抗实际上可能随频率而上升，使输出阻抗中包含一个电感成分。

在做了这些预测之后，让我们着手计算开路时间常数和。为了简化推导过程，假设器件只有电容 C_{gs} 和 C_{gd}，而且忽略串联的栅电阻。最后假设电源内阻和负载电阻都等于 R。

很显然，面向 C_{gd} 的等效电阻是 R_F 与下面列出的电阻的并联：

$$r_{\text{left}} + r_{\text{right}} + g_{m,\text{eff}} r_{\text{left}} r_{\text{right}} \tag{28}$$

所以等效电阻为

$$R_F \parallel (R_S + R_L + g_{m,\text{eff}} R_S R_L) = R_F \parallel R(2 + g_{m,\text{eff}} R) \tag{29}$$

代入 R_F 后，上式变为

① 应当注意这种形式的放大器也广泛应用在双极电路中，而且就是在双极电路中首次实现的。这里有一些小差别，即有限的 β 值使输入和输出电阻不等，尽管对于典型的 β 值这个误差是很小的。输入电阻大约为原来的 $1/(1-1/2\beta)$，而输出电阻大约为原来的 $(1+1/2\beta)$ 倍。增益也略为低些，大约为原来的 $1/(1-2/\beta)$。

$$R(1-A_V) \parallel R(2+g_{m,\mathrm{eff}}R) \tag{30}$$

注意，在增益很大的极限情况下，面向 C_{gd} 的电阻接近于

$$|A_V|\frac{R}{2} \tag{31}$$

这从考虑米勒效应中就可以预见到。

计算面向 C_{gs} 的电阻有点复杂，但最终可以推导出如下的表达式：

$$\frac{R(R_F+R+2R_1)+R_1R_F}{(2R+R_F)(1+g_mR_1)+g_mR^2} \tag{32}$$

在增益很大的极限情况下，式（32）可简化为

$$\frac{R}{R_1}\frac{1}{g_m} \tag{33}$$

注意，比值 R/R_1 近似等于增益（从栅至漏）的数值。于是，由于两个开路电阻大致正比于增益，因此并联-串联放大器的增益-带宽积近似为常数。

因此在这种极限情况下该放大器的带宽估计为

$$\mathrm{BW} \approx \left[|A_V|\left(\frac{C_{gs}}{g_m}+\frac{RC_{gd}}{2}\right)\right]^{-1} \tag{34}$$

在推导了带宽的近似表达式后，我们现在来考虑输入阻抗。正如前面已经提到的那样，由于 C_{gs} 和米勒效应放大的 C_{gd}，输入阻抗应当具有电容成分。只要假设在栅端的阻抗控制放大器的带宽，就可以得到对总电容的粗略近似。也就是假设放大器极点的时间常数是电源内阻 R_S（$=R$）和在该节点上电容的乘积。基于这个假设，等效的输入电容就是式（34）中方括号内的项除以 R：

$$C_{\mathrm{in}} \approx \frac{C_{gs}}{g_mR_1}+C_{gd}\frac{|A_V|}{2} \tag{35}$$

在几乎所有的实际情形中，由米勒放大的 C_{gd} 都占支配地位。

注意，由于存在的这个电容出现在栅和地之间并具有很大影响，因此不可能在所有的频率下都达到非常好的输入阻抗匹配。而且随着频率的提高，C_{gs} 逐渐变为短路，从而把源端的负反馈电阻 R_1 连到了栅极节点。因此甚至输入电阻也变差（下降），并随频率的升高而逐渐消失。

这些影响可以通过某些简单的方法减轻到一定程度。首先，可以采用 L 形匹配使电阻部分在某个额定频率（这个频率一般略微超出匹配质量开始显著下降的频率）时变换到所希望的大小，例如 50 Ω。在可能的 L 形匹配类型中，最好的选择通常是把一个电感与栅串联，并且在放大器的输入端并联一个电容，这样一个网络在低频时不起什么作用，因而不需要任何校正。

一般来说，L 形匹配中的串联电感都会使这个匹配留下电感成分。加大 L 形网络中的并联电容可以很容易地补偿这个电感。进行这种补偿后，能达到的合理输入匹配的频率范围常常可以加倍。

为了计算输出阻抗，把一个测试电压源加到漏端并计算测试电压与它所提供的电流的比。在增益很高的极限情况下，我们发现输出阻抗包括一个电感成分，其值近似为

$$L_{\mathrm{out}} \approx \frac{ARC_{gs}}{g_m} \tag{36}$$

式中，C_{gd} 已被忽略。

为了更深刻地理解这个电感的来源，我们注意到栅极电压是加在漏端的测试电压的一部分。具体来说，由于栅端处的电容，栅极电压是所加漏极电压经衰减和低通滤波后的结果，因此栅极电压滞后于漏极电压。于是晶体管就把延迟的栅极电压转变成延迟的漏极电流。从测试电源的角度来看，它必须提供一个电流，其中有一个电流成分滞后于所加的电压。这个电压和电流之间的相位关系就是电感的特征。

由以上分析可以估计因忽略 C_{gd} 所带来的影响。由于 C_{gd} 在栅端提供了一个领先的电压成分，因此它往往可以抵消这个电感效应。这样，如果 C_{gd} 不是小到可以忽略不计，那么实际观察到的输出电感比由式（36）所估计的上限要小得多。

9.4 采用 f_T 倍频器增大带宽

虽然一个放大器的带宽并不一定与 f_T 有密切的联系，但如果其他情况相同，那么 f_T 较高则带宽较大这一点仍然是正确的。既然器件的 f_T 受限于任何给定的工艺，那么似乎一旦建立了使 f_T 达到最大的偏置条件，设计者也就完成了所能做的一切。然而，这个轻易得到的结论忽略了拓扑布线也可以提高 f_T 的可能性。

回想一下，f_T 的公式为

$$2\pi f_T = \frac{g_m}{C_{gs} + C_{gd}} \tag{37}$$

因此可以非严格地说，f_T 是跨导与输入电容的比。如果可以找到一种方法既能减小输入电容又不降低跨导，那么 f_T 就会增加。

根据这个定义，通常的差分对可被认为是一个 f_T 倍频器，因为对于差分输入而言，器件的电容是串联的。因此，差分输入电容就是每个晶体管的一半。反过来差分跨导却没有改变，因为尽管输入电压在这两个晶体管之间均分，但差分输入电流是每个器件中电流的两倍。因此，整个差分级的跨导等于每个晶体管的跨导，从而使 f_T 加倍，见图 9.12。

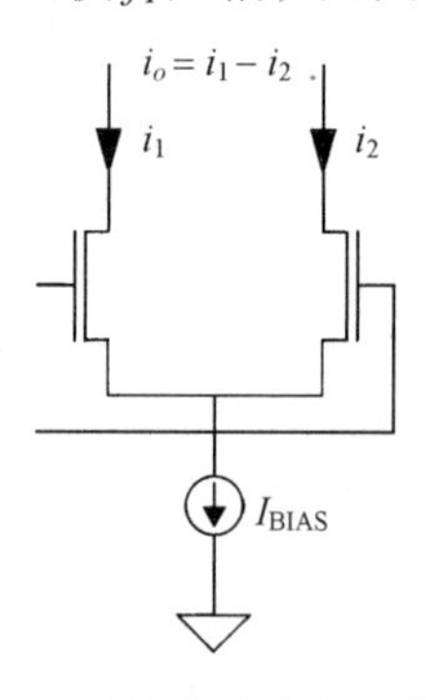

图 9.12 用差分对作为 f_T 倍频器

由于安排差分信号路径并不总是那么方便，因此常常希望综合一个单端的 f_T 倍频器。事实上，只要在一个器件上将栅和源的连接互换就可以把差分对变换为单端的倍频器，由此产生的相反极性使我们可以把输出看成两个漏极电流的和（而不是差），所以只要把两个漏连在一起就完成了这种变换，如图 9.13 所示。

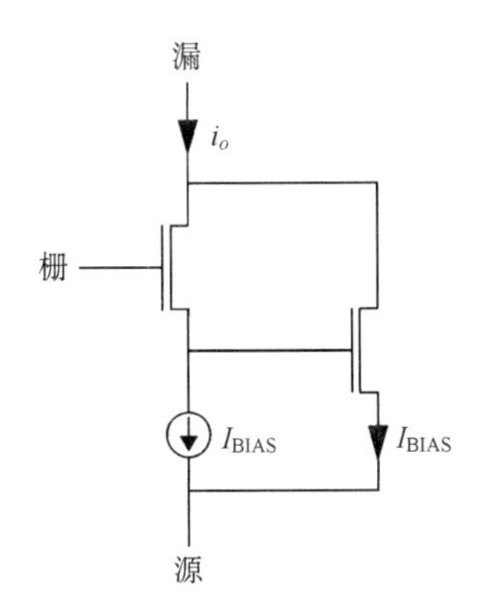

图 9.13　用达灵顿对作为 f_T 倍频器

我们可以看到这个结果在拓扑连接上与达灵顿对完全一样，然而一个重要的差别是这两个晶体管应当都偏置在大致相同的电流，使这两个器件的 f_T 近似相等。有许多方法可以满足这个偏置的要求，但一个特别简单和方便的结构是 Tektronix 公司 Carl Battjes 所设计的双极电路的 CMOS 版本，[①] 见图 9.14。通过运用镜像晶体管 M_2–M_3，可以保证晶体管 M_1 和 M_3 工作在漏极电流基本相等的情况下。然而由于 M_2 和 M_3 的电容是并联在一起的，所以这个电路并没有完全提供 f_T 的倍频。实际的频率提高大约为 1.5 倍。

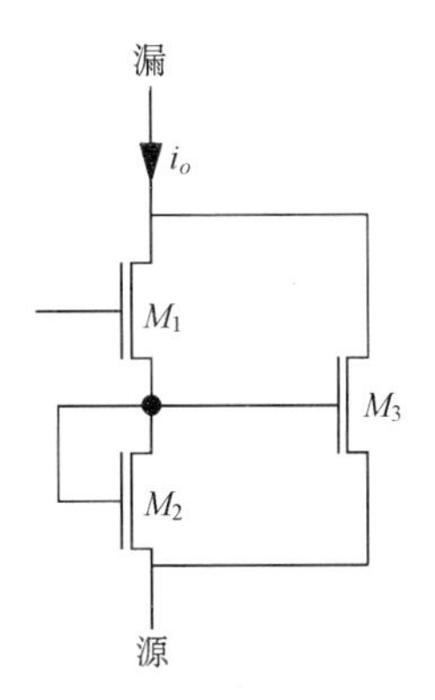

图 9.14　Battjes 的 f_T 倍频器

采用 f_T 倍频器的电路常常有可能使带宽提高 50%，尽管确切的带宽改善取决于许多不同的因素。在这些因素中，最重要的是这个电路的带宽怎样取决于 f_T，以及源–体（衬底）的寄生电容又有多大。显然，如果带宽是由其他因素（例如，一个外部的负载电容与负载电阻相互作用）决定的，那么提高 f_T 几乎不能使带宽有多少改善。然而 f_T 倍频器是很有价值的，因为它使带宽超出了人们通常认为的由给定工艺决定的极限。

9.5　调谐放大器

9.5.1　引言

我们已经看到，宽带放大器的设计可以用开路时间常数方法来指导，并可能受益于带宽扩展

① “Monolithic Wideband Amplifier”，美国专利号 #4,236,119，1980 年 11 月 25 日获得批准。

技术（如并联补偿）。然而并不总是需要（或甚至不希望）在一个很大的频率范围内都提供增益。我们所需要的一切常常就是在以某个高频为中心的窄频范围上的增益。

这样的调谐放大器广泛应用在通信电路中，它对所希望的信号提供有选择的放大，而对不希望的信号提供一定程度的滤波。正如我们将很快讲到的那样，消除了对宽带操作的要求使我们可以在比较高的频率上得到显著的增益。也就是说，就零阶而言，为在 1 MHz 的带宽上得到增益 100 所要求的努力大致上与所得到带宽的中心频率无关，在获得一个特定增益-带宽积时所遇到的困难几乎是一样的，而与中心频率无关（在一定限度内）。而且，对于一个窄带实现，为得到这个增益所要求的功耗可以相当少。最后一个考虑在设计便携式设备时特别重要，因为此时电池的寿命是一个主要的考虑因素。

9.5.2　带单个调谐负载的共源放大器

为了理解为什么增益-带宽积大致与中心频率无关，考虑图 9.15 所示的放大器（去掉了偏置细节）。如果我们用一个零阻抗的电源来驱动（如图所示），并且如果可以忽略串联的栅电阻，那么漏-栅电容 C_{gd} 可以归并到电容 C 中。在这种情形下，我们可以把这个电路建模成一个理想的跨导器以驱动一个并联的 RLC 振荡槽路。在低频时，电感短路，所以增量（交流）增益为零；而在高频时，增益也为零，因为此时电容的作用如同短路。在振荡回路的谐振频率处，增益则变为 $g_m R$，因为此时电感和电容互相抵消。

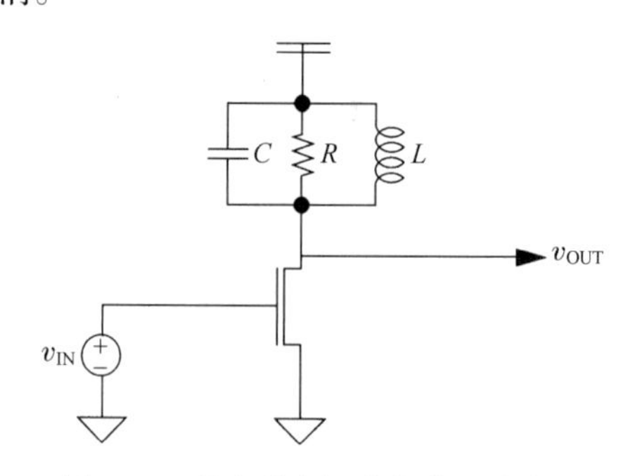

图 9.15　具有单个调谐负载的放大器

对于这个电路，总的–3 dB 带宽像通常一样为 $1/RC$，因此增益（在谐振时测量）与带宽的积是

$$G \cdot \mathrm{BW} = g_m R \cdot \frac{1}{RC} = \frac{g_m}{C} \tag{38}$$

对于这个例子，当满足所有简化的假设条件时，则正如前面已提到的那样，可以得到不取决于中心频率的增益-带宽积。

为了着重说明最后一个论点的深刻含义，考虑用两种不同的方法在10.7 MHz 时获得增益 1000（例如对于调频收音机的中频部分）。我们可以尝试设计一个宽带放大器，它要求增益-带宽积超过 10 GHz（这不是一个容易达到的目标）。或者我们可以看到，对于调频收音机的例子，只需要在 200 kHz 的带宽上达到这个增益，①在这种情形下只需要达到差不多像 200 MHz 这样的增益-带宽积即可，这是一个很容易完成的任务。

当然，这两种方法之间的基本差别是在调频放大器中负载电容为电感所抵消。只要我们能直

① 这个值适用于商业调频（FM）收音机，根据具体情况有可能不同。

接接触到任何寄生电容的端口（并且能使这些端口出现在振荡回路的两端），那么就能选择合适的电感利用谐振来抵消它，从而在任意选定的中心频率处得到常数的增益-带宽积。

当然，实际的电路并不能工作得这样好，我们自然会怀疑无论电感如何好，可能也不能从 Jell-O 晶体管中得到 100 THz 的增益。但只要所选的中心频率是合理的，[①] 那么调谐负载使我们能达到大致为常数的增益-带宽积这一点仍然是正确的。

9.5.3　调谐放大器的详细分析

上面进行的分析要求有许多简化的假设，特别是选择零电源内阻和零栅电阻使我们可以把漏-栅电容归并到振荡电路中，从而使电感可以抵消它的影响。若 C_{gd} 不再能直接归并到振荡回路中，那么它可能会有比较严重的影响，因此让我们考虑用比较现实的模型来模拟这个电路并考察一下会发生什么情况。

具体来说，现在允许非零的电源电阻和非零的串联栅电阻，如图 9.16 所示。相应的增量（小信号）模型画在图 9.17 中。

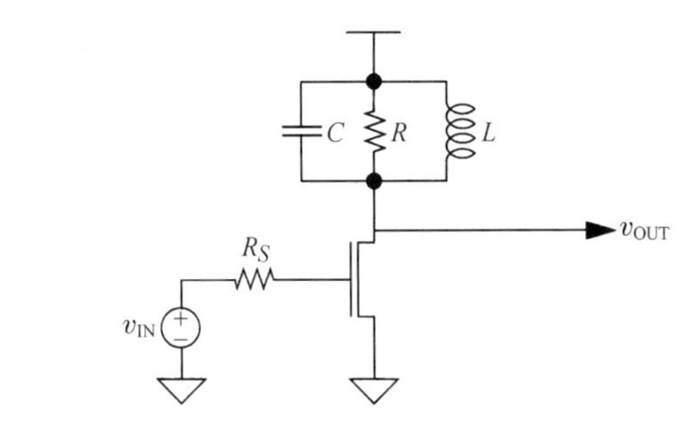

图 9.16　具有单个调谐负载的放大器

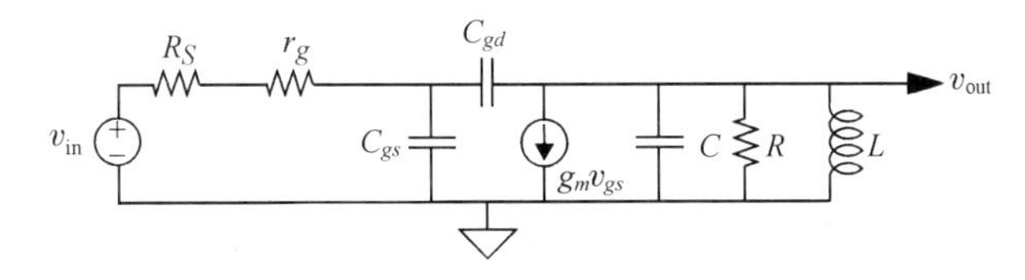

图 9.17　图 9.16 电路的小信号模型

利用这个模型可以计算两个重要的阻抗（确切地说是导纳）。首先，我们求出在 RLC 振荡回路左边所看到的等效导纳，然后求出在电源内阻 R_S 右边所看到的导纳。

在进行分析时，最好在振荡回路的两端加上一个测试电压源以求出在它左边所看到的等效导纳。记住，无论采用测试电压还是采用测试电流，都将得到相同的结果（假设你没有出错，或至少你的错误恰好可以互相抵消），但这里采用测试电压比较方便，因为它最直接地确定了 v_{gs} 的值，而这个电压决定了受控源的值。

过细的推导多少有点凌乱，而且在实质上也没有什么作用，但最终结果为从振荡回路看到的导纳是一个等效电阻（现在先不去讨论它）与一个等效电容相并联。这个电容为

$$C_{\rm eq} = C_{gd}[1 + g_m R_{\rm eq}] = C_{gd}[1 + g_m(R_S + r_g)] \tag{39}$$

我们注意到 $C_{\rm eq}$ 可能很大。这实际上又一次显示了米勒效应的影响，但现在是从输出口去看这个

① 我们稍后对它进行更好的定量化处理，但这里假定的“合理”是指“充分地低于 ω_T”的意思。

效应。加在漏端上电压的一部分出现在 v_{gs} 上，它激励了 g_m 发生器，所产生的电流与通过电容的电流相加。由于它们必定是由测试电源提供的，因此从测试电源看到的是一个较低的阻抗。上述电流的一个成分来自简单的电容分压器，它与所加的电压同相位，所以它代表了关于振荡回路的电阻负载，这会引起增益下降。另一个电流成分领先于所加的电压，所以它代表了对振荡回路附加的电容负载。

由 C_{eq} 引起的附加电容负载效应使输出振荡槽路的谐振频率降低，尽管这个偏移可以通过适度调整电感来补偿，但使电路工作在谐振频率很大程度上取决于控制很差、特性很差及有可能不稳定的晶体管寄生参数的情形一般是不妥当的。因此与所预计的参数变化相比，我们希望把 C 选得大一些，这样总的振荡回路的电容可以保持独立于工艺和工作点。但一个不好的结果是，对于给定的跨导，会出现增益–带宽积的减小。

在考虑输入阻抗（或者更直接地说是输入导纳）时，C_{gd} 的比较严重的影响会变得十分明显。由于中间细节除在推导我们将要说明的一个细节外同样没有什么用处，因此我们将只列出以下结果：

$$y_{\text{in}} = \frac{y_L y_F}{y_L + y_F} + \frac{g_m y_F}{y_L + y_F} \tag{40}$$

式中，y_{in} 是 C_{gs} 右边所看到的导纳，y_F 是 C_{gd} 的导纳，而 y_L 是 RLC 振荡回路的导纳。①

正如经常发生的那样，如果反馈导纳 y_F 的数值与 y_L 的数值相比较小，则可以写出

$$y_{\text{in}} \approx y_F + \frac{g_m(\mathrm{j}\omega C_{gd})}{y_L} \tag{41}$$

在振荡回路显示为电感性（亦即在谐振频率以下）的频率时 y_L 具有一个负的纯虚数部分，因此上式右边（因而也是 y_{in}）的第二项可以具有一个负的实数部分。当注意到这一点时，以上结果的意义就变得很明显，也就是这个电路的输入就好像是一个负阻与之相连。有负阻就会引起振荡（如果这是你的意图那就正好，但一般的情况不是这样）。我们确实已有了振荡需要的所有元件 —— 电感、电容和负阻。如果这里没有 C_{gd}，那么本来是不会产生这样的问题的。

因此，C_{gd} 引起的困难是它使输入和输出电路耦合并使情况可能变坏。它对输出振荡回路产生负载效应使增益减少，使输出振荡回路失谐并可能引起不稳定性。若我们还希望把一个调谐电路加到输入端，那么后一个问题将特别严重。而且，甚至在真正的不稳定发生之前，在两个端口中调谐电路之间的相互作用也可能使达到合适的调谐变得十分困难。

遗憾的是，C_{gd} 将总是不为零（事实上，它的典型值大约是主要的栅电容的 30%～50%，所以它几乎是不可忽略的）。因此，为了减轻它引起的各种不希望的影响，需要采用某些拓扑连接方面的技巧。

9.6 中和与单向化

从了解到问题来自输入端口和输出端口之间的耦合中很自然想到一种策略，即移去这个耦合应当是有好处的。去掉输出与输入之间的耦合应当为读者所熟悉 —— 它确实与在共源放大器中消除米勒效应一样，后者能成功，则前者也能成功，见图 9.18。通过共栅放大级在输入端口和输出

① 为了避免论述不清楚，我们在这个推导过程中没有明确提及晶体管的输出导纳，但可以认为它是 y_L 的一部分，因此这里的推导比初看时更为一般化。

端口之间进行隔离，我们可以消除（或至少大大抑制）失谐及可能产生的不稳定性，从而可以得到较大的增益-带宽积。

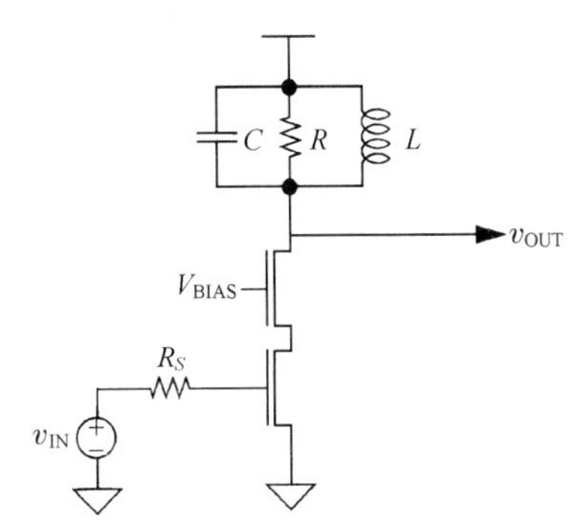

图 9.18 具有单个调谐负载的共源-共栅放大器

达到这些目标的另一种拓扑连接是源极耦合放大器（它可以看成一个源极跟随器驱动一个共栅放大级），如图 9.19 所示。同样，这种结构使输出与输入隔离，从而不会像在简单的共源放大级中那样具有严重的不稳定性和失谐问题。

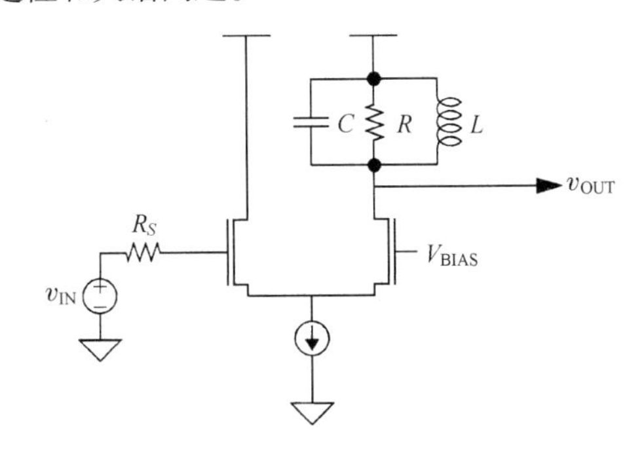

图 9.19 具有单个调谐负载的源极耦合放大器

就输入和输出隔离而言，共源-共栅放大器和源极耦合放大器的作用是类似的。共源-共栅放大器对于给定的总电流可以大致提供两倍的增益（因为这个电流全部可以用来建立 g_m），而源极耦合放大器则对总的电源电压要求较低（因为两个晶体管并不像在共源-共栅放大器中那样上下堆叠在一起）。选择何种连接方式通常基于布置晶体管时上部有没有空间及增益应为多大这样的考虑。

图 9.18 和图 9.19 所示的电路是接近“单向”放大器的例子，也就是在一个较大的带宽范围内信号只能沿一个方向流动。读者可以很清楚地看到这种单向性的价值，除了可以提供我们已经讨论过的电路上的好处，它也使分析和设计变得容易得多，因为它减少或消除了无目的的和不希望的反馈。

如果我们不能（或选择不去）消除不希望的反馈，那么可以用另一种方法最大程度地抵消它。由于这种抵消几乎不可能在较大的带宽范围内都很彻底，因此这种方法一般称为“平衡法”，[①] 以区别于更多不依靠抵消的宽带单向技术。

① 平衡法是 20 世纪 20 年代由 Harold Wheeler 在 Louis Hazeltine 工作时为调幅（AM）收音机开发的一种技术。它的发明使人们能够从调谐射频（RF）放大器中得到大的和稳定的增益，因而减少了在典型收音机中所需要的放大级的级数（因此也就减少了真空管的数目），比起与之竞争的其他许多方法，它可以显著降低成本。

经典的平衡式放大器显示在图 9.20 中。注意，电感已用一个稍为复杂的电路所代替，即一个抽头电感，也称为自耦变压器。在所显示的连接中，由于对称，这个电感上端和下端的电压恰好在相位上差 180°，① 因此漏极电压与在平衡电容 C_N 上端的电压之间存在 180° 的相位差。既然不希望的漏栅耦合只是由 C_{gd} 引起的，那么根据对称性，选择 C_N 等于 C_{gd} 就能保证从漏至栅没有净反馈。流过平衡电容的电流在数值上等于通过 C_{gd} 的电流且在符号上与之相反。因此，我们消除从输出至输入的耦合是通过增加更多的从输出至输入的耦合来实现的（由于相位恰好相反，所以净耦合为零）。

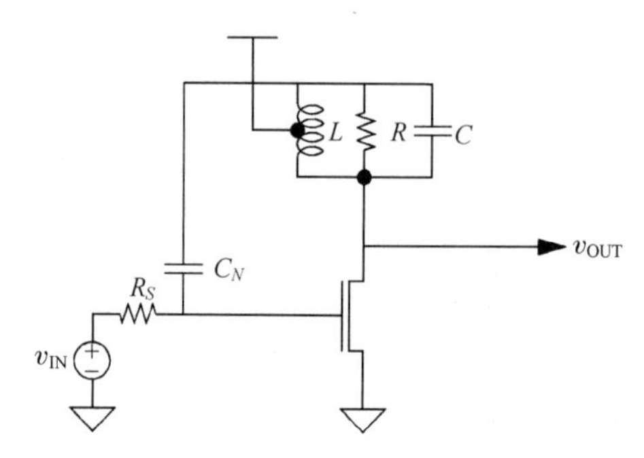

图 9.20　经过中和的共源放大器

平衡法最初利用抽头变压器来实现，但片上变压器的品质因子较差（并且消耗较大的面积）使得这种特殊的方法对于集成电路（IC）实现来说并不十分诱人。然而，我们注意到抽头变压器只是用来得到反信号。由于反信号可以很容易用其他方法得到，因此实际的平衡式 IC 放大器仍然可以实现。一种连接方式是采用一个差分对来避免所需要的变压器，如图 9.21 所示。

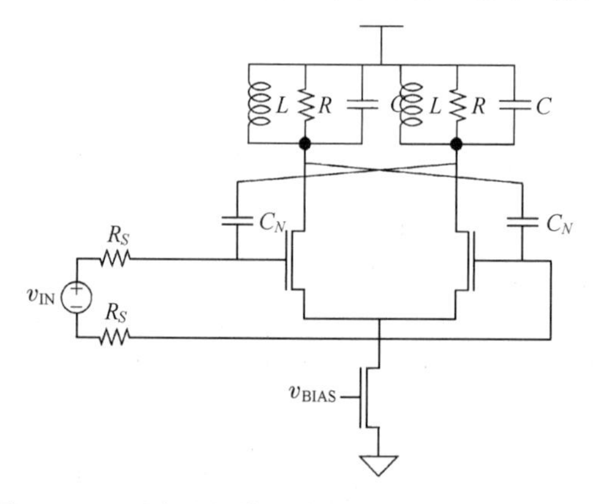

图 9.21　经过中和的共源放大器（更适合 IC 实现）

因为采用这些技术能否完全平衡取决于能否送回一个电流与通过 C_{gd} 的电流完全相等，因此平衡电容 C_N 必须与 C_{gd} 完全匹配。遗憾的是，C_{gd} 多少与电压有关。也许由于这个电容的变化使完全抵消有些困难，因此平衡法在半导体放大器中的应用很有限。而真空管由于它们的高线性度及比较稳定的耦合电容，因此采用这个方法时情况会好得多。然而，如果足够努力，也可能在以半导体为基础的放大器中采用中和来获得比较大的有用增益-带宽的改善。

① 注意，这里并不严格地需要自耦变压器。它只是历史上得到两个相互之间完全相反的电压的普遍和方便的方法。显然，还有其他方法可以提供一个信号及其反信号（考虑图 9.21 的例子）。

9.7 级联放大器

至此，通过高频放大器的讨论，已经介绍了开路时间常数、并联补偿、零点成峰、调谐放大器、单向化和平衡法，但所有这些都主要针对单级电路。然而，常见的情形是我们不能从一级放大中获得足够的增益，因此很自然就会提出一个问题，即应当采用几级放大？而且，如果每一级都各自有一定的带宽，那么整个放大器的带宽是多少？最后，在给定工艺的情况下，如果已确定了增益，是否存在某个应当采用的最优级数以使整个带宽最大？为了回答这些问题，我们现在来考虑级联放大器的特性。

9.7.1 带宽缩小

假设每级放大器都具有单位 DC 增益（为了多少能够简化一些数学运算）及单个极点，那么该放大器的传递函数为

$$H(s)=\frac{1}{\tau s+1} \tag{42}$$

因此 n 个这样的放大器级联时总的传递函数为

$$A(s)=\left(\frac{1}{\tau s+1}\right)^n \tag{43}$$

我们可以用通常的方法求出总的带宽，即计算以上传递函数的数值并求−3 dB 的滚降频率：

$$|A(\mathrm{j}\omega)|=\left|\left(\frac{1}{\mathrm{j}\omega\tau+1}\right)\right|^n=\frac{1}{\sqrt{2}} \tag{44}$$

所以，

$$\left(\frac{1}{\sqrt{(\omega\tau)^2+1}}\right)^n=\frac{1}{\sqrt{2}} \tag{45}$$

去根号得

$$[(\omega\tau)^2+1]^n=2 \tag{46}$$

并且最终求出带宽

$$\omega=\frac{1}{\tau}\sqrt{2^{1/n}-1} \tag{47}$$

也就是说，整个放大器的带宽是每一级带宽乘以某个复杂的因子。随着 n 趋于无穷大，总的带宽将趋于零。

读者也许难以从这个公式中看出带宽缩小的确切情形。然而当 n 很大时，我们可以简化根号内的式子，使这种关系变得较为明显。数学家们会建议采用 $2^{1/n}$ 的级数展开式然后只取前面几项。一个等效的（虽然是间接的）方法是采用人们熟知的 e^x（$\equiv\exp\{x\}$）的展开式。

我们从下式开始：

$$2^{1/n} = \exp\{\ln(2^{1/n})\} = \exp\left\{\frac{1}{n}\ln 2\right\} \tag{48}$$

于是，对于大的 n，我们可以写出

$$\exp\left\{\frac{1}{n}\ln 2\right\} \approx 1 + \frac{1}{n}\ln 2 \tag{49}$$

因此推导出了一个有趣的结果，即带宽的特性可近似为

$$\omega = \frac{1}{\tau}\sqrt{2^{1/n} - 1} \approx \frac{1}{\tau}\sqrt{\frac{1}{n}\ln 2} \approx \frac{0.833}{\tau\sqrt{n}} \tag{50}$$

即至少在 n 很大的极限情形下，总的带宽是与级数的平方根成反比的。

在进一步讨论之前，读者也许希望更好地了解一下这里涉及什么样的近似程度，特别是我们将在后面用到这个结果。很显然，对于 $n = 1$，上式大约差 17%。我们希望误差会迅速减小，而情况也确实如此，如表 9.2 所示。我们可以看到误差非常快地减小到 5%以下，所以带宽缩小的近似公式具有合理的精度。同时我们注意到，这个近似稍微低估了确切的带宽值。

表 9.2　带宽与 n 的关系

n	实际带宽（归一化后）	近似带宽（归一化后）	-（负）误差（%）
1	1	0.833	16.7
2	0.643	0.589	9.4
3	0.510	0.481	5.7
4	0.435	0.416	4.4
5	0.386	0.372	3.6
6	0.350	0.340	2.9
7	0.323	0.315	2.5
8	0.301	0.294	2.3

我们从这个公式和表格中还可以知道，开路时间常数方法在估计这个由同样的放大器构成的级联放大器的带宽时确实很差。在这种情形中，我们有 n 个相同的极点，所以我们从开路时间常数方法中会预见到带宽直接与 $1/n$ 有关，而事实上此时带宽随 n 的平方根的倒数而变化。

既然已经推导出了这个结果，那么就可以利用它来确定使系统总带宽最大的每一级增益。

9.7.2　每一级的最优增益

利用带宽缩小的公式，我们现在就可以找出一种最优策略，在给定增益要求和工艺约束的情况下，使一个级联放大器的带宽最大。

我们再次假设所有的各级是相同的（因为如果有一级的速度比其他任何一级的要慢，那么这一级就代表了整个放大器的带宽瓶颈），每一级都具有频率与该级增益成反比的单个极点。也就是每一级都有常数的增益-带宽积，所以每一级的增益和带宽之间的互换关系是线性的。我们的目的是求出放大级的数目，使对于给定的总增益来说带宽最大（因此总的增益-带宽积最大）。

假设总的增益是 G，所以每个放大级必定具有增益 $G^{1/n}$。如果每一级具有相同的增益-带宽积 ω_T，那么单级的带宽为

$$\mathrm{BW_{ss}} = \frac{\omega_T}{G^{1/n}} \tag{51}$$

由带宽缩小的近似公式可以写出如下公式来表示整个放大器的带宽：

$$\mathrm{BW_{tot}} \approx \frac{\omega_T}{G^{1/n}} \cdot \frac{\sqrt{\ln 2}}{\sqrt{n}} \tag{52}$$

因此带宽的倒数（这对于我们很快就要进行的讨论比较方便）为

$$\frac{1}{\mathrm{BW_{tot}}} \approx \left(\frac{1}{\omega_T\sqrt{\ln 2}} \cdot \sqrt{n}\right) G^{1/n} \tag{53}$$

现在可以通过使这个倒数最小而使总的带宽最大：

$$\frac{\mathrm{d}}{\mathrm{d}n}\left(\sqrt{n}G^{1/n}\right) = 0 \tag{54}$$

求导并约项可以解出：

$$\ln(G^{1/n}) = \tfrac{1}{2} \implies G^{1/n} = \mathrm{e}^{1/2} \tag{55}$$

因此，根据分析，如果我们希望使总的带宽最大，那么每一级的增益应当选择为 e 的平方根。[①]

与这个最优值对应的级数为

$$n = 2\ln G \tag{56}$$

对应于这个情况的总带宽为

$$\mathrm{BW_{tot}} = \omega_T \cdot \sqrt{\frac{\ln 2}{2\mathrm{e}\cdot\ln G}} \approx \frac{0.357\omega_T}{\sqrt{\ln G}} \tag{57}$$

由最后一个公式可以看到，当选择这个最优值时，总的带宽对于总增益值不太敏感。事实上，带宽乘以增益的对数平方根的积是一个常数。也许这种不敏感的关系可以同样用表格形式清楚地表示出来，见表 9.3。

表 9.3　最大带宽和 $G\cdot\mathrm{BW}$ 与 G 的关系

G	n	最大带宽（归一化后）	$G\cdot\mathrm{BW}$
10	4.6	0.24	2.4
20	6.0	0.21	4.2
50	7.8	0.18	9.0
100	9.2	0.17	17
200	10.6	0.16	32
500	12.4	0.14	70
1000	13.8	0.14	140

① 采用开路时间常数而不是带宽缩小公式进行类似的推导时，我们预计到的每一级最优增益为 e 而不是它的平方根。但二者的差别并不十分显著，因为达到最优情况时是比较“平坦”的，也就是说，总的带宽并不过度地取决于每级增益的精确值。具体来说，很容易证明，如果我们采用每一级的增益为 e，那么对于大的 n 带宽的减小倍数只是 $\sqrt{2/\mathrm{e}}$，即约为 0.86。

如果忽略 n 不是整数值的这个实际上并不重要的细节，则可以看到甚至增益增大 100 倍时带宽的改变也小于两倍。很明显，尽管每个放大级具有常数的增益-带宽积，但整个放大器并非如此。事实上，随着 n 的增加，增益-带宽积可以无限制地增加，这是因为这类级联放大器是用带宽换取增益对数的平方根的。

不需要太多的思考就可以得出结论，即增益-带宽积为常数实际上只是单极点系统的特性。许多通常遇到的系统是由少数极点（例如一个极点）占支配地位的，这使人们普遍错误地认为增益和带宽必须按线性关系互换，这只是由于它们常常是这样而已。然而我们已经看到，当系统的阶次增大时，这种关系很快就会不成立。这个观察是非常有用的，因为它意味着我们可以有目的地建立高阶系统，专门消除增益与带宽之间的相互联系。我们可以利用这个观察来设计带宽对增益的影响很弱的放大器。

9.7.3 超再生放大器

追溯到 20 世纪 20 年代，Edwin H. Armstrong 为收音机开发了*超再生放大器*。它采用足够强的正反馈把放大器驱动至一个特定的中间的振荡状况，而这样处理之后就能从单级中得到非常可观数量的增益。这是第一个在实质上违背了增益和带宽之间的线性互换“定律”的电路。尽管 Armstrong 实现的实际上是一个带通放大器，但我们将分析相应的低通放大器，因为后者的增益-带宽特性与它原本的带通放大器是相同的。

图 9.22 所示是一个大大简化的超再生放大器。注意，在这个系统中有一个*负阻*。我们总可以用有源器件来综合一个等效的负阻，所以要求放大器中存在负阻完全是符合实际情况的。

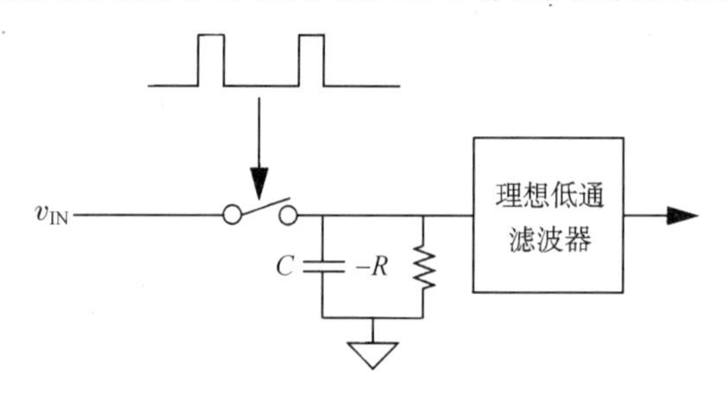

图 9.22 超再生放大器

由于这个负阻使 RC 时间常数为负值，因而极点处在右半个 s 平面。因此，无论何时当采样开关断开时，电容上的电压就会呈指数形式增长。如果在再次闭合这个开关之前等待的时间越长，则由于指数增长的原因使增益越大。

对于这个放大器进行定量分析是很容易的。假设开关闭合一段无限短的时间，且输入信号源能使电容立即充上电。虽然在现实中甚至没有必要去考虑这些条件，但采用这些假设既可以简化分析，又不会引起根本性的错误。

当开关断开时，电容电压从它的初始电压（即 v_{in}）呈指数形式上升：

$$v_{out}(t) = v_{in}e^{t/RC} \tag{58}$$

这种指数增长可以延续一个周期 T，同时，这种指数增长的信号通过一个理想的低通滤波器进行平均，因此，

$$\overline{v_{\text{out}}(t)} = \frac{1}{T}\int_0^T v_{\text{in}} \mathrm{e}^{t/RC}\,\mathrm{d}t = \frac{RC}{T}(\mathrm{e}^{T/RC} - 1)v_{\text{in}} \tag{59}$$

如果时间常数 RC 比采样周期 T 短，那么我们得到的增益倍数与其比值之间存在着指数关系。

为了明确地讨论带宽，注意——由于我们有一个采样系统——我们必须满足奈奎斯特采样准则，因此必须选择 $1/T$ 高于输入信号最高频率分量的两倍，也就是说必须使

$$\text{BW} < \frac{1}{2T} \tag{60}$$

因此，这类放大器的带宽与增益对数的积为

$$\text{BW} \cdot \ln G = \frac{1}{2RC} + \frac{1}{2T}\ln\left(\frac{RC}{T}\right) \tag{61}$$

因此我们看到作为一个合理的近似，超再生放大器的带宽可与增益进行对数互换。正如在级联放大器中的情形一样，这意味着当我们在一个很大范围内改变增益时，带宽几乎没什么变化。事实上，如果我们愿意持续足够长的再生时间，那么增益可以达到非常大的值，从而可以使总的增益-带宽积超过所采用的有源器件的这个值。

在超再生放大器和通常的单极点放大器级联之间的另一个差别是，它只用一个 RC 来实现这种增益-带宽之间的互换。这种放大器周期性的时变特性，使它只用一个储能元件就可具有高阶系统的某些特性。

采用这个带通形式的放大器，Armstrong 能从单个真空管中获得很大的增益，所以他能把基本的噪声源（我们将很快介绍）放大到可以听得见的水平。他和RCA公司认为这个不同寻常的特性将对收音机极为有用。

然而由于许多实际的原因，超再生放大器现在用得并不很多。其中一个主要原因即它是一个振荡器，而 RF 的超再生电路实际上是寄生信号的发射器，会引起干扰。此外，甚至在没有信号的情况下，超再生电路也会把噪声放大到听得见且令人讨厌的程度。这些特点使超再生电路被限制在比较低水平技术的应用中，如儿童的随身听（最便宜的应用——它们易于受噪声的影响，因为它们甚至在没有信号被接收的时候也会发出特有的令人讨厌的嘶嘶声）。然而，这是一种十分吸引人的放大原理，因为它使我们在单级中得到的总增益-带宽积可以大大超过所采用器件的 ω_T。

9.7.4　一点存疑

我们已经介绍了几种能使带宽提高而对增益只产生很弱影响的放大器（还有其他放大器）。从这些例子中可以很清楚地看到，所谓固定增益-带宽积的概念具有严重缺陷。而大多数工程师认识到做任何事情都不可能没有代价，因而开始寻找可以与增益交换的其他参量。这些参量中最重要的是延时。常常（但并不总是）有这样的情形，即在增益和延时之间要比在增益和带宽之间有着更强的互换关系。在许多应用（如电视或光纤系统）中，通信是单向事件，所以延时常常比对带宽的限制更可以被接受。值得注意的是，确实存在一些实际情形，在这些情形中可以使我们不关心的参量指标变差，而使我们关心的参量指标得到改善。

既然认识到最好情况下增益和带宽之间的关系可以明显减弱（如第6章中所讲的那样），那么可以有理由提出这样的问题：如果允许响应中有任意大的延时，那么可以得到什么样的增益或带

宽？令人意外的回答（至少在原理上）是，如果不考虑延时有多长，那么就可以得到任意大的增益。

我们已讨论过增益-延时互换的几个例子。T 形线圈补偿器及级联和超再生放大器都是以较长的延时为代价而得到较大的增益或改善的带宽的。在级联放大器的情形中，增加级数可以提高增益，但同时也增加了延时（尽管比增益的增加速度要慢）。同样，在超再生放大器中，加长再生时间可以（指数级地）提高增益，但同时也（明显）增加了延时。

为了理解如何对电路进行综合，以使它能显示出比我们至今认识到的更为直接的带宽-延时互换关系，可以回想一下上升时间的倒数是带宽的一个度量。我们想象有一个放大器，它把输入阶段的全部能量存放较长的一段时间而不产生任何输出，然后把它一下子全部送到输出端，于是产生了非常快的上升时间（相当于很大的带宽）。这样一个放大器确实直接用延时换取了带宽。从前面的讨论中可以看到，这样一个放大器必须在很大的带宽上有能力提供很大的延时（以便首先可以实现这个交换）。这个要求又意味着需要有较高阶的网络，因为一个极点（或零点）只能在一个有限的频率区间近似一个延时，因此还要求对高阶网络有比较详细的了解。正如我们在下一节中将讲到的，就这方面而言，传输线与它们的集总近似特别有用，它使我们可以构成带宽接近 ω_T 的放大器。

9.7.5 分布式放大器

毫无疑问，分布概念的最出色运用是英国人 W. S. Percival 在 1936 年发明的分布式放大器。然而，关于这个放大器他本人似乎并没有谈及很多，直到 1948 年在 Ginzton、Hewlett、Jasberg 和 Noe 发表了一篇标志性的论文之后，这种技术才广泛为人们了解。[①]

在他们论文的摘要中，作者评论道："通常的'最大带宽-增益积'的概念并不适用于这个分布式放大器。"让我们来看一看这种结构是如何实现增益与延时的互换而不影响带宽的。如图 9.23 所示，晶体管的输入是由一条抽头延迟线提供的，而晶体管的输出则送入另一条抽头延迟线。尽管这里显示的是简单的部件，但正如前面讨论过的那样，最佳性能可以在采用 m 参数值或 T 形线圈部件时获得。

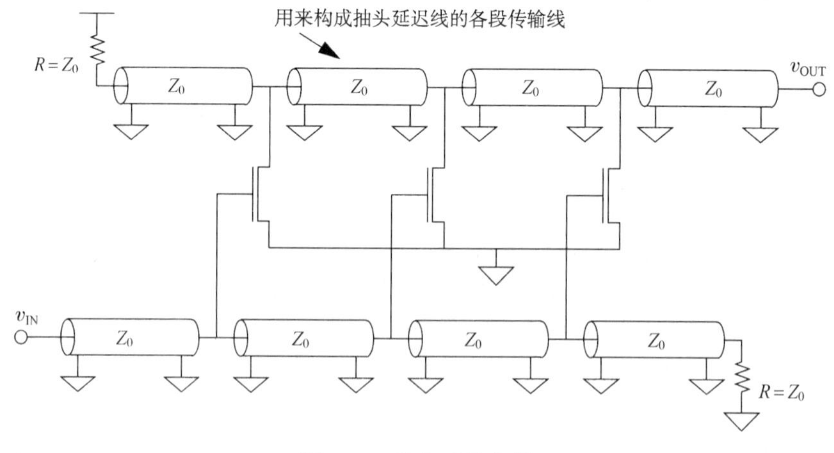

图 9.23　分布式放大器

① E. L. Ginzton, W. R. Hewlett, J. H. Jasberg and J. D. Noe, "Distributed Amplification," *Proc. IRE*, August 1948, pp. 956-69。

加在输入端的一个电压阶跃将沿输入线向下传播，使这个阶跃依次出现在每一个晶体管上。每个管子产生的电流等于其 g_m 乘以输入阶跃的值，并且如果输入线和输出线的延迟相匹配，那么所有晶体管的电流最终将按照时间的一致性加在一起。

由于输出线上的每一个抽头都代表了一个阻抗 $Z_0/2$，因此总的增益为

$$A_V = \frac{ng_m Z_0}{2} \tag{62}$$

与通常的级联放大器不同，这个放大器的总增益与级数呈线性关系，因而它实际上可以工作在每一级的增益小于 1 的频率下。这样，分布式放大器明显可以比通常的放大器工作在更高的频率下。而且由于延时也正比于级数，因此这个放大器确实以增益换取延时，而带宽确实没有以任何直接方式影响这个交换。

关于这个放大器的另一种看法是，我们注意到在通常的放大器中限制带宽的一个原因是当频率提高时，由于输入电容而使输入阻抗下降。然而，在这里我们把器件的输入电容归并到抽头延迟线的常数中，[1] 因此在达到这条延迟线本身的截止频率之前，输入阻抗保持不变且等于 Z_0。

同样，器件的输出电容也可以归并到输出线中。由于输入电容通常大于输出电容，因此有必要对延迟线的常数进行某些有效的调整以保证延迟匹配。

为了使读者不会认为只有在理论上才能达到实用的平衡程度，可以了解一下真空管分布放大器曾在 Tektronix 公司的许多示波器中成功使用了多年(它们的 513 型号示波器最早采用这类放大器)。这些放大器用在最后的垂直偏转级中，并且通常要用 6 对或 7 对“匹配”的真空管。它们一般可以达到大约 $\omega_T/2$ 的带宽，因此大约在 1960 年就实现了 100 MHz 的通用示波器。[2]

在了解了这些特性之后，我们也许有理由问：为什么这类放大器如今并不那么普遍？部分原因是它的功耗很大，因为要求许多级提供一定的增益；另一个原因是替代真空管的有源器件双极管有几个特性使它们不适合用在分布式放大器中。最大的问题是基极寄生电阻 r_b，它使延迟线的 Q 值变差，从而使延迟线的性能下降。因此，双极型分布式放大器的声誉并不好。最后，集总参数的延迟线直到最近才能被集成，因为此时的器件已得到充分的改进，从而使工作频率提高到完全集成的延迟线已实际可行的频率范围，于是分布式放大器几乎完全消失。

分布式放大器最终又重新出现在 1980 年，当时研究 GaAs（砷化镓）工艺的技术人员重新发现了这个原理。自此之后，分布式放大器采用各种化合物半导体工艺来实现，其中，采用 InP（磷化铟）的放大器达到了 100 GHz 的带宽。文献中几乎没有任何有关全集成 CMOS 实现的报道。但一个采用 0.18 μm 工艺、带宽接近 25 GHz 的 CMOS 分布式放大器表明，没有任何理论上的原因可以解释为什么会缺少这种 CMOS 实现的放大器，[3] 因为 25 GHz 的带宽大约只是晶体管 f_T 的一半。

9.8　调幅-调相（AM-PM）的转换

带宽和增益只是设计 RF 放大器时许多要考虑的因素中的两个。另一个值得注意的是（特别

---

① 这里假设器件的输入阻抗在高频时看上去是电容性的。然而，这个假设条件并不总是满足的，因此在实际设计中，如果希望得到好的结果，则必须考虑放弃这种假设。

② 在 Tektronix 585A 型 100 MHz 示波器中的分布式放大器采用 6DJ8 双三极管，它们的 f_T 大致为 300 MHz。延迟线则由 T 形线圈构成，它比通常的 m 参数集总近似能提供更好的带宽。

③ B. Kleveland et al., “Monolithic CMOS Distributed Amplifier and Oscillator,” *ISSCC Digest of Technical Papers*, February 1999。

是在采用复杂数字调制的系统中）要抑制调幅-调相（AM-PM）的转换。任何信号处理模块的相移很可能（而且总体来说非常普通）与输入幅值相关。产生相移与幅值相关的原因通常是伴随非线性操作而引起的偏置点的改变。例如，考虑一个具有弱的偶次非线性的放大器。在大幅值时偶次项有可能产生直流（DC）成分，这个与信号相关的直流成分又加到已有的偏置上。偏置点的偏移可以很容易地改变带宽和摆率（slew rate），从而改变相移。

我们关心 AM-PM 转变的一个重要理由是，现今使用的许多调制都同时利用幅值域和相位域，从而在给定的带宽内达到最大的数据速率。解调器假定这两个域之间是正交的，但 AM-PM 转换破坏了这种正交性。如果这种情况很严重，那么 AM-PM 转换有可能严重加大误比特率，而且有可能使通信系统失效。

图 9.24 所示的简图说明了这个问题的本质。显然，如果解调器希望符号阵列如左图所示——而符号实际上却如右图的星座——那么就会出错。

相位误差在其他系统中也可能很重要。例如，无论是 PAL 还是 NTSC 彩色电视系统，都把颜色编码成相对于参照载波的相位而把颜色饱和度编码成幅值（见第 16 章）。如果出现 AM-PM 转换，那么当颜色加深时，有可能看出色彩的变化。为了避免这种令人讨厌的可见赝象，在信号处理链中，所有元件必须满足严格规定的由此引起的相移（称为差分相位，differential phase）。

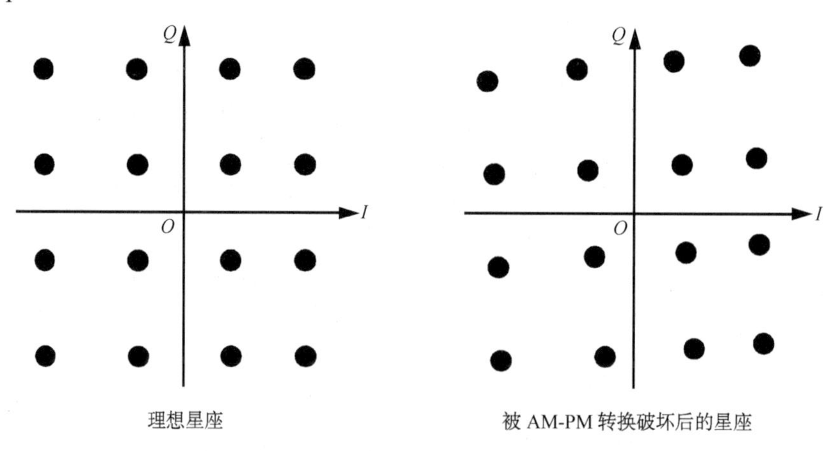

图 9.24　AM-PM 转换对符号星座分布的影响

9.9　小结

我们已经看到，有目的地违反在推导开路时间常数方法时所假设的条件，可以显著地改善带宽。我们只需要采用简单的网络，并且这些方法并不要求增加功耗。无论是并联补偿还是零点成峰，都可能提供这些改善，虽然在脉冲响应的保真方面会付出一些代价。在带宽提高的数量和脉冲失真之间存在着互换关系，但通过很小的努力就可以达到较大的改善，因此这些方法很值得考虑。

我们已经看到，采用调谐负载可以利用谐振（通过电感）来抵消寄生的和实际电路的电容，从而在高频时可以获得与低频时基本相同的增益带宽。我们也已经看到从输出至输入的耦合会严重限制实际可得的增益-带宽积，因为它对输出谐振回路造成负载效应并使之失谐，使放大器失去稳定性，以及改变端口阻抗使放大器的级联变得复杂。

通过运用单向连接（如共源-共栅或源极耦合放大器），可以大大抑制失谐和不稳定，这是因为它可以在一个很宽的频率范围内提供输出口和输入口之间的隔离。此外，我们也可以通过运用平衡法在某个频率和工作点范围内消除不希望的反馈来抑制失谐和不稳定性。

有关增益-带宽积固定的概念被证明是不正确的。正如在超再生放大器和通常放大器级联的例子中所看到的，它们都显示了更多的增益-延时的互换而不是增益-带宽的互换。从这种观点来看，可以看到串联补偿、并联补偿及 T 形线圈补偿都有效地分布了负载，因此可以将其视为实现分布有源器件和输出负载的分布式放大器的一系列越来越好的近似。

习题

[第 1 题]　画出图 9.25 所示的并联补偿网络的增益与相位图。其中，m 的值为 1 至 5，每步间隔为 0.2。

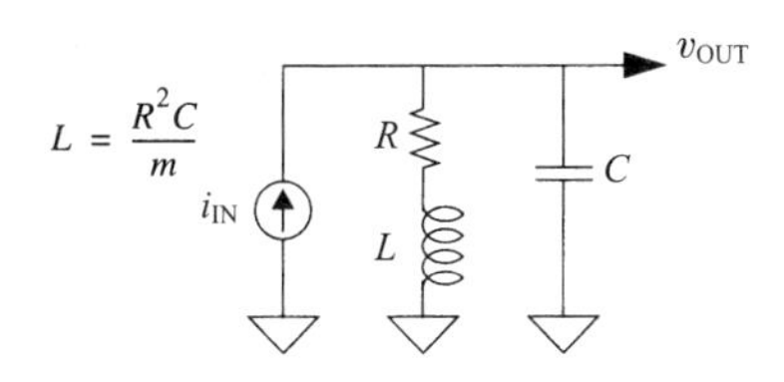

图 9.25　并联补偿 RLC 网络

[第 2 题]　推导串联补偿的公式（见图 9.26）。用公式表示使带宽最大及产生最大平坦响应与延时的条件。对于这三个条件列出所得到的带宽表达式，通过模拟来验证你的答案。

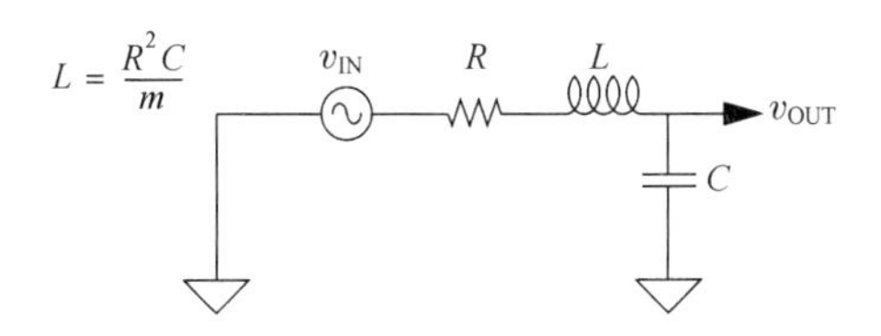

图 9.26　串联补偿 RLC 网络

[第 3 题]　遗憾的是，典型 MOSFET 具有的较大的寄生电容，使 f_T 倍频器不能像我们希望的那样工作得很好。采用任何模型参数（例如采用第 5 章提供的 Level-3 SPICE 模型），通过模拟达灵顿倍频器和 Battjes 倍频器来进一步说明这一概念。使每个倍频器的终端增量（交流）短路（由一个 2 V 的 DC 电源来提供），并且测量频率增加时的增量电流增益。利用一阶近似外推至单位增益频率来确定 f_T。将它与单个器件在相同偏置电流时的 f_T 值进行比较。哪些寄生电容会引起这个问题（如果存在这个问题）？

[第 4 题]　用本章介绍的方法推导一个 RLC 带通超再生放大器增益-带宽特性的表达式。

[第 5 题]　推导一个明确的表达式，表明什么条件下在一个具有调谐负载的简单共源放大器中 y_{in} 可以有一个负的实数部分。如果你打算建立一个这样的放大器并发现 y_{in} 为负值，那么可以采用哪些补救办法？请提供两种具体的解决办法。

[第 6 题]　设计一个单级调谐放大器，满足如下的小信号要求：

|电压增益|：大于 50（在中心频率处）；

总带宽（–3 dB）：大于 1 MHz；

中心频率：75 MHz；

电源内阻：50 Ω；

负载：10 pF，纯电容性。

采用第 5 章中的工艺特性参数。

假设（外部）电感的自谐振频率足够高以至于可以被忽略，还可以假设在 75 MHz 的中心频率处电感的 Q 值为 200。

[第 7 题] 该题给出了在高频设计中人们感兴趣的有关阻抗变换的许多问题。

（a）高速跟随器在驱动电容负载时有可能发生抖动甚至振荡。你的任务是找出引起这个问题的条件并提出相应的解决办法。

首先考虑图 9.27 所示的源极跟随器。假设漏-栅电容 C_{gd} 和寄生的栅电阻 r_g 均为零，推导出从信号源 v_I 看到的小信号输入阻抗的表达式。答案中的实数部分是什么？

（b）负载电容在什么范围时输入阻抗的实数部分为负值？

（c）对于已知落在（b）的范围内的负载电容，修改这个电路，使信号源 v_I 总是看到实数部分为正的阻抗。注意，跟随器的目的是用于高速操作。提供可以计算任何添加部件的值的公式。

（d）现在考虑具有源极电感负反馈的 CE（共发射）或 CS（共源）电路。这个电感可能是无意地来自不可避免的布线寄生参数，也可能是有目的插入的地电感。在任何情形下，推导出图 9.28 所示电路输入阻抗的表达式。这个输入阻抗的实数部分是什么？

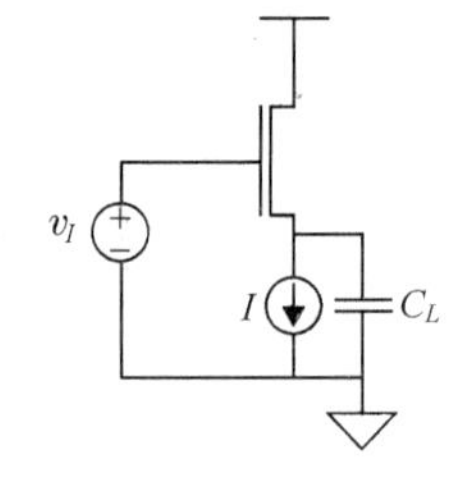

图 9.27 具有电容负载的源极跟随器

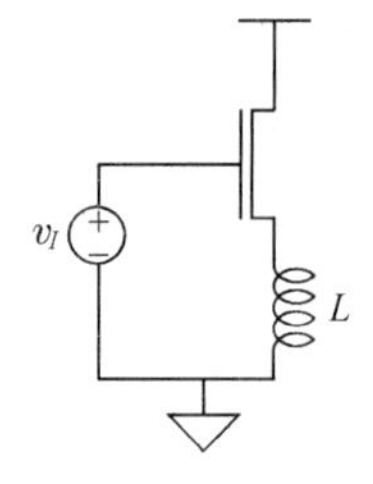

图 9.28 具有电感负载的源极跟随器

[第 8 题] 考虑图 9.29 所示的零点成峰放大器。

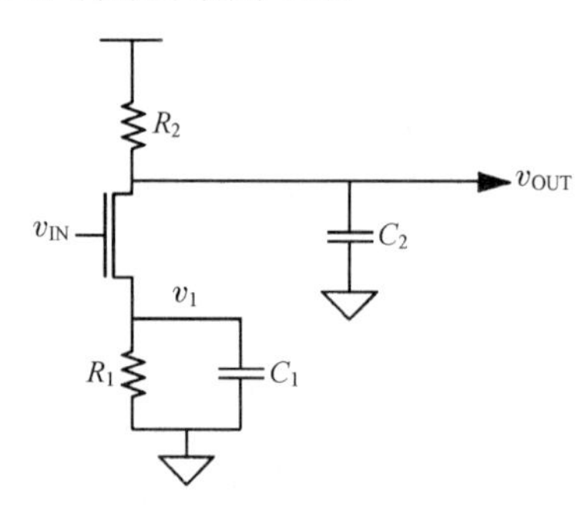

图 9.29 零点成峰放大器（偏置电路未画出）

（a）推导出小信号动态跨导 $i_d(s)/v_{in}(s)$的确切表达式。假设 MOSFET 的（普通静态的）跨导为 g_m，并且没有任何晶体管寄生参数。同时，假设 MOSFET 处于饱和状态。

（b）选择 C_1 使零点抵消输出极点。如果 $g_mR_1 = 9$，整个放大器的带宽是多少？利用输出极点频率 $1/R_2C_2$ 来表示你的答案。注意，输出极点频率是未成峰放大器的带宽。

[第 9 题] 此题考虑在高频放大器设计中遇到的某些实际困难。考虑一个共栅放大器（见

图 9.30)，其中寄生电感被明确地模拟在电路中（假设晶体管被巧妙地偏置在正向放大区）。由于漏端直接连至 V_{DD}，并且这是一个低增益电路，因此采用了一个适当简化的增量模型（例如，忽略了 r_o）。

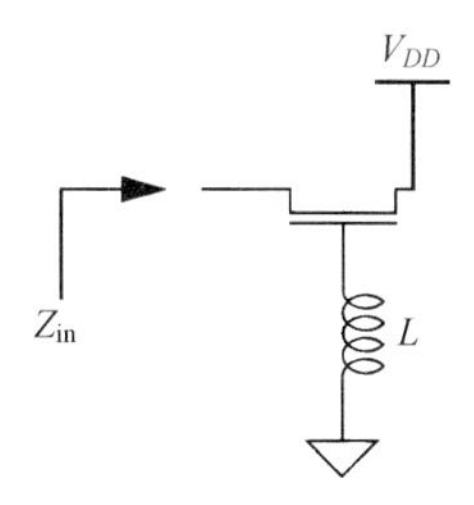

图 9.30　带有寄生电感的共栅放大器

（a）假设可以忽略所有的结电容及 r_g，推导出输入阻抗的表达式（作为 s 的函数）。此外不做任何其他近似。

（b）由于增量模型只对远远低于ω_T的频率成立，因此（a）的答案只适用于有限的频率范围。简化（a）的答案并且推导在 $s = j\omega$ 时这个阻抗的实数部分和虚数部分的表达式。对于本题的其余部分，假设简化的公式均成立。

（c）很清楚，你总可以把任何阻抗模拟成一个电阻和一个电抗元件的串联。对于这一特定电路的等效输入阻抗，电抗元件是什么？其数值的表达式是什么？

（d）一段直导线电感的典型值约为1 nH/mm，因此很难构成任何寄生电感比几个纳亨（nH）小很多的实际电路。假设在栅极和地之间的总寄生电感为 10 nH，而且进一步假设 C_{gs} 的值为 10 pF（这确实意味着是一个很大的器件）。在什么频率（f_{crit}）以上时输入端有可能存在稳定性的问题？答案中只需要保留两位有效数字。解释为什么在 f_{crit} 以上时可能会产生稳定性的问题。

（e）假设我们用一个戴维南电阻（内阻）为 50 Ω（纯实数）的小信号正弦电压源在频率为 $3f_{crit}$ 时驱动这个电路。进一步假设在我们特定的偏置点，$1/g_m$ 恰为 5 Ω。电源端电压与输入端电压的比是多少？

[第 10 题]　设计一个完全集成的放大器并满足以下小信号指标：

|电压增益|：大于 10（在“适度低”的频率时）；

带宽（−3 dB）：大于 500 MHz；

电源内阻：50 Ω；

负载：1 pF，纯电容性；

最大频率的响应峰值：小于 10%；

总的电源功耗：小于 50 mW。

采用第 5 章的器件模型。假设电源电压为 3.3 V。

读者可以采用大至 20 nH 的片上电感和 5 nH 的键合线电感。假设片上螺旋线（电感）的 Q 值在 1 GHz 时为 5，并假定相应的等效串联电阻在所有频率下都保持为常数。忽略所有电感的自谐振。你也可以采用大至 20 pF 的片上电容，并且可以假设该电容在各个方面都是理想的。

[第 11 题]　此题非常详细地说明了不均匀群延时引起的失真的概念。

（a）画出单个 RC 高通滤波器的延时与频率的关系。频率轴应当归一至 $1/RC$。

（b）考虑具有如下传递函数的一个二阶低通部分：

$$H(s)=\left[\frac{s^2}{\omega_n^2}+\frac{s}{Q\omega_n}+1\right]^{-1} \quad \text{(P9.1)}$$

对 $Q=0.5$，1，2，重复（a），但现在把频率归一至 ω_n。

（c）对于并联补偿放大器，我们注意到在最大带宽改善和脉冲保真度之间存在着互换关系。回想一下其理想的传递函数为

$$\begin{aligned}A(s)=g_m(sL+R)\parallel\frac{1}{sC}&=\frac{g_mR[s(L/R)+1]}{s^2LC+sRC+1}\\&=A_0\frac{s(L/R)+1}{s^2LC+sRC+1}\end{aligned} \quad \text{(P9.2)}$$

对 RC 与 L/R 的比为 2，2.5，3，3.5 的情况，重复（a）。画出你的结果与 ω/ω_1 的函数关系。这里，ω_1 为 $1/RC$，即未补偿的放大器的带宽。你也许发现利用（a）和（b）的结果是有帮助的。由于级联线性系统的相位是相加的，因此它们的延时也相加。

[第 12 题] 出于省事的目的，大多数工程师都选择使共源-共栅放大器中的共栅器件与共源器件具有相同的尺寸，然而这种选择几乎从来不是最优的。在以下的问题中你可以忽略体效应但不能忽略器件的寄生电容。

（a）讨论使共栅器件的尺寸逐渐比共源器件的尺寸更窄时会发生什么情况？假设这两个器件流过相同的偏置电流（同时，这种选择不一定是最优的）。

（b）讨论使共栅器件逐渐变得更宽时会发生什么情况？

（c）根据你对（a）和（b）的观察，说明求出共栅器件的最优尺寸以使带宽最大的正式步骤。

第 10 章　基准电压和偏置电路

10.1　引言

第 9 章介绍的放大器设计一般都忽略了产生合适的偏置电压或偏置电流的问题。这种忽略是有意的，目的是使电路图的凌乱程度达到最小。在本章中我们终于要介绍这一重要内容了，我们将集中讨论各种方法以产生较为独立于电源电压和温度的电压和电流。由于 CMOS 对实现偏置电路提供比较有限的选择，我们将看到一些最有用的偏置方法实际上都是以双极型电路为基础的。在每一种 CMOS 工艺中都存在寄生的双极型器件，并且它们可以用在诸如带隙基准电压电路这样的电路中。即使寄生晶体管的特性与理想晶体管差得很远，但用这些（寄生）器件构成的偏置电路的特性常常比那些“纯”CMOS 偏置电路要好得多。

在以下的讨论中，记住产生的任何电压必定取决于具有电压量纲的某种参数的集合（例如 kT/q）。同样，产生的任何电流也必定取决于最终具有电流量纲的参数（如 V/R）。尽管这些看起来既显而易见而又微不足道，但我们将会看到它们对于设计稳定的基准源是极为有用的指南。

10.2　二极管特性回顾

尽管正向偏置二极管两端的电压对于电流的大小不敏感，即二极管的电流与二极管的电压之间是对数关系，但这个电压随温度的变化却十分显著。为了理解与温度关系的确切特性，回想一下二极管的电压可以表示成

$$V_D = nV_T \ln\left(\frac{I_D}{I_S}\right) \tag{1}$$

式中，V_T 是热电压 kT/q；n 即假想因子，对于二极管其典型值在 1～1.5 之间。晶体管的 V_{BE}（BE 表示“基极-发射极”）比起通常的二极管更加接近“理想的二极管定律”，所以我们将在以下所有的情形中认为 n 值等于 1。

由于 V_D 正比于 V_T，所以常常（但是不正确地）从式（1）中得出它具有正的温度系数（TC）。美中不足的是 I_S 本身与温度之间存在指数关系，从而使情况发生了显著的变化。为了说清楚这件事，考虑如下 I_S 的准经验表达式：

$$I_S = I_0 \exp\left(-\frac{V_{G0}}{V_T}\right) \tag{2}$$

式中，I_0 是某个与工艺和几何尺寸有关的电流[①]（一般在室温下 I_0 要比 I_S 大 20 个数量级，所以 I_0 要比 I_D 的典型值大许多），而 V_{G0} 是外推到绝对零度时的带隙电压（大约为 1.2 V）。

---

① 它与温度之间也存在比较弱的关系，但我们将把有关 I_0 特性的详细讨论推迟到 10.5 节。

采用这个 I_S 的细节表达式，我们可以把 V_D 的公式展开为①

$$V_D = V_{G0} - V_T \ln\left(\frac{I_0}{I_D}\right) \tag{3}$$

因此，我们可以看到结电压从 V_{G0} 值开始线性地减小，这正如在二极管电流为常数时从 V_D 与温度的关系图中所看到的那样（见图 10.1）。注意，这个公式告诉我们，在热力学最低温度时，V_D 总是等于 V_{G0}。② 而且很容易看到在任何温度时，温度系数即为

$$\frac{\mathrm{d}V_D}{\mathrm{d}T} = -\frac{V_{G0} - V_D}{T} \tag{4}$$

当假设 I_0 为常数时，温度系数与温度无关并约等于−2 mV/K。结电压这种线性减小的特性称为 CTAT（complementary to absolute temperature，与热力学温度相补）。注意，电压确实（对数地）取决于二极管的电流，所以温度系数也多少取决于二极管的电流，较小的电流对应于较大的温度系数。

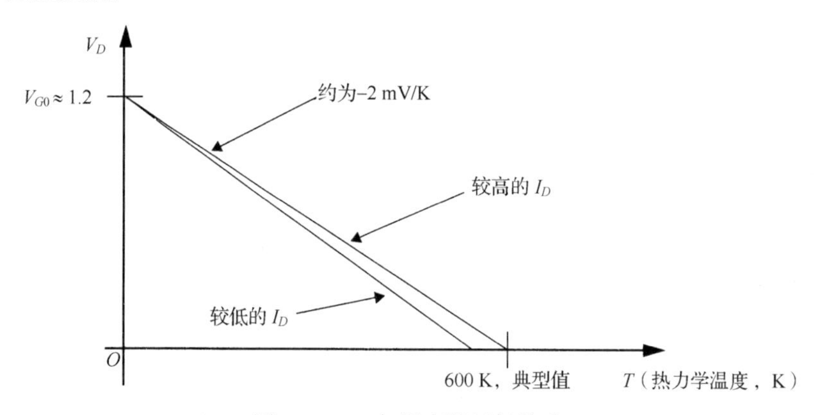

图 10.1　V_D 与温度的近似关系

尽管基于 V_D 的基准电压能够提供几乎不取决于电源电压的输出，但根据应用，CTAT 特性也许能或也许不能被接受。然而我们将看到，V_D 的 CTAT 特性对于运用在基于带隙电压 V_{G0} 一类的基准电压中时特别重要。我们将在 10.5 节详细讨论带隙基准电压。

10.3　CMOS 工艺中的二极管和双极型晶体管

在标准 CMOS 工艺中实现二极管和双极型晶体管可以有最为灵活的选择，这是因为在 n 阱工艺中可以利用寄生衬底 p-n-p 晶体管。源–漏的 p+扩散可以作为发射极，n 阱可以作为基极，而衬底则可以作为集电极。为了降低基极串联电阻，建议使 n+扩散完全包围发射极，并且在满足设计规则的情况下使 n+扩散尽可能地靠近发射极，如图 10.2 所示。

正如与对应的低成本的双极型工艺一样，在 CMOS 工艺中衬底 p-n-p 结构只能用在集电极可以处于衬底电位的电路中。幸运的是，许多电路可以满足这一条件。例如，一个简单的“基准”

① 这里的负号不是错误。只要记住在这里对数的自变量一般要比 1 大许多。

② 同样，这个值是外推值。必须强调在两个极端温度处，实际结的特性不同于所显示的那样；这些公式在极冷的温度下（例如小于 100 K）并不正确，因为载流子发生了冻结（即掺杂剂不能电离）且带隙随温度发生了变化；在高温下（大于 450～500 K）也并不正确，因为硅变成了本征半导体。

电压可以通过把这个器件连接成接地二极管来实现，此时发射极就是二极管的阳极，而基极和集电极（衬底）连在一起作为阴极。

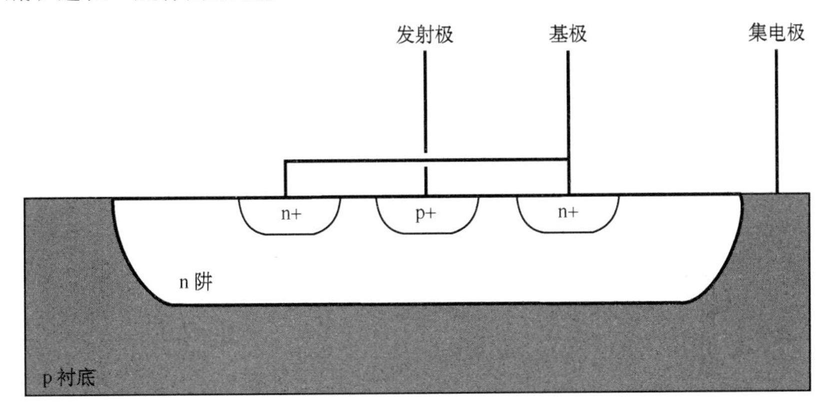

图 10.2 在 n 阱 CMOS 工艺中寄生的衬底 p-n-p 结构（未按比例画出）

10.4 独立于电源电压的偏置电路

为了使对电源电压变化的灵敏度减到最低，我们希望提供给基准电压的偏置电流来自基准电压本身，而不是直接来自电源。尽管看起来这也许违反了某个基本定律（即“没有免费午餐”的原理），但的确是有可能设法满足这一条件的。为了说明如何实现这个技巧，考虑图10.3的电路。正如读者可以看到的，流过二极管的电流取决于二极管电压本身，而不是取决于电源电压，因此这个技术非常好地实现了与电源电压无关的要求。

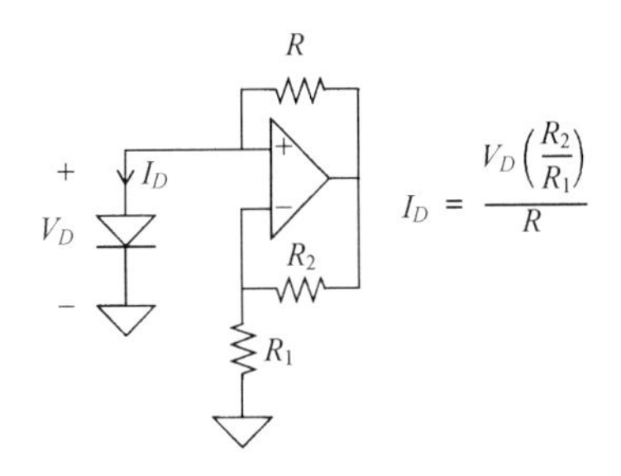

图 10.3 自偏置基准电压电路

实际中要注意的重要一点是，在自偏置电路中总是需要启动电路，这是因为存在两种状态：一种状态就是通常意义上的稳定状态；而另一种则是所有的电流为零。[①] 启动电路保证了使电路离开不希望的亚稳态。

自偏置电路最实际的实现是不使用运算放大器，如图 10.4 所示。PMOS 镜像电路[②]使两个 NMOS 的漏极电流相等，因而两个 NMOS 的 V_{gs} 也相同。于是二极管电压值也出现在 R 的两端，因此在镜像电路的两半部分，相应的电流相等，并且因此成为二极管本身的偏置电流。所以与在具有运算放大器的对应电路中一样，二极管提供了自己的偏置电流。

① 尽管所有为零的状态是亚稳态，但会发现实际电路在绝大部分时间中处于这种状态。因此启动电路对于可靠操作是必需的。

② 实际中一般采用更好的镜像电路以避免镜像比受电源的影响，这里画出的是简单的（镜像）电路以减少电路图的凌乱程度。

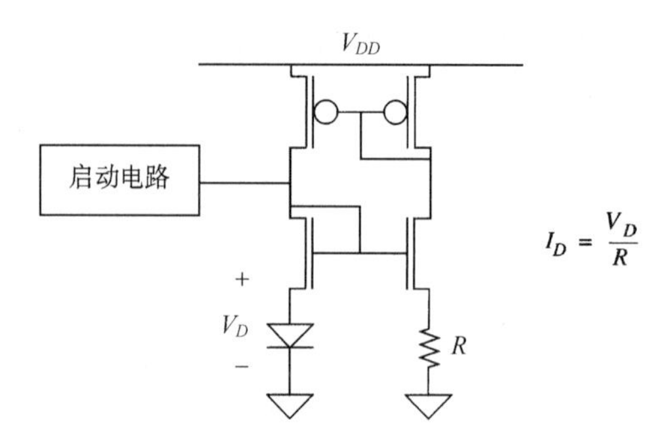

图 10.4　另一种自偏置基准电压电路

图 10.4 所示的自偏置电路是多用途的。我们应当清楚，二极管可以用各种元件来代替。例如，一个连接成二极管的 MOSFET 可以产生大小为 V_{gs}/R 的偏置电流，或者也可以采用一个齐纳二极管（如果有的话）。正如我们将在下面讲到的，自偏置电路在实现 CMOS 工艺的带隙基准电压时是特别有用的。有关图 10.4 中 4 个 MOS 管电路的一些工作细节在本章习题（见第 12 题）中考虑。

10.5　带隙基准电压

由于IC 工艺没有直接提供本身固有的恒定的基准电压，因此唯一可以实现的选择就是联合两个具有完全互补温度特性的电压。因此实现与温度无关的基准电压的一般方法就是在一个随温度上升而下降的电压上加上一个随温度上升而上升的电压。如果这两个电压随温度变化的斜率互相抵消，那么它们的和就将与温度无关。

毫无疑问，这一设想的最佳实现就是带隙基准电压。它所产生的输出电压来源于基本的常数电压，因而不太受工艺、温度和电源电压变化的影响。

第一个广泛采用的带隙基准电压是 Bob Widlar 为美国国家半导体公司（National Semiconductor）极为普遍和经过技术革新的 LM309 5-V 电压调节器集成电路设计的。这是第一个初始精度足够好而不需要最终用户调节的基准电压，因此只需要三个终端（可以采用廉价的晶体管封装），从而使这个部件可以像人们希望的那样便于使用。

为了定量地了解带隙基准电压是如何工作的，我们需要重新考察一下结电压的温度特性。由于晶体管的 pn 结比通常的二极管显示出更为理想的特性，我们将假设带隙的实现采用晶体管。图 10.5 画出了 V_{BE} 与温度的关系图。①

回想一下，V_{BE} 几乎为理想的 CTAT（也就是它随温度线性下降）。现在假设我们在这个 CTAT 的 V_{BE} 上加上一个完全与热力学温度成正比（PTAT）的电压。如果我们选择 PTAT 项的斜率在数值上等于 CTAT 项的斜率，那么它们的和将与温度无关（见图 10.6）。我们看到在温度约为 600 K 以上时会出现不合理的情形，但在温度高到足以熔化引线的情况下，这一原理不再成立的情形几乎是不会在实际中加以考虑的。

注意，PTAT 和 CTAT 电压按合适比例相加得到的输出电压等于带隙电压（外推至 0 K）而与温度无关。换言之，如果我们调节 PTAT 部分使输出电压在任意温度下等于 V_{G0}，那么输出电压就将在所有的温度下等于 V_{G0} —— 至少在这个略微简化的情形中是如此。

① 同样，记住 V_{BE} 的这个图有些理想化，因为我们忽略了 I_0 与温度之间存在弱的依赖关系。它的修正属于二阶关系，我们将很快讨论相关的一些细节。

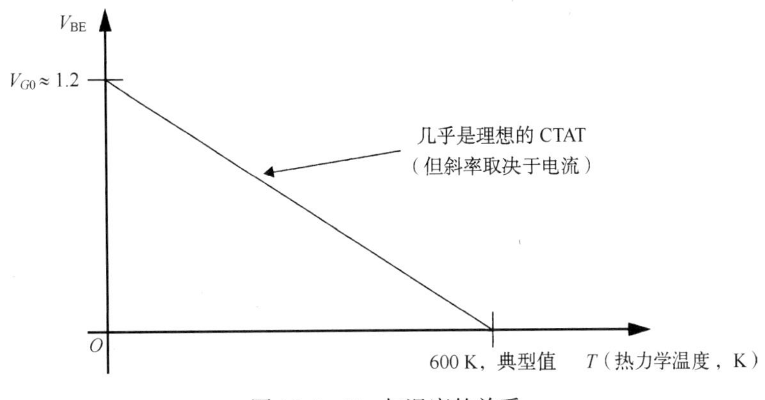

图 10.5　V_{BE} 与温度的关系

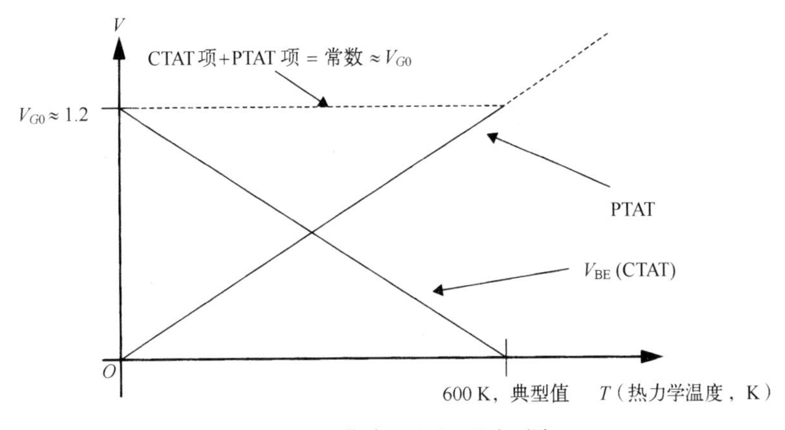

图 10.6　带隙基准电压原理图

至此，自然会考虑如何才能得到 PTAT 电压，因为以上的想法都依赖于这个电压。让我们从熟悉的 V_{BE} 公式开始：

$$V_{BE} = V_T \ln\left(\frac{I_C}{I_S}\right) \tag{5}$$

利用这个表达式，我们很容易计算两个完全相同的晶体管工作在两个不同的集电极电流值（或者更一般地说，对于用相同工艺制造的两个晶体管，工作在两个不同的集电极电流密度）时其 V_{BE} 的差：

$$\Delta V_{BE} = V_{BE2} - V_{BE1} = V_T \ln\left(\frac{J_{C2}}{J_{C1}}\right) \tag{6}$$

于是引起问题的 I_S 项就被消去了，所以我们可以有信心地得出结论，即只要集电极电流密度是一个固定的比，那么ΔV_{BE} 就确实是 PTAT。虽然每个 V_{BE} 只是接近 CTAT，但在两个 V_{BE} 之间的差却是完完全全的 PTAT。

10.5.1　经典的带隙基准电压

既然我们已具备了所需要的各个条件，剩下要做的就是把 CTAT 的 V_{BE} 项与大小合适的 PTAT 的ΔV_{BE} 相加。尽管我们可以想出许多实现它的方法，但 Brokaw 单元是带隙基准电压的很好（和精确）实现。图 10.7 是其经典的双极型电路实现（同样，为简单起见，图中画出的是基本的镜像电路），我们将很快把这个电路修改成 CMOS 工艺实现。

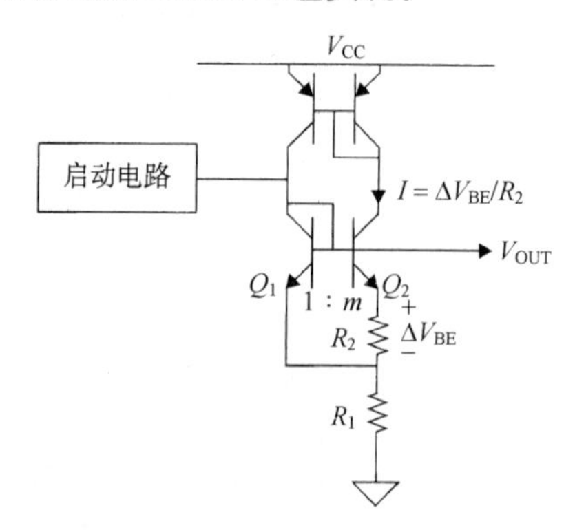

图 10.7 经典的 Brokaw 带隙基准电压电路

正如我们将要讲到的，输出电压是 PTAT 电压与 V_{BE} 的和。这里通过使 Q_1 和 Q_2 发射极的面积成一定比例而使它们的工作电流密度比为一个固定值 m（大于 1）。于是根据 KVL（基尔霍夫电压定律），R_2 上的电压是 Q_1 与 Q_2 的 V_{BE} 的差，因此它是一个 PTAT 电压并等于 $V_T \ln m$。假设 R_2 的 TC 很小以至于可以忽略，那么通过它的电流也将是 PTAT。而且，通过 R_1 的电流即为通过 R_2 的电流的两倍，由于这两个集电极的电流相等，[①] 因此在整个电阻串联组合两端的压降就完全是 PTAT。最后，正如已经指出的那样，输出电压就是这个 PTAT 电压加上 Q_2 的 V_{BE}。当选择合适的 R_1 和 R_2 时，输出电压具有的 TC 为零。作为一个额外的收获，自然会有一个 PTAT 电压出现在 Q_1 和 Q_2 的发射极上，它提供了一个可用来度量温度的输出电压。

设计举例

为了进行一个实际的设计，我们需要一些有关工艺的特征数据。作为一个具体的例子，假设我们来到实验室并发现，对于晶体管 Q_2 的尺寸来说，当温度为 300 K、电流为 100 μA 时，V_{BE} = 0.65 V。同时，设 $m=8$。m 的这一选择[②]使在 300 K 时的 ΔV_{BE} = 53.8 mV（这个数字比我们预想的任何失调电压都要大）。由于我们确切知道在 100 μA 时的 V_{BE} 值，因此对集电极电流一个谨慎的选择就是这个 100 μA 的值，并且该选择就确定了 R_2 的值为 ΔV_{BE}/100 μA = 538 Ω。现在，由于我们希望输出电压为 1.2 V，因此 R_1 两端的压降必定为 $1.2 - V_{BE} - \Delta V_{BE}$ = 0.496 V。最后，我们注意到通过 R_1 的电流是通过 R_2 的电流的两倍，所以可以得出这样的结论，即应当选择 R_1 = 0.496 V/200 μA = 2.48 kΩ，于是我们完成了设计。

读者也许已经注意到，在 Brokaw 单元中的集电极电流并不是常数（事实上，如果我们假设电阻具有零 TC，那么它们为 PTAT）。为了了解为什么这并不会使我们至今所做的一切都无效（事实上它还是有利的），我们现在恰好可以考虑一些细节 —— 也就是关于 I_0 取决于温度的情形。

I_0 的一个准经验公式为

$$I_0 = A_E B T^r \tag{7}$$

① 我们在这里忽略了由于失配、非零的基极电流和非无穷大的厄尔利电压带来的误差。

② 重要的是将 Q_2 的版图设计成相当于 8 个 Q_1，以保证 Q_2 的特性像 8 个 Q_1 尺寸的器件并联在一起。如果 Q_1 位于共心形（common-centroid）布置的中心，那么由工艺偏差引起的误差将减少到最小程度。

式中，A_E是发射极面积，B 是与工艺有关的常数，T 是热力学温度，而 r 是与工艺有关的称为曲率系数（curvature coefficient）的量。对于过去双极型工艺中具有较深扩散的发射极，r 的典型值在 2 与 3 之间；而对于现代 CMOS 和高速双极型工艺中较为普遍的浅注入（以及高浓度掺杂①）扩散，r 的典型值范围是 4 至 6。

利用 I_0 的公式，我们可以把 V_{BE} 表示为

$$V_{\mathrm{BE}} = V_{G0} - V_T \ln\left(\frac{A_E B T^r}{I_C}\right) \tag{8}$$

我们像前面那样把它画在图10.8上，从中可以看到为什么把参数 r 称为曲率系数是很合适的。

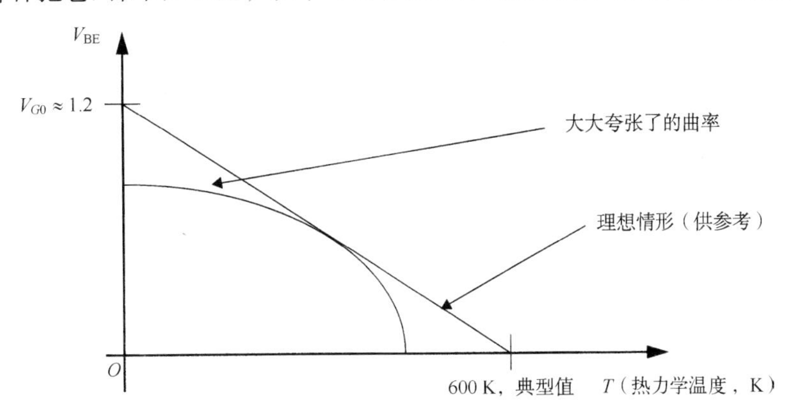

图 10.8　V_{BE} 与温度的关系

由于 log 的自变量并不是完全与 T 无关的，因此 V_{BE} 的温度系数并不完全是常数，这使 V_{BE} 会稍微偏离 CTAT 特性。此外，我们至少已经看到了集电极电流也不是常数的带隙基准电压的一种实现，所以让我们计算一下除考虑 I_0 与温度的关系外还应考虑集电极电流随 T 的 n 次方变化时的实际 TC：

$$\frac{\mathrm{d}V_{\mathrm{BE}}}{\mathrm{d}T} = \frac{\mathrm{d}}{\mathrm{d}T}\left[V_T \ln\left(\frac{CT^n}{A_E B T^r}\right)\right] = \frac{\mathrm{d}}{\mathrm{d}T}\left[V_T \ln\left(\frac{C}{A_E B T^{r-n}}\right)\right] \tag{9}$$

这样，

$$\frac{\mathrm{d}V_{\mathrm{BE}}}{\mathrm{d}T} = \frac{k}{q}\left[\ln\left(\frac{C}{A_E B T^{r-n}}\right) - (r-n)\right] \tag{10}$$

上式可以像在 10.2 节中那样重新写成低熵形式：

$$\frac{\mathrm{d}V_{\mathrm{BE}}}{\mathrm{d}T} = -\frac{[V_{G0} - V_{\mathrm{BE}} + (r-n)V_T]}{T} \tag{11}$$

注意，如果 $r = n$，则曲率这一项就消失了，于是我们得到了与前面推导的 TC 相同的表达式。在 Brokaw 单元中，$n = 1$，这减少了 r 的影响但并没有消除它（记住，一般来说 r 的最小值为 2，并且其范围可以大到 6 左右）。在图中，我们可以把集电极电流随温度的增加看成使 V_{BE} 的曲线变直。

① 在重掺杂发射极中带隙变窄和非线性也许是 r 值较大的原因。

下一个问题是：曲率这一项是如何影响带隙基准电压本身的？最方便的回答来自对零 TC 条件的推导。假设我们把加到 V_{BE} 上的 PTAT 部分称为 GV_T，那么 PTAT 部分的 TC 可以写成 GV_T/T，于是零 TC 条件为

$$\frac{\mathrm{d}V_{BE}}{\mathrm{d}T}+\frac{GV_T}{T}=0 \Longrightarrow G=\frac{[V_{G0}-V_{BE}+(r-n)V_T]}{V_T} \tag{12}$$

上式对应的输出电压为

$$V_{out}\Big|_{TC=0}=V_{BE}+GV_T=V_{G0}+(r-n)V_T \tag{13}$$

最后一个式子取决于 V_T，并且因此意味着输出电压不可能在所有温度下都达到零 TC，我们能做到的最好结果是在某一个温度时达到零 TC，而且为了在某一个温度时达到这个零 TC 条件，我们需要把输出电压调节到比 V_{G0} 高出 $(r-n)V_T$ 的值。幸运的是，这个修正项比较小，在总量大于 1 V 时典型的数量只有几十毫伏（mV）。因此在希望达到零 TC 的温度时（一般为工作温度范围的中点），输出只需修正到比 V_{G0} 大百分之几的值即可。

至此，我们希望能把曲率引起的误差定量化。可惜的是，尽管至今已推导的公式对设计来说很有价值，但它们却不适合用于分析。为了推导一个便于分析的公式，我们选择因子 m，使输出电压在称为 T_R 的某个温度（参照温度）时具有零 TC。在以下所有情况中，我们将用下标 R 表示在这一参照温度时变量的值。采用这种表示惯例时，我们可以把 V_{out} 表示为

$$V_{out}(T)=V_{G0}+\frac{T}{T_R}(r-n)V_{TR}-\frac{T}{T_R}(r-n)V_{TR}\ln\left(\frac{T}{T_R}\right) \tag{14}$$

或者也可以写成

$$V_{out}(T)=V_{G0}+\frac{T}{T_R}(r-n)V_{TR}\left[1-\ln\left(\frac{T}{T_R}\right)\right] \tag{15}$$

注意，这个公式具有正确的极端特性：即当 $T=T_R$ 时得到的输出电压对应于零 TC 条件。我们还注意到，如果可以使集电极电流按照 T^n 变化且 $n=r$，那么若能在任意温度时把 V_{out} 调整到 V_{G0} 值，则输出电压就会在所有温度下具有零 TC。最后一个发现是为综合修正曲率的带隙基准电压所做出的许多努力的核心。

然而，即使没有完善的曲率修正方法，Brokaw 单元（在典型实现时 $n=1$）也提供了出色的性能。双极型的固有曲率并不都那么差，而且 Brokaw 单元本身几乎没有引起什么误差。为了说明这一点，让我们计算当 T_R 选为+50℃且 $(r-n)$ 的范围为 1 至 5、温度范围为−55℃至+150℃时所能预见的实际误差，见表 10.1。

很显然，甚至对于较大的 $(r-n)$ 值，输出电压的总变化也小于整个温度范围电压的 1%。而且输出电压在 T_R 时达到最大，并在比这个温度高或低时以准抛物线的形式下降。因此，将 T_R 设置为所希望的工作温度范围的中点，几乎能使在 T_R 时输出电压值的最大偏差达到最小。

最后我们注意到，表 10.1 中的性能水平假定了二阶误差（由器件失配、非零的电阻温度系数、β 值的漂移等原因引起）被忽略的理想情形。实际上，确切的性能会由于这些因素的综合影响而差一些。为了使误差最小，必须对所有的器件进行仔细的版图设计。

表 10.1　作为 T 及 $(r-n)$ 的函数的输出电压（单位为 V）

$r-n$	V_{out} @ $T=-55℃$	V_{out} @ $T=50℃$	V_{out} @ $T=150℃$	最大误差
1	1.226	1.228	1.227	2 mV
2	1.252	1.256	1.253	4 mV
3	1.279	1.284	1.280	5 mV
4	1.305	1.312	1.307	7 mV
5	1.331	1.339	1.333	8 mV

10.5.2　CMOS 工艺的带隙基准电压

在经典 Brokaw 单元所采用的双极型晶体管中，所有器件的终端都是浮空的，所以这种形式不能直接用 CMOS 工艺来实现。重新布置器件，满足对寄生衬底 p-n-p 结构的限制要求时，就可以得到图 10.9 所示的电路。

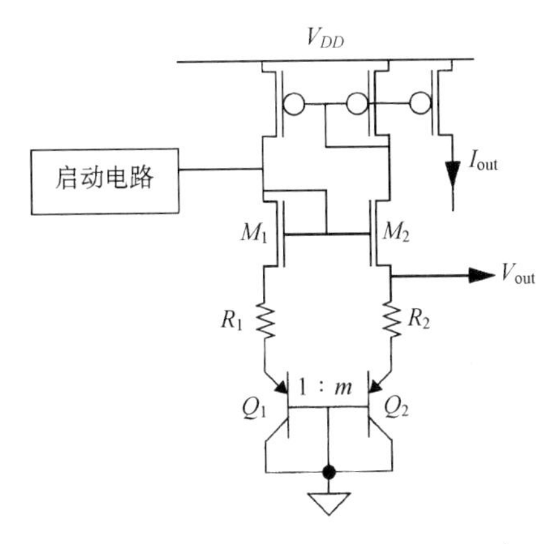

图 10.9　CMOS 带隙基准电压电路

晶体管 Q_2 被设计成发射极的面积为 Q_1 的 m 倍。4 个 CMOS 晶体管保证了发射极电流相同，所以集电极电流密度的比近似为 m。最后这句话的意思是，这个电路比原始的 Brokaw 单元对 β 的灵敏度更大。由于不得已采用衬底 p-n-p 结构，因此引起的这一不良结果造成了比经典带隙单元更大的误差，特别是由于 β 几乎不是大到足可以忽略它的影响（它的典型值为 5～10）。然而，即使是性能很差的带隙基准电压也要显著超过用纯 CMOS 部件构成的任何基准电压。

这一电路部件数值的选择方法非常类似于标准的带隙单元的方法。开始时指定 TC 为零时的参照温度 T_R。为了便于说明，假设这个温度为 350 K。

下一步是计算在这个参照温度时的目标输出电压。正如前面提到的那样，用来构成发射极的浅的重掺杂 p+扩散可以得到较大的曲率系数，即 r 的典型值为 4 或 5。如果没有任何现成的器件模型，一个合理的起始点是假设 $r-n$ 的值为 4，因此目标输出电压应当为

$$V_{\text{out}} = V_{G0} + (r-n)V_T \approx 1.32\ \text{V} \tag{16}$$

现在假设我们对每个发射极电流选择 100 μA，并且较大的晶体管 Q_2 在 T_R 时在这个电流下的 V_{BE} 为 0.65 V，于是 R_2 为

$$R_2 = \frac{V_{\text{out}} - V_{\text{BE2}}}{I_E} = 6.7\ \text{k}\Omega \tag{17}$$

如果我们假设 m 等于 8，那么 V_{BE1} 大约比 V_{BE2} 大 63 mV，因此，

$$R_1 = \frac{V_{\text{out}} - V_{\text{BE1}}}{I_E} = 6.07\ \text{k}\Omega \tag{18}$$

至此就完成了这个设计。

作为对该电路的最终评价，我们通常可以发现这个偏置电流相对来说基本不随温度变化，这是因为电阻一般都具有正的 TC，它抵消了核心部分设计的 PTAT 趋势。因此从电流镜中送到 PMOS 电流镜的电流将大致不变。如果最终目的是产生一个偏置电流而不是基准电压，那么通过合适地选择电阻值就可以调节所得到的精确的 TC。

对一般 CMOS 带隙电路最后要说明的是，必须注意 CMOS 通常表现出比较差的匹配，这可能引起相当大的误差。采用大尺寸器件并使它们工作在适当高的栅极过驱动电压时比较有利于匹配，但这会加大功耗。另一种方法是利用 MOSFET 作为开关，依次互换希望匹配的每一对管子中的左管和右管。[①] 由对称性可知，失配的影响应必然在每次互换时改变正负。如果我们利用一个低通 RC 滤波器来得到输出的时间平均值，那么就一阶近似而言，输出电压将对失调不敏感。实践表明，利用这种方法在采用 0.18 μm CMOS 工艺未经微调时的 3σ 误差大约为 1%。这样的性能已能与许多经过微调的双极型实现相比拟。这种一般方法可以应用在允许对称性的任何地方。

10.6 恒 g_m 偏置

我们常常希望得到一个不变的电流或不变的电压，但实际并不总是这样。许多重要的例子包括了跨导必须保持不变的情形，如将在第 12 章中描述的低噪声放大器。

偏置电流对应于与基准电阻成反比的 g_m 的电路，就是对我们已讲过的自偏置 CMOS 四晶体管电路的改进，这个电路显示在图 10.10 中。

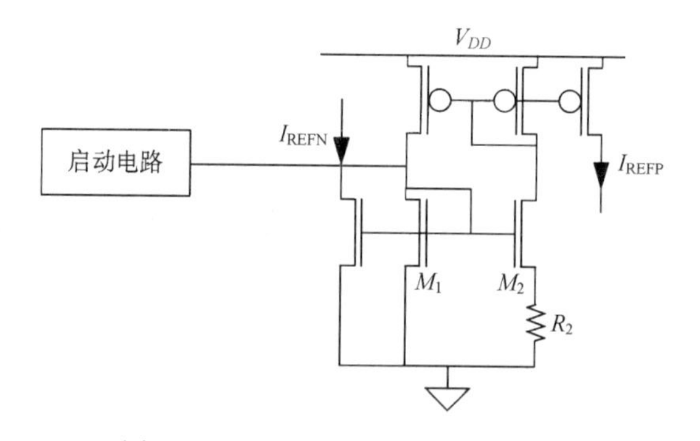

图 10.10 基本的恒 g_m 基准电压电路

为了推导 M_1 跨导的表达式，首先利用 KVL（基尔霍夫电压定律）写出

$$V_{gs1} = V_{gs2} + IR_2 \implies V_{\text{od1}} = V_{\text{od2}} + IR_2 \tag{19}$$

式中，我们假设采用理想的 PMOS 电流镜，并且两个长沟道 NMOS 晶体管具有相同的阈值电压。

如果晶体管 M_2 的宽度是 M_1 的 m 倍，那么两个过驱动电压之间有如下关系：

① V. Ceekala et al., "A Method for Reducing the Effects of Random Mismatch in CMOS," *ISSCC Digest of Technical Papers*, February 2002。还可参见美国专利 # 6,535,054，2001 年 12 月 20 日申请，2003 年 3 月 18 日获得批准。

$$V_{\mathrm{od2}} = \frac{V_{\mathrm{od1}}}{\sqrt{m}} \tag{20}$$

对于我们一直考虑的长沟道器件，g_m 等于 $2I/V_{\mathrm{od}}$，因此，

$$V_{\mathrm{od1}} = V_{\mathrm{od2}} + IR_2 \implies V_{\mathrm{od1}} = \frac{V_{\mathrm{od1}}}{\sqrt{m}} + IR_2 \implies \frac{2I}{g_{m1}} = \frac{2I}{\sqrt{m}g_{m1}} + IR_2 \tag{21}$$

求跨导得到

$$g_{m1} = \frac{2\left(1 - 1/\sqrt{m}\right)}{R_2} \tag{22}$$

上式清楚地表明，跨导正比于参考电阻 R_2 的倒数。如果比值 m 精确地等于 4，那么上式中的比例系数就变为 1。由这一单元产生的电流 I_{REFN} 和 I_{REFP} 可以（按同样大小或按一定比例）被复制到从属的镜像器件上，使电路其他部分中的多个 NMOS 器件具有所需要的跨导值。

由于这个偏置产生器与参考电阻的精度有关，因此有特殊要求的应用可能需要采用外部电阻。在非关键应用中，通常的片上电阻（例如未经硅化的多晶）即可满足要求。

以上的推导非常乐观地假设两个 NMOS 管具有相同的阈值电压，而不考虑这两个器件的源-体电压并不相同。在实际情形中，背栅偏置效应会使阈值产生不同程度的偏移并由此引起误差。为了使这种背栅效应的影响减到最小，可以选择有较高电流密度的器件——但仍要满足保持长沟道工作的约束条件。这样做能够保证有较大的过驱动，使整个电路的特性对阈值的差别比较不敏感。最后，选择比较低的 IR_2 乘积，使在源-体电压之间的差别最小。当同时采用这两种技术时，通常可以达到令人满意的性能。

另一种恒 g_m 基准电压电路显示在图 10.11 中。在该电路中，由于运算放大器的存在，因此 M_2 基本上是不相关的。从图中可以看出，电阻 R_2 两端的电压等于 M_1 的 V_{gs} 下移一个大小为 M_3 的 V_{gs} 的电平。电流 I_{bias3} 与 M_3 的尺寸一起选择，以产生大小等于 M_1 阈值电压的电平偏移。于是，

$$V_{gs1} - V_{gs3} \approx V_{gs1} - V_{t1} \approx IR_2 \implies \frac{2I}{g_{m1}} \approx IR_2 \implies g_{m1} \approx \frac{2}{R_2} \tag{23}$$

由于 I_{bias3} 提供了额外的自由度，因此有可能在不需要较小的 IR_2 乘积的情况下使这个电路比前一一个电路的误差更小。自然，使 M_1 在较大过驱动情况下工作仍然是有利的。

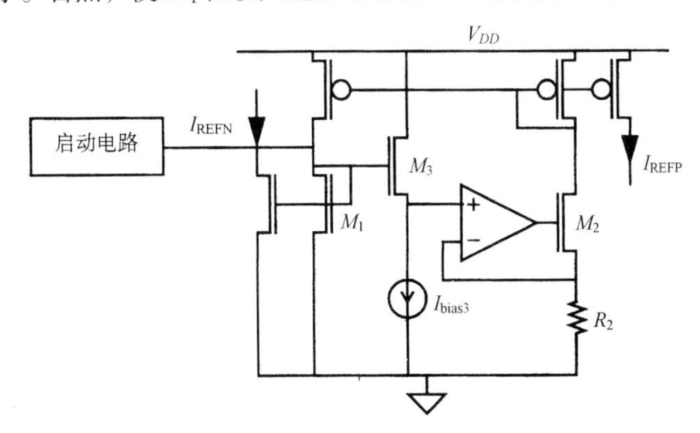

图 10.11　改进的恒 g_m 基准电压电路

电流镜不匹配是许多模拟电路中的另一个误差来源。采用大尺寸器件并偏置在较大的过驱动时可以改善匹配情况，使两个漏-源电压尽可能相等，可以减少系统失配。图 10.12 所示的电路利用另一个运算放大器迫使 PMOS 镜像晶体管工作在两个漏-源电压理论上相等的情况下，从而消除了因沟道长度调制和 DIBL 引起的系统误差。

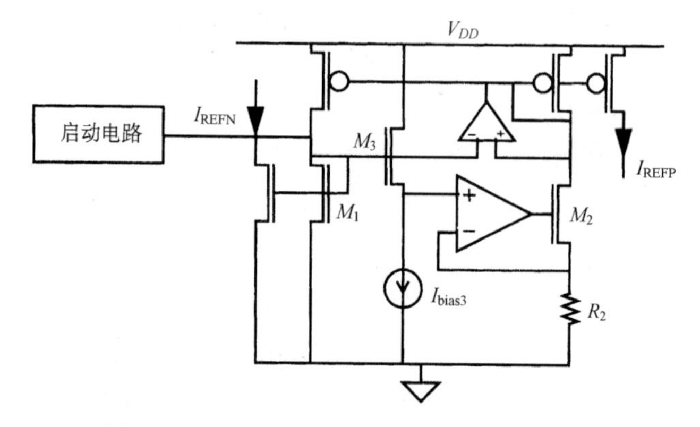

图 10.12　具有最小误差的恒 g_m 基准电压电路

采用恒 g_m 基准电路可以大大减小与 g_m 有关的参数［如低噪声放大器（LNA）的增益、输入阻抗及噪声系数］随温度、工艺和电源电压变化而引起的变化。

10.7　小结

我们已经看到自偏置单元是多用途的，它所产生的电流可以正比于一条支路中的电压与另一条支路中的电阻之比。电压可以由各种元件提供，例如正向偏置结。尽管 V_{BE} 本身由于其负温度系数（TC）只能有限地作为一个电压基准应用，但它的 CTAT 特性在带隙基准电压电路中补偿 PTAT 的ΔV_{BE}时非常有用，因为它产生一个大致等于 V_{G0} 的输出而受温度变化的影响极小。甚至当寄生双极型晶体管用在另一种形式的 CMOS 电路中时，利用带隙原理也可以设计出比通常 CMOS 电路可能具有的更为精确和稳定的电压或电流。

本章最后介绍了一种恒 g_m 偏置电路，它使我们可以稳定地偏置一些对跨导敏感的电路，如滤波器和 LNA。

习题

[第 1 题]　此题比较详细地说明了恒 g_m 基准电压电路的特性。参见图 10.13。

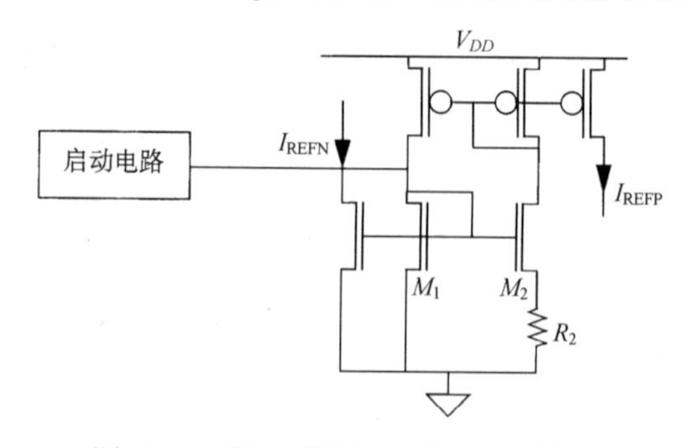

图 10.13　第 1 题的恒 g_m 基准电压电路

如果不选择 $m = 4$ 而只是考虑使 m 非常大，那么在极限情况下，跨导所趋近的值是当 $m = 4$ 时所得到值的两倍。当 M_2 为 M_1 的 S 倍宽时推导出 M_1 跨导的表达式并用该公式说明以上论点。为了简化推导，可以忽略体效应并假设 PMOS 镜像为理想的 1∶1 镜像电路。

[第 2 题] 在图 10.14 所示的改进的恒 g_m 基准电压电路中，分析由非零输出电导引起的 PMOS 镜像误差的影响。把 PMOS 器件模拟成平方律关系，并假设除沟道长度调制系数为 0.1/V 外它们均为理想的。推导出 M_1 跨导的一般表达式，但不再假设 M_3 的 V_{gs} 精确等于 M_1 的 V_t。

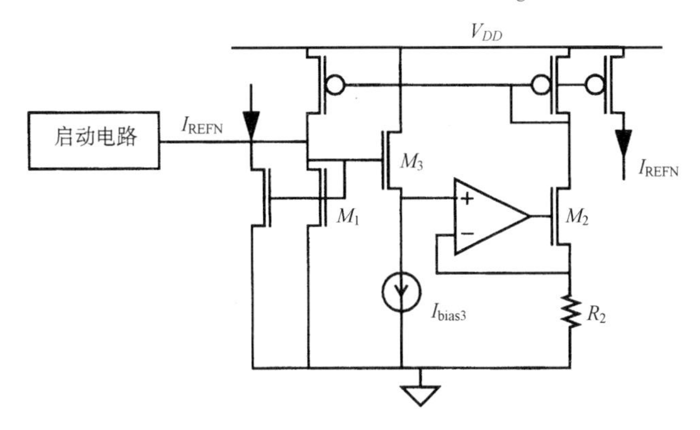

图 10.14　第 2 题的恒 g_m 基准电压电路

[第 3 题] 采用第 1 题的简单电路，选择器件尺寸和电阻值，使得在 300 K 时产生一个 250 μA 的输出电流漏源（output current sink）及 1 mS 的跨导。采用第 5 章 Level-3 模型的器件参数，通过 SPICE 模拟验证该设计能够按照所希望的要求工作。

[第 4 题] CMOS 兼容的带隙基准电压公式并不考虑有限的 p-n-p β 值。遗憾的是，这样的晶体管的典型β值常常低于 10。重新推导包括β 的输出电压表达式。

[第 5 题] 在本题中我们考虑一个非理想基准电压电路对一个瞬态扰动的响应趋于稳定时的特性。考虑图 10.15 所示的一个常见电路。假设每个晶体管为 10 μm 宽而 V_{DD} 为 3 V。采用第 5 章的 Level-3 模型。

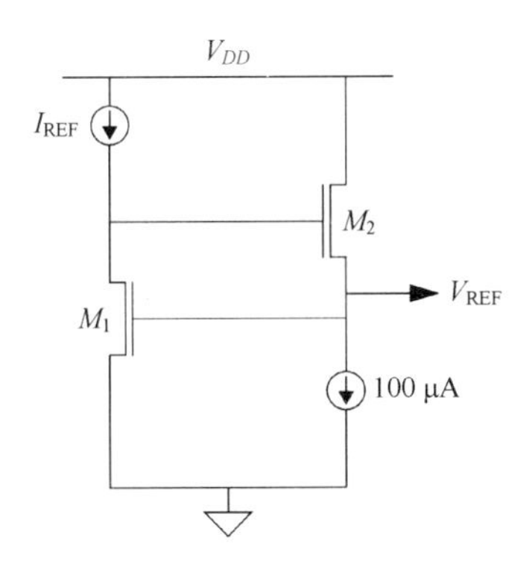

图 10.15　基于 V_{gs} 的基准电压电路

（a）选择 I_{REF} 使输出电压为 1 V。

（b）低频交流输出电阻为多少？

（c）现在考虑如果基准电压必须驱动一个 3 pF 的总负载，并且如果扰动使输出电压在 1 ns 内跳至 1.5 V（例如考虑一个快速作用的电流源），此时将会发生什么情形。计算达到原先电压值 1 V 的 1%时的稳定时间（在手工计算中可以忽略体效应），并且用 SPICE 验证你的答案。定量地解释它们的差别。

[第 6 题]　在低压电路中，采用通常的共源-共栅结构来提高电流源的输出电阻变得很困难或不切实际，然而可以采用另一种共源-共栅技术来减少所需要的电源电压，图 10.16 就是一个例子。

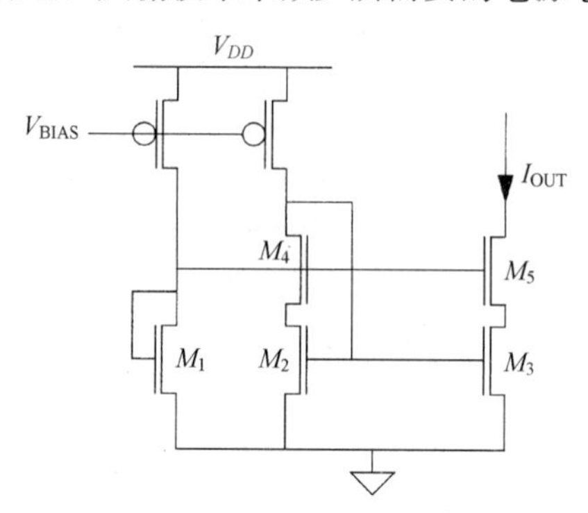

图 10.16　低净空压降的共源-共栅电路

在这个电路中，M_1 建立了 M_4 和 M_5 栅的偏置电压。一个典型的粗略设计是使 M_1 的宽度大约为所有其他晶体管宽度的1/4。然而，我们也可以使这个电路的设计有一个更为合理的基础。如果我们把 W/L 比率称为 S，并假设 $S_2 = S_3 = n^2 S_4 = n^2 S_5 = S$，这里 $n > 1$。

假设在饱和情况下输出电导为零并忽略体效应。用 S 和 n 来表示明确推导出使 M_2 和 M_3 偏置在饱和边缘时 S_1 应满足的条件的表达式。可以假设平方律特性成立。

[第 7 题]　对短沟道器件重复上题，用 E_{sat} 表示答案中的一部分。特别要注意在这里短沟效应是有利的，因为饱和电压减小了，所以可以工作在较低的电源电压下。

[第 8 题]　图 10.17 为另一种垂直排布的晶体管较少的电流源。为简单起见，假设所有的器件宽度都相等。确定保证 M_1 和 M_2 均处在饱和时 R 的表达式。假设具有长沟道特性并忽略体效应及沟道长度调制。

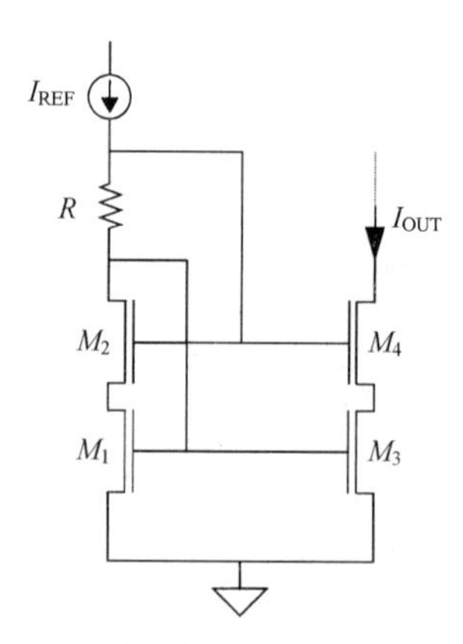

图 10.17　低净空压降的共源-共栅电流源

[第 9 题]　一种不同的恒 g_m 偏置单元通过使两个 NMOS 器件的源端均处在相同的电位而避免由背栅偏置（体效应）引起的误差，见图 10.18。说明输出电流仅由晶体管的几何尺寸和电阻值决定。就像前面那样，忽略体效应并假设具有零输出电导及完全相同的晶体管（除了 M_4 的宽度是其他晶体管宽度的 S 倍）。说明 M_5 的跨导只取决于几何尺寸及基准电阻 R。

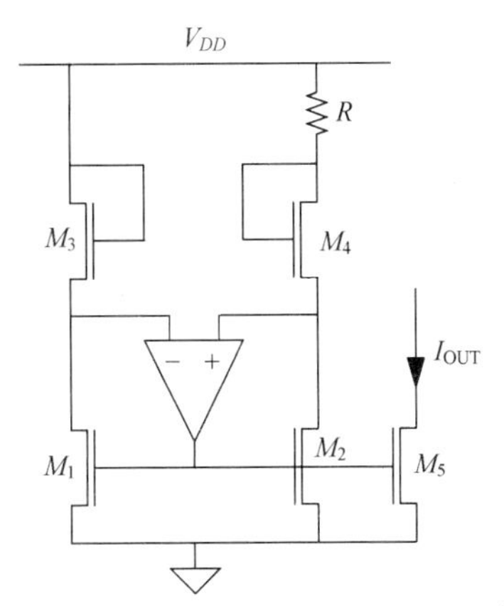

图 10.18　另一种恒 g_m 基准电压电路

[第 10 题]

（a）在上题的电路中，运算放大器的极性有关系吗？定性解释为什么确实很有关系？如果极性不正确会如何？

（b）为了更定量地回答（a），在运算放大器的输出端断开回路，驱动 M_1 和 M_2 的公共栅连接点，并观察从运算放大器输出端返回的电压，由此推导出该电路回路传输率的明确表达式。注意使用的符号！

[第 11 题]　本章有许多自偏置电路，并且我们曾提到必须要有启动电路但却没有给出任何具体例子。现将图 10.19 所示的带隙基准电压电路作为一个例子。假设带隙核心部分的每条支路中有 100 μA 的电流流过。

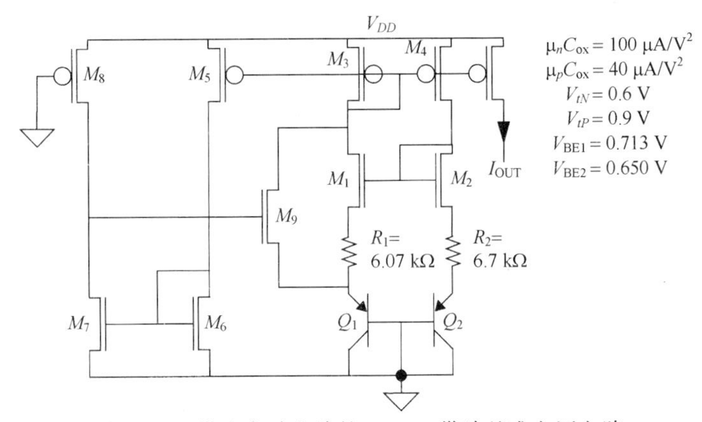

图 10.19　带有启动电路的 CMOS 带隙基准电压电路

（a）解释这个启动电路如何工作。

（b）当带隙工作时，假设 M_9 截止。为了保证 M_9 不会干扰带隙单元的工作，它的 V_{gs} 应当至少比阈值电压低 400 mV。为满足这个要求，$(W/L)_7$ 与 $(W/L)_8$ 的最小比值是多少？

（c）使电源电压从零起慢慢上升来模拟这个电路。电源电压为何值时这个电路将“立即投入”工作？

[第 12 题]　本章中的许多自偏置电路都采用了如图 10.20 左图所示的恒 g_m 偏置电路那样的四 MOSFET 结构。已证明图 10.20 右图的电路也能工作。

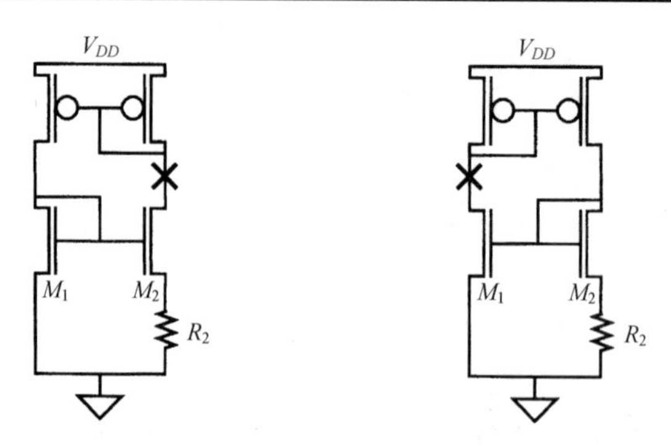

图 10.20　另一种连接方式的恒 g_m 基准电压电路

为了验证这种说法，在标有“✕”的地方切断每个电路。从 PMOS 晶体管中拉出电流，然后看看从 NMOS 晶体管中返回什么。求出在非常低的电流时的电流比，记住 M_2 是较宽的 NMOS 晶体管。由这一“环路传输”实验解释为什么这两个电路都能工作（或都不能工作）。

第 11 章　噪　　声

11.1　引言

通信系统的灵敏度受到噪声的限制。噪声最广义的定义是“除所希望信号外的一切信号”，然而它显然不是我们在这里将要采用的定义，因为它没有区分人工噪声源（如 60 Hz 电源线的交流声）和我们将在本章中讨论的比较基本的（因而无法消除的）噪声源。

只是在真空管放大器发明之后，当工程师最终获得足够的增益使这些噪声源变得令人瞩目的时候，人们才广泛地认识到这些基本噪声源的存在。简单地级联更多的放大器最终并不能使灵敏度有任何进一步的改善，因为存在的“神秘”噪声将与信号一起被放大。在音频系统中，这种噪声表现为连续的嘶嘶声；而在视频系统中，噪声本身显示为模拟电视系统中特有的“雪花”效应。

噪声来源的“神秘”性一直保持到 H. Nyquist、J. B. Johnson 和 W. Schottky[①]发表了一系列解释噪声从哪里来及预计有多大的论文之后才被揭开。我们先分析一下他们所指出的噪声来源。

11.2　热噪声

Johnson[②]首先发布了电阻中噪声的详细测量方法，而他的同事 Nyquist[③]把它们解释成布朗运动的结果：在导体中热激励的电荷载体构成了随机变化的电流，它引起了随机的电压（通过欧姆定律）。为了纪念这两位研究者，热噪声常被称为 Johnson 噪声，有时（不太经常）也被称为 Nyquist 噪声。

由于噪声过程是随机的，我们不可能确定在一个特定时间具体的电压值（事实上，它的幅值是高斯分布的），而唯一可以依靠的是用统计方法来表示噪声的特性，如均方值或均方根值。

基于热噪声的来源，我们可以预见它与热力学温度的关系。事实上，热噪声功率确实正比于 T（细心的读者甚至可以猜出它正比于 kT）。特别是一个称为“*有效噪声功率*”（available noise power）的量由下式给出：

$$P_{NA} = kT\Delta f \tag{1}$$

式中，k 是玻尔兹曼常数（大约为 1.38×10^{-23} J/K）；T 是热力学温度，用 K 表示；Δf 是测量范围内的噪声带宽（等效的方块形带宽，equivalent brickwall bandwidth），用 Hz 来表示。我们将很快说明什么是“有效噪声功率”和“噪声带宽”，但现在我们只关注到噪声源的频带很宽（事实上在这里介绍的简化模型中是无穷大的[④]），所以总的噪声功率取决于测量带宽。

---

① 在英文刊物中，这个名字常常被拼错，像“Shotkey”，“Shottkey”或“Schottkey”等是比较常见的。同样，“Schmitt”触发器也经常被拼写错，常常被不正确地写成“Shmitt”和“Schmidt”。

② “Thermal Agitation of Electricity in Conductors,” *Phys. Rev.*, v.32, July 1928, pp.97-109。

③ “Thermal Agitation of Electric Charge in Conductors,” *Phys. Rev.*, v.32, July 1928, pp.110-13。

④ 有效功率在带宽接近无穷时将无限增长的含义暗示着需要修改这个公式。我们将很快考虑这个细节。

注意，这个公式告诉我们，有效噪声功率的谱密度与频率无关，因此总的功率将随带宽没有任何限制地增加。这似乎有些不真实，但它对于电子工程师感兴趣的所有带宽而言是足够正确的。

利用式(1)，我们可以计算出室温下 1 Hz 带宽上的有效噪声功率约为 4×10^{-21} W(或–174 dBm[①])，进一步注意到噪声密度为常数，意味着在任何给定的绝对（相同）带宽上热噪声功率都相同。因此，在 1 MHz 和 2 MHz 之间的噪声功率与在 1 GHz 和 1.001 GHz 之间的相同。由于这一常数特性，热噪声常常类比于白光而被描述为“白噪声”。然而，类比并不是确实等同，因为白光是每波长包含常数的能量，而白噪声则是每赫兹包含常数的能量。

“有效噪声功率”就是能传送给负载的最大功率。回想一下，传送最大功率（对于电阻电路）的条件是负载电阻和电源内阻相等。这意味着可以用图 11.1 所示的电路来计算有效噪声功率。

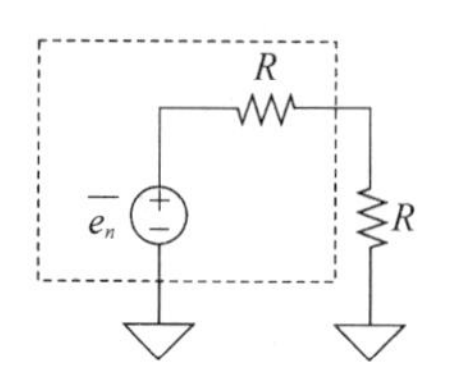

图 11.1　计算一个电阻热噪声的电路

噪声电阻的模型包含在虚框内，这里表示为一个噪声电压发生器与这个电阻本身串联。根据定义，由这个噪声电阻传送到阻值相同的另一个电阻的功率就是有效噪声功率：

$$P_{NA} = kT\Delta f = \frac{\overline{e_n^2}}{4R} \tag{2}$$

式中，$\overline{e_n}$ 为在给定温度下电阻 R 在带宽Δf上产生的开路 rms（均方根）噪声电压，因此开路均方噪声电压为

$$\overline{e_n^2} = 4kTR\Delta f \tag{3}$$

把一些数值代入上面的最后一个公式，可以得到几个有用的粗略估计值。在室温下，一个1 kΩ的电阻在 1 Hz 的带宽上产生大约 4 nV 的 rms 噪声，而一个 50 Ω 的电阻在同样的带宽上产生稍大于 0.9 nV 的 rms 噪声（有些人称为 1 nV，因为这比较容易记住）。这些值也许是值得记住的为数不多的数值中的两个。当将这些值缩小或放大以得到任何带宽或电阻的噪声电压时，只要记住 rms 电压与带宽（和电阻）的平方根成正比即可。

在许多情形中，噪声是用谱密度而不是用总值来说明的，并且它就是均方噪声除以Δf（或者 rms 噪声值除以Δf的平方根）的结果。因此一个 1kΩ电阻的 rms 噪声谱密度约为 4 nV/$\sqrt{\text{Hz}}$（这确实是一个奇怪的单位）或均方噪声密度约为 1.6×10^{-17} V²/Hz。对于热噪声，谱密度是一个只与温度（及玻尔兹曼常数）有关的常数，而与频率无关。[②] 然而在更为一般的情况下，谱密度可以随频率而变化，因此我们采用“点噪声密度”来强调所指的密度只适用于噪声谱中某个具体的频率点。

我们已经看到每个实际的电阻都有一个相应的噪声源。在式（1）的戴维南表示中，有一个电压源与这个电阻串联。另一种方法是我们可以建立一个诺顿等效模型，即一个噪声电流源与电

① 回想一下 0 dBm 的参照值是 1 mW。

② 见前一页脚注④。

阻并联。当然，这两个模型都成立，但在一定情况下选用哪一个则是由实际情况决定的，例如计算是否方便或是否直观。

图 11.2 为一个电阻的两种热噪声模型。注意，噪声电压源中的极性标志和噪声电流源中的箭头只是参照而已，它们并不表示噪声具有特定不变的极性（事实上噪声的平均值为零）。

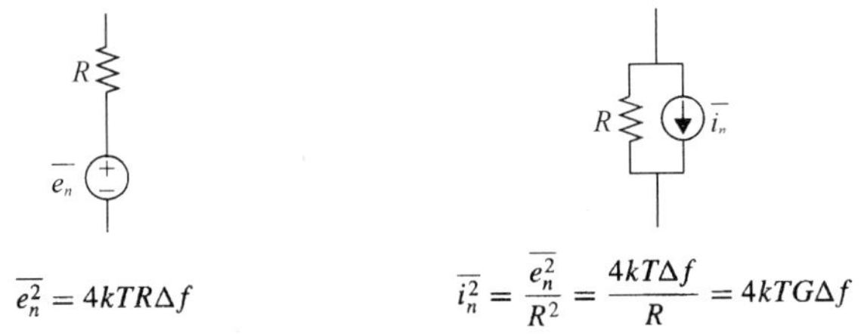

$\overline{e_n^2} = 4kTR\Delta f$　　　　$\overline{i_n^2} = \dfrac{\overline{e_n^2}}{R^2} = \dfrac{4kT\Delta f}{R} = 4kTG\Delta f$

图 11.2　电阻的两种热噪声模型

我们还注意到，由于噪声来自导体中电荷的随机热激励，因此减少一个给定电阻噪声的唯一方法是保持温度尽可能低，并把带宽限制到有用的最小范围。除了这些补救办法，对于热噪声没有任何事情可做。

那么“方块形”带宽是什么意思呢？这里的区分是为了强调噪声带宽Δf一般不同于–3 dB 带宽。相反，噪声带宽是理想方块形（矩形）滤波器的带宽，它与该系统（包括测量仪器在内）的实际功率增益-频率特性具有相同的区域和峰值，因此噪声带宽为

$$\Delta f \equiv \frac{1}{|H_{\mathrm{pk}}|^2}\int_0^\infty |H(f)|^2\,\mathrm{d}f \tag{4}$$

式中，H_{pk}是滤波器电压传递函数$H(f)$的峰值数值。

这个归一化的概念使我们可以基于一个标准来进行比较。作为一个具体例子，考虑一个单极点的 RC 低通滤波器。我们知道–3 dB 带宽（单位为 Hz）就是 $1/2\pi RC$，但等效的噪声带宽可计算如下：

$$\begin{aligned}\Delta f &\equiv \frac{1}{|1|^2}\int_0^\infty\left[\frac{1}{(2\pi fRC)^2+1}\right]\mathrm{d}f = \frac{1}{2\pi RC}\arctan 2\pi fRC\Big|_0^\infty \\ &= \frac{\pi}{2}f_{3\,\mathrm{dB}} = \frac{1}{4RC}\end{aligned} \tag{5}$$

我们看到单极点低通滤波器（LPF）的噪声带宽约为–3 dB 带宽的 1.57 倍。噪声带宽超过–3 dB 带宽是合理的，因为单极点滤波器的缓慢滚降使噪声谱分量超出了滤波器的–3 dB 频率，从而显著增加了滤波器的输出能量。

一个类似的计算表明，一个临界衰减的二阶低通滤波器的噪声带宽约为–3 dB 带宽的 1.22 倍。一般来说，随着滚降变得较陡，–3 dB 和噪声带宽趋向于合一。这个特性看来应当是合理的，因为较陡的滚降意味着滤波器的特性更接近于一个理想方块形滤波器的特性。[①]

现在是将几个分散的结论联系在一起的时候了。可以发现，热噪声的谱密度实际上随频率上升，而并不是保持为一个常数。这个结果是在考虑载流子能量的实际分布并根据

① 附加的计算表明，$\zeta = 1/\sqrt{2}$（这是避免频率响应出现峰值的最小值）的二阶 LPF（低通滤波器）的噪声带宽只比–3 dB 带宽约大 11%。衰减较弱的一对极点比起衰减较强的一对极点来说，其频率响应的形状在通带范围内具有更平坦的增益特性，并且在–3 dB 以外具有更快的初始滚降，因此它更接近于一个方块形滤波器。

Heisenberg 不确定性原理[①]进行修改的情况下推导得出的。热噪声电压的一般的表达式如下：

$$\overline{e_n^2} = \frac{h\omega R\Delta f}{\pi}\coth\left(\frac{h\omega}{4\pi kT}\right) \tag{6}$$

式中，h 是普朗克常数，约为 6.62×10^{-34} J·s（焦耳·秒）。

尽管不能立即看出，但这个新的公式确实没有完全违反我们先前得出的所有结论。事实上，对于室温下约 80 THz 以下的频率，该公式与 $4kTR\Delta f$ 之间几乎没有任何差别。因此对于合理（非光学[②]）的频率，这个修正是可以忽略的，所以电子工程师通常不需要知道它。然而，量子理论的出现实际上可以追溯到普朗克解决一个在研究黑体辐射谱时假设谱密度为常数所带来的自相矛盾的问题（称为“紫外线灾难”）。这种联系是很紧密的，即在无线通信系统中热噪声的一个来源就是与天线所聚焦物体的黑体辐射有关的噪声。[③]

其他一些问题也必须注意。首先，一个好消息是，纯电抗元件不产生任何热噪声。既然所有实际的电容和电感在一定程度上都有损失，那么这一损失就意味着阻抗有实数部分。这个实数的电阻部分确实会产生热噪声，但阻抗的纯电容或电感部分却不会产生。然而，我们注意到噪声电流流过任何阻抗时，无论它是电抗性的还是实数阻抗，都会引起一个噪声电压。

同样重要的是，我们注意到热噪声并不都与每一个用电阻符号表示的元件相关。一个重要的例子可以在双极型晶体管模型中找到，这个模型中的 r_π 是一个假想的电阻，即它是基-发射结 V–I 指数特性线性化的结果，它不产生热噪声，但寄生电阻项（如 r_b 和 r_c）确实是要产生热噪声的。

MOSFET 中的热噪声

漏极电流噪声

由于 FET（结型和 MOS）在本质上是电压控制的电阻，因此它们都显示了热噪声。特别是在三极管（线性）工作区，我们可以预见噪声是与电阻值相对应的。事实上，详细的理论研究[④]得到了以下 FET 漏极电流噪声的表达式：

$$\overline{i_{nd}^2} = 4kT\gamma g_{d0}\Delta f \tag{7}$$

式中，g_{d0} 是 V_{DS} 为零时的漏-源电导。参数 γ 在 V_{DS} 为零时的值是 1，并且在长沟道器件中饱和时这个值减小到 2/3。注意，在 V_{DS} 为零时漏极电流噪声恰好就是数值为 g_{d0} 的通常电导的电流噪声。

某些测量结果表明短沟道[⑤]NMOS 器件显示出的噪声明显超出了由长沟道理论所预见的值，而且还常常相差很大的倍数（例如在极端情况下为一个数量级）。某些文献认为，这个额外噪声归因于在这样的器件中常见的高场强对载流子加热的结果。按照这个观点，高场强产

① H. Heffner, “The Fundamental Noise Limit of Linear Amplifiers,” *Proc. IRE*, July 1962, pp.1604-8。

② 作为参考，可见光跨越一个倍频程，从约 400 THz 至 800 THz。

③ 贝尔实验室的 Arno Penzias 和 Robert Wilson 发现了均匀弥散在宇宙中的背景噪声（本底噪声）。接着在认识了某些宇宙学家后，他们搞清楚了这一辐射能量与 R. H. Dicke 对宇宙大爆炸回波能量的预测是非常一致的。由于他们的工作，Penzias 和 Wilson 获得了 1978 年的诺贝尔物理学奖。这对于分析噪声来讲是一个不错的回报，并且能够让我们从中获益。

④ A. van der Ziel, “Thermal Noise in Field Effect Transistors,” *Proc. IEEE*, August 1962, pp. 1801-12。

⑤ 如在第 5 章所说的，“短沟道”应当被解释为“高电场”。

生了超出正常情况的高能量的载流子。这些热载流子不再处于准热平衡状态，它们产生了超常数量的噪声。

使情况更为复杂的是产生了似乎互相矛盾的实验结果，某些结果至少在定性上与热载流子理论相符，而另一些结果却不相符。近年来的研究表明，正确认识衬底噪声的作用有助于理解许多额外的噪声而不必求助于热载流子理论。① 事实上，其他比较完整的理论和实验研究也都对热载流子理论产生了怀疑，并且现在可以放心地说，这样推测的高场强效应是没有意义的。②

图 11.3 说明了一个简化的情形，即与衬底电阻相关的热噪声如何能在该器件的主要端口上产生明显的效应。在频率足够低时可以忽略 C_{cb}，于是 R_{sub} 的热噪声调制了背栅电压并引起一个含噪声的漏极电流：

$$\overline{i_{nd,\text{sub}}^2} = 4kTR_{\text{sub}}g_{mb}^2\Delta f \tag{8}$$

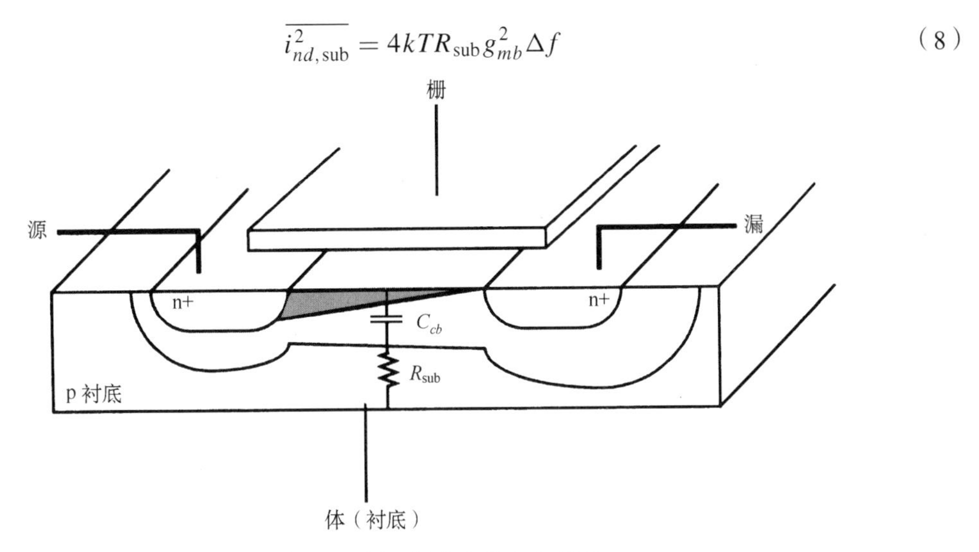

图 11.3 说明衬底热噪声的简图

根据偏置情况 —— 同样也根据衬底等效电阻的大小及背栅跨导值 —— 由这个原因产生的噪声［常称为外延噪声（epi noise），这个名称与是否存在外延层无关］实际上可以超过通常沟道电荷引起的热噪声。就这方面来说，减小衬底电阻的版图技术（例如有足够多的衬底接触与地连在一起）对于降低噪声有显著和有利的作用。

然而，当频率明显高于 C_{cb} 和 R_{sub} 形成的极点频率时，衬底热噪声就变得不太重要了，这一点通过考察实际结构和引起衬底噪声与频率相关的相应表达式就可以很容易看清楚：

$$\overline{i_{nd,\text{sub}}^2} = \frac{4kTR_{\text{sub}}g_{mb}^2}{1+(\omega R_{\text{sub}}C_{cb})^2}\Delta f \tag{9}$$

许多集成电路工艺的特点是这一极点常常在 1 GHz 附近，因此由这个原因产生的额外噪声将在大约 1 GHz 以下时最为明显。

① J.-S. Goo et al., "Impact of Substrate Resisitance on Drain Current Noise in MOSFETs," *Simulation of Semiconductor Processes and Devices (SISPAD)*, 2001, pp.182-5。

② A. J. Scholten et al., "Noise Modeling for RF CMOS Circuit Simulation," *IEEE Trans. Electron Devices*, v.50, no.3, March 2003, pp.618-32。

当电压超过与工艺对应的额定电源电压的上限时，同样有可能因漏极或源极 pn 结的雪崩击穿使噪声明显增加。也许这个原因至少可以在某种程度上解释在一些文献中报道过的超常的高噪声电平。①

栅噪声

除了漏极电流噪声，沟道电荷的热激励还有另一个重要的结果 —— 栅噪声。波动的沟道电势通过电容耦合到栅端，引起栅噪声电流（见图 11.4）。栅噪声电流也可以由热噪声电阻的栅材料产生。尽管这个噪声（无论它的来源是什么）在低频时可以忽略，但在射频时它可能占主要地位。van der Ziel②证明了栅噪声可以表示成

$$\overline{i_{ng}^2} = 4kT\delta g_g \Delta f \tag{10}$$

式中，参数 g_g 为

$$g_g = \frac{\omega^2 C_{gs}^2}{5g_{d0}} \tag{11}$$

van der Ziel 给出了长沟道器件中栅噪声系数δ的值为 4/3（为γ的两倍）。

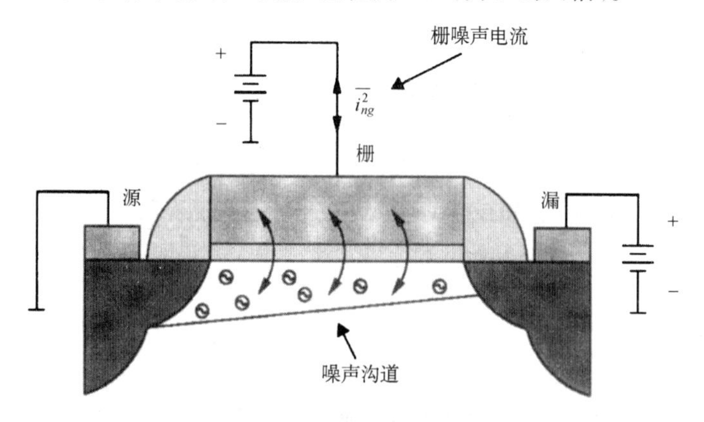

图 11.4　感应的栅噪声

由式（8）和式（9）直接得来的栅噪声电路模型是一个连接在栅和源之间的电导并联上一个噪声电流源（见图 11.5）。栅噪声电流很显然具有一个不是常数的谱密度。事实上，它随频率增加，所以也许应当称为“蓝噪声”以便与光进行类比。

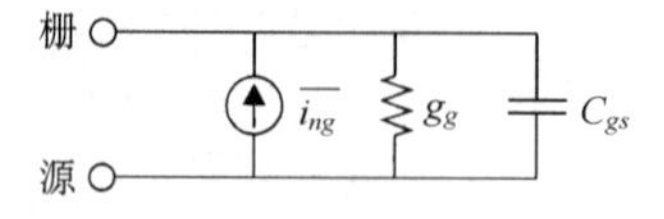

图 11.5　栅噪声电路模型（根据 van der Ziel 的理论）

如果不想分析具有蓝噪声源的系统，那么可以重新构成一种形式的模型，它的噪声电压源具有常数的谱密度。③ 为了推导另一种形式的模型，首先把并联 RC 电路变换成一个等效的串联 RC

① 这种混乱情形在 Scholten 等的论文中被澄清。

② A. van der Ziel, *Noise in Solid State Devices and Circuits*, Wiley, New York, 1986。

③ D. Shaeffer 和 T. Lee, “A 1.5V,1.5GHz CMOS Low Noise Amplifier,” *IEEE J. Solid-State Circuits*, May 1997。

电路。如果我们假设一个合理的高 Q 值，那么在变换过程中电容将大致保持不变。并联电阻变成串联电阻，其值为

$$r_g = \frac{1}{g_g} \cdot \frac{1}{Q^2+1} \approx \frac{1}{g_g} \cdot \frac{1}{Q^2} = \frac{1}{5g_{d0}} \tag{12}$$

上式与频率无关。

最后，在仍然假设高 Q 值的情况下使原来电路与变换后电路的短路电流相等，于是可得到等效的串联噪声电压源：

$$\overline{v_{ng}^2} = 4kT\delta r_g \Delta f \tag{13}$$

上式具有常数的谱密度。因此，这另一种形式栅噪声模型的元件具有与频率无关的值，见图 11.6。

尽管已经很好地理解了长沟道器件的噪声特性，但在短沟道情况下 δ 的精确特性现在还不清楚。然而在已知栅噪声和漏噪声都具有一个公共的来源时，作为一个粗略的近似，可以合理地假设 δ 仍然是 γ 的两倍大。因此，正如短沟道 NMOS 器件 γ 的典型值为 1～2 那样，δ 可以取 2～4。

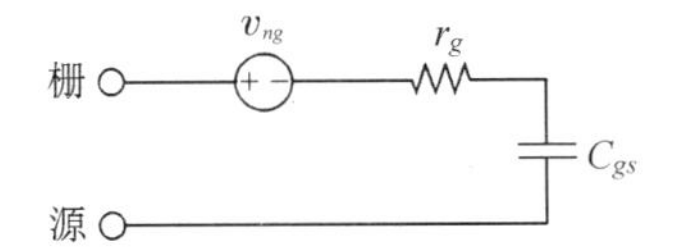

图 11.6 另一种形式的栅噪声电路模型

由于两个噪声源确实具有公共的来源，因此它们也是相关的。也就是存在一个栅噪声电流的分量，它的瞬间值正比于漏极电流。我们将在第 12 章中同时定量和定性地说明这一相关性的含义。

11.3 散粒噪声

另一个称为散粒噪声（shot noise）的噪声机理首先是由 Schottky 在 1918 年[①]描述和解释的。为了肯定他的这一成就，这种噪声称为 Schottky 噪声。散粒噪声产生的基本原因是电子电荷的粒子性，但这种粒子性如何体现为噪声也许并不是如人们想象得那么简单。

发生散粒噪声必须满足两个条件，即必须要有直流流过并且还必须存在电荷载体跃过的电位壁垒。第二个条件告诉我们，尽管电子电荷存在量子特性，但通常的线性电阻并不产生散粒噪声。

电荷呈离散束的事实意味着每当电子跃过一个能量势垒时就会产生不连续的电流脉冲。正是由于到达时间的随机性，从而造成了散粒噪声的全频带特性（“白噪声特性”）。正如我们在后面的例子中将要讲到的那样，如果所有的载流子都能同时跃过势垒，那么散粒噪声的特性本来会好得多。

我们可以预料散粒噪声电流取决于电子电荷（因为较小的电荷形成较小的块度，所以产生较小的噪声）、总的 DC 电流（较小的电流也意味着较少的块）及带宽（正如热噪声一样）。事实上散粒噪声取决于所有这些量，如在以下公式中看到的那样：

$$\overline{i_n^2} = 2qI_{\mathrm{DC}}\Delta f \tag{14}$$

① “Über spontane Stromschwankungen in verschiedenen Electrizitätsleitern” [“On Spontaneous Current Fluctuations in Various Electrical Conductors”], *Annalen der Physik*, v. 57, 1918, pp. 541-67。

式中，$\overline{i_n}$ 是 rms 噪声电流；q 是电子电荷（约为 1.6×10^{-19} C）；I_{DC}是 DC 电流，单位为 A；Δf 仍然是噪声带宽，单位为 Hz。注意，与热噪声一样，散粒噪声（理想上）是白噪声，并且它的幅值具有高斯分布。作为一个参考，对于 1 mA 的 I_{DC} 值，rms 电流噪声密度约为 18 pA/$\sqrt{\text{Hz}}$。

对存在电位壁垒的要求，意味着散粒噪声将只与非线性器件有关，尽管并不是所有的非线性器件都一定显示出散粒噪声。例如，虽然由于在双极型晶体管中肯定存在的电位壁垒（有两个结）使基极电流和集电极电流都成为散粒噪声的来源，但在 FET（MOS 和 JFET）中只有 DC 栅-漏电流才引起散粒噪声。由于这一栅电流通常是非常小的，因此它几乎不是一个显著的噪声源（然而遗憾的是，基极电流却不是这样）。[①]

此外还有另外一些观点值得注意。正如在热噪声情形中那样，散粒噪声的谱密度并不是直到无穷大的频率时仍然保持常数。然而，在器件的有用带宽内一般并不显著地偏离简单的理论，因此我们下面将假设一个常数的谱密度。

我们也曾经讲过，到达时间的随机性使散粒噪声的白噪声特性变差。为了强调这种随机性的重要性，考虑一下如果所有的载流子都同时跃过电位壁垒，并且如果非零过渡时间的平均效应可以忽略，那么散粒噪声谱会变成什么样子。更具体地说，假设我们可以使10 个“训练有素”的电子每飞秒（10^{-15}s）一起跃过电位壁垒以产生 1.6 mA 的电流，那么这一电流的频谱就是周期性的，脉冲分布在相隔飞秒倒数即 1 PHz（即 10^{15} Hz）的倍数处。因此在频率达到第一个噪声分量出现之前没有任何明显的散粒噪声，而这个频率超过了可见光的频率！然而，使人相信电子能够显示这种程度的“合作”有点困难，因此在这里确实存在散粒噪声。

最后，“shot”这个词不是像一些人认为的那样来自“Schottky”的错误写法，它只不过是当把一个音频系统连到偏置在很低电流下的一个散粒噪声源时所发出的声音非常像鹿弹（buckshot，一种小子弹）掉在硬表面上的声音。

11.4 闪烁噪声

毫无疑问，最神秘的一类噪声是闪烁噪声（也称为 1/f 噪声或粉[②]噪声）。虽然闪烁噪声非常普遍，但它却没有一个普遍适用的机理。许多没有任何明显联系的现象［例如传感器薄膜的势能，地球的自转速率，银河（星系）的辐射噪声及晶体管的噪声等］都具有随 1/f 波动的特性。

正如“1/f”这一项的含义所表示的那样，这种噪声的特点是谱密度显然没有被限制随频率减小而增加。通过测量，已证明电子系统在直至几分之一微赫兹的低频下都具有这一特性。噪声随频率降低而增加的一个令人遗憾的结果是，不能采用平均的方法（限制频带的方法）来提高测量精度，这是因为噪声功率与进行平均的频率间隔增加得一样快。

由于缺少一种一致的理论，1/f 噪声的数学表达式总是包含各种经验参数（不同于热噪声和散粒噪声公式那样在理论上那么清晰），这可以从以下的公式中看出：

$$\overline{N^2} = \frac{K}{f^n}\Delta f \tag{15}$$

式中，$\overline{N}$ 是 rms 噪声（电压或电流），K 是与具体器件有关（并且一般来说也与偏置有关）的经

① 然而正如前面提到的那样，热激励沟道电荷引起的噪声栅电流在射频下可能是很重要的。

② 一个使较低可见频率能量加强的光学系统使白光变红，所以不能将 1/f 噪声类比于粉噪声。

验参数，而 n 是一个通常（但并不总是）接近于 1 的指数。

常常有一个与 $1/f$ 噪声有关的问题是，由 $1/f$ 的函数关系可知在 DC 时它将为无穷大。下面的做法是很有益处的，即采用典型的数字进行计算来看看为什么就实际情况而言这里是不会有任何问题的。

首先让参数 n 等于它通常具有的值（即 1），然后对这个密度进行积分，求出由下界频率 f_l 和上界频率 f_h 界定的频率范围内的总噪声：

$$\overline{N^2} = \int_{f_l}^{f_h} \frac{K}{f}\,\mathrm{d}f = K\ln\left(\frac{f_h}{f_l}\right) \tag{16}$$

这个公式告诉我们，总的均方噪声取决于频率比的对数，而不是频率差（如在热噪声和散粒噪声中那样）。因此，$1/f$ 噪声的均方值对于相同的频率比是相同的，所以每十倍频有某一常数值的均方噪声，或每平方根十倍频有某一特定数量的 rms 噪声（确实，rms 量的单位很奇怪）。

作为一个具体的数字例子，假设对一个放大器的测量表明，$1/f$ 噪声的密度是每平方根十倍频为 10 μV 均方根，因此对于 1 Hz 以下 16 个十倍频的频率范围，总的 $1/f$ 噪声就是 4 倍大，即 40 μV 均方根。我们注意到，在 1 Hz 以下的 16 个十倍频相当于一个周期大约为 3.2 亿年，[①] 所以不得不承认“DC”无穷大是一个不切实际的问题。对于这一明显矛盾的解答是，认识到真正的 DC 意味着一个无限长的观察期间，而人类与电子时代只经历了非常有限的时间，因此对于任何有限的观察期间，这种无穷大实际上不会出现。

11.4.1 电阻闪烁噪声

闪烁噪声也出现在通常的电阻中，此时常称为“附加噪声”，因为这种噪声是我们从热噪声考虑中所能预见到的噪声。我们已经知道，一个电阻只在有 DC 电流流过它时才显示出 $1/f$ 噪声，并且噪声随电流而增加。在分立元件中，普通的碳精电阻是最有可能出现问题的电阻，而金属膜电阻和绕线电阻则显示出最少数量的附加噪声。

已有人把碳精电阻与电流有关的附加噪声解释成在相邻碳粒之间“微弧光”的随机形成和熄灭。[②] 碳膜电阻由于采用不同的方法制造，因此它的附加噪声比碳精电阻的要低得多。无论怎样解释，有一点无疑是正确的，即附加噪声随 DC 偏置而增加，因此我们应当使电阻两端的 DC 压降最小。

以下的近似表达式明确显示了这种噪声与各种参数之间的关系：

$$\overline{e_n^2} = \frac{K}{f}\cdot\frac{R_\square^2}{A}\cdot V^2\Delta f \tag{17}$$

式中，A 是电阻的面积，$R_\square$ 是薄层电阻，V 是电阻两端的电压，K 是与具体材料有关的参数。对于扩散和离子注入的电阻，K 的值约为 $5\times10^{-28}\,\mathrm{S^2\cdot m^2}$，而对于厚膜电阻（通常不能用 CMOS 工艺制造），K 的值比以上值大约要大一个数量级。[③]

11.4.2 MOSFET 闪烁噪声

在电子器件中，$1/f$ 噪声来自许多不同的机理，并且它们在对表面现象敏感的器件中最为突出。

① 另一个值得记住的有用的量是一年中有多少秒，一个很精确的近似是 10^{15} 的平方根或约 3200 万秒。

② C. D. Motchenbacher and F. C. Fitchen, *Low-Noise Electronic Design,* Wiley，New York, 1973, p.172。

③ K. Laker and W. Sansen, *Design of Analog Integrated Circuits and Systems*, McGraw-Hill, New York, 1996。

因此，MOSFET 的 1/*f* 噪声比起双极型器件来说更为显著。一种比较的方法是给出一个“拐角频率”，在这个频率时 1/*f* 和热噪声或散粒噪声的量相等。当所有其他成分都保持相同时，一个较低的 1/*f* 拐角频率意味着较小的总噪声。制造一个 1/*f* 拐角频率低于几十或几百赫兹的双极型器件是比较容易的，而许多 MOS 器件通常显示的 1/*f* 拐角频率为几十 kHz 至 1 MHz 或更高。

人们通常利用电荷捕获现象来解释晶体管中的 1/*f* 噪声。某些类型的缺陷和某些杂质(在表面或某种界面上最为丰富）可以随机地捕获和释放电荷。捕获时间的分布方式在 MOS 和双极型晶体管中形成了 1/*f* 噪声谱。由于 MOSFET 是表面器件（至少就它们通常的制造方式而言是如此)，因此它们比双极型晶体管（体器件）显示出的这类噪声的程度要高得多。较大的 MOSFET 显示出较少的 1/*f* 噪声，因为它们较大的栅电容使沟道电荷的波动平稳。因此，如果想从 MOSFET 中得到较好的 1/*f* 噪声性能，就必须采用实际可行的最大器件尺寸（对于给定的 g_m）。

均方 1/*f* 漏噪声电流为

$$\overline{i_n^2} = \frac{K}{f} \cdot \frac{g_m^2}{WLC_{\text{ox}}^2} \cdot \Delta f \approx \frac{K}{f} \cdot \omega_T^2 \cdot A \cdot \Delta f \tag{18}$$

式中，*A* 是栅的面积（为 *WL*），*K* 是与具体器件有关的常数。因此对于确定的跨导，较大的栅面积和较厚的绝缘（电）介质层可以使这项噪声降低。

对于 PMOS 器件，*K* 的典型值大约为 10^{-28} C^2/m^2，而对于 NMOS 器件，其 *K* 值约为这个值的 50 倍。[①] 我们应当记住这些常数在不同的工艺之间甚至不同的产品批次之间差异很大，所以这里给出的 *K* 值应当看成粗略的估计。特别是 PMOS 器件较优的 1/*f* 性能也许只是暂时的情形，因为它采用了埋沟结构，而这种结构在将来可能不会再广泛使用。

11.4.3 pn 结闪烁噪声

正向偏置的结也显示出 1/*f* 噪声，这种噪声正比于偏置电流而反比于结的面积：

$$\overline{i_j^2} = \frac{K}{f} \cdot \frac{I}{A_j} \cdot \Delta f \tag{19}$$

式中，常数 *K* 的典型值约为 10^{-25} A · m^2。然而在不同工艺之间的显著差别也是很普遍的。[②]

在双极型晶体管中，闪烁噪声完全是由基极–发射极结造成的（因为这是一个唯一正向偏置的结）。实验已证明，只有基极电流才显示出 1/*f* 噪声。

11.5 爆米噪声

另一类可能严重影响半导体的噪声称为爆米噪声（popcorn noise）[也称为爆破噪声，双稳噪声和随机电报信号（RTS）]。我们对它甚至比对 1/*f* 噪声的理解还要差，并且它与 1/*f* 噪声一样对杂质十分敏感。掺金[③]的双极型晶体管显示了最高程度的爆米噪声，这意味着它对于金属离子杂质特别敏感，尽管并不是所有的爆米噪声都是掺杂金属离子的结果。

---

① 参见 Laker 和 Sansen 的著作。

② 出处同上。

③ 在双极型器件中，有时通过掺金来有目的地减少载流子的寿命，以加快从饱和状态中恢复的速度。

这种噪声首先是在点接触二极管中被发现的，它也在通常的结型和隧道二极管、某些种类的电阻及分立和集成电路中的结型晶体管中被发现。爆米噪声的特征是它的多峰（最常见的是双峰）性，因而它的幅值是非高斯分布的，也就是噪声在随机时刻在两个或多个离散值之间变化。变化的间隔时间往往是在音频范围内（例如，10 μs 或以上），并且由于当一个爆米噪声源连至一个音频系统时可以听到爆破的声音，因此这种噪声称为爆米噪声。

实际上，在数学上描述爆米噪声的用处并不太大，[①] 因为它是在变化的。有些器件几乎或完全没有显示出爆米噪声，而另一些器件（名义上用相同的方式制造）可以显示出很大的爆米噪声。在所有的情形中，在制造过程中严格地保证洁净是控制爆米噪声的关键，因而用半经验的公式来描述它就只有有限的实际价值。但是为了完整起见，这里还是列出了一个相关的公式：

$$\overline{N^2} = \frac{K}{1+(f/f_c)^2}\Delta f \tag{20}$$

式中，K 是一个经验的、取决于制造（并且同样一般与偏置相关）的常数，而 f_c 是拐角频率，低于这个频率时，爆米噪声密度趋于平坦。

对于比 f_c 低很多的频率，f_l 和 f_h 之间的总均方噪声为

$$Kf_c^2\left[\frac{1}{f_l}-\frac{1}{f_h}\right] \tag{21}$$

读者也许永远也不会用到式（21）。

11.6　经典的二端口网络噪声理论

在建立了各种器件的详细噪声模型后，现在就可以对二端口网络中的噪声进行宏观的描述。集中分析系统的噪声模型，可以使分析大大简化并能深刻了解有用的设计问题。

11.6.1　噪声因子

对一个系统噪声性能的很有用的衡量指标是噪声因子，它通常表示为 F。为了对它进行定义并了解为什么说它很有用，考虑一个含噪声（但是线性）的二端口网络由一个导纳为 Y_s 及等效的并联噪声电流 $\overline{i_s}$ 构成的噪声源驱动（见图 11.7）。

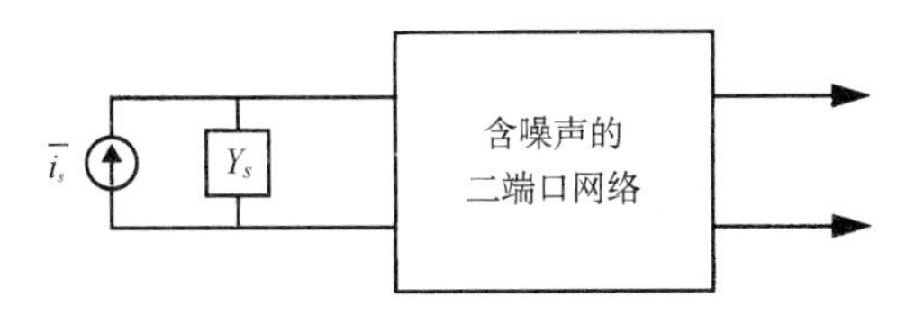

图 11.7　噪声源驱动一个含噪声的二端口网络

如果我们关心的只是整个输入-输出特性，那么就没有必要非常复杂地跟踪所有内部的噪声源。幸好所有这些噪声源的总效应可以只用一对外部噪声源代表：一个噪声电压和一个噪声电流。这种很大程度的简化使我们可以快速估计噪声源的导纳是如何影响总噪声特性的。由此我们可以发现达到最优噪声性能所必须满足的准则。

① 我在这里诚挚地向有关这一现象的许多优秀研究报告和论文的作者表示歉意，但我还是坚持自己的看法。

噪声因子定义为

$$F \equiv \frac{\text{总的噪声输出功率}}{\text{输入噪声源引起的噪声输出功率}} \tag{22}$$

式中，按照惯例，噪声源处在 290 K 的温度下。[①] 噪声因子是对一个系统引起的信噪比下降的度量。下降程度越大，则噪声因子也越大。如果一个系统没有加进任何自己的噪声，那么总的输出噪声就完全取决于噪声源，于是噪声因子就为 1。

在图 11.8 所示的模型中，所有的噪声都表现为对无噪声网络的输入，所以我们可以计算出这时的噪声系数。直接基于式（22）进行计算，要求计算出所有噪声源引起的总功率，然后再把这个计算结果除以由输入噪声源引起的功率。另一个等效的（并且更为简单的）方法是计算总的短路均方噪声电流，然后把这个总电流除以由输入噪声源引起的短路均方噪声电流。这种方法之所以等效，是因为各个功率分量都正比于短路均方噪声电流，其比例常数（它涉及噪声源和二端口网络之间的电流分流比）对于所有各项都是相同的。

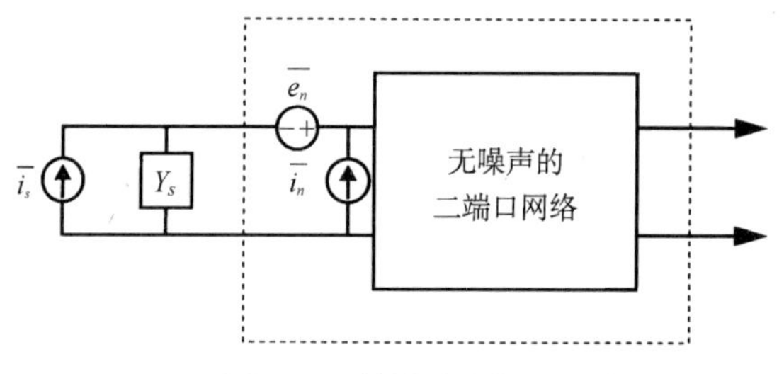

图 11.8　等效噪声模型

为了进行计算，我们一般遇到的问题是要把相互之间具有不同程度相关性的噪声源合并起来。在相关性为零的特殊情况下，将各个功率叠加。例如，如果我们采用看起来比较合理的假设（即噪声源和二端口网络的噪声功率不相关），那么噪声系数的表达式就为

$$F = \frac{\overline{i_s^2} + \overline{|i_n + Y_s e_n|^2}}{\overline{i_s^2}} \tag{23}$$

注意，尽管我们已经假设了噪声源的噪声与二端口网络两个等效的噪声发生器是不相关的，但式（23）却并没有假设二端口网络的这两个噪声发生器也是互不相关的。

为了包含在 e_n 和 i_n 之间可能相关的情形，把 i_n 表示成两个分量的和。一个分量 i_c 与 e_n 相关，另一个分量 i_u 则不相关：

$$i_n = i_c + i_u \tag{24}$$

由于 i_c 与 e_n 相关，因此可以把它看成与 e_n 成比例，比例常数的单位为导纳的单位：

$$i_c = Y_c e_n \tag{25}$$

常数 Y_c 称为相关导纳。

① 你也许要问为什么把比较低的 290 K 作为参照温度，其理由只不过是在那个温度下 kT 为 4.00×10^{-21} J（焦耳），和许多从事实际工作的工程师一样，贝尔实验室的 Harald Friis 喜欢整数（见他发表的 "Noise Figures of Radio Receivers," *Proc. IRE*, July 1944, pp.419-22）。他建议将 290 K 作为参考温度，这在当时用计算尺计算的时代特别有吸引力，因此很快为工程师和标准委员会所采纳。

联立式（23）、式（24）和式（25），得到噪声因子为

$$F=\frac{\overline{i_s^2}+\overline{|i_u+(Y_c+Y_s)e_n|^2}}{\overline{i_s^2}}=1+\frac{\overline{i_u^2}+|Y_c+Y_s|^2\overline{e_n^2}}{\overline{i_s^2}} \tag{26}$$

式（26）包含了三个独立的噪声源，每一个都可以看成由一个等效电阻或电导产生的热噪声（不管这样的电阻或电导实际上是否是噪声源）：

$$R_n\equiv\frac{\overline{e_n^2}}{4kT\Delta f} \tag{27}$$

$$G_u\equiv\frac{\overline{i_u^2}}{4kT\Delta f} \tag{28}$$

$$G_s\equiv\frac{\overline{i_s^2}}{4kT\Delta f} \tag{29}$$

利用这些恒等式，噪声因子可以只用阻抗和导纳项来表示：

$$\begin{aligned}F&=1+\frac{G_u+|Y_c+Y_s|^2R_n}{G_s}\\&=1+\frac{G_u+[(G_c+G_s)^2+(B_c+B_s)^2]R_n}{G_s}\end{aligned} \tag{30}$$

式中，我们已经明确地把每个导纳分解成电导 G 和电纳 B 的和。

11.6.2 最优的噪声源导纳

一旦一个给定二端口网络的噪声特性用它的 4 个噪声参数（G_c，B_c，R_n，G_u）来表示，那么式（30）就可以使我们求出使噪声因子达到最小的一般条件。求出噪声源导纳的一阶导数并使它为零得到

$$B_s=-B_c=B_{\text{opt}} \tag{31}$$

$$G_s=\sqrt{\frac{G_u}{R_n}+G_c^2}=G_{\text{opt}} \tag{32}$$

因此，为了使噪声因子最小，应当使噪声源的电纳等于相关电纳的负值，而噪声源的电导等于式（32）中的值。

与这种选择相对应的噪声因子可以通过直接把式（31）和式（32）代入式（30）中而求出：

$$F_{\min}=1+2R_n[G_{\text{opt}}+G_c]=1+2R_n\left[\sqrt{\frac{G_u}{R_n}+G_c^2}+G_c\right] \tag{33}$$

也可以用 $F_{\min}$ 和噪声源的导纳来表示噪声因子：

$$F=F_{\min}+\frac{R_n}{G_s}[(G_s-G_{\text{opt}})^2+(B_s-B_{\text{opt}})^2] \tag{34}$$

因此在导纳平面中，常数噪声因子的等值线是一些相互不重叠的圆。[①]

① 当将其画在史密斯圆图上时它们也是圆，因为在两个坐标平面间的映射是双线性变换，所以保持了圆的形状。

R_n/G_s比值作为一个乘数出现在式（34）中第二项的前面。对于固定的噪声源电导，R_n告诉我们噪声系数相对于偏离最优状况的灵敏度的一些信息。较大的R_n意味着较高的灵敏度；具有较大R_n的电路或器件要求我们必须非常努力地去识别、达到和保持最优状况。我们将很快讲到，工作在低偏置电流时R_n较大，这与一般的直觉结论相一致，即可用功率不富裕时，要想达到高性能只会更加困难。

应当认识到，尽管使噪声因子最小在一定程度上有助于传输最大功率，但使这两个条件成立的噪声源导纳一般并不相同，正如可以从式（31）和式（32）中明显看到的那样。例如，没有任何理由希望相关电纳一定等于输入电纳（除偶然外），因此一般来说，如果我们要使噪声性能最优，那么必须接受小于最优功率传输的增益；反之亦然。

11.6.3 经典噪声优化方法的局限

上面介绍的经典理论隐含地假设了给定器件具有某一特定的固定特性，然后定义噪声源的导纳以使该给定器件的噪声系数最小。尽管我们在分立元件的 RF 设计中从固定的器件开始，但在集成电路（IC）实现中选择器件尺寸的自由程度却指出了这种经典方法的严重缺点：即没有任何具体的规则能够说明什么样的器件尺寸将使噪声最小。而且，功耗也常常是令人极为感兴趣的一个参数（甚至在许多便携式应用中这是一个不得不考虑的参数），然而在经典的噪声优化过程中却完全不考虑功耗。我们在本章有关LNA 的设计中将回过头来更详细地讨论这些内容，但现在只是了解一下这种经典方法的不全面性。

11.6.4 噪声系数与噪声温度

除噪声因子外，在文献中经常出现的其他性能指标为噪声系数值和噪声温度。噪声系数（NF）只不过是用分贝（dB）表示的噪声因子。[①]

噪声温度T_N是一个放大器噪声影响的另一种表示方法，它定义为在参考温度T_{ref}（即 290 K）时引出全部输出噪声所需要的噪声源电阻的温度上升程度。它与噪声因子的关系如下：

$$F = 1 + \frac{T_N}{T_{ref}} \implies T_N = T_{ref} \cdot (F - 1) \tag{35}$$

一个没有附加其本身噪声的放大器具有的噪声温度为 0 K。

噪声温度在描述级联放大器性能（将在第 19 章中进一步讨论）和噪声因子非常接近 1（或噪声系数非常接近 0 dB）的放大器性能时非常有用，因为在这些情形中，噪声温度提供了对噪声性能的比较清晰的描述。这可以从表 11.1 中看出。范围在 2～3 dB 的噪声系数一般被认为很好，而在 1 dB 左右或以下的值则被认为非常好。

表 11.1 噪声系数、噪声因子及噪声温度

NF（dB）	F	T_N（K）
0.5	1.122	35.4
0.6	1.148	43.0
0.7	1.175	50.7

① 这使事情被复杂化，因为在某些教材中，噪声因子和噪声系数的定义恰好是反过来的。

（续表）

NF（dB）	F	T_N（K）
0.8	1.202	58.7
0.9	1.230	66.8
1.0	1.259	75.1
1.1	1.288	83.6
1.2	1.318	92.3
1.5	1.413	120
2.0	1.585	170
2.5	1.778	226
3.0	1.995	289
3.5	2.239	359

11.7　噪声计算实例

这里给出噪声计算的几个例子，可以使几部分松散的内容联系起来，从而强化读者对这部分内容的理解。

例 1

一个网络常常包含许多个噪声源。本例讨论一种简化的计算方法，即在进行冗长的数字计算之前先合并各个噪声源。考虑图 11.9 所示的噪声电阻网络，让我们计算在输出端上测量到的总噪声。我们将用两种方法进行计算。

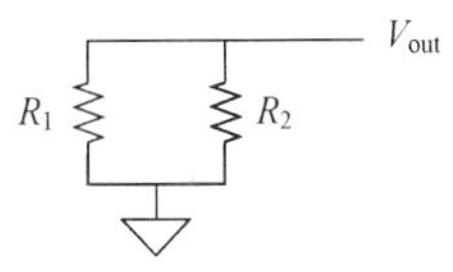

首先我们计算每个电阻在输出端所产生的 rms 噪声电压。然后假设每个电阻产生的噪声与另一个电阻无关（我们自然希望这是一个合理的假设），我们以平方和的根的形式合并这两个噪声源以求出总噪声的 rms 值。当以这种方式进行时产生了如下一系列的计算：

图 11.9　噪声电阻网络

$$\overline{V_{no1}} = \overline{e_{n1}}\frac{R_2}{R_1 + R_2} \tag{36}$$

$$\overline{V_{no2}} = \overline{e_{n2}}\frac{R_1}{R_1 + R_2} \tag{37}$$

把各个噪声源合并在一起经过一系列计算后得到

$$\overline{V_{no}^2} = \overline{V_{no1}^2} + \overline{V_{no2}^2} = 4kT(R_1 \parallel R_2)\Delta f \tag{38}$$

对最终结果的考察告诉我们，实际上只要在开始时把两个电阻合成一个等效电阻，然后计算这一单个等效电阻的 rms 噪声就可以节省一些计算量。在列出这一较长的计算过程后，读者很容易看到在实际进行噪声计算之前先合并电阻的优点，对于较为复杂的网络尤为如此。

例 2

假设测量电阻噪声时唯一的带宽限制是由于在任何实际设备中总是存在寄生电容。对包含一个电阻 R 与一个电容 C 并联的网络推导出其均方噪声的表达式。

我们考虑的电路画在图 11.10 中，这里$\overline{e_n}$代表电阻的热噪声。回想一下一个单极点 RC 滤波器的噪声带宽为π/2 乘以–3 dB 带宽，而–3 dB 带宽即为 $1/2\pi RC$ Hz（这告诉我们噪声带宽即为 $1/4RC$ Hz）。因此，我们不会有太大问题就可以计算出均方输出电压噪声：

$$\overline{V_{no}^2} = 4kTR\left(\frac{\pi}{2}\frac{1}{2\pi RC}\right) = \frac{kT}{C} \tag{39}$$

于是我们看到，在这种情形下，均方电压噪声与电阻无关。上式中没有电阻项的原因是较大的电阻具有一个相应较大的噪声源，但同时也具有相应较小的带宽。所以对于一个给定的电容，总的均方噪声电压保持不变。

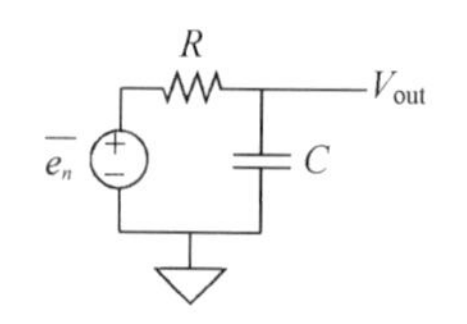

图 11.10　带电容负载的噪声电阻

更深层的观察是 kT 代表最大可能具有的热噪声能量，而一个电容的均方能量就是 CV^2。使这两个值相等并求出均方电压就得到了上面已推导出的表达式 —— kT/C。

例 3

许多年来，在美国东北部的一所大学中，学生们被要求设计和实现一个–3 dB 带宽为 1 MHz 及中频带电压增益为 10^6 的放大器。信号源的内阻规定为在 100 kΩ至 1 MΩ的范围内，而电源电压为标准的 ± 15 V。假设这些学生在努力实现增益带宽积为 1 THz 的放大器（就其本身而言也是一个极为困难的问题）时能解决非常多的稳定性问题，让我们看看信号源内阻的热噪声是否会引出任何明显的基本限制。

如果我们“慷慨”地选择信号源内阻的下限值，那么就会注意到 100 kΩ电阻热噪声的 rms 密度在室温下为 40 nV/$\sqrt{\text{Hz}}$。我们可以预见噪声带宽大于 1 MHz 的–3 dB 带宽，但我们将继续“慷慨”地假设噪声带宽仍然大约为 1MHz 左右。因此由这个电阻在放大器输入端产生的总的 rms 噪声约为 40 μV，这意味着如果继续假设全部输出噪声都只来源于这个信号源的内阻，那么在这个增益为10^6的放大器的输出端处噪声可以计算为 40 V rms。即使是做了这样不现实的慷慨假设，我们也注意到计算所得到的 rms 输出噪声已大约超出了总电源电压的 33%，所以这个放大器仅仅由于输入信号源内阻本身的噪声就会在大部分时间里于最高电源电压到最低电源电压之间剧烈变化！自然，实际情况甚至可能更糟，因为放大器必然也会产生本身的附加噪声。显然，这个任务是不可能实现的，除非可以采用低温手段！这个例子强调了在投入许多设计努力之前首先进行粗略而清醒的检查是非常重要的。

11.8　一个方便的匡算规则

如果希望获得很精确的噪声测量结果，则是相当麻烦的。一般来说需要一台专门的噪声系数测量仪器（或者可能是一台频谱分析仪）来确定噪声密度与频率之间的关系。为了很快地估计出较大的噪声，一个粗略的测量方法常常是可以接受的。在这些情形中，一台示波器和你的眼睛也许是你所需要的全部仪器。如果我们假设噪声是高斯分布的，那么它的峰-峰值很少超过 rms 值的 5～7 倍。因此，原始的目测法就是把噪声待测器件（DUT）连至示波器，看一下所显示的峰-峰值是多少，然后把它除以 6 左右就可以估计出它的 rms 值。

当然，这种方法是非常粗略的，因为在决定“真正”的峰-峰值可能是什么时困难不小。这一情形还因示波器设置的亮度对人们看到的"真正"峰值的影响而进一步被复杂化。扫描踪迹越亮，所显示的峰值就越高。同一位操作人员在不同时刻也会因睡眠不足、情绪不同和体内所含咖啡因的情况而做出明显不同的决定。

对目测方法的比较聪明的改进是把这种测量变为差分测量以消除大部分不确定性。[①] 这时，噪声信号同时驱动一个双踪迹示波器的两个通道，它们工作在交替扫描方式而不是载波方式（以避免通过示波器的载波振荡器所进行的两次扫描之间产生相关性）。当初始位置差足够大时，在这两条踪迹之间就会有一条黑带。调节位置控制直到这条黑带恰好消失，此时这两条踪迹合并为一条模糊的光带，其亮度从中心向外逐渐减小。注意，这一过程的描述意味着测量结果与绝对亮度无关。然后移去噪声信号并测出两条基线之间的距离，所得到的值就是两倍 rms 电压的很好的近似值。采用这种简单方法时有可能得到大约 1 dB 的绝对精度。

这种技术可行的理由是：当两个完全相同的高斯分布恰好相隔两倍的 rms 值时，它们的和具有最平坦的顶部。

由于人眼对于对比度的识别是不理想的，因此不可能无限精确地判定黑带何时消失。当按照所描述的步骤进行时，大部分人会在黑带实际完全消失之前就感到它已消失。由这种不确定性造成的误差对于大部分人而言大约为 1 dB。因此，如果想做得更细致一些，也许应当从测量结果中减去 0.5 dB。另一种方法是分别以两种不同的方式测量噪声，一种方式就是上面描述过的步骤，而另一种方式则是使两条踪迹最初互相重叠在一起。在后一种方式的最初情况下，调节这两条踪迹的距离直到较黑的区域似乎开始出现时为止。将这两次读数的平均值作为测量结果，并计算出它们的差作为不确定性的度量。只要保证比较仔细并经过一些实践，1 dB 以下的可重复性（即重复性）是很容易达到的。

11.9 典型的噪声性能

为了更好地了解我们在实际中可以期望得到什么样的噪声性能，这里列出几个例子。

一般用途的电路往往是有某些噪声的。例如，普遍使用的 741 运算放大器就具有很差的噪声性能，它的等效输入噪声电压密度大约为 20 nV/$\sqrt{\text{Hz}}$（约为一个 20 kΩ电阻的噪声电压密度），等效的输入电流噪声密度大约为 200 fA/$\sqrt{\text{Hz}}$（与 741 的输入偏置电流 100 nA 一致）。无论是电压还是电流噪声典型的 $1/f$ 拐角频率，它们大约都在 100 Hz 与 1 kHz 之间。741 的较大电压噪声可被认为是采用了有源器件作为负载的结果，因为有源器件会显著放大它们内部的噪声。

比较现代的放大器具有好得多的噪声特性。例如，Analog Devices 公司 OP-27 的噪声电压密度大约为 3 nV/$\sqrt{\text{Hz}}$，而输入电流噪声类似于 741 的值。大部分改善是由于在第一级中采用了通常的电阻负载且减小了寄生基极电阻的缘故。工艺上的改进也使电压噪声达到了大约为 3 Hz 的非常低的 $1/f$ 拐角频率。

由于输入电流噪声的主要来源就是与输入电流本身有关的散粒噪声，因此就这方面来说我们可以期望 FET 输入的放大器可以有较好的噪声特性。所以不会对以下事实感到太奇怪，即 OP-215 JFET 输入的运算放大器的输入电流噪声密度（在室温下）为 10 fA/$\sqrt{\text{Hz}}$，这大约比 741 的要好 20 倍。

为 50 Ω RF（射频）系统设计一个低噪声放大器确实具有相当大的挑战性，因为与信号源阻

① G. Framklin and T. Hatley, "Don't Eyeball Noise," *Electronic Design*, v.24, November 22, 1973, pp. 184-7。

抗相关的热噪声很小，特别至关重要的是使寄生的基极电阻（对双极型实现）或栅电阻（对于 FET 电路）最小。例如，一个 50 Ω 的基极电阻已不可能使噪声系数比 3 dB 更好。为了得到足够小的栅电阻或基极电阻，一般都要求将许多较小的单元器件并联。

尽管有些困难，在 1 GHz 时具有大约 2 dB 噪声系数的硅双极型 RF LNA（低噪声放大器）还是可以实现的。这种水平的噪声性能是很吸引人的，因为 2 dB 的噪声系数意味着绝对的最大寄生基极电阻大约为 30 Ω。换言之，该放大器的等效输入电压噪声必须低于 $0.7\,\text{nV}/\sqrt{\text{Hz}}$ —— 这比通用电路（如运算放大器）常见的值要低许多。

早期公布的 GHz 范围的 CMOS LNA 也大有希望，它的噪声系数大约在 3 dB 左右，在 1.5 GHz 时的功耗大约为 10 mW。[①] 正如我们在下一章中将要讲到的，通常的性能水平绝不代表可以达到的最好性能。通过进一步确定比例和进行比较仔细的设计，可以达到更好的性能。

注意，噪声系数是说明 RF 系统噪声性能的一种常用方法，因为参照的阻抗大小已知，而等效的噪声电压和电流发生器常用来描述可以与范围很广的信号源阻抗一起运用的通用功能块的噪声。

11.10 附录：各种噪声模型

本附录总结了前面描述的噪声模型。

如果感兴趣的是 $1/f$ 噪声，那么以下附加的均方噪声电压就加到图 11.11 中的均方热噪声电压上：

$$\overline{e_n^2} = \frac{K}{f} \cdot \frac{R_\square^2}{A} \cdot V^2 \Delta f \tag{40}$$

$\overline{e_n^2} = 4kTR\Delta f$

$\overline{i_n^2} = \frac{\overline{e_n^2}}{R^2} = \frac{4kT\Delta f}{R} = 4kTG\Delta f$

图 11.11 电阻热噪声模型

对于二极管噪声模型（见图 11.12），$1/f$ 项可以被展开如下：

$$\overline{i_j^2} = \frac{K}{f} \cdot \frac{I}{A_j} \cdot \Delta f \tag{41}$$

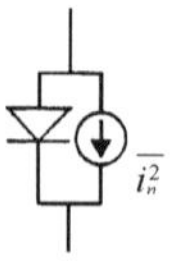

$\overline{i_n^2} = 2qI_{\text{DC}}\Delta f + \frac{K_1}{f^n}\Delta f$

图 11.12 二极管噪声模型

① 见前面所引用的 Shaeffer 和 Lee 撰写的论文（见 P262 脚注③）。

式（41）的较为详细的 1/*f* 特性也适用于图 11.13 所示的双极型晶体管的噪声模型，后者忽略了 r_b 的热噪声。然而在许多实际的放大器中，这种噪声是非常重要的，并且甚至有可能占支配地位。

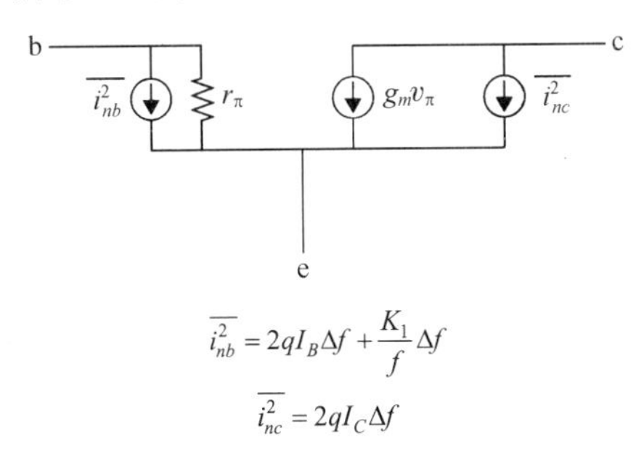

图 11.13　双极型晶体管的噪声模型

对于图 11.14 所示的 MOS 噪声模型，1/*f* 项可以被展开如下：

$$\overline{i_n^2} = \frac{K}{f} \cdot \frac{g_m^2}{WLC_{\text{ox}}^2} \cdot \Delta f \approx \frac{K}{f} \cdot \omega_T^2 \cdot A \cdot \Delta f \tag{42}$$

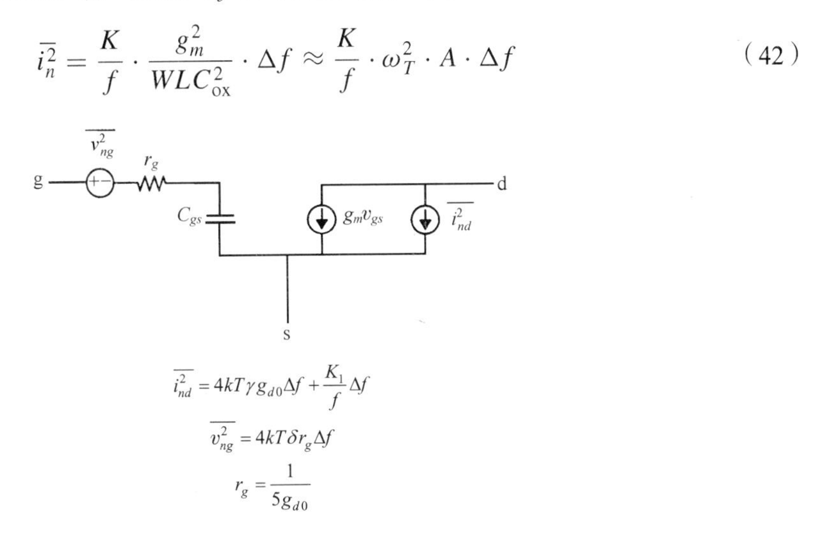

图 11.14　MOS 噪声模型

习题

[第 1 题]　用公式表明一个电阻衰减器在 290 K 时的噪声系数等于它的衰减系数。在回答时说明“衰减系数”具体是指什么。

[第 2 题]　推导图 11.15 所示的一个级联系统总噪声系数的公式。这里每个噪声因子 F 的计算针对其前一级的输出阻抗，而且每个功率增益 G 是有用功率增益（即在匹配状况下可用的功率）。

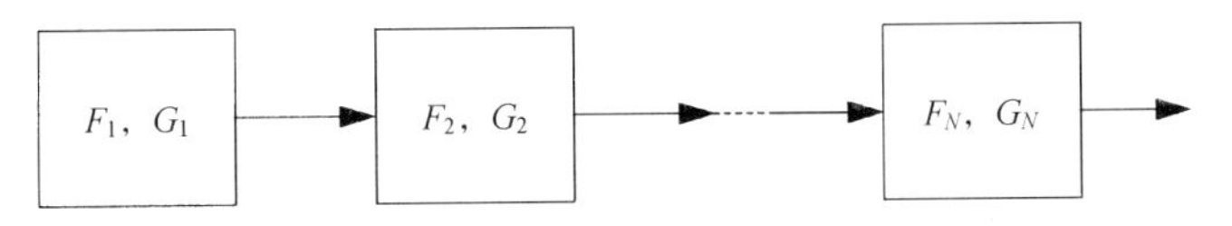

图 11.15　计算级联系统总噪声系数

根据你的公式，关于前级相对于后级对噪声系数的相对影响程度可以推断出什么结论？

[第 3 题]　推导一个双极型晶体管低频噪声系数的表达式。采用图11.13所示的模型，但包括 r_b 及它的热噪声。忽略闪烁噪声并假设模型中所有噪声源都是不相关的。假设信号源内阻为 R_s。

提示：由于在该器件中只有三个噪声源，因此在这种情形中也许不值得推导一个二端口网络的等效噪声模型。

你将要推导的公式常常称为 Nielsen 公式，这是因为他首先公布了这个公式。

[第 4 题] 利用第 3 题的答案，推导出 $F_{\min}$ 和 R_{opt} 的表达式。

[第 5 题] 由于在许多放大器中低输入电流是人们非常希望具有的属性，因此设计者已经研究出了许多技术以达到这个目的。但这个问题对于双极型放大器更具有挑战性，因为人们基本上总是需要基极电流。一个显而易见的方法就是采用具有大β 值的晶体管，并使输入级工作在低电流下。遗憾的是，前一种做法要以基极电阻（除其他量外）作为交换条件，而后一种选择则使 g_m 和f_T变差，所以增益和速度都可能受到损失。另一个常用的方法是用一个内部的电流镜来抵消基极电流，所以从外部看不需要提供基极电流。采用这种方法，输入级可以偏置在较大的电流而不会在输入端口引起大的电流。

（a）如果没有采用任何抵消输入电流的方法并且基极电流为 100 nA，那么（低频）输入散粒噪声电流密度为多少？我们只考虑由基极电流引起的纯散粒噪声，不必考虑把任何其他的噪声源反映到输入端。

（b）现在假设我们采用 99 nA 的内部电流源已成功地抵消了几乎全部的输入电流，所以输入电流（由外部测量决定）减小到 1 nA。在这种情形下的输入散粒噪声电流密度是多少？对电流抵消方法的优点和缺点进行评论。

[第 6 题] 一个常见的问题是如何选择一个具有最好系统噪声性能的放大器。制造商可以提供有关等效输入噪声电压和电流的数据，但工程师常常从这种信息中得出不正确的结论，特别是如果他们把太多的含义硬塞到对“最优阻抗”这一项的理解中。

假设我们可以在两个放大器中做出选择。它们都具有 10 nV/$\sqrt{\text{Hz}}$ 的输入噪声电压密度，但放大器 A 具有 50 fA/$\sqrt{\text{Hz}}$ 的输入噪声电流密度，而放大器 B 具有的噪声电流密度为它的两倍。

（a）每个放大器的最优信号源内阻是多少？你可以忽略在各个噪声源之间的相关性。

（b）如果信号源的内阻为 100 kΩ，你应当采用哪个运算放大器？假设（一直难以理解的）可以利用理想的、宽带的、随意比例的和无损的变压器。

（c）对于（b）中的选择，最佳可能的系统噪声系数是多少？

[第 7 题] 我们已经看到 RF 集成电路（IC）的一个严重问题是缺少高 Q 值的电感。由于低 Q 值是由功耗引起的，而且能量损耗可以用有源反馈来补偿，因此几年来人们已提出了许多用来实现各种有源电感的方法。

对于所有这些有源电感方法的一个（但不是唯一的一个）共同问题是有限的动态范围。也就是仅仅综合一个电感性的小信号阻抗的元件是不够的，同样重要的是具有大的动态范围，这个范围在考虑小信号时是由噪声背景决定的，而在考虑大信号时是由最大程度的线性度来决定的。

本习题显示了有源电感的某些噪声特性。尽管我们将考察一个特定的电路形式，但所得结果的要点可以应用于所有的有源电感电路，从而得出一个不太乐观的结论，即有源电感具有有限的用途。

（a）为了比较起见，首先考虑一个无源并联 RLC 振荡回路。它的等效并联均方噪声电流密度是多少？这里 L 和 C 是理想的无损元件。

（b）现在考虑一个奇妙的互换阻抗的二端口网络。这样一个元件称为*旋转子*，它的特性首先是由 Philips 公司的荷兰理论家 B. D. H. Tellegen 发现的。阻抗互换可能很适合，因为

IC 工艺能使我们得到很好的电容，因此联合旋转子和好的电容可以使我们得到好的电感（所以可以采用经典理论）。

形成有源电感的一种简单方法是采用图 11.16 所示的电路（一个简略的历史回顾：这个电路来自 20 世纪 30 年代为电子调谐和产生 FM 而设计的电抗管连接图）。注意，图中没有显示偏置细节，只是假设晶体管被适当偏置以产生某个特定的跨导值 g_m。

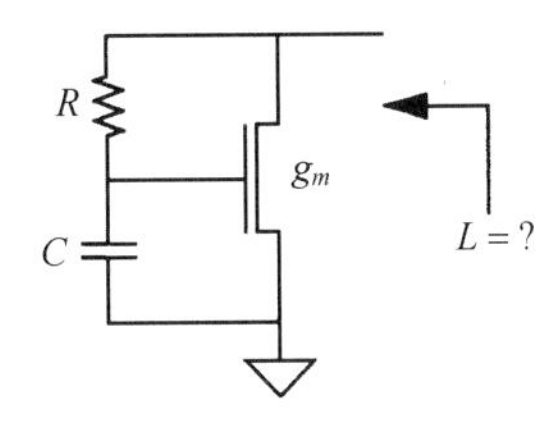

图 11.16　有源电感

假设 RC 频率比电感的工作频率低得多。进一步假设电阻 R 本身在所有感兴趣的频率下比电感的阻抗大得多，并且晶体管模型中没有任何电抗和任何寄生电阻。就这些假设推导出电感值的表达式。

（c）如果电容完全来自晶体管的 C_{gs}，推导出这个电感的 Q 值与频率关系的表达式。其余部分采用与（b）相同的假设。用 ω_T 来表示你的答案。

（d）假设这个电路的全部噪声只有两个来源：电阻 R 及 MOSFET 的漏极电流噪声，也就是忽略栅电流噪声。因而计算将有点低估实际的噪声。即便如此，我们也将看到所得的结果足以令人不乐观。

求仅仅由于 MOSFET 本身引起的短路漏极电流噪声密度分量的一般表达式。

（e）求出由电阻热噪声引起的短路漏极电流噪声密度分量。

（f）求出直接由电阻本身引起的短路电流噪声密度。继续假设 RC_{gs} 的频率比电感的工作频率要低得多。

（g）假设这些噪声源都是不相关的，利用在（c）中推导的 Q 值的表达式推导出总短路噪声电流密度的一般表达式。

比较（a）和（g）的答案将有可能得出有关有源电感噪声特性的某些结论。同时在进一步证实大信号的限制后，我们一定能得出结论，即有源电感具有非常难以（也许甚至根本不可能）回避的严重问题。

[第 8 题]　推导一个二阶低通滤波器噪声带宽的一般表达式。利用你的公式证明一个临界阻尼二阶滤波器的噪声带宽约为–3 dB 带宽的 1.22 倍。

[第 9 题]　一个单极点放大器的电压增益为 1000，–3 dB 带宽为 1 kHz。

（a）如果输入噪声谱密度为 10^{-15} V²/Hz 且是平坦的，问总的均方输出噪声电压是多少？假设这个噪声源完全模拟了系统中的所有噪声。

（b）重复（a），假设输入噪声谱密度不是平坦的且事实上具有如下的特性：

$$\frac{\overline{v_{ni}^2}}{\Delta f} = 10^{-15}\left(1 + \frac{10\ \text{Hz}}{f}\right) \tag{P11.1}$$

[第 10 题]　解释在什么条件下可以按平方和的平方根方式把噪声源加在一起。推导出比较适用的“相加”定律。

[第 11 题] 考虑图 11.17 所示的一个采样保持电路的模型。电阻模拟了采样开关有限的导通电阻。由于电阻是有热噪声的，因此采样保持电压也将含有噪声。计算出输出噪声的均方值。

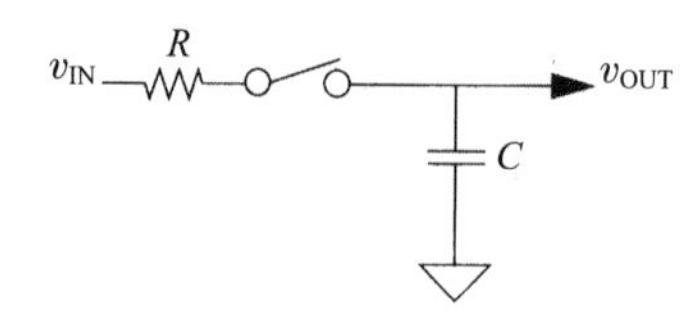

图 11.17 采样保持电路

[第 12 题] 假设你有一个具有一定等效输入噪声电压和电流的单端放大器。你可以假设它们相互之间是不相关的。证明用两个这样的单端放大器构成一个差分放大器可以得到相同的最小噪声系数，但却需要两倍的功耗。此外，用单端 LNA 的最优单端信号源阻抗来表示这个差分放大器的最优差分信号源阻抗。

[第 13 题] 映射系数和导纳之间的关系由如下双线性变换给出：

$$\Gamma = \frac{1-Y}{1+Y} \tag{P11.2}$$

式中，Y 是归一至系统特征阻抗（例如 50 Ω）的导纳。根据这个关系，用映射系数 Γ 的实数和虚数部分重新建立噪声因子的公式：

$$F_{\min} = 1 + 2R_n[G_{\text{opt}} + G_c] = 1 + 2R_n\left[\sqrt{\frac{G_u}{R_n} + G_c^2} + G_c\right] \tag{P11.3}$$

所得出的等值线是否仍然是圆？这些圆是否仍然是同心圆？

[第 14 题] 对于一个用单个晶体管的 MOS 电流源来偏置的简单 CMOS 差分对，用这三个晶体管的漏极电流噪声源、差分器件的跨导及电流源的输出电阻来表示这一差分对中一个晶体管的等效均方漏极电流噪声。你可以忽略差分器件的输出电阻，并假设栅是由低内阻的信号源驱动的。不要假设该差分对处于平衡状态。

第 12 章　低噪声放大器设计

12.1　引言

一个接收器的第一级一般是一个低噪声放大器（LNA），它的主要功能是提供足够的增益来克服后续各级（如混频器）的噪声。除了提供这个增益且附加尽可能少的噪声，一个 LNA 应当能接收大的信号且不失真，而且常常还必须对输入信号源表现为一个特定的阻抗，例如 50 Ω。最后一个考虑在 LNA 的前级是一个无源滤波器时特别重要，因为许多滤波器的传输特性对于终端阻抗的情况是非常敏感的。

在原理上，我们可以通过采用由 4 个噪声参数 G_c、B_c、R_n 和 G_u 定义的最优信号源阻抗来得到一个给定器件的最小噪声系数。然而，正如第 11 章中描述的那样，这种经典方法存在严重的缺点。例如，使噪声系数最小的信号源阻抗值一般不同于（也许还会相当程度地不同于）使功率增益最大的信号源阻抗值，因此有可能在增益较低、输入匹配较差的情况下得到一个好的噪声系数。此外，功耗在许多应用中是一个重要的考虑因素，但经典的噪声优化方法恰恰完全忽略功耗。最后，这种方法假定已给出一个具有固定特性的器件，因此不能提供任何明确的指南，从而不能使 IC 设计者充分地发挥设计器件几何尺寸时的自由度。

为了建立一种设计策略可以均衡增益、输入阻抗、噪声系数及功耗，我们将直接从器件的噪声模型中推导出 4 个噪声参数的解析表达式，然后将考察几个 LNA 的结构。正如我们将要讲到的那样，从这个过程中获得的深刻理解使我们可以设计窄带 LNA，它几乎具有最小的噪声系数、极好的阻抗匹配和较高的功率增益，而所有这些都在预先规定的功耗允许范围之内。一个重要的附加结果是得到了一个简单的公式，对于给定的工艺、信号源阻抗和工作频率，利用这个公式可以求出最优的器件宽度。

12.2　MOSFET 二端口网络噪声参数的推导

回想一下 MOSFET 噪声模型包含两个噪声源，其中均方漏极电流噪声为

$$\overline{i_{nd}^2} = 4kT\gamma g_{d0}\Delta f \tag{1}$$

而均方栅极电流噪声为

$$\overline{i_{ng}^2} = 4kT\delta g_g \Delta f \tag{2}$$

式中，

$$g_g = \frac{\omega^2 C_{gs}^2}{5g_{d0}} \tag{3}$$

进一步回想一下栅噪声是与漏噪声相关的，其相关系数由下式定义：

$$c \equiv \frac{\overline{i_{ng} \cdot i_{nd}^*}}{\sqrt{\overline{i_{ng}^2} \cdot \overline{i_{nd}^2}}} \tag{4}$$

当栅噪声的参照方向是从源至栅（如图 11.5 所示）而漏噪声的参照方向是从漏至源（如图 11.14 所示）时，长沟道的 c 值理论上为–j0.395。① 要想精确测量相关系数是很困难的（特别是在深亚微米范围），但已发表的最佳测量结果表明，即使器件沟道的设计长度小至 0.13 μm（有效长度为 70 nm），它的数值也在这个理论值的两倍范围以内。② 为简单起见，我们将假设在以下所有的数值例子中，c 将保持它在长沟道时的值。同时我们将忽略因栅电阻材料引起的热噪声，虽然当器件工作在比 f_T 足够低的频率时，这个噪声源实际上可能超出栅噪声，因为此时的非准静态效应（如感应栅噪声）将不太明显。③ 此外，我们还将忽略 C_{gd} 以简化推导。虽然能得到的噪声系数几乎不受 C_{gd} 的影响，但输入阻抗却可能与 C_{gd} 密切相关，因此在设计输入匹配网络时必须考虑这种影响。

为了便于推导 4 个等效的二端口网络噪声参数，我们重新列出以下公式：

$$R_n \equiv \frac{\overline{e_n^2}}{4kT\Delta f} \tag{5}$$

$$G_u \equiv \frac{\overline{i_u^2}}{4kT\Delta f} \tag{6}$$

$$Y_c \equiv \frac{i_c}{e_n} = G_c + \mathrm{j}B_c \tag{7}$$

我们首先把两个基本的 MOSFET 噪声源映射回输入端作为不同的一对等效输入发生器（一个电压源和一个电流源）。

等效输入噪声电压发生器反映了在输入端（就交流而言）短路时所观察到的输出噪声。为了确定它的值，我们把漏极电流噪声映射回输入端作为一个噪声电压，并且注意到这两个量的比就是 g_m，因此，

$$\overline{e_n^2} = \frac{\overline{i_{nd}^2}}{g_m^2} = \frac{4kT\gamma g_{d0}\Delta f}{g_m^2} \tag{8}$$

由上式可以清楚地看到等效输入噪声电压与漏极电流噪声完全相关且相位相同，因此可以立即确定：

$$R_n \equiv \frac{\overline{e_n^2}}{4kT\Delta f} = \frac{\gamma g_{d0}}{g_m^2} \tag{9}$$

然而，就等效输入噪声电压发生器本身而言，这里并不完全就是漏极电流噪声，因为甚至当

① 遗憾的是，这里选择的参照方向使我们的符号与 van der Ziel 原先推导中的符号及 A. J. Scholten 等推导中的符号相反，后一种推导可参见“Noise Modeling for RF CMOS Circuit Simulation,” *IEEE Trans. Electron Devices*,v.50, no.3, March 2003, pp.618-32。

② 出处同上。这组数据大部分是针对沟道设计长度短至 0.18 μm 的器件的。对 0.13 μm 器件的相关测量（应感谢 Scholten 博士）表明，在 5 GHz 时的相关系数值大约为 0.2。由于栅电阻部分所引起的栅极电流噪声与它的漏极电流噪声完全相关，所以总的栅极电流噪声的相关系数值在 0.2 至 1.0 之间。

③ 出处同上。他们的陈述如下：对于 0.18 μm、f_T 为 70 GHz、工作频率为 3 GHz 的晶体管，即使在版图中采用了非寻常的方法（例如，在每个栅指上有两个接触，或进一步细分成 64 个 3 μm 宽的栅指等）使栅电阻材料引起的噪声最小，非准静态效应（感应栅噪声）也大约只占到栅噪声的 30%。

输入开路及所引起的栅极电流噪声被忽略时，仍然有含噪声的漏极电流流动。在这种开路条件下，将漏极电流噪声除以跨导就可以得到等效输入噪声电压，这个电压然后再乘以输入导纳就得到了等效输入电流噪声值，于是就完成了 i_{nd} 的建模：

$$\overline{i_{n1}^2} = \frac{\overline{i_{nd}^2}(\mathrm{j}\omega C_{gs})^2}{g_m^2} = \frac{4kT\gamma g_{d0}\Delta f(\mathrm{j}\omega C_{gs})^2}{g_m^2} = \overline{e_n^2}(\mathrm{j}\omega C_{gs})^2 \tag{10}$$

在这一步推导中，我们已假设 MOSFET 的输入导纳是纯电容性的。如果采用高频时正确的版图技术使栅电阻减到最小，那么对于比 ω_T 低很多的频率，上述假设是一个很好的近似。在这个假设条件下，式（10）表明输入电流噪声 i_{n1} 与等效输入噪声电压 e_n 在相位上差 1/4 个周期（90°），因而完全是相关的。

总的等效输入电流噪声是式（10）所表示的被映射到输入端的漏极电流噪声加上所引起的栅极电流噪声。所引起的栅噪声本身包括两项。其中一项将表示为 i_{ngc}，它是与漏极电流噪声完全相关的，而另一项（即 i_{ngu}）则与漏极电流噪声完全无关，因此可以把相关导纳表示成

$$\begin{aligned} Y_c &= \frac{i_{n1} + i_{ngc}}{e_n} = \mathrm{j}\omega C_{gs} + \frac{i_{ngc}}{e_n} \\ &= \mathrm{j}\omega C_{gs} + \frac{g_m}{i_{nd}} \cdot i_{ngc} = \mathrm{j}\omega C_{gs} + g_m \cdot \frac{i_{ngc}}{i_{nd}} \end{aligned} \tag{11}$$

为了把 Y_c 表示为更有用的形式，我们需要明确地应用栅噪声相关系数。为此我们需要变换一下式（11）的最后一项，变换的方式初看起来有些奇怪。首先我们用交叉相关来表示它，即分子和分母同时乘以漏极电流噪声的共轭，然后对每一部分进行平均：

$$g_m \cdot \frac{i_{ngc}}{i_{nd}} = g_m \cdot \frac{\overline{i_{ngc} \cdot i_{nd}^*}}{\overline{i_{nd} \cdot i_{nd}^*}} = g_m \cdot \frac{\overline{i_{ngc} \cdot i_{nd}^*}}{\overline{i_{nd}^2}} = g_m \cdot \frac{\overline{i_{ng} \cdot i_{nd}^*}}{\overline{i_{nd}^2}} \tag{12}$$

最后一个等式中用 i_{ng} 代替 i_{ngc}，这之所以成立是因为栅噪声的不相关部分必然对交叉相关没有任何影响。

利用式（11），我们可以把相关导纳写成

$$Y_c = \mathrm{j}\omega C_{gs} + g_m \cdot \frac{\overline{i_{ng} \cdot i_{nd}^*}}{\overline{i_{nd}^2}} = \mathrm{j}\omega C_{gs} + g_m \cdot \frac{\overline{i_{ng} \cdot i_{nd}^*}}{\sqrt{\overline{i_{nd}^2}}\sqrt{\overline{i_{nd}^2}}}\sqrt{\frac{\overline{i_{ng}^2}}{\overline{i_{ng}^2}}} \tag{13}$$

上式可以表示为

$$Y_c = \mathrm{j}\omega C_{gs} + g_m \cdot \frac{\overline{i_{ng} \cdot i_{nd}^*}}{\sqrt{\overline{i_{ng}^2} \cdot \overline{i_{nd}^2}}}\sqrt{\frac{\overline{i_{ng}^2}}{\overline{i_{nd}^2}}} = \mathrm{j}\omega C_{gs} + g_m \cdot c\sqrt{\frac{\overline{i_{ng}^2}}{\overline{i_{nd}^2}}} \tag{14}$$

上式解释了我们的全部策略，因为最终已明确表示了相关系数。

替换掉根号内的项可得到

$$Y_c = \mathrm{j}\omega C_{gs} + g_m \cdot c\sqrt{\frac{\delta\omega^2 C_{gs}^2}{5\gamma g_{d0}^2}} = \mathrm{j}\omega C_{gs} + \frac{g_m}{g_{d0}} \cdot c\sqrt{\frac{\delta}{5\gamma}} \cdot \omega C_{gs} \tag{15}$$

如果我们假设在短沟道情况下 c 仍然是纯虚数，那么最终可以得到相关导纳的一个有用的表达式：

$$Y_c = \mathrm{j}\omega C_{gs} + \mathrm{j}\omega C_{gs}\frac{g_m}{g_{d0}}\cdot|c|\sqrt{\frac{\delta}{5\gamma}} = \mathrm{j}\omega C_{gs}\left(1+\alpha|c|\sqrt{\frac{\delta}{5\gamma}}\right) \tag{16}$$

式中已做了如下替换：

$$\alpha = \frac{g_m}{g_{d0}} \tag{17}$$

由于长沟道器件的α等于 1，并且随沟道长度变短α逐渐减小，所以它是偏离长沟道情形的一个度量。

我们从式（16）中可以看出，相关导纳是纯虚数，所以 $G_c = 0$。[①] 然而比较有意义的是：事实上 Y_c 确实不等于 C_{gs} 的导纳，而是等于它的某个倍数。因此我们不能同时使功率传输最大而又使噪声系数最小。然而，为了进一步研究这一不可能性的重要含义，我们需要推导出最后一个噪声参数 G_u。

利用相关系数的定义，我们可以把引起的栅噪声表示为

$$\overline{i_{ng}^2} = \overline{(i_{ngc}+i_{ngu})^2} = 4kT\Delta f\delta g_g|c|^2 + 4kT\Delta f\delta g_g(1-|c|^2) \tag{18}$$

式（18）中的最后一项是栅噪声的不相关部分，所以最终有

$$G_u \equiv \frac{\overline{i_u^2}}{4kT\Delta f} = \frac{4kT\Delta f\delta g_g(1-|c|^2)}{4kT\Delta f} = \frac{\delta\omega^2 C_{gs}^2(1-|c|^2)}{5g_{d0}} \tag{19}$$

我们将 4 种噪声参数概括在表 12.1 中。利用这些参数，我们可以确定使噪声系数最小的信号源阻抗及这个最小的噪声系数：

$$B_{\mathrm{opt}} = -B_c = -\omega C_{gs}\left(1+\alpha|c|\sqrt{\frac{\delta}{5\gamma}}\right) \tag{20}$$

由式（20），我们看到最优的信号源电纳在本质上是电感性的，但它具有不正确的频率特性。因此，达到宽带噪声匹配基本上是很困难的。

表 12.1 MOSFET 二端口网络的噪声参数

参数	表达式
G_c	~ 0
B_c	$\omega C_{gs}\left(1+\alpha\lvert c\rvert\sqrt{\frac{\delta}{5\gamma}}\right)$
R_n	$\frac{\gamma g_{d0}}{g_m^2} = \frac{\gamma}{\alpha}\cdot\frac{1}{g_m}$
G_u	$\frac{\delta\omega^2 C_{gs}^2\left(1-\lvert c\rvert^2\right)}{5g_{d0}}$

① 同样，这一结论基于忽略了输入端的所有电阻项。

进一步说，最优信号源导纳的实数部分为

$$G_{\mathrm{opt}} = \sqrt{\frac{G_u}{R_n} + G_c^2} = \alpha\omega C_{gs}\sqrt{\frac{\delta}{5\gamma}(1-|c|^2)} \tag{21}$$

而最小的噪声系数为

$$F_{\min} = 1 + 2R_n[G_{\mathrm{opt}} + G_c] \approx 1 + \frac{2}{\sqrt{5}}\frac{\omega}{\omega_T}\sqrt{\gamma\delta(1-|c|^2)} \tag{22}$$

在式（22）中，如果我们把ω_T只看成g_m与C_{gs}的比，那么上式中的近似符号就变成了等号。注意，如果完全没有栅噪声（也就是说，如果δ为零），那么最小噪声系数就为 0 dB。单就这一不现实的预测就应当怀疑栅噪声实际上必定存在。我们同时注意到，尽管要求相关系数不现实地接近 1 才能较大程度地减小噪声系数，但从原理上讲，提高漏-栅电流之间的相关性确实可以改善噪声系数。

另一个重要的观察是随着工艺尺寸的缩小，ω_T的改善也改善了任一给定频率时的噪声系数。为了强调这一点，让我们给式（22）的参数赋以数值。然而由于在短沟道情况下这些参数中某些参数的细节特性不清楚，因此必须进行某些有依据的猜测以得到$F_{\min}$的估计值。正如在第 11 章中提到的，已由 Scholten 等证明[①]：对短沟道器件中噪声的某些测量结果，即使不是总体上错误，也是非常值得怀疑的。短沟道器件的噪声参数事实上是其长沟道器件的不到 1.5 倍左右。但在下面的论述中，为留有余地，我们将认为它是这些参数的两倍或三倍。并且正如前面提到的那样，我们还将进一步假设即使在短沟道情况下，$|c|$也仍然等于 0.395。

表 12.2 表明，如果短沟道效应使γ和δ增至三倍，那么$F_{\min}$就是归一化频率的函数。在这些假设合理的范围内，令人鼓舞的是对于比ω_T低很多的频率，即使γ和δ增加，也有可能得到非常好的噪声系数。

表 12.2　$F_{\min}$的估计值（$\gamma = 2$, $\delta = 4$）

ω_T/ω	$F_{\min}$（dB）
20	0.5
15	0.6
10	0.9
5	1.6

集成电路工艺飞速发展的步伐实际上肯定使设计者不能全面地理解最新工艺代晶体管的特性。但如果要进行低噪声设计，就必须建立另一种方法去获取模型参数。纯经验方法的吸引力是它完全不依赖于理论假设，但它在实现时却需要设计出一组合适的、有限的实验。幸运的是，单就二端口噪声参数量纲本身，就意味着存在一种简捷的方法可以获取适用范围很广的数据，而且这种方法也适合为其他模拟模型提取相关的噪声参数。

我们已经注意到二端口的噪声参数就是阻抗或导纳。虽然它们并不一定代表可直接测量的物理量，但它们却服从同样的折算规则。例如，假设我们已完全表征了一个某单位尺寸 MOSFET 的噪声参数。若偏置电压不变（意味着电流密度不变），这样的两个器件并联时的阻抗参数就是单个器件的一半，导纳参数则加倍，而无量纲参数保持不变。一般来说，一个宽度为 W 的器件的

① 见 P280 脚注①。

噪声参数为

$$G_c = \frac{W}{W_0} G_{c0} \tag{23}$$

$$B_c = \frac{W}{W_0} B_{c0} \tag{24}$$

$$G_u = \frac{W}{W_0} G_{u0} \tag{25}$$

$$R_n = \frac{W_0}{W} R_{n0} \tag{26}$$

下标“0”对应于宽度为 W_0 的单位器件的参数。噪声因子 F 是一个无量纲的量，因而与宽度无关（虽然产生一定 F 的源极导纳随宽度而变化）。

这些折算规则表明，我们只需对一个器件尺寸（我们将称它为基本单元）表征噪声参数。虽然这一表征仍必须包括一定范围上的偏置变化，但不再需要同时跟踪器件的宽度，这显然很有意义。只要我们仔细选择尺寸足够大的参考器件以使任何设备或版图的寄生参数可以忽略不计，并且只要我们在最终设计中确实采用这个基本单元的多个范例，那么就像在模拟电路设计中为达到良好匹配所建立的那些有效方法一样，基于这些尺寸折算关系进行的数值推断将是很精确的。

还应当指出的是，采用多个栅指并且每个栅指两端都有接触，可以使栅电阻材料（以及相应的通孔、接触等）引起的热噪声降低到最小程度。虽然最优的栅指宽度肯定与具体的工艺有关，但对当前工艺来说，一个合理的估计法则是选择 5 μm 左右的宽度。

第二个实际问题是模拟问题。大多数 MOS 模型并不包括感应栅噪声（但它们一般都考虑或至少是部分地考虑栅电阻材料的热噪声），而缺少这一部分会引起模拟 CMOS 放大器噪声性能的严重问题。幸运的是，仍然有可能借助一个很有用的替代物去弥补：我们可以用通常的 SPICE 要素建立起一个宏模型，然后用它替代电路中每一个噪声严重的 MOSFET[①]（见图 12.1）。为简单起见，我们将在以下论述中假设栅-漏电流噪声之间的相关性等于零，而且在这里没有直接考虑外延噪声（衬底热噪声）。

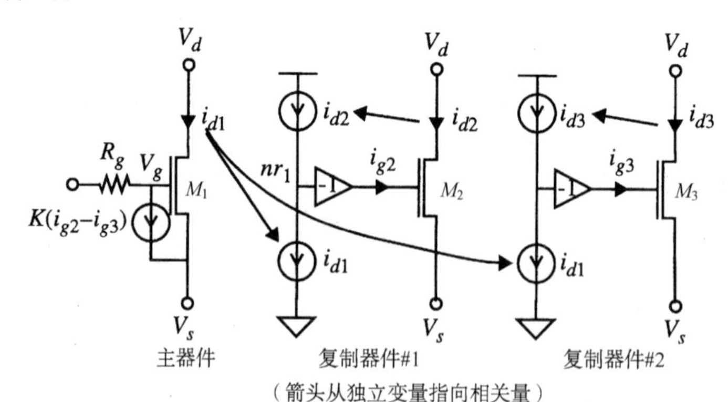

图 12.1 包括栅噪声的 MOS 宏模型（为清楚起见略去了某些偏置细节）

① D. Shaeffer and T. Lee, *The Design and Implementation of Low-Power CMOS Radio Receivers*, Kluwer, Dordrecht, 1999。为了有助于直流（DC）收敛，你也许希望数值为 i_{d1} 的两个相关电流源各自在两端之间增加一个小的电导。

M_1 是要模拟噪声特性的晶体管。电流控制的电流源把它的（噪声）漏极电流分别加（复制）到两个复制器件的栅极电路中（不是直接连至栅极，而是通过电压反相器连至栅极）。每个复制器件与主器件完全相同，并且偏置电压也相同（漏极并不都直接连在一起，源极也一样，利用电压控制电压源迫使端口电压相同）。每个复制器件都能使自己的漏极电流噪声反馈到自己的栅节点上（同样是通过电压反相器）。将那里的两个（完全不相关的）噪声电流相加就可得到 M_2 栅极上的噪声电压，即

$$\overline{v_{g2}^2} = \frac{8kT\Delta f}{g_{d0}} \approx \frac{8kT\Delta f}{g_m} \tag{27}$$

式中最后一个近似式假设 g_{d0} 与 g_m 的差别不太大。这个噪声电压引起了一个噪声电流，它的近似均方值为

$$\overline{i_{g2}^2} \approx \frac{(8kT\Delta f)\gamma[\omega(C_{gs} + C_{gd})]^2}{g_m} \tag{28}$$

由于这个栅极电流噪声的一半是由 M_1 的漏极电流噪声直接引起的，所以这两个噪声电流是部分相关的。对于 M_3 的栅噪声也有同样的情形。假设我们的最终目的是在 M_1 中产生一个与它自己的漏极电流噪声具有零相关的栅极电流噪声，那么在这种情形下我们必须完全消除相关性。消除这种相关性很容易，因为可以注意到这两个复制器件与 M_1 之间具有完全相同的相关性。因此，只要将 M_2 和 M_3 的栅极电流相减，就可以消除公共的相关部分。如果我们希望保留某种程度的相关性（为了更好地反映真实性），那么在相减之前应当将这两个栅极电流放大或缩小不同的倍数。但这里我们并不去讨论控制该相关性数值或相位的更为一般的目的。

在相减之后，差值电流必须按比例进行适当调整，以在 M_1 的栅电路中产生正确的噪声电流：

$$\overline{i_g^2} \approx \frac{(4kT\Delta f)\delta[\omega C_{gs}]^2}{5g_m} \tag{29}$$

式中我们同样忽略由栅电阻产生的等效栅极电流。

令最后两个公式相等，可以看到比例因子 K 应当近似地选择为

$$K \approx \frac{1}{\sqrt{5}(1 + C_{gd}/C_{gs})} \tag{30}$$

式中，我们假设 δ/γ 仍等于长沟道时的值，即 2 左右。

对于典型工艺，漏-栅电容常常为栅-源电容的 1/3 至 1/2，因此 K 值的通常范围为 0.3 至 0.4。在栅的电阻率有重要影响时，K 值接近于 1 也许是比较合适的。

由于在上述推导中做了许多简化的假设，因此读者应当把这个宏模型方法看成一种权宜之计——只是在别无选择的情况下才采用。尽管有局限性，但宏模型方法在缺乏详细器件模型的情况下对于我们的推导还是很有帮助的。

幸运的是，用来模拟RF 噪声的简单精确的器件模型近年来已大量出现。飞利浦（Philips）公司免费提供的公用 MOS11 模型充分考虑了非准静态（nonquasistatic，NQS）效应，它把一个器件划分为几部分，每一部分模拟沟道的一部分，每一部分内的特性是准静态的（这个原理类似于我们把一条传输线分成几段且每段只含集总元件那样），因此它不仅恰当地考虑了栅噪声的 NQS 分

量（及其相应的输入电阻），而且也考虑了栅电阻引起的栅噪声。同样，这个模型也包括了在晶体管所有工作区上的衬底噪声及通常的沟道热噪声。已公布的测量结果表明，该模型与实验结果吻合得非常好。

在介绍了这一粗略的宏模型——以及适于支持诸如 MOS11 这样复杂模型的模拟器产品以获取噪声参数的两种方法之后——我们现在就可以详细讨论它们对于低噪声放大器设计的意义。为了不失一般性，我们在以下的介绍中采用解析公式。

12.3 LNA 的拓扑结构：功率匹配与噪声匹配

前面一节的推导表明，对于一个 MOSFET，产生最小噪声系数的信号源阻抗在特性上是电感性的，并且一般来说与使功率传输最大的条件无关。而且，MOSFET 的输入阻抗从本质上讲是电容性的，所以提供一个对 50 Ω信号源的良好匹配而又不降低噪声性能看来是比较困难的。由于对外部电路表现为一个已知的电阻性阻抗几乎总是对 LNA 的关键要求，因此我们将首先分析许多能达到这个目的的电路的拓扑连接，然后通过估计它们的噪声特性来使其范围缩小。

可以提供合理宽带的 50 Ω终端的一个直接方法就是把一个 50 Ω的电阻跨接在一个共源放大器的输入端上，如图 12.2 所示。

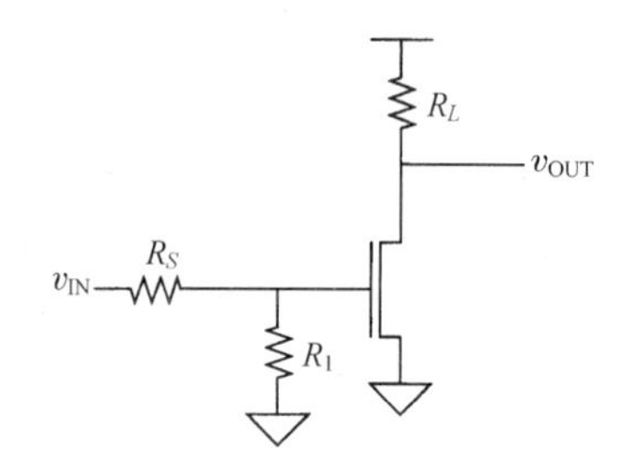

图 12.2 具有并联输入电阻的共源放大器（偏置电路未画出）

遗憾的是，电阻 R_1 会附加上自身的热噪声，并且使晶体管前的信号衰减（衰减因子为 2）。这两种效应合在一起一般都会产生不可接受的高噪声系数。[①] 比较正式的是对这个电路的噪声系数直接建立以下的下限：

$$F \geqslant 2 + \frac{4\gamma}{\alpha} \cdot \frac{1}{g_m R} \tag{31}$$

式中，$R_S = R_1 = R$。这个下限只在低频极限时成立，并且完全忽略了栅极电流噪声。当然，在较高频率及考虑栅噪声时，噪声系数将更差。

第 9 章中描述的并联-串联放大器是能提供宽带实数输入阻抗的另一个电路。由于它在放大之前没有含噪声的衰减器使信号减小，因此我们可以预见它的噪声系数比图 12.2 所示的电路要好。

图 12.3 所示的放大器比起前面的电路遇到的问题较少，但电阻反馈网络仍然会产生自身的热噪声，并且也不能在所有的频率下（也许可以在任意的某个频率下）对晶体管表现为等于 Z_{opt} 的阻抗。结果，整个放大器的噪声系数虽然一般都要比图 12.2 所示放大器的好得多，但一般仍超出

① 作为一个具体例子，最近推出的一个 800 MHz CMOS 放大器的噪声系数超过了 11 dB（当忽略 R_1 的衰减和噪声时为 6 dB）。

器件 F_{min} 一个相当的数量（一般为几个分贝）。然而这个电路提供宽带的能力常常是足够的补偿，所以并联-串联放大器被用在许多 LNA 应用中，即使它的噪声系数并不是最小的可能值[①]。

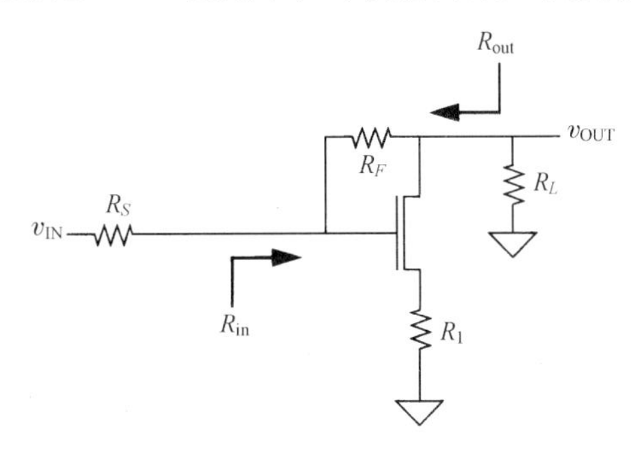

图 12.3 并联-串联放大器（偏置电路未画出）

另一种实现电阻性输入阻抗的方法是采用共栅结构。由于从信号源终端向放大器看进去的电阻为 $1/g_m$，因此合适地选择器件的尺寸和偏置电流可以提供所希望的 50 Ω的电阻，见图 12.4。

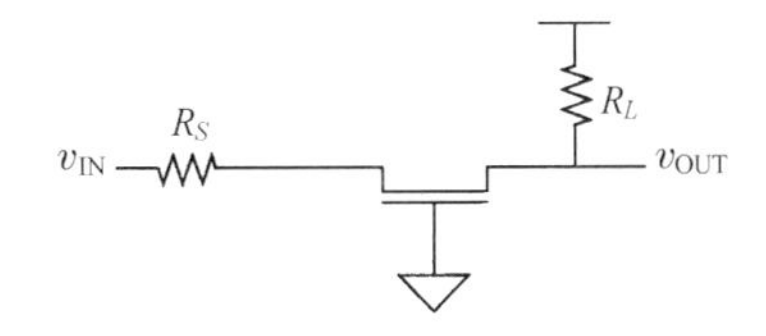

图 12.4 共栅放大器（偏置电路未画出）

与图 12.2 所示的电路一样，我们可以很容易地建立这个共栅放大器噪声系数的下界（同样，在低频下且忽略栅极电流噪声）：

$$F \geqslant 1 + \gamma/\alpha \tag{32}$$

这个下界假设从信号源终端向放大器看进去的电阻被调整到等于信号源的电阻，它对于长沟道范围的值约为 2.2 dB，而对于短沟道器件（$\gamma/\alpha = 2$）约高达 4.8 dB。在高频和考虑栅电流噪声时，噪声系数将明显变差。

以上三种电路都会因在信号路径中存在有噪声的电阻（包括沟道电阻，如在共栅放大器中那样）而使噪声系数变差。幸好与直觉相反，我们可以提供没有电阻的电阻性输入阻抗。这种可能性最早可以追溯到真空管时代，因此简单回顾一下历史是很有必要的。

无论是真空管还是 MOSFET，都是名义上具有电容性输入阻抗的器件。然而关键词是“名义上”，因为如果输入阻抗确实是纯电容性的，那么输入就根本不会消耗任何功率，所以功率增益甚至在无穷大的频率下也必然是无穷大的。这样的结果违反了常识（以及实验），所以我们可以推断输入阻抗必定具有一个电阻分量。然而 MOSFET 的栅结构是一个平行板电容，因此也许很难想象怎么会出现一个电阻分量。[②] 对这个问题的回答是栅电容的底板并不处在固定的电位上。相反，这个电位从源到漏沿沟道在变化，变化的方式取决于加在栅上的信号。而且最重要的是，有限的载流子速度使这个取决于信号的底板电位有些滞后，造成在电压和电流之间偏离了纯 90° 的

① 很清楚，这个电路的噪声系数可以足够低，因而非常实用，这是因为它可以用在测量噪声系数的仪器（例如 Hewlett-Packard 公司制造的 8970A）中。

② 这里我们暗中假定了漏端被交流短接。

相位关系，因此也就必然造成输入阻抗中的电阻分量。

这个机理的基本特点可以通过考察图 12.5 所示的抽象情形来理解。除了增益 $A(s)$取决于频率，该放大器在所有其他方面都是理想的。输入端类似于栅（或真空管中的栅）端，并且放大器的输出连至这个栅电容的底板。这个电路的输入阻抗为

$$Z_{\text{in}} = \frac{1}{sC[1+A(s)]} \tag{33}$$

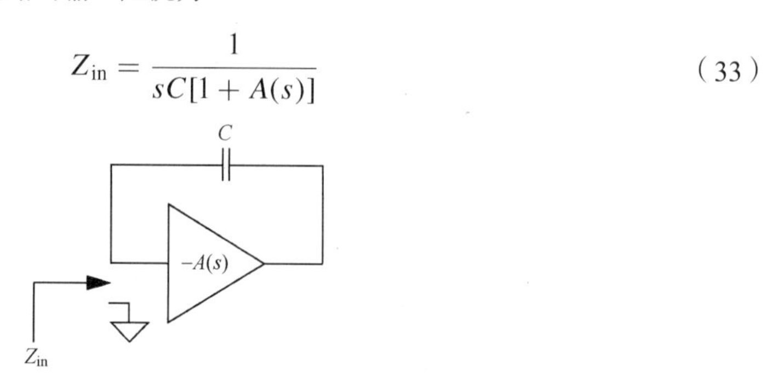

图 12.5 阻抗变换模型

现在将 $A(s)$表示为增益和相移：[①]

$$A(s) = A_0 \mathrm{e}^{-\mathrm{j}\phi} \tag{34}$$

于是，

$$Z_{\text{in}} = \frac{1}{\mathrm{j}\omega C[1+A_0\mathrm{e}^{-\mathrm{j}\phi}]} = \frac{1}{\mathrm{j}\omega C[1+A_0(\cos\phi - \mathrm{j}\sin\phi)]} \tag{35}$$

合并各项并注意分母，可以得到

$$Y_{\text{in}} = \mathrm{j}\omega C[1+A_0\cos\phi] + A_0\omega C\sin\phi \tag{36}$$

由上式可以清楚地看到输入导纳确实具有一个数值取决于相位滞后 ϕ的实数部分。当相位滞后为零时，导纳是纯电容性的，这正如准静态分析中所预期的那样。如果考虑非零相位滞后的比较现实的情形，那么可以看到等效的并联电导随频率而增加。也许并不奇怪的是，测量表明相位滞后本身随频率而增加，因而作为一个很好的近似，等效的并联电导一般将随频率的平方而增加。

渡越时间效应也会在真空管中引起输入阻抗的电阻分量，这种现象实际上首先是在真空管中观察到的。由于电荷的有限速度，因此在电荷控制的器件（如真空管和 FET）中存在一个实数项是一个不可避免的现实。

就低噪声放大器而言，我们实际上是希望加强这种效应，因为它可以用来形成电阻性的输入阻抗而不会有真实电阻的噪声。从前面可以很清楚地看出，一种可能的方法是改变这个器件（例如使它变长）以直接加大渡越时间效应。然而这个方法有一个不太好的副作用，即它使高频增益降低。

一个较好的方法是采用电感源端负反馈。[②] 当存在这样一个电感时，电流将滞后于所加的栅极电压，这个特点在性质上类似于已描述的机理。这种方法的一个重要优点是，我们可以通过选

① 选择这种形式只是为了方便。任何具有相位滞后的关系也都会显示这个效应。

② 这类电路首先由 M. J. O. Strutt 和 A. van der Ziel 在有关真空管的电路中进行了研究，见“The Causes for the Increase of the Admittances of Modern High-Frequency Amplifier Tubes on Short Waves,” *Proc. IRE*, v.26, 1936, pp.1011-32。

择电感来控制阻抗实数部分的值，这可以从计算图 12.6 所示电路的输入电阻中清楚地看出。

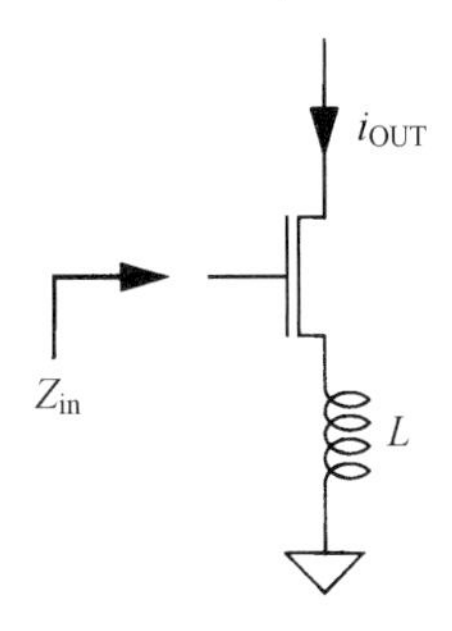

图 12.6　电感负反馈的共源放大器

为了简化分析，考虑一个器件模型只包含一个跨导和一个栅-源电容的情况。在这种情形下，不难证明输入阻抗具有如下形式：

$$Z_{\text{in}} = sL + \frac{1}{sC_{gs}} + \frac{g_m}{C_{gs}}L \approx sL + \frac{1}{sC_{gs}} + \omega_T L \tag{37}$$

因此，输入阻抗就是一个串联 RLC 网络的阻抗，其中的电阻项直接与电感值成正比。

一般来说，一个任意的源端负反馈阻抗 Z 映射到栅电路时要乘以一个等于$[\beta(\mathrm{j}\omega)+1]$的因子，这里$\beta(\mathrm{j}\omega)$是电流增益：

$$\beta(\mathrm{j}\omega) = \frac{\omega_T}{\mathrm{j}\omega} \tag{38}$$

电流增益的数值在ω_T 时应为 1。并且由于 C_{gs}，它具有一个电容性的相位角。这样对于一般情形：

$$Z_{\text{in}}(\mathrm{j}\omega) = \frac{1}{\mathrm{j}\omega C_{gs}} + [\beta(\mathrm{j}\omega)+1]Z = \frac{1}{\mathrm{j}\omega C_{gs}} + Z + \left[\frac{\omega_T}{\mathrm{j}\omega}\right]Z \tag{39}$$

注意，电容负反馈会使输入阻抗中包含一个负阻。① 所以任何源至衬底的电容都会抵消掉电感负反馈得到的正电阻。因此在任何实际的设计中考虑这个效应是非常重要的。

不论这个电阻项的值是多少，重要的是要强调它本身并不带来一个普通电阻的热噪声，因为一个纯电阻是没有噪声的。因此我们可以利用这个特性来提供一定的输入阻抗而不会降低放大器的噪声性能。

然而，式（37）的形式清楚地表明输入阻抗只在一个频率（谐振）时才是纯电阻性的，所以这个方法只能提供窄带阻抗匹配。幸运的是，在许多例子中窄带工作不仅可以被接受，而且事实上还是人们所希望的，因此电感负反馈无疑是一种有价值的技术。为此在图 12.7 中显示了我们在本章其余部分将要分析的 LNA 拓扑连接。

选择电感 L_s 以提供所希望的输入电阻（等于 R_s，即信号源内阻）。由于输入阻抗只在谐振时才是纯电阻性的，因此需要有一个由电感 L_g 提供的附加自由度来保证这个条件。既然在谐振时栅-源电压是输入电压的 Q 倍，因此在这种状况下总的放大级跨导 G_m 为

$$G_m = g_{m1}Q_{\text{in}} = \frac{g_{m1}}{\omega_0 C_{gs}(R_s + \omega_T L_s)} = \frac{\omega_T}{2\omega_0 R_s} \tag{40}$$

式中，我们利用了ω_T为 g_{m1} 与 C_{gs} 之比的近似关系。

① 电容性负载的源极跟随器由于它们较差的稳定性而不太常用。基本的原因就是这个负的输入电阻，并且它也解释了为什么在栅电路中串联某个正电阻可以帮助我们解决这个问题。

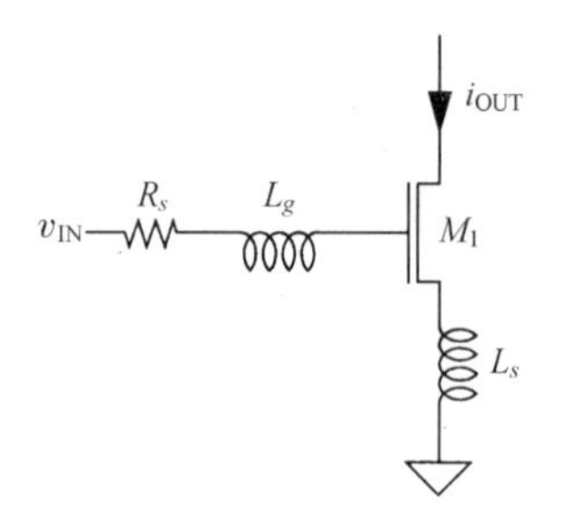

图 12.7　具有源端电感负反馈的窄带 LNA（偏置电路未画出）

注意，总的跨导与器件的跨导无关。这个结果是由于两个相反的影响被恰好抵消而产生的。例如考虑使 M_1 变窄但不改变任何偏置电压，因此这个器件的跨导就会与宽度一样减小一个相同的倍数。然而栅电容也会减小相同的倍数，因此电感就必须增加（也增加相同的倍数）以保持谐振。由于电感与电容的比增加，因此输入电路的 Q 值必然增加。Q 值的增加恰好抵消了器件跨导的减小，所以总的跨导保持不变。

剩下的问题是如何确定 M_1 的尺寸。我们也许会认为应当根据式（21）来选择 M_1 的宽度，因为该公式把 G_{opt} 表示为栅电容的函数。使 G_{opt} 等于信号源的电导，于是就可得到 C_{gs} 的“最优”值，然后我们就可以用这个值来计算必要的器件宽度。

前面的分析足以清楚地说明该电路的一阶特性。更为详细的分析包括最终可以归结为短沟道 MOSFET 具有较低本征电压增益的效应。由于工艺尺寸缩小的趋势似乎只会使这个增益降低的情况更为严重，因此值得花一些时间来讨论一下，如果我们现在允许晶体管的 r_0 为有限值，那么输入阻抗将怎样变化呢?

让我们仍然忽略 C_{gd}、g_{mb} 和 C_{sb}，于是很容易证明（见本章习题部分的第 11 题），图 12.6 所示电路的输入阻抗为

$$Z_{\text{in}}(\text{j}\omega)=\frac{1}{\text{j}\omega C_{gs}}+\text{j}\omega L+g_m\frac{L}{C_{gs}}\left(\frac{r_0}{r_0+\text{j}\omega L+Z_L}\right) \tag{41}$$

式中，Z_L 是接在漏端的阻抗。将该结果与前面的公式做一个比较，可以看到输出电阻为有限值时改变了阻抗公式中的第三项。特别是可以看到，在括号中的那一项只是在极限情况下才为 1。一般来说 Z_{in} 的实部将减小而虚部也会变化，从而使输入回路的谐振频率发生变化。如果像通常那样负载是一个并联谐振槽路，那么 $|Z_L+\text{j}\omega L|$ 这个量在（或接近）它的谐振频率时就会足够大（相对于 r_0），从而使输入阻抗的实部明显下降。根据输入和输出回路的相对谐振频率，我们可以使这一下降出现在整个放大器所希望的中心频率处，或在它之下，或在它之上。显然，这一下降的数值与位置是很重要的考虑因素。如果这一下降发生在远离所希望的工作频率处，那么它的存在也许不会引起太大问题。但这一下降往往发生在中心频率的百分之几的范围内（因为输入和输出电路的谐振频率通常设计得很接近），因而造成在所关注的频带某处的输入匹配很差。

一种可能的解决办法是采用堆叠。但这只是在某种程度上起作用，因为最初引起问题的同一个 r_0 同样也会降低堆叠的神奇效果所依赖的隔离作用（见本章习题部分的第 12 题）。在比较棘手的情况下，也许加大堆叠器件的沟道长度会有好处（加长主器件也可能有用，但这样做会比较严重地影响我们所关心的其他参数，如增益和噪声系数）。减小漏极的负载电阻同样会有帮助，但这是以降低增益为代价的。采用这些技巧的某种组合通常可以得到一个满意的设计。

在考虑了影响输入电阻的主要和寄生因素之后，我们现在就可以完成 LNA 的设计了。

指出这个方法在实际中存在缺点的最好方式是利用数字来说明。假设我们希望设计一个用在 1.575 42 GHz[①]的 50 Ω系统中的 LNA。利用式（21）可以求得所要求的 C_{gs} 值为

$$C_{gs} = \frac{G_{\text{opt}}}{\alpha\omega\sqrt{(\delta/5\gamma)(1-|c|^2)}} \approx \frac{2G_{\text{opt}}}{\omega} \approx 4\text{ pF} \tag{42}$$

式中，我们继续采用$\gamma = 2$、$\delta = 4$ 及$|c| = 0.395$，并且另外假设α 只是比 1 稍微小一点。在模拟电路中典型的栅过驱动[②]通常足够低，所以α 不是比 1 小许多，范围在 0.8 至 0.9 的值是很普遍的。式（42）中假设α 约为 0.85，某种程度上是出自这一观察，但主要是为了使数字简单起见。

由于作为第一步近似，器件电容大约为 1 pF/mm，因此一个尺寸大到足以产生所要求的 C_{gs} 值的器件宽度大约为 4 mm。而且对于这样大的器件，偏置电路一般也会很大（一般会超过 100 mA）。因此，即使噪声系数非常接近 $F_{\min}$，实际上功耗对于任何应用来说也会高得不可接受。由于功耗是一个非常重要的实际约束，因此最常用的噪声优化技术必须预先考虑功耗。尽管在有明确功耗约束时所设计放大器的噪声系数必然比允许无限功耗时所能得到的噪声系数要高，但我们应当把这些综合考虑放在合理的基础上，以便能够可控制地均衡增益、噪声、功耗及输入匹配。

12.4　功耗约束噪声优化

为了能够分析所希望的噪声优化技术，我们必须在表示噪声系数时明确地把功耗考虑进去。于是对于规定的一个功耗限制，这种方法应当能够得出使噪声最小的最优器件。尽管细节推导有点复杂，但最终结果却极为简单。只对应用这种方法感兴趣的读者可以越过这部分内容而直接阅读本节最后的内容。

我们从经典的噪声理论所给出的噪声系数的一般表达式开始：

$$F = F_{\min} + \frac{R_n}{G_s}[(G_s - G_{\text{opt}})^2 + (B_s - B_{\text{opt}})^2] \tag{43}$$

这里的目标是最终要重新建立用功耗表示噪声系数的表达式。一旦推导出这样的公式，我们将在满足固定功耗的约束条件下求它的最小值，然后求解对应于这种最优情况的晶体管宽度。

为了简化推导过程，我们假设信号源的电纳 B_s 选择得足够接近 B_{opt}，因此可以忽略它们之间的差别。我们将在后面正式说明这个假设是合理的。在这个假设条件下，噪声系数的表达式可简化为

$$F = F_{\min} + \frac{R_n}{G_s}(G_s - G_{\text{opt}})^2 \tag{44}$$

接下来，重新整理 G_{opt} 的表达式［见式（21）］，以便用品质因子的量纲来定义一个参数。这个策略有助于减少下面公式中的混乱：

$$\frac{G_{\text{opt}}}{\omega C_{gs}} = \alpha\sqrt{\frac{\delta}{5\gamma}(1-|c|^2)} = Q_{\text{opt}} \tag{45}$$

① 这个频率是全球定位系统（GPS）所采用的频率。

② 回想一下，栅的过驱动电压定义为$(V_{gs} - V_t)$，即栅极电压超过阈值的部分。

为了包括有可能工作在信号源电导不同于 G_{opt} 的情况，我们也定义了一个类似的 Q 值，其中 G_{opt} 用实际的信号源电导 G_s 来代替：

$$Q_s \equiv \frac{1}{\omega C_{gs} R_s} \tag{46}$$

现在我们用式（21）、式（22）及表 12.1 的噪声参数重新表示式（44）：

$$\begin{aligned} F &= F_{\min} + \frac{(\gamma/\alpha)(1/g_m)}{Q_s \omega C_{gs}}(Q_s \omega C_{gs} - Q_{\text{opt}} \omega C_{gs})^2 \\ &= F_{\min} + \left[\frac{\gamma}{\alpha g_m R_s}\right]\left[1 - \frac{Q_{\text{opt}}}{Q_s}\right]^2 \end{aligned} \tag{47}$$

式（47）中的参数 α、g_m、Q_{opt} 和 Q_s 都与功耗有关，然而我们需要使这些关系明确化，并直接用功耗来重新写出这些项。为此，首先回想一下漏极电流的一个简单表达式为

$$I_D = \frac{\mu_n C_{\text{ox}}}{2}\frac{W}{L}(V_{gs} - V_t)[(V_{gs} - V_t) \parallel (LE_{\text{sat}})] \tag{48}$$

它可以被重写成

$$I_D = WLC_{\text{ox}} v_{\text{sat}} E_{\text{sat}} \frac{\rho^2}{1+\rho} \tag{49}$$

式中，

$$v_{\text{sat}} = \frac{\mu_n}{2} E_{\text{sat}} \tag{50}$$

及

$$\rho = \frac{V_{gs} - V_t}{LE_{\text{sat}}} = \frac{V_{od}}{LE_{\text{sat}}} \tag{51}$$

由式（49），可以将功耗表示为

$$P_D = V_{DD} I_D = V_{DD} WLC_{\text{ox}} v_{\text{sat}} E_{\text{sat}} \frac{\rho^2}{1+\rho} \tag{52}$$

再进一步，跨导 g_m 可以通过对式（49）求导得出。经过重新整理，它可以表示为

$$g_m = \left[\frac{1+\rho/2}{(1+\rho)^2}\right]\left[\mu_n C_{\text{ox}} \frac{W}{L} V_{od}\right] = \alpha\left[\mu_n C_{\text{ox}} \frac{W}{L} V_{od}\right] = \alpha g_{d0} \tag{53}$$

式（47）的参数中与功耗有关的另一个参数是 Q_s。回想一下 Q_s 是 C_{gs} 的函数，而 C_{gs} 又是器件宽度的函数。因此式（49）可以用来求解 W，然后把得到的表达式代入 Q_s 的公式中，可以得到如下结果：

$$Q_s = \frac{P_0}{P_D} \frac{\rho^2}{(1+\rho)} \tag{54}$$

式中，

$$P_0 = \frac{3}{2}\frac{V_{DD}\upsilon_{\text{sat}}E_{\text{sat}}}{\omega R_s} \tag{55}$$

利用这些表达式，噪声系数［见式（44）］可以用 ρ 和 P_D 表示。[①] 求出所得到公式的最小值是一个很复杂的问题，所以如果希望得到确切答案，那么一般情形下最好采用图解法。然而通过在 $\rho << 1$ 时成立的近似式可以获得更深刻的理解。所幸的是，只是在高功率的电路中 $\rho << 1$ 才不成立，而高功率电路不是我们感兴趣的范围。假设不是高功率的工作情况，那么最小的噪声系数出现在下式成立时：

$$\rho^2 \approx \frac{P_D}{P_0}\sqrt{\frac{\delta}{5\gamma}(1-|c|^2)}\left[1+\sqrt{\frac{7}{4}}\right] \tag{56}$$

把式（56）代入式（54）中，可以得到在有功耗约束情况下达到最小噪声系数时的 Q_s 值：

$$Q_{sP} = |c|\sqrt{\frac{5\gamma}{\delta}}\left[1+\sqrt{1+\frac{3}{|c|^2}\left(1+\frac{\delta}{5\gamma}\right)}\right] \approx 4 \tag{57}$$

仔细分析式（57）可以看出，它对于相关系数的具体值很不灵敏，而只是对 δ 与 γ 之比更灵敏一些。正如前面曾提到过的，尽管 δ 和 γ 的值会由于热载流子效应而变化，但它们的比变化较小。因此在式（57）中给出的 Q_{sP} 约等于 4 没有变化是很合理的。一个更为确切的分析表明，最优值一般接近 4.5，但得到的噪声系数对于在 3.5 至 5.5 范围内的 Q_{sP} 值不太灵敏，在这个范围内的变化一般为 0.1 dB 或更少。[②] 较低的 Q_{sP} 值将使电路对参数的变化不太敏感，而较高的 Q_{sP} 值相当于晶体管占用的芯片面积较少。

一旦确定了 Q_{sP}，那么最终推导出最优器件宽度的表达式就变成一件简单的事：

$$W_{\text{opt}\,P} = \frac{3}{2}\frac{1}{\omega LC_{\text{ox}}R_sQ_{sP}} \approx \frac{1}{3\omega LC_{\text{ox}}R_s} \tag{58}$$

式（58）假设 Q_{sP} 值为 4.5，并且它是这一系列推导的关键结果。由于改变 C_{ox} 和 L 的大小时多半仍使它们的积近似为常数，因此我们利用式（58）可以推导出一个粗略估计，它适用于在没有器件详细模型的情况下进行粗略的计算。即对于 50 Ω的 R_s，可非常粗略地认为最优的器件宽度等于 250 μm·GHz。同样，这种最优情况对于宽度并不是很灵敏，宽度增加或减少20%通常使噪声系数只变差 0.1 dB 或 0.2 dB。

对于宽度为 $W_{\text{opt}\,P}$ 的器件，在功耗约束范围内得到的噪声系数为

$$F_{\min P} \approx 1 + 2.4\frac{\gamma}{\alpha}\left[\frac{\omega}{\omega_T}\right] \tag{59}$$

通过将式（59）与由式（22）给出的绝对最小可能值进行比较，可以确切了解为了换取功耗的减少必须承受的噪声系数变差的程度：

① D. K. Shaeffer and T. H. Lee, "A 1.5 V, 1.5 GHz CMOS Low Noise Amplifier," *IEEE J. Solid State Circuits,* May 1997。遗憾的是其结果为六次多项式的比。

② 见前面所引入的 Shaeffer 和 Lee 撰写的论文。

$$F_{\min} \approx 1 + 2.3\left[\frac{\omega}{\omega_T}\right] \tag{60}$$

$F_{\min}$ 和 $F_{\min P}$ 的比较列在表 12.3 中。我们看到，在一个固定的归一化的频率上，它们的差别一般在 0.5 dB 与 1 dB 之间。因此很明显，达到非常好的噪声系数仍然是可能的。

表 12.3 $F_{\min}$ 和 $F_{\min P}$ 的估计值（γ = 2, δ = 4, α = 0.85）

ω_T/ω	$F_{\min}$（dB）	$F_{\min P}$（dB）
20	0.5	1.1
15	0.6	1.4
10	0.9	1.9
5	1.6	3.3

这个特别的噪声优化方法是很吸引人的，因为它均衡了人们感兴趣的所有参数。通过采用电感源端的负反馈技术，可以保证非常好的匹配，同时对于一个给定的工艺和规定的功耗来说，它也提供了几乎可能达到的最佳噪声系数。[①] 输入端的谐振条件也同时保证了较好的增益，这是因为有效的放大级跨导正比于 ω_T/ω，并且噪声系数也同样与这些量的比有关，因此两者都随 ω_T 的增加而得到改善。

幸运的是，本节推导所体现的设计过程的应用要比推导本身简单得多。首先利用式（58）确定必要的器件宽度，然后由功耗约束所允许的电流大小来偏置这个器件。接下来根据对应于这个偏置条件的 ω_T 值选择源端负反馈电感的值，以达到所希望的输入匹配。由此所期望的噪声系数就可以由式（59）求出。最后加入足够的电感与栅串联，使输入回路在所希望的工作频率下谐振，至此就完成了全部设计。

在概述了基本步骤之后，我们下面通过几个例子说明另外一些设计考虑。

12.5 设计实例

12.5.1 单端 LNA

由于已经描述了基本的输入电路，因此为了完成设计，基本上只需要加上偏置和输出电路。对于窄带应用，通过调谐去除输出电容的影响对提高增益是有好处的。因此可以采用如图 12.8 所示的典型的单端 LNA。[②]

共栅方式连接的晶体管 M_2 用来减少调谐输出与调谐输入之间的相互作用，并同时减少 M_1 的 C_{gd} 的影响。在 M_2 漏端，总的节点内容与电感 L_d 形成的谐振既增加了中心频率处的增益，又额外地提高了我们非常需要的带通滤波能力。人们常常（人为地）使输入和输出谐振相同，但如果愿意，也可以使它们相互偏离，以产生一个比较平坦和比较宽的响应。

晶体管 M_3 基本上与 M_1 形成一个电流镜，并且它的宽度是 M_1 宽度的几分之一，从而使偏置电路的附加功耗减到最小。通过 M_3 的电流是由电源电压和 R_{ref} 及 M_3 的 V_{gs} 决定的。电阻 R_{BIAS} 选

① 限定词"几乎"反映了如下事实，即相关电纳比 ωC_{gs} 稍大一些（见表 12.1），但差别小于 25%。我们也许希望兼顾最优增益和最优噪声，因而选择总的电感比最优增益时的电感约大 10%，这样系统的名义谐振频率比工作频率约低 5%。这些数字一般都小于元件的允差，因此它们是较为学术性的而不是实际的情形。

② 这个例子引自 Shaeffer 和 Lee 的论文（见 P293 脚注①）。

择得足够大，所以它的等效噪声电流小到足以被忽略。在 50 Ω的系统中，几百欧姆至一千欧姆左右的值是比较合适的。因此我们将它的值选为 2 kΩ。

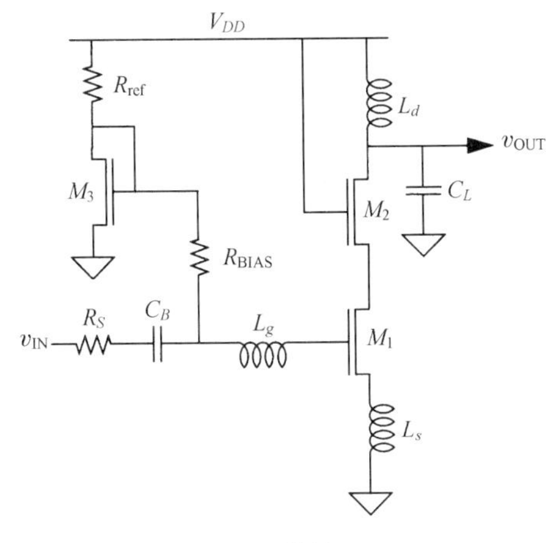

图 12.8　单端 LNA

为了完成偏置，必须用一个隔断 DC 的电容 C_B 来防止影响 M_1 的栅-源偏置。C_B 值选择为在信号频率时其电抗可以忽略，并且它常常用片外部件来实现，这取决于所要求的 C_B 值及对芯片面积的限制。

假设工作在 10 Grps（10 Grad/s）、信号源电阻为 50 Ω、M_1 的偏置电流为 5 mA，我们来确定各分量的值及器件尺寸。同时假设对于这里考虑的 0.5 μm 工艺，L_{eff} 为 0.35 μm，而 C_{ox} 为 3.8 mF/m^2。[①]

根据这些信息，我们可以计算出主要输入晶体管 M_1 的最优宽度大约为 500 μm。在偏置电流为 5 mA 时，对于这种工艺和这种尺寸的晶体管，ω_T 大约为 35 Grps，因子 α 为 0.85。考虑最坏情况假设 γ 为 2，我们可以很容易地由式（59）计算出这个放大器的最小噪声系数近似为 2.2 dB。让我们现在假设这个值是可以接受的。如果不可接受，那我们也没有任何其他办法，只好增加功率以提高 ω_T。

在计算出 ω_T 后，我们来求解源端负反馈电感的值。为了产生 50 Ω的实数部分，L_s 必须大约等于 1.4 nH（忽略 C_{gd} 对于阻抗的影响），这个值可以用约 1.4 mm 长的键合线或一个片上平面螺旋电感来实现。考虑到使寄生电感减小到这一数量级以下总是很困难，因此看来选择采用键合线是比较合理的。

为了计算 L_g，我们要求已知 C_{gs}，就我们所选的器件而言，C_{gs} 大约为 0.5 pF。使这个电容在 10 Grps 时谐振要求总的电感在 20 nH 左右，所以 L_g 必须约为 18.6 nH，但这个值有些偏大。不仅因为这个电感值的平面螺旋电感比起一个比较经济的设计来说可能占用较多的芯片面积，而且它的损耗也会明显使噪声系数变差。因此比较谨慎的是采用折中的办法，即用平面螺旋线只实现总电感的一部分，而其余部分采用键合线。另一种办法是采用焊接线及外部电感，后者也许采用 PC 板上的互连线来实现。如果可以接受封装，那么采用 PC 板上的互连线实现电感有可能得到非常好的可重复性，因为 PC 板上的互连线具有尺寸的相对稳定性和可再生产性。

计算输出调谐电感值要求已知总的电容负载。假设一个 7 nH 的电感与这个电容在 10 Grps 的

① 这些都是 0.5 μm（设计值）工艺的典型值。

工作频率时谐振。那么由于所要求的这个电感很小，因此在这里采用一个平面螺旋电感即为一个合理的选择。

为完成这个设计还需要说明隔直电容，我们将它选为10 pF。这个值使等效的串联电容从 0.5 pF 变为 0.48 pF，并且因此使谐振频率大约偏离 2%～3%。这个小偏离通常是容许的，因为元件数值及模型参数的不确定性常常要比这个值大许多。

完成的 LNA 如图 12.9 所示。偏置晶体管的宽度和电流人为地选为主晶体管的 1/10。虽然图中显示了一个简单的基准电流源，但最好采用一个恒 g_m 的偏置源来稳定增益和输入阻抗，以克服温度及电源电压的影响（见第 10 章）。

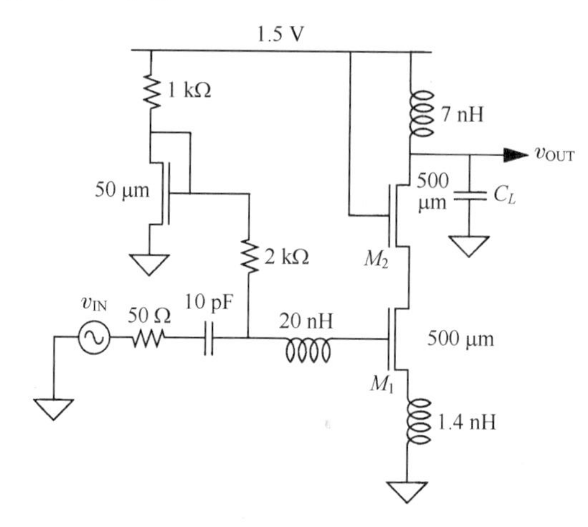

图 12.9 一个完整的 1.5 GHz、8 mW 的单端 LNA

这里选择的共栅连接晶体管具有与主器件相同的宽度。这种选择是很普遍的，但它有点随意，因此不一定是理想的选择。两个相互冲突的考虑限制了对共栅晶体管尺寸的选择。栅-漏的重叠电容可能会显著地减小从M_1的栅和漏看进去的阻抗，使噪声性能和输入匹配都变差。很容易证明，对于尺寸相同的共源器件及共栅器件，输入端阻抗的电阻部分由下式给出：

$$\mathrm{Re}[Z_{\mathrm{in}}] = \frac{\omega_T L_s}{1 + 2C_{gd}/C_{gs}} \tag{61}$$

因此必须增加负反馈电感的值来进行补偿。

为了抑制米勒效应的这些影响，我们通常希望用一个较大的共栅器件以减小共源晶体管的增益，然而与大尺寸器件对应的源端寄生电容在高频时可以显著地增加对共栅器件本身内部噪声的放大作用。把共栅晶体管的源区与共源晶体管的漏区合并在一起，可以有效地缓解这类问题，并且很容易通过使这两个器件尺寸相等来实现。我们还应当考虑是否有可能从M_2的源端拉出更多的电流，以便恰好有选择地增加共栅器件的偏置电流而使它的 g_m 加大。

对基本上与本例相同的实际放大器的测量，一般都显示出噪声系数多多少少超出了计算得到的最小值 2.2 dB，这是由各种寄生效应所致的。为了使噪声系数的变差降到最低程度，特别重要的是要通过保证有足够大的负反馈电感，并通过减少米勒效应来保证输入阻抗的电阻部分足够大。如果不能达到这个目标，就会使噪声系数加大——不仅是因为偏离了 G_{opt}，而且也因为它使栅电感损耗引起的任何噪声影响更加严重。因此保持栅电感的 Q 值尽可能高是很关键的，同时建议采用比理论值稍大的源端电感，因为电感过大时的噪声影响比起电感不足时的影响要小得多。

按照这个建议，可以很容易地使 NF（噪声因子）的变差程度控制在 0.5 dB 以下，而如果忽略这一建议，就可能很容易使噪声系数增加 1.5 dB 以上。

NF 变差的另一个可能因素是第 11 章讨论的衬底热噪声。回想一下，这种外延（epi）噪声产生了漏极噪声分量，其值为

$$\overline{i_{nd,\text{sub}}^2} = \frac{4kTR_{\text{sub}}g_{mb}^2}{1+(\omega R_{\text{sub}}C_{cb})^2}\Delta f \tag{62}$$

如前面讲到的那样，对于典型工艺来说，这个噪声源约在 1 GHz 以上时常常被完全忽略，但我们应当检查一下这个一般法则在任何具体情况下是否仍然成立。

在频率充分低于极点频率 $1/R_{\text{sub}}C_{cb}$ 时，如果模型参数满足以下不等式，那么这种非本征噪声的影响仍然可以被忽略：

$$R_{\text{sub}} \leqslant 2R_s \tag{63}$$

在许多工艺中，通过在晶体管周围放上许多衬底接触，可以很容易满足该不等式。在极端情况下也许有必要把主器件划分成几个子部分，每个部分的周围都有大量的衬底接触，使外延噪声的影响减小到最低程度。

同时采用这些技术，完全有可能以非常合理的功耗在吉赫兹的范围内达到低于 1 dB 的噪声系数（例如在 7.5 mW 时达到 0.9 dB NF），这使 CMOS LNA 可与用其他工艺设计的 LNA 相比拟。[①]

12.5.2　差分 LNA

单端 LNA 结构至少有一个重要的缺点，即它对于接地的寄生电感非常灵敏。从图 12.9 所示的电路图中可以很清楚地看到，信号源的接地回路被认为与源极负反馈电感的下端位于相同的电位。然而，实际上在这两个电位之间存在不可避免的差别，这是因为在这两点之间总存在某一个不为零的阻抗。由于 1.4 nH 并不是一个很大的电感，因此在这两个接地点之间很小数量的附加寄生电抗有可能对放大器的性能产生很大的影响。它甚至可以使从后几级来的与信号相关的电流调制“接地点”，从而形成寄生反馈回路，使放大器不稳定。

采用专门的附加接地引线或运用高级的封装可以缓解这个问题，但这些方法不是效果有限就是成本偏高。另一种方法是利用某差分结构对称点上的增量（交流）接地，见图12.10。图中源极负反馈电感回到虚拟接地（对于差分信号而言）。与偏置电流源串联的任何寄生电抗基本上是不相关的，因为一个电流源与一个阻抗串联仍然是一个电流源。因此，输入阻抗的实部只由 L_s 来控制，而不会受到电流源接地回路中寄生参数的影响。

当然，差分连接的另一个重要优点是它具有抑制共模干扰的能力。[②] 这种考虑在混合信号应用中特别重要，因为在这种应用中无论是电源电压还是衬底电压都可能含有噪声。为了使在高频时的共模抑制最大，关键是要使版图尽可能地对称。

应当记住，对于相同的总功耗来说，这个放大器的噪声系数要比相应的单端放大器高。特别是为了达到相同的噪声系数，差分放大器的功耗是单端放大器的两倍。弥补这个缺点的方法是使

① J.-S. Goo et al., “A Noise Optimization Technique for Integrated Low-Noise Amplifiers,” *IEEE J. Solid-State Circuits*, v.37, no.8, August 2002, pp.994-1002。

② 为了保证这个说法的真实性，左右两侧电路中的螺旋电感应当以相同的方位而不是以镜像方式布置；否则电感耦合噪声将不会表现为共模信号。

输入电压分布在两个器件上而使线性度得到改善。因此，尽管噪声系数保持不变（同样，假设具有两倍的功耗），但动态范围却增加了。

图 12.10 所示的电路没有显示出偏置细节——特别是没有显示出 DC 栅电位是如何建立起来的。而且共栅晶体管的栅偏压是电源电压，这种选择可以使足够的电压加在下面的晶体管上，因而在较高的电源电压时增加了γ 和δ 值。为了减轻这个热电子噪声性能变差的程度，谨慎的做法是采用只够使晶体管完全脱离三极管工作区的漏极偏置电压而不要比它更大。

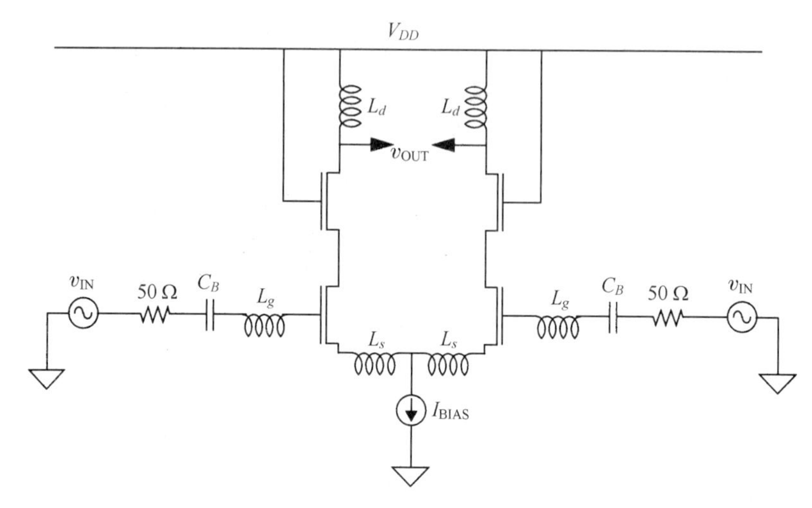

图 12.10　差分 LNA（已简化）

达到所希望结果的许多可能的方法之一显示在图 12.11 中。在这个电路中，晶体管 M_1 至 M_4 是以上简化电路中 LNA 的核心。其第一级的输出由 C_C 交流耦合至 M_7 和 M_8，后两个管子又提供了附加的增益。为了节省功耗，通过第二增益级的电流又被重新利用以提供给 4 个核心的晶体管，因此输出调谐电感 L_d 返回到 M_7 和 M_8 的共源连接处而不是到正的电源。

为了使所有堆叠起来的晶体管在低电源电压时都保持在饱和状态，采用一个共模的偏置反馈回路使 M_1 和 M_2 的漏极电压等于固定的 V_{gs1} 的几分之一。对于 V_{dsat1} 大致跟随 V_{gs1} 的范围，这种策略保证了只消耗最少的电源电压。

偏置回路的工作情况如下。在电阻 R_3 上端的电压等于M_1 和M_2 的共模栅极电压，因为当没有任何电流流过栅时，M_5/M_6 的漏至源的电压为零，因此R_3 和R_4 连接处的电压就是输入对栅至源的共模电压的某一比例部分。一个运算放大器[①]将这个电压与输入对共模漏极电压（在 R_1/R_2 的中点处测量）进行比较，其输出驱动共栅晶体管的栅极使这两个电压相等。因此，

$$V_{d1,2} = \frac{R_4}{R_3 + R_4} V_{gs1,2} \tag{64}$$

式中的电压是相对于输入对的共源连接点而言的。

晶体管 M_9 通过对共栅晶体管提供某个默认的栅极电压以保证偏置回路的启动，直到运算放大器有机会开始工作。最后，由于对这个运算放大器的性能要求不高，因此这里可以采用低到几乎忽略不计的偏置电流。

① 这里的运算放大器假设为跨导放大器，它具有高输出阻抗。

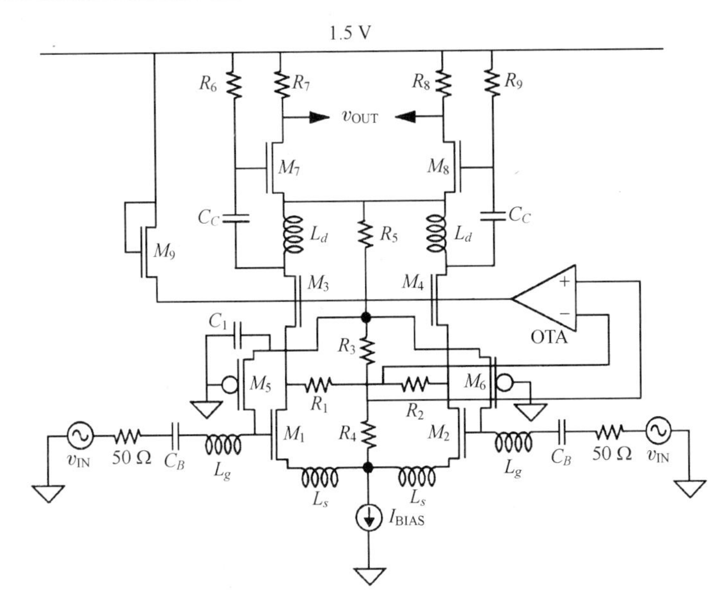

图 12.11　完整的 12 mW、1.5 GHz 的差分 LNA

12.6　线性度与大信号性能

除了噪声系数、增益及输入匹配，线性度是一个重要的因素，因为一个LNA不仅不能附加太多的噪声来放大信号，它还必须在接收强信号时也能保持线性。特别是在存在很强干扰信号的情况下接收一个弱信号时，LNA 必须保持线性工作，否则就会出现各种问题。这些交调失真的后果包括灵敏度降低（也称为阻塞）和交叉调制，阻塞发生在当强干扰引起的交调乘积项“淹没”了所要接收的弱信号时，而交叉调制则发生在当非线性的相互作用把一个信号的调制传给另一个信号的载波时。当然，这两种影响都不是人们所希望的，所以LNA 设计者的另一个责任是把这些问题减到最小。

本章描述的 LNA 设计过程并没有直接说明线性度，所以我们现在来分析估计放大器大信号性能的一些方法，并且把重点放在获取对设计问题的深刻理解上。正如我们将要讲到的，尽管窄带 LNA 的拓扑连接达到较好的噪声性能或多或少是以线性度为代价的，但它们之间的折中选择并不是严重到不能实现这样的 LNA，其动态范围足以满足要求较高的应用。

尽管有许多度量线性度的方法，但最普遍使用的是三阶交调点（IP3）和 1 dB 压缩点（P_{1dB}）方法。[①] 三阶交调首次于 1964 年由 Avantek 公司提出以作为线性度的度量。为了使这两种度量与容易计算的电路和器件参数联系起来，假设放大器的输出信号可以用一个幂级数来表示。[②] 进一步假设采用小信号来估计这些线性度的度量，由于这些小信号足够小，因此当舍去级数中三次项以后的各项时引起的误差可以忽略不计：

$$i(V_{DC}+v)\approx c_0+c_1v+c_2v^2+c_3v^3 \tag{65}$$

这里，式（65）描述了跨导的特定情形。

① 在直接变换（自差）接收器中，二阶交调是比较重要的。

② 我们也假设输入和输出之间是以无滞环（无记忆）的过程联系在一起的。一个比较精确的方法是采用 Volterra 级数，但其结果很复杂，使我们无法得到正在寻求的对许多设计问题的深入理解。

现在考虑幅值相同、频率稍有不同的两个正弦输入信号：

$$v = A(\cos\omega_1 t + \cos\omega_2 t) \tag{66}$$

把式（66）代入式（65），经过简化并合并各项，我们就可以识别出输出谱中的各个分量。[①] DC 和基波分量如下：

$$[c_0 + c_2A^2] + \left[c_1A + \tfrac{9}{4}c_3A^3\right](\cos\omega_1 t + \cos\omega_2 t) \tag{67}$$

注意，展开式中的二次因子构成了 DC 项的一部分，它加到输出偏压上。三次因子加大了基波项，但由于加大的倍数正比于幅值的立方，因此其影响要比单单增加增益要大。一般来说，DC 的偏差来自级数展开式中的偶次幂，而基波项则来自奇次因子。

这里还有二次和三次谐波项，它们分别是由级数展开式中的二次和三次因子引出的：

$$\left[\frac{c_2A^2}{2}\right](\cos 2\omega_1 t + \cos 2\omega_2 t) + \left[\frac{c_3A^3}{4}\right](\cos 3\omega_1 t + \cos 3\omega_2 t) \tag{68}$$

一般来说，n 次谐波项来自 n 次因子。由于谐波失真乘积具有比基波高得多的频率，通常在调谐放大器中被充分衰减，因此占支配地位的是其他非线性乘积。

二次项也构成了二阶互调（IM）乘积，如在混频器（见第 13 章）中那样：

$$\left[\frac{c_2A^2}{2}\right][\cos(\omega_1 + \omega_2)t + \cos(\omega_1 - \omega_2)t] \tag{69}$$

与谐波失真乘积一样，如果ω_1和ω_2近似相等（如这里假设的那样），那么这些“和频”与“差频”项在窄带放大器中就会被有效地衰减。

最后，三次项构成了三阶互调乘积：

$$\begin{aligned}\left(\tfrac{3}{4}c_3A^3\right)[\cos(\omega_1 + 2\omega_2)t &+ \cos(\omega_1 - 2\omega_2)t \\ &+ \cos(2\omega_1 + \omega_2)t + \cos(2\omega_1 - \omega_2)t]\end{aligned} \tag{70}$$

注意，这些乘积项随驱动幅值立方的增大而加大。一般来说，一个 n 阶 IM 乘积的幅值正比于驱动幅值的 n 次幂。

和频的 IM3 乘积项在调谐放大器中的重要性减小，这是因为它们一般在频带之外的足够远处，从而被显著地衰减。然而差频分量可能是有问题的，因为如果ω_1和ω_2只相差一个很小的数量（例如在一个信号和一个相邻信道干扰信号的情形中），那么这些差频就可能落在频带之内。正是由于这个原因，三阶交调是线性度的重要度量。

由上面一系列公式可以很容易计算出与输入有关的三阶交调点（IIP3），即只要使 IM3 乘积项的幅值等于基波的幅值：

$$|c_1A| = \left|\frac{3}{4}c_3A^3\right| \implies A^2 = \frac{4}{3}\left|\frac{c_1}{c_3}\right| \tag{71}$$

式中，我们已假设在表示基波输出幅值时只是稍微偏离线性。重要的是要强调交调是一个外推的值，因为由式（71）计算出的相应幅值几乎总是很大，因此舍去级数三次项以后的各项会引起显著的误差。无论是在模拟还是在实验中，交调是在较小输入幅值时由观察到的外推趋势来估计的。当输入是这样小的时候，由高阶非线性引起的基波项可以忽略不计。

① 这个推导多次用到了以下三角恒等式：$(\cos x)(\cos y) = [\cos(x+y) + \cos(x-y)]/2$。

因为由式（71）得到的是电压幅值的平方，所以除以输入电阻 R_s 的两倍就得到了通过外推使 IM3 等于基波项时的功率：

$$\mathrm{IIP3}=\frac{2}{3}\left|\frac{c_1}{c_3}\right|\frac{1}{R_s} \tag{72}$$

我们看到 IIP3 正比于在偏置点处传输特性曲线的一阶和三阶导数值的比。或者说它正比于小信号增益与该增益二阶导数的比（同样指在偏置点处的值）。

图12.12总结了线性度的定义。习惯上把输出功率画成两个（幅值相同的）不同频率的输入正弦波中每一个功率的函数，而不是它们和的函数。

由于三阶乘积项随驱动幅值的立方而增加，因此当画在对数坐标上时它们的斜率是一阶输出乘积项的三倍，如图 12.12 所示。注意，在图中 1 dB 压缩点发生在比 IIP3 低的输入功率处。这种一般关系在实际的放大器中几乎总是成立的。

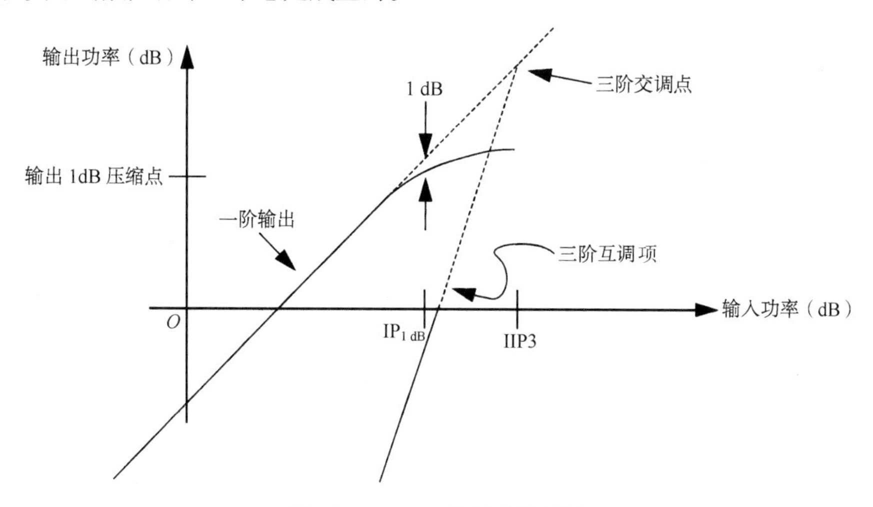

图 12.12　LNA 性能参数图示

在定义了线性度的度量后，我们现在考虑利用或不利用式（72）来估计 IIP3 的方法。

12.6.1　估计 IP3 的几种方法

求解 IP3 的一种方法是通过瞬态模拟，也就是使两个幅值相等、频率几近相同的正弦输入信号驱动这个放大器。当输入幅值改变时，计算交调并比较输出谱中的 IM3 乘积项及基波项。

尽管原理很简单，但这个方法有几个明显的实际困难。首先，由于失真的乘积项可以比基波项小几个数量级，因此模拟器的数值噪声很容易在输出中占支配地位，除非规定特别严格的容差。[①] 一个与之密切相关的因素是时间步长必须间隔相同且足够小，以免在输出谱中引起人为的问题。[②] 当满足这些条件时，模拟一般都会执行得非常慢且会生成很大的输出文件。

纯频域的模拟器（例如谐波平衡工具）可以在很短的时间内计算出IP3，但比起时域模拟器（如 SPICE），还不能很方便地得到这种工具。

式（72）采用功率级数的两个系数之比提供三阶交调的简单表达式，并且因此提示给我们另

① 事实上，容差要比通常提供的“精确”的默认选择严格得多。

② 这个要求来自实际模拟器采用的所有 FFT 算法所做的假设，即时间采样是均匀间隔的。

一种可适合手工计算的方法。我们很少被直接给予这些系数，但如果已有传输特性的解析表达式，那么确定这些系数是一件很容易的事。即使没有这样的表达式，那么也有极为简单的步骤可以很容易地在“通常”的模拟器（如 SPICE）中实现，这使我们可以快速地估计 IP3。我们将这个方法称为三点法，它利用了这样一个事实，即已知在三个不同输入幅值时的增量（交流）增益就足以确定三个系数（c_1、c_2 和 c_3）。[①]

为了推导三点法，我们从关联输入和输出的级数展开式开始：

$$i(V_{DC}+v) \approx c_0 + c_1 v + c_2 v^2 + c_3 v^3 \tag{73}$$

增量增益（跨导）是式（65）的导数：

$$g(v) \approx c_1 + 2c_2 v + 3c_3 v^2 \tag{74}$$

尽管在原理上，任意三个不同的 v 值都足以满足要求，但特别方便的三个值是 0、V 和$-V$，可以将这些电压看成 DC 偏置值的偏移。当选择这些值时，我们可以得到以下相应增量增益的表达式：

$$g(0) \approx c_1 \tag{75}$$

$$g(V) \approx c_1 + 2c_2 V + 3c_3 V^2 \tag{76}$$

$$g(-V) \approx c_1 - 2c_2 V + 3c_3 V^2 \tag{77}$$

求解这些系数得到

$$c_1 = g(0) \tag{78}$$

$$c_2 = \frac{g(V) - g(-V)}{4V} \tag{79}$$

$$c_3 = \frac{g(V) + g(-V) - 2g(0)}{6V^2} \tag{80}$$

将这最后三个系数公式代入式（72）中，即可得到所希望的用三个增量增益表示的 IIP3 的表达式：[②]

$$\mathrm{IIP3} = \frac{4V^2}{R_s} \cdot \left| \frac{g(0)}{g(V) + g(-V) - 2g(0)} \right| \tag{81}$$

用式（81）求解 IIP3 比用瞬态模拟要快得多，因为无论利用模拟器还是采用人工方法，确定增量增益几乎没有什么太大的计算量，因此三点法在设计的早期阶段用于快速估计 IIP3 是特别有用的。它对于指导偏置点（或电路技术）的选择以达到最大的 IP3 也很有意义。注意，由式（81）可知，如果我们确能选择偏置点或者安排电路使得在偏置点处的小信号增益等于在 V 处增益的平均值，那么 IIP3 实际上可以达到无穷大，即在偏置点处增益的二阶导数变为零，因此 IIP3 将变为无穷大。例如，如果一个器件的小信号跨导随偏置点的变化如图 12.13 所示，那么偏置点 A 或 C 将使 IIP3 最大。

---

① 这个方法采用了真空管时代用来估计谐波失真的经典技术。

② 在确定了用易于测量的增益表示的所有系数后，就很容易推导出谐波和二阶 IM 失真的类似表达式。后一个量与直接变换的接收器有关。

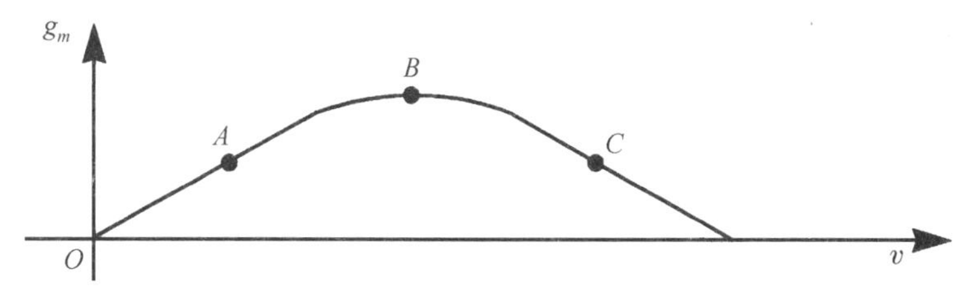

图 12.13　放大器的 g_m

在推导了三点法之后，我们现在把它应用到短沟道 MOSFET 跨导的近似解析模型中，然后运用这个结果估计窄带 LNA 的 IIP3。

12.6.2　短沟道 MOSFET LNA 的线性度

式（48）给出了一个短沟道 MOSFET 跨导的近似解析表达式（忽略了垂直场迁移率的降低）：

$$g_m = \left[\frac{1+\rho/2}{(1+\rho)^2}\right]\left[\mu_n C_{\text{ox}} \frac{W}{L} V_{od}\right] \tag{82}$$

式中，

$$\rho = \frac{V_{gs} - V_t}{LE_{\text{sat}}} = \frac{V_{od}}{LE_{\text{sat}}} \tag{83}$$

由于过驱动增加时速度饱和使跨导趋近于一个常数值，因此如果输入信号是在栅和源之间度量，那么设计者可以通过增加过驱动电压来改善 IIP3。

在窄带 LNA 结构中，输入电压乘以输入电路的 Q 值后出现在栅和源之间。因此在这种情形下三阶交调（指放大器输入）减小为原来的 $1/Q^2$。所以对于窄带 LNA 来说，以下 IIP3 表达式成立：

$$\text{IIP3} = \frac{4V^2}{Q_s^2 R_s} \cdot \left|\frac{g(0)}{g(V)+g(-V)-2g(0)}\right| \tag{84}$$

为了大致了解实际上可以达到什么样的交调，假设对于 L_{eff} 为 0.35 μm 的工艺技术，R_s 为 50 Ω，E_{sat} 为 4×10^6 V/m，Q_s 的范围为 1～5。在式（48）和式（84）中运用这些数值，使我们可以得到有关 IIP3 近似值的表格（见表 12.4）。

由于采用了一系列的假设，必须将表 12.4 的值看成是非常近似的。特别是在式（48）中忽略近阈值的效应，将明显过高地估计在弱过驱动时的 IIP3；而忽略垂直场迁移率的降低，则会在强过驱动时引起中等程度的过低估计。重要的是，要强调这些误差是采用近似解析器件模型的结果，并且没有反映对三点法本身的基本限制。即使如此，晶体管 L_{eff} 为 0.35 μm 的实际单级 LNA 所显示的 IIP3 值也常常在表中所列值的 1～3 dB 的范围内。同样值得注意的是，差分放大器的 IIP3 值将比表中所列的值好 3 dB，这是因为差分放大器把总的输入信号在两个输入晶体管之间进行了等分，而其他因素则保持不变。

表 12.4 单端 LNA 例子中近似的 IIP3（dBm）值与 V_{od} 及 Q_s 的关系

V_{od}	IIP3@ $Q_s = 1$	IIP3@ $Q_s = 2$	IIP3@ $Q_s = 3$	IIP3@ $Q_s = 4$	IIP3@ $Q_s = 5$
0.1	16.6	10.6	7.1	4.6	2.6
0.2	17.2	11.2	7.7	5.2	3.2
0.3	17.8	11.8	8.3	5.8	3.8
0.4	18.4	12.4	8.9	6.4	4.4
0.5	18.9	12.9	9.4	6.9	4.9
1.0	21	15	11.5	9	7
2.1	25	19	15.5	13	11
3.0	27	21	17.5	15	13

从表 12.4 中可以很清楚地看出，Q_s 值大于 1 时将使 IIP3 的值变得比较差，所以功耗优化的单端 LNA 一般都显示 IIP3 值约在 5 dBm 的范围内。然而这些值只适用于单级 LNA，因为一个多级放大器的线性度一般受第一级以外的限制，所以表中的数值代表多级设计最多能达到的极限值，第二级的线性度限制可以很容易地使 IIP3 值减小 5～10 dB。

由于线性度与过驱动电压的关系如此紧密，因此 IIP3 的改善不是以增加功耗（如果 Q_s 固定）就是以减小增益（如果 Q_s 减小或如果采用反馈）为代价。如果我们容许增加功耗，那么可以达到极高的 IIP3 值。作为一个具体例子，我们注意到对于 Q_s 在 2～4 的范围内，当过驱动在 500 mV 和 1 V 之间时，IIP3 值可以达到 10～15 dBm。

前面的推导集中在 IIP3 上，它可以看成低电平的线性度度量，因为其度量或计算针对的是足够小的信号幅值，因此所引起的线性工作状况的偏离是不显著的，而交调是一个外推值。另一个普遍采用的线性度度量即 1 dB 压缩点表示了高电平限制的特点，因为它描述了何时实际的输出功耗比小信号特性的线性外推值低 21%。输出 1 dB 压缩点基本上是总偏置电流和可用电源电压的函数，并且如果这两个量保持不变，则它大致与沟道长度无关。然而，随着沟道长度的减小，由于速度饱和更加明显而使器件的小信号线性度得到改善，因此 IIP3 随器件尺寸的缩小而增加。

由于这两种度量是以两种不同的方式表示线性度的特性，因此在它们之间没有固定的关系。然而我们可以利用立方的幂级数近似和器件的解析模型估计出对于当前的工艺，IIP3 值一般在 1 dB 压缩点之外约 10～15 dB 处。我们可以预见随着沟道长度的变小，在这两种度量之间的差别会增加，从而超出这个范围。

12.7 无乱真信号的动态范围

前面我们已经介绍了对允许的输入信号幅值的两个基本限制。噪声系数确定了下界，而失真决定了上界。所以可以不严格地说，放大器可接受的信号范围是下至噪声最低限度、上至某个线性度的极限。采用动态范围度量可以帮助设计者避免犯一个错误，即在改善一个参数（例如，噪声系数）的同时无意中使另一个参数变差。

通过称为无乱真信号动态范围（spurious-free dynamic range，SFDR）的参数，可使这一概念具有定量的基础。“乱真”（spurious）一词是指“不希望”的，并且常常被简写成“spur”。[①] 在谈及 LNA 时，它通常是指三阶（互调）乘积，但有时也指其他不希望的输出谱分量。

为了理解采用 SFDR 作为动态范围的具体度量所基于的理由，我们把信噪比或信号失真比中较小的一个定义为一个比较一般的度量，并且改变加到放大器上两个（正弦）输入的幅值，然后估计这个度量。当输入幅值从零开始增加时，一阶输出最初具有小于 1 的信噪比，但最终会超出噪声的最低限度。由于三阶失真取决于输入幅值的立方，此时对于任何实际的放大器来说，IM3 乘积项将充分低于这个噪声的最低限度。这样，当输入信号继续增加时，动态范围会暂时得到改善，因为此时所希望的输出增加了，而不希望的输出（这里是噪声）仍然固定不变。然而 IM3 乘积项最终也会超出噪声的最低限度。当超出这个输入电平后，动态范围就会下降，因为 IM3 乘积项增长的速度是一阶输出增长速度的三倍（基于 dB）。

SFDR 定义为当不希望的乘积项（这里是 IM3 功率）恰好等于噪声功率时对应于输入幅值的信噪比，因而它也就是在上面实验中一个放大器所显示的最大动态范围，如图12.14 所示。

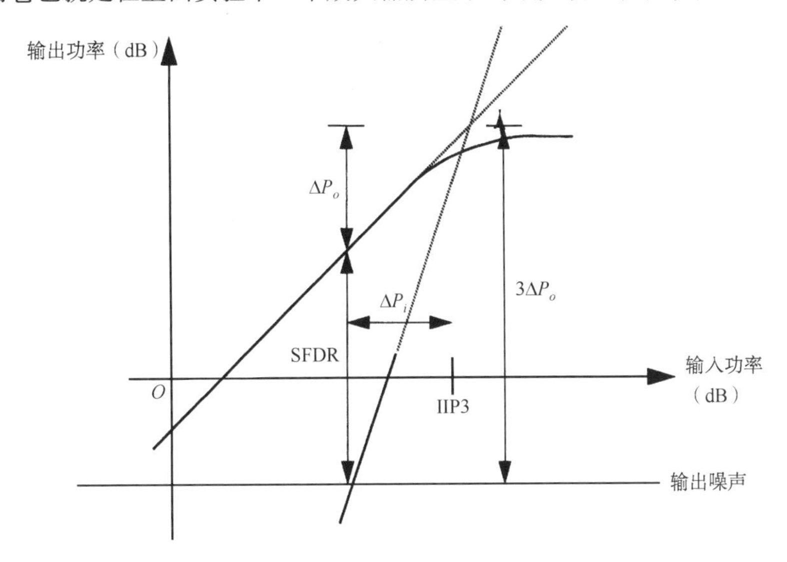

图 12.14　无乱真信号的动态范围（三阶）

为了在 SFDR 表达式中明确引入噪声系数和 IIP3，首先定义 N_{oi} 为用分贝（dB）表示的与输入有关的噪声功率。由于采用分贝坐标时 IM3 乘积项的斜率为 3，因此当与输入相关的 IM3 功率等于 N_o 时，输入功率比 IIP3 低的部分为

$$\Delta P_i = \frac{\text{OIP3} - N_o}{3} \tag{85}$$

（同样，所有的功率都用分贝表示）。所以 SFDR 就是式（85）所示的输出功率与 N_o 之差：

$$\text{SFDR} = [\text{OIP3} - \Delta P_o] - N_o \tag{86}$$

由于 IM3 乘积项的斜率为 3，所以可知

$$3\Delta P_o = \text{OIP3} - N_o \tag{87}$$

① 尽管“spurious”不是一个拉丁词，但有时（但是错误地）却用“spurii”来表示其复数，而“spurs”才是正确的复数形式。

因此，

$$\text{SFDR} = \tfrac{2}{3}[\text{OIP3} - N_o] = \tfrac{2}{3}[\text{IIP3} - N_{oi}] \tag{88}$$

注意，与输入相关的噪声功率（这里用 W 表示）就是噪声因子 F 乘以噪声功率 $kT\Delta f$。同时还要注意，与输出相关的量可以用在式（88）中，因为式中的两项都乘以同一个增益因子。

令人满意的是，SFDR 确实在一端为 IIP3 所限制，而另一端为噪声的最低限度所限制，这正如在本节开始时我们给出的定性说明那样。该因子之所以等于2/3，是因为在定义这些限制时采用了特定的方式。

关于模拟 IP3 的简要说明

模拟具有很大动态范围的任何一个量总是很困难的，模拟 IP3 也不例外。标准时间域的模拟器（例如 SPICE）在大约 20～30 dB 的动态范围时常常选择能提供 0.1%至 1%左右精度的容错性能。提高容错性能有助于减小由数值噪声引起的模拟误差——但它的代价是大大增加了模拟时间却不能对精确结果有任何保证。当采用大多数时间域模拟器的自适应时间步长算法以降低计算负荷和存储要求时，精度甚至会变得更加难以捉摸。采用非均匀时间步长获得的数据肯定会搞乱采用均匀采样频率的傅里叶变换算法。

通常的解决办法是采用精细到几乎不合理的时间步长，但它的代价（同样）是增加了计算负荷和模拟时间。确定你是否已成功地避免了数值问题也不是一件容易的事。大部分情况下采用的方法是：先以一组容错来进行模拟，然后以更严格的容错重复这种模拟。如果模拟结果没有变化，那么该模拟结果多半（但不一定）是可信的。

人们已开发了不同于时间域模拟器的其他方法来克服这些局限。利用激励和输出均为周期性（或准周期性）的这一事实有可能使模拟速度加快许多倍。[①] 这种方法称为周期或准周期稳态（periodic or quasiperiodic steady-state，PSS 或 QPSS）分析，它根据一个周期看上去非常类似于任何其他周期的事实减轻了计算负担（且提高了精度）。

12.8 小结

我们已经看到有功耗约束的噪声优化得到了特定的拓扑连接，以及恰当定义的只与信号源内阻、工艺技术和工作频率有关的器件尺寸。在所规定的功耗限制范围内，通过这一步骤得到的 LNA 同时实现了完全的阻抗匹配和最佳噪声系数及合理的增益和线性度。

此外我们还介绍了三点法，它能比直接用时域模拟器可能花费的少得多的时间来近似，并且可以定量地评价线性度。结合近似的器件解析模型，三点法可以证明对于单级设计有功耗约束的噪声优化的 LNA 的 IIP3，其典型值在 0 dBm 附近的几个分贝范围内。尽管这种方法忽略了动态情形，但对实际放大器的度量通常表明它与预测的结果吻合得相当好。而且只要器件工作在比 ω_T 足够低的情况下，一般都可以获得这种一致性。

如果希望得到更好的线性度，则必须或者以功耗或者以降低增益大小来换取线性度的改善。例如，可以提高过驱动电压，可以降低输入 Q 值，也可以采用负反馈。这些理论也使我们得出这

① 见 K. Kundert, "Introduction to RF Simulation and Its Application," *IEEE J. Solid-State Circuits*, v.34, no.9, September 1999。这一综述论文也描述了通过对两个测试频率采用不同幅值来加速模拟 IP2 和 IP3 的方法。这种方法成功地应用在以 QPSS 为基础和以谐波平衡为基础的模拟器中，但遗憾的是，它对于时间域模拟器却没什么帮助。

样的结论：继续使器件尺寸变小将改善在给定功耗指标下得到的线性度。

最后，将由噪声和失真指标表示的对信号幅值的限制结合起来，就可得到一个放大器最大动态范围（即无乱真信号动态范围）的度量。

习题

[第 1 题]　让我们重新看一下具有源极电感负反馈的单端 LNA（见图 12.15）。我们希望考察在 M_1 漏端（也是 M_2 源端）寄生电容的影响。本题假设这两个器件具有相同的宽度，虽然这种选择可能不是最优的。

（a）假设最初两个晶体管布置成物理上分开的两个器件。在这种情形下，M_1 漏至体的电容值可以类似于 C_{gs}。计算在这些情况下 M_2 引起的输出噪声。

（b）现在假设将两个晶体管布置成它们的源和漏区共享。这种版图布置使寄生电容大约减小一半。对这种情形重新计算 M_2 引起的输出噪声。将你的解答与（a）进行比较。

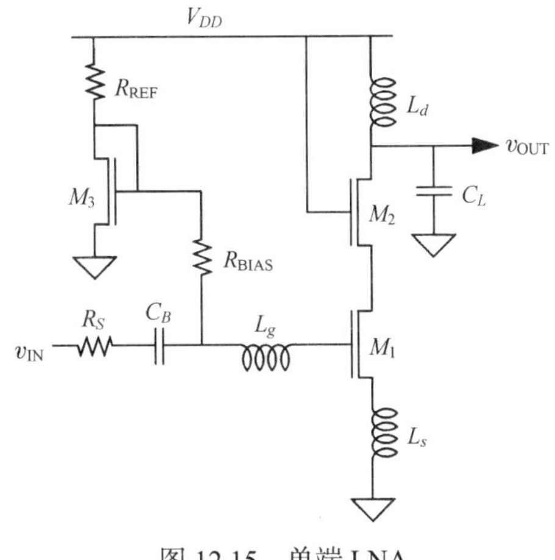

图 12.15　单端 LNA

[第 2 题]　在第 1 题的电路中，使噪声系数变差的另一个来源是 M_1 的 C_{gd}。为了理解这个电容如何对噪声系数产生负面影响，计算面向 M_2 源极的阻抗与 R_S 的关系。当电阻减小时，这个阻抗如何影响 M_2 引起的噪声？

[第 3 题]　本章介绍的大多数低噪声放大器是窄带放大器。在一些实际情形中，一个窄带放大器级之后可以是一个宽带级器件（例如一个源极跟随器）。假设一个噪声带宽为 100 MHz 的窄带 LNA 之后是一个噪声带宽为 2 GHz 的宽带源极跟随器。假设 LNA 的电压增益为 15 dB，而噪声系数为 2 dB，计算这个源极跟随器必须具有的跨导，以使它在总的噪声系数中所产生的部分不大于 0.5 dB。

[第 4 题]　采用表 12.4 中近似的 IIP3 值计算单端 LNA 设计例子中峰值 SFDR 的数值。可以假设线性度由输入器件 M_1 中的失真限制。提示：可以从给定的 α 说明中推导出合适的过驱动电压。

[第 5 题]　考虑图 12.16 所示的并联电阻共源“L”NA。

（a）推导这个放大器在没有栅噪声情况下的噪声系数（因子）。忽略所有的电容及外延（epi）噪声。

（b）现在考虑栅噪声，重新推导噪声因子。

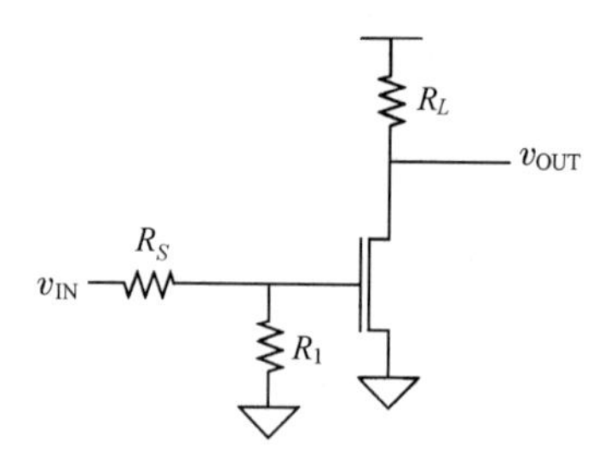

图 12.16 具有并联输入电阻的共源放大器

[第 6 题] 考虑图 12.17 所示的并联-串联宽带 LNA。

（a）推导这个放大器在没有栅噪声情况下的噪声系数（因子）。忽略漏-栅和漏-体电容及衬底噪声。

（b）现在考虑栅噪声，重新推导噪声因子。

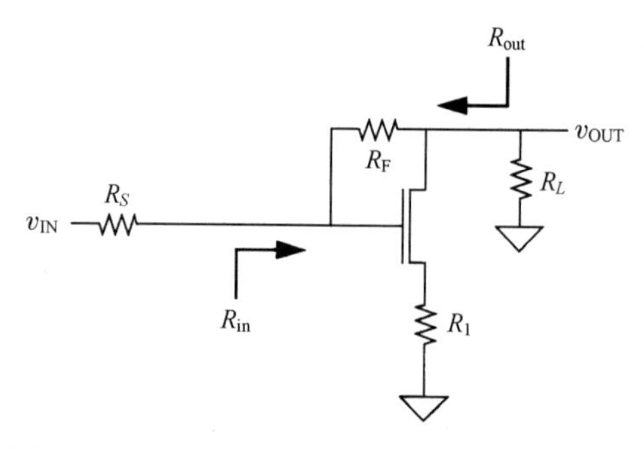

图 12.17 并联-串联放大器（未显示出偏置）

[第 7 题] 考虑共栅宽带 LNA（见图 12.18）。

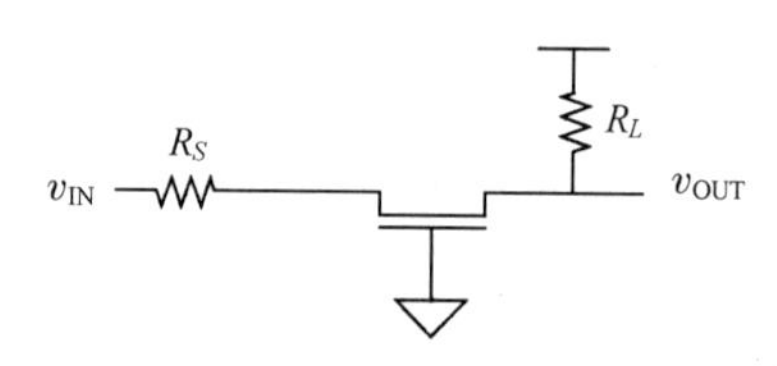

图 12.18 共栅放大器（未显示出偏置）

（a）推导这个放大器在没有栅噪声情况下的噪声系数（因子）。忽略漏-栅和漏-体电容及衬底噪声。

（b）现在考虑栅噪声，重新推导噪声因子。

[第 8 题] 对于第 1 题的电路，推导偏置电阻 R_{BIAS} 对噪声因子影响的表达式。假设连成二极管的参照晶体管 M_3 的栅端有一个可以忽略的低阻抗。

[第 9 题] 按照类似于估计 IIP3 的方法，推导一个源端电感负反馈 LNA 的用级数展开式中的系数表示的二阶交调 IIP2 表达式。

[第 10 题] 考虑一个简单的双极型共射放大器（见图 12.19）。

（a）推导这个放大器的低频等效输入噪声电压和电流的表达式。忽略闪烁噪声，但考虑基极电阻。

（b）如果这个放大器由内阻为 R_s 的信号源驱动，推导出噪声因子的表达式。

（c）如果没有任何其他部件可以使用，那么什么样的偏置电流可以使这个电路的噪声因子最小？

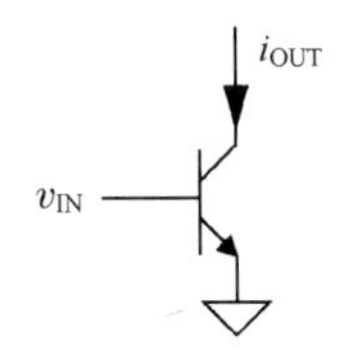

图 12.19　双极型共射放大器

[第 11 题]　推导图 12.6 所示电路输入阻抗的表达式，这里包括晶体管的 r_0 且该值为有限值，并且假设负载 Z_L 连至漏极（负载的另一端连至交流接地端）。忽略 C_{gd} 及所有的结电容。另外也可以忽略 g_{mb}。

[第 12 题]　考虑第 11 题的电路，假设我们现在在主晶体管与负载 Z_L 之间插入一个堆叠晶体管 M_2。

（a）对于与第 11 题相同的假设，推导阻抗 Z_{L2} 的表达式，它定义为从堆叠晶体管源端看进去的阻抗。

（b）画出 Z_{L2} 只含无源元件的等效电路，假设负载 Z_L 由一个并联 RLC 槽路构成。

（c）为使这个堆叠起作用必须满足什么条件？

第 13 章 混 频 器

13.1 引言

大多数的电路分析都要先假设是线性和不随时间变化的。如果全都考虑的话，不满足假设的那些情况也是通常我们不想要看到的。然而现代通信设备的高性能实际上主要取决于至少存在一个不满足线性时不变要求的元件：混频器。我们将很快讲到，混频器仍然完全是线性的，但主要取决于我们是否有目的地去违反时不变特性。正如在第 1 章中讲到的那样，超外差接收器①采用一个混频器来完成信号的重要频率变换。Armstrong 的发明曾经在 70 多年间都是占支配地位的结构，因为这个频率变换一下子解决了许多问题（见图 13.1）。②

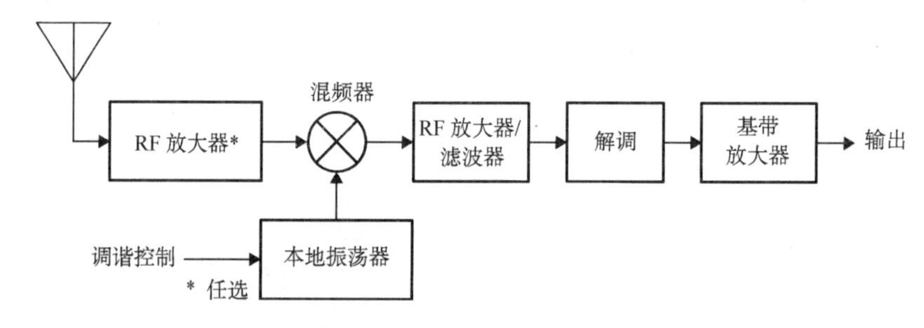

图 13.1 超外差接收器的框图

在这个结构中，混频器把一个接收到的RF信号变换成一个较低的频率，③ 称为中频（IF）。尽管 Armstrong 最初寻找这种频率降低的情况只是为了更容易地获得所要求的增益，但它也有其他许多显著的优点。作为一个例子，现在调谐是通过改变本地振荡器的频率而不是改变多极点带通滤波器的中心频率来实现的。因此我们不是前后同时调节几个 LC 网络以调谐到所希望的信号，而只是改变一个 LC 组合以改变本地振荡器（LO）的频率，所以中频级可以采用固定的带通滤波器。因此选择性是由这些固定频率的IF滤波器来决定的，它们的实现要比可变频率的滤波器容易得多。此外，系统的总增益分配在许多不同的频带（RF、IF 和基带）上，因此可以得到所要求的接收器增益（典型的功率增益为 120～140 dB）而不必过多地担心从寄生反馈回路中产生的可能振荡。这些重要的特点解释了为什么超外差结构在被发明后的 70 多年间仍然占支配地位。

13.2 混频器基础

由于线性时不变系统不可能在输出中产生输入中没有的功率谱分量，因此混频器必须或者是

---

① 为什么叫“超”外差？其理由是 Fessenden 在此之前已发明了称为“外差”的接收器，Armstrong 不得不将他的发明与 Fessenden 的发明区分开来。

② 又一次证明了成功有许多父亲（而失败是一个孤儿，这是 J. F. Kennedy 的一句名言）：除了其他人，Lucien Lévy 和 Walter Schottky 也声明超外差是他们发明的。虽然确实不是 Armstrong 第一个想出超外差原理的，但他却是第一个认识到超外差原理能够多么巧妙地解决如此多的难题，并且他无疑是第一个积极从事该原理开发的人。

③ 实际上我们也可以变换到一个更高的频率，但我们将把相应的讨论推迟到第 19 章。

非线性的，或者是时变的元件以便提供频率变换。从历史上看，人们已使用过基于各种原理工作的器件［如电解质电池、磁性带、脑组织及生锈的剪刀—— 除了比较传统的器件（如真空管和晶体管）］，这表明事实上任何非线性元件都可以用来作为混频器。[①]

当前采用的所有混频器的核心部分是将两个信号在时域中相乘。乘法的基本作用可以通过分析以下三角恒等式来理解：

$$(A\cos\omega_1 t)(B\cos\omega_2 t)=\frac{AB}{2}[\cos(\omega_1-\omega_2)t+\cos(\omega_1+\omega_2)t] \tag{1}$$

可见乘法产生了在输入信号的频率和处与频率差处的输出信号，它们的幅值正比于 RF 和 LO 信号幅值的乘积。因此，如果 LO 幅值不变（通常如此），那么在 RF 信号中任何幅值调制都传递给了 IF 信号。根据类似的原理，我们所不希望出现的一个信号到另一个信号之间的调制传输也会通过在混频器和放大器中的非线性相互作用而发生。在这种情形下得到的结果（如在第12 章中提及的）称为交叉调制，而通过改进的线性度来抑制它则是一个重要的设计考虑。

在介绍了乘法的基本作用之后，我们现在就列举并定义混频器最显著的特性。

13.2.1 变换增益

混频器一个重要的特性是变换增益（或损失），它定义为所希望的 IF 输出与 RF 输入值之比。因此对于式（1）所描述的乘法器，变换增益就是 IF 输出即 $AB/2$ 除以 A（假设它是 RF 输入的幅值），因此在这个例子中变换增益为 $B/2$，即 LO 幅值的一半。

如果将变换增益表示成功率比，那么在有源混频器中它可能大于 1；对于无源混频器，最好情况下也只是等于电压或电流的增益。[②] 超过 1 的变换增益常常是合适的，因为混频器能在频率变换的同时提供放大作用。然而这并不一定能使灵敏度得到改善，因为还必须考虑噪声系数。由于这个原因，尽管无源混频器存在变换损失，但它们在某些情形中可以提供极好的性能。

13.2.2 噪声系数：单边带（SSB）与双边带（DSB）

噪声系数定义成我们预想的那样：它是在输入（RF）端的信噪比（SNR）除以在输出（IF）端的 SNR。然而这里有一个重要的细节常常使缺乏经验的及相当一部分从事实际工作的工程师犯错误。为了说明这个问题，我们首先需要进行一个重要的观察：在一个典型混频器中，实际上有两个输入频率将产生一个给定的中间频率，一个是所希望的RF信号，而另一个称为镜像信号。就混频器而言，这两个信号常常合在一起，称为边带。

存在这样两个频率的理由是 IF 只是 RF 和 LO 频率之间的差。无论是高于或者低于ω_{LO}一个 IF 频率的信号都将产生同样频率的 IF 输出，因此这两个输入频率相隔 $2\omega_{IF}$。作为一个具体例子，假设我们系统的 IF 为 100 MHz，而我们希望通过选择 1 GHz 的 LO 频率来调谐 900 MHz 的信号。除了所希望的 900 MHz 的 RF 输入，一个 1.1 GHz 的镜像信号也将在 100 MHz 的 IF 处产生一个差频分量。

镜像频率的存在使噪声系数的计算变得复杂，这是因为来源于所希望频率和镜像频率的噪声都变成了 IF 噪声，虽然在镜像频率中一般没有任何所希望的信号。在通常情形下，所希望的信号

① 当然，某些非线性器件工作得比另一些更好，所以我们将讨论集中在比较实用的类型上。

② 一个例外是存在一类称为参数变换器或参数放大器的系统，在这些变换器或放大器中通过电抗性的非线性相互作用（典型地使用变容管）使功率从 LO 传送到 IF 上，因而有可能产生功耗增益。

只存在于唯一的一个频率上，此时我们所测量的噪声系数称为单边带噪声系数（SSB NF）；在比较少的情形中，无论是“主”RF 还是镜像信号都包含有用的信息，这时就产生了双边带（DSB）噪声系数。

很显然，SSB 噪声系数将大于 DSB 的情形，因为两者具有相同的 IF 噪声，但前者只在单边带中有信号功率。因此，SSB NF 一般将比 DSB NF 高 3 dB。[①] 遗憾的是，尽管 DSB NF 几乎不能作为任何通信系统的合适的品质指标，但有关 DSB NF 的报告却有很多，其原因就是由于它的数值较小，并且因此造成了它具有较好性能的错误印象。[②] 人们在谈及一个噪声系数时常常并不指出它是 DSB 还是 SSB 值，在这些情形中我们通常可以假设所引用的是 DSB 值。

混频器的噪声系数往往明显地比放大器的值要高，因为来自所希望 RF 以外频率的噪声也可以混合到 IF 中。SSB NF 的典型值范围从 10 dB 至 15 dB 或以上。正是由于这一较大的混频器噪声，因此我们在接收器中采用 LNA。如果 LNA 具有足够的增益，那么信号就将被放大到充分高于混频器及后面各级噪声的电平，所以整个接收器的 NF 将由 LNA 而不是混频器来支配。如果混频器噪声并不像实际的那么大，那么对于 LNA 的需要也就明显减少。我们将在介绍接收器结构的一章中再次讨论这个问题（见第 19 章）。

13.2.3 线性度和隔离

在现代高性能的通信系统中，动态范围要求是非常严格的，在许多情形中常常超过 80 dB 且接近 100 dB。正如在第 12 章中所讨论的，下限是由噪声系数确定的，它提供了有关多小的信号可以被处理的信息，而上限是由大输入信号引起的严重非线性来确定的。

与放大器一样，压缩点是这个动态范围上限的一个度量，并且也以相同的方式定义。理情况是我们希望 IF 输出正比于 RF 输入信号的幅值，这是我们在有关混频器的讨论中对“线性度”含义的解释。然而正如与放大器（以及任何其他实际的系统）一样，现实的混频器存在某种限制，如果超出了这一限制，输出与输入之间就会有亚线性关系。压缩点是从理想线性曲线发生已标定的偏离时 RF 的信号值。[③] 通常该值为 1 dB（或者比较少的情形为 3 dB）。我们可以说明这一压缩发生时输入或输出信号的强度及变换增益，以便在不同的混频器之间进行合理的比较。

两个正弦信号的三阶交调也用来表示混频器的线性度特性。通过两个正弦信号的互调（IM）是估计混频器性能的合适方法，这是因为它模仿了实际的情形，即一个所希望的信号与一个可能的干扰（也许就在一个信道外的频率上）同时加入混频器的输入中。理想情况下，两个相叠加的 RF 输入中的每一个都进行频率变换而不会相互干扰，然而实际的混频器将总是显示出某些互调的效应，因此混频器的输出将包含三阶 IM 分量经过频率变换后的部分，它们的频率为 $2\omega_{RF1} \pm \omega_{RF2}$ 及 $2\omega_{RF2} \pm \omega_{RF1}$。差频项可以被外差成在 IF 通带内的分量，因此它一般是引起问题的分量，而和频信号则通常可以被滤掉。

作为偏离线性混频特性程度的度量，我们可以画出所希望的输出和三阶IM输出与输入RF功

① 这一 3 dB 的差别假设两个相同边带的变换增益相同。尽管通常能很好地满足这个假设，但实际上并不是必需的。

② 两个边带同时包含有用信息的两个重要例外是射电天文学（如在测量宇宙大爆炸的回波中）和直接变换接收器（见第 19 章）。

③ 某些制造商（及作者）给出的是输出压缩点。如果在那一点的变换增益已知，那么这个数值可以映射回输入点。遗憾的是，许多人坚持不用那个点的信息，因而使合理比较混频器的性能变得极为困难。我们将总是明确说明这一数值究竟是输入参数还是输出参数。

率大小的关系。三阶交调点是这两条曲线外推值的交点。一般来说，交点值越高，混频器的线性度越好。同样我们应当说明这个交点及变换增益是与输入还是与输出相关，以便在混频器之间进行合理的比较。此外，我们习惯上把三阶交调点简写成 IP3，或写成 IIP3 或 OIP3（分别指输入和输出的三阶交调点）。这些定义总结在图 13.2 中。

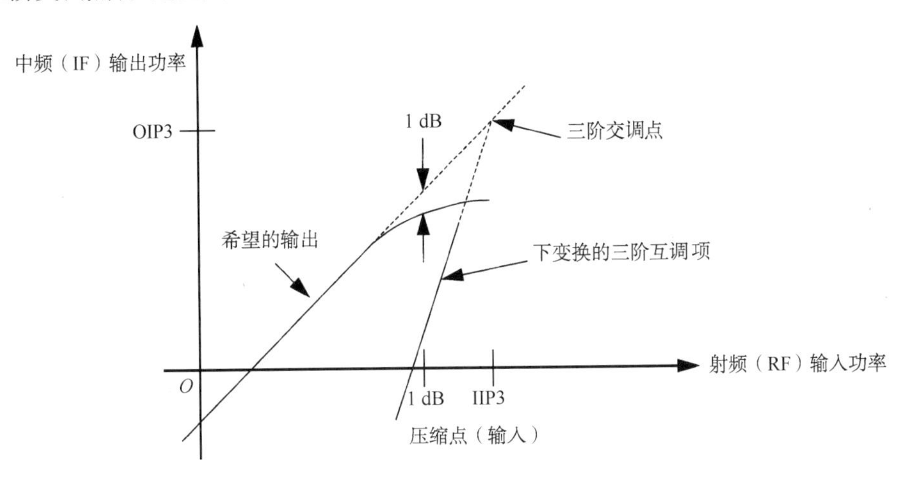

图 13.2　混频器线性度参数的定义

三次非线性度也会对单个 RF 输入产生问题。作为一个具体例子，考虑制作一个低成本的 AM 收音机。遗憾的是，AM 收音机标准的 IF 是 455 kHz（主要由历史原因造成）。为调制到 910 kHz 的电台（一个合法的 AM 收音机频率），要求 LO 设为 1365 kHz。① 三次非线性可能产生一个 $2\omega_{RF}-\omega_{LO}$ 处的分量，它在这一情形下恰好与我们 455 kHz 的 IF 一样。

我们也许认为这样的分量肯定不是一个问题，因为将其加到了所希望的输出中。为此我们甚至考虑要利用它。然而，三阶互调项的幅值不再与输入信号幅值成正比，因此它们代表可能破坏“正确”输出的幅值失真（毕竟我们这里谈及的是幅值调制信号）。

即使没有发生与前面例子中出现的完全一致的数字逻辑，但各个不同的三阶互调项的频率有可能处在 IF 放大器的通带之内，这最终将使信噪比或信号失真比降低。

具有非常重要的实际意义的另一个参数是隔离。人们一般希望在 RF、IF 和 LO 端口之间的相互作用减到最小。例如，由于与 RF 信号功率相比，LO 信号功率一般都非常大，因此送入 IF 输出中的任何 LO 都可以在信号处理链的后续各级中引起问题。如果 IF 和 LO 频率很接近，那么滤波的效率就很低，因此这个问题更加严重，在许多情形中甚至反向隔离也是很重要的，因为反向隔离很差会使很强的 LO 信号（或者它的谐波）本身回到天线中，从而可能引起发射而干扰其他接收器。

13.2.4　杂散信号（SPUR）

混频器就其本质而言，甚至可以混合我们从未想要混合的各种频率分量。例如，某一（希望有的或不希望有的）信号的谐波有可能处在（或产生在）混频器系统的通带上，因而淹没了本地振荡器的信号（以及它的谐波），所产生的某些分量还可能最终出现在 IF 通带上。这些最终从混频器输出端冒出来的不希望有的信号称为寄生信号，或称为杂散信号（spur）。估计混频器的杂散

① 一个 455 kHz 的本地振荡器频率也能工作，但这是不太实际的选择，因为这样的“低端注入”比起 LO 频率高于所希望的 RF 来说，要求本地振荡器在一个比较大的范围上调谐。

信号在原理上很简单，但实际上过程极为枯燥（以至于在过去“刁难”新培训的射频工程师的一种方式常常包括让他们去估计混频器的杂散信号）。[①] 现在已有了完成这个任务的软件工具，可以免去这一冗长乏味的工作，但描述一下这个过程仍然是很有意义的。[②]

设 m 和 n 分别为 RF 输入与 LO 频率的谐波次数，因此出现在混频器输出端（在任何滤波之前）的杂散信号为

$$f_{\text{spur}} = mf_{\text{RF}} + nf_{\text{LO}} \tag{2}$$

这个公式看似简单，然而却有些误导：因为它必须对 m 和 n 的各种组合和符号都计算一遍，其范围一直到我们需要考虑的最高次谐波。使这一步骤变得更麻烦的是，我们实际上必须考虑频率比额定输入通带更低的 RF 信号——至少要低到通带低端频率除以最大的 m 值。我们还必须考虑或多或少高出 RF 滤波器通带高端的频率。由于任何滤波器都不是完全理想的，并且由于 LO 不可能完全没有失真，因此 LO 的谐波仍然有可能与从滤波器漏出的额定频带外的 RF 信号相混合。由此产生的相互作用有可能在混频器的输出端产生杂散信号，并且这些杂散信号有可能处在 IF 的通带范围内。如果这个带外干扰足够强，那么寄生的 IF 信号有可能严重地降低接收器的性能。

因此针对每一组（m，n），检查一下杂散信号的频率，然后决定它是否处在 IF 的通带范围内或者离它足够近，以确定是否值得做进一步考虑。对每一个这样的杂散信号，返回去找到相应的 RF 输入频率，并估计在该频率处是否会因有一个足够强的信号而引起问题的可能性。然后根据需要对输入滤波或对所选择的 LO 或 IF（或它们的质量）进行适当改进以避免出现这些问题。

进行这一过程时有时假设具有最坏情况：即在 RF 的输入端没有任何滤波。在这种情形下计算量很快就会变得非常大。但只要有足够的耐心，所产生的信息可以用来指导输入滤波器（或接收器的频率规划及其他结构细节）的设计。

举一个具体例子，假设我们希望设计一个 FM 接收器的混频器，它的额定输入通带可以包含从 88.1 MHz 至 108.1 MHz 范围的信号。对于 10.7 MHz 的 IF（即通常 FM 接收器产品的中频），要求 LO 能够从 77.4 MHz 调谐到 97.4 MHz（假设低端注入）。为了使说明的数字简单一些，我们有点不切实际地假设 IF 系统具有约 200 kHz 的额定带宽。进一步假设 LO 的频率足够单一——而且 RF 滤波足够彻底——因此我们不必考虑高于三次的谐波。[③] 根据这些假设，我们可以列出表 13.1。

表 13.1 FM 射频的杂散信号表

m	f_{RF}，低端	f_{RF}，高端	n
–3	73.8	93.9	3
–2	72.0	92.1	2
1	88.0	108.2	–1
2	82.7	102.8	–2
3	80.9	101.0	–3

① 在真空管时代，入门者通常被派到仓库去寻找一个栅孔滴油盘，这种做法实际上就是一个开人玩笑的把戏。

② 能够完成这一计算（以及许多其他对射频/微波设计者极有用的计算）的一个出色程序是 AppCAD，它最初由 HP 公司开发，现属于 Agilent 公司。

③ 记住，信号频谱大约随 $1/n$ 下降，这里的 n 是指：为能从信号的时域表示中产生脉冲所需要的导数阶数。大多数实际感兴趣的信号的频谱下降得很快，因此考虑大约高于 5 次或 7 次的谐波对于一般情形来说是过多的。当然你的情况可能有所不同。

考察一下表中的第一行，我们看到，在 73.8～93.9 MHz 频带上 RF 信号的三次谐波可以与 LO 的三次谐波相混产生 10.6～10.8 MHz IF 通带上的信号。注意，改善输入滤波最多只能在某种程度上有效，这是因为大部分寄生输入频带与所希望的 FM 射频频带相重叠。如果在这个寄生频带内确实有很强的干扰，那么我们唯一的选择就是改善 LO 频谱的纯度（特别是需要使它所含的三次谐波减到最小）。这一改善对表中最后一行所示的杂散信号问题也有好处。同样，减少 LO 中所含的二次谐波则是避免杂散信号表中第二行和第四行所示问题的唯一实际可行的办法。第三行并没有说明不希望有的分量，由于 $m = n = 1$，它说明的是接收器所希望的工作模式，之所以列在表中只是为了完整起见。

通过对所关注的系统进行这一费力的过程，我们就有可能判断出系统对各种非理想情况的敏感程度，从而估计出是否有必要进行修正。

13.3　作为线性混频器的非线性系统

我们现在考虑如何实现作为混频作用核心的乘法。某些混频器直接实现乘法，而另一些则通过非线性间接地提供乘法。我们遵循历史脉络并首先考察一个一般二端口网络混频器的非线性，[①] 因为这类混频器出现在那些专门设计用来作为乘法器的混频器之前，见图 13.3。

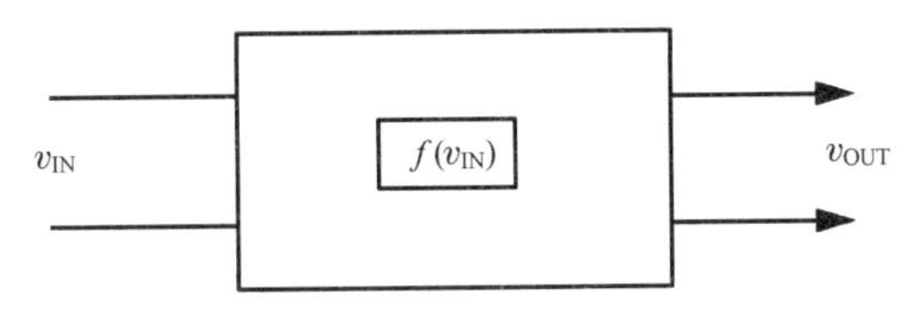

图 13.3　一般二端口网络混频器的非线性

如果非线性是“表现理想”的（就数学意义上讲），那么我们可以用以下的级数展开式来描述输入-输出之间的关系：

$$v_{OUT} = \sum_{n=0}^{N} c_n (v_{IN})^n \tag{3}$$

采用 N 次非线性度作为混频器，要求信号 v_{IN} 是 RF 输入信号与本地振荡器信号的和。一般来说，输出将包括三类乘积：DC 项、输入的谐波及这些谐波互调的乘积。[②] 并不是所有这些频谱分量都是人们所希望的，所以在混频器设计中的挑战部分是设计拓扑连接，使其从根本上几乎不产生不希望的项。

式（3）中的偶次非线性因子构成了 DC 项，它们可以通过 AC 耦合很容易地被滤掉。在 $m\omega_{LO}$ 和 $m\omega_{RF}$ 处的谐波从基波（$m = 1$）一直向上延展到 N 次谐波。与 DC 项一样，它们常常也比较容易被滤掉，因为它们的频率通常离所希望的 IF 很远。

IM 乘积是各种频率和与频率差的项。它们的频率可以表示成 $p\omega_{RF} \pm q\omega_{LO}$，这里，整数 p 和 q 大于零，并且它们的和最大为 N。只有二阶互调（$p = q = 1$）是人们通常所希望的。[③] 遗憾的是，其他 IM 乘积的频率也许很接近所希望的 IF，从而使它们很难被消除，正如我们将要讲

① 我们将很快讲到三端口网络混频器的优点。

② 注意，主要是谐波。

③ 一个给定互调项的阶数是 p 和 q 的和，所以二阶互调乘积来自级数展开式中的二次项。

到的那样。由于一般来说高次非线性（也就是在幂级数展开式中 N 的数值较大）情况往往会产生较多这些不希望的项，[①] 因此如果混频器只有一个输入端（如图 13.3 所示），那么它们就应当接近平方律特性。我们现在考虑一个平方律混频器的具体性质，以说明它与高阶非线性混频器相比有什么优点。

二端口混频器举例：平方律混频器

为了了解在一个平方律混频器中所希望的乘法来自何处，我们注意到在级数展开式中唯一的非零系数是 c_1 和 c_2 项。[②] 然后，如果我们假设输入信号 v_{IN} 是两个正弦的和：

$$v_{\text{IN}} = v_{\text{RF}} \cos \omega_{\text{RF}} t + v_{\text{LO}} \cos \omega_{\text{LO}} t \tag{4}$$

那么这个混频器的输出可以表示成三个不同分量的和：

$$v_{\text{OUT}} = v_{\text{fund}} + v_{\text{square}} + v_{\text{cross}} \tag{5}$$

式中，

$$v_{\text{fund}} = c_1(v_{\text{RF}} \cos \omega_{\text{RF}} t + v_{\text{LO}} \cos \omega_{\text{LO}} t) \tag{6}$$

$$v_{\text{square}} = c_2[(v_{\text{RF}} \cos \omega_{\text{RF}} t)^2 + (v_{\text{LO}} \cos \omega_{\text{LO}} t)^2] \tag{7}$$

$$v_{\text{cross}} = 2c_2 v_{\text{RF}} v_{\text{LO}} \cos \omega_{\text{RF}} t \cos \omega_{\text{LO}} t \tag{8}$$

基波项就是与原始输入成比例的部分，因此代表着没有任何有用的混频器输出，它们必须通过滤波去除。同样，v_{square} 分量也代表没有任何有用的混频器输出，因为这可以从式（1）的以下特殊情形中明显地看出：

$$(\cos \omega t)^2 = \frac{1}{2}(1 + \cos 2\omega t) \tag{9}$$

因此我们看到 v_{square} 分量产生了 DC 偏置及输入信号的二次谐波。这些一般也必须通过滤波去除。

有用的输出来自 v_{cross} 分量，因为在式（8）中明显有乘法运算。利用式（1）可以把 v_{cross} 重写成能更清楚显示混频作用的形式：

$$v_{\text{cross}} = c_2 v_{\text{RF}} v_{\text{LO}}[\cos(\omega_{\text{RF}} - \omega_{\text{LO}})t + \cos(\omega_{\text{RF}} + \omega_{\text{LO}})t] \tag{10}$$

对于固定的 LO 幅值，IF 输出幅值线性地正比于 RF 的输入幅值。也就是说，这种非线性实现了一个线性混频，因为输出正比于输入。

这一非线性的变换增益很容易从式（10）中求出：

$$G_c = \frac{c_2 v_{\text{RF}} v_{\text{LO}}}{v_{\text{RF}}} = c_2 v_{\text{LO}} \tag{11}$$

与任何其他增益参数一样，变换增益可以是一个无量纲的量（或一个跨导、跨阻等）。在分立元

① 与大多数一般情形一样，这里也有例外。例如，在设计频率乘法器时，高次谐波的非线性是很有用的。然而在混频器设计中，通常情况下，高次非线性度确实是不希望的。

② 这里也可能会有一个非零的 DC 项（即 c_0 也许不为零），但这一分量可以很容易地被滤波掉，所以我们在最初忽略它可以减少公式的繁杂。

件设计中，习惯上把变换增益表示成功率比（或它的等效分贝值），但在典型的 IC（集成电路）混频器中，由于输入与输出阻抗的大小不同，采用电压或电流变换增益也是合适的。当然，为了避免混淆，重要的是说清楚是哪种类型的增益。①

正如前面肯定的那样，平方律混频器的优点是不希望有的频谱分量通常处在与中频频率差别很大的频率上，因此很容易去除。由于这个理由，二端口混频器常常设计成在最大的实用范围内与平方律的特性一致。

性能优良的平方律混频器可以采用长沟道 MOSFET 实现，或者实际上可以用二次项占支配地位的任何其他类型的非线性来近似，见图 13.4。在这个简化的电路中，偏置、RF 和 LO 项串联在一起驱动栅极。RF 和 LO 信号之和可以用具有电阻性或电抗性求和的实际电路来实现。由于 RF 和 LO 信号相串联，所以它们之间的隔离很差。

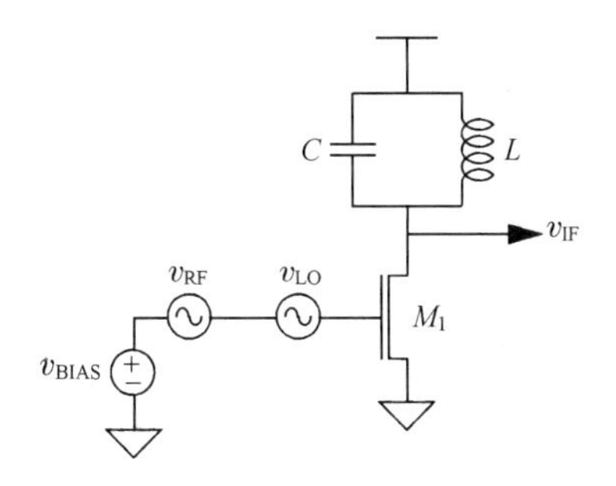

图 13.4　平方律 MOSFET 混频器（简化图）

另一种（但在功能上是等效的）减少较大 LO 信号对 RF 端口影响的电路如图 13.5 所示。RF 信号直接驱动栅（通过一个隔直电容），而 LO 则驱动源端。采用这种方式时，栅至源的电压就是以地为参考的 LO 和 RF 信号之和。偏置电流直接由电流源确定，而 DC 栅极电压由 V_{BIAS} 的值决定。电阻 R_{BIAS} 的值应选择得足够大以避免过多的负载效应，同时也使它产生的噪声影响最小。

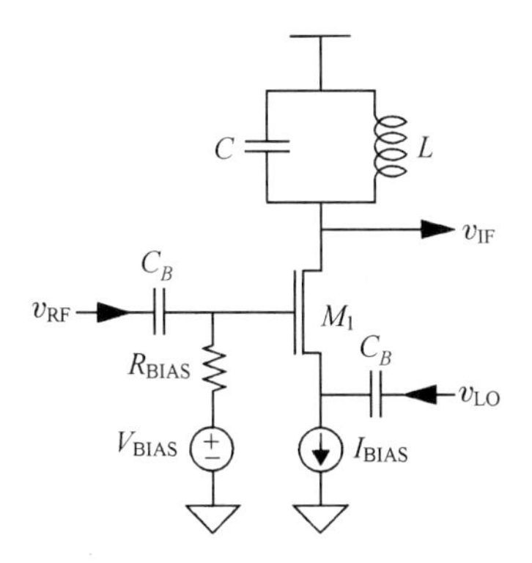

图 13.5　平方律 MOSFET 混频器（另一种结构）

在推导变换增益的表达式时，我们采用了这样的假设：即器件足够长（并且有正确偏置），使得我们可以把漏极电流表示为

① 这种情况真是太多了，所提出的“功率”增益值从本质上讲都是电压增益的度量，因此当输入和输出阻抗的大小有显著不同（正如它们常常表现得那样）时，基本上就会出错。看来有必要强调瓦特（W）和伏特（V）并不是一回事。

$$i_D = \frac{\mu C_{\text{ox}} W}{2L}(V_{gs} - V_T)^2 \tag{12}$$

短沟道（高电场）器件由于速度饱和的原因而线性度比较好，因此作为混频器其性能一般比长沟道器件的差。①

如果栅-源电压 V_{gs} 是 RF、LO 及偏置这三项的和，那么可以写成

$$i_D = \frac{\mu C_{\text{ox}} W}{2L}[V_{\text{BIAS}}(v_{\text{RF}} \cos \omega_{\text{RF}} t + v_{\text{LO}} \cos \omega_{\text{LO}} t) - V_T]^2 \tag{13}$$

由上式可以很容易地求出变换增益（这里是跨导）为

$$G_c = \frac{\mu C_{\text{ox}} W}{2L} \cdot v_{\text{LO}} \tag{14}$$

因此这个平方律器件的跨导与偏置无关。② 然而它仍然与温度（由于迁移率变化）及 LO 的驱动幅值有关。

由于并不一定需要完全符合平方律特性才能得到混频作用，因此 M_1 可以是双极型晶体管，这是因为 i_C-v_{BE} 关系的级数表达式中二次因子在输入幅值的有限范围内占据支配地位。准确地说，由于许多非线性特性在某个适当限制的范围内可以用一个平方律形状来很好地近似，因此一旦求出这个二次系数（c_2）的值，就可以估计用作混频器的其他非线性器件的变换增益。为了强调这一点，让我们再估计一个非线性元件（即双极型晶体管）的变换增益。

单管双极型晶体管混频器的变换增益

为了简化计算，我们仍然忽略动态效应，因此可以采用指数 v_{BE} 定律：

$$i_C \approx I_S \mathrm{e}^{v_{\text{BE}}/V_T} \tag{15}$$

把这个熟知的关系展开至二次项为止得到③

$$i_C \approx I_C\left[1 + \frac{v_{\text{IN}}}{V_T} + \frac{1}{2}\left(\frac{v_{\text{IN}}}{V_T}\right)^2\right] \tag{16}$$

通过观察可得

$$c_2 = \frac{g_m}{2V_T} \tag{17}$$

所以对变换增益的估计为

$$G_c = c_2 v_{\text{LO}} = g_m \cdot \frac{v_{\text{LO}}}{2V_T} \tag{18}$$

这里的变换增益为跨导，它既正比于通常的增量跨导，也正比于本地振荡器驱动幅值与热电势的比。因此双极型晶体管的变换增益取决于偏置电流、LO 幅值及温度。

---

① 这里再次提醒读者，“短沟道”实际上意味着“高电场”，因此即便是“短”的器件在合适的小的漏-源电压下也仍然会有平方律特性。

② 与偏置无关只在平方律的情况下成立，因此必须要提供足够的偏置来保证这一情形，所以不允许 V_{BIAS} 等于零。事实上，它必须选择得足够大以保证栅-源电压总是超过阈值电压，因为 MOSFET 在弱反型区具有指数特性。

③ 我们已经隐含地假设了基极-发射极的驱动包含一个 DC 分量及 RF 和 LO 分量，所以 I_C 不为零。

正如在相应的对 MOSFET 的推导中那样，前面的计算忽略了寄生的基极与发射极串联电阻。这些电阻能使晶体管线性化，并且使混频器的作用变弱。因此，考虑周到的器件版图设计是使这一效应最小所必需的。

13.4　基于乘法器的混频器

我们已经看到非线性是通过它们提供的乘法间接产生混频作用的。确切地说，由于乘法只是间接地产生混频，因此这些非线性通常会产生许多不希望的频谱分量。此外，由于二端口混频器只有一个输入端口，因此 RF 和 LO 信号一般没有很好地相互隔离。缺乏隔离可能引起上面提到的问题，如 IF 放大器的过载，以及 LO 信号（或它的谐波）通过天线辐射回去。

直接基于乘法的混频器一般都显示出极好的性能，这是因为它们理想地只产生所希望的互调乘积。而且由于乘法器的各个输入进入各自的端口，因此在所有这三个信号（RF、LO，IF）之间可以有高度的隔离。最后，CMOS 工艺提供了性能很好的开关，而人们可以利用开关来实现性能突出的乘法器。

13.4.1　单平衡混频器

一个极为普遍的乘法器系列首先把输入的 RF 电压变换成电流，然后在电流域内执行乘法，这种类型的最简单的乘法单元画在图 13.6 中。[①] 在这个混频器中，v_{LO} 选择得足够大，因此两个晶体管在 LO 频率下交替地把这个底端的电流从一边切换到另一边，[②] 所以底端电流事实上乘以频率为本地振荡器频率的一个方波：

$$i_{out}(t) = \text{sgn}[\cos \omega_{LO} t]\{I_{BIAS} + I_{RF} \cos \omega_{RF} t\} \tag{19}$$

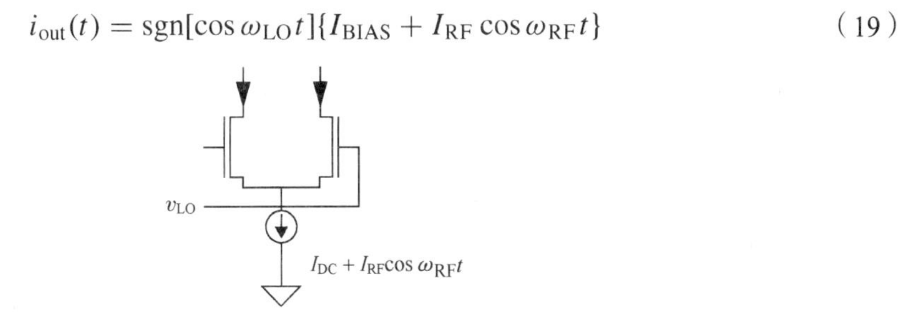

图 13.6　单平衡混频器

由于方波含有基波的奇次谐波，因此底端电流乘以方波就得到了如图13.7所示的输出频谱（这里把ω_{RF}的位置画得比ω_{LO}低，以减少图的凌乱）。

因此输出中含有和的分量及差的分量，每个分量都是 LO 的奇次谐波与 RF 信号混频的结果。此外，由于 DC 偏置电流与 LO 信号相乘的结果，LO 的奇次谐波直接出现在输出中。由于在输出谱中存在LO，因此这类混频器称为单平衡混频器。我们将很快分析双平衡混频器，它利用对称性通过抵消去掉了不希望的输出 LO 分量。

① 这种一般形式的混频器常常组合在一起并称之为 Gilbert 型混频器，但只有一些确实是真正的 Gilbert 型混频器。真正的 Gilbert 乘法器功能完全在电流域中实现，它假设所有的变量都已具有电流的形式，而把 *V-I* 的变换问题推迟到后面解决。请见 Barrie Gilbert 的标志性论文："A Precise Four-Quadrant Multiplier with Subnanosecond Response," *IEEE J. Solid-State Circuits*, December 1968, pp. 365-73。

② 我们也可以互换 LO 和 RF 输入的作用，但所得到的混频器除了其他缺点，还具有较低的变换增益和较差的噪声性能。有关这一问题更详细的讨论推迟到后面一节。

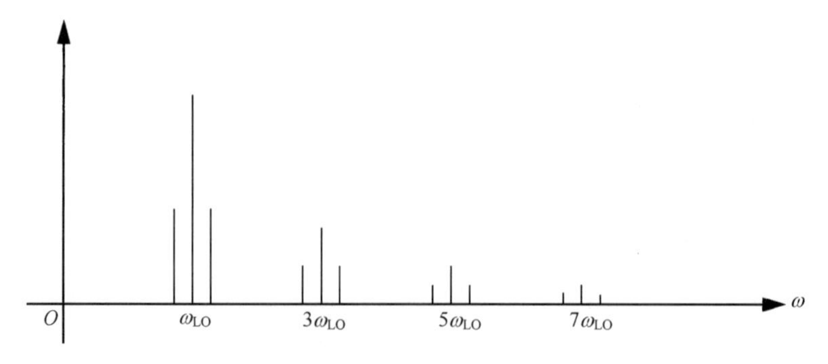

图 13.7　单平衡混频器的典型输出谱

尽管图13.6 中的电流源包括一个完全正比于 RF 信号的分量，但所有实际混频器的 *V-I* 变换器却是非理想的，因此一个重要的设计挑战就是最大程度地提高 RF 跨导的线性度。无论是在共栅还是共源的跨导电路中，线性度常常通过某种源极负反馈来提高，参见图 13.8。共栅电路采用源极电阻 R_s 使传输特性线性化。如果从晶体管源端看进去的导纳比 R_s 的电导大得多，那么这种线性化最为有效。在这种情形中，这一级的跨导接近 $1/R_s$。

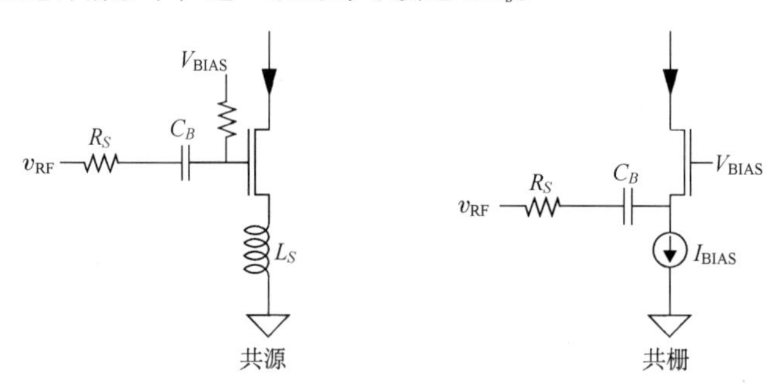

图 13.8　混频器的 RF 跨导电路

电感负反馈通常比电阻负反馈优先选用有若干原因。[①] 一个电感既没有热噪声使噪声系数变差，又不存在 DC 压降使电源有效净电压的范围减小。后一种考虑特别关系到低电压-低功耗的应用。最后，提高频率使一个电感的电抗增加有助于衰减高频谐波和互调分量。

包括线性化跨导的比较完整的单平衡混频器显示在图13.9中。V_{BIAS} 的值确定了这个单元的偏置电流，而 R_B 选择得足够大，使之不会因为负载效应影响栅电路的工作（并且也为了减小它的噪声影响）。RF 信号通过一个隔直电容 C_B 加到栅上。在实际中，人们会采用一个滤波器从输出中移去 LO 及其他不希望的频谱分量。

这个混频器变换跨导可以通过假设由 LO 驱动的晶体管是理想的开关来估计，因此差分输出电流可以看成 M_1 的漏极电流乘以一个单位幅值方波的结果。由于一个方波基波分量的幅值为 4/π 乘以这个方波的幅值，因此可以写出：

$$G_c = \frac{2}{\pi} g_m \tag{20}$$

式中，g_m 是 *V-I* 变换器的跨导而 G_c 本身就是跨导。系数为 2/π 而非 4/π 是因为 IF 信号在和的分量与差的分量之间均分。

① 也曾试过电容负反馈，但它显然比电感负反馈差，因为它增加了高频时的噪声和失真。

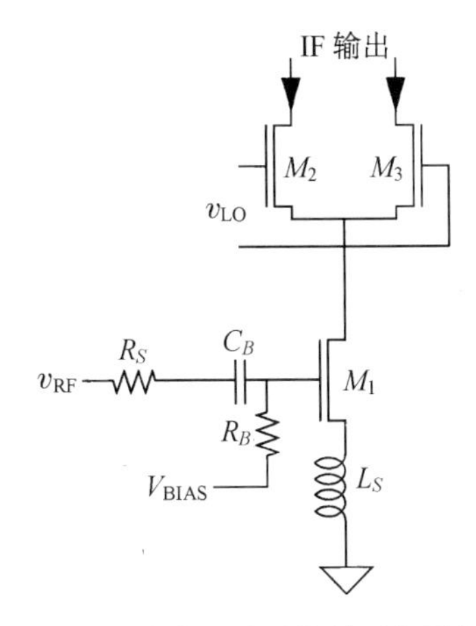

图 13.9 具有线性跨导的单平衡混频器

13.4.2 有源双平衡混频器

为了在一开始就防止 LO 乘积进入输出，可以将两个单平衡电路合在一起构成一个双平衡混频器，见图 13.10。我们再次假设 LO 驱动足够大，从而使差分对的作用像一对电流换向开关。注意，两个单平衡混频器就 LO 而言连接成“反并联”的，而对于 RF 信号则是并联的。因此 LO 乘积在输出端的和为零，而变换后的 RF 信号在输出端加倍，所以这个混频器提供了高度的 LO-IF 隔离，因而在输出端减少了对滤波的要求。如果仔细设计版图，那么这个电路的 IC 实现一般都能提供 40 dB 的 LO-IF 隔离，并且还有可能超过 60 dB。

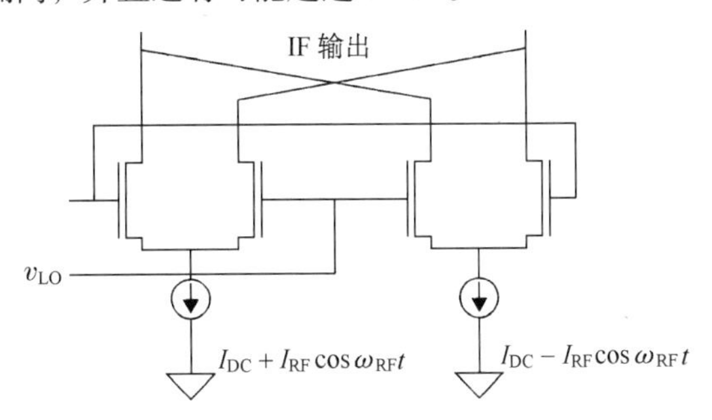

图 13.10 有源双平衡混频器

动态范围与在单平衡有源混频器中一样，部分受限于在混频器 RF 端口的 *V-I* 变换器的线性度，所以大多数的设计努力都花费在试图找到更好的方式提供这种 *V-I* 变换。在单平衡混频器中采用的基本线性化技术也可以应用到双平衡的情形中，如图 13.11 所示。

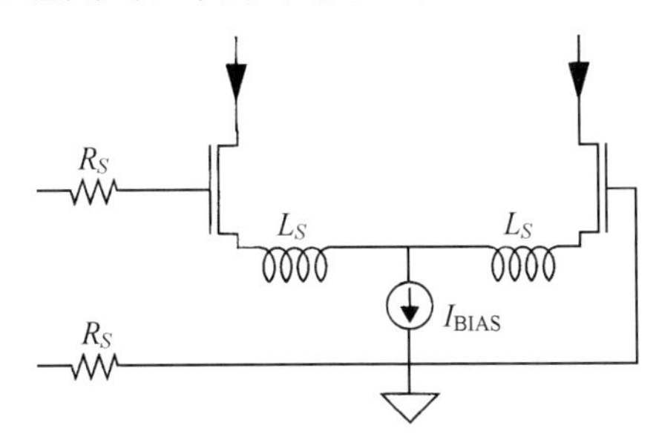

图 13.11 双平衡混频器的线性化差分 RF 跨导电路

在低电压应用中，可以用一个并联 LC 振荡回路来代替 DC 电流源以构成一个“零净空”(zero-headroom）的 AC 电流源。这个振荡回路的谐振频率应当选择成能排除任何最不希望具有的共模分量。如果有几个这样的分量存在，则我们可以采用并联 LC 回路的串联组合。采用这种选择的一个完整的双平衡混频器如图 13.12 所示，它的变换跨导的表达式与单平衡情形时的一样。

Gilbert 型混频器的噪声系数

计算混频器的噪声系数是很困难的，因为噪声源具有循环稳定的特性（cyclostationary）。有一种技术关系到时变脉冲响应的特征表示方法，这种技术认为混频器如果不是时不变的也至少是线性的。[①] 虽然这种方法是精确的且非常适合用于分析，但它的复杂性妨碍我们对设计问题的深刻理解。然而我们可以指出几种重要的噪声源，并且可以提供有关如何使噪声系数最小的一般建议。

跨导本身无疑就是一个噪声源，所以它的噪声系数就确定了混频器噪声系数的下限。在计算 LNA 噪声系数时使用的方法同样也可以用来计算跨导电路的噪声系数。图 13.12 所示的低净空混频器也可以经过修改，以作为低噪声混频器，只需把合适的栅电感加到接收 RF 输入的一对负反馈电感上即可。只要按照本质上与独立 LNA 完全相同的办法（见第 12 章），那么就有可能设计一个低净空、低噪声的混频器，它在某些应用中可以不需要单独的 LNA。通过调整对输入回路的调谐，可以综合地协调在转换增益、噪声系数和失真方面的性能。

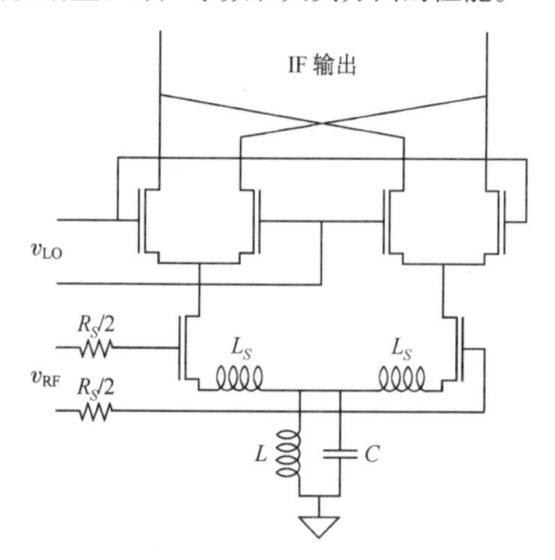

图 13.12 最小电源净空（minimum supply-headroom）的双平衡混频器

差分对也在好几个方面可使噪声性能降低。一个对噪声系数的影响来源于非理想的开关特性，它会引起信号电流的衰减。因此，在这样的混频器中的一个挑战就是设计这些开关（以及相关的 LO 驱动）使衰减尽可能地小。

开关晶体管的另一个噪声系数影响表现在两个晶体管都导通且因此产生噪声的时候。此外在 LO 中的任何噪声也在这个有效的放大期间被放大。使这个同时导通时间最短可以缓解性能的下降，所以必须要提供足够的 LO 驱动，使这一差分对在最大的实用范围内接近理想的无穷快的开关。最后忽略和信号或差信号时本身存在的 3 dB 衰减，自然也会使噪声系数恶化（3 dB），因为

① C. D. Hull and R. G. Meyer, “A Systematic Approach to the Analysis of Noise in Mixers,” *IEEE Trans. Circuits and Systems I*, v. 40, no. 12, December 1993, pp. 909-19。

噪声不可能如此容易地被除去。结果实际电流模式的混频器一般至少显示出 10 dB 的 SSB 噪声系数，并且这些值经常在 15 dB 左右。

Gilbert 型混频器的线性度

这类混频器的 IP3 受限于跨导电路的 IP3，所以用来估计通常放大器 IP3 的三点法也可以用来估计跨导电路的 IP3。如果由LO 驱动的晶体管的作用如同性能好的开关，那么整个混频器的 IP3 一般不会与跨导电路的 IP3 有什么差别。为了保证获得好的开关特性，非常重要的是要注意避免过大的 LO 驱动（尽管必须要有足够的驱动）。为了理解过大的 LO 驱动是不利的而不是有益的，应该考虑总是存在的寄生电容对差分对共源连接的负载效应。由于每一个栅的驱动都远远超出了为达到好的开关性能所必需的驱动，因此共源电压也同样被过驱动，这样就出现了电流尖峰。在极端情形下，这个尖峰电流会使晶体管离开饱和区。即使不出现这种情况，输出频谱也将由来自尖峰电流的分量而不是由降频变换后的RF 信号占支配地位。因此我们应当只采用足够的 LO 驱动来保证可靠的开关作用，但不要过大。

关于采用时域模拟器模拟混频器 IP3 的简短说明

正如我们在模拟放大器的交调失真时所注意到的那样，通常的电路模拟器（如 SPICE）如果真想实现精确的混频器模拟也是很勉强的。出现这个问题有两个基本原因：由于在混频器中信号很宽的动态范围不得不使用比“正常”电路模拟要更为严格的数值容差，并且重要频谱分量所跨越的大的频率范围也使得模拟时间很长，因此要从暂态模拟中得到精确的 IP3 值通常是很具挑战性的。而且采用商用工具完全不可能实现 CMOS 混频器噪声系数的正确模拟，这是因为目前采用的器件噪声模型是不正确的。因此我们提醒读者不要过于相信混频器的模拟结果。

由于在某些模拟工具中“精确模拟”的选项与有用的 IP3 模拟要求相比也差了好几个数量级，因此我们用来解决某些问题的一个具体方法就是逐渐使容差变小，直到模拟结果不再有显著变化。特别是在 IP3 模拟中 IM3 分量的特性是表明容差是否足够小的一个极为灵敏的标志。如果 IM3 项并不表现为+3 的斜率（在 dB 坐标上），那么容差很有可能太大。我们也必须保证两个输入正弦的幅值要选择得足够小（也就是充分小于压缩点或者交调点）以确保混频器的准线性工作，否则非线性的高次项将明显影响输出并导致结果混乱。在最初的设计阶段，可以对跨导电路采用三点法来估计它的 IP3，而不必进行令人烦恼的暂态模拟。

另一个细致的考虑是保证在暂态模拟中有相等的时间间隔，因为 FFT 算法一般都假定均匀采样。由于某些模拟器采用自适应的时间步长来加速收敛，因此计算 FFT 时就会出现人为的频谱问题。我们可以把时间步长设置成我们感兴趣的变化最快的时间间隔的很小一部分以保证收敛，而不必采用自适应的时间步长。例如，我们也许必须采用比 RF 信号周期小三个数量级的时间步长（HSPICE[①]中的参数“delmax”）。因此对于 1 GHz 的 RF 输入，我们也许需要采用 1 ps（10^{-12} s）的时间步长。正是由于迭代、很小的时间步长及数值容差等问题，致使 IP3 模拟进行得非常慢。[②] 同样，与在放大器的情形中一样，不同于时域模拟器的方法也已经开发出来以解决这些问题。

其他线性化技术

由于这些电流模式混频器的线性度主要由跨导的性能控制，因此应该考虑采用其他方法来扩

① HSPICE 是 Meta-Software 公司的商标。

② 在实验室中测量这些量时也必须小心。与模拟时一样，两个输入正弦信号的幅值必须足够小，以避免引起较高次的非线性（它们会使斜率不同于+3），但与噪声的最低限度相比仍然要足够大。

展线性度。从原理上讲有 4 种方法可以实现：预矫正（predistortion）、反馈、前馈及逐段近似。这些方法可以单独使用，也可以结合起来使用。下面是这些方法中一些典型的（但不可能是全部的）例子。

预矫正是把两个相反的非线性串联在一起，并且它与前馈的方法一样需要仔细地匹配。预矫正实际上几乎被普遍采用，因为它是电流镜工作的基础原理。在电流镜中，输入电流通过某些非线性关系转变成栅-源电压，然后又反过来产生与输入完全成正比的输出电流。预矫正对于真正的 Gilbert 混频器的工作来说也是很基本的，一对 pn 结计算出输入差分电流的反双曲正切，随后一个差分对又消除了这种非线性。

负反馈计算出误差估计，把它变成相反的信号然后加回到输入上，由此帮助抵消失真所代表的误差。只要回路的传递值很大，那么失真的减少程度也很高。由于一个负反馈系统是在之后计算误差，因此整个闭环带宽必须保持为构成该系统的元件本身的可能带宽的很小一部分，否则之后的误差估计在最好情况下不产生任何影响，而在最坏情况下可能引起不稳定。本章的串联反馈例子则是一种线性化高频跨导电路的很普遍的方法。

与通常的观点不同，正反馈作为一种线性化技术也不能去除。而且由于回路传递值必须小于 1 以保证稳定性，因此带宽减少的严重程度比负反馈要小得多。有一个例子可以说明这一点，由双极型电路修改而来的四管交叉电路采用正反馈来形成虚拟短路，见图 13.13。

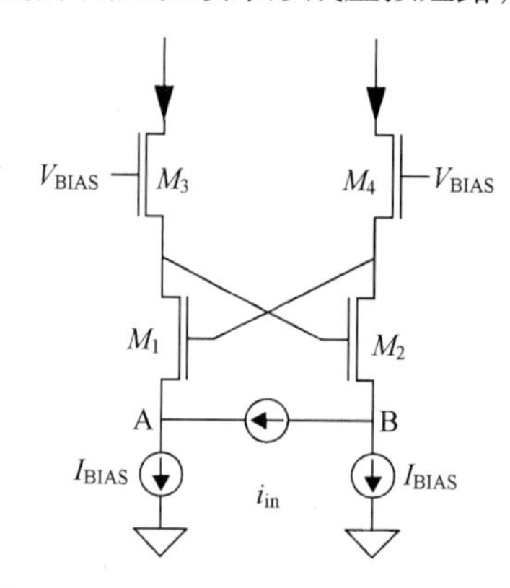

图 13.13　MOSFET 的四管交叉电路

为了说明这种连接方式对外加的电流 i_{in} 表现为短路，考虑一下当 i_{in} 改变时在 M_1 和 M_2 源端的电压如何改变。当 i_{in} 增加时，M_2 和 M_4 的栅-源电压增加一个相同的数量，同样，M_1 和 M_3 的栅-源电压则下降。节点 A 的电压为

$$V_{\text{BIAS}} - (V_{gs4} + V_{gs1}) \tag{21}$$

同样，节点 B 的电压为

$$V_{\text{BIAS}} - (V_{gs3} + V_{gs2}) \tag{22}$$

也就是说，在每个源端的电压比 V_{BIAS} 低一个等于高 V_{gs} 与低 V_{gs} 之和的值。因此，这两个源端的电压总是相等，因此这个电路就实现了一个虚拟短路。①

这样一个短路可以用来把实现线性度的任务从有源器件转移到一个无源元件，如电阻，这显

① 这一分析忽略了体效应，因此实际的实现并不理想。

示在图 13.14 中。由于节点 A 和节点 B 处于同一电位，所以注入节点 A 的电流等于 v_{in}/R_S。因此这个注入电流完全与输入电压成正比，并在 M_3 和 M_4 的漏端被恢复成差分输出电流。

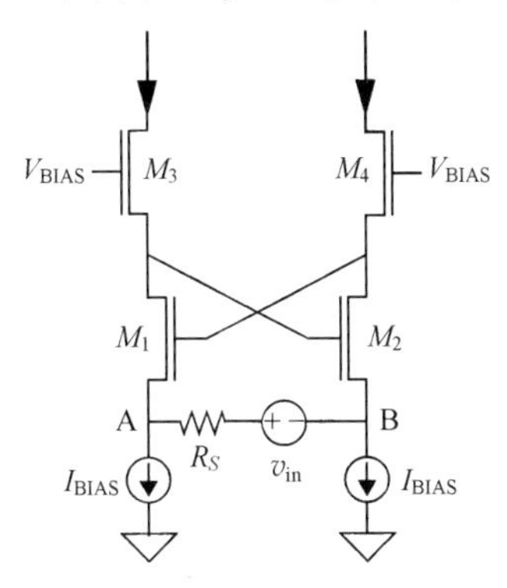

图 13.14　四管交叉跨导电路

另一种四管交叉电路把输入电压加在顶部一对晶体管的栅上，如图 13.15 所示。此时跨导值仍然等于 R_S 的电导。

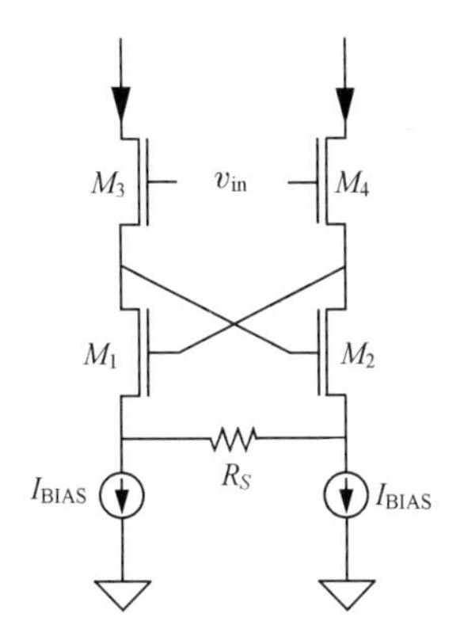

图 13.15　四管交叉跨导电路的另一种连接方式

前馈则是另一种线性化技术，它在系统处理信号的同时计算误差的估计值，由此回避了负反馈的带宽和稳定问题。然而此时误差计算和误差消除取决于匹配，所以实际达到的最大失真减少程度往往比用负反馈达到的失真减少程度明显地差。前馈在高频时最令人感兴趣，而负反馈在高频时由于回路传递量不足而变得不太有效。

对跨导电路进行前馈修正的例子是采用 Pat Quinn 的双极型“共源-共栅补偿”电路[①]（见图 13.16）。可以看出，这个跨导电路由共栅差分对构成，并且在它上面又连上了附加的差分对。部分线性化由源极负反馈电阻 R 提供，但在里面的差分对 M_1-M_2 的跨导中仍然具有明显的非线性。为了分析清楚这一点，假设电阻两端的电压是输入电压减去 M_1 和 M_2 的栅-源电压的差：

$$V_R = v_{in} - (v_{gs1} - v_{gs2}) = v_{in} - \Delta v_{gs1} \tag{23}$$

由于我们的目的是使差分输出电流完全与 v_{in} 成正比，所以任何 Δv_{gs} 都代表误差。共栅的一对管子具有与输入对相同的 Δv_{gs}，它由里面的一对差分管度量。与这一误差成比例的电流从主电

① “Feedforward Amplifier,” 美国专利#4,146,844，1979 年 3 月 27 日发布，1984 年重新发布。

流中被减去以使跨导线性化。“共源-共栅补偿”（cascomp）的名字来自“共源-共栅”（cascode）和“误差补偿”（compensation）的组合。虽然为了简化起见，里面的一对晶体管表示成通常的差分对，但使它线性化以增大误差的修正范围常常是有利的。

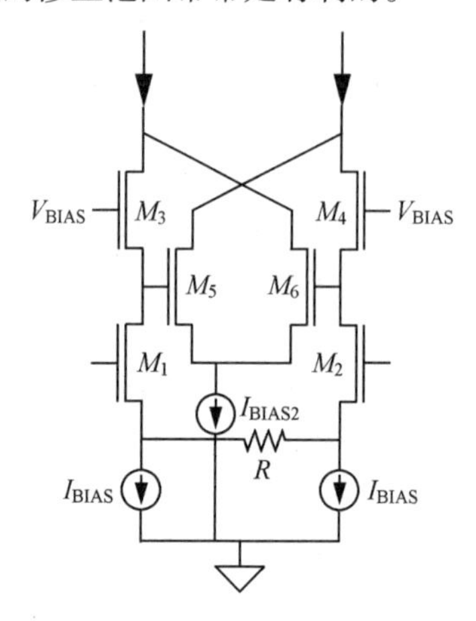

图 13.16 MOSFET 共源-共栅补偿电路

另一种非反馈的方法是逐段近似，它根据这样一种考虑，即实际上任何一个系统在某一足够小的范围内都是线性的。这种方法把线性度的实现分配在几个系统上，每一个系统只在一个足够小的范围上工作，所以合在一起就表现为一个扩展范围的线性度。

Gilbert 的双极型“多双曲正切”[①]电路是逐段近似的一个例子，这个电路的 MOS 形式显示在图 13.17 中。这三个差分对中的每一个分别在以 V_B、0 和$-V_B$为中心的输入电压范围上具有合理的线性跨导。对于输入电压接近零的情况，跨导是由中间的差分对提供的，并且对于足够小的 v_{IN} 大致为常数。当输入电压明显偏离零时，底部的电流最终几乎完全转向中间差分对的某一边。然而当选择合适的偏置电压V_B时，外部差分对中的一个管子将取而代之，并且继续使增加的输出电流流过它，见图 13.18。

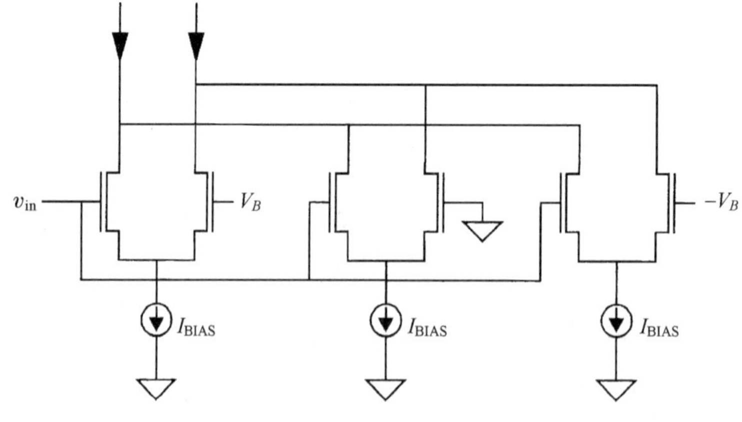

图 13.17 CMOS g_m 单元

① 这个名字来自以下事实：一个双极型差分对的传输特性表现为双曲正切形式。

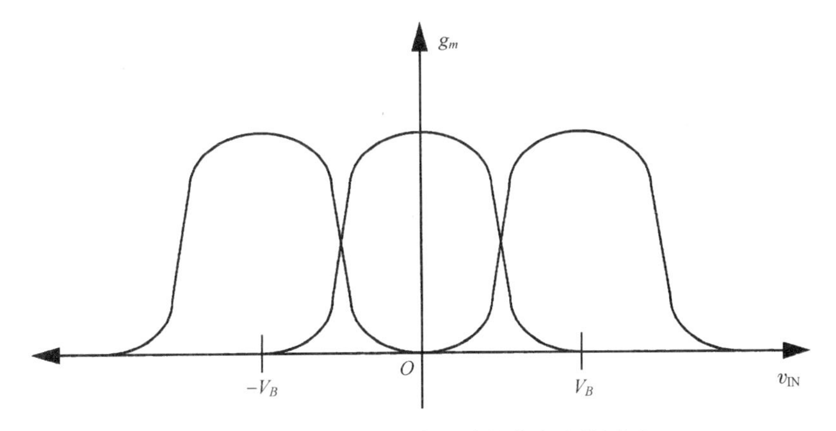

图 13.18 采用逐段近似的线性化方法的图示

总的跨导是各个分支跨导之和，通过采用足够多的附加差分对并使每一个合适地排布开，就可以使这个总的跨导在一个几乎任意大的范围上大致为常数，其代价则是功耗和输入电容的增加。

13.4.3 电位混频器

Gilbert 型混频器首先通过一个跨导电路把一个输入 RF 电压变换成电流，这个跨导电路的线性度和噪声系数确定了整个混频器线性度和噪声系数的范围。在 *V-I* 变换器中，也可以不采用电压控制的电流源而采用电压控制的电阻。例如，考虑按照与输入 RF 信号成反比的方式来改变一个三极管区（线性区）MOSFET 的电阻。如果使漏和源之间的电压维持在一个固定值，那么流过这个器件的电流就将完全按 RF 电压仿制，并且如果 v_{ds} 随 LO 变化，那么这个电流将与 LO 和 RF 信号的积成正比。这一设想的一个可能实现画在图 13.19 中。[1] 其中，4 个 MOSFET 完成混频，而电容则移去频率和的分量及较高次的乘积。

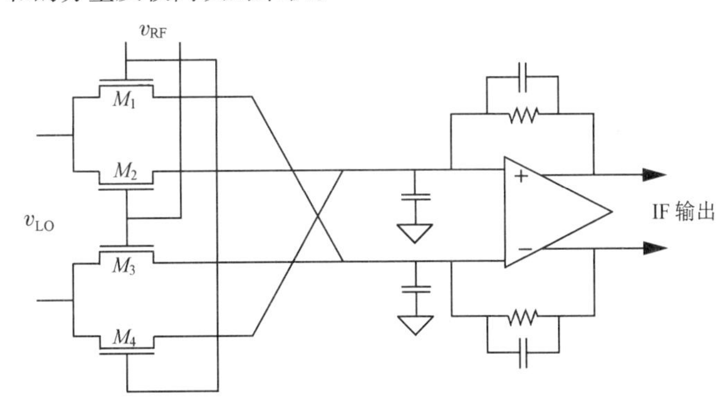

图 13.19 电位混频器

RF 输入驱动晶体管的栅，而 LO 驱动它的源。一个简化的分析假设晶体管的电阻反比于 RF 信号。在这种情形中，通过器件的电流为

$$i_{\text{in}} = \frac{v_{\text{LO}}}{r_{ds}} \approx v_{\text{LO}} \cdot \mu C_{\text{ox}} \frac{W}{L}[(v_{\text{RF}} - V_T) - v_{\text{LO}}] \approx K \cdot v_{\text{LO}} \cdot v_{\text{rf}} \tag{24}$$

① J. Crols and M. Steyaert, “A 1.5 GHz Highly Linear CMOS Downconversion Mixer,” *IEEE J. Solid-State Circuits*, v. 30, no. 7, July 1995, pp. 736-42。

由于电流是 RF 和 LO 信号相乘的结果，那么正如所希望的那样，这里会有频率和与频率差的分量。这个电流流过反馈电阻就得到了作为输出电压的 IF 信号。运算放大器只需要足以处理差频分量的带宽，因为和频分量被 4 个电容滤去。

注意，为了得到较高的线性度，栅过驱动必须大大超过 v_{LO}。因此 v_{RF} 必须有足够大的 DC 分量，使得对于必须接受的大的 v_{rf} 值，仍然能满足上述要求。

实际上这类混频器可以显示出较好的线性度（例如 40 dBm IIP3），但却有较高的噪声系数（例如 30 dB）。较高的噪声系数是由于输入 FET 的电阻性热噪声（当信号电平很低时这种情况最差），以及难以提供与宽带运算放大器有好的噪声匹配的结果。因此这类混频器总的动态范围一般与传统的 Gilbert 电流模式混频器的大致相同。

13.4.4　无源双平衡混频器

至此我们只是分析了有源混频器，我们采用它们是为了得到线性的跨导。然而无源混频器具有某些十分吸引人的特性，如可以实现极低的功耗。考虑到 CMOS 工艺能提供性能很好的开关，所以基于开关的高性能乘法器很自然采用 CMOS 方式实现。

在前面考虑的有源混频器中，RF 信号表示成电流形式而不是 RF 电压本身乘以一个本地振荡器的方波。避免 V-I 变换问题的另一种方法是直接在电压域内切换 RF 信号。这种选择用 CMOS 实现显然比用双极型实现容易，这也就是为什么双极型混频器几乎毫无例外地是有源的电流模式类型的原因。

最简单的无源换向 CMOS 混频器包含 4 个连接成桥式结构的开关（见图 13.20）。这些开关由本地振荡器信号进行反相位驱动，所以在任何时候只有一条对角线上的一对晶体管是导通的。当 M_1 和 M_4 导通时，v_{IF} 等于 v_{RF}，而当 M_2 和 M_3 导通时，v_{IF} 等于 $-v_{RF}$。一个完全等效的描述是：这个混频器把输入的 RF 信号乘以频率为本地振荡器频率的单位幅值方波。因此输出中含有许多混频的乘积，它们都来自方波的奇次谐波傅里叶分量。[①] 幸运的是，正如前面已讨论过的那样，它们通常很容易被滤去。

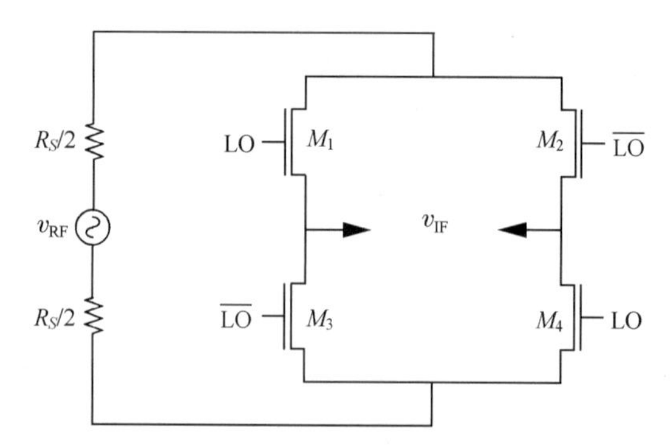

图 13.20　简单的双平衡无源 CMOS 混频器

这个基本单元的电压变换增益很容易根据前面的描述计算出来。假设乘以单位幅值的方波，我们可以立即写出

$$G_C = 2/\pi \tag{25}$$

① 然而这种情形与电流模式的混频器相同。而且如果方波的占空比不是确切的 50%，则 LO 项的偶次谐波也不为零。

这里，2/π 因子同样来自把 IF 能量均分在频率和与频率差的分量上。[①]

实际上，确切的电压变换增益可以不同于 2/π，由于实际中的晶体管不会在零时间内切换，因此一般来说输入的 RF 信号不是乘以一个纯方波信号。然而也许与直观结果恰好相反，这个偏离理想假设的影响通常是使电压变换增益增加到 2/π 以上。

推导更为一般的电压变换增益表达式有些复杂，所以我们这里只说明对有关问题的一些深入理解。[②] 混频器的输出可以看成三个时变分量和一个比例系数的乘积：

$$v_{\mathrm{IF}}(t) = v_{\mathrm{RF}}(t) \cdot \left[\frac{g_T(t)}{g_{T\max}} \cdot m(t)\right] \cdot \left[\frac{g_{T\max}}{\overline{g_T}}\right] \tag{26}$$

函数 $g_T(t)$是从 IF 端口看到的时变的戴维南等效电导，而 $g_{T\max}$ 和 $\overline{g_T}$ 分别为 $g_T(t)$的最大值和平均值。混频函数 $m(t)$定义为

$$m(t) = \frac{g(t) - g(t - T_{\mathrm{LO}}/2)}{g(t) + g(t - T_{\mathrm{LO}}/2)} \tag{27}$$

式中，$g(t)$是每个开关的电导，而 T_{LO} 是 LO 驱动的周期。混频函数没有任何 DC 分量，它是周期函数，周期为 T_{LO}，并且由于它是半波对称的，因此只含有奇数谐波分量。

式（26）第一个方括号内的项的傅里叶变换对于方波驱动（如前面所确定的）在 LO 频率时的值为2/π，而对于正弦波驱动为 1/2，所以等效的混频函数对于方波驱动确实产生较高的变换增益。然而，第二个方括号内的项对于方波驱动（由于峰值和平均电导相等）为 1，而对于正弦波驱动为π/2。因此总的变换增益在正弦波驱动时较大，这是因为第二项的补偿超过了（等效）混频函数较小的影响。然而二者的差别并不特别大。对于正弦波驱动，变换增益为π/4（–2.1 dB），而在方波驱动时得到的增益为 2/π（–3.92 dB）。

由于（等效的）混频函数频谱的原因，我们不希望的乘积项会出现在这类混频器的 IF 端口。因此滤波问题值得仔细考虑，特别是关系到输入和输出终端问题的时候。在分立元件设计中，信号源阻抗和负载阻抗通常为实数，并且是明确的（例如 50 Ω），但对于集成电路（IC），混频器信号源和负载通常在片上并且完全是不标准的。这种不标准不是一个不利条件，而恰恰是 IC 设计者可以用来改善性能的一个自由度。作为一个具体例子，也许希望在信号源端和负载端采用电抗性阻抗，因为它们不产生任何噪声。由于采用电抗时很难得到宽带操作，因此对大多数具有电抗性终端的实际混频器来说，这意味着窄带工作。幸运的是，在许多应用中这种局限不是一个严重问题。

在 CMOS 实现中，混频器 IF 端口的负载常常可以很好地近似为电容性负载。在这些情形下，负载可以很容易地被考虑成与开关电阻一起形成一个简单的低通滤波器。详细分析表明，[③] 这个滤波器的传递函数是

$$H(s) = \left[s\frac{C_L}{\overline{g_T}} + 1\right]^{-1} \tag{28}$$

① 如果我们假设源端和负载端的情形相同，那么这一增益对应于 3.92 dB 的电压和功率损失。许多实际的实现（例如在 13.6 节中讨论的分立无源混频器）由于还存在其他的衰减原因（例如非零的开关压降、趋肤效应等），因此它们一般都显示出比这种理论极限大一些的变换损失。这类混频器通常的变换损失在 5 dB 至 6 dB 左右。

② 详细的推导见 A. Shahani et. al., “A 12 mW Wide Dynamic Range CMOS Front-End for a Portable GPS Receiver,” *IEEE J. Solid-State Circuits*, December 1997。

③ A. Shahani et al.，出处同上。

我们看到，极点频率就是平均电导（同样，是从 IF 端口通过开关向后看）与负载电容的比。这一内在的滤波作用可以用来实现非常需要的对混频器产生的不希望信号的衰减。

一个利用该信号源端和负载端阻抗自由度的较为精巧的混频器显示在图 13.21 中。[①] 注意，这个混频器假设采用电容负载，在电路图中表示为 C_L。这个假设反映了在一个完全集成的CMOS 电路中的典型情形，这与在分立元件设计中常用的电阻性终端阻抗不同。电容性负载本身不产生热噪声，并有助于滤去高频噪声和失真。

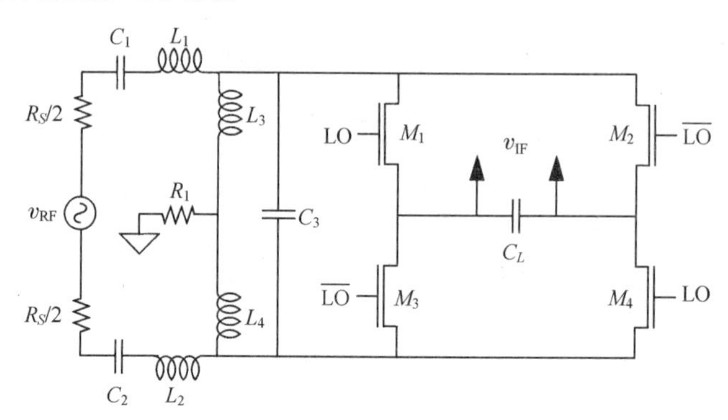

图 13.21 低噪声窄带无源混频器

输入电路包括与并联振荡回路串联的 L 形匹配电路。L 形匹配电路由 L_1 和振荡回路电容的一部分构成，它提供了阻抗变换，使 RF 信号电压适当提高，以帮助减少电压变换损失。并联振荡回路由 L_3 和 C_3+ C_L 构成，它滤去在输入端上及由混频器本身产生的频带外的噪声和失真分量。电阻 R_1 为输入电路确定共模电位。由于振荡回路电容的任何非线性会减少 IP3，因此 C_3 最好用金属-金属电容实现。为了减少所占用的面积，比较好的选择是采用横向（电通量）的或不规则碎片形状的电容。

由于 L 形匹配电路可以提供小的电压提升，电压变换损失可以比 3.92 dB 小一些，因此一个简单的桥式开关电路就是比较理想的。例如，采用 0.35 μm 工艺实现时，对于 1.6 GHz RF 和 1.4 GHz 的 LO，电压变换损失为 3.6 dB。[②]

无论是噪声系数还是 IP3，都是 LO 驱动的强函数，因为在“导通”状态开关的电阻必须保持较低的且恒定的值才能同时优化这两个参数。IP3 也与 L 形匹配电路提供的电压提升量有关。这一提升可以被调整，使之减少以换取变换增益来改善 IP3，并且在某些情形中完全移去 L 形匹配电路也许是合适的。采用 300 mV 的 LO 驱动幅值[③]时，典型的 SSB 噪声系数 10 dB 和输入 IP3 10 dBm 是很容易达到的。作为一个粗略的估计，这类混频器的 SSB 噪声系数与功率转换损失大致相同。

本书第一版包含了这样的结论，即在无源混频器中如果没有 DC 偏置电流就意味着不存在 1/*f* 噪声。这个结论并不完全正确，因为混频器是一个周期时变系统，中心在本地振荡器频率整数倍处的噪声可以折合成 DC 结果，所以 1/*f* 噪声仍然可以出现在混频器的输出中，而不需要混频器本身有任何 DC 偏置电流。

在需要把混频器输出中的 1/*f* 噪声降到最低程度的情形中，一般采用以下两种方法比较有效：

① 这个例子引自 A. Shahani et al.，“A 12 mW Wide Dynamic Range CMOS Front-End for a Portable GPS Receiver,”*ISSCC Digest of Technical Papers*, February 1997, pp. 368-9。

② A. Shahani et al.，出处同上。

③ 这个值适用于正弦波 LO。

（a）把 LO 驱动减小到混频作用仍可接受时的最小值；（b）仔细设计本地振荡器，特别是使它的近程（close-in）相位噪声减到最小（相关内容将在第 18 章中详细讨论）。这些考虑在设计对 $1/f$ 噪声敏感的接收器时尤为重要，其中包括直接转换式（也称为零差式或零中频）接收器及低中频接收器。

为了减少 LO 驱动器的功耗，开关的栅电容可以与一个电感谐振（对于窄带应用来说），这可以使功耗减小为原来的 $1/Q^2$。即使是在 GHz 的频率下把功耗减至毫瓦（mW）或更少也是很容易的。

13.5　亚采样混频器

CMOS 开关的良好性能也被用来实现常说的亚采样混频器。这类混频器利用了这样的观察结论：信息调制带宽一定要比载波频率低。因此我们可以采用低于载波频率的采样速率来满足奈奎斯特准则，从而在这一过程中完成下变换（downconversion）。

正如在图 13.22 中可以看到的那样，高频信号在用点表示的时刻被采样，而下变换后的信号则表示为重新构成的低频信号。这个方法在理论上的优点是它可以很容易地实现在比输入 RF 信号低得多的频率下工作的采样电路。从图中可以很清楚地看出一个正确设计的用来作为亚采样混频器的跟踪-保持电路（见图 13.23）。[①]

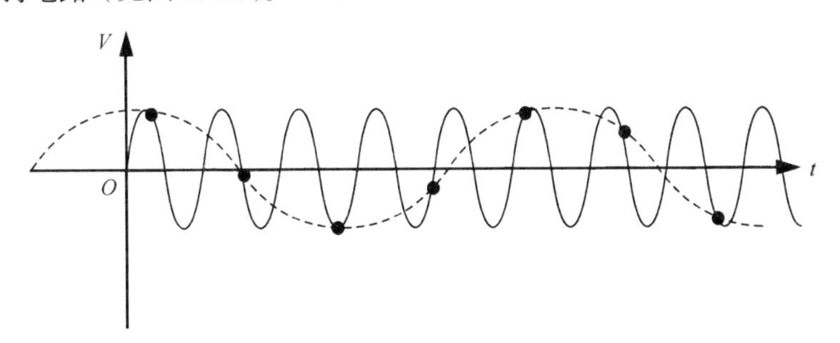

图 13.22　亚采样的图示

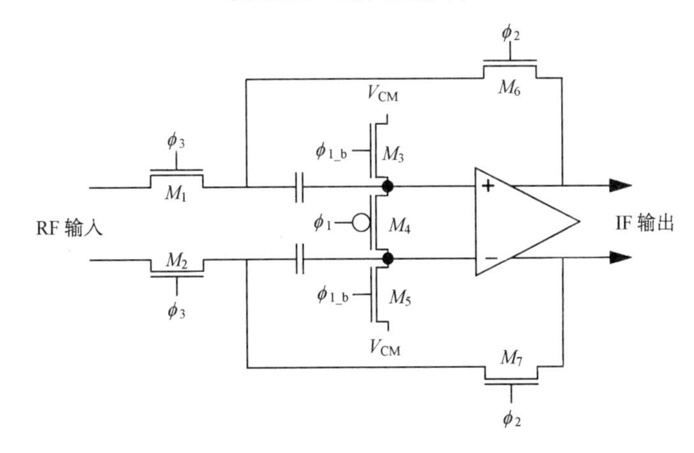

图 13.23　跟踪-保持的亚采样混频器（简化电路）

① 这个例子引自 P. Chan et al.，"A Highly Linear 1-GHz CMOS Downconversion Mixer," *IEEE J. Solid-State Circuits*，December 1993。

在采样（跟踪）模式，晶体管 M_1 至 M_5 导通而晶体管 M_6 和 M_7 则处于“截止”状态。器件 M_3、M_4 和 M_5 在两个采样电容的右端加上了一个等于共模电平 V_{CM} 的电压，而输入开关 M_1 和 M_2 把这两个电容连至 RF 输入。由于 M_6 和 M_7 断开，这种跟踪模式与运算放大器没有关系，因此跟踪带宽就由总的开关电阻和采样（及寄生）电容形成的 RC 时间常数决定。由于系统在这种模式时为开环工作，因此很容易得到远超过反馈结构所能达到的跟踪带宽。例如，采用 1 μm 工艺时很容易达到大于 1 GHz 的跟踪带宽。

在保持模式，所有的开关状态恰好相反，所以唯一导通的晶体管是两个反馈器件 M_6 和 M_7。在这一模式下，电路简化成在运算放大器周围反馈回的一对被充电的电容。这个系统稳定下来的时间只需比（较慢的）采样周期而不是比 RF 信号周期快一些，因此与反馈相关的带宽损失不是很严重。

虽然亚采样电路以较低的频率由时钟控制，但亚采样电路仍然必须有较好的时间分辨率，否则采样就会出错。因此，除了合适的跟踪带宽，还必须具有低的（采样）窗口抖动（aperture jitter）（也就是在采样时刻不确定性的程度较低），而这一要求对采样时钟的相位噪声提出了特别的要求。因此，尽管采样时钟频率只需满足符合调制带宽要求的奈奎斯特准则，但其绝对的时间抖动必须只是载波周期极小的一部分。

另一个问题是采样操作不只是变换信号。在采样电路输入端的噪声也折叠到 IF 频带，从而引起噪声增大，它大致等于RF 和 IF 带宽的比。由于 RF 带宽一般超过 IF 带宽很多，因此亚采样混频器可以表现出很大的噪声系数（例如 25 dB SSB NF）。这类混频器常表现出较高的三阶交调值，但它们所包含的高线性度则被这类混频器很差的噪声特性所抵消，所以这个混频器的动态范围常常不会比采用传统结构时可以达到的更好（甚至更差）。事实上，许多亚采样混频器的噪声性能和 IP3 性能可以通过在一个传统混频器前放一个电阻分压器（resistive divider）来实现。在原理上一个具有足够增益的LNA 可以用来克服混频器的噪声，但实际上要实现能同时提供高增益和高线性度的LNA 是非常困难的，所以实际上总的（系统）动态范围同样有可能受到影响。由于这些问题，我们在应用亚采样时必须非常小心。

13.6 附录：二极管环形混频器

这个附录分析了许多分立元件实现时常见的无源混频器，其中 4 个二极管的双平衡混频器具有特别好的特性，并且几乎在高性能的分立元件设备中随处可见。

13.6.1 单二极管混频器

最简单也是最早的无源混频器采用单个二极管，如图 13.24 所示。在一个电路中，输出 RLC 振荡回路被调谐到所希望的 IF，而 v_{IN} 是 RF、LO 和 DC 偏置分量的和。二极管的非线性 V-I 特性使二极管电流包含许多谐波和互调的频率，但振荡回路只选择 IF 的频率。

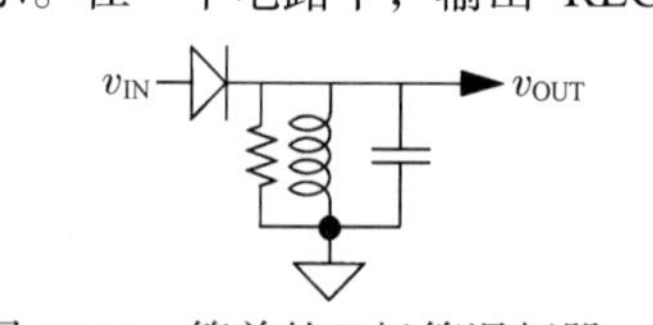

图 13.24 简单的二极管混频器

由于这个电路很不成熟，因此人们一直想放弃它。例如它不能提供任何隔离，也不能提供任何变换增益。然而在较高频率时，也许采用其他类型的非线性实现很困难，因此这个简单的混频器就可能很合适。事实上，在第二次世界大战期间研发的雷达设备中，所有的探测器[①] 都是单二极管电路。[②] 此外，

① 我们将混用“检测器”和“解调器”这两个名词。

② 现代半导体工艺的诞生可以直接追溯到用于雷达的微波二极管的开发。到第二次世界大战结束时，能在 GHz 范围内很好工作的点接触式微波二极管已被普遍使用。

许多早期的 UHF 电视调谐器也采用这类混频器。没有这类混频器，许多现代毫米波频带的工作就不可能进行。

关于这个电路的另一个评价是：如果输入是 AM 信号（无论是 RF 还是 IF），那么它可以用来作为 AM 信号的一个粗糙的解调器。当以这种方式使用时，输出电感被完全除去，也不需要 LO，而是用一个简单的 RC 网络来完成输出滤波。成千上万的“晶体”收音机采用过这类检测器（称为包络检测器），甚至在今天制造的大多数 AM 超外差式收音机也采用单二极管解调器。

13.6.2 双二极管混频器

还有几种其他的方式采用二极管作为混频器。正如我们将要讲到的，似乎一个二极管桥式电路可以用于任何用途，这取决于哪些端口定义为输入和输出及二极管的朝向如何。[①]

采用两个二极管就可以构成一个单平衡二极管混频器。在这种情形中，我们可以在 LO 和 IF 之间实现隔离，但 RF-IF 的隔离很差，见图 13.25。假设 LO 驱动足以使二极管作为开关工作而不管 RF 输入的数值有多大。当 v_{LO} 为正值时，两个二极管都导通（注意在变压器绕组上的标记点），因此把 v_{RF} 有效地连接到 IF 输出端。当 v_{LO} 变为负值时，二极管开路使 v_{RF} 断开，因此这个混频器的工作情况与前面介绍过的有源换向混频器的相同。

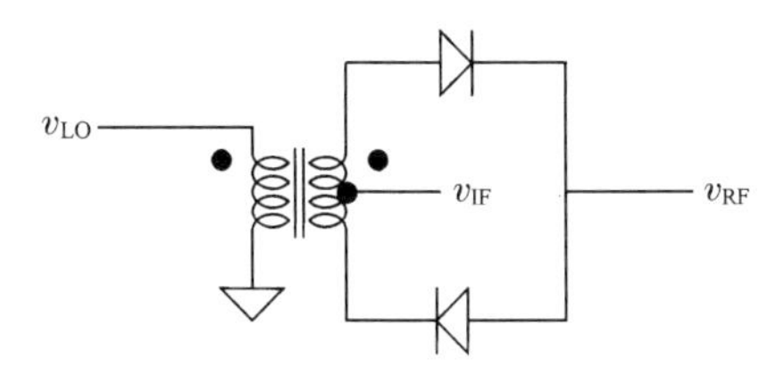

图 13.25 单平衡二极管混频器

RF-IF 隔离较差可以从以下说明看出：无论何时，只要二极管导通，二极管就会把 RF 和 IF 端口连在一起。同样，对称性保证了 RF-LO 之间有很好的隔离。无论何时，当二极管导通时，RF 电压只能在变压器的绕组上产生一个共模电压，所以在 LO 端口上不会感应出任何电压。

13.6.3 双平衡二极管混频器

通过再增加两个二极管和一个变压器，我们就可以构成一个双平衡混频器，提供所有端口间的隔离（见图 13.26）。再一次要说明的是，假设 LO 驱动足以使二极管像开关那样工作。在所示的电路中，每当 LO 驱动为负时，左边的一对二极管导通；而每当 LO 驱动为正时，右边的一对二极管导通。

当 LO 驱动为正时，根据对称性在“右中”处的电压必定为零，因为输入变压器的中心抽头接地。于是 v_{IF} 等于 v_{RF}（再一次注意变压器的极性标记）。当 LO 驱动为负时，在“左中”处的电压为零，于是 v_{IF} 等于 $-v_{RF}$。因此这个混频器将 v_{RF} 乘以一个频率为 LO 频率的单位幅值方波。

隔离是通过电路的对称性来保证的。正如前面已讲到的那样，LO 驱动使输出变压器的顶端或底端的电位为零。如果 RF 输入为零，那么就没有任何 IF 输出，因此这个电路提供了 LO 和 IF

① 二极管甚至可以通过利用非线性结电容来提供增益以构成所谓的“参数放大器”。这一非线性可以用来把能量从一个本地振荡器（在放大器一类的术语中称为泵）传送到信号中，而不是较为传统地把功率从 DC 电源传送到信号频率。参数放大器可以是极低噪声的器件，因为只需要纯电抗就可以使它们工作。

之间的隔离。同样，我们可以通过考虑 IF 输入为零时的情形来说明 LO 和 RF 之间的隔离。再一次要说明的是，由于在输出变压器的顶端或底端处的电位为零，因此将不会有任何初级电压，这样也就不会有任何次级电压。

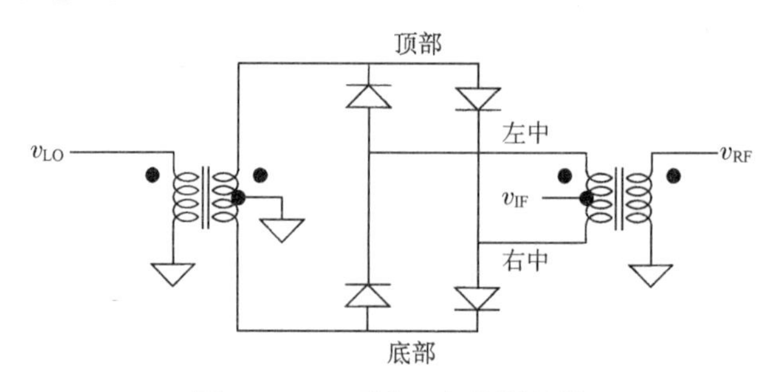

图 13.26 双平衡二极管混频器

这些无源混频器已有分立元件实现，并且工作得非常好。它的动态范围的上限一般受二极管击穿电压的限制，而隔离则与所达到的匹配程度有关。

采用简单的 4 个二极管组合时，典型的双平衡混频器通常能达到变换损失在 6 dB 左右，而隔离至少为 30 dB，并且它们在压缩点为 1 dB 时能接受多达 1 dBm 的 RF 输入，但要求 LO 驱动为 7 dBm。如果在图 13.26 中每个二极管的位置上采用几个二极管串联，那么还可以接受更高的 RF 电平，其缺点是提高了对 LO 驱动的要求以保证二极管的开关操作。例如，采用总共 16 个二极管时就可以把 RF 的输入范围扩展到约 9 dBm，但同时也要求 LO 驱动加大到 13 dBm。

13.6.4 有关二极管混频器的最后说明

在实际运用这些混频器时，我们应当小心，重要的是要使所有的端口都具有合适的终端特征阻抗——不仅在 RF、IF 及所希望的 LO 频率上，而且也在镜像频率上。如果只是采用窄带时的终端阻抗，那么就有可能反射各种互调乘积，从而使性能严重降低。因此，只采用标准的 RLC 振荡回路作为输出带通滤波器而不采用中间缓冲级来保证终端有宽带的电阻性阻抗一般来说是不够的。不满足这个条件可能会引起许多错综复杂的现象。

习题

[第 1 题] 采用第 5 章的器件模型设计一个源极电感负反馈的单平衡混频器，从而使 IIP3 达到+ 6 dBm。变换跨导为多少？

[第 2 题] 我们已经看到可以利用综合一个虚拟短路来使跨导线性化。假设有人提议采用如图 13.27 所示的另一种电路。

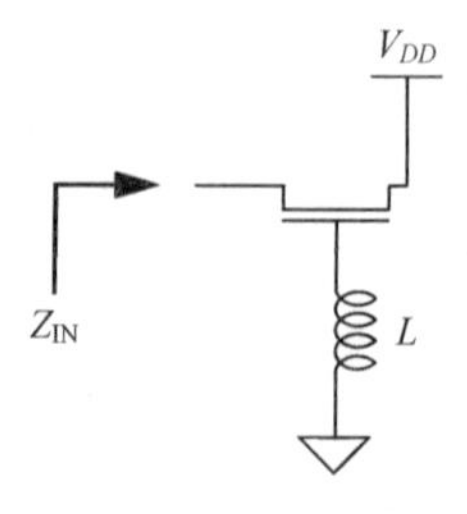

图 13.27 具有栅极电感的共栅跨导电路（偏置电路未画出）

（a）首先推导出从信号源端看进去的增量阻抗的表达式。

（b）选择电感的值使输入阻抗的实数部分为零。在输入端是否还需要其他元件以使虚部也为零？如果需要，那么它们是什么元件，其数值表达式是什么？

（c）在综合了一个虚拟短路后，这个电流可否恢复为漏极电流信号？如果可以，画出草图，说明这个电路如何能够用来构成混频器。

[第 3 题] 模拟一个输入信号驱动栅极的四管交叉跨导电路。采用最小沟道长度的器件，其宽度为 100 μm，总的偏置电流为 4 mA（由理想电流源提供），电阻为 200 Ω。采用第 5 章的模型参数描述该工艺。

（a）最初忽略体效应，使输出端连至一个 4 V 的 DC 电源，测量低频跨导。这是否是你所预见的？请解释。

（b）现在包括体效应并重复上题。评论二者有何差别并确定跨导大致不变的输入共模电压范围。

（c）采用两个幅值相同的输入正弦信号，频率分别为 95 MHz 和 105 MHz，它们在（b）求出的范围中心处具有一个共模值，通过模拟求出与输入有关的三阶交调值。注意，这个值必须为电压值，因为本题中没有说明输入阻抗。必须注意本章讨论过的模拟注意事项，以避免出现不正确的值。

（d）将（c）得到的结果与用三点法得到的估计值进行比较。

[第 4 题] 在本题中我们评价方波和正弦波本地振荡器波形的相对优点。考虑一个用作混频器的理想乘法器的具体情形，其中 RF 信号为 $A \sin \omega_{RF} t$。

（a）如果方波和正弦波具有相同的幅值，哪一类 LO 可以产生较高的变换增益？

（b）对于这两个 LO 信号，比较它们对混频器后滤波器的相应要求。

[第 5 题] 考虑图 13.28 所示的双平衡无源 CMOS 混频器。

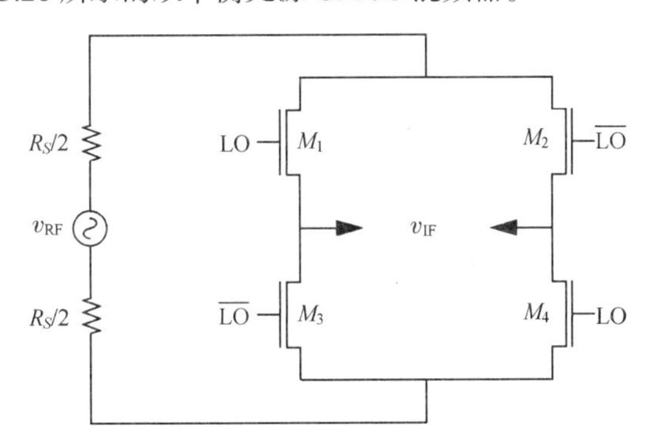

图 13.28 简单的双平衡无源 CMOS 混频器

（a）如果 IF 口的终端电阻等于 R_s，变换增益是多少？假设切换为无穷快且忽略开关电阻。

（b）由于与方波有效相乘，在 IF 输出中除了所希望的频率，还包含许多其他频率的分量。若 RF 输入是单个频率的正弦波，画出近似的输出频谱并讨论对滤波的要求。

（c）如果 LO 驱动并不具有精确的 50%的占空比，那么（b）的答案将有怎样的变化？为了使你的答案有一个比较定量的基础，明确推导出一个非50%占空比方波频谱的表达式。用 D［即占空比（理想情况下是 0.5）］来表示你的答案。关于在器件切换时对称性的要求方面，你的答案说明了什么？

[第 6 题]　在上题中忽略了开关电阻，我们现在来弥补这一缺点。

（a）如果变换增益（相对于理想情形）的减小不超过 1 dB，推导出最大可接受的开关电阻的表达式。

（b）给出对应于（a）的答案的器件宽度表达式。为简单起见，可以假设具有方波特性。用 LO 的栅过驱动来表示你的公式。

（c）当这个 LO 驱动所有开关的电容时，提供一个 LO 消耗的总功率表达式。这些开关是从（b）的部分答案中计算出来的。

[第 7 题]　变换增益公式及从跨导电路的 IIP3 中估计混频器 IIP3 的三点法假设电流模式的 LO 驱动的开关是理想的。然而正如本书中提到的那样，不合适的 LO 驱动有可能（也许甚至很容易）引起变换增益的降低及显著的失真。

为了更详细地说明非理想开关的问题，考虑一个用在单平衡混频器中的简单差分 MOS 电流开关（见图 13.29）。当如图所示用一个理想的电流源驱动时模拟这个电路。设 DC 偏置电流为 1 mA，选择 RF 电流幅值为 100 μA。如果每个器件（采用第 3 章的 Level-3 模型）的宽度为 100 μm，画出幅值为 10 MHz 的 IF 分量的幅值（以进入 DC 电压源的差分输出电流作为度量，DC 电压源的值大于 LO 驱动的共模部分）。变换增益如何变化？关于应当如何选择 LO 的幅值的问题，这个实验说明了什么？

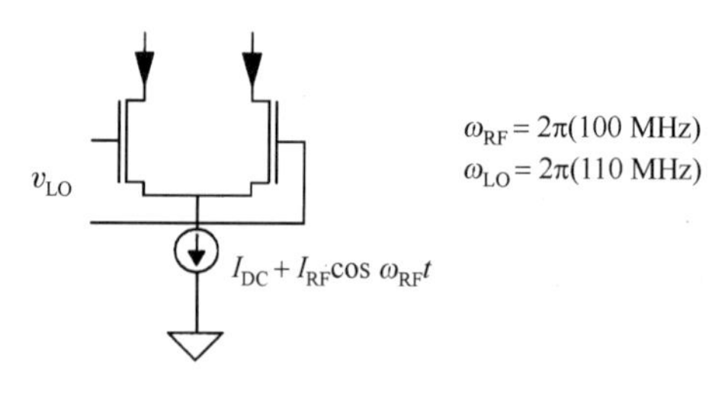

图 13.29　单平衡混频器

[第 8 题]　重复上题，但不是集中在变换增益上，而是分析一下除 IF 外的输出频谱。你能得出什么结论？特别是说明晶体管的源-体电容的影响，使它们为零然后再进行模拟，比较并讨论之。

[第 9 题]　采用第 5 章的器件模型设计一个三对“多双曲正切”的跨导电路。要求允许的总偏置电流为 5 mA，低频跨导为 20 mS，最大波纹为±10%。利用模拟过程来验证你的设计。

第 14 章 反 馈 系 统

14.1 引言

扎实地掌握反馈知识对于电路设计来说十分重要，但是很多从事实际工作的工程师对这方面的内容最多只了解一些皮毛。本章旨在对经典控制理论的基础进行概述，即对单输入、单输出时不变线性连续系统的反馈进行研究。我们将讲到如何将这些知识应用于振荡器、高线性度宽带放大器、锁相环及其他例子的设计中。我们还将看到如何将我们的设计直觉延伸到包括很多实际感兴趣的非线性系统中。

我们照常先从介绍一点历史开始给出这个主题的来龙去脉。

14.2 现代反馈理论简史

尽管反馈概念的应用是非常古老的，而它的数学分析却是最近才发展起来的。麦克斯韦在一篇有关土星光环的稳定性的论文中提出了第一个详细的稳定性分析（为此他获得了他的第一个数学奖），后来他又发表了一篇有关速度控制蒸汽机稳定性的论文。

反馈理论在电子学方面的第一个直接应用显然是由火箭先驱 Robert Goddard 在 1912 年提出的，他在真空管振荡器中运用了正反馈。[①] 然而，据目前所知他的专利申请是他在此理论上的唯一论述（毕竟他更专注于火箭方面的问题），而 Goddard 那个时代的人也大多忽略了他在此领域的工作。

14.2.1 Armstrong 和再生放大器

Armstrong 在 1915 年撰写的关于真空管的论文[②]是第一个发表的关于如何应用正反馈（再生）大大提高放大器电压增益的解释。尽管现在的工程师对正反馈存在偏见，但在那个年代，电子技术的进步很大程度上依靠的是 Armstrong 的再生放大器，这是因为那时没有其他经济的办法能用当时原始（也是昂贵）的真空管获得大幅度的增益。[③]

我们可以通过分析图 14.1 体会到 Armstrong 放大器的重要特点。图中 a 为正向增益，而 f 是反馈增益。在我们的具体例子中，a 代表一个通常的（即开环）单真空管放大器的增益，而 f 代表输出电压反馈回放大器输入的部分。

由于有了框图，我们可以直接推导出该放大器总增益的表达式。首先我们注意到：

$$\sigma = v_{\text{IN}} + f \cdot v_{\text{OUT}} \tag{1}$$

其次注意到：

---

① 美国专利 # 1,159,209，1912 年 8 月 1 日申请，1915 年 11 月 2 日获得批准。

② "Some Recent Developments in the Audion Receiver," *Proc. IRE,* v.3, 1915, pp. 215-47。

③ 当时真空管等效的内部"$g_m r_o$"大约只有 5，因此每一级的增益一般都非常低，如果采用传统的拓扑连接方式，则需要有许多级。

$$v_{OUT} = a \cdot \sigma = a \cdot (v_{IN} + f \cdot v_{OUT}) \tag{2}$$

求解输入-输出传递函数得到：

$$A = \frac{a}{1 - af} \tag{3}$$

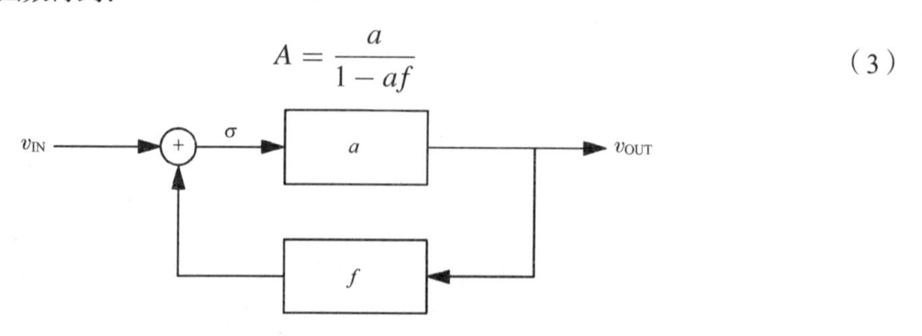

图 14.1　正反馈放大器的框图

显然，任何小于 1 的正值 af 将使总增益 A 超过真空管放大器“通常”的增益 a。如果令 af 等于 0.9，那么总增益增加到通常增益的 10 倍，而如果 af 为 0.99，那么将得到 100 倍的增益量，依次类推。采用这种方式，Armstrong 通过一级就可以获得别人只能用数级级联才能达到的增益。这个成就推动了相对廉价的高增益接收器的出现，同时由于增益的增加提高了灵敏度，因此也大大降低了发射器功率。很快，正反馈（再生）放大器成为一个极普遍的流行语，而 Westinghouse 公司（Armstrong 专利的授权对象）的法律雇员则因此忙于确保只有授权用户才能使用这一革新技术进行工作。

14.2.2　Harold Black 和前馈放大器

尽管 Armstrong 的再生放大器很好地实现了从真空管放大器获得大幅增益，但另一个不同的问题却吸引了电话业的“目光”。为了延长通信距离，需要放大器来补偿传输线衰减。使用早期已有的放大器一般都能达到几百英里[①]的距离。如果多费些功夫，也有可能达到 1000～2000 英里，但话音质量很差。经过大量工作，一个粗糙的跨洲际电话服务在 1915 年开通了，由 68 岁的 Alexander Graham Bell 向他的前助手 Thomas Watson 拨通了第一个电话。不过这一壮举并非一项实际成就，而更像是一次表演。

问题并非是没有足够的放大增益，实际上使线路终端的信号变强是很容易的。问题其实是失真。如果每级放大器引入某些很小（例如 1%）的失真，那么100 级这样放大器的级联将使输出与输入非常不一样。

当时主要的“解决”办法是（试图）保证放大器在“小信号”下工作。即通过把信号限制到放大器总能力的很小一部分的动态范围内，就可以获得更多的线性操作。遗憾的是，这种办法的效率是很低的，因为这要求建立诸如百瓦级的放大器来处理毫瓦级信号。然而，由于在信源和放大器之间（或者也许在放大器之间）距离的任意性，很难保证输入信号总可以小到足以满足线性度的要求。

这就是 1921 年的情形，那时一个刚从 Worcester Polytechnic 大学毕业的名叫 Harold S. Black 的人加入了贝尔实验室的前身。他意识到了这个失真问题，并且将自己的许多闲暇时间投入到了这个问题的解决上。[②] 而他也确实解决了（而且是两次）这个问题。

---

① 1 英里 = 1.6093 千米。

② 在像他这类的新雇员中，他是唯一一个没有在工作三个月后提升10% 工资的人，因此 Black 几乎想改行，但他最后又重新考虑并决定通过解决这个关键问题使自己成名。

他的第一个解决办法现在称为前馈校正。[1] 其基本思想就是构建两个相同的放大器，并用一个放大器的失真减去另一个放大器的失真。为了说明其实现方法，可以考虑其前馈放大器的框图（见图 14.2）。我们注意到这里没有任何反馈，正如其名字所体现的那样，信号只从输入端向前送至输出端。图中标有 τ 的两个模块是延时单元，它们补偿每个放大器的群延时 τ，以保证相减的信号在经过整个系统时的延时相同。

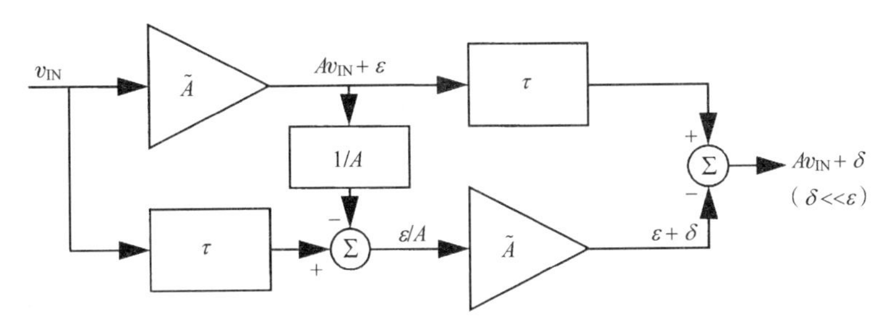

图 14.2 前馈放大器的框图

每个放大器有一个额定增益 A，但也许有某种程度的非线性。为了将非线性增益与理想线性增益区分开，我们采用符号 $\tilde{A}$ 表示。第一个放大器接收输入信号并提供额定增益 A，但它在处理中有一些失真，因此它的输出是 Av_{IN} 加上一个误差电压，记为 ε。我们假定放大器具有足够的线性度，所以 ε 和所希望的输出 Av_{IN} 相比时非常小。

第一个放大器的输出还被送入一个理想线性衰减器，其增益为 $1/A$。用输入信号减去衰减器的输出，可以得到一个理想的失真电压。这个纯失真信号再被输入到和第一个放大器完全相同的另一个放大器。由于我们首先假定了失真很小，因此可以预见第二个放大器将表现出很好的线性度，并且产生一个与原始失真非常接近的值（即 $\delta \ll \varepsilon$），即我们假定这种误差计算本身的误差非常小。

用第一个放大器的失真减去第二个放大器的失真就可得到最终的输出，其失真被大大减小。这种解决办法的另一个特点是冗余度，因为即使一个放大器失灵，仍然能得到一定的输出（只是多了一些失真）。

Black 制作了几个这样的放大器，但它们被证明采用当时的技术是不能应用的。事实上不可能保持他需要的严格的匹配程度使前馈放大器在所有时候都工作得很好。例如，要达到 0.1%的失真度，就要求匹配也具有类似的水平，但分立的真空管技术根本不可能持久地提供这种匹配程度。

14.2.3 负反馈放大器

尽管 Black 面对前馈放大器存在的实际障碍感到失望，但测量并抵消输出端令人讨厌的误差项的基本思想似乎还是很有价值的。前馈的实际问题是用两个分开的放大器来实现这种抵消。Black 由此想到，能否只用一个放大器实现必需的抵消呢？他认为这样一来，匹配的问题就不存在了。但是具体实现方法仍然不清楚。

决定命运的一天来临了。1927 年 8 月 2 日，Black 和往常一样乘坐 Lackawanna 渡船去上班，负反馈放大器的想法在他脑子里突然“闪过”。[2] 他兴奋地在一张当日的《纽约时报》早刊上草拟

---

① 美国专利 # 1,686,792，1925 年 2 月 3 日申请，1928 年 10 月 9 日获得批准。

② H. S. Black, “Inventing the Negative Feedback Amplifier,” *IEEE Spectrum,* December 1977, pp. 55-60。

了自己的设想。在 Black 到达办公室的 20 分钟之后，由一名同事见证了他的成果并签了名。

图 14.3 是 Black 所草拟的修改后的一个简化形式。利用以下与分析正反馈放大器完全相似的方法，可以得到这个系统总增益的表达式：

$$A = \frac{a}{1+af} \tag{4}$$

现在令 af 乘积远远大于 1，可得

$$A \approx \frac{1}{f} \tag{5}$$

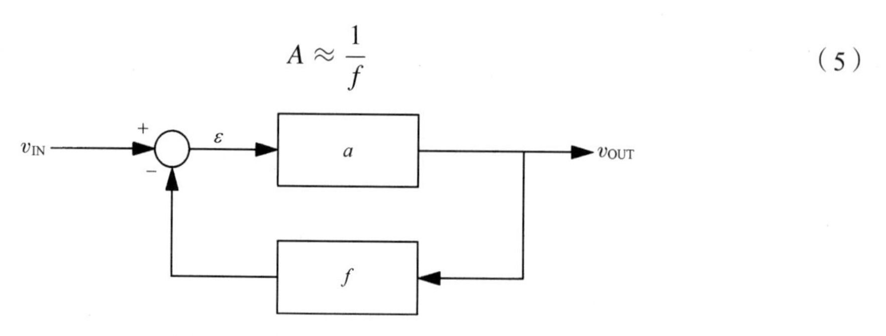

图 14.3　负反馈放大器的框图

正如 Black 观察到的那样，反馈系数 f 可以通过理想的线性元件实现，如电阻分压器，因此尽管框图中的放大器 a 不是线性的，但是整体闭环的特性仍然是线性的。即只要在我们感兴趣的所有情况下 $af \gg 1$，那么 a 表现出怎样的非线性特性都无关紧要。唯一的代价是整个闭环增益 A 远远小于正向增益 a。然而，如果增益很容易达到且失真问题不容易对付，那么负反馈则是关于一个非常棘手问题的绝妙解决方法。

负反馈对我们今天来说显然是一个非常巧妙的思路，但是对 Black 同时代的人却不是。当时很难让人信服花费大量精力去设计一个高增益放大器而后只是用反馈降低增益的做法有什么意义。

负反馈放大器代表了与当时盛行的实现方法非常不同的一种途径（Armstrong 的正反馈放大器是那时的主要结构），以至于英国专利局过了好多年才发布相关的专利。在此期间，他们认为该方法行不通，并且引用了许多已有技术来"证明"他们的观点。Black（以及 AT&T）最终赢得了胜利，但在此过程中确实付出了不少努力。

14.3　一个令人费解的问题

如果你一直很专心地学习这本书，想必会感觉有点迷惑。假设我们在正反馈放大器中令 $af \gg 1$，那么通过数学推导可以得出如下结果：

$$A \approx -\frac{1}{f} \tag{6}$$

看起来无论正反馈还是负反馈似乎都能给出一个线性闭环放大器。但是为什么我们还是倾向于采用负反馈放大器呢？

在数学上这是绝对正确的，但是这个矛盾不能在目前所建立的框架中得到解决。问题出在我们进行数学推导时隐含的假设前提上，而它们在实际系统中是不能满足的。

为了解决这个矛盾，我们必须考虑如果 a 和 f 都不是纯数量的话（即它们都有与频率有关的幅值和相位）将会发生什么情况。我们很快就会看到，结果不能使 $af \gg 1$ 的正反馈放大器稳定，因为所有的实际系统最终都会表现出随频率增长的负相移。如果没有其他因素，光的有限速度将保证任何实际系统在频率增加到无限大时负相移也会变成无限大。由于相移在决定稳定性上有着举足轻重的作用，我们将花费一定时间来学习它。然而在此之前，我们来看一些常见的关于负反馈的错误看法。

14.4 负反馈系统灵敏度的降低

目前存在着一些关于负反馈的各种不切实际的断言："它增加带宽""它减少失真""它减少噪声，去掉了"瑕疵"，等等。有些断言可能是正确的，但它们不一定代表了负反馈最基本的特点。我们将会看到，负反馈系统其实只有一个最基本（也是极为重要）的优点，那就是它降低了灵敏度。即在 $af \gg 1$ 时，整个放大器对正向增益 a 的变化表现出灵敏度降低。

为了对降低灵敏度的概念进行定量分析，让我们来计算一下由 a 的微分变化所引起的 A 的微分变化：

$$\frac{\mathrm{d}A}{\mathrm{d}a} = \frac{\mathrm{d}}{\mathrm{d}a}\left(\frac{a}{1+af}\right) = \frac{1}{(1+af)^2} = \frac{A}{a}\left(\frac{1}{1+af}\right) \tag{7}$$

我们可以将该表达式改写为[①]

$$\frac{\mathrm{d}A}{A} = \frac{\mathrm{d}a}{a}\left(\frac{1}{1+af}\right) \tag{8}$$

上式表明 A 的比分变化等于 a 的比分变化乘以一个衰减（"降灵敏"）系数 $1+af$，因此 $1+af$ 这个量常称为反馈系统的降灵敏度。[②] 所以，如果正向增益随时间、温度或者输入幅值变化，那么整体闭环增益值会表现出较小的变化，因为它们被衰减了一个降灵敏度因子。如果使因子 af 较大，那么降灵敏度也就会很大，从而由 a 变化引起的 A 的变化也将被大大抑制。

让我们进行类似的分析以推断出反馈系数的变化如何影响闭环系统：

$$\frac{\mathrm{d}A}{\mathrm{d}f} = \frac{\mathrm{d}}{\mathrm{d}f}\left(\frac{a}{1+af}\right) = -\frac{a^2}{(1+af)^2} = \frac{A}{f}\left(-\frac{af}{1+af}\right) \tag{9}$$

因此，基于归一化的比分变化为

$$\frac{\mathrm{d}A}{A} = \frac{\mathrm{d}f}{f}\left(-\frac{af}{1+af}\right) \tag{10}$$

我们看到大的降灵敏度因子在反馈的变化上并不能帮助我们。事实上，当降灵敏度趋于无限时，A 的比分变化和 f 的比分变化数值相同。这一结果强调，如果我们的目的是（虽然不总是，但却

① 只要工程师"有恃无恐"，数学家们就会"畏缩不前"，我们不必去担心这样的事情。

② "回路差"是这个量的另一个术语。这个名字来源于以下观察，即如果我们切断回路，在一端注入一个单位信号，那么另一端就会得到另一个信号，它们的差即为 $1+af$。

常常是）总的闭环为线性工作，那么具有线性反馈网络是很重要的。因此，反馈单元不是用其他放大器来实现的，而是用无源元件（通常是电阻和电容）构成的。

负反馈的“瑕疵”

那么关于负反馈优点的所有其他常见的断言又如何呢？让我们逐个地对其进行分析。

误区 1：负反馈增加带宽

这可能是对的（不过请考虑一个重要的反例，比如米勒效应），但它并没有像听起来那么神奇。如果负反馈是用来在高频处提供更高的增益并因此增加了带宽，那么还有一些事情我们必须深入地说明一下。不过我们马上就会看到，负反馈是通过有选择地在低频处降低增益来增加带宽的。下面将说明，我们可以通过使用纯开环电路来达到完全相同的功效。

为了说明负反馈是如何增加带宽的，让我们假定现在正向增益不再是一个纯标量，而是一个具有单极点的单调衰减特性的某个 $a(s)$函数。只要 af 的幅值大于 1，那么闭环增益近似等于反馈增益的倒数。我们也可以看到，当 af 趋于很小的极限时，闭环增益收敛于正向增益。

一个完全等价的描述是：将$|a(s)|$和$|1/f|$画在同一张图上。对于$|A(s)|$的一个很好的近似是取两条曲线的靠下部分并连接起来。说明：如果$|1/f|$远远小于$|a(s)|$，这说明 $a(s)f$ 的幅值很大，则闭环特性近似为 $1/f$（较靠下的曲线）。如果$|1/f|$远远大于$|a(s)|$，这说明 $a(s)f$ 的值很小，则闭环特性收敛于 $a(s)$（仍然是比较靠下的曲线）。在 $a(s)$和 $1/f$ 有相近幅值的区域，我们不能确定具体情况会怎样，但我们可以猜想并能断定，继续采用两条曲线中比较靠下的一条，可以得到某种合理的近似。

将这个过程应用于单极点例子时可得到图 14.4［我们用一条直线波特（Bode）图来近似实际的单极点曲线］。正如读者能够看到的那样，把两条曲线中比较靠下的部分连起来而形成的响应确实比 $a(s)$有更高的拐角频率，但是负反馈是通过降低在低频处的增益而不是通过在高频处提供更高的增益来实现带宽增加的。

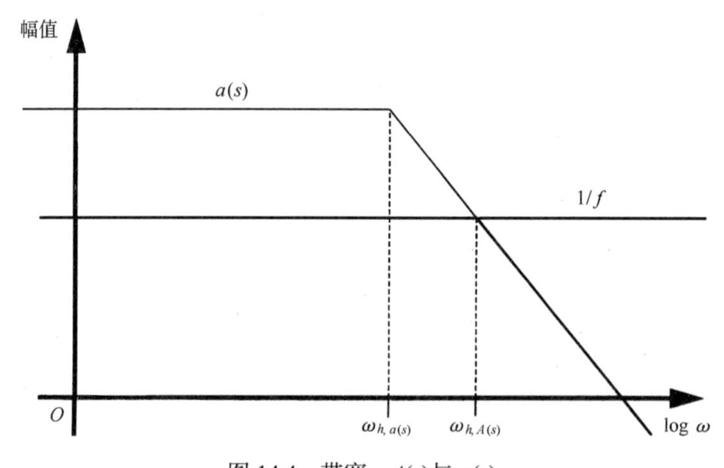

图 14.4　带宽：$A(s)$与 $a(s)$

最后，为了说明负反馈在增加带宽方面没有什么特别之处，设想一个带电容负载的电阻分压器，它能够通过将另一个电阻与电容并联来增加带宽。虽然带宽增加了，但增益却下降了。至此，我们已经给出了完整的说明。

误区 2：负反馈减少噪声

实际上，负反馈并不能减少一个系统因输入引起的噪声，即我们不可能依靠负反馈来改善一个放大器受噪声限制的灵敏度。事实上，它最多只能使开环放大器因输入引起的噪声保持不变。甚至在大多数实际情形中（例如环路中存在电阻元件），反馈一般都增加输入引起的噪声。反馈所能（并且一般都能）起到的作用是减少输出噪声。

关于负反馈可以神奇地减小噪声的想法是由于不完全理解如图 14.5 所示系统的噪声性质造成的。对于这种系统，各部分的传递函数为

$$\frac{v_{\text{out}}}{v_{\text{in}}}=\frac{a_1a_2}{1+a_1a_2f} \tag{11}$$

$$\frac{v_{\text{out}}}{v_{n1}}=\frac{a_1a_2}{1+a_1a_2f} \tag{12}$$

$$\frac{v_{\text{out}}}{v_{n2}}=\frac{a_2}{1+a_1a_2f} \tag{13}$$

$$\frac{v_{\text{out}}}{v_{n3}}=\frac{1}{1+a_1a_2f} \tag{14}$$

从以上等式可以看出，从噪声源 v_{n1} 到输出的增益与从输入到输出的增益是一样的。这个结果并不奇怪，其原因是：放大器不能区分输入信号和 v_{n1}，因为它们是从同一点进入系统的。

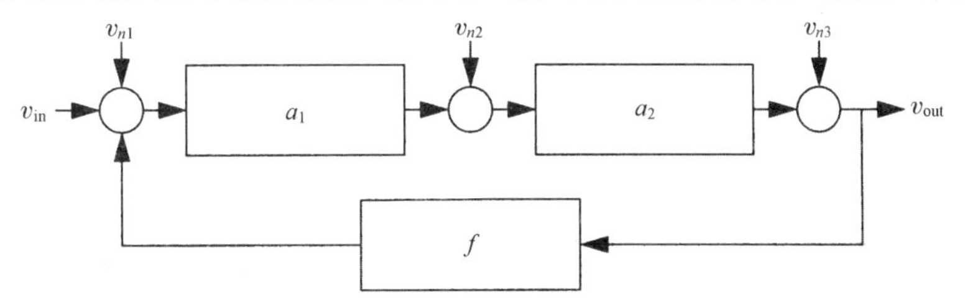

图 14.5 带有附加噪声源的反馈系统

但是其他两个噪声源的增益比较小，因此我们可以想到这最终还是有利的。事实上，这一发现不过是证明在放大级之前进入的噪声比在放大级之后进入的噪声的影响更大。这个结论与负反馈毫无关系，只是碰巧我们在能够有噪声信号进入的两点之上有增益而已。

为了强调负反馈与这个结论毫无关系，考虑图 14.6 所示的开环结构。注意，如果特别选择 K 为图中所示的值，那么对于每个输入，反馈系统的输入-输出传递函数都将与开环放大器一样。因此我们看到，反馈并不能比开环系统更好地抑制噪声。

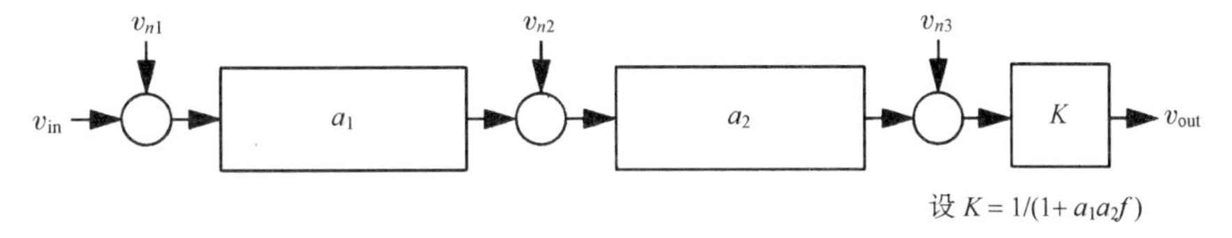

图 14.6 带有附加噪声源的开环系统

同样，尽管这些性质不是负反馈系统的基本性质，但它们很容易通过负反馈实现。例如，阻抗变换通过开环和闭环系统都可以实现，但是在很多情况下，采用反馈可以更容易实现或更易于调节。

综上所述，正向增益的灵敏度降低是负反馈系统唯一固有的优点。负反馈也可能提供其他好处（可能比通过开环方法能得到的好处要多，甚至多得多），降灵敏度只是其中基本的一个。

14.5 反馈系统的稳定性

我们已经看到，当（负的）“环路传输”①$a(s)f(s)$增加时，负反馈使闭环传递函数$A(s)$趋向于反馈增益f的倒数。因此，如果f不是像正向增益$a(s)$那样严重地受变化无常的失真或者参数变化的影响（如通常那样），那么这就是一个优点。正如前面论述过的那样，这种对$a(s)$灵敏度的降低实际上是负反馈的唯一基本优点，所有其他好处都可以通过开环的办法实现（尽管实现起来可能没有那么方便）。

既然现在可以很容易地实现大增益，所以我们似乎可以毫无问题地获得随意大的降灵敏度。遗憾的是，我们总是发现，当超过某一环路传输幅值时，系统将变得不稳定。而不巧的是，不稳定的出现常常发生在环路传输并不是特别大的时候。因此正是不稳定性——而并非得到的增益不够高——通常限制了反馈系统的性能。

到目前为止，我们只是用一些很模糊的词汇来讨论不稳定性。人们肯定对它的含义有一些直觉上的理解，但如果需要进一步深入分析，我们还需要一些更具体的工作。碰巧，这里有不计其数的②关于稳定性的定义，各种定义之间都有非常细微的差别。我们将使用有界输入-有界输出（BIBO）的稳定性定义，即如果每一个有界输入产生一个有界输出，那么系统就是稳定的。如果一个系统$H(s)$的所有极点都位于左半平面开区间，那么它就是BIBO稳定的。不过我们在这里不给出证明。

为了能够以此检验我们的反馈系统，我们必须找出$A(s)$的极点，即$P(s) = 1+a(s)f(s)$的根。直接求解（例如采用一种求根方法）肯定是一种选择，但是我们想采用比这种直接方法能够提供更深刻的设计思想的方法。此外，我们并不总能得到$a(s)$和$f(s)$的显式多项式，因此需要寻找决定稳定性的其他方法。

我们将考察的所有其他方法集中在环路传输的特性上，它所带来的简单方便怎么形容也不过分。决定环路传输是非常直接的，而确定闭环传递函数要求识别正向通路（与人们的第一印象相反，这并不总是很容易做到的）及外加一步数学运算［即求$a(s)$与$1+a(s)f(s)$的比］。因此，任何能够用考察闭环传输来决定稳定性的方法都可以节省大量的工作。

14.6 衡量稳定性的增益与相位裕量

考虑将我们的反馈系统断开（如图14.7所示）。现在设想在相加点的反相端送入一个某一频率的正弦波。正弦波在那里被反相，然后乘以$a(s)f(s)$的幅值，并在相位上偏移$a(s)f(s)$的净相角。如果$a(s)f(s)$的幅值在该频率点恰好为1而$a(s)f(s)$的净相角恰好为180°，那么从$f(s)$方块输出的是一个与我们原先的输入信号在幅值和相位上都相同的正弦波。可以想象，我们可以不再需要原始的输入——如果我们重新关闭环路，那么这个频率的正弦波可以

① 为了发现环路传输，可以断开环路（在使所有独立电源为零之后），在断开点注入一个信号，然后求出返回信号与注入信号的比。对于典型的负反馈系统框图来说，环路传输为$-af$。

② 来自BOGUS（Bureau of Obscure and Generally Useless Statistics）的最新统计。BOGUS一词是伪造、虚假的意思，作者在这里只不过是指有数不清的稳定性定义。——译者注

一直保持下去。如果该正弦波确实一直保持下去，则意味着没有输入也会有输出，即该系统是不稳定的。

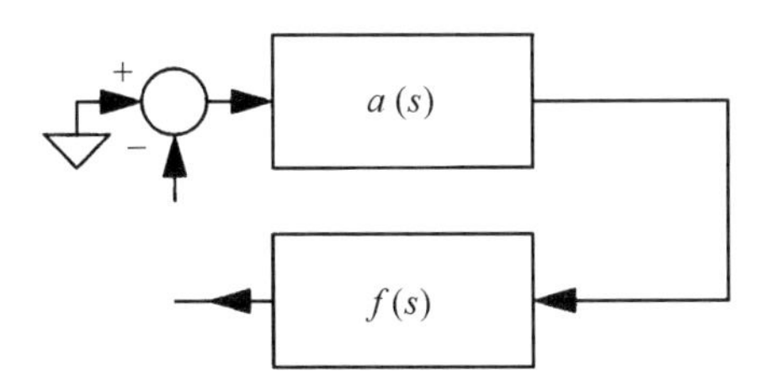

图 14.7 断开的负反馈系统

为了能够判定这样一个持续性正弦波是否实际存在，需要用到奈奎斯特稳定性测试。然而，推导奈奎斯特稳定性判据多少有点复杂（尽管应用还是比较直接的），而这样的复杂度足以使很多想采用它的人望而却步。

也许工程师实际上最常用的稳定性判定方法是奈奎斯特准则的一部分，即增益裕量和相位裕量。这些量可以很容易地计算如下：

（1）增益裕量——求出 $a(\mathrm{j}\omega)f(\mathrm{j}\omega)$相移为-180° 的频率，将该频率称为$\omega_\pi$，那么增益裕量就是

$$增益裕量 = \frac{1}{|a(\mathrm{j}\omega_\pi)f(\mathrm{j}\omega_\pi)|} \tag{15}$$

（2）相位裕量——求出 $a(\mathrm{j}\omega)f(\mathrm{j}\omega)$的幅值为 1 的频率，将该频率称为穿越频率$\omega_c$，那么相位裕量（单位是度）就是

$$相位裕量 = 180° + \angle[a(\mathrm{j}\omega_c)f(\mathrm{j}\omega_c)] \tag{16}$$

从这些定义可以得出，增益和相位裕量是 $a(\mathrm{j}\omega)f(\mathrm{j}\omega)$距离单位幅值和 180° 相移有多远的衡量，这些条件可以产生持续的振荡。显然，这些量使我们可以说明一个系统稳定的相对程度，因为这些裕量越大，说明这个系统离不稳定状态就越远。

由于增益和相位裕量很容易计算（或者通过对实际的频率响应进行测量来获得），因此它们常被用于代替实际的奈奎斯特检测。事实上，大多数工程师常常完全不去计算增益裕量，而只计算相位裕量。然而，可以只用一个或两个频率点上的环路传输特性来判定一个反馈系统的稳定性，这让人感到太神奇了。所以，知道增益和相位裕量并不是理想可靠的标准也许就不足为奇了。事实上，有很多非常见的情况（常常出现在博士生考试里），在这些情形中增益和相位裕量明显不能用于判定稳定性。然而，对于大多数常见系统来说，用这两种标准判定稳定性还是相当好的。如果对于可否应用增益和相位裕量有疑问，那么就必须采用奈奎斯特准则，它考虑了所有频率下有关 $a(\mathrm{j}\omega)f(\mathrm{j}\omega)$的信息，因此能够处理偶然出现的不能只用增益和相位裕量来正确检测的非常见情况。重要的是要记住，增益和相位裕量检测只是更为一般的奈奎斯特准则的一个子集。这个重点常常被工程师所忽略，他们常常没有意识到增益和相位裕量作为稳定性度量是有限度的。这一误区一直存在着，因为增益和相位裕量恰好可以很好地判定那些最常见系统的稳定性，而这些应用的成功使很多人将该应用进行了错误的一般化拓展。

在进行了最重要的公共功能说明之后，我们可以回到增益和相位裕量本身。值得指出的是，二者可以很容易地从波特图上读出（事实上，恰恰是它的易用性鼓励了许多设计人员采用增益和

相位裕量来衡量稳定性），见图 14.8。也就是实验得出的数据可以用于计算增益和相位裕量，不需要明确的建模步骤，也不需要确定传递函数。

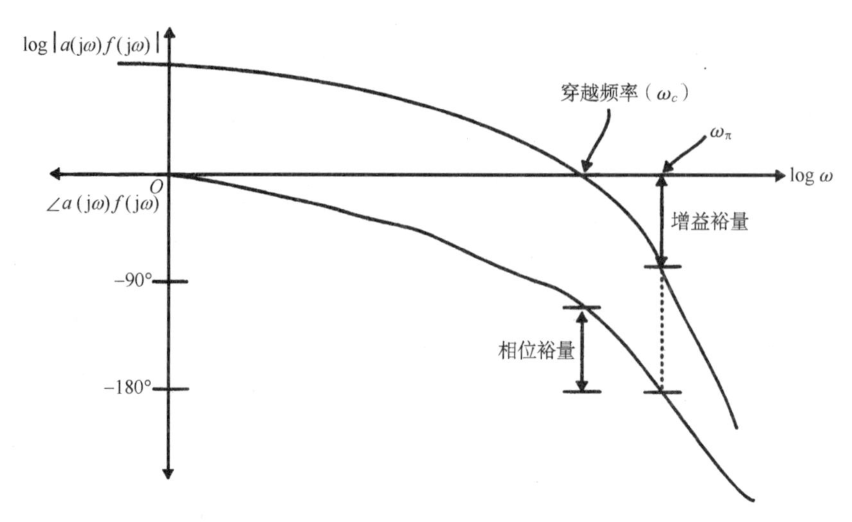

图 14.8　从波特图读出增益和相位裕量

既然我们已经推导出了一组能够量化相对稳定性程度的新标准，那么在设计中什么是可以接受的值呢？遗憾的是，现在还没有一个完全适用的正确答案，但我们可以提出几条基本准则：必须选择足够大的增益裕量，使得所有预计到的环路传输值变化都不能威胁稳定性。预计的 $a_0 f_0$ 变化越大，那么要求的增益裕量也越大。在大多数情况下，最小增益裕量为 3～5 就足够了。

同样，我们还必须选择足够大的相位裕量以满足所有预计的环路传输相位变化。通常，30°～60° 的最小相位裕量可以被接受，该范围的下限通常与阶跃响应的显著过冲和振荡及显著的频率响应峰值有关。注意，该范围是非常接近的，其变化取决于系统组成的具体细节。例如，过冲在放大器中可能是可以接受的，但是在飞机着陆控制中却是不能接受的。

14.7　根轨迹技术

增益和相位裕量利用环路传输来判定闭环系统的稳定性。我们已经注意到检测并不要求有理传递函数（甚至任何类型的解析表达式）。然而，如果给定一个有理传递函数，那么还有其他方法可以解决稳定性问题。

正如以前提到过的那样，一个显而易见的方法就是直接计算出闭环传递函数并求解其分母多项式的根。遗憾的是，采用这种方法（如果没有别的办法可选）很难深刻理解问题的本质和内在联系。幸运的是，有一种方法（其实应该说是一组技术）在只给定环路传输的初始信息的情况下能够使我们快速勾画出当某些环路传输参数（诸如直流增益）变化时闭环系统的极点将如何移动。

为了了解如何画出根轨迹，记住我们的目标是找出多项式 $1+a(s)f(s)$ 的根。也就是说，我们要找到能满足下式的 s 值：

$$P(s)=1+a(s)f(s)=0 \implies a(s)f(s)=-1 \tag{17}$$

我们可以将这个复杂方程分解成对环路传输数值和相位角的两个限制：

$$|a(s)f(s)| = 1 \tag{18}$$

和

$$\angle[a(s)f(s)] = (2n+1)\cdot 180^\circ \tag{19}$$

尽管它们很简单，但正如马上就要看到的那样，我们可以从上面这两个方程中得出大量信息。

规则 1： 轨迹从环路传输的极点出发，终止于环路传输的零点（有限的或无限的零点）。

这条规则由幅值条件推出。假定将 $a(s)f(s)$表示为 $kg(s)$，其中，k 表示我们要变动的增益因子，$g(s)$表示 $a(s)f(s)$的所有其余部分。在这种情形下，幅值条件可表示成

$$|g(s)| = \frac{1}{k} \tag{20}$$

从这个公式可以看出，当 k 很小时（也就是轨迹开始时），$g(s)$的幅值一定极大。因此，满足这个幅值条件的 s 显然离 $g(s)$的极点很近。同样，当 k 值很大时（对应于轨迹的终点），$|g(s)|$很小，意味着 s 值离 $g(s)$的零点很近。

规则 2： 如果根轨迹的某分支位于实轴上，那么它一定位于奇数个左半平面的极点+零点的左边及奇数个右半平面的极点+零点的右边。

由于我们在画出相应于负反馈系统的轨迹时隐含地假定 k 是正数，所以唯一能够满足方程 $1 + kg(s) = 0$ 的 $g(s)$应该是一个负数。现在由于假定 $g(s)$是一个有理函数，那么可以把它表示成下列形式：

$$g(s) = \frac{\prod_{i=1}^{Z}(\tau_{zi}s+1)}{\prod_{k=1}^{P}(\tau_{pk}s+1)} \tag{21}$$

如果τs 比-1 还小，那么每一个（τs +1）就将贡献一个负号。因此如果 s 比（它左侧的）奇数个左半平面（包括在原点处）的极点+零点（这里τ是正数）负得更多，那么 $g(s)$的符号将是负号。同样，如果 s 比（它右侧的）奇数个右半平面的极点+零点（这里τ是负数）正得更多，那么 $g(s)$的符号也将是负号。请注意，由于复极点和零点都是成对共轭出现的，它们对实轴上测试点处相位的总贡献为零，因此它们在这里没有任何影响。

规则 3： 如果极点的数目超过零点的数目两个或两个以上，那么从极点到虚轴的平均距离与 k 无关。

这条规则是由多项式性质推出的。特别是考虑到

$$C\cdot\prod_{j=1}^{n}(s+s_j) = C\cdot\left[s^n + s^{n-1}\sum_{j=1}^{n}s_j + \cdots + \prod_{j=1}^{n}s_j\right] = L(s) \tag{22}$$

我们注意到前两项系数之比即是 $L(s)$的根之和。同样，我们还注意到根到虚轴的平均距离就是这个和除以多项式的次数（即根的个数）。

为了从以上观察推导出规则，令 $g(s)=p(s)/q(s)$，因此特征方程（在消去分式以后）变为

$$P(s)=q(s)+kp(s) \tag{23}$$

由此可以看出，如果 $q(s)$比 $p(s)$的多项式次数高出 2 或 2 以上，那么前两个系数就与 $p(s)$无关（因此也与 k 无关），因此极点到虚轴的平均距离是常数。

规则 4： 当 $k\to\infty$且相位角（相对于实轴）为下列值时，有 $P-Z$ 条的分支轨迹趋向于无穷远处：

$$\theta_n=\frac{(2n+1)\cdot 180^\circ}{P-Z} \tag{24}$$

在式（24）中，n 的范围是从 0 到 $P-Z-1$，其中 P 是 $g(s)$的有限极点的个数，而 Z 是 $g(s)$有限零点的个数。从图 14.9 中可以很容易看出，由角度条件可推导出该规则。

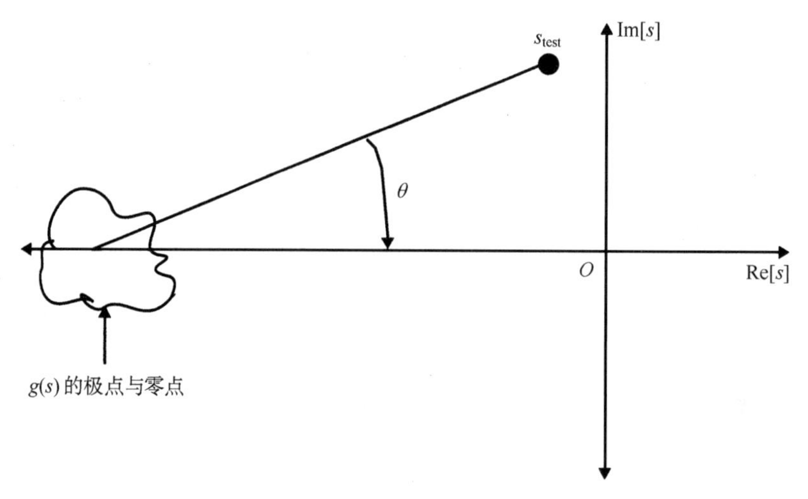

图 14.9　渐近角度规则

在图 14.9 中，我们假定 s_{test} 离环路传输的极点和零点都非常远，因此 s_{test} 和 $g(s)$的每个极点或零点之间形成的角度θ都近似相等。于是在 s_{test} 处，每个极点对相位角的贡献是$-\theta$，而每个零点对相位角的贡献是θ。因此，在 s_{test} 处的总相位角是 $Z\theta-P\theta$。现在，如果 s_{test} 是闭环系统的一个极点（即位于轨迹上），那么角度条件要求这个总相位角是 180° 的奇数倍，因此，

$$Z\theta-P\theta=(2n+1)\cdot 180^\circ \implies \theta_n=\frac{(2n+1)\cdot 180^\circ}{Z-P} \tag{25}$$

注意，180° 和–180° 是一样的，我们可以看到上式和前面的叙述事实上是等价的。

规则 5： 规则 4 中的渐近线都相交于实轴上的一点，该点为

$$\sigma=\frac{\sum \mathrm{Re}(\text{极点})-\sum \mathrm{Re}(\text{零点})}{P-Z} \tag{26}$$

为了推导出该规则，我们需要用到规则 3 中的一个结论——即多项式的前两项系数之比等于根的和。此外我们还注意到，由于复根是以共轭形式成对出现的，因此它们的虚部在相加时互相抵消了。可以将我们的特征方程写成

$$P(s)=1+\frac{C_1\cdot\left[s^Z+s^{Z-1}\sum_{i=1}^{Z}\mathrm{Re}(\text{零点})+\cdots\right]}{s^P+s^{P-1}\sum_{i=1}^{P}\mathrm{Re}(\text{极点})+\cdots}=0 \tag{27}$$

鉴于我们只关心 s 很大时 $P(s)$的特性，因此可以将 $P(s)$近似为只保留分子和分母多项式的前两项。截取后并上下除以分子多项式得到

$$0\approx 1+\frac{C_1}{s^{P-Z}+s^{P-Z-1}\left[\sum\mathrm{Re}(\text{极点})-\sum\mathrm{Re}(\text{零点})\right]+\cdots} \tag{28}$$

去掉尾项，我们看到前两项系数之比（即渐近线到实轴的平均距离）为常数，从而得出该规则。

此外，应该注意到根轨迹是可以与渐近线相交的。另外还要注意到，如果极点-零点的分布关于通过 σ 点的延伸的渐近线是完全对称的，那么根轨迹将完全沿着该渐近线移动。

规则 6：如果根轨迹的一条实轴分支位于一对极点之间，那么根轨迹将在实轴上这两个极点之间的某个地方分离。同样，如果根轨迹的一条实轴分支位于一对零点之间，那么根轨迹将有一个进入点位于这对零点之间。

这条规则其实是规则 1 的推论，因为轨迹从 $g(s)$的极点出发，到 $g(s)$的零点终止。因此，如果一条实轴分支位于两个极点之间，那么极点将最终趋于零点，这里假定这些零点位于其他地方。如果一条实轴分支位于两个零点之间（包括在无限远处的零点），那么来自某处的极点将进入实轴，而且最终将终止在零点上。

通过计算在两个极点之间使$|g(s)|$最小的 s 值可以找到分离点；同样，进入点是在两个零点之间使$|g(s)|$最大的s 值。通常，用迭代估计函数（这是“反复实验”的时髦的代名词）找出最小/最大值要比令 $\mathrm{d}g(s)/\mathrm{d}s$ 为零并找出所得多项式的根①更方便一些，因为 s 的可能取值范围是有限的和已知的。

规则 7：根轨迹与一个复数极点形成一个初始角θ_P，或与一个复数零点形成一个角度θ_Z：

$$\theta_P=180^\circ-\sum\angle[\text{极点}]+\sum\angle[\text{零点}] \tag{29}$$

以及

$$\theta_Z=180^\circ+\sum\angle[\text{极点}]-\sum\angle[\text{零点}] \tag{30}$$

在式（30）中，和是指从所有的极点与零点至该复数极点（零点）的角度之和。

同样，可以利用角度条件推导出此规则，如图 14.10 所示。这里假设 s_{test}距离该极点非常近，因此从其他极点和零点到 s_{test}的相位角与到该复数极点的角度近乎相等。于是 s_{test}的相位角为

$$-\theta_P+\sum\angle[\text{零点}]-\sum\angle[\text{极点}] \tag{31}$$

并且这个和必然等于±180°，由此可以导出该规则。同样，在接近一个复数零点处的 s_{test}的相位角就是

$$\theta_Z+\sum\angle[\text{零点}]-\sum\angle[\text{极点}] \tag{32}$$

至此推导完成。

① 事实上采用这一正式的方法需要求出一个阶数只比原先多项式少一次的多项式的根，因此几乎不值得这样做。

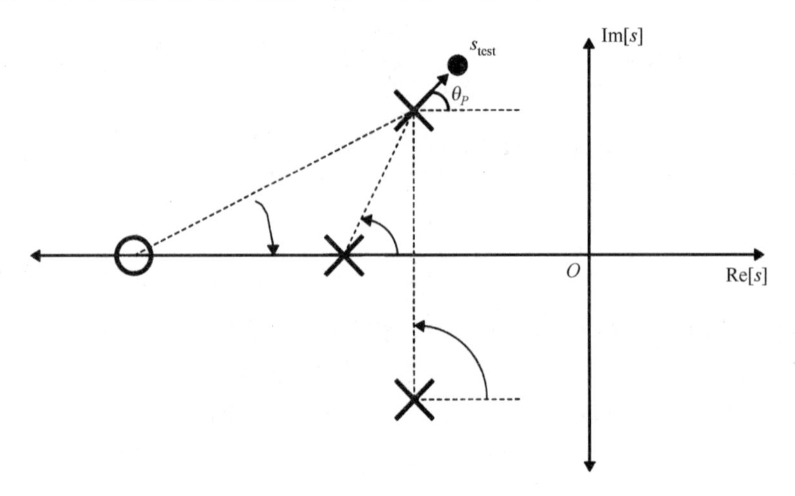

图 14.10　接近复数极点的角度

规则 8： 如果已知某一特定的 s 值位于根轨迹上，那么使该 s 值为闭环极点位置所必需的 k 值为

$$k = \frac{1}{|g(s)|} \tag{33}$$

这个规则只不过是幅值条件的另一种说法。

从幅值和相位条件可以推导出的结论不止上述 8 条规则，但它们对大多数应用来说应当是足够了。

14.7.1　正反馈系统的根轨迹规则

我们至今已经推导的规则适用于 $k>0$ 的负反馈系统，然而同样的基本推导思想甚至对于正反馈情形也是适用的，只要我们把从相位角条件推导出的所有规则修改一下即可。当 $k<0$ 时，正确的相位角条件变为

$$\angle g(s) = n \cdot 360° \tag{34}$$

因此，所有出现$(2n+1)\cdot 180°$的地方都应该被替换为 $n\cdot 360°$，并且所有相关的规则也应做相应的修改。这些修改留给读者作为练习完成。

14.7.2　$A(s)$的零点

根轨迹只告诉我们给定 $g(s)$的极点和零点作为初始信息时 $A(s)$的极点将怎样运动。由于根轨迹并不一定告诉我们关于 $A(s)$零点的任何信息，因此，如果找出闭环零点非常重要，那么我们还需要进一步做一些工作。幸运的是，这些工作相对来说比较容易，因为

$$A(s) = \frac{a(s)}{1 + a(s)f(s)} \tag{35}$$

所以 $A(s)$的零点显然就是 $a(s)$的零点和 $f(s)$的极点。

14.8 稳定性准则小结

我们已经介绍了几种通过考察环路传输特性来确定闭环系统稳定性的技术。增益和相位裕量是实际工作中最常用的，但事实上它们只是更为一般的奈奎斯特准则的一个子集。增益和相位裕量（以及奈奎斯特准则）可以采用测量出的频率响应数据，而根轨迹方法要求 $a(s)f(s)$是一个有理传递函数。所有这些测试方法使用起来都很简单，并且在不需要直接求出 $P(s)$确切根的情况下，可以使我们很快对一个反馈系统的稳定性给出评价，以及评估所建议的补偿技术的功效。

14.9 反馈系统建模

就目前对反馈系统的综述来看，我们已经认识到降灵敏度是负反馈唯一基本的（但也是极为重要的）优点。我们已知降灵敏度越大，就能越好地改进线性度——越能有效地减少误差。

然而我们还未量化误差的概念，所以现在还需要关心一些细节。毕竟，稳定性的考虑限制了我们可以获得的降灵敏度，因此我们应当知道如何计算不可避免的误差到底有多大，这将有助于指导我们如何努力修改结构以减少误差。

然而在我们能够评估反馈系统的误差之前，需要能够建立起易于分析的实际系统的模型。但正如我们将要看到的那样，这个工作往往非常棘手。这是因为，与人们的直观感觉相反，并不是总能在模型中的单元模块与实际系统的电路之间建立 1∶1 的对应关系。

我们还将建立一套性能测量方法，从而可以将各种二阶参数与频域或时域响应参数联系起来。由于就设计而言（出于稳定性考虑），许多反馈系统主要是由一阶或二阶动态特性决定的，因此二阶性能的测量具有更广泛的应用，这常常是人们始料未及的。

14.9.1 反馈系统建模的困难

正相运算放大器的连接方式是我们的反馈模型能够建立1∶1对应关系的为数不多的几个例子之一（见图 14.11）。假定我们选择正向增益等于放大器的增益：

$$a = G \tag{36}$$

并选择反馈系数等于电阻衰减因子：

$$f = \frac{R_2}{R_1 + R_2} \tag{37}$$

对于这组模型参数，我们发现在环路传输幅值为无穷大的极限情况下，闭环增益确实为 $1/f$：

$$A \to \frac{1}{f} = \frac{R_1 + R_2}{R_2} \tag{38}$$

在此例中，我们发现在框图和实际放大器中都有相同的环路传输，因此看来我们选择的模型参数是正确的。

然而，正像先前提到过的那样，这种情况其实并不是典型的。能够说明这一点的一个简单例子是图 14.12 所示反相运算放大器的连接方式。若我们继续坚持让运算放大器的增益 G 等于我们框图中的正向增益 a，那么如果环路传输仍然相等，我们就必须选择与正相放大器一样的反馈因子 f。然而，如果采用这种选择，当环路传输幅值趋向于无穷的时候，闭环增益并不趋向于正确的值，因为我们知道理想的反相放大器的增益是

$$A = -\frac{R_1}{R_2} \tag{39}$$

而我们的选择将得出

$$A \to \frac{1}{f} = \frac{R_1 + R_2}{R_2} \tag{40}$$

它与正相放大器的情形一样。

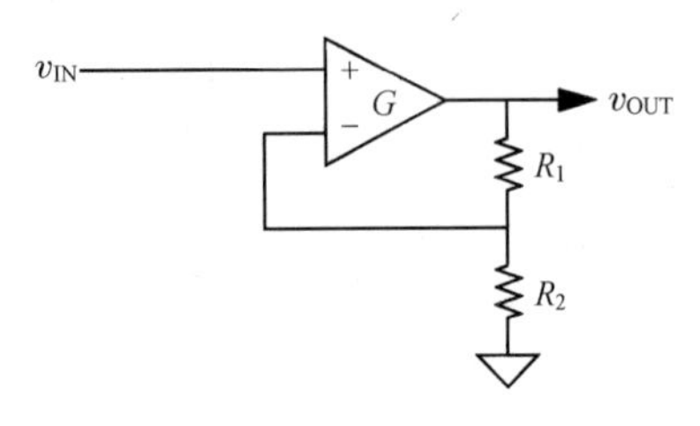

图 14.11　正相放大器

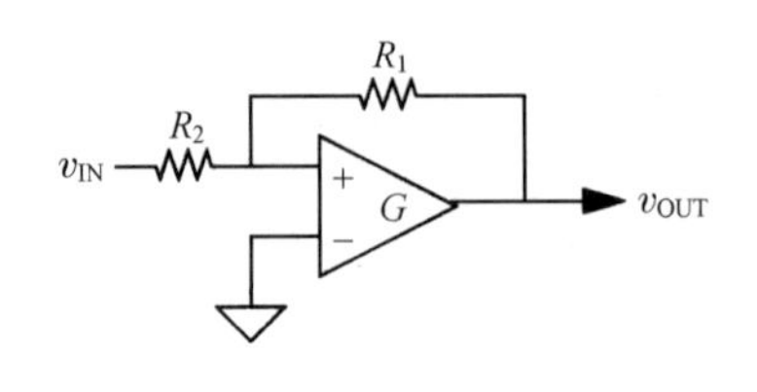

图 14.12　反相放大器

问题的一部分就出在我们“自然而然”地认为 $a = G$ 是错误的。另一个问题是我们需要比两参数框图再多一个自由度（例如，考虑从我们的框图中得到一个负号的问题）。

因此并不一定只有一个正确的模型，即还可以存在许多等价的模型。就功能而言，我们用其中的哪一个模型无关紧要，因为从定义来看，等价模型给出的答案都是一样的。构造一个这样的模型的步骤如下：

（1）选定 f 等于理想闭环传递函数（幅值）的倒数。

（2）针对（1）的选择，选择能够给出适合环路传输的 a。

（3）如果需要任何符号反相，则在模型的其余部分之前（或之后）加入第三个单元模块。

当然还有许多其他的等价步骤，但是上述步骤运用了一些通常很容易得到的量。例如，通过让环路传输幅值趋于无限大的这一简化处理，可以直接求出理想闭环传递函数。此外，由于环路传输本身是通过截断环路得出的，因此求出理想闭环传递函数一般来说也很容易。

让我们把这一步骤应用于反相放大器的例子中。首先，我们选定反馈因子 f 等于 R_2/R_1，因为理想闭环传递函数是 $-R_1/R_2$。然后，需要选择 a 以给出正确的环路传输：

$$a \equiv -\frac{L(s)}{f} = \left(G \cdot \frac{R_2}{R_1 + R_2}\right) \bigg/ \frac{R_2}{R_1} = G \cdot \frac{R_1}{R_1 + R_2} \tag{41}$$

最后，需要进行最后一个符号变化，最终得到的反相放大器的完整模型如图 14.13 所示。同样，这个模型也不一定是唯一正确的模型（例如，考虑使 a 和 f 都变为负值，那么就不需要对输入进行反相了）。不过我们只要找到一个能够工作的模型通常就足够了。

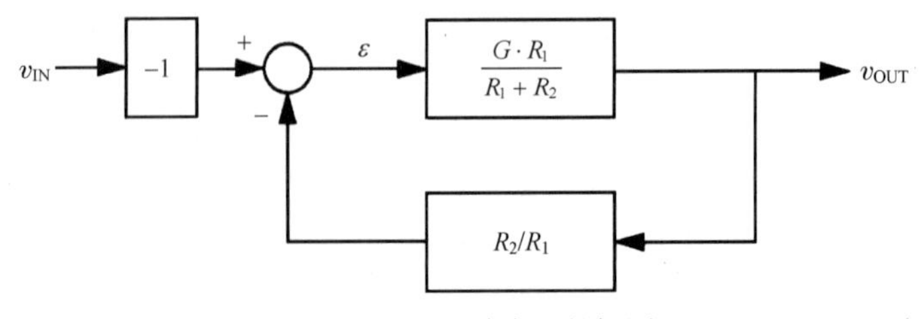

图 14.13　反相放大器的框图

14.9.2 切入点确定与环路传输计算

我们已经看到环路传输是一个极为重要的量，因为它决定了稳定性和降灵敏度。此外，求出环路传输通常比求出闭环传递函数要容易得多，这使得前者更有价值。

如果我们恰好有一个系统的框图，那么求出环路传输是很容易的。但是在实际系统中求出环路传输可能有点麻烦。常见的问题是如何将负载效应考虑在内。

为了找出问题出在哪里，我们考虑一个用非理想运算放大器构成的反相放大器。在这个特定例子中，假定非理想的地方是在放大器的输入端之间连有某个电阻，如图14.14所示。为了求出环路传输，必须排除所有的独立源，因此使输入电压为零。然后必须断开环路，在断开处注入一信号并看一看返回的信号是什么。返回信号与输入信号的比就是环路传输。

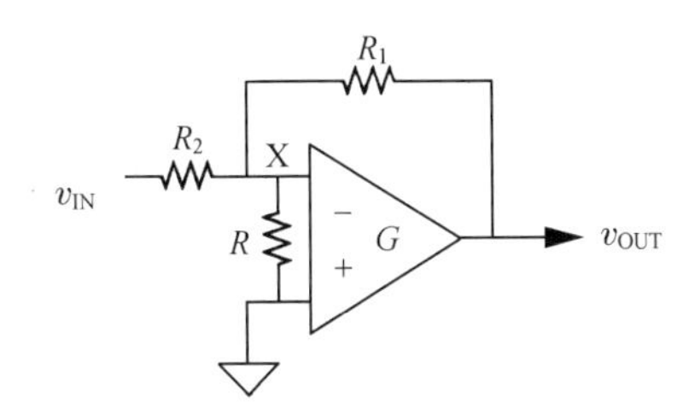

图 14.14　非理想反相放大器

如果我们将电阻 R *左边*标有 X 的支路截断，那么当在 X 处加上一个测试电压时，事实上（并且是不正确地）是把 R 从环路传输中去掉了。为了能够正确地将 R 的负载效应考虑在内，需要在 R 的*右端*断开环路。另一个合适的位置选择是在运算放大器的输出端。

一般的原则是找到一个由零阻抗驱动的点（如果可能），或者驱动一个无限大阻抗的点。这样就没有造成混淆的负载效应了。尽管不是所有电路都本身具有这样的点，但总有可能构成具有这样点的模型。例如，考虑一个射极跟随器。我们总可以把它模拟为一个带有输入和输出电阻的理想跟随器，以考虑原电路的非理想效应。通过在模型中使用一个理想的跟随器，我们产生了一个节点，它的特性使我们可以得到反馈系统（跟随器可以是该系统的一部分）的环路传输。

14.10 反馈系统的误差

我们已经得出结论，负反馈系统唯一的基本性质是它们所提供的对正向增益变化的降灵敏度。环路传输越大，降灵敏度就越大。遗憾的是，我们还发现当环路传输幅值增大时，最终会遇到不稳定的情况，因此给可得到的降灵敏度加上了严重的限制。

由于我们必须折中考虑降灵敏度，因此可以预见环路中会产生误差。一个典型的例子是考虑一个用运算放大器构成的简单电压跟随器（见图 14.15）。假定放大器的传递函数是单极点的，考虑一下如果应用一个阶跃输入将得到什么结果。输出将以一阶形状上升，并最终上升到非常接近输入的值。二者到底有多近呢？这取决于运算放大器的直流增益。如果输入电压是 1 V，运算放大器的直流增益是 1000，那么输出约为 1 V，精度为 1/1000。从另一个角度来看，跟随器应该具有很好的“跟随”功能，因此，如果输出要接近 1 V 而增益是 1000，那么在输入端的电压差别必须是 1/1000 V，即 1 mV。因此，输入和输出之间的误差将是 1mV 左右。为了减小这个误差，我们需要更高的增益，但我们又不能一味地增加增益，因为还需要考虑稳定性的问题。

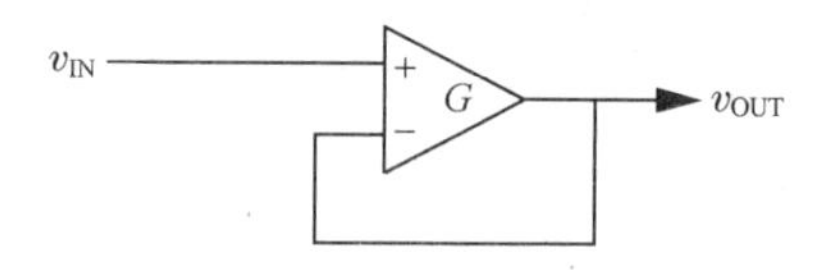

图 14.15　运算放大器跟随器（电压跟随器）

尽管由于稳定性的问题，我们不能在所有频率上都使误差减小到零，但我们往往可以获得对于阶跃输入的零稳态误差响应。于是，为了将稳态阶跃响应的误差减小到零，我们只需要在直流处而不需要在所有频率处使增益为无限大。因此，大多数运算放大器都被设计为具有非常大的直流增益（比如 1 000 000 或者更多），以便将稳态误差减到很小的值。为了解决稳定性问题，通常还把它们设计为在许多十倍频的频率范围上都表现为单极点的特性，即运算放大器通常被设计成近似为积分器。

推导出该积分特点的必然性的另一种途径是：如果运算放大器输入端之间的差分输入为零，若希望得到一个非零的稳态输出，那么就需要一个积分器。因为积分器可以在无输入的情况下产生任何直流输出。

我们还可以用这个结论推导出其他有用和有趣的结果。例如，假定我们感兴趣的是一个略微不同的问题——以零稳态误差跟踪一个斜坡输入（如果愿意，可以做到以常数速度增长）。如果现在假定输出是一个斜坡函数，而且差分输入为零，那么我们需要在运算放大器的传递函数中有两个积分器（第二个积分器的输入必须是一个阶跃，而我们已经知道从零稳态误差到阶跃还需要另一个积分器）。

读者可以很容易看到三个积分可以使我们对二次斜坡（常加速度）函数的响应具有零稳态误差，等等。但是这些结论有用吗？答案是肯定的。例如，假定电压与我们要跟踪的物体的位置成正比。零阶跃响应误差对应零位置误差，零斜坡响应误差对应零速度误差，零二阶响应误差对应零加速度误差。因此，假定我们跟踪的物体具有恒定的加速度，若我们的 $G(s)$有三个积分器，那么仍然能够以零稳态误差跟踪它。

的确，我们有必要担心在多于一个积分时的稳定性问题，但只要加入足够多的零点来消去相移就可以很容易地解决这个问题。如果 P 是极点的个数，我们只需要在远低于穿越频率的地方加入 $P-1$ 个零点就不会有问题了。

我们在介绍锁相环（PLL）时将看到这个跟踪问题在 FM 调制解调（只作为一个例子）中还会出现。因此，即使不制造防空跟踪武器，我们仍需要关心这些（“跟踪”）问题。

误差级数

我们已经看到，从原则上来说，如果使用足够多的积分器，就可以消除稳态误差。然而，现实中很难实现理想的积分器。因此，在任何情况下一般都需要一些能够量化误差的方法。

一个办法是运用*误差级数*，即将误差表示为幂级数：

$$\varepsilon(t) = \varepsilon_0 v_i(t) + \varepsilon_1 \frac{\mathrm{d}v_i(t)}{\mathrm{d}t} + \varepsilon_2 \frac{\mathrm{d}^2 v_i(t)}{\mathrm{d}t^2} + \cdots \tag{42}$$

如果级数迅速收敛，我们可以在几项之后舍去其余部分。幸运的是，如果级数并不快速收敛，则说明系统的跟踪功能很差，我们也可能应该换一个系统。因此，对于大多数实际情况来说，误差级数确实能够很快收敛。

各个不同的误差系数可以通过下式求出[①]：

$$\varepsilon_k = \frac{1}{k!}\frac{\mathrm{d}^k}{\mathrm{d}s^k}\left[\frac{V_e(s)}{V_i(s)}\right]\bigg|_{s=0} \tag{43}$$

式中，$V_e(s)/V_i(s)$是输入到误差的传递函数。

如果你忘记了这个公式，那么还有另一种办法可以求出误差系数。首先，求出输入到误差的传递函数。然后用分子多项式除以分母多项式，得到一个以 s 升幂排列的传递函数。在这个级数中 s^k 的系数即为ε_k。

各个误差系数有如下的物理解释。零次幂的系数是稳态阶跃响应误差，一次幂系数是对斜坡输入响应的稳态延时，等等。知道了误差级数，就可以快速估计出对任意输入信号的误差。

有些更严谨的读者会指出，如果我们允许类似阶跃函数这样的输入，那么输入信号的导数也许不存在（或者无界），因此我们实际上不能利用误差级数。严格地说这是正确的。但如果我们把关于误差的问题只限制在离这种不连续点足够远的时间上，那么仍然可以使用这种级数分解。什么是“足够远”呢？一个合理的准则是等待几个时间常数的时间[②]。

一个很有用的概念是：失真是一种误差，这通常是从频域观点来说的。我们值得花一些时间分析一下反馈是如何影响失真的。例如，我们需要多大的反馈才能使一个反相器的二次谐波失真降低为原有的 $1/R$？为了回答这个问题，我们可以把一个非线性系统模拟成一个被附加失真分量污染的线性系统，见图 14.16。为了不失一般性，假设可以把这个附加的失真表示成仅由两个谐波失真分量组成（假设为正弦激励）：

$$v_{\text{disto}} = v_{\text{O}}[D_2\cos 2\omega t + D_3\cos 3\omega t] \tag{44}$$

式中，因子 D_2 和 D_3 是失真分量的幅值，它们已归一至输出基波。

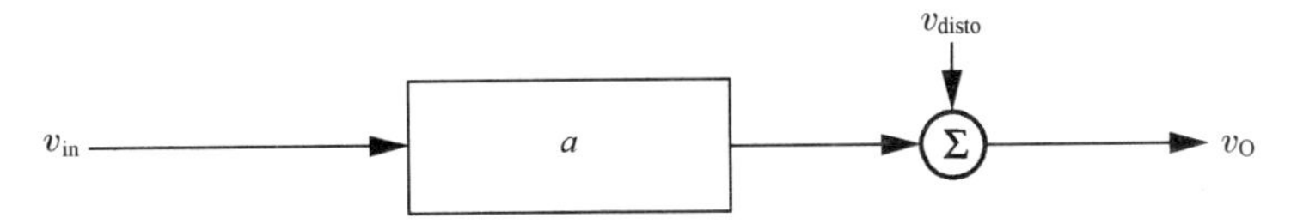

图 14.16 有失真的开环系统模型

在这个模型上增加一个反馈环，如图 14.17 所示。对于该反馈系统，我们有

$$\frac{v_{\text{O}}}{v_{\text{in}}} = \frac{a}{1+af} \tag{45}$$

$$\frac{v_{\text{O}}}{v_{\text{disto}}} = \frac{1}{1+af} \tag{46}$$

由这样两个公式描述的一个开环模型表示在图 14.18 中。我们从这个开环等效模型中看到，对于相同的输出基波幅值，失真分量减小的倍数等于回路差（$1 + af$）。因此，如果我们想使失真减小为原有的 1/100，那么必须保证在失真要求减小的带宽上环路传输值至少在 100（确切地说是 99 左右）。

① 例如，见 G. C. Newton, Jr., L. A. Gould, and J. F. Kaiser, *Analytical Design of Linear Feedback Controls,* Wiley, New York, 1957, Appendix C。

② 由于高阶系统具有一个以上的时间常数，因此一个比较有用的准则是等待一个稳定下来的时间（settling time）。

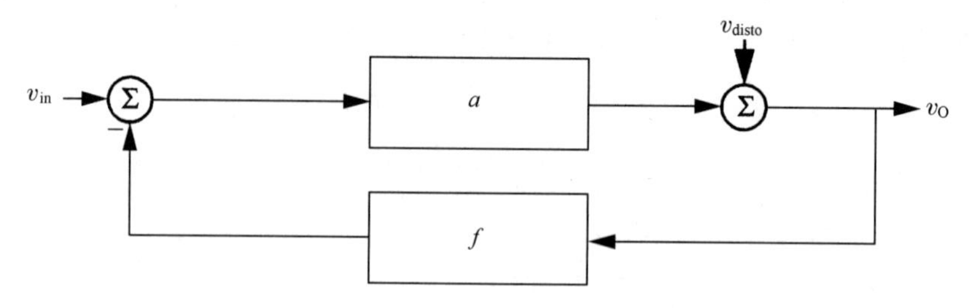

图 14.17 有附加噪声源的反馈系统

虽然我们的例子假设只考虑二次和三次谐波失真分量，但事实上相应的计算可以应用到比这更一般的情形中。例如，它也可以应用到交调失真分量，并且可以是任意次的。因此，如果我们希望把误差（无论是在时域中还是在频域中描述）减小为原有的 $1/R$，那么就需要使 $1+af$ 等于 R。

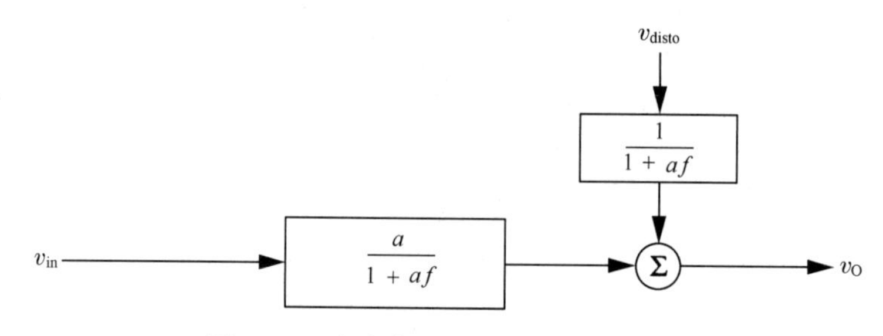

图 14.18 有失真的反馈系统的开环模型

14.11 一阶和二阶系统的频域与时域特性

误差级数只是表示反馈系统特性的许多方法中的一个。我们可以想象运用其他手段，比如阶跃响应过冲、稳定时间或频率响应尖峰。根据我们要讨论的问题，其中一些（甚至所有的）参数可能是我们所关心的。

在本节中，我们只是简单地给出一系列非常有用的公式，而不给出它们的详细推导。在大多数情况下，如何推导是非常显而易见的，但是其中的枯燥远远超出了它们能带来的好处。在有些推导可能不是很明显的情形中，加入一两个评述可以有助于理解。

我们已经指出绝大多数反馈系统应当都可以用不超过二阶的系统来表示其特征，这是因为任何稳定的放大器不能在穿越频率以下拥有超过两个的（净）极点支配环路传输。因此，至少对于反馈系统来讲，对于绝大多数感兴趣的实际情况，熟练掌握一阶和二阶特征知识已经足够了。

以下所有公式都假定系统为低通，直流增益为 1。因此，并不是所有这些公式都能够应用于带零点的系统（毕竟不可能要求十全十美）。下面我们列出一阶和二阶系统的公式。

14.11.1 一阶低通系统的公式

假定系统传递函数为

$$H(s)=\frac{1}{\tau s+1} \tag{47}$$

对于该一阶低通系统，我们有

$$t_r = \tau \ln 9 \approx 2.2\tau = 2.2/\omega_h \tag{48}$$

$$P_o = M_p = 1 \tag{49}$$

$$t_p = \infty \tag{50}$$

$$t_s\big|_{2\%} \approx 4\tau \tag{51}$$

$$\varepsilon_1 = \tau \tag{52}$$

$$\omega_p = 0 \tag{53}$$

式中各个量的含义如图 14.19 所示。

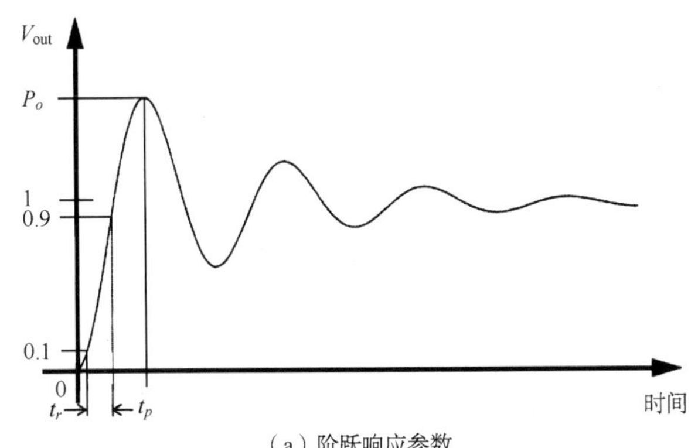

（a）阶跃响应参数

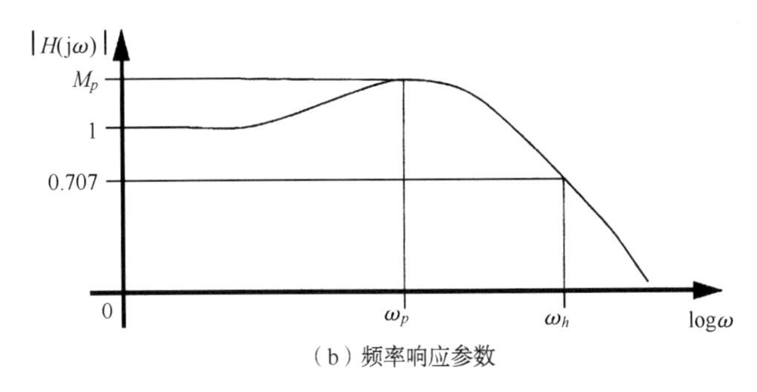

（b）频率响应参数

图 14.19 一阶和二阶参数

评述与解释

式（48）——这里所用的上升时间的定义是从 10%上升到 90%的上升时间。

式（49）——在单极点系统中，阶跃和频率响应都是单调的。

式（50）——因为阶跃响应是单调的并渐近趋向于它的终值，因此到达峰值的时间为无穷大。

式（51）——在 4 倍时间常数内，以指数形式稳定到终值的 2%以内。

式（52）——斜坡输入响应的稳态延时等于极点时间常数。

式（53）——一阶系统的频率响应单调地从其直流值开始下降。因此，频响的峰值出现在零频率处。

14.11.2　二阶低通系统的公式

这里假定传递函数具有如下形式：

$$H(s)=\left[\frac{s^2}{\omega_n^2}+\frac{2\zeta s}{\omega_n}+1\right]^{-1} \tag{54}$$

则下列关系成立：

$$t_r \approx 2.2\tau=\frac{2.2}{\omega_h} \tag{55}$$

$$P_o=1+\exp\left(\frac{-\pi\zeta}{\sqrt{1-\zeta^2}}\right) \tag{56}$$

$$t_p=\frac{T_{\text{osc}}}{2}=\frac{\pi}{\omega_n\sqrt{1-\zeta^2}} \tag{57}$$

$$t_s\big|_{2\%} \approx 4\tau_{\text{env}}=\frac{4}{\zeta\omega_n} \tag{58}$$

$$\varepsilon_1=\frac{2\zeta}{\omega_n} \tag{59}$$

$$M_p=\frac{1}{2\zeta\sqrt{1-\zeta^2}},\quad \zeta<\frac{1}{\sqrt{2}} \tag{60}$$

$$\omega_p=\omega_n\sqrt{1-2\zeta^2},\quad \zeta<\frac{1}{\sqrt{2}} \tag{61}$$

$$\omega_h=\omega_n\left[1-2\zeta^2+\sqrt{2-4\zeta^2+4\zeta^4}\right]^{1/2}=\omega_n\big|_{\zeta=1/\sqrt{2}} \tag{62}$$

评述与解释

式（55）——二阶低通系统的上升时间或多或少地取决于阻尼因子。当阻尼趋于零时，带宽与上升时间的乘积可以小到 1.6 左右。然而，对于任何合理的阻尼系统，这个乘积比较接近于 2.2。

式（56）——对于二阶低通系统，阶跃响应过冲的峰值不会超过 100%。

式（57）——阶跃响应峰值过冲发生的时间恰好是振荡周期的一半。记住，振荡频率等于一对复数极点的虚部。根据以上两点可直接推导出 t_p 的公式。

式（58）——如同极点频率的虚部决定响应的振荡部分那样，实部决定衰减部分。与一阶系统的情形一样，大约需 4 倍时间常数的时间使包络稳定在终值的2%以内。根据式（57）和式（58），我们也可以将 P_o 的公式表示为

$$P_o=1+\exp\left(\frac{-\pi\zeta}{\sqrt{1-\zeta^2}}\right)=1+\exp\left(-\frac{T_{\text{osc}}/2}{\tau_{\text{env}}}\right) \tag{63}$$

式（59）——如果阻尼系数等于 0.5，那么对斜坡输入响应的稳态延时就与一阶系统中的相等，并且随阻尼系数的减小而减小，当阻尼趋于零时其也趋于零。

式（60）和式（61）——如果阻尼系数小于 0.707，频率响应会在非零频率处出现一个峰值。对于更大的阻尼系数，响应是单调的并且因此在 DC 处出现峰值。对于更小的阻尼系数，在其趋于零时，峰值渐近地趋于无穷大。

式（62）——当阻尼系数为 $1/\sqrt{2}$ 时，–3 dB 频率等于 ω_n。在趋于零阻尼时带宽的最大值约为 $1.55\omega_n$。

14.12 实用的匡算规则

我们注意到在前面所列出的一组公式中显然没有出现相位裕量。如果要在讨论中明确地引入相位裕量，则需要做出一系列的极限假设，因为一般来说，相位裕量和阻尼系数之间没有唯一的关系。然而，从需要出发，稳定系统必须在穿越频率附近表现为一阶或二阶系统，因此我们可以对二阶系统推导出一系列关系，并把它们应用到种类更为广泛的系统中，尽管它们只能严格应用于推导出它们的二阶系统。

具体来讲，假定以下所有系统都是双极点的，并且反馈是纯数量的。进一步假定两个环路传输极点之间的距离很大。有了这些假设，我们就可以推导出阻尼系数和相位裕量之间具有如下关系：

$$\zeta \approx \left[4\left(\{2[\tan(90° - \phi_m)]^2 + 1\}^2 - 1\right)\right]^{-1/4} \tag{64}$$

这个复杂的公式在相位裕量限定（但是有用）的范围内可以用非常简单的近似式取代：

$$\zeta \approx \phi_m/100 \tag{65}$$

其中，ϕ_m 在式（64）和式（65）中都是相位裕量，单位为度（°）。对于大约小于 70° 的相位裕量，这个关系可以精确到 15%。此外，在 35° 左右到略小于 70° 这个恰好在实际中最常遇到的对相位裕量要求的范围内，它可以精确到 10%或者更好。由式（65）所估计的阻尼系数也可以用来估计阶跃响应的过冲：

$$P_o = 1 + \exp\left(\frac{-\pi\zeta}{\sqrt{1-\zeta^2}}\right) \approx 1 + \exp\left(\frac{-\pi\phi_m}{\sqrt{10^4 - \phi_m^2}}\right) \tag{66}$$

式中，相位裕量仍用度来表示。与阻尼系数的公式一样，这个公式对于约小于 70° 的相位裕量提供了合理的精度。

另一个很有用的关系是相位裕量与频率响应峰值之间的关系：

$$M_p \approx \frac{1}{\sin\phi_m} \tag{67}$$

对于我们的二阶系统原型，该公式在相位裕量大到约 55° 以内时的精度都在 1%以内。

有了这些近似公式，我们很容易估计出为满足某一过冲和峰值要求所需要的相位裕量，或者通过对阶跃响应或频率响应的测量来估计相位裕量。同样，由于这些公式严格适用于具有两个彼此相距很远的极点及纯数量反馈的双极点系统，因此对于可以用这样的双极点系统很好近似的系统来说，它们能够提供比较准确的估计。

14.13 根轨迹实例和补偿

我们已给出的建立各种根轨迹的规则显然并不全面，但它们对于在实际中遇到的大多数根轨迹已经足够了。我们现在将给出一些根轨迹的实例，以练习应用这一方法。然后，我们将讨论补偿的问题。

下面给出几个例子，并且大致按照复杂度增加的顺序介绍。在所有的例子中只显示了 k 为正值（相应于常见的负反馈情况）时的轨迹。

作为一般的规则，建议采用以下步骤：

（1）首先，找出属于根轨迹的实轴部分。

（2）计算出这些渐近线与实轴的渐近角度和交点。

（3）如果有的话，估计或计算分离点或进入点。

（4）利用其他信息开始画根轨迹，例如在一个复数极点或零点（如果合适）附近的初始角，或者到虚轴的常数平均距离（如果 $P > Z + 2$）。记住，每个零点是根轨迹的一个终点。

当然，以上步骤不是唯一的，但它足以满足我们的需要。在建立了大量的根轨迹以后，某些图案模式常常会重新出现（也许可以把它们称为宏模型），于是绘制根轨迹将变得越来越容易。

14.13.1　实例：极点和零点为纯实数且始终保持为实数

我们从图 14.20 所示的简单例子开始。这里所用到的规则和事实包括：（1）实轴规则；（2）根轨迹的终点为零点；（3）渐近线规则（最左边的极点趋向于负无穷大）。

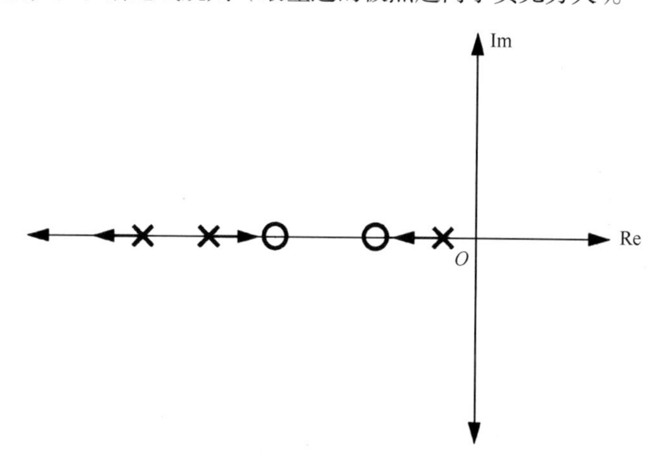

图 14.20　只在实轴上有分支的根轨迹

14.13.2　实例：变为复数的两个极点

这个例子比上一个例子更有趣，见图14.21。实轴规则告诉我们在两个极点之间的实轴部分是根轨迹的一部分，而渐近线规则告诉我们两条渐近线成±90° 并与实轴交于两个极点的中点。从极点分离规则可以推出极点必定在实轴轨迹段中间的某一点（这里恰好是正中）离开实轴。由对称性原理可知，渐近线实际上就是轨迹的一部分。

注意，严格地说，一个双极点负反馈系统在 BIBO（有界输入-有界输出）意义上是绝不可能不稳定的，然而当 k 增大时，它的衰减将逐渐变小。对于该系统来说，一旦极点变为复数，其实部将保持为常数，这意味着其脉冲响应的指数包络为常数形状。然而，虚部随 k 的增加而增加，因此在指数衰减的包络中单位时间内有次数更多的振荡。

由于 k 增加时指数包络并不改变形状，因此稳定时间并不改变。这是因为一个系统变得比较不稳定时并不一定意味着稳定时间变长。

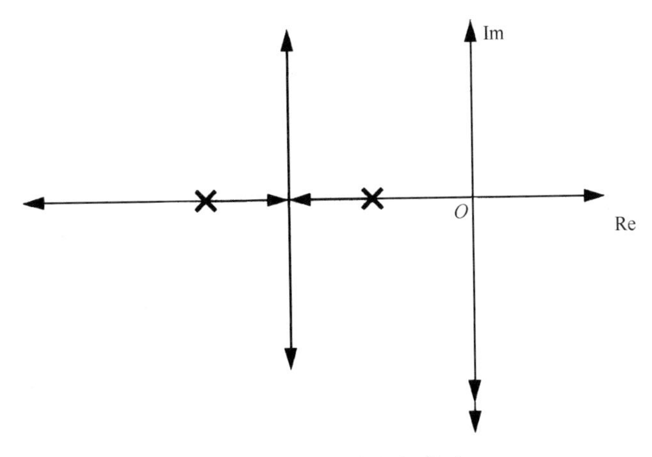

图 14.21 双极点的根轨迹

上述观察和结论并不是从增益和相位裕量的计算中得出的，这说明用几种方法来评估系统稳定性的重要性。更多的观点有助于更快地形成我们的直觉。

14.13.3 实例：两个极点和一个零点

为了使前面的系统稳定，我们可以考虑加入一个零点。从相位裕量的观点看，我们认为由于零点产生正的相位从而改善了稳定性。另一个观点是从根轨迹的建立中得到的，即零点是极点的“吸引者”，所以将零点放在合适的位置上可以使极点改变方向，从而使其离开虚轴并且衰减得更厉害。

图 14.22 是一个具体（也是常见）的例子。轨迹的一部分是一个以零点为圆心的圆。这个形状是真实的，而并非只是作者为省事起见而杜撰的。

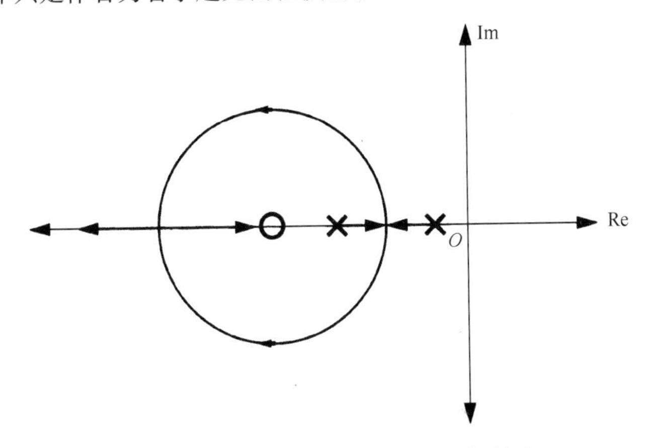

图 14.22 两个极点加一个零点的根轨迹

在绘制该轨迹时要用到实轴规则、分离/进入规则（这里，我们有一个进入点在所示的有限零点和一个无限零点之间）及渐近线规则。这些规则不足以推导出图中的圆形形状，但是足以证明当 k 超过某个值以后极点最终又变成了纯实数。

14.13.4 实例：趋向于不稳定的系统

图 14.23 是一个当 k 超过某个临界值时系统最终变为不稳定的简单例子。该轨迹的推导采用

了实轴、渐近线和交点的规则。渐近线与实轴的交角分别为 180° 和±60° 。

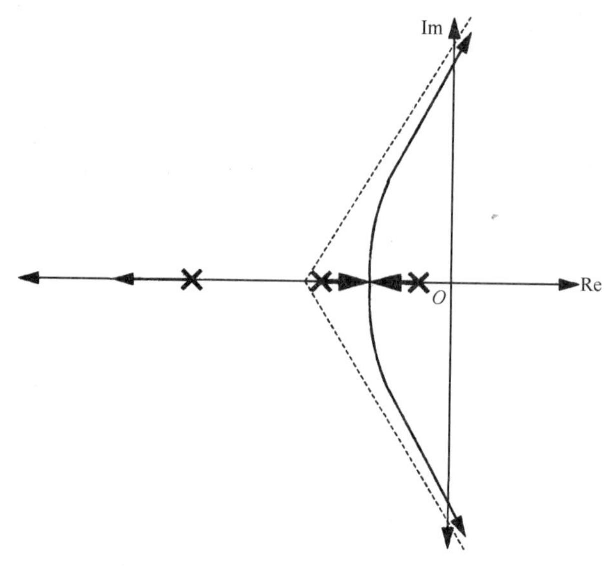

图 14.23 三个极点的根轨迹

此外，我们可以利用渐近线来估计当极点越过虚轴时的增益值及相应的振荡频率。一个简单的三角计算可得到渐近线与虚轴的交点，这个值是对振荡频率的一个粗略估计。将此值代入 $g(s) = a(s)f(s)$，计算出幅值并取倒数，就可以求出使系统开始不稳定的 k 值。

如果你想知道这些问题的精确答案，只需要求出使 $g(s)$的相位为−180° 的 jω值并计算 $g(s)$在该频率时的幅值即可。那个频率就是振荡频率，而 $g(s)$幅值的倒数就是恰好导致不稳定的 k 值。这一步骤等同于确定使相位裕量为零且增益裕量为 1 时的条件。

另一个有用的观察是：我们可以确定对应于某个具体阻尼系数的 k 值。只要画出常数阻尼系数线并计算出这些线与根轨迹的交点，然后将 s 值代入 $g(s)$的表达式，计算出幅值并取倒数，其结果就是所要求的 k 值。

14.13.5 实例：$L(s)$中有复数极点的根轨迹

到目前为止给出的所有例子中，相关的环路传输的极点和零点都是纯实数。让我们做一点改变，练习一下复数极点根轨迹的建立规则。

考虑图 14.24 所示的三极点轨迹。这里，我们通过画出从每个极点到另外两个极点的向量并将每个向量的角度相加来计算轨迹关于极点的初始角。实轴、渐近线及交点规则告诉我们最终整个轨迹将会是什么情形。与前面一样，渐近线本身可以同时用来估计导致振荡的增益值和振荡频率。若根轨迹同前，则渐近线角度是 180° 和±60° 。

14.13.6 实例：$L(s)$中零点在右半平面的根轨迹

在许多运算放大器（特别是用 MOS 实现的放大器）中，有一个影响较大（即频率较低）的右半平面零点。如果不够细心，我们很容易会在建立这样的放大器的根轨迹时犯错误。记住实轴规则的完整表述：根轨迹位于奇数个左半平面极点+零点的左边，以及奇数个右半平面极点+零点的右边。

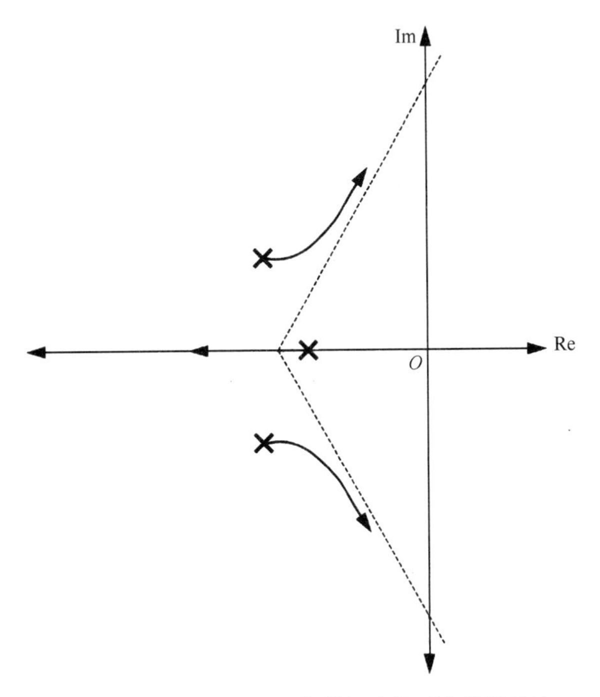

图 14.24　环路增益中有复数极点的系统的根轨迹

如图 14.25 所示，注意，当我们增加环路传输幅值时会发生什么情况：极点向越来越高的频率移动。于是在增益达到某一临界值时，极点从负无穷移到正无穷，因而系统变得不稳定（这的确发生在 k 为有限值时）。然后，随着增益进一步增加，极点一如既往渐近地（从右边）趋向于零点。

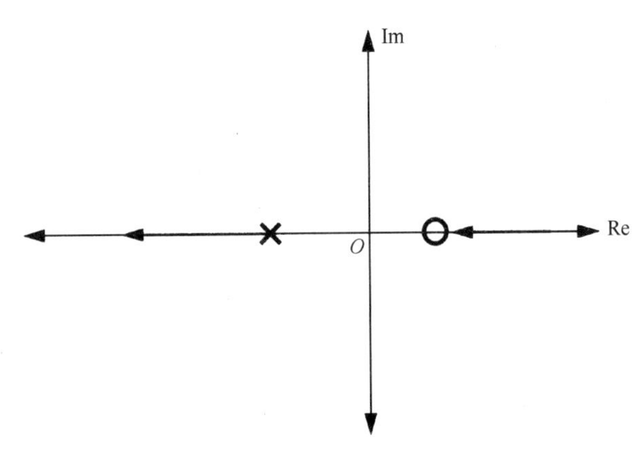

图 14.25　环路增益中有右半平面零点的系统的根轨迹

从这个根轨迹可以看出，为什么从稳定性的角度来看右半平面的零点是很糟糕的。再次要说明的是，由于零点是根轨迹的终点位置，因此极点最终将移向它们；而如果零点位于右半平面，那么系统最终将变得不稳定。

开始也许很难理解零点是如何导致不稳定的。毕竟，我们利用超前补偿器中的零点来提高稳定性。在这里有什么差别呢？作为一个练习留给读者去证明右半平面零点和左半平面零点具有相同的幅值特性，但是相位响应却与左半平面的极点具有相同的趋势。

14.13.7 实例：条件稳定系统

在以上所有例子中，当增益超过某个临界值时，系统就会表现出不稳定性。这个特性无疑是很普遍的，但它不是唯一可能的特性。实际上有一些令人感兴趣的系统，它们在超出或低于一定增益范围时都会变得不稳定。在这个例子中，我们考虑这样一种条件稳定系统的根轨迹（见图 14.26）。

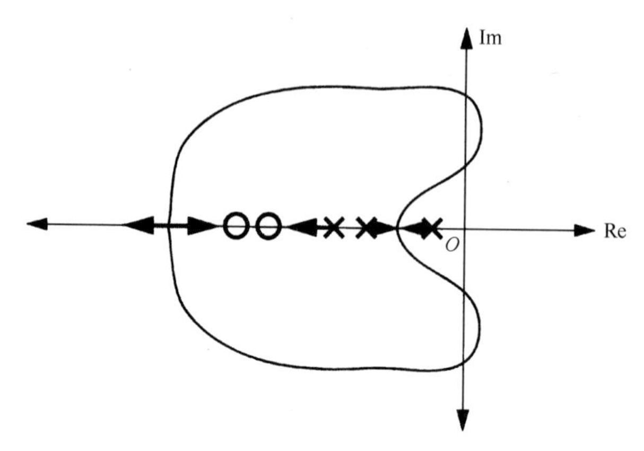

图 14.26 条件稳定系统的根轨迹

如果我们考虑 k 较小时的根轨迹，则可以预计将看到类似于简单的三极点的轨迹。假定极点-零点的分布使其形成的一对复数极点确实跨越到了右半平面。当增益继续增加时，零点的吸引影响变得越来越显著，于是复数极点又拐回到左半平面。因此，系统只在 k 的某个有限范围内变得不稳定。

当我们试图建立一个能够以很小的稳态误差跟踪一个具有恒定加速度输入的系统时，就会出现这种类型的轨迹。在原点有三个极点的理想情况通常不能实现，因此它们最终可能如图所示。为了使该环路稳定，必须加入两个零点。然而如果穿越频率太低，那么零点的正相移就不会有任何帮助，系统仍然可能不稳定。当增益超过某一临界值且穿越频率增加到足以使零点发挥其“神奇”作用的时候，系统又回到稳定状态。

我们将在后面讲到，甚至当我们的线性分析表明有充足的相位裕量时，在实际中这样的系统仍可能显示出不稳定性。这里的关键字是“线性”。所有实际系统的动态范围都是有限的。如果我们使条件稳定环路中的某个元件饱和，那么将有效地减小增益，因为当某个元件饱和的时候，对于一定的输入变化，输出不会有太多的变化。从相应的轨迹形状中可以看到，如果增益必须减小，那么就会有进入条件不稳定区域的危险。此外，由该不稳定性所造成的任何振荡可能具有足够的幅值来保持这种饱和状态，其结果是系统可能永远无法恢复—— 一个瞬间的过载也许就足以导致系统进入永远不能返回的振荡模式。

14.14 根轨迹技术小结

我们已经看到，采用为数不多的简单的根轨迹建立规则，就足以猜出当环路传输幅值变化时闭环极点将如何变化。

记住，这些规则都是从环路传输的幅值和角度条件推导出来的——即只有当某个 s 值处 $a(s)g(s)$ 的相位是 180° 的奇数倍且 $a(s)g(s)$的幅值为 1 时，该 s 值才可能是闭环极点位置。

最后，不要忘记根轨迹只是告诉我们闭环极点在哪里。我们很容易就会忘记这一基本事实，因为我们同时用极点和零点构造根轨迹。然而，我们用来画根轨迹的环路传输零点并不一定与闭环零点相同。如果有必要确定闭环零点，那么可以通过求出 $a(s)$的零点和未抵消的$f(s)$的极点来确定。

最后要注意的是，必须指出，并不是所有给出的规则都能很好地考虑到右半平面的极点和零点，因为右半平面极点和零点的相位特性与左半平面的相反。实轴规则是个例外。复数角规则及其他规则必须在右半平面的奇点处加以修改，然而我们不在这里讨论。但如果你的环路传输中包含右半平面的极点和零点，那么在试图画根轨迹时就需要小心一点。

14.15 补偿

我们已经推导出了许多评估反馈系统稳定性的方法。例如，根轨迹技术使我们能在改变环路某些参数时快速画出闭环极点的变化曲线。但是建立根轨迹需要环路传输的有理表达式，以便找出环路传输的极点和零点。幅值和相位裕量及奈奎斯特测试只要求知道环路传输的增益和相位特性，而这些信息可以通过实验得到。

我们现在把注意力从分析稳定性转移到如何改变稳定性。正如可以预见到的那样，我们将从对已开发的各种分析工具所隐含内容的深刻理解中推断出许多东西。我们将看到，各种稳定性的补偿技术照样涉及许多稳定性、降灵敏度、设计复杂性及时域响应质量之间的折中考虑。

14.16 通过降低增益获得补偿

我们现在考虑作为稳定性度量的相位裕量的一个含义。如果我们假定未补偿系统的环路传输随频率增加有增长的负相移（例如，由于极点的存在），那么稳定性就可以通过减少穿越频率值使与之对应的相移负得较少。一个减少穿越频率的方法是将环路传输幅值在所有频率下都减小一个固定的因子。因为用这种衰减办法不会影响相位特性，因此计算出符合给定相位裕量要求的衰减因子很简单。

作为一个具体的例子，考虑采用一个运算放大器的情况，它要求输入电流为零并具有零输出阻抗，但却具有如下的传递函数：

$$G(s) = \frac{10^7}{(s+1)(10^{-3}s+1)} \tag{68}$$

假设我们将该运算放大器连成一个反相放大电路，其理想闭环增益为−99，如图 14.27 所示，则有 $R_1/R_2 = 99$。基于这些信息，可以很容易推导出环路传输的表达式为

$$-L(s) = \frac{R_2}{R_1+R_2}\cdot G(s) = 10^{-2}\cdot G(s) = \frac{10^5}{(s+1)(10^{-3}s+1)} \tag{69}$$

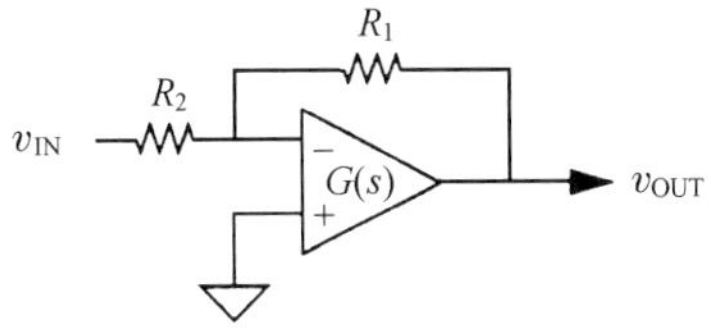

图 14.27 反相放大器

现在让我们来计算该连接的相位裕量。首先求出穿越频率。通常，最方便的方法是采用简单

的函数评估（这是在粗略波特图指导下反复实验的一个时髦别名）。在此例中，我们可以通过一些观察而不需要太多计算就可以非常准确地确定穿越频率。

首先，主极点 1 rps 引起–20 dB/十倍频的下降，直至到达 1 krps 处的第二个极点。如果没有第二个极点，环路传输在 1 krps 时的幅值为 100。

第二个极点将加速下降且最终到达–40 dB/十倍频。所以，只要在 1 krps 处以外的另一个十倍频处，就不可将 100 倍的幅值外推到单位幅值。由于穿越频率在第二个极点以外的十倍频处，因此可以假定（是一个很好的近似）那里的下降速度也是–40 dB/十倍频，因此穿越频率确实具有以下的近似值：

$$\omega_c \approx 10^4 \text{ rps} \tag{70}$$

计算相位裕量也同样简单，因为穿越发生在远大于环路传输两个极点的地方，因此可以认为 1 rps 的极点在 10^4 rps 处贡献的是–90°（实际的相移只比–90° 差 0.0057°，因此几乎没有引入误差），而第二个极点的贡献也接近于–90°。然而，超出极点一个十倍频处的剩余误差是 5.7°，所以我们发现相位裕量并不完全是零（但是很小）。对于这样小的相位裕量，可以预见在阶跃响应中将有很大的过冲，在频率响应中将有很大的峰值，并且对可能“隐藏”起来的未加入模型的极点所产生的额外负相移极为敏感。简而言之，稳定性非常不尽如人意。

假设我们要通过减少增益来实现至少 45° 的相位裕量。应该怎样实现呢？从对环路传输表达式的观察中可以看出，改变反馈电阻的比例是一种可能性。如果减小 R_2，则可以在全频范围内减少环路传输幅值。遗憾的是，我们也会改变理想闭环增益。而按照假定，我们是没有这个特定的自由度的。

解决的办法是增加另一个电阻，但这次是在运算放大器的输入端之间（见图 14.28）。这个连接使那些学习过将运算放大器看作其差分输入电压为零的理想元件（“虚地”概念及其全部内容）的人感到困惑。这很容易让人立即得出错误的结论，即在那个位置上加入一个电阻没有任何影响，因为理想情况下其两端的电压为零。这里的关键字是“理想”，因为我们确实不会有一个理想的运算放大器。例如，考虑将运算放大器的两输入端短接，在这种情况下，环路传输必然有一个很小（零）的值。

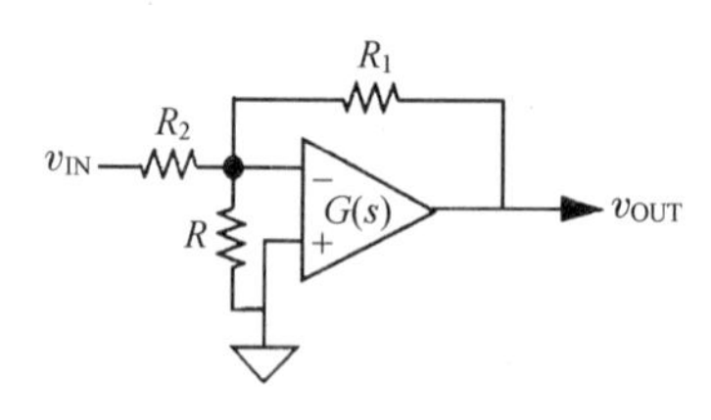

图 14.28 通过减小增益进行补偿的反相放大器

进一步分析这种情况，我们会注意到就环路传输而言，这个新加的电阻和 R_2 是并联的，但就理想闭环传递函数而言它又消失了（这就是我们用到虚地概念的地方）。因此，我们可以改变稳定性而不必改变理想闭环传递函数。

我们现在来计算需要降低多少增益。因为相位裕量是 45°，所以我们需要求出–$L(s)$的相移是–135° 的频率，因为该点将成为新的穿越频率。

同样，从环路传输的表达式可以明显看出，新的穿越频率应该是第二个极点的频率，即 10^3 rps，因为在该频率处，第一个极点的贡献基本上是–90°，而第二个极点又贡献了–45°。

在新的所希望的穿越频率下，未补偿的环路传输幅值约为

$$|L(\mathrm{j}10^3)| = \frac{10^5}{\left|\sqrt{10^6+1}\right| \cdot \left|\sqrt{2}\right|} \approx 70.7 \tag{71}$$

这就是我们需要减小环路传输增益的因子。

原来的环路传输可以表示为

$$-L(s) = \frac{R_2}{R_1+R_2} \cdot G(s) = \left(\frac{R_1}{R_2}+1\right)^{-1} \cdot G(s) \tag{72}$$

新的环路传输为

$$-L(s) = \left(\frac{R_1}{R_2 \parallel R}+1\right)^{-1} \cdot G(s) \tag{73}$$

它可以重写成

$$-L(s) = \left[\frac{R}{R+(R_1 \parallel R_2)}\right] \cdot \frac{R_2}{R_1+R_2} \cdot G(s) \tag{74}$$

式中，方括号中的项可以认为是补偿器的传递函数 $C(s)$。

由于我们需要提供 70.7 这样一个巨大的增益降低因子，因此要求 $C(s)$的值等于 1/70.7，我们需要选择足够小的 R 来达到这个衰减。因为衰减因子很大，我们预计 R 和 R_1、R_2 相比非常小，作为一个很好的近似它应该大约是 R_2 的 1/70.7。通过更严格的计算可以得到非常接近该估计值的值：

$$R \approx \frac{R_2}{70.4} \tag{75}$$

总之，降低增益补偿器通过将环路传输在全频范围内大约减少为原有的 1/70.7，使系统的相位裕量大约从 5.7° 变为 45°。同时，穿越频率也大约降低为原有的 1/10，即从 10^4 rps 左右降到 10^3 rps。理想闭环增益保持在−99。

当然，所付出的代价是带宽和降灵敏度的减少。此外，降灵敏度的减少是在全频范围内的，而稳定性只是由穿越频率附近的特性（例如相位裕量）决定的。因此很显然，直流和低频的降灵敏度没有必要因这种想法简单的补偿办法而受损。

14.17 滞后补偿

如果我们可以只在高频处通过衰减环路传输来降低穿越频率，则可以在提高稳定性的同时保持低频时的降灵敏度不变。这种有选择地减少环路传输可以通过在前一个电路图中降低增益的电阻处串联一个电容来实现，如图 14.29 所示。

电容阻止了补偿电阻在直流和低频时产生的影响，若电容表现为短路，则该补偿网络在频率足够高时简化成一个简单的降低增益补偿器。这种补偿器称为滞后补偿器，其原因很快就会说明。同样，补偿网络对于理想闭环传递函数没有影响，因为在理想无限大运算放大器增益的极限情况下，它连在两个没有电压差的输入端。

然而，为了求出这个补偿器的实际效应，让我们推导环路传输的表达式：

$$-L(s)=\left[\frac{R_1}{R_2 \parallel (R+1/sC)}+1\right]^{-1}\cdot G(s) \tag{76}$$

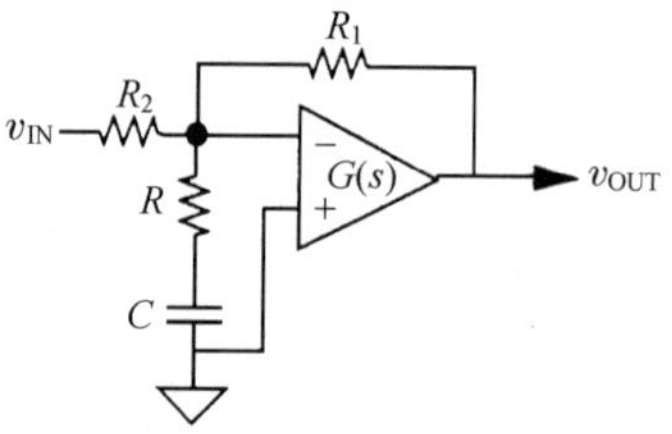

图 14.29 带有滞后补偿器的反相放大器

上式经过一些变换以后，可“简化”为

$$-L(s)=\left\{\frac{sRC+1}{sC[R(1+R_1/R_2)+R_1]+(1+R_1/R_2)}\right\}\cdot G(s) \tag{77}$$

进一步变换以后，它可以变为更直观的形式：

$$-L(s)=\left\{\frac{sRC+1}{sC[R+(R_1 \parallel R_2)]+1}\right\}\cdot \frac{R_2}{R_1+R_2}\cdot G(s) \tag{78}$$

花括号内的项可以被认为是补偿器的传递函数，而公式其余部分是未补偿系统的（负）环路输出。

直流时，补偿器的传递函数是 1，系统的特性和未补偿时一样。在很高的频率时，补偿器逐渐趋近于以下的值：

$$C(s)\to \frac{R}{R+(R_1 \parallel R_2)} \tag{79}$$

正如预见的那样，这与降低增益补偿器的情形相同。

注意，补偿器 $C(s)$有一个零点和一个极点。正如从 $C(s)$的完整表达式可以看到的那样，极点的频率总比零点的频率低。正是由于极点引起了环路传输幅值的降低［因为 $C(s)$的幅值在超过极点频率后下降］。遗憾的是，一个不可避免的副作用是与该极点有关的负相移。正是由于这个相位滞后，该补偿器才以此得名。

很显然，一个重要的设计准则是要确保该滞后相移可以被低于穿越频率的零点的正相移充分抵消。否则，相位裕量实际上会恶化而不会得到改善。

一个简单（但不一定是最优）的设计步骤是从降低增益补偿器开始，求出所需要的 R 值，使穿越频率降到足够低的频率以下，以获得所要求的相位裕量。一般来说，我们建议设计的相位裕量比最终所要求的裕量大 5° ～6°，其原因将很快说明。然后，通过选择以下值将零点放在比新的所要求的穿越频率低一个十倍频的地方：

$$RC=\frac{10}{\omega_{c,\text{new}}} \implies C=\frac{10}{R\cdot \omega_{c,\text{new}}} \tag{80}$$

这样选择零点位置可以使其正相移比其最大值小 5.7°，而极点由于频率较低，因此大约贡献了其全部的–90° 相移。这样，如果把降低增益补偿器作为设计滞后补偿器的起点，那么正如前面说过的那样，相位裕量的设计目标应该增加 5° ～6° 。

一个更加深思熟虑的设计或许要求反复迭代才能完成，因为极点和零点的位置都是可调参数。因此，对于给定的相位裕量，并不是只有唯一的一组 R 和 C 组合能满足要求。然而，这里介绍的简化步骤一般都能够满足需要，它或者可作为最终设计，或者可作为合理的最初设计并以此为基础进行进一步优化。

滞后补偿器提供了与降低增益补偿器大致相同的穿越频率（因此也具有大致相同的闭环带宽），但是没有改变低频环路传输。因此，它并没有不必要地降低降灵敏度，并由此带来很多益处，比如降低了稳态阶跃响应误差。

然而，值得一提的是，滞后补偿器有一个缺点。该补偿器采用了一个远低于穿越频率的零点。进一步说，由于理想闭环传递函数并不包括零点，我们的建模步骤表明这个零点一定来自正向路径，因此零点出现在闭环传递函数中。此外，从建立根轨迹的规则中可知，零点是根轨的终点，它们吸收极点。因此，我们可以预见在这个闭环低频零点附近有一个闭环极点。由于极点是一个网络的自然频率，因此在瞬态响应中将有一个以较慢的速度才能稳定下来的分量。[①] 这个问题等同于考虑非理想极点-零点的抵消问题。

为了更详细地探讨这个问题，让我们考察一对孤立的极点-零点对偶：

$$D(s) = \frac{\alpha\tau s + 1}{\tau s + 1} \tag{81}$$

进一步推导需要用到拉普拉斯变换理论中的初值和终值定理：

$$f(\infty) = \lim_{s\to 0} sF(s) \tag{82}$$

$$f(0) = \lim_{s\to\infty} sF(s) \tag{83}$$

有了这些公式，就可以直接证明这个极点-零点对偶的阶跃响应初值是α，而终值是 1。注意，初值并不是零，因为高频增益并不趋向于零（事实上，它趋向于α）。

现在我们已知初值和终值的值是不同的，下一步应该确定如何从初值到达终值。正式的办法是用拉普拉斯反变换严格地找出相关信息。然而为了简单起见，我们可以再次回想一下“自然频率”的意义。显然，阶跃响应从它的初值以指数形式变化到终值，其时间常数等于极点的时间常数。[②]

回到滞后补偿器的具体例子，这里有一个由补偿零点和与其相关的闭环极点形成的极点-零点对偶。由于零点远低于穿越频率，因此与之成对的极点的时间常数要比环路带宽的倒数大得多。因此，当采用滞后补偿器时，稳定到高精度范围内的时间要比环路带宽所显示的长得多。

14.18 超前补偿

我们已经讲过，通过降低环路传输幅值使穿越频率降低，可以提高相位裕量。使用这一方法的代价包括损失降灵敏度及可能形成低频极点-零点对偶。

另一种补偿方法是改变环路传输相位，而不是改变它的幅值，即我们希望在穿越频率附近加

① 这里的“慢”是指相对于穿越频率而言。

② 显然，许多人没有很好地理解这一关键的事实。极点-零点相距多远决定了初值与终值的比，但只有极点决定响应从初值稳定到终值的速度，因此零点与描述稳定过程的时间常数毫无关系。

入一个正的（或者说超前的）相移来改善相位裕量。在我们运算放大器的例子中采用这种方法的图示见图 14.30。

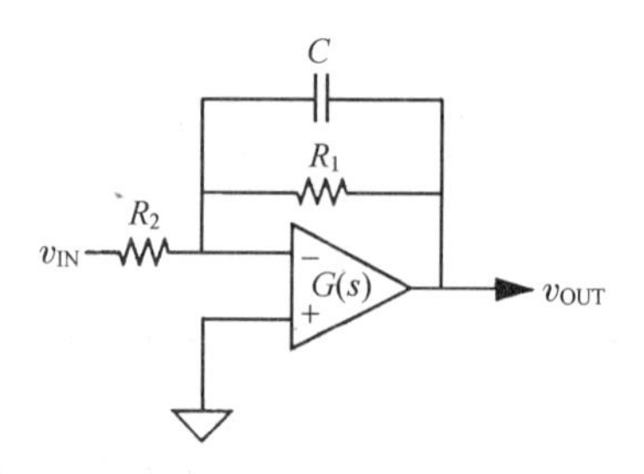

图 14.30　带有超前补偿器的反相放大器

注意，我们不再保持相同的理想闭环传递函数。然而，正如我们将要讲到的那样，总的闭环特性一般会比降低增益和滞后补偿系统更接近所要求的理想情况。

首先，在不写出任何公式的情况下，让我们来看看附加这个电容是如何得到一个环路传输零点的。当频率增加时，通过电容的传输增加，这就是零点的作用。因此，正如已讲过的那样，我们得到了一个零点。如果我们正确地选择电容值就可以利用相关的零点使相移偏到更正的值，从而达到增加相位裕量的目的。

然而，这里有一个问题。零点除其正相移外还有增加幅值的特性，所以它也增加了穿越频率。因此，存在这样一种可能，即一个放在很糟糕位置上的零点将大大增加穿越频率，致使零点的正相移不足以抵消未补偿系统增加的负相移。其结果是总效应实际上可能使得相位裕量减少。我们应当注意这种可能性。

现在可以给出一两个公式了。让我们推导出超前补偿系统环路传输的表达式：

$$-L(s) = \frac{R_2}{R_2 + [R_1 \parallel (1/sC)]} \cdot G(s) \tag{84}$$

该式可以表示为

$$-L(s) = \left(\frac{R_2 + R_1}{R_2}\right)\left(\frac{sR_1C + 1}{sR_1C + 1 + R_1/R_2}\right) \cdot \frac{R_2}{R_2 + R_1} \cdot G(s) \tag{85}$$

这里，我们看到环路传输零点比相关的极点频率要低，这与滞后补偿器恰好相反。

设计一个超前补偿器几乎总是要用到相当数量的迭代。然而，一些提示可以帮助我们限定搜索空间。一个合理的起点是将零点放在未补偿系统的穿越频率处。在该频率附近改变零点的位置并找到相位裕量的最大值。如果相位裕量的要求可以满足，那么就说明迭代已经完成。

然而，你有时会发现对于任何零点位置值，相位裕量的要求都不能被满足。在这种情况下，将增益下降和超前补偿结合起来通常可以满足要求。遗憾的是，由于存在两个可变参数（增益减少和零点位置），找到一个最优点可能会有些麻烦，因此采用机器运算会对我们有很大帮助。但是不要因此就不动脑筋了——你总是应该对答案应当是什么有一个大致的概念，并以此判断计算机产生的结果正确与否。

如果所需的增益降低过大，那么会将增益降低转变成一个滞后网络。由此形成的超前-滞后补偿器就会在直流和高频处都有最大的降灵敏度。

此时，你也许想知道我们如何摆脱困扰着滞后补偿器的极点-零点对问题。答案是两方面的。

首先，我们注意到超前零点位于穿越频率附近，而不是在远低于它的地方。因此，任何可能与之相关的闭环极点都有一个与环路带宽相一致的时间常数，即任何极点-零点对响应的“尾部”将以与上升时间大致相同的速度稳定下来，因此人们常常察觉不到。这一观察对所有超前补偿系统都适用。

对这里的运算放大器连接特别适用的第二个解释是：超前零点并不在正向路径中出现。同样，为了得出这种情况所具有的必然性的结论，我们注意到理想闭环传递函数中包括一个极点。因此，我们模型里的反馈模块必须提供一个零点。正向增益模块中没有零点。由于零点出现在反馈路径中，它并会不出现在闭环传递函数中，因此没有任何闭环极点-零点对。

这里常常会产生一个问题，即为什么人们总是采用其他补偿器而不采用超前补偿器。毕竟，它确实可以提供比未补偿系统更大的带宽，而且没有极点-零点对的问题。答案是由于带宽消耗功率且代价常常过高。这一考虑在机械系统中特别重要，因为相应的功率要求大致与带宽的立方成正比。[①] 总体来说，在工业机械中，功率和带宽之间的这种关系倾向于在保证完成工作的情况下使带宽最小。

即使在电子系统中，人们也并不总是希望有较大的带宽。由于噪声无处不在，因此较大的带宽就意味着产生多余的噪声。如果带宽比实际需要的要宽，那么一般都会使信噪比产生不必要的降低。在许多例子中，这种降低是不能容忍的。

14.19 慢滚降补偿

如果不知道某个附加极点的位置或它的位置变化很大，那么就很难把它包含在环路传输中。由于通常的补偿方法都涉及主极点（例如原点），因此任何附加极点都有可能减少相位裕量（也许减至零）。采用零点补偿只有在相当精确地了解产生问题的极点位置时才有效。但在许多情形中，极点位置的不确定性太大了，因此一个附加零点有可能彻底破坏稳定性（使带宽太大，从而导致所有的极点都控制着交零点）而不是改善它。在这些情形下慢滚降（slow rolloff）补偿常常是一种有效的选择。[②]

慢滚降所依据的概念很简单。假设我们不是要实现主极点，而是要实现一个半主极点（dominant half-pole，它也同样处于原点），它的幅值随频率的平方根滚降且它的相位滞后为 45°。一个半极点仍然可以保证交零频率的上限，因而可以限制寄生极点的影响。由于一个在频带内某处的寄生极点最多可以产生90° 的相位滞后，因此最坏情况下的相位裕量仍然可以是相当富裕的 45°（假设没有任何其他极点）。

当然，半极点并不存在，但我们可以交替地分布极点和零点，将其近似到任何希望的程度。如果我们以一个常数频率比α 来交替地分布极点和零点，那么平均的相位滞后将是 45°。与这一平均值的最大偏离将与频率比有关，频率比越接近 1，相位的波动就越小。α 值的范围从 2 至 100 时，以下的近似式给出了最坏情形下的相位滞后（用度表示）：

$$\phi_{\max} \approx 36 + 22 \log \alpha \tag{86}$$

式中，对数的底数为 10。这一近似的峰值误差小于 3°，见图 14.31。

---

① 这里需要进行一些“推导”（你要做好准备，因为我们将要进行许多这样的推导）。这里需要提醒一下：功率 = 功/时间 = (k_1)（惯性）（角加速度/时间）= $(k_2)\times$（惯性）(ω^2)/时间 = $k_3\omega^3$。

② 对于慢滚降（以及关于模拟电路的一般概念），见 J. K. Roberge, *Operational Amplifiers: Theory and Practice*, Wiley, New York, 1975。所有模拟电路设计者都应该备有这本书。

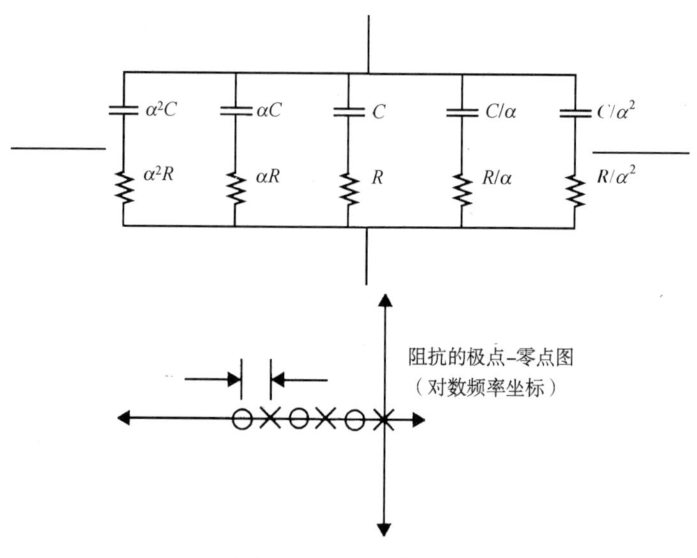

图 14.31　慢滚降电路

在大多数应用中，有可能使寄生极点的位置限定在一个或两个数量级的范围内。在这些情形中，用几对极点-零点就足以提供可接受的半极点近似。总体来说，慢滚降补偿在模型有相当程度不确定性的普通情形中极为有用。它主要的缺点是大量的极点-零点对会使阶跃响应以很慢的速度稳定到精确值。这将使我们熟知的拖尾问题严重许多倍。

14.20　补偿问题小结

我们已经介绍了三种基本的补偿方法，它们可以单独使用，也可以结合起来使用。降低增益和滞后补偿器都是通过将穿越频率降低到一定值，以使对应的相移比未补偿的情况负得较少来改善相位裕量的。

滞后补偿器是对简单的降低增益补偿器的改进，它保持低频环路传输不变，但它引入了一个可能引起麻烦的极点-零点对，它将使到达高精度的稳定时间变得很长。

超前补偿器通过直接改进环路传输的相移来改善相位裕量，但其应用结果实际上会使带宽增加。此外，极点-零点对的问题也消失了，因为对应的极点和整个放大器恰好一样快，所以响应中的任何“尾巴”被上升时间有效地隐去。超前补偿器常常需要与降低增益或滞后补偿器结合起来使用，从而可以提供足够的自由度来满足给定的相位裕量要求。

最后要注意的是：这里讨论的类型并不是补偿器的全部。此外，即使这些补偿器是通过具体的运算放大器电路来描述的，其基本概念对所有其他反馈系统也都适用。因此，任何均匀一致减少环路传输幅值的方法都如同降低增益补偿器，任何引入环路传输极点-零点对且其中的极点在低频处的方法都如同滞后补偿器，等等。最后我们介绍了慢滚降补偿，它可以解决寄生极点位置高度不确定性的问题——但这是以稳定速度很慢的拖尾为代价的。

习题

[第 1 题]　负反馈的一个重要优点是可以减少失真。本题更加定量地说明了这一性质。为了简单起见，假设一个单位反馈系统正向路径的输入-输出传输特性可以表示成如下的三次多项式：

$$v_{OUT} = a_0[g_1 v_{IN} + g_2 v_{IN}^2 + g_3 v_{IN}^3] \tag{P14.1}$$

假设系统只有很弱的非线性，所以二次项和三次项与一次（希望的）项相比时很小。

（a）推导出总的输入-输出传输特性的近似三次多项式。证明该公式在线性的极限情况下将简化成 $a_0g_1/(1+a_0g_1)$。

（b）当线性环路传输幅值增加时，二次项和三次项大致以什么倍数减少？当环路传输幅值改变时高次项如何变化？

[第 2 题] 我们注意到在本章中也许并不总能找到反馈系统中的实际元件与典型模型之间 1∶1 的映射关系，而且对模型中的每个模块分配传递函数也不一定是唯一的。

通过用反馈系统模拟一个通常的电阻分压器的输入-输出电压传输特性来说明用一个反馈模型表示一个系统确实是一种理性的选择。

[第 3 题] 在切断环路确定环路传输时常见的错误包括没有考虑各种负载效应及忽略了需要建立正确的 DC 工作点。本题更详细地说明了这些重要的实际问题。

考虑图 14.32 所示的环路。一个理想运算放大器与电阻 R 组合在一起模拟一个具有非零输出电阻的实际运算放大器。

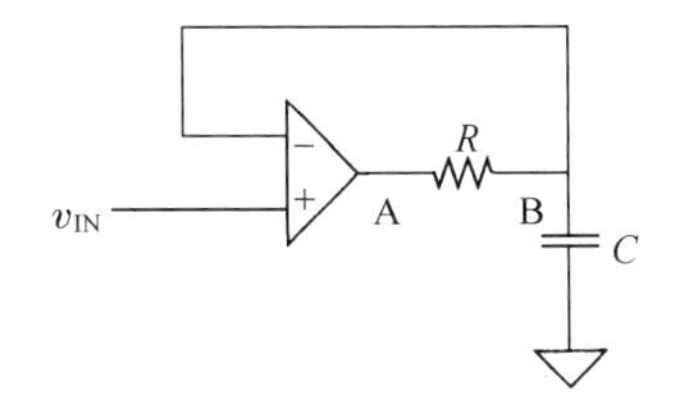

图 14.32 求环路传输问题的反馈系统

（a）图中所示的是切断环路的两个可能的位置（节点 A 和节点 B）。解释为什么在节点 B 切断环路并在该点用一个测试电压源驱动会得到不正确的环路传输。

（b）假定该运算放大器与许多通用运算放大器的典型情况一样也具有极高的 DC 增益。假设该系统作为一个标准的闭环反馈系统工作，其共模输出电压接近零。如果在决定环路传输时将 v_{in} 设为零，说明如何确定测试电源应当具有的 DC 值。它应当为零还是一个其他的值？哪一种选择更好？请解释之。

[第 4 题] 本章已确定了一个超前补偿的两极点系统的根轨迹包括一个真正的圆。对于一个环路传输包括两个积分器及一个时间常数为 τ_z 的单个零点的系统，证明该特性。

[第 5 题] 线性分析是一种很有用的近似方法，但实际系统在驱动足够强的情况下会显示出很强的非线性。除了明显的副作用（如增加失真），若在反馈环内存在非线性，则也可能引起稳定性的问题。一个常见的非线性现象是饱和，此时在一个给定的输入幅值以外输出的变化很小（如果有）。就我们因此可以把饱和解释成增益的降低这一点而言，解释以下情况。

调节一个环路传输包括三个积分器（采用标准的运算放大器电路实现）及两个重合零点的系统，使其具有接近 60° 的较大的相位裕量。正如对该相位裕量所能预见到的那样，对于较小的幅值阶跃响应有较好的特性。然而一旦激励大到足以使其中一个运算放大器饱和，阶跃响应将显示出惊人的表现。预计在这种情形下阶跃响应振荡频率比在小信号情形时的值更低还是更高？同时利用根轨迹和波特图或相位裕量图解释你的答案。

[第 6 题] 假设你被告知一个黑匣子的响应表现为线性和二阶的，并且具有单位 DC 增益。测量表明单位阶跃响应的峰值为 1.38 而阶跃响应第一次通过 1 的时间为 500 ns。

（a）假定它是二阶系统，确定能用来模拟该系统的二阶参数。

（b）利用（a）中的模型，估计该系统用单位脉冲激励时可能产生的输出的峰值。

（c）计算脉冲响应第一次返回至零所需要的时间。

（d）估计该系统的频响峰值 M_p 及−3 dB 带宽。

（e）估计阶跃响应稳定到最终值的 2%以内所需要的时间。

（f）描述用来确认该系统确实可以非常好地近似为线性系统的测试。

[第 7 题] 我们所遇到的大多数反馈系统在本质上都是低通的，并且很容易得到这样的印象：即稳定性问题只是这类系统的特性。为了摆脱这种认识的局限，本题分析高通系统的稳定性。例如，AC 耦合的反馈放大器常常可能显示出一种低频率的称为“汽船声”的振荡，它首先是在真空管音频放大器中被观察到的。假设这样一个放大器的环路传输为

$$L(s) = -\frac{a_0 s^3}{(s+1)(0.1s+1)^2} \tag{P14.2}$$

（a）a_0 为正值时画出这个放大器的根轨迹。

（b）a_0 值在什么范围时这个放大器是稳定的？

（c）在什么（或哪些）频率时这个放大器可能产生振荡？你对这个问题的回答应当能够说明为什么“汽船声”这种说法是合适的。

[第 8 题] 锁相环除其他用途外在通信系统中也非常有用。尽管我们将在第 15 章中详细分析锁相环（PLL），但现在只要接受一个线性二阶模型能很好地近似一定类型的PLL 就已足够了。假设这样一个 PLL 已被确定具有如下近似程度非常好的（负）环路传输：

$$-L(s) = \frac{K(\tau s+1)}{s^2} \tag{P14.3}$$

（a）确定 K 和 τ 的值以得到一对闭环极点，其阻尼系数为 0.707，ω_n 为 10 Mrps。

（b）对于（a）中求出的 τ 值，画出 $K>0$ 时的根轨迹。

（c）K 为什么值时可以得到一个临界阻尼环路？

（d）假定零点确实出现在正向路径中且闭环 DC 增益为 1。对于在（c）中求出的极点位置画出该闭环系统的频率响应。

[第 9 题] 开发一种把实际电路模拟成反馈系统的简便方法是很重要的。根据这一想法将一个反馈电阻作为一个反馈系统来模拟一个传统教材中的源极跟随器。采用 MOSFET 的简单低频小信号模型推导出正向和反馈增益的表达式。

[第 10 题] 考虑一个反馈系统，其正向路径的传递函数为

$$K(s^2-3s+5) \tag{P14.4}$$

而反馈传递函数为

$$\frac{1}{s(s^2+2s+4)} \tag{P14.5}$$

参数 K 是一个可以改变的纯数量。

（a）画出这个系统的根轨迹。

（b）如果存在，指出可能使系统变为不稳定的 K 值。

（c）K 为什么值时使一对主极点的阻尼系数为 0.707?

[第 11 题] 假设你有一个由 Sub-Optimal Products（"次最优产品"）公司设计的运算放大器，仔细测量的结果表明其传递函数为

$$a(s) = \frac{5 \cdot 10^4}{(s+1)(10^{-3}s+1)(10^{-4}s+1)} \tag{P14.6}$$

假设你接受了一个任务，即要用这个放大器设计一个反相放大器，其输入电阻为 22 kΩ，反馈电阻为 220 kΩ，所以理想的闭环增益为−10。

（a）推导出环路传输的表达式。相位裕量是多少？画出本题及后面各题的环路传输的波特图。

（b）假设现在告诉你相位裕量必须为 60°。首先想到的第一种补偿技术就是使用降低增益补偿器。为了达到60° 的相位裕量必须使环路传输减少为原有的几分之一？放在运算放大器两输入端的 R_{comp} 应为何值才能获得这个相位裕量？穿越频率是多少？

（c）（b）中的补偿器在所有频率下放弃了环路传输增益，但稳定性主要是由接近穿越频率处的环路特性决定的。我们注意到了这一事实，现在修改你的补偿器，即设计一个滞后补偿器来恢复在低频时损失的增益。可以自由运用以下的粗略估计规则：把补偿器的零点放在（b）中穿越频率的 1/10 的地方，并把补偿器的极点放在比零点低十倍频的地方。在这种情形下新的相位裕量是多少？

（d）假设系统是稳定的并且低频的降灵敏度已恢复，但你对带宽并不满意。因此你考虑用一个超前补偿器，因为你记得它的作用是把正相移加到环路传输中你需要的地方而不是降低穿越频率，所以你回到原先未补偿的系统并增加一个电容与反馈电阻并联。该电容为何值时可以产生最大的相位裕量？这个最大的相位裕量是多少？

（e）假设需要达到60° 的相位裕量。你可以采用什么样的策略来改进（d）中的补偿器以得到所希望的稳定性？给出一个定性的回答即可，但要求至少提供两个建议。

[第 12 题] 考虑两个反馈系统，它们的 f 都为 1。一个系统的正向路径传递函数为

$$a(s) = \frac{a_0(0.2s+1)}{(s+1)(0.01s+1)(0.21s+1)} \tag{P14.7}$$

而另一个为

$$a(s) = \frac{a_0}{(s+1)(0.01s+1)} \tag{P14.8}$$

画出这两个系统的根轨迹图。解释为什么这两个系统具有类似的闭环响应。

[第 13 题] 假设一个自动增益控制（AGC）环路的开环传递函数为

$$a(s)=\frac{10^5}{(0.1s+1)(10^{-6}s+1)^2} \tag{P14.9}$$

（a）当采用单位反馈时，确定这个系统的增益裕量、相位裕量及穿越频率。

（b）f 为什么值时相位裕量可以达到 45°？

[第 14 题] 一个运算放大器的开环传递函数为

$$a(s)=\frac{2\times10^5}{(0.1s+1)(10^{-5}s+1)^2} \tag{P14.10}$$

这个运算放大器用在传统的反相放大器中，其理想增益为–10。确定可提供 45° 相位裕量所需要的环路传输增益降低因子。补偿前画出环路传输的幅值和相位。

第 15 章　RF 功率放大器

15.1　引言

本章我们讨论把 RF 功率有效地传递到负载的问题。正如我们将很快发现的那样，把截至目前所介绍过的小信号放大器尺寸放大基本上不能达到高效率，因此必须考虑其他方法。与通常的情况一样，这会涉及各方面的综合考虑，但这次是在线性度、功率增益、输出功率及效率之间进行考虑。

在不断要求提高信道容量的情况下，越来越多的通信系统同时采用幅值和相位调制。伴随着这一趋势而来的是要求具有更高的线性度（可能同时在幅值域和相位域）。功率放大器电路形式的多样性反映出任何单个电路都不能满足所有的要求。

15.2　一般考虑

可能与我们的直觉相反，最大功率传输理论在设计功率放大器时很大程度上是无用的。原因之一是现在还没有完全弄清楚如何在一个大信号的非线性系统中定义阻抗；另一个更为重要的原因是，即使我们能解决这个小问题，并且能实现电源和负载端的共轭匹配，那么效率也只有 50%，因为同等数量的功率将会消耗在电源和负载上。在许多情形中，这个效率值太低而不能被接受。作为一个极端（但是现实）的例子，考虑把 50 kW 传送到天线上而放大器只有 50%的效率。这个电路的功耗也是 50 kW，因此这里有一个很具挑战性的热管理问题。特别是在诸如蜂窝电话这样的便携式通信设备的低功耗领域内，人们非常希望具有高效率以延长电池寿命或减小电池质量。

因此，我们不是使传输功率最大以使效率限制在 50%，而是设计一个功率放大器（PA）以最高可能的效率及可接受的功率增益和线性度把一规定数量的功率传递到负载。为了了解如何可以通过不考虑最大功率传输理论来达到这些目的，我们现在考虑一个经典的功率放大器电路。

15.3　A 类、AB 类、B 类和 C 类放大器

功率放大器有四种类型，它们的主要差别在于偏置情况不同。它们之所以被称为是“经典”的，是因为在历史上早就存在。这些放大器分为 A 类、AB 类、B 类和 C 类，并且所有这四种放大器都可以通过分析图 15.1 所示的模型来理解。[①]

在这个一般的模型中，电阻 R_L 代表我们将要把输出功率传递到那里去的负载电阻。一个“大而胖”的电感 *BFL* 把 DC 功率送入晶体管的漏极，并且假设这个电感很大，以至于足以使通过它的电流基本不变。漏极通过电容 *BFC* 连至一个振荡回路，以防止在负载中有任何 DC 功耗。这种特定形式的功率放大器的一个优点与传统的小信号放大器的一样，晶体管的输出电容可以被吸收进振荡回路。另一个优点是，由振荡回路提供的滤波功能削减了由总是存在的非线性引起的频带

① 还有许多有关这方面的问题，但所有这些问题的工作特点仍然可以通过该模型来理解。

外的发射。这种考虑特别重要，因为我们不再把自己局限在小信号工作情况下，因而必然会预见到某些失真。为了简化分析，我们假设振荡回路的 Q 值足够高，因此振荡回路两端的电压即使是由非正弦电流提供，也可以很好地近似为正弦波形式。这个假设必然意味着窄带工作。尽管宽带功率放大器无疑也是人们感兴趣的，但我们将把讨论局限在窄带的情形。

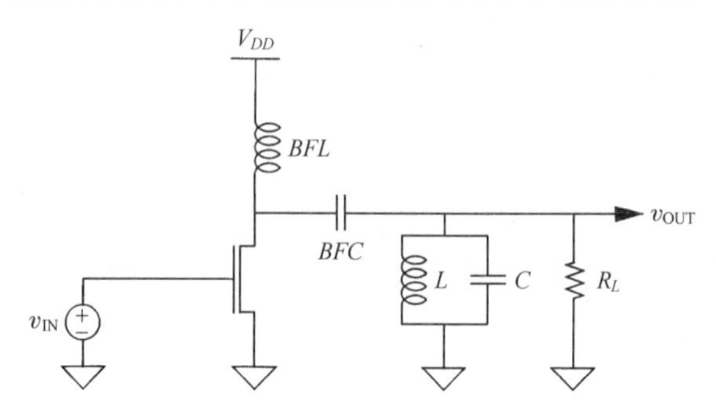

图 15.1　通用功率放大器模型

15.3.1　A 类放大器

A 类放大器就是立体声设备中一个标准范例的小信号放大器。在 A 类设计中的假设（实际上就是定义特性）是选择偏置的大小使晶体管工作在（准）线性区。对于一个双极型晶体管的实现，这个条件是通过避免截止和饱和状况来满足的；对于 MOS 实现，将使晶体管保持在五极管（饱和[①]）工作区。

A 类放大器与小信号放大器之间的主要差别是，功率放大器中的信号电流是偏置电流的很大一部分，因此可以预见到可能存在的严重失真。在窄带工作情况下，如一般电路模型所表示的那样，谐振槽路解决了与这样的大信号摆幅有关的潜在的失真问题，所以总的来说通常可以实现线性工作。

尽管线性度无疑是人们所希望的，但 A 类放大器是以效率为代价来提供线性度的，因为即使没有任何信号，也总存在由偏置电流造成的功耗。为了定量地解释为什么效率会很差，假设漏极电流可以非常合理地近似为

$$i_D = I_{\mathrm{DC}} + i_{\mathrm{rf}} \sin \omega_0 t \tag{1}$$

式中，I_{DC} 是偏置电流，i_{rf} 是漏极电流中信号分量的幅值，而 ω_0 是信号频率（也是振荡回路的谐振频率）。尽管我们忽略了失真，但所引起的误差不会严重到使以下的推导不成立。

输出电压就是信号电流与负载电阻的乘积。由于“大而胖”的电感 *BFL* 使基本上恒定的电流在其上通过，KCL（基尔霍夫电流定律）告诉我们，信号电流只不过是漏极电流中的信号分量，因此，

$$v_o = -i_{\mathrm{rf}} R \sin \omega_0 t \tag{2}$$

最后，漏极电压是 DC 漏极电压与信号电压的和。“大而胖”的电感 *BFL* 相当于 DC 短路，所以漏极电压对称地以 V_{DD} 为中心摆动。[②] 因此漏极电压和电流是相互之间相位差 180° 的正弦信号，如图 15.2 所示。

---

① 很遗憾，“饱和”这个词在 MOS 和双极型器件中的含义相反。

② 漏极确实会摆到正电源电压之上。解释这种情况的一种方法是注意到一个理想的电感不可能在它两端出现任何 DC 电压（否则最终会有无穷大的电流流过）。因此，如果漏极电压摆到了电源电压之下，它必然也会摆到电源电压之上。这种考虑方式在推导各种类型开关模式功率变换器的特性时特别有用。

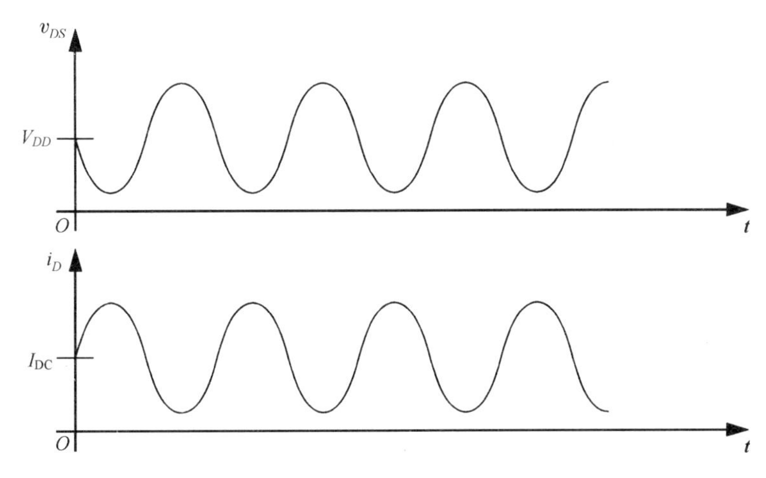

图 15.2　理想 A 类放大器的漏极电压和电流

如果公式不易理解，那么从图中应当能清楚地看出晶体管总是消耗功率的，因为漏极电流和漏极电压的乘积总是正的。为了定量地估计这个功耗，在计算效率时首先计算出传递给电阻 R 的信号功率：

$$P_{\mathrm{rf}} = \frac{i_{\mathrm{rf}}^2 R}{2} \tag{3}$$

接下来，计算提供给放大器的 DC 功率。假设使静态漏极电流 I_{DC} 恰好大到足以保证晶体管从不会发生截止，即

$$I_{\mathrm{DC}} = i_{\mathrm{rf}} \tag{4}$$

所以 DC 输入功率为

$$P_{\mathrm{DC}} = I_{\mathrm{DC}} V_{DD} = i_{\mathrm{rf}} V_{DD} \tag{5}$$

RF 输出功率与 DC 输入功率的比就是效率的度量（通常称为漏极效率），它可以表示为

$$\eta \equiv \frac{P_{\mathrm{rf}}}{P_{\mathrm{DC}}} = \frac{i_{\mathrm{rf}}^2 (R/2)}{i_{\mathrm{rf}} V_{DD}} = \frac{i_{\mathrm{rf}} R}{2V_{DD}} \tag{6}$$

既然乘积 $i_{\mathrm{rf}}R$ 能够具有的绝对最大值是 V_{DD}，那么理论上最大的漏极效率就是 50%。如果我们假设v_{DS} 的最小值不为零，则偏置情况将会变化，驱动幅值不是理想的，并且在滤波器和互连线中存在不可避免的损失，那么效率常常会得到明显比 50%小的值——特别是在较低电源电压的情况下尤为如此，这里 $V_{DS,\,\mathrm{on}}$①表示 V_{DD} 的较大一部分。因此对于实际的 A 类放大器，漏极效率为 30%～35%是很普遍的。

除了效率，另一个重要的考虑是输出晶体管能承受的（电压、电流）强度。在 A 类放大器中，最大的漏-源电压为 $2V_{DD}$，而峰值的漏极电流值为 $2V_{DD}/R$，因此器件一定要能承受这样的峰值电压和电流，尽管这两个最大值不会同时出现。由于 IC 工艺技术尺寸缩小的趋势降低了击穿电压，因此每经过一代工艺，PA 的设计就变得更为困难。

① 原文如此，$V_{DS,\,\mathrm{on}}$ 没有上下文的解释。——译者注

对器件承受的相对强度进行定量化的一种通常的方法是定义另一种效率，称为“归一化的功率输出能力”，它就是实际的输出功率与最大的器件电压和电流乘积的比。对于这类放大器，这一无量纲性能指标的最大值为

$$P_N \equiv \frac{P_{\rm rf}}{v_{DS,\rm pk} i_{D,\max}} = \frac{V_{DD}^2/(2R)}{(2V_{DD})(2V_{DD}/R)} = \frac{1}{8} \tag{7}$$

可见，A 类放大器提供的线性度是以低效率和器件相对大的承受强度为代价的。因此，由于所指出的原因，A 类放大器在 RF 功率应用中很少见，[①] 并且在音频功率应用中也比较少见（在较高功率的情形下尤其如此）。[②]

重要的是要再次强调 50%的效率值代表着一个上限。如果漏端摆幅小于前面所假设的最大值，并且在其他地方还有另外的损失，那么效率还会降低。当摆幅接近零时，漏极效率也接近零，因为传递到负载的信号功率变为零且晶体管仍然在消耗 DC 功率。

15.3.2 B 类放大器

关于我们如何可以达到比 A 类放大器效率更高的思路实际上隐含在图 15.2 所示的波形图中。很显然，如果偏置能设成使漏极电流和漏极电压同时不为零时所占的周期份额减少，那么晶体管的功耗就会减小。

在 B 类放大器中，将偏置设成使输出器件在每个周期的一半时间内关断。当然，达到 50%的工作周期（duty cycle）只是一个数学观点，因此真正的 B 类放大器实际上并不存在。但这个概念有助于我们进行分类。在任何情况下，只要有间断导通，我们总可以看到严重偏离线性工作状态的情况。但必须注意，输出失真（非线性的标志）及在输入和输出功率（在基波上计算）之间是否存在比例关系（或缺少这一关系）是不同的。一个单端 B 类放大器可以产生非正弦输出，但就这个输入-输出功率的比例关系来说，它仍然是线性工作的。当然，我们在这里关心的仍然是带外频谱分量，因此必须要求有一个高 Q 值的谐振器，以得到能接受的近似的正弦输出电压。

尽管我们将要分析的是单个晶体管的 B 类放大器，但应当提及的是大多数实际的 B 类放大器都是两个晶体管的推拉式结构（我们将在后面进一步讨论这个问题）。

因此对于该放大器，我们假设漏极电流在半个周期中是正弦的而在另半个周期中为零：

$$i_D = i_{\rm rf}\sin\omega_0 t \qquad i_D > 0 \tag{8}$$

输出振荡回路滤去了这个电流的谐波，如在 A 类放大器中那样留下的是正弦漏极电压。因此，漏极电流和漏极电压近似地如图 15.3 所示。

为了计算输出电压，我们首先求出漏极电流的基波分量，然后把这个电流乘以负载电阻：

$$i_{\rm fund} = \frac{2}{T}\int_0^{T/2} i_{\rm rf}(\sin\omega_0 t)(\sin\omega_0 t)\,{\rm d}t = \frac{i_{\rm rf}}{2} \tag{9}$$

$$v_{\rm out} \approx \frac{i_{\rm rf}}{2} R\sin\omega_0 t \tag{10}$$

① 也许在低水平的应用中或在级联放大器中的前几级是例外。

② 当然，高水平音频爱好者是例外，对他们而言功耗常常不是一个约束条件。

由于v_{out}最大可能的值是 V_{DD}，由式（10）中可以很清楚地看出 i_{rf}的最大值为

$$i_{\mathrm{rf,max}} = \frac{2V_{DD}}{R} \tag{11}$$

因此峰值漏极电流和最大输出电压与 A 类放大器的相同。①

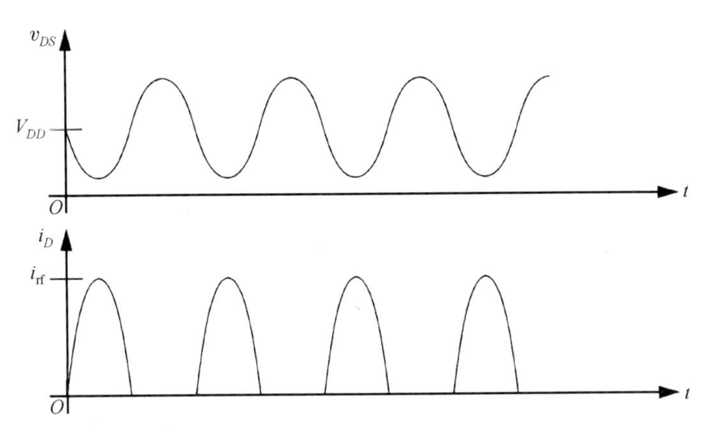

图 15.3　理想的 B 类放大器的漏极电压和电流

我们像前面那样计算漏极效率，首先计算输出功率为

$$P_o = \frac{v_o^2}{2R} \tag{12}$$

式中，v_o是负载电阻两端信号的幅值。幅值的最大值仍然为 V_{DD}，所以最大的输出功率为

$$P_{o,\max} = \frac{V_{DD}^2}{2R} \tag{13}$$

计算 DC 输入功率要求先计算平均的漏极电流：

$$\overline{i_D} = \frac{1}{T}\int_0^{T/2} \frac{2V_{DD}}{R}\sin\omega_0 t\,\mathrm{d}t = \frac{2V_{DD}}{\pi R} \tag{14}$$

所以提供的 DC 功率为

$$P_{\mathrm{DC}} = \frac{2V_{DD}^2}{\pi R} \tag{15}$$

最后，B 类放大器的最大漏极效率为

$$\eta = \frac{P_{o,\max}}{P_{\mathrm{DC}}} = \frac{\pi}{4} \approx 0.785 \tag{16}$$

因此，漏极效率明显高于 A 类放大器。如果继续考虑我们假定的 50 kW 发射器的例子，那么器件的功耗将减小到比它原先值的 1/3 还小，即从 50 kW 降至 14 kW 以下。然而与 A 类放大器一样，

① 半个正弦波电流脉冲的假设必然是一种近似。在实际电路中的漏极电流有所不同，主要是过渡到零电流和从零电流开始的过渡不是突变的。因此与理论上所预计的相比，实际器件的功耗偏大一些且效率偏低一些。

任何实际实现的 B 类放大器的确切效率会由于我们已忽略的效应而比这一分析给出的值低一些。然而有一点仍然是正确的，即在所有其他因素保持相同的情况下，B 类放大器能提供明显高于相应的 A 类放大器的效率。

这个放大器归一化的功率传递能力为 1/8，与 A 类放大器的相同，这是因为它们的输出功率、最大漏极电压和最大漏极电流都相同。[①]

采用 B 类放大器时，我们接受了所产生的失真，以换取效率的明显改善。由于这种交换的实现是通过减少一个周期中晶体管导通电流的时间完成的，因此读者很自然会问是否有可能通过进一步减小导通角来实现改善。对这一设想的研究产生了 C 类放大器。

15.3.3 C 类放大器

在 C 类放大器中，将栅的偏压设成使晶体管在小于一半的时间内导通。因此，漏极电流是由周期性的一串脉冲构成的。传统上用正弦波的上面部分来近似这些脉冲以便于进行直接分析。[②] 特别是我们假设漏极电流具有如下形式：

$$i_D = I_{\mathrm{DC}} + i_{\mathrm{rf}} \sin \omega_0 t, \quad i_D > 0 \tag{17}$$

式中，偏置值 I_{DC} 类似于线性放大器中的偏置电流，实际上它对于 C 类放大器来说是负值。当然，整个漏极电流 i_D 总是为正或为零。也就是说，漏极电流在晶体管导通时是一段正弦波，而在晶体管截止时为零。我们继续假设晶体管在任何时候的工作情况都像是一个电流源（具有高输出阻抗）。[③]

由于我们仍然有一个高 Q 值的输出振荡回路，因此在负载两端的电压基本上保持为正弦波，这样漏极电压和漏极电流如图 15.4 所示。在以下的推导中，不必担心能否重复所有这些细节。正如我们将要讲到的，如何设计这样的放大器与这些公式本身的含义有显著的不同，所以重点要放在所得到的一般结论而不是一些具体细节上。

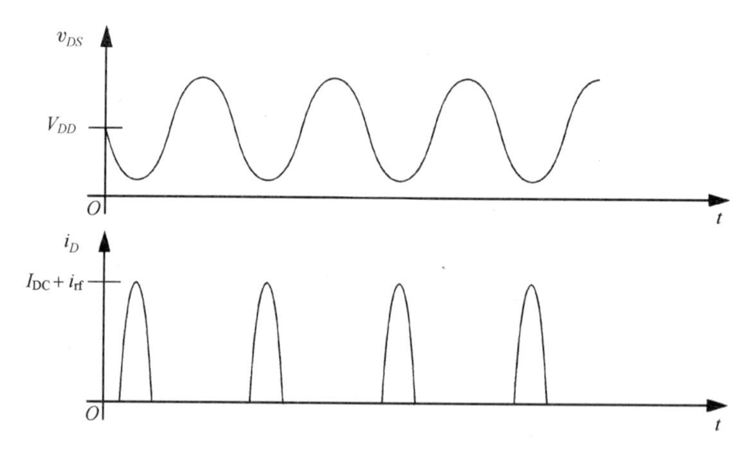

图 15.4 理想 C 类放大器的漏极电压和电流

① 两晶体管（two-transistor）的推拉 B 类放大器的归一化功率传递能力是这个值的两倍。

② Krauss, Bostian, and Raab, *Solid-State Radio Engineering*, Wiley, New York, 1981。

③ 如果违反这一假设就会产生极其复杂的情形。遗憾的是，许多双极型 C 类放大器都会使晶体管在每个周期的某一部分进入饱和区。

我们从求解漏极电流不为零时总的导通角开始。为了简化得到这一答案所需要的步骤，我们首先用余弦而不是正弦来重新写出漏极电流的表达式：

$$i_D = I_{\rm DC} + i_{\rm rf}\cos\omega_0 t,\quad i_D > 0 \tag{18}$$

显然，这样做没有任何改变，因为时间原点总是任选的。在经过这样的修改之后，电流脉冲就如图 15.5 所示。

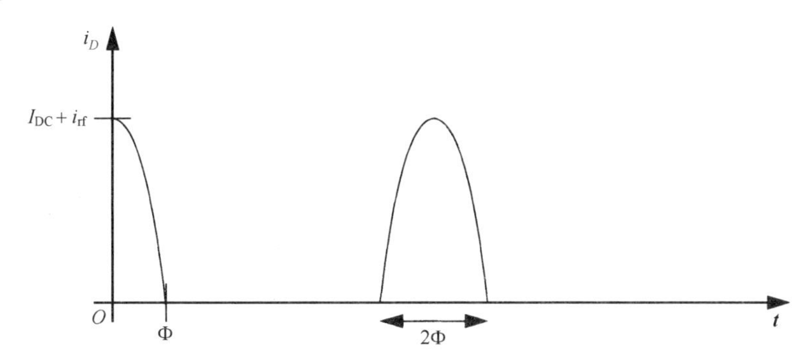

图 15.5　漏极电流波形细节图

使电流等于零并求出总的导通角 2Φ，即

$$2\Phi = 2\cdot\arccos\left(-\frac{I_{\rm DC}}{i_{\rm rf}}\right) \tag{19}$$

从上式可以求出偏置电流如下：

$$I_{\rm DC} = -i_{\rm rf}\cos\Phi \tag{20}$$

我们现在可以计算平均漏极电流为

$$\overline{i_D} = \frac{1}{2\pi}\int_{-\Phi}^{\Phi}(I_{\rm DC} + i_{\rm rf}\cos\Phi)\,{\rm d}\phi = \frac{1}{2\pi}2\Phi I_{\rm DC} + \frac{1}{2\pi}[i_{\rm rf}\sin\Phi]\Big|_{-\Phi}^{\Phi} \tag{21}$$

在用 $I_{\rm DC}$ 的表达式替换后得到

$$\overline{i_D} = \frac{i_{\rm rf}}{\pi}[\sin\Phi - \Phi\cos\Phi] \tag{22}$$

我们将很快用这个表达式来推导效率作为导通角函数的公式。

我们需要的另一个量是传送到负载的功率的一般表达式。正如 B 类放大器那样，这一推导由于高 Q 值的振荡回路而被简化，我们只需要计算傅里叶级数中的基波项：

$$i_{\rm fund} = \frac{2}{T}\int_0^T i_D\cos\omega_0 t\,{\rm d}t = \frac{1}{2\pi}(4I_{\rm DC}\sin\Phi + 2i_{\rm rf}\Phi + i_{\rm rf}\sin 2\Phi) \tag{23}$$

代入 $I_{\rm DC}$ 后得到

$$i_{\rm fund} = \frac{i_{\rm rf}}{2\pi}(2\Phi - \sin 2\Phi) \tag{24}$$

利用通过负载的基波电流的表达式，我们可以很容易地推导出最大输出电压摆幅的公式：

$$V_{DD} = i_{\mathrm{rf}} \frac{R}{2\pi}(2\Phi - \sin 2\Phi) \tag{25}$$

上式可以使我们求解用 V_{DD} 表示的电流 i_{rf}:

$$i_{\mathrm{rf}} = \frac{2\pi V_{DD}}{R(2\Phi - \sin 2\Phi)} \tag{26}$$

峰值漏极电流为 i_{rf} 与偏置项的和：

$$i_{D,\mathrm{pk}} = \frac{i_{\mathrm{rf}}}{\pi}[\sin\Phi - \Phi\cos\Phi] + \frac{2\pi V_{DD}}{R(2\Phi - \sin 2\Phi)} \tag{27}$$

上式可简化为

$$i_{D,\mathrm{pk}} = \frac{2\pi V_{DD}}{R(2\Phi - \sin 2\Phi)}\left[1 + \frac{(\sin\Phi - \Phi\cos\Phi)}{\pi}\right] \tag{28}$$

对于固定的输出电压，当脉冲宽度减小到零时，峰值漏极电流接近无穷大。

利用我们刚刚推导的公式，可以很容易地计算出漏极效率为

$$\eta_{\max} = \frac{2\Phi - \sin 2\Phi}{4(\sin\Phi - \Phi\cos\Phi)} \tag{29}$$

当导通角缩小到零时，效率接近100%。虽然这看起来很有希望，但遗憾的是增益和输出功率也同时趋向于零，这是因为在漏极电流越来越窄的长条波形中，基波分量也在缩小，而且从峰值漏极电流的公式中可以很清楚地看出，随着导通角接近于零，C 类放大器归一化的功率传递能力也接近于零。所有这些综合考虑使得实际上只得到小于100%的效率，因为除高效率外，我们一般还希望有一个合理数量的输出功率。

在进行了前面的推导之后，我们也许会很失望，即这些推导在设计 C 类放大器的实际过程中一般不会用得很多。一个理由是对栅偏压几乎没有太多方便的选择，但 0 V 是一种特别方便的选择。因此栅驱动信号分量要选择得足够大，从而能产生所希望的输出功率，导通角和效率通常不是直接的设计参数，它们只是选择零偏压及输出功率设计的结果。

另一个理由是所做的假设（例如正弦电流尖峰脉冲及晶体管的电流源特性）并不总能充分地满足，以使我们可以从定量的角度相信这些公式。同样，在进行推导时，最主要的益处是建立起对设计非常有用的某些一般的直观感觉——主要是效率可以很高，但这是以减少功率传递能力、增益和线性度为代价的。

15.3.4 AB 类放大器

我们已经看到 A 类放大器在 100%的时间里导通，B 类放大器在 50%的时间里导通，而 C 类放大器则在 0 和 50%之间的某段时间内导通。顾名思义，AB 类放大器是在一个周期的 50%和100%之间的某段时间内导通，这取决于所选择的偏置大小。它的效率和线性度在 A 类和 B 类放大器之间。这种折中常常是令人满意的，这从此类功率放大器的使用非常普遍的事实就可以看出。

我们不必单独推导这类放大器的公式，因为 C 类放大器的公式也可以在这里应用（这些公式也包括 A 类和 B 类的情形），唯一的差别就是偏置电流是正值而不是负值。

15.4 D 类放大器

截至目前所介绍的功率放大器都采用有源器件作为控制电流源。另一种方法是采用器件作为开关，其理由是：开关理想上不消耗任何功率，因为或者开关两端的电压为零，或者通过它的电流为零，因而开关的 V-I 乘积总是为零，所以晶体管不消耗任何功率并且其效率必定为 100%。

利用这一想法的一类放大器是 D 类放大器。初看起来（见图 15.6），它好像就是一个推拉式、变压器耦合的 B 类放大器。与我们通常见到的并联振荡槽路不同，在这类放大器的输出端采用了一个串联的 RLC 网络，这是因为开关模式的放大器与前面介绍过的电流模式的放大器相对偶，所以输出滤波器也互为对偶。

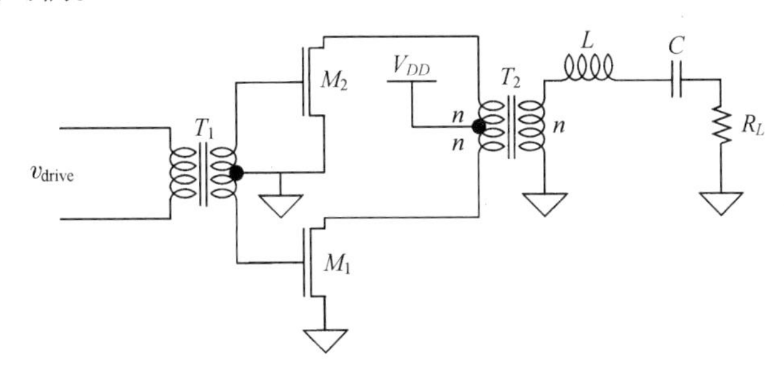

图 15.6 D 类放大器

输入的连接方式保证了在某个给定时间只有一个晶体管被驱动，其中一个晶体管在正半周工作而另一个在负半周工作，就像在推拉式 B 类放大器中那样。这里不同的是晶体管被充分驱动，使它们的工作如同开关而不是如同线性（或准线性）放大器那样。

由于开关作用，输出变压器 T_2 的每个初级终端被交替地驱动到地，从而在初级绕组（因而也在次级）两端产生一个方波电压。当一个（晶体管的）漏极为 0 V 时，变压器的作用使另一个（晶体管的）漏极电压为 $2V_{DD}$。输出滤波器则只允许这个方波的基波分量流入负载中。

由于在次级电路中只有基波电流，因此初级电流也是正弦的，这样每个开关在它导通的半周期中见到的是一个正弦波，变压器的电流和电压如图 15.7 和图 15.8 所示。由于晶体管的作用如同开关，因此 D 类放大器的理论效率为 100%。

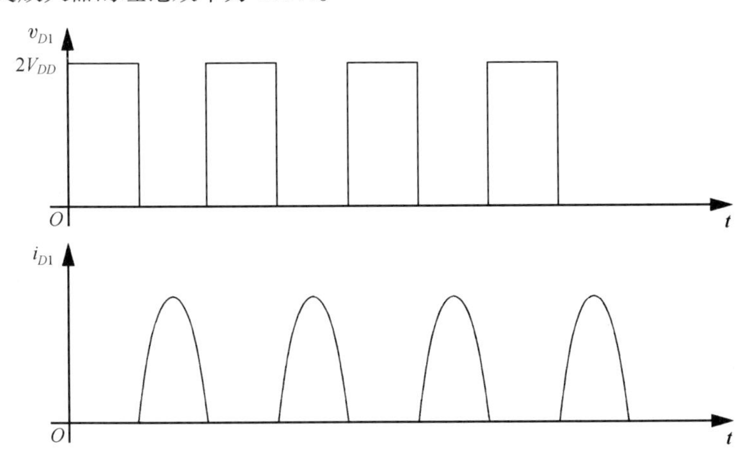

图 15.7 理想 D 类放大器 M_1 管的漏极电压和电流

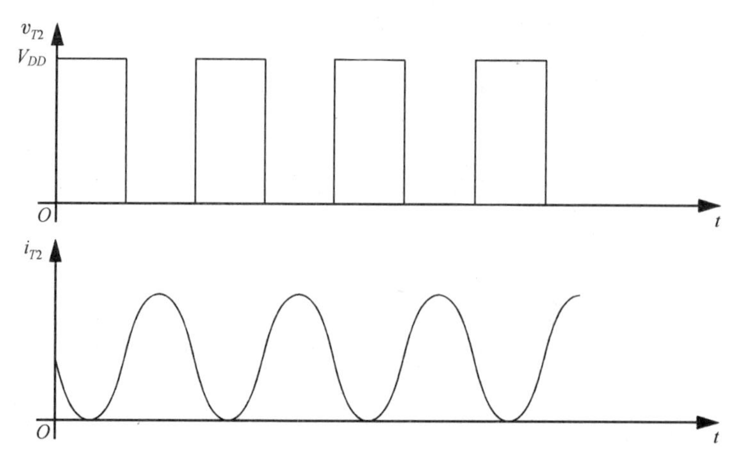

图 15.8　理想 D 类放大器 T_2 次级的电压和电流

这个放大器归一化的功率传递能力即为[①]

$$\frac{P_o}{v_{DS,\text{on}} \cdot i_{D,\text{pk}}} = \frac{1}{\pi} \approx 0.32 \tag{30}$$

它比 B 类推拉式放大器要好，并且比 A 类放大器要好得多。当然，D 类放大器通常不能提供线性调制，但它却有可能提供高效率，并且不会对器件产生过高的电压或电流。

这类（或任何其他开关）功率放大器的一个实际问题是并没有像理想开关这样的部件。在开关过程中非零的饱和电压肯定会产生静态功耗，而有限的开关速度也意味着开关的 *V-I* 乘积在过渡期间不为零。因此，开关模式的功率放大器只有在频率明显低于 f_T 的情况下才能很好地工作。而且，如果应用双极型晶体管，由于晶体管在饱和区的电荷存储使一个晶体管导通之前另一个晶体管不能完全关断，那么效率的降低就会特别严重，因此变压器的作用就会使全部电源电压加在还没有关断的器件上，从而可能导致 *V-I* 乘积非常大。

15.5　E 类放大器

正如我们已经讲到的那样，采用晶体管作为开关可能提供有大幅改善的效率，但由于实际开关不是完全理想的，因此使得实现这种可能性并不总是那么容易。相关的功耗将使效率降低。为了防止总的损耗，开关相对于工作频率来说必须非常快。当载波频率很高时，满足这个要求的困难将会更大。

如果有一种方法可以修改电路，使得在切换瞬间附近的一段不为零的时间间隔内开关两端的电压为零，那么功耗就会降低。E 类放大器采用高阶电抗网络提供足够的自由度来改变开关电压波形，使它在开关导通时的值和斜率均为零，从而降低了开关损耗。可惜的是它对于关断过渡没有任何作用，而关断过渡的边沿常常是更成问题的，至少在双极型设计中如此。正如我们后面将要讲到的，另一个问题是 E 类放大器具有很差的归一化功率传递能力（事实上比 A 类放大器还差），因此，尽管这种类型的放大器可能有很高的效率（理论上在理想开关时为 100%），但它却要求采用更大尺寸的器件把一定数量的功率传送到负载。

E 类放大器的主要优点是很容易设计。不同于典型的 C 类放大器，它的实现几乎在设计完成

① 也许值得记住，一个方波基波分量的幅值是 4/π 乘以方波的幅值。

后不会产生什么问题就可以很好地工作。

在进行了先前这番讨论之后，现在让我们来看一下图 15.9 所示的 E 类放大器电路。与在前面的例子中一样，BFL 提供了一条至电源的直流通路而在 RF 时近似为开路。另外，我们注意到电容 C_1 处于很方便的位置，因为任何器件的输出电容都可以被它吸收。

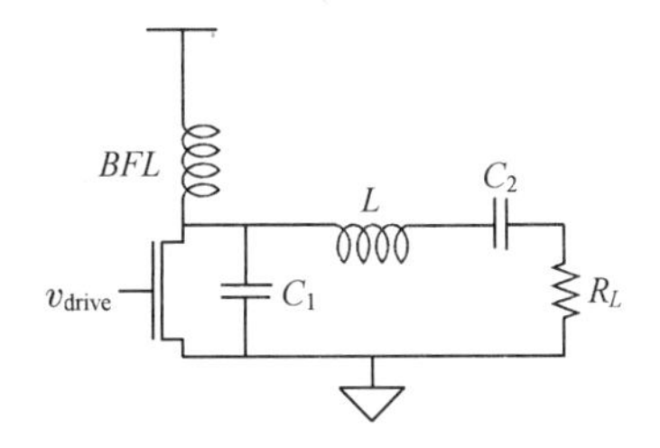

图 15.9 E 类放大器

设计公式的推导太复杂了，在此不多加论述。想要详细了解的读者可以参考 Sokal 的经典论文。[①] 设计公式如下：

$$L=\frac{QR}{\omega} \tag{31}$$

$$C_1=\frac{1}{\omega R(\pi^2/4+1)(\pi/2)}\approx\frac{1}{\omega(R\cdot 5.447)} \tag{32}$$

$$C_2\approx C_1\left(\frac{5.447}{Q}\right)\left(1+\frac{1.42}{Q-2.08}\right) \tag{33}$$

为了得到最大的效率，我们需要有与所希望的带宽相一致的最大 Q 值。在实际中可以达到的 Q 值常常大大低于那些能显著地限制带宽所要求的 Q 值。一旦 Q 值被选定，E 类放大器的设计就可以采用所给出的公式直接进行下去。

遗憾的是，漏极电流和电压波形的计算是很困难的。然而如果各处都调整好，那么这些波形看上去如图15.10所示。注意，在导通时漏极电压的斜率为零，然而在开关关断时电流却接近最大。因此，如果开关不是无限快的（正如大多数开关的情形），那么在这一过渡期间开关的功耗可以抵消掉在过渡到“导通”状态时通过减少功耗所得到的大部分改善。

此外，注意每一波形都有相当大的峰值与平均值的比。事实上细节分析表明，峰值漏极电压近似为 $3.6V_{DD}$，而峰值漏极电流大致为 $1.7V_{DD}/R$。

传送到负载上的最大输出功率为

$$P_o=\frac{2}{1+\pi^2/4}\cdot\frac{V_{DD}^2}{R}\approx 0.577\cdot\frac{V_{DD}^2}{R} \tag{34}$$

因此归一化功率输出能力为

① N. O. Sokal and A. D. Sokal, “Class E, a New Class of High-Efficiency Tuned Single-Ended Power Amplifiers,” *IEEE J. Solid-State Circuits*, v. 10, June 1975, pp. 168-76。我非常感谢 Caltech 的 David Rutledge 教授，是他让我注意到 G. Ewing 的博士论文（“High-Efficiency Radio-Frequency Power Amplifiers,” Oregon State University, Corvallis, Oregon, 1964），此文是对这一概念所做的最早的理论说明。

$$\frac{P_o}{v_{DS,\text{on}} \cdot i_{D,\text{pk}}} \approx 0.098 \tag{35}$$

正如可以看到的那样，E 类放大器甚至对开关特性提出了比 A 类放大器更高的要求。

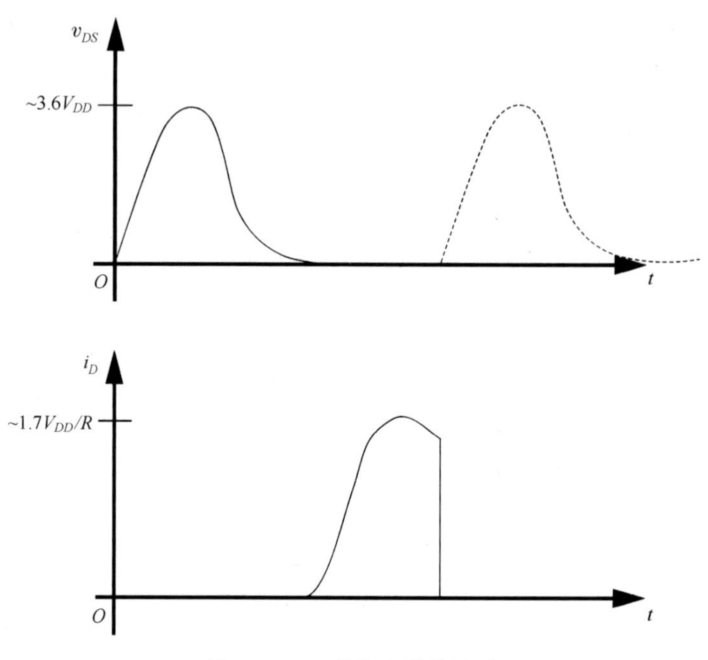

图 15.10　E 类放大器的波形

由于开关关断损耗使功率传递能力较差、效率降低，[①] 因此 E 类放大器的实际实现并没有显示出比设计得很好的其他类型放大器（如下面要介绍的 F 类放大器）具有明显的高效率。此外，由于承受较大的开关强度电压，E 类放大器也不能按照低功耗（以及由此产生的较低的击穿电压）工艺的趋势缩小尺寸而又能可靠地工作。由于这些原因，CMOS 形式的 E 类放大器并没有得到广泛的应用。但是分立实现不会受深亚微米 CMOS 严重的击穿电压的限制，因此存在着大量高性能的分立 E 类放大器。

15.6　F 类放大器

在设计 E 类放大器时曾有这样一个想法，即利用电抗终端阻抗的特性可以从改变开关电压和电流的波形中得到好处。也许这种想法最好的表达就是 F 类放大器，见图 15.11。这里的输出振荡回路调谐至载波频率，并且假定它具有足够高的 Q 值，使它在所希望的带宽外的所有频率上如同短路。

传输线的长度精确地选择为载波波长的 1/4。回想一下 1/4 波长（$\lambda/4$）的一段线具有“阻抗倒数”的特性。也就是这样一段线的输入阻抗正比于终端阻抗的倒数：

$$Z_{\text{in}} = \frac{Z_o^2}{Z_L} \tag{36}$$

① 实际上较大的峰值漏极电流也降低了效率，因为所有实际的开关都具有非零的“导通”电压。

我们可以从这个公式中推导出一段长度为半波长的线，其输入阻抗等于负载阻抗，因为两段 1/4 波长部分使我们得到了两次倒数，所以它们互相抵消了。

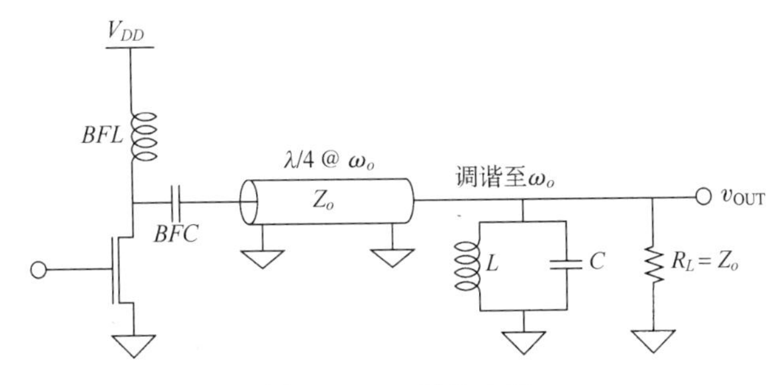

图 15.11　F 类放大器

经过刚才的简短回顾，我们就可以得到由漏极看到的阻抗的特性。在载波频率，漏极看到的是纯电阻 $R_L = Z_o$，此时振荡回路相当于开路，所以传输线的终端是它的特性阻抗。

在载波的二次谐波处，漏极见到的是短路，这是因为振荡回路在所有远离载波（及其调制边带）的所有频率处相当于短路，所以传输线现在就像是半波长的一段线。显然，漏极在载波的所有偶次谐波处看到的是短路，因为在所有偶次谐波处传输线就像是半波长的某个整数倍。相反，漏极在载波的所有奇次谐波处看到的是开路，因为此时振荡回路仍然表现为短路，传输线就像是 1/4 波长的奇数倍，因而提供负载阻抗的倒数。

现在，如果假设晶体管的工作像一个开关，那么电抗性的终端阻抗保证了漏极电压的所有奇次谐波都将看不到任何负载（除与晶体管本身输出阻抗有关的负载部分外），因此在漏极会理想地产生一个方波电压（前面曾讲过一个具有 50%占空比的方波只具有奇次谐波）。

由于在所有高于基波的奇次谐波处传输线都相当于开路状况，因此流入这条线的唯一电流是基波频率的电流。这样当晶体管导通时，漏极电流为正弦电流。而且很自然，振荡回路保证了输出电压是正弦电压，虽然晶体管只在一半的周期上导通（如在 B 类放大器中那样）。

通过巧妙的安排，可以使方波电压在高于基波的所有频率处看不到任何负载，从而无论在开关接通时刻还是关断时刻开关电流都理想地为零，由此可能达到的高效率可以从图15.12 所示的波形图中看出。可以看到，总的峰-峰值漏极电压为电源电压的两倍，因此v_{DS} 基波分量的峰-峰值电压为

$$(4/\pi)2V_{DD} \tag{37}$$

注意，由于傅里叶变换的作用，基波的峰-峰值实际上超过了总的v_{DS}摆幅。

现在由于只剩下基波分量驱动负载，因此传递的输出功率为

$$P_o = \frac{[(4/\pi)V_{DD}]^2}{2R} \tag{38}$$

由于开关没有消耗任何功耗，因此可以得出结论，即 F 类放大器在原理上可以达到 100%的效率。实际上，我们可以得到超过 E 类放大器的效率。此外，F 类放大器显然具有很好的归一化功率传递能力，因为最大电压就是电源电压的两倍，而峰值漏极电流为

$$i_{D,\text{pk}} = \frac{2V_{DD}}{R} \cdot \frac{4}{\pi} = \frac{8}{\pi} \cdot \frac{V_{DD}}{R} \tag{39}$$

因此归一化的功率传递能力为

$$\frac{P_o}{v_{DS,\text{on}} \cdot i_{D,\text{pk}}} = \frac{\dfrac{[(4/\pi)V_{DD}]^2}{2R}}{2V_{DD} \cdot \left(\dfrac{8}{\pi} \cdot \dfrac{V_{DD}}{R}\right)} = \frac{1}{2\pi} \approx 0.16 \tag{40}$$

或者说恰好是 D 类放大器的一半。在某些方面 F 类放大器可以被认为等同于一个单端的 D 类放大器。

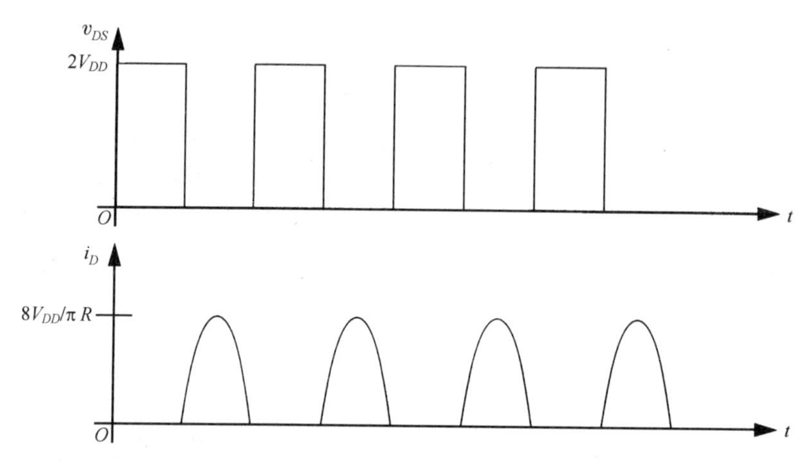

图 15.12 理想 F 类放大器的漏极电压和电流

应当强调的是 C 类、D 类、E 类或 F 类放大器从本质上讲都是恒包络放大器，也就是说，它们通常并不提供一个正比于输入的输出，因此当对它们的全部要求是恒幅值输出（例如这对于 FM 就很合适）时，它们往往工作得最好。但我们后面会讲到，我们在要求线性工作的应用中仍然有可能采用这些放大器。此举是很重要的，因为许多现代通信系统所采用的调制都涉及幅值调制（例如 QAM）以改善频谱利用率，所以线性工作是必需的。然而，目前不得不常常使用 AB 类放大器来满足这个要求，这类放大器相对于恒包络功率放大器来说在效率上会相应地降低。能够以恒包络的效率实现线性工作的一般方法仍然需要进一步探索。我们将在 15.7 节更详细地讨论调制功率放大器的问题。

15.6.1 反 F 类（F^{-1}）放大器

F 类放大器的对偶本身也是一个在效率上具有相同的理论极限的功率放大器。[1] 但 F 类放大器的终端在载波基波以外的奇次谐波处表现为开路，而反 F 类（其简化表示为 F^{-1}）放大器的终端在偶次谐波处表现为开路而在奇次谐波处表现为短路，见图 15.13。

同样，如果比较有利或实际可行，也可以用一条传输线来替代集总谐振器。此时，用基波频率长度为λ/2 的一段传输线替代三个并联在一起的串联谐振器并插在漏极和输出串联 LC 槽路之间。

① S. Kee et al., "The Class E/F Family of ZVS Switching Amplifiers," *IEEE Trans. Microwave Theory and Tech.*, v.51, May 2003。

当有无穷多个串联谐振器时，漏极电压波形表现为理想的（半）正弦波而电流波形则为方波，如图 15.14 所示。同样，与 E 类和通常的 F 类放大器一样，当开关切换时不存在 *V-I* 之间的重叠，这是这种结构在理论上具有高效率的原因。

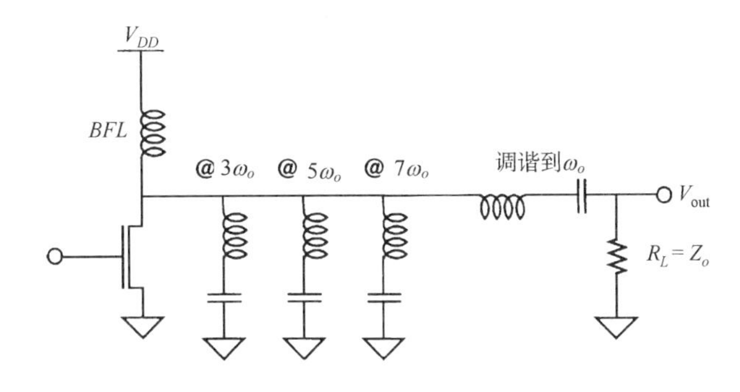

图 15.13　反 F 类放大器（所示为三谐振器集总元件的例子）

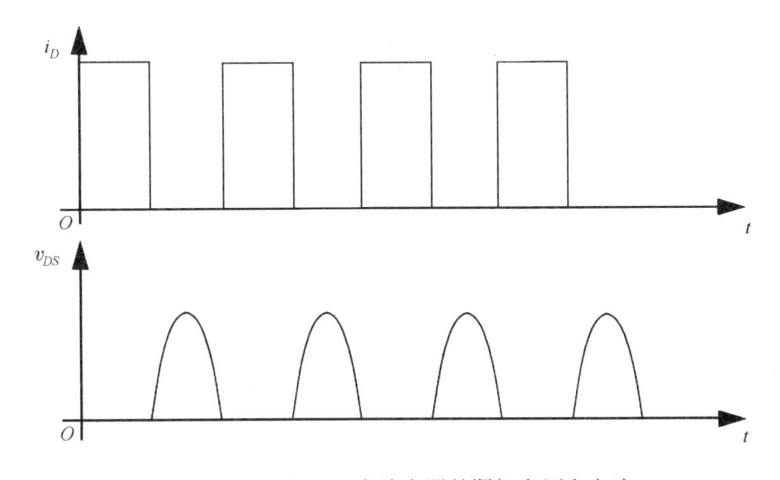

图 15.14　理想反 F 类放大器的漏极电压和电流

15.6.2　另一种形式的 F 类放大器拓扑结构

图 15.11 所示的连接方式虽然很好，但在许多应用中传输线可能会很长，因此会很不方便。而且在基波以外的奇次谐波处有无穷大（或接近无穷大）阻抗的优点，常常在实际中会被晶体管本身的输出电容所消除。因此采用集总元件近似，几乎可以与传输线的工作情况一样好。

为了建立这样的集总近似，可以用串联起来的许多并联谐振滤波器来代替传输线。每个谐振器调谐到载波频率不同的奇次谐波上。常常只需将一个振荡回路调谐到 $3\omega_o$ 就已经足够了。在超过图 15.15 所示的两个振荡回路时，很少会发现效率有明显的改善。例如，采用一个调谐至三次谐波的槽路可使漏极效率最高提升至 88%左右，而 B 类放大器的效率最高为 78%左右。增加调谐至五次或七次谐波的槽路可使 F 类放大器的效率分别提高至 92%和 94%。[①] 但如果实际的槽路元件不是无损的，那么回报递减的规律将很快使采用附加的谐振器变得毫无用处。

① F. H. Raab, "Class-F Power Amplifiers with Maximally Flat Waveforms," *IEEE Trans. Microwave Theory and Tech.* v.45, no.11, November 1997, pp.2007-12。

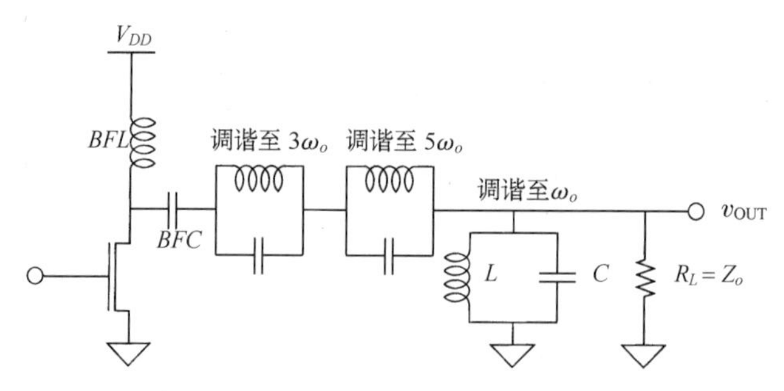

图 15.15　另一种形式的 F 类放大器

15.7　功率放大器的调制

15.7.1　A 类、AB 类、B 类、C 类、E 类及 F 类放大器的调制

调制 A 类或 B 类放大器是很容易的，因为输出电压直接与漏极电流信号分量的幅值 i_{rf}成正比。因此，如果 i_{rf}本身正比于输入驱动，那么就可实现线性调制。采用短沟道 MOS 器件可以很容易实现对这一比例关系的很好近似，因为当有足够的栅极电压时，短沟道 MOS 器件具有恒跨导。双极型器件由于有串联基极电阻，也能提供合理的线性度，这个串联基极电阻或者由外部提供，或者就是器件本身的电阻。然而，随着无线通信系统的发展，人们对线性度的要求已变得越来越严格。一种原始的（但几乎被普遍采用的）线性化“方法”是功率回退（power backoff），也就是说，比如我们从一个能产生 10 W 功率的放大器中只要求 1 W 的功率。① 功率回退的基本原理很容易理解，只要考虑一下在第 12 章中为定义 IP3 而采用同一种弱非线性放大器模型就可以了。由于三阶 IM（IM3）项在输入功率每下降 1 dB 时下降 3 dB，因此输入功率每减小 1 dB，基波和三次谐波分量之间的比就会改善 2 dB（同样，输入功率每减小 1 dB 时，相应的五阶或七阶 IM 项的比在理论上将分别改善 4 dB 和 6 dB）。如果这种趋势成立，那么就存在某一水平的输入功率，当低于这个水平时输出 IM3（及其他）失真分量相对于载波的功率就会低到可以被接受的程度。由于 A 类放大器的效率和输出功率都将随功率回退数量的增加而减小，因此我们应当采用对应于达到失真指标时的最小（功率回退）值。典型的功率回退值相对于 1 dB 压缩点来说曾普遍低于 6～8 dB（并且甚至常常低至 1～3 dB）。近年来常常会发现功率回退值必须高至 10～20 dB 才能满足某些系统对线性度的严格要求。由于采用分贝表示数值时很容易失去对实际情形的跟踪，因此让我们重新考察一下最后一个数值范围（10～20 dB）的含义。这个范围是指：在你费尽心机设计了一个 10 W 的 RF 放大器之后，你也许会发现，只有当它的输出功率保持在几百毫瓦（mW）以下时才能满足频谱的纯度指标要求。

与 A 类放大器相比，由于 AB 类放大器的结构本身就有较大的非线性度，因此它的输出 IM 分量表现出与输出功率之间具有较弱的相关性（例如输入功率每减小 1 dB，IM3 功率则下降 2 dB）。更糟的是，任何数量的功率回退都不能达到可接受的失真的情况并不少见。最后，与 A 类放大器一样，功率回退常常会使效率降低到不可接受的程度（例如在某些情形中低至 5%～10%）。我们很快就会讨论线性化的其他方法，你可以用这些方法来缓解某些协调关系。

C 类放大器提出了更为明显的挑战，这可以通过分析前面推导出的输出电流公式来理解：

① 也许在别处采用这种技术是一种“应付”，但在这里采用就是一种方法。

$$i_{\text{fund}} = \frac{i_{\text{rf}}}{2\pi}(2\Phi - \sin 2\Phi) \tag{41}$$

不管形式上如何，流过电阻负载的电流基波分量与 i_{rf} 之比一般不呈线性，这是因为在括号内的三角函数项也与 i_{rf} 有关。[①] 因此，C 类放大器通常并不提供线性调制能力，所以一般不适合用于幅值调制，至少当被调制的载波驱动栅电路时是如此。

为了从非线性放大器（例如 C 类、D 类、E 类或 F 类）中获得线性幅值调制，把电源（power supply）终端（漏极电路）考虑成一个输入端比较好。该一般化的概念很简单：改变电源电压就可以改变输出功率。这里的控制实际上可以比在通常的输入端（例如栅）更为线性。首先按这一想法去做的显然就是 AT&T 公司的 Raymond Heising，他于 1919 年左右在真空管放大器中实现了这一点。[②] Heising 调制器（由于它采用扼流，因此也称为恒电流调制器）最简单的 CMOS 实现显示在图 15.16 中。

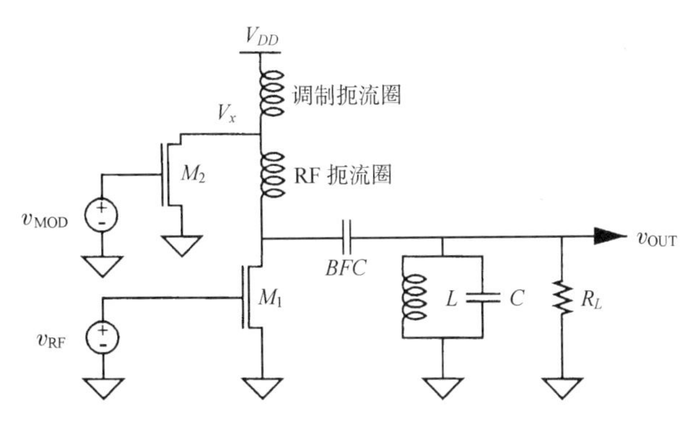

图 15.16　具有 C 类 RF 放大级的 CMOS Heising 调制器（简化电路）

调制放大器 M_2 的负载是一个扼流圈（“调制扼流圈”），它选择得足够大，使得在最低调制频率时具有很高的电抗。电压 V_x 是 V_{DD} 与在扼流圈两端产生的调制电压之和。这个电压和又通过 RF 扼流圈传送到 M_1（偏置成 C 类放大器）作为它的等效电源电压，这一点与我们所有传统 PA 结构通常的模型一样。由于两个晶体管共享一个公共的 DC 电源，并且由于电压 V_x 几乎接近地电压，因此 M_1 的输出永远也不会达到零。基本的 Heising 调制器本身是不可能达到 100%的调制深度的（这个特点在某些情形中是一个优点，因为过调制及随之而来的严重失真从本质上来讲将不可能出现）。在调制器产品的例子中，60%～80%的最大调制百分比并不少见。对于要求全调制范围的应用，一个简单的解决办法是将一个有电容旁路的电阻与 RF 扼流圈相串联。在该电阻上的 DC 压降将使 M_1 比 M_2 工作在更低的电源电压下。其缺点是调节深度的改善是以效率的降低为代价的，这是因为在这个附加的电阻上存在功耗的缘故。

此外还有其他形式的漏极调制，它们不需要以牺牲效率来改善调制深度。一个很普通的例子显示在图 15.17 中。我们可以利用电源电压、变压器匝数比及调制幅值之间的多种组合来迫使最大调制时 M_1 的漏极电压为零（而不只是接近零）。例如，假设选择 1：1 的变压器。由于我们希望次级电压能达到零，那么初级摆幅的幅值就必须达到 V_{DD2}。因此这种要求就迫使我们选择比

① 即 A 类或 B 类的工作情况例外。对于其他情形，在驱动和响应之间并不存在比例关系，所以线性调制并不是一个固有的特性。

② 见 E. B. Craft and E. H. Colpitts, “Radio Telephony,” *AIEE Trans.*, v.38, 1919, p.328。还可参见 R. A. Heising “Modulation in Radio Telephony,” *Proc. IRE*, v.9, August 1921, pp.305-22, and *Radio Review*, February 1922, p.110。

V_{DD2} 大一点的 V_{DD1}（以包括 M_2 两端非零的压降）及一个合适的栅极驱动电压，以产生所希望的调制摆幅。

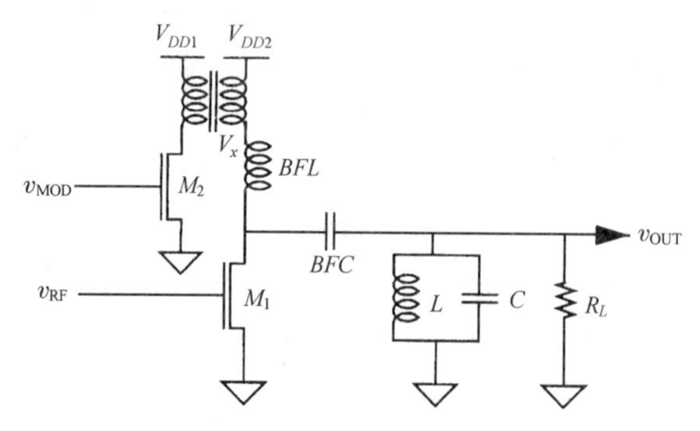

图 15.17　另一个漏极调制例子

更普遍的做法是采用一种漏极电源电压，这时要求变压器的匝数比不同于 1：1。通过选择合适的升压比可以达到 100%的调制。

这里需要注意的是，调制器本身也是一个功率放大器，因此这些高电平调制器也与它们所驱动的 RF 功放级一样，具有本质上相同的需要在效率和线性度之间做出折中选择的问题。如果不注意，调制器的功耗就可能超过 RF 主功率放大器的功耗。另一个普遍用来解决该问题的电路用一个推拉式 B 类放大级来代替 M_2 以提高效率。在这种情形中，B 类放大级的输出漏极连至变压器的初级，后者的中心抽头连至 DC 电源。效率更高的另一种方法是通过一级工作在开关模式（例如 D 类）的放大器产生电压 V_x，其要求是必须能够充分滤去开关噪声以满足严格的频谱纯度要求，但它带来的高效率常常证明这种努力是合理的。有时在开关调制器中会采用Δ-Σ调制来改变噪声谱的形状，以降低对滤波的要求。

这几个例子表明有许多方式可以影响漏极（高电平）调制。① 然而，虽然漏极调制允许用非线性放大器实现名义上的线性调制，但线性度仍可能不足以满足对频谱程度的实际要求。这一缺点促使我们去考虑各种增强措施及其他解决办法。

15.7.2　线性化技术

包络反馈

也许把功率回退和漏极调制称为线性化技术有些不严格。功率回退以效率换取线性度，然而效率太宝贵了，因而不能随意浪费。漏极调制虽然对某些结构来说优于栅极调制，但它最终仍然要依赖于开环特性，因此设计者并不能直接控制失真。在本小节中，我们将讨论许多以最低效率为代价来提高 RF 功率放大器线性度的方法。

在面临提高放大器线性度的一般问题时，很自然就会想到负反馈。然而在 RF 功率放大器的周围加上一个通常的反馈环是非常冒险的。如果采用电阻反馈，那么在大功率放大器中反馈网络的功耗实际上可能非常大，以至于足以引起散热问题，更不用说效率总是随功耗增大而降低了。电抗反馈确实不存在这个问题，但我们却必须格外小心，以避免这一电抗可能引起的寄生谐振。此外还有一个环路传输幅值是否充分大的问题，这是所有放大器都存在的问题。如在第 14 章中

① 尽管许多文献并不区分漏极调制和 Heising 调制，但这里要说明后者是前者的子类。

说明的那样，非线性度减少的倍数等于环路传输幅值（实际上应当是回路差值，但当环路传输幅值很大时这两个值近似相等），但其代价是闭环增益也降低了同样的倍数。闭环增益降低为原有的 1/10 将使 IM3 失真（归一至基波）减小为原有的 1/10，因此我们需要提供额外的增益才能使线性度有较大的改善。在射频时，开环情况下能获得的增益已经来之不易了，因此如果闭环增益不降低到得失并存的地步，则几乎不可能使线性度得到显著的改善。

如果不想付出这么大的代价而是试图采用串联许多放大级的方法，则会出现传统的稳定性问题。随着我们寻求更大的带宽，这一问题将越来越严重，因为寄生极点落在频带内使稳定裕量减少的可能性将加大。

敏锐的读者会注意到，只需在与调制相同的带宽上进行线性化，并且这个带宽并不需要处于载波的中心频率。作为这一结果的具体应用，假设我们反馈回一个对应于输出信号包络的信号（例如利用一个解调器，它在非关键应用中可以采用简单的二极管包络检测器），然后用这个解调信号形成闭环，见图 15.18。[①]

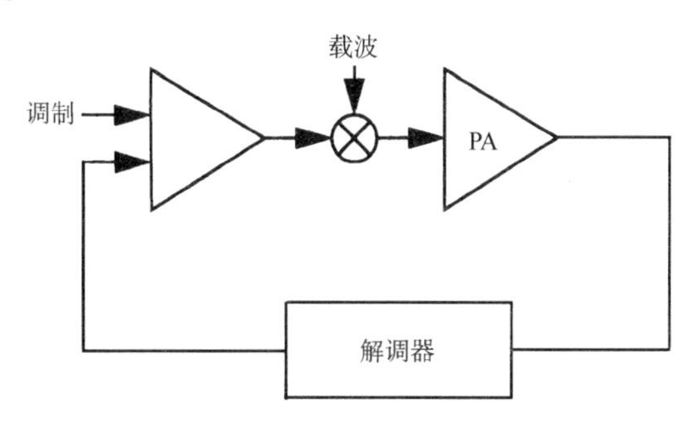

图 15.18 用负反馈改善调制线性度

在基带频率时闭合环路也许是很有效的，因为这样可以很容易地在所关注的带宽上获得所需要的额外环路增益。但要满足所有这些相关要求未必很容易，特别是如果我们希望在较大的带宽上线性度有较大改善时。举一个简单的例子就足以清楚地说明这些相关的问题。假设我们希望在 1 MHz 的带宽上使失真减少 40 dB，那么必须在 1 MHz 时有 40 dB 的额外增益。如果反馈环可以很好地模拟成单极点，那么相应的环路交零频率将是 100 MHz，这意味着要求稳定的闭环带宽也是 100 MHz。想确保该环路在这一带宽上表现为一个单极点系统并非不可能，但的确不是一件容易的事。[②] 从这些数字可以很容易看出，如果我们想在一个更宽的带宽上获得更大的线性度改善，那么困难就会迅速加大。

即便我们只要求幅值线性度有比较适中的改善，对相位特性的约束（相对于基带）也仍会引起设计困难。我们注意到一个单极点系统在–3 dB 频率的相位滞后是 45°，如果对这个通带上允许的相移有严格的规定（例如，为了限制群延时的差别），那么对一个单极点系统的唯一解决办法是提高带宽。如果允许的相位误差为 5.7°，那么带宽就应当选择为基带带宽的十倍频以上；如果允许的误差范围缩小到 0.57°，那么所要求的带宽就会再提高一个数量级，即增加到基带带宽的 100 倍。[③]

这些计算都乐观地假定唯一的误差来源来自前馈路径且反馈在各个方面都是理想的。在

① F. E. Terman and R. R. Buss, "Some Notes on Linear and Grid-Modulated Radio Frequency Amplifiers," *Proc. IRE*, v.29, 1941, pp.104-7。

② 放宽对单极点的限制也许有助于降低对额外带宽的要求，但却有产生条件稳定的反馈系统的危险。

③ 我们也可以采用合适的相位补偿全通滤波器（all-pass filter）来降低对额外带宽的要求。

图 15.18 所示的情形中，这个要求相当于需要一个在很宽的动态范围上有极好线性度的解调器，因为一个负反馈系统只对前馈路径上的非理想性降低灵敏度。由于整个系统的性能受限于反馈的质量，因此在解调器中的任何非线性和相移都会限制环路的效率。

这些困难足以令人气馁，由此出现了一系列其他技术用来代替或补充传统的负反馈技术。其中有些技术是纯开环技术，因此，如在第14 章中所讨论的那样，它们不受稳定性考虑的限制。而且我们将介绍一种线性化技术，它既可以单独使用也可以与其他技术联合使用，这取决于具体的设计目标。

前馈

我们已经知道了一种开环线性化技术——前馈，它是由 Black 在负反馈放大器发明之前提出的。我们将前馈放大器重画于图 15.19 中。

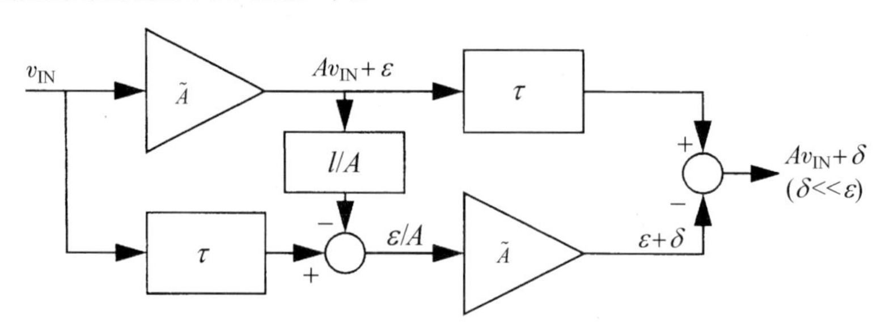

图 15.19　前馈放大器

正如在第 14 章中讨论的那样，前馈能够显著改善线性度的带宽在某种程度上取决于各个放大器的群延时能够通过可实现的延时元件精确跟踪的带宽。[①] 这种跟踪必须是随时的，并且在存在温度和电源电压变化的情况下仍然保持精确。在许多实际产品（如某些 GSM 基站功率放大器）中，延时元件基本上是用适当长度的低损同轴电缆实现的。与大多数依靠匹配的技术一样，实际上也可以有大约 30 dB 的改善（如果仔细设计，也许可以达到 40 dB 以上）。在某些情形中还可以实现自动调整技术，其中一些自动调整技术依靠通过放大器发送的引导信号。具有这种特性的自动校正技术可以使前馈提供高度一致的优质线性度。如果还必须进一步改善线性度，那么我们可以将这种技术与其他技术联合起来使用。

尽管利用前馈可以达到比较宽的带宽，但由于两个完全相同的放大器都消耗功率从而导致了低效率，这无疑是一个缺点。虽然因有两个单独的放大路径而提供部分冗余常常是一个有吸引力和可作为补偿的优点，但由于效率太低（一般在 10%以下），因此在大多数应用中往往不采用前馈的 RF 功率放大器。

预畸变和后畸变

另一种开环线性化的方法是利用以下事实：即把一个非线性元件与它在数学（表示）上相反的元件串联在一起，就可以使总的传输特性成为线性。这个补偿元件可以放在非线性放大器的前面或后面，逻辑上可以很合理地分别将它们称为预畸变器（predistorter）或后畸变器（postdistorter）。预畸变至今是这两种变换中采用得更普遍的一种（因为在 PA 本身的输入端处功率水平较低），并且它可以应用在基带或 RF 中。基带预畸变极为普遍，这不仅因为基带频率比较低，而且还因为

① 由于实际的放大器一般不会呈现出恒定的群延时，因此设计一个补偿延时元件来跟踪这种实际特性是很困难的。

实际上可以选用模拟技术或数字技术来实现（其中数字技术因具有特有的灵活性而变得日益普遍）。基带预畸变的另一个特点是可以纠正在反变换回 RF 时引起的非线性，见图 15.20。

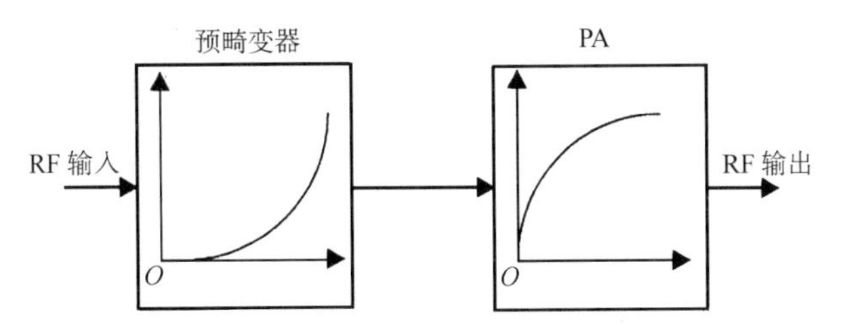

图 15.20　RF 预畸变示意图

由于放大器中主要的非线性与增益压缩有关，因此预畸变器可成功应用的机会只是当输入增加时能够通过提高增益来精确进行解压缩的时候。但是必须记住，一个预畸变器不能增加放大器的饱和输出功率，因此我们几乎或根本不应当指望在 1 dB 压缩点处有任何改善。由于对于“性能良好”的非线性来说，IP3 至少与压缩点有点关系，因此我们不会对为什么预畸变很少能成功地使 IM3 失真分量的减少比 12 dB 多很多的现象感到奇怪。如果需要大幅度的减少，那么单靠预畸变多半不能成功。①

相位误差的校正（包括那些可能由 AM 至 PM 转换引起的）可以通过在输入端串联一个移项器来实现。大部分放大器对于小幅值输入往往表现出较大的相位滞后，因此必须准备好对移项器的控制以补偿相移。这里的约束通常不如幅值校正那么严格，但设计一个模拟控制电路却非常复杂，所以数字控制已变得十分普遍。为此，一旦你遇到问题且需要一个数字控制器时，你也许想用它来同时控制增益和相位校正器。此举离实现一个同时包围幅值和相位路径的真正反馈环只有一步之遥，采用后一种（闭环）方法时就实现了*极坐标反馈*（polar feedback），对此将很快给出更多的说明。

即使要达到前面提到的 12 dB 这一中等程度的改善——而不管预畸变是用纯模拟电路还是数字控制单元来实现——我们也必须解决精确产生所希望的反传输特性的问题，并且还要保证这种反传输特性在面临通常的工艺、电压和温度变化的情况下随时（以及随可能变化的负载）保持正确。②

可以证明，固定的预畸变器不适应这样的漂移，因此我们很自然会想到用自适应的预畸变器替代它。例如，用这样的预畸变器实时测量电压和温度，并周期性地计算和更新反函数。因此它的成功实现需要有一个系统模型及测量相应输入变量的传感器。遗憾的是，系统的建模是一件非常困难的事，特别是如果某些重要变量（如输出负载，它在便携式应用中的变化范围可能很广）不能方便地测量（不管什么原因）的话更是如此。更加困难的是，由于有能量存储，因此非线性可能存在迟滞效应。在这些情况下，当前的输出值不仅与当前的输入而且也与过去的输入有关。这些局限性并不意味着预畸变没有任何意义（事实上完全相反，因为许多广播电视发射器都依靠这一技术），但它们确实解释了为什么预畸变要持续使线性度有较大的改善是非常困难的。与其他技术一样，预畸变可以与其他方法结合起来使用以达到总的线性度目标。

---

① 偶尔也会在一些文献中看到有大幅度的减少，但在仔细考察之后会发现，许多这样的报道都是指那些同时采用功率回退（或其他某种方法）和预畸变的系统，虽然这些系统未必明确承认采用了功率回退。

② 预畸变作为一种提供高线性度工作的方法应当为读者所熟悉。例如，电流镜实际上就是依靠一对非线性反变换（首先从电流至电压，然后再反变换回电流）来提供电流域中真正的线性特性的。另一个更为复杂、依靠同样的非线性跨导基本串联（I 变换至 V，然后再反变换回 I）的例子就是实际的 Gilbert 增益单元。

包络的消除与恢复

最先由 Leonard Kahn 提出的用来改进单边带（SSB）传输系统的包络消除和恢复（EER）技术就其本身来说并不是一种线性化技术，而是通过漏极调制从非线性（恒包络）放大器中实现线性放大的一个系统。[①] 在 EER 技术中，需要进行线性放大的调制后的 RF 信号被分成两路，见图 15.21。一路传送到限幅放大器（limiting amplifier）（其本质上是一个比较器）以产生一个恒包络的 RF 信号，这个信号接下来被一个恒包络（例如 C 类）放大器进行高效率的放大。另一路传送到一个包络检测器（解调器），所提取的调制信号再送到采用漏极调制的恒包络放大器。由于 EER 本身并不是一种线性化的方法（最好把它称为效率提升技术），因此，为达到可接受的频谱程度，也许还需要用真正的线性化技术进行补充。[②]

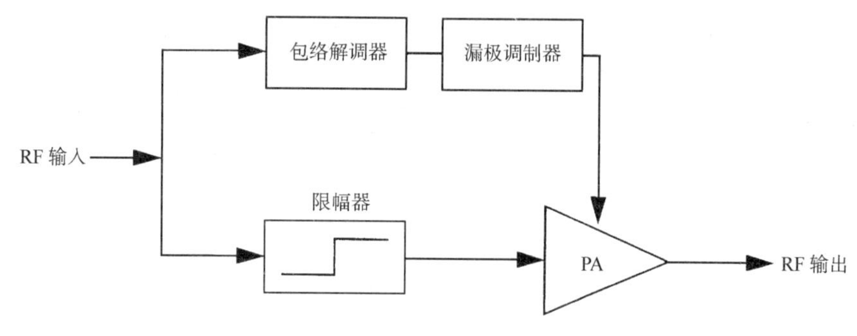

图 15.21　Kahn 的 EER 系统

可见建立任何一种理想元件（特别是在 RF 的情况下）都是很困难的，因此有必要分析一下我们实际上对限幅器究竟有什么要求。在 Kahn 的 EER 系统中，限幅器的作用只是向 PA 级提供合适的驱动以保证高效率的工作。但正因为这样，也许实际上比较有利的是使 PA 的输入随 RF 输入的包络（至少大致如此）变化而不是保持不变，以便在包络较小时不需要太大（因而造成浪费）的 PA 驱动。因此，设计一个实际的限幅值可以很简单，因为这个问题实质上简化成设计一个放大器而不是一个严格意义上的限幅器——当然没有过多地考虑幅值的线性度。[③] 根据具体的 PA 特性，这一限幅器也许在输入幅值较低时必须提供较高的增益以确保 PA 级总能被强驱动，从而保证高效率和保持较低的噪声背景。[④] 同样，也许有必要插入一个补偿延时（一般在 RF 路径上），以确保漏极调制在时间上能与 PA 驱动保持一致。如果不能保持一致，就有可能在低功率输入时影响 EER 正确工作的能力，使输出功率的可用动态范围减小。当然，在实际中达到大约比 30 dB 大得多的动态范围仍然是相当困难的。

Chireix 反相位（RCA Ampliphase）与用非线性元件实现线性放大（LINC）

通过组合非线性放大器的输出以获得线性调制的技术一般称为 LINC（linear amplification

① L. R. Kahn, “Single Sideband Transmissions by Envelope Elimination and Restoration,” *Proc. IRE*, v.40, 1952, pp.803-6。

② D. Su and W. McFarland, “An IC for Linearizing RF Power Amplifiers Using Envelope Elimination and Restoration,” *IEEE J.Solid-State Circuits*, v.33, December 1998. pp.2252-8。

③ 我们必须仔细设计，以避免在不允许存在 AM 至 PM 转换的通信系统中出现这种转换。这个要求适于所有的放大器，因此它与我们是否希望实现一个传统的限幅器没有关系。

④ F. Raab, “Drive Modulation in Kahn-Technique Transmitters,”*IEEE MTT-S Digest*, v.2, June 1999, pp.811-14。

with nonlinear components，用非线性元件实现线性放大）。[1] 在文献中首次提出 LINC 概念的是 Henri Chireix，他在 1935 年左右提出了反相位调制（outphasing modulation）。反相位通过把两个具有不同相位的恒幅值信号向量相加来产生幅值调制。[2] 恒幅值特性使我们可以采用高效率的恒包络 RF 放大器，而向量相加则不再需要漏极调制，从而消除了与之相对应的功耗。

反相位调制在发明之后的20年间断断续续地获得了一些商业成功，但它的迅速普及是在RCA著名的 AM 广播发射器生产线采用这一技术的时候，即起始于 1956 年的 50 kW BTA-50G 发射器。[3] 反相位（Ampliphase）这个在 RCA 市场广告中使用的名词也许就是此后 15 年间 AM 广播无线电发射器的主要技术。

为了实现反相位方法，首先使基带信号从单端变为差分信号（如果还没有获得其差分形式），然后利用这两个输出的一对等时（isochronous）而不是同步（synchronous）的 RF 载波进行相位调制；接下来由高效率的恒包络放大器放大这两个经过相位调制的 RF 信号；最后用一个简单的无源网络把这两个放大后的相位调制信号相加。于是经过幅值调制的 RF 信号就出现在这一合成器上，如图 15.22 所示。

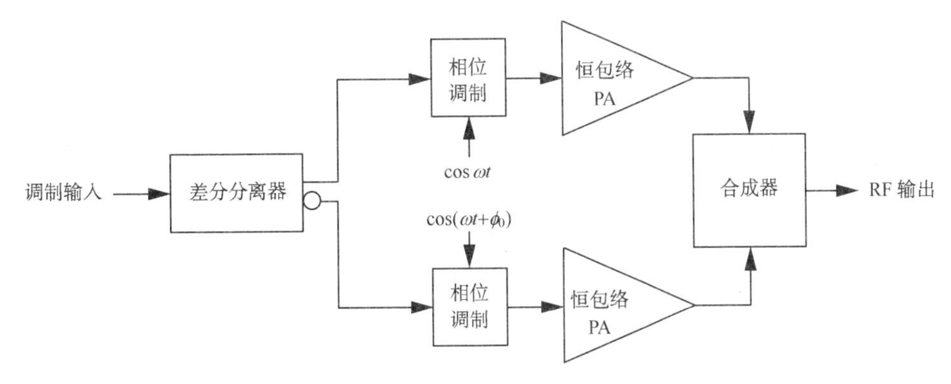

图 15.22 反相位调制器的框图

具体实现时，通常选择这两个放大器输出之间的静态相移 ϕ_0 等于 135°。这两条信号路径被设计成每一个可以产生45° 和–45° 的最大相位偏移，因此合成器的两个输入之间的总相位差在 90° 和 180° 之间变化。当相位差为 90° 时，这两个信号相加产生最大的输出；当相位差为 180° 时，这两个信号相互抵消产生的输出为零。这两种极端情形对应于经过调制且调制深度为100%的信号的峰值。

设计反相位系统时主要的工作是：（a）获得线性的相位调制；（b）实现一个低损耗合成器，它能避免一个放大器被另一个放大器强拉而降低来之不易的效率、线性度及稳定性。在 Ampliphase 系统中，相位调制器所利用的相位变化是通过改变一个槽路的 Q 值得到的，这个槽路的中心频率与载波频率有些差距，见图 15.23。

① D. C. Cox, "Linear Amplification with Nonlinear Components," *IEEE Trans. Communications*. December 1974, pp.1942-5。

② H. Chireix, "High-Power Outphasing Modulation," *Proc. IRE*, v.23, 1935, pp.1370-92。

③ D. R. Musson, "Ampliphase…for Economical Super-Power AM Transmitters," *Broadcast News*, v.119, February 1964, pp.24-9。还可参见 *Broadcast News*, v.111, 1961, pp.36-9。反相位提升的效率足以建立输出功率至少为 250 kW 的实际发射器。

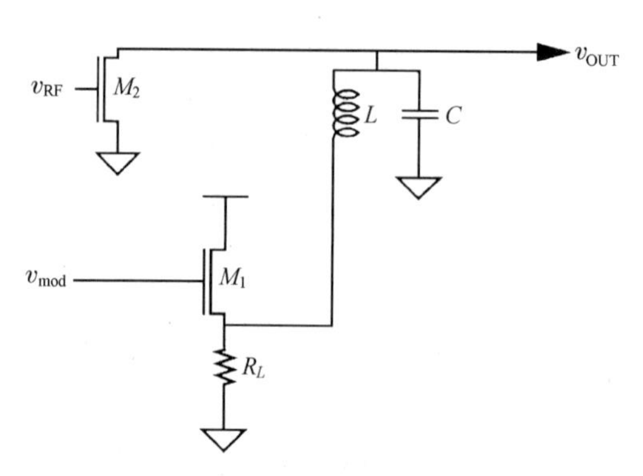

图 15.23 Ampliphase 系统中的相位调制器（简化的 CMOS 形式，没有显示偏置细节）

晶体管 M_1 的输出电阻作为一个可变电阻，它的数值随调制而变化。当调制电压上升时，M_1 的输出电阻下降，因而提高了输出槽路的 Q 值。晶体管 M_2 只是一个跨导器，它把 RF 电压转变成电流。因此，输出电压相对于 M_1 漏极电流的相位角与槽路阻抗的相位角相同（连通各处的符号）。这个相位角又与槽路的 Q 值有关，因而也与调制有关。注意，相移与调制电压之间的线性关系几乎不能靠这个电路来保证，因此需要采用预畸变来获得名义上线性的调制。

另一个设计困难来自输出功率的合并电路。在 Ampliphase 发射器中，合成器基本上是一对 CLC 的 π 网络（总需要它来进行阻抗变换），它们的输出连在一起（每个π 网络的作用是对 1/4 波长导线的集总近似）。该情形显示在图 15.24 中。

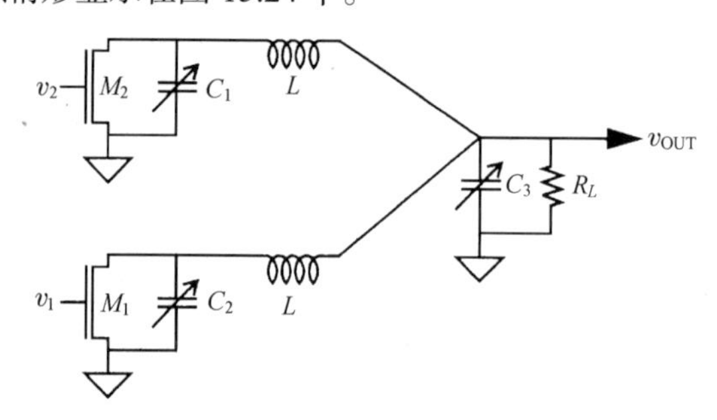

图 15.24 Ampliphase 系统中的输出合成器（简化的 CMOS 形式，没有显示偏置细节）

这个合成器看似简单，似乎不是真的。[①] 虽已证明反相位在很成功的产品设计中是可行的，但它也显现出一个根本问题。从每个晶体管漏极看进去的等效阻抗不仅取决于连至最终输出的负载，而且也取决于另一个晶体管漏极处信号的相对相位。为了避免适应随意变化的漏极负载阻抗，电容 C_1 和 C_2 必须随驱动的瞬时相位角（在相反方向上）变化。不言自明，对线性可控电容的这一要求只会加大设计难度。事实上，要求有一个实际的、低功耗和线性的、能提供高度隔离的合成器仍然没有实现。由于这个原因使 LINC 今天仍然没有成为主流，虽然它的结构还是很有吸引力的。

获得线性相位调制及设置正确的静态相位——更不用说使它们在时间、温度和电源电压变化的情况下仍能保持正确工作——是非常困难的，这足以使广播工程师有时嘲弄地称这些发射器为“Amplifuzz”。到 20 世纪 70 年代中期，Ampliphase 系统的生产线就基本上逐渐淡出了人们的视线。

① 如果我们用一段合适的传输线来代替 π 网络，那么它看上去将更简单，虽然可变的补偿电容仍然需要。

然而从那时起，工程师几乎从未放弃过 LINC。在出现了先进的数字信号处理技术后，又激励了许多人想借用这一强大的计算能力来克服 LINC 的某些不足。由此形成的 LINC 系统的一般化的框图显示在图 15.25 中。很遗憾，信号处理只满足了我们的部分需要。尤其是合成器的设计，它在很大程度上仍然是正在进行的尚未获得成果的实践。

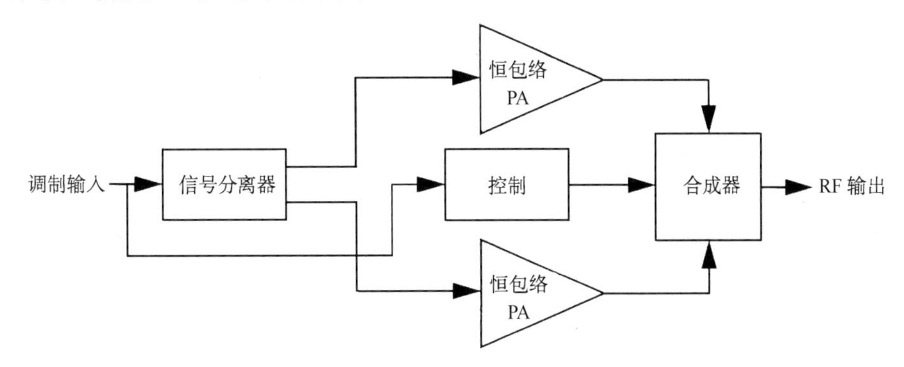

图 15.25　LINC 系统的一般化的框图

极坐标反馈

由于一般需要同时校正任何信号路径中的相位和幅值非线性，因此看来合乎逻辑的是采用一个反馈环分别包围相位和幅值，如我们在讨论预畸变时所得到的启发那样。极坐标反馈（polar feedback）环可直接实现这一想法。[①] 它常常与 EER（针对幅值分量）技术结合起来使用，并附加相位检测器及移项器，见图 15.26。

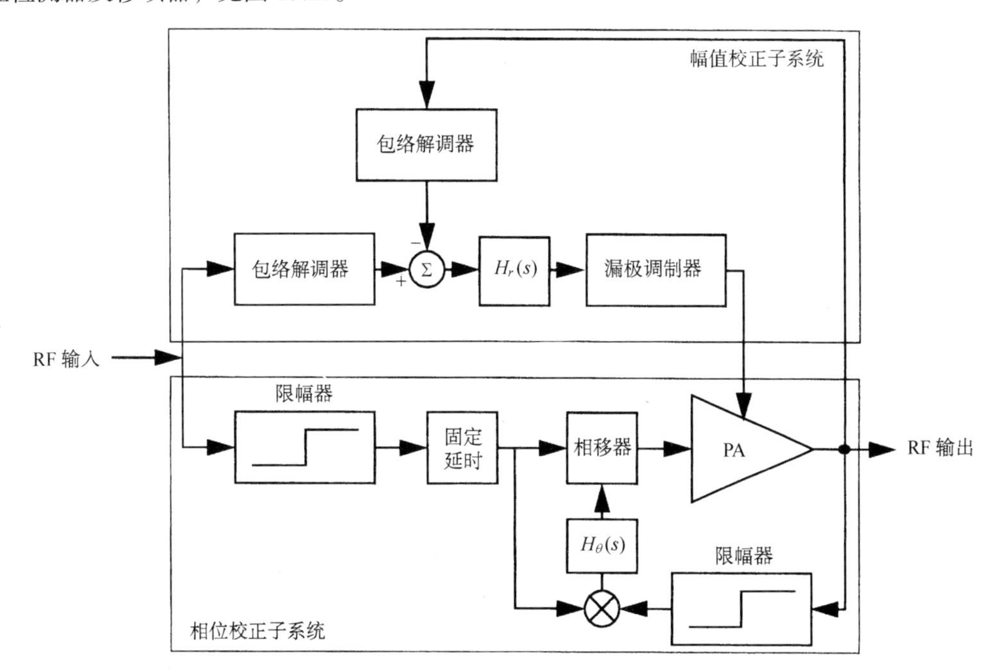

图 15.26　采用极坐标线性化功率放大器的例子

从图中很容易看出有两个控制环。幅值控制环对输出包络和输入包络进行比较，它们的差驱

① V. Petrovic and W. Goslin, "Polar Loop Transmitter," *Electronics Letters*, v.15, 1979, pp.1706-12。

动一个漏极调制器，这与在 EER 中完全一样。增益函数 $H_r(s)$ 控制幅值反馈环路的动态特性。如果它包含积分作用，那么稳态幅值误差就可以被驱动至零。由于大部分环路传输增益可以在基带（而不是在 RF）通过增益模块 $H_r(s)$得到，因此基本上可以在很大程度上抑制非线性。

相位控制环检查经过限幅的输入和输出信号之间的相位差。实际上必须有限幅器，因为大多数相位检测器对幅值和相位都很敏感（否则将要求具有某一最小幅值以便能够工作）。包含限幅器也很方便，因为基本的 EER 结构总需要它。此时相位误差信号驱动一个与 PA 输入相串联的移项器并对它进行相应的调节，其动态特性仍然由一个增益模块控制，但这次的传递函数是 $H_\theta(s)$。

值得注意的是，要保证幅值和相位校正在时间上相一致。然而由于相位和幅值控制子系统一般是用不同的元件实现的，因此不能保证它们的延时（或任何其他的相关特性）一定匹配。例如，幅值控制环的带宽与漏极调制器的带宽有关。因此如前所述，常常采用一个开关模式的调制器来保持高效率。但带宽很宽又将要求在调制放大器中有特别高的开关频率，其结果是：想用当前的工艺实现超出 1 MHz 很多的带宽是非常困难的。

一般来说，相移环远未受到这么多的约束，所以它有宽得多的带宽和相应较小的延时。因而通常有必要插入一个固定的补偿延时，以确保通过这两条控制路径的延时互相匹配。（从原理上说，移项器可以实现补偿，但此举在大多数情况下会不必要地使移项器的设计复杂化。）

由于极坐标反馈要求这两个类型不同的控制环必须具有延时匹配，因此想要始终一致地获得高性能显然很困难。另一个复杂性来源于 AM 至 PM 的转换，这种转换使这两个环路之间互相耦合，从而降低了稳定性。稳定性的问题又与幅值和 AM 至 PM 转换之间的关系交织在一起。因此，极坐标反馈仍然是一个研究热点。然而现已证明，为了获得必要的匹配（更不必说要在电源电压和温度变化的情况下始终保持一致），以及为在输入全带宽与动态范围上确保稳定所带来的困难非常大，足以阻碍移动通信在最感兴趣的频率和带宽上实现大规模产品化。

注意，极坐标反馈所依据的一个重要概念是：把一个 RF 信号分解成两个正交分量，然后分别围绕每一个分量闭合一个反馈环。如果极坐标的幅值和相位变量仅代表一种可能的选择，那么也许值得考虑另一种选择。

正交反馈

信号的极坐标表示与直角坐标表示是等效的，因此我们可以不用把信号分解成数值和相位分量，而是把它分解成同相位的 I 分量和正交相位的 Q 分量。这个正交（Cartesian）表示有值得肯定的实际含义，因而正交反馈已受到相当大的关注。[①] 图 15.27 所示的框图表明，与极坐标环路不同，正交反馈环路由两个电路上完全相同的路径构成。

在这个结构中输出经过一对正交下变换。基带信号 I 和 Q 与它们调制后的相应信号进行比较。[②] 两个基带误差信号分别被计算、放大和反变换成 RF，并最终在 PA 级的输入端相加。大部分环路增益是在基带从 $H(s)$中而不是在 RF 中获得的，这大大简化了环路设计。

① V. Petrovic and C. N. Smith, "The Design of VHF Polar Loop Transmitters," *IEE Comms.82 Conference*, 1982, pp.148-55。还可参见 D.Cox, "Linear Amplification by Sampling Techniques: A New Application for Delta Coders," *IEEE Trans. Communications,* August 1975, pp.793-8。

② 假设我们已经完成了正交下变换以获得 I 和 Q 信号，或者事实上正在实现我们已用数字技术产生的基带信号的上变换。因此该图说明的是一个发射器或一个放大器。

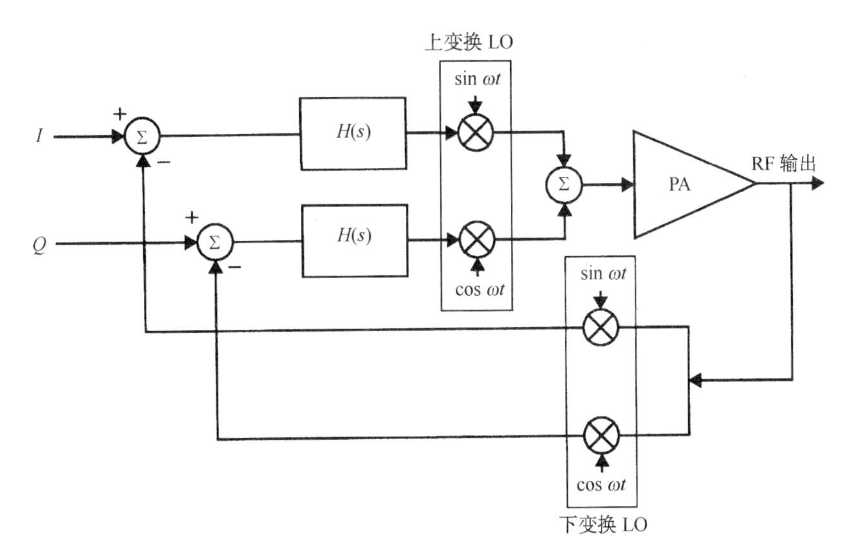

图 15.27　采用正交反馈线性化的发射器

这个结构中两个反馈路径完全相同的事实表明，正交反馈不存在极坐标反馈中棘手的匹配问题。但这里仍存在着困难的设计问题，这又一次阻碍了该结构的广泛应用。

最突出的问题是在这两个环路之间缺少严格的正交性。只有保证正交性，这两个环路才能独立地起作用，从而使设计时要考虑的问题较少。如果两个环路互相耦合，那么动态特性会以非常复杂（莫名其妙地降低）的方式变化。更糟的是，两个环路不正交的程度有可能随时间、温度和电压而变化——并且也可能随 RF 载波调谐在某个具体范围上发生改变。这个问题并不是正交反馈所独有的，它可能在任何具有多条反馈路径的系统（例如极坐标反馈环）中都要考虑。

为了评估这一问题对系统级的影响，考虑在上变换 LO 和下变换 LO 之间有一个相位失调 ϕ（我们仍然假设每对 LO 都由两个正交的信号构成）。与任何反馈环一样，我们可以通过切断环路，注入一个测试信号，然后观察返回的信号来计算环路传输。由此可以得到

$$L_{\text{eff}}(s,\phi)=L_{\text{one}}(s)\cos\phi+\frac{[L_{\text{one}}(s)\sin\phi]^2}{1+L_{\text{one}}(s)\cos\phi} \tag{42}$$

式中，$L_{\text{one}}(s)$是围绕每个独立环路的传输值。[①]

这个等效环路传输表达式可以帮助我们理解为什么正交反馈环可能表现出“奇怪的特性”。根据相位失调的程度，总的环路传输范围可以从单环（此时失调为零）一直到两个单环的串联（此时失调为π/2）。与许多控制环一样，$H(s)$多半设计成包含一个积分功能（以便使稳态误差驱动至零）。如果失调仍然为零，那么这一选择不会有任何问题。然而当失调增加时，$H(s)$会使环路传输增加两个积分极点，这将使相位裕量在最好情况下也为零。其他原因造成的任何负相移都会使相位裕量变为负值。

认识到这个原理是正交反馈问题的一个重要来源还是近年来的事。解决的办法包括自动相位对准（以消除引起稳定性问题的来源），或仔细设计 $H(s)$使之能承受失调变化时环路动态

① J. Dawson and T. Lee, “Automatic Phase Alignment for a Fully Integrated CMOS Cartesian Feedback PA System,” *ISSCC Digest of Technical Papers*, February 2003。

特性的大范围变化。[①] 慢滚降补偿（见第 14 章）是采用后一种策略时可能的 $H(s)$选择，它也可以与前一种策略结合起来使用。实现这些正确方法能使正交反馈在极宽的带宽上对线性度有很大改善。

15.7.3 效率提升技术

在介绍了许多线性化方法之后，我们现在来集中讨论效率提升技术及结构。

自适应偏置

任何具有非零 DC 偏置电流的放大器的效率都会随 RF 输入功率的减小而降低（在这方面 A 类放大器比其他类放大器更差）。有许多 RF 的功率放大器（PA），例如在蜂窝电话中的 PA，它们在相当长的一段时间内工作在低于最大输出功率的情况下，因此其平均效率极差。为了在低功率水平时提高效率，一个长期沿用的技术是采用*自适应偏置*（adaptive bias）策略。[②] 根据放大器的即时要求动态地偏置电流和电源电压，可以显著减少效率的降低（至少在原理上如此）。在高调制值时，PA 级可以工作在相对高的电源电压下（相应来说将有较高的栅偏置）。在低调制值时，漏极电源和栅偏置电压也随之降低。如所期望的那样，这个策略大大削弱了效率与信号幅值之间的关系。由于灵活的低成本数字控制电路的出现，现在已能比以往更容易地实现自适应偏置。

可控制的漏极电源本质上就是 EER 系统中的漏极调制放大器，因而具有相同的设计问题。自适应偏置还存在另外一个问题，也就是差不多同时改变如此多的重要参数，致使几乎无法确定其线性特性。然而，自适应偏置提供了一个额外的自由度，可以用来实现效率和线性度之间一系列永无止境的互换选择。

Doherty 和 Terman-Woodyard 组合放大器

另一种效率提升技术是采用多个放大器，每个放大器负责整个功率范围内某个子范围上的放大作用。只采用能提供所希望输出功率的最少数目的放大器，可以降低不必要的功耗。实际上我们实现的是相当于涡轮增压器的电子电路。这种想法的最早实现采用了两个放大器，它是由 Doherty 提出的，[③] 见图 15.28。

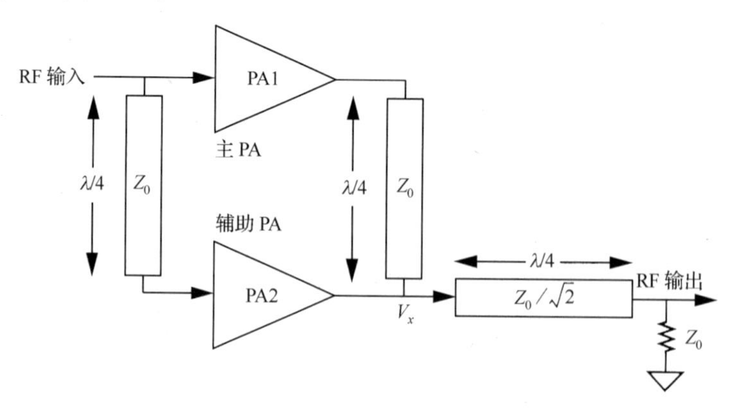

图 15.28 Doherty 放大器

① Dawson and Lee，出处同 P403 脚注。

② F. E. Terman and F. A. Everest, “Dynamic Grid Bias Modulation,” *Radio*, July 1936, p.22。

③ W. H. Doherty, “A New High-Efficiency Power Amplifier for Modulated Waves, ” *Proc. IRE*, v.24, 1936, pp.1136-82。

放大器 PA1 和 PA2 分别是主放大器和辅助放大器。辅助放大器被设计成在低幅值输入时截止。假设 PA2 的输出端在这种模式时为开路，那么很容易推导出从 PA1 输出端看到的阻抗为 $2Z_0$。①

达到某一预定的阈值时，辅助放大器启动并开始向输出端提供功率。输入送至 PA2 的延时为 $\lambda/4$，它与 PA1 输出连至 PA2 输出之间的延时 $\lambda/4$ 相匹配。因此，由 PA2 引起的 V_x 部分与 PA1 引起的 V_x 部分具有相同的相位。当 PA2 工作时 V_x 较大，这个事实表明从主放大器的输出延时线上看到的阻抗增大了，即 PA2 自举了 PA1。当 V_x 处增加的阻抗经 $\lambda/4$ 线映射回 PA2 的输出时，可以看到它的阻抗减小了。这个 PA2 负载电阻的减小又使该放大器提供的功率加大。当两个放大器都提供各自的最大功率时，每个放大器看到的负载阻抗都为 Z_0，并且给输出提供相同的功率。

稍加思考就可以认识到，该组合放大器与 B 类推拉式放大器有着相同的重要特性：它的一半功率由相应的一半电路控制。事实上，当两个放大器的分布与 Doherty 的最初设计一样时，极限峰值效率完全一样，约为 78%。从理论上说，平均效率要比这个值的一半稍低一些。

关于怎样选择辅助放大器开始给输出端提供功率的最佳阈值问题，基本上可以通过考察该放大器将要处理的信号的包络概率密度函数（PDF）来解答。特别要注意应从调制方法日趋复杂的观点来考虑。例如，一个 16-QAM 的信号理论上表现为峰值/平均值之比为 17 dB。因此，一个平均输出功率为 16 dBm（40 mW）的 16-QAM 信号的偶然的峰值可能高达 33 dBm（2 W）。如果设计一个通常的 2 W 放大器并使它工作在 40 mW 的平均功率上，那么它事实上肯定具有极低的平均效率。类似于 Doherty 这样的技术似乎很适合于这样的调制，因为一个高效低功率的主放大器将在大部分时间内承担这一任务，而辅助放大器只在断断续续地处理较少发生的高功率峰值时才起作用。我们看到 PDF 在功率较低时密度较大，这意味着应当降低阈值。然而若采用 PDF 在功率较高时密度较大的某种其他调制，那么我们就会希望提高这一阈值。我们可以采用许多种方法来实现随意的功率分配比率，其中包括调整耦合阻抗，以及使这两个放大器工作在不同的电源电压。②

把功率范围划分成两个以上有可能进一步改善效率。虽然影响功率组合的负载结构的复杂度会迅速提高，但理论上的效率提升仍可能很显著。例如使平均效率加倍并不是不可能的。③

遗憾的是，Doherty 放大器与 B 类放大器并不只是在效率计算方面类似。类似于交零失真的问题也同样“折磨”着 Doherty 放大器。也许效率的获得是以失真为代价的，而我们必须同时在幅值和相位域做出很大的努力（例如把 Doherty 放大器嵌入在一个反馈环中）来抑制非线性。与在 Ampliphase 系统中一样，在一个放大器输出端看到的阻抗与另一个放大器的输出有关，因此很有可能因预想不到的相互作用而出现许多不正确的情况。

对 Doherty 放大器的一个拓展是 Terman 和 Woodyard 提出的调制器-放大器组合。④ 它与 Doherty 放大器的相似之处是也采用了两个放大器（由 $\lambda/4$ 延时的 RF 载波信号驱动），以及具有相同的输出合成器。但二者的差别是：它通过同时将同相位的调制信号注入两个放大器的栅电路中来实现调制功能。由于此时调制受器件传输特性固有的非线性的影响，因此获得的调制结果不太

① 应当指出，$\lambda/4$ 线可以用 CLC 的 π 网络来近似。

② M. Iwamoto et al., “An Extended Doherty Amplifier with High Efficiency over a Wide Power Range,” *IEEE MTT-S Digest*, May 2001, pp.931-4。

③ F. H. Raab, “Efficiency of Doherty RF Power Amplifier Systems,” *IEEE Trans. Broadcast*, v.33, September 1987, pp.77-83。

④ F. E. Terman and J. R. Woodyard, “A High-Efficiency Grid-Modulated Amplifier,” *Proc. IRE*, v.26, 1938. pp.929-45。

精确。但如果通过在包络信号的周围闭合一个反馈环，那么就能够以较低的效率代价获得线性度较大的改善。

15.7.4 脉宽调制

几乎达到线性调制的另一种技术是采用脉宽调制（PWM）。采用这种技术的放大器有时称为 S 类放大器，虽然该名称没有被普遍采用。

这样的放大器不是通过驱动幅值的变化来完成调制的。相反，这种调制是通过控制恒定幅值驱动脉冲的占空比来完成的。脉冲经过滤波，其输出功率正比于输入的占空比，因此在原理上可以达到高效率线性工作的目的。

尽管 PWM 在较低的频率下（例如对于开关功率变换器可以至 GHz 范围中偏低的频率）工作得很好，但它在蜂窝电话 GHz 的载波频率下却完全没有用。其理由并不十分深奥。例如，考虑在 1 GHz 的载波时达到 10：1 范围调制的问题。由于半周期为 500 ps，因此调制到最大值的 10%要求产生 50 ps 的脉冲。即使我们能产生这样的冲激脉冲（非常困难），开关也多半不能完全导通，这有可能造成较大的功耗。因此在高频时，从本质上讲 PWM 放大器在输出功率的大动态范围内工作是没有希望的。另一种说法就是开关（以及它的驱动电路）速度必须比非 PWM 放大器的快 n 倍，这里，n 是所希望的动态范围，因此一旦载波频率超过 10 MHz 左右，采用脉宽调制就变得越来越困难。

15.7.5 其他技术

采用串联提高增益或功率

串联显然是一种提高增益及功率水平的方法，但在串联 PA 级时有许多细节值得我们去试一试，因此本小节的简短讨论还是很有意义的。

在放大级串联时，功率水平一般都逐级递增。如果前面几级消耗的功率足够小，那么我们可以仔细地设计这些放大级，把目标集中在线性度上，而把获得高效率的问题推迟到后面一级（或几级）去考虑。因此实际上最前面几级可以采用 A 类放大器实现，而最后一级才改为 B 类或 C 类放大级。

当采用放大级（例如 C 类）串联的漏极调制时，漏极调制水平应当与功率水平成比例，使对串联放大级中每一级的驱动也按比例变化。如果不是按比例的，那么就有过驱动某一级或某几级的风险，从而出现与过载相关的问题，例如，从峰值恢复较慢、AM 至 PM 的转换过多及线性度很差等。

最后，放大级的串联总有引起不稳定的风险，特别是当各级放大器已调整好的时候。这种风险对于 A 类放大器最高，为了缓解风险，可以采用一系列对低级别放大器行之有效的相同的通用技术。在比较棘手的情况下，当所有其他方法都无效时，衰减器（losser）可以提供解救办法。顾名思义，这种方法（如果我们可以夸大）是将一个电阻放在该电路的某处以牺牲增益和 Q 值。使这个电阻与栅极串联或跨接在栅-源两端时将特别有效。

采用注入锁定提高增益

我们将在第16章中详细讨论有关注入锁定的问题，所以在这里只是简述一下。下面我们假设常常有可能把一个振荡器的相位锁定在注入该放大器电路某一合适点处信号的相位上，前提是倘若能满足一定条件（例如注入信号的频率足够接近振荡器的自由振荡频率，注入信号的幅值限制在一定的范围内等）。事实上，不希望有的注入锁定（也许由经衬底耦合的信号引起）是 RF 集成电路中非常实际的问题。与其他寄生现象一样，事实上在一种情形下不希望有的某种效应有可能在另一种情形下被转变成有利因素。

虽然将放大器串联显然是一种提高增益的方法，但 CMOS 器件较低的固有增益往往意味着必须有比在其他工艺（例如双极型工艺）中更多的放大级。这样做除了增加复杂性，所消耗的功率多半也会加大。为了避免这些问题，考虑构建一个振荡器，并以某种方式去影响它的相位或频率，这常常是很有利的。实际上，它就是一个提供 RF 输出信号而没有任何 RF 输入的振荡器，因此“增益”为无穷大。影响一个信号要比产生它更容易。由于影响锁定所要求的功率可以很小，因此表现出的增益就可以很大。

注入锁定作为一种放大技术通常限于恒包络调制，顾名思义，输入信号主要影响相位。从原理上讲它也可以提供幅值调制（例如通过改变偏置控制振荡幅值），但 AM 至 PM 的转换通常振荡很严重，因此这种组合只有在幅值调制深度较浅时才可行。

另一种可能是将注入锁定和反相位技术结合起来产生幅值调制。这种组合在理论上表现为具有高增益和高效率，并且还有一个额外的好处，即它提出了许多细节的设计问题。这个结论的实验验证留给读者作为练习完成。

通过合并提高功率

CMOS 工艺的一个问题是电源电压较低（并且越来越低）。对于直至 0.13 μm 工艺代的现代工艺技术，额定电源电压一直随最小线宽呈近似线性的变化：

$$V_{DD} \approx \left(10\frac{V}{\mu\text{m}}\right)L_{\text{drawn}} \tag{43}$$

工艺发展规划预计后续各代工艺的电源电压将或多或少地以比较缓慢的速度降低：

$$V_{DD} \approx 1.2\sqrt{\frac{L_{\text{drawn}}}{0.13\ \mu\text{m}}} \tag{44}$$

就当前的 CMOS 工艺技术而言，电源电压已经接近 1 V，并且预计在不久的将来会降低到 1 V 以下。即便假定击穿特性允许周期性的变化范围接近 V_{DD} 额定值的两倍（但实际上达不到），那么在峰-峰值摆幅为 2 V 时，传送 1 W 的功率将要求负载电阻为 0.5 Ω。这个值不可思议地低于通常遇到的天线阻抗。遗憾的是，要达到阻抗变换损耗比 0.5 Ω 还小是极为困难的，所以效率一般都很低。

一种可能的选择就是采用较早的工艺技术并利用其具有较高击穿电压的优点。只要允许可达到的功率增益可以相应地降低，这个策略总是可行的。也许某些相关的数据将有助于更定量地说明这个问题。用 0.35 μm CMOS 工艺实现的、频率高达 2～3 GHz 的可靠功率放大器已经出现，而用于无线 LAN（IEEE 802.11a）的 5 GHz 的功率放大器也已用 0.25 μm 的工艺实现。[①] 这些例子中的饱和输出功率都低于几瓦（而平均输出功率一般还要低得多）。

在分立元件实现中，采用功率合成器通常可以达到比没有阻抗变压器时实际可能达到的输出

① D. Su et al., “A 5GHz CMOS Transceiver for IEEE 802.11a Wireless LAN,” *ISSCC Digest of Technical Papers*, February 2002。

功率更高。一种常用的合成器是 Wilkinson 功率合成器（它也可以反过来用作功率分离器），从理论上说，当工作在匹配负载时它可以把无损功率合并起来，[①] 见图 15.29。因此 Wilkinson 合成器可以把几个低功率放大器组合起来以提供较高的输出功率。

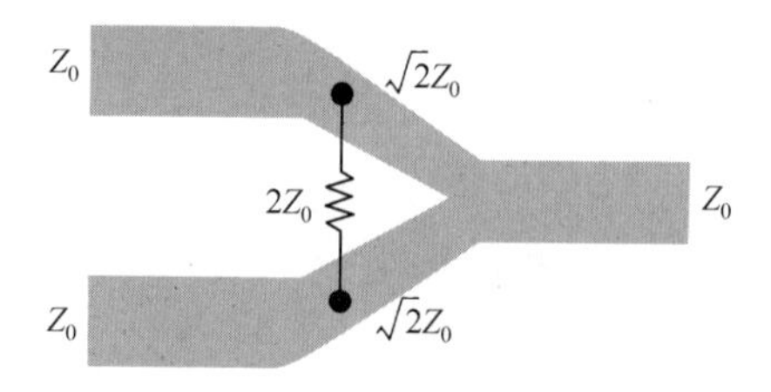

图 15.29 Wilkinson 功率合成器

如果输出功率需要超过 2：1 的提升，那么就可以在一种称为组合合成器（corporate combiner）的结构中采用多级合成器，它的简图表示在图 15.30 中。这些技术通常在分立元件实现时都能成功，但在集成电路实现时却存在许多困难。首先，合成器各段传输线的长度为$\lambda/4$，因此低端 GHz 频率范围的功率放大器的合成器所占的面积会不切实际地增大。举一个具体例子，1 GHz 时一条片上$\lambda/4$ 线就长约 4 cm。另一个问题是片上传输线的损耗。同样，1 dB 的衰减就相当于 21%的功率损失，但保持这个低损耗非常困难。而且如果 Wilkinson 合成器的终端不是理想负载，那么就不可能是无损的。任何不正确连接的终端所引起的反射可以由桥接电阻吸收，但与此同时也损失了效率。

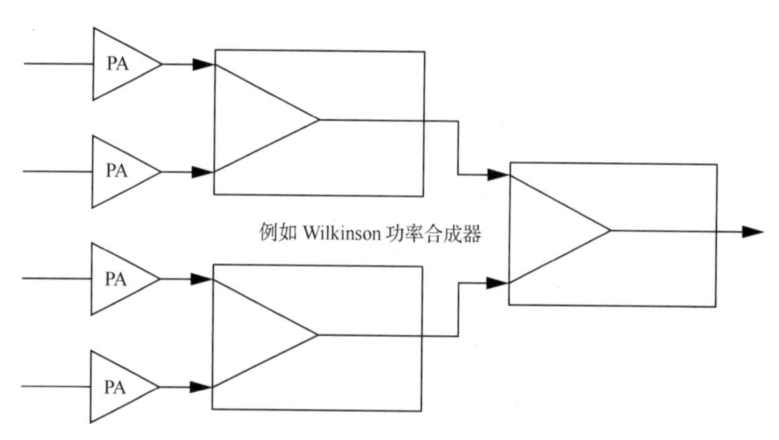

图 15.30 组合合成器

这种功率合并方法（至少对于厘米波频率的片上实现）的局限性是很严重的，因此在现有的文献中还未见到关于 CMOS 实现的报道。

另一种方法是比较直接地解决电压极限问题。器件击穿无疑会使我们不得不限制出现在任何单个器件终端间的电压，但在原理上应当有可能把各单个器件产生的电压加起来得到较高的传输电压。也就是并行地提供输入，然后把它们的输出串联起来。电压的提升使不切实际的阻抗变换比的要求被减小。该设想的一个非常简单的实现是建立一个差分功率放大器。在理想情况下，差分输出电压的摆幅是单端放大级的两倍，因此在一定的电源电压下可得到 4 倍的输出功率，并缓

① E. J. Wilkinson, “N-Way Hybrid Power Combiner,” *IRE Transactions MTT*, 1960。不对称结构还有可能具有不同的功率分离因子。

解了对额外的阻抗变换的需求。

拓展这个概念的一个特别巧妙的结构是分布式有源变换器（DAT，distributed active transformer），[①] 这个名字也不太恰当，因为该放大器并不是像传输线那样的分布系统，比如不需要任何分布参数去描述它。更确切地说，这个结构的名字来源于它把总的功率分摊到许多器件中，它是“分而治之、各个击破”的具体体现。

假设我们需要使电压摆幅为原来的两倍以上来实现我们的功率目标（或减小任何额外的阻抗变换比），我们可以把两个差分放大器的输出加在一起来达到 4 倍的摆幅（因此使功率提高到 16 倍）。这种输出相加可以很容易地实现，即由各差分级驱动变压器的各个初级，然后只需把变压器的次级串联起来。图 15.31 说明了这个原理，该电路扩大到 4 个差分级，理论上可使电压摆幅（相对于单个器件的摆幅）提高 8 倍，这相当于使功率提升 64 倍。（为简单起见，电路图和版图中没有表示出产生谐振负载的电容。）

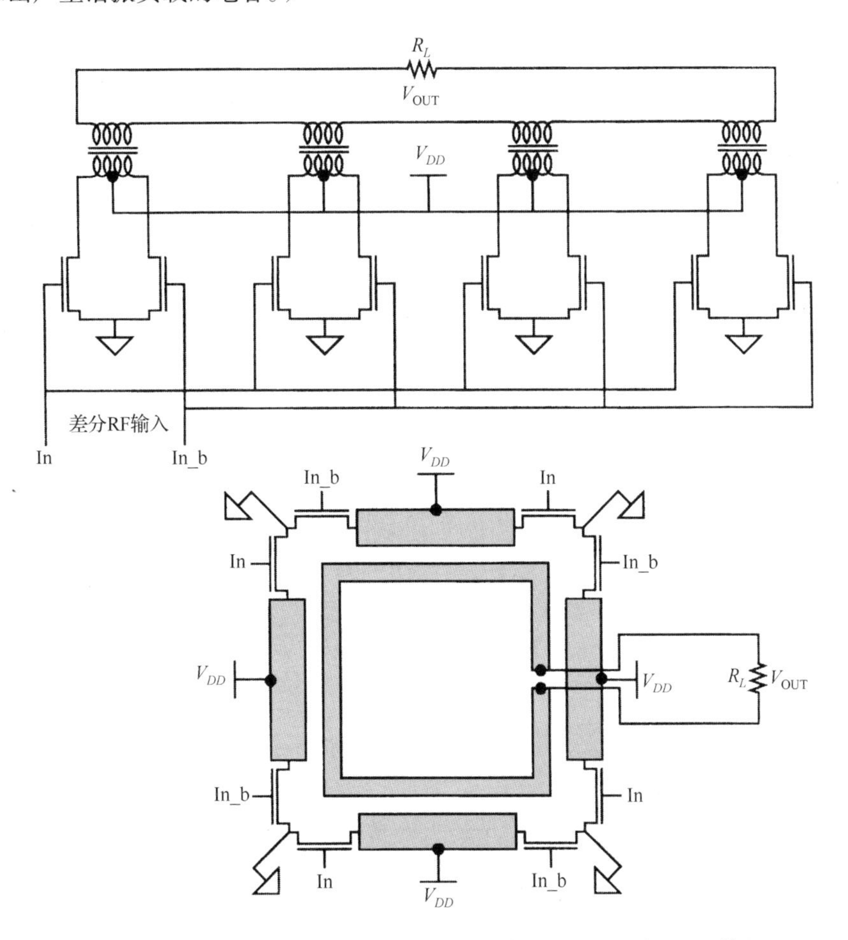

图 15.31　分布式有源变换器的示意图及简化版图（引自 Aoki 等）

在上面的简化版图中，每个中心抽头的漏极负载是耦合线实现的片上变压器的初级。这里的次级是只有一匝的方形电感，它的每一边和相应的中心抽头初级相耦合。由于四条边串联连接，

① I. Aoki et al., “Distributed Active Transformer——A New Power-Combining and Impedance-Transformation Technique,” *IEEE Trans. Microwave Theory and Tech*., v.50, January 2002, pp.316-31。

因此它们产生的电压正如所希望的那样相加，于是在负载 R_L 的两端产生了一个升高的输出电压。这里同时实现的阻抗变换意味着在次级中的电流是初级的 $1/N$，因此它可以采用比初级更窄的导线，如在图中用相对线宽（灰色部分）所表示的那样。

当将其一般化到有 N 个输出变压器的 N 个差分对时，我们可以看到，电压最大可提升为 $2N$ 倍（这里同样是相对于单个晶体管的电压），相应的功率可提升为 $4N^2$ 倍。虽然实际电路中的损耗无疑会使性能下降到这些最大极限值以下，但 DAT 仍不失为一种可行的选择。作为一个标志，这个概念最初实现时采用 0.35 μm CMOS 工艺，在 2.4 GHz 时可提供 2.2 W 的饱和输出功率，其漏极效率为 35%（含电源的效率为 31%）。输入和输出阻抗为 50 Ω 时的增益约为 8.5 dB。这种性能水平表明“CMOS RF 功率放大器”并不像听起来那样自相矛盾。

15.7.6 性能指标

在复杂调制技术出现之前，采用我们已介绍的指标来设计传输链基本上是可以满足要求的，它们是饱和输出功率、三阶交调、1 dB 压缩点、含电源效率（power-added efficiency）及类似的指标。例如，工程师可迅速估计出为满足一定失真度所需要的功率回退（backoff）水平，而且这常常足以建立起能正确工作的系统。对带外发射有比较宽松的法定限制曾一度反映了对这种尚不完善的最新技术的包容性。但这种情形已经因采用比较先进的调制方法不断努力减少宝贵的频谱浪费而发生改变。这种先进的调制方法也随之提高了对某些缺点的敏感程度，因此有必要较为严格地说明和控制性能。

相邻信道功率比（ACPR，adjacent channel power ratio）是这类性能指标的一个例子。由于采用传统的双音（two-tone）测试来正确预测复杂数字调制（如 CDMA 系统）发射器所产生的干扰非常困难，因此提出了采用 ACPR 指标的方法，即通过采用典型调制并直接测量相邻信道位置所对应的频率偏移处的带外功率来表征干扰的可能影响，[①] 见图 15.32。

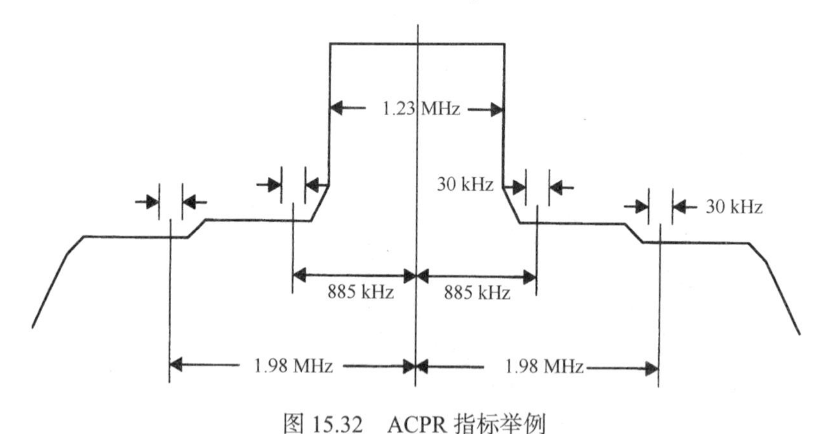

图 15.32 ACPR 指标举例

尽管在所有情形中将 ACPR 与 IP3 定量地联系起来是不可能的，但在一般情况下 ACPR 仍能以非常类似于 IP3 的方式通过功率回退技术得到改善。也就是说，对于 1 dB 的功率回退，你可以期望 ACPR 有 2 dB 的改善，同时带外边裙（out-of-band skirt）将做整体移动。与通常的情形一样

① 但将双音测量和 ACPR 联系起来的解析方法仍能为我们提供很有用的深刻认识。对于这一方法的全面讨论，参见 Q. Wu et al., “Linear and RF Power Amplifier Design for CDMA Signals: A Spectrum Analysis Approach,” *Microwave Journal*, December 1998, pp.22-40。

（但并不总是那样），以三阶线性度为主时，这个结论总能成立。

测量 ACPR 的方法并不十分标准，因此为了正确解释所公布的测量值的含义，必须知道这些值所对应的测量方法。举一个例子，当在 885 kHz 偏移频率处测量时，IS-95 CDMA 蜂窝电话的 ACPR 应当比–42 dBc 好。[①] 一个细微的差别是有些技术测量功率密度积分的比，而其他技术测量功率密度本身的比。其他差别包括积分带宽的选择。例如，我们可以在如图所示的 30 kHz 的带宽上对 885 kHz 偏移处的功率密度进行积分，然后除以在中心波束（central lobe）1.23 MHz 带宽上功率密度的积分。严格来说，这个比值必须是–42 dBc 或更好的值。

在其他（普遍得多的）测量中，功率密度在以两个测量频率为中心的 30 kHz 的带宽上积分，然后应用相关系数推断出对应于前一种方法测量的比值。也就是说，在一定的假设条件下，这两个原始比值相差一个相关系数：

$$\Delta \text{ACPR} = 10\log\frac{1.23\ \text{MHz}}{30\ \text{kHz}} \approx 16.13\ \text{dB} \tag{45}$$

因此，用第二种方法测量的 ACPR 必须减去约 16.1 dB 才能与第一种方法得到的测量结果相对应。[②] 第二种方法假设在载波中心 30 kHz 范围内的平均功率密度与在 1.23 MHz 频带其余部分的相同，但此时必须注意 IS-95 的信号一般会在这一频带上显示出 2 dB 左右的波动。

另一个在测量中不太明确的是用来估计 ACPR 的信号特性。对于 CDMA 系统来说，调制的性质是“类噪声”（noiselike），因此它往往适合采用有限带宽噪声作为 ACPR 的测试信号。但我们应当了解，噪声和类噪声是两种不同的概念，其差异很像食品（food）和类食品（foodlike）之间的差别。ACPR 是失真的度量，因此它对平均功率的大小及包络细节（如峰值–平均值的比）很敏感。这些又与用来产生调制的码集（code set）有关。具有相同平均功率的不同类型的噪声波形有可能使某个给定的放大器显示出相当不同的 ACPR。因激励不同从而使这些值在 15 dB 的范围上变化的情况并不少见。

随着采用新方法表征失真效应，出现了相应的新术语。听似像生物器官术语的频谱增生（spectral regrowth）是指由失真引起的频谱增宽。由于随功率水平的提高，以及当信号向前通过发射器的各级时失真会加大，因此在分配发射链中各元件允许的失真指标时必须考虑这种频谱增宽的现象。因此，为了使整个发射器满足（例如）–42 dBc 的 ACPR 指标，必须仔细设计正确的 PA 级，使它在最坏情况下的 ACPR 至少要比严格要求的指标好几个（例如 3 个）分贝，以满足整个发射器对这一 ACPR 指标的要求。

ACPR 的理念总的来说就是“要成为一个好邻居”。指标的选择本着这样的原则，即希望在符合这些指标时能够保证一个发射器在接收范围内与非目标接收器之间的干扰最小。但一般来说，只在几个离散的频率处说明带外功率可能是不够的，例如就 ACPR 指标本身来说，并不能排除较强的窄带发射。在这些情形中也许必须说明的不是 ACPR 而是频谱屏蔽（spectral mask）。顾名思义，频谱屏蔽定义了对发射限制的连续区域。三个典型的例子表示在图 15.33 中。一个是 GSM（引自 05.05 版本的标准），另一个是户内超宽带（UWB，ultrawideband）系统（如 2003 年 2 月 FCC Report and Order 中所定义的），而第三个是 802.11b 无线 LAN。

---

① 严格地讲，IS-95 定义空中接口，IS-97 说明基站性能，而 IS-98 说明移动单元性能。

② 有关测量方法和对数据解释的详细信息可参见 *Testing CDMA Base Station Amplifiers*, Agilent Applications Note AN 1307。

UWB 屏蔽的复杂度最为显著，在 0.96 GHz 和 1.61 GHz 之间的陷波主要是为了防止与全球定位系统（GPS，global positioning system）之间的干扰。这一屏蔽对 3.1 GHz 至 10.6 GHz 的限制最小，因此这段频谱常称为 UWB 频谱配置（UWB spectrum allocation）。同时应注意，屏蔽是用功率谱密度来表示的。由于在 UWB 系统中不存在载波，因此我们熟知的单位如“dBc”及“dBc/Hz”不再适用。

通过符合这些屏蔽标准来满足“好邻居”的要求是必要的，但却不是充分的。此外还必须保证我们的发射器产生的调制能使所希望的接收器成功地解调。误差向量幅值（EVM，error-vector magnitude）特别适合用来对许多数字调制发射器中的性能下降进行量化。这个误差向量的概念很自然地可应用到采用某种（例如 QAM）向量调制的系统中。

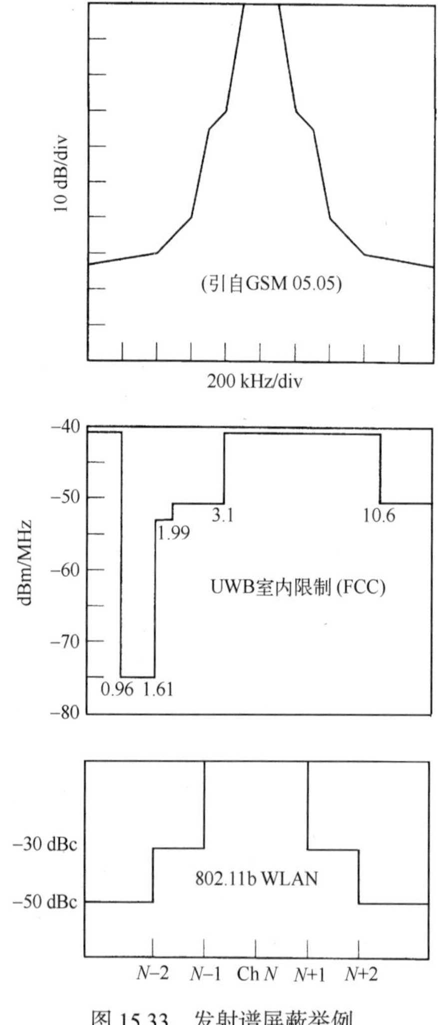

图 15.33 发射谱屏蔽举例

误差向量幅值就是误差向量的长度，如图 15.34 所示。每个符号（symbol）或片码（chip）都有自身的误差向量。对于 802.11b 标准的 11 Mbps 的 WLAN，将 EVM 定义为 1000 个片码的均方根（rms）值，并且它必须小于 35%。而 802.11a 标准工作在 54 Mbps（标准中说明的最大值）时，允许的 EVM 为 5.6%——这比 802.11b 的规定要严格得多。

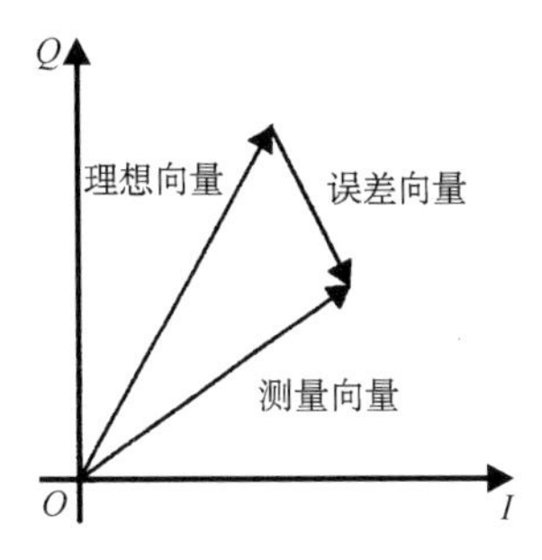

图 15.34　误差向量示意图

在测量 EVM 时，仪器会打印出看上去像图 15.35 所示的图。在理想情况下，星座图表现为完好的 8 × 8 点阵，图中模糊不清的就是这些点。归一后的均方根斑点(normalized rms smearing out)就是 EVM。在所示的具体情形中，EVM 大约为 2%——可以充分满足指标要求。

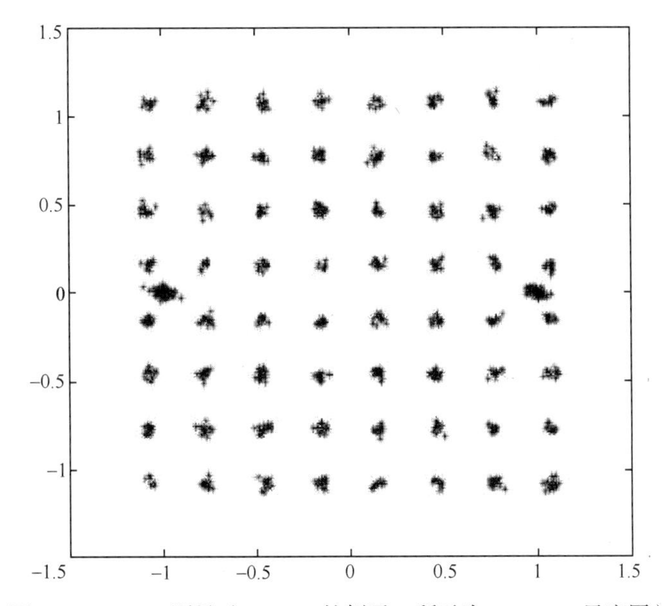

图 15.35　EVM 测量（802.11a 的例子；所示为 64-QAM 星座图）

15.8　功率放大器特性小结

我们已经看到 A 类放大器提供了很好的线性度，但却具有很差的功率传递能力（在归一化基础上为 0.125）及很低的效率（绝对最大值为 50%）。B 类放大器通过减少一个周期中晶体管工作的时间来提高效率（最高可达 78.5%），同时保持了实现线性调制的可能性。

C 类放大器提供了接近 100%的效率，但同时归一化的功率传递能力和功率增益都趋于零，而且它们以牺牲线性度达到效率上的改善。此外，双极型 C 类放大器实际上并不满足在推导中所用的许多假设，因此它们很难设计和制造。就这方面而言，MOS 和真空管的实现往往问题较少。

基于开关概念的放大器也不能很容易地提供线性调制的能力，但理论上可在非零的功率传递能力下提供 100%的效率。尽管这样的理想情况是不现实的，但至少这些局限并不是这种放大器的固有特性。

D 类放大器提供的归一化功率传递能力近似为 0.16，但却由于开关速度不是无穷大而可能有较大的“切换”（crowbar）功耗。E 类放大器解决了在导通过渡中的功耗问题，但对开关特性提出了更高的要求。由于 E 类放大器的功率控制能力很差，其归一化值约为 0.1，又由于 CMOS 工艺的线宽很细，其击穿电压很低，因此 E 类放大器在 CMOS RF 领域中很少见。无论是 E 类还是 F 类放大器都采用电抗负载，以改善电压和电流的波形，达到降低开关功耗的目的，这突出了用来改善效率的功能很强的工具的作用。

在讨论了几种提高 PA 线性度和效率的结构与技术并介绍了几种表征 PA 性能的方法之后，我们现在来考察几个简单的设计实例以突出传统的初级 PA 设计。先进的现代通信系统要求有同样先进的设计方法，但这些将涉及一些相当复杂的因素、功能很强的模拟工具及大量的迭代过程。为此我们将只提供一个初步设计的轮廓，必须对其进行进一步的改进才能满足现代系统的要求。在适当降低期望值之后，我们就可以讲解下面的内容了。

15.9 RF 功率放大器的几个设计实例

假设我们希望设计一个用在 1 GHz 的通信系统中的线性放大器，要求为 50 Ω的负载电阻提供 1 W 的功率。假设可采用 3.3 V DC 电源。我们必须说明重要的器件参数，计算所有元件的值并估计漏极效率。

重要说明：在以下的例子中，我们将随意假设在“导通”状态时 v_{DS} 的最小值以简化设计步骤，但在实际设计中必须要检查和修改这些假设。

15.9.1 A 类放大器设计实例

首先看看在阻抗没有变换时电源电压是否足够大，以至于可以将 1 W 的功率传送到负载中：

$$P_{\max} = \frac{V_{DD}^2}{2R} = \frac{(3.3)^2}{2 \cdot 50} \approx 0.1\ \text{W} \tag{46}$$

显然，电源电压远非足够，所以必须进行阻抗变换。变换后电阻的最大值为

$$R_{\max} = \frac{V_{DD}^2}{2P_{\max}} = \frac{(3.3)^2}{2 \cdot 1} \approx 5.4\ \Omega \tag{47}$$

实际上，50 Ω 的负载电阻甚至还应当被变换成更低的值，这是由于存在着一些不可避免的功耗，如晶体管上的压降及在滤波器和互连线上的功耗损失等。我们随便假设设计等效负载为 4 Ω 时足以补偿以上这些损失。当然，在任何实际设计中必须检查这一假设，并且如果输出功率小于所希望的值时，那么变换后的电阻还要更小。另一方面，若输出功率超过了应满足的值，那么变换后的电阻可以加大以提高效率。

当负载为 4 Ω 时，峰值的 RF 电流将不超过 V_{DD}/R = 825 mA，因而必须将 DC 漏极电流设成近似等于这个值。由于漏极电流的峰值是偏置和峰值 RF 电流的和，因此晶体管必须设计成在最小压降时能提供大约 1.65 A 的电流。在这种情形下我们只能容许有效 V_{DD} 减少几百毫伏左右，所以晶体管的“导通”电阻必须大约保持在 200 mΩ以下。由此对于一个典型的 0.5 μm CMOS 工艺，所要求的器件宽度为几个毫米。

如果我们假设在考虑了所有损耗之后 1 W 实际上是最终传送到负载的功率，那么漏极效率为

$$\eta = \frac{P_o}{P_{\mathrm{DC}}} = \frac{1}{0.825\ \mathrm{A} \cdot 3.3\ \mathrm{V}} \approx 37\% \tag{48}$$

因此，当放大器向负载提供 1 W 的功率时，晶体管将消耗约 1.7 W，所以对于这一功耗，封装和散热必须设计成使芯片保持在可接受的较低温度下。

然而，情况实际上比从前面计算中所得的结果更差。A 类放大器在输出摆幅下降时表现出较差的效率，这是因为当放大器传送零 RF 输出功率时，总是存在由于 DC 偏置电流引起的功耗。因此，如果传送的功率比 1 W 的目标低，那么晶体管的功耗可以明显超过 1.7 W。在最坏情形下，当没有 RF 输入时，晶体管所消耗的与 DC 偏置有关的功率值（对这个特定的例子来说）约为 2.7 W。因此，如果可使输入驱动消失，那么就必须使封装能够散去这一较大的功耗值，而不是上面计算出的 1.7 W。所以对于 A 类放大器，最坏情形的热问题是与零输入信号联系在一起的。

作为一个附带的说明，应当指出通过动态改变与所要求功率大小有关的偏置，可以使这一情形得到显著改善。在这种情形中，晶体管的功耗可以明显降低，从而使得传送较低功率时在效率上有较大的提高。现在已经有了这类自适应 A 类放大器，并且得到了与 B 类放大器类似的效率。[①]由实现这种自适应所带来的少许复杂性显然足以成为阻止它被广泛采用的障碍，但这个电路的连接形式在较高频率下已变得比较吸引人，这是因为 A 类放大器比 B 类放大器能提供更高的增益。[②]

为了完成该设计，我们需要说明输出滤波器和匹配网络的元件值。假设输出滤波器是一个简单的并联 LC 电路，并且所要求的 Q 值大约为 10。在中心频率为 1 GHz 时，相应的 100 MHz 带宽意味着 L 和 C 的电抗必须为 5 Ω，以使我们得到所要求的 Q 值为 10，因此可以选择：

$$X_L = 5 \implies L = \frac{5}{2\pi \cdot 1\ \mathrm{GHz}} = 0.80\ \mathrm{nH} \tag{49}$$

及

$$X_C = 5 \implies C = \frac{1}{5 \cdot 2\pi \cdot 1\ \mathrm{GHz}} = 31.8\ \mathrm{pF} \tag{50}$$

回想一下，谐振时在并联振荡回路中每个电抗元件流过的 RF 电流是负载中电流的 Q 倍，因此在这一特定的设计中，L 和 C（以及相关的互连线）必须能承受 2 A 的峰值电流[③]或其他与预期工作情况的偏离。

接下来需要选择电感 BFL（称之为 RF 扼流电感是因为它阻塞了流过它的 RF 电流）的大小，使它的电抗足够大。如果我们随意地选择一个 10 倍的因子并认为它"足够大"，那么我们可以很容易地计算所要求的值。[④] 对于这一 RF 扼流电感，我们希望它的电抗至少为振荡回路谐振时 4 Ω

---

① A. Saleh and D. Cox, "Improving the Power-Added Efficiency of FET Amplifiers Operating with Varying-Envelope Signals," *IEEE Trans. Microwave Theory and Tech.*, v. 31, no. 1, January 1983, pp. 51-6。这种做法是 P404 脚注②中引用的 F. E. Terman 和 F. A. Everest 工作的直接延伸。

② 由于在 B 类放大器中晶体管在一半时间里截止，因此如果其他情况相同，那么它提供的增益大约为 A 类放大器增益的一半。在高频时，这个一半的增益越来越令人难以接受。

③ 这样大的电流可以在互连线上引起明显的压降。如果这些压降的数值没有被限制，并且可以发生在不受控制的位置上，那么就很容易发生意想不到的电路工作情形，包括不明原因的振荡（也许由于形成了寄生的反馈回路，因为在各处的"接地"端也许不再是 0 V）。

④ 采用明显大于 10 的因子并不总是一种聪明的选择。例如，如果采用的扼流圈要比在这个基础上计算出的值大很多，那么就有可能使电感的自谐振频率太低（在这种情形下它在工作频率时表现为一个电容而不是所希望的电感），或者它的电阻过大（这会引起效率降低并可能引起热问题）。

电阻的 10 倍左右：

$$X_{BFL} \geqslant 10 \cdot 4\ \Omega \implies BFL \geqslant 6.4\ \text{nH} \tag{51}$$

这个值足够小，所以它可以很容易地从焊接线和引线结构的寄生电感中得到，这不是没有道理的。

现在我们需要提供一个隔直电容和一个阻抗变换网络。如果采用一个高通 L 形匹配电路，那么这两个功能就可以合在一个电路中。采用这种选择时，变换比率使 Q 值为 3.4，而 L 形匹配的元件值为

$$L_1 = \frac{R_L}{\omega_0 Q} \approx \frac{50}{2\pi 10^9 \cdot 3.4} \approx 2.3\ \text{nH} \tag{52}$$

$$C_1 = \frac{1}{\omega_0 Q R_S} \approx \frac{1}{2\pi 10^9 \cdot 3.4 \cdot 4\ \Omega} \approx 11.7\ \text{pF} \tag{53}$$

L 形匹配电路的电感可以与振荡回路电感合在一起得到如图15.36 所示的完整电路。所有这些部件的值都符合 IC 形式的实现，尽管需要做一些努力来实现一个低损耗、高精度和具有可重复性的 0.6 nH 那么小的电感。实际的振荡回路中的一个或两个电抗元件可以制成可调节的，以便可以把放大器确切地调谐到所希望的中心频率上。

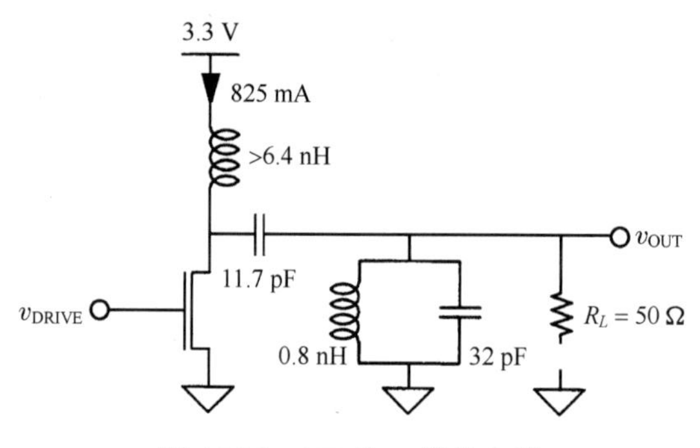

图 15.36　1 W 的 A 类放大器

另一个实际的考虑是，我们需要采用某种方式构建合适的偏置状况，这可以用电流镜来完成。如果我们把 RF 输出晶体管考虑为镜像电路输出的一半，那么当镜像电路另一半晶体管的尺寸是输出晶体管尺寸的 1%时，我们就可以把 1%的偏置电流提供给另一半的晶体管。这样一种偏置方法消除了与固定电压栅偏置有关的热漂移问题。如果用分立器件形式实现，关键是要保证在这两个晶体管之间紧密的热耦合，以确保它们处在相同的温度。

这两个晶体管可以直接或通过另一个 RF 扼流电感连在一起，而要被放大的信号则通过另一个隔直电容耦合到这个电路，见图 15.37。选择足够大的 n 值可以使偏置电路的功耗适当地减小，而且通过采用与栅驱动相串联的电感产生谐振幅值放大作用，可以使共栅连接处的信号幅值被放大。也就是说，我们可以在输入端提供某种阻抗匹配网络。一般来说，功率放大器的实现都会要求具有匹配网络以提高功率增益。

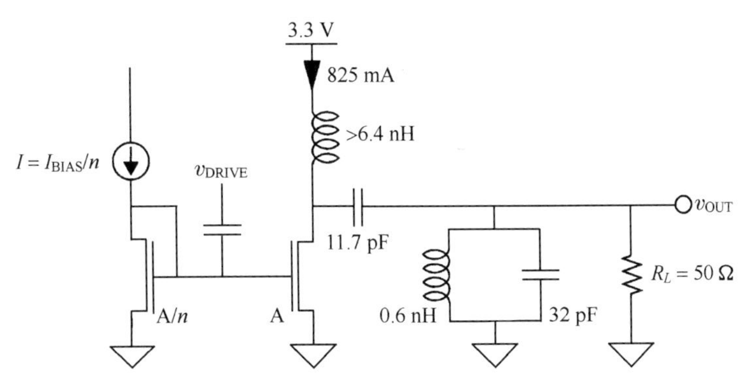

图 15.37　比较完整的 1 W 的 A 类放大器

15.9.2　AB 类、B 类和 C 类放大器设计实例

如果我们只考虑单端实现，那么 AB 类、B 类和 C 类放大器看上去是极为相似的，唯一的差别就是它们的导通角（及由此引发的具体偏置）不同。因此这三种放大器的输出网络完全相同，包括扼流电感和输出滤波器的值，我们只用一个设计例子就足以说明这三种放大器。

对于 AB 类放大器，基准偏置将使导通角小于 360° 但大于 180°，因此输出晶体管漏极电流的静态工作值将小于 825 mA。由于输入驱动幅值必须提高到使我们可以得到与 A 类放大器情况下相同的输出幅值，因此增益显然小于 A 类放大器。

在 B 类放大器中，偏置假设为可以提供 180° 的导通角，然而实际上不可能使导通角精确地达到这个值，所以我们可以有充分的理由认为 B 类放大器只存在于理论研究中。因此所有现实的"B 类"放大器实际上不是 AB 类就是 C 类放大器。同样，输入驱动必须增加以保持相同的输出幅值，因而使增益较小（正如前面提到的那样，大约是 A 类放大器的一半）。

对于 C 类放大器，在大多数半导体设计中实际采用的通常是零栅偏压并加大驱动幅值以得到所希望的输出功率，同时接受由此得到的导通角、增益和效率。在这种情形中，基准偏置晶体管及有关的扼流电感（如果采用）将被移去，同时一个电阻（或扼流电感）将连接在栅极和地之间（见图 15.38）。虽然在这里显示的是一个 MOS 电阻，但也可以采用通常的电阻。无论采用哪种电阻，它都被选择成对耦合电容表现为合理的电阻值。

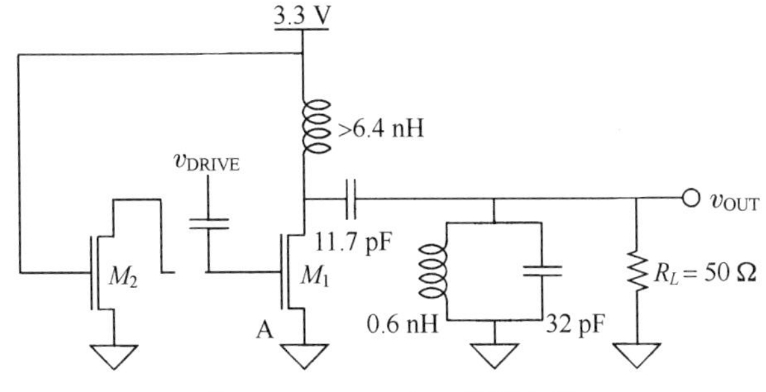

图 15.38　1 W 的 C 类放大器

15.9.3　E 类放大器设计实例

在这个（或任何开关）放大器中，我们只是希望充分驱动晶体管使它足以像一个开关那样工作。超过这个驱动不仅浪费功率，而且在双极型实现中，由于使晶体管驱动至深饱和状态，也会

严重地降低效率。因此我们计算所要求的最大漏极电流，然后调整栅上的驱动状况以提供这一电流，但不提供比这个电流更大的电流。

再次要说明的是：我们的目的是用一个 3.3 V 的 DC 电源为 50 Ω的负载提供 1 W 的功率。回想一下，最大的输出功率为

$$P_o = 0.577 \cdot \frac{V_{DD}^2}{R} \tag{54}$$

我们计算出所希望的负载电阻实际上约为 6.3 Ω，所以需要把它向下变换成比上面的设计稍小一些的值。开始时我们将假设把这个电阻变换成 5 Ω 的负载，以把各种损耗都考虑在内。然后，我们将加上所需的阻抗变压器以完成这一设计。

首先，回想一下基本的连接形式（如图 15.39 所示）和相关的公式：

$$L = \frac{QR}{\omega} \tag{55}$$

$$C_1 = \frac{1}{\omega R(\pi^2/4+1)(\pi/2)} \approx \frac{1}{\omega(R \cdot 5.447)} \tag{56}$$

$$C_2 \approx C_1\left(\frac{5.447}{Q}\right)\left(1+\frac{1.42}{Q-2.08}\right) \tag{57}$$

式中，R 为 5 Ω。

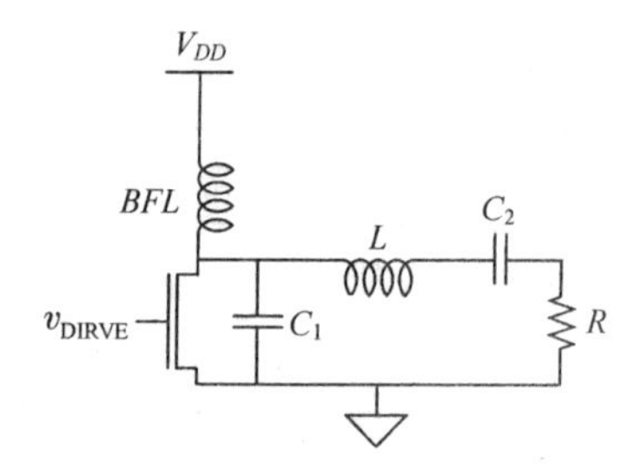

图 15.39　E 类放大器

选择 $Q = 10$，可以得到如下的值：

$$L = 8.0\ \mathrm{nH} \tag{58}$$

$$C_1 = 5.8\ \mathrm{pF} \tag{59}$$

$$C_2 = 3.8\ \mathrm{pF} \tag{60}$$

所要求的阻抗变换可以通过一个简单的低通 L 形匹配来实现，它的元件值为

$$L_m \approx 2.4\ \mathrm{nH} \tag{61}$$

$$C_m \approx 10.6\ \mathrm{pF} \tag{62}$$

把这两个电感组合起来可得到最后的设计，如图 15.40 所示。在实际中，晶体管本身的漏极电容可以形成 5.8 pF 电容的一部分。

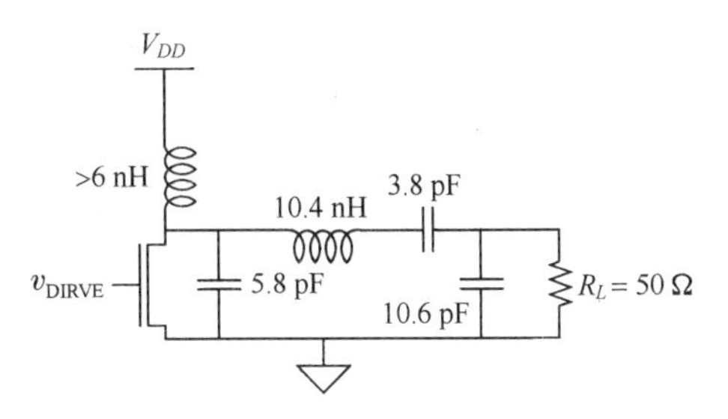

图 15.40　更完整的 E 类放大器

15.10　其他设计考虑

15.10.1　附加功率效率

在前面的例子中，漏极效率用来表示功率放大器的特性。然而，漏极效率的定义只涉及 RF 输出功率及 DC 输入功率，所以一个没有任何功率增益的功率放大器却可以具有很高的效率。由此提出了另一种衡量效率的方法，从而得到了一个把功率增益考虑在内的性能指标。附加功率效率（power-added efficiency，PAE）就是在漏极效率公式中用输出和输入功率之间的差来代替 RF 输出功率：

$$\mathrm{PAE} \equiv \frac{P_{\mathrm{out}} - P_{\mathrm{in}}}{P_{\mathrm{DC}}} \tag{63}$$

显然，附加功率效率将总是小于漏极效率。

15.10.2　功率放大器的不稳定性

任何种类的放大器在负载和信号源阻抗的某种组合下都有可能出现不稳定的情况，功率放大器也不例外。一个极为重要的问题来自漏至栅的耦合（或者集电极至基极的耦合）。正如在高频放大器这一章中所指出的那样，这种耦合有可能使输入阻抗具有一个负的实数部分。在小信号放大器中，这个问题可以通过前面介绍过的各种单向化技术来减轻或完全消除。可惜的是，这些技巧对于功率放大器一般来说并不合适，因为对于高效率的要求将阻止使电源电压裕量减小的任何技术（如共栅技术）的应用。一般来说，这个问题通常通过迫使输入阻抗减小（例如采用接在输入端口间的简单电阻）以使反馈不太显著来解决。遗憾的是，这个办法具有降低增益的副作用。一般来说，MOSFET——由于它们内在的输出阻抗较大——都会比双极型器件显示出更大的稳定性问题。在任何情况下，由于反馈电容的存在，通常都会产生一个显著的稳定性问题——增益之间互换的问题，而且很自然，需要进行仔细的版图设计，以避免由于输入和输出连线之间的并列布置而加大内在的器件反馈电容。

15.10.3　击穿现象

MOS 器件

在所有的设计实例中都要求采用向下的阻抗变换，从而把希望的功率传送到输出负载中。显然，如果可以允许较高的电源电压，那么阻抗变换比率可以减小，因此读者也许会问为什么我们不可以要求采用一个较高的电压。其理由是器件具有有限的击穿电压，而且随着 IC 工艺缩小到越来越小的尺寸，击穿电压也趋于减小。因此，如果我们希望传送给负载某一固定数量的功率，那么当器件缩小时就要求增大阻抗的变换比率。

在 MOS 器件中，对在功率放大器中允许应用的电压有 4 个主要的限制，它们是漏（或源）二极管的齐纳击穿、漏源间的穿通、与时间有关的电介质击穿（TDDB）及栅氧的破坏。

对漏区和源区都进行重掺杂可以降低它们的电阻率，因此它们与衬底之间形成的二极管具有较低的击穿电压，对于 0.5 μm 工艺来说其典型值在 10～12 V 的数量级上。

漏源间的穿通类似于在双极型器件中的基极穿通，并且发生在当漏极电压很高以至于足以引起漏极附近的耗尽区一直延伸到源极时，从而在事实上消除了沟道，于是电流的流动不再受栅极电压的控制。穿通问题可以通过采用较大的沟道长度来减轻，但这是以降低器件跨导为代价的，而这又促使人们采用较宽的器件以保持输出功率。

与时间有关的电介质击穿是高能量载流子造成栅氧破坏的结果。在现代短沟道器件中典型高电场的作用下，载流子（主要是电子）有可能被加速到很大的能量以至于足以使它们在栅氧中形成陷阱。因此任何在陷阱中被捕获的电荷就会使器件发生阈值偏移。在 NMOS 晶体管中，阈值将增加，使得在给定栅极电压下得到的电流减小，而在 PMOS 器件中情况恰好相反。

与时间有关的电介质击穿有累积的效果，因此它限制了器件的寿命。一般来说，TDDB 规则设计的目标是在10年后驱动电流的减小不超过 10%。作为一个极为粗略的估计，栅极电压与栅氧厚度的比必须保持在大约 0.5 V/nm 以下以满足这一要求。

近年来的研究工作表明，在极薄的栅氧中 TDDB 已变得不成问题，因为被捕获的电荷非常接近栅极（或沟道），因而不会总处于捕获状态。现在已变得很普遍的 5 nm 或更薄的栅氧似乎不太会出现这个问题。因此对允许栅压的主要限制是由栅氧的严重破坏一般会引起栅与沟道之间不可逆转的短路造成的。作为另一个粗略的估计，栅氧的破坏发生在栅电场超过 1 V/nm 的时候。在功率放大器中，当栅处在最低电位而漏为 2 V_{DD}（或更大，这取决于连接方式和负载状况）时，接近漏端的栅氧部分常常首先被破坏。在未来的工艺中，似乎栅氧的破坏将决定功率放大器中最大允许的电源电压。

双极型器件

双极型晶体管不存在任何栅氧的破坏，但结的击穿和基极穿通是对电源电压的重要限制。当电场足够高从而引起空穴-电子对的显著产生且成倍增长时，集电极-基极结就可能发生雪崩击穿。在合理设计的器件中，这一机理产生了更为严重的限制，尽管作为高 f_T 器件特征的极薄基区常常使基极穿通也成为非常重要的限制因素。

另一个更难解决的能给双极型器件带来严重破坏的问题是不能减小的终端电感与大的di/dt一起作用。当关断器件时，会有显著的基极电流沿反方向流动，直到基区的电荷被抽净为止。当基极电荷被抽净时，基极电流会突然停止流动，于是大的 di/dt 就可能在基极至发射极之间引起很大的反向尖峰电压。回想一下基极-发射极结具有较低的反向击穿电压（例如 6～7 V，虽然有些功率器件具有较大的值），并且由击穿造成的破坏取决于（载流子的）能量且有累积的效应。特别是 β 将减小（并且器件噪声也更严重）。因此增益就会减小，这可能会引起不正确的偏置，并且输出频谱中失真乘积项可能增加，以及最低噪声限度将不断恶化。因此在对功率放大器进行模拟时，重要的是要特别关注这一效应并且在必要时采取一些补救措施。[①] 其中可选择的措施包括在

① 再次要说明的是：要有一个基于实际物理结构的好模型。

器件两端连接一个钳位二极管（也许与器件本身集成在一起以减少在钳位二极管和输出晶体管之间的电感），再者就是通过改进的版图设计或更好的驱动控制来减小 $L\,\mathrm{d}i/\mathrm{d}t$。

在 MOS 实现中有可能（但很少）发生类似的现象。在关断期间当栅驱动减小时，一旦栅极电压降至阈值电压以下，栅电容会突然减小。同样，$L\,\mathrm{d}i/\mathrm{d}t$ 尖峰电压也可以大到足以使器件被破坏的程度。

15.10.4 热失控

另一个问题关系到热效应。为了实现高功率工作，人们通常采用并联器件。在双极型中，集电极电流为常数时基极-发射极电压的温度系数约为–2 mV/℃。为此，当器件变热时，它要求较小的驱动以保持所规定的集电极电流。所以对于一个固定的驱动，当温度升高时，集电极电流会急剧增加。

现在考虑在两个并联的双极型器件中，如果一个器件比另一个器件更热一点会发生什么情形。随着温度的升高，集电极电流会增加，因此器件会更热并产生更大的电流。如果这一热电正反馈回路的传输率超过 1，那么这个正反馈回路就可能失控，使器件迅速损坏。为了解决这个问题，在每个晶体管的发射极一端加上某个小的电阻负反馈极为有用。采用这种方法时，如果在任何一个器件中集电极电流有增加的趋势，那么它的基极-发射极电压就会降低，于是抵消了负的 TC（温度系数），避免了热失控。许多制造商都把这样的负反馈（常常称为镇流）集成到器件结构中，所以不必在外部增加任何元件。即便如此，由于这一正反馈的原因，在高功率放大器中会经常见到温度的差别在 10℃或 10℃以上的情况。

热失控在 MOS 实现中通常不是一个问题，因为随温度升高迁移率下降，使得在固定的栅-源驱动时漏极电流减小而不是增加。一个例外可能发生在当反馈控制用来使栅-源电压随温度上升以保持恒定驱动电流的时候。在这种情形下，器件的损耗随温度上升，从而有可能重新造成热失控的情形。

无论是双极型还是 MOS 功率放大器，都要包含某种形式的热保护以避免过载。幸运的是，在 IC 实现中采用片上温度计测量温度并设法相应地减少器件驱动是很容易做到的。

15.10.5 大信号的阻抗匹配

虽然在设计功率放大器的输出电路时最大功率传输理论没什么用，但它确实在设计输入电路时起作用。尽管我们已经几乎无一例外地研究了 MOS 实现，但值得提及的是，如果想要使阻抗与驱动源很好地匹配，那么在功率放大器的大信号范围内驱动双极型晶体管是一个严重的挑战。由于基极-发射极结毕竟是一个二极管，因此输入阻抗是高度非线性的。双极型晶体管制造商注意到了这一难题，所以常常针对一个具体的功率大小和频率来说明输入阻抗。然而，由于一般没有任何可靠的指南来说明它如何随功率大小或其他工作条件变化，并且由于甚至不能在任何一组条件下得到保证，因此设计者的设计选择十分有限。[①] 解决这个问题的传统方法是用一个小数值电阻连接在基极与发射极之间以消除非线性的问题。如果这个电阻足够小，那么它的电阻值就在输入阻抗中占支配地位。在高功率设计中，这个电阻可以小至几个欧姆或更小，所以你可以想象这个问题有多大。一般来说，双极型功率放大器比起其他类型来说更加“麻烦”

---

① 这里且不去管器件制造商给出的有益的应用说明，这些说明通常都具有乐观的标题，如“系统方法使 C 类放大器的设计非常容易”。

一些，这是由于它的输入非线性及输出饱和效应的原因。MOSFET 提出了不同的挑战，但它们通常比较容易解决。

我们可以得出这样的结论：如果你想优化一个设计，那么你就要做很多实验。双极型 C 类放大器一般要求最多的迭代，其他类型则很少。

最后，对频谱单一性的法定要求在采用简单输出结构（如在这些例子中采用单个振荡回路）时并不总是得到满足。通常必须串联上附加的滤波部分，以保证可接受的低失真。可惜的是，每个滤波器都不可避免地附加上了某些损耗。就这方面而言，重要的是记住仅仅 1dB 的衰减就代表着非常大的 21%的损耗，因此要十分小心地处理所有的损耗来源以保持较高的效率。

15.10.6 功率放大器的负载拉特性

至今我们考虑的所有例子都假定负载是一个 50 Ω的纯电阻。遗憾的是，现实的负载很少是纯电阻性的。特别是天线对功率放大器来说从来不表现出其额定的负载，因为它们的阻抗受不可控制的变量［如与其他物体的靠近程度（例如蜂窝电话应用中的人头）］的影响。

为了说明一个变化负载阻抗对所传送功率的影响，我们可以系统地改变负载阻抗中的实部和虚部，然后在阻抗平面上（或等效地在史密斯圆图上）画出恒输出功率的等值线，这些等值线合起来称为负载拉（load-pull）图。

为了得到负载拉图的近似形状，仍然假设输出晶体管的工作情况在摆动的全过程中可以作为一个理想的可控电流源。下面的推导引自 S. L. Cripps 的经典论文，他首先将其应用到 GaAs 功率放大器中。[①]

假设放大器工作在 A 类模式，于是负载电阻与电源电压有关且峰值漏极电流如下：

$$R_{\text{opt}} \equiv \frac{2V_{DD}}{I_{D,\text{pk}}} \tag{64}$$

相应的输出功率为

$$P_{\text{opt}} \equiv \left[\tfrac{1}{2}I_{D,\text{pk}}\right]^2 R_{\text{opt}} \tag{65}$$

现在，如果负载阻抗的数值小于这个电阻值，那么输出功率就由电流 $I_{D,\text{pk}}$ 所限制，因而在这个电流限制情况下传送到负载的功率就是

$$P_L = \left[\tfrac{1}{2}I_{D,\text{pk}}\right]^2 R_L \tag{66}$$

式中，R_L 是负载阻抗的电阻部分。

峰值漏极电压是峰值电流和负载阻抗数值的乘积：

$$V_{\text{pk}} = I_{D,\text{pk}} \cdot \sqrt{R_L^2 + X_L^2} \tag{67}$$

用式（64）替换上式中的峰值漏极电流得到

$$V_{\text{pk}} = \frac{2V_{DD}}{R_{\text{opt}}} \cdot \sqrt{R_L^2 + X_L^2} \tag{68}$$

① “A Theory for the Prediction of GaAs FET Load-Pull Power Contours,” *IEEE MTT-S Digest*, 1983, pp. 221-3。

为了保持线性工作，V_{pk}的值不能超过 2 V_{DD}。这个要求限制了电抗负载部分的数值：

$$|X_L|^2 \leqslant (R_{opt}^2 - R_L^2) \tag{69}$$

以上一系列公式的含义如下：对小于 R_{opt} 的负载阻抗数值，峰值输出电流限制了功率；在阻抗平面上恒输出功率的等值线就是电阻 R_L 为常数的直线，直至达到式（69）的电抗极限时为止。

如果负载阻抗的数值超过了R_{opt}，那么所传送的功率由电源电压限制。在该电压摆幅限制的情况下，比较方便的是考虑负载的导纳而不是负载阻抗，所以传送的功率为

$$P_L = \left[\frac{V_{DD}}{2}\right]^2 G_L \tag{70}$$

式中，G_L是输出负载导纳中的电导部分。

采用与前面类似的方法可以计算漏极电流为

$$i_D = 2V_{DD}\sqrt{G_L^2 + B_L^2} \tag{71}$$

式中，B_L是输出负载导纳中的电纳部分。式（71）中的漏极电流具有的最大值为

$$i_{D,pk} = 2V_{DD}G_{opt} \tag{72}$$

把式（72）代入式（71）并求解这个不等式得到

$$|B_L|^2 \leqslant (G_{opt}^2 - G_L^2) \tag{73}$$

上面这些公式的含义是：当负载阻抗的数值大于 R_{opt}时，恒功率等值线是电导 G_L为常数时的直线，直到电纳的值达到式（73）给出的值时为止。这两个阻抗区域的等值线一起构成了负载拉图。

负载拉图对于估计 PA 对负载变化的敏感程度、识别最优的工作条件及有可能揭示隐藏的弱点是非常有价值的。有经验的 PA 设计者常常通过观察负载拉图就能够诊断出许多问题。

15.10.7　负载拉等值线实例

为了说明这个步骤，让我们建立前面 A 类放大器例子的负载拉图，其中峰值电压为 6.6 V，峰值电流为 1.65 A，因而 R_{opt}为 4 Ω。例如，为了求出使我们可以传送的功率在最优设计值的 1 dB 范围内所有负载导纳的轨迹，应该首先计算出从 4Ω偏离 1 dB 时相当于约 3.2 Ω和 5.0 Ω。前一个值用于电流限制的情况，而后一个值用于电压摆幅限制的情况。

在电流限制的情况下，我们沿着 3.2 Ω的常数电阻线直至最大允许的电抗数值约为 2.6 Ω时为止，而在摆幅限制的情况下，我们沿着 0.2 S 的常数电导线直至最大允许的电纳数值为 0.15 S 时为止。

习惯上并不是把等值线画在阻抗和导纳平面上，而是画成史密斯圆图的形式。由于阻抗或导纳平面上的圆在史密斯圆图中仍保持为圆（并且直线被认为是半径为无穷大的圆），因此这些等值线中有限长度的直线段就变成史密斯圆图中的圆弧。相应的负载拉图显示在图 15.41 中，这里归一至 5 Ω和 0.2 S（而不是 50 Ω和 0.02 S）以使等值线较大，足以被清楚地看出。

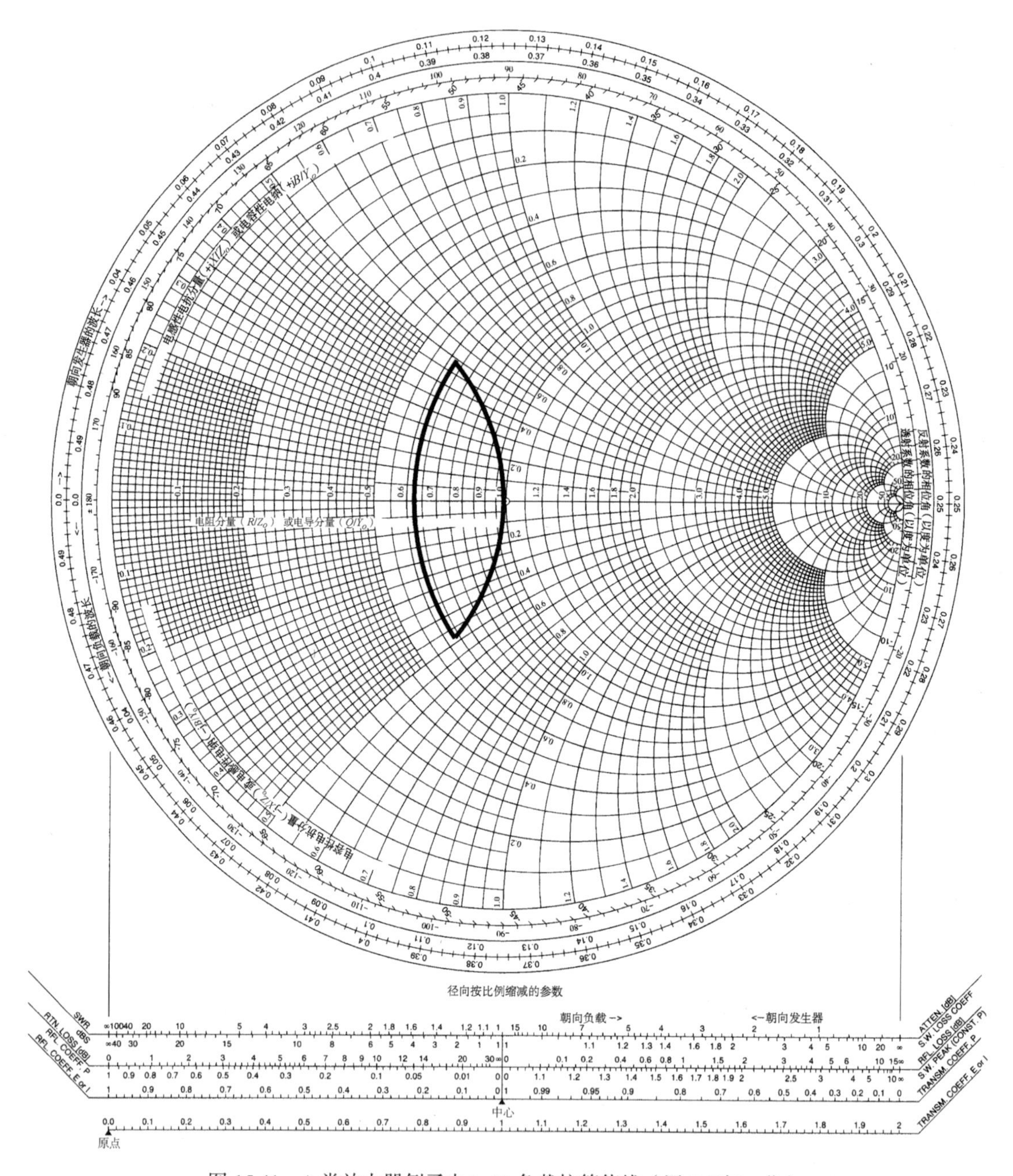

图 15.41　A 类放大器例子中 1 dB 负载拉等值线（用 5 Ω归一化）

因此，对于处在两个圆交叉部分内的所有负载阻抗，传送到负载的功率将在最大值的 1 dB 范围内：这两个圆中一个是常数电阻（它的值比最优负载电阻小 1 dB），而另一个是常数电导（它的值比最优负载电导小 1 dB）。从以上描述中注意到，我们不需要计算电抗或电纳的极限数值，这两个圆的交叉部分已自动地利用图解考虑了这个计算。因此建立理论的负载拉图要比进行细节推导要容易得多。

这里应当着重指出，前面的推导假定了晶体管的工作如一个理想的、没有寄生参数的可控电流源。器件和封装的寄生参数连同外部的负载阻抗一起构成了这一负载拉图的总等效负载。然而在建立实际的负载拉图时只知道外加的阻抗，因此基于外部阻抗值的负载拉等值线一般将对没有寄生参数的情形进行转化和变换。虽然有些不方便，但可以有助于提取这些寄生参数的精确值，因为我们知道等值线的中心（在进行寄生参数的修正之后）必定通过史密斯圆图的实轴。

15.11　设计小结

我们已经看到用效率来换取线性度及其他特性的许多例子，因此可知一种功率放大器不可能满足所有的要求。

现有的可以适应广泛要求的各种放大器覆盖了从低效率、高线性度到高效率、低线性度的全部范围（高效率、高线性度的放大器还有待于发明）。A 类放大器提供了最好的线性度和最差的效率，而开关放大器则提供了最好的效率和最差的线性度。

最大功率传输理论看来在设计功率放大器的输出电路时基本上没有什么用。相反，我们在设计时通常提供给负载一个规定数量的功率，然后评估效率、增益、线性度和稳定性是否能够被接受（必要时需要进行多次迭代）。最后，由于需要确定现实情况下对负载阻抗变化的敏感程度而开发了负载拉图，它使我们可以快速地估计当负载的实部和虚部分变化时所传递的功率是如何降低的。

习题

[第 1 题]　考虑确定一个功率放大级所要求的器件宽度。具体来说，假设你要设计一个器件用于本章中 1 W 的 A 类放大器例子。回想一下，这个器件在导通状态下最大允许的电阻值估计约为 200 mΩ。

（a）规定一个随意的电阻值，推导出所要求宽度的一般表达式。采用第 5 章的 MOSFET 解析模型并考虑短沟道效应。

（b）以（a）的回答作为指南，估计满足 200 mΩ约束所需要的具体宽度，假设最大的栅驱动为 3.3 V，阈值电压为 0.7 V，有效沟道长度为 0.35 μm，C_{ox} 为 3.85 mF/m^2，迁移率为 0.05 m^2/(V·s)，E_{sat} 为 4×10^6 V/m。采用第 5 章的 Level-3 NMOS 器件模型验证你的答案，并且在必要时进行迭代以求出精确的值。

（c）如果前一级的负载是电感性的，那么峰值驱动电压有可能加倍。在这种情形下什么器件宽度才足够满足要求？

（d）如果输出功率和晶体管电阻引起的损耗保持不变，大致描述一下所要求的器件宽度随电源电压如何变化？假设采用固定的器件工艺。若有效的沟道长度和氧化层厚度同时随电源电压缩小，定性地说明你的答案会怎样变化。

[第 2 题]　考虑一个用作功率放大器的 500 μm × 0.5 μm（设计值）的晶体管，其中漏极的摆幅可以从地至 5 V。对于栅极电压为 0 V、2.5 V 和 5 V 的情况，采用第 5 章的 Level-3 模型画出在这个漏极摆幅范围上 C_{gd} 和 C_{db} 与漏极电压的关系。解释这些变化将如何影响功率放大器的性能。

[第 3 题]

（a）完成图 15.37 所示的一个“比较完全”的 1 W 的 A 类放大器的例子。假设镜像电路的比 n 为 10，所以基准偏置电流为 82.5 mA（忽略镜像误差）。如果最大的栅驱动是 6.6 V 而阈值电压为 0.7 V，估计满足 200 mΩ约束所需要的具体宽度。假设有效沟道长度为 0.35 μm，C_{ox} 为 3.85 mF/m^2，迁移率为 0.05 m^2/(V·s)，E_{sat} 为 4×10^6 V/m。最后选择输入耦合电容使在它两端的电压衰减小于 0.3 dB。

（b）采用第 5 章 Level-3 模型模拟这一设计。需要多大的输入信号幅值才能传送给负载 1 W 的功率？

（c）与（b）中电压对应的功率为多大？这个放大器的功率增益是多少？

[第 4 题] 负载拉实验是表示实际功率放大器特征的一种重要方法。在本章中给出的推导忽略了器件和封装的寄生参数，所以显示的采样等值线适用于外部负载和这些寄生参数合在一起的阻抗。由于实际封装后的功率放大器具有非零的寄生参数，因此基于外部负载阻抗的负载拉等值线看上去并不完全像所给出的例子那样。

（a）如果器件和封装寄生参数可以模拟成一个并联导纳 $Y = G + jB$，重新推导出建立负载拉等值线的规则来进一步说明这一概念。提示：变换成一个等效的串联阻抗也许有助于建立一半的等值线。

（b）作为一个具体的例子，假设对于 1 W、1 GHz 的 A 类放大器的例子，器件和封装寄生参数的组合可以模拟成如图 15.42 所示。在这个模型中，电容代表器件的输出电容（器件又被模拟成所示的电流源），而电感则代表在封装引线和器件本身之间焊接线的寄生参数。

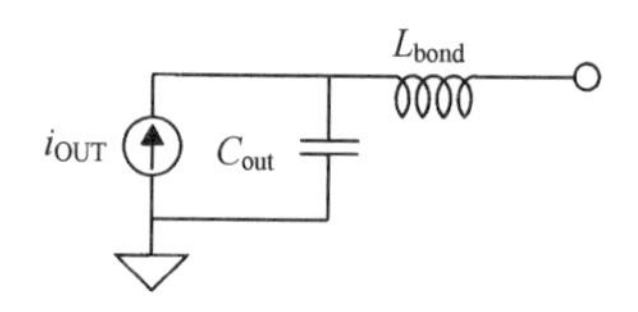

图 15.42　简化的输出模型

假设 C_{out} 为 2 pF，焊接线的电感为 2 nH，重画负载拉等值线。与原始的例子一样，归一到 5Ω 以使等值线看上去大小合适。

[第 5 题] 在 C 类放大器例子中，采用三极管连接的 FET 建立零偏置电压。这里我们假设把偏置改为不等于零的值。

（a）重新设计偏置电路，使一个外部偏置源可以将栅偏置从 0 V 开始逐渐变化到越来越负的值。

（b）画出导通角、效率、电压增益及漏极电源功率与这一偏置电压的关系。讨论当导通角改变时，这些参数相互之间如何互换。

[第 6 题] 根据所采用的调制类型，低失真在某些应用中可能极为重要。A 类或 AB 类放大器通常运用在这些情形中。对于 1 W 的 A 类放大器的例子，假设输出器件为 4 mm 宽并且它的制造工艺可以用第 5 章的 Level-3 参数来模拟。

（a）画出输出功率与栅驱动电压幅值之间的关系。为了简化模拟，可以用一个理想的正弦电压源来驱动这个晶体管，这个正弦电压源具有合适的 DC 偏压以建立正确的偏置。

（b）求与输出相关的 1 dB 压缩点。

（c）满足（b）情况的电压增益是多少？与最大增益进行比较并讨论。

[第 7 题] 对放大器线性度的另一个度量是输出中包含的谐波成分。

（a）对第 6 题中的电路，在 1 dB 压缩点处输出中的二次和三次谐波分量是什么？

（b）重复（a），但在输出功率一半处。

（c）如果输出滤波器电感的 Q 值为 10 并可模拟成一个电阻与这个电感相串联，重复（a）和（b）。

[第 8 题]　在 FM 应用中，增益的线性度相对来说并不重要，但相位的线性度极为关键，因为信息被编码成越零的时间。如果相位响应具有高度的非线性，就会产生调制失真。因此除了通常需要关注的增益和效率，FM 系统的设计者还必须认真考虑相位失真问题。

（a）重新设计 1 W 的 C 类放大器例子中的滤波器，以得到最大平坦延时（你也许希望复习一下第 9 章中的有关内容）。输出振荡回路具有什么样的 Q 值才能出现这种情况？

（b）选择足以保证在导通状态时最大电阻为 200 mΩ的输出器件的宽度以完成这一设计（栅上的峰值电压为 6.6 V）。采用第 5 章的 Level-3 模型。

（c）用 SPICE 模拟你的设计，采用幅值为 6.6 V 的理想方波电压源驱动输出晶体管。在什么频率范围内这个放大器能提供一个误差在 10%范围内的延时常数？

[第 9 题]　当电源电压减小时，把一个合理数量的功率有效地传递到负载上将变得越来越困难，因为负载阻抗必须变换成更低的值，而且容许的寄生电阻因此也要同时减小。如果采用的是一个通常的单端放大级，那么所要求的器件宽度可能迅速增加到极不合理的数值。

避免出现这个问题的一种方法是采用桥式（差分）输出级，其中负载连接在被反相位驱动的两个放大器之间。采用这个方法时，负载两端的电压摆幅加倍，因此对于给定的电源电压，传送至负载的功率可以加大到 4 倍。

（a）如果在一个单端功率放大器中输出晶体管的宽度为 W，那么应当使差分功率放大器中每个器件的宽度为多少才能保持总的导通状态的损耗相同？

（b）假设电源电压为 1.5 V 时需要把 1 W 的功率传送到一个 50Ω 的负载中。在单端 A 类设计中，需要采用多大宽度的器件才能保持导通状态的电阻等于从晶体管看到的负载阻抗的 5%？采用第 5 章的 Level-3 模型。

（c）结合你对（a）和（b）的答案，估计差分设计中每个器件的宽度。

[第 10 题]　交叉失真是推拉式放大器的一个问题，这些放大器中有许多被偏置成 AB 类放大器。针对这个问题开发了一些近似方法以预见这类放大器的交叉失真。

假设一个具有交叉失真的放大器不产生输出，直到输入信号的幅值超过了某个临界的阈值时为止。在超出这个阈值后，输出将跟随输入，但存在一定的偏差。具体来说，假设这个放大器可以被模拟成一个简单的黑盒，当给定一个正弦的输入驱动时，它的输出特性如下：若 $v_{in} > \varepsilon$，则 $v_{out} = v_{in} - \varepsilon$；若 $|v_{in}| < \varepsilon$，则 $v_{out} = 0$；若 $v_{in} < -\varepsilon$，则 $v_{out} = v_{in} + \varepsilon$。假设 $0 < \varepsilon < 1$。

ε 是什么值时产生的三次谐波分量的幅值是基波的 0.1%、1%和 10%？

[第 11 题]　本章给出的所有例子只考虑了单个晶体管的输出级。然而一般来说，我们必须把几级串联起来才能得到足够的总功率增益。如果线性度是重要的，那么通常使前面几级作为 A 类放大器工作，而最后一级也许作为 AB 类放大级工作（为了提高效率起见）。

现在扩大图 15.37 所示的“比较完整”的 1 W、1 GHz 的 A 类放大器，即在它的前面放上足够多的附加增益级，以使总的输入为 1 mW 时能把 1 W 的功率传送给输出负载。也许在进行设计时的第一步是确定输出晶体管的尺寸。设计在各级间的耦合电路以使增益最大（另一种选择是使线性度最好，但这是一个极为复杂的迭代过程）。采用第 5 章的 Level-3 模型。

这个放大器总的效率是多少？——这里将效率衡量为传送到负载的功率与由 DC 电源提供给所有各级的总功率的比。

第 16 章　锁　相　环

16.1　引言

锁相环（PLL）因为其优异的多样性已经在现代通信系统中变得无处不在。作为一个重要的例子，锁相环可以被用来产生其频率是可编程的输出信号，该频率等于一个固定输入频率的有理分式倍数。这种频率合成器的输出可用作超外差收发器中的本地振荡信号。锁相环也可用来进行频率调制和解调，以及从一个载频已经被压制的输入信号中重新产生该载频。锁相环的多样性也延伸到了纯粹的数字系统，在那里它对于信号扭斜（skew）的补偿、时钟信号的恢复和时钟信号的产生都是不可缺少的。

为了详细地了解 PLL 是如何实现这么多种功能的，我们需要建立这些反馈系统的线性化模型。但是首先如往常一样，让我们简单地回顾一下历史，以便把本章的议题置于恰当的上下文之中。

16.2　PLL 简史

现在称为 PLL 的电路是最早由 H. de Bellescize 于 1932 年提出的。[①] 这个早期的工作采用了中频为零的超外差接收器的再生方式提供了一个接收和解调调幅（AM）信号的不同结构。由于选择零中频，因此没有镜像频率需要抑制，而且经过该频率转换后的所有处理都只在音频范围内进行。

然而要使零中频或直接变频接收器正确地工作，则要求本地振荡器（LO）的频率和被接收的载波频率完全相同。更进一步的要求是：为了达到最大的输出，LO 必须与输入的载频同相位。假如彼此的相位关系不能被控制，则增益会变得很小甚至为零（比如 LO 正好与载波正交），或者其变化不可预测。de Bellescize 提出了一个其相位与载波相位锁住的 LO 来解决这个问题。

因为各种各样的原因，零中频接收器没有取代通常的超外差接收器。后者大约在1930 年之后就在无线电市场上占据统治地位。然而由于零中频结构对（镜像频率）滤波的要求较低，因此有利于单片集成。近年来这种零中频接收器又重新引起了人们的兴趣。[②]

另一种类似于 PLL 的电路已经在电视接收器上使用了多年。在标准的电视节目传送中，两个锯齿波发生器分别产生一个垂直的和一个水平的偏转（扫描）信号。为了使接收器能够与电视台发出的扫描信号同步，在发送音频和视频信号的同时还要发送一个同步脉冲信号。

---

① "La Réception Synchrone," *L'Onde Électrique*, v. 11, June 1932, pp. 230-40。

② 然而零中频接收器要求极高的线性度且不能容忍有直流偏差（offset）。同时，因为 RF 和 LO 的频率是一样的，所以 LO 信号从天线反向泄漏出去是一个问题。再有一个问题是：这个 LO 泄漏还会返回到前端且与 LO 信号以随机的相位混频。其结果是产生一个变化的直流偏差，其值可以比 RF 信号大几个数量级。这些问题或许并不比解决滤波问题更容易。我们将在第 19 章中更详细地讨论有关内容。

早期的电视机是这样进行同步的：电视机中产生扫描信号的锯齿波振荡器被调节到一个比实际电视信号频率低的频率自由振荡。然后用一种称为“注入锁定”的技术[1]，让接收到的信号中的同步脉冲使得锯齿波振荡器提前结束每一个周期，从而实现同步操作。只要收到的信号具有比较小的噪声，这种操作方式工作得相当好。然而，随着信噪比变小，同步操作越来越不能正常工作：要么是同步信号丢失，要么是噪声被误当作同步脉冲。在这种电路被广泛应用时，每一个电视机都有一个垂直同步旋钮和一个水平同步旋钮，从而可以使观众自己摆弄这两个旋钮来调节接收器中振荡器的自由振荡频率以保证仍能达到同步。如果不能正确地调节那两个旋钮，电视画面就会上下翻滚或者左右翻滚。在现代的电视机中，真正的锁相器被用来可靠地提取同步信息，即使是在接收到的信号的信噪比很差的情况下。因此，人们再也不会在电视机中找到这两个用于垂直和水平同步的旋钮了。

类似于 PLL 电路的另一个广泛应用也是用在电视上的。在 20 世纪 40 年代末期和 20 世纪 50 年代初期，当各种彩色电视体制被考虑时，美国联邦通信委员会（FCC）提出了一个要与当时黑白电视标准相兼容的强制性要求，并进一步规定彩色电视不能占据额外的带宽。因为在黑白电视发明时并没有考虑到后来彩色电视的发展，因此要满足上述限制性条件绝不是一件容易做到的事。特别是看起来几乎不可能做到把彩色电视信号挤入与黑白电视同样的带宽中而不丢失任何信息。问题的突破点是人们注意到电视的 30 Hz 帧信号的频谱不是连续的，而是梳状的，峰与峰之间的间隔是 30 Hz。颜色信息可以插入这些峰与峰之间的空隙中，而不占据额外的带宽。为了达到这个目的，附加的颜色信息被调制在一个频率大约为 3.58 MHz 的子载波上。[2] 这个经过仔细挑选的子载波的频率使得颜色信号的带宽正好在黑白信号频谱峰与峰之间的中间位置。然后这个复合的黑白（又叫“亮度”信号）和颜色信号再去调制最终被发送出去的载波。这种方式的美国标准称为 NTSC（National Television Systems Committee）制式。

颜色信息被编码成一个向量，其相对于子载波的相位决定了色调，而它的幅值决定了颜色的强度（色饱和度）。接收器因此必须能够十分精确地提取或者重新产生一个子载波来保留一个 0° 的相位参考，否则，还原出来的颜色就与原来发射的颜色不一样了。

为了实现这种锁相，在电子束从屏幕右边回扫到左边的这段时间里，视频信号中要包括一组突发频率为 3.58 MHz 的参考振荡信号（NTSC 标准规定至少为 8 个周期）。这一组信号馈入接收器中一个专门产生 3.58 MHz 连续子载波信号的振荡器里，从而使振荡器和这一组信号的相位锁住。因为这些接收到的信号的组与组之间不是连续的，因此当电子束在屏幕上扫描一行时，接收器的振荡器必然处于自由振荡状态。为了避免颜色的漂移，这个重新产生的子载波的相位不能漂移。早期的技术并不总是能成功地实现这个目标，以至于 NTSC 一度被戏称为“永远不可能重现一样的色彩”（never twice the same color）。[3]

欧洲（除了法国）采用了一个类似的颜色编码机制，只不过在电子束每扫过一条线时变换一次

① Balth and van der Pol, “Forced Oscillations in a Circuit with Nonlinear Resistance (Reception with Reactive Triode),” *Philosophical Magazine*, v.3, January 1927, pp.65-80, 以及 R. B. Adler, “A Study of Locking Phenomena in Oscillators,” *Proc. IRE*, v. 34, June 1946, pp. 351-7。人体的 24 小时生物钟是注入锁定的另一个例子。如果没有来自太阳的同步信号，对于大多数人来说一“天”实际上是超过 24 小时的。可见自由振荡频率仍然是比同步的频率低一些。

② 更精确地说是 3.579 545 MHz，这是通过将视频和音频载波的差 4.5 MHz 再乘以因子 455/572 得到的。

③ 早期的这种电路甚至不用振荡器，而是用那一组突发的参考信号去激励一个具有很高 Q 值的谐振回路（一般用石英晶体）。激励信号过后，谐振回路持续的振荡波形被用作子载波，并且要持续大约 200 个周期而没有过分的衰减。

参考电压的极性，从而在电子束相继两次扫描之后，相位漂移平均起来就为 0。这种方法大大减小甚至消除了颜色的漂移，称为 PAL（Phase-Alternating Line，相位交替线）制式。[①]

另一个类似 PLL 电路的早期应用用在调频（FM）立体声广播上。同样，为了具有向后兼容性，立体声的信息是被调制在一个 38 kHz 的子载波上的。对左右两个声道求和（L+R）并作为单声道信号（限制带宽为 15 kHz），把两声道的差分信号（L–R）调制在 38 kHz 的子载波上，然后进行广播。这个差分信号经调制后变成双边带抑制载波信号（DSB-SC）。接收器会重现这个 38 kHz 的子载波，并且把单声道信号（L+R）和差分信号（L–R）经过简单加法和减法后恢复成原来的左声道信号和右声道信号。为了简化接收器的设计，发送的信号中包含一个小幅度的"引导"信号，其频率恰好是子载波频率的一半。接收器把这个引导信号经过倍频以后解调出 L–R 信号。我们很快可以看到，即使没有这个引导信号，一个 PLL 也能够轻而易举地实现这个倍频操作。但在 1960 年，这个引导信号对电路来说是非常有用的。

早期的 PLL 都是"注入锁定"一类的电路，因为实现一个完整的、教科书式的 PLL 电路的成本太昂贵，所以无法用于多数的消费类产品。除非用在一些特殊的场合（例如卫星通信或者科学仪器），这种"纯粹"的 PLL 直到 20 世纪 70 年代当 IC 技术迅速发展以使得它们被用于立体声 FM 解调中时才大量出现。从此，PLL 变得越来越普遍，从极为普通到高度专业化的场景都有其应用。

从上面的讨论可见，锁相技术使各种各样的应用得以实现。以此为背景，我们在描述教科书式的 PLL 之前先简单介绍一下注入锁定电路。

注入锁定

尽管注入锁定已不是什么新鲜事了，然而不要以为这个技术就没有用了。就像我们将会讲到的那样，注入锁定系统实际上能提供许多与完整的锁相环一样的好处，但是在许多场合下其复杂度和功耗都要小得多。[②] 由于这个原因，我们值得花一些时间分析一下这种方法。

描述注入锁定电路基本特征的一个简单模型由在反馈回路中的一个非线性元件级联一个模式选择器（滤波器）组成，如图 16.1 所示。注意，这个模型是相当通用的。通过恰当地选择非线性的类型和模式选择器的特性，可以用这个模型描述放大器、自由振荡器、频率倍增/除法器或同步（注入锁定）振荡器。这种灵活性是注入锁定电路长期存在的原因。

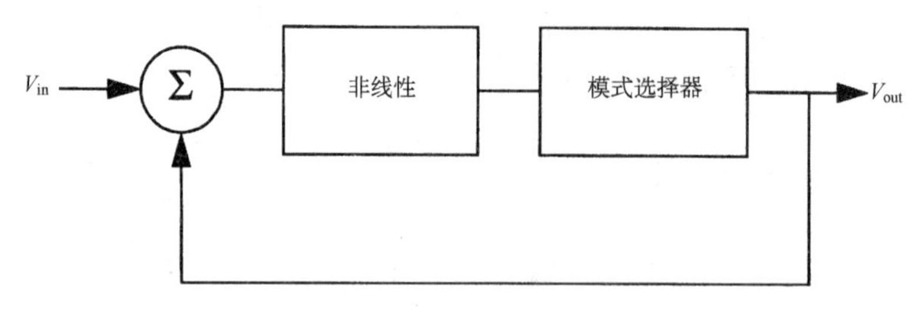

图 16.1　注入锁定振荡器的模型

假定在没有输入的情况下系统可以处于振荡状态（并不是所有的系统满足或需要满足这个条件，这里只是一个方便的假设）。当有输入信号时，系统仍然要持续振荡，反馈回路必须继续满

① 法国的彩色电视系统是 SECAM（Séquentiel Couleur avec Mémoire）制式。这个系统的亮度信号和颜色信号是分时传送的，在接收器端再把它们分别重组起来。

② 不想要的注入锁定也会发生（比如通过衬底耦合），因此理解其工作原理是十分重要的。

足 Barkhausen 振荡条件：单位幅值的回路传输系数和零值的净回路相位偏移。

这个模式选择滤波器对非线性模块的频谱丰富的输出起作用，并且只选择所需要的频率成分。之后，这个仅剩的模式与输入信号非线性地互相作用，从而闭合了回路。同步只在满足 Barkhausen 条件的自洽（self-consistent）解存在时才发生。

至此，提供一个实例或许会对把事情讲清楚有所帮助。假设我们的目标是设计一个用作分频器的注入锁定振荡器（ILO）。具体来说，我们希望设计一个将频率除以 2 的电路。用 ILO 的语言来说，即要设计一个二阶的超（super）谐波。[①] 假若输出频率是 f_{out}，那么模式滤波器就应该是一个调谐到这个频率的带通滤波器。接下来，我们要有一个非线性元件，其能在输入频率为 f_{out} 和 $f_{in} = 2f_{out}$ 时产生一个 f_{out} 的频率成分。也就是说，我们需要有产生一个不同频率成分的非线性元件。我们从混频器的学习中得知，二阶非线性可以提供混频作用（尽管不是完美的，但这不妨碍眼下的讨论）。因此，如果我们可以设法在电路的某处注入一个同步的输入信号，从而能够产生一个二阶非线性特性，那么注入锁频的目的就可以实现。当然，我们要假设围绕回路的增益、相位标准能够被满足。

图 16.2 给出了实现以上这些要求的电路的一个例子。[②] 这里，晶体管 M_1 和 M_2 组成了一个自由振荡的振荡器的核心（我们会在有关振荡器的专门一章更详细地讨论这种电路）。同步的输入信号是通过一个差分放大器（$M_3—M_4$）的 V_x 节点加上的。因为振荡器的输出信号出现在 M_1 与 M_2 的栅极上，（比如说）M_1 的栅-源电压是同步信号与振荡电压之和。然后，MOSFET 的平方律特性自然地提供了所希望的二阶非线性特性。

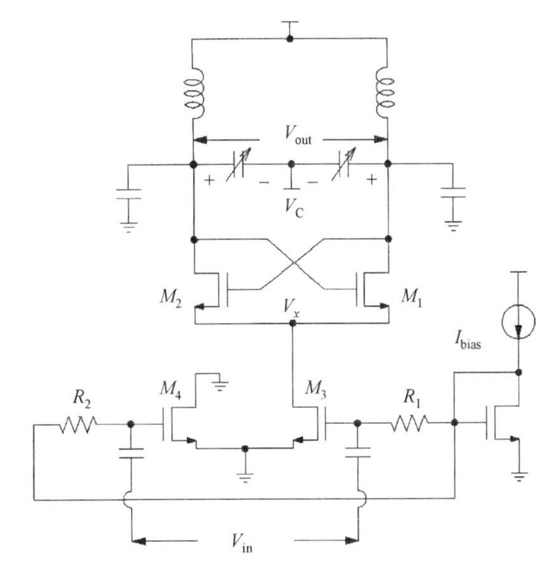

图 16.2　注入锁定分频器（根据 Rategh）

通过对这个电路性能的考察，注入锁定的一个令人满意的性质变得明显了。采用 0.25 μm CMOS 技术，这个分频器在 5 GHz 的输入频率下消耗 500 μW 的功率。这样的功耗比起采用同样工艺技术的基于触发器的常规分频器的功耗要小得多，这是因为采用了谐振电路的缘故。能量在谐振电路中能够在某种程度上得以回收，而在常规的触发器中，能量在每一个周期中都耗散掉了。

① 习惯上，ILO 的相关术语基于输入频率与输出频率的比（这与通常的用输出与输入的比来表征正好相反）。这样，当输入频率比输出频率低时，这种 ILO 称为亚谐波 ILO；当输入频率比输出频率高时，则称之为超谐波（或就是谐波）ILO。

② H. R. Rategh and T. H. Lee, "*Multi-GHz Frequency Synthesis and Division*, Kluwer, Dordrecht, 2001。

这种电路的缺点是要求较大的芯片面积（由于采用了电感的原因）及较窄的工作频率范围（因为ILO是谐振电路）。

另一个注入锁定电路的有用特性是它不仅仅产生频率的同步，实际上它也能锁相。因此，假若同步频率具有比自由振荡器更低的相位噪声（我们会在第18章中详细讨论有关内容），那么就有可能把这个低噪声的品质传递给已锁定的振荡器的输出。这一点在图16.3中给出了描述，其中，水平轴是相对载波频率的频率偏移，垂直轴上的噪声就是在该载波频率上得到的。[①]

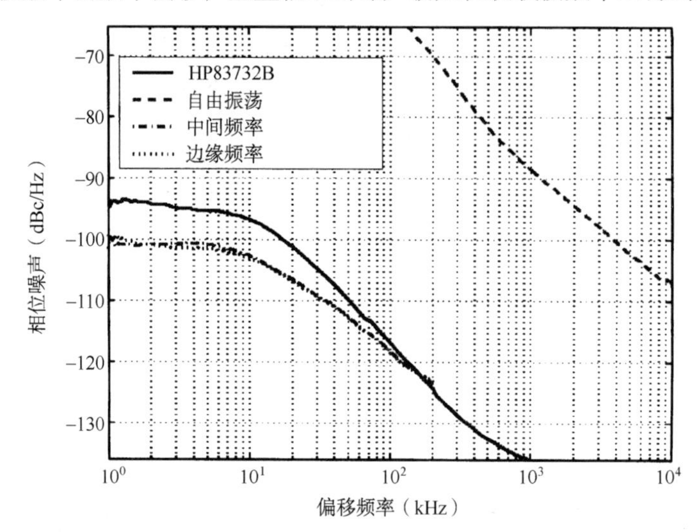

图16.3 ILO在锁相与非锁相模式中的相位噪声图

图16.3右上角的曲线是在没有同步信号时的振荡器的相位噪声，这个未锁定状态的大的噪声（因为工作在如此低的功耗而导致）在这个图中是十分明显的。然而，一旦被锁定，较低的那些曲线所示的相位噪声在偏离载波频率较小的频率下大致为−100 dBc/Hz，这代表了60 dB或更多的改进。在该例子中，同步信号是由HP83732B信号发生器产生的，其噪声比锁定的振荡器（在低的偏离频率条件下）的噪声要高6 dB（即2倍）。这是因为2∶1的分频所致：在频率二分频的同时，相位也被除以2。

在简单地讨论了注入锁定的某些性质与应用之后，我们现在转而讨论常规的锁相环的建模。

16.3 几种线性化的PLL模型

基本的PLL结构如图16.4所示，由一个鉴相器和一个压控振荡器（VCO）构成。鉴相器把输入信号的相位和VCO输出信号的相位进行比较，并生成一个与相位差具有某种函数关系的输出电压。而VCO只是简单地产生一个振荡频率与控制电压有某种函数关系的周期信号。

PLL的基本思想是用鉴相器的输出去驱动VCO并使得上述相位差减小，换句话说，这是一个负反馈系统。理论上来说，一旦这个反馈环锁住以后，输入参考信号的相位与VCO的输出之间就有一个固定的相位关系（通常是0°或者90°，这与鉴相器的性质有关）。

尽管实际的鉴相器和VCO是高度非线性的，然而通常的做法是在相位已经锁住时假设它们

---

① 再一次说明，后面我们会更详细地讨论什么是相位噪声及这些图表示什么。就目前来说，我们需要知道垂直轴是噪声的度量就够了。

是线性元件。我们以后会考虑一个更加一般的情形（包括跟踪过程），但是我们想从最简单的情况开始，随着分析的深入逐步加入更复杂的内容。

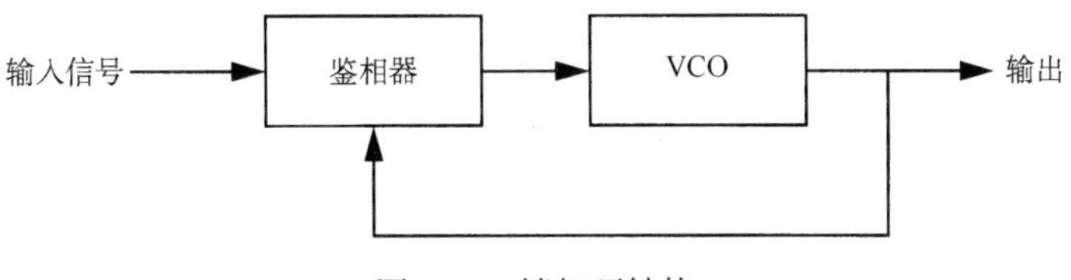

图 16.4　锁相环结构

让我们来看一看图 16.5 所示的线性化的 PLL 模型。因为我们更关心输入和输出之间的相位关系，所以在这个模型中输入和输出变量都是相位，而不是它们在时域中的实际波形。如果读者习惯把框图里的“信号”理解为电压，那么现在就要把这些信号理解为相位。

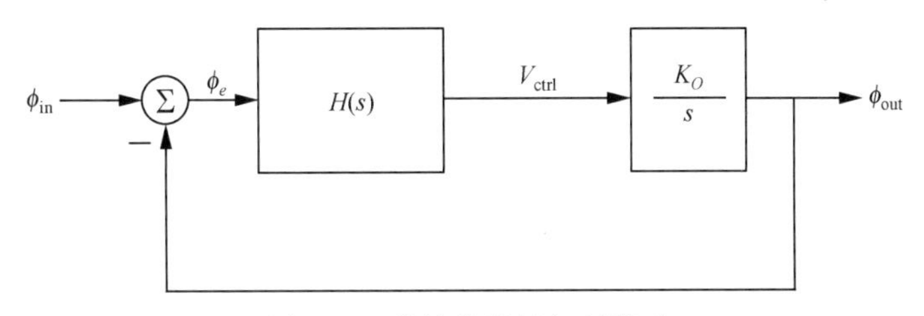

图 16.5　线性化的锁相环模型

采用相位作为输入-输出变量的另外一个结果是：其输出频率取决于控制电压的 VCO 可以当作一个关于频率的积分器来处理。VCO 的增益常数K_O的单位是 rad/(s·V)，它只是用来描述当控制电压发生已知的改变时输出频率会发生什么样的变化。请注意，不同于通常放大器的输出是有界的，这里的 VCO 的确是一个积分器，等待时间越长，积累的相位越大（除非有人故意将 VCO 关掉了）。

图 16.5 中的鉴相器被建模为一个简单的减法器，它产生一个输入信号和输出信号相位之差的相位误差输出ϕ_e。为了包括增益因子和环路中可能存在的附加滤波功能，该模型还包括一个具有传递函数$H(s)$的模块。

16.3.1　一阶 PLL

最简单的 PLL 的传递函数$H(s)$是一个简单的常量增益（记为 K_D，单位为 V/rad）。因为这个环路只有一个极点，因此称为一阶 PLL。除简单外，一阶 PLL 还能够轻而易举地获得很大的相位裕量。

但是一阶 PLL 有一个缺点，即带宽和稳态的相位误差有很强的耦合关系。通常人们希望稳态的相位误差和带宽没有关系，因此一阶 PLL 很少被采用。

我们现在用一阶线性 PLL 模型来定量地分析一下一阶 PLL 的限制。其输入和输出的相位传递函数由下式给出：

$$\frac{\phi_{out}(s)}{\phi_{in}(s)} = \frac{K_O K_D}{s + K_O K_D} \tag{1}$$

因此闭环带宽为

$$\omega_h = K_O K_D \tag{2}$$

为了了解带宽和相位误差之间到底有什么关系，我们来看一看相对于输入误差而言的传递函数：

$$\frac{\phi_e(s)}{\phi_{\text{in}}(s)}=\frac{s}{s+K_O K_D} \tag{3}$$

如果假设输入信号是一个固定频率的正弦信号ω_i，那么其相位是以ω_i rad/s 的速度随时间线性增长的。因此输入信号在拉普拉斯域的表达式是

$$\phi_{\text{in}}(s)=\frac{\omega_i}{s^2} \tag{4}$$

所以，

$$\phi_e(s)=\frac{\omega_i}{s(s+K_O K_D)} \tag{5}$$

因此固定输入频率的稳态误差为

$$\lim_{s\to 0} s\phi_e(s)=\frac{\omega_i}{K_O K_D}=\frac{\omega_i}{\omega_h} \tag{6}$$

由此可见，稳态相位误差与输入频率有简单的正比关系。当环路的带宽等于输入频率时，我们得到一个单位弧度的相位误差。因此，当需要小的稳态相位误差时，环路的带宽就要比较大，正如前面所指出的那样，这两个参数是紧紧联系在一起的。

有一个很直接的方法可以对以上结果进行解释。即一般来说，VCO 都需要一个非零的控制电压来校正它的输出频率，既然这个控制电压是由鉴相器输出的，那么就必然会有一个非零的相位误差。对于一个固定的输出来说，如果要减小相位误差，则必然要求鉴相器有一个很大的输出增益。因为增益的增加对环路传输的影响在各个频率点上是一样的，所以带宽的增长必然伴随着相位误差的减小。

为了实现零相位误差，我们需要一个能够从鉴相器的零输出产生一个任意大的控制电压的元件，这意味着需要具有一个无限大增益的元件。为了使稳态相位误差与带宽没有关系，这个元件只需要在 DC 时（而不必在所有的频率点上）具有无限大的增益。积分器就具有这样的功能。使用积分器的 PLL 电路就是二阶 PLL。

16.3.2 二阶 PLL

二阶 PLL 模型如图 16.6 所示。积分器引入的–90° 相移必须被一个环路稳定的零点的正相移补偿回来。对于这种方式的反馈系统的补偿，上述零点的位置必须比穿越频率的位置低很多，从而获得期望的相位裕量。

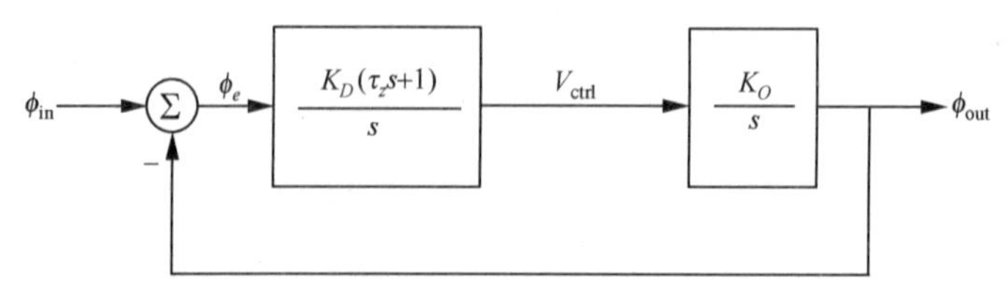

图 16.6 二阶 PLL 模型

在这个模型中，因为额外的积分效应，常数 K_D 的单位变成 rad/s。由于这个积分器，PLL 环

路带宽就与稳态相位误差（在这里是零）再也没有关系了，这一点可以通过分析图 16.7 所示的环路传输幅值看出。利用二阶 PLL 的根轨迹框图（见图 16.8）可以分析它的稳定性。增加环路传输幅值（通过增加 K_DK_O）后，由于穿越频率的增加会使更多的零点带来的正相移去补偿极点造成的负相移，因此环路的衰减不断变大。

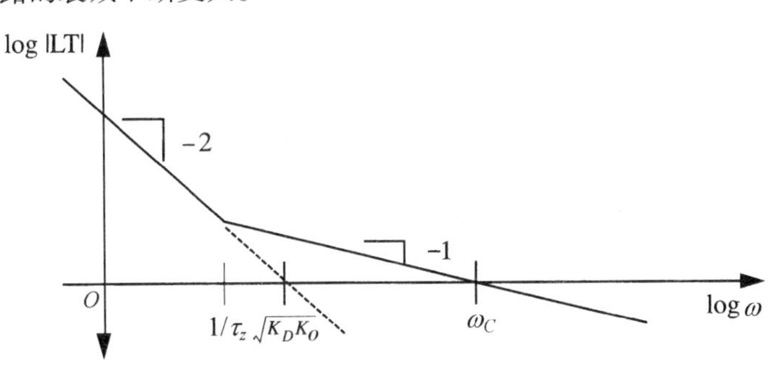

图 16.7　二阶 PLL 的环路传输幅值

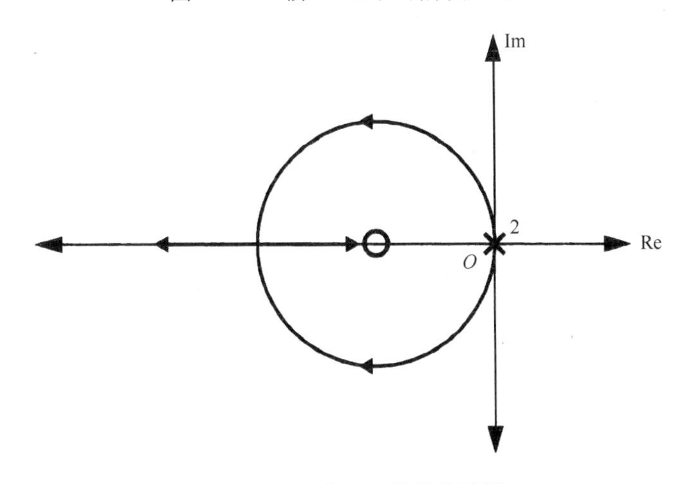

图 16.8　二阶 PLL 的根轨迹图

当环路传输幅值非常大时，其中一个极点位于频率为零的点附近，另一个极点则趋向无穷高的频率。在这种 PLL 实现中，稳定环路的零点来自前馈支路，因此它出现在闭环传递函数中。

我们很容易得到相位传递函数：

$$\frac{\phi_{\text{out}}}{\phi_{\text{in}}}=\frac{\tau_z s+1}{(s^2/K_D K_O)+\tau_z s+1} \tag{7}$$

由此得到

$$\omega_n=\sqrt{K_D K_O} \tag{8}$$

及

$$\zeta=\frac{\omega_n\tau_z}{2}=\frac{\tau_z\sqrt{K_D K_O}}{2} \tag{9}$$

进而得到环路的穿越频率为

$$\omega_c = \left[\frac{\omega_n^4}{2\omega_z^2} + \omega_n^2\sqrt{\frac{1}{4}\left(\frac{\omega_n}{\omega_z}\right)^4 + 1}\right]^{1/2} \tag{10}$$

假若穿越频率远大于零点频率（这个假设通常都成立），上式可以大大简化为

$$\omega_c \approx \frac{\omega_n^2}{\omega_z} \tag{11}$$

图 16.7 和式（10）都说明穿越频率总是比ω_n大，而后者由图 16.7 及式（8）可以看出是环路在没有零点时的外推穿越频率。最后要指出的是：给定一个ω_n，增加零点的时间常数能够增加环路衰减。这样，在保留稳态零相位误差的前提下，二阶 PLL 电路的带宽和稳定性都可以（分别）调节到所要求的值上。

二阶 PLL 中的抖动成峰

从这个环路的根轨迹图中可以看到对于较大的衰减率，零点是在与其相关联的（闭环）极点的右边，因此闭环频率响应的幅值一开始（频率低时）是超过 1 的，直到频率增加到零点的影响被极点抵消时为止（见图 16.9）。

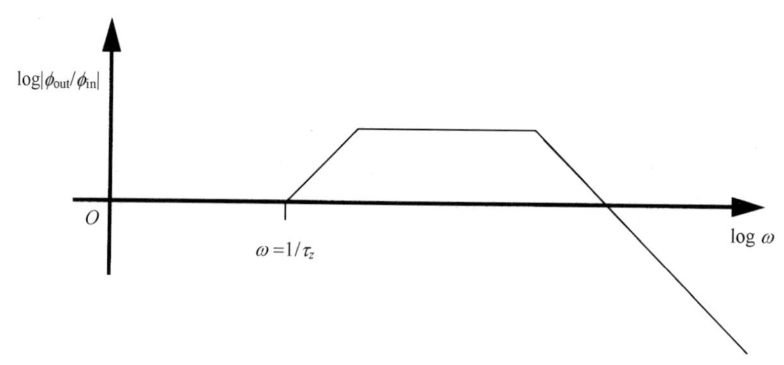

图 16.9　PLL 的闭环相位传递函数（波特图近似）

我们看到，从零点位置开始相位传递函数的幅值是随着频率上升的，然后遇到第一个极点后就变平。从图中还可看出，相位传递函数在过了零点以后其幅值比 1 大，直到第二个极点引入了足够的衰减时为止。因此存在一个频率带宽，其中传递函数的幅值大于 1。这个带宽大致上就是以零点和第二个极点为边界的。

这个峰的存在意味着：如果输入的信号被调制（无论是有意的还是由于其他原因）且其频谱成分落在上述频带内，则输出调制里面会含有一个比输入漂移更大的相位漂移。遗憾的是，从根轨迹图可以看出，只要前馈支路里含有一个零点，则峰的存在是这种环路形式的一个本征特性。因此，如果想把这个峰降到最小，我们需要一个大的环路传输值，使得第一个极点尽可能接近零点。[①] 尽管这种抖动尖峰可以采用在环路反馈支路里引入一个零点（使用一个压控延时元件）的方法来彻底消除，但是对于大多数 RF 应用来说，选择足够大的衰减率就可以满足要求了。[②]

① 显然，如果电路里面有几个 PLL 级联，那么尖峰效应是累加的。这个级联电路的总尖峰可能会大到使得处于级联下游的 PLL 失去锁定能力。尽管 RF 电路设计者不太关心这种情况，但在一些数字电路网络（例如令牌环）里，这可能是一个严重的问题。

② T. Lee and J. Bulzacchelli, "A 155 MHz Clock Recovery Delay- and Phase-Locked Loop," *IEEE J. Solid-State Circuits*, December 1992。

16.4　PLL 的一些噪声特性

16.4.1　VCO 扰动的抑制

在实际系统中，除对于设定的输入的响应外，评估对于噪声输入的响应同样很重要（对于集成电路来说特别重要，因为芯片上其他部分产生的噪声会耦合到 PLL 上），因此我们现在要来看一下在 PLL 输入端或者 VCO 控制端有噪声时经典的 PLL 会有什么样的反应。

在 PLL 的线性化模型（见图 16.10）里，噪声可以作为加在 VCO 控制端的一个额外信号来处理。我们可以相对容易地得到系统的噪声–相位误差传递函数如下：

$$-\frac{\phi_\varepsilon}{V_N}=\frac{sK_O}{s^2+s\tau_z K_D K_O+K_D K_O} \tag{12}$$

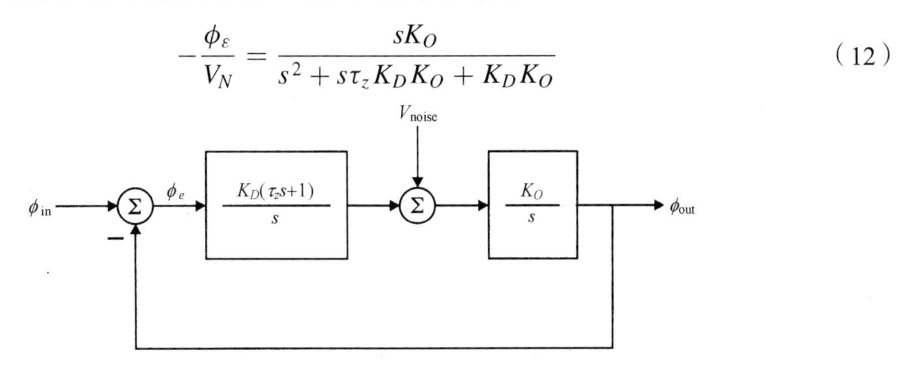

图 16.10　带有噪声注入的线性化模型

假设噪声输入是一个单位阶跃函数，反拉普拉斯变换可以给出相位误差与时间的函数关系：

$$-\phi_\varepsilon(t)=\frac{\Delta\omega_i}{\omega_n\sqrt{\zeta^2-1}}\exp(-\zeta\omega_n t)\sinh\left(\omega_n\sqrt{\zeta^2-1}t\right) \tag{13}$$

式中，$\Delta\omega_i$ 是由阶跃扰动 V_N 引起的初始频率误差，闭环极点的衰减率 ζ 仍然由下式给出：

$$\zeta=\frac{\omega_n\tau_z}{2} \tag{14}$$

而固有频率 ω_n 依然是

$$\omega_n=\sqrt{K_D K_O} \tag{15}$$

最大的相位误差由下面这个直观的公式给出：

$$-\phi_{\varepsilon,\max}=\frac{\Delta\omega_i}{\omega_n\sqrt{\zeta^2-1}}\exp\left(-\frac{\zeta}{\sqrt{\zeta^2-1}}\operatorname{arctanh}\frac{\sqrt{\zeta^2-1}}{\zeta}\right)\cdot\sinh\left(\operatorname{arctanh}\frac{\sqrt{\zeta^2-1}}{\zeta}\right) \tag{16}$$

其出现的时刻为

$$t_{\max}=\frac{1}{\omega_n\sqrt{\zeta^2-1}}\operatorname{arctanh}\frac{\sqrt{\zeta^2-1}}{\zeta} \tag{17}$$

由于上面这些公式看起来相当复杂，因此不容易确定它们的应用。但如果衰减率比较大，则这些公式可以大大简化：

$$-\phi_{\varepsilon,\max} \approx \frac{\Delta\omega_i}{\omega_c} \tag{18}$$

$$t_{\max} \approx \frac{2\ln 2\zeta}{\omega_c} \tag{19}$$

式中，ω_c是环路的穿越频率。

现在我们可以从这些公式看出一些结论了。我们看到，最大的相位误差近似等于 VCO 的初始频率偏移与环路穿越频率（近似等于闭环带宽）的比值。只要回忆一下相位是频率的积分，就不难理解上面这个关系，因此任何相对于正确频率的偏移都会导致一些相位误差的积分，并且这个相位误差的积累要持续一段时间，大约等于环路带宽的倒数。

根据上下文，这种变化的相位误差称为“相位抖动”或者“相位噪声”。从前面的公式可以清楚地看到，如果要最小化由电源（或其他）噪声造成的相位抖动或者相位噪声，则需要最大化环路带宽和最小化 VCO 频率的初始偏移。遗憾的是，任意大的环路带宽是不可能实现的，因为所有实际的反馈系统最终都会受到变差的相位裕量的影响。这种相位裕量的变差可以由各种各样的原因引起，例如寄生元件没有被很好地建模或考虑。另外，很多 PLL 是被采样的数据系统（相位误差的测量是在分立的时间间隔中进行的），如果不牺牲稳定性，这种分离采样的系统特性又会给穿越频率加上进一步的限制。考虑到这些因素及元件容差、温度和电源电压漂移等影响，为了保证可以接受的最坏的相位裕量，通常将 PLL 的带宽限制为时钟频率的一个较小的百分比（例如小于 10%）。

这里列举一个数字的例子可能会对强调问题的严重性有所帮助。假设电源受到的阶跃脉冲的扰动导致$\Delta\omega_i$是ω_{carrier}的 2%，再假设穿越频率ω_c也是ω_{carrier}的 2%。在这种情况下，当输入载波是 250 MHz（周期为 4 ns）时，最大的相位误差是 1 rad，或者说大约是 630 ps。这样大小的相位抖动（大于 15%）通常是不可容忍的。

从由集成电路实现的通信系统来看，PLL 对外部和内部的噪声源的敏感性使得很难将它们集成到数字电路中（数字电路在所有的开关都工作时会产生大量的噪声），除非降低对 PLL 输出频谱纯度的要求。从上面的公式来看，如果把 VCO 的增益最小化且最大化环路带宽，我们就能使 PLL 对外部噪声的敏感程度达到最小。对于 RF 电路和数字元件的进一步集成化而言，减少对噪声的敏感程度是一个亟待解决的最严峻的挑战之一。

16.4.2 输入端噪声的抑制

我们看到，增加 PLL 的带宽能够减小扰动对 VCO 频率变化的影响。这个观点并不深奥：一个快速系统意味着它能够更快地从误差中恢复过来，不管这个误差来自何种信号源。

然而，使带宽最大化除造成稳定性的问题外，还有一个潜在的缺点。随着环路带宽的增加，环路能够更好地跟踪输入信号。如果输入信号没有噪声（或者至少比 PLL 自身的噪声少），那么总的效果是好的。但是，如果输入端噪声比 PLL 的 VCO 噪声更大，那么这个高带宽的环路会把输入端噪声在输出端重现出来。因此，在对于环路输入端噪声的敏感性和对于干扰 VCO 频率的噪声的敏感性这两者之间就有一个折中，前者希望环路带宽要小，后者则希望环路带宽越大越好。

一般来说，对于一定的功耗，调谐振荡器（例如 LC 振荡器或者基于晶体的）比弛豫振荡器

（例如环形振荡器或者 RC 移相振荡器）具有更少的噪声。因此，如果送入 PLL 的参考输入信号是由一个调谐振荡器产生的，而 VCO 却是基于弛豫振荡器的拓扑结构，那么我们更希望有大的带宽。如果情况刚好相反（一般来说很少见），弛豫振荡器将一个输入参考信号提供给一个基于晶体振荡器的 PLL，那么一般来说希望带宽要小。

16.5　鉴相器

我们已经在框图的层次上介绍了经典的PLL,并且特别描述了二阶PLL锁相时的线性化行为。现在我们考虑一些实现上的细节来了解实际的 PLL 是如何构建及如何工作的。

在这一节里，我们分析几个具有代表性的鉴相器。在以后的几节中，我们分析一种或者两种类型的压控振荡器，以便获得一个实际环路的感性认识。不过，我们把对振荡器的详尽讨论推迟到下一章。

16.5.1　作为鉴相器的模拟乘法器

在输入是正弦波并且 VCO 也是正弦波的 PLL 中，到目前为止，最常用的鉴相器就是乘法器，一般用希尔伯特类型的拓扑来实现。对于一个理想的乘法器来说，要得到输入-输出关系并不困难（如图 16.11 所示）。

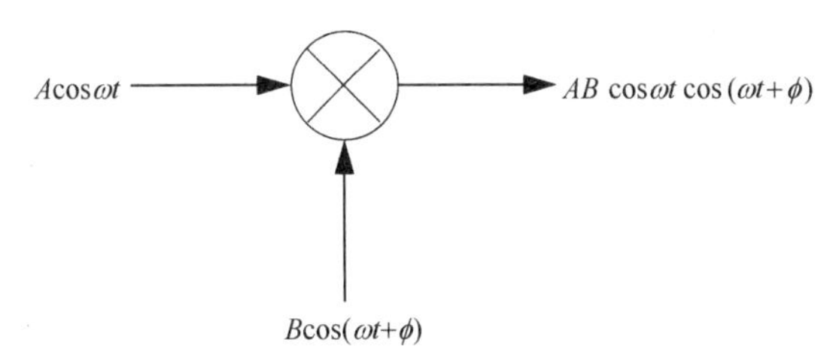

图 16.11　作为鉴相器的乘法器

利用一些三角函数恒等式，我们发现乘法器的输出可以表示为

$$AB\cos\omega t\cos(\omega t+\phi)=\frac{AB}{2}[\cos\phi-\cos(2\omega t+\phi)] \tag{20}$$

注意，乘法器的输出包含一个直流项和一个倍频项。对于鉴相器来说，我们只关心它的直流项，这样，鉴相器的平均输出为

$$\langle AB\cos\omega t\cos(\omega t+\phi)\rangle=\frac{AB}{2}(\cos\phi) \tag{21}$$

可见，鉴相器的增益“常数”是相位差的函数且由下式给出：

$$K_D=\frac{\mathrm{d}}{\mathrm{d}\phi}\langle V_{\mathrm{out}}\rangle=-\frac{AB}{2}(\sin\phi) \tag{22}$$

如果我们把鉴相器的平均输出作为输入信号相位差的函数画在图上，那么可以大致得到如图 16.12 那样的一条曲线。注意，鉴相器输出具有周期性。进一步观察，我们还可以发现当相位差是 0 时，鉴相器的增益也是 0，而当输入相位差为 90° 时增益最大。这样，为了最大化地利用鉴相器的输出，环路应该被安排在相位差为 90° 时锁定。因此，乘法器又常常称为“正交”鉴相器。

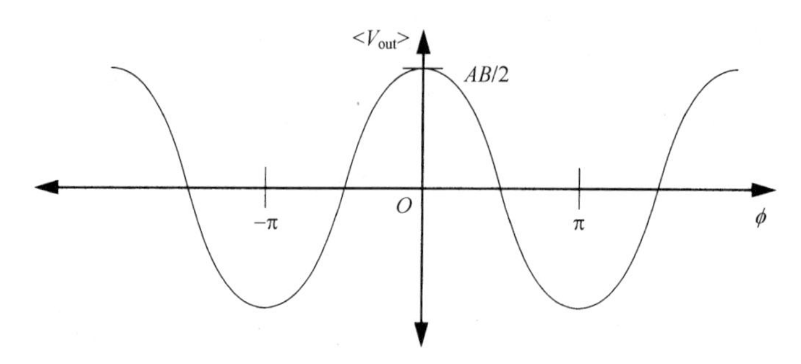

图 16.12　乘法器鉴相器的输出与相位差的关系

当环路被锁定在正交状态时，鉴相器就有一个增量增益常数：

$$K_D\Big|_{\phi=\pi/2} = \frac{\mathrm{d}}{\mathrm{d}\phi}\langle V_{\text{out}}\rangle\Big|_{\phi=\pi/2} = -\frac{AB}{2} \tag{23}$$

下面我们不介意式中的负号，这是因为环路可能伺服在相位差等于 90° 或者−90° 的状态（当然不是同时达到这两个角度），负号取决于环路中其他部分的反相次数。

因为在给定的任意一个 2π 周期内会有两个角度使得鉴相器的输出为零，因此看起来鉴相器能够在两个平衡点锁住。但是，其中只有一个点是稳态平衡，而另外一个点是亚稳态平衡。环路最终是要从亚稳态平衡点发散的。换句话说，只有其中的一个点对应着负反馈。

当我们对一个正交 PLL 环路提及相位误差时，我们计算的是与平衡条件为 90° 的相位差值，因此，尽管在一个理想的正交 PLL 环路中相位差为 90°，但是我们说相位误差为 0。

16.5.2　作为鉴相器的换向乘法器

在前一节里，我们假定环路的两个输入都是正弦波。然而，在大多数实际应用中，其中一个或者两个信号可能被很好地近似为方波。因此修正一下我们的结果，以便包含一个输入为方波的情形。这样我们可以得到如图 16.13 所示的框图，其中“sgn”是符号函数，定义为

$$\text{sgn}(x) = 1 \quad 如果 x > 0 \tag{24}$$

$$\text{sgn}(x) = -1 \quad 如果 x < 0 \tag{25}$$

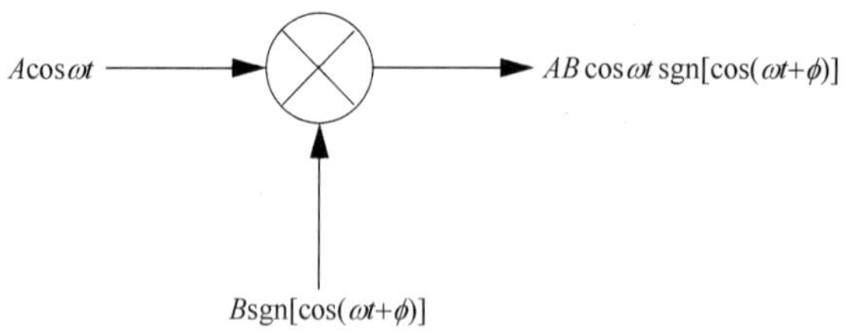

图 16.13　带有一个方波输入的乘法器

现在，回忆一下一个幅值为 B 的方波，其基波分量的幅值就是 $4B/\pi$。如果我们只关心基波分量，那么乘法器的平均输出就是

$$\langle V_{\text{out}}\rangle = \frac{4}{\pi}\frac{AB}{2}(\cos\phi) = \frac{2}{\pi}AB(\cos\phi) \tag{26}$$

于是鉴相器的增益就是上一节描述的纯正弦波的 $4/\pi$ 倍：

$$K_D\Big|_{\phi=\pi/2} = \frac{\mathrm{d}}{\mathrm{d}\phi}\langle V_{\mathrm{out}}\rangle\Big|_{\phi=\pi/2} = -\frac{2AB}{\pi} \tag{27}$$

尽管上面这些鉴相器的输出和增益的表达式十分类似于针对纯正弦波的表达式，但是这两类鉴相器有本质上的差别。因为方波除基波分量外还具有其他分量，因此环路可能会锁在输入信号频率的谐波或者分频波上。例如，考虑在 B 输入端的方波频率刚好是正弦输入波的 1/3。这样，方波由奇次谐波组成，[①] 而三次谐波的频率正好与正弦波相同，这两个信号会使乘法器产生一个直流输出。

因为方波的频谱以 $1/f$ 的速度衰减，[②] 要和愈来愈高阶的谐波锁相的平均输出变得越来越小。这个伴随的鉴相器增益常数的减小使得环路在高次谐波上锁定或维持锁相状态变得更加困难。但是，只要是使用此类鉴相器的实际环路都要顾及这个问题。有时在谐波上锁定正是我们所需要的，有时则不是。如果不是，则为了防止在谐波上锁定，通常必须对 VCO 的频率范围加以限制（或者仔细管理好输入信号的获取）。

另一个值得注意的地方就是一个信号乘以一个周期符号函数等效于把这个信号的相位周期性地颠倒一下。这样，用于这个目的的乘法器就可以被开关代替（所以也称为“换向器”，类似于转动机器中的一个部件）。对某些工艺（例如 CMOS）来说，开关比希尔伯特乘法器更容易实现。利用这个结论就会直接获得简化的电路。即使使用了希尔伯特乘法器，它们的一个输入端通常也是被足够大的信号驱动的，它们的行为可以被很好地近似为极性开关。

16.5.3　作为鉴相器的异或门

如果驱动模拟乘法器输入的两个信号都是方波，那么我们可以把每一个输入展开为傅里叶级数，然后把它们相乘。然而，此举看起来在时域分析这样一种特殊情况下更为容易一些，因此我们将按照这个思路进行分析。我们鼓励读者去尝试另一种方法，即把在频域的分析作为一个练习。

两个输入都是方波时产生的输出如图 16.14 所示。当我们改变输入相位差时，输出的形式仍然是一个方波，不过占空比会改变，如果输入信号是正交的，那么输出刚好是 50%的占空比。由于输出占空比与输入信号的相位差成正比，因此可以很容易地画出输出的平均值与输入相位差之间的函数关系（如图 16.15 所示）。

在这个例子中，鉴相器的增益是一个常数，其值为

$$K_D = \frac{2}{\pi}AB \tag{28}$$

我们看到除了差一个比例常数，这个鉴相器本质上与输入信号为正弦波的模拟乘法器具有同样的特性。这里，我们再一次将相位误差解释成相对于正交的情况而言。

---

① 假设方波的占空比是 50%，非对称的方波除含有奇次谐波外也含有偶次谐波，则有可能使得环路锁定在输入参考信号的偶次谐波上。

② 这是一个有趣的小问题，它可以用来考考参加聚会的客人，一般来说，一个信号的频谱以 $1/f^n$ 的速度衰减，其中 n 是对信号在时域中求导的阶数以产生一个冲激函数。于是，一个理想正弦波的频谱衰减是无穷快的（因为无论求导多少次，正弦波都不会变成冲激函数），而冲激函数的频谱永远不会衰减（因为 $n=0$），方波的频谱则以 $1/f$ 的速度衰减，三角波的频谱以 $1/f^2$ 的速度衰减，等等。

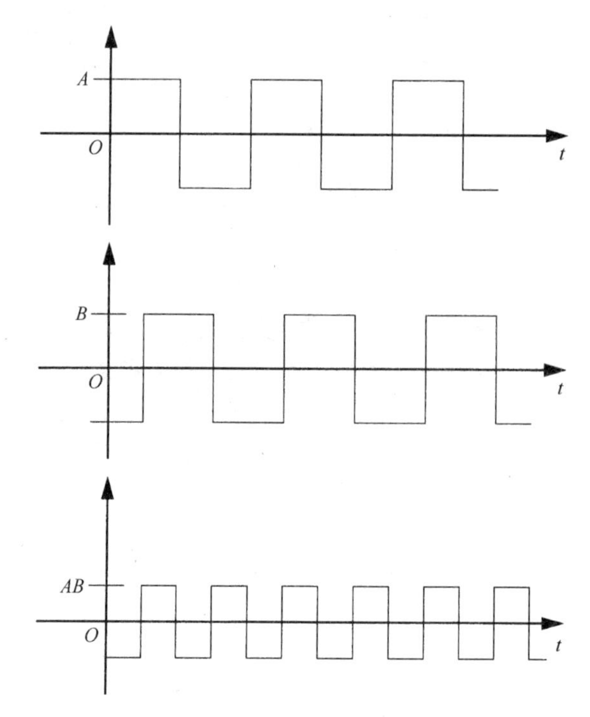

图 16.14　乘法器的输入与输出

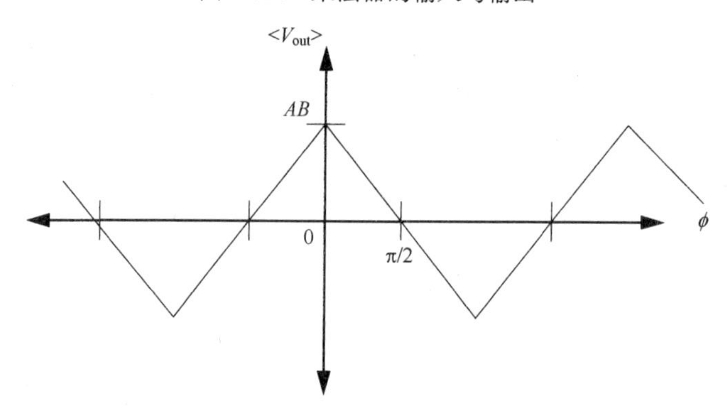

图 16.15　输入为两个方波的乘法器特性

就像其中一个输入是方波那样，这个鉴相器允许环路锁定在输入的不同谐波上。根据具体应用，这种性质可能是也可能不是我们所希望的。

如果更加仔细地观察一下这个鉴相器的输出波形，会发现它们正好与数字电路异或（XOR）门产生的形状完全一样。唯一的不同是在输入、输出上的直流偏移及不同地方的相位反相。因此，一个 XOR 门可以被当作一个过驱动的模拟乘法器来考虑。对于输入和输出的信号为在地与某个电源电压 V_{DD} 之间摆动的逻辑电平时（比如在 CMOS 中），鉴相器的输出平均值如图 16.16 所示。

相应的鉴相器增益是

$$K_D = \frac{V_{DD}}{\pi} \tag{29}$$

由于 XOR 鉴相器很容易实现，并且与其他数字电路兼容，因此在简单的集成 PLL 电路里经常用到它们。

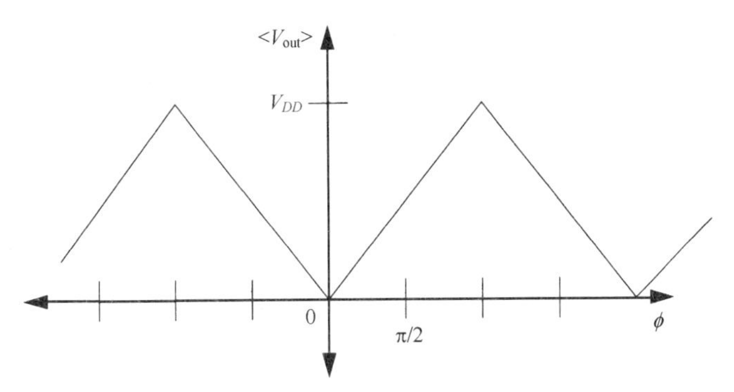

图 16.16　作为正交鉴相器的 XOR 门的特性

16.6　序列鉴相器

采用基于乘法器作为鉴相器的锁相环会在鉴相器的输入信号为正交相位关系时锁定，然而有许多实际情况需要在 0° 相位差时锁定（de Bellescize 的零中频 AM 检波器就是一个例子）。并且鉴相器在所期望的平衡点和亚稳态点上的增益大小相同，这意味着它会在亚稳态停留很长时间，从而可能导致达到锁定的时间变长。

序列鉴相器能够实现在 0°（或者是 180°）相位差时锁定，并且它的平衡点和亚稳态点的增益差很多。此外，一些序列鉴相器的输出与相位误差成正比的范围甚至能够超过 2π。

当然，序列鉴相器确实有一些缺点，因为它们只工作在信号发生跳变时，因此对丢失的边沿很敏感（尽管可以做一些修正来减小这种敏感性），这是和乘法器截然不同的，后者看到的是波形的全部。而且，序列鉴相器的边沿触发特性带来的另一个后果就是它们对环路引入了一个采样操作。以后我们将会讲到，采样操作会在环路传输中引入一个类似于延时的效应。当频率增加时，伴随而来的负相移的增加给所能允许的穿越频率施加了一个上限，这个上限与使用其他鉴相器相比常常具有更大的限制。

16.6.1　作为鉴相器的 SR 触发器

最简单的序列鉴相器是置位–复位（SR）触发器。一个输入端的跳变信号（比如正跳变）使触发器置位，另一个输入端的跳变信号使它复位。这种鉴相器的波形如图 16.17 所示。

考虑鉴相器的输出如何随着输入相位差的变化而变化，我们就可以把输出的平均值与相位差的函数关系画出来，如图 16.18 所示。鉴相器的增益常数为

$$K_D = \frac{V_{DD}}{2\pi} \tag{30}$$

这里我们假定是采用 CMOS 工艺实现的典型情况，其中输出摆幅是从电源电压到地（轨对轨）的。

从图 16.18 可以看出，如果要使鉴相器的相位检测范围最大，就要选择相位差为 180° 的平衡点。而且，亚稳态平衡点的增益非常大（理论上是无穷大），因此在亚稳态上停留的可能时间就要比那些 XOR 门之类的鉴相器短很多。

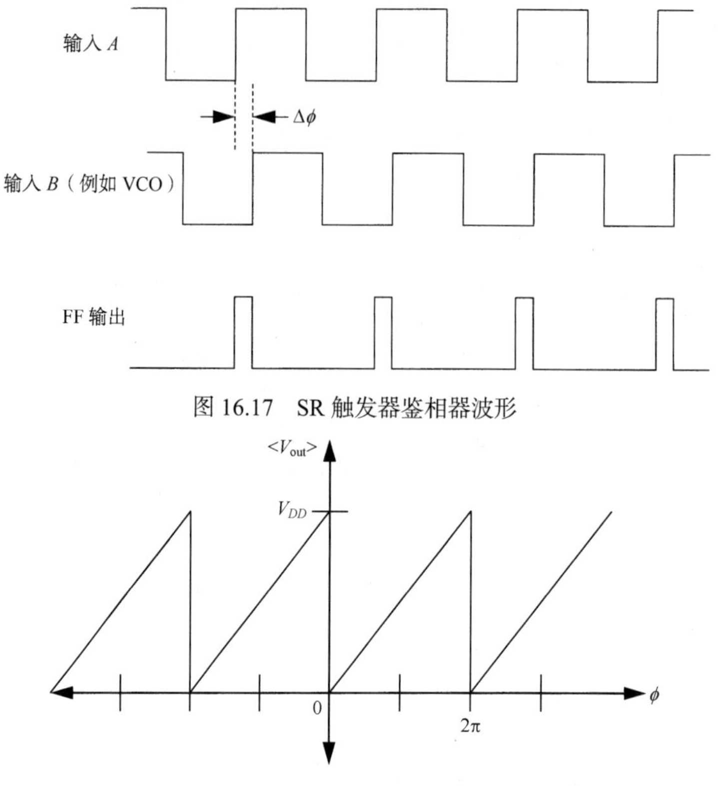

图 16.17 SR 触发器鉴相器波形

图 16.18 作为鉴相器的 SR 触发器特性

前面的分析隐含了这样一个假设：触发器对输入的置位、复位信号的反应一样快。如果触发器对置位、复位信号反应的速度不一样，则会产生一个*静态相位误差*，因为如果置位、复位操作的速度不一样，必须有一个不同于 180° 的相位差才能使输出的平均值等于 $V_{DD}/2$。举例来说，考虑一个由两个同或（NOR）门交叉耦合构成的经典教科书式的 SR 触发器（见图 16.19），我们注意到这个电路对复位端的反应要比置位端来得快，因此对于要求具有小的静态相位误差的应用来说，这样一个电路是不合适的。

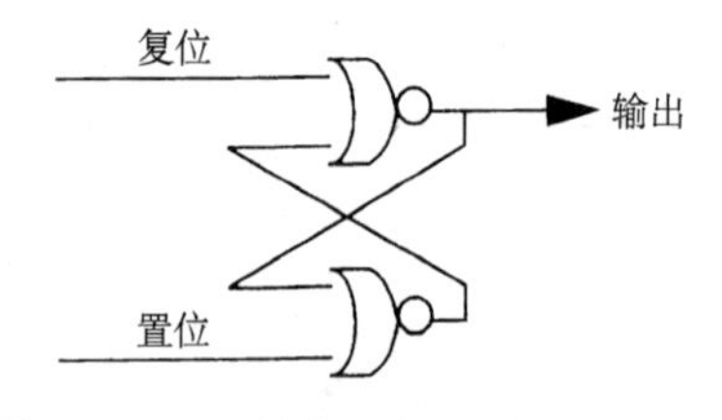

图 16.19 SR 触发器的教科书式的实现

16.6.2 具有增宽输入范围的序列鉴相器

有时，一个在锁相状态下是 0° 而不是 180° 的相位差是绝对需要的。在这样的情况下，SR 触发器通常就是一个合适的鉴相器了。[①] 更何况我们还希望相位输入范围能够扩展到一个周期以上（比如两个周期）。

---

① 当然，可以通过在某个输入端插入一个反相器来抵消那个正常情况下为 180°的相位差，但是，反相器的延时会直接加到相位差上。对于某些应用，这个相关联的相位误差不是问题，但对于很多情况来说却是一个严重问题，尤其是在高频情况下。

同时具有上述两个特性的一个用得比较广泛的电路是由两个 D 触发器和一个复位门构成的(见图 16.20)，符号“R”和“V”分别表示“参考信号”和“VCO 信号”，而“U”和“D”则分别表示“上”和“下”，其含义将在下面介绍。

这个电路的上、下两个输出的差分电压的平均值与输入相位差的关系如图 16.21 所示。可见，现在的输入范围扩展到了 4π，且常数增益为

$$K_D = \frac{V_{DD}}{2\pi} \tag{31}$$

这个增益与 SR 触发器的一样。从图 16.21 可以看出，为了最大化相位输入范围，应该选择锁定在 0° 的位置。

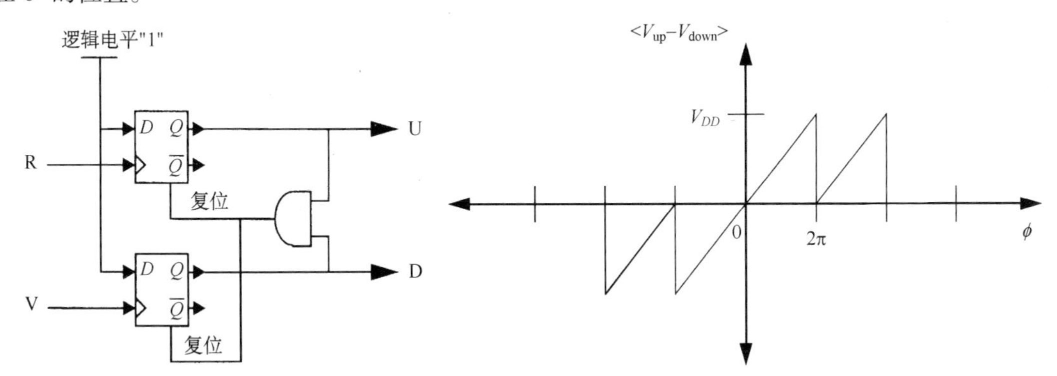

图 16.20　具有增宽输入范围的鉴相器　　图 16.21　具有增宽输入范围的鉴相器的特性

上述电路有一个特征，该特征偶然会造成麻烦，即可能会产生不合规格的脉冲。如果图 16.20 中的复位路径动作太快，那么产生在 U 和 D 输出端上的最小脉冲宽度对于使下一级电路可靠地工作来说就显得太窄。当 R 和 V 输入信号互相之间靠得太近时就会出现这个问题。这样，在锁相点附近，电路的表现就会变差。所谓的表现变差，通常体现于在锁相点附近无法辨认相位误差。这个“死区”问题可以通过简单地减慢复位的速度来解决。在 AND 门之后加入恰当数量的反相器将保证 U 和 D 输出有足够的宽度，以使其后的电路级正常工作。在锁相状态，U 和 D 输出在同样的时间段内被同时读出。

如果读者对使用这种类型的鉴相器来构建电路感兴趣，那么应该说明的是：除了在一些逻辑反相级有所不同，这个鉴相器实际上和 4044 的功能是等同的。

16.6.3　鉴相器与鉴频器的比较

在很多应用中，知道两个输入信号之间的频率差的大小往往很重要（或者至少很有用）。比如，这样的信息有助于进行数据获取。

基于乘法器的鉴相器不能给出这样的信息，而序列鉴相器却可以。考虑前一节提到的扩展输入范围的鉴相器，如果 VCO 的频率比参考信号的高，那么“上”（U）输出就会有一个高的占空比，这是因为 U 输出端是由频率较高的 VCO 的上升沿来置位的，而直到频率较低的参考信号的另一个上升沿到来时才复位。因此，这种类型的鉴相器不但可以提供一个宽的、线性的相位检测范围，并且能够提供一个关于频率误差的符号与大小的信号。这些性质使得这种鉴相器很受欢迎。能够区分频率差别的鉴相器通常统称为相频检测器。

当然，这里不得不提到，这种鉴相器也有一些问题。作为序列鉴相器，它对边沿丢失很敏感，因此它会把一个丢失的边沿误当作频率误差，并驱使环路去"校正"这个误差。另外，在零相位误差附近的鉴相器特性的形状实际上会不同于图 16.21 所示的形状。这是因为上、下两端的输出在锁相点附近都是狭长的条形。由于所有的实际电路都只有有限的速度，非零的上升时间会引起鉴相器特性偏离如图所示的那种线性关系。这是因为窄长条形的面积与输入时间（相位）差之间不再具有线性关系。

在有些系统中，人们故意引入一个直流偏移来解决这个问题，因此锁定时鉴相器的输出是一个非零值。通过对平衡点进行偏置使之偏离鉴相器的中心，非线性问题可被大大地抑制。遗憾的是，这个策略对于需要小的误差的系统来说显然是不合适的，因为附加的偏移会引入一个静态的相位误差。

16.6.4 其他类型的序列鉴相器

我们已经看到，序列鉴相器对脉冲的丢失非常敏感，当然，这种现象可以被很好地改进。为了设计出缓解这个问题的方法，人们已经进行了大量的创造性工作。

一个简单的办法是用 VCO 的输出来使鉴相器中的触发器翻转而不是复位。采用这种方法时，只要环路滤波器能够去除 VCO 控制线上由于翻转带来的波动，丢失的输入脉冲就不会引起误差（平均而言），不希望的环路行为也可以被控制到最少。

另一种策略是认识到我们可以在输入脉冲丢失时引入一个"不做事"的状态。看来实现这样一个状态是可能的。而且，许多这种类型的鉴相器可被用来从某种数字流中恢复载波（时钟）信号。

在这类"三态"检测器中，我们首先要介绍的是由 Hogge[①]提出的结构（尽管这种结构并没有完全解决问题），如图 16.22 所示。这个电路用下面的方法来直接比较延迟数据和时钟信号的相位。在延迟数据的状态改变之后，D 触发器 U_3 的 D 输入端和 Q 输出端就不再一样了，因此 XOR 门 U_1 的输出就会变高，并且一直保持到下一个时钟周期的上升沿到来。在这个时刻，延迟数据的新的状态被 U_3 锁存住了，U_3 的 D 端和 Q 端将变成一样的。同时，由于 U_4 的 D 端和 Q 端不一样，因此 XOR 门 U_2 的输出变高，并且一直保持到下一个时钟周期的下降沿。此时延迟数据的新的状态就通过 U_4 而锁定了。

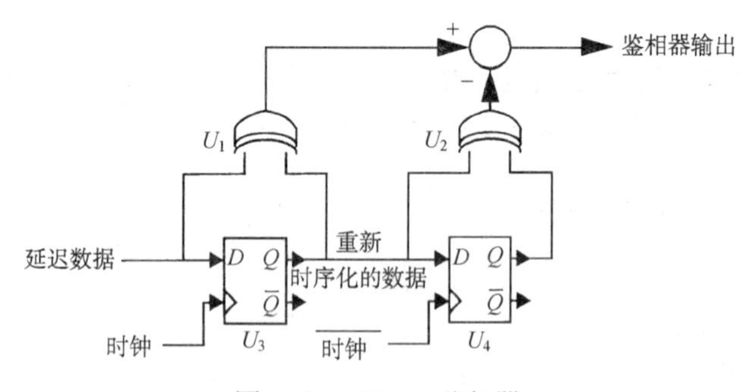

图 16.22 Hogge 鉴相器

如果假设时钟信号占空比是 50%，那么对于每个数据变化 U_2 的输出是一个正的脉冲，其宽度等于时钟周期的一半。U_1 的输出对于每个数据变化也是一个正的脉冲，但是它的宽度取决于延迟数据和时钟的相位误差。当延迟数据和时钟严格对齐时，U_1 的脉冲宽度等于半个时钟周期。因

① C. R. Hogge, "A Self-Correcting Clock Recovery Circuit," *J. Lightwave Technology*, v. 3, no. 6, 1985, pp.1312-14。

此，通过比较 U_1 和 U_2 的脉冲宽度可以得到相位误差。

图 16.23 和图 16.24 所示是这个鉴相器的时序图。前者的延迟数据和时钟严格对齐（这里是与时钟的下降沿对齐），后者是延迟数据超前于时钟。对于前一种情况，鉴相器的平均输出值是 0，环路积分器的输出没有净变化；而对于后者，鉴相器就会有一个正的平均输出值。

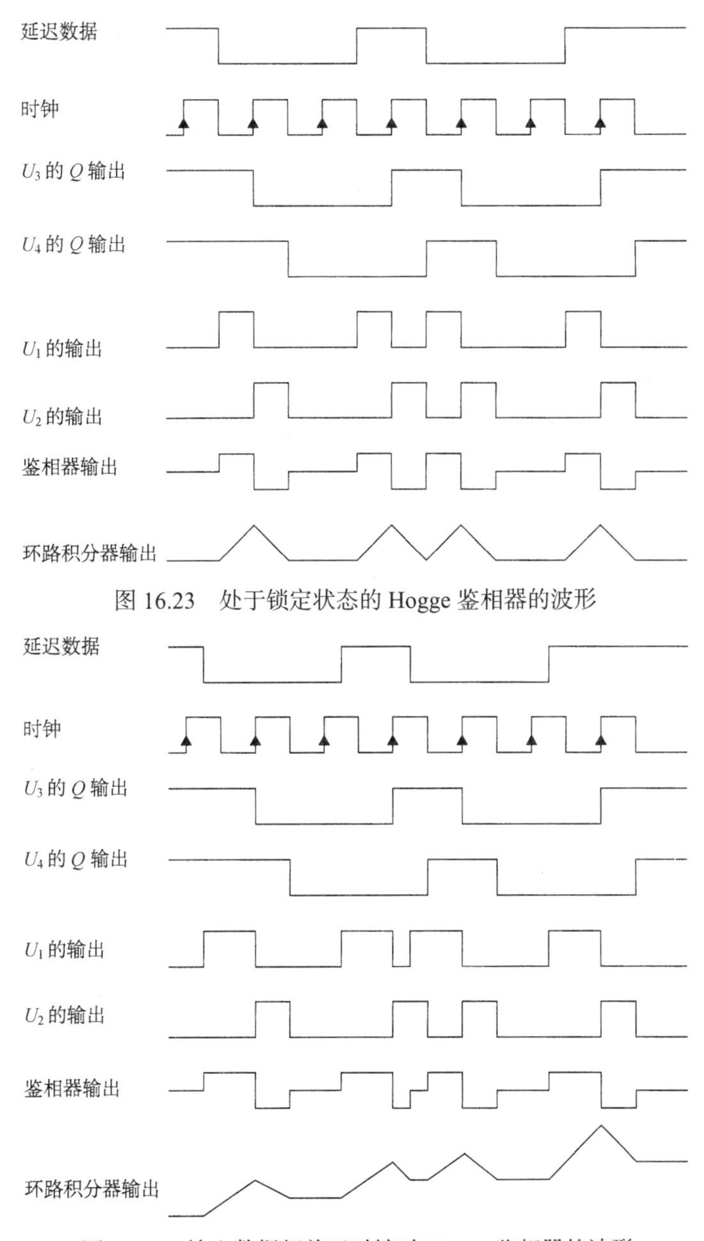

图 16.23　处于锁定状态的 Hogge 鉴相器的波形

图 16.24　输入数据超前于时钟时 Hogge 鉴相器的波形

因此，环路积分器的输出就会呈现一个净增长；反之，如果延迟数据落后于时钟，那么鉴相器的输出就会有一个净的负平均值，环路积分器的输出就会有净减小。

在数据跳变密度最大的情况下，我们把鉴相器的平均输出作为相位误差的函数画在图 16.25 中，从而得到熟悉的锯齿波特性。当延迟数据与时钟的相位误差等于零时，鉴相器的平均输出等于零，这与图 16.23 是一致的。

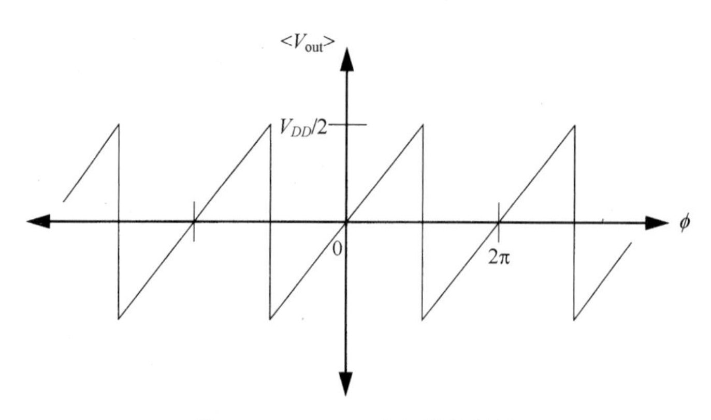

图 16.25　Hogge 鉴相器的特性

这个鉴相器的一个值得注意的优点就是其决策电路为触发器的一个集成元件（因为触发器U_3的输出是一个重新时序化的数据）。尽管如此，这个鉴相器对于数据跳变密度仍很敏感。由于环路积分器的每一个三角形输出脉冲还有一个正的净面积（如图 16.23 所示），因此这个脉冲存在与否会直接影响到环路积分器的输出，由此引入的（依赖于数据的）抖动常常会大到产生不可忽略的负面作用。

图 16.26 所示的鉴相器把三角校正波脉冲（即使延迟数据和时钟严格对齐时，这个脉冲也具有净面积）替换成在延迟数据和时钟对齐时没有净面积的“三段波”（triwave）。这样做可以大大抑制上述问题。

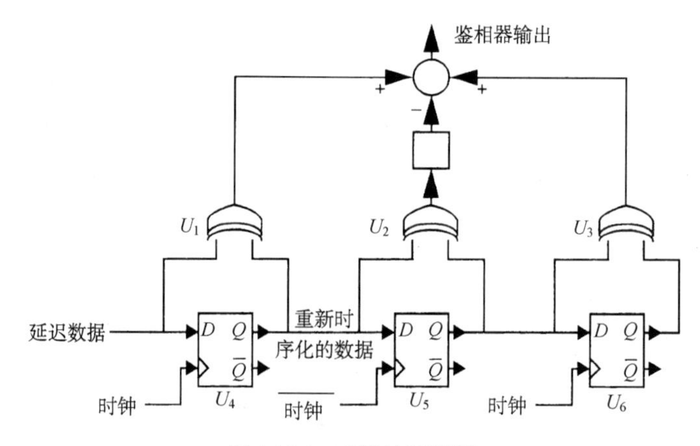

图 16.26　三段波鉴相器

就像 Hogge 鉴相器一样，U_1的输出与延迟数据和时钟之间的相位误差有关，而U_2和U_3总是等于半个时钟周期宽（假设时钟占空比为 50%）。这样，比较U_1的变宽脉冲和U_2、U_3的固定宽度脉冲就可以知道相位误差。注意，U_1和U_3的输出脉冲要乘以权重 1，而U_2的输出脉冲要乘以权重−2。

图 16.27 所示是三段波鉴相器在延迟数据和时钟严格对齐时的时序图。可见，每一个数据跳变都会给环路积分器引入三段瞬态变化（三段波），而这个三段波净面积为零。因此，它的存在与否并不影响环路积分器的平均输出，所以三段波鉴相器对于数据跳变密度不太敏感。

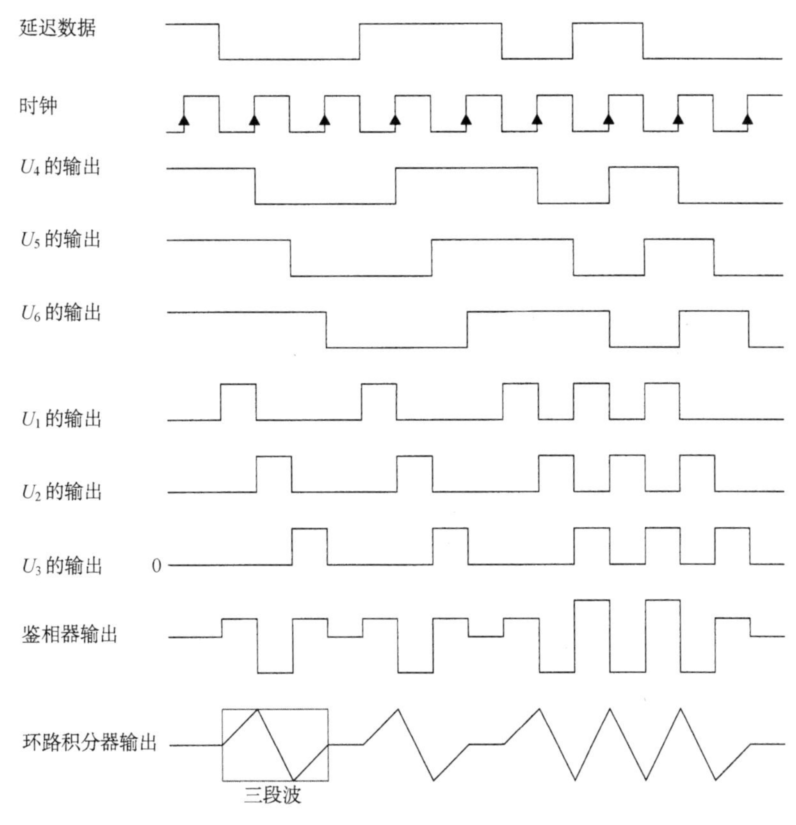

图 16.27 处于锁定位置的三段波鉴相器的波形

但是，由于采用了非均匀权重，三段波鉴相器在一定程度上比 Hogge 电路对于时钟占空比的畸变更为敏感。通过如图 16.28 所示的简单修改，这个对时钟占空比的敏感程度可以恢复到 Hogge 电路的水平。这个经过修正的三段波鉴相器使用了两个不同的向下积分区间（它们分别为时钟的两个相反的边沿触发），而不是采用单一的向下积分区间（其强度是时钟的一个边沿触发的两倍）（见图 16.26），其效果是占空比效应被减弱。

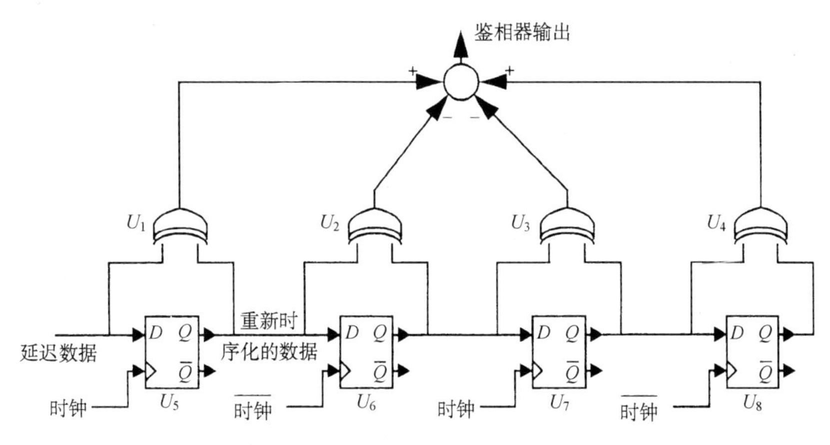

图 16.28 经过修改的三段波鉴相器

16.7 环路滤波器和电荷泵

到目前为止，我们采用一个线性化模型分析了 PLL 的行为及鉴相器的一些实现方法，下面我们将介绍如何实现环路的剩余部分。我们将分析不同类型的环路滤波器及实现 VCO 的几种常用技术。最后，通过一个实际例子来阐述一个典型的设计过程并作为本节的结束。

16.7.1 环路滤波器

回忆一下，我们通常都希望环路锁定时相位误差为零，可是 VCO 又需要一个控制电压来产生一个需要的频率，为了能够从鉴相器的零输出（这样就有零相位误差）里面得到一个控制电压，环路中需要一个积分器，并且为了保证稳定，环路滤波器还要提供一个零点。

图 16.29 所示是满足上述条件的一个经典结构。即使不用方程也能很容易地得到环路滤波器的特性。（当然，如果你已经推导过一次或者两次，就可能已经知道结果了，但是现在，请随着我们的论述来展开。）

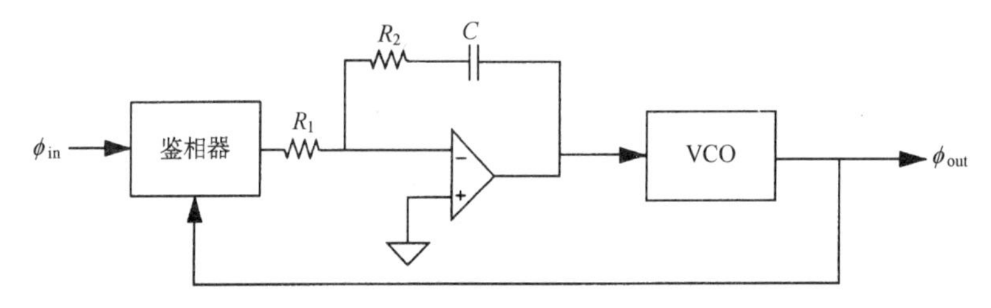

图 16.29 带有典型环路滤波器的 PLL

由于电容的阻抗在低频时很大且决定了运放反馈支路的特性，因此这时环路滤波器相当于一个积分器。随着频率的增加，电容的容抗逐渐减小，最终会与串联电阻 R_2 相等。在此频率之后，电容的容抗越来越小，与 R_2 相比可以忽略。于是增益变得平坦，趋向于一个简单的定值：$-R_2/R_1$。

从另一个角度来看这个问题，我们在原点有一个极点和一个时间常数为 R_2C 的零点。同时，还可以通过改变 R_1 来提供我们要求的环路传输幅值的大小。这样，这个运放电路提供了一个我们希望的环路滤波器传递函数。

在继续介绍之前，我们应该明白的一个概念就是 PLL 并不一定需要如上所示的一个有源滤波器。最简单的做法是：我们可以在鉴相器和 VCO 之间插入一个无源的 RC 网络，但这样一来相位误差就不是零了，而且环路带宽和静态相位误差是耦合的（成反比关系）。正是因为这些限制，如此简单的环路滤波器只能用在要求不高的场合。

图 16.29 所示的电路一般是用分立元件实现的，但还有一个不同的方法也常用在大多数集成电路中（当然功能是一样的）。这是因为得到一个所期望的环路滤波器传递函数并不需要一个完整的运放，通过使用一个比通用运放更为简化的元件，可以大大缩小电路的复杂度和面积（更不用说功耗了）。

替代环路滤波器的一个比较流行的电路是电荷泵，它是与一个 RC 网络一起工作的。在这个电路中，鉴相器控制其中的一个或者更多的电流源，而 RC 网络则提供环路必需的动态功能。

图 16.30 说明了一个电荷泵是如何进行环路滤波操作的。这里，假设鉴相器提供一个“注入”或者“泄放”的数字信号。如果鉴相器发现 VCO 的输出落后于输入参考信号，它就会激活上边

那个电流源，把电荷灌入电容上（注入）。如果 VCO 超前了，那么下边那个电流源就会被激活，把电容上的电荷抽取掉（泄放）。

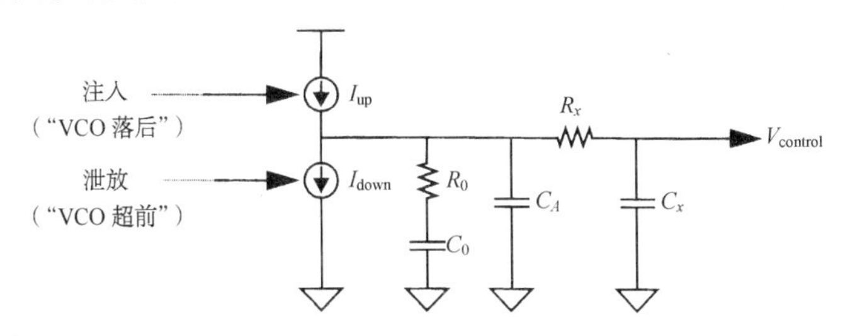

图 16.30　带有三阶环路滤波器的理想 PLL 电荷泵

如果没有电阻 R_0，则我们只有一个纯的积分。和通常一样，串联电阻通过强制支路的高频阻抗趋向一个非零值而带来一个环路稳定所需要的零点。元件 C_A、R_x 和 C_x 提供了额外的滤波功能。这一点将在后面讨论。

由于开关电流源使用很少的几个晶体管就能很容易地实现，因此电荷泵可允许希望的环路滤波器的综合，而不会带来实现教科书式的运放所要求的复杂度、面积和功耗。而且它的控制特性又与很多现有的如图 16.20 所示的数字鉴相器（例如序列鉴相器）十分匹配。当图 16.20 所示的鉴相器和图 16.30 所示的电荷泵用在一起时，净泵浦电流由下式给出：

$$I = I_{\text{pump}} \frac{\Delta\phi}{2\pi} \tag{32}$$

其中，$I_{pump} = I_{up} = I_{down}$。这个电流乘以连接到电流源的滤波器网络就得到了输出电压。

图 16.31 给出了一个典型的电荷泵电路。对这个电路的分析突显了与电荷泵设计有关的某些十分重要的设计考虑。晶体管 M_1 至 M_4 是由来自鉴相器的“上”和“下”命令控制的差分开关。根据那些命令的状态，源电流 I_{up} 或者漏电流 I_{down} 被分别转至输出节点 O_p。这样，根据鉴相器的状态，I_{out} 等于 I_{up} 或者 I_{down}。

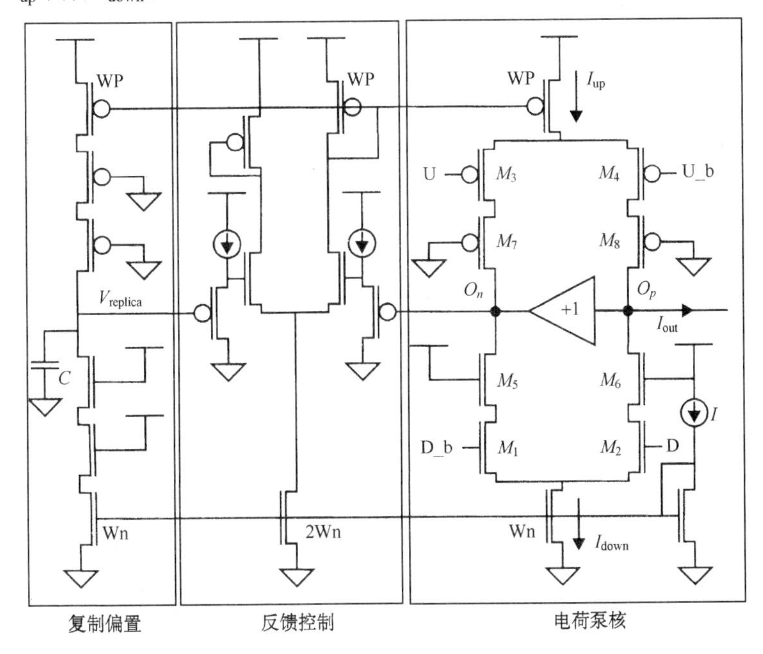

图 16.31　PLL 电荷泵举例

这些开关为晶体管 M_5 至 M_8 构成共源–共栅电路结构，以获得高输出阻抗，因为任何漏电流都会增加毛刺扰动（spur）功率。为了理解这一点，我们来考虑一下锁相条件。在低漏电流状态，每一个周期里只需供给电荷泵很少一点净电荷，因此在 VCO 的控制线上只有很小的波动，也就是 VCO 只受到很小的调制。然而，当漏电流增加时，电荷泵必须补偿增大的丢失电荷，这意味着需要有一个增大的静态相位误差。比如，漏电流是以控制电压在相位测量时刻之间逐渐减小的方式发生的，那么相位误差必须增加到由“上”脉冲加上的净电荷刚好比“下”脉冲引起的电荷泄放稍大些。共源–共栅拓扑通过减少漏电流来帮助减小控制线上的波动，因而减少了毛刺扰动功率（及静态相位误差）。因为电压在校正之间逐渐减小，而校正以等于参考输入的频率发生，所以控制电压的波动也具有与参考输入相同的基本周期。那些毛刺扰动频率因此为载波频率加上或减去一个等于参考频率的偏移。大的具有参考频率的毛刺扰动的存在通常是不良的电荷泵设计的标志，参看图 16.32。从图中可以清楚地看到，参考毛刺扰动处于 4.96 GHz 载波的相隔 11 MHz 的两边。另外还有其他一些毛刺（相隔 11 MHz 的整数倍），它们对应于在控制线上的傅里叶分量。

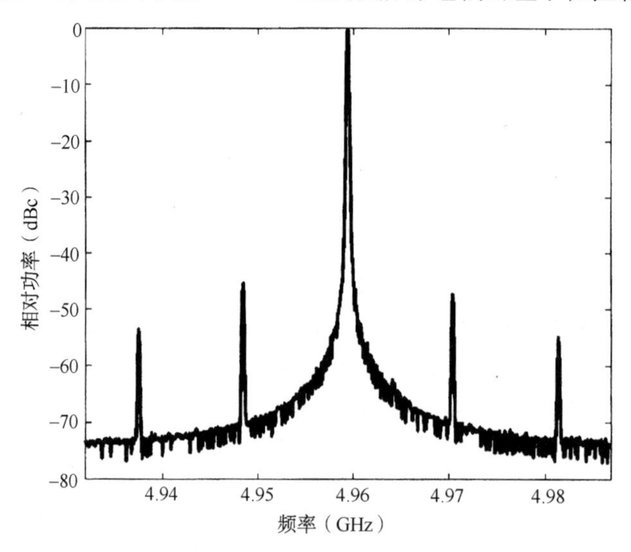

图 16.32　电荷泵有漏电流的频率合成器的输出频谱

因为类似的原因，具有相等的“上”和“下”电流也是十分重要的。假若其中一个大于另一个，那么一个补偿的静态相位误差必然要再次出现，其带来的后果是控制线上的波动。为了解决这个问题，这里的电荷泵设计采用了相对较大的器件（以便减小阈值电压的失配），并且使器件工作在较大的过驱动电压下。此外，一个简单的单位增益的缓冲器强制那个不被使用的电荷泵输出与主要输出端同样的共模电压，这样就消除了因为工作在不相等的漏-源电压而引起的系统性失配。作为这个策略的进一步补充，用到了一个复制的偏置电压环路，其输出电压与电荷泵不被用到的输出电压加以比较。一个简单的运放驱使这两个电压相等（补偿电容器 C 是为了实现环路稳定性而增加的），这样就确保了所有在主核心电路中的导电器件与复制电路中的具有相同的偏置电压，由此得到的“上”“下”尾电流在随机失配的限度内相同。

对电路的这些细节的关注，使得参考毛刺干扰被抑制了许多，这一点可从图 16.33 看出。在这个图中，毛刺干扰已经不见了，因此它们被保持在−70 dBc 的噪声底限下。这个参考毛刺干扰功率的大于 25 dB 的衰减代表了 300 倍以上的改进。

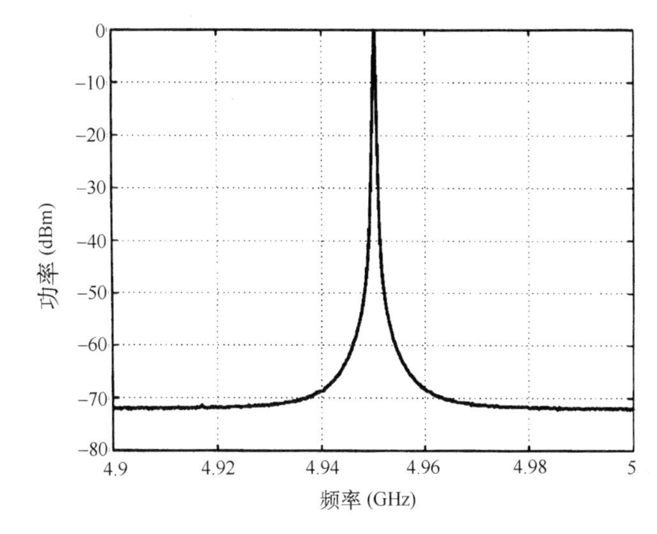

图 16.33　经过改善的频率合成器的频谱

控制线上的抖动和高阶极点

即使电荷泵设计得很好，我们依然必须假设在控制线上是有抖动的。作为使环路稳定的零点引起的一个后果，在驱动 VCO 的控制线上可能存在着大量的高频成分。这些杂乱信号可以来自乘法器类型鉴相器的更高阶混频乘积项（即本质上是倍频项），也可能来自电荷泵–鉴相器组合中的多阶乘积项。假若这些成分是周期性的，那么它们就会产生稳态的边带（毛刺干扰）。合成器设计者的一个偏执做法是系统地消除毛刺干扰。遗憾的是，毛刺干扰很容易从注入控制线上的噪声产生——来自电源、衬底甚至是耦合到芯片上的外部场。一个典型的射频 VCO 可能具有每伏几 GHz 的调谐灵敏度。因此，即使是几个毫伏的噪声都会产生可以被察觉的频谱上的错误信号。在很多应用中，这种 VCO 频率的调制效应都是不可接受的。

环路滤波器的目的是移去鉴相过程中产生的“牙齿”（鉴相过程基本上就是一个用数字电路实现的采样系统）及其他可能与上述过程耦合的噪声。环路滤波器的这个功能抑制了噪声和毛刺干扰。对于一个固定的环路频带，高阶滤波器提供了更多的带外成分的衰减。然而，阶数越高，要保持环路稳定就越困难。正是因为这个原因，许多简单的频率合成器环路是二阶的，但这种措施几乎不能提供很好的性能。

前面讲过 VCO（在原点）增加了另一个极点，我们看到选择一个三极点的环形滤波器会造成一个四极点环路。过去并不存在利用一个简单的解析式来进行设计的方法，因此设计这样一个滤波器的过程常常是呆呆地看着许多图，最后不得不放弃它们而回到一个二阶或三阶的环路。值得庆幸的是，最近这种情况开始发生了变化。我们现在可以提供一个简单的菜单式设计方法，它对多数应用都能给出接近于最优化的答案。[①]

步骤 1　规定一个相位冗余度。一旦这个值被选定，它就对各电容值设置了约束。具体来说，

$$\mathrm{PM} \approx \arctan\left(\sqrt{b+1}\right) - \arctan\left(\frac{1}{\sqrt{b+1}}\right) \tag{33}$$

而

① 参见前面引用过的 Rategh 和 Lee 的论文，见 P431 脚注②。

$$b = \frac{C_0}{C_A + C_X} \tag{34}$$

选择一个比目标相位冗余度大几度的冗余度会比较保险，这是因为需要吸收不可避免的额外的负相移。这些负相移是因环路的采样性质和未被考虑到建模的极点及其他造成不稳定的因素引起的。举例说，假设要获得的相位冗余度是 45°，如果设计成 50°，我们发现（通过迭代）b 大约应当是 6.5。

步骤 2 选择一个穿越频率，比如这个频率是基于跟踪频带的指标得到的。结合步骤 1 得到的结果，我们可以找到使环路稳定的位置，过程如下。

我们知道使得环路带宽最大化也就是最大化这样一个频率范围：其中参考振荡器的被认为是极佳的噪声特性可以传到输出端。遗憾的是，这个环路是一个采样数据系统，我们只能将穿越频率提高到大约是相位比较频率的 1/10 左右。否则，离散系统固有的相位延迟会开始大大降低相位冗余度。作为一个具体例子，假定参考频率（以及由此得出的相位比较频率）是 2 MHz。选择一个 100 kHz 的比参考频率低一个数量级以上的穿越频率。这样，我们可以采用下式给出的值（你也可以在一定的限度内自由地选择其他值）。

对于穿越频率，我们有

$$\omega_c \approx \frac{\sqrt{b+1}}{\tau_z} = \frac{\sqrt{b+1}}{R_0 C_0} \tag{35}$$

步骤 3 计算 C_0，即构建零点的电容：

$$C_0 = \frac{I_P}{2\pi}\frac{K_0}{N}\frac{b}{\sqrt{b+1}}\frac{1}{\omega_c^2} \tag{36}$$

其中，I_P 是电荷泵电流，N 是被除系数，K_0 是单位为 rad/(s·V)的 VCO 增益常数。

步骤 4 计算 $R_0 = \tau_z/C_0$。至此就完成了环路滤波器主要部分的设计。

步骤 5 在下面这个范围中选择 $\tau_x = R_X C_X$：

$$0.01 < \tau_x/\tau_z < 0.1 \tag{37}$$

在满足上面这个大的范围的限制前提下，我们有充分的自由进行选择。你的设计可以选择算术平均值、几何平均值或某种其他的平均值。通常，我们选择 τ_x 在 τ_z 的 1/30 和 1/20 之间。一个较大的时间常数会给出较好的滤波作用，但往往伴随着较差的稳定性。因为环路的常数系数并不是固定的数，所以设计时最好留下一定的冗余度。

步骤 6 完成余下的计算。回到步骤 1，我们提出了对电容比的约束条件。在确定了其中一个电容之后，我们现在可以知道 C_A 和 C_X 的和。你可以在一个相当宽的范围内自由地选择各个电容的值。把它们任意地规定为适当的值也是一个普遍的选择。[①] 这样做可以使我们决定它们的数值，然后进一步决定 R_X 的值。

至此就完成了整个环路滤波器的设计。

① 由滤波器中的电阻产生的噪声会造成 VCO 的宽度调制，从而导致相位噪声。要使这个相位噪声最小化会对环路滤波器的设计施加附加的约束，但是这将使情形变得很复杂，目前只能给出我们已陈述的菜单式的步骤。另一个考虑使整个实现较少地依赖于寄生参数。一般来说，在满足所需要的时间常数的前提下，选用尽可能大的电容器将有助于减小对控制电压的宽度噪声调制。

16.7.2　压控振荡器

尽管稍后就会详细分析振荡器，不过我们在这里先看一下在集成电路里实现压控振荡器（VCO）的一个常见的结构形式："电流饥饿型"环形振荡器（环振）。其中，环振的每一级反相器的等效传播延时都由一个电流源来控制。

环形振荡器（环振）

环振是一个非常流行的振荡器电路，因为它们可由类似于数字电路那样的电路模块构成。后面会讲到，比起调谐振荡器（例如那些具有很高 Q 值的谐振回路），在一定的功耗限制下，环振的相位噪声性能相当差。然而，对于很多实际应用，它的相对很大的可调范围和简单性使得它仍然具有足够的吸引力。

可控的环振是从非可控的环振发展而来的，其简单地由 n 个反相器构成，n 是奇数。[①] 最简单的环振如图 16.34 所示。

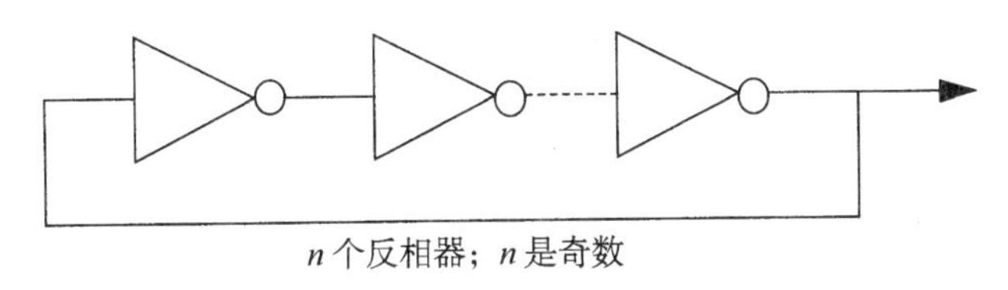

图 16.34　环形振荡器（环振）

从最简单的分析入手，每一级反相器可以用一个传播延时T_{pd}来刻画，环路没有静态工作点，一个逻辑电平在环路里面传播，并且每经过一级正好反相一次，因此振荡周期就是总的传播延时的两倍：

$$f_{osc} = \frac{1}{2n \cdot T_{pd}} \tag{38}$$

如果要使得振荡器可以控制，那么调整传播延时无疑是最自然的事。

要改变传播延时，读者自己就可以想出一大堆法子。不过这些法子归根结底无外乎采用两种手段：要么是改变负载（例如，改变每个反相器输出端的等效电容数值），要么就是改变反相器的驱动电流。图 16.35 所示是后一种手段的一个初级做法，一个 PMOS 电流镜给 CMOS 反相器提供了一个有限的、可变的上拉电流。[②] 通过调整这个电流就可以改变反相器的有效传播延时，从而改变振荡频率。

环振（以及它的变种）只需要普通数字电路工艺里面的一些元件，它的这个性质及其所具有的简单性，使得它在集成电路里面无处不见。

---

① 如果环振中的每一级是差分形式的反相器，那么 n 也可以为偶数，其中所需的反相可以通过对换某一级的两个输入做到。

② 当然，也可以利用一个 NMOS 电流镜作为下拉电流，但这就不是初级做法了。

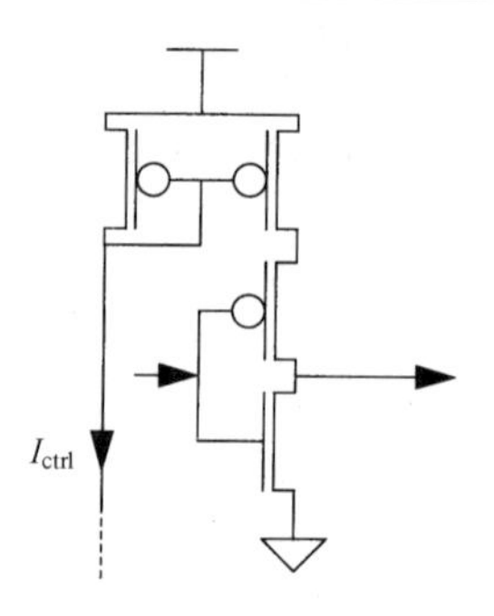

图 16.35　简单的电流饥饿型 CMOS 反相器

16.8　PLL 设计实例

我们已经分析了 PLL 的基本原理，现在来看看几个实际例子。我们要分析的这些具体例子采用了一个可以买到的 PLL 芯片，即 4046。4046 是一个 CMOS 芯片，带有两个鉴相器（一个 XOR 鉴相器和一个序列鉴相器）和一个 VCO，其价格也不贵（大约为 0.25～1 美元）。我们将分析怎样用其中的每一个鉴相器和一些环路滤波器来设计一个 PLL。

4046 属于处理速度比较慢的器件，最大振荡频率只有 1 MHz。尽管如此，我们将要遵循的设计流程同样也适用于设计输出频率更高的 PLL，因此下面的内容不仅仅是一个纯粹的学术练习。即使在今天，这个器件对于很多应用来说仍然很有价值。因而它的确是一个非常便宜的 PLL 片上“实验室”。

16.8.1　4046 CMOS PLL 的特性

鉴相器 I

这块芯片包含两个鉴相器（PD），其中一个称为“鉴相器 I”，是一个简单的 XOR 门。回忆一下关于鉴相器的那一节，XOR 门的增益常数是

$$K_D = \frac{V_{DD}}{\pi}\ \text{V/rad} \tag{39}$$

在下面的设计例子中，我们都用 5 V 作为电源，从而上式的值为

$$K_D = \frac{V_{DD}}{\pi} \approx 1.59\ \text{V/rad} \tag{40}$$

鉴相器 II

芯片的另外一个鉴相器（或“比较器”）是一个序列鉴相器，工作在输入信号的正跳边沿，它有两个不同的工作状态，具体处于哪一种状态取决于哪一个输入超前。

如果信号的输入边沿比 VCO 反馈边沿的超前在一个周期以内，那么当信号边沿到来时鉴相器的输出置高（就是 V_{DD}），而当反馈边沿到来时则变成高阻状态（稍后我们就会讲到高阻状态很有用）。

如果信号边沿落后于 VCO 输出一个周期以内，那么当 VCO 边沿到来时鉴相器输出变低（接地），而输入信号边沿到来时变成高阻。以上就是这个鉴相器的工作状态。

高阻状态能够在锁定时减少控制线上面的电平波动，这样锁定时不必要的相位和频率的调制

效应就比其他类型鉴相器的要小很多。另外一点就是，锁定时序列鉴相器得到的是一个零相位误差，这与用 XOR 门得到的正交条件是截然不同的。

设计时另一个需要考虑的信息是鉴相器的增益常数。遗憾的是，由于高阻状态时它的输出电压与外部元件有关，而不是仅仅取决于相位误差，因此这个特殊的鉴相器没有一个准确的关于 K_D 的定义。解决这个问题的一种有效方法是强制高阻时的输出电压为 $V_{DD}/2$（例如，接一个简单的电阻分压器）。根据电路结构的改变，就可以计算出 K_D。

当相位误差小于一个周期时（输入信号超前于 VCO 信号），鉴相器的平均输出电压和相位误差成正比，其最小值是 $V_{DD}/2$（相位误差等于 0 时），最大值是 V_{DD}（相位误差等于 2π时）。输出最小值实际上是由输出端连接的电阻分压器决定的，而最大值则由电源电压决定。

同样，对输入信号落后于 VCO 信号的情形，相位误差等于 0 时，平均输出电压等于 $V_{DD}/2$；相位误差等于 2π 时，平均输出电压等于 0。因此，鉴相器的特性看上去就像图 16.36 所示的那样，很容易得出图中斜线的斜率是

$$K_D = \frac{V_{DD}}{4\pi}\ \text{V/rad} \tag{41}$$

对于我们假设的 5 V 的电源电压 V_{DD}，鉴相器的增益大约为 0.40 V/rad。

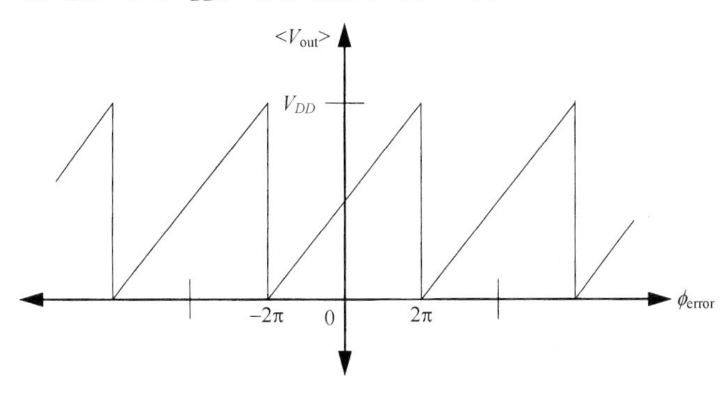

图 16.36 鉴相器 II 的特性

VCO 的特性

4046 中的 VCO 使我们想起在许多双极型 VCO 中所用的发射极耦合多向振荡器。在电路中有一个外部的电容被一个电流源从两个不同的方向交替充电，当电容上的电压超过某个阈值时，一个简单的差分比较器就会变换电流源的极性。反馈的极性被选择为能够保持电路不断振荡。

VCO 的主要输出是一个方波，它是从差分比较器的一个输出端衍生出来的。在电容两端也可得到一个近似的三角波。如果需要一个正弦波，那么三角波是很有用的，因为一个滤波网络或者非线性波形整形器都可以把三角波转换成一个类似正弦波的波形。

调整电容的充电电流就可以改变 VCO 振荡频率。通过选择外部的两个电阻，就可以分别调整 VCO 的中心频率和增益。电阻 R_2 用来设置 VCO 在没有输入情况下的充电电流（因而也就设定了 VCO 频率），或者说在频率和控制电压的关系曲线上设定偏置点。另一个电阻 R_1 则通过设置一个共源极的跨导来调整 VCO 增益。

然而引人注目的是，在电路数据手册中并没有专门的表来列出 VCO 频率和各种外部元件值的关系。下面这个准经验的公式（而且是十分近似的）提供了这个重要信息：[①]

① 这个公式是对一个用 5 V 电源电压的个别器件测量的结果。这个公式的准确性因情况而异，尤其是采用 50～100 kΩ 的电阻时（VCO 的控制函数在较高的电流下变得十分非线性），因此在应用时要多加小心。

$$\omega_{\text{osc}} \approx \frac{2\left(\dfrac{V_C-1}{R_1}+\dfrac{4}{R_2}\right)}{C} \qquad (42)$$

通过对上式的控制电压 V_C 求导，就可以得到 VCO 的增益常数：

$$K_O \approx \frac{2}{R_1 C}\ \text{rad/s/V} \qquad (43)$$

附记

我们注意到鉴相器的增益是电源电压的函数，而且 VCO 频率也是 V_{DD} 的函数。因此，如果电源电压有所波动，环路的动态反应就会变动，如果不想因为电源电压变动（包括噪声）而使环路受到影响，那么提供一个稳压和经过滤波的电源是必不可少的。为了给用户提供方便，4046 中包括了一个 5.2 V（±15%）的齐纳管，它可用于稳压的目的。

4046 还有一个简单的源跟随器用来缓冲控制电压。当 PLL 被用在诸如 FM 解调器上的应用时，这个特点是很有帮助的。解调出来的信号就是 VCO 的控制电压，这样缓冲后的信号就可以直接驱动外部电路了。

最后，4046 内部还有一个“禁止”控制信号线，它能够关闭振荡器和源跟随器以将芯片的功耗减小到 100 μW 的范围（如果输入信号是一个恒定的逻辑电平，那么功耗还能更小）。

16.8.2 一些设计实例

使用无源 RC 环路滤波器和鉴相器（PD）II 的二阶 PLL

我们知道有源滤波器可以提供优良的性能，尤其是稳态误差。然而，有一些应用场合全部使用无源的滤波器就可以了。在这种场合下如果采用有源滤波器，反而会白白增加面积和功耗。

假设我们要用鉴相器 II 和简单的 RC 低通滤波器（没有环路稳定零点）来设计一个符合以下指标的电路：

穿越频率：1000 rad/s
相位裕量：45°
中心频率：20 kHz

解：首先我们注意到这个鉴相器的高阻抗特性需要使用一个电阻分压器，就像前面提到的那样。然后，为了让它能够驱动一个任意的 RC 网络，最好加一个缓冲器，这样就得到如图 16.37 所示的 PLL。

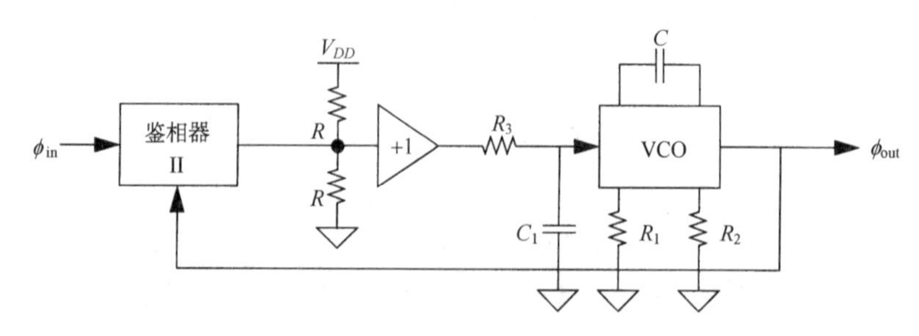

图 16.37　使用鉴相器 II 的 PLL

R 的具体数值并不是很重要，但是要足够大才能保证鉴相器比较弱的驱动能力不会过载，大

约 10 kΩ量级的数值就可以满足要求。环路传输可以写成

$$-L(s)=K_DH_f(s)\frac{K_O}{s}=\frac{V_{DD}}{4\pi}\cdot\frac{1}{sR_3C_1+1}\cdot\frac{K_O}{s} \tag{44}$$

由于没有环路稳定零点，相位裕量指标"要求"我们选择极点频率刚好等于所设计的穿越频率。做此选择后，我们还要选择 R_1C 来调整 VCO 增益。最后，选择 R_2 来满足中心频率的要求。

执行以上这些步骤，同时还要注意为了使那个半经验的 VCO 等式成立，电阻值不能小于 50 kΩ，由此得到以下计算和估算过程。

（1）如前所述，相位裕量指标要求环路滤波器的时间常数为 1 ms，于是任意选取 $R_3 = 100$ kΩ，因此 $C_1 = 0.01$ μF，两个元件刚好是标准数值。

（2）由于穿越频率必须等于 1 krps，而且 R_3C_1 和鉴相器增益都已经知道，因此必须选择 K_O 使得穿越频率达到要求的频率：

$$|L(\mathrm{j}\omega_c)|=K_D\cdot\frac{1}{\sqrt{2}}\cdot\frac{K_O}{10^3\ \mathrm{rps}}=1\implies R_1C=0.582\ \mathrm{ms} \tag{45}$$

任意选择电容使之等于一个标准值——0.001 μF，因此电阻就必须是 582 kΩ（不是标准值，但是接近 560 kΩ这个标准值）。作为参考，相应的 VCO 增益常数可以被计算出来，大约为 3.56 krps/V。

（3）如第（2）步选择好 VCO 的电容以后，接下来选择 R_2 使得中心频率满足要求（这里定义控制电压等于 $V_{DD}/2$ 时 VCO 的频率为中心频率）。从半经验的 VCO 公式可以算出 R_2 大约要等于 67.3 kΩ（最接近的标准值为 68 kΩ）。考虑到器件特性的不一致性，如果 VCO 中心频率需要精确确定，R_2 最好是可变的，以便在一定范围内进行调整。

以上就是设计的全过程。

有了上面的参数值，我们就可以计算 VCO 的可调范围、在这个可调范围内的稳态相位误差及锁定范围（这个内容以前没有讨论过）。锁定范围的定义是：当输入端的频率变化时环路依然能够锁定，这个频率范围称为锁定范围。

我们再次使用 VCO 公式来确定频率可调范围。根据上面的参数值，可以算出 VCO 的频率能够在中心频率上下 1 kHz 的范围内变动，这个范围确立了 PLL 总体频率范围的上限。

由于我们采用了一个无源的环路滤波器，静态相位误差就不可能为零，这是因为一个零相位误差需要鉴相器能够产生一个非零的 VCO 控制电压。[①] 如果假设 VCO 增益常数是一个不变的量（即为常数），那么就可以精确地计算出要使频率可调范围达到前述的那个范围需要改变多少控制电压。如果相应的相位误差超过±2π 范围，环路就不可能在整个±1 kHz 的频率范围内锁定。

达到所要求的频率变化量所需的控制电压由 K_O 决定，这个控制电压又通过下式与鉴相器增益常数和相位误差有关：

$$\Delta V_{\mathrm{ctrl}}=\frac{\Delta\omega}{K_O}=K_D\phi_{\mathrm{error}} \tag{46}$$

① 这里非零控制电压指的是偏离 $V_{DD}/2$ 这个中值。

用我们已确定的元件值可以估算出在频率偏离中心频率 1 kHz 时相位误差应该是 4.4 rad。实际测量表明，在频率下限（中心频率以下 1 kHz），相位误差是 4.3 rad，由此看来理论计算结果是正确的。

然而，在中心频率以上 1 kHz 时，测量出来的相位误差实际上约为 5.9 rad。这个不小的差异来源于 VCO 的频率在控制电压较高时偏离线性较远。看起来要达到频率上限需要一个更高的控制电压，因此鉴相器也就需要一个更大的相位误差。可是相角 4.3 rad 和 5.9 rad 都在鉴相器的线性范围内，因此应该关注的是 VCO 的有限调频范围而不是鉴相器所能达到的性能问题。前者决定了这个特殊例子的 PLL 的整体锁定范围。

使用无源 RC 环路滤波器和鉴相器（PD）I 的二阶 PLL

我们用 XOR 鉴相器来代替序列鉴相器，按照上述设计过程重新设计一次是很有意义的。由于 XOR 鉴相器的增益是 PD II 的四倍，因此 K_O 也应该缩小这个倍数以保证穿越频率不变。于是我们把 R_1 增大四倍来调整 K_O。为了保证中心频率仍为 20 kHz，R_2 也要做相应调整（变小）。由于 XOR 门没有高阻输出状态，因此电阻分压器和缓冲级都可以去掉。

所有的改变都完成之后，环路锁定时的表现与前面观察到的很相似。但是 VCO 的变化改变了它的可调范围，因此也改变了相应的相位误差：

$$\Delta V_{\mathrm{ctrl}} = \frac{\Delta\omega}{K_O} = K_D \phi_{\mathrm{error}} \implies \phi_{\mathrm{error}} = \frac{\Delta\omega}{K_O K_D} \tag{47}$$

因为 R_1 变大了，所以 VCO 的可调范围降为原来的 1/4，而鉴相器增益和 VCO 增益的乘积保持不变。于是，XOR 只是在序列鉴相器相位误差的 1/4 的范围内保持线性。因此，给定穿越频率和衰减以后，XOR 鉴相器使得环路具有更窄的锁定范围。

作为一个练习，读者可以通过数值计算来验证以上结论。（在这种情况下，VCO 的可调范围仍然是限制因素，不过还是十分勉强的。）

最后，使用 XOR 鉴相器还需要注意几个问题，其中一点就是这种类型的鉴相器对于输入信号的占空比很敏感。只有当两个输入信号都是 50%的占空比时，XOR 门理想的三角形特征才能得到保证。如果存在任何的非对称性，平均输出即使在相位误差处于极端位置时也不会达到电源电压或者地的水平，而序列鉴相器由于是一个边沿触发的器件，因而没有这种占空比敏感性。

另外一个需要重申的重要问题就是：由于 XOR 操作相当于使两个正弦波相乘，因此它可能会锁在谐波上。方波所含有的丰富的谐波内容使得输入信号和 VCO 输出信号之间刚好有两个谐波频率一样的机会大大增加，这时就会锁定。如果不允许锁定在谐波上，那么使用 XOR 鉴相器就会出问题。

使用有源 RC 环路滤波器和鉴相器（PD）II 的二阶 PLL

现在我们考虑把简单的无源 RC 环路滤波器替换成有源滤波器，同时要求滤波器在原点位置提供一个零点，从而使得稳态相位误差为零。假定穿越频率和相位裕量的指标同前，但是要求环路在中心频率± 10 kHz 的范围内仍然能够锁定。

为了满足相位裕量的要求，我们需要一个环路稳定的零点来抵消环路积分器带来的负相位贡献。这样，我们的 PLL 初看起来的样子如图 16.38 所示（VCO 的元件没有画出）。

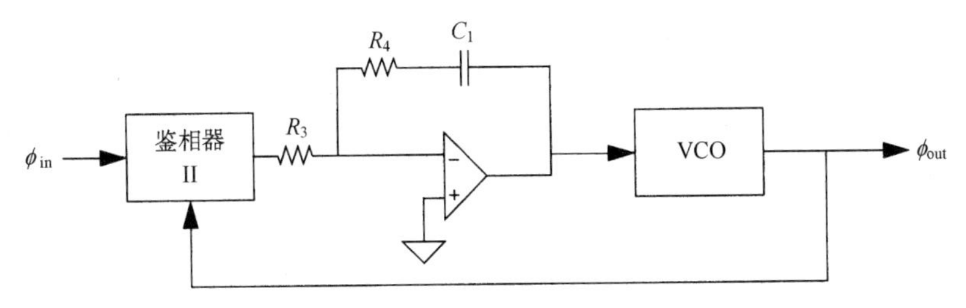

图 16.38　带有有源环路滤波器（但有缺陷）的 PLL

为什么说“初看起来”呢？因为这个电路有一个小问题：如果输入信号比 VCO 超前，那么鉴相器的输出是正的，由于环路滤波器的反相特性，会驱使 VCO 朝着频率更低的方向移动，从而加剧了相位误差并得到一个正反馈网络。为此我们必须在控制端插入一个反相元件。

这个电路还有一个问题：运放的正相输入端是接地的，而鉴相器的输出最小为地电平，这样环路积分器就不会有积分输出了。解决这个问题的方法是把运放的正相输入端接到 $V_{DD}/2$ 上，如图 16.39 所示。接下来我们就可以选取各个元件的数值了。

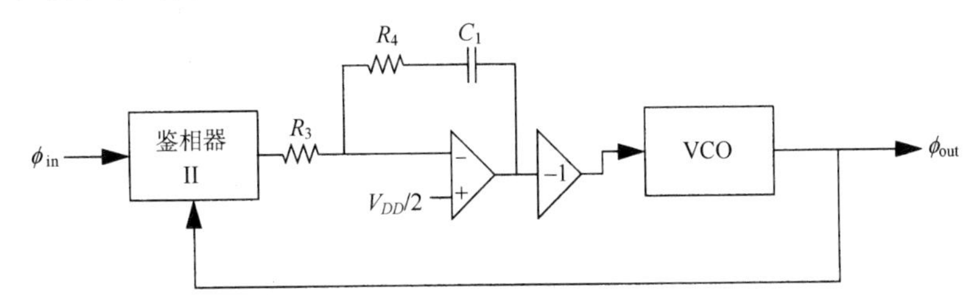

图 16.39　带有有源环路滤波器（缺陷已被弥补）的 PLL

首先，环路传输为

$$-L(s) = K_D H_f(s)\frac{K_O}{s} = \frac{V_{DD}}{4\pi}\cdot\frac{sR_4C_1+1}{sR_3C_1}\cdot\frac{K_O}{s} \tag{48}$$

从上式可以看到，两个极点在原点位置提供了总共−180° 的相移，为了得到 45° 的相位裕量，零点必须放在穿越频率的位置上。因此，R_4C_1 必须等于 1 ms。其中一个元件值可以在一定范围内任取，例如取 $R_4 = 100\ \text{k}\Omega$，这样 $C_1 = 0.01\ \mu\text{F}$。

第二步，由于环路传输幅值由 R_3 和 K_O 控制，因此如果只需要考虑穿越频率的指标要求，那么答案就不唯一。然而还有另外一个限定因素——环路的锁定范围，该因素使 R_3 和 K_O 的选择是有限制的。更精确地讲，根据上式，只有控制电压在 1.2～5 V 的范围内才对 VCO 输出有影响。[①] 但这个电压的中间值是 3.1 V，不是上面讲的 2.5 V，因而若仍然用 2.5 V 作为电压中间值，那么就无法得到一个对称的 20 kHz 的区间。不过既然没有要求锁定范围必须是对称的，我们还是选择 2.5 V 的控制电压对应于 VCO 的中心频率。

根据上面的选择，VCO 频率下限比频率上限的范围要小。为了达到 10 kHz 的指标，我们必须在控制电压为最小值（1.2 V）时使 VCO 频率至少改变 10 kHz。1.2 V 的控制电压对应于偏移 1.3 V，于是得到

① 上式中，不允许控制电压是负的。

$$K_O > \frac{2\pi \cdot 10\ \text{kHz}}{1.3\ \text{V}} \approx 4.8 \times 10^4\ \text{rps/V} \tag{49}$$

对于这个 VCO 增益常数，为了维持 20 kHz 的中心频率，VCO 的各个元件取值如下：

$$C = 0.001\ \mu\text{F},\quad R_1 = 42\ \text{k}\Omega,\quad R_2 = 130\ \text{k}\Omega$$

相应的最接近的标准值（10%的容差）为：电阻 R_1 可取 39 kΩ，R_2 可取 120 kΩ。

最后，当其他元件都已经确定了以后，穿越频率要求运放的输入电阻必须满足下式：

$$R_3C_1 = \frac{K_DK_O}{\omega_c^2} \cdot \sqrt{2} \approx 27.7\ \text{ms} \tag{50}$$

因此，取 $R_3 = 2.8$ MΩ（最接近的标准值为 2.7 MΩ）。至此全部设计过程结束。

最后还要说明一点：在这个设计实例中，决定锁定范围的是 VCO 的可调范围，而不是鉴相器的特性。借助于环路滤波器的积分功能，通过零相位误差就可以得出稳态时 VCO 的控制电压。因此，稳定时锁定范围与鉴相器的特性无关。

16.9　小结

在各种 PLL 可能的应用中，上述例子虽然是其中很小的一部分，但却很具代表性。17.7 节会讲到 PLL 的另外一个应用，即频率合成器。在现代 RF 通信装备中，频率合成器是非常重要的基本模块。

习题

[第 1 题]　考虑如图 16.40 所示的 PLL，假定鉴相器是 CMOS XOR 类型的，逻辑电平分别是 V_{DD} 和地，再假设环路输入端和 VCO 输出端都是方波信号且在 V_{DD} 和地之间摆动，最后假设 VCO 的输出频率和控制电压的关系是理想线性的，即为 10 MHz/V，极性是：控制电压升高导致 VCO 频率变大。

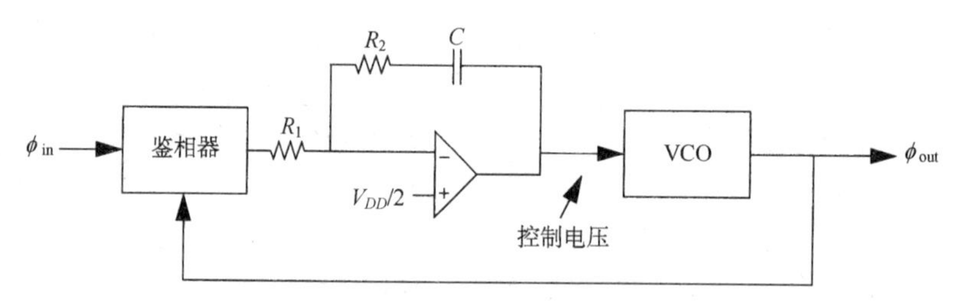

图 16.40　二阶 PLL

（a）首先假设环路已经锁定无限长的时间了，并且输入信号的频率一直保持不变，画出 XOR 门输入信号的时序图（以时间作为横轴）。

（b）推导环路传输和 ϕ_{out}/ϕ_{in} 的表达式。

（c）假设 $R_2 = 0$，$R_1 = 100\ \Omega$，C 取什么值时环路穿越频率为 100 kHz？相位裕量是多少？假定运放是理想的。

（d）使用（c）中得到的 C 值，当 R_2 等于多少时相位裕量是 45°，而穿越频率仍然保持为 100 kHz？

（e）假设将一个 $1/N$ 的分压器插入反馈支路中，采用（d）的元件值，使得相位裕量不至于缩减到 14° 以下，N 的最大值是多少？相位裕量计算过程中不需要考虑“分压器的延时”。

[第 2 题] 推导电荷泵类型鉴相器的传递函数。假设泵电流是 I，泵电容是 C，开关是理想的。当插入一个与电容串联的电阻以后，请解释发生了什么样的变化？

[第 3 题] 使用 XOR 门作为鉴相器时有可能锁定在谐波上。如果输入信号和 VCO 信号都是方波，占空比都是 50%，那么就只可能锁定在奇次谐波上。

（a）如果输入信号占空比 D 不同于 50%，请指出锁定在偶次谐波上也是有可能的。提示：对非 50%占空比的方波进行傅里叶级数展开。

（b）对于这样的一阶 PLL 的传递函数，给出一个显式的表达式作为谐波次数的函数。把你的答案以环路传输形式将基波归一化。

（c）根据（b）的结果可以得出什么样的结论，锁定在谐波上是更容易呢还是更困难呢？

[第 4 题] 像“使用 XOR 的 PLL 锁定在正交状态”和“使用（某种）序列鉴相器的 PLL 锁定在零相位状态”这样的陈述是不完整的，因为锁相点不仅仅是简单的被使用的鉴相器的函数。无论是随机还是有意引入的相位偏移（见图 16.41）都可以改变锁相点。这里，我们假定环路滤波器含有一个零偏移的积分器。

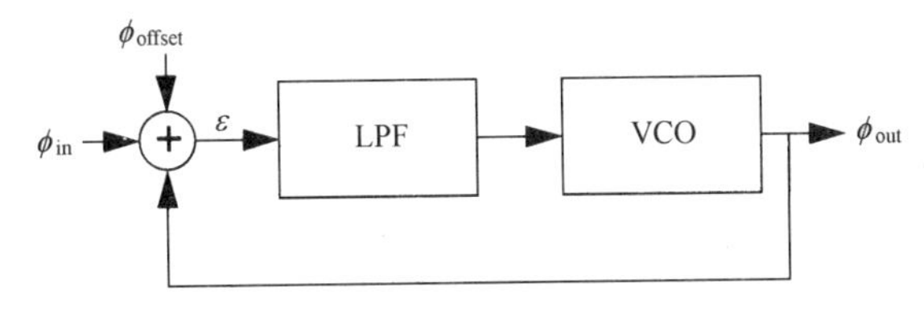

图 16.41　带有偏移输入的 PLL

（a）图中三输入求和节点代表鉴相器，如果它是 XOR 门，那么这个环路的锁定状态是什么？

（b）假设 ϕ_{offset} 是通过鉴相器增益常数 K_D 与偏移电压建立联系的。如果鉴相器是一个简单的 $V_{DD} = 3.3$ V 的 CMOS XOR 门，那么对应于 0.1 rad 相位误差的偏移电压应该是多少？

（c）一种引入偏移的方法是通过改变偏置电压实现的，如图 16.42 所示。假设鉴相器自己没有偏移，请把这个 PLL 的锁相点表示为 V_{BIAS} 的函数。为简单起见，可以假设鉴相器的特性在 0 上下是对称的，就像本章中讨论过的具有扩展范围的相频检测器。

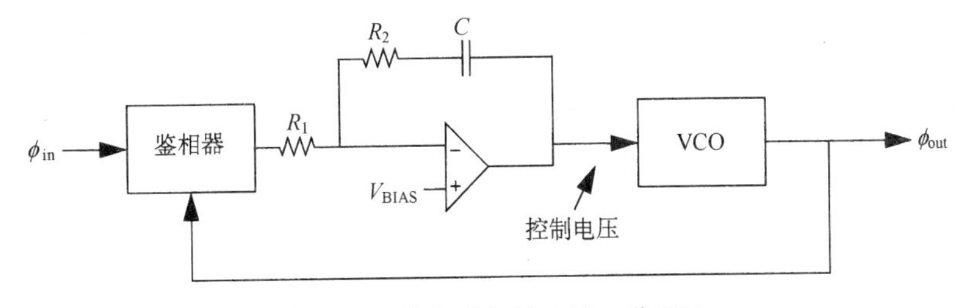

图 16.42　带有偏移输入的二阶 PLL

[第 5 题] 在实际的 PLL 电路中，VCO 的输出端自然是要引出来给其电路使用的，因此通常有必要给 VCO 信号加一个缓冲器。但是，实际的缓冲器都会有噪声，即使 VCO 的输出很干净（就频谱而言），然而缓冲器的噪声依然可能会使得我们在减小 VCO 自身噪声上所做的努力前功尽弃。

有两种方法可以把有缓冲器存在的环路闭合起来。一种是把缓冲器包含在环路里面，另一种是把缓冲器放在环路外面。为了理解这两种方法各自具有的噪声行为，我们用一个单位增益的理想元件加上一个可加性的噪声源来作为缓冲器的模型。为了简单起见，可以假定可加性的噪声是白色的。

（a）首先考虑图 16.43 所示的情况。为简单起见，假设 PLL 输入信号没有噪声，VCO 也没有噪声。在这两个前提下，画出输出的频谱。

（b）现在考虑把缓冲器（以及它的噪声源）包含到环路里，如图 16.44 所示。设（a）的假设仍然成立，现在的输出频谱变成什么样子？不要忽略环路滤波器对得到的频谱的影响。

（c）当回答了上述两个问题以后，请回答哪一种结构的输出频谱更干净？如果考虑 PLL 的输入有噪声，那么你的答案会改变吗？若有改变，请解释其原因。

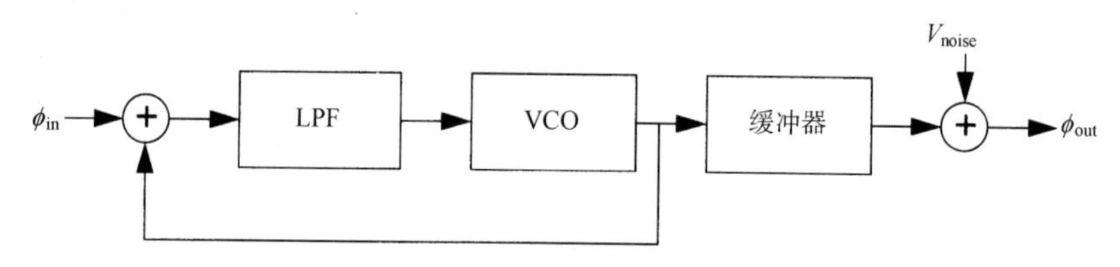

图 16.43　产生噪声的缓冲器在环路之外的 PLL

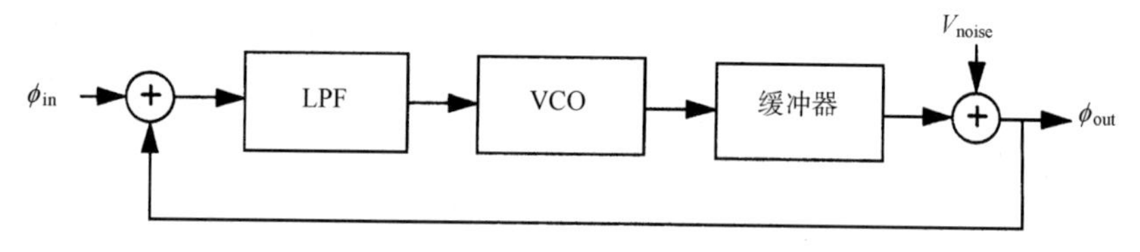

图 16.44　产生噪声的缓冲器在环路之内的 PLL

[第 6 题]　在所有普通的 PLL 里，驱动 VCO 的电压包括一个直流成分（对应于 PLL 输出中的正确平均频率）及其上的某些抖动成分。

（a）假设用一个 XOR 门作为鉴相器，PLL 锁定时输入的是方波信号，请画出作为时间函数的鉴相器的输出。

（b）如果再假设 VCO 的控制电压–频率特性是理想的线性，那么（a）中画出的图实际上是频率与时间关系的图。很显然，输出的频谱不会是纯的。利用你身边能够找到的模拟工具画出被这样一个控制电压波形驱动的产生纯正弦信号 VCO 的输出频谱。

（c）评论一下通过对控制电压进行滤波来减小抖动成分的有效性。你能够实现任意大的抖动衰减吗？如果不能，为什么？

[第 7 题]　假设有一个特定的一阶环路，其 VCO 的增益常数 K_O = 200π Mrps/V，而 K_D = 0.8 V/rad，振荡频率 f_{ose} = 500 MHz。如果输入的频率从 500 MHz 突然跳变到 650 MHz，请画出鉴相器输出端的控制电压的波形。

[第 8 题]　在许多基于 PLL 的频率合成器里，反馈支路一般会有一个分频器，因此输出频率就可以是输入频率的倍数。这个分频器通常是由一些数字逻辑元件组成的，它会给环路引入不少噪声（如图 16.45 所示）。

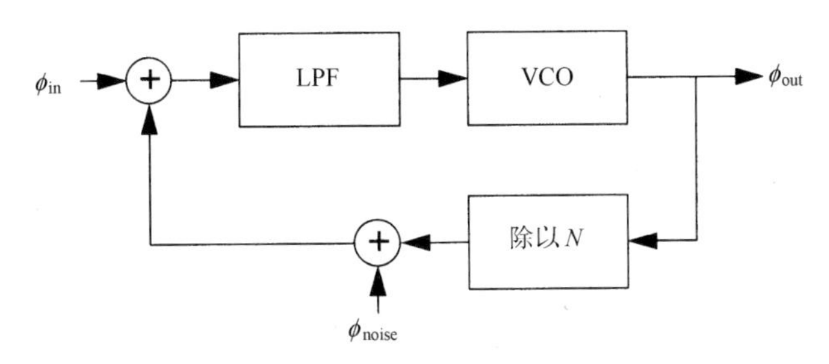

图 16.45　在反馈路径上带有产生噪声的“除以 N”电路块的 PLL

请大致画出传递函数ϕ_{out}/ϕ_{noise}的波特图，并讨论环路带宽是如何改变分频器的噪声影响的。你可以假设环路滤波器包含一个积分器和一个环路稳定零点。VCO 可被视为一个理想积分器。

[第 9 题]　考虑能够产生 1 GHz 输出的一个二阶 PLL（见图 16.46），其他电路带来的噪声可被建模为 VCO 控制端口的可加性噪声信号。VCO 的增益常数 K_O 是 400 Mrps/V。

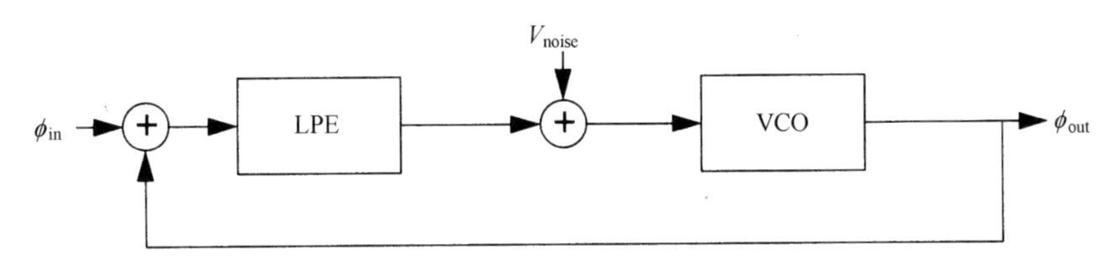

图 16.46　带有噪声注入的二阶 PLL

假设输入参考信号是由一个晶振产生的，没有噪声，则电路的设计问题就变成选取怎样的环路常数来使其对于 V_{noise} 有一个合理的抵抗能力。

（a）请选取有效的鉴相器增益常数 K_D 和环路稳定零点的时间常数τ_z，使得由 V_{noise} 上 100 mV 的阶跃产生的相位误差最大为 1 rad。

（b）如果能够容忍的最大相位误差为 0.1 rad，则（a）的答案又是什么？

[第 10 题]　实际的 VCO 输出信号总是不理想的，我们用图 16.47 来模拟这一点：VCO 的输出被加上了一个噪声作为输出电压。

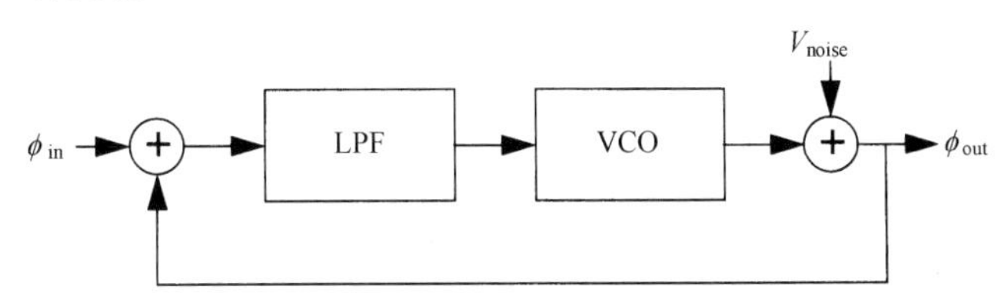

图 16.47　带有噪声 VCO 的 PLL

在这个模型中，假设 VCO 的输出是纯的，但是被这个外加的噪声电压污染了，再假设环路输入信号也没有噪声。请用环路元件传输特性的形式把输出频谱表示出来。假设 V_{noise} 的频谱是白色的。

利用得出的公式说明环路带宽该如何选择？

第 17 章　振荡器与频率合成器

17.1　引言

鉴于付出了这么多努力去消除在大多数反馈系统中的不稳定性，看起来构造一个振荡器会是十分简单的。但是，仅仅简单地产生一些周期性输出信号是不能满足现代高性能的射频信号接收器和发射器的要求的。输出信号频率的单一性和幅值的稳定性等都需要考虑到。

在本章中，我们将涉及振荡器设计中的几个方面。首先，我们将说明为什么纯线性的振荡器是无法在现实中实现的。然后，我们给出了一种线性化方法，这种方法利用描述函数来提供对非线性效应是如何影响振荡器性能的深入理解，尤其是它对振荡器幅值的预言作用。

本章还包括对振荡器技术的回顾，并且重新讨论了锁相环电路，不过这一次是在频率合成器电路的背景下进行分析的。在本章结束时，我们列举了各种振荡器的结构。第 18 章将详细分析相位噪声这一重要问题。

17.2　纯线性振荡器存在的问题

在负反馈系统中，我们通过寻求大的正相位裕量来避免电路的不稳定性。那么对于制作一个振荡器来说，似乎只要取得零或负相位裕量就可以了。下面，我们利用图 17.1 所示的正反馈根轨迹图来仔细分析一下这个思路。

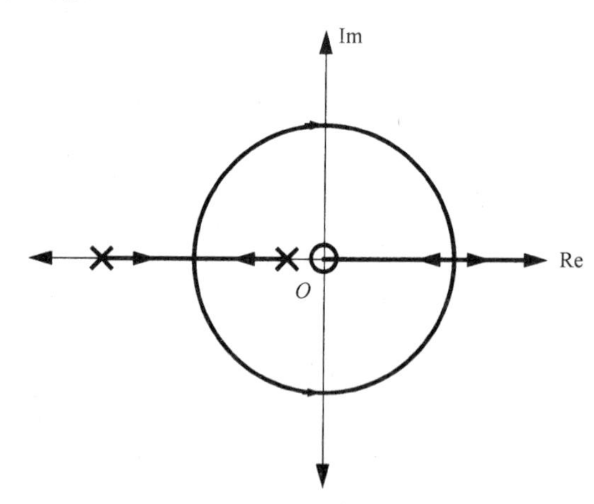

图 17.1　振荡器例子中的根轨迹图

这个轨迹曲线在振荡器的设计过程中频繁地出现，因为它表示了一个具有两个极点的带反馈的带通谐振回路。如轨迹图所示，对于环路传输幅值的某一特定值闭合回路的极点正好就在虚轴上，因此其相应的冲激响应就是一个既不随时间衰减也不随时间增长的正弦信号，这样我们就得到了一个振荡器。

但是，上面描述的这个图像存在着几个实际问题。首先，振荡信号的幅值是依赖于冲激信号幅值的（别忘了，这是一个线性系统）。这个特性通常来说并不是我们所希望的，几乎在所有情况下，我们都希望振荡器的信号幅值是一个常数，不会随着初始状态的改变而改变。另一个问题在于，如果闭合回路的极点不是精确地位于虚轴上，那么振荡信号的幅值要么会不断衰减，要么就会不断增大。

这些问题在任何纯线性振荡器的设计中都是不可避免的。因此解决这些问题的办法就是有意识地利用非线性效应，现实中的所有振荡器电路都是依赖于非线性原理的。要理解为什么非线性效应能够解决这些问题，并且培养对振荡器电路的直觉分析和设计能力，我们下面引入描述函数的概念。

17.3　描述函数

我们已经看到系统的线性化描述通常是足够的，即使是对于一个非线性系统来说也是如此。例如，双极型晶体管的增量（即交流小信号）模型就是来自器件的指数性传输特性的线性化。只要激励“充分地小”，系统线性响应这一近似就可以很好地被满足。

另一种将输入-输出转移特性线性化的方法就是在频域范围内进行线性化。具体地说，考虑对一个非线性系统施加一个具有特定频率和特定幅值的正弦输入信号的情形。输出信号通常由很多不同频率和不同幅值的正弦信号叠加而成。系统的线性表述可以通过去掉除与输入信号频率相同外的所有其他输出信号分量而得到。一个包含所有可能的由输入信号到保留下来的输出信号的相位变化及幅值变化率的集合就构成了对这个系统的非线性度的描述函数。如果输出信号的频谱主要由基频分量构成，则由描述函数所得到的结果将是一个相当精确的近似。

为了进一步确保下面将要进行的一系列分析的正确性，我们还要对非线性系统加上以下这些限制：它们不产生输入信号的分频谐波（即频率比输入信号频率低的谐波，直流信号就是一种分频谐波）。之所以要加这个限制的理由很快就会明了。对于射频系统而言，这个限制不像初看时那么严格，因为我们常常可以用带通滤波器来消除分频谐波与高次谐波分量。

作为一个产生描述函数的具体例子，让我们考虑一个理想的比较器，它的输入-输出满足下面的关系：

$$V_{\text{out}} = B\,\text{sgn}V_{\text{in}} \tag{1}$$

如果我们用一个频率为ω且幅值为 E 的正弦波来驱动这个比较器，那么输出信号就会是一个方波信号，频率与输入信号相同，幅值为一个常数 B，与输入信号的幅值无关。而且输出信号与输入信号同时跨过零值点（即没有相位偏移）。因此，输出信号可以用下面的傅里叶序列来表示：

$$V_{\text{out}} = \frac{4B}{\pi}\sum_{1}^{\infty}\frac{\sin\omega nt}{n} \qquad n\text{ 为奇数} \tag{2}$$

只保留基频分量（$n=1$），并且将输出信号与输入信号的幅值相比就可得到这个比较器的描述函数：

$$G_D(E) = \frac{4B}{\pi E} \tag{3}$$

因为在这个例子中既没有相位偏移也没有频率依赖关系，因此这个描述函数仅仅依赖于输入信号的幅值。

注意，这个比较器的描述函数表现出增益与驱动信号幅值成反比的关系，这与线性系统中增益与驱动信号幅值无关的特性是截然不同的。我们很快就会发现，在一个系统中，这种反比例增益特性在提供负反馈以稳定振荡幅值上是极其有用的。

17.3.1 描述函数的简单实例

在已经说明了如何得到一个描述函数的步骤之后，我们现在给出一些经常会遇到的非线性系统的描述函数。①

对于一个饱和放大器（见图 17.2），我们有

$$G_D(E)=\begin{cases}K & 若E<E_M\\ (2K/\pi)\left(\arcsin R+R\sqrt{1-R^2}\right) & 若E>E_M\end{cases}$$

其中，$R=E_M/E$。对于一个带有交叉失真的放大器（见图 17.3），描述函数是

$$G_D(E)=\begin{cases}0 & 若E<E_M\\ K\left[1-(2/\pi)\left(\arcsin R+R\sqrt{1-R^2}\right)\right] & 若E>E_M\end{cases}$$

最后，对于一个施密特触发器来说，当 $R<1$（见图 17.4）时我们有

$$G_D(E)=4B/\pi E,\quad \angle[-\arcsin R]^{②}$$

在最后这个例子中，R 的值必须小于 1，否则这个元件将一直输出其值为 B 或 $-B$ 的直流信号，而施密特电路不再发生触发。

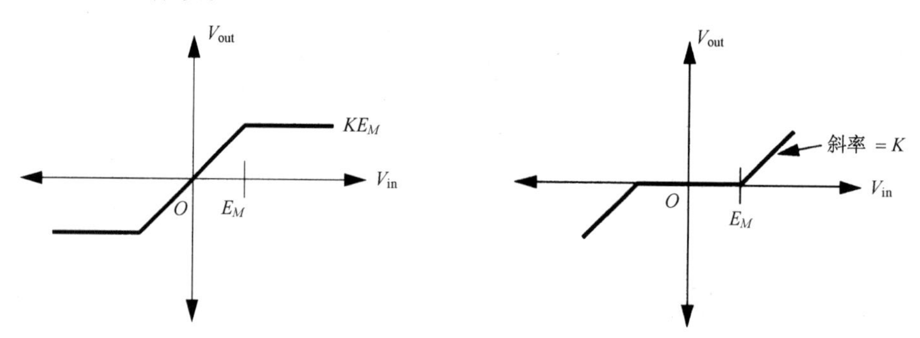

图 17.2 饱和放大器的传输特性

图 17.3 带交叉失真的放大器的传输特性

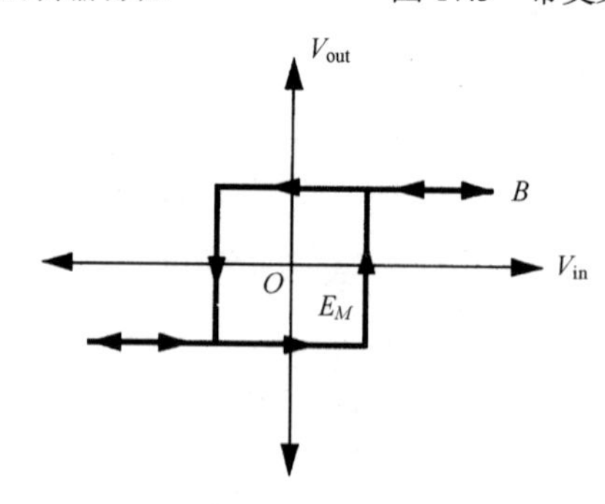

图 17.4 施密特触发器的传输特性

值得注意的是，描述函数本身都是线性的，即使它们所描述的系统是非线性的（能理解这一

① 例如，参见 J. K. Roberge 的佳作——*Operational Amplifiers*，Wiley, New York, 1975。

② 表示角度，即复数 G_D 的相角。——译者注

点吗？)。因此，叠加原理成立，表述一组非线性函数和的描述函数就等于它们的个别描述函数之和。这个特点对于我们得到其他非线性系统的描述函数是非常有用的，而不仅仅是上面所列出的这些例子。

17.3.2 MOS 与双极型晶体管的描述函数

尽管前面给出的描述函数很有用，但与射频振荡器设计关系更密切的是表述由一到两个晶体管组成的电路的描述函数。表征射频电路特征的高频率信号是很难从一个由许多晶体管构成的回路来产生的。

为了说明一个普遍适用的分析方法，参见图 17.5 所示的电路。假设电容的值足够大，以保证其在频率ω下可被视为交流短路，并且假设晶体管是一个理想的晶体管。我们会在调谐振荡器中用到这个电路。同时由于谐振回路的带通滤波作用，因而使得我们的描述函数分析可以产生精确的结果。

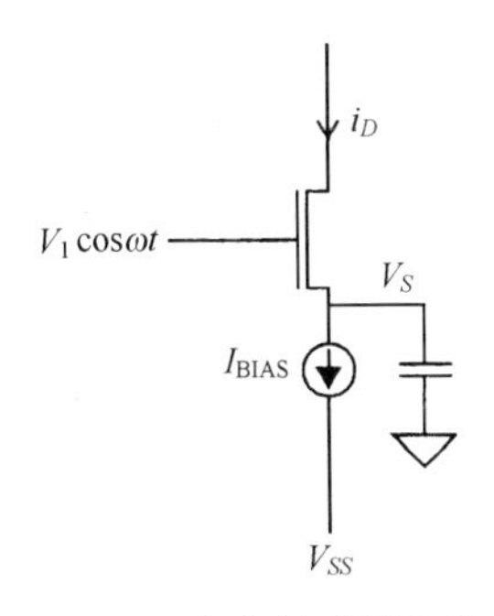

图 17.5 大信号跨导电路

在开始大信号跨导（也就是描述函数）的详细推导之前，我们先来定性地预言一下大致的结果。随着幅值V_1的增加，源极电压V_s也被拉到一个更高的值。当输入信号达到最大值时，V_s也大致达到最大值。在栅极电压从峰值开始下降后不久，晶体管就处于截止状态了，因为输入信号的下降速度超过了电容通过电流源放电的速度。由于电流源在每个周期内对电容进行放电，因此栅源结在输入信号回到峰值之前又被正向偏置，这引起了一个漏极电流的脉冲。这个过程不断重复，所以漏极电流由一系列脉冲电流组成。

令人吃惊的是，我们不再需要知道更多的漏极电流的具体形状以便定量地得到在大信号驱动幅值下的大信号跨导。唯一有关联的事实是，在这个大信号的极端状况下，漏极电流是由一系列细长的带构成的，就像图 17.6 所示的假想的栅极电压、源极电压和漏极电流一样。[①]

无论漏极电流的波形是什么样子，KCL 要求电流的平均值应该等于I_{BIAS}，即

$$\langle i_D \rangle = \frac{1}{T}\int_0^T i_D(t)\,\mathrm{d}t = I_{\text{BIAS}} \tag{4}$$

现在，漏极电流的基波分量的幅值由下式给出：

① 这里，“假想的”这个词是“不正确”一词的委婉说法。尽管所示的波形并不是严格正确的，但所得到的结果和推论却是严格正确的。特别是这个图可以帮助我们理解为什么在大的驱动幅值下描述函数，本质上对于双极型晶体管与 MOSFET（包括长沟道与短沟道）及 JFET 乃至真空管是一样的。

$$I_1=\frac{2}{T}\int_0^T i_D(t)\cos\omega t\,\mathrm{d}t \tag{5}$$

尽管我们不知道 $i_D(t)$的具体表达形式，但却知道它是由一系列在大信号驱动极限下的窄脉冲组成的。而且这些电流脉冲大致出现在输入为最大幅值时，所以式（5）中的余弦函数在冲激电流存在的一小段时间内可以近似地被当作单位量。因此，

$$I_1=\frac{2}{T}\int_0^T i_D(t)\cos\omega t\,\mathrm{d}t\approx\frac{2}{T}\int_0^T i_D(t)\,\mathrm{d}t=2I_{\mathrm{BIAS}} \tag{6}$$

这说明在大的 V_1 极限下，基波分量的幅值近似等于偏置电流的两倍，因此描述函数的值为

$$G_m=\frac{I_1}{V_1}\approx\frac{2I_{\mathrm{BIAS}}}{V_1} \tag{7}$$

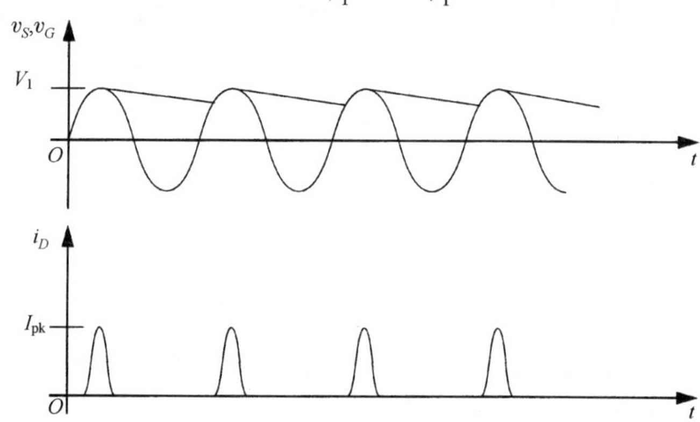

图 17.6　大输入电压下假想的源极电压、栅极电压和漏极电流

需要强调的是，前面的推导过程中都没有用到过晶体管特性的具体细节。因为推导过程并不针对特定的器件假设，所以式（7）可以在 MOSFET（长沟道和短沟道）、双极型晶体管、JFET、GaAs MESFET 甚至是真空管中通用。

在推导式（7）的过程中，我们假设驱动幅值 V_1 的值是“大”的。为了定量地说明这个概念，对于长沟道和短沟道的 MOSFET 及双极型晶体管，我们来计算 G_m/g_m 这个比值。对于长沟道器件，g_m 与 I_{BIAS} 的比值可以写成

$$\frac{g_m}{I_{\mathrm{BIAS}}}=\frac{2}{V_{gs}-V_t} \tag{8}$$

因此，

$$\frac{G_m}{g_m}=\frac{V_{gs}-V_t}{V_1} \tag{9}$$

显然，对长沟道 MOSFET 来说，V_1“大”的定义是相对于$(V_{gs}-V_t)$而言的。

对于短沟道器件，我们来重复这个过程：①

$$\frac{g_m}{I_{\mathrm{BIAS}}}=\frac{2}{V_{gs}-V_t}-\frac{1}{E_{\mathrm{sat}}L+(V_{gs}-V_t)} \tag{10}$$

① 这里，我们用到了第 5 章介绍的短沟道 MOSFET 的近似解析模型。

这个公式在很短沟道的极限下给出的值正好是长沟道器件值的一半，因此，

$$\frac{V_{gs}-V_t}{V_1} \leqslant \frac{G_m}{g_m} < \frac{2(V_{gs}-V_t)}{V_1} \tag{11}$$

最后，对于双极型晶体管，可得出以下公式：

$$\frac{g_m}{I_{\mathrm{BIAS}}} = \frac{1}{V_T} \tag{12}$$

因此，

$$\frac{G_m}{g_m} = \frac{2V_T}{V_1} \tag{13}$$

对于双极型晶体管来说，V_1“大”是相对于热电压来定义的。

尽管关于 G_m 的公式的推导仅在 V_1 大的情况下成立，但实际的振荡器通常是满足这个条件的，所以这个限制并不像想象的那么严格。第 18 章我们还会讲到大的 V_1 也是减小相位噪声所需要的，因此可以这样说，一个设计得很好的振荡器会自动满足这个近似所需要的条件。虽然如此，仍然需要注意 G_m 永远不能超过 g_m，所以不能不正确地应用诸如式（13）这样的公式。为了强调这一点，图 17.7 近似地描绘了 G_m/g_m 的实际曲线与从式（13）所得到的曲线的对比。尽管这个等式只是严格地用于双极型晶体管的，但是图 17.7 所示的情况通常是成立的。

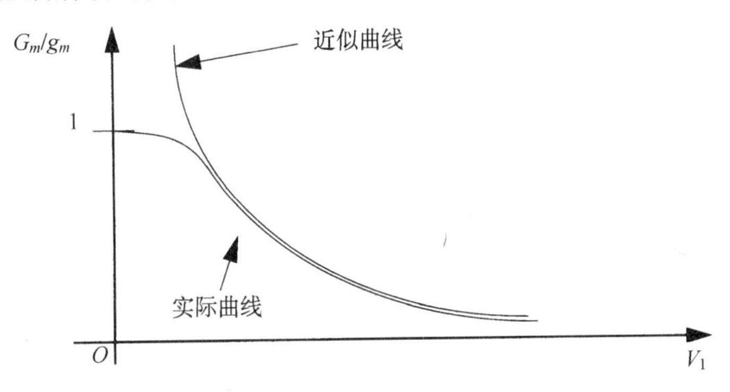

图 17.7　G_m/g_m 与 V_1 的关系曲线

至此已经列举了不少描述函数的例子，下面我们举两个例子来说明如何应用描述函数来分析振荡器。

17.3.3　实例 1：函数产生器

要从描述函数的应用中得到理想的结果，满足在推导描述函数时的各种条件是十分重要的。也就是说，电路本身必须具备低通滤波或者带通滤波的特性，从而给非线性系统提供一个接近正弦波的驱动。如果这个条件不能很好地满足，我们就不能期望描述函数所得到的结果是精确的。幸运的是，实际应用中的许多电路都满足这个要求，因此描述函数也就可以成功地应用在纯学术研究之外的其他地方。在通信系统中所用到的振荡器就应该是满足这一条件的，因为高 Q 值通常意味着具有接近正弦波的驱动。

为了说明描述函数的应用，我们用两种不同的方法来分析一个振荡器。作为一个具体的例子，参见图 17.8 所示的电路，这是一个实验室里常用的函数产生器（也就是一个用来产生正弦波、方波和三角波的仪器）的基本电路。

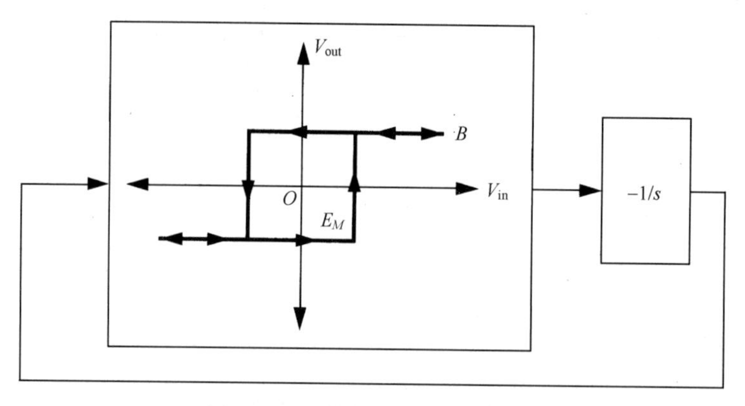

图 17.8　函数产生器的核心部分

正如图中所示，这个振荡器由一个施密特触发器和一个反相积分器构成。施密特触发器的输出是幅值为 B 的方波，而积分器的输出是幅值为 E_M 的三角波。输出的波形如图 17.9 所示。通过时域中的直接分析，我们看到振荡器的周期可以被简单地表示为

$$T_{\text{osc}} = 4 \cdot \frac{E_M}{B} \tag{14}$$

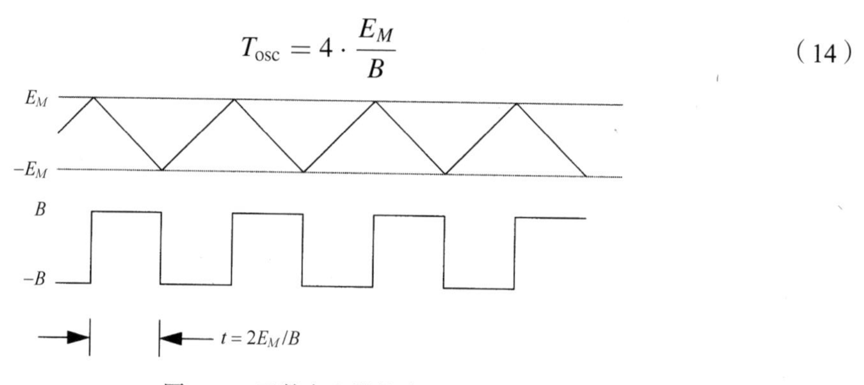

图 17.9　函数产生器的波形图

知道了确切的答案之后，我们来看一看能否通过描述函数分析得到一个合理的振荡器幅值和频率。在进行下面的分析之前，我们要注意到因为输入到非线性系统（施密特触发器）的信号波形并不是一个很好的近似正弦波，所以得到的结果会出现一些误差。然而，一个三角波的频谱幅值是以 $1/\omega^2$ 的形式下降的，所以这样的分析并不是完全无用的。

为了用描述函数来分析这个振荡器，我们采用图 17.10 所示的环路模型。为了使这个模型与我们以前采用的负反馈框图一致，反相部分已经被表示成一个单独的模块。

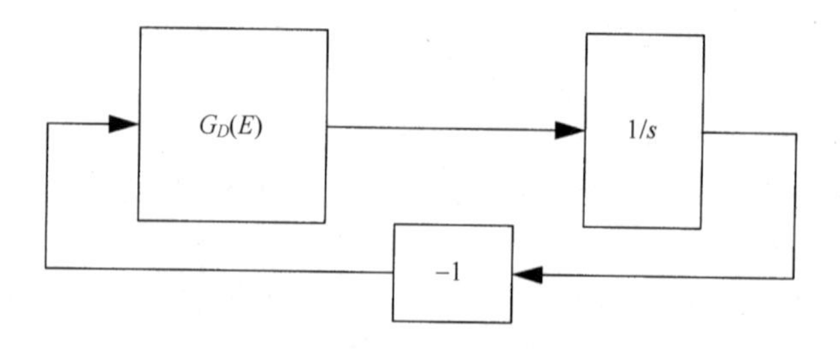

图 17.10　振荡器的描述函数环路模型

回顾一下振荡的一个必要（而不是充分）条件是单位大小的环路传输幅值和零相位裕量。对于这个系统，这个条件被演绎为

$$G_D(E)\frac{1}{\mathrm{j}\omega}=-1 \tag{15}$$

我们可以用另一种稍微不同的方式来表示这个条件：

$$\frac{1}{\mathrm{j}\omega}=\frac{-1}{G_D(E)}=\frac{-1}{4B/\pi E(\angle[-\arcsin R])}=-\frac{\pi E}{4B}\ \ (\angle[\arcsin(E_M/E)]) \tag{16}$$

最后这个等式提供了一种图形方法来发现可能的振荡频率和幅值：在增益相位平面中画出一条纯虚数的曲线，然后用类似的方法画出描述函数的负倒数。[①] 如果两条曲线相交，那么交点对应的频率和幅值就是可能发生振荡的状态。

为了简单起见，令 $B=E_M=1$。将以上的步骤运用到这个特定的例子中，可以得到增益相位平面上的图形（见图 17.11）。这里仅仅有一个交点，[②] 它发生时的幅值 $E=1$，频率 $\omega=4/\pi$ rad/s，相应的振荡周期为

$$T_{\mathrm{osc}}=\frac{\pi^2}{2}\approx 4.9\ \mathrm{s} \tag{17}$$

在早先进行的精确分析中给出了当参数取这些值时实际的幅值的确为单位值，与之对应的振荡周期是 4 s（通常，交点发生在幅值 $E=E_m$ 时，相应的振荡频率 $\omega=4/\pi E_m$）。考虑到是由三角波而不是正弦波驱动非线性系统，所以我们得到的这些值的一致程度是很理想的。

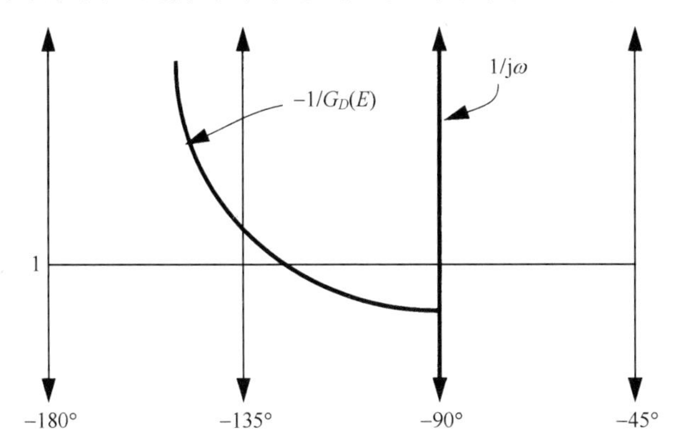

图 17.11　振荡器例子的增益相位图

通过这样的分析，我们可以得到一些重要的深入理解。如果我们的目标是得到高的频谱纯度，那么就希望非线性相对地“软”。此外，环路中的线性元件应该是低通（或者是带通）滤波性的，以便衰减由于系统的非线性所引起的失真乘积项。最后，应该把给非线性元件的输入信号作为输出信号，因为其失真最小。这里有一个附加的好处——满足了所有这些条件也同时保证了进行高精度描述函数分析所需的条件。

关于这个例子还有最后一点说明：正如我们在前面的一章提到过的，在商用的函数产生器

① 记住倒数的模就是模的倒数。同样，倒数的相位就是原始相位取代数上的负值。

② 严格地说，我们得到的不是交点而是切点。然而，我们仍然能够看出描述函数得到的结果与精确分析得到的结果基本上是一致的。

中，正弦波形是通过三角波输出经过非线性波形整形得到的。用分立元件来实现的这些频率发生器所能产生的最高频率的典型值大约为 30～50 MHz，这个最大工作频率主要受更高频率时方波质量的限制。在更高的频率上，通用函数产生器被一些专门的电路所取替，例如高速方波或者脉冲产生器及调谐正弦波振荡器。这些电路都采用不同的结构专门对特定的输出波形进行了优化。

17.3.4 实例 2：Colpitts 振荡器

像波形发生器这样的弛豫振荡器很少用在高性能收发器中，因为它们产生的信号频率纯度不够。调谐振荡器应用得更加广泛，其主要原因只有等学完相位噪声的内容以后才能明白。现在，我们暂把调谐振荡器的优异性当作一个公理来接受。我们目前先将注意力集中在应用描述函数来预测一个典型的调谐振荡器的输出幅值，例如图 17.12 所示的 Colpitts 电路。[①]

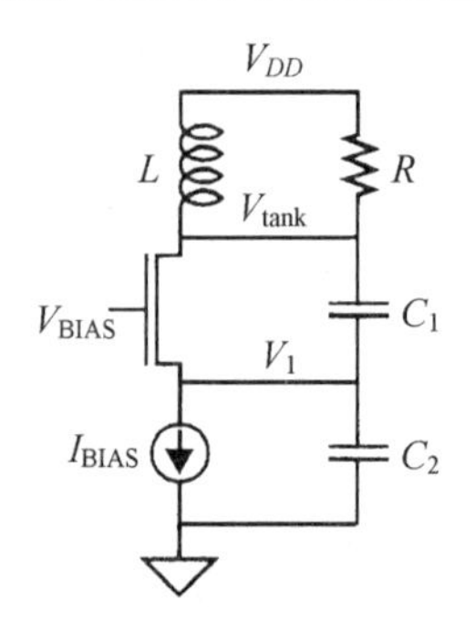

图 17.12 Colpitts 振荡器（省略了偏置部分）

在本章中，我们将会看到很多仅仅在一些细微的地方有所不同的振荡器是用其发明者的名字来命名的。按照惯例，我们保留了这些振荡器的命名方式，但是建议读者把注意力集中在它们的工作原理上而不是名称上。

设计这些振荡器的基本方法非常简单，即把一个谐振电路与有源器件相连接。Colpitts 振荡器最明显的特点就是使用了一个通过电容分压的谐振回路，然后通过有源器件提供的正反馈使得振荡变为可能。在图 17.12 中，电阻 R 代表总的负载，它可能是由于谐振腔的有限 Q 值、晶体管的输出电阻或者其他由振荡器所驱动的负载（我们假定振荡器的输出总会被用在什么地方）。在实际的使用中，电流源常常被换成一个普通的电阻，这里使用电流源仅仅是为了简化（尽管也简化不了多少）分析。

从我们得到描述函数的推导来看，晶体管的特性可以作为一个大信号的跨导 G_m 来看。为了简单起见，我们忽略晶体管的所有动态元件[②]及所有的寄生电阻。在一个精确的分析中，这些都是应该考虑的。当然，这个晶体管也有一个大信号的源-栅电阻，这在模型中必须加以考虑。从描述函数中可以得到以下启发：把这个电阻定义成源电流中的基本分量与源-栅电压的比值是合理的。我们已经确切地知道了这个比值，它就是 $1/G_m$。因此，我们可以把振荡器电路转化成图 17.13 所示的模型。

① Edwin Henry Colpitts 在 1915 年初设计了他的振荡器，当时他在西部电器公司（Western Electric）工作。他的同事 Ralph Vinton Lyon Hartley 在此前一个月（即 2 月 10 日）已经演示了他的振荡器。

② 即电容。——译者注

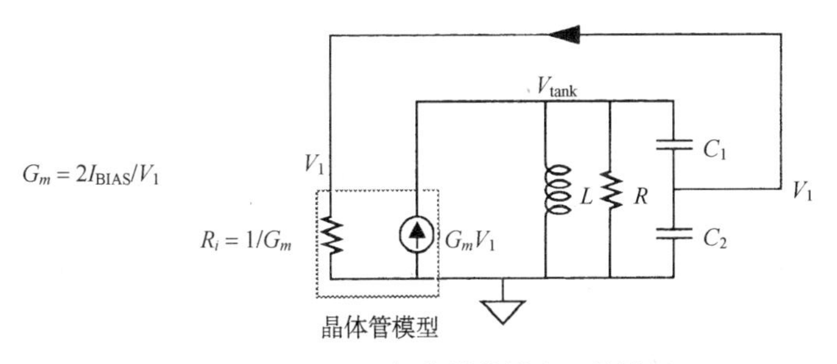

图 17.13　Colpitts 振荡器的描述函数模型

为了简化接下来的分析，我们首先把电容分压器当作一个理想的变压器，将输入电阻 R_i 折算到主要的谐振回路端（参见第 3 章）。这样我们就在正反馈环中得到了一个嵌入的简单 RLC 谐振回路。注意，这样得到的电路与谐振回路在谐振频率下没有相位差。对于这个特定的例子，谐振腔的谐振频率也就是振荡器的工作频率。同时还要注意到受控电流源总是产生一个正弦输出，其幅值为 $G_mV_1 = 2I_{\text{BIAS}}$，所以可以用一个具有这个幅值的独立正弦电流源来代替。通过这些观察，我们把电路变成了如图 17.14 所示的形式，图中 C_{eq} 是两个电容的串联值：

$$C_{\text{eq}} = \frac{C_1C_2}{C_1 + C_2} \tag{18}$$

$$\omega = \frac{1}{\sqrt{LC_{\text{eq}}}} \tag{19}$$

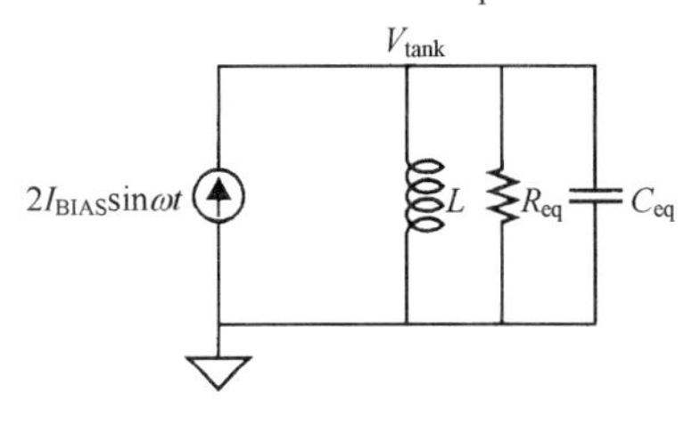

图 17.14　Colpitts 振荡器的简化模型

同样，R_{eq} 也是谐振回路中原有的电阻 R 与反映（reflected）过来的晶体管大信号输入电阻的并联：①

$$R_{\text{eq}} \approx R \parallel \frac{1}{n^2G_m} \tag{20}$$

这里，n 是电容分压器上的电压分配系数：

$$n \equiv \frac{C_1}{C_1 + C_2} \tag{21}$$

幅值 V_1 就是将谐振回路的幅值 V_{tank} 乘以电容电压分配系数，因此，

$$V_{\text{tank}} \approx \frac{V_1}{n} \tag{22}$$

现在，我们已经准备好了下面的分析所需的公式。在谐振状态下，谐振回路上电压的幅值就是电流源的幅值与谐振回路净电阻的乘积：

① 在这个及其他有关的等式中，采用“≈”符号是因为我们将电容分压器当作理想的阻抗变换器。在第 3 章中曾经讲到，只有当电路的 Q 值很高时，这样的近似才是合理的。

$$
\begin{aligned}
V_{\text{tank}} &\approx \frac{V_1}{n} \approx 2I_{\text{BIAS}}R_{\text{eq}} \\
&\approx (2I_{\text{BIAS}})\left[R \parallel \frac{1}{n^2G_m}\right] = (2I_{\text{BIAS}}) \cdot \frac{R}{n^2G_mR+1}
\end{aligned} \tag{23}
$$

最后化简得到

$$
V_{\text{tank}} \approx 2I_{\text{BIAS}}R(1-n) \tag{24}
$$

因此，振荡器的幅值也就直接正比于偏置电流和谐振回路的等效电阻。由于晶体管输入电阻所引入的谐振回路负载的效果与系数$(1-n)$相关，因此可以通过调节两个电容的比值来控制负载效应。因为R同时还控制着Q，所以通常来说R会被设置成尽可能大，而调节I_{BIAS}也就成为控制幅值的主要手段。

作为一个特定的数值例子，假设图 17.15 中所描述的是一个约 60 MHz 的振荡器电路。考虑电路中所给定的元件参数，电容分压比n大约是 0.155。[①] 预期的振荡幅值大约是 1.4 V。通过实际测量得到一个用双极型晶体管实现的电路的幅值约为 1.3 V，与理论的预期值符合得很好。需要强调的是，这个结果与构成这个振荡器的有源器件的类型在很大程度上无关。对一个 MOSFET 设计的预期结果与用双极型器件实现的实验结果符合得相当好。

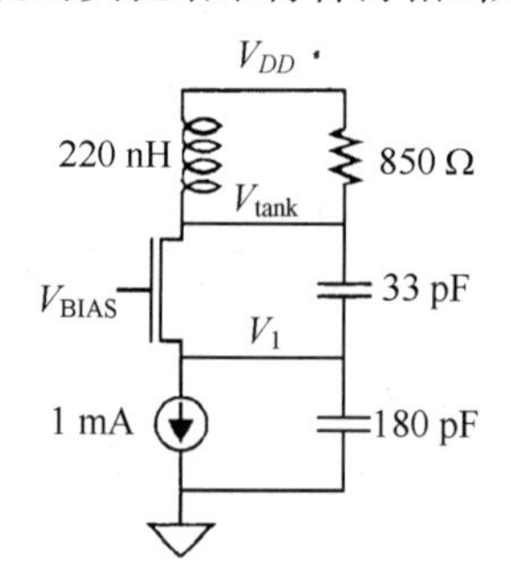

图 17.15　Colpitts 振荡器例子

起振、二级效应及某些细致分析

在上面的分析中，没有特别提到确保振荡器起振的条件。但从图 17.1 所示的通用根轨迹图来看，很明显需要一个小信号条件下环路传输幅值大于单位量的条件。为了计算在启动时是否会遇到问题，应该将跨导设置为晶体管处于小信号状态下的值（振荡器起振前，电路确实处于小信号工作状态），并以此计算环路传输增益。如果这个增益没有超过单位量，那么振荡器将不会启动。要解决这个问题，需要分别改变偏置电流、器件尺寸及分压比或它们的组合。

对于刚刚分析过的例子，让我们来验证一下振荡器启动时需要的最小跨导。这个最小跨导g_m与偏置电流一起决定了器件的宽度。我们采用图 17.16 所示的模型。当谐振时谐振环路两端的电压幅值为

$$
V_{\text{tank}} = \frac{V_1}{n} = g_mV_1R_{\text{eq}} = g_mV_1\left[R \parallel \frac{1}{n^2g_m}\right] \tag{25}
$$

① 在实际应用中，一般当C_2/C_1的比值大约为 4 时电路的相位噪声性能最好，相当于$n = 0.2$。这个大致的规则可以用第 18 章的时变理论作为更严格的理论基础。

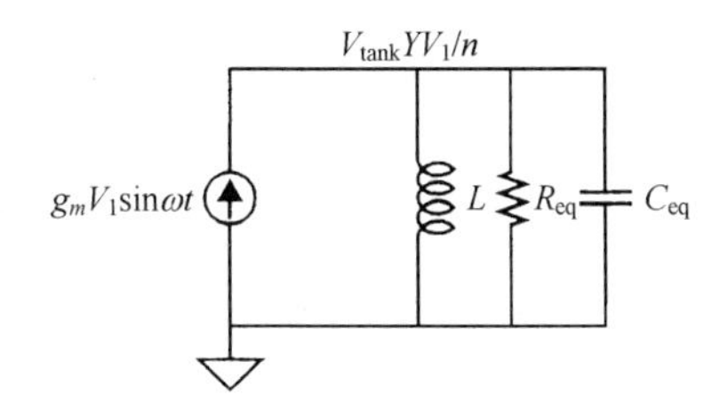

图 17.16　Colpitts 振荡器的启动模型

由此计算所要求的最小跨导的公式简化成

$$g_m > \frac{1}{R(n-n^2)} \tag{26}$$

当 $n = 0.155$ 且 $R = 850\ \Omega$时，得到可以接受的最小跨导大约为 9 mS。但是应该注意，仅仅满足未振荡时单位值的环路增益的跨导并不足以构建一个好的振荡器。此外，描述函数仅在大幅值的情况下才准确，因此只有当小信号跨导要远远大于大信号情况下的跨导值时，电路才会正确工作。对于第一次初步设计过程而言，选择 g_m 为最小值的 5 倍是比较合理的，因此我们将把小信号跨导设计成 45 mS。

为了估算必要的器件宽度，开始时假设栅的过驱动电压（$V_{gs}-V_t$）足够小，以使器件的特性满足平方律关系。这样我们可以利用式（8）来估算栅过驱动电压为

$$\frac{g_m}{I_{\text{BIAS}}} = \frac{2}{V_{gs}-V_t} \implies V_{gs}-V_t \approx 44\ \text{mV} \tag{27}$$

这个过驱动电压与 $E_{sat}L$ 的典型值（比如说，1～2 V）相比确实很小，因此我们继续假设下边的计算是基于长沟道器件的。计算这个工作区域中的 W/L 值，在使用典型的迁移率和 C_{ox} 的情况下，得到的值大约为 6000。对于 0.5 μm 沟道长度的器件来说，宽度大约为 3000 μm，这确实是一个相当大的值。这个沟道宽度是在比较低的偏置电流的情况下得到的，当我们采用更高的偏置电流时，可以使用沟道宽度小得多的器件。

在前面的推导中除了忽略起振条件，还使用了其他一些简化的假设来减少推导过程中的烦琐程度。例如，晶体管的寄生参数都被忽略了。现在我们来考虑如何加入这些因素来修正我们的分析。

栅-漏电容和漏极与衬底之间的电容都是并联在谐振回路上的，为了修正它们的一阶效应，只要简单地减少外接电容及保证振荡器的频率不变就可以了。但这些电容是非线性的，如果它们构成了谐振回路电容的相当大的一部分，那么失真会非常大。此外，温度漂移也常常会造成影响。

源-栅电容和源极与衬底之间的电容是直接并联在 C_2 的两端的，以上的分析也同样适用于其他的器件电容。

另一个必须要考虑的因素是晶体管的输出电阻，因为它也构成对谐振回路的负载。许多高速晶体管的厄尔利（Early）电压很低（比如，10～20 V 或者更低），所以这个负载影响有时候是十分严重的。在一些糟糕的情况下，必须使用共源-共栅放大器（或者某些等效的方案）来解决这个问题。在其他的情况下，只需要在计算时计入这个负载的影响就可以了，以便更加精确地预计振荡幅值。

关于幅值问题最后要说明是：需要强调因为幅值的反馈控制是振荡器的工作基础，所以幅值

的不稳定性总是存在的。也就是说，幅值不会是一个稳定的值，而是以某种方式发生变动（比如准正弦变化）。这种情况称为“非规则摆动”（squegging），是振荡器设计中令人头痛的事。

为了了解非规则摆动是怎样产生的，并且掌握如何防止或消除它的知识，我们可以使用与用于计算其他反馈系统的稳定性相同的解析工具。因此，我们再次引用环路传输、跨越频率和相位冗余度的概念。这其中的主要差异点是我们必须用射频信号的包络来计算这些量。另一个要注意的地方是，幅值控制的非线性使得我们的线性化分析只在线性化过程中假设的工作点附近才正确。了解了这些应该注意的地方，就可以进行以下的分析了：我们在环路的某一个方便的点将环路切断（正像我们在计算任意环路传输时必须做的那样，在切开环路时一定要保持所有的负载状态不变）。然后在切开的环路的输入端加上 RF 信号。这个测试信号的幅值应该选得像在闭环正常工作时一样，从而保证我们是在对应于正常工作的条件下来估算其稳定性的。给定幅值控制的非线性性质，比较稳妥的做法是在几个不同的幅值下计算环路传输，以便来确定（或排除）非规则摆动产生的幅值范围。

接下来，我们可以选择计算时域或频域（或二者都要）中的响应。对于前者，我们计算环路传输对幅值上的阶跃变化的响应。为了在频域里计算包络环路传输，我们在被切开的环路的输入端加上一个由正弦波调制的载波。然后改变这个调制频率，计算相对于输入调制的输出调制的增益与相位。

对于带有漏端驱动的谐振回路的调谐振荡器，事实上一个自然的选择是在漏端将环路切断。在这一点上向谐振回路注入一个 RF 电流，然后让这个 RF 电流幅值发生一个阶跃变化。谐振回路本身提供了一个对阶跃变化的单极点滤波等效电路。而且，晶体管源端与谐振回路的电容耦合又进一步提供了额外的电抗成分。

为了更详细地解释这个过程，让我们来考虑一个 Colpitts 振荡器。为了简化分析，我们首先给出一个如图 17.17 所示的等效电路。这两个电路是等效的可以通过比较它们的环路传输而很容易得到证实。漏端的连接是一个尤其方便的切开环路以进行比较的点。我们看到只要在电路图上标明的元件包括所有的器件寄生参数，这两个电路的确是相同的。

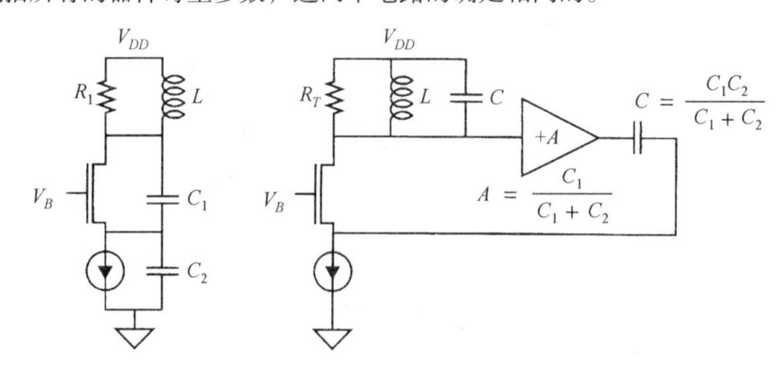

图 17.17 Colpitts 振荡器及计算包络环路传输的等效电路模型

在获得用于计算包络环路传输的等效电路之后，我们现在将环路传输分解成几个部分。首先我们分析如图 17.18 所示的通过电容耦合的电路。[①] 这里，负载电流由 DC 和 RF 两部分组成：[②]

① 这一分析是基于下列文献的改造后的 MOS 版本：Kenneth K. Clarke and Donald T. Hess, *Communications Circuits: Analysis and Design*, Krieger, Malabar, FL, 1994。

② 我们这里所用的 DC 项不是严格意义上的，而是仅用来区分其他的 RF 项。

$$i_L(t) = I_{DC} + i_{dc}(t) + [I_{OUT} + i_{out}(t)]\cos\omega t \tag{28}$$

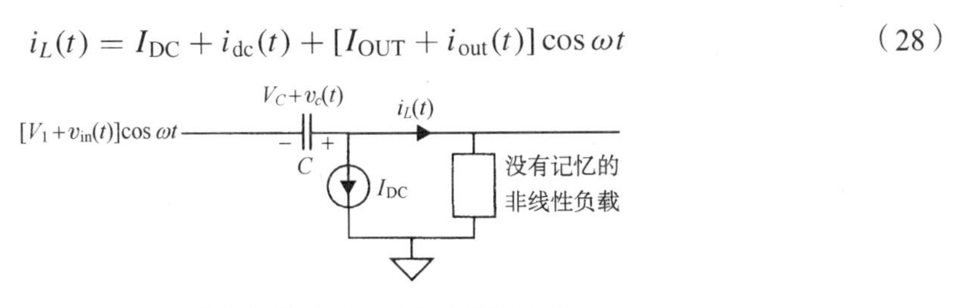

图 17.18　带有非线性负载的电容耦合电路

DC 和 RF 电流幅值的准静态值分别是 I_{DC} 与 I_{OUT}，它们对应于幅值为 V_1 的 RF 驱动电压。在这个幅值上加上一个大小为 $v_{in}(t)$ 的扰动量，通常会产生三个效应。一个是由于非线性元件的整流作用引起的在电容器两端的 DC 电压变化，记为 $v_c(t)$。假若 RF 输入电压的幅值发生变化，那么这个电容器两端的 DC 电压一般也会发生相应的变化。

这种整流效应也改变了通过非线性负载的 DC 电流。我们将这个改变量记为 $i_{dc}(t)$。最后，流经非线性负载的 RF 电流的幅值也有 $i_{out}(t)$ 的变化。这个幅值的变化起源于 $v_{in}(t)$ 的直接作用，同时也与通过负载的直流电流的变化有关。

我们希望能够确定小信号的导纳 $i_{out}(s)/v_{in}(s)$，但这不是一件仅通过表面观察就能做到的事。注意，我们对这个问题的定义本质上是基于这样一个假设，即小信号分析成立。如果满足这个假设条件，我们就必须只考虑 $|v_{in}(t)| << V_1$ 的情形。然后我们可以将 $i_{dc}(t)$ 与 $i_{out}(t)$ 表示成电压 $v_c(t)$ 和 $v_{in}(t)$ 的简单线性组合。经过拉普拉斯变换可以得到

$$i_{dc}(s) = G_{00}v_c(s) + G_{01}v_{in}(s) \tag{29}$$

及

$$i_{out}(s) = G_{10}v_c(s) + G_{11}v_{in}(s) \tag{30}$$

其中，各种常数 G_{mn} 是今后要被确定的电导。

由于以下等式仍然成立：

$$i_{dc}(s) = -sCv_c(s) \tag{31}$$

因此可以将 $i_{dc}(s)$ 的两个表达式等同起来得到

$$-sCv_c(s) = G_{00}v_c(s) + G_{01}v_{in}(s) \implies v_c(s) = \frac{-G_{01}}{sC + G_{00}}v_{in}(s) \tag{32}$$

这个表达式表明电容上的小信号 DC 电压即为小信号 RF 信号输入幅值的低通滤波器版本。

将式（32）代入式（30）可得到所寻求的在输入包络电压与输出包络电流之间的小信号关系：

$$i_{out}(s) = G_{10}\frac{-G_{01}}{sC + G_{00}}v_{in}(s) + G_{11}v_{in}(s) \implies \frac{i_{out}(s)}{v_{in}(s)} = G_{11} - \frac{G_{01}G_{10}}{sC + G_{00}} \tag{33}$$

经过重新整理，上式变为

$$\frac{i_{out}(s)}{v_{in}(s)} = \frac{G_{11}(sC + G_{00}) - G_{01}G_{10}}{sC + G_{00}} = G_{11}\frac{\left(\dfrac{sC}{G_{00}} + 1\right) - \dfrac{G_{01}G_{10}}{G_{00}G_{11}}}{\dfrac{sC}{G_{00}} + 1} \tag{34}$$

至今为止的推导是完全通用的，式（34）并不局限于 MOSFET 或双极型晶体管。不需要知道各种电导的值，我们就可以确定以上的导纳有一个极点和一个零点。这个结果从物理意义上讲是正确的，因为我们只有一个储能元件（因此有一个极点）。此外，电容器提供了强调高频成分（对载波和调制而言）的一个前馈路径，而这正好是零点的行为。我们可以看到迄今所进行的分析通过了宏观上的合理性检验。

现在让我们来看一看怎样获得这些电导的表达式。我们注意到，具有这几种不同比例常数的形式上的定义都可以方便地从式（29）～式（30）的时域版本得到：

$$G_{00} \equiv \left.\frac{\mathrm{d}i_{\mathrm{dc}}}{\mathrm{d}v_c}\right|_{v_{\mathrm{in}}=0} \tag{35}$$

$$G_{01} \equiv \left.\frac{\mathrm{d}i_{\mathrm{dc}}}{\mathrm{d}v_{\mathrm{in}}}\right|_{v_c=0} \tag{36}$$

$$G_{10} \equiv \left.\frac{\mathrm{d}i_{\mathrm{out}}}{\mathrm{d}v_c}\right|_{v_{\mathrm{in}}=0} \tag{37}$$

$$G_{11} \equiv \left.\frac{\mathrm{d}i_{\mathrm{out}}}{\mathrm{d}v_{\mathrm{in}}}\right|_{v_c=0} \tag{38}$$

注意，在这些电导中至少有两个应该是我们所熟悉的。从 G_{00} 的定义可以看出它就是非线性负载的 DC 电流与电压的小信号比，因此 G_{00} 就是普通的在偏置点上求得的小信号电导。同样，G_{11} 是 RF 输出电流幅值的变化除以 RF 输入电压幅值的变化所得到的值，其求值条件是电容两端的压降保持不变。因此，G_{11} 就是非线性负载的描述函数电导。

我们以前没有遇到过的两个电导涉及一个 DC 项和一个 RF 项的比值。G_{01} 是整流得到的 DC 电流幅值的变化除以产生这个 DC 电流的 RF 输入电压幅值的变化的结果，其求值条件要求在恒定的电容压降下进行。另一个 G_{10} 是 RF 输出电流幅值的变化除以 DC 电容电压幅值的变化的结果，其求值是在 RF 输入电压为恒定幅值的条件下进行的。

我们需要的最后一个信息是漏极谐振回路的包络行为的定量描述。特别是考虑一个正弦漏极电流包络上的阶跃变化。谐振回路两端电压的包络响应就像是一个具有单一极点的低通滤波器对阶跃电压的响应。因为一个 RC 低通滤波器的单边带带宽是简单的 $1/RC$，所以可以预见对于一个 RLC 带通滤波器，相应的时间常数是 $1/2RC$。[①] 在谐振时，这个漏端的负载产生一个以下式表示的包络阻抗：

$$\frac{v_{\mathrm{tnk}}(s)}{i_{\mathrm{out}}(s)} = \frac{R_T}{2sR_TC+1} \tag{39}$$

因此，完整的环路传输幅值是

① 我们强调半边以便更清楚地说明一个低通和一个带通滤波器的相似性。通常是用从 DC 到正的–3 dB 拐角频率点作为低通滤波器的带宽的度量，而不是用正和负的–3 dB 拐角频率点之间的频率差来度量。与那个单边拐角频率相关联的极点时间常数控制了上升时间，其值当然就是简单的 RC。对于一个低通滤波器来说，单边带带宽是 $1/2RC$，意味着控制包络上升时间的极点时间常数是 $2RC$。

$$A\frac{i_{\text{out}}(s)}{v_{\text{in}}(s)}\frac{v_{\text{tnk}}(s)}{i_{\text{out}}(s)}=A\left(G_{11}\frac{\left(\dfrac{sC}{G_{00}}+1\right)-\dfrac{G_{01}G_{10}}{G_{00}G_{11}}}{\dfrac{sC}{G_{00}}+1}\right)\frac{R_T}{2sR_TC+1} \tag{40}$$

注意，我们有两个极点和一个零点。此外还要注意一个不太好的迹象：包络环路传输幅值的符号是正的。就其本身而言，正反馈并不一定会引起不稳定性，但是我们必须避免太大的环路传输幅值。

图 17.19 描绘了一个可能的对应于这个环路传输的根轨迹图。这个图揭示了为什么会发生非规则抖动。因为我们不知道这个零点的确切位置，因此另一种可能性如图 17.20 所示。在这种情况下，极点不可能变成复数，但是其中一个极点可能会是正实数。假若有一个极点处于右半平面，那么包络就会不稳定。假若在那个右半平面中存在着一个复数极点对，这个非稳定性就可被看成（准）正弦调制。如果两个极点都是实数，那么这个调制的特征就是弛豫型的。

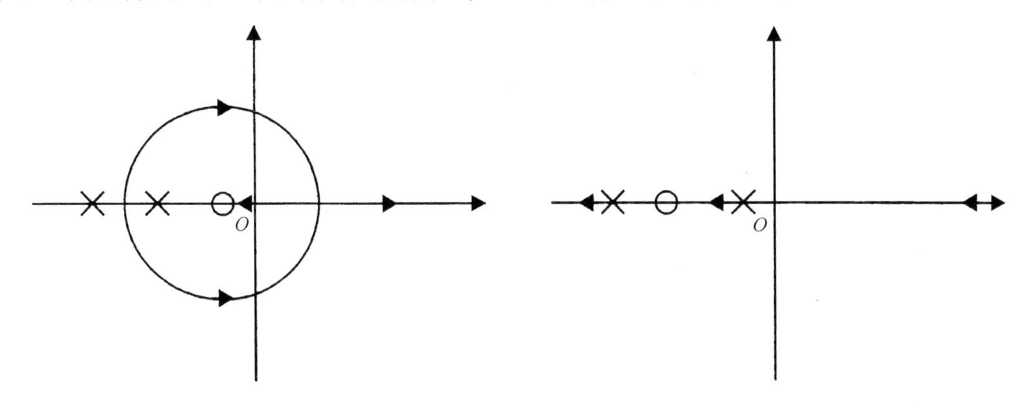

图 17.19　包络反馈环路的一个可能的根轨迹图　　图 17.20　包络反馈环路的另一个可能的根轨迹图

遗憾的是，如果不考虑一个具体的非线性负载，则无法进行定量讨论。更遗憾的是，对 MOSFET 的一个严格推导几乎是不可能的（对于双极型晶体管而言，这已经十分困难了）。因此，大多数非规则抖动的实际计算在分析某些点时需要采用模拟方法。通过模拟可以直接得到 G_{01} 和 G_{10}。[①] 因此，即使得到这些参数的简单的解析表达式不太容易，采用模拟方法则没有多大困难就能够提供确切的参数值。

即使不进行这种模拟，我们仍然能够找到一些通用的策略，使得非规则抖动发生时使之停止。采用类似于在普通放大器中成功使用的主极点补偿的办法，我们可以考虑增加回路的 Q 值。伴随而来的带宽变窄意味着它贡献给幅值控制回路的极点移向一个更低的频率（即变得更起主要作用），从而迫使（增益曲线）跨越发生在一个更低的频率，在那里可以认为相位冗余度更大。

如果谐振回路的频带实际上不能被变窄，则仍然可以用其他方法使幅值控制环路的跨越频率降低。比如，我们可以通过改变电容分压电路的分压比来反馈较小的信号以减小环路传输幅值。当然，我们总是可以保留将以上各种策略结合起来的可能性。

一个可能存在的困难是，这些参数中的许多是互相关联的。比如，根据后面实现的谐振环

① 可以理解，如果读者问为什么我们不简单地模拟整个振荡器，回答则是：非规则抖动的频率通常比主振荡频率低许多，因此要求的模拟时间会很快超出我们可以控制的范围。利用一个更严格的分析得到的结果，使得我们能够确定哪些模拟应该执行。

路 Q 值的增加，回路的包络阻抗可能会增加。这反过来会增加环路传输幅值，导致改善稳定性的措施不太有效。因此，针对一个具体电路，若要确定最好的策略，那么某些仔细的考虑是必要的。

对于一些非常棘手的电路，可能有必要强制执行一些外部幅值控制措施（比如，通过专门测量幅值并将其与参考电压进行比较，然后恰当地调整偏置电流，见图 17.21）。这种将幅值控制与基本振荡器工作解耦的方法不仅可以得到额外的解决稳定性问题的自由度，而且也允许我们在设计振荡器时不必进行诸如启动可靠性（速度）与幅值稳定性这些因素之间的折中。

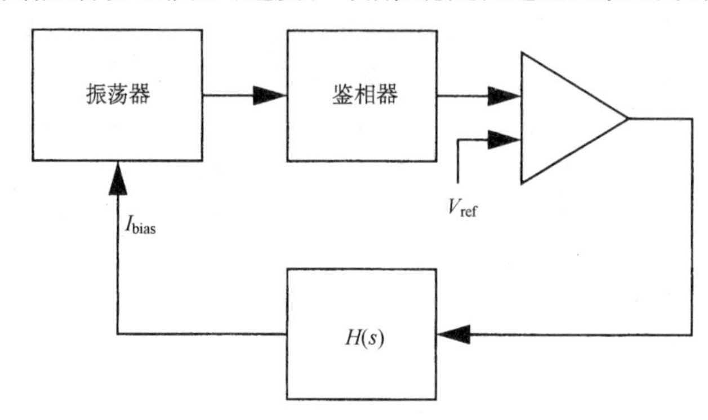

图 17.21　带有独立幅值控制的振荡器

描述不希望的振荡器行为的另外两项是*频率牵引*与*电源推动*。这两项都是指由于寄生效应造成的振荡频率的漂移。导致牵引的原因数不胜数，包括从负载的变化到由于其他周期信号的寄生耦合。加上缓冲器及其他隔离策略，可以帮助减小牵引效应。

电源推动反映了这样一个令人不快的事实，即振荡器的频率不是完全独立于电源电压的。举例来说，器件的电容会作为偏置电压的一个函数改变，从而引起振荡频率的漂移。电源推动可以通过如下措施得到抑制，即选择谐振回路的元件值要大到使得这些寄生元件显现不出来的程度，并且要采用稳压电源。对经过稳压的电源要进行滤波，这一点很重要。同时还要注意电源电压中的 $1/f$ 扰动，因为这些扰动可以引起振荡器的相位调制。

17.4　谐振器

前面列举的描述函数的例子分析了一些调谐振荡器。因为调谐电路天然就具有带通滤波的作用，失真乘积项和噪声相对于基波成分得到了衰减，所以这些电路的性能是与谐振器的品质密切相关的。在我们对振荡器电路做进一步细致的讨论之前，首先让我们看一些谐振器技术。

谐振器技术

1/4 波长谐振器

除了熟悉的性能甚佳的 RLC 谐振回路，还有很多种方法可用来制作谐振器。在高频时，从集总元件的谐振器中得到合适的 Q 值变得越来越难，因为所用到的元件数值常常变得不易实现。

一种可用的替代方法就是应用分布式谐振器，例如 1/4 波长（$\lambda/4$）的传输线。为了能够直观地理解这种方案，这里再一次指出 Q 就是储存的能量与损耗的能量之比。对于一些分布式结构，能量存储在结构体内，而能量的损耗主要在结构的表面上（比如趋肤效应），因此体积与表面积的比值对于确定 Q 来说显然非常重要。对于某些分布式结构，这个比值可以做到很大，因此高 Q 值也就成为可能。

对于 UHF 频带或者更高的频率来说，所需的物理尺寸通常可以用分立形式实现。例如，300 MHz 频率的波在真空中的波长约为 1 m，所以 1/4 波长谐振器的尺寸大概是 10 in。[①] 如果谐振器中间填充了电介质材料而不是空气，那么谐振器的尺寸将按照介质材料的相对介电常数的平方根成比例缩小。

当频率为几个 GHz 时，尺寸可以与集成电路的大小相比较。例如，在 3 GHz 时，真空中的波长大约是 1 in。用现在通常用到的介电材料，1/4 波长的集成电路谐振器差不多是 0.5 in，或者可能更小。

如果我们将传输线的一端短接，那么输入阻抗在理想情况下是开路的（受到传输线 Q 值的限制）。当频率低于谐振频率时，传输线表现为一个电感，而频率高于谐振频率时，它表现为一个电容。因此对于谐振频率附近的小的频率偏移，这个传输线行为与并联 RLC 网络十分相似。

但是短路的传输线与集总 RLC 谐振器还有一个很重要的不同点：对于基波的奇次谐波来说，传输线的阻抗表现为无穷大（至少非常大）。有时候这种周期性的特点是我们所期望的，但这也有可能导致振荡器同时在多个频率点上振荡，或者随机地从一个模式跳变到另一个模式。也许需要一些附加的调谐元件来抑制我们不需要的模式。

在大多数移动电话的振荡器中用到了片外的 1/4 波长谐振器，在这些谐振器中使用压电材料（例如钛酸钡）作为介电材料。这些材料较高的介电常数使得小体积谐振器得以在物理上实现，并且其 Q 值（例如 20 000）极佳。应用通常的集总式元件要得到这样高的 Q 值几乎是不可能的。

石英晶体

最常用的非 RLC 谐振器是用石英制作的。石英晶体用在无线电收发装置上的优良特性和潜力是在 20 世纪 20 年代被贝尔实验室的 W. G. Cady 首次发现的。[②] 石英晶体是一种压电材料，可以在力学应变和电荷之间进行互易转换。当一个电压被加在石英板条（slab）的两侧时，晶体就会发生形变。当一个力学应变被施加在它上面时，石英晶体的表面会出现电荷。[③]

用在无线电发射频率[④]上的大多数石英晶体被用在体切变模式（见图 17.22）。在这个模式下，共振频率与石英板条的厚度成反比关系，就如图中的简略公式[⑤]给出的结果那样（假设是国际单位制）。

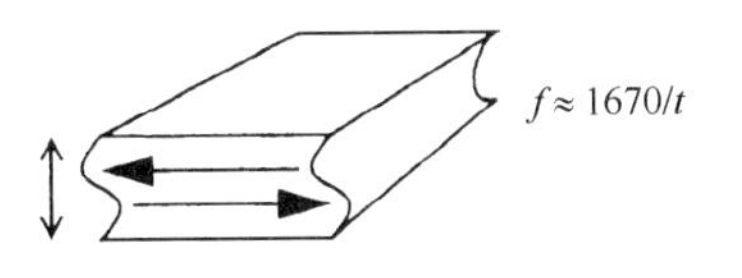

图 17.22　石英晶体的体切变模式示意图

尽管石英没有特别大的压电效应，但对于射频电路来说，它具有其他一些特别突出的优点。最为突出的就是这种

① 1 in = 2.54 cm。——编者注

② W. G. Cady, "The Piezo-Electric Resonator," *Proc. IRE*, v. 10, April 1922, pp. 83-114。他的第一个振荡器有一点复杂，该振荡器基于一个二端口压电滤波器。

③ 压电性的力学到电学（或机电）转换是由 Jacques 和 Pierre Curie［在他遇到 Marie Sklodowska（即居里夫人）之前］发现的。见 "Développement, par pression, de l'électricité polaire dans les cristaux hémiédres à faces inclinées"。他们的朋友（物理学家 Gabriel Lippman）后来在热动力学的基础上预见了反向（电机）效应的存在。Curie 很快就证实了这一点。

④ 用在电子手表中的晶体采用了一种扭力的振动模式，使得较小尺寸的晶体可以在较低的频率（32.768 kHz）振荡。

⑤ 公式中忽略了其他维度的影响。

材料具有极高的稳定性（包括电学和力学两方面的特性）。而且在一定的角度[①]上切割石英晶体，可以得到非常低的温度系数。此外，石英晶体几乎可以无损地转换能量，其 Q 值的范围从 10^4 到 10^6。[②]

图 17.23 中给出了一个石英谐振器的电学模型。电容 C_0 代表与电极及引线有关的平板电容，而 C_m 和 L_m 代表力学的能量存储，电阻 R_S 表征了在任何真实系统中都会存在的损耗。

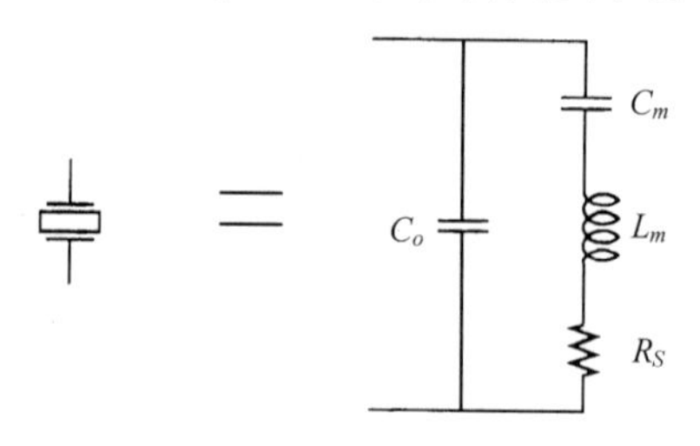

图 17.23 晶体的符号和模型

有一个非常粗略的近似，对于一个制作良好的晶体来说，电阻与振荡的频率成反比关系，通常如下式所示：

$$R_S \approx \frac{5 \times 10^8}{f_o} \tag{41}$$

这是一个半经验公式，只有在没有办法测量时才应采用这个公式。[③]

如果给出了 R_S、Q 及共振的频率，C_m 和 L_m 的值就可以计算出来。一般来说，由于石英晶体的 Q 值非常高，因此有效的电感值会非常大，而串联的电容值也极小（接近于消失）。例如，一个 Q 值为 10^5、工作频率为 1 MHz 的晶体的有效电感值约为 8 H（这里没有笔误，确实是 8 H），C_m 的值约为 3.2 fF（也没有笔误）。在这里，石英晶体显示出了极大的优越性，集总式 LC 电路是不可能在现实中提供这样的元件值的。

大约在高于 20～30 MHz 的情况下，石英板条的厚度变得不切实际得小。例如，一个基频为 100 MHz 的石英晶体大约只能有 17 μm 厚。尽管如此，如果应用更高的振动模式，具有合适厚度的晶体还是可以找到的。边界条件的要求使得只可能存在奇次的倍频信号。因为一些其他的原因，倍频信号并不严格地是基频信号的整数倍（但是很接近，在上限方向上的误差不到 0.1%）。三倍频和五倍频的晶振还是相当常见的，七倍频甚至九倍频的振荡器也偶尔能见到。但是，随着倍频倍数的提高，让振荡器工作在我们想要的模式下也变得越来越困难了。

还有一个非常“粗糙”的规律：等效的串联电阻是按照倍频倍数的平方关系增长的，因此，

$$R_S \approx \frac{5 \times 10^8}{f_o} N^2 \tag{42}$$

这里，f_o 是指 N 阶倍频的频率。

因为倍频信号的频率并不严格地是基频信号的整数倍，所以晶体也必须按照倍频信号的要求来进行切割。切割得比较好的倍频晶体能够提供与基频晶体相当的 Q 值。

石英晶体的制造工艺是一种非常先进的技术，振荡频率的误差在 50 ppm（ppm 即 10^{-6}）以

① 也有可能得到可控制的非零温度系数。这种性质已被应用于制作温度频率传感器。这种传感器能够工作在普通电子电路不能应用的极端温度下。

② 在较低的频率上，空气造成的阻尼作用会大大降低 Q 值。高的 Q 值对应于放置在真空中的晶体。

③ 这个公式严格来说只能用在“正确切割的”晶体的工作基频下。

内的晶体通常都能得到。如果提高成本，还可以得到好得多的精度。惰性的化学性质使得石英晶体的性质相当稳定。通过选择合适的切割方式，再结合无源或有源形式的温度补偿或者控制，可以得到温度系数好于 1 ppm/℃的石英晶体。由于这些原因，石英晶体几乎普遍地存在于所有的通信设备和装置中（不必提及廉价的手表了，20 ppm 的误差使得手表连续工作一个月也只会差一分钟）。

表面声学波（SAW）器件

因为石英晶体工作在体振动模式下，所以高工作频率需要非常薄的石英板条。例如，一个工作在 1 GHz 的基频模式下的石英晶体只有 1.7 μm 厚。除了显而易见的制作上的困难，薄石英板条在加上过大的电刺激之后也十分容易破碎。由于它们具有很高的 Q 值，因此只需要加上一个非常微小的电驱动，就可以很容易地得到大的振荡幅值。即使在彻底破碎之前，因为极度的形变也会引起我们不希望出现的非线性效应。

要解决这些问题，一个办法就是利用表面声学波而不是体声学波。如果材料可以提供表面声学波模式，那么等效的厚度就可比物理厚度小很多。因而，可以通过实际的晶体尺度实现高的共振频率。

铌酸锂（$LiNbO_3$）就是一种能够提供表面声学波且损耗很小的压控材料，现在已经被用来制作一些工作在石英晶体所达不到的频率下的谐振器和滤波器。遗憾的是，频率控制要达到石英晶体所能实现的精度还不能用低成本方法实现。但是这个性能足够满足一些大容量、低成本的应用，例如自动控制车库门（其典型的工作频率为 250～300 MHz）及移动电话的前端滤波器。

可惜的是，无论是石英晶体还是铌酸锂都与普通的 IC 工艺不兼容。硅没有压电效应，这也很令人失望。因此，采用通常在 IC 工艺中提供的材料层不能制作出本征性能具有高 Q 值的谐振器。

17.5　调谐振荡器实例

正如我们很快将会讲到的，看起来可以有无数种方法把一到两个晶体管与谐振器组合成振荡器。在下面的例子中，我们仅仅提供最简单的说明，也许会给读者留下哪一种拓扑结构更好这样的疑问。实际上，对于一个给定的应用，只要下足够的功夫与细心设计，这里的任何一种电路拓扑都可以得到很好的结果。当我们在第 18 章中开始考虑相位噪声问题时，更多的理性选择标准就变得明显了。

17.5.1　基本 LC 反馈振荡器

这些振荡器的要素很简单：一个晶体管加上一个谐振器。许多振荡器是以第一个发明这种电路的人的名字来命名的。但是，我们将会看到，有可能采用大致相同的统一描述来说明这些设计。如果忽略偏置等细节，这些振荡器的基本拓扑如下所示。

之前曾经介绍过，在 Colpitts 振荡器中用一个电容分压器来给放大器提供反馈（如图 17.24 所示）。注意，这是一个正反馈，你可以画出一个根轨迹图来使自己确信这个电路是能够振荡的。这个根轨迹图会指出为何正反馈电路中常常用到带通结构。

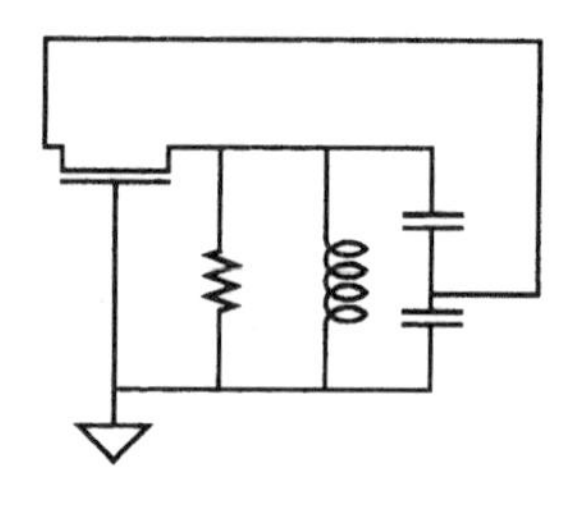

图 17.24 Colpitts 振荡器（未标出偏压电路）

Colpitts 振荡器的另一种形式是：反馈信号是从源极返回到栅极的，而不是从漏极到源极。也就是说，晶体管可以被接成源极跟随器或者普通的共漏放大器。这两种方式都存在净的正反馈。

Hartley 振荡器（见图 17.25）本质上与 Colpitts 振荡器是相同的，但是采用了电感抽头分压的形式而不是用电容分压器分压。Hartley 振荡器可以追溯到早期的无线电时代，因为带抽头的电感很早就有了。不过这种振荡器现在不太常见了。当然，理论上也可以采用电阻分压的方式，但是这种结构到现在也没有被命名。

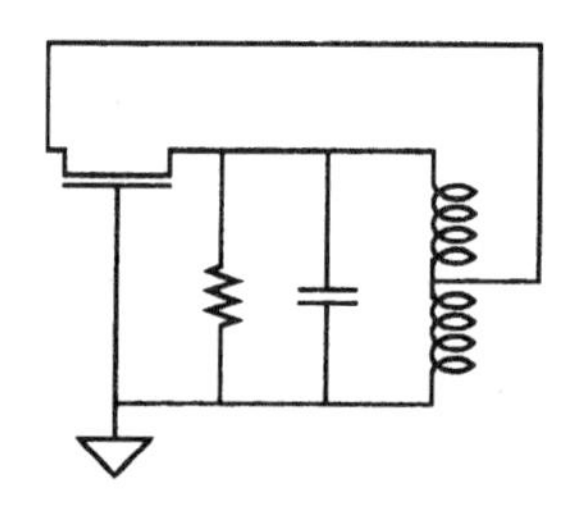

图 17.25 Hartley 振荡器（未标出偏压电路）

Clapp 振荡器（见图 17.26）是 Colpitts 振荡器的一种改进形式，它是将单个的电感用串联的电感与电容来代替。[①] Clapp 振荡器实际上就是一种在电容分压器链上增加了一个抽头的 Colpitts 振荡器，这可以从图 17.27 中重画的电路图中看出。

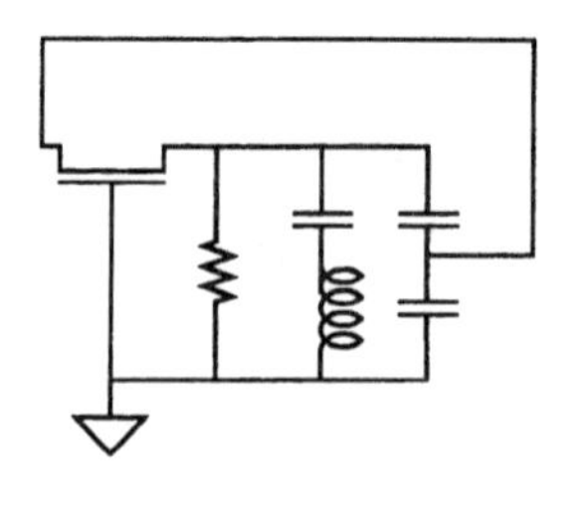

图 17.26 Clapp 振荡器（未标出偏压电路）

这个额外的抽头允许电感上的（以及分压器链上的）电压大大超出在源极或漏极之间的振荡电压，因此也就能够得到超过电源电压甚至超过器件击穿电压的高电压。更大的信号能量能够帮助我们克服各种噪声过程（特别是相位噪声，将在第 18 章中讨论）的影响，以便提高信号的纯度。

① James K. Clapp, “An Inductive-Capacitive Oscillator of Unusual Frequency Stability,” *Proc. IRE*, v. 36, 1948, pp. 356-8 and p. 1261。Clapp 在 General Radio Corporation 工作时发明了 Colpitts 振荡器的改进电路。

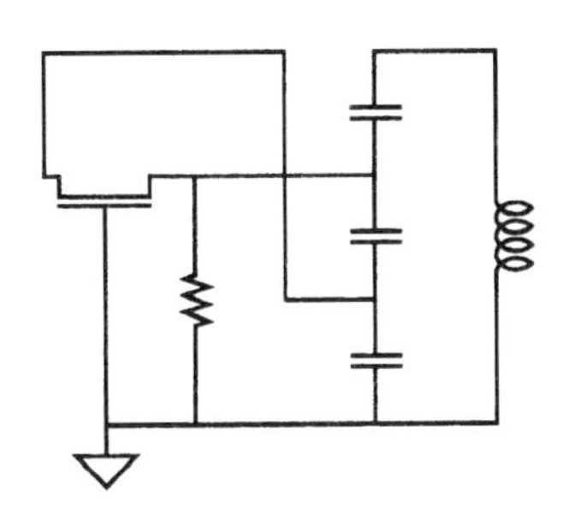

图 17.27　重画的 Clapp 振荡器

与其他技术相比，Colpitts 振荡器的应用是最为广泛的。它需要的抽头电容技术是与 IC 生产的工艺相兼容的，但是电感技术通常不兼容（当然，你不能得到所有的好处）。Colpitts 振荡器得以广泛流行的另一个原因是其良好的相位噪声特性。我们以后会讲到这一点。

另一种振荡器特性实际上利用了某些调谐放大器的不稳定性。我们曾讲过，如果用一个普通的共源放大器来驱动一个谐振负载，当工作频率比负载的谐振频率低时（此时负载呈电感性），[①] 它的输入导纳就有可能是负的。负的电阻可以用来补偿另一个谐振回路上的损耗，从而产生振荡，参见图 17.28。

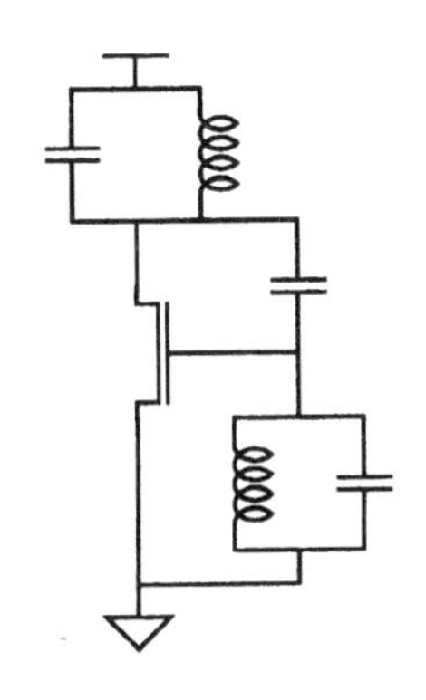

图 17.28　调谐输入-调谐输出（TITO）振荡器（未标出偏压电路）

TITO 振荡器用到了一个米勒效应的耦合电容。在很多设计中（特别是频率非常高的时候）并不需要一个专门的耦合电容，器件本身所固有的反馈电容就足以提供所需要的负阻。这个观察到的结论突显了高频时在非单向化放大器的输入和输出电路中同时采用调谐回路的困难。

因为使用了两个调谐电路，理论上 TITO 振荡器可以产生高频谱纯度的信号。但是它需要两个电感，这在 IC 制造工艺上是不希望出现的。使用这种设计的另一个障碍是：要得到合适的工作状态，需要仔细地调谐两个谐振回路。

17.5.2　晶体振荡器的混合形式

许多晶体振荡器是从 LC 振荡器改造过来的。例如，如图 17.29 所示，晶体被用在串联谐振模式（在该模式下，它呈低电阻状态），从而只在我们想要的频率上完成反馈回路。

① 但是满足这个条件并不是充分的。

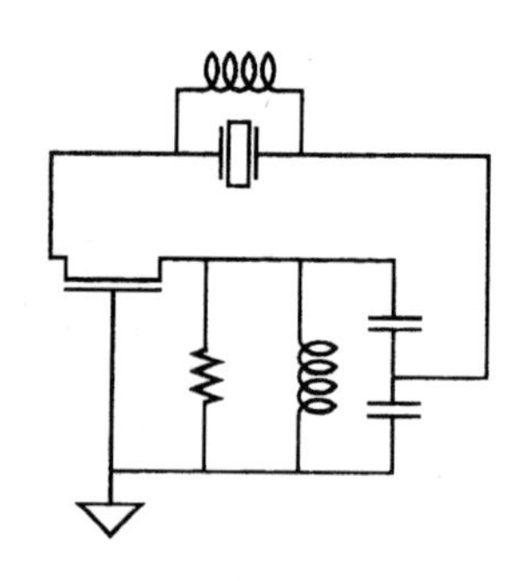

图 17.29　Colpitts 晶体振荡器

通常（但并非所有情况）在实际应用中需要一个并联在晶体两端的电感来避免不希望的振荡频率之外的振荡，这个不希望的振荡是由晶体两端的并联电容提供的反馈而引起的。并联电感的作用是和这个电容（C_0）发生谐振，从而只有晶体的串联 RLC 支路来控制反馈。

以上电路的一个变种在图 17.30 中给出。在这个特殊的构造中，就像经典的 LC Colpitts 振荡器一样，谐振回路电容分压器提供了反馈。但是，只有对于晶体的串联谐振频率上的信号来说，才将栅极短接到地。因此，环路中仅仅在这个频率下才有足够的增益以维持振荡。当晶体的一端必须接地时，这种拓扑结构是很有用的。

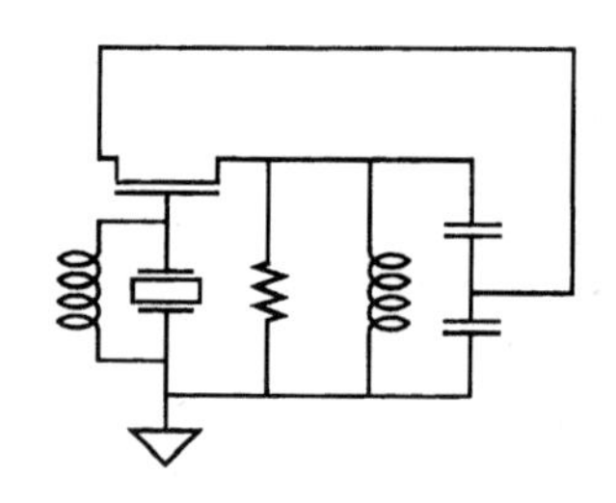

图 17.30　经过改动的 Colpitts 晶体振荡器

还有另一种拓扑结构是 Pierce 振荡器，原理图如图 17.31 所示。[①] 在这个振荡器中，假设电容器代替了晶体管和杂散寄生电容的模型，因此晶体管本身就是一个理想元件。有了这个假设，要满足零相位冗余度的要求，振荡器的振荡频率必须比晶体的串联谐振频率稍高一些。也就是说，在振荡器的工作频率上，晶体必须表现出电感性。这个特性的好处在于不需要另外再把一个电感接到电路中就可以让振荡器工作（射频扼流圈可以用一个大电阻或者电流源来代替）。因此，它比 Colpitts 振荡器更容易实现集成，特别是在一些低频应用中。

下面讨论晶体为什么必须呈现电感性。如果我们要实现零相位差，而晶体管的跨导已经引入了 180° 的相位偏移，那么剩下的无源元件必须提供另外 180° 的相位偏移。带有两个极点的 RC 网络无法提供 180° 的相位偏移（接近 180°，但是只是接近，并不解决问题），所以晶体必须起到电感的作用。

---

① 作为无线电的先驱、创业者和哈佛大学的教授，George Washington Pierce 对无线技术做出了许多贡献。用他的名字命名的晶体振荡器只是其中的一个例子。参见 G. W. Pierce, “Piezoelectric Crystal Resonators and Crystal Oscillators Applied to the Precision Calibration of Wavemeters,” *Proc. Amer. Acad.of Arts and Sci.*, v. 59, October 1923, pp. 81-106。另外，还可参见他的美国专利#2,133,642，1924 年 2 月 25 日申请，1938 年 10 月 18 日获得批准。在 Cady 给他个人做了一个早期的压电振荡器的演示后不久，Pierce 就进行了上述项目的研究。此前他曾经将点接触二极管起名为“晶体整流器”，并付出了大量的努力来推翻对接触二极管的一个基于热力学的解释。他撰写的 1909 年出版的教材 *Principles of Wireless Telegraphy* 是这个技术问世早期的第一本畅销书。

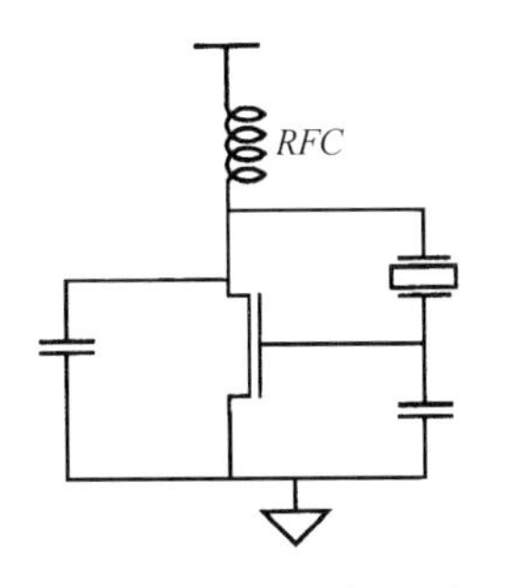

图 17.31　Pierce 晶体振荡器

因为 Pierce 晶体振荡器的输出信号的频率并不等于晶体的串联共振频率，所以我们必须这样切割晶体，使得带着一个特定的容性负载时晶体的共振频率等于我们需要的频率（这种情况下，这两个电容的值是串联的）。

有关 Pierce 振荡器最后需要说明的是：它恰好是许多“数字”振荡器的基础。例如，当被偏置工作在线性区时（比如通过接一个很大的反馈电阻），一个普通的 CMOS 反相器可以作为一个提供增益的器件。只要加入适当的输入-输出电容，将晶体连接在输入-输出之间，我们就很有可能得到一个振荡器。通常来说，还需要一到两级的缓冲（当然这要用到更多的反相器），以使得振荡器的输出振幅达到 CMOS 的全幅值，并隔离振荡器的核心部分与负载。

17.5.3　其他振荡器结构

在一些应用中，还需要同时输出两路正交信号。一个可以自然地提供（至少在原理上是如此）两路正交信号的振荡器结构在反馈环路中用到了一对积分器（见图 17.32）。在（满足振荡）幅值的条件下，我们可以推出振荡器的工作频率为

$$\omega_{\text{osc}} = K \tag{43}$$

因而，通过改变积分器的增益可以实现调谐。此外，我们需要的正交关系可以从任何一个积分器的两端得到。

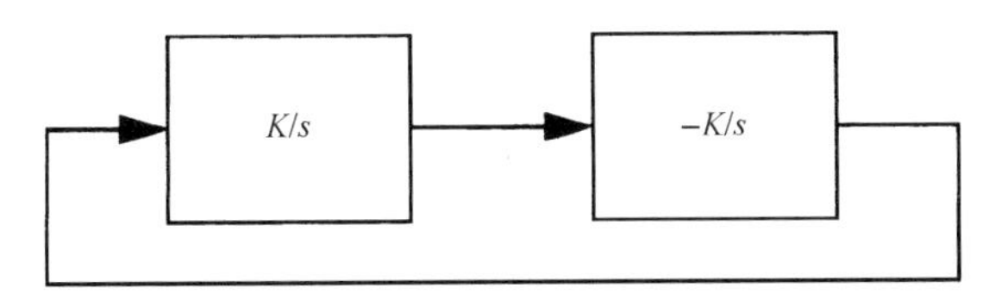

图 17.32　正交输出振荡器的框图

实际上，在模型中没有考虑到的动力学因素会引起与理想情况的偏离，比如额外的极点对根轨迹的影响。不再由一对纯虚数构成、具有额外极点的根轨迹会从虚轴上分叉。而且，这些未在模型中考虑的寄生元件通常是不确定的。因此，让振荡频率依赖于这些寄生参数不是我们所希望的。尽管有这些障碍，仍然有报道声称实现了具有合理正交输出（误差小于 0.5°）的 1 GHz 振荡器。[①]

① R. Duncan et al., “A 1 GHz Quadrature Sinusoidal Oscillator,” *IEEE CICC Digest*, 1995, pp. 91-4。

17.6 负阻振荡器

一个完全无损的谐振回路近似为一个振荡器，但是无损元件是很难实现的。实际上在实现振荡器的过程中，通过有源器件的能量供给行为来补偿实际谐振回路中由于有限的 Q 值而损耗的能量是一个潜在的有吸引力的方法，就像 TITO 这个例子。

前面的描述是相当通用的，包括了反馈和开环两种拓扑结构。属于前者的是一个经典的教科书式的电路：负阻变换器（NIC）。NIC 可以通过在一个简单的运放电路上同时应用正反馈和负反馈来实现。具体来说，考虑一下图 17.33 给出的结构。

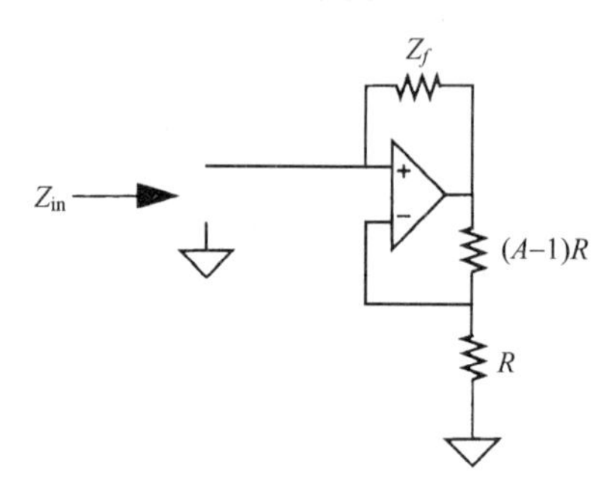

图 17.33　通用阻抗变换器

假设运放的特性是理想的，很容易得到输入与反馈阻抗之间的关系为

$$Z_{in} = \frac{Z_f}{1 - A} \tag{44}$$

如果闭环增益 A 的值恰好被设置为 2，那么输入阻抗的值将是反馈阻抗的负值。如果环路中的反馈电阻选为正的纯电阻，那么输入电阻就是纯负的电阻。这个负的电阻可以用来补偿所有实际谐振器中的正的电阻来实现振荡器。

通常来说，所有实际的有源器件的本征非线性特性都会产生限幅。如果需要，可以用描述函数来计算振荡幅值。事实上，描述函数还可以用来确认振荡器是否会振荡。

作为一个具体的例子，考虑如图 17.34 所示的振荡器。为了保证振荡，我们要求谐振回路两端的纯电阻为负的，所以必须满足下面的不等式：

$$R_t > R_f \tag{45}$$

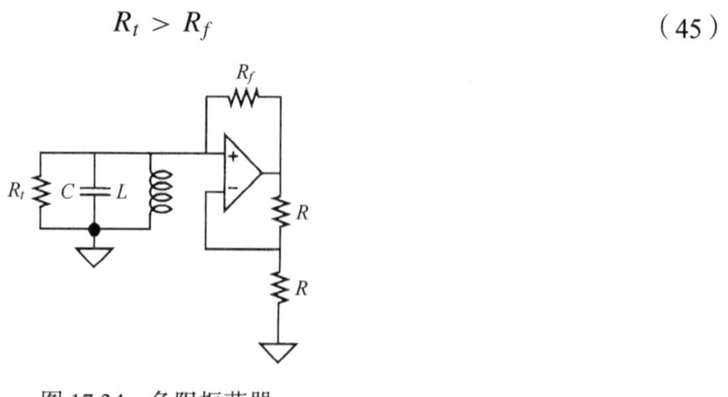

图 17.34　负阻振荡器

在低频情况下最为常见的限幅的非线性是所有实际放大器有限的输出幅值。因为从谐振器到运放输出的增益为 2，所以当考虑放大器的饱和情况时，谐振回路上的信号范围也就被限制为略高于电源电压的一半之处。

在较高的频率上，有可能是放大器的有限摆动速率限制了振荡幅值（即使不是全部，也有可能是局部）。通常，我们并不希望出现这种情况，因为摆动速率限幅的机理所带来的相位延时能够造成振荡频率的漂移。在一些极端情况下，因摆动速率限幅（或者是任何其他的限幅）造成的幅值控制是不稳定的，因此有可能发生非规则抖动。

最后要说明的是，先前我们所讨论的各种振荡器结构（如 Colpitts、Pierce 振荡器等）本身就可被视为负阻振荡器。

利用另一个寄生效应，可以很容易得到一个更加实际的负阻，如图 17.35 所示，共栅器件中栅电路中的串联电感可以引起一个从源端看进去的负阻。一个简单的分析可以说明这一点，如果 C_{gd} 能够被忽略，那么当工作频率高于由 C_{gs} 和电感所构成的谐振回路的谐振频率时，Z_{in} 就有一个负的实部。若工作频率远远大于谐振回路的谐振频率且远远小于ω_T，则 Z_{in} 的实部近似为

$$R_{\text{in}} \approx -\frac{\omega^2 L}{\omega_T} = -\frac{\omega}{\omega_T}|Z_L| \tag{46}$$

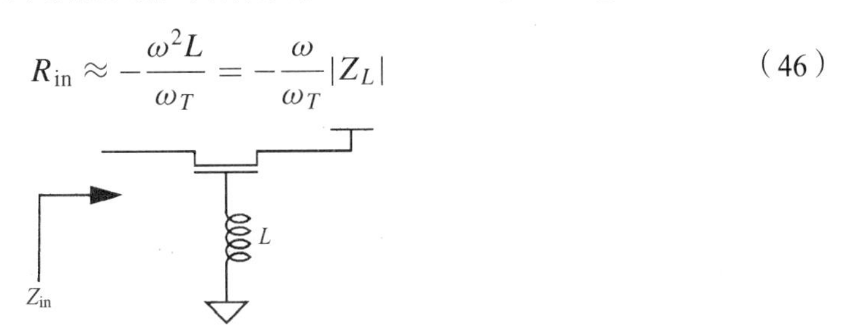

图 17.35　规范的射频电路负阻（未标出偏置电路）

因为这个电路可以很容易地实现一个负阻，所以它的应用是很广泛的。但是也要注意，当我们不需要一个负阻时，保持小的寄生栅电感是很重要的。

最近这几年，人们常常用到的一种电路结构采用一个交叉耦合的差分对来综合形成负阻。我们把这种结构的分析作为练习留给读者，如图 17.36 所示。

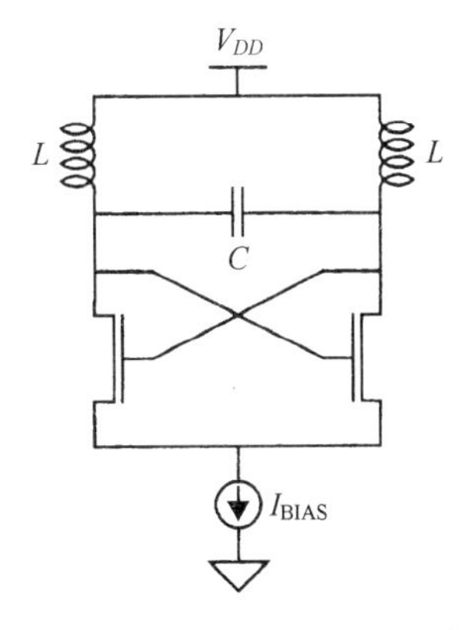

图 17.36　简单的差分负阻振荡器

第 18 章将会讲到，最大化信号幅值可以提高信号的频谱纯度（因为这会提高信噪比）。在许多振荡器结构中（比如类似图 17.36 所示的振荡器），所允许的最大信号幅值是由所用的电源电压和器件击穿电压决定的。因为正是谐振回路中的能量构成了“信号”，所以可以从 Clapp 振荡器中

得到启示，使用带抽头的谐振器来使得峰值回路电压超过器件击穿电压的限制或者电源电压，就像图 17.37 所示的负阻振荡器[①]一样。[②]

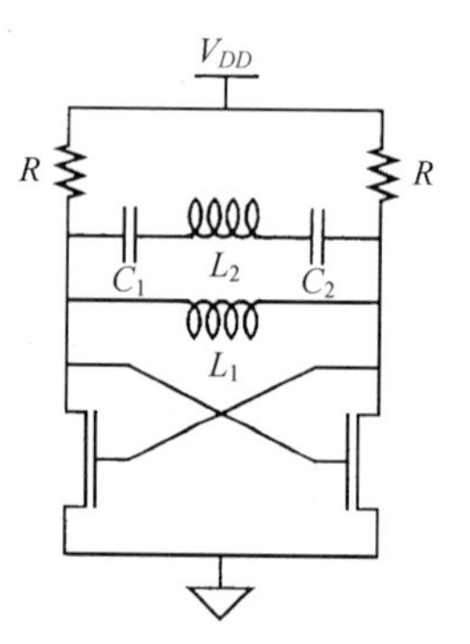

图 17.37 带有修改过的谐振回路的负阻振荡器（简化版本）

差分的连接方式使得我们不太容易看出采用了一个带抽头的谐振器，所以为了简单起见，我们仅仅考虑一半的电路（见图 17.38）。在这个简化的半电路中，晶体管由一个负阻取代，正的电阻根本没有画出来。此外，那两个电容被它们的串联等效电容所取代，同时两个电感的连接处代表原始电路中漏极连接的地方。

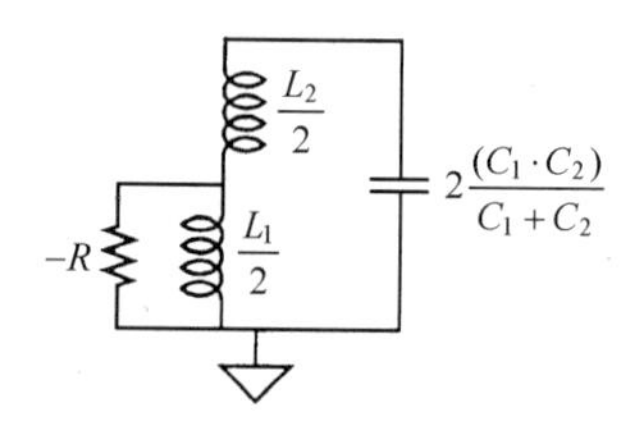

图 17.38 简化的负阻振荡器的半电路

很明显，由于用到了抽头结构，等效电容（或者电感 L_2 两端）上的电压幅值可以超过电源电压（甚至超过器件的击穿电压），因此这种振荡器在原理上与 Clapp 结构是一致的。有用的输出信号可以通过插入在振荡器核心和负载之间的一个缓冲器得到，或者通过一个电容分压以避免降低谐振器的 Q 值。作为带一个或者两个抽头的谐振器中所存储的高能量的结果，这个电路具有非常优秀的相位噪声性能，这些内容将在第 18 章加以讨论。

要调谐这个（或者所有其他 LC）振荡器，可以将全部 C_1、C_2 或者它们之中的一部分用可变电容（例如 n 阱中的 p+扩散形成的结电容）来实现，然后通过一个恰当的偏置控制电压来调节它的等效电容以进行调谐。因为 CMOS 结电容的 Q 值是相当糟糕的，所以建议只使用必要的结电容来达到要求的谐振范围就可以了。在实际应用中，为了避免过多的相位噪声的变大，调谐的频率范围通常被限制在低于 5%～10%。图 17.39 中显示了一个采用这种方法实现的电压控制振荡器的简单（但足以说明问题的）例子。

对于负阻振荡器最后要说明的是，许多（即使不是全部）振荡器可以被视为负阻振荡器，因为从谐振器的角度来看，有源器件抵消了与谐振器有限的 Q 值相关的能量损失。因此，是否称一个振荡器为“负阻”类型实际上是一个理论上的概念。

① J. Craninckx and M. Steyaert, “A CMOS 1.8 GHz Low-Phase-Noise Voltage-Controlled Oscillator with Prescaler”, *ISSCC Digest of Technical Papers*, February 1995, pp. 266-7。电感是跨接在管芯上的引线电感。

② 最好有一个尾电流源来限止这个摆幅，但是为了简化起见，我们忽略了这些细节。

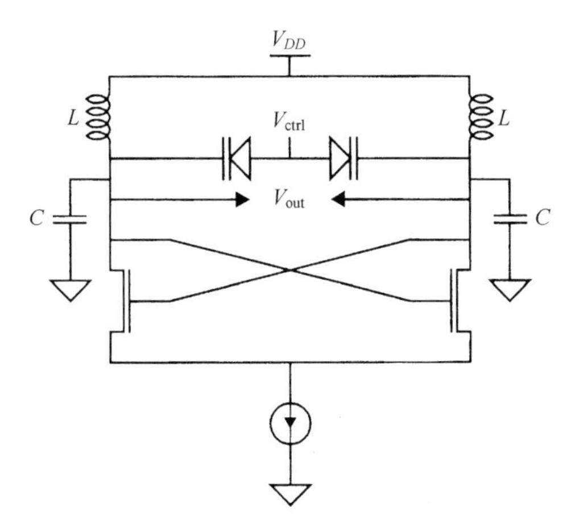

图 17.39　电压控制负阻振荡器（简化版本）

17.7　频率合成

用高 Q 值晶体构成的振荡器虽然能够产生最好的频谱纯度，但是却不能在低于百万分之几百的范围外调谐。然而，大多数收发器必须在许多不同的频率下工作，以覆盖比前述的频率范围大得多的范围。一个简单的满足这种要求的解决办法是对每个频率单独采用一个谐振器。显然，这种简单的办法只在要求的频率数目较小的情况下才行得通。

相反，几乎所有的现代设备都用某种形式的频率合成来替代。在频率合成中，一个晶体控制的振荡器与一个锁相环及一些数字元件组合在一起来提供一些输出频率，它们可以追踪到那个高度稳定的参考信号。因此，在理想情况下，我们可以从一个振荡器得到具有大范围和高度稳定性的工作频率。

但是，在详细讨论各种频率合成器之前，我们先要简单地考察一下一个对结构选择有着重要影响的问题。在我们将要分析的所有频率合成器中都会用到分频器，而恰当地对这个分频器关于环路稳定性的影响进行建模是十分重要的。

17.7.1　分频器延时

当我们评价回路稳定性时，偶尔会在关于锁相环频率合成器的文献中看到“分频器延时”这个术语。我们觉得这个名称并不是十分贴切，但是当在回路传输路径中有分频器存在时，这确实是一个稳定性的问题。

使用分频器通常意味着鉴相器是数字电路类型的。[①] 其后果就是，相位误差信息对环路而言只有在一些离散的时刻才知道，也就是这个环路是一个采样数据系统。如果存在分频器，那么环路采集相位误差的频率就低于压控振荡器的工作频率。因此，为了正确地对锁相环建立模型，我们必须适当地顾及这种采样的特性。

为了获得必要的认识，我们考虑这样一个过程，其中对一个时间上连续的函数进行周期性采样，并将采样结果保持一个周期，参见图 17.40。这个采样-保持（S/H）操作在此过程中引入了一个相位延时。要得到这个结论并不需要数学上的推导，仅仅简单地“用眼睛观察”采样-保持

① 尽管存在一些特例（例如分频谐波注入锁振荡器），但是我们将讨论限制在一般的执行过程中。

所得到的波形并分析这个波形与原来在时间上连续的波形之间的时域关系就应得出结论：如果将原始的波形向右移动半个采样周期，它们之间将非常相符。

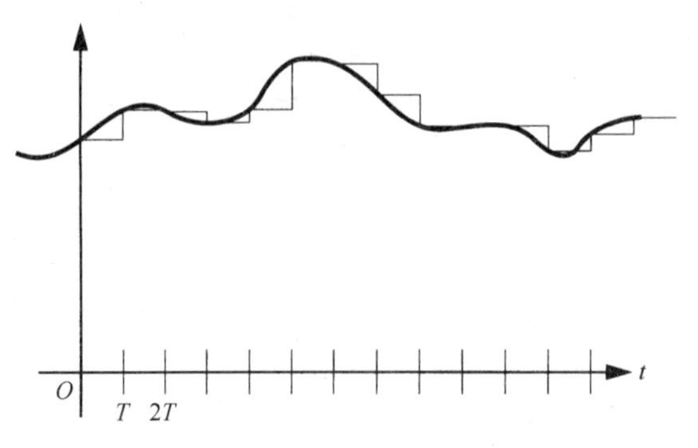

图 17.40 采样-保持操作

S/H 操作中的“保持”部分可以更加正式地被建模为一个其冲激响应为方波脉冲的元件。这个脉冲占有单位面积，其时间跨导是 T 秒，如图 17.41 所示。这个元件的正式名称为零阶保持（ZOH），它的传递函数由下面的公式给出：[①]

$$H(s) = \frac{1 - e^{-sT}}{sT} \tag{47}$$

传递函数的大小为

$$|H(j\omega)| = \frac{\sin \omega(T/2)}{\omega(T/2)} \tag{48}$$

相位为

$$\angle[H(j\omega)] = -\omega(T/2) \tag{49}$$

因此延时是 $T/2$ s。通过认识到中心在零秒处的矩形冲激响应由于对称性原因导致相移为零这一结论，同样可以得到上述结果。把这个响应向右平移 $T/2$ s，就得出了如图 17.41 所示的波形。不论我们如何计算它，存在着延时的事实是“分频器延时”这个说法的来源。但是，因为传递函数的大小对于频率来说并不是常数，所以称为“延时”并不是十分准确的。[②]

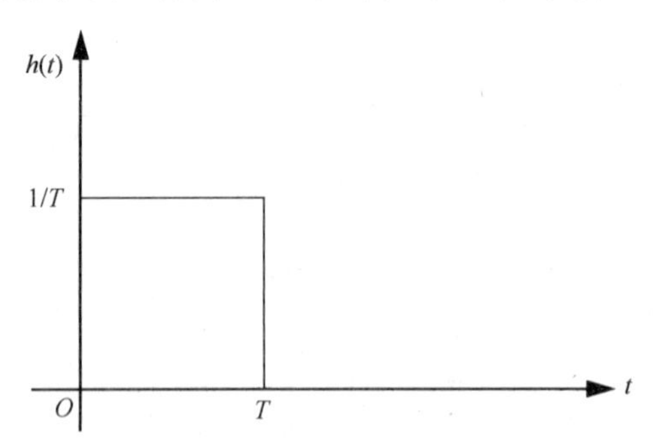

图 17.41 零阶保持的冲激响应

① 如果你想要很快地推导一下这个传递函数，只要注意零阶保持的冲激响应函数与两个积分的差值是相同的即可（一个在时间上延迟了）。这个提示应该足够了。

② 但是在 $\omega T < 1$ 时，大小很接近单位值。

下面我们将这个知识应用在一个特定的锁相环例子中，在这个锁相环的环路传输中带有一个分频器。从相位偏移的表达式中，我们可以发现分频器给稳定性带来的负面影响。随着分频模数的增加，采样周期 T 也随之增加（假设有一个固定的压控振荡器输出频率）。附加的负相位差也变得越来越严重，从而降低了相位冗余度。结果则是为了避免这些效应，环路的穿越频率必须降低到比 $1/T$ 还要小的频率。因为采样频率是由分频器的输出（因此也就是进行相位比较的频率）所决定的，所以高的分频模数会严重地制约环路的带宽。这会导致各种各样的在稳态建立速度和噪声性能方面的负面影响。因此，环路的穿越频率通常被选为相位比较速率的 1/10 左右。

17.7.2　带有静态模数的频率合成器

在讨论了环路传输中由分频器引入的限制之后，我们现在开始分析各种频率合成器的拓扑结构。

最简单的锁相环频率合成器用到了一个参考振荡器和两个分频器，如图 17.42 所示。环路强迫压控振荡器工作在使锁相环的两个输入信号频率相同的情况下，可以得出

$$\frac{f_{\text{ref}}}{N}=\frac{f_{\text{out}}}{M} \tag{50}$$

因此，

$$f_{\text{out}}=\frac{M}{N}\cdot f_{\text{ref}} \tag{51}$$

这样，通过调节分频模数 M 和 N，我们就可以得到参考频率任意分数倍的频率信号了。输出信号的长程稳定性（就是指平均频率）与参考频率的稳定性一样优秀，但是最短程的稳定性（即相位噪声）取决于净除数锁相环的压控振荡器和环路动力学[①]的特性。

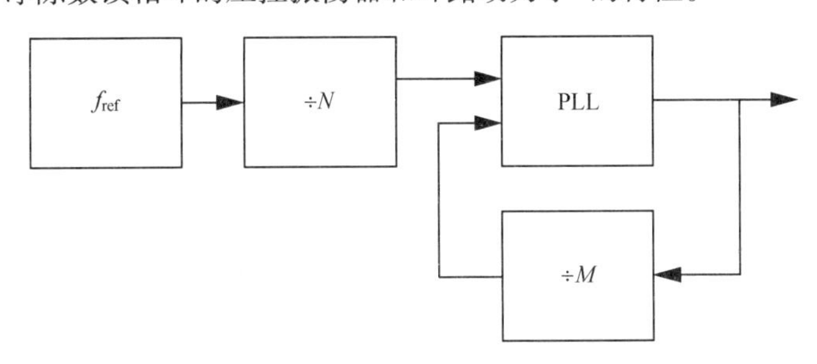

图 17.42　经典的锁相环频率合成器

注意，输出信号频率可以按照 f_{ref}/N 的步长递增，而且这个频率代表着在锁相环中相位检测的速率。稳定性的考虑与抑制控制电压抖动的需要，使得用到的环路带宽低于 f_{ref}/N。但是，为了最大限度地利用低噪声（至少是这样假设的）的参考频率信号，我们希望锁相环在尽可能宽的带宽范围内跟踪那个低噪声的参考频率信号。另外，一个高环路带宽能够在模数改变时加快稳态建立时间。这些互相矛盾的因素推动了其他替代结构的发展。

图 17.43 给出了一个偶尔会用到的简单改进模型。对于这个频率合成器来说，我们可以写出

① 在锁相环带宽之内，输出的相位噪声将是参考振荡器相位噪声的 M/N 倍，这是因为一个相位的分割必然伴随着分频。在锁相环带宽以外的频率上，反馈失去了效果，输出的相位噪声就是锁相环内自身的压控振荡器的噪声。

$$f_{\text{out}} = \frac{M}{NP} \cdot f_{\text{ref}} \tag{52}$$

最小的输出频率增量明显为f_{ref}/NP，但是环路以f_{ref}/N的频率来比较相位，其速度是前一种结构的P倍。因此，这种修正对环路带宽的限制改进了P倍，然而代价是锁相环具有比原来快P倍的振荡，同样，“$\div M$”的分频器的速度也要快P倍。

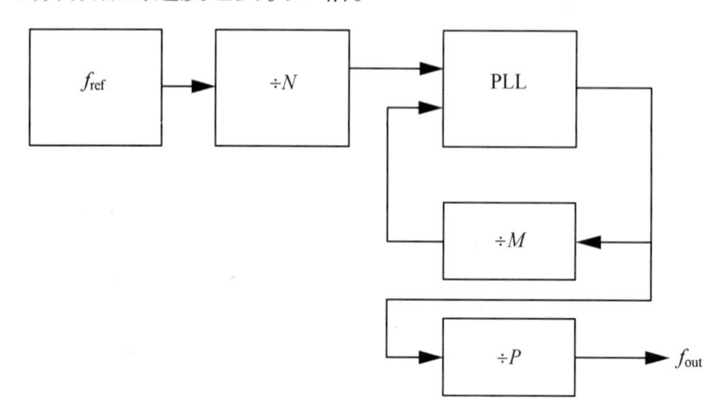

图 17.43 改进的锁相环频率合成器

图 17.44 显示了另一种改进的频率合成器，称为整数N频率合成器。在这种广泛应用的频率合成器中，分频器逻辑电路模块是由两个计数器和一个双模数的预分频器构成的。一个计数器称为通道间隔（或者“吞咽”）计数器，是用来实现可编程通道选择的。另一个计数器［我们把它称为帧计数器（也称为程序计数器）］通常是固定的，用来确定预分频周期的总数。这些预分频周期包括：预分频器起初除以$N+1$直到通道空间计数器溢出，然后再被N除直到帧计数器溢出。当这个过程结束时，分频器被重置为$N+1$分频，然后整个循环再次重复。

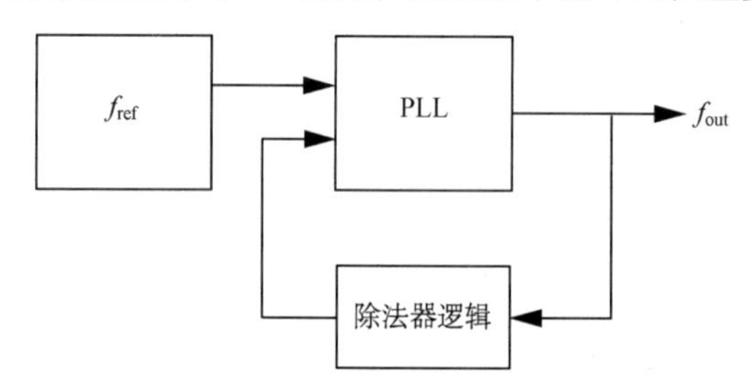

图 17.44 整数N频率合成器

如果S是通道间隔计数器的最大值，而F是帧计数器的最大值，那么预分频器将压控振荡器的输出进行S个周期的$N+1$分频及$F-S$个周期的N分频。等效的分频模数M为

$$M = (N+1)S + (F-S)N = NF + S \tag{53}$$

因此输出频率的增量间隔等于参考频率。这种结构是实际应用中实现图 17.42 所示的基本框图的常用方法，并且该频率合成器由于输出频率为参考频率的整数倍而得名。

17.7.3 带有抖动模数的频率合成器

目前介绍过的频率合成器所希望得到的频道间隔直接限制了环路带宽，解决这个问题的一种方法是在两个分频模数之间抖动，从而产生小于参考频率的频道间隔，如图 17.45 所示。

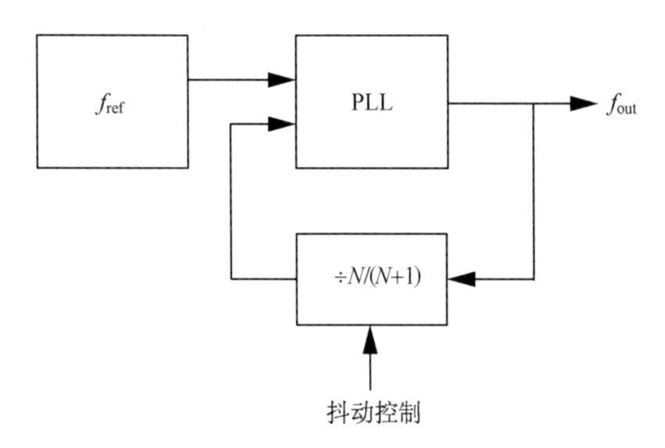

图 17.45　带有抖动模块的频率合成器的框图

为了说明这个基本原理，假设分频模数在 4 和 5 之间以 50%的分配比例来交替，那么等效的分频模数就是平均值 4.5。改变任何一个分频模数所占时间的比例都将改变等效（平均）的分频模数，因此综合得到的输出信号的频率增量也就可以小于参考频率信号。

当然，有很多种策略可用来在两种模数之间切换而得到相同的平均模数。但是，因为瞬时频率也是十分重要的，所以并不是所有的策略都相同。最为常用的策略就是使用一个小数 N 频率合成器。在这种设计中，分频器每 K 个 VCO 周期对压控振荡器输出用一个模数（$N+1$）分频，而在剩下的时间中用另一个模数（N）分频，所以平均的除数因子为

$$N_{\text{eff}} = (N+1)\left(\frac{1}{K}\right) + N\left(1-\frac{1}{K}\right) = N + \frac{1}{K} \tag{54}$$

这样，

$$f_{\text{out}} = N_{\text{eff}} f_{\text{ref}} = \left(N + \frac{1}{K}\right) f_{\text{ref}} \tag{55}$$

我们看到分辨率是由 K 决定的，所以最小的频率增量可以比参考频率小很多。但是，与前面提到的其他频率合成器不同，鉴相器是工作在比最小频率增量高得多的频率上的（实际上是参考频率 f_{ref}），因此也就将频率合成器的频率分辨率与锁相环的采样频率很好地解耦合了。

为了更仔细地分析这个结构，考虑一个用 100 kHz 的参考频率来得到 27.135 MHz 输出频率的问题。整数模数 N 因此就等于 271，而小数部分（$1/K$）等于 0.35，所以我们将每 100 个周期的压控振荡器信号中的 35 个周期用 272（等于 $N+1$）分频，而剩下的 65 个周期用 271（等于 N）分频。

在许多可能用来实现这个所希望的特性的方案中，常用的（但并非是最佳的）方法是在每个周期中对累加器增加一个模数的分数部分（在这里是 0.35）。每当累加器溢出时（这里定义为等于或大于 1），除数的模数就被设成 $N+1$。

溢出以后的余数被保留，环路继续像以前一样工作。这一点应该很明显了，即分辨率是由累加器的大小所决定的，即等于参考信号的频率除以整个累加器的大小。在我们的例子中，参考频率是 100 kHz，一个五位的 BCD（binary-coded decimal，二进制编码的十进制）累加器允许我们把频率合成器的输出间隔设置为 1 Hz 那么小。

小数 N 频率合成器还有一个性质需要提及。由于环路周期性地在两种分频模数之间切换，因此在控制电压（也就是 VCO 的输出频率）上必然有一个周期性的调制。尽管输出频率的平均值是正确的，但在瞬时频率上则不一定如此。因此，在输出信号的频谱上存在着边带。更进一步说，边带的位置和大小取决于具体的模数及环路参数。

在这类特定的环路中，对于这个调制通常需要进行补偿。因为调制的确定性——我们预先知道控制线抖动是什么样子的——这个事实，这种补偿是可以实现的。因此，一个补偿控制电压的变动可以被注入以抵消这种不希望的调制。在实际应用中，这种技术（有时称为 API，全称是模拟相位插值）可以将边带信号衰减 20～40 dB。要得到更高的衰减效果，则需要了解关于压控振荡器控制特性的更深入的信息，包括温度和电源电压的影响。这些细节对于每一个设计来说各不相同。[①]

另一种消除这种控制电压抖动的方法是使用一种更加复杂的在两种模数之间切换的策略，从而完全消除周期控制电压的抖动。例如，通过随机地切换模数来减少伪频谱分量，而代价是提高了噪声底限。对这种策略的一个十分有效的改进是应用 delta-sigma 技术来非均匀地分布噪声。[②] 如果信号频谱的形状被整形成噪声远离载波频率，那么后续的滤波可以很容易地移去这个噪声。环路本身则会消除载波频率附近的噪声，因此整个输出就具有极好的频谱纯度。

17.7.4 组合式频率合成器

另一种方法是将两个或者更多的频率合成器的输出结合起来，因此提供的一个额外的自由度使得满足性能的要求变得很容易，然而代价是使电路变得更复杂且更消耗能量。这种思路最常见的一个实例就是将一个固定的信号源输出与一个可变的信号源输出进行混频。偏差频率合成器（见图 17.46）就是这种方法的一个应用结构。

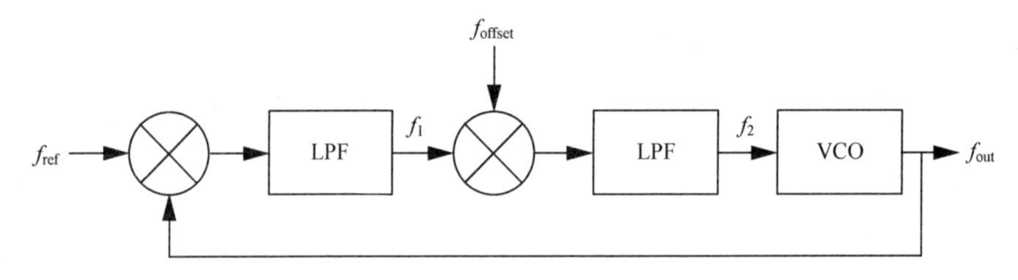

图 17.46 偏差频率合成器的环路图

在这种结构中，环路并不伺服（servo）以实现输出频率与参考频率相同的条件，因为附加的中间的混频使平衡点发生了偏移。如果没有中间的混频，那么平衡点将对应于（第一个，也是唯一的一个）混频器后面的低通滤波器的零频输出。在有偏差频率的环路中，平衡点则对应于最后一个低通滤波器输出的零频信号。有了这样的认识，确定 f_{out} 与 f_{ref} 之间的关系就变得很直接了。

低通滤波器消除了混频操作产生的和（即加）频率分量，因此可以得到

$$f_1 = f_{out} - f_{ref} \tag{56}$$

$$\begin{aligned} f_2 &= f_1 - f_{offset} \\ &= f_{out} - f_{ref} - f_{offset} \end{aligned} \tag{57}$$

令 f_2 等于零，求解得出输出频率为

① 相关例子参见 V. Mannassewitsch, *Frequency Synthesizers*, 3rd ed., Wiley, New York, 1987。

② 关于这个结构的一篇经典的文献是 T. Riley et al., "Sigma-Delta Modulation in Fractional-*N* Frequency Synthesis", *IEEE J. Solid-State Circuits*, v. 28, May 1993, pp. 553-9。专有名词"delta-sigma"与"sigma-delta"经常混用，但前者是这个概念的发明者们提出的。

$$f_{out} = f_{ref} + f_{offset} \tag{58}$$

所以输出频率为两个输入频率之和。

这种方法的一个十分重要的优点就是输出频率不是参考频率的倍数，因此相位噪声也没有乘以一个倍数，所以就可以更加容易地得到一个低相位噪声的输出信号。另一个与之相关的结果就是在两个输入信号中任意一个之上的相位或频率调制都被直接转移到输出信号上，而没有被乘以一个倍增系数。由于这些特性，偏差频率合成器被广泛地用在 FM/PM 系统（特别是 GSM）的发射器上。

此外，还有其他方法可以将两个频率合成为第三个频率。例如，用一个混频器将两个完整的锁相环的输出进行混频。要选择和信号而不是差信号（或者反过来）通常需要用到滤波器。我们也可以用一个单边带混频器（又称复数混频器）来抑制不希望的频率成分，从而减轻需要用到滤波器的负担。[①] 尽管如此，这样的环路却很少用在 IC 实现中，因为很难消除两个锁相环之间的相互作用。一个普遍存在的问题是两个环路之间会相互锁定（或者试图锁定）对方，这个锁相行为是通过衬底耦合或者通过放大器与其他电路中不完全的反相隔离带来寄生效应所引发的。这些问题很难解决，因此这种双环路频率合成器目前很少被采用。

17.7.5　直接数字频率合成器

有些应用需要在较高速率下进行频率变换的能力，这样的例子包括跳频展频（FHSS, frequency-hopping spread-spectrum）系统，其中载波频率以伪随机的方式发生变化。[②] 常规的频率合成器很难满足所需的快速稳态建立时间，所以必须开发一种替代技术。具有最快的稳态建立时间的频率合成器是开环系统，它们可以避免因考虑反馈系统（例如锁相环）的稳定性而带来的约束。

频率合成器的一种特别敏捷的类型就是直接数字合成（DDS, direct digital synthesis）。这种合成器的基本框图如图 17.47 所示。这种合成器包括一个累加器、一个只读存储器（ROM）实现的查找表（带有积分输出暂存器）和一个数模转换器（DAC）。累加器接收一个频率命令信号 f_{inc} 作为输入，然后在每一个时钟周期中以这个数值增加它的输出。输出信号就这样线性地增加，直到溢出并重新开始下一个循环，所以输出就是一个锯齿形的信号。因为相位是频率的积分，一种有效的解释就是累加器类似于频率输入命令的积分，而输出的锯齿波频率就是时钟频率、累加器字长及输入命令的函数。

累加器输出的相位信号作为 ROM 的地址线输入，通过查找一个余弦函数表来将数字相位转换成数字幅值。[③] 最后，通过一个 DAC 将这些数字量转换为模拟输出。通常，在 DAC 的后面还会加上一个滤波器来将信号的频谱纯度提高到期望的水平。

仅仅通过改变 f_{inc} 的值就可以使输出信号的频率迅速改变（只有几个时钟周期的延时），而且相位是连续的。此外，频率与相位的两种调制都可以通过在数字域内对 f_{inc} 或者 ϕ 直接调制而方便地实现。最后，幅值调制甚至可以通过一个带乘法运算的 DAC（MDAC）来实现，其中模拟输出

---

① 在第 19 章中我们将会更加全面地讨论单边带混频器的应用。

② 这个策略对于军事领域的反监听和抗干扰特别有用，而且最先也是由此提出和发展的。它的频谱看起来与白噪声的非常接近。

③ 只需要一点附加的逻辑结构，就可以很容易地将要求的 ROM 大小减少 75%。因为重复利用一个象限的数据可以很容易地构成整个周期。

是一个模拟输入信号（这里就是幅值调制）和一个来自 ROM 的数字输入信号的乘积。[①]

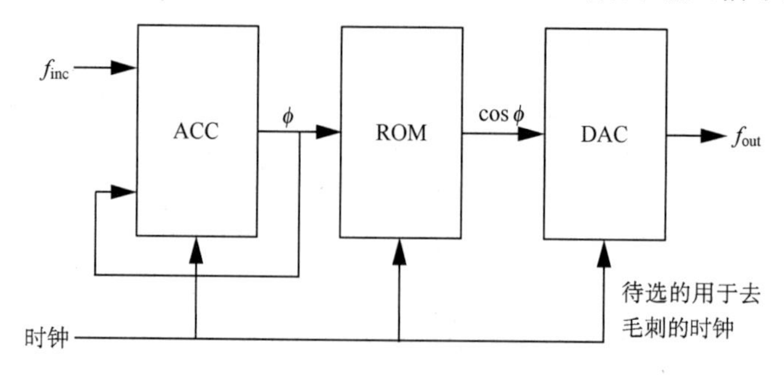

图 17.47　直接数字频率合成器

这种类型的频率合成器的最大问题是，频谱的纯度与前面讨论的锁相环式的合成器相比要差很多。DAC 的位数设定了频谱纯度的一个限（粗略的估计大概是每位 6 dB 的信噪比），而每周期内 ROM 的点数则确定了谐波分量的位置（如果恰当地选择 n 点分布，则可以使第一个可观察到的谐波分量在基波频率的 $n-1$ 倍处）。因为时钟信号必须以比最终输出频率高得多的频率给出，所以这种类型的频率合成器所能产生的信号频率只是一个给定工艺所能达到的最高频率的很小一部分，这比基于 VCO/PLL 合成器的输出频率低很多。很多时候，我们把 DDS 的输出与一个锁相环合成器的输出（或者作为偏差合成器的一个输入信号）进行混频来实现上变频。

17.8　小结

我们已经讨论了振荡器的幅值是如何通过非线性方法稳定下来的，并且将反馈的概念扩展到包括一种专门的线性化的非线性特性。利用描述函数及环路传输中其他元件的知识，可以确定振荡器的频率和幅值。

我们介绍了各种振荡器结构，包括采用开环和反馈的两种技术。Colpitts 与 Hartley 振荡器用带有抽头的谐振回路来提供正反馈，而 TITO 振荡器则利用了一个带有米勒电容的调谐放大器提供的负阻来实现振荡。Clapp 振荡器又增加了一个抽头，使得谐振回路上的幅值能够超过电源电压，从而使信号的能量压倒了噪声。

我们还描述了 LC 振荡器的晶体振荡器版本。因为石英晶体的特性十分类似于具有极高 Q 值的 LC 谐振支路，它可以实现有很高频谱纯度且消耗的能量却非常少的振荡器。Colpitts 振荡器工作在晶体的串联谐振频率上，因此需要一个 LC 谐振回路。Pierce 振荡器在工作频率时的晶体表现为电感性，因此电路中也就不需要额外的电感了。但是工作在晶体的非谐振状态时，要求晶体对一个特定的容性负载进行切割。

此外，我们还随机地列举了其他几个振荡器的例子，包括一个在反馈环路中有两个积分器的正交振荡器，以及若干个负阻振荡器。我们还再一次看到了带抽头的谐振器对于改进相位噪声特性所带来的好处。

最后，我们分析了一些频率合成器。稳定性的考虑要求环路穿越频率必须比相位比较频率低许多，相位噪声的考虑则要求环路的带宽尽可能大。因为在比较简单的结构中，输出信号的频率分辨率是与相位比较频率紧密相关的，所以当要求输出信号具有与参考频率一样优秀的相位噪声

① 也可以在驱动 DAC 之前就将 ROM 的输出值乘以幅值调制的数字表示来实现数字域中的幅值调制。

时，我们很难使频率合成器有很小的频率分辨率。小数 N 频率合成器把频率增量与相位比较的速率分离开来，因而可以使用较大的环路带宽。相位噪声虽然因此得到了改善，但是控制电压的抖动也会引起一些伪信号频率分量。消除这些伪信号频率分量要么可以通过抵消控制信号的波动（因为这个波动在经典的小数 N 频率合成器中是确定性的）来实现，要么可以采用随机化的方法或者改变噪声频谱的形状来实现。

习题

[第 1 题]　考虑图 17.48 中所示的 Colpitts 振荡器。

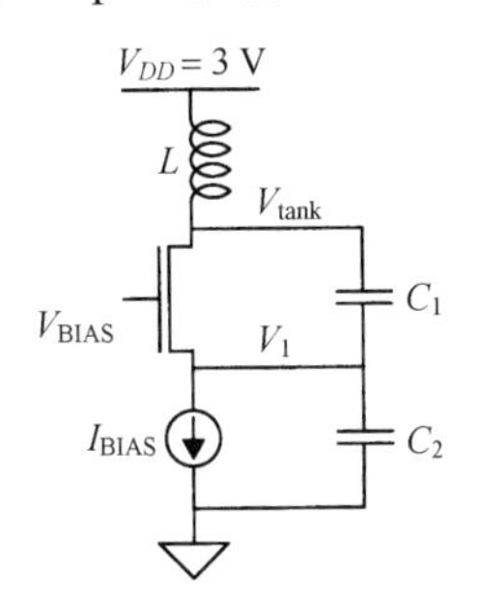

图 17.48　第 1 题的 Colpitts 振荡器例子

（a）假设电感有一个有限的 Q 值。推导一个恰好满足振荡条件时的最小 Q 值的表达式。用晶体管的小信号跨导来表示你的结果。

（b）现在假设电感的 Q 值为 10，如果 $n = C_1/(C_1 + C_2)$，写出刚好满足振荡条件的最小 n 值的表达式。

（c）解释为什么会有最小值存在。

[第 2 题]　本题与上一题略有不同，本题关注振荡器的启动问题。参见图 17.49 所示的 Colpitts 振荡器。

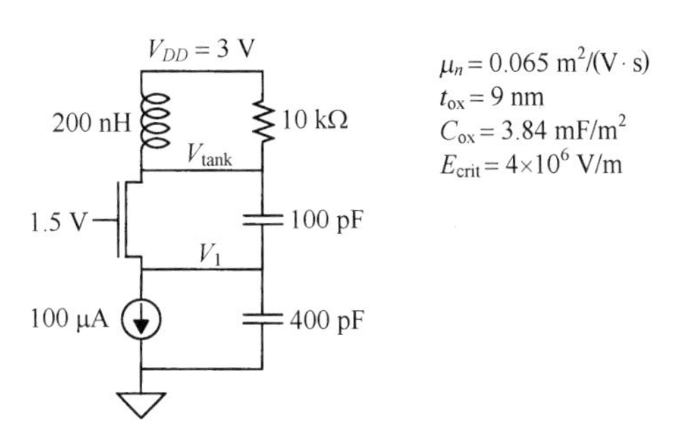

图 17.49　第 2 题的 Colpitts 振荡器例子

（a）计算启动环路增益为 2 时所必需的最小 W/L 值。假设晶体管工作在长沟道状态，忽略晶体管的电容、体效应和沟道长度调制效应。

（b）假设晶体管工作在深度的短沟道状态，重复（a）。

（c）计算两种情况下的源-栅电容，并计算这些电容工作在 1 GHz 时的阻抗。

[第 3 题]　在图 17.50 所示的 Clapp 振荡器中，计算振荡频率和在栅极与电感两端上的振荡幅值。假设工作在长沟道状态并忽略所有晶体管的寄生参数。

画出漏极电流的波形图。漏极电流的峰值是多少？

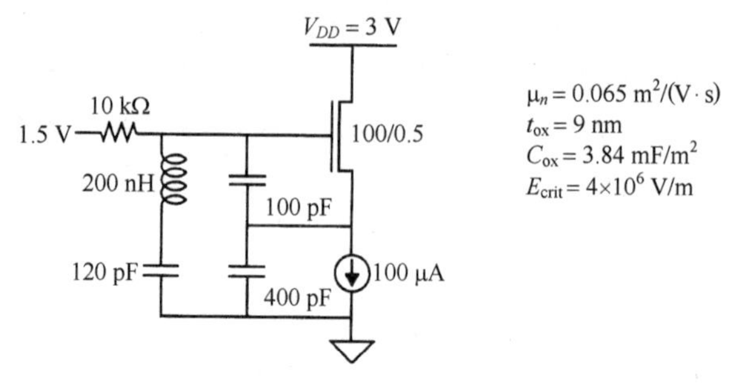

图 17.50 Clapp 振荡器

[第 4 题]

（a）在图 17.51 所示的差分振荡器中，计算振荡的频率和 LC 谐振回路两端的幅值。假设电感的 Q 值为 10 并忽略除 C_{gs} 外的晶体管寄生电容。

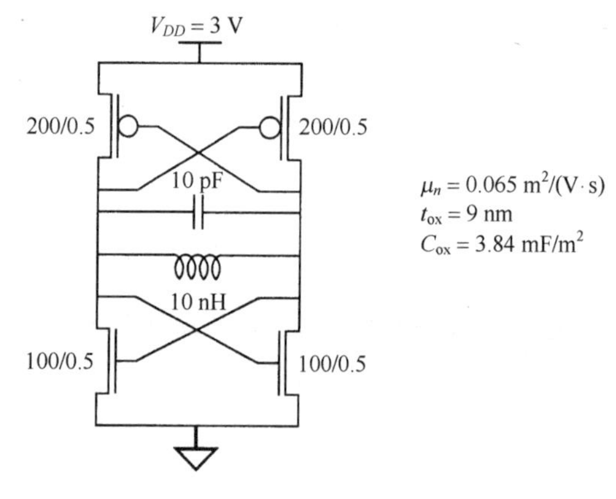

图 17.51 负阻振荡器

（b）限幅的原理是什么？

（c）计算启动振荡所需的最小电源电压。

（d）估算这个振荡器的功率损耗。是什么限制了它？这种机制是否可靠？

（e）在这里是否可用一个串联谐振支路来代替这个并联谐振回路？请解释。

[第 5 题] 假设前一题中的电容被替换为一个串联的 RC 电路，并假设电阻的值可以从小变大。

（a）推出这个结构的等效并联 RC 网络。如果 10 nH 的电感是理想的，那么这个谐振回路的 Q 值是多少？

（b）画出振荡频率和谐振回路 Q 值与 R 的关系曲线。

（c）参考（b）的答案，这个利用电阻的变化来调谐的方式有什么优缺点？

[第 6 题] 本章在计算 Colpitts 振荡器的振荡频率和幅值时忽略了 G_m 可能带来的相位偏移。如果大信号的跨导形式如下式所示，修正那些公式：

$$G_m = G_{m0}\,\mathrm{e}^{-\mathrm{j}\omega T_D} \tag{P17.1}$$

这里的 G_{m0} 为本章所给出的不带相移的大信号跨导。

[第 7 题] 假设一个偏差振荡器中的混频器是一个理想的乘法器，并且振荡器的输入是理想

的正弦波，推导环路传输的表达式。将两个滤波器的传递函数记为 $H_1(s)$和 $H_2(s)$，分析输入频率是否或者如何限制了环路的带宽。

[第 8 题]　在本章中讲到，偏差频率合成器的一种替代形式是将两个振荡器的输出用一个混频器组合起来，然后混频器的输出信号通过一个滤波器来得到和频或者差频。定性地比较这两种合成方法。

[第 9 题]　为了降低在上一题中描述的滤波器的要求，有时候会用到一种更为复杂的混频器，在滤波之前预先遏制我们不想得到的频率。图 17.52 所示的频率合成器用到了这种混频器。

下标 I 和 Q 分别表示"同相位"和"正交"且表示两个信号的相位在同一频率下相差了 90°。请问输出频率是什么？

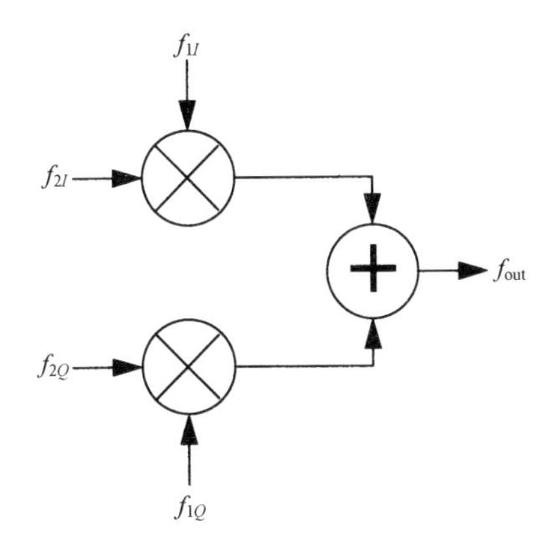

图 17.52　带有复数混频器的组合频率合成器

[第 10 题]　至少从原理上来说，上一题中的复数混频器不通过附加的滤波器就可以将两个频率信号混频，并得到它们的和频或者差频。为了消除不需要的频率分量，两条路径的增益必须一致且 I 信号和 Q 信号也必须完全正交。如果存在两条路径的增益失配，推导一个不想要的与想要的输出信号幅值比值的表达式。用ε来表示你的结果，这里 $1+\varepsilon$ 是增益的比率。

[第 11 题]　偏差频率合成器使用滤波器来选择各种混频操作产生的差频分量，但是滤波器的带宽限制了环路的稳态建立时间。为了缓解这个限制，可以考虑使用上面两题中的复数混合器。画出一个使用两种复数混频器的偏置频率合成器的框图，讨论它与经典偏差频率合成器之间在滤波要求上的异同。

第 18 章 相 位 噪 声

18.1 引言

在第 17 章，我们认定调谐振荡器比弛豫振荡器的输出有更高的频谱纯度。一个简单的理由就是，一个高 Q 值的振荡器能够有效地衰减中心频率以外的频率分量。因此，调谐振荡器可以更好地抑制失真，而且一个设计良好的调谐振荡器的输出波形一般是极好的正弦波。

除了可以抑制失真乘积项，谐振器还可以削弱由各种噪声源产生的频谱分量，例如由于振荡器中有限的 Q 值产生的热噪声，或由于有源器件产生的热噪声。由这些噪声源产生的噪声不仅会影响信号的幅值，而且会影响信号的相位。在实用的振荡器中，限幅机制可以很好地削弱幅值的波动，相位噪声通常是主要的——至少对于那些离载波频率不远的频率分量而言。因此，尽管有可能设计幅值噪声起重要作用的振荡器，然而我们这里主要集中讨论相位噪声。以后，我们会说明对由此发展起来的理论的简单修正可以包括幅值噪声，从而能够对输出频谱中远离载波频率的频率处进行精确计算。

除了其他一些较为次要的因素，我们关心相位噪声的主要原因是使*逆向混频*（reciprocal mixing）的问题最小化。如果一个超外差接收器的本地振荡器完全是没有噪声的，那么两个相距较近的 RF 信号只会简单地在频率上同时变低（下变频）。然而，本振（LO）频谱不会呈现一种冲激形状，因此现实中，我们必须对一个非纯频谱的影响进行评估。

在图 18.1 中，两个 RF 信号与 LO 外差从而产生一对 IF 信号。所希望接收的 RF 信号比在一个邻近信道上的信号要弱很多。假设（而通常这个情况是成立的）前端滤波器没有足够的分辨率来进行信道滤波，下变频在频率变换到中频过程中保留了这两个 RF 信号的相对大小。因为中频频谱的宽度不为零，因此下变频后的 RF 信号也有频谱宽度。LO 频谱中双尾的作用就像是一个具有连续频谱的寄生 LO。逆向混频就是 RF 信号与那些不希望的（LO 频谱）分量的外差过程。

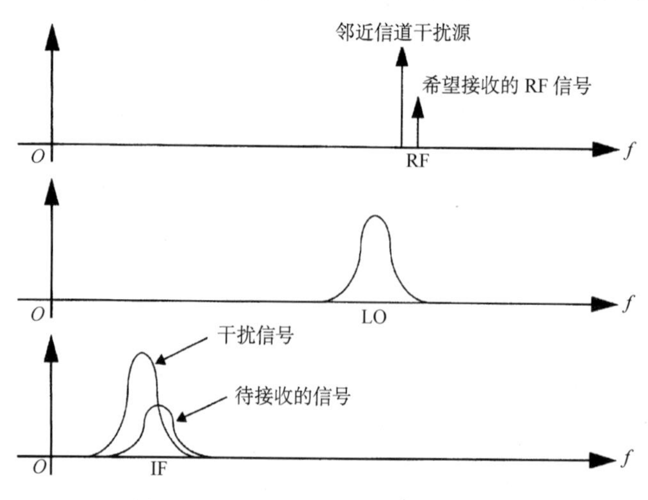

图 18.1 LO 相位噪声引起的逆向混频

从图中可以明显看出，逆向混频在这个特定的例子中造成的不希望的信号压倒了希望的信号。LO 相位噪声的减小是使逆向混频的发生和影响程度最小化所必需的。

为了将这个主题置于恰当的上下文中，我们首先确定在一些关键性能参数中可以做出的折中选择。这些关键参数包括功耗、振荡频率、谐振器品质因子 Q 和噪声。在基于一个假想的理想振荡器中讨论完这些折中因素以后，我们再定量分析实际振荡器中不同的噪声机制对输出频谱的影响。

振荡器的理论与实际的重要性激励了众多相位噪声处理方法的发展，单就关于这个主题发表的论文就可以说明其重要性。同时，这些文章中有许多在一些相当基本的观点上存在着分歧。或许可以这样说，这么多互相冲突的研究事实上表明这些处理方法有许多是不够完善的。寻求一个合适的理论的困难是电路中的噪声在最终变成振荡器相位噪声之前可能已经过数次频率变换了，这些变换是因为在实际振荡器中存在明显的非线性所致。但是，最简单的一些理论完全忽略了非线性的存在，同时也经常忽略时变的可能。这种线性时不变（LTI）理论还是提供了一些重要的定性的内在理解，但是可以认为它们在预测能力上是十分有限的。一个 LTI 理论的主要缺陷是，在这种方法中频率变换本质上是不允许发生的，因此无法回答这样的问题，即在实际振荡器中观察到的（几近）对称边带是如何产生的。

尽管存在这种复杂性和为稳定幅值必须具有的非线性，振荡器将噪声转换为相位的作用依然可以被处理为线性。但是，对频率转换过程的定量理解需要抛弃在大多数相位噪声理论中隐含假设的时不变原则。除了提供一个在理论与测量之间的定量的一致性解释，本章中给出的时变相位噪声模型确认了一个重要的对称性原理，这个原理可以用来探索将 $1/f$ 噪声抑制到载波频率附近的相位噪声的上变频方法。这个时变相位噪声模型也可以解释在许多实际振荡器中十分重要的准稳态周期性（cyclostationary）效应，还可以解释幅值到相位（AM-PM）的转换。这些具有深度的理解可以用来重新解释为什么某些拓扑结构（例如人们颇为看重的 Colpitts 振荡器）有如此好的性能。或许更重要的是，理论能启发设计——提出对熟知的振荡器的带有创新性的设计优化，甚至有助于新的电路拓扑结构的发明。我们将对 LC 和环形振荡器电路的例子进行分析以加深对已经发展的理论的理解，然后通过简短地分析实际的计算机模拟来结束本章的讨论。

我们首先需要重新看一下如何评估一个系统是否是线性或时不变的。这个问题在大多数系统分析中很少出现，因此许多工程师或许已经忘了如何区分它们。的确，我们发现甚至必须要去明确地定义“系统”这个词意味着什么，然后确定在一些关键参数中要做的某些非常通用的折中选择。这些关键参数包括功率损耗、振荡频率、振荡器 Q 值及电路噪声功率。之后，我们定性地分析在一个假想的理想振荡器中的这些折中。在这个理想振荡器中，我们假设噪声至相位的转换是线性的，以便进行冲激响应的表征。尽管可以认为线性的假设是合理的，然而我们将会讲到时不变的假设即使是在这样一个简单的系统里也不成立。也就是说，振荡器是线性的时变（LTV）系统，这里，系统被定义为噪声至相位的转换特性。幸运的是，一个冲激响应的完全表征只取决于线性度，而不是时不变性。通过分析冲激响应，我们发现周期性的时变会导致器件噪声的频率转换，以产生在实际振荡器中呈现的相位噪声频谱。特别是 $1/f$ 噪声的上变频到载波频率附近的相位噪声可以被看成依赖于对称性质，而这种对称性质潜在地可以由设计者控制。此外，同样的处理很容易包含噪声源的准稳态周期性。就像我们将会讲到的那样，这种包含解释了为什么在一个振荡器中有源器件的 C 类操作是有利的。带有说明性的电路例子加深了对 LTV 模型关键点的理解。

18.2 一般性考虑

或许一个振荡器仍然保留的与现实世界某些联系的最简单抽象是一个带损耗的谐振器与一个能量恢复元件的组合，后者是用来补偿谐振回路的损耗以实现一个等幅振荡。为简化起见，假设能量恢复器是没有噪声的（见图 18.2），因此回路电阻是这个模型中唯一带噪声的元件。

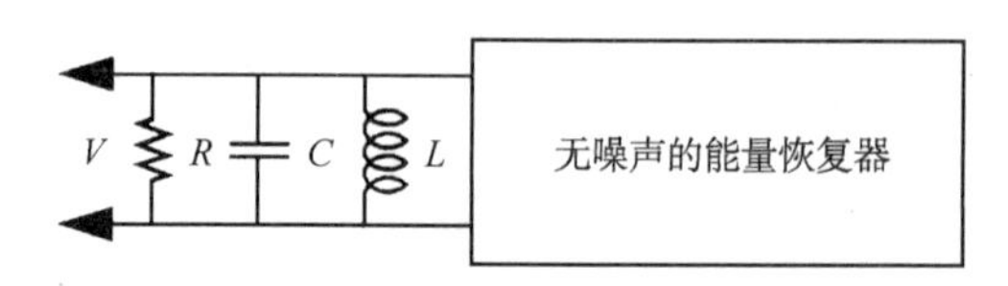

图 18.2 “效率为 100%”的 RLC 振荡器

为了得到一些有用的设计直觉知识，首先计算一下谐振器中存储的信号能量：

$$E_{\text{sig}} = \tfrac{1}{2}CV_{\text{pk}}^2 \tag{1}$$

因此均方信号（载波）的电压值为

$$\overline{V_{\text{sig}}^2} = \frac{E_{\text{sig}}}{C} \tag{2}$$

这里我们已经假设为正弦波信号。

总的噪声电压均方值可以通过在 RLC 谐振器的噪声带宽中对电阻的热噪声谱密度进行积分而得到，

$$\overline{V_n^2} = 4kTR\int_0^{\infty}\left|\frac{Z(f)}{R}\right|^2 \mathrm{d}f = 4kTR\cdot\frac{1}{4RC} = \frac{kT}{C} \tag{3}$$

结合式（2）和式（3），我们可以得到噪声与载波信号之比（采用噪声比信号这种上下颠倒的比率只是一种惯用方法）：

$$\frac{N}{S} = \frac{\overline{V_n^2}}{\overline{V_{\text{sig}}^2}} = \frac{kT}{E_{\text{sig}}} \tag{4}$$

不言而喻，要取得最小的噪声与载波信号之比，必须采用最大可能的信号电平。

我们可以将功耗和谐振回路的 Q 值放在一起考虑。我们注意到 Q 值一般可以定义为正比于存储能量与耗散能量之比：

$$Q = \frac{\omega_0 E_{\text{sig}}}{P_{\text{diss}}} \tag{5}$$

从而可以写出

$$\frac{N}{S} = \frac{\omega_0 kT}{QP_{\text{diss}}} \tag{6}$$

由这个理想的振荡器消耗的功率就等于谐振回路消耗的功率 P_{diss}。这里，噪声与载波信号之比反比于谐振回路的 Q 值与消耗的功率的乘积，同时也正比于振荡频率。这些关系对许多实际的振荡器依然近似成立，它解释了为什么工程师总是追求高的谐振器 Q 值。

通过将前面的讨论与更多有关实际振荡器的知识结合起来，其他一些重要的设计准则就变得明显了。其中一个准则是振荡器通常工作在以下两个区域之一，这两个区域是根据振荡输出幅值对偏置电流的依赖关系而区分的（见图 18.3）：

$$V_{\text{sig}} = I_{\text{BIAS}} R \tag{7}$$

其中，R 是一个具有电阻量纲的比例常数。这个常数又正比于等效的并联谐振回路电阻，因此，

$$V_{\text{sig}} \propto I_{\text{BIAS}} R_{\text{tank}} \tag{8}$$

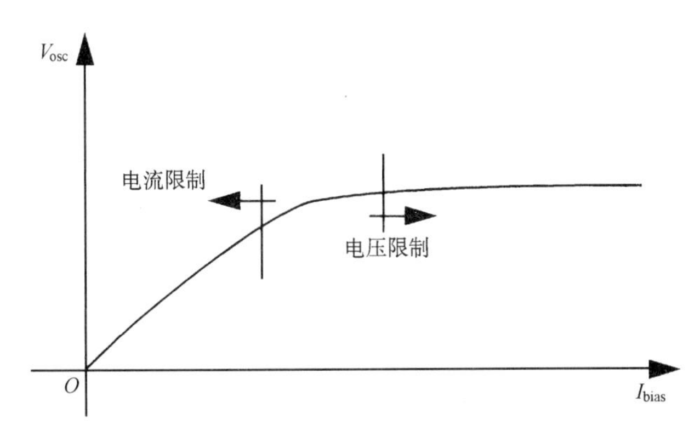

图 18.3　振荡器的工作区域

因此载波功率可以表示成

$$P_{\text{sig}} \propto I_{\text{BIAS}}^2 R_{\text{tank}} \tag{9}$$

噪声电压的均方值可以用谐振回路的电容来计算：

$$\overline{V_n^2} = \frac{kT}{C} \tag{10}$$

但也可以用回路电感表示为

$$\overline{V_n^2} = \frac{kT}{C} = \frac{kT}{1/\omega_0^2 L} = kT\omega_0^2 L \tag{11}$$

因此，在电流限制的工作区域中，噪声与载波信号之比的另一个表达式是

$$\frac{N}{C} \propto \frac{kT\omega_0^2 L}{I_{\text{BIAS}}^2 R_{\text{tank}}} \tag{12}$$

假设给定一个固定的电源电压，对功耗的约束意味着偏置电流有一个上限。因此，在可以自由选择的参数中，只有谐振回路的电感和电阻能够改变以获得 N/C 的最小值。也就是说，这样一个振荡器的优化归结为最小化 L/R_{tank}。在许多情况下，我们采用最大化回路电感来达到优化。然而，我们看到了更为正确的做法是最小化 L/R_{tank}。① 因为一般来说，电阻本身是电感的函数，因此要确定并取得上面这个最小值并不总是容易做到的。另一个需要考虑的因素是，当低于某一个

① D. Ham and A. Hajimiri, “Concepts and Methods in Optimization of Integrated LC VCOs,” *IEEE J. Solid-State Circuits*, June 2001。

最小电感值时振荡会停止，因此这里提出的优化策略是假定振荡会发生，并且振荡器工作在输出幅值正比于偏置电流的区域。

18.3 详细讨论：相位噪声

为了加深前面分析中得到的定性理解，我们现在来确定理想振荡器的实际输出频谱。

假定图 18.2 的输出是所示的谐振回路两端的电压。我们已经设定，电路中唯一的噪声源是回路电导的白噪声。该噪声可以表示为并接在回路两端的一个电流源，其谱密度的均方值是

$$\frac{\overline{i_n^2}}{\Delta f} = 4kTG \tag{13}$$

这个电流噪声乘以电流源两端的有效阻抗就变成了电压噪声。然而在计算这个阻抗时，必须考虑到能量恢复元件也贡献一个平均的有效负电阻。这个负电阻正好抵消了回路的正电阻，因此净效果是由噪声电流源看到的有效阻抗为一个理想的无损 LC 网络的阻抗。

对相对于中心频率 ω_0 的一个很小的频率偏移 $\Delta\omega$ 来说，LC 谐振回路的阻抗可以近似为

$$Z(\omega_0 + \Delta\omega) \approx -\mathrm{j} \cdot \frac{\omega_0 L}{2(\Delta\omega/\omega_0)} \tag{14}$$

我们可以通过结合一个不带负载的谐振回路的 Q 值表达式，把这个阻抗写成一种更有用的形式：

$$Q = \frac{R}{\omega_0 L} = \frac{1}{\omega_0 GL} \tag{15}$$

将式（15）中解得的 L 代入式（14）可得

$$|Z(\omega_0 + \Delta\omega)| \approx \frac{1}{G} \cdot \frac{\omega_0}{2Q\Delta\omega} \tag{16}$$

这样，我们就将对电感的显式依赖关系用对 Q 和 G 的依赖关系取代了。

接下来，我们将噪声电流均方值的谱密度乘以谐振回路阻抗大小的平方来得到噪声电压的均方值的谱密度：

$$\frac{\overline{v_n^2}}{\Delta f} = \frac{\overline{i_n^2}}{\Delta f} \cdot |Z|^2 = 4kTR\left(\frac{\omega_0}{2Q\Delta\omega}\right)^2 \tag{17}$$

由于谐振回路的滤波作用，输出噪声的功率谱密度与频率有关，并且与偏差频率的平方成反比关系。这个 $1/f^2$ 行为清楚地反映了这样一个事实，即一个 RLC 谐振回路的电压频率响应以 $1/f$ 的方式从中心频率两侧下跌，而功率则正比于电压的平方。同时我们还注意到，当其他参数不变时，回路 Q 值的增加降低了噪声谱密度，从而再一次强调了增加回路 Q 值的意义。

在我们理想化的 LC 模型中，热噪声在幅值和相位上都会引起扰动。式（17）将这两项效应都包括在内。由热动力学的均分理论可知，在没有限幅的条件下，噪声能量被均分于幅值域和相位域。所有实际的振荡器中都存在限幅机制，因此幅值噪声被消除，剩下的噪声能量只有式（17）给出的一半。

此外，与噪声的绝对值相比，我们常常更加关心的是噪声与载波信号的相对大小，所以通常

将均方噪声电压密度值用均方载波信号电压进行归一化处理，从而得到其比值的分贝数。这就解释了先前采用的“上下颠倒”的噪声与信号之比。该归一化过程产生了下面的相位噪声方程：

$$L\{\Delta\omega\} = 10\log\left[\frac{2kT}{P_{\text{sig}}} \cdot \left(\frac{\omega_0}{2Q\Delta\omega}\right)^2\right] \tag{18}$$

因此，相位噪声的单位正比于谱密度的对数。具体来讲，相位噪声的单位通常表示为相对于某个载波频率ω_0偏移$\Delta\omega$ 时每单位频率的噪声/载波比的分贝数，也就是 dBc/Hz。比如说，一个 2 GHz 振荡器的相位噪声可以表示为“在 100 kHz 偏差下的–110 dBc/Hz”。一味追求完美的人可能会抱怨“每赫兹”实际上是指 log 里面的参数，而不是 log 本身。因而，将测量频带加倍本不会使分贝数加倍。但是就像“dBc/Hz”并不十分严谨一样，人们还是这么用的。

式（18）说明在给定偏差频率处的相位噪声随着载波功率和 Q 值的增加而减小，正如先前预测的那样。这种依赖关系是符合逻辑的。增加信号的功率就减小了噪声/信号比，因为热噪声本身是固定的。增加 Q 值可以按照平方关系减小这一比值，因为谐振回路的阻抗按照 $1/Q\Delta\omega$ 的关系下降。

因为在得出以上结论的过程中做了许多简化假设，所以若发现式（18）所预测的频谱与实际测量的典型结果有显著的区别就不会令人惊讶了。例如，尽管实际频谱中的确存在着一个区间，其中测量到的谱密度正比于 $1/(\Delta\omega)^2$，但其大小一般要比式（18）给出的大许多。这是因为振荡器中除了谐振回路损耗，还有其他一些重要的噪声源。例如，任何一个能量恢复电路的物理实现都会带来噪声。此外，测量到的频谱最终会在大的频率偏差下变平，而不是随着$\Delta\omega$ 增加呈平方率下降。这个噪声底限可能是位于谐振回路和外界之间的有源器件（例如缓冲器）带来的，也可能反映了测试仪器本身的限制。即使直接从谐振回路两端得到输出，任何与电感或电容串联的电阻也会产生一个下限。这个下限限制了谐振回路在大的频率偏差时能够提供的滤波效益，最终会产生一个噪声底限。最后要说明的是，对于小的频率偏移，总会有一个具有 $1/(\Delta\omega)^3$ 依赖关系的区域。

对式（18）的修正提供了如下计入以上这些不一致的公式：

$$L\{\Delta\omega\} = 10\log\left[\frac{2FkT}{P_{\text{sig}}}\left\{1+\left(\frac{\omega_0}{2Q\Delta\omega}\right)^2\right\}\left(1+\frac{\Delta\omega_{1/f^3}}{|\Delta\omega|}\right)\right] \tag{19}$$

这些由 Leeson 提出的修正包括：引入一个因子 F 来计入 $1/(\Delta\omega)^2$ 区域增加的噪声，利用一个附加项 1（中括号里）来引入噪声底限，以及引入一个乘数项（最后的圆括号中）来在足够小的偏移频率下提供$1/|\Delta\omega|^3$ 项。① 进行这些修正后，相位噪声谱如图 18.4 所示。

应当注意，因子 F 是一个经验性的拟合参数，因此必须从测量结果中得到。这样一来，相位噪声公式的预测性就变差了。此外，这个模型断定区分 $1/(\Delta\omega)^2$ 和$1/|\Delta\omega|^3$ 区域边界频率漂移的 $\Delta\omega_{1/f^3}$ 等于器件噪声的 $1/f$ 拐点，然而测量数据却往往不支持这个结论，因此必须将 $\Delta\omega_{1/f^3}$ 当作一个拟合参数。再者，当存在不止一个噪声源时，什么样的拐点频率应该被采用也是不清楚的。这些噪声源都呈现出 $1/f$ 特性，但具有不同的拐点频率。最后要提到的是，噪声变平的频率点也不总是等于谐振环路带宽的一半（即$\omega_0/2Q$）。

① D. B. Leeson, “A Simple Model of Feedback Oscillator Noise Spectrum,” *Proc. IEEE*, v. 54, February 1966, pp. 329-30。

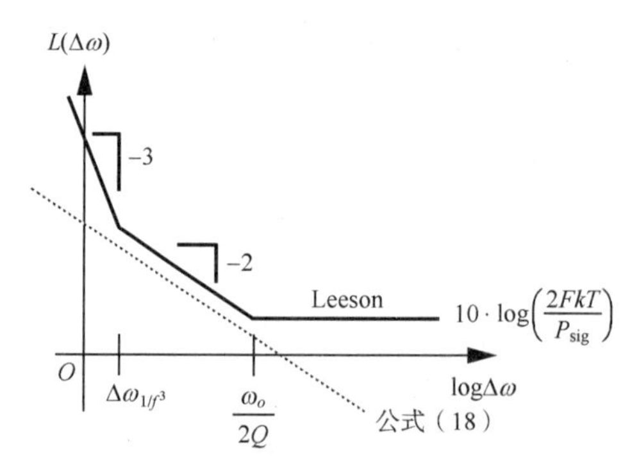

图 18.4　相位噪声：Leeson 模型与式（18）的比较

理想的振荡器模型和 Leeson 模型都指出提高 Q 值和信号功率是减小相位噪声的途径。此外，Leeson 模型还引入了因子 F，但并不清楚它依赖于什么机制。因此要找到减小 F 的方法也是十分困难的。对于 $\Delta\omega_{1/f^3}$ 也存在同样的问题。最后需要指出的是，盲目应用以上这些模型，常常使某些设计者试图用有源电路来提高 Q 值，这是错误运用这些模型的结果。遗憾的是，通过这样的手段（即采用有源电路）来提高 Q 值必然伴随着 F 的增加，因为有源器件本身也产生噪声，从而并不会实现预期的相位噪声的改善。此外，由于缺乏 F 的解析表达式，使得以上的结论看起来可能不太明显，而且我们还会不断地遇到基于有源 Q 值增强方法的各种不成功的振荡器设计。

式（18）或式（19）都不能定量地预测相位噪声的事实表明，在推导过程中用到的假设至少有一些是不正确的，尽管它们看起来比较合理。为了提出一个克服了以上列举的不足之处的理论，我们需要重新评估（甚至修改）这些假设。

18.4　线性度与时变在相位噪声中的作用

在前面的推导中，我们假定具有线性度（linearity）和时不变性。我们现在来逐个分析这些假设。

非线性显然是所有实际振荡器的一个基本性质，因为它的存在对于限幅是必需的。那么，试图将某些观察解释成非线性行为的结果是完全合理的。其中一个观察结果是一个注入振荡器中的单一频率的正弦信号扰动会产生两个等幅的边带，这两个边带关于载频是对称分布的。[①] 因为线性时不变系统（LTI）不能实现频率变换，而非线性系统则可以做到，所以非线性混频经常被用来解释相位噪声。就像我们很快会讲到的那样，幅值控制的非线性当然会影响相位噪声——但只是间接地通过控制输出波形的形状产生影响。

一个重要的深入理解是，扰动即为叠加在主振荡上的干扰。它们在任何一个值得使用或分析的振荡器中总是在幅值上远远小于载波的幅值。因此，假若一定量的注入噪声产生了一定量的相位扰动，则应当可以预计：将注入噪声加倍，其相应的扰动也会加倍。因此，线性度看来是一个合理（并且可以通过实验测得）的假设，至少对于噪声-相位传递函数而言是这样的。因此在利用线性度时，要记住必须明确指明是针对哪一对输入-输出变量的。同样重要的是，认识到对于线性度的假设并不等同于忽略有源器件的非线性行为，因为这是关于一个稳态解的线性度的，器

① B. Razavi, “A Study of Phase Noise in CMOS Oscillators,” *IEEE J. Solid-State Circuits*, v. 31, no. 3, March 1966。

件的非线性已被考虑进去了。这与放大器的分析完全类似，其中小信号增益被定义为关于一个用大信号非线性方程得到的在一定偏置下的解。这样一来就与先前关于非线性幅值控制的认知没有矛盾了。看起来存在的任何冲突是因为“系统”这个词没有被很好地定义。大多数人会把“系统”视为一些部件及其互连的组合体，但是一个更有用的定义是基于所选的特定输入-输出变量的。根据这个定义，一个电路可以对某些变量具有非线性关系，而对另一些变量则呈现线性关系。时不变也不是整个电路的一个不变的性质，它同样取决于所选的变量。

现在我们只需要重新对时不变假设进行分析。在前面的推导中，我们已经将时不变假设推广到噪声源本身，即认为表征噪声（比如谱密度）的测量是时不变（稳态）的。与线性假设不同，时不变假设的认定不太明显。事实上，证明振荡器本质上为时变系统是非常容易的。对这个事实的认知是建立一个相位噪声的更精确理论的关键所在。①

为了测试一下时不变假设是否成立，我们具体考虑一个电流冲激是如何影响最简单的谐振系统（一个没有损耗的 LC 谐振回路，如图 18.5 所示）的波形的。假设这个系统以某个幅值已经振荡了很长时间，然后分析该系统是如何对在两个不同时刻注入的一个冲激做出响应的，如图 18.6 所示。

图 18.5 被电流脉冲激励的 LC 振荡器

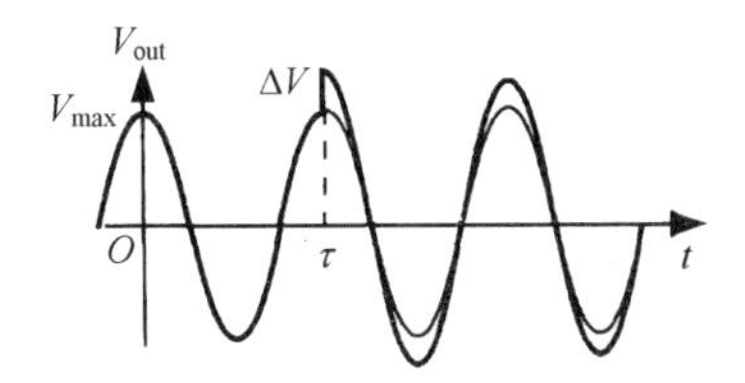

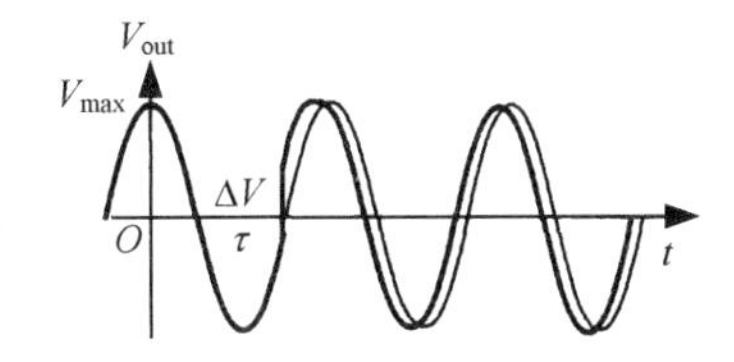

图 18.6 LC 振荡器的冲激响应

假如冲激脉冲正好与电压的最大值相符（如图 18.6 中左图所示），则幅值突然增加一个$\Delta V = \Delta Q / C$的量，但是因为对冲激的响应在相位上与先前存在的振荡精确地叠加，因此跨越零值的时刻并不改变。这样，尽管我们很明显地已经改变了系统的能量，然而幅值的变化并不与相位的变化相伴。相反，在其他时间注入的冲激脉冲通常既改变振荡幅值，又改变跨越零值的时刻，如图 18.6 中右图所示。将跨越零值的时刻解释成一种相位的度量，可以看到对应于一个给定的冲激脉冲的相位扰动量取决于注入发生的时间，因此时不变性就不再成立了，这样振荡器是一个线性（周期性）的时变（LTV）系统。特别重要的是，理论上有可能使系统的能量不发生改变（用图 18.6 中右图所示响应的恒定回路幅值表示），条件是冲激脉冲在零跨越时刻附近被注入时没有做功。比如，当回路电压是负值时，一个小的正冲激脉冲注入从振荡器中萃取能量，而同样的冲激在回路电压为正时注入则给振荡器加入能量。因此，刚好在零跨越时刻之前可能

① A. Hajimiri and T. Lee, “A General Theory of Phase Noise in Electrical Oscillators,” *IEEE J. Solid-State Circuits*, v. 33, no. 2, February 1998, pp. 179-94。

发现某一个时刻，在其上一个冲激脉冲完全不做功，所以振荡幅值不发生改变，但是零值跨越时刻则被移位了。

因为（噪声至相位转换的）线性度假设依然是成立的，冲激响应仍然可以完全地表征这个系统，甚至当时变特性存在时。与一个时不变（LTI）响应相比，仅有的差别是这里的冲激响应是两个变量的函数，即观察点时刻 t 与激励点时刻 τ。注意，一个冲激脉冲输入产生相位上的阶梯变化，冲激响应可以写成

$$h_{\phi}(t,\tau)=\frac{\Gamma(\omega_0\tau)}{q_{\max}}u(t-\tau) \tag{20}$$

这里，$u(t)$是单位阶跃函数。通过除以电容上的最大电荷偏移$q_{\max}$，使得函数$\Gamma(x)$不依赖于信号幅值。这个归一化使得我们能够客观地比较不同的振荡器。$\Gamma(x)$称为冲激灵敏度函数（impulse sensitivity function，ISF），是个无量纲的与频率和幅值无关的函数，周期为 2π。从其命名可以看出，它包含振荡器对在相位$\omega_0 t$ 处注入的冲激的灵敏度。在我们的 LC 振荡器的例子中，$\Gamma(x)$在振荡的过零点附近存在最大值，在振荡波形的峰值处为 0。一般来说，通过模拟来得到$\Gamma(x)$是最实际（也是最准确）的，但是对于一些特殊的情况也采用解析的方法（某些是近似的）。[①] 不论哪一种情况，为了得到对 ISF 典型形状的感性认识，让我们考虑两个有代表性的例子：一个是 LC 振荡器，另一个是环形振荡器（简称环振，见图 18.7）。

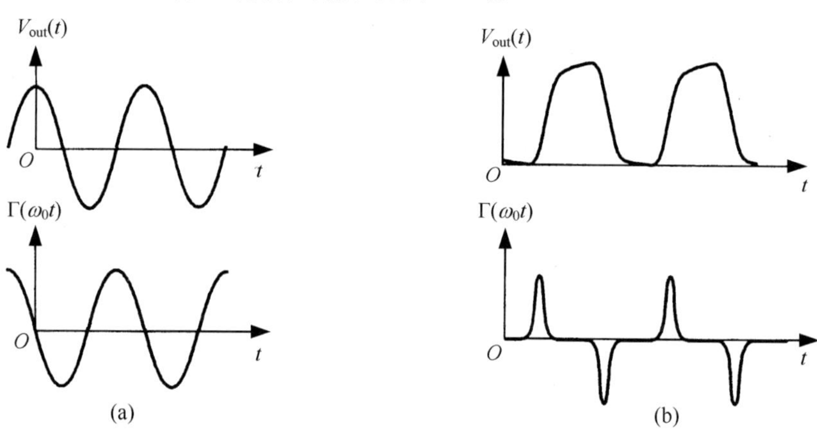

图 18.7　冲激灵敏度函数（ISF）示例：（a）LC 振荡器；（b）环形振荡器

一旦冲激脉冲响应被确定（无论以何种形式），我们就可以用叠加积分的方法计算由于任何大小的噪声信号引起的附加相位变化。这种计算方法是成立的，因为叠加原理是与线性度（而不是时不变性）相关的：

$$\phi(t)=\int_{-\infty}^{\infty}h_{\phi}(t,\tau)i(\tau)\,\mathrm{d}\tau=\frac{1}{q_{\max}}\int_{-\infty}^{t}\Gamma(\omega_0\tau)i(\tau)\,\mathrm{d}\tau \tag{21}$$

图 18.8 所示的等效框图可以帮助我们形象化地解释这个计算过程。该过程对于电信工程师来说是很熟悉的，它类似于一个超外差系统结构（我们很快会再次回到这个观点上来讨论）。

---

① F. X. Kaertner, “Determination of the Correlation Spectrum of Oscillators with Low Noise,” *IEEE Trans. Microwave Theory and Tech.*, v. 37, no. 1, January 1989。还可参见 A. Hajimiri and T. Lee, *The Design of Low-Noise Oscillators*, Kluwer, Dordrecht, 1999。

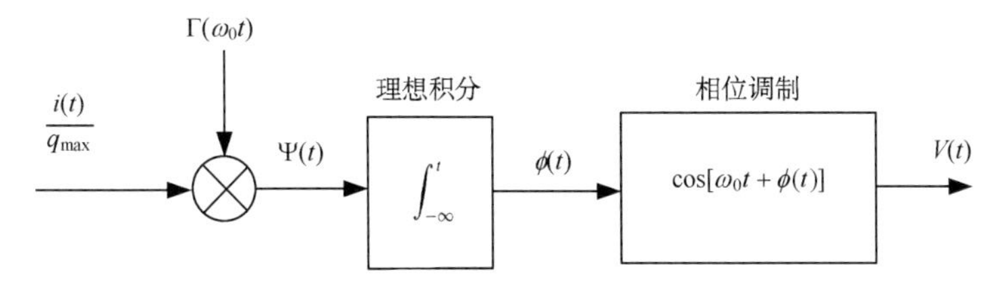

图 18.8　式（21）（部分）描述的过程的等效框图

我们把这个叠加积分变成一个更加实用的形式（注意，ISF 是周期函数，因而可以用傅里叶级数展开）：

$$\Gamma(\omega_0\tau) = \frac{c_0}{2} + \sum_{n=1}^{\infty} c_n \cos(n\omega_0\tau + \theta_n) \tag{22}$$

这里，系数 c_n 是实数，θ_n 是 ISF 第 n 次谐波的相位（因为我们假设噪声分量是互不相关的，所以它们的相对相位没有关系，在以后的讨论中一律忽略 θ_n）。就像许多与物理现象相关的函数一样，这个分解过程的价值即这个级数的收敛速度一般是很快的，所以通常可以采用级数的前几项来很好地近似整个函数。

将傅里叶展开代入式（21），交换求和与积分的位置，可以得到

$$\phi(t) = \frac{1}{q_{\max}}\left[\frac{c_0}{2}\int_{-\infty}^{t} i(\tau)\,\mathrm{d}\tau + \sum_{n=1}^{\infty} c_n \int_{-\infty}^{t} i(\tau)\cos(n\omega_0\tau)\,\mathrm{d}\tau\right] \tag{23}$$

这些数学运算的相应顺序在图 18.9 的左半部用图示方法表示出来。注意，这个框图再次包含了类似超外差接收器的元素。归一化的噪声电流是一个宽带“RF”信号，其傅里叶分量经历了一个本振信号为 ISF 的同时下变频（即相乘）。ISF 的谐波是振荡频率的倍数。重要的是，应记住如果两个变量相乘时其中一个是常数，那么该过程就是一个线性操作，目前的情况即为如此。这些相乘操作的相对贡献由 ISF 的傅里叶系数决定，因此，一旦 ISF 的傅里叶系数已经（通常通过模拟）确定，则式（23）就允许我们计算由一个任意注入系统的噪声电流引起的附加相位。

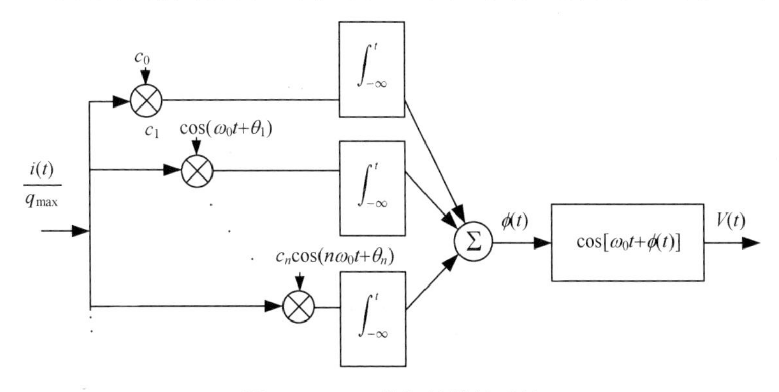

图 18.9　ISF 分解的等效系统

我们已经注意到有这样一个共识，即在某一频率注入非线性系统的信号（或噪声）会产生新的频率成分。我们现在说明的是一个线性的时变系统能够具有定性的类似行为，就像之前引用的假想超外差电路模型所隐含的那样。为了显式地论证这个性质，考虑将一个频率为振荡频率的 m 整数倍附近的正弦电流注入系统，因而，

$$i(t) = I_m \cos(m\omega_0 + \Delta\omega)t \tag{24}$$

其中，$\Delta\omega \ll \omega_0$。将式（24）代入式（23），（注意到除了当 $n=m$ 时，其他项对积分的贡献都可以不计）得到以下近似式：

$$\phi(t) \approx \frac{I_m c_m \sin \Delta\omega t}{2q_{\max}\Delta\omega} \tag{25}$$

这样，$\phi(t)$的频谱由在$\pm\Delta\omega$处两个相等的边带组成，尽管注入信号发生在ω_0 的某个整数倍附近。这个结论对于理解振荡器中噪声的演变奠定了基础。

遗憾的是，我们仍未完成我们想要做的事：通过式（25）可以得知$\phi(t)$的频谱，但我们最终想得到的是振荡器输出电压的频谱，这与$\phi(t)$并不完全是一回事。然而，这两个量通过实际输出波形联系在一起。为了说明这种联系，考虑一个特定的例子，其中输出可以近似为正弦信号，$v_{\text{out}}(t) = \cos[\omega_0 t + \phi(t)]$。这个表达式可被认为是一个相位到电压的转换器，它的输入是相位，输出是电压。这个转换本质上是非线性的，因为它包含了一个正弦波的相位调制。

下面进行这个相位到电压的转换，并且假设具有“小”的幅值扰动，我们发现，导致式（25）的单频信号注入会在载频两边对称地产生两个功率相等的边带：

$$P_{\text{SBC}}(\Delta\omega) \approx 10 \cdot \log\left[\frac{I_m c_m}{4q_{\max}\Delta\omega}\right]^2 \tag{26}$$

注意，幅值的依赖关系是线性的（平方运算只是简单地反映了这里是与一个功率量“打交道”）。这个关系已经被许多实际振荡器通过实验所证实。

这个结论可以推广到白噪声源的一般情形：

$$P_{\text{SBC}}(\Delta\omega) \approx 10 \cdot \log\left[\frac{\dfrac{\overline{i_n^2}}{\Delta f}\displaystyle\sum_{m=0}^{\infty} c_m^2}{4q_{\max}^2\Delta\omega^2}\right] \tag{27}$$

式（26）与式（27）指出了噪声信号通过上变频和下变频被转换为载波附近的噪声，如图 18.10 所示。该图总结了前面那些公式所表达的意思：所有整数倍载波频率附近的噪声都被变换到载波频率附近。

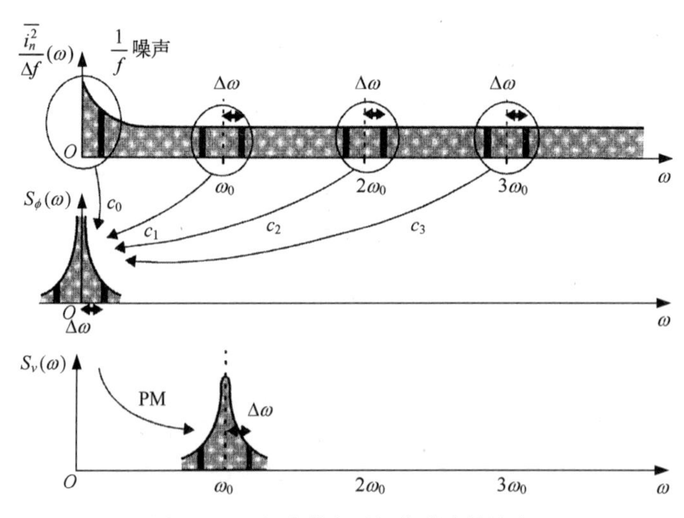

图 18.10　电路噪声到相位噪声的演变

直流附近的噪声经过了上变换，并且乘上系数 c_0，故 $1/f$ 区域的噪声转换为载频附近的 $1/f^3$ 区域的噪声；载频附近的噪声仍在载频附近，并且被乘上权重 c_1；载频的高阶整数倍附近的白噪声被下变换到载频附近，转换为 $1/f^2$ 区域的噪声。注意，$1/f^2$ 的形状是由积分引起的，而这个积分又是由冲激噪声输入引起的阶跃相位变化导致的。由于积分（即使是时变的）将一个白的电压或电流谱变成 $1/f$ 的形状，因此功率谱密度就变成 $1/f^2$ 的形状。

从图 18.10 可以明显看出，如果能够减小系数 c_n（通过减小 ISF 得到），就可以减小相位噪声。为了定量地说明这一点，我们可以用 Parseval 定理写出

$$\sum_{n=0}^{\infty} c_m^2 = \frac{1}{\pi} \int_0^{2\pi} |\Gamma(x)|^2 \, \mathrm{d}x = 2\Gamma_{\mathrm{rms}}^2 \tag{28}$$

因此，$1/f^2$ 区域的频谱可以表示为

$$L(\Delta\omega) = 10 \cdot \log\left[\frac{\dfrac{\overline{i_n^2}}{\Delta f}\Gamma_{\mathrm{rms}}^2}{2q_{\max}^2\Delta\omega^2}\right] \tag{29}$$

这里，Γ_{rms} 是 ISF 的均方根。如果其他参数保持不变，那么减小 Γ_{rms} 可以减小全频域的相位噪声。式（29）是 $1/f^2$ 区域的严格表达形式，也是这个相位噪声模型的一个关键结果。注意，在此式中不存在经验拟合参数。

除了其他特性，式（29）使得我们能够定量地分析 $1/f$ 噪声如何通过上变频转换为载频附近的相位噪声。载频附近的噪声对于通道间距很窄的通信系统是尤其重要的。事实上，允许的通道间距常常被可取得的相位噪声所限制。遗憾的是，采用线性时不变（LTI）模型无法预测载频附近的相位噪声。

有了线性时变模型，这个问题就不存在了。具体地说，假设 $1/f$ 区域的噪声表现为

$$\overline{i_{n,1/f}^2} = \overline{i_n^2} \cdot \frac{\omega_{1/f}}{\Delta\omega} \tag{30}$$

这里，$\omega_{1/f}$ 是 $1/f$ 的拐点频率。利用式（27）可以得到以下 $1/f^3$ 区域的噪声表达式：

$$L(\Delta\omega) = 10 \cdot \log\left[\frac{\dfrac{\overline{i_n^2}}{\Delta f}c_0^2}{8q_{\max}^2\Delta\omega^2} \cdot \frac{\omega_{1/f}}{\Delta\omega}\right] \tag{31}$$

因此 $1/f^3$ 的拐点频率为

$$\Delta\omega_{1/f^3} = \omega_{1/f} \cdot \frac{c_0^2}{4\Gamma_{\mathrm{rms}}^2} = \omega_{1/f} \cdot \left(\frac{\Gamma_{\mathrm{dc}}}{\Gamma_{\mathrm{rms}}}\right)^2 \tag{32}$$

由此可以看出，$1/f^3$ 的相位噪声拐点频率并不一定与 $1/f$ 器件/电路噪声拐点相一致，前者通常会低一些。实际上，由于 Γ_{dc} 是 ISF 的直流值，因此有可能将 $1/f^3$ 拐点频率大幅度降低。ISF 是波形的函数，因此可以潜在地为设计者所控制。通常是通过对上升和下降时间的对称性调整来控制的。这个结果并不为 LTI 方法所预见，但却是这个 LTV 模型提供的最为有用的结论之一。这个结果对于 $1/f$ 噪声特性比较差的工艺（如 CMOS 及 GaAs MESFET）尤其具有重要意义。利用这个结论

的具体例子将在下一节给出。

另一个特别有用的概念是周期性准稳态噪声源。在许多振荡器中，噪声源并不能很好地被当作准稳态的。典型的例子包括场效应管中的白漏噪声电流及双极型晶体管中的散粒（shot）噪声。噪声电流是偏置电流的函数，而后者会随着振荡波形周期性地在大范围内变动。LTV 模型可以很容易地包括周期性准稳态白噪声源，因为我们可以将这样的噪声源当作一个稳态的白噪声和一个周期函数的乘积：①

$$i_n(t) = i_{n0}(t) \cdot \alpha(\omega_0 t) \tag{33}$$

其中，i_{n0}是一个稳态的白噪声源，其峰值等于周期性准稳态噪声源的峰值；$\alpha(x)$是一个峰值为 1 的周期性无量纲函数，称为*噪声调制函数*（NMF），见图 18.11。将这个噪声电流的表达式代入式（21），就可以将一个周期性准稳态噪声视为一个稳态噪声源。条件是要定义一个等效的 ISF：

$$\Gamma_{\text{eff}}(x) = \Gamma(x) \cdot \alpha(x) \tag{34}$$

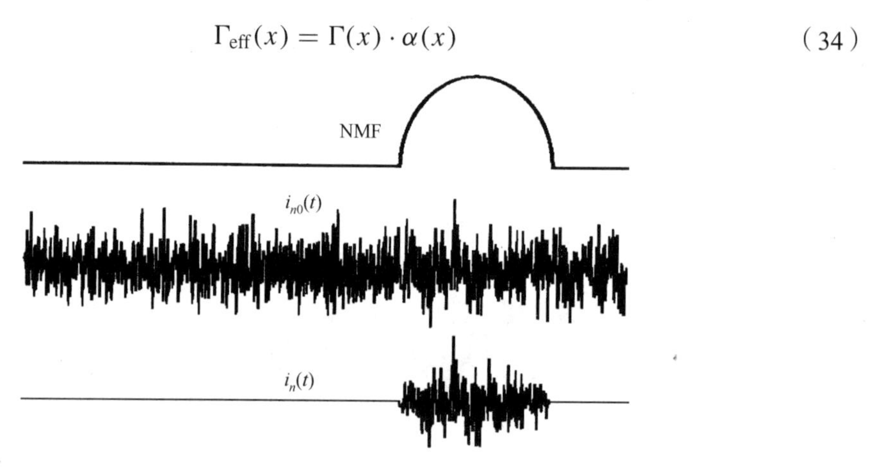

图 18.11　作为静态噪声和 NMF 乘积的循环静态噪声

图 18.12 给出了 Colpitts 振荡器的一个周期的$\Gamma(x)$、$\alpha(x)$及$\Gamma_{\text{eff}}(x)$。基于先前讨论过的理想 LC 振荡器的 ISF（其中，输出电压与 ISF 的形状大致相同），$\Gamma(x)$的准正弦形状或许是可以被预期的。差别只是现在的 ISF 与先前的差了$\pi/2$（即正交）。这个 NMF 在（一个周期的）大部分时间几乎是零，这与在 Colpitts 电路中晶体管的 C 类工作状态相一致。晶体管在一个相对说来较窄的时间窗口里补充损失的回路能量，这可以从$\alpha(x)$的形状看出。这两个函数的乘积$\Gamma_{\text{eff}}(x)$有比$\Gamma(x)$小得多的均方根值，从而清楚地表明这个振荡器利用了周期准稳态性。

这个例子突出说明了周期准稳态性很容易被包含在已经建立的框架之中。只要在所有的表达式中使用了Γ_{eff}，前面那些结论都不需要改变。②

确定了影响振荡器噪声的因数之后，我们可以清楚地给出设计一个好的振荡器需要满足的条件。首先，与 LTI 模型得出的结论一致，如果其他条件一样，则振荡信号的功率和谐振器的 Q 值都应该尽可能地大。此外，总是需要有源器件来补偿谐振回路的损耗，而有源器件总会产生噪声。此外还应注意到，ISF 告诉我们在一个振荡周期中存在着敏感与不敏感的时刻。在一个有源

① W. A. Gardner, *Introduction to Random Processes*, McGraw-Hill, New York, 1990。

② 如果一个外部的周期准稳态噪声源被引入振荡器，比如在注入-锁相振荡器的情形中，这个公式可能不成立。下文给出了一个详细的讨论：P. Vanassche et al., “On the Difference between Two Widely Publicized Models for Analyzing Oscillator Phase Behavior,” *Proc. IEEE/ACM ICCAD*, Session 4A, 2002。

器件能给谐振回路供给能量的无穷多种方法中，最好是在 ISF 处于最小值时一次性地注入全部能量。这样，在一个理想的 LC 振荡器中，几乎在所有时间晶体管都处于关态，只是在一个周期中信号幅值达到峰值时才周期性地“醒过来”并注入一个电流的冲激脉冲。在实际的振荡器中，这一行为的近似程度将决定其相位噪声性能，因为一个 LTI 理论把所有的时间点看成是同样重要的，这种理论不能预见这一重要结果。

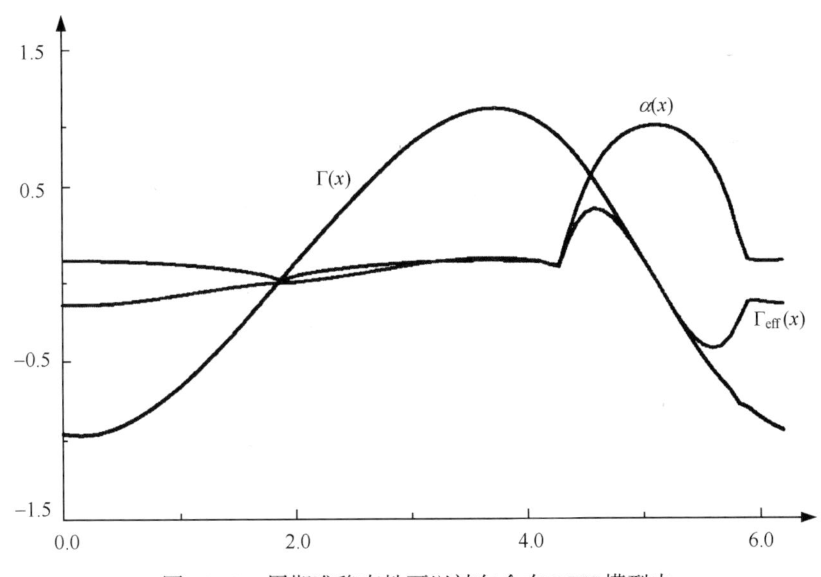

图 18.12 周期准稳态性可以被包含在 LTV 模型中

冲激脉冲能量的做法实际上已被采用几个世纪了，只是在不同的领域中应用。在机械钟里，一个称为摆轮的结构控制着能量从弹簧到钟摆的转移。摆轮迫使这种转移以冲激脉冲的形式发生，而且只发生在精确的时刻（与钟摆速度的最大时刻相符），选择这个时刻可以使得对振荡周期的扰动最小。尽管这个历史上重要的方法已经使用几百年了（这个方法是根据直观感觉设计出来的，通过反复地出错然后再纠正的循环而确定），但直到 1826 年才被天文学家 Royal George Airy①从数学上加以分析。当然，它与电子振荡器的更广泛领域的联系只是近来才被认识到的。

最后要说明的是，最好的振荡器具有产生小的Γ_{dc}对称性的性质。这个小的Γ_{dc}可以使$1/f$的上变频最小。在进一步分析载波附近噪声的某些其他特性之后，我们将在下面分析几个如何实际达到这些目标的电路例子。

载波附近的相位噪声

至此，我们预期 $S_\phi(\omega)$ 的频谱在载频附近有一个反比于差频立方的分布。也就是说，当接近载频时，频谱密度无限制地增加。然而，大多数测量并不显示出这一特征。由于这个理论预测缺乏实验支持，因此经常被错误地解释成某种新现象的结果，或者是 LTV 理论有缺陷，所以我们有必要详细地讨论一下这个问题。

LTV 理论只认定 $S_\phi(\omega)$ 无限制地增加，而大多数“相位”噪声测量实际上是测量振荡器输出

① G. B. Airy, “On the Disturbances of Pendulums and Balances, and on the Theory of Escapements,” *Trans. Cambridge Philos. Soc.*, v. 3, pt. I, 1830, pp. 105-28。

电压的频谱，也就是说，经常测量的实际上是 $S_V(\omega)$。在这种情况下，当偏差频率趋于零时，输出频谱并不会无限制地增长。这反映了这样一个简单的事实：即使对于无穷大的函数自变量，余弦函数的值仍是有限的。这个幅值限制导致当趋近载频时测量到的频谱变平，得到的形状称为洛伦兹（Lorentzian）形状，[①] 如图 18.13 所示。

根据测量过程的细节，可能会也可能不会观察到–3 dB 拐角频率。如果采用一个频谱分析仪，那么通常能够观察到这个拐角频率。假设存在一个理想鉴相器和锁相环，那么 $\phi(t)$ 的频谱可以被下变频并被直接测量。这种情况下，完全不会观察到平坦部分。用一个实际的鉴相器（其必然只有有限的鉴相范围），一般能够观察到–3 dB 拐角频率，但是拐角频率的确切值现在是测量装置的函数，这种测量将不再反映振荡器的本征频谱性质。这种对于测量技术缺乏一致性在过去一直是造成混淆的根源。

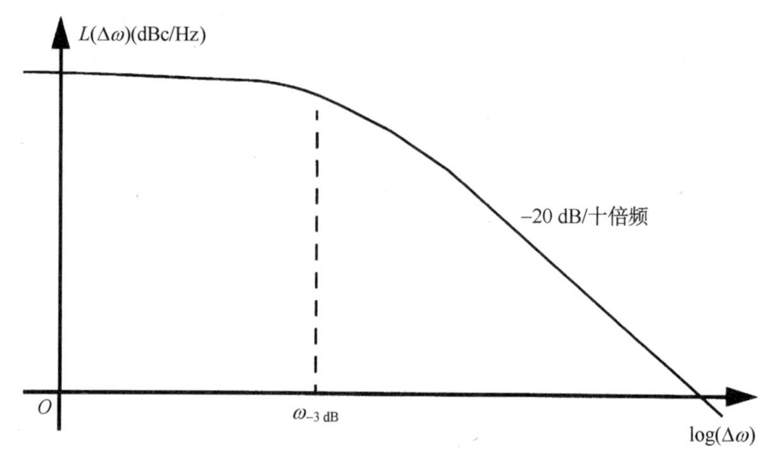

图 18.13 洛伦兹频谱

18.5 电路实例

18.5.1 LC 振荡器

在推导了低的或中等的偏差频率的相位噪声表达式之后，把这些理解应用到实际振荡器中是很有益处的。我们首先讨论广泛使用的 Colpitts 振荡器及其关联波形（见图 18.14 和图 18.15）。一个重要特征是漏极电流只在与谐振电压的峰值一致处一个很小的区间导通。这种特征所对应的极佳的相位噪声特性是这种结构被普遍采用的原因。一直以来人们都知道最小的相位噪声发生在某一个抽头比的很窄的范围内（比如，一个 3 : 1 或 4 : 1 的 C_2/C_1 电容比）。但是在 LTV 理论建立之前，没有一个理论基础来解释这样一个优化值。

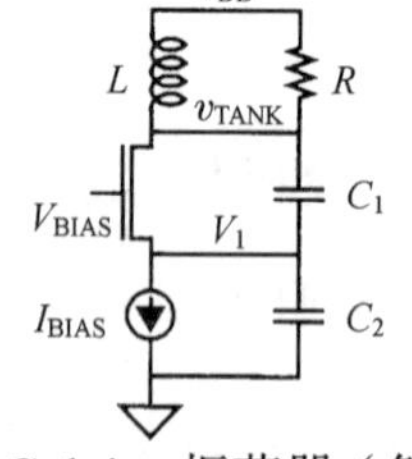

图 18.14 Colpitts 振荡器（简化电路）

① W. A. Edson, "Noise in Oscillators," *Proc. IRE*, August 1960, pp. 1454-66。还可参见 J. A. Mullen, "Background Noise in Nonlinear Oscillators," *Proc. IRE*, August 1960, pp. 1467-73。一个洛伦兹形状与一个单个低通滤波器的功率响应一样，只不过洛伦兹这个名称听起来更令人印象深刻。

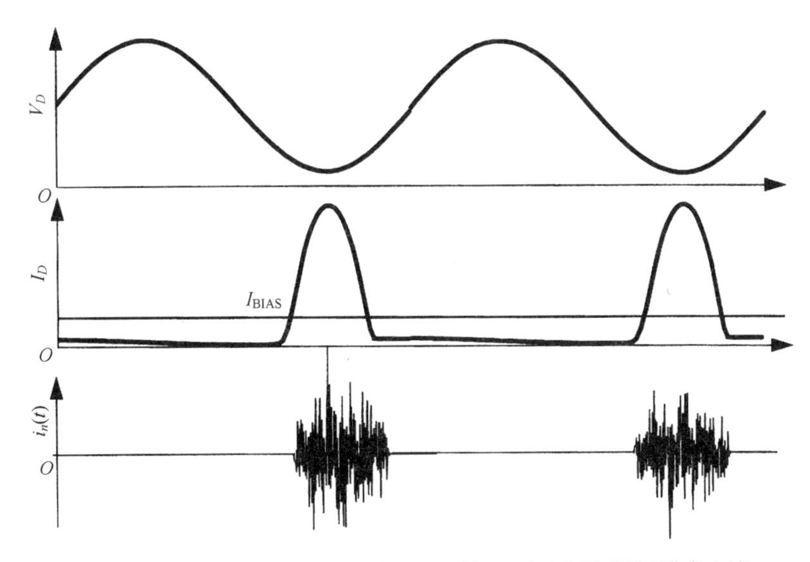

图 18.15 Colpitts 振荡器的近似增量谐振回路电压与漏极噪声电流

在图 18.15 中可以清楚地看到漏极噪声电流的周期性准稳态性。因为在 ISF 相对较小之处噪声最大，有效的 ISF（即 ISF 与噪声调制函数）要比 ISF 小很多。

LTI 与 LTV 这两个模型都指出了使信号幅值最大化的价值。为了避免电源电压或击穿电压的限制，我们可以采用带抽头的谐振器来去掉谐振器两端的信号摆幅与器件电压之间的耦合。实现这个想法的结构是 Colpitts 振荡器的 Clapp 修正版本（重新画在图 18.16 中）。在发表的文献里，最近出现了采用带抽头谐振器的振荡器的差分实现。[①] 这些类型的振荡器或者是 Clapp 结构，或者是它的对易结构（采用带抽头的电感而不是带抽头的电容）。随着采用的电源电压变低，Clapp 结构变得越来越受欢迎，因为在常规的谐振器连接中，信号摆幅受 V_{DD} 的限制。而采用抽头结构，即使在低电源电压下仍然能维持较高的信号能量。

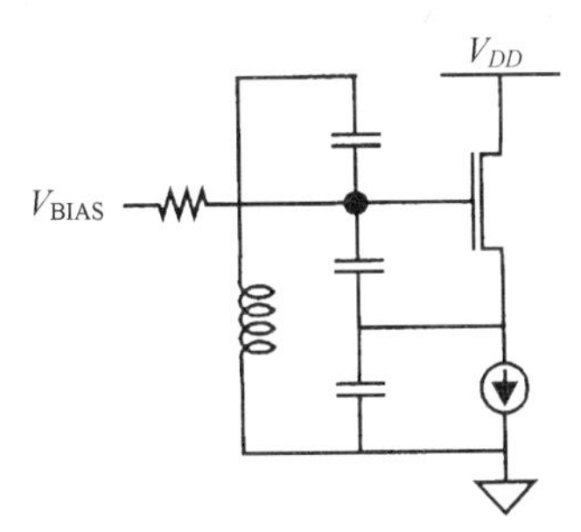

图 18.16 Clapp 振荡器

LTV 模型对相位噪声的预测往往对双极型晶体管振荡器更准确些，这是因为双极型晶体管有更好的器件噪声模型。在 Margarit 等人的文章[①]中，冲激响应模型（见 18.8 节）被用来确定对应于振荡器中的各种噪声源的 ISF 函数。这些知识被进一步用来优化一个差分双极型 VCO 的

① J. Craninckx and M. Steyaert, “A 1.8 GHz CMOS Low-Phase-Noise Voltage-Controlled Oscillator with Prescaler,” *IEEE J. Solid-State Circuits*, v. 30, no. 12, December 1995, pp. 1474-82。还可参见 M. A. Margarit, J. I. Tham, R. G. Meyer, and M. J. Deen, “A Low-Noise, Low-Power VCO with Automatic Amplitude Control for Wireless Applications,” *IEEE J. Solid-State Circuits*, v. 34, no. 6, June 1999, pp. 761-71。

噪声性能。图 18.17 给出了这个振荡器的简化电路图。一个带抽头的谐振器被用来增加回路信号功率 P_{sig}。计算得到的优化电容抽头比大约是 4.5（对应于一个 3.5 的电容比）。这个计算结果基于将噪声源的周期准稳态性考虑在内的计算机模拟。具体来说，相关模拟考虑了来自每一个晶体管的基区扩展电阻和集电极散弹噪声的噪声贡献，以及来自谐振回路电阻损耗的噪声贡献。图 18.18 与图 18.19 分别给出了对应于核心振荡器晶体管的散弹噪声和对应于偏置电流电源的 ISF。（这些 ISF 取自 Margarit 等人的文章，是通过 18.8 节所描述的时域中直接求值而计算得到的。）从图 18.19 可以看出，尾电流噪声对应的 ISF 的频率是振荡频率的两倍，这是由于电路的差分拓扑结构（尾电压波形包含一个振荡器频率倍频的分量）造成的。值得注意的是，我们观察到尾电流噪声对相位噪声的贡献只发生在振荡频率的偶数倍上。假若尾电流在供给振荡器核心电路之前就通过一个低通（或带阻，bandstop）滤波器进行滤波，那么尾电流源所做的贡献就会被大大减小，现在已有报道，其衰减增加了 10 dB 或更多。① 只有尾电流的 $1/f$ 噪声仍然作为噪声的贡献源。单个 ISF 被用来计算各自对应的噪声源的贡献，然后所有这些噪声贡献将被加在一起。

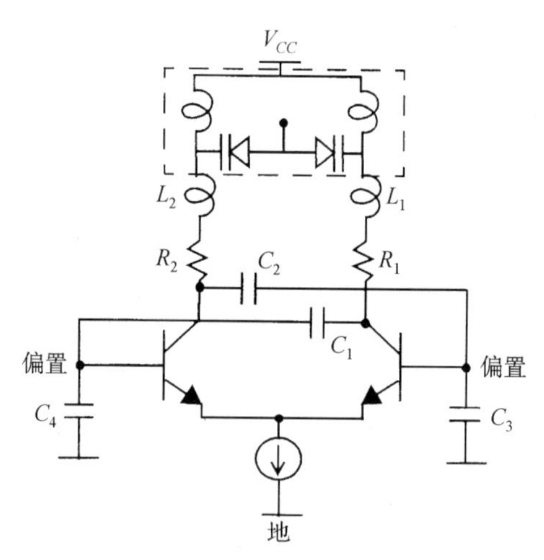

图 18.17 Margarit 等人的文章中的压控振荡器（VCO）的简化示意图

从图 18.20 可以清楚地看到，在这个拓扑结构中的$1/f$噪声上变频的衰减。该图给出了预期的和测量到的一个 3 kHz 的 $1/f^3$ 拐角频率。这个电路拐角频率与一个单个器件的 200 kHz 的 $1/f$ 噪声拐角频率在数值上互相对应。注意，用一个商用的模拟工具 Spectre（当时的最新版本）未能对这个例子在所示的偏差频率范围内识别出 $1/f^3$ 拐角频率，从而导致了对 100 Hz 偏差频率处 15 dB 的噪声值的低估。在 $1/f^2$ 区间中测量到的相位噪声也与 LTV 模型的预测结果符合得很好。举例来说，在 100 kHz 频率偏差处预测的值是–106.2 dBc/Hz，而测量值是–106 dBc/Hz，二者几乎没有差别。最后要提到的是，这个特别的 VCO 设计使用了一个有用的单独自动幅值控制环路，从而可以对稳态与启动条件分别进行优化，因而有利于噪声性能的改善。

① A. Hajimiri and T. Lee, 在 *The Design of Low-Noise Oscillators* (Kluwer, Dordrecht, 1999) 一书中描述了加上一个简单的并联在尾电路节点与地之间的电容。E. Hegazi et al.，在"A Filtering Technique to Lower Oscillator Phase Noise" (*ISSCC Digest of Technical Papers*, February 2001)一文中讲到，在尾电流源与公共源节点之间插入一个平行谐振回路来获得 10 dB 的相位噪声衰减。

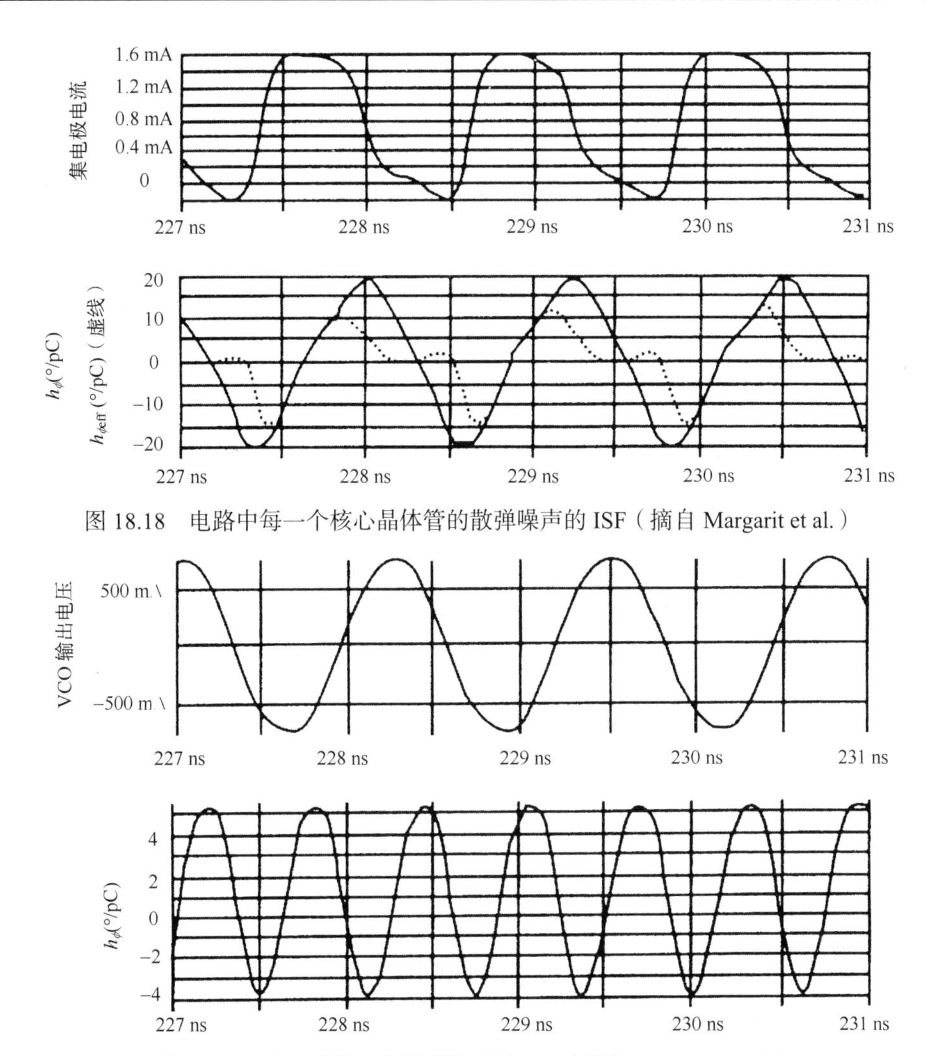

图 18.18 电路中每一个核心晶体管的散弹噪声的 ISF（摘自 Margarit et al.）

图 18.19 尾电流源中的散弹噪声的 ISF（摘自 Margarit et al.）

前面曾经提到过，LTV 理论的一个关键点是有关对称性的重要性。这个对称性效应在某种程度上可以从前面这个例子看出。更充分地利用这个知识的结构是如图 18.21 所示的对称负阻振荡器。[①]这个结构并不是新出现的，但是对其对称性带来好处的评价则是新提出的。这里，半电路的对称性是真正重要的，因为在两个半电路中的噪声最多只是部分地关联。通过适当地选择 PMOS 与 NMOS 的相对宽度，可使每一个半电路的 ISF 直流值（Γ_{dc}）最小化，从而可以使 $1/f$ 噪声的上变频最小化。通过这样的方法来利用对称性，$1/f^3$ 的拐角频率可以被降到极低的值，尽管器件的 $1/f$ 噪声拐角频率依然很高（这对于 CMOS 的情形是典型的）。此外，4 个晶体管的桥式布局允许更大的信号摆幅，从而有助于相位噪声的改善。所有这些因素将导致在与 1.8 GHz（载波频率）偏差 600 kHz 处得到的相位噪声是−121 dBc/Hz，而这个值是在使用低 Q 值（估计为 3～4）的片上螺旋电感（功耗为 6 mW）的 0.25 μm CMOS 工艺情况下得到的。这个结果可与用双极型工艺所能达到的性能相比拟，正如通过与 Margarit 等人的文章中的双极型例子相比较看到的那样。通过适当地增加功率，这个振荡器的相同相位噪声将变得可以满足 GSM1800 规定的标准。

① A. Hajimiri and T. Lee, “Design Issues in CMOS Differential LC Oscillators,” *IEEE J. Solid-State Circuits*, May 1999。

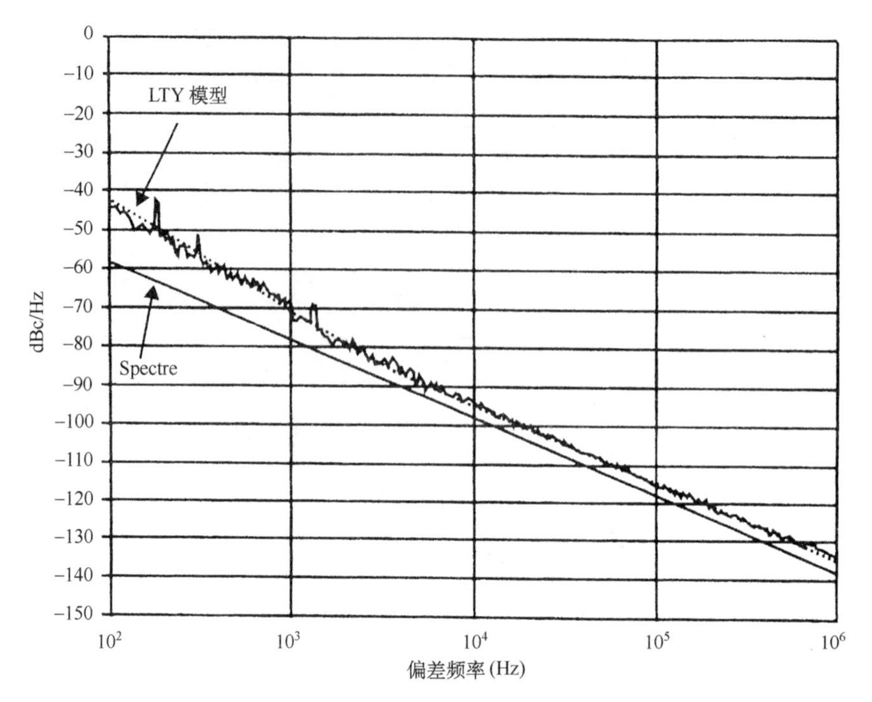

图 18.20　Margarit 等人的文章中测量到的和预测的 VCO 的相位噪声

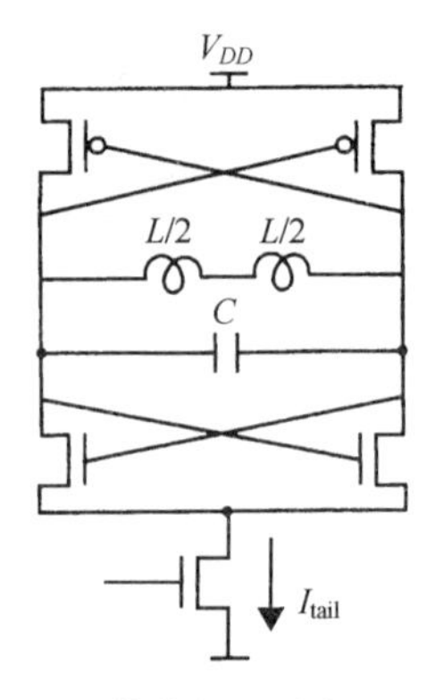

图 18.21　简化的对称负阻振荡器

18.5.2　环形振荡器

作为一个与理想性能相差甚远的例子，我们来考虑一个环振。首先，“谐振器”的品质因数 Q 很低，因为存储在节点电容中的能量在每个周期都被放掉，因此如果将 Colpitts 振荡器的谐振回路比作一个讲究的水晶玻璃酒杯，那么一个环振的谐振回路只能被视为一个粗糙的泥罐。此外，能量是在电压波形的边界（最差的时刻）而不是峰值处注入谐振回路。这些因素合起来解释了众所周知的环振的极差相位噪声特性。因此，环振只有在某些最无关紧要的地方应用，或者在宽带 PLL 中应用，因为 PLL 有能力将频谱中不需要的成分去除。

然而，环振也有一些好的方面，即它们可以被用来在一个混合（数模）模式集成电路取得较好的相位噪声性能。在一个振荡器的不同节点上的噪声源由于各种原因可能有很强的关联性。具有强关联性的噪声源的两个例子是衬底与电源供给噪声，它们源自芯片其他部分电流的开与关。这种在电源与衬底中的扰动会引发环振中不同电路级的相似的扰动。

为了理解这个关联效应，考虑如图 18.22 所示的一个特殊情况，这里一个环振的所有节点上都有相同的噪声源。假若振荡器中的所有反相器是相同的，那么对不同节点上的 ISF 只在相位上差 $2\pi/N$ 的整数倍，如图 18.23 所示。

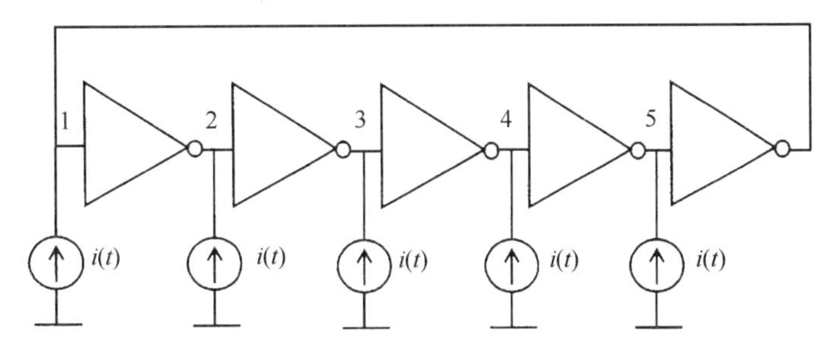

图 18.22　5 级环形振荡器，每一级节点都具有相同的噪声源

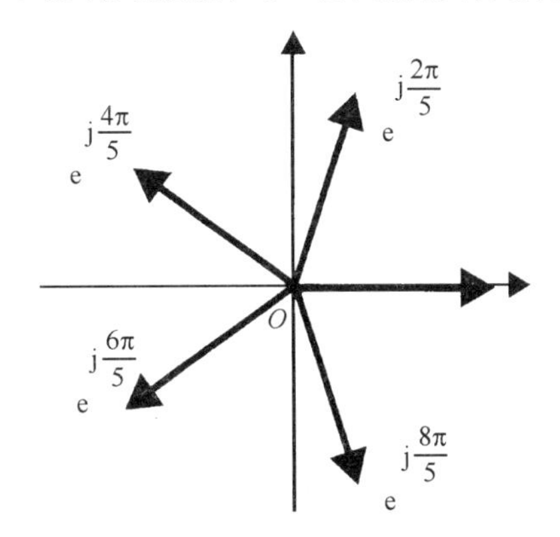

图 18.23　源自每一个噪声源的噪声贡献所对应的相量

因此，从所有噪声源得到的总相位通过叠加原理由式（21）给出：[1]

$$\phi(t)=\frac{1}{q_{\max}}\int_{-\infty}^{t}i(\tau)\left[\sum_{n=0}^{N-1}\Gamma\left(\omega_0\tau+\frac{2\pi n}{N}\right)\right]\mathrm{d}\tau \tag{35}$$

将中括号里的项用傅里叶级数展开，可以观察到除了 DC 项和 $N\omega_0$ 的整数倍项，其他各项都为零，即

$$\phi(t)=\frac{N}{q_{\max}}\sum_{n=0}^{\infty}c_{(nN)}\int_{-\infty}^{t}i(\tau)\cos(nN\omega_0\tau)\,\mathrm{d}\tau \tag{36}$$

这意味着对于完全相关的噪声源，只有在 $N\omega_0$ 整数倍附近的噪声才影响总噪声。因此，要尽一切努力以使得源自衬底与电源扰动的噪声的相关性最强。这个结果可以通过恰当的版图与电路设计，使得反相器级与每一个电路节点上的噪声源尽可能一致而得到。例如，版图应该画得对称，反相器级应该彼此靠近，使得衬底噪声以共模源的形式出现。后一个考虑对于轻掺杂的衬底来说尤其重要，因为这样的衬底不能被视为一个单一的节点。[2] 保持所有电路级的朝向（晶向）一致

① A. Hajimiri, S. Limotyrakis and T. H. Lee, "Jitter and Phase Noise in Ring Oscillators," *IEEE J. Solid-State Circuits*, v. 34, no. 6, June 1999, pp. 790-804。

② T. Blalack, J. Lau, F. J. R. Clement, and B. A. Wooley, "Experimental Results and Modeling of Noise Coupling in a Lightly Doped Substrate," *IEDM Tech. Digest*, December 1996。

也是很重要的。级与级之间的互连线必须在长度和形状上保持一致，同时一根公共电源线应该给所有的反相器级供电。此外，所有电路级上的负载应该保持相同，比如或许可以采用 dummy 缓冲器级（如果需要）。在保持与希望达到的频率一致的前提下，用尽可能多的级数也是有帮助的，因为此举可以使较少的 c_n 系数影响相位噪声。最后，因为衬底与电源噪声的低频部分起主要作用，所以应该利用对称性使得Γ_{dc}最小化。

另一个难题与 MOS 环振的最佳拓扑结构有关，即对于一个给定的中心频率 f_0 与总功耗 P，是单端还是差分拓扑图可以产生较好的抖动及相位噪声性能？有助于我们做出这些选择的分析是一个关于 ISF 的近似表达式，如图 18.24 所示。这个 ISF 在图中用两个三角形来近似。ISF 的均方根（rms）值由下式给出：

$$\Gamma_{\text{rms}}^2 = \frac{1}{3\pi}\left(\frac{1}{f'_{\text{rise}}}\right)^3(1 + A^3) \tag{37}$$

f'_{rise} 和 f'_{fall} 表示上升边和下降边的最大斜率，A 是 f'_{rise} 与 f'_{fall} 的比值。

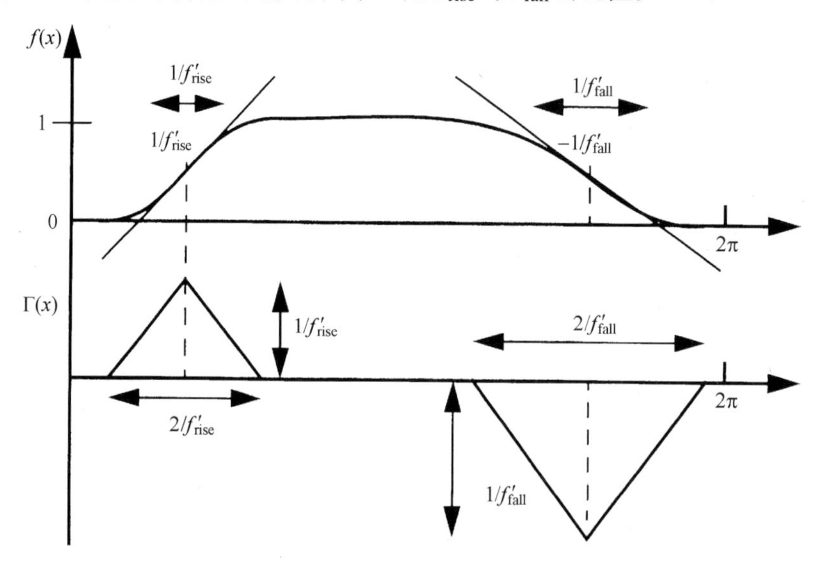

图 18.24　环形振荡器的 ISF 近似解析表达式的推导

通过将 ISF 表达式与晶体管的噪声表达式相结合，我们可以推导出 MOS 差分与单端振荡器的相位噪声。基于这些表达式，我们发现一个单端（反相器链）振荡器的相位噪声是独立于振荡器中的级数的，前提是功耗与工作频率是给定的。然而，对于一个差分环振，相位噪声（抖动）随着级数的增加而增加。因此，甚至一个恰当设计的差分 CMOS 环振的性能也比一个同等的单端 CMOS 环振的性能差，而且这种差别随级数的增加而变大。这两种振荡器与级数的不同的依赖关系可以追踪到它们各自消耗功率的方式。从电源取出的直流电流与差分环振的过渡过程的次数及斜率无关。与此不同，反相器链环振主要在过渡过程中消耗能量，因此对于给定的能量损耗，其相位噪声性能较好。然而，对于有大量数字电路的 IC 来说，可能仍然希望采用差分结构，这是因为差分拓扑对衬底与电源噪声的敏感度较低，而且有较少的对同一芯片上的其他电路的噪声注入。究竟采用哪一种结构，应该对这两种考虑进行综合之后再决定。

还有一个有争议的问题是，对于给定的 f_0 和 P，若想获得最好的抖动与相位噪声，反相器级的最佳数目是多少。对于单端 CMOS 环振，在 $1/f^2$ 区域中的相位噪声及抖动并非反相器级数的紧密耦合函数。但是，如果对称性条件没有很好地得到满足，或工艺本身具有较大的 $1/f$ 噪声（或两者兼有），那么一个较大的 N 值可以减少抖动。这种减少源自这样一个事实，即为了取得同样的振荡频率，采用较大的级数必然伴随着更快的波形跳变边，而较快的跳变边可以减少上升和下降时间上的非对称性，从而降低 $1/f$ 噪声的上变频。反相器级数的选定通常基于几个设计考虑，比如 $1/f$ 噪声效应和希望得到的最大振荡频率，以及基于那些不随 N 发生相应变化的外部噪声源（例如电源和衬底噪声）。$1/f$ 噪声基于对称性的衰减能够大大增加由于陷阱重新趋于稳态所造成的衰减，这种陷阱重新趋于稳态体现在 MOSFET 于开关工作区域的操作中。①

抖动与相位噪声行为对于不同的环振是不同的。抖动与相位噪声随着级数的增加而增加。因此，如果 $1/f$ 噪声拐角频率不是很大，以及/或者已经采取了恰当的对称性措施，那么应该采用最小的级数（3 或者 4）取得最好的性能。这个建议即使在功耗不是主要考虑因素的情况下依然成立。只能用较多的级数来消耗更多的能量以取得更好的相位噪声性能的说法是不合理的。因为采用级数较少而尺寸较大的器件同样可以达到更好的抖动与相位噪声性能——只要能够实现尽可能大的总电荷摆幅即可。

18.6　幅值响应

尽管载波附近的边带主要由相位噪声决定，然而远处的边带也会受到幅值噪声的很大影响。与被电流冲激脉冲引发的附加相位不同，冲激引发的附加的幅值 $A(t)$ 随时间衰减。这种衰减是直接由实际振荡器都具有的幅值恢复机制引起的。附加的幅值既可以非常缓慢（比如在一个具有高品质因子的谐波振荡器中）也可以非常快速地（比如环振）衰减，某些电路甚至还会表现出欠阻尼的二阶幅值响应。幅值控制机制的详细动力学过程对于噪声谱的形状具有直接影响。

在图 18.5 所示的理想 LC 振荡器的情形下，一个面积为 Δq 的电流脉冲会造成电容器两端电压的瞬间变化，而这个变化又会引起振荡器幅值的变化，其幅值取决于注入的时刻（如图 18.6 所示）。对于小的注入电荷，$\Delta q \ll q_{\max}$，幅值的变化正比于归一化的瞬时电压变化 $\Delta V/V_{\max}$：

$$\Delta A = \Lambda(\omega_0 t)\frac{\Delta V}{V_{\max}} = \Lambda(\omega_0 t)\frac{\Delta q}{q_{\max}}, \quad \Delta q \ll q_{\text{swing}} \tag{38}$$

其中，幅值冲激灵敏度函数 $\Lambda(\omega_0 t)$ 是一个周期函数，它决定了波形中的每一点对于冲激的灵敏度，因此是相位冲激灵敏度函数 $\Gamma(\omega_0 t)$ 的幅值版本。遵循与相位响应类似的分析过程，幅值冲激响应可以写成

$$h_A(t,\tau) = \frac{\Lambda(\omega_0 t)}{q_{\max}}d(t-\tau) \tag{39}$$

式中，$d(t-\tau)$ 是定义过度幅值的衰减过程的函数。图 18.25 显示了两个假想的例子：一个具有过

① I. Bloom and Nemirovsky, "$1/f$ Noise Reduction of Metal-oxide Semiconductor Transistors by Cycling from Inversion to Accumulation," *Appl. Phys. Lett.*, v. 58, April 1991, pp. 1664-6。还可参见 S. L. J. Gierkink et al., "Reduction of the $1/f$ Noise Induced Phase Noise in a CMOS Ring Oscillator by Increasing the Amplitude of Oscillation," *Proc. 1998 Internat. Sympos. Circuits and Systems*, v. 1, May 31-June 3, 1998, pp. 185-8。

度阻尼的低 Q 振荡器的 $d(t)$及一个具有欠阻尼幅值响应的高 Q 振荡器。

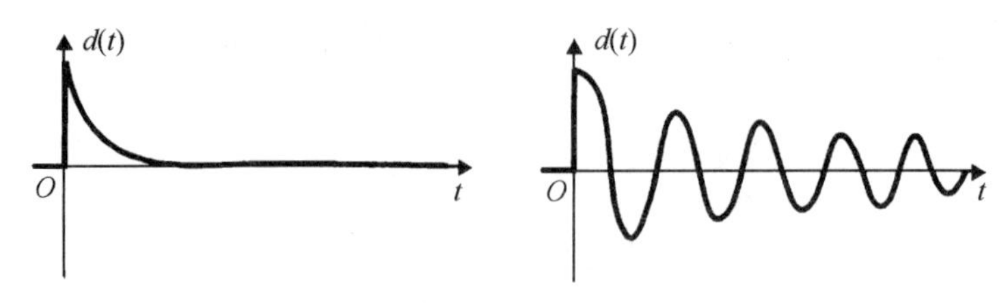

图 18.25　过阻尼与欠阻尼的幅值响应

与计算相位响应一样，我们这里采用小信号线性近似。我们再一次不忽略幅值控制的基本非线性特性：我们只是简单地利用了这样一个事实，即幅值噪声必然足够小，以至于对任何一个值得分析的振荡器都可以采用小信号线性分析。为了不失一般性，我们假设大多数振荡器的限幅系统可以被近似为一阶或二阶的。这里我们还是对于小信号而言，因此，$d(t-\tau)$这个函数一般来说要么是一个朝着零衰减的指数函数，要么是一个阻尼的正弦波。

对于一个一阶系统，

$$d(t-\tau)=\mathrm{e}^{-\omega_0(t-\tau)/Q}\cdot u(t-\tau) \tag{40}$$

因此，对任意一个输入电流 $i(t)$的过度幅值响应是由一个叠加积分给出的：

$$A(t)=\int_{-\infty}^{t}\frac{i(\tau)}{q_{\max}}\Lambda(\omega_0 t)\mathrm{e}^{-\omega_0(t-\tau)/Q}\,\mathrm{d}\tau \tag{41}$$

假若 $i(t)$是一个带有功率谱密度的白噪声，那么幅值噪声 $A(t)$的输出功率谱可被证明是

$$L_{\text{amplitude}}\{\Delta\omega\}=\frac{\Lambda_{\text{rms}}^2}{q_{\max}^2}\cdot\frac{\overline{i_n^2}/\Delta f}{2\cdot(\omega_0^2/Q^2+(\Delta\omega)^2)} \tag{42}$$

其中，Λ_{rms} 是$\Lambda(\omega_0 t)$的均方根值。假若 L_{total} 是被测量到的，那么观察到的是 $L_{\text{amplitude}}$ 与 L_{phase} 两者的和。由此，在相位频谱的ω_0/Q 处会出现一个平台，如图 18.26 所示。同时，我们还注意到幅值响应的严重性在很大程度上依赖于 L_{rms}，而后者的大小又取决于拓扑结构。

作为最后一个对幅值控制动力学效应的评论是，我们注意到欠阻尼响应的频谱会在ω_0/Q 附近形成一个峰。

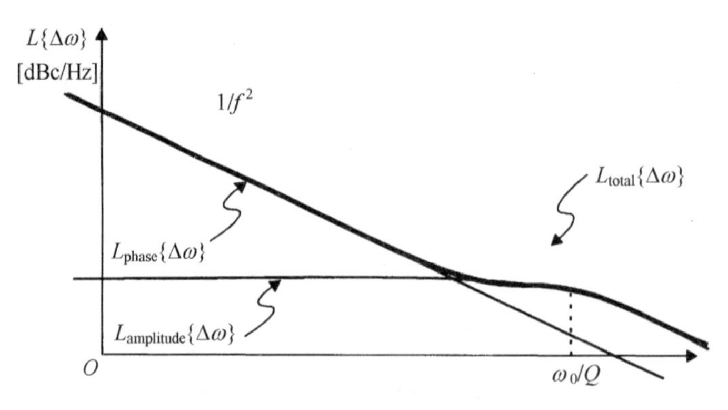

图 18.26　过阻尼幅值响应的相位、振幅及总的边带功率

18.7　小结

由线性时不变（LTI）相位噪声模型得到的深入理解既简单又直观——提高信号幅值与谐振器的 Q 值可以减小相位噪声。另外一个隐含的结论是，一般应该确定围绕回路的相移，以使得振荡发生在谐振器的中心频率或它的附近，这样可使中心频率以外的频率成分得到最大的衰减。

从线性时变模型可以得到更深层次的理解，那就是谐振器能量的恢复应该在 ISF 最大值处以冲激脉冲的形式进行，而不是在整个周期内均匀地注入。而且为了抑制 $1/f$ 噪声上变频成载频附近的相位噪声，等效的 ISF 的 DC 成分应该尽可能地接近 0。这个理论也表明，环振的较差的宽带噪声性能可由其潜在的很好的衬底与电源噪声共模抑制能力所补偿。

18.8　附录：有关模拟的说明

除了最简单的振荡器，通常是不可能得到 ISF 的精确解析解的。P511 脚注①引用的参考文献中提及了各种简化方法，但是只有直接计算时变冲激响应的方法才算得上是通用的准确方法。在这个方法中，冲激激励扰动了振荡器，然后测量稳态相位扰动。此后冲激相对于未被扰动的振荡器过零时刻的瞬间以增量的形式改变，这样的模拟继续重复，直至冲激“走遍”了整个周期。

这个冲激必须要有足够小的幅值，以确保线性假设依然成立。正像一个放大器的阶梯响应不能被恰当地求值一样，如果阶梯输入的幅值具有任意大的值，则必须适当地选择冲激脉冲的面积而不是盲目地采用某个固定的值（例如 1 C）。如果对判断所选的冲激大小是否恰当没有把握，则必须专门进行线性度测试，这个测试是通过改变冲激的大小并检查响应的幅值是否改变同样的比例来实现的。

最后要说明的是：一直存在着这样一种疑虑，即 LTV（线性时变）理论是否恰当地包含了某些振荡器表现出来的幅值至相位的转换。只要线性度成立，这个 LTV 理论的确包含了 AM 到 PM 的转换，只要假设已得到一个精确的 ISF 即可。这是因为源于幅值变化的一个振荡器的相位变化会出现在那个振荡器的冲激响应中。然而，有一个微妙的差别会因为这两个机制产生的边带的相位关系而产生。来自这两个源的总贡献会造成幅值不相等的边带，这是与单个 AM 和 PM 各自所特有的纯对称边带不同的。

习题

[第 1 题]　计算一个电压驱动的串联 RLC 网络的相位冲激响应。

[第 2 题]　在每一个实际的振荡器中，谐振回路并不是相位偏移的唯一来源。这样，实际的振荡频率可能与谐振回路的谐振频率不同。利用时变模型解释为什么在这种情况下振荡器的相位噪声会变差。

[第 3 题]　假设下面的振荡器稳态输出幅值是 1 V。对于从一个理想比较器而来的信号，计算偏移载频频率 100 kHz 处的相位噪声，单位采用 dBc/Hz（见图 18.27）。

假设 $L_1 = 25\ \text{nH}, L_2 = 100\ \text{nH}, M = 10\ \text{nH}, C = 100\ \text{pF}$。进一步假设噪声电流为

$$\overline{i_{n1}^2} = 4kTG_{\text{eff}}\Delta f \tag{P18.1}$$

其中，$1/G_{\text{eff}} = 50\ \Omega$，温度是 300 K。

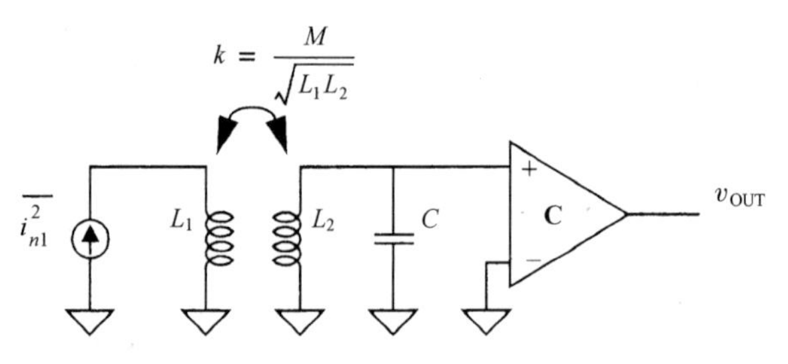

图 18.27　带有比较器的振荡器

[第 4 题]　考虑图 18.28 所示的 CMOS Colpitts 振荡器。

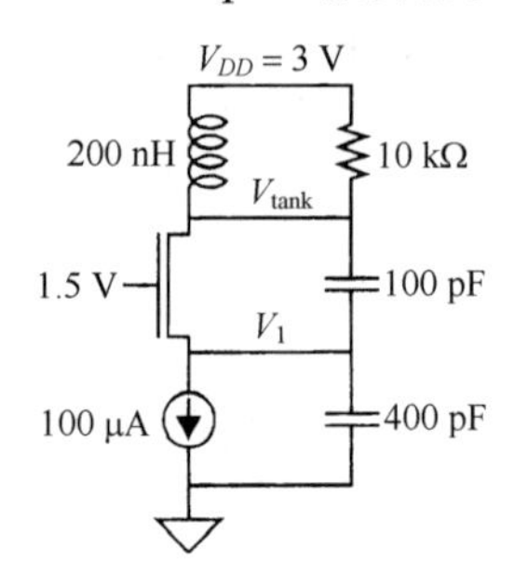

图 18.28　第 4 题中的 Colpitts 振荡器例子

（a）计算振荡之前的 V_{gs} 和 V_{ds}，并计算稳态谐振回路振荡的幅值和频率。可以假设漏极电流为窄脉冲。假设管子工作在短沟道区域，忽略所有晶体管电容。

（b）一般来说，实际振荡器中的电感 Q 值较低。用一个等效的 10 kΩ的并联电阻来模拟电感中的能量损耗及下一级（图中未画出）负载效应。计算由这个电阻产生的 $1/f^2$ 区域的相位噪声。假设晶体管和电流源无噪声，电容无损耗。注意，该题中的电阻引入一个稳态的噪声源，可能有助于求解此题。

[第 5 题]　对于上题中的 Colpitts 振荡器，算出振荡器稳态工作时 V_{gs} 的直流电压，再算出导通角 2Φ。为简单起见，假设漏极电流波形由三角形脉冲组成（见图 18.29）。提示：记住漏极电流的平均值必定等于偏置电流 I_{BIAS}。

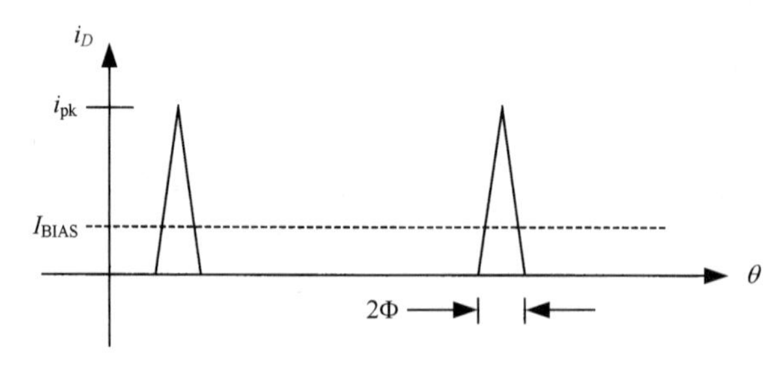

图 18.29　第 5 题中假定的漏极电流波形

定性解释 $1/f^2$ 区域中的相位噪声与导通角的关系。

[第 6 题]　假设一个无噪声的电阻与另外一个无噪声的谐振回路并联，计算第 4 题 Colpitts 振荡器中由于漏极噪声电流引起的相位噪声。注意，漏极噪声电流不能被当作稳态的噪声。

（a）计算$\alpha^2(\theta)$和等效的Γ_{rms}，假设$\Gamma(\theta)$是纯正弦函数。注意，MOS 器件中的漏极噪声电流可以表示为

$$\frac{\overline{i_{nd}^2}}{\Delta f} = 4kT\gamma\mu C_{\mathrm{ox}}\frac{W}{L}(V_{gs} - V_t) \tag{P18.2}$$

假设漏极电流波形由正弦信号的上峰部分组成，如图 18.30 所示。

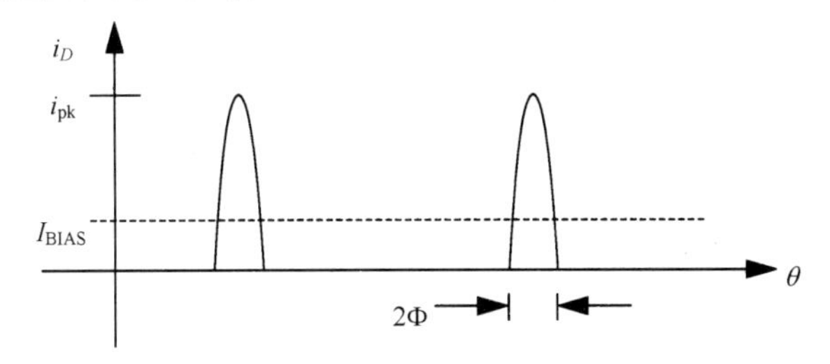

图 18.30　第 6 题中假定的漏极电流波形

（b）利用得到的等效Γ_{rms}计算由 NMOS 漏极噪声电流产生的相位噪声。

（c）计算 Leeson 模型中的拟合参数 F。

[第 7 题]　如图 18.31 所示，一个面积为Δq_2的电流脉冲在$t = \tau$时注入，计算谐振回路两端的电压变化量 ΔV_1。

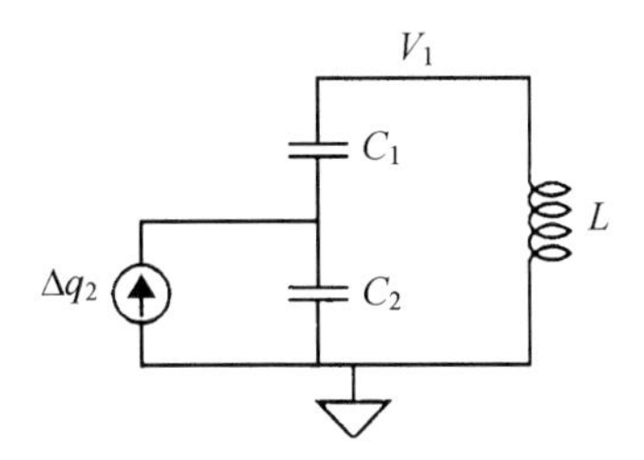

图 18.31　带抽头的谐振回路及噪声源

（a）求出要实现同样的电压变化所需要的并联注入电感器的等效电荷量Δq_{eq}。将结果用电容分压比 $n = C_1/(C_1 + C_2)$表示。

（b）求出等效噪声源的功率谱，用与C_2并联的原来的噪声电流源的功率谱表示。

[第 8 题]　假设图 18.32 中振荡器的电流源用一个 1.3 kΩ的电阻来实现。将由这个电阻产生的噪声用一个与电感并联的等效噪声电流源来建模。假设这个噪声相对于其他噪声源来说要大得多，计算由此电阻产生的相位噪声。

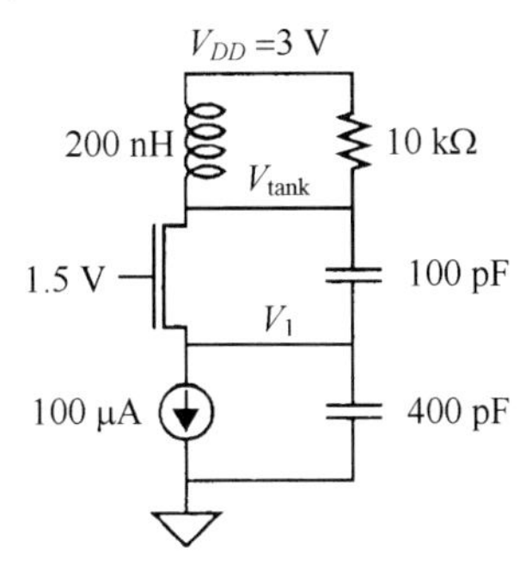

图 18.32　第 8 题中 Colpitts 振荡器的例子

[第 9 题]　对于第 4 题中的振荡器，假设 NMOS 晶体管的 $1/f$ 噪声拐点频率为 200 kHz（这个值是典型的）。计算相位噪声的 $1/f^3$ 拐点频率。提示：用下式计算 c_0：

$$c_0 = \frac{1}{\pi}\int_0^{2\pi} \Gamma_{\mathrm{eff}}(\theta)\,\mathrm{d}\theta = \frac{1}{\pi}\int_0^{2\pi} \Gamma(\theta)\cdot\alpha(\theta)\,\mathrm{d}\theta \tag{P18.3}$$

与第 5 题类似，假设漏极电流波形为三角波。

[第 10 题] 重新考虑 RLC 振荡器的高阶模型（见图 18.33）。注意，保持系统振荡的有源器件不再被认为是无噪声的。特别是可以认为这个“魔盒”从外部看进去是一个等效的噪声电流源和一个噪声电压源。为简单起见，假设这些噪声源都是白噪声。

（a）基于 LTI 假设，推导相位噪声谱的表达式。

（b）采用 LTV 模型重新推导此表达式，假设振荡波形是正弦波。再进一步假设噪声源是稳态的。

（c）比较两个结果，并求出 Leeson 拟合参数 F 的显式表达式。

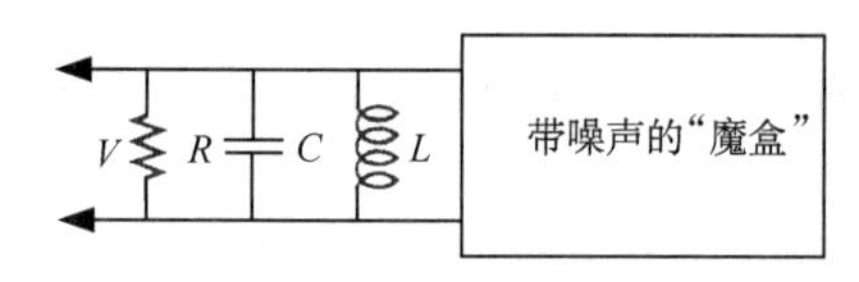

图 18.33 RLC 振荡器

第19章　系统结构

19.1　引言

超外差（superheterodyne）结构由于其所具有的高性能已经成为无线接收器和发射器目前采用的唯一的基本系统结构，但是却不能就此产生推论，认为所有的接收器和发射器在拓扑结构上是完全一样的。就像对于一个乐曲主题，可以有许多变奏一样。举例而言，我们将会讲到，为了帮助抑制某些信号，设计中可能希望有不止一个的中频（IF），于是就出现了这样的问题：应该有多少个中频及这些中频的频率应该设为多高。解决这些问题的过程称为*频率规划*（frequency planning）。一般情况下，决定一个可被接受的频率规划方案通常需要进行大量的反复过程。

设计中的一个重要限制是，片上的储能元件一般将占用大量的芯片面积。不仅如此，随着工艺技术的进步，这些元件占用的面积即使有所降低，也不能完全按比例缩小。因此，"理想"的集成结构应该将需要的储能元件数目减至最低。人们不断试图通过采用系统结构级的设计手段来彻底消除对高性能滤波器的需要。然而，要达到这个目标很不容易。我们必须接受这样一个事实，即只有通过采用外部滤波器才能达到所要求的性能，因此可以不夸张地断言，系统结构本质上是由可被使用的滤波器技术来决定的。

一旦一个基本的系统结构及与它关联的频率方案被选用，其他的主要考虑因素包括如何将很大的功率增益（接收器的典型值为120～140 dB）在各级电路中进行最佳分配，这是因为一些重要因素（如系统噪声、稳定性和线性度）都是增益分配方案的强函数。

现有系统结构的多样性反映出没有一个单一的系统结构能满足所有的需要。因此，在考虑了一些普遍的系统问题之后，下面将给出一些具有代表性的接收器和发射器系统结构，并且对它们的属性和局限性进行讨论。

19.2　动态范围

动态范围是系统设计中最基本的考虑因素之一。我们已经定义了两个限制动态范围的参数：交调点和噪声系数（noise figure，NF）。然而，我们需要进一步理解一个级联系统的动态范围是以怎样的方式依赖于其中单个子系统的交调点和噪声系数的。我们将在本节中讨论一些相关的结合规律。

19.2.1　级联系统的噪声系数

一个级联系统的总噪声系数依赖于各个子系统的噪声系数及增益。对增益的依赖关系源自这样一个事实：一旦信号被放大，由下一级引入的噪声相对来说就变得不那么重要了。因此，一个接收器整体的噪声系数主要取决于最前面几级电路的噪声性能。

由于系统中经常出现的各种阻抗值，单级噪声系数如何结合起来以形成系统的总噪声系数是十分复杂的。为了导出系统噪声系数的公式，考虑图 19.1 所示的框图。该图中，每一个 F_n 是一个噪声因子，每一个 G_n 是一个功率增益（准确地说，是可获取的功率增益，即负载匹配时的功率增益）。因为噪声因子与信号源电阻有关，所以必须根据前一级的输出电阻来计算相关的单级噪声系数，以使得计算符合真实情况。这个问题在用分立元件进行设计时较少出现，因为阻抗值往往是标准化的，但是在用集成电路实现时，需要进行仔细的考虑。

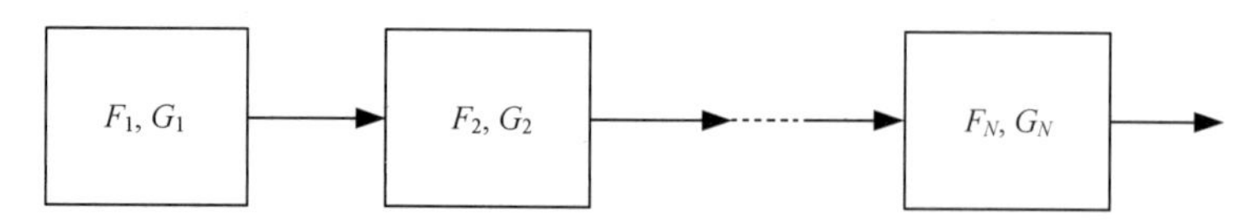

图 19.1 用于计算噪声系数的级联系统框图

噪声因子可以用几种方式表示，但是其中一种形式对我们现在的应用来说特别有用：

$$F=\frac{R_s+R_e}{R_s}=1+N_e \tag{1}$$

其中，R_e 是一个（可能是假想的）电阻，用来产生观测到的在 R_s 引起的噪声之外的额外噪声。因此 N_e 是一个额外的噪声功率比值，等于 $F-1$。

要将这个功率比值折算到前一级的输入端，只需要简单地除以前一级的可获取功率增益。因此，要将某一级电路的额外噪声贡献一路上溯到输入端，需要除以该级和总输入之间的总的可获取功率增益。

总的噪声因子是这些单级贡献之和，因此可由下式给出：

$$F=1+F_1-1+\frac{F_2-1}{G_1}+\frac{F_3-1}{G_1G_2}+\cdots+\frac{F_N-1}{\prod_{n=1}^{N-1}G_n} \tag{2}$$

该式可以被简化为

$$F=F_1+\frac{F_2-1}{G_1}+\frac{F_3-1}{G_1G_2}+\cdots+\frac{F_N-1}{\prod_{n=1}^{N-1}G_n} \tag{3}$$

很清楚，系统的噪声系数事实上主要是由前面几级电路的噪声性能决定的。因此，为了获得好的噪声系数，一般需要将主要精力放在前面几级电路的设计上。

需要注意的是，当任何一级电路是混频器时，前面的几个公式在使用时必须小心，因为给定中频处的噪声可能由两个不同频率处的噪声通过变频而来。只要保证在混频器之前的所有各级电路中噪声系数的计算同时考虑了信号所在频率及其镜像频率处的噪声，那么以上公式仍然是适用的。

19.2.2 级联系统的线性度

另一个限制系统动态范围的因素是交调点。虽然我们只讨论过三阶交调，但是值得一提的是也有一些情况下二阶交调会成为与线性度相关的度量。一个突出的例子是超外差结构的退化情形，这种情形下中频被设定为零。我们很快将会详细地讨论这种*直接变频*接收器，但是现在我们提起这个例子仅仅是为了使读者注意这样一个事实：二阶交调和三阶交调（并且可能是更高阶的交调）都可能成为系统线性度的有用度量。

在推导所需公式时的一个困难是，一级电路的失真积与下一级电路的失真积的结合方式是与这两级信号的相对相位有关的。因此，在单级交调点和总电路交调点之间不存在一个简单的固定关系。但是，如果假设各级失真积的幅值可以直接相加，则推导出一个保守的（最坏情况）估计是可能的。这个假设又使得用电压的比值来表示各级增益最为自然。这与前面为了表示系统的噪声系数而采用功率增益是不一样的。图 19.2 对此进行了说明。图中每个 A_{vn} 都是一级的电压增益，每个 $\mathrm{IIV}M_n$ 都是一级电路的 M 阶输入交调点电压。

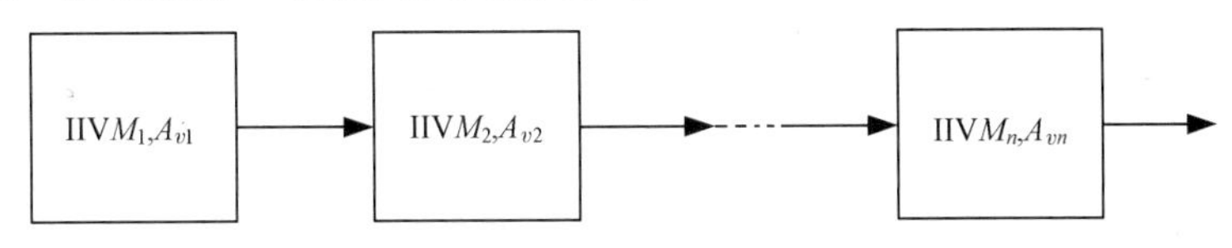

图 19.2　用于输入交调点计算的级联系统

为了便于推导，[①] 我们用$V_{dM,n}$来表示当在第 n 级电路信号输入电压 V 时，该级输出端的 M 阶交调失真积电压。另外我们注意到，根据输入交调点的定义，等效到第 n 级输入端的 M 阶交调失真积电压可以用下式表示：

$$V_{dM}=\frac{V^M}{\mathrm{IIV}M^{M-1}} \tag{4}$$

让我们来推导三阶交调这一特例，并且只考虑两级级联电路。第一级电路输出端的三阶交调电压[②]是

$$V_{d3,1}=\frac{A_{v1}V^3}{\mathrm{IIV}3_1^2} \tag{5}$$

第二级电路输出端的三阶交调电压是以下两部分的和。第一部分就是第一级电路的失真积的按比例放大，第二部分则是由第二级电路产生的失真。将这两部分加在一起，就得到了以下的最坏情况估计：

$$V_{d3,\mathrm{tot}}=A_{v1}A_{v2}V_{d3,1}+A_{v2}V_{d3,2} \tag{6}$$

用它除以总增益就可得到折算到输入端的三阶交调失真：

$$V_{d3\,\mathrm{in,tot}}=\frac{A_{v1}A_{v2}V_{d3,1}+A_{v2}V_{d3,2}}{A_{v1}A_{v2}} \tag{7}$$

将式（4）和式（5）代入式（7）[③]就可得到

$$\frac{1}{\mathrm{IIV}3_{\mathrm{tot}}^2}=\frac{1}{\mathrm{IIV}3_1^2}+\frac{A_{v1}^2}{\mathrm{IIV}3_2^2} \tag{8}$$

最后一个公式证明了这样一个事实，即前级电路的增益使得后级电路承担更大的（非线性）负担。我们也可以看到，给定级电路对总的输入参考的交调点电压的贡献是对平方和取开方形式而实现的。每一级对平方和的贡献为用从输入端直到该级电路的总增益来归一化的该级 IIV3 的倒数然后取平方获得。

---

① 本级中的符号用法与前文有所不同，这样做主要是为了更清楚地表明各级的输入、输出端的电压关系。——译者注

② 即失真积。——译者注

③ 并且考虑到 $V_2=A_{v1}V_1$。——译者注

虽然式（8）只对两级级联电路严格成立，但是可以容易地将它推广到任意多级电路级联的情况：

$$\frac{1}{\mathrm{IIV3}_{\mathrm{tot}}^2}=\frac{1}{\mathrm{IIV3}_j^2}+\sum_{j=2}^{n}\left\{\frac{1}{\mathrm{IIV3}_j^2}\prod_{i=1}^{j-1}A_{vi}^2\right\} \tag{9}$$

遵循类似的步骤，可以决定由任意阶失真积引起的输入参考的总交调点电压。

在推导了任意级联而形成的一个系统的噪声系数和交调点之后，我们现在来分析接收器和发射器的两种系统结构。

19.2.3　一次变频接收器

通过分析前面几章引入的标准超外差结构系统框图，可以引出一个重要的设计理念并理解为什么要用这种标准结构替代系统结构，见图 19.3。为了将这个基本的系统结构与那些经过精心设计且采用了不止一个混频器和中频的系统结构区分开来，我们将这个结构称为一次变频超外差接收器。

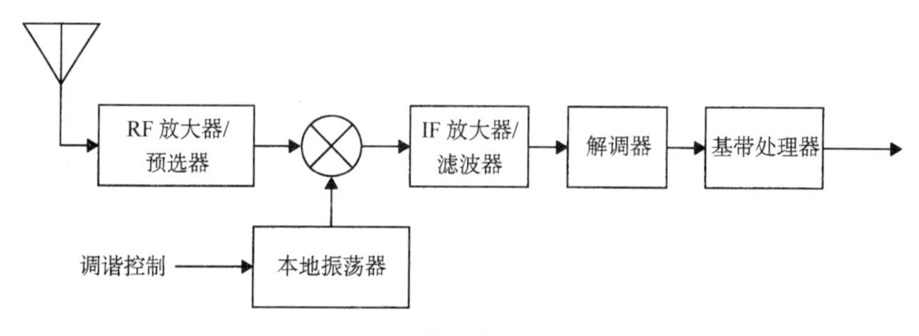

图 19.3　超外差接收器的框图

为了理解设计过程中所做的某些折中选择，首先来考虑一下镜像抑制问题。这个问题源自这样一个事实，即输入信号中可以产生两个指定中频频率的频率。就像通常所做的那样，假设混频器输出的差频率被选为中频。作为一个特例，假设中频为 70 MHz，而我们需要将一个位于 800 MHz 的射频信号调谐到中频位置。假设为达此目的，使用一个频率为 870 MHz 的本地振荡器，则一个位于 940 MHz 的射频信号也会产生一个位于 70 MHz 处的中频信号。这个不需要的信号就是所谓的镜像信号。典型的情况是，在前端用一个滤波器（称为预选器或者抑制滤波器）来大幅度地衰减信号。

我们注意到信号和所需信号频率之间的差是中频频率的两倍，为了使滤除频率相对容易一些，一般希望选一个相对较高的中频。为了能够使用一个固定的滤波器，中频频率必须足够高，以保证信号绝不会落入接收带宽以内。对于普通的调幅广播情形，广播占用的频带为 530 kHz 到 1610 kHz，这就要求通常情况下选择的中频至少为（1610 – 530）/2 kHz，或者说大概为 540 kHz。遗憾的是，455 kHz 演化成为中频频率，并且从过去到现在一直（并且很可能永远）作为标准。[①] 因此在沿用传统的频率规划方案的调幅广播中，频率预选器不可能是一个固定的滤波器。在这样的接收器里，作为预选器的滤波器将跟踪本振频率的变化以抑制频率信号。

① 调频（FM）广播的情形要好一些。它的频带为 88 ~ 108 MHz（在美国），典型的中频为 10.7 MHz，所以没有哪个规范的调频广播信号会与另一个规范的调频广播信号相重合。

虽然较高的中频有利于缓解对前端滤波器的要求，但是为了减少对中频放大器和中频滤波器的要求，较低的中频却更受人们的青睐。而最后选取的频率方案部分就是这些互相对立的因素相互平衡的结果。

频率规划的另一个部分是对本征频率的选择，这还是因为对于给定的射频频率，存在两个可能的本振频率，它们都可以产生指定的中频信号。正常情况下，希望将本地振荡的频率范围选择为射频信号的频率范围加上所需的中频，而不是射频信号的频率范围减去所需的中频。虽然这两种选择从原理上讲都是正确的，但是前一种选择（称为高边带注入）能够减小本地振荡器所需要满足的最大振荡频率与最小振荡频率的比值，从而简化了振荡器的设计。仍然以调幅广播为例，我们选择的本振频率范围可以是 75 kHz（= 530 – 455 kHz）到 1155 kHz（= 1610 – 455 kHz），或者是 985 kHz 到 2065 kHz。前一个方案需要的调谐比例超过 15 : 1，而后一个方案则仅需要 2.1 : 1 的调谐范围。设计一个覆盖 2.1 : 1 的频率范围的振荡器要容易得多，特别是当振荡频率的改变是通过改变谐振回路里的单个电容来实现时（这也是最常用的方法）。因为一个谐振回路的谐振频率与 LC 乘积的平方根成反比，所以电容需要变化的范围是频率需要变化范围的平方倍。无论是用机械方法还是用电子方法，使电容值变化一个 2.1^2 的频率范围要比实现 15^2 的比例范围容易得多。基于这个理由，高边带注入几乎是普遍采用的方案。

19.2.4 上变频

采用混频器输出差频成分的主要目的是为了将射频信号下变频到一个更低频率的中频信号上。这样做的隐含假设是这种频率降低使得高质量中频滤波器的实现和获得所需要的增益变得更加容易。因此，大多数超外差接收器都属于这种类型。然而，在许多情况下，其他的设计考虑可能会对频率方案产生影响。

一个可选方案是采用一个实际上高于射频频率的中频频率。这个选择大大减轻了镜像抑制问题，因而在相当程度上缓解了对前端滤波器的要求。另一个重要的优点是该方案减小了本地振荡器所需满足的调谐范围的比值。因此，如果这两个因素中的任何一个是重要的，那么采用上变频的系统结构可能更被看好。

让我们来做一个设计练习，从而看一下上变频可能以怎样的方式应用到一个调幅接收器的设计中（甚至允许采用完全集成的解决方案）。与采用传统的 455 kHz 中频不同，假设我们（在某种程度上有些任意地）选择 5 MHz 为中频频率，那么为了覆盖整个调幅频带，我们要让本地振荡器在 5.530 MHz 和 6.610 MHz 之间变谐，对应的变谐比例只有 1.2 : 1。而构建一个只需要在超过 20% 的范围内调谐的振荡器相对来说是容易的。

采用这个中频，镜像频率与所希望的射频信号相差 10 MHz。我们很容易构造这样一个固定的滤波器，它的频率响应在大于 1610 kHz 后跌降，以便完全衰减 10.530 MHz 处的信号。这样一来抑制问题就在很大程度上消失了。

我们看到上变频使得对本地振荡器和预选器的性能要求都降低了。当然付出的代价是信道选择必须在更高的频率（中频）进行，而这对中频链路中的组件提出了更高的要求。不仅如此，接收器现在对所有位于相对来说较大的前端带宽范围内的干扰信号源都很敏感，因此对线性度的要求变得更加苛刻。所以，是否可以接受增加的干扰灵敏度以换取改进的抑制效果和简化的本振设计将决定上变频方案是否能够被采用。

19.2.5 双变频

我们已经注意到，低中频方案对预选器和本地振荡器的性能都有要求，但对中频滤波器性能的要求却不高。我们也注意到，高中频方案提高了中频信道选择滤波器的实现难度，却减轻了镜像抑制问题，因此缓解了对预选器的要求。因为可以减少振荡器所需覆盖的频率范围，所以高中频方案也简化了本地振荡器的设计。

双变频（dual-conversion）接收器通过使用两个中频频率来获得下变频和上变频两种结构的优点，它将这两种技术结合起来使用。在一个双变频超外差接收器里，第一个混频器产生高中频以应对频率抑制问题，而第二个混频器和低中频选择则有利于缓解信道选择的问题。一些接收器还包含了第三个中频，以便于为折中设计提供更大的灵活性。大部分以分立元件实现的现代高性能接收器都使用双变频系统结构，与之相关的频率方案大多数是由可被使用的成本适中的高质量滤波器来决定的。

19.2.6 镜像抑制接收器

镜像抑制接收器采用了一个*复数混频器*（complex mixer），这个复数混频器利用了有用信号和不希望信号之间的关系，在混频过程中将镜像信号抵消。因此，不需要预选器（至少从原理上讲是如此），并且整个系统结构的设计可以在不考虑镜像影响的情况下进行。特别是一个相对较低的中频频率可以被选用，以减轻对中频滤波器、模拟数字转换器及其后的基带处理的性能要求。参见图 19.4。

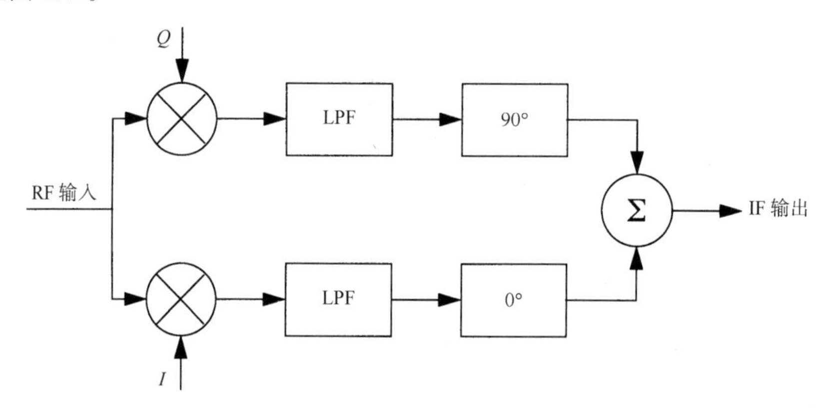

图 19.4 镜像抑制混频器

为了实现这个神奇的功能，RF 信号被输入到两个混频器中。两个互相正交的本地振荡信号分别驱动两个混频器的其他输入端口。在两个混频器的输出端，所需要的差频成分是相同的，但是输出的项则互相正交。在所示的经典实现方案中，一个具有固定增益的与频率无关的 90° 移相器使得当两路信号相加时不需要的项可以相互抵消。

因为实现宽带的正交移相器有一定难度，因此图 19.5 所示的替代结构（由 Weaver[①]提出）常常更具吸引力。在 Weaver 结构中，一对正交混频操作消除了对移相器的需要。只要两对本地振荡信号严格正交且两条路径的增益完全匹配，那么不希望的信号就会被完全消除。

① D. K. Weaver, "A Third Method of Generation and Detection of Single-Sideband Signals," *Proc. IRE*, December 1956, pp.1703-5。

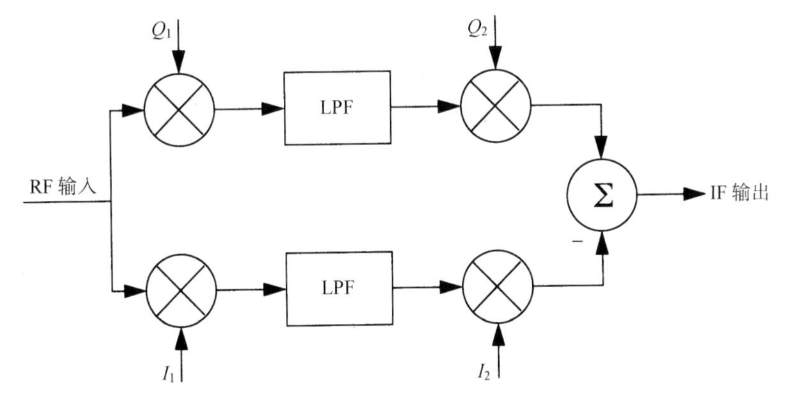

图 19.5　Weaver 结构

增益误差和相位误差的影响

前述结构对镜像信号的完全抑制依赖于完全正交的相位和完全匹配的增益。当然，更现实的做法是假设在实际情况中两个条件都不会被满足，因此对信号的最终抑制程度取决于能够达到的匹配程度。为了对匹配的要求进行量化，首先专门考虑一下图 19.4 所示的框图中由增益误差带来的影响。具体来说，在不失一般性的前提下，令 I 和 Q 两路信号对全部增益误差建模如下：

$$I = B\cos(\omega_{\mathrm{LO}}t) \tag{10}$$

$$Q = A\sin(\omega_{\mathrm{LO}}t) \tag{11}$$

如果 RF 输入信号是$\cos(\omega_{\mathrm{RF}}t)$，则混频器 I 的输出是

$$\frac{B}{2}[\cos(\omega_{\mathrm{RF}}t+\omega_{\mathrm{LO}}t)+\cos(\omega_{\mathrm{RF}}t-\omega_{\mathrm{LO}}t)] \tag{12}$$

而混频器 Q 的输出是

$$\frac{A}{2}[\sin(\omega_{\mathrm{RF}}t+\omega_{\mathrm{LO}}t)-\sin(\omega_{\mathrm{RF}}t-\omega_{\mathrm{LO}}t)] \tag{13}$$

低通滤波器将滤除和频项，而 90° 移相器把（加负号的）正弦变为余弦。

式（13）中差频率成分对函数参数符号的敏感性是这种混频器镜像抑制特性的根本来源。因为对于比 LO 频率高出中频频率的 RF 信号和比 LO 频率降低中频频率的信号来说，两者产生的中频信号符号相反。对这些差频率成分进行相移，并且与用本振的余弦混频成分相加以后，所需要的信号成分得到了增强，同时镜像信号得到了抑制。

对高出 LO 频率的 RF 信号，最后的输出可以表示为

$$\tfrac{1}{2}[A\cos(\omega_{\mathrm{IF}}t)+B\cos(\omega_{\mathrm{IF}}t)] \tag{14}$$

信号导致的输出由下式给出：

$$\tfrac{1}{2}[-A\cos(\omega_{\mathrm{IF}}t)+B\cos(\omega_{\mathrm{IF}}t)] \tag{15}$$

我们将抑制率（image rejection ratio，IRR）定义为有用输出信号的功率与不需要的输出信号的功率之比，则

$$\mathrm{IRR_{gain}} = \left[\frac{A+B}{A-B}\right]^2 = \left[\frac{1+B/A}{1-B/A}\right]^2 = \left[\frac{1+(1+\varepsilon)}{1-(1+\varepsilon)}\right]^2 \approx \frac{4}{\varepsilon^2} \tag{16}$$

在最后一步的近似中假设增益误差ε远小于 1。就像我们即将看到的那样，任何一个实际的镜像抑制混频器的增益误差必定满足这个不等式，从而达到实际的性能指标。因此，对于所有感兴趣的实际情况，这个近似是有保证的。

我们可以用类似方法推导增益完全匹配而相移不完全是 90° 的情况。这时，由相对于正交情况的相位偏差$\Delta\phi$ [用弧度（rad）表示] 引起的 IRR 可以表示为

$$\mathrm{IRR_{phase}} = 1 + 4(\cot\Delta\phi)^2 \approx \frac{4}{(\Delta\phi)^2} \tag{17}$$

再假设同时存在着小的增益和相位误差，IRR 的净值可以用式（16）和式（17）给出的误差求和而得：

$$\mathrm{IRR_{tot}} \approx \frac{4}{(\Delta\phi)^2 + \varepsilon^2} \tag{18}$$

在没有任何形式的校正时，要达到比 0.1%更小的增益误差和比 1° 更小的相位误差是非常困难的，特别是在高频情况下。以上这些误差值对应的 IRR 约为 41 dB。更为典型的情况是，抑制很少有可能比 35 dB 高出许多。因为大多数接收器要求高得多（比如 80 dB）的抑制，而单凭抑制结构很少能够提供足够的抑制。自动校正有助于填补这个空缺，但是它不太可能提供额外的 40 dB 的抑制。因此，通常需要额外的滤波器。

除了这个限制，镜像抑制混频器的另外一个不足是混频器本身噪声较大且消耗功率较高，因此从功耗和动态范围的角度来看，增加一个混频器并不是一个很具吸引力的选择。

正交发生器

镜像抑制混频器需要具有产生正交相移的能力。虽然在一个宽频范围内产生 90° 相移本身不是什么难事，但是若要同时保持一个不变的幅值响应就难得多了。事实上，没有哪个有限网络可以在无限宽的频率范围内同时提供不变的相移和不变的增益幅值，因此只能采用一些近似的方案。这些方案仅仅在某些限定的范围内工作得很好。

图 19.6 所示的 RC–CR 网络是一种被广泛应用的产生窄带正交信号的方法。所有频率的相移都是 90°，但是幅值响应不是一个常数。

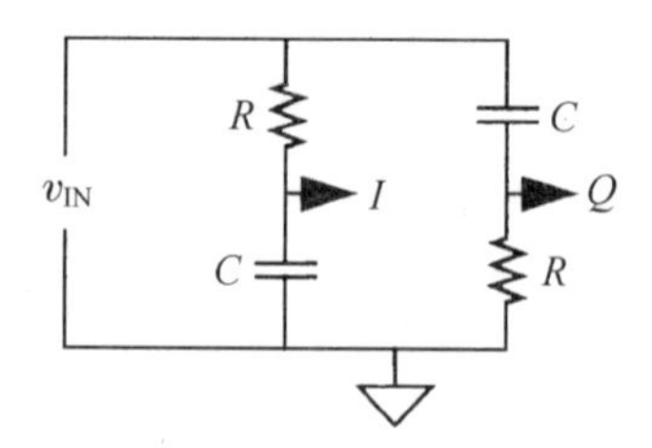

图 19.6　无源模拟正交信号发生器

直流情况下 I 支路的相移是 0，当频率趋于无穷时则向−90° 逐渐逼近。Q 支路的相移则从直流情况下的+90° 开始，以与 I 支路相同的函数形状向零逼近。因此，虽然每个 RC 支路的相移不是常数，但是它们之间的 90° 相位差则是恒定的。

遗憾的是，每个支路的输出幅值却随着频率的变化而剧烈地变化。这是因为从本质来看 I 支路具有低通特性而 Q 支路具有高通特性，两个输出端只在以下极点频率处达到相等：

$$\omega = \frac{1}{RC} \tag{19}$$

当然，在这个频率处有一个 3 dB 的衰减，因此使用这个网络时必须承受这个不小的损耗。不仅如此，这个网络还具有热噪声，它对总的噪声系数的贡献必须加以控制。

从原理上来看，设计这样一个正交发生器是很直接的：电阻和电容的值被设定在使极点频率等于工作频率之处。在确定元件值时，必须考虑到寄生负载的影响。但是即使考虑到这些影响，由于元件容差的存在，其幅值的不匹配仍然是不可避免的。如果有必要，可以采用一个在 AGC（自动增益控制）环路里的可变增益放大器或用一个限幅器来恢复两个幅值的等值性。显然，这种补偿每一次只能对一个频率有效，比如用于产生一个正交的本地振荡。

在这种单频的应用中，也许考虑替代的正交发生方法比较合适。这些替代方法自动地在输出端提供相等的幅值。由在反馈环路中的两个积分器组成的正交振荡器自然能够产生具有相同幅值且相互正交的正弦波形（见第 17 章）。

在那些可以接受方波信号的设计中，可以用数字电路来消除幅值匹配的问题。使用差分增益级的环形振荡器（比如两级或者四级的环振）也可以产生极佳的正交输出信号。这样一个振荡器必须被嵌入一个 PLL 中以设定振荡频率。

另一些不需要 PLL 的数字可选方案包含时钟电路（见图 19.7）。第一个电路产生正交的输出，其频率是时钟频率的 1/4，因此时钟频率必须非常高。而这个电路的一个特点是它对输入时钟的占空比不敏感，因为只有在时钟上升沿状态才会改变。

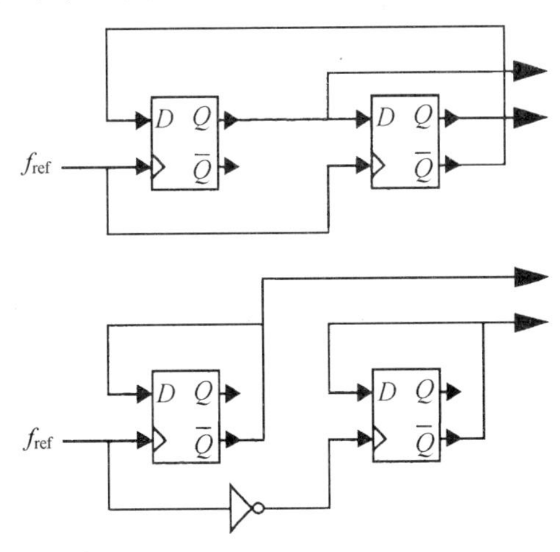

图 19.7　数字正交信号发生器

第二个电路的输出频率是时钟频率的一半，因此这个电路所需要的线路不多。但是，因为状态的改变在时钟上升沿和下降沿都会发生，所以输出正交的质量对时钟占空比是敏感的。如果时钟信号及其反相信号是采用图示的粗略方法产生的，则来自反相器的传播延时会导致更进一步的性能变差。

后来演化出了各种其他的相移方法，以处理必须在相对宽的频率范围上提供正交信号的情形。一个常见的例子就是如图 19.8 所示的无源 RC 网络。

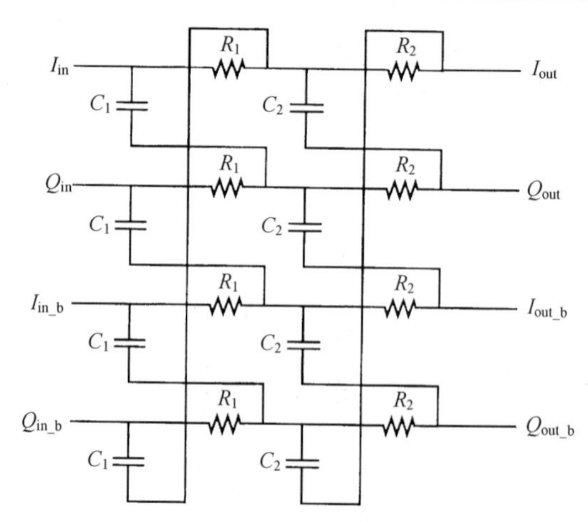

图 19.8　两级宽带正交信号发生器

两个 RC 频率的几何平均值被选为与所要求的中心频率相同。详细选择每一级的 RC 时间常数以满足任意的恒定增益的约束是一个非常烦琐的问题，但是存在一个很粗糙的规则，该规则对于初次设计是够用的。即每一级提供一个在大约10%的带宽频率范围内相对来讲是恒定的增益(波动幅值大约为 0.2 dB)，所需要的级数由要求常数增益的带宽所决定。图中所示的两级设计能够在中心频率±20%左右的带宽上提供相对说来恒定的增益。这是通过错开这两个时间常数来实现的。例如，要设计一个 1 GHz 的中心频率，就要选择 R_1C_1 使它的对应频率为 900 MHz，R_2C_2 对应的频率为 1.1 GHz。[①] 然而，这个网络的一个重要缺点就是它所具有的衰减和大的噪声特性。

这种网络提供多个输出相位，因此称为*多相滤波器*。它在提供正交相位上表现尤佳。除此以外，它还具有多样性的特点。我们很快就会讲到这一点。

为了理解为什么多相滤波器能如此好地产生正交信号，让我们把这个网络重新画一遍，如图 19.9 所示（为了清楚起见，只画出了一级）。假设输入信号并不完全正交，作为一个具体例子，假设 Q_{in} 与 I_{in} 在相位上比要求的更接近些。如果我们将这个不理想情形想象为右边的八角形图形中 Q_{in} 与 Q_{in_b} 沿顺时针的少许旋转，那么我们会看到 Q_{out} 从它原来的位置沿顺时针移动一些，I_{out} 也是如此。这样，当这些信号通过这个电路时，信号的正交性也得到了改善。[②] 将这些电路级级联起来可以提供进一步的改善。性能的最终限制是由元件的失配及在各个输出节点的负载引起的。这些负载当然包括无所不在的寄生效应。只要在设计中能考虑到所有这些效应，几近完美的正交是可以保证的。[③] 因为这个原因，多相网络在无线电爱好者中用 Hartley 的相位方法产生单边带时是十分受欢迎的。[④] 在这种情形中，一个多级的级联滤波器在基带频率范围内提供了很好的正交性，一个单独的多相滤波器经常被用来为混频器产生好的正交。

---

① 这个网络很明显出自 M. J. Gingell, “Single Sideband Modulation Using Sequence Asymmetric Polyphase Networks”, *Electrical Communication*, v. 48，1973, pp.21-5。采用 Hartley 的相位方法在十倍频率范围内产生单边带（SSB）信号的实用例子也可以在 1981 年到 1992 年之间出版的各种版本的 *ARRL Handbook for Radio Amateurs* 中找到，同时，可参见英国专利#1,174,710（申请日期：1968 年 6 月 7 日；批准日期：1969 年 12 月 17 日），以及相应的美国专利#3,559,042（申请日期：1969 年 5 月 19 日，批准日期：1971 年 1 月 26 日）。

② 作为一个结果，对前级元件匹配的要求要比后级的低。

③ 此外，我们不能忘记这些网络带来的损耗及可相加的大噪声。

④ 在分立元件的实现中，Weaver 方法并没有在产生单边带信号中得到广泛应用。回忆一下，与 Carson 和 Hartley 的方法不同，在一个 Weaver 调制器中的混频器偏差产生一个带内的频率。这个人为的频率比起载波泄漏更不受欢迎。同时，要消除这个带内频率所需要的多偏差的抵消是极为麻烦的。其结果是，长期以来，相位方法在业余无线电爱好者中一直很受欢迎。多相滤波器的发明在很大程度上解决了曾经十分难以解决的问题：设计移相器。

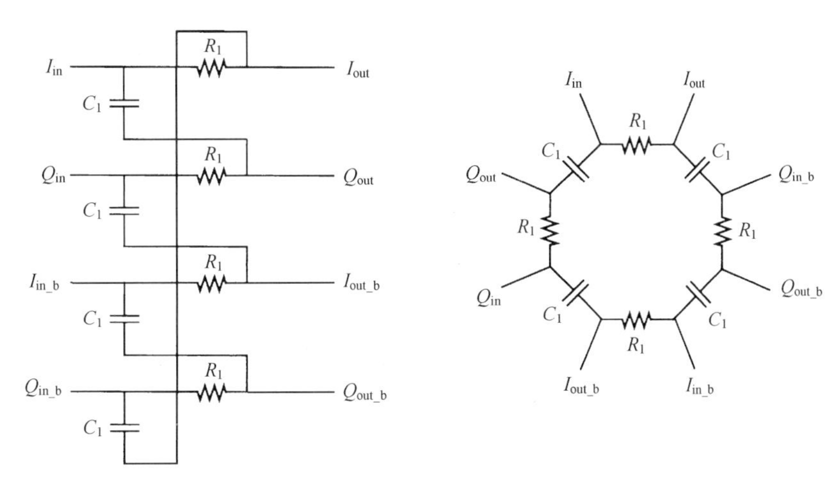

图 19.9　单级多相滤波器的两种等效画法

使得多相滤波器在正交与 SSB 产生方面深受欢迎的同样特性使得它对镜像抑制也很有用。正像产生 SSB 要求具有区分正负频率基带成分的能力一样，镜像抑制要求具有区分信号是与载波频率发生正偏差还是负偏差的能力。然而，一个普通的滤波器不能够做出这样的判断，幅值响应只是频率的函数。这样，一个普通的镜像抑制滤波器为了能起到同样的作用，必须具有极陡的特性（如同在 Carson 的 SSB 产生方法那样）。

另一个用普通滤波器提供镜像抑制的方法是将一个信号通过正交下变频分解成它的正交分量，这样我们就得到两个实数信号。从电路的这一点往后，一对实数滤波器就可以分开处理那两个同相和正交的信号了。这种方法本质上与 Weaver 结构相同：从根本上说，这种方法寻求用一对实数滤波器来实现一个复数滤波器。

还有一个待选方案是直接实现一个复数滤波器。这样的一个滤波器同时处理两个（或更多个）输入，通常产生两个（或更多个）输出。一个最自然的通用方法是用代表一个复数信号的实部和虚部成分的同相与正交分量来驱动一个复数滤波器，这样一个滤波器的幅值响应不仅是频率的函数，也是两个输入的相位关系的函数。这个双重的敏感性意味着这样一个滤波器具有对正的与负的频率成分做出不同反应的潜力，从而可以抑制（比如说）一个信号。

复数滤波器的常规说明是从复数信号理论开始的——调用希尔伯特变换，如果不是一大堆三角函数的话。我们鼓励读者独立地寻求严格的方法，这对你是有好处的。然而，这里我们采用有些不同的方法来分析一个通常的计算机鼠标是如何工作的。

你在谈鼠标？

是的，原因是这样的，一个鼠标不仅需要对速度（频率）且需要对方向（那个频率的符号）做出反应，一个不能区分上下运动的鼠标不太有用。这些是产生 SSB 及抑制镜像所同样必须满足的要求。因此，如果我们懂得鼠标是如何工作的，我们就具备了理解复数滤波器所需的关键性内在知识。

鼠标的具体实现结构因生产厂商而异，但是图 19.10 给出了一个基本的机械鼠标的主要特征。在这个鼠标的假想实现中，几个光学上不透明的齿分布在一个轮子上，它们用来间歇性地在轮子旋转时阻挡一对发光管与光检测管的光路。这样，当一个发光-检测路径完全被挡住时（相当于一个逻辑 0 值），另一个路径则接近解除阻挡。根据旋转的方向，信号 I 可能相对于信号 Q 超前或滞后。举例来说，当轮子逆时针旋转时，信号 I 的上升边超前信号 Q 的上升边 90°；当顺时针旋转时，

信号 I 的上升边滞后信号 Q 的上升边 90°；这样，这种安排产生的一对信号既反映了旋转的频率，又反映了旋转的方向。这些特性正是一个多相滤波器所具备的。[①]

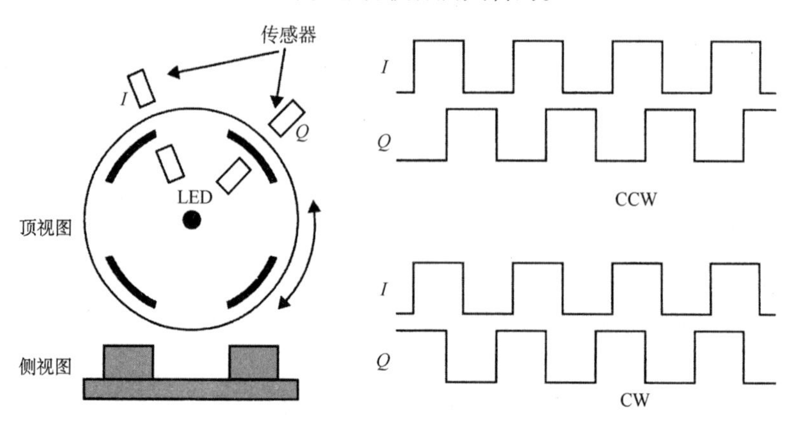

图 19.10　理想化的计算机鼠标（只给出两个轮子组合的其中一个）

注意，如果我们只能知道输出中的一个，那么得到的信息只是频率的大小（即鼠标运动的速度）。随后的对于鼠标信号的处理只能限制于将频率（也只能是频率）作为输入的操作。然而，知道 I 和 Q 这两个信号就能构造一个滤波器，它（比如说）只对某个方向上的运动做出反应。如果忽略这种鼠标是不合要求的事实，我们现在认识到一个更深层次的原理：知道 I 和 Q 可以使我们能够进行这种带有抑制性的（比如对一个负频率的）操作。

作为一个具体的电路例子，我们来考虑一个如图 19.11 所示的多相滤波器的应用。这个系统首先用一对正交混频器来将一个输入信号分解成它的同相与正交成分。然后，多相滤波器用这两个成分作为它的输入，并将它们作为一个组合来处理。就像在鼠标例子中一样，这个滤波器有以不同方式处理负频率成分与正频率成分的能力。在这个具体例子中，如图 19.12 所示，频率响应对于正频率和负频率来说的确是不同的。

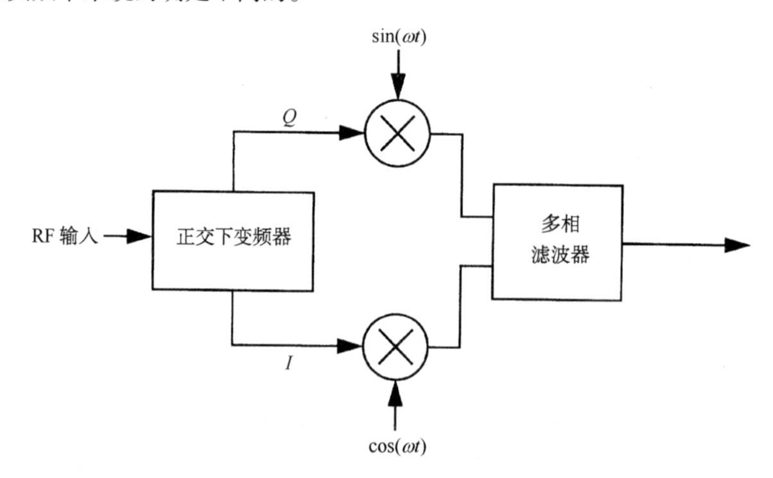

图 19.11　多相镜像抑制滤波器

① 你可能会看到提及“顺序非对称性”及类似的专用名词。顺序这个词在大多数场合下与频率同义。严格说来，它指的是当一个相量旋转时遇到的几个向量的顺序。因此，一个正的顺序可能被定义成 I，Q，I_b，Q_b（对应于我们的鼠标图中的一个逆时针旋转）。非对称性指的是这样一种可能性，即频率响应幅值对于正频率和负频率（顺序）是不同的。最后，多相这个词源自这样一个滤波器处理的输入、输出相位的多样性。

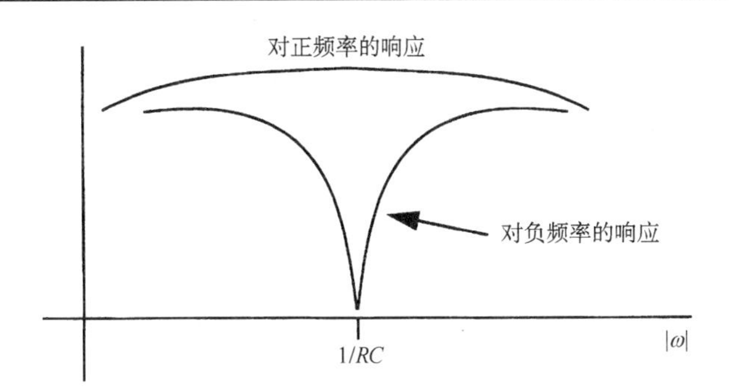

图 19.12　多相镜像抑制滤波器的理想频率响应

我们看到以这种方式使用的多相滤波器实际上是一个带阻滤波器。通过适当地选择零频率位置（可以有不止一个零频率），我们可以抑制负频率成分，因而抑制不希望的镜像。这个性质已经用来从一个低中频［也称为近零中频（near-zero IF，NZIF）］系统结构中得到良好的性能。[①] 如前所述，可以将几个滤波器级联起来以获得带宽更宽的抑制。

实现以上级联设想的一个障碍是通过手工计算一个可变阶数的多相滤波器的传递函数很困难。对于二阶来说已经很难了，而对于三阶或更高阶则完全不可能实现。许多发表的例子看起来是通过反复实验而得到的（至少，这些发表的结果明显地避而不谈所用到的方法）。为了不亲自推导这些结果，我们在这里简单地给出由其他人推出的显式表达式。[②] 在下面这些公式中，传递函数是用信号的复数表示来定义的：

$$V_{\text{in}}(t) = I_{\text{in}}(t) + \text{j}Q_{\text{in}}(t) \tag{20}$$

$$V_{\text{out}}(t) = I_{\text{out}}(t) + \text{j}Q_{\text{out}}(t) \tag{21}$$

对于一阶滤波器，传递函数是

$$G_1(\text{j}\omega) \equiv \frac{V_{\text{out}}(\text{j}\omega)}{V_{\text{in}}(\text{j}\omega)} = \frac{1+\omega RC}{1+\text{j}\omega RC} \tag{22}$$

二阶滤波器的传递函数要复杂一些，但仍然可以计算：

$$G_2(\text{j}\omega) = \frac{(1+\omega R_1C_1)(1+\omega R_2C_2)}{1-\omega^2 R_1C_1R_2C_2 + \text{j}\omega(R_1C_1+R_2C_2+2R_1C_2)} \tag{23}$$

另一方面，三阶滤波器的传递函数写出来是如此之长，以至于不能在一行中写全。我们需要将整个函数分成几块：

$$G_3(\text{j}\omega) = \frac{N(\text{j}\omega)}{D(\text{j}\omega)} \tag{24}$$

其中，

$$N(\text{j}\omega) = (1+\omega R_1C_1)(1+\omega R_2C_2)(1+\omega R_3C_3) \tag{25}$$

分母为

---

① J. Crols and M. Steyaert, *CMOS Wireless Transceiver Design,* Kluwer, Dordrecht, 1998。

② H. Kobayashi 等人在他们的文章中用数学程序包 Mathematica 进行实际的推导，见 “Explicit Transfer Function of RC Polyphase Filter for Wireless Transceiver Analog Front-End,” *Proceedings of APASIC*, 2002。

$$D(\mathrm{j}\omega) = D_R(\mathrm{j}\omega) + \mathrm{j}D_I(\mathrm{j}\omega) \tag{26}$$

式中，

$$D_R(\mathrm{j}\omega) = 1 - \omega^2[R_1C_1R_2C_2 + R_2C_2R_3C_3 + R_1C_1R_3C_3 + 2R_1C_3(R_2C_1 + R_2C_2 + R_3C_2)] \tag{27}$$

$$D_I(\mathrm{j}\omega) = \omega[R_1C_1 + R_2C_2 + R_3C_3 + 2(R_1C_2 + R_2C_3 + R_1C_3)] - \omega^3R_1C_1R_2C_2R_3C_3 \tag{28}$$

注意，所有这些滤波器就像第一个例子那样在负频率下有下陷处。我们进一步注意到，在频谱中的下陷位置就是简单的 RC 乘积，其中每一个 RC 就是每一节的时间常数。这些观察有助于通过选择一组恰当的元件初始值很快地确定最终的设计。通常（但并不一定是必须的，也不一定是最佳的）所有的电容值选择为相等的，然后只改变电阻值。作为设计宽带多相滤波器的进一步指南，将零点频率的几何平均值取成滤波器的中心频率，然后变化零点频率的比率，再来看一下最坏情况下的阻挡带的抑制。如果不够，则可以降低比率并增加更多的级联节数。一般来说，需要同时考虑元件的容差与失配以作为上述过程的补充。蒙特卡洛模拟技术非常适用于这些相对简单的结构。

19.2.7 直接变频

上变频和双变频接收器结构解决问题的方法是使用一个高中频来将频率移得足够远，从而使得只需要一个简单的滤波器就可提供必要的抑制。另一种选择是使用下变频结构，其中频是零。因为信号和它的镜像相差两个中频，因此一个零中频意味着所需要的信号即为其本身的镜像。所以，按逻辑来说就是没有需要抑制的信号，也没必要有一个前端的抑制滤波器。前端滤波器要求现在很容易满足。[①] 此外，由于采用了零中频，所有后续的基带处理都在可能的最低频率下进行。例如，相对来说低频率的 ADC 和数字信号处理引擎可以用来实现频道滤波、解调及其他一些辅助功能，因此不再需要外部的滤波器（至少在理论上是这样）。此外，数字处理固有的灵活性又提供了构造一个“通用”接收器的可能，也就是说，同样一个硬件可以实现多种标准的应用，如图 19.13 所示。

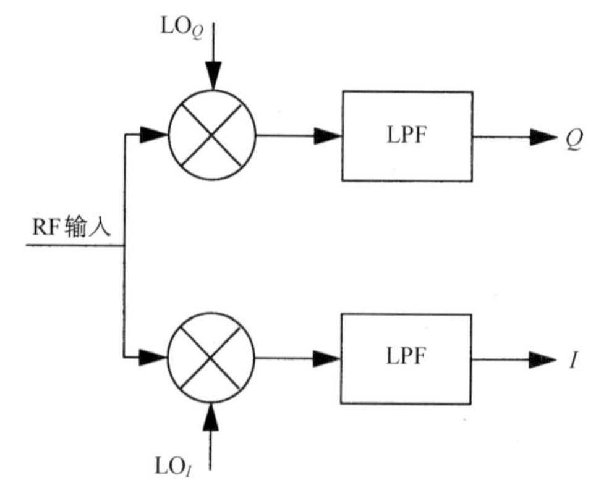

图 19.13　直接变频接收器

① 使用某种形式的滤波器在任何情况下总是会有帮助的。例如，为了避免带宽之外的干扰信号导致前端过载。

最普通的直接变频接收器需要两个混频器和两个 LO，原因是 LO 的相位对于输入射频信号来说是很重要的。如果相位一致（或者是反相），则解调出来的信号可以达到最大值；如果相位正交，则解调的信号为零。

为了能够处理射频信号与 LO 信号之间任意的相位关系，必须增加一个混频器，该混频器由一个与第一个 LO 正交的 LO 驱动。通过把这两个混频器的输出进行组合，任何相位的输入信号都可能被正确地解调。*I* 和 *Q* 支路的失配在这里不像在镜像抑制结构中那样严重，因为这里不是抑制，而是利用。现在失配的唯一后果就是造成一些失真。

由于具备这些特性，因此看起来没有相似的结构可以与直接变频接收器竞争，尤其是在 IC 的可实现性上。确实，（曾经）普遍使用的寻呼机就是直接变频接收器。这种简单的系统结构（及简单的信号方案）看来可达到很高的集成度和实现很低的造价。

但是，直接变频有几个致命的弱点，这些缺点给人们把这个结构用到更复杂应用中的努力造成了很大困难。这些问题包括对直流失调（offset）（无论是由内部还是由外部诱发的）具有的极大敏感度和 $1/f$ 噪声。对零中频来说，失调与 $1/f$ 噪声即代表在与想接收信号同样的带宽内的误差。例如，考虑检测 10 μV（这个值是相当典型的）的输入信号，要把失调（和 $1/f$ 噪声）降低到这个量级是很不容易的，因此噪声系数往往很差，经常发生 DC 失调在输出中占压倒成分且造成后级过载的情况。寻呼机为了避免这个问题采用的唯一方法就是使用相对来说不太复杂的双频率信号。结果使得其频谱中的 DC 能量很少，从而使 AC 耦合在很大程度上解决了问题。

遗憾的是，简单的 AC 耦合并不是万能的。假若频谱在低频端有相当多的成分，就会要求 AC 耦合具有低截止频率。低截止频率需要更大的电容，甚至可能要求使用片外元件。一个更加严重的问题就是这样一个网络从过载恢复过来的速度会很慢。例如，一个 100 Hz 的截止频率间接地表示稳态建立时间在 10 ms 的数量级。这样慢的建立时间会导致接收器丢失码。尽管这样的问题可以通过使用减小低频谱能量的调制方法在系统或者协议级加以解决，然而这种方法显然只能用在那些调制方案还没有确定的新的通信标准中。

其他用来缓解电容耦合问题的方法包括积极的失调消除，例如，时分多址（TDMA）系统自然地提供用户闲置的时间间隔，期间系统什么事也不做，因此可以在这一段空闲时间里对失调进行测量并将其消除。[①] 一个替代方法就是提供两组混频器，任何时候只有一组在使用，另一组则实现失调消除。这两组混频器周期性地交互工作。

在所有的推荐方法中，需要注意的一个重要方面就是失调消除电容必须足够大，以使得 kT/C 噪声可以忽略。通常，符合这种要求的电容会在 nF 量级，所以占用的芯片面积较大。

另一个难点就是对前端非线性度的要求苛刻。任何偶数阶的失真都会产生一个与信号相关的 DC 失调，因此代表了另一个噪声项。例如，前端的低噪声放大器必须被设计成具有非常高的 IIP2（对于这个结构来说比 IIP3 更加重要，当然如果两者都高则更好）。这个要求通常会使得前端的功率损耗有明显的增长，因为当所有其他参数保持不变时，提高直流偏置的大小可以改进线性度。此外，差分结构在前端几乎是必需的，因为它们的对称性可以减少偶数阶的失真。但是使用差分电路会使得功率损耗加倍。

另一个问题就是 LO 的辐射。由于 LO 的频率和射频输入信号的频率相同，因此 LO 的能量

① J. Sevenhans et al., “An Integrated Si Bipolar RF Transceiver for a Zero IF 900MHz GSM Digital Mobile Radio Front-End of a Hand Portable Radio,” *Proc. IEEE CICC*, May 1991, pp.7.7.1-4。

可以泄漏到天线并且辐射出去，从而导致对其他接收器的干扰。更坏的情况是 LO 可以干扰自身的接收器。由于混频作用，另一个 DC 噪声分量会出现在混频后的基带信号中，这个 DC 噪声依赖于两个 LO 分量的相位关系，一个出现在混频器的射频端，另一个出现在混频器的 LO 端。由于 LO 的功率一般来说比射频信号的要强（可能在幅值上要高好几个数量级），因此 LO 能量的自整流是一个非常重要的问题，必须采用极其仔细的隔离手段来防止这种 DC 失调压倒混频器的正常输出。此外，泄漏到前端的 LO 辐射会从某条路径折回，这条路径对诸如天线周围的物体等因素十分敏感。最后，功放输出的传输过程中的泄漏折回到 LO 的信号会通过寄生耦合产生对 LO 的拉引，这个反馈会导致一大堆不希望有的伪毛刺信号。

总体来说，直接变频接收器需要一个线性度特别好的低噪声放大器，两个线性度特别好的混频器，两个 LO（因为工作在射频频率附近，因此频率可能比较高），一个可以使两个 LO 正交的方法，对这两个 LO 的极好的能量隔离，以及一个将 DC 失调和 $1/f$ 噪声控制在 μV 级电平以下的方法。这些要求很难同时得到满足。

还有一点值得一提，直接变频接收器在一个单一的频率上获得大部分增益，若以功率为度量，增益可以达到 10^{12} 甚至更高。因此，消除寄生的反馈回路以防止振荡发生变得异常重要。由于增益极高，因此必须非常仔细地采用输入-输出之间的隔离措施、以保证寄生环路传输系数低于单位 1。提供这样的隔离又是一个挑战。坚持不懈的工程层面的努力终于有了成果，大量成功的商业化产品实例证明：尽管很难，然而这些问题是可以解决的。本书将在 19.6.4 节分析一个具体的实现例子。

19.3 亚采样

最近有相当多的关于亚采样的系统结构的研究。这类接收器试图利用几乎所有 RF 收发链路都具有的大载波带宽比的特性。满足奈奎斯特采样准则只要求做到两倍于信号带宽而不是两倍于载波频率的采样，所以理论上说我们可以直接对射频信号进行采样，但是采样频率要比射频频率低很多（参见第 13 章）。

令人头痛的是，所有前端级带宽里的噪声都折合到了采样的基带里。为了避免出现这个问题，要求射频滤波器的带宽不切实际地低，所要求的带宽是如此之窄以至于不可能实现。事实上，如果一开始就有这样高质量的滤波器，我们就会以完全不同的方式构建接收器。

由于这个噪声折合的特性，亚采样结构通常具有非常差的噪声（例如 30 dB）。其后果是这种接收器的设计者往往被迫只讨论到线性度以分散读者的注意力。然而，细心的读者可能会发现，其实那些可比拟的“线性度”可以很简单地通过在普通的系统结构前加一个衰减器而得到，例如前面提到的某些混频器结构（例如亚采样和电位混频器）。这种等价性会使人们怀疑亚采样的实用性，因此尽管研究仍在继续，但成功与否仍然不能确定。

19.4 发射器系统结构

就像人们猜测的那样，发射器系统结构通常就是相应的接收器系统结构的“逆转”。例如，一个传统的普通超外差（简称为外差）发射器如图 19.14 所示。超外差发射器允许一个低频道调制信号逐级变频到射频信号，但是所需的滤波器可能难以在集成电路中实现。

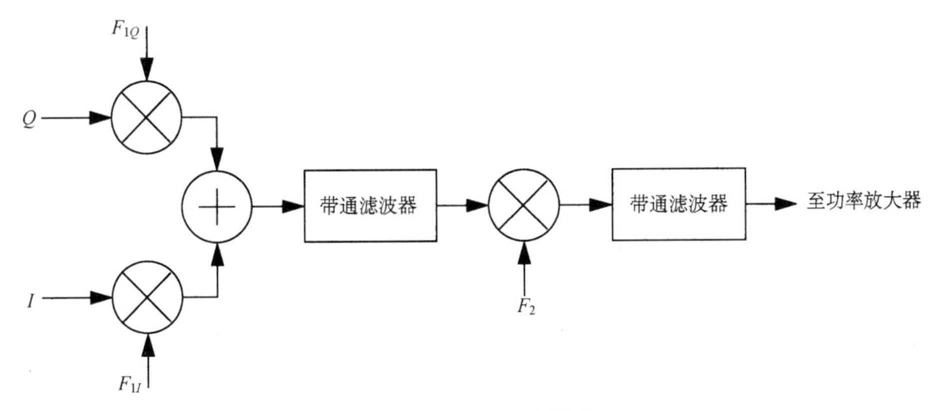

图 19.14　超外差发射器

为了减少滤波的要求，可以使用直接（上）变频发射器，如图 19.15 所示。如前所述，如果这个系统结构按照前面所述的那样实现，那么来自功放的反馈会对 LO 产生干扰（因为它们在同一个频率）。如果用一个偏差频率合成器取代一个直接工作在射频载波频率下的 LO，那么因功放产生的 LO 拉引就可以被大幅度地减弱，见图 19.16。

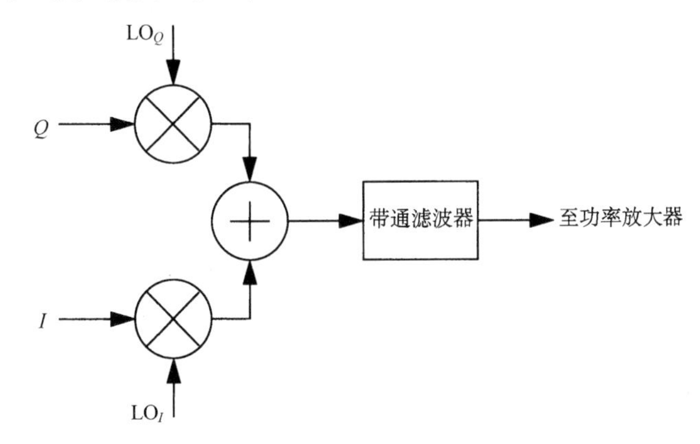

图 19.15　直接变频发射器

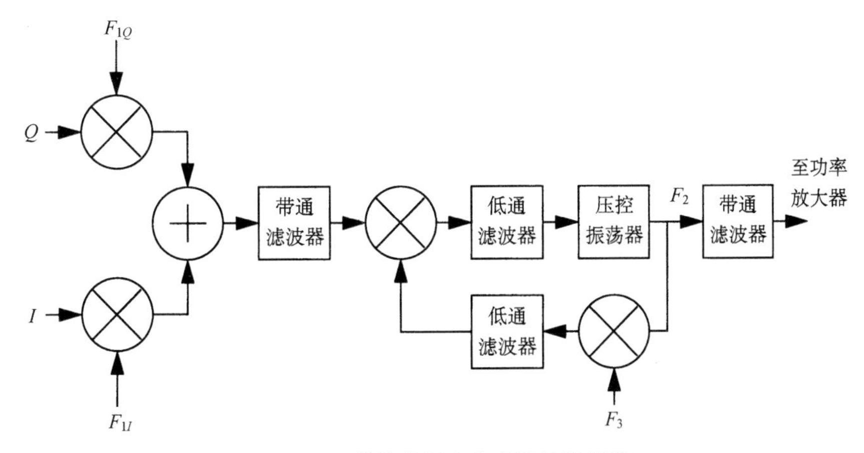

图 19.16　带偏移频率合成器的发射器

在这个结构中，输出的载波频率和调制载波频率 F_1 不同，在很大程度上缓解了前面讨论的拉引问题。此外，任何对输入的调制都直接转移到载波上，没有经过任何放缩。在反馈路径中，使用分频器的频率合成器环对每一个参考输入的相位噪声都乘以分频数 N。这种噪声的增强是我们不希望出现的，所以这种没有任何乘法操作的偏差频率合成器具有很大的潜在优势。

19.5 振荡器的稳定性

LO 的频率稳定性需要进一步讨论。例如，在 AMPS 模拟蜂窝电话系统中，信道的带宽是 30 kHz，而载波频率大约是 900 MHz。由于信道的带宽大约是载波的 30 ppm（百万分之一），因此 LO 的频率必须控制在如 3 ppm 之内，这样才能使误差相对于信道带宽来说可以接受。显然，获得这样的精度是一个挑战，更不要说要在温度和输入电压变化的情况下维持这样的精度了。

通常采用稳压器来解决电压波动的问题，但是消除温度变化的影响仍然难以解决。最直接的方法就是把振荡器放在一个温度可控的环境中。这种“恒温箱”中的振荡器性能肯定优良，但是通常对便携式的应用来说消耗的能量太多。

一种替代的技术是利用晶振温度特性的可重复性。实际的温度被连续地测量，再通过 ADC 进行数字化，然后输入到校准 ROM。ROM 的输出用来驱动一个 DAC，这个 DAC 又来控制变容管以补偿漂移。[①] 这种开环修正方法在蜂窝式电话中得到了广泛的应用，通常在 0℃到 40℃之间能够提高一个数量级的漂移控制精度。

最近出现了一种闭环的方法，就是用 DSP 通过检测下变频信号（通常就是基带信号）的特征来连续地估计频率误差，然后重新调节振荡器来使误差达到最小。[②] 这种技术不需要温度传感器、ADC 和 ROM。但是不加区分的估计方法并不总是能够稳定工作的，所以如果能在通信协议中专门做出规定以容纳这种类型的闭环频率控制，则可以得到最好的性能。

19.6 芯片设计实例

在已经建立的背景信息基础上，我们现在将注意力转向三个具体的设计实例，这些例子有助于将前面几章积累的知识贯穿起来。

19.6.1 GPS 接收器

一个能够突出说明几个相关设计问题的例子[③]是一个用于全球定位系统（GPS，global positioning system）的接收器。在讨论设计本身之前，我们需要了解一下有关 GPS 的信号结构。GPS 信号以 1.575 42 GHz 的载波频率为中心，它由两个扩频（扩展频率）信号[④]组成。一个信号强度较强的 C/A（coarse acquisition，粗获取）码也是在带宽上较窄的。另一个较弱的然而带宽较宽的 P（precision，精密）码是为军事应用设置的，我们这里不做进一步讨论。

① 在比较简单的实现中，ROM 和 DAC 只是简单的比较器，其控制电容接入电路的开关。

② 在一些系统中，检测到的“特征”可以包括一个专门发送的置零位来帮助进行这种类型的修正。

③ 本节大部分内容来自 D. K. Shaeffer and T. H. Lee, *The Design and Implementation of Low-Power CMOS Radio Receivers,* Kluwer, Dordrecht, 1999。

④ 实际上有两个 GPS 频带。除了已经提到的 L1 频带，在 1.2276 GHz 处还有一个 L2 频带。然而，C/A 模式只在 L1 频带中传送。精密 P 码在两个频带内都发射，它们的载波频率是 P 码的 10.23 MHz 片码率的整数倍。

发送这些信号的卫星在功率上是受到限制的，因此一个典型的接收到的信号在–130 dBm数量级。这里假设是一个相对完好的卫星，并且在发射器与接收器之间没有直接路径的阻挡（卫星的年代变久会使得发射功率随时间减弱，从而进一步减小了信号连接的冗余度）。在 C/A 码信号主波瓣的近似为 2 MHz 带宽内积分的噪声功率密度大约为–111 dBm。[①] 因此，C/A 码信号尽管强一些，但还是不够强：其信号强度比在大多数接收器天线处的热噪声底限还要低 20 dB（在室内和在有遮掩时情况还要糟糕），参见图 19.17。信号的检测之所以成为可能，是由于 1.023 MHz 的片率和 50 Hz 符号率之间的比率很大，这个比率称为扩展（或处理）增益。正像宽带 FM（调频）信号一旦在解调之后具有低噪声的优势一样，展频信号也是如此。解调之后的信噪比（SNR）的增加等于处理增益。在目前这个情况下，$10\log_{10}(1.023\ \text{MHz}/50\ \text{Hz})$ 的处理增益大约是 43 dB，使得解调后的 SNR 超过+20 dB（在计算接收器的噪声系数之前）。如此大的值是很容易被解调的。然而，因为遮挡效应和其他传播不确定因素，[②] 很容易失去 10～20 dB（或更多）。因而，我们必须将接收器的噪声系数降至最小，以充分利用信噪比的每一个剩下的分贝。

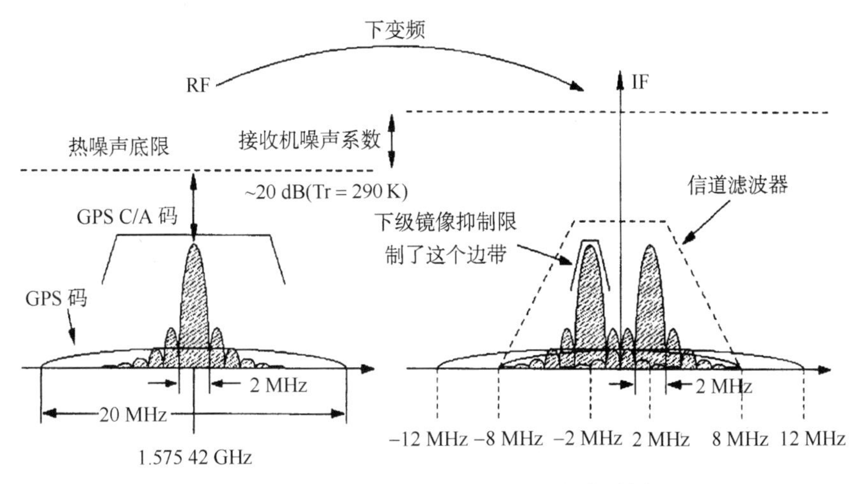

图 19.17　GPS 信号结构与接收器频率计划

每一个超外差接收器中的一个基本设计决定是中频（IF）的选择，或者说是什么样的信号可以被容忍。理想情况是可以找到一个足够低的与适当的镜像相一致的中频（以便减轻对模数转换器的要求，以及使得频率或速度敏感的设计比较容易实现）。在 GPS 的情况下，由于 P 码的存在，这个选择变得容易些。那个频带只被 P 码占用，因而没有强信号。我们因此可以自由地选择一个低的中频，而且不至于发生棘手的抑制问题。此外，P 码相对大的频带为我们提供了对任何选定的中频滤波器的相当大的过渡频带。这里，我们选择 2.036 MHz 作为中频，留下了 3～8 MHz 作为滤波器的过渡频带。

采用这种选择，系统结构变得十分简单，这从接收器的框图中（见图19.18）可以清楚地看到。经过正交下变频之后，中频信号被放大，然后为具有 2 MHz 拐角频率的低通滤波器所滤波，之后

① 回顾一下，热噪声的密度是–174 dBm/Hz（在 290 K 的标准参考温度下）。2 MHz 的带宽对应于 63 dBHz，即–111 dBm。

② 室内操作及（天然的或城市里的）沟谷基本上是被排除了。从本质上说，要求不受遮挡地直接看到 3 个或 4 个卫星。

再被进一步放大，然后被输入到 1 位（比特）A/D 转换器（比较器）。一个 2 位 A/D 在商用产品实现中被更为普遍地采用，但是采用 1 位 A/D 很简单。[①]

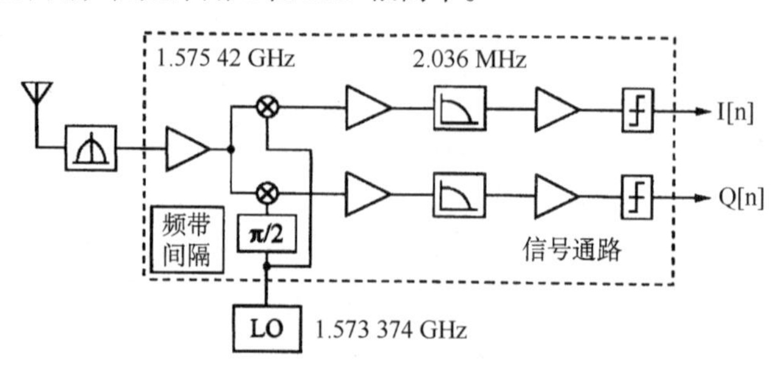

图 19.18 接收器的框图

其中的低噪声放大器（LNA）与第 12 章分析过的例子中的一个相同。在这个具体的设计中（采用不算先进的 0.5 μm 工艺），2.5 V 的电源电压对于允许堆栈（stacking）电路结构通过共用偏置电流以节省功率来说已经足够大了。差分 LNA 驱动第二级共源差分放大器。这两个差分放大器对信号来说是级联的，但从偏置角度来说是在垂直方向堆起来的，见图 19.19。从图 19.20 中的噪声系数图可以清楚地看出，这个设计在 GPS L1 载波频率处的噪声系数（NF）大约是 2.4 dB，消耗的功率大约是 12 mW（同时，混频器和几个 LO 驱动器在发射/接收两侧另外消耗 3 mW）。如果用现在正在使用的最先进的工艺，[②] 则可以实现性能更好且功耗约为上述值的 1/2 或 1/3 的 LNA。如果变成单端结构，还可以省下 1/2 的功耗，但是封装的寄生参数就变得十分重要了。这个问题并非不能解决，但是它会增加一定程度的冒险性。这种冒险性必须在选择输入级结构之前被充分意识到。

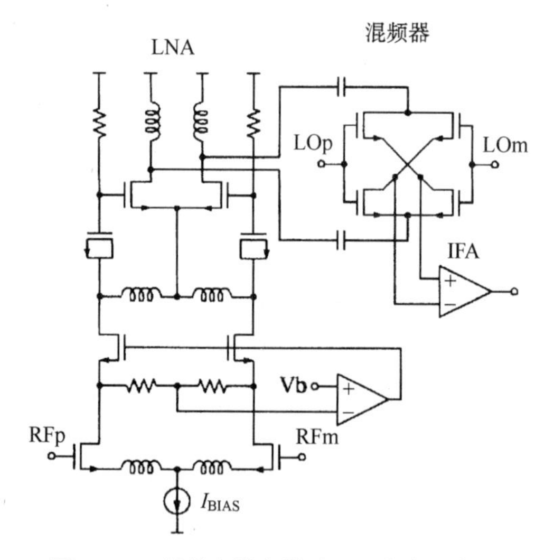

图 19.19 低噪声放大器（LNA）与混频器

① 相对于一个无穷细分的数字量化器，使用一个 1 位的量化器需要耗掉 3 dB。而更被普遍采用的 2 位量化器与恰当的 AGC（自动增益控制）结合在一起，可以最大限度地利用可提供的量化级别，将这个损耗降低到大约 0.7 dB。这样，使用一个 1 位的粗略的量化器，我们大约牺牲了本来可以用于增加冗余度的 2.3 dB（相对于在普遍采用的实现中能达到的量）。

② 2004 年大致是 0.25 μm CMOS 工艺。——译者注

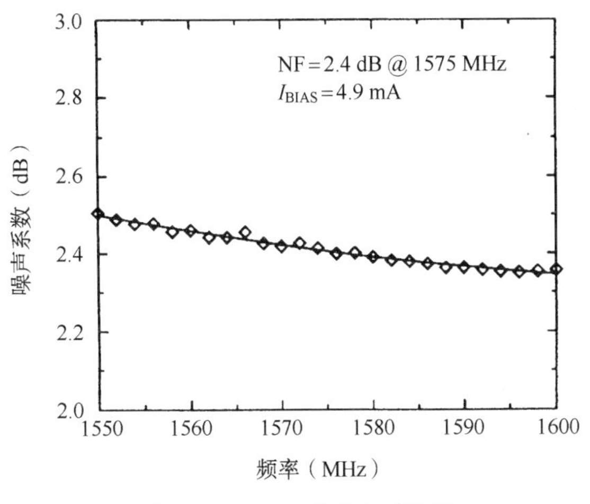

图 19.20　LNA 的噪声系数图

两级级联的 LNA 的输出通过电容耦合到一个无源的 MOS 混频器，其 LO 端口是一个片上 PLL 所产生的 1.573 374 GHz 信号。混频器的输出又用来驱动一个中频放大器。为了使抗干扰冗余度最大化，这个中频放大器被设计成具有极佳的线性度。

理解用在这个放大器中的线性化技术最容易的方法是注意到输入晶体管（以及它的差分等价实现）是工作在一个恒定的电流 I_{BIAS}。作为一阶近似，M_1 的栅-源电压也是常数，从而间接说明了这样一个事实，即加到输入端（I_{np}，I_{nm}）上的差分电压全部出现在源简并电阻（degeneration resistor）的两端。假若这个电阻是线性的，那么这个电路就在理论上实现了一个完全线性的跨导运算。其结果是，M_3 的漏极电流包含一个信号电流项，它线性正比于所加的输入电压。至少在 M_3 与 M_4 匹配的同样程度上，这个信号电流也出现在 M_4 的漏极电流上，并最终作为一个输出电压出现在 M_4 的漏端。晶体管 M_2 最后形成了一个反馈环路，这个环路是为了使 M_1 在它的漏极节点上满足基尔霍夫电流定律而提供一个合适的栅极电压去驱动 M_3 所必需的。这个线性化技术的成功从图 19.21 所示的伴随的转移特性可以清楚地看出。该图显示出对于大约 150 mV 的输入幅值，增益基本上维持恒定，其功耗为 4 mW 左右。

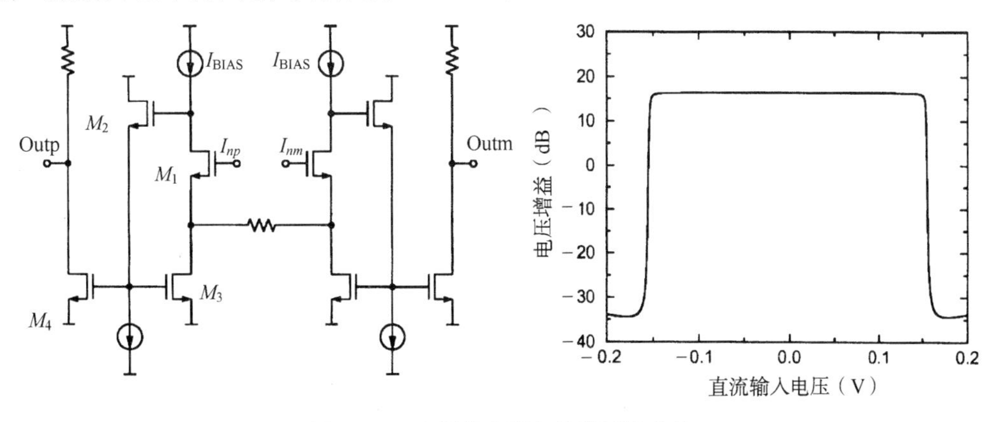

图 19.21　中频放大器与转移特性曲线

然后，放大器的输出将输入频道滤波器。这里，我们需要考虑的因素又一次包括消耗的功率、产生的噪声和线性度，然而要考虑的因素很难说得完全，因为存在着如此之多的滤波器拓扑结构，我们不可能在这里全部考虑到。然而，我们可以进行一些相关的观察，其中之一是根据级联的噪声系数公式，为了控制噪声系数不致太大，我们需要在滤波器之前获得一定的功率增益。对于给定的滤波器前的电压增益，这意味着需要工作在一个足够低的阻抗以使得动态范围最大化。

另外一个观察是基于双端中断无源阶梯滤波器 LC 结构的滤波器对参数的变化往往有较低的灵敏度（除非操作在接近工艺技术的极限）。[①] 结合前面说明的判据，我们希望选择一个相对来说比较小的阻抗，以保持与动态范围目标的一致性。然后，为了在得到这个动态范围的同时减小消耗的功率，应当选择这样的滤波器拓扑结构，即它们能以最低的阶数来获得所要求的性能。最后，功率效率最高的电路拓扑结构应该被用来实现滤波器部分的电路。

图 19.22 所示的第 5 阶椭圆滤波器是无源 LC 的原型，在此基础上可以构造有源滤波器。它被设计成可提供一个 3.5 MHz 的通带边及在大约 10 MHz 处的 77 dB 的最小阻带衰减。椭圆滤波器（其名字源于在这种滤波器的设计过程中用到椭圆函数）是被 Cauer 证明在给定滤波器的阶数下可提供从通带到阻带的最剧烈过渡的滤波器结构。[②] 这种从通带到阻带的过渡要符合给定允许通带抖动与最小阻带衰减的指标，或者说，它允许用最低的阶数来满足这些约束条件。

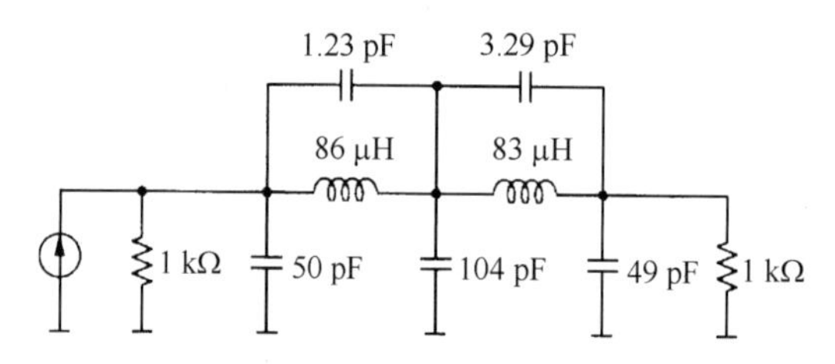

图 19.22 椭圆中频滤波器原型

在实际的滤波器中，电感为转相器所替代。转相器是一种二端口元件，能够将可用的电容器转变成不可用的电感器。[③] 转相器通常用两个交叉连接的跨导器实现，每一个跨导器将一个端口的电压转换成另一个端口的电流，参见图19.23。通过以这种方式交换端口电压和电流，转相器在一个端口提供了一个正比于连接在另一端口的阻抗倒数的阻抗。在这个例子中全部采用了差分放大器；如果采用单端放大器，则可以节省一些资源，但我们在这里不予考虑。

---

① 想准确了解灵敏度这个词在这里意味着什么吗？哪些灵敏度是被最小化的？哪些不是？可以参见 Harry J. Orchard, "Inductorless Filter," *Electronics Letters,* v. 2, no. 6, June 1966, pp. 224-5，以及经常被错误引用的 "Loss Sensitivities in Singly and Doubly Terminated Filters," *IEEE Trans. Circuits and Systems,* v. 26, no. 5, May 1979, pp. 293-7。

② Wilhelm Cauer, "Ein Interpolationsproblem mit Funktionen mit positivem Realteil" [An Interpolation Problem with Functions with Positive Real Part], *Mathematische Zeitschrift,* v. 38, 1933, pp. 1-44。或许更容易找到的参考材料是他的另一部著作：*Synthesis of Linear Communication Networks* （McGraw-Hill, New York, 1958）。Cauer 在 20 世纪 30 年代发明了这一类的滤波器以减少构建滤波器的元件数。这些滤波器是为德国电话系统设计的。有这样一个传说，贝尔实验室的工程师在一个专利里看到了 Cauer 的发明，然后急急忙忙到纽约公共图书馆去钻研那时（现在依然）非常难懂的椭圆函数，以便能理解 Cauer 已经完成的工作。实际上，这种方法的基本想法是十分直接的：用几个虚数零点的响应下陷来产生到阻带的一个快速过渡。但是要精确地确定所有极点与零点的位置绝对不是一件容易的事情。

③ 转相器（gyrator）是由著名的荷兰理论家 Bernard D. H. Tellegen 在"The Gyrator, a New Electric Element," *Philips Research Reports*, v. 3, 1948, pp. 81-101 中第一次命名并作为一个元件被研究的。然而，电容器到电感器的转相实际上是许多早期的 FM 发生器的基础。这些发生器比 Tellegen 给这些元件所取的专门的名称要早。在转相器这个词进入工程术语词典之前，不计其数的"电抗管"调制器已被采用。Tellegen 将这个概念正式化并进行了扩展。

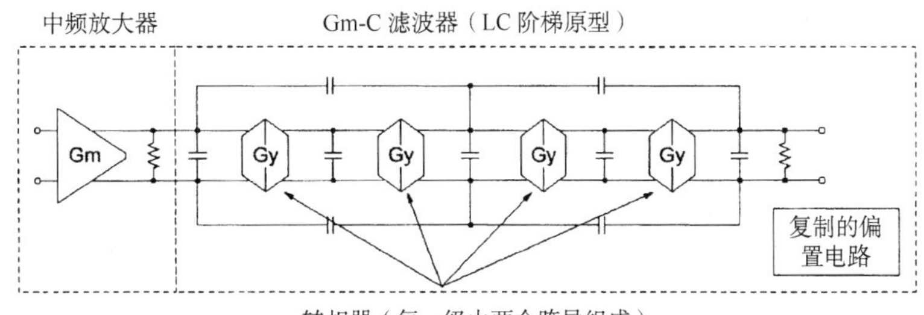

图 19.23　中频滤波器结构

图 19.24 给出了基于转相器的电感器及其相应的噪声模型。一个接收器的动态范围很容易受到所用的滤波器线性度的局限。假若一个滤波器的前级电路提供足够的增益，它会被过载并产生非线性行为。因此，功率效率高且具线性的跨导器对实现这种性能良好的滤波器是必需的。对于目前这个 GPS 接收器来说，我们正在设计的滤波器实在是有些过度设计了。一个较为简化的设计可以使功耗与芯片面积大幅度减小。不管怎样，人为地提高设计要求给了我们一个机会来确定一些可广泛应用的设计概念。

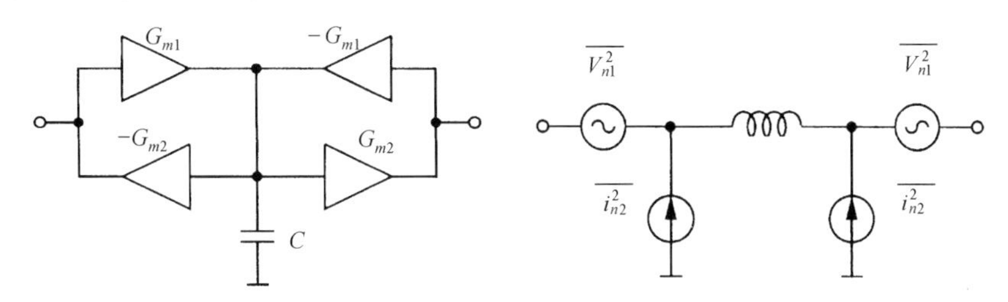

图 19.24　转相器结构与噪声模型

假设我们是在寻求线性跨导器，那么可以考虑几个普遍采用的电路结构。其中一个是享有盛名的简并差分对（见图 19.25）。从一阶近似来分析，不论是否有简并，线性区的边界是由一个差分电压决定的，这个差分电压要足够大，以使偏置电流的大部分被转向差分电路的一边。简并不会改变这个基本行为，它所做的只是增加达到这个限度所需的输入差分电压，其结果是跨导与线性输入电压范围的乘积大致上保持为常数——并且正比于偏置电流。用另一种方法说，起限制作用的偏置电流的存在只是保证了一个有边界的线性范围。

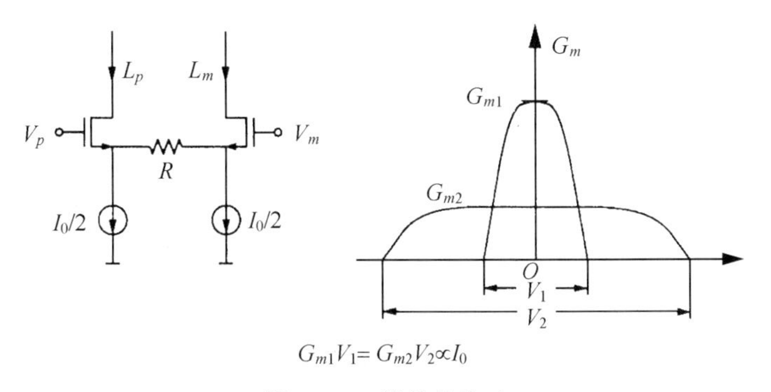

图 19.25　简并差分对

上述结构的一个变种是将线性的简并电阻换成工作在三极管区域的两个 MOSFET，其栅极连到差分对的输入端。采用这种方式，当差分输入电压增加时，等效的简并电阻减小，某种程度上抵消了几乎全部的电流转向。这个简单的窍门可在固定的简并情况下提供很大的改进。然而，理想条件相对说来是很有局限性的，而实际可以实现的改进并不像理论预测的那么大。

第三个选择是利用 MOSFET 的所谓平方律特性。一个用两个真正的平方律器件构成的差分放大器具有一个线性的差分增益（由于平方关系的二阶输出项的对称性，它们的符号是相反的，因此互相抵消）。这种方法存在的问题是，实际的 MOSFET（甚至是对那些沟道长度比工艺允许的最小值要大很多的器件）在大的过驱动栅极电压下并不完全具有平方律关系器件的特性，这是因为沟道迁移率随垂直电场的增加而变差。因为这种机理在栅过驱动电压增加时引起跨导的下降，迁移率变差的行为很像是电路中有一个自建的源简并。按照这种迁移率变差效应的思路，我们来设计一个潜在的解决方案。简并是一种形式的负反馈，因此正反馈应该能够抵消它，见图19.26。一个恰当选取的正反馈常数 k 在理论上能够消除迁移率变差的效应。

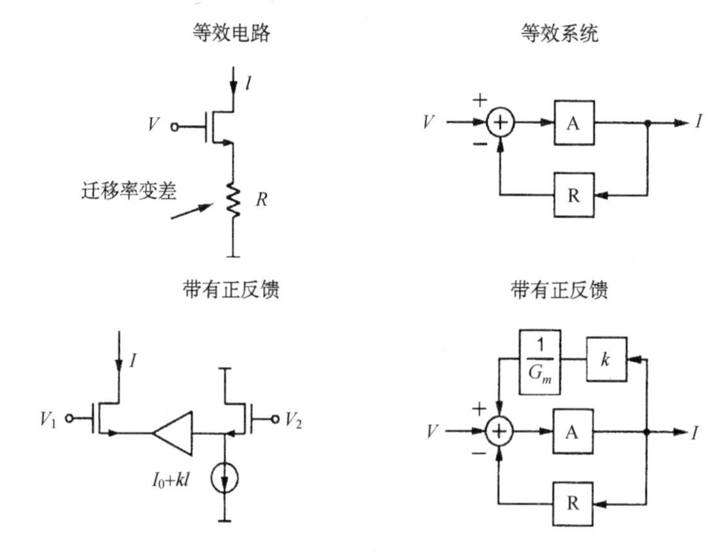

图 19.26　用于迁移率变差补偿的正反馈

为了便于对各种解决方案进行公平的比较，我们可以定义一个品质因子Γ，它组合了线性度（用 IP3 度量）和噪声以每单位消耗功率 P_D 的跨导 G_m 的影响：

$$\Gamma = \frac{G_m}{P_D}\frac{V_{\mathrm{IP3}}^2}{\varepsilon} \tag{29}$$

其中，

$$\varepsilon = \frac{\overline{i_{n,\mathrm{out}}^2}}{4kTBG_m} \tag{30}$$

图 19.27 中的几个图给出了对三种方法的比较。对于用电阻简并的情形，Γ被画成器件宽度的函数，而简并电阻则作为一个参数。对其他两种情形，Γ被画成偏离线性度最大化条件的函数。从这些曲线的相对宽度可以洞悉相关电路对在电路设计时所做假设的微小偏离的灵敏度。

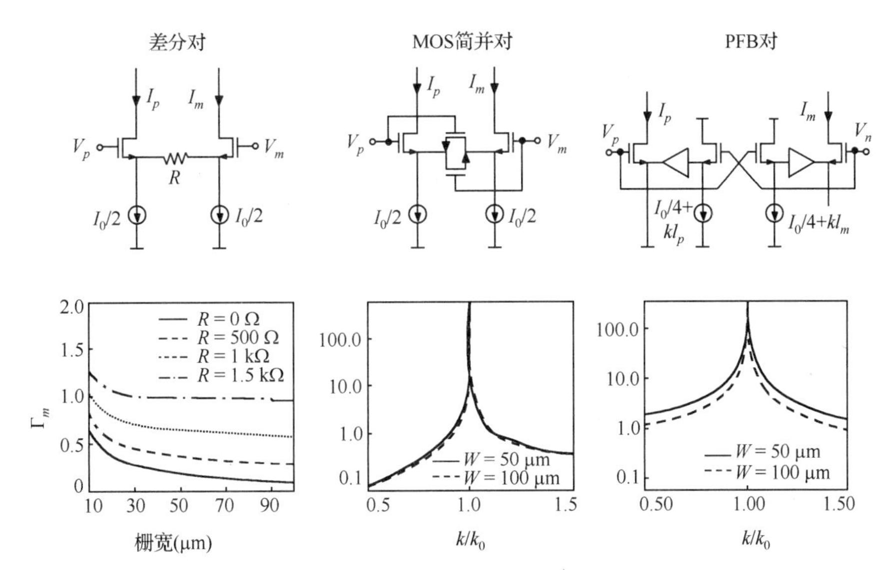

图 19.27　线性跨导器的总结

我们看到 MOS 简并对可以将品质因子改进两个数量级以上。但是要获得这样大的改进，对参数的控制则会不切实际。一个对最佳值的5%的偏差会导致品质因子与那些采用通常的简并跨导器中得到的值不相上下。另一方面，正反馈纠正的跨导器对参数变化的灵敏度小得多。即使偏离最优值 5%以上，仍然可以得到一个数量级的改善。这种鲁棒性解释了为什么这个结构比其他两个结构更多地被采用。

这个结构的电路实现如图 19.28 所示。晶体管 M_2、M_5 和 M_6 形成了类似的用于线性化的中频放大器的环路。正因为如此，即使没有 M_{10}，M_2 的栅-源电压也是一个常数。晶体管 M_1 是主要的跨导器。它的输出电流被复制到 M_{10}，其漏极电流又被加到那个偏置 M_2 的电流上，从而完成了这种方法所要求的正反馈环路。通过调整增益，可以使线性度达到最大。

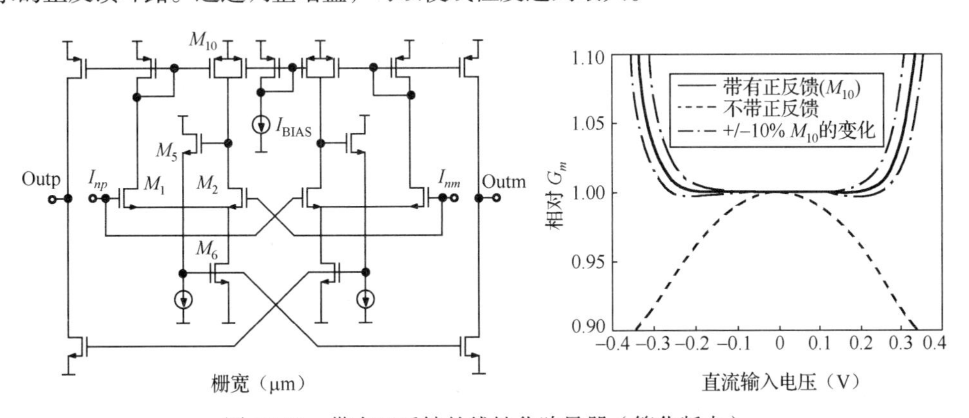

图 19.28　带有正反馈的线性化跨导器（简化版本）

图中的另一个跨导作为输入电压的函数显示了可能达到的很大的改进。图中下部的曲线给出了没有负反馈时得到的跨导变化。可以看到，在比 250 mV 的输入电压低一点的地方，跨导大约下降了 5%。加上补偿之后，对于同样的输入电压，跨导增加了不到 1%。即使 M_{10} 的宽度变化了 10%，仍然可以清楚地看到 G_m 的平坦度得到了有效改善。

在滤波器的转相器中采用这种跨导可以得到如图 19.29 所示的总的中频滤波器响应。两个滤波器的每一个在核心电路中的功耗为 10 mW，另外还有 1 mW 功耗在用于设置终断电阻值的复制偏置电路上。由于这个线性度，使该滤波器具有 60 dB 的无伪信号的动态范围。但是，这个滤波器仍然是限制这个 GPS 接收器总线性度的主要因素。

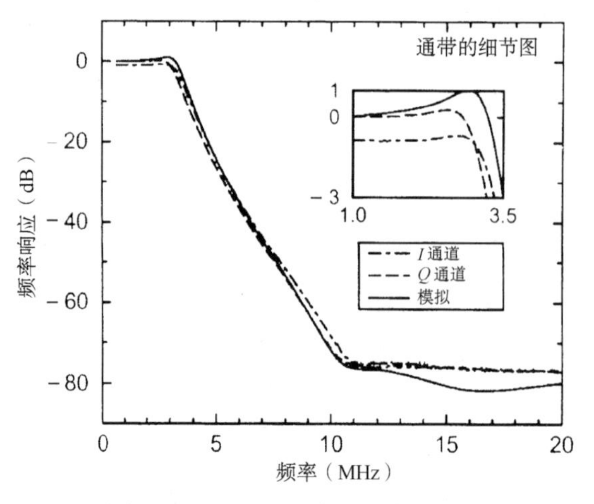

图 19.29 3.5 MHz 中频滤波器响应

图 19.30 所示的两个图给出了测量到的双（频）调 IP3 与 1 dB 阻塞性能。这个 IP3 图看起来有点病态，但结果的确如此。那些线性化技术在较低的输入幅值时是有效的，但通过比较可以看出，这些技术反而使高阶非线性度变得更为严重了。因此，在低输入幅值时，三阶交调项以预期的斜率为 3 的形式上升，但是在更高的输入功率下，则呈现出更陡的上升斜率。因此，根据用在测量中的信号源功率，可能会得到相当不同的 IP3 值。因为报告给出的结果有可能带有选择性（或者是最好的，或者是最差的），所以最好提供一个图。

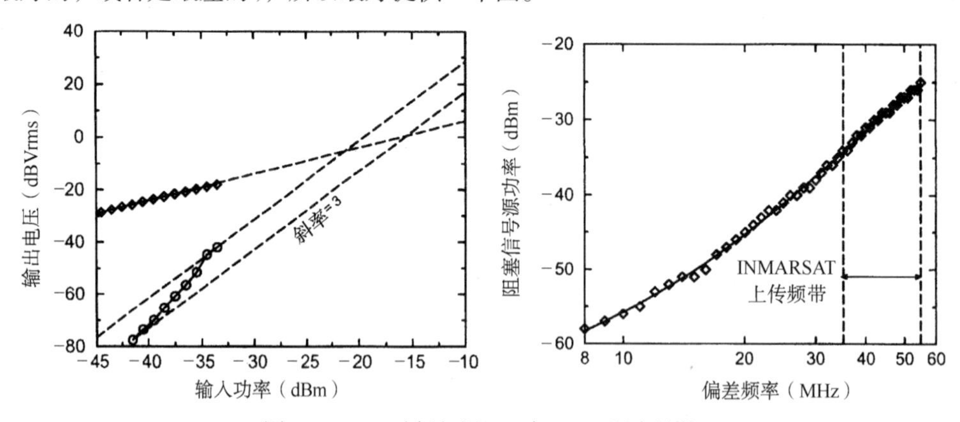

图 19.30 双（频）调 IP3 与 1 dB 阻塞性能

阻塞性能是在没有任何形式的前端滤波的情形下测量到的。即使没有具有帮助作用的滤波，对于潜在的会引起麻烦的 INMARSAT 频带中的–35 dBm 信号源功率，却出现了 1 dB 的灵敏度降低。这个值是由于 LO 相位噪声的逆向混频造成的。假若电路的阻塞性能要求被改进，或许可以采用简单的前端滤波器（因为在这种情况下，有可能引起阻塞的不在中心频率处的信号大部分被衰减了）或者通过改进相位噪声（或者是这两者的某种形式的组合）来实现。考虑到后者（改进相位噪声）实现起来比较困难，一个谨慎的设计选择或许就是简单地在天线与前端电路之间加入某些初级滤波功能。事实上，天线的有限带宽在这里可能会转化为优点。通过一些努力，达到在阻塞性能上的 20 dB 的改进应该是很直接的。这个量级的改进可以满足这样一个要求，即不会因为有这种强度的引起阻塞的信号存在而造成威胁。

总的接收器的噪声（如图 19.31 所示）几乎不被 LNA 与混频器组合之后的下游电路影响。假若相干解调与无穷细分的 A/D 量化结合起来使用，那么噪声系数可以略微比 4 dB 大一点。实际上，因为采用了 1 位的量化器，我们虽然付出了一点代价，但是仍然设法得到了比 6 dB 稍大的噪声系数。这仍然是一个极佳的性能。如果非相干解调与该 1 位量化器一起使用，那么噪声系数将增加到接近 9 dB。

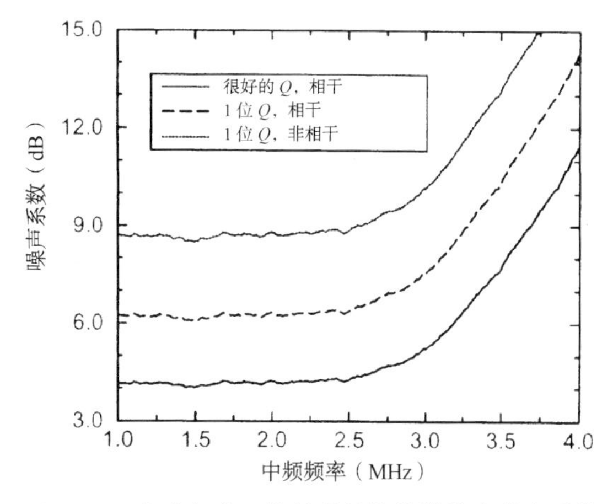

图 19.31　作为频率函数的总的接收器的点噪声系数

这个五级限幅放大器或多或少地采用了一些传统结构，总的能量损耗大约是每边 1.5 mW。闩锁器、驱动器与带隙参考电路一起消耗另一个每边 5 mW 的能量，因此总的功耗大约是 79 mW。频率合成器的功耗即为 115 mW 的整个芯片功耗的余下部分。

图 19.32 所示的芯片照片给出了 GPS 接收器的布局图。I 和 Q 信道在芯片的上下两边，输入信号是从芯片左边中部加上的。频率合成器占据了芯片的右方，在 I 和 Q 信道电路之间。输出从芯片的右上角与左下角得到。16 个螺旋电感排得较开，因而互相之间没有耦合。

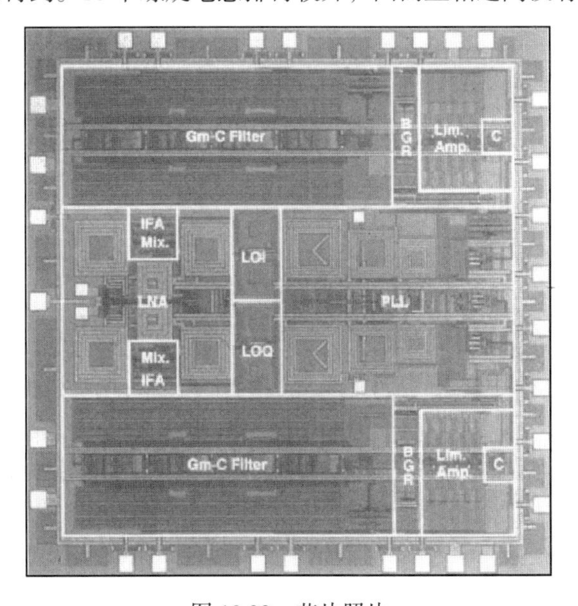

图 19.32　芯片照片

芯片性能总结在表19.1中。

表19.1 （GPS）性能总结

信号路径性能	
LNA噪声系数（NF）	2.4 dB
LNA S11	≤–15 dB
相干接收器NF	4.1 dB
IIP3（受限滤波器）	–16 dBm @ –43 dBm P_s
峰SFDR（无伪信号的动态范围）	60 dB
滤波器截止频率	3.5 MHz
滤波器PB峰值	≤1 dB
滤波器SB衰减	≥52 dB @ 8 MHz ≥68 dB @ 10 MHz
前滤波器 G_p	19 dB
前滤波器 A_v	32 dB
总 G_p	～94 dB
总 A_v	～122 dB
非相干输出信噪比（SNR）	15 dB
PLL性能	
环路带宽	5 MHz
伪（频）调	≤–42 dBc
VCO调谐范围	240 MHz（±7.6%）
VCO增益常数	240 MHz/V
LO泄漏@LNA	< –53 dBm
功率/工艺	
信号路径	79 mW
PLL/VCO	36 mW
电源电压	2.5 V
芯片面积	11.2 mm^2
工艺	0.5 μm CMOS

平衡到非平衡的转换

在刚才描述的GPS芯片中，LNA的输入信号是差分的，因此引起了如何产生这个差分信号的问题。在较低频率的情况下，一个通常的解决办法是简单地用一个单端信号驱动差分放大器，同时将放大器的另一输入端接地。然而，最好不要破坏对称性，否则就失去了采用差分拓扑的优点，而这种优点正是我们一开始要采用差分对的原因。

为了解决这个问题，我们考虑一个称为混合器的特别方便的元件。一个所谓的180°混合器对于实现单端到差分（或反过来）的转换十分有用，因此它可以用作一个分裂器或结合器。混合器的第一个广泛应用是在电话业中，它使得利用一对电话线进行双路通信成为可能。经典的用于电话的混合器是一个宽带多抽头变压器，它绕在一个软铁芯上。在分布电路实现中，一个窄带混合器由一根传输线的闭合环路（比如，一个圆圈）组成。这根传输线的电学长度是 $3\lambda/2$。四个抽头（在图 19.33 中标为 A、B、C 与 D）之间的间隔为 $\lambda/4$。一个加到 A 上的信号在顺时针与逆时针两条路径上分裂。顺时针传播的信号在到达 B 点时相位被移位 $\lambda/4$，而逆时针传播的信号被相移了 $5\lambda/4$，从而可以进行同相位相加。传播到 C 点的两个信号相移分别是 $\lambda/2$ 与 λ，由此导致了信号抵消，从而不会有信号从该抽头出现。最后是抽头 D，信号在两个方向上都被相移了 $3\lambda/4$，再一次导致同相位相加。注意，出现在 B 点与 D 点的信号互相之间的相位差是 $\lambda/2$。这样，一个在 A 点的单端输入变成了在 B 点与 D 点之间的差分信号。同时，根据对易性，输入到 B 点与 D 点的差分输入结合起来就在 A 点产生了一个单端输出。

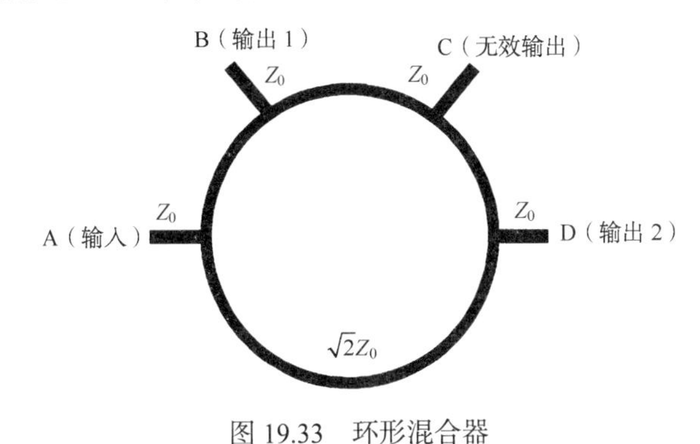

图 19.33　环形混合器

要保持阻抗匹配，很重要的一点就是要注意到严格意义上的环路特征阻抗与每一个抽头上的特征阻抗不同。精确的关系可以通过功率在两个输出抽头之间的等分特性推导出来。因此，从源驱动点 A 所看到的等效负载阻抗是 $Z_0/2$。这个阻抗相当于通过两条平行的路径被驱动，每一条路径的阻抗称为 Z_{ring}。回忆一下，一条长度为 $\lambda/4$ 的传输线可以实现源端和负载端的阻抗匹配，假如它的特征阻抗为其源端和负载端阻抗的几何平均值。这里，源阻抗为 Z_0，有效负载阻抗为 $Z_0/2$，因此我们有

$$\frac{Z_{\text{ring}}}{2} = \sqrt{Z_0 \cdot \frac{Z_0}{2}} = \frac{Z_0}{\sqrt{2}} \implies Z_{\text{ring}} = \sqrt{2}Z_0 \tag{31}$$

这种类型的混合器称为环形混合器（ring hybrid[①]）。但必须澄清的是，环的形状不一定必须是圆形的。唯一的限制是总周长和抽头的位置满足各种波长要求，以及环路本身的阻抗恰好为抽头端口阻抗的 $\sqrt{2}$ 倍。这些（波长）要求表明这种环形混合器必定是窄带元件。典型的可用带宽大约在 15%～30%的量级。

当一个混合器被用作从一个以地为参考点的单端输入到差分输出（或者反之）的转换元件时，它有时也被称为 balun（意为“平衡-非平衡”转换器，其音韵与 gallon 一致）。[②] 它常被误读为“bail–un”。

① 有时称为 hybrid ring，但是这里 hybrid 是名词，而 ring 是形容词，因此从语法上讲“ring hybrid”更合理一些。

② “非平衡”一词是指对于地而言一个端口的两端不在相同的电位上（通常来说，其中的一端就是地）。一个平衡端口的两个信号相对于地是相同的（忽略相位）。有时可能会出现 unbal 一词，这是指一个 balun 被反过来使用，但多数工程师还是把两者都称为 balun。

环形混合器的直径一般在$\lambda/2$的量级，用传输线来实现可能会占据很大的面积，因而在较低的频率下，人们更愿意选用集总参数的电路来实现。例如，自由空间中的 GPS 信号的波长大约为 19 cm。典型的传输线通常用微带线实现。对于一般 PCB 板材料的介电常数，可以粗略地认为相应的波长减小了一半，从而用微带线实现的环形混合器的直径大约在 5 cm 左右。其大小当然还算合理，但是已经有些偏大了，所以有必要考虑一种集总参数的替代电路（这与我们考虑传输线延时元件的集总参数替代电路的想法很类似）。图 19.34 所示的集总参数 balun 实际上是一个双工器（也就是能将信号分成两个频带的网络），[①] 但是这里没有利用它的频率选择特性。低通和高通滤波器分别会产生与频率有关的滞后和超前相位。在每一种滤波器的拐角频率处，相移的大小为 90°。尽管每一个滤波器支路的相移变化必然与频率有关，但是输出的相差在很宽的频率范围内都是 180°（尽管两个输出幅值只是在一个频率处严格相等）。因此，这个集总参数的环形混合器和用分布参数实现的电路一样受到必须在相对窄带的情况下应用的局限。

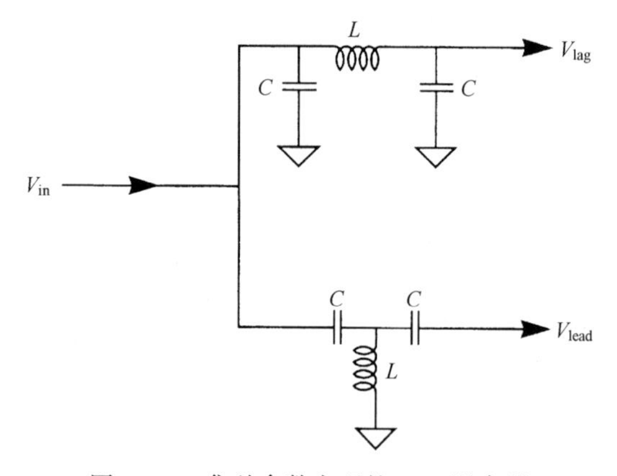

图 19.34　集总参数实现的 180° 混合器

如果 R_S 为源电阻，并且负载电阻 R_L 将两个输出接在一起，那么我们希望选择每一个滤波器的特征阻抗等于源和负载电阻的几何平均值：

$$\left(\sqrt{\frac{L}{C}}=\sqrt{R_S R_L}\right) \implies \frac{L}{C}=R_S R_L \tag{32}$$

完成设计所必需的另外一个等式是通过使滤波器的拐角频率与环形混合器的中心频率相等而得到的：

$$\omega_0=\frac{1}{\sqrt{LC}} \tag{33}$$

对每个元件求解可得

$$C=\frac{1}{\omega_0\sqrt{R_S R_L}} \tag{34}$$

$$L=\frac{\sqrt{R_S R_L}}{\omega_0} \tag{35}$$

① 不要与双工机（duplexer）相混淆，它是指能够同时进行双向通信的器件。双工器（diplexer）可以用作双工机，但是两者不是同一事物。

简要地说，选择电感和电容使其阻抗在其中心频率处等于源和负载电阻的几何平均值。因此，对于一个被 50 Ω电阻驱动、以 100 Ω为负载（每个输出对地的电阻为 50 Ω）的 1.575 GHz 的环形混合器来说，这些元件值大约为 7.2 nH 和 1.4 pF。无论是分立元件、微带线等价部件、封装寄生元件（比如键合线或者引线电感）还是片上元件（或者是上述元件的组合），都可以用来实现这个环形混合器。为了得到较好的噪声系数，要求这些元件为低损元件。

如果考虑到与负载电阻并联的寄生电容，只要选取合适的电感（原理上讲）就可以将它们通过振荡消除。利用相同的方法，那些与负载电阻串联的寄生参数也可以被消除（这里还是对于窄带情况而言）。

19.6.2　无线局域网实例

在讨论具有代表性的 5 GHz WLAN 接收器和发射器实现方式之前，值得我们花一点时间先阐述一下关于标准、信号传输及信号结构方面的内容，因为所有这些因素都会间接地影响系统结构的确定。

正如本书前面提到的那样，大约从 500 MHz 到 5 GHz 的频率范围称为移动无线通信频谱中的“蜜点”（sweet spot），因为它将合适的信号传输与合适的天线长度结合到了一起。Friis 著名的传播公式指出，自由空间中单位波长上的信号衰减是一个常数。只从这一点考虑，我们可以预期 5 GHz 信号的传播相比 2.4 GHz 的信号传播来说要差很多，这样虽然可以将干扰的问题降低到一定程度，但是这与发布的测量结果并不完全一致。对于 5 GHz 信号的传播来说，某些结果比其他研究结果明显要差很多。作者自己的经验是，5 GHz 信号在家里的传播的衰减特性的确极为严重。当然，每个人的情况不会完全相同。

为了补偿不令人满意而又多变的信号传输特性，同时又可以支持更高的数据速率，IEEE 802.11a（以及最近对类似的欧洲 WLAN 标准 HiperLAN2 的修正。HiperLAN2 与 802.11a 正在合并）采用了正交频分复用（OFDM）技术。在 OFDM 中，一个载波被分为几个单独调制的正交子载波（每个载波的频谱在所有其他载波频谱的中央有一个空谱），所有这些子载波随后被同时发送出去。OFDM 信号是通过对被调制的子载波进行 FFT 反变换，然后用一个 FFT 进行恢复，之后再用 QAM 进行衰减操作而产生的。在 802.11a 中，载波与载波之间相隔 20 MHz，并且进一步被划分成 52 个子频道，每个频道大约为 300 kHz 宽（保护带未进行分解，见图 19.35）。其中，48 个子频道用于数据传输，剩下的 4 个子频道则用于（前向）纠错。

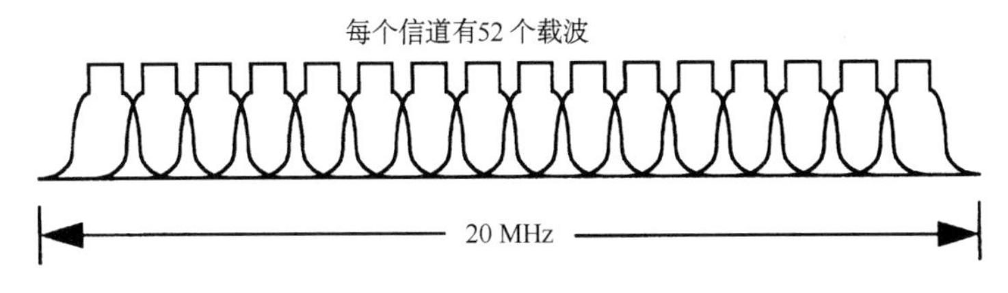

图 19.35　802.11a 的子频道结构

这种再分方法为容纳多种数据速率提供了一个方便的手段，它可以提供不同级别的服务，并且可以根据传输条件的改变做出适当的调整。在最低数据速率下，二进制相移键控（BPSK）可以完成每频道 125 kbps 的数据编码，也就是 6 Mbps 的总数据速率。使用正交相移键控（QPSK），每个频道的数据速率倍增到 250 kbps，也就是 12 Mbps 的总数据速率。使用 16 阶正交幅值调制（16-QAM），数据速率可以进一步增加到 24 Mbps。在传输条件允许的情况下，此标准通过采用更高阶的 QAM 也可以支持 24 Mbps 以上的数据速率。例如，标准定义了 64-QAM，其理论数据速率可以达到 54 Mbps。也可以将多个信道捆绑起来以提供更高的累加数据速率，这些数据速率可达到快速以太网的量级。

尽管 HiperLAN2 和 802.11a 表面上很类似，但二者还是有区别的。例如，HiperLAN2 的最小灵敏度在 6 Mbps 时为–85 dBm，在 54 Mbps 时为–68 dBm，这比 802.11a 要严格 3 dB。

一般来说，网络体系结构需要一些策略来分配用户对于共享介质的访问。IEEE 802.11 的介质访问控制（MAC）协议使用了一种冲突化解机制，这种机制承继了 802.3 以太网的相关机制。对于后者（即 802.3 以太网），每个发射器首先通过检查频道中是否已存在载波来判断介质是否处于空闲状态。如果介质空闲，则发射器发送数据，同时监视其本身的发射。检测到的不同于本身发射的任何数据则被认为是与其他发射器的数据相冲突而产生的。一旦检测到冲突，发射器停止操作，然后经过一段随机的待机间隔后再重新发送数据。这个协议称为 CSMA/CD，即"带冲突检测的载波感知多址访问"，其原理简单，并且对于有线局域网来说工作得很好。可是，它要求系统同时具备在数据传输前感知一个载波是否存在和检测在数据传输过程中数据损坏的能力。对于有线局域网来说，介质中相对低的信号衰减使得发射和接收的信号具有相近的幅值，从而有利于检测。但是与电缆传输相比，无线传输涉及大得多的更可变的信号衰减，因此，载波感知和冲突检测在众多场合下均难以实现。举个简单的例子，考虑三个直线排列的 WLAN 节点 A、B 和 C。假设 B 可以与 A 和 C 同时通信，但是由于屏蔽的原因，A 与 C 之间不能够直接通信，这样一来就可能出现 A 和 C 同时试图与 B 通信的情况。在这种情形中，载波感知和冲突检测都将失效。

我们还注意到，除了以上失效，传输时同时检测的方法对于无线传输来说会产生严重的实现问题，因为接收和发射电路模块不能再共享了。正是由于这些问题，802.11 WLAN MAC 协议与 802.3 在一些重要的方面上存在着不同。它采用了一个时段预留机制，并且不要求发射器检测自身信号的发送。这种方案称为避免冲突的载波感知多址访问法，也就是"CSMA/CA"。在这种方法中，一个节点在发射之前首先检测信道信号，这一点与 CSMA/CD 是一样的。如果没有检测到载波信号，则只能安全地认为介质可能空闲。然而有两种其他的可能性，一个是范围以外的节点正在请求一个时段，另一个是该节点已经在使用为它预留的时段了。

为了预留一个时段，WLAN 节点向目标接收器发送一个发送信息请求（RTS），指明被请求时段的占用期。同时，其他在发射器范围内的接收器也注意到了该请求。目标接收器回复一个清除等待发送信号（CTS）来确认时段的占用期，同时其他的节点也表示注意到此信息。所有在这两个发射器和接收器范围内的节点根据 RTS 和 CTS 包中所含的信息，在被请求的时段内控制自身不进行发射。传送过程结束时，接收器发送一个确认包（ACK）。

为了减小在 RTS 和 CTS 发送过程中发生冲突的概率，它们所用的时帧框要设计得尽可能短。如果发生冲突，或者由于某种原因使 RTS 没有得到一个对应的 CTS，则应在重新发送前插入一个随机的回退间隔，这与在 802.3 以太网有线局域网标准中所采用的方法一样。

尽管 CSMA/CA 性能良好，但它给收发器增加了过重的负担，导致 802.11 WLAN 的性能低于与其等价的以太网 LAN。在较好的条件下，802.11 MAC 只能发挥 70%左右的性能，因此 54 Mbps 的数据吞吐量实际上至多只能达到不到 40 Mbps 的水平。再考虑到驱动器的效率及传输过程的不可控因素，典型的数据吞吐量将会减小到大约 25～30 Mbps。类似的数据速率降低也发生在 802.11b 中，其 11 Mbps 的连接实际上一般只能提供 6 Mbps 左右的数据速率。从经验上讲，作为一个粗略的规律，实际的可持续数据速率一般只能达到标称值的一半左右。

5 GHz HiperLAN WLAN 接收器的性能需求

为了确定精确的指标目标值，我们首先分别计算针对 HiperLAN(原始的，而不是 HiperLAN2)和 802.11a 的指标值，然后选择二者在每一种情况下要求最高的值。这里，我们将指标的种类简化为频率范围、噪声系数、最大输入信号水平（或者输入端参考的 1 dB 压缩点），以及关于误发射的限制等指标。

对于频率范围，我们只选择下端的 200 MHz 频带，这主要是出于简化讨论的考虑。上端的 100 MHz 频带与前面那个频段并不相邻，包括它会使得合成器的设计变得比较复杂。而且上端的 100 MHz 频带并不是全球开通的，所以这里考虑的频率范围是从 5.15 GHz 到 5.35 GHz。

一般要求的噪声系数与调制方式（因而也就是数据速率）有关。原始的 HiperLAN 系统规定的最小接收灵敏度是−70 dBm。对于其 23.5 MHz 的频道宽度，假设我们需要一个 12 dB 的检波前的信噪比（SNR），则可以计算出最坏情况下允许的接收器噪声系数为

$$\text{NF} < -70\ \text{dBm} - 10\log_{10}(23.5\ \text{MHz}) - 12\ \text{dB} + 174\ \text{dBm/Hz} = 18.3\ \text{dB} \tag{36}$$

对于目前这个例子，我们保守地选择最大噪声系数 10 dB 作为设计目标。这个 8 dB 的空间确保了其对于工艺偏差的承受能力，以及在比最低标准更为恶劣的传输环境下仍能正常工作。

如前所述，802.11a 规定了一个−30 dBm 的数值（对应于 10%的数据包误码率）[①] 作为最大输入信号水平。由于 HiperLAN 规定的−25 dBm 的要求更为严格，因此我们选择它作为最大输入水平的目标值。将这些规定转换成精确的 IIP3 或者 1 dB 压缩点并不是一件容易的事情。可是，作为一个大致的规律，接收器的 1 dB 压缩点应该比最大输入信号功率高出 3～4 dB。基于这种近似，我们将最坏情况下的以输入端为参考的 1 dB 输入压缩点设为−21 dBm。

最后，为了与 FCC 规则保持一致，对于 1 GHz 以下的频率来说，由接收器产生的伪发射一定不能超过−57 dBm；对于更高的频率，相应的值则变为−47 dBm。

接收器的实现——系统结构考虑

低中频（IF）结构[②]有很多已被公认的零中频接收器的属性（主要是放宽了对 IF 电路模块中速度的要求），但是它对于直流失调和 $1/f$ 噪声的灵敏度较低。然而作为一种折中，抑制问题又重新出现。如果设计目标是避免使用代价高的滤波器，那么抑制的负担只能从结构级别上设法解决。回想一下 Weaver 结构（见图 19.36），我们曾经在讨论单边带产生和解调方法时首次遇到过它。Weaver 结构可以分辨正负频率的不同，我们也可以用这个功能来分辨一个信号和它的镜像。

鉴于一个信号和它的镜像可以通过各自不同的相位而被区分开，从而使得在 RF 信号通过的同时将信号消去成为可能。但是就像对于任何一个依赖于神奇消去功能的系统来说，高度的镜像抑制要求整个接收器通路中的增益和相位要精确匹配。如果用弧度表示的相位误差和用相对误差表示的增益失配都很小，则抑制率（定义为信号与其镜像功率之比）可以近似地表示为

$$\text{IRR} \approx \frac{4}{\varepsilon^2 + \theta^2} \tag{37}$$

① 表征性能的方法有很多种，位、数据包、块和帧等的误码率均可使用。很明显，在比较数据之前，很重要的就是采用出版物中正在广泛使用的那种误码率。要了解有关系统级 WLAN 中必须考虑的问题，请参阅 H. Ahmadi, A. Krishna, and R. LaMaire, “Design Issues in Wireless LANs,” *J. High-Speed Networks*, v. 5, no. 1, 1996, pp. 87-104。

② 这里所阐述的例子要感谢 Hirad Samavati 和 Hamid Rategh 的工作，见“A Fully Integrated 5 GHz CMOS Wireless LAN Receiver,” *ISSCC Digest of Technical Papers*, February 2001, pp. 208-9。

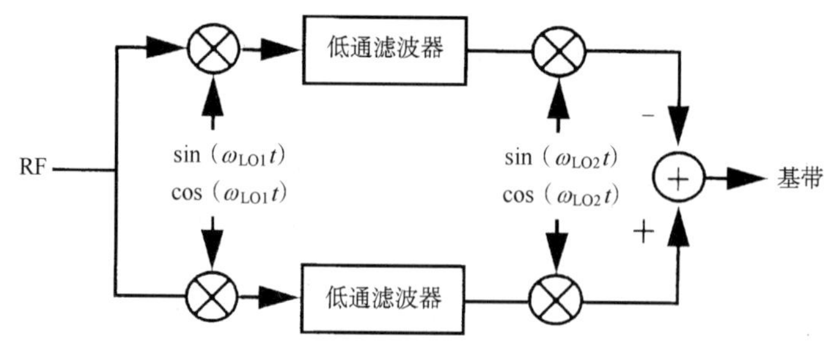

图 19.36 Weaver 结构

为了说明对于匹配的需求之高，假定增益误差为 0.1%，相位误差为 1°，则 IRR 被限制在 41 dB 以下。对于 5 GHz 的载波频率，1° 相位误差对应的时间失配要小于 0.6 ps，大约相当于光在自由空间中穿过 200 μm 所需要的时间。因此对于 5 GHz 的接收器来说，抑制率小于 41 dB 并不奇怪。事实上，其值一般在 25～35 dB 的范围内。遗憾的是，实际系统的需求要高于此值。自动校正技术可以提高实际可达到的抑制率，这将会在下面的例子中予以介绍，但是现在我们要考虑的是一些替代结构。

通过一个简单的修改就可使 Weaver 结构提供正交输出，这在很多调制类型中都是需要的，这个接收器中所采用的就是这种结构。这个修改包括用两对正交的混频器来替代第二组调制器，然后对于它们的输出进行适当的组合（见图 19.37）。这实际上是复数信号处理中多相概念的另一种用法。

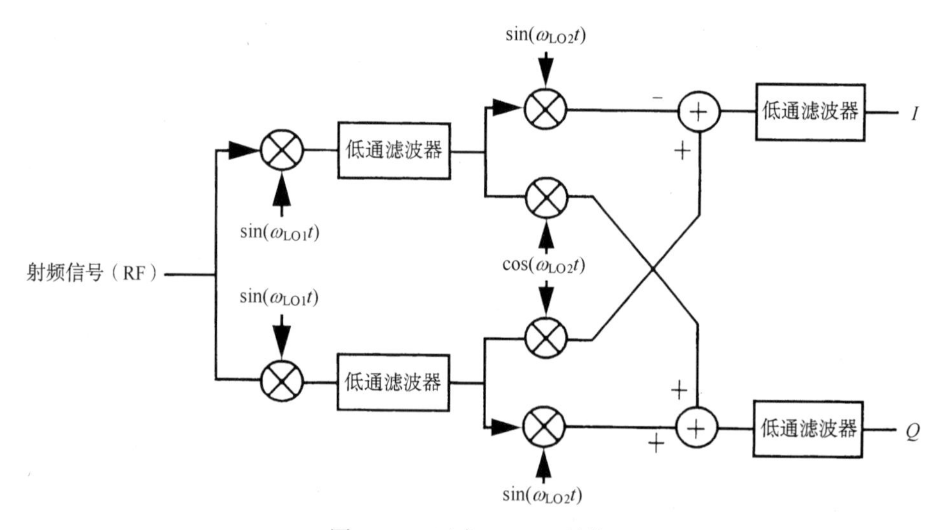

图 19.37 正交 Weaver 结构

Weaver 结构中可选的两个本地振荡频率代表一个新的自由度。这里的最终目标是通过外差法将 RF 信号降到零频基带。在无穷多种可行的第一级、第二级本地振荡频率的组合之中，一种方便的选择就是使得其频率分别为 RF 输入的 16/17 和 1/17。这种分配方式主要出于以下几种考虑：一是第二级本地振荡频率可以通过简单的二进制分频器由第一级本地振荡频率得出；二是其信号刚好落在一个当前存在的卫星系统下行链路的频谱中，而由于法定的发射限制，这个信号相对较弱。从而与其他的本振频率选择相比，即使是不太理想的抑制，也不容易造成很严重的后果。

接收器的系统结构如图 19.38 所示。图中整个系统由一个结合了 PLL 控制的积分跟踪式陷波滤波器的 LNA、一个正交 Weaver 抑制核和交流耦合基带缓冲器组成。另外，这个接收器还包含一个频率合成器，用来产生 200 MHz 的频率范围。该合成器还提供了 Weaver 解调器需要的频率为 RF 输入频率的 16/17 和 1/17 处的正交输出。同时还用注入锁定式分频器替代了标准的基于触发器的分频器，从而降低了频率合成器的功耗。这些模块及其他模块的具体实现将在下面几节中讨论。

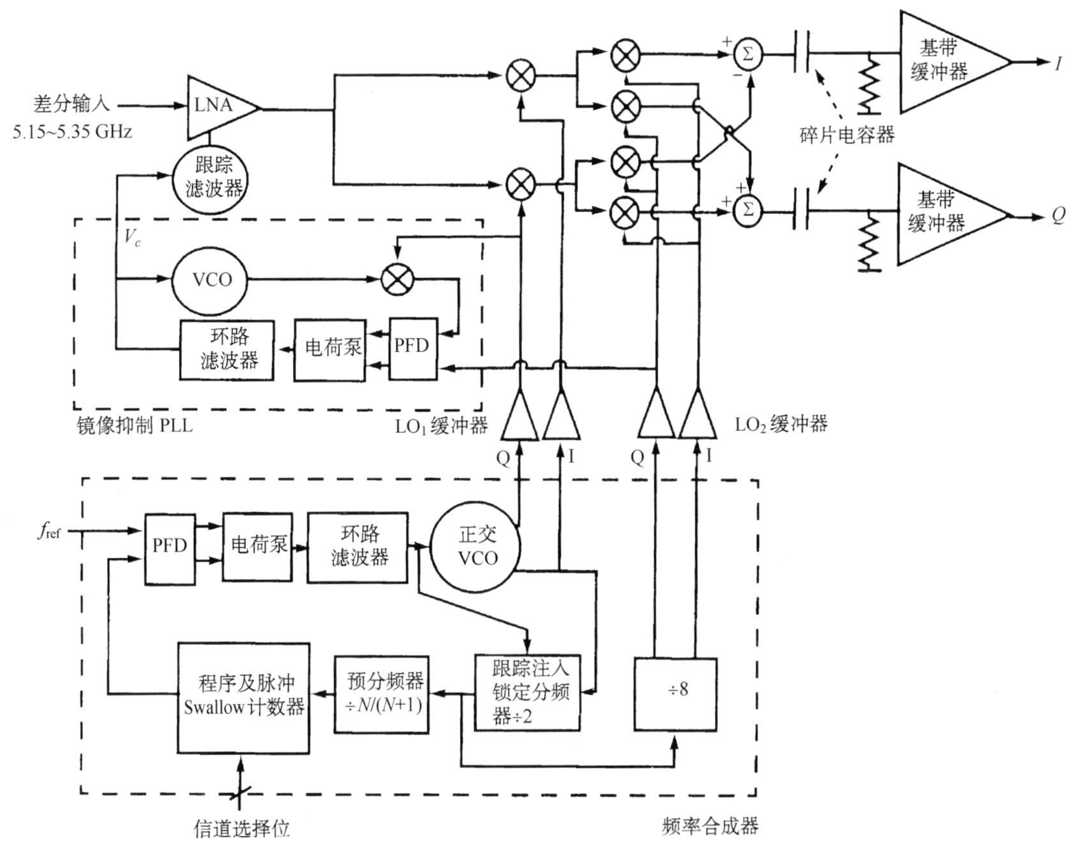

图 19.38 5 GHz CMOS WLAN 接收器的系统结构

带跟踪陷波滤波器的 LNA

由于 Weaver 电路中的失配不可避免地使得 IRR 降低，因此许多实际的接收器需要采用其他方法来补充抑制。一种提高 IRR 的方法当然是使用外部镜像抑制带通滤波器，但是所有实际滤波器的有损性会使得噪声系数 1 dB 接 1 dB 地变坏。同时，这种方法通常与降低成本的理念背道而驰。而降低成本本来就是考虑系统结构的初衷所在。另外一种方法是如前所述的采用某种形式的自动校正。再有就是使用一个陷波滤波器，它比传统的带通滤波器更容易集成化，这是由于深陷波的频率特性可以由简单的低阶网络来实现。这种方法的主要缺点是需要调谐，这是由于陷波的狭窄频率特性造成的。因此，如果将陷波滤波器用于消除镜像，那么自动调节是必不可少的。[①]

① 自动调谐是一种经过了时间考验的技术。比较好的例子请参阅 V. Aparin and P. Katzin, "Active GaAs MMIC Bandpass Filters with Automatic Frequency Tuning and Insertion Loss Control," *IEEE J. Solid-State Circuits*, v. 30, October 1995, pp. 1068-73; J. Macedo and M. Copeland, "A 1.9-GHz Silicon Receiver with Monolithic Image Filtering," *IEEE J. Solid-State Circuits,* v. 33, no. 3, March 1998, pp.378-86; M. Copeland et al., "5-GHz SiGe HBT Monolithic Radio Transceiver with Tunable Filtering," *IEEE Trans. Microwave Theory and Tech.*, v. 48, no. 2, February 2000, pp. 170-81。

为了节省面积和功耗，陷波滤波器与一个标准的源简并 LNA 结合在一起实现。因为这里对于灵敏度的需求不是特别高，所以这个 LNA 的噪声系数无须很低。这样，我们关注的焦点是低功耗和良好的线性度。为了了解陷波特性是如何在对原来的 LNA 结构做最少改变的情况下实现的，首先考虑将此 LNA 的传递函数用一个串联的 LC 谐振支路代替，如图 19.39 所示。

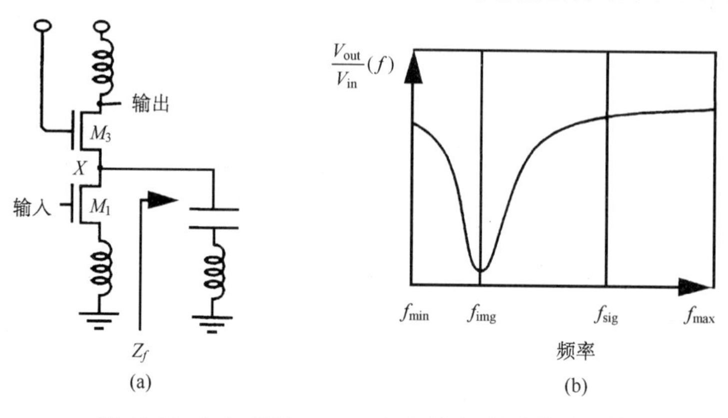

图 19.39 （a）抑制 LNA；（b）输入–输出传递函数

选择串联 LC 谐振支路的频率与其镜像频率相同。在镜像频率处，LC 电路的低阻抗使得信号电流不再通过 M_3，从而减小了该频率处的增益。遗憾的是，LC 电路的阻抗在信号频率处仍是有限的，所以噪声系数和增益在信号频率处也受到了不利的影响。

如图 19.40 所示，节点 X 处的寄生电容使得共源–共栅结构的噪声性能进一步降低。这个寄生电容几乎与 C_{gs} 一样大（根据 MOS 等比例缩小趋势外推，可知今后改进的可能性也不大）。这个寄生电容 C_X 使得节点 X 处的阻抗降低，从而降低了共源–共栅结构的增益。这个电容的存在还增加了 M_3 对噪声的贡献，同时降低了 M_1 对信号的贡献。为了减小这个在噪声系数上的代价，该电容必须被设法消去。我们暂时不考虑偏置的存在，这个问题可以通过引入一个与此寄生电容并联的电感来解决（至少对于窄带电路是这样）。图 19.40 给出了噪声系数随频率变化的曲线，说明了引入电感后的改进情况。

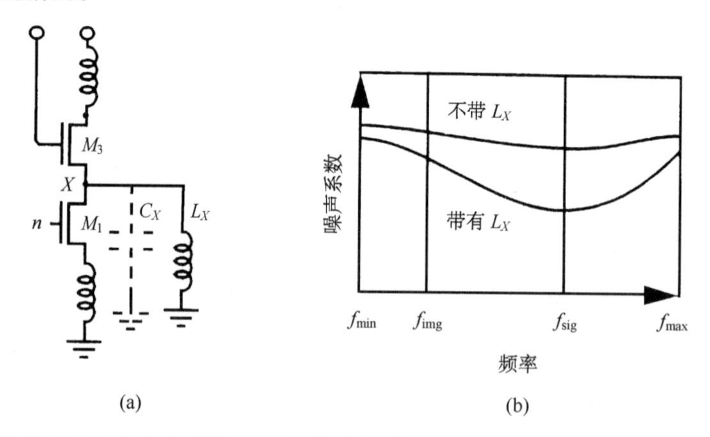

图 19.40 （a）改进标准 LNA 的噪声系数；（b）噪声系数与频率的关系

稍微想一想，我们就会意识到有可能综合一个无源网络，它将陷波特性（用于镜像抑制）与寄生电容的中和结合起来。这样做的结果就是如图 19.41 所示的电路。整个滤波器由一个电感、一个电容和一个可变电容器组成。正如我们所期望的那样，这个滤波器在频率处呈现出低阻抗，

而在信号频率处则呈现出高阻抗特性。我们乐观地假设所有元件均为无损元件，则滤波器的输入阻抗 Z_f 为

$$Z_f(s) = \frac{S^2L_5(C_3+C_1)+1}{s^3L_5C_1C_3+sC_3} \tag{38}$$

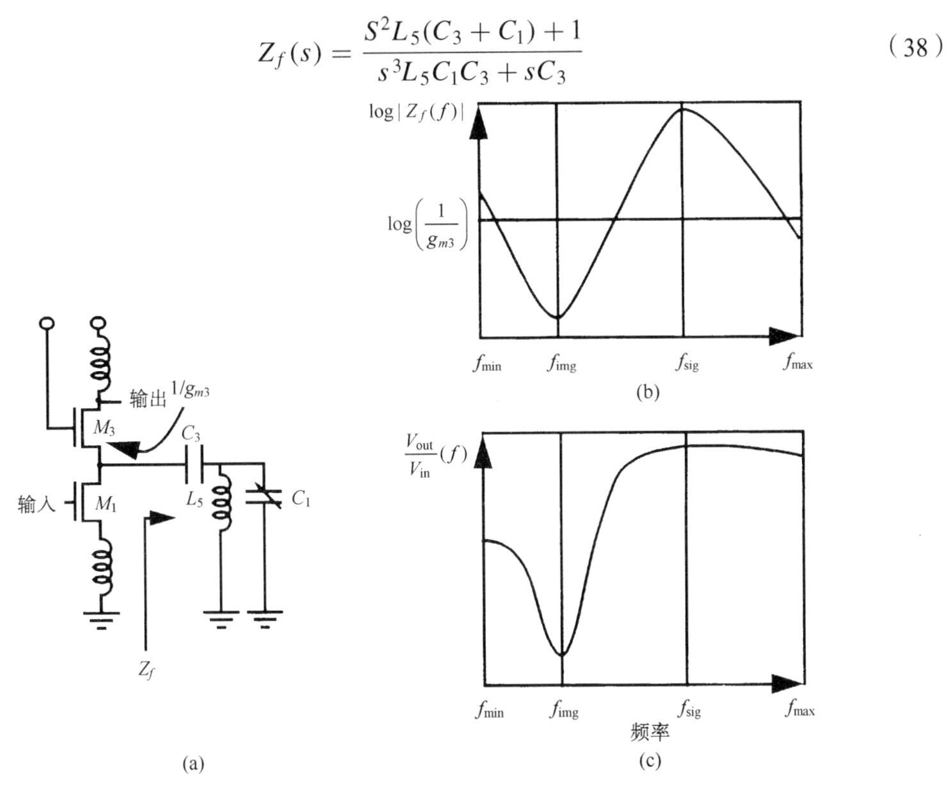

图 19.41　（a）带滤波器的 LNA 的电路图；（b）滤波器的输入阻抗与频率的关系；（c）LNA–滤波器组合的传递函数

因此，这个滤波器有两个纯虚的零点，它们分别位于：

$$\omega_z = \pm\frac{1}{\sqrt{L_5(C_3+C_1)}} \tag{39}$$

此外还有两个纯虚的极点，它们分别位于：

$$\omega_p = \pm\frac{1}{\sqrt{L_5C_1}} \tag{40}$$

虚轴上零–极点对的位置是通过一个积累型可变电容器（见图 19.42）来控制的，其小信号特性如图 19.43 所示。这个结构在所有 CMOS 工艺中均可得到。对于这里采用的 0.25 μm 工艺来说，它的 Q 值–频率积在 100～200 GHz 的范围内。

图 19.41 还给出了滤波器的输入阻抗$|Z_f|$与频率的函数关系。从共源–共栅结构源端看进去的电阻 $1/g_{m3}$ 也在同一张图上标出以便于比较。当频率接近零点时，滤波器的阻抗小于 $1/g_{m3}$，因而从 M_3 处分流，使得 LNA 的增益降低。在接近极点处，$|Z_f|$大于 $1/g_{m3}$，因此 LNA 的增益很高。如图所示，整个电路的传递函数呈现出一个窄谷，对于恰当的镜像消除而言，零点必须出现在恰当的频率处。另一方面，尖峰比较宽，因而相对于零点来说，极点的精确位置就没有那么重要了。

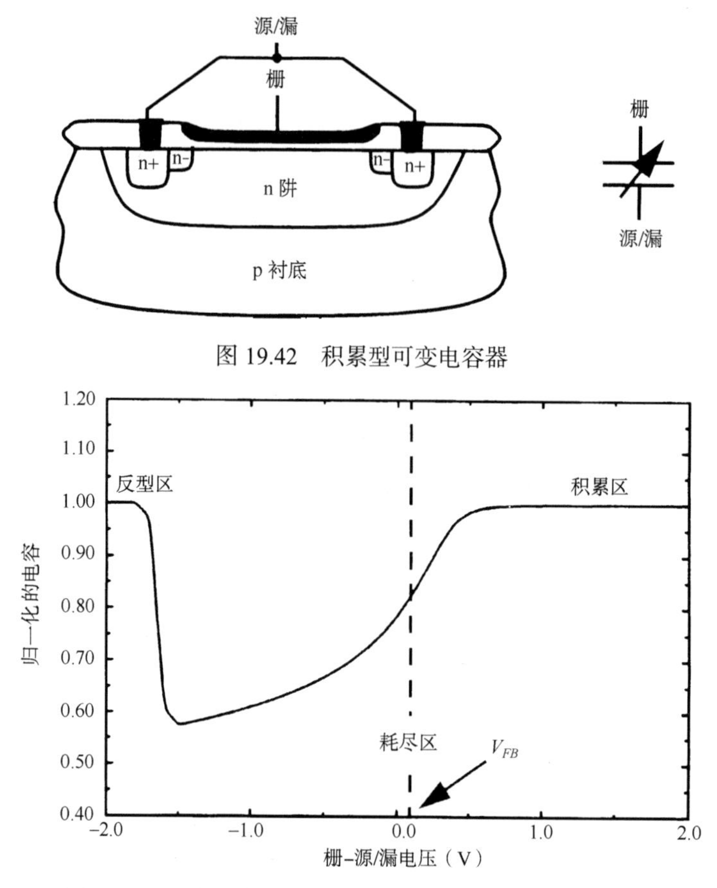

图 19.42　积累型可变电容器

图 19.43　可变电容器的小信号电容随偏置电压的变化关系

因此三阶滤波器不仅能够增强镜像抑制，而且还能减小节点 X 处寄生电容的影响。所以，此滤波器提供了很好的镜像抑制能力，并且具有很好的噪声性能。严格地讲，我们应该对式（38）～式（40）进行一些修改，将寄生电容的影响包含进来（还有整个网络的非零损耗）。即使考虑到这些因素，前面讨论中的基本特征仍然正确。

图 19.44 给出了 LNA-滤波器组合电路的更为详细的结构。这里选用了差分结构，主要是考虑到它能够较好地抵抗片上干扰，并且对于公共的源端连接点和地之间的寄生电感不敏感。其中最后一点考虑对于 5 GHz 的电路来说尤其重要，因为这时即使是由 1 pF 杂散电容或者是 1 mm 键合引线所产生的～30 Ω电抗都不能忽略。为了达到预期的线性度，LNA 只包含一级，它由晶体管 M_1～M_4 组成。正如我们已经知道的那样，电感源简并元件被放置在 M_1 和 M_2 的源端，以产生 LNA 输入阻抗的实部。

电容 C_1 到 C_4 与电感 L_5 和 L_6 一起组成了一个差分模式的三阶滤波器。随控制电压 V_c 而改变的积累型 MOS 变容管 C_1 和 C_2 可以对陷波特性进行精确的调节。

由交叉相连的差分对（M_5–M_6）产生的负阻通过消去主要由电感的有限 Q 值产生的滤波器损失而使得陷波特性进一步增强。[①] 恒定 g_m 偏置源的使用降低了此负阻（因此也是 LNA 的增益）

① 有源器件产生的不可避免的噪声必须加以考虑。幸运的是，在这里由负阻单元产生的噪声只是部分抵消了由中性化寄生电容带来的噪声特性的改善，因此总体说来 NF 还是得到了改善。

对于温度和工艺波动的灵敏度。这里，偏置电流 I_2 的值被选取以使得 Q 值提高了 5 倍。这个值对于增强陷波特性已经足够高了，然而不至于高到能够破坏受工艺、温度和偏置电压波动影响的环路稳定性的程度。例如，电路可以承受三倍以上的标称偏置电流而仍然保持稳定。

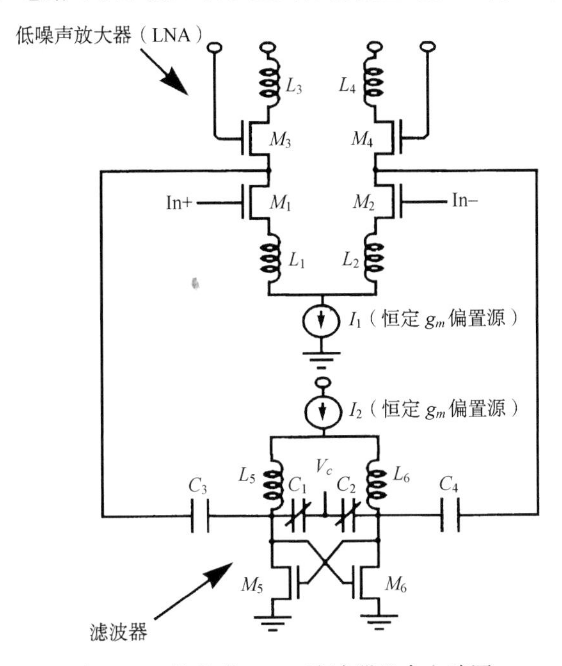

图 19.44　简化的 LNA-滤波器组合电路图

图 19.45 表示了利用一个低功耗的抑制锁相环（IR PLL）来产生陷波滤波器的控制电压。这个 PLL 是一个简单的偏差合成器，当 IR PLL 的内部压控振荡器频率等于两个本地振荡频率之差时完成锁相操作。为了避免在两个上频率之和处发生不希望的寄生锁相操作，其锁相范围被限制，并且相位采集总是从低频端开始（使用图中的复位开关），从而确保环路首先遇到的是所希望的两个频率之差。

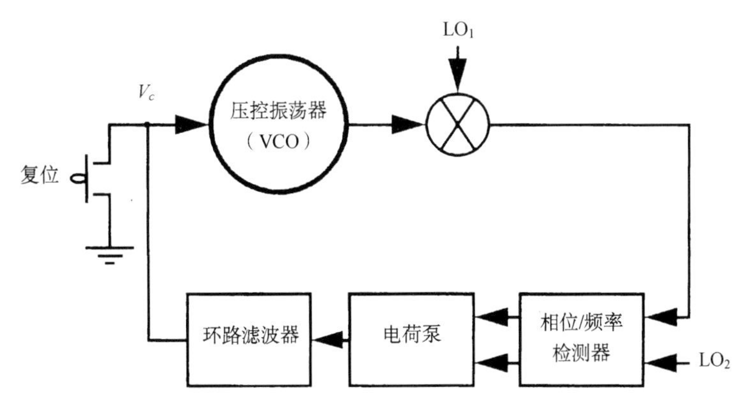

图 19.45　镜像抑制 PLL

IR PLL 的压控振荡器（见图 19.46）和 LNA 的陷波滤波器具有相同的结构，只是偏置电流不同。因此将压控振荡器调谐到镜像频率的同时也调节了陷波频率，从而确保陷波的位置与工艺无关。若采用标准的 0.25 μm 数字 CMOS 工艺，则 LNA 本身的功耗为 6.7 mW，噪声系数为 4.3 dB。

考虑到此设计工作在 3 倍于 GPS 的频率处，并且功耗仅为一半，这由获得的 NF 值看起来相当合理（即使使用更先进的工艺）。IR PLL 功耗为 3.1 mW，总功耗不足 10 mW。陷波滤波器使得镜像抑制增强为 16 dB。

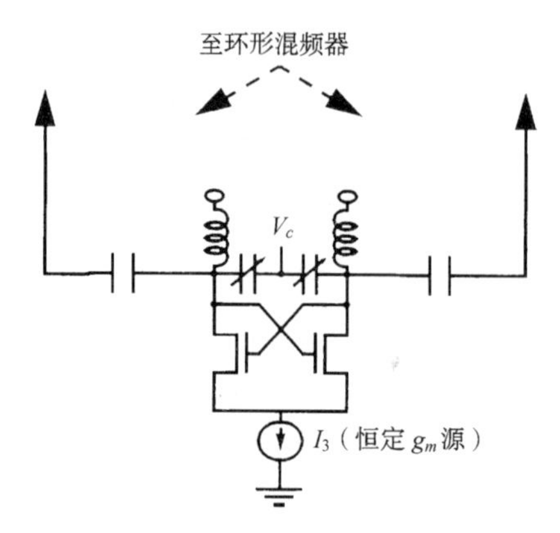

图 19.46　IR PLL 压控振荡器的电路示意图

混频器

正交 Weaver 结构中的 6 个混频器是用两种方式来实现的。由于 CMOS 晶体管是很好的电压控制型开关，因此第一对混频器就是简单的无源环形混频器（ring mixer），其线性度较好且功耗较低（见图 19.47）。第一对混频器的输出驱动 Gilbert 型混频器的一个单元（见图 19.48）。尽管这些混频器的线性度不如无源环形混频器，但是由无源环形混频器导致的信号衰减降低了这方面的要求。值得一提的是，Gilbert 型混频器的差分电流模式的特性使它们可以轻松地实现输出信号的加减操作。最后，必须注意到，这些有源混频器提供的增益本身就是所期望的，而且还能减小后级对噪声系数的影响。输入晶体管的共源端连接被接地，从而既可以降低对于偏置电压的要求，还可以缓和可能导致缓慢振荡分量的二阶失真。①

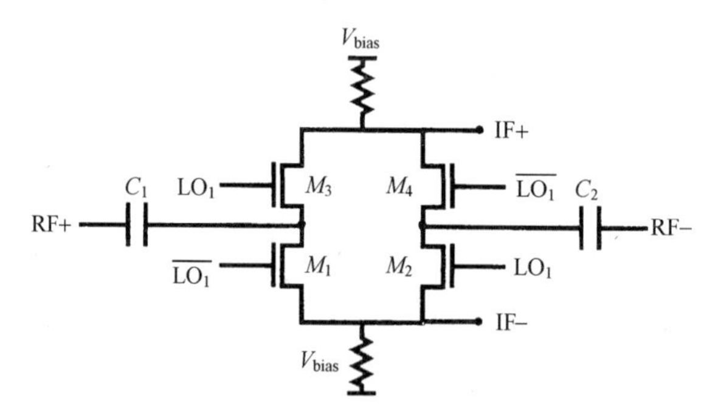

图 19.47　无源环形混频器

降低直流偏移的交流耦合

第二组混频器的输出被交流耦合到基带电路。尽管交流耦合享有不受直流偏移影响的自由度，并且这种自由度是功能等价的一次性变频的零中频接收器所不具备的，但是也存在着许多重要问题。例如，耦合电容必须是线性的，并且耦合网络的极点频率必须足够高，以保证具有较快

① B. Razavi, "Design Considerations for Direct-Conversion Receivers," *IEEE Trans. Circuits and Systems*, v.44, June 1997, pp. 428-35。

的稳态建立时间（settling）（包括从过载瞬态的恢复过程），同时还要足够低以避免过多的符号码间干扰。后一种考虑通常要求使用的耦合电容值相对较高。这里我们使用 15 pF 横向通量电容来得到一个 5 kHz 的拐角频率而又不过多地占用芯片面积。这种（横向通量）电容的电容密度（相对于电容极板间有相同层数金属的标准平板电容器）提高了 3.5 倍，达到了 700 af/μm^2。这个提升因子随着光刻工艺的提高而增加，并且还与所选的侧向几何形状有关。这里，版图是基于 Minkowski 香肠形模板的，因为这种模板可以实现比较合理的提升因子，而且易于实现矩形区域的填充。

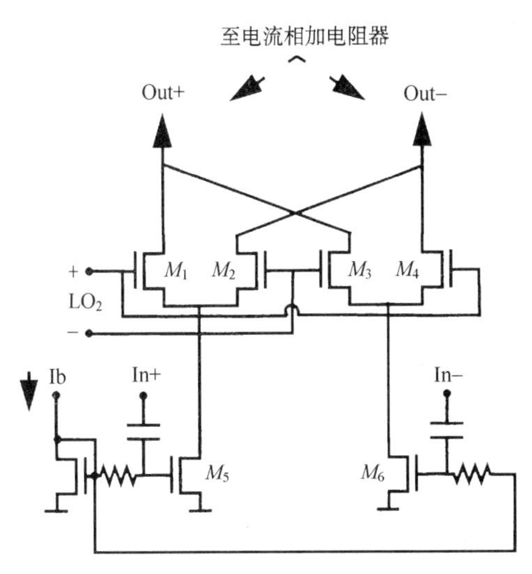

图 19.48　Gilbert 型双平衡混频器

我们注意到，使用横向通量电容的另一个好处是可以减小底部电容。在这个例子中，每一个电极端的底部电容只有总电容的 8%。这个值比许多采用专门为提高模拟和 RF 电路性能的特殊结构的工艺的值都要低。

这里使用的粗糙的交流耦合方法适用于在原始 HiperLAN 系统中为高数据速率规定的 GMSK 调制方式（回想一下，GMSK 也被用在 GSM 系统中）。可是，我们应该注意到关于稳态建立时间的要求，对于大多数 OFDM 调制系统来说都严格得多，因此 OFDM 的实现必须采用直接耦合方式。

频率合成器

本地振荡信号是由一个整数–N 频率合成器产生的。环路中包含了一个传统的相频检测器，在其复位路径中加上了标准的（通过 U_8 和 U_9 的）附加延时，以缓解由于“发育不全”的脉冲引起的死区效应，见图 19.49。

没有在图中画出的是另外的用于产生 U 和 D 的低扭曲补码的“常用”数字电路。这些补码是用于驱动电荷泵的。为了降低功耗，反馈式分频器是用一个注入锁定分频器和一个更常规的前置比例器（prescaler）级联而成的。该注入锁定分频器（见图 19.50）有一个大约为 2.5 GHz 的自由振荡频率，这个频率是频率合成器标称输出频率的一半。第16章曾经提到，这个电路的功耗比类似的触发器型分频器要低得多，主要由于前者利用了谐振电路。该电路的不足之处是占用的面积有所增加，并且工作频率范围有所降低。由于多数商用系统均为窄带系统，因此工作频率的局限性并不会影响这类电路的使用。这里，交叉耦合的差分对 M_1–M_2 产生一个负阻，从而克服了 LC 网络的固有损失，从而使振荡能够持续，分频器的输出从这些晶体管的漏端接出。我们所希望的

"除以 2"操作是通过增强在环路中的二阶非线性来实现的。此非线性特性产生了一个交调分量，其频率为振荡器频率与注入信号频率之差。如果这些频率为精确的 2：1 关系，则环路方程存在一个自洽解，而且可以实现同步。

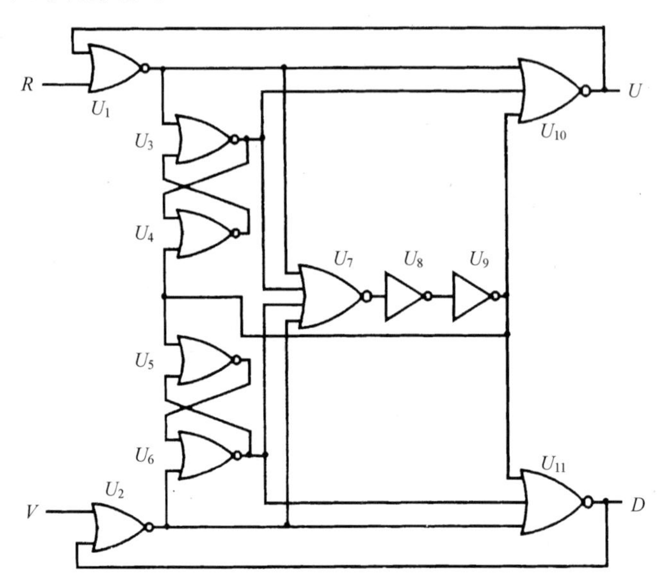

图 19.49 常规的相位–频率检测器

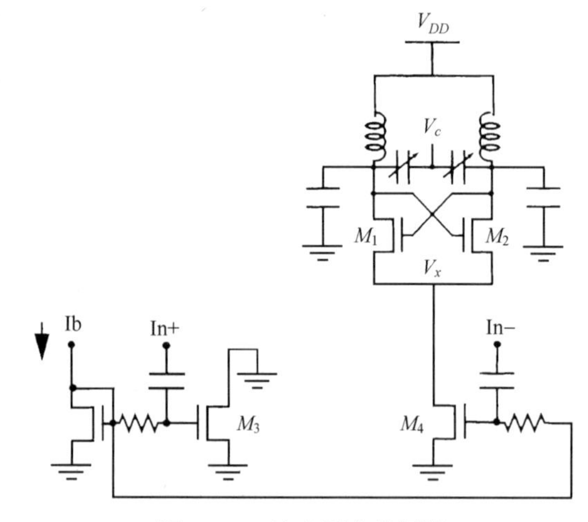

图 19.50 注入锁定分频器

在这个差分电路中，共源节点 V_x 在振荡器的二倍频率处包含一个很强的频率分量。我们可以把这个倍频分量视为二阶非线性特性在起作用，因此预期在此节点注入 5 GHz 信号将会导致在注入频率的一半处同步。这一猜想已经被定量的电路分析所证实。[①]

同样的分析表明，锁定范围的最大化需要将回路中的电感 L 最大化。但是，功耗是与谐振频率处的谐振回路阻抗成反比的，因此与 QL 的积成反比。遗憾的是，我们不能保证 L 与 QL 同时达到极大值。因此，本例中的分频器在功耗小于 1 mW（这个值的选择有些任意）的限制下将电

① H. Rategh and T. Lee, "Superharmonic Injection-Locked Frequency Dividers," *IEEE J. Solid-State Circuits,* v. 34, June 1998, pp. 813-21。

感最大化。这个功耗是采用同样工艺实现的传统触发器型分频器的 1/2。

由于我们选择的优化目标并没有直接包含调谐范围的规定，因此总会有调谐范围不足的危险。为了解决这个问题，我们使分频器的中心频率与压控振荡器的频率自动地保持一致。至此，分频器的调谐范围只要与元件的失配相适应即可，而无须适应接收器的整个调谐范围，从而简化了设计。与 LNA 陷波滤波器中的调谐元件相同，此处的调谐电容也用积累型可变电容器来实现。

为了减少毛刺抖动，该相位检测器驱动一个差分式电荷泵。这个电荷泵被设计成低漏电及低的上下（up and down）命令脉冲馈通，同时被设计成能够去除系统性直流偏移的所有根源（见图 19.51）。尽管电荷泵的输出为一个单端信号，但一个自提升（bootstrap）缓冲器迫使电荷泵核心电路中未使用的输出与主输出拉到同一电位。此外，一个偏置复制电路确保电荷泵的泵浦电流失配相对于共模输出电压来说具有最小的灵敏度。如果电荷泵的输出电压不为 $V_{replica}$，则一个运算放大器会调整上拉电流，直到输出电压与 $V_{replica}$ 相等时为止。如图所示，为了增强对于控制电平的滤波能力，环路滤波器的阶数也被增加到 4。将上面这些方法结合起来，频率合成器的所有毛刺抖动都会被降低到设备的噪声底限（–70 dBc）以下，这已经足以满足所有的性能要求了。

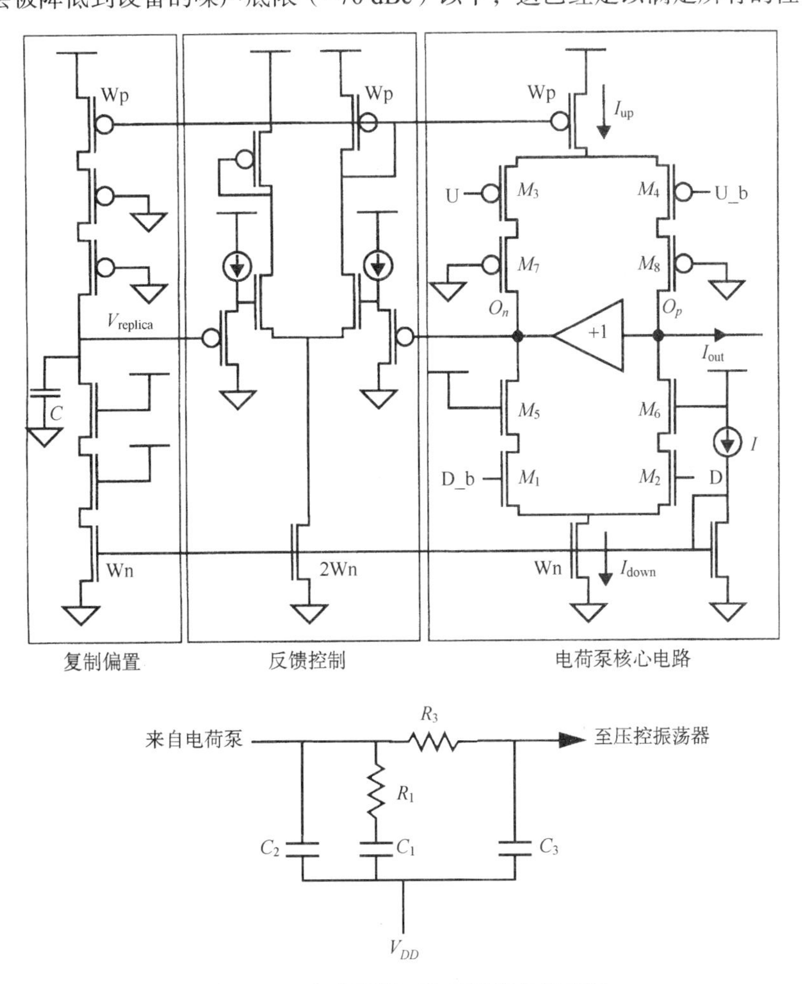

图 19.51　电荷泵及环路滤波器的示意图

注意，这个环路滤波器是以电源而不是地为参考点的。之所以这样选择，是由于可变电容器的控制电平也选择了 V_{DD} 作为参考点，如果将环路滤波器的参考点重新选为地，则会导致电源噪声（我们必须假设总是存在着电源噪声）直接进入电路最为敏感的节点中。

由于使用了谐振分频器，整个频率合成器只消耗 25 mW 的功率，其中包括压控振荡器和所有的常规分频器的功耗（这些常规分频器的功耗现在是主要的）。尽管这个值可以与 GPS 接收器中频率合成器的～40 mW 相比，但 GPS 的工作频率仅为这个电路工作频率的 1/3。可见，25 mW 的功耗是相当小的。

在相邻频道的中心处（即 22 MHz 的频率偏移），此频率合成器相位噪声的测量结果是 −134 dBc/Hz。将这一水平的压控振荡器相位噪声谱密度在两个相邻频道上积分，得到的结果是 −58 dBc，也就是说，相邻频道的干扰比所需信号强 48 dB 时仍能保证 10 dB 的信干比。

最后，变换频道后的稳态建立时间小于 35 μs，远比 1 ms 的要求来得快。

性能测试

接收器总的噪声系数随频率的变化关系在图 19.52 中给出，它表明 LNA 后面的几级使得噪声系数增加了 3 dB，使级联的噪声系数达到 7.2 dB。尽管第二级的贡献较大，但是噪声系数仍然低于预定的 18 dB，也远低于 802.11a 中 10 dB 的要求。

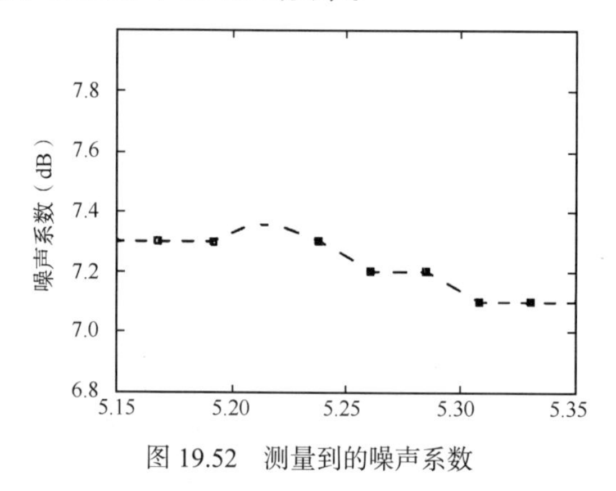

图 19.52　测量到的噪声系数

如图 19.53 所示，整个频带中，镜像抑制在 50 dB 到 53 dB 的范围内。其中大约有 16 dB 是由 LNA 中的陷波滤波器贡献的，剩下的约 35 dB 是由 Weaver 结构本身贡献的。这些指标的实现并没有利用任何校准技术。如果对于镜像抑制的要求非常高，那么也可以通过自动校准和增加预滤波处理等技术来进一步提高性能。

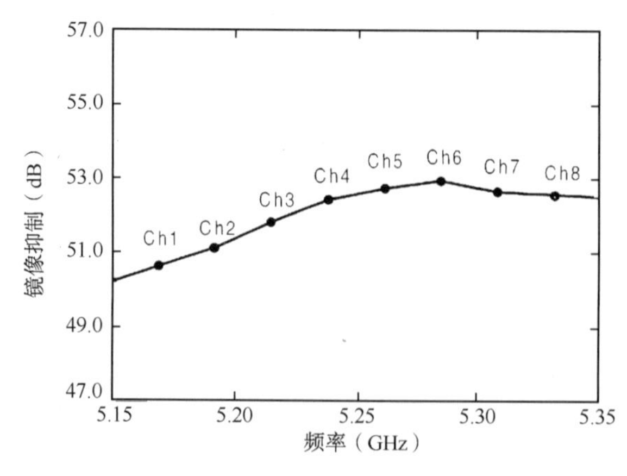

图 19.53　测量到的镜像抑制

图 19.54 采用了双调（two-tone）交调测试来计算线性度。输入等效 IP3 为–7 dBm，–1 dB 压缩点为–18 dBm。其中，第二个值比–21 dBm 的设计目标好很多。以上性能都是在较低的偏置电流下实现的，这还得归功于具有高线性度的短沟道 MOSFET。

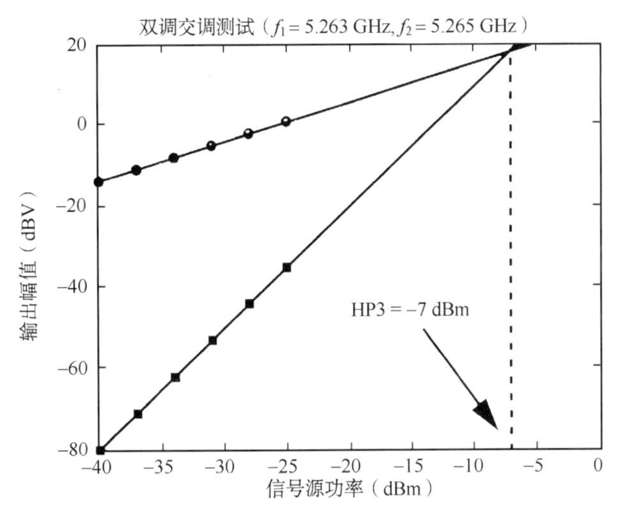

图 19.54　双调交调测试结果

另一个兼具启发性和实用性的测试是关于 1 dB 阻塞去灵敏指标的评价。由于去灵敏是由大信号（无论是否是干扰信号）的增益压缩导致的，因而其阻塞特性与 1 dB 压缩点有着密切的关系。实际上，作为零阶近似，带内 1 dB 去灵敏特性可以与 1 dB 压缩点等同起来。如图 19.55 所示，这个接收器在整个频带上一般可以承受高于–18 dBm（这个值正好与 1 dB 压缩点相等，证明了我们的计算规则）的阻塞。HiperLAN 规定接收器应能承受的带内阻塞为–25 dBm，所以实际上还留有相当大的余量。注意，在第一个本地振荡频率处阻塞特性有明显降低（但仍有–22 dBm）。用作 RF 混频器的无源环形混频器是导致这一现象的主要原因。当一个频率为 LO_1 的强阻塞信号出现在 RF 端口处时，这个信号将会在 RF 混频器的输出端产生一个直流电压，由此导致的偏置变化使得增益降低。[①]

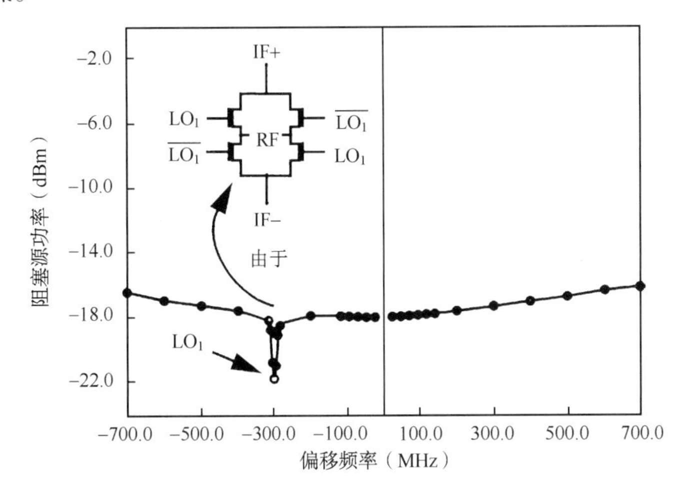

图 19.55　测量到的 1 dB 阻塞性能

① 见 P563 脚注②。

这个接收器的总体性能总结在表 19.2 中，4 mm^2 的芯片照片也在图 19.56 中示出。与 GPS 接收器的例子类似，互相接近的 18 个螺旋电感不会发生明显的交叉耦合。差分电路的使用使得电感器信号与衬底耦合的影响降到最低，而且每个电感下面带图案的接地屏蔽进一步抑制了衬底耦合效应。

表 19.2　5 GHz CMOS WLAN 接收器的总体性能

	达到的指标	要求的指标
信号路径性能		
噪声系数	7.2 dB	18.3 dB
电压增益	26 dB	
S_{11}	< −14 dB	
镜像抑制（仅滤波器）	16 dB	
镜像抑制（全部）	53 dB	
折入输入端的 IP3	−7 dBm	
1 dB 压缩点	−18 dBm	−21 dBm（估计值）
泄漏到 RF 的 LO_1	−87 dBm	−47 dBm
泄漏到 RF 的 LO_2	−88 dBm	−57 dBm
功耗		
频率合成器	25.3 mW	
除以 8 除法器（LO_2）	6.0 mW	
信号路径	18.5 mW	
抑制 PLL	3.1 mW	
本地振荡器缓冲器	5.0 mW	
偏置电路	0.9 mW	
总功耗	58.8 mW	
电源电压	1.8 V	

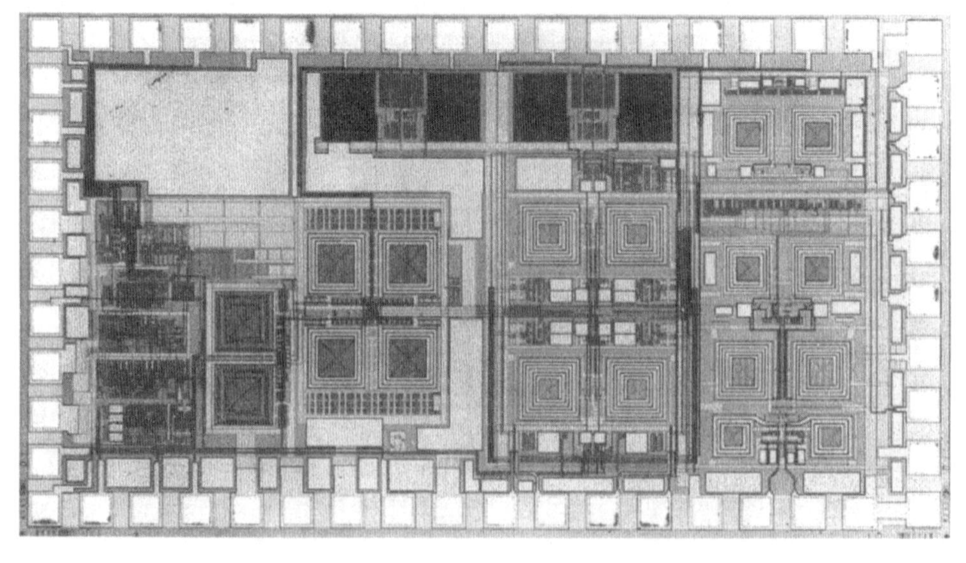

图 19.56　芯片照片（0.25 μm 工艺）

19.6.3　IEEE 802.11a 直接变频无线局域网收发器

我们最后给出的例子[①]是一个 5 GHz 802.11a WLAN 直接变频式收发器，该标准的主要性能指标见表 19.3。从频道宽度和最小接收灵敏度来看，若假设在检波前需要 18 dB 的 SNR，则可以估计出最大的噪声系数（NF）大约在 18.8 dB 左右。对于 64 QAM，如果不考虑其他不利影响，这个 SNR 值理论上允许的误码率（BER）高于 10^{-3}。正如前面关于 HiperLAN 的例子一样，由于总是存在其他不利因素的影响，为谨慎起见，我们应当选取相对较低的 NF 值——对于直接变频的情形更是如此。

表 19.3　IEEE 802.11a 标准摘要

工作频率	5.15～5.35 GHz 5.725～5.825 GHz
TX/RX（发送/接收）	TDD（时分双工）
RF 信道数/频率间隔	12/20 MHz
RF 信道带宽	16.6 MHz
调制方式	OFDM-QAM
子载波数	52
数据速率	6 Mbps（BPSK） 54 Mbps（64 QAM）
最小接收灵敏度（54 Mbps）	–65 dBm
最小发送误差向量幅值（EVM）（54 Mbps）	–25 dB
P_{out}（最大值）	5.15～5.25 GHz: 40 mW 5.25～5.35 GHz: 200 mW 5.725～5.825 GHz: 800 mW

尽管直接变频在理论上有许多优点，但它的实现并不是没有难度的。这些问题的出现主要是由于零中频电路本身对于直流和低频信号有较高的灵敏度。例如，典型的匹配得很好的 CMOS 差分对的输入等效直流失调电压大约在 1 mV 的量级，这个值相当于在 50 Ω的电阻上产生大约 –47 dBm 的功耗，远远高于典型的天线电路处的 RF 信号功率。而且，如图 19.57 所示，本地振荡器的辐射会与 RF 输入端以一个随机的相位进行耦合，从而导致混频后又附加了一个变化的直流失调电压。本地振荡器的能量还可以通过天线或者通过 LNA（或者其他前端电子电路）重新进入。这个效应必须引起重视，因为本地振荡器的功率一般在 0 dBm 上下 10 dB 的范围之内。即使是 40 dB 的隔离度，仍然留有相当可观的–30 dBm 的自干扰项，并且偶阶非线性项也能够产生与信号相关的失调电压。[②] 无论其来源如何，在频率跳变[③]或者频道选择过程中，这些失调

① 作者非常感谢 Iason Vassiliou 和他在 Athena Semiconductor 的同事们为这部分内容提供的资料。本节中的文字部分也借鉴了 I. Bouras 等人的文章：“A Digitally Calibrated 5.15 GHz –5.825 GHz Transceiver for 802.11a Wireless LANs in 0.18 μm CMOS,” *ISSCC Digest of Technical Papers*, February 2003。

② 我们也因此担心直接变频接收器的二阶交调点，因为任何两个频率接近的信号发生交调时将会产生接近直流的分量。这个例子说明，一旦条件改变就需要对品质因数重新进行调整（增加或减少）。三阶交调点不是衡量线性度的唯一标准。

③ 频率跳变不是 802.11a 的一部分，但是它在其他系统（如蓝牙）中有广泛的应用。

电压有可能随着本地振荡器频率的变化发生急剧变化，这给消除失调带来了极大的难度。最后，1/*f* 噪声的自然本性决定了它会给零中频接收器带来很多负面效应。然而遗憾的是，CMOS 器件又有很大的 1/*f* 噪声。即使失调电压和噪声不至于大到使其后级达到饱和，但由它们导致的自干扰也会极大地降低电路的灵敏度。

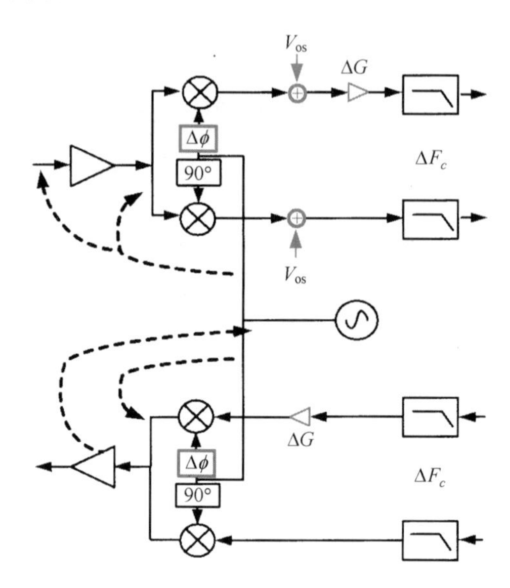

图 19.57 直接变频中一些问题的图示

类似的不利因素也会影响到直接上变频式发射器。由本地振荡器与输出级的直接耦合将会干扰进入功放前已调制的信号。功放的输出也会通过耦合反馈至本地振荡器，从而干扰本地振荡器，同时引起系统性的问题。这个反馈导致的问题对于在同一芯片上集成了高功率发射放大器的设计来说尤其严重。如果一个功率为 0 dBm 的本地振荡器可能会引发问题，那么对于 20～30 dBm 的输出功放来说，同样的问题会更加严重。

找到成功且经济地解决这些问题的方法不是一件容易的事情，这就是为什么直到最近商业化产品才广泛出现。为了解决这些问题，通常需要一些自动校准技术，这是由于开环技术一般已经不能满足需求了。图 19.58 所示的框图中有许多开关和数模转换器（DAC），它们的功能主要是提供所需的校准能力。如图所示，接收器通过引入接收混频器输出端的失调补偿来消除失调电压的影响，其他的 DAC 用以实现频道滤波器拐角频率的调节。

在实现自动校准时，如何校准及何时校准成为关键问题。后一个问题的解决通常几乎无一例外地包括电源启动（power-up）阶段。在不需要收发器的100%占空比的系统中，在帧与帧之间或者其他空闲时间总会有机会进行校准操作。利用这种方式，系统就能跟踪温度、电源电压和环境的变化从而进行补偿。

至于校准操作如何执行，可参见图 19.59 中的说明。虽然应用了很多种修正，然而我们只关注其中最难的一种。为了解决诸如 *I*/*Q* 失配和本地振荡器漏电等问题，该收发器采用了可重构的环路返回（loop-back）的结构。[①] 在校准的第一步中，图中虚线所示的路径是开通的。一个片上

① 这里列出的校准方法来自 J. K. Cavers and M. W. Liao, “Adaptive Compensation for Imbalance and Offset Losses in Direct Conversion Transceivers,” *IEEE Trans. Vehicular Tech.*, v. 42, November 1993, pp. 581-8。

检测器对于功放的输出进行采样然后交给接口驱动器。A/D 转换以后，测量发射器的 I/Q 失配和本地振荡器漏电。这个信息可以采用适当的数字预畸变算法计算，该过程可以消去那些传输过程中的干扰因素。

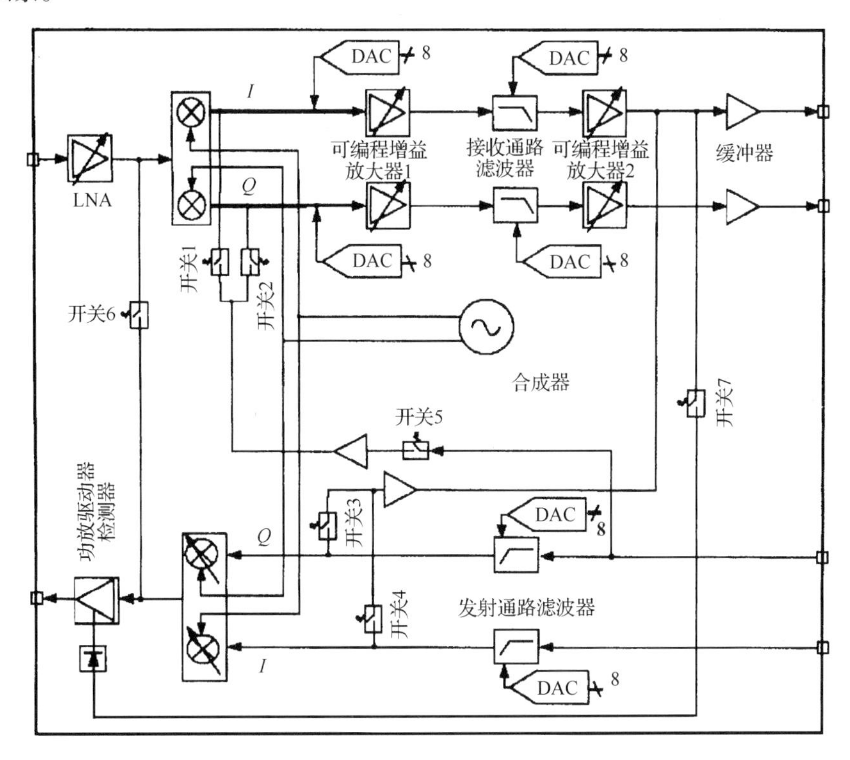

图 19.58　收发器框图

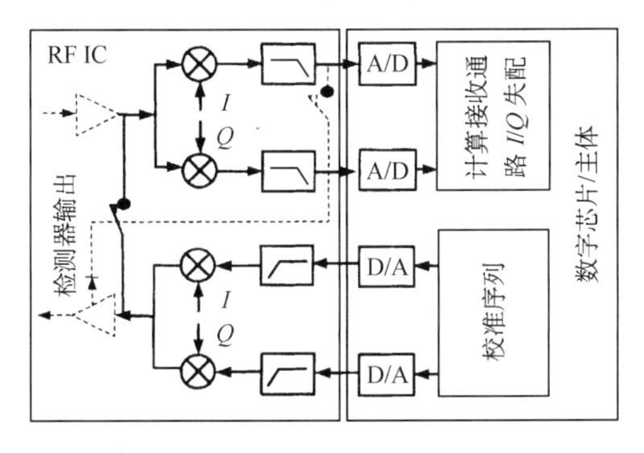

图 19.59　校准方法的图示

修正了发射路径之后，所有开关（如图中加粗部分所示）允许开始进行接收路径的校准。数字校准序列再次驱动芯片，接收路径的输出就被表征出来。一旦接收器的 I/Q 失配被测定并且被消除，收发器就可以进行通信了。

为了说明这种方法的可行性，图 19.60 中的曲线示出了校准前后发送边带的特性。对于未校准的状态，边带抑制率只有 21 dB，而且本地振荡器漏电达到了可怕的–7 dBc。校准后边带抑制率提高到了 54 dB，同时本地振荡器漏电减小到了一个更易于处理的–41 dBc。

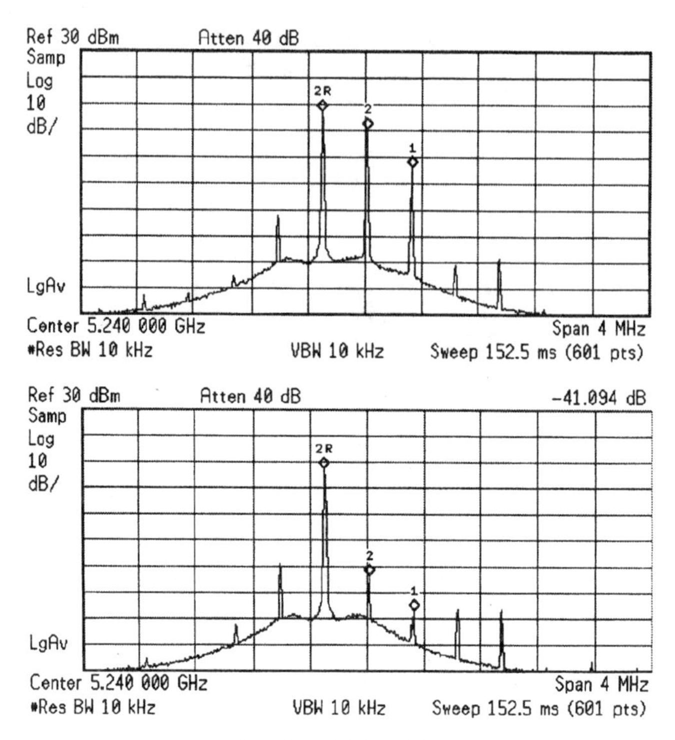

图 19.60 发送边带抑制：校准前后的性能

另一种评定校准效果的方法直接关注正交信号的质量（通过给系统输入代表极坐标调制的符号码就可以很容易地测出）。从图 19.61 中可以明显看出，未校准的收发器具有失调电压和增益误差。理想的该极坐标调制轨迹应该是圆心在（0, 0）的圆，但该极坐标调制的轨迹是一个其轴不与坐标轴（即基本向量）重合的椭圆，其中椭圆中心的位置就是失调电压。校准以后，这些缺陷在很大程度上消失了。

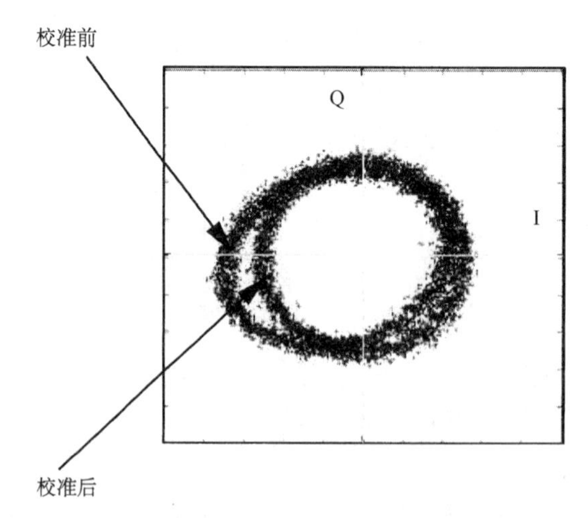

图 19.61 正交质量（偏差及增益）：校准前后的性能

介绍完校准的方法之后，我们现在看一下收发器中用到的主要模块。

图 19.62 中的 LNA 是一个本书中一再提到的带有源简并电感的差分共源-共栅放大器。除了栅电感（用键合线实现），其他都是平面螺旋电感。为了提供粗略的增益调节，采用一

个串联的开关和电阻支路进行可控的漏端负载短路。当开关关闭时，LNA 的增益从其最大值 18 dB 下降到 10 dB。噪声系数在低频段约为 3 dB，在高频段则为 4.5 dB。这些值远低于前面计算的噪声系数的最大允许值，从而给吸收后面各级的噪声和其他非理想因素提供了很大余地。

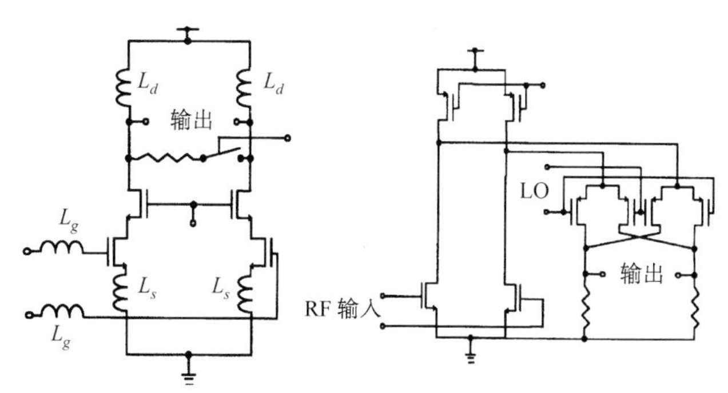

图 19.62 低噪声放大器（LNA）和混频器的示意图

与 LNA 相邻的混频器是一个 PMOS 折叠共源-共栅 Gilbert 型混频器。在这个电流型开关单元中，使用 PMOS 器件的主要目的是降低闪烁噪声。接收 RF 输入的 NMOS 差分对中潜在的大闪烁噪声不会进入基带信号，因此影响不大。NMOS 差分对的共源连接端的直接接地可以改善 IP2。测量到的 IIP3 超过了 4 dBm，并且混频器总体的 SSB NF 高于 12 dB。

与接收器的混频器类似，发射器的混频器（见图 19.63）也是折叠共源-共栅 Gilbert 型混频器。由于对发射器来说大信号特性是最重要的，而噪声系数几乎无须考虑，因此需要按照与接收器不同的思路进行设计。运算放大器组成的反馈连接保证了差分输入信号如同直接加到源简并电阻两端一样，因此输入 PMOS 级几乎可以视为一个理想的跨导，这可以从 20 dBm 的 IIP3 得以证实。开关和电阻阵列实现了在 27 dB 范围内的可编程衰减。

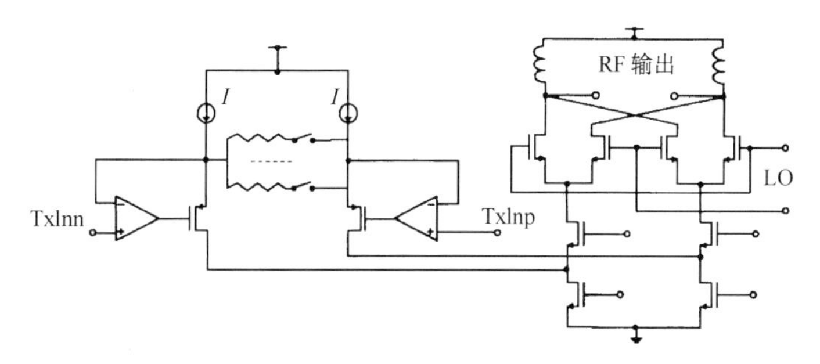

图 19.63 发送通路混频器

图 19.64 中给出的是所用的一个四阶 9 MHz g_m–C Chebyshev 型基带滤波器。g_m 级中的运算放大器为底部的 NMOS 共源差分对提供了一个虚地负载的更好的近似。通过将此差分对的负载阻抗减小与运放的增益 A 同样的倍数，整个电路级的增益也几乎提高了相同的倍数，其效果就像采用级联的情形一样。可是，运放的动态特性并不直接出现在级联中，从而减弱了反馈连接中（例如该滤波器）的稳定性。滤波器的拐角频率可以通过改变跨导来控制，它的调节也属于整个校准模块的一部分。

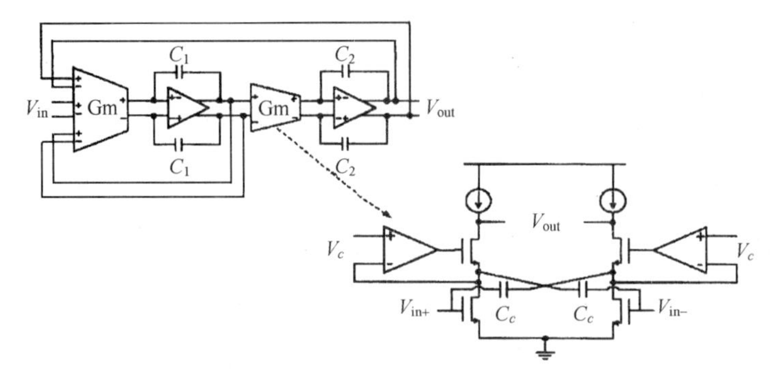

图 19.64　Chebyshev 型基带滤波器示意图

在第 18 章中已经讲过，频率合成器采用了一个双对称的压控振荡器，一个负 g_m 单元的互补对通过克服谐振回路中的能量损失来导致起振。恰当地选择 PMOS 和 NMOS 的尺寸可以抑制闪烁噪声的上变频，这种抑制是通过强制服从 LTV 相位噪声理论所阐明的对称规则来实现的。开关和电容组成的阵列可以实现分级调谐，而级与级之间的连续调谐则可以通过 n 阱积累型可变电容器来实现，见图 19.65。可变电容器的栅与振荡器的输出接在一起，而源–漏–衬底相连的一端则由控制电压来驱动，从而避免给振荡器的关键节点增加晶体管的寄生负载。

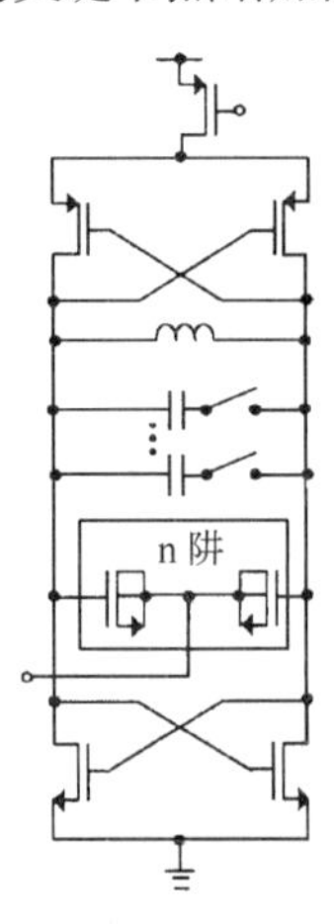

图 19.65　双对称压控振荡器

在使用了 Q 值略低于 10 的片上电感之后，该压控振荡器的相位噪声系数在 1 MHz 偏移处低于–120 dBc/Hz。尽管有可能采用一个压控振荡器来覆盖不连续的 5 GHz WLAN 频带，但是要实现这种大的调节范围，一般来说要与其他目标参数（如电压灵敏度和相位噪声等）一起进行折中考虑，而且折中的结果可能并不可取。因此，在这个整数-N PLL 的设计中，分别采用了两个压控振荡器（工作在 2.6 GHz 和 2.9 GHz）来提供要求的频率范围。使用了两个倍频器来提供 5.2 GHz 和 5.8 GHz 的输出，并且使用两个（无源）二阶多相位滤波器产生正交的输出。倍频器的使用避免了不希望的耦合所产生的问题，例如，功放的漏电不太可能干扰工作在其一半频率处的压控振荡器。由于同样的原因，这一技术曾经应用在 20 世纪 20 年代的超外差电路中。[①]

① 见 Harry W. Houck 的美国专利#1,686,005, 1923 年 3 月 3 日申请，1928 年 10 月 2 日获得批准。Houck 是 Armstrong 的助手和好朋友，为了解决本地振荡器辐射的问题，Houck 发明了二次谐波超外差法。我们要感谢 Houck 保存着大量 Armstrong 的文章和仪器。

PLL 的三阶环路滤波器与频率合成器（见图 19.66）的其他部分集成在一起，而且被设计成可以实现 150 kHz 和 500 kHz 的环路带宽选择。从图 19.67 所示的 PLL 的输出频谱中可以看出，在 1 kHz 到 10 MHz 的频段内，积分相位噪声低于 0.8°（均方根值）。倒向混频只导致了 BER 很小的变化，或者说，达到给定的 BER 所需的 SNR 只是略有增加。大范围的频谱看起来是干净的，只有低于–65 dBc 的毛刺抖动。

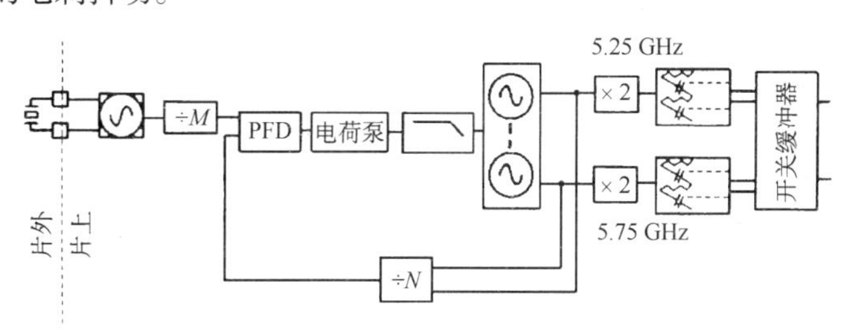

图 19.66　用于产生本地振荡的合成器

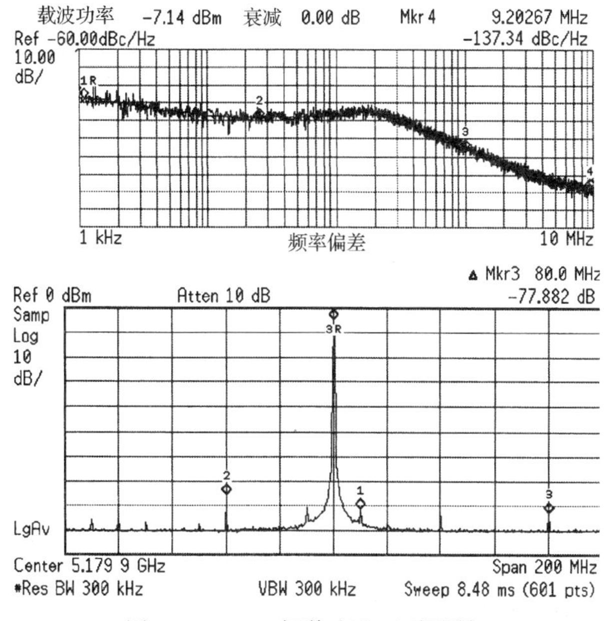

图 19.67　PLL 频谱（近、远视图）

测量到的射频至基带的性能如图 19.68 所示，该曲线主要表现了基带滤波器的特征。此系统对信号的抑制在 20 MHz 处超过 40 dB，而在 40 MHz 处则超过了 70 dB。

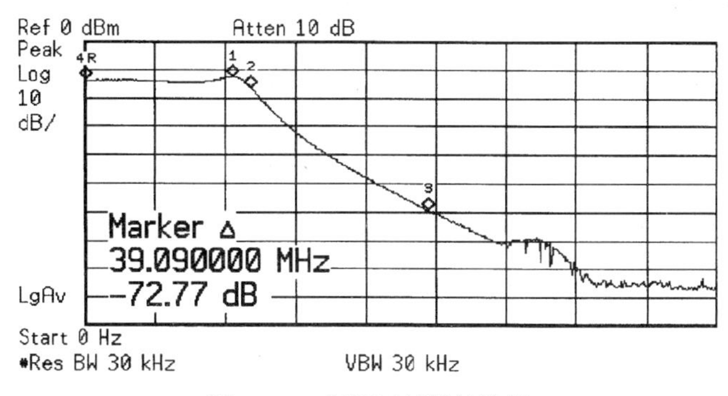

图 19.68　射频至基带的性能

在芯片本身的输入端直接测得的接收灵敏度好于–75 dBm——对应于 BER 低于 10^{-5}。在–55 dBm 处，接收 EVM（误差向量幅值）好于–33 dB（2.2%），[①] 见图 19.69。

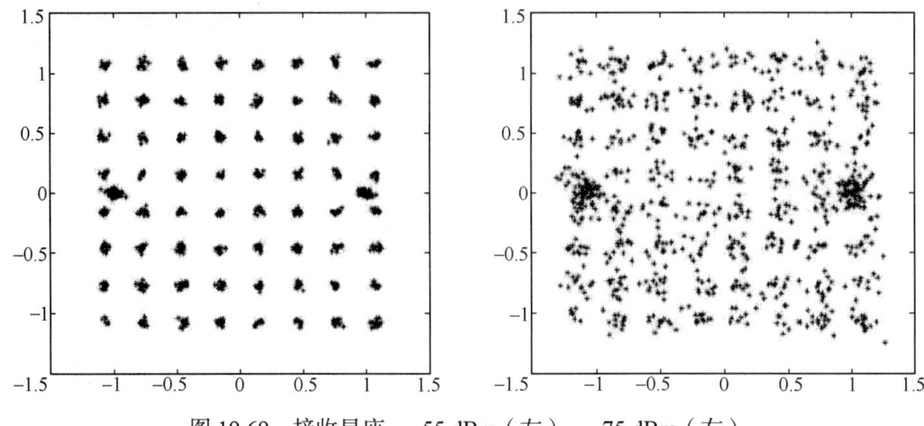

图 19.69　接收星座：–55 dBm（左），–75 dBm（右）

由于具有较大的峰值–均值比，OFDM 信号给功放带来了很大的麻烦。由于其峰值可以非常大，因此实际上已经没有必要沿用这一指标了。人们通常用互补积累分布函数（CCDF）来代替它，它是以概率为纵坐标、均值以上的功率值为横坐标的。从这种满足 802.11a 的图上可以看出，功率在 40%左右的时间内是超过平均值的，而在 0.1%左右的时间内比平均值高出 7 dB。[②] 因此，如果我们设计一个具有 7 dB 的压缩净空间的功放，它将在 0.1%左右的时间内处于压缩区间。类似的图表明一个 4 dB 的净空间对应于有 5%左右的时间在压缩区间。对线性度的要求如此之高，以至于许多厂家不得不降低发射功率，以便能够满足 802.11a 的要求（5.6%）。（使用 DSSS 的 802.11b 中的相应指标则要宽松得多，为 35%。）

发射器的 EVM 图如图 19.70 所示。输出功率为–3 dBm 时，测量到的 EVM 优于–33 dB（也就是 2.2%），比标准中的–25 dB（5.6%）还要好 8 dB。

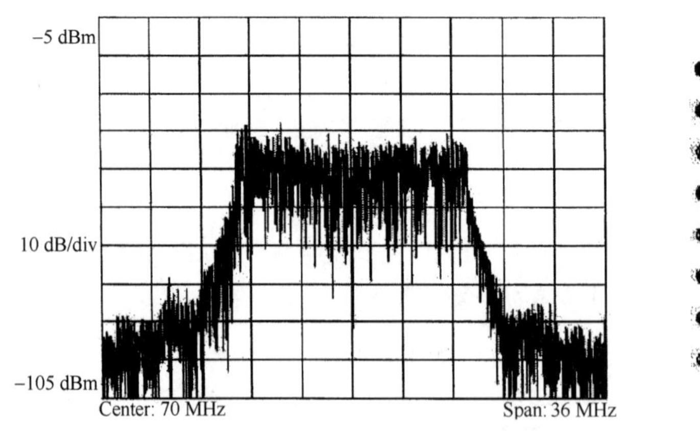

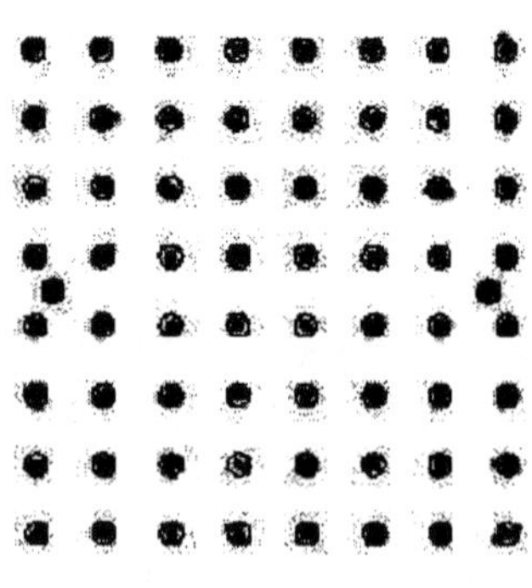

图 19.70　发送频谱及 EVM 图

这个收发器的性能参数总结在表 19.4 中。总的芯片面积约为 18.5 mm^2，采用的是 0.18 μm CMOS 工艺。

① 当对于 EVM 向 dB 或者从 dB 进行转换时，要用 20log 而不是 10log（EVM 不是一个与功率相关的量）。

② Bob Cutler, “RF Testing of Wireless LAN Modems,” Agilent Technologies, April 2001。

表 19.4　性能小结

V_{DD}	1.8 V/3.3 V/I/O
发送/接收方式功耗	302 mW/248 mW
接收路径总噪声系数（NF）	5.2 dB
接收路径最大/最小增益	79 dB/20 dB
在接收方式最大/最小时的 IIP3	−18 dBm/−8 dBm
单边带相位噪声（1 MHz）	−115 dBc/Hz
积分相位噪声	0.8°（1 kHz～10 MHz）
所支持的频段	5.15～5.35 GHz，5.7～5.8 GHz
发送−1 dB 功率	6 dBm
所用工艺	1P6（1 层多晶硅，6 层金属）CMOS 0.18 μm
芯片尺寸	4.5 mm × 4.1 mm
封装	MLF-64

我们用图 19.71 所示的该芯片的照片来作为本章的结束。读者会发现在这张照片中还有很多未被占用的面积，主要原因是这只是一个测试芯片，与最后的设计还有一些差别。

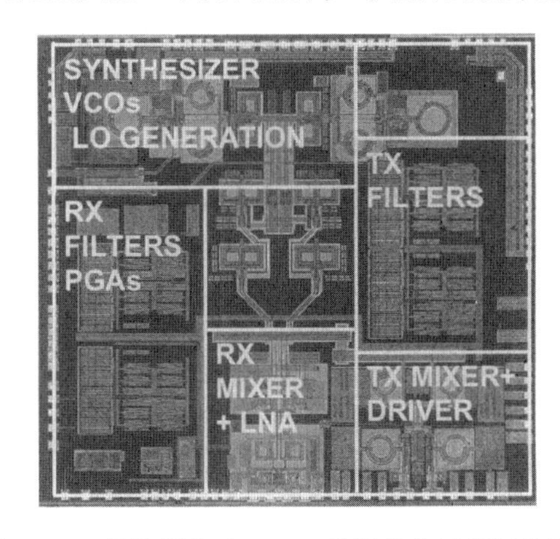

图 19.71　芯片照片（Athena 半导体公司授权使用）

19.7　小结

本章在前面几章内容的基础上提供了构建接收器和发射器所需的基本信息。我们已经看到寻求一个全集成的接收器设计归结为找到一个不要求外部滤波器的系统结构。零中频（即直接变频）和低中频（例如镜像抑制）接收器都是潜在的候选结构，但是缺乏令人信服的现存的实例，表明还需要进一步研究。零中频结构对线性度的要求是如此之高，以至于看起来几乎是不合理的，而低中频结构可以取得的镜像抑制离大多数系统所要求的典型值差得很远。或许与设计中的其他环节相比，在系统级设计中要做到的折中选择更为关键，而现有的答案并不能令人满意。

习题

[第 1 题]　推导式（17），即由不完全的正交造成的镜像抑制比。

[第 2 题]

（a）设计一个中心频率为 1 GHz 的简单的 RC-CR 正交发生器。首先选择电容值使得kT/C噪声为 $1.6\times10^{-11}\ \mathrm{V}^2$，然后根据给定的中心频率确定所需的电阻值。这个电阻值合理吗？请解释。

（b）假设我们可以忽略与这个电阻值相关的任何可能出现的实际困难。但是，我们发现采用这种工艺的电容器的背电极对衬底的电容是主要电容的 30%。计算因为这个背电极问题引起的在 1 GHz 下的增益与相位误差。可以假设衬底处于地电位，并且衬底可视为一个超导体。

（c）假若所有的在一个镜像抑制结构中的误差来源于这个相移网络，估计该镜像抑制比是多少？

[第 3 题] 不做任何简化的假设，推导一个镜像抑制混频器的 IRR 表达式。验证在小误差的限定下，你的表达式可以还原为书中给出的公式。

[第 4 题] 在镜像抑制混频器中的低通滤波器看起来是多余的，因为从理论上说，即使是和频率（即加起来的频率）分量也会被这个结构抑制。请解释为什么这个滤波器在这种实际的混频器中仍然是重要的。

[第 5 题] 本书间接提到了失调频率合成器在直接变频接收器中的用处。考虑图 19.72 所示的发射器结构。

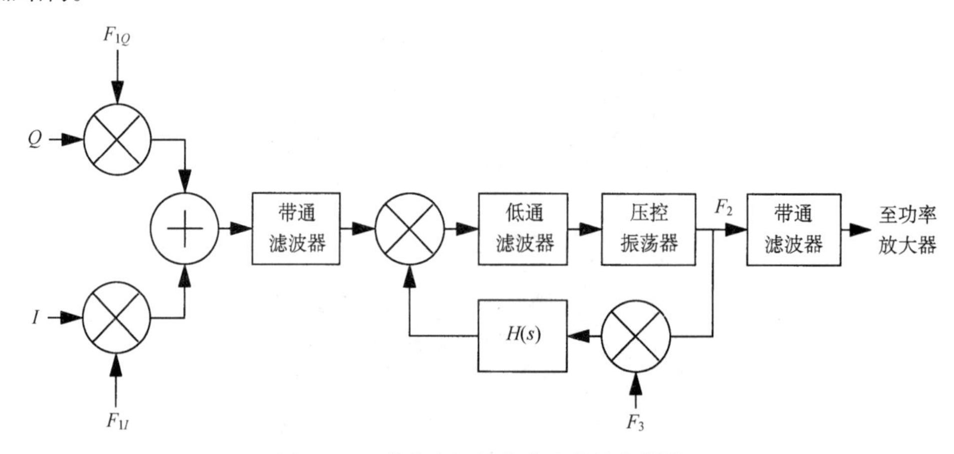

图 19.72 带有失调频率合成器的发射器

（a）对于这种发射器结构，输出载波频率 F_2 与 F_1 和 F_3 的关系是怎样的？假设 $H(s)$是一个低通滤波器。

（b）假设 $H(s)$是一个高通滤波器，重复（a）。

（c）讨论这两种选择的优点和缺点。

[第 6 题] 假设具有三次非线性关系，利用多项式级数的系数推导一个 IIP2 和 IIP3 的关系式。

[第 7 题] 仿照书中的类似步骤推导一个适用于一个级联系统的二阶（电压）交调点。这个级联系统的各级增益和二阶交调点都是已知的。

第 20 章　射频电路历史回顾

20.1　引言

第 1 章中曾经提到，在一个标准的工程课程内容设置中无法包括太多的历史性内容。许多时候都有一些人认为，回顾历史就是在浪费时间。尤其是集成电路时代的设计限制与以往遇到的问题很不一样，因此，过去认为很好的方法现在往往行不通了。这些人的想法也许是对的，但作者也不该在这件事上轻易地下断言。在最后这一章中，我们用很小的篇幅（且不平均地）来回顾一些电路例子以结束本书的讨论，这些例子代表射频（或者更确切地说是无线电）电路设计的里程碑事件。当然，这些例子的选择并不是完全没有偏见的，因为它反映了作者的个人倾向。例如，这里关于雷达的历史介绍得非常少，主要是因为这方面的内容已经在其他书籍和文章中出现得很多。关于电视机方面的电路也没有提及。倒是早期的民用无线电电路讨论得比较多，因为关于这方面的文章目前来说还比较少。因此，本章用了很大的篇幅介绍 Armstrong 发明的电路，因为 Armstrong 奠定了现代通信电路的基础。

20.2　Armstrong 的成就

Armstrong 是首次系统地解释了真空管工作原理的人。在 1915 年发表的“Some Recent Developments in the Audion Receiver”（“三极管接收器的一些最近进展”）①一文中，他提供了三极管的 *I-V* 特性曲线。这些特性是缺乏定量分析能力的 de Forest 不屑去搞清楚的。② 在这篇标志性的文章中，Armstrong 深入分析了电路的性质，解释了调幅信号解调器和第一个正反馈放大器的工作原理，并且指出了正反馈放大器如何能用作振荡器和外差元件（混频器）。我们现在来分析一下这位当时只有 24 岁的发明者取得的成就。

20.2.1　栅漏调幅信号解调器

利用现代的电路符号画出的这种解调器见图 20.1，这种解调器中用到了一种称为“栅漏（grid-leak）检测”的技术。③ 对于不熟悉真空管工作原理的人，可以将图中的真空管视为一个耗尽型 n 沟道 JFET，其中的阴极、栅和阳极分别对应于 JFET 中的源、栅和漏。④ 在一般的工作状

---

① *Proc. IRE*, v. 3, 1915, pp. 215-47。应该注意到他早先已在 *Electrical World*（12 December 1914, pp. 1149-52）上首次发表了三极管特性的文章。

② de Forest 的同时期的文章“The Audion-Detector and Amplifier”（*Proc. IRE*, 1914, pp. 15-36）与 Armstrong 的文章形成了鲜明的对照。在 20 多页的文章中没有一处提及如何应用三极管的定量信息（尽管他给出了几张好看的仪器照片）。他的文章充满了诸如“打在栅极上的正、负电荷会造成阳极上的电流减少”以及看起来前后不一致的断言“三极管不会造成失真”等结论。这些都是 de Forest 惯用思维的典型表现。Armstrong 解释了为什么前者是正确的而后者是错误的。de Forest 则不认为还有什么事情需要进一步讨论。

③ 在无线电专用词汇中，检波和解调经常是通用的。

④ 的确，真空管电路只要经过很少一些改变就可以用 JFET 实现。

态中，栅电势是负的，栅极电流可以忽略不计。但是，正如 FET 那样，一个小的加在栅上的正向电压使正向偏置的栅二极管导通，导致栅电流流通。栅漏检测利用这个二极管来完成解调。尽管这个电路不是 Armstrong 发明的，但直到他发表文章之前，这种电路的原理一直被神秘笼罩着。

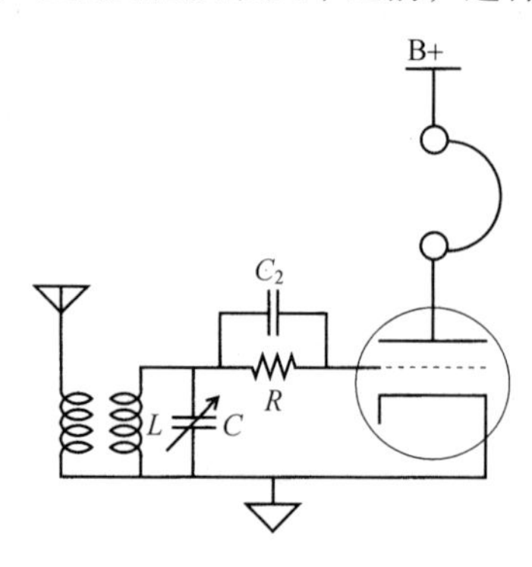

图 20.1 栅漏检波器

在这个电路中，来自天线的信号由变压器耦合到起信道选择作用的 LC 谐振滤波器中。耦合电容 C_2 将谐振的射频信号输送到栅极。一个正向的输入信号使得栅-阴极的二极管正向导通，导致栅极电流向 C_2 充电使其接近峰值。接下来，由于栅极电流和电容的自身漏电（用 R 表示），C_2 缓慢地放电（相对于载波频率），直到下一次正向输入脉冲到达。因此，C_2 两端的电压（也就是栅极电压的平均值）就是调制信号的包络。真空管像一般共阴放大器一样将解调的信号进行放大，从而使人们可以在耳机中听到音频。

另外，“B+”是用来表示阳极电源的标准符号。为什么用“B”呢？这是因为“A”已经作为灯丝的电源符号了。此外还有一个“C”，它在某些电路中被用作栅偏压的电源。

20.2.2 再生式放大器和检波器

在同一篇文章中，Armstrong 描述了第一个正反馈放大器。利用这样的放大器可以从单级得到比以前所能得到的大得多的增益。他的放大器如图 20.2 所示，这里同样采用现代的电路符号来表示。

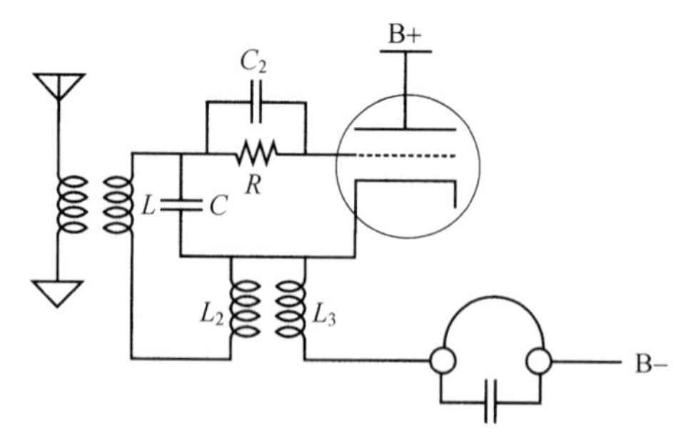

图 20.2 第一个再生式放大器（根据 Armstrong 的原型改编）

这里，耦合的电感 L_2 和 L_3 提供正反馈。阳极电流由 L_3 采样，而 L_2 提供到栅极的反馈。总的反馈可以通过不同的方法进行调整（比如改变 L_2 和 L_3 的相对位置与角度），从而控制增益（同时可以控制 Q 值）。当系统处于不稳定状态的边缘时，总的增益可以认为远大于无反馈时的增益。而且，这个放大电路可以同时通过“栅漏检测”进行解调。

在同一篇文章中，Armstrong 还描述了其他几种再生方法，其中一种方法使用感性的阳极负载，通过栅-阳极之间的电容进行反馈。由此，他成为第一个发现并利用这种电路实现不稳定性的人。

20.2.3　振荡器与混频器

只要将图 20.2 所示电路中的 L_2 和 L_3 过度耦合，就可以将其用作一个振荡器。这样一个简单的连续波发生器实现在那时曾经被认为是一种奇迹，因为火花放电器、弧光振荡器和大型旋转仪是当时射频能量的主要来源。而且，由于三极管的非线性作用，振荡信号和输入的射频信号之间产生了混频的现象，从而使解调可以通过零差检波实现，其转换增益大致正比于振荡幅值（在一定程度上）。假设振荡的频率与 RF 频率不一样，则混频作用会导致外差变频。这种方式对于检测连续波的代码信号尤其有用。外差式变频器的利用无疑导致了两三年后 Armstrong 的超外差式结构的出现。

20.2.4　超再生式放大器

Armstrong 在研究再生式放大器的过程中又发现了超再生放大原理。[①] 他在 1922 年发表的文章中描述了它的基本原理，然后给出了实现超再生放大电路的一些例子。在所有这些例子中，淬熄（quench）振荡器与主放大器是分离的，如图 20.3 所示。

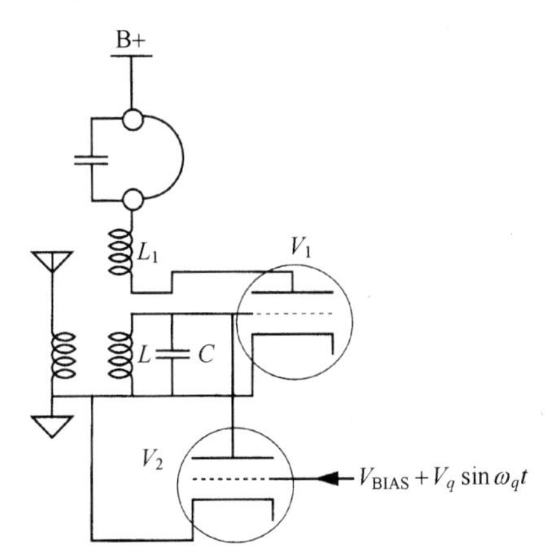

图 20.3　早期的超再生式接收器（带有分立的淬熄振荡器）

在这个电路中，V_1 是再生式振荡器/检波器，其中 L_1 到 L 之间有足够的反馈以保证当 V_2 被去掉时仍然振荡。[②] 器件 V_2 由一个低频振荡器驱动，充当谐振回路两端的压控电阻。它周期性地熄灭 V_1 中的振荡。当 V_2 处于高阻状态时，振荡电压从由输入信号建立的初始状态呈指数形式增长。因为正如我们在第 1 章和第 9 章中讨论过的，这个电路用增益的对数来换取带宽，有可能用单级实现一个异常大的增益。Armstrong 的文章提到，使用这样的电路在 500 kHz 频率下一级可以实现 50 dB 的功率增益，大约比传统的再生放大器大 30 dB，从而可以将电路减少一到两级。

后来，工程师发现淬熄振荡器并不是必需的，如果有的话，可能性能会更好。超再生放大器的间歇振荡可以由标准的 Armstrong 振荡器经过调整栅漏元件的参数得到[③]。有可能出现这样的情况，即由振荡产生的负电压逐渐建立起来，以至于电子管实际上有一段时间是关断的，直到栅漏

① “Some Recent Developments on the Regenerative Receiver,” *Proc. IRE*, 1922。

② 此图所示的略微不同的反馈连接是获得再生的最常见的方法。

③ 事实上，Armstrong 在 1915 年发表的文章中描述了这种效应，但却是从如果要构建一个高质量的振荡器应如何避免该效应的角度来讲的。

电容通过栅漏电阻放电时为止。这样，图 20.2 所示的电路可以自熄灭，从而使得它可以作为一个超再生放大器和检波器（与往常一样通过它的非线性实现）。至此可以看出这个电路是一个多用途的电路，这个事实是很明显的。采用 n 沟道 JFET 实现的类似电路同样工作得不错，是业余无线电爱好者实验用的极佳电路。

20.3 “All American”五管超外差收音机

在 20 世纪 20 年代和 30 年代，Armstrong 的超外差结构经过了很多改进。只需要调整一个谐振回路，即可使电路的操作格外容易，加上由于性能更好的真空管的出现而实现的电路性能改进和成本降低，使得超外差结构在 20 世纪 30 年代成为最主要的结构。

在此后的 20 多年间，标准的低端消费类桌面调幅收音机中采用一种五管结构的电路（只有 4 个管子处在信号通路上），如图 20.4 所示。[①] 灯丝电压之和大约是 120 V，因此可以直接接到交流输电线路上，而不需要昂贵的电源变压器[②]电路的底盘实际上也接到交流线路的一端，所以电路中的走线错误可能会将底盘与交流线路的火线短路，因而必须要有一个隔离变压器，否则如果不小心碰到这个底盘，会遭到电击。

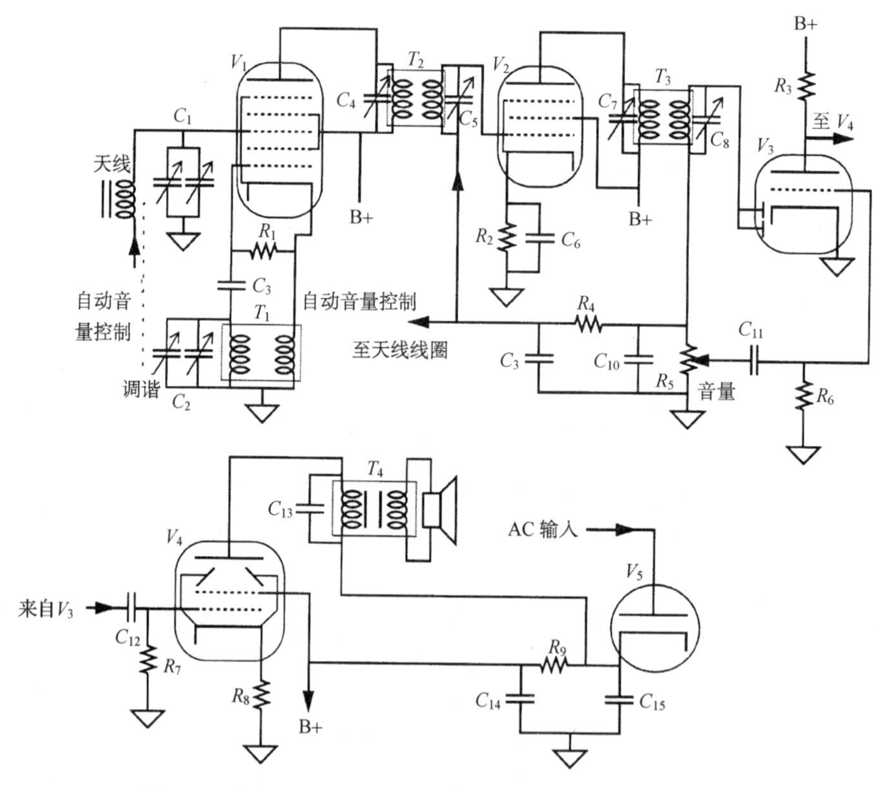

图 20.4 “All American”五管超外差收音机（一般原理图）

① 这个电路的早期形式在用到小型管 12BE6、12BA6、12AV6、50C5 和 35W4 的地方采用了较大的八极管 12SA7、12SK7、12SQ7、50L6 和 35Z5。

② 电源整流管的灯丝有一个抽头，以便可以接上一个 6.3 V 的“电源开”态的指示灯。这个抽头也接到整流器的阳极，在 AC 电源线和 B+之间提供一点电阻以限制峰值电流。

很明显，这个电路最初来源于 RCA 于 20 世纪 40 年代发表的使用说明，他们曾开发了用于这种电路的真空管。然而，作者无法找到最初的文章，所以这个臆断还需要证实。

电路中第一个真空管（V_1）是一个 12BE6 五栅管，它既是本地振荡器也是混频器。这种自差式的电路是 Armstrong 振荡器/混频器的一种改进，真空管中的内部级联（由交流接地的栅 2 和栅 4 提供）减小了振荡器和射频端的耦合，使得独立的调谐变得更加容易。[①]

在这种自差电路中，本地振荡器仿照的是 Armstrong 最初的再生电路。阴极电流通过变压器 T_1 耦合回第一个栅极。与所有的超外差结构一样，变压器的次级是一个调谐回路，它控制了振荡器的频率，因而也控制了波段的选择。对在射频输入端的一个简单的带通滤波器同时调谐有助于镜像频率的抑制。两个电路的可调电容在机械上是相连的（统调），所以用户只需要调节一个旋钮即可改变频率。

第二个栅极是交流接地的。如同我们前面已经讨论过的，它通过 Faraday 屏蔽的作用来隔离振荡器和 RF 电路。射频信号加在第三个栅极上，真空管中的非线性作用产生了混频效应。第四个栅极和第五个栅极是交流接地的，它们分别用于抑制米勒效应和防止电子二次发射。

注意，这里少了一级射频放大电路。严格来讲，对于通常的调幅广播，这是不需要的。因为在 1 MHz 频带里的大气噪声要远大于任何一个实际前端电路产生的电子噪声。因此，接收器中的射频放大器在这样的频带中无法改善总的噪声性能。实际上，其增益可以说只有负作用，因为大的输入信号会使前端电路过载。

第一级的输出通过一个双调谐中频带通滤波器耦合到一个 12BA6 型的电子管中频放大器（V_2），工作频率为 455 kHz。12BA6 是一个五极（三栅）真空管，作为一个共阴共栅级联结构可以在其输入端和输出端放置滤波器，而不需要担心因为反馈造成的失谐和不稳定。

解调和音频放大的功能由 V_3 完成。它是一个 12AV6 型的电子管，在一个玻璃壳中包含两个二极管和一个三极管。其中的二极管[②]完成包络检波（为了适应阴极接地的结构，在电路连接上做了一些小的改动），而三极管将解调后的音频放大。因为在其输入端和输出端没有调谐电路，所以在这里一个普通三极管的米勒反馈效应是可以容忍的。

解调后的输出被输送到两个地方，其中一个是输出功放 V_4；另一个是一个附加的低通滤波器，它的输出是解调输出的平均值。这个信号用于根据输出电压幅值来自动控制自差放大器和中频放大器的增益。被解调的输出越大，送入这些电路级的偏置就越负，从而起到了减小增益的作用。这个自动增益控制（AGC）[③]或自动音量控制（AVC）的电路可以减小输出信号幅值在频段中选择电台时的剧烈变化。

V_4 是用于 A 类音频放大器结构的 50C5 型电子束功率管。变压器耦合提供需要的阻抗变换，用于将大约 1 W 的音频信号输送到扬声器。用于提供 B+阳极板电源的功率整流器是一个 35W4 型管（V_5）。在后来的电路中，这个管子被一个半导体整流器所取代。

这种电路在世界各地被广泛采用，其改动甚少。由于这种电路的广泛流行，造成其中所需的 5 种管子的大规模生产，因此降低了相应的生产成本，所以对于一个成本敏感的电路设计来说，人们都倾向于使用这 5 种管子且采用类似的电路。各种电路之间的差别很小（例如，一些小的电阻电容的差别，或者去掉阴极电阻的旁路电容，等等）。

---

① 某些理想主义者认为“自差”这个词只应适用于所有的信号都加到一个栅上的电路。作者并不是一个这样的理想主义者。

② 一种普遍采用的电路变形将其中一个二极管接地，而其他的电路则将两个二极管都用在各自的音频和 AGC 功能上。

③ AVC 是 Harold Wheeler 的另一个发明。

20.4 Regency TR-1 晶体管收音机

第一个便携式晶体管收音机大约在 1954 年的圣诞节进入市场。它是由当时成立不久的德州仪器（TI）公司为了创造晶体管大众市场所做的努力的结果。在此之前，晶体管唯一的商业应用是助听器。作为项目的发起人，Patrick Haggerty 在后来提到，这个创意是“……我们的一个奇迹般的成就是使潜在的用户认识到这样一个事实：我们已准备好了，愿意并且有能力大量提供（晶体管）”。[①] TI 与一个称为 IDEA（Industrial Development Engineering Associates）的小公司达成一个协议，由 IDEA 对 TI 最初的电路（主要由 Paul D. Davis 和 Roger Webster 设计）进行降低成本的优化，并且由 IDEA 的 Regency 部门负责收音机的生产。该任务很具挑战性，因为在此之前，没有人对晶体管有很多经验。另外，这项工作更加困难的地方在于锗型晶体管性能很差（f_T 只有几 MHz，β 只有 10～20），并且成本很高。加之当时很难找到小型的元件，因此 IDEA 最终不得不将其中一些电容生产的合同转包给一个兼职开公司的大学教授。不仅如此，扬声器的性能很令工程师感到头疼，还有其他一些设计和制造上的困难也难以解决，比如要将所有的电路塞进一个可以放到（较大的）衬衫口袋里的盒子中就是一件很困难的事情。

同时，成本也是一个很大的问题，这主要是由于晶体管很昂贵。在整个晶体管收音机预期价格只有 49.95 美元（“All-American” 五管收音机的价格大约是 15 美元）的情况下，IDEA 最多只能使用 4 个晶体管，否则就没有利润可言。这 4 个晶体管的价格差不多占材料成本的一半。

如图 20.5 所示，4 个晶体管就已经足够了。在这个电路中，第一个管子 Q_1 起一个自差变频器的作用。这里用了一个共基极振荡器结构，由集电极和发射极之间的变压器耦合提供振荡所需的反馈。

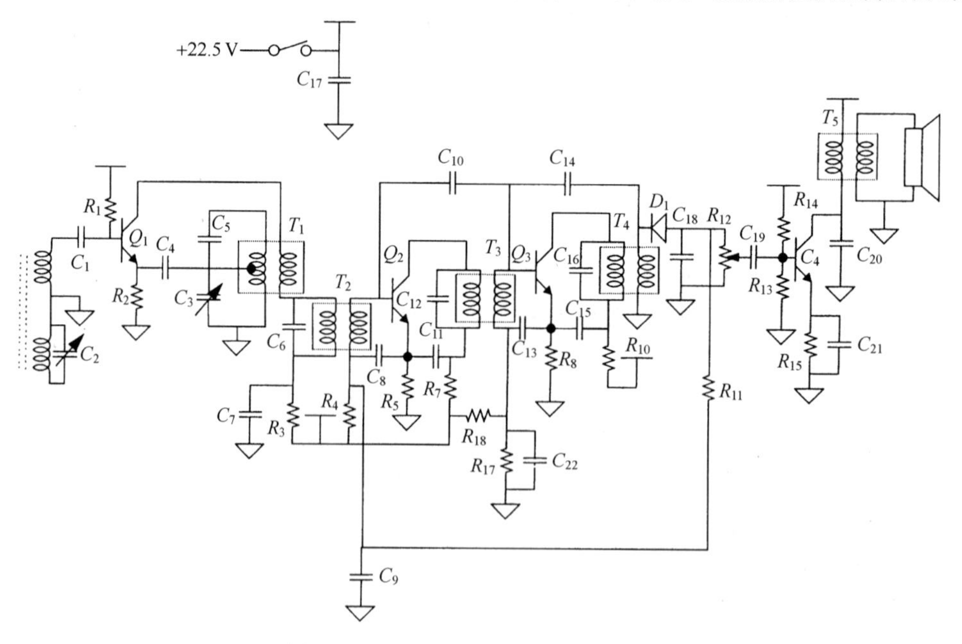

图 20.5 Regency TR-1 晶体管收音机

① 关于便携式晶体管收音机是如何诞生的故事在 1985 年 12 月一期的 *IEEE Spectrum*（pp.64-70, Michael Wolff）中给出了生动的介绍。

输入的射频信号的调谐是通过称为“吸收”的原理实现的，它是由德国的德律风根（Telefunken）公司在第一次世界大战前后开发的。[①] 在这项技术中，一个 LC 谐振回路耦合到输入电路，将谐振频率以外的信号都短路（吸收）掉了。只有在回路谐振频率信号不被短路时射频信号才能进入 Q_1 的基极。基极-射极之间的非线性特性完成混频的功能。这样，除了本振信号，集电极电流也包含外差频率及和差分项。差分信号通过一个在 262 kHz 频率谐振的 LC 带通滤波器输入第一个中频放大器 Q_2。这么低的中频使得 f_T 很低的晶体管可以提供足够的增益，但同时恶化了镜像抑制问题。[②] 前端的吸收式 LC 谐振回路中的可变电容与本地振荡器可变电容形成统调。这里镜像抑制只能说能满足要求。

第二个中频放大器 Q_3 与 Q_2 的连接方式基本相同。C_{10} 和 C_{14} 构成的正反馈部分地抵消了其值颇大（约 30～50 pF）的 C_μ，这得益于 20 世纪 20 年代的中和式电路。[③]

解调由一个标准包络检波器完成，其后接一个单级的音频放大器。在检波器之前和音频放大器之后分别用变压器进行信号耦合。自动增益控制采用的是一般的方法：解调后的音频信号由 R_{11} 和 C_9 构成的 RC 回路进行低通滤波，输出的负反馈信号通过调节第一级中频的偏置来控制其增益。

TR-1 的巨大成功不仅在于树立了 TI 在半导体行业的领先地位，[④] 更重要的是，IBM 公司因此很快放弃了开发真空管计算机的计划。Thomas Watson 将其解释为：如果晶体管成熟到可以在大量生产的消费类产品中使用，它们必然能用到其他技术要求更高的地方。后来他说，每当他的下级对晶体管产生疑问时，他就给他一个 TR-1，此举通常能很好地解决争端。[⑤]

20.5　三管玩具民用波段对讲机

1962 年，TI 的另一位工程师 Jerry Norris 负责开发第一代玩具对讲机。[⑥] 这个颇具独创性并且后来被广泛采用的电路采用了一个单管超再生式检波器。在对讲机的接收工作模式下再接两级音频放大器（见图 20.6）。在发送工作模式时，这个超再生级变成了一个稳定的晶控 27 MHz 振荡器，然后由其他两个管子构成的一个音频放大器对它进行调幅。电路中的扬声器在发送模式下兼作麦克风。

---

① “Funken”意指“火花”，形容这个公司的成立如同火花迸发。

② 然而，这样低的中频以前是用过的。早期的真空管超外差接收器除了使用通常的频率，也使用 175 kHz、262 kHz、455 kHz 和 456 kHz 的频率。最后这个 1 kHz 的看起来荒唐的微小差别是为了避免引发专利冲突。最终，455 kHz 几乎变成了统一的标准。

③ 第 1 章曾提到，Harold Wheeler 在给 Hazeltine 工作时发明了中和技术。

④ TI 在 1954 年取得了另一个成功：首次生产了硅晶体管。Gordon Teal 从贝尔实验室加入 TI，曾经讲述过这样一个故事：他在一个会议上是最后一个发言者。在这个会议上所有在他之前发言的人都预测要几年后才能生产硅晶体管，而他从口袋里掏出几个硅晶体管，宣布 TI 已经能够生产了。这使得听众大为吃惊。但是，其他演讲者也不全是错的：TI 在此后的四年中垄断了硅晶体管的生产。如果要进一步了解这个有趣的故事，可以参见在 *IEEE Trans. Electron Devices*, July 1976 发表的 Teal 的回忆文章。整个这一期都是由主要参与者自己讲述的有关半导体发展的历史。

⑤ Wolff，见本页脚注④。

⑥ J. Norris, “Three-Transistor CB Transceiver,” *Electronics World*, November. 1962, pp. 38-9。

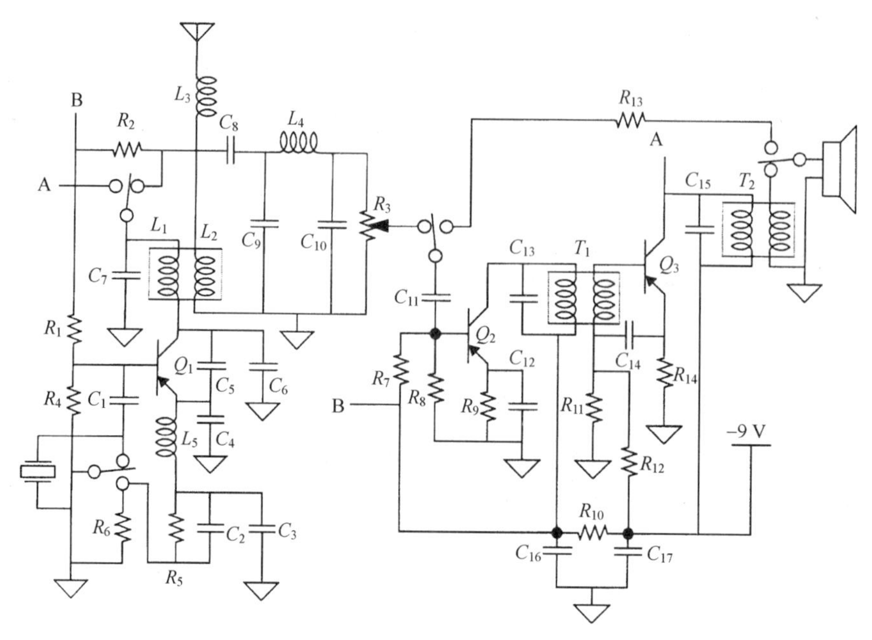

图 20.6　三管玩具民用波段对讲机［发射（T）/接收（R）开关处于接收模式］

20.5.1　接收模式

Q_1是一个f_T为 100 MHz 的晶体管（型号为 2N2189），它完成电路中所有的射频功能。由于天线的长度比理想长度要短，因此天线负载螺旋电感L_3等效地将其在电学意义上“加长”。[①] 输入的射频信号通过一个变压器耦合到Q_1的集电极。在 Colpitts 振荡器结构中，电容C_5提供集电极到发射级的正反馈。当振荡从由输入信号建立起来的初始条件开始呈指数上升时，射极-基极二极管导致射极电压不对称地摆动。负向的信号电压经历更高的阻抗，而正向的电压经历较小的阻抗。这种不对称性造成的一个结果就是平均射极电压更“负”。电容C_3通过低通电感L_5被充电到这个平均电压。电阻R_6为C_3放电，但相对而言速度较慢（C_2–R_5网络时间常数很大，其两端电压可以近似为恒定）。射极电压的直流成分因此向下变化，直至造成振荡停止。然后C_3放电到一定程度振荡才重新开始。这样就构成了一个间歇性振荡器，其间歇频率足以高至人耳无法听见。虽然这种“自熄灭”特性很难导致最佳的超再生（特别是选择性被严重地破坏），然而它仍然使得一个单管电路工作得很好。

这种射极电压不对称性的另一个结果就是晶体管将被调制的射频信号不对称地放大。这样，集电极电流包含了一个大约与调制信号成正比的成分。由C_9、L_4和C_{10}组成的低通滤波器可以将射频成分滤掉，只让调制信号进入双管音频放大器。

20.5.2　发送模式

虽然Q_1在接收模式下是一个“自熄”LC 振荡器，然而在传输模式下，FCC（美国联邦通信

① 一个在电学意义上的长度短的偶极子具有纯电容性电抗，所以加上一个串联的电感可以改善功率传输。为了改进辐射（或反过来说是接收灵敏度），一个很好的接地面是十分必要的。简单地通过提供一个接地面就能够大大改善许多对讲机的通信范围。比如，仅仅用手接触电池就能够得到明显的改善。甚至用铝箔包住部分外壳并把它和电路的地线相连也很有帮助，因为与身体的接触可增加有效面积。

委员会）规定要求的频率稳定性和精度超出了简单 LC 网络能够提供的程度，[①] 因此在发送模式下采用一个石英晶体来控制振荡器的频率。在发送过程中，在接收模式下将基极旁路到地的电容 C_1 在这里用作耦合接地的晶体振荡器的电容。只有在晶体的串联谐振频率下基极才被短路到地，因此振荡只在此频率下才能发生。在发送模式下，电阻 R_6 被短路，从而可以防止间歇振荡。

振荡器的集电极电源电压被双管音频放大器输出的音频信号所调节，从而实现了幅值调制。在发送模式下，扬声器被用作麦克风，从 Q_3 的集电极可得到放大的音频信号。因为变压器 T_2 连接到电源，Q_3 的集电极电压中存在直流成分，音频调制信号叠加在此直流成分上。这种直流加交流的信号通过旁路电容 C_1 和电感 L_1 加到 Q_1 的集电极，L_1 在这里只相当于简单的短路。

振荡幅值大约与集电极电压成正比，因此变化的集电极电压对载波进行调幅。虽然在此过程中产生的失真很难达到高保真音频的标准，然而用于语音通信和玩具已经足够了。

因为这个简单的电路采用如此少的晶体管就提供了如此大的增益，从而占据了低档对讲机的主要市场，所以被玩具制造商大量地仿制和改进。作者调查过的所有超再生对讲机都与 Norris 的原始设计一样，采用一个晶体管就完成了所有的 RF 功能。[②] 就如“All American”五管收音机一样，各个电路之间的差异很小。由于现在的晶体管可以提供足够大的增益，相对昂贵而且体积较大的音频耦合变压器现在很少使用了。低通电感 L_4 一般也被去掉，普通的 RC 滤波器就已经足够了。除这些简单的改动外，其他超再生式对讲机电路几乎都差不多。

① 在 27 MHz 频段里，信号通道间隔为 10 kHz，因此频率必须具有 50 ppm 以上的精度，从而要求使用晶体控制的振荡器。

② 很容易就可以确定是否在使用一个超再生式电路，甚至不需要看电路图。除非接收到一个相当强的信号，否则超再生式接收器总有沙哑的嘶嘶声。也就是说，噪声总是存在，只有在信号强度增加时噪声幅值才会减小。这种行为和（比如说）超外差式接收器十分不同，后者的背景噪声在幅值上大致是恒定的，并且与接收的信号的强度无关。

反侵权盗版声明

电子工业出版社依法对本作品享有专有出版权。任何未经权利人书面许可，复制、销售或通过信息网络传播本作品的行为；歪曲、篡改、剽窃本作品的行为，均违反《中华人民共和国著作权法》，其行为人应承担相应的民事责任和行政责任，构成犯罪的，将被依法追究刑事责任。

为了维护市场秩序，保护权利人的合法权益，我社将依法查处和打击侵权盗版的单位和个人。欢迎社会各界人士积极举报侵权盗版行为，本社将奖励举报有功人员，并保证举报人的信息不被泄露。

举报电话：（010）88254396；（010）88258888
传　　真：（010）88254397
E-mail：　dbqq@phei.com.cn
通信地址：北京市海淀区万寿路 173 信箱
　　　　　电子工业出版社总编办公室
邮　　编：100036